# 土木工程检测鉴定与加固改造

## ——第十六届全国建筑物鉴定与加固改造学术会议论文集

主　编　张永志

副主编　史智伟　王公胜

中国建材工业出版社

**图书在版编目（CIP）数据**

土木工程检测鉴定与加固改造. 第十六届全国建筑物鉴定与加固改造学术会议论文集 / 张永志主编 . —北京：中国建材工业出版社，2022.8

ISBN 978-7-5160-3534-4

Ⅰ.①土… Ⅱ.①张… Ⅲ.①土木工程－工程结构－检测－文集 ②土木工程－加固－文集 Ⅳ.① TU317-53

中国版本图书馆 CIP 数据核字（2022）第 125509 号

**土木工程检测鉴定与加固改造**

──第十六届全国建筑物鉴定与加固改造学术会议论文集

Tumu Gongcheng Jiance Jianding yu Jiagu Gaizao

──Di-Shiliu Jie Quanguo Jianzhuwu Jianding yu Jiagu Gaizao Xueshu Huiyi Lunwenji

张永志 主 编

史智伟 王公胜 副主编

出版发行：中国建材工业出版社

地 址：北京市海淀区三里河路 11 号

邮 编：100831

经 销：全国各地新华书店

印 刷：北京雁林吉兆印刷有限公司

开 本：889mm×1194mm 1/16

印 张：42.5

字 数：1350 千字

版 次：2022 年 8 月第 1 版

印 次：2022 年 8 月第 1 次

定 价：**198.00 元**

# 第十六届全国建筑物鉴定与
# 加固改造学术会议

大 会 主 席：张永志

学术委员会主任委员：王德华

学术委员会副主任委员：

| | | | | | |
|---|---|---|---|---|---|
| 吴 体 | 李德荣 | 吕元光 | 顾祥林 | 程绍革 | 常好诵 |
| 王元清 | 卢亦焱 | 张 鑫 | 黎红兵 | 梁 爽 | 雷宏刚 |
| 完海鹰 | 王公胜 | | | | |

学术委员会（以姓氏汉语拼音排序）：

| | | | | | |
|---|---|---|---|---|---|
| 陈大川 | 程绍革 | 常好诵 | 杜永峰 | 董建华 | 顾祥林 |
| 李德荣 | 李今保 | 吕元光 | 黎红兵 | 黎海南 | 梁 爽 |
| 刘西拉 | 雷宏刚 | 卢亦焱 | 史智伟 | 舒 蓉 | 完海鹰 |
| 王德华 | 王公胜 | 王逢睿 | 王元清 | 吴善能 | 吴 体 |
| 夏广录 | 薛伶俐 | 张 鑫 | 张天宇 | 朱 虹 | 赵建昌 |
| 左勇志 | 郑则群 | 郑建军 | 周自强 | | |

论文集编委会：

主 编：张永志

副主编：史智伟　　王公胜

编 委：黎海南　　李俊杰　　刘 赟　　匡 静　　田 恬

# 序　言

　　初秋时节，在国家历史文化名城、丝绸之路节点城市——敦煌市，我们迎来了第十六届全国建筑物鉴定与加固改造学术交流会。会议汇聚了行业内科研院所、高等院校、设计单位、施工单位、检测单位和材料企业的代表400多人。代表中既有老一辈的专家，也有年轻一代的工程师；有标准的起草人，也有施工一线的工程技术人员，大家共同探讨鉴定加固领域的未来，研讨交流行业的热点、难点及重点技术领域的发展方向，在科学发展的轨道上与时俱进、凝聚人心、创新发展，成绩可喜可贺！

　　目前，我国建筑行业在"双碳"背景下，发展模式正在由"城市扩张"转向"城市更新"。既有建筑的升级改造与利用，正成为城市发展新的增长点，成为企业转型升级持续性发展的动因。在新的时代背景下，为把握新发展阶段，贯彻新发展理念，构建新发展格局，中国工程建设标准化协会建筑物鉴定与加固专业委员会肩负社会责任，顺应社会建设发展需要、契合时代需求，召开了本届大会。大会围绕新时代建筑主题，全方位开展学术研究、理念传播、标准制订、技术创新等活动，积极推动城市建设绿色低碳高质量发展。一路高歌，硕果累累。第十六届全国建筑物鉴定与加固改造学术交流会在"双碳"背景下，搭建了一个技术创新合作与学术研讨交流的大平台，引领行业发展。

　　本次技术交流会议共收到论文217篇，经过专家的多轮评审，现选出128篇论文，结集出版。

　　《土木工程检测鉴定与加固改造——第十六届全国建筑物鉴定与加固改造学术会议论文集》（以下简称《论文集》）展示了近年来该领域前沿技术的发展情况，代表了全国建筑物鉴定与加固改造阶段性的学术水平，为更多同行了解建筑物加固技术的最新进展，开展学术交流、技术进步、科技创新提供了借鉴，对今后的工作具有较强的指导作用。

　　《论文集》内容涉及：城市更新与既有建筑改造技术、产业链绿色整合发展趋势研究；全国地震易发区房屋设施加固进展与政策；既有建筑改造、加固中的绿色化、智能化、信息化技术应用研究；新技术、新材料、新方法、新工艺在既有建筑加固改造中的应用研究；复杂高填方工程场地建筑加固、改造理论分析与试验研究；地基基础加固及湿陷性黄土地区场地冻胀灾害治理研究；古建筑遗产及文物检测鉴定、加固维修施工与工程应用；大型馆所构筑物安全可靠性鉴定方法与工程应用；建筑结构安全性、可靠性、耐久性、抗震性能检测鉴定方法及工程应用研究等。

本《论文集》的作者们从不同的技术层面和研究视角聚焦建筑物鉴定与加固创新技术，展示了高水平的研究成果，令人耳目一新。《论文集》的出版发行是本次交流会的主要成果之一，印证着专家学者、工程技术人员不懈求索、奋进创新的感人风采。希望通过本《论文集》，打开沟通、交流之门，让它在行业发展中给人以借鉴，并发挥应有的作用。

事业发展任重道远，实践探索和理论创新永无止境。我们有理由相信，更多、更新、更好的成果将不断涌现，建筑物鉴定与加固改造将大有作为、大放异彩，第十六届全国建筑物鉴定与加固改造学术交流会也将载入史册。

主编
2022 年 7 月

# 目 录

## 第1篇 综述与动态

站在新的起点，回顾与展望建筑物鉴定与加固改造 …………………………………… 王德华 梁 爽（3）
建筑结构安全性鉴定工作规范应用的若干问题探讨 ………………………………………… 林 鹏（5）
SFCB 嵌入式加固混凝土构件承载力提升效果评价 ……………… 傅锦渝 孙泽阳 李小波 罗云标（9）
传统木结构材料本构模型和节点受力性能研究进展 ……………………………… 张晓港 宋晓滨（13）
通规实施对某既有高层建筑改造鉴定的影响分析 ………………………………… 张自强 吴弥坚（18）
全国地震易发区房屋设施加固进展与政策 …… 王兰民 王 平 蒲小武 景天孝 吕郁鑫 许世阳（22）
建筑加固改造类 EPC 总承包设计管理的思考 ……………… 邱海鹏 黄 琳 刘力波 陈晨晟 左雪宇（27）
既有建筑物耐久性提升和修复技术现状与展望 ……………………………………………… 赵建昌（31）
木结构抗火性能研究综述 …………………………………………………………… 张 雨 宋晓滨（35）
减震技术在提高抗震性能加固工程中的应用 ……………………………………… 赵 欣 商昊江（41）
国内外石结构加固技术进展研究 ……………………………… 李艳红 黄冀卓 吴武玄 张天宇（47）
抗浮锚杆设计规范对比及工程应用分析 …………………………………………… 曾未名 熊柱红（52）
既有建筑的可靠性与抗震鉴定的几个问题 ………………………………………… 朱彦鹏 杨奎斌（56）
静压桩校正基础下沉和结构恢复原位的新技巧 …………… 孙子超 吕元光 孙建志 纪勇鹏 李 欢（63）

## 第2篇 试验研究与计算分析

既有多层工业厂房的减震加固设计实践 ……………………………… 朱 华 欧国浩 朱灿勇（71）
建筑抗震韧性提升策略比较 ……………………………………………… 卜海峰 蒋欢军（77）
空斗墙轴心受压承载力及有限元分离式建模研究 ……………………………… 程浩然 敬登虎（80）
既有工程使用瘦身钢筋后的结构性能分析 ……………………………… 成 勃 崔士起 李 龙（85）
UHPC 预制管片加固地下砌体排水拱涵研究与应用 … 陈 遽 陈贝贝 肖时杰 吴罗明 王 海（90）
钢框架砌体填充墙加固的力学模型研究 …………………………… 任靖哲 曾 晗 陈 齐 潘 毅（95）
结构加固中灌浆料与老混凝土界面黏结改性的研究 …………… 单 韧 彭 勃 邱浩群 陈潇冰（100）
某既有框架结构增层改造后抗震性能分析 ……………………………… 杨全全 吴建刚 夏广录（105）
压路机作业振动对农房振损的影响研究 ………………………………… 曾繁文 夏广录 吴建刚（110）
双 360° 咬边连接压型金属板屋面系统抗风性能试验研究 …………… 常好诵 任志宽 殷小珠（115）
抗震性能化设计在加固改造工程中的应用 …………………… 唐榕滨 李凯冰 薛毓宁 宋 尧（122）
某预制楼梯水平放置荷载试验研究 ……………………………………………… 吴武玄 黄可为（126）
加固后基于静载试验的现浇钢筋混凝土楼板受力性能分析 ……………………… 谢坤明 叶李斌（132）
邻近道路施工对既有挡墙结构安全性影响分析 ………………………………… 万 飞 张国彬（137）
CFRCM 束拉拔过程的力阻效应及影响机理 …………………… 宫逸飞 张大伟 陈冠浩（141）
CFRCM 板拉伸过程力阻效应研究 ……………………………… 陶冶王之 张大伟 陈冠浩（144）
CFRP 加固锈蚀钢筋混凝土梁正截面受弯承载力 …………………… 余晞源 姜 超 张伟平（147）
外套 U 型钢加固混凝土梁受弯性能研究 ……………………… 卢亦焱 沈 炫 李 杉 宗 帅（151）
CFRP 加固偏压方钢管稳定性试验与设计方法研究 … 陈安英 王兆峰 完海鹰 王晨曦 王月童（156）
CFRP 加固偏压圆钢管柱稳定性能及设计方法研究 … 陈安英 王晨曦 完海鹰 王兆峰 袁礼正（163）
CFRP 加固偏压圆钢管柱稳定性研究 … 陈安英 袁礼正 完海鹰 王月童 王晨曦（169）

硫酸盐侵蚀环境下 ECC 与混凝土黏结性能研究……………李 娜 刘 康 胡 玲 肖 蓓（174）
带木支撑砌体填充木框架墙抗侧性能试验研究
　　……………宋晓滨 陈邢杰 Caterina Salamone 唐践扬 李 翔（179）
CFRP 与钢板复合加固 RC 梁抗弯疲劳性能研究…………………………………卢亦焱（185）
某辅助楼鉴定加固中黏滞阻尼器应用的研究………………安贵仓 张太亮 梁青武（190）
砌体结构隔震加固托换体系试验研究………………………………史智伟 舒 蓉（200）
初应力对内填纤维混凝土加固钢管柱受压性能的影响分析…李 娜 卢亦焱 石尚杰 刘真真（205）
混凝土芯样试件端面处理方法的试验研究与优化…………………刘振辉 由世岐（209）
外套钢管夹层混凝土加固 RC 柱优化模型研究……梁鸿骏 汪 鹏 刘真真 卢亦焱（215）
CFRP 加固焊接空心球节点连接焊缝常幅疲劳性能试验研究………段雨童 雷宏刚（218）
钢筋接头率对混凝土柱抗震性能影响试验研究……………王广义 田忠诚 杨广晖（221）
可更换部件的联肢剪力墙数值模拟分析…………李书蓉 闫 岩 蒋欢军 张 鑫（225）
既有地铁车站上盖增层基坑施工力学响应及参数分析
　　……………刘兆成 韩健勇 张朝阳 邵广彪 孔 涛 王 军 张清平 刘颜磊 姚传栋（228）
高层建筑物纠倾加固工程采用应力解除法确定竖向结构荷载的研究
　　李今保 李欣瞳 李碧卿 姜 帅 姜 涛 朱俊杰 马江杰 徐赵东 张继文 淳 庆
　　……………………………………………………………………………………穆保岗 张 一（239）
负载下焊接加固工形钢梁残余变形有限元分析与残余变形变化机理…黄健鸣 王元清 宗 亮（245）
基于数值试验的 Plastic-Hardening 模型参数选取方法……………………徐毅明 刘海波（253）
某高势能尾矿坝加高加固动力时程分析…………陈天镭 秦 婧 汪 军 徐锡荣 冒海军（259）
CFRP 加固预应力空心板受弯承载力设计分析…………………曾 静 肖承波 罗梓桐（267）
混凝土构件正截面受弯加固计算公式的探讨………………………甘立刚 吴 体 陈 华（270）
大跨钢桁架结构的现场加载试验………………………………………王震宇 常志远（275）
既有砌体结构静力评估方法及分项系数研究………吴乐乐 唐曹明 罗开海 吕大刚 程绍革（278）
某图书馆（媒体中心）钢结构工程施工仿真分析及监测技术研究
　　……………………………………………………吴 东 张元植 魏明宇 贾 斌（289）
全铰连接低层装配式钢框架结构抗震性能试验研究…………贾 斌 吴 体 王元清 魏明宇（294）
预应力混凝土梁的预应力损失监测试验…兰春光 王金博 王心刚 卫启星 王泽强 郭 楠（304）
非均匀火灾温度场中钢筋混凝土结构性能分析
　　……………………………董振平 刘 俊 周佳丽 范 力 李 想 王旭杰 陈思雨（312）

## 第 3 篇　检测与鉴定

基于焊缝缺陷的超声波探伤检测技术分析…………………………牛昌林 胡海涛（321）
西北环境下混凝土桥梁智能检测与黏结加固研究…………………王起才 崔晓宁（325）
某高级中学体育馆空间网架结构适用性检验应用与研究
　　……………………………夏敬婵 夏广录 吴建刚 任廷选 王艳春（329）
某景区钢筋混凝土栈道安全性检测鉴定及加固方法研究……徐海军 夏广录 吴建刚 贾军国（335）
施工期现浇钢筋混凝土板柱 – 抗震墙结构裂缝鉴定与分析………………谢坤明 叶李斌（339）
某地早期人防干道结构检测与安全性评定………………………………………李 根（346）
某化工钢结构管廊支架安全性评估………………………商登峰 江 勇 宋晓滨（350）
检测鉴定文件深度要求约定与验收程序的思考
　　……………………魏常宝 马 龙 郑建军 安贵仓 钱 铭 赵福荣（356）
某地下车库工程质量事故检测与分析………………………闫 妮 吴善能 廖勇元（360）
新天地改造区建筑现状结构安全评估………………………唐冬玥 白 雪 杨 三（363）

单筒式钢筋混凝土烟囱可靠性鉴定探讨 ……………… 秦　浩　张国强　仲崇强　苏　哲（365）
某地下室顶板覆土超载的检测鉴定 …………………………… 朱晓强　陈　辉　曾　勇（369）
某危改造工程房屋结构安全性鉴定剖析 ………………… 刘兴远　刘　洋　唐家富　王祝胜（371）
某底框砌体结构检测鉴定及加固设计 …………………… 李杭杭　闫鹏程　芮彩云　李　斌（376）

## 第4篇　加固改造与施工技术

湿陷性黄土地区某混凝土站钢框架结构混凝土搅拌楼高位顶升纠偏加固研究
　　　　　　　　　　　　　 汪过兵　姜　伟　裴先科　董　超　崔鹏翔（387）
老旧小区综合改造方案探讨分析 …………………………………… 牛昌林　祁生旺（393）
川大博物馆加固改造结构设计 ……………………………………… 张蜀泸　许京梦（397）
"7.20"暴雨郑州地区砌体房屋灾害实例及加固处理措施 ………… 刘砚山　李迎乐　周恒芳（401）
综合纠倾技术在高层建筑纠倾加固中的应用
　　　　　　　 莫振林　袁永强　彭小军　易　翔　樊　清　邓正宇（405）
某工程转换梁混凝土缺陷检测及加固处理 ……………………… 姚雨鹏　张国彬（410）
锚杆静压桩与掏土纠偏组合应用的工程实践 ……………… 杜吉坤　李世宏　谭启洲（414）
预应力张弦梁在抽柱扩跨改造工程中的应用 ………… 杨艳祥　王　健　王　建　王文军（417）
某高层建筑改造加固设计与思考 ………… 郭　强　张　路　施　泓　马玉虎　罗　肖（422）
某高层建筑物倾斜纠倾加固技术研究
　　　　　　 李欣瞳　朱俊杰　李碧卿　姜　涛　马江杰　李今保　姜　帅　张龙珠（426）
既有建筑地下增层改造技术及工程案例 …………………………… 李　湛　李钦锐（431）
筏板基础高层建筑水平掏土纠偏实例研究 ……………… 肖俊华　王清朋　孙伟杰（438）
某地下室上浮开裂原因分析及加固改造技术研究 ………… 李　莹　王　恒　杨立华（445）
采用抬升基础法对某高层建筑物进行纠倾加固的技术研究
　　李今保　李碧卿　李欣瞳　姜　涛　朱俊杰　姜　帅　马江杰　张继文　淳　庆　穆保岗
　　　　　　　　　　　　　　　　　　　　　　　　　　　　　　 戴　军　张　一（450）
某湿陷性黄土地区工业建筑物纠倾加固技术研究
　　　　　　 李碧卿　张龙珠　李欣瞳　朱俊杰　姜　涛　马江杰　李今保　姜　帅（455）
某商业建筑抽柱加固设计及施工技术
　　　　　 姜　涛　赵启明　李今保　朱俊杰　董艳宾　张龙珠　姜　帅　李欣瞳　李碧卿（461）
混凝土剪力墙无支撑置换加固受力分析及施工优化设计
　　　　　　　　　　 董军锋　张　旻　王耀南　雷　拓　刘　宜（467）
某砌体结构粮仓墙体开裂分析与加固 ……………… 陈建华　江　星　武占鑫　刘　磊　李文博（477）
某预应力抽柱改造项目中的托梁拔柱施工技术 …… 车英明　董振平　高明哲　熊泉祥　曹明安（482）
锚杆静压钢管桩在超大厚黄土地区地基处理中的应用研究 ……………… 闫鹏程　李杭杭（487）

## 第5篇　新技术与新材料

锚杆静压桩处理既有建筑湿陷性黄土地基 …………………………… 李　勇　李　晋（495）
既有建筑物纠偏时动态安全保障技术研究 ………………… 孙　琪　周　鹏　王逢睿　卢芳琴（501）
静力水准监测系统在房屋纠偏工程中的应用
　　　　　　 袁永强　莫振林　张　乐　张　立　邓光旭　杨少朋（508）
基于BIM技术的既有建筑结构安全性鉴定模块开发应用
　　　　　　 杨春蕾　霍旭恒　刘祥坤　张志扬　孙　敏（514）
微型钢管静压桩在高层住宅楼基础不均匀沉降事故中的应用 …………… 俞兆藩　赵红霞（519）

锚杆静压注浆钢管桩的应用及对既有建筑整体沉降提升纠偏的效能研究

　　　　　　　　　　　　　　　　　　　　杨　冬　魏　秦　李博文　吴　健　唐佐贵（522）

纤维网格端锚自锁效应试验研究 …………………周朝阳　林国制　陈世杰　周　浩　汪　毅（529）

结构加固改造及建造过程中信息化监测 ……………杜永峰　李向雄　谢　辉　马天军　梁　鑫（532）

太原植物园大跨悬挑空间钢结构健康监测系统研究 ………………许宸嘉　雷宏刚　和凌霄（537）

圆钢管柱外包钢管混凝土加固法应用研究——以太原植物园钢结构主入口为例

　　　　　　　　　　　　　　　　　　　　　　　　　　　　许宸嘉　雷宏刚　和凌霄（541）

改变结构体系法在抗震加固工程中的应用 ……………………侯宏涛　王　琴　亓　勇（545）

采用顶升法调控某框架结构地基基础不均匀沉降的加固方法

　　李今保　马江杰　朱俊杰　李欣瞳　李碧卿　姜　涛　丁　洋　张继文　淳　庆　穆保岗

　　　　　　　　　　　　　　　　　　　　　　　　　　　　　　　　　　　　　　张志强（550）

某大型商业综合体建筑门厅钢结构整体平移技术研究 ………李　可　张元植　周盛锋（556）

一种预应力混凝土结构有效锚固力检测方法的探索研究 ………曹桓铭　金栋博　杨与东（560）

## 第6篇　工程案例分析

某尾液库环境隐患整治工程试验检测结果分析 ……吕永平　郑建军　赵　卿　刘兴荣　李俊璋（565）

郑州市某政务服务中心改建项目结构分析 …………李迎乐　宝小超　刘金鹏　时　超（572）

某工程地下室防水板破坏成因研究 …………………朱永强　夏广录　吴建刚　杨全全（577）

既有援外体育建筑适应性改造设计策略研究 …………宝小超　沈　垒　李迎乐（581）

向东渠八尺门高空渡槽迁移设计与施工 ……………邬伟进　张天宇　李梁峰　严榆龙（586）

某深基坑边坡垮塌事故原因分析 ……………………………潘小东　张国彬（591）

某淤泥软土地基建筑基础加固设计 …………………………………陈李锋（595）

文物建筑在地铁施工影响下的监测预警机制分析——以全国重点文物保护单位马尾船政轮机厂为例

　　　　　　　　　　　　　　　　　　　　张文耀　杨　伟　吴铭昊　张　羽（600）

某钢桁架支承玻璃幕墙工程事故分析及处理 ………刘　俊　郑燕燕　张永生　孙书生　高治亚（608）

某城市规划展示馆钢连廊悬臂组合楼盖施工期大变形事故分析与加固处理

　　　　　　　　　　　　　　　　陈安英　王月童　朱　华　完海鹰　王忠旺（612）

陇东黄土滑坡形成机制及防治措施研究——以灵台县南店子滑坡为例 ………周自强　史向阳（617）

湿陷性黄土地区某安置点场地冻胀病害治理研究 …………裴先科　汪过兵　姜　伟　马明亮（620）

大断面砖石砌体结构排水管渠加固设计及数值模拟分析

　　　　　　　　　　　　　　　　郭杰标　苏　豪　董胜华　刘劲松　陈大川（627）

某除尘器钢支架结构倒塌事故分析 …………………邓沛航　王海东　陈大川　李登科（631）

某框架结构改造后填充墙开裂原因分析及处理 ……………………朱来新　陈海斌（635）

某车间开洞加劲楼板受迫振动分析及减振设计 ……………赵佳彦　习　谡　孟　腾（639）

既有办公建筑绿色智慧改造综合技术研究 ………………………………刘　赟（646）

成都某深基坑大变形及其治理 ………………………舒智宏　沈仁宝　陈子洁　任　鹏（651）

石窟寺平顶窟顶板加固技术进展 ……………………郭青林　白玉书　裴强强　刘　鸿（658）

江门体育馆屋盖钢结构加固施工模拟与监测方法研究 ………廖　冰　高喜欣　李　璐　罗永峰（662）

建筑结构胶黏剂的发展 ………………………………………………赵　卫　孟庆伟（667）

# 第1篇
# 综述与动态

# 站在新的起点，回顾与展望建筑物鉴定与加固改造

王德华　梁　爽

中国工程建设标准化协会建筑物鉴定与加固专业委员会

建筑物鉴定与加固改造，就技术而言，一直伴随着建筑业的发展；就大规模需求而言，始于 20 世纪 80 年代；就标准化而言，始于 20 世纪 90 年代。在建筑业从"增量"过渡到"存量"的历程中，建筑物鉴定与加固专委会一直扮演重要角色，并发挥越来越重要的作用。

前不久，原定于 2020 年召开的"第十五届全国建筑物鉴定与加固改造学术交流会议"，因受新冠肺炎疫情的影响，终于在承办单位清华大学团队的艰苦努力下、在各位领导和同行的关心和支持下，于 2021 年 10 月在张家口顺利召开并圆满闭幕。在甘肃省建科院团队紧锣密鼓的筹备下，"第十六届全国建筑物鉴定与加固改造学术交流会议"也如约而至。在本次学术交流会议前夕，建筑物鉴定与加固专委会愿与各位同仁一起站在新的起点，回顾检测鉴定与加固改造行业以及本专委会的发展历史，展望新时代背景下该行业以及本专委会的发展方向。

## 1　回顾

经过 30 余年的发展，建筑业已经从"量"的扩张转向"质"的提升，建筑结构已经从"以安全、适用、耐久为底线"，发展到必须考虑"绿色、低碳"；建筑物鉴定与加固改造行业已经由"以因建筑物安全质量事故而需进行加固为主"，转变为"以建筑物改变功能和性能而进行现代化综合改造为主"。这一转变，预示着建筑业已经进入一个新阶段。

回顾建筑物鉴定与加固专委会，其发展也随时代的需求不断更新和升级：1990 年，成立了"全国建筑物鉴定与加固委员会"；1991 年，举办了第一届全国建筑物鉴定与加固改造学术交流大会。30 余年间，这个两年一次的盛会已经如期举行了十五届，委员数量已经从第一届委员会的 55 名委员发展至如今第七届委员会的 136 名委员，参会人数也由最初的 184 人增长至 750 余人。本专委会的快速发展，得益于精干务实和不忘初心的作风，得益于因地制宜地在全国多地开展学术交流活动，得益于适应不同阶段市场对标准的需求以及标准的编制、宣贯和培训，更得益于这一方兴未艾的学科和行业所具有的令人瞩目的发展前景和潜力。

## 2　展望

建筑物鉴定与加固改造，应紧扣国家战略导向。2020 年，我国明确提出"双碳"目标；2021 年，全国碳市场正式开市；2022 年，在"十四五"新规划的攻坚之年，"双碳"目标对建筑业也提出更高的要求。2021 年 10 月，国务院印发的《2030 年前碳达峰行动方案》中提出"加快推进城乡建设绿色低碳发展，城市更新和乡村振兴都要落实绿色低碳要求"。

建筑物鉴定与加固改造，应狠抓标准化工作。2021 年 10 月，国务院发布的《国家标准化发展纲要》中，将既有建筑安全保障、老旧小区改造与城市更新领域的标准化，作为"加快城乡建设和社会建设标准化进程"的重要组成部分。2022 年 1 月，住房城乡建设部发布的《"十四五"建筑业发展规划》中也将"研究制定运行维护标准体系""完善既有建筑绿色改造及评价标准""加快制定工程抗震鉴定和加固标准"作为完善工程质量安全保障体系和稳步提升工程抗震防灾能力的重要内容。此外，2022 年 4 月开始实施的两部该领域的国家工程建设规范《既有建筑鉴定与加固通用规范》

---

作者简介：王德华，教授级高工，四川省建筑科学研究院有限公司董事长、中国工程建设标准化协会建筑物鉴定与加固专业委员会主任委员，主要从事建筑地基基础及结构研究。

（GB 55021—2021）和《既有建筑维护与改造通用规范》（GB 55022—2021），在发布实施之后应进行大力宣贯和培训，以使其尽快服务于社会。

建筑物鉴定与加固改造，应筑牢安全防线和底线。虽然现阶段建筑物发展目标和行业关注点逐渐转移到低碳、绿色、节能、舒适、宜居、智能等方面，然而安全（包括结构安全、防火安全等）仍然是一切性能目标的基石，更是人民对美好生活需求的根基。2021 年 5 月，国务院第 135 次常务会议通过的《建设工程抗震管理条例》，为我国境内从事建设工程抗震的鉴定、加固、维护等活动及其监督管理提供了"上位法"。因此，作为科技人员，应以该管理条例为指导，无论在标准化工作还是科研技术方面，都应该坚守建筑物安全底线。

建筑物鉴定与加固改造，应重视多领域与多学科融合发展。加固改造是一门方兴未艾且远未成熟的学科，涉及多个专业，又受到政策、资金等因素的影响，其复杂程度远高于新建建筑。然而，其他领域以及本领域其他学科的研究成果，可望为建筑物检测鉴定与加固改造提供借鉴：航空、材料等领域的研究成果可为建筑材料多尺度检测提供借鉴；航空领域、数字化领域以及本领域工程结构可靠性、损伤力学等学科的研究成果可为建筑物鉴定提供借鉴；新材料、组合结构和新型结构等学科的研究成果可为建筑物加固与改造提供借鉴。我们相信，采用以上新材料、新技术和新方法，以及传统产业的数字化与逐步取代传统方式的智能建造等方式，必将在新的时代背景下为建筑物检测鉴定、加固改造与城市更新助一臂之力。

## 3　小结

站在新的起点，建筑物鉴定与加固专委会将以主人翁的责任感与时不我待的紧迫感肩负起新的使命。依托本专委会，在深化标准化改革的今天，做好标准化工作，助力城市高质量发展；在科技快速发展的今天，做好学科融合，促进本行业的发展和技术进步；在"数字中国"快速推进的今天，做好传统产业的数字化及其产业化，助推行业转型升级；在以人为本的今天，做好工程质量安全保障，筑牢美好生活的安全底线。

# 建筑结构安全性鉴定工作规范应用的
# 若干问题探讨

林　鹏

甘肃土木工程科学研究院　兰州　730000

**摘　要**：建筑物在使用过程中，因受设计、施工、使用、改变用途、环境变化、各种灾害等因素影响，需要进行结构安全性鉴定，而鉴定标准相对设计规范在条文执行方面自由度较大，有许多关键性问题需鉴定人员依据自己的专业经验进行评判。因此，在鉴定工作中容易对规范条文的理解和执行出现偏差。本文结合工作实践，就鉴定标准应用方面的问题进行探讨。

**关键词**：安全性鉴定；规范；探讨

在使用过程中，有为数不少的建筑，或因设计、施工、使用不当而需加固，或因用途改变而需改造，或因使用环境变化而需处理，或因突发各种灾害而需做抗灾鉴定和灾后恢复重建前鉴定等。建筑结构在加固、改造、处理前均需对原结构的安全性进行鉴定，结构安全性鉴定已成为结构工程师经常面对的问题。

鉴定工作涉及设计、施工、检测、数据处理、法律法规等各个专业规范标准及专业领域知识，为做好鉴定工作，不仅要求从事该项工作的人员掌握专业知识，同时需具备丰富的实践经验。相对而言，鉴定标准较设计规范在条文执行方面的自由度大，有许多关键性问题需鉴定人员依据自己的专业经验进行评判，因此在鉴定工作中容易出现对规范条文的理解偏差、对检测数据的处理不到位、对鉴定结论应承担的法律责任意识淡薄等问题。针对以上问题，结合自身工作实践，就安全性鉴定工作中各类鉴定标准的应用问题进行探讨，以提高对规范条文的理解和应用水平，更好地指导检测鉴定工作。

## 1　关于标准的应用

常用的各类房屋（构筑物）鉴定标准有：《农村住房危险性鉴定标准》（JGJ/T 363—2014），简称《14 版农村危房鉴定标准》；《危险房屋鉴定标准》（JGJ 125—2016），简称《16 版危房鉴定标准》；《民用建筑可靠性鉴定标准》（GB 50292—2015），简称《15 版可靠性鉴定标准》；《工业建筑可靠性鉴定标准》（GB 50144—2019），简称《19 版工业可靠性鉴定标准》；《火灾后工程结构鉴定标准》（T/CECS 252—2019），简称《19 版火灾鉴定标准》；《建筑抗震鉴定标准》（GB 50023—2009），简称《09 版抗震鉴定标准》；《构筑物抗震鉴定标准》（GB 50117—2014），简称《14 版构筑物抗震鉴定标准》等。在实际工作中，本着既符合标准要求，又提高工作效率的原则，有以下几点值得注意。

### 1.1　《14 版农村危房鉴定标准》

其前身是 09 版《农村危险房屋鉴定技术导则（试行）》，仅适用于对农村自建 1～2 层住房结构的危险程度鉴定。因全国尤其是较偏远落后地区既有的大量城镇居民自建 1～2 层房屋，从建造方式、使用材料等方面看与农村住房性质相同，个人认为在做危险性鉴定时，可按本标准执行。在鉴定时，采用"两阶段、三层次"的筛选法，即场地危险状态鉴定与住房危险性鉴定两阶段，对第二阶段的鉴定应优先采用定性鉴定，当定性鉴定中对沉降、变形、裂缝等的分级定性把握不准时，可参考标准中定量鉴定章节的规定裁量执行。

农村住房危险性鉴定无论是定性或定量鉴定，均可根据住房的宏观特征并结合构件的变形、裂缝等损坏程度，通过房屋结构的表象评估来判断，给出房屋是否安全及其危险程度的现状即可，无须做荷载调查、结构的分析验算等工作。

### 1.2 《16版危房鉴定标准》

本标准适用于 100m 以下各类既有房屋的危险性鉴定，也采用"两阶段、三层次"的鉴定方法。标准要求房屋危险性鉴定应对房屋现状进行现场检测，必要时应采用仪器测试、结构分析和验算。结构分析及验算中明确提出可不计入地震作用，对构件承载能力按不同时期建造的房屋笼统乘以调整系数进行危险性判断评定。虽然较《14版农村危房鉴定标准》在鉴定方法及标准上有所提高，但结构分析验算一般不考虑地震作用，且采用综合调整系数法。在实际"两阶段、三层次"鉴定工作中，为简化工作，建议仍以倾斜、不均匀沉降、变形、裂缝等指标优先评定房屋构件是否为危险构件。对完好构件或基本完好构件，可按标准 5.1.5 条直接评定为非危险构件。为尽可能简化鉴定工作，用上述方法可尽量避免做繁杂的结构分析验算。但需强调指出，以上对构件危险性的简化鉴定所隐含的条件为所鉴定既有房屋是经正常设计、正常施工的房屋。

凡房屋危险性鉴定，是房屋已有明显的倾斜、不均匀沉降、变形、裂缝等危险性状况，采用筛选法的"两阶段、三层次"的鉴定方法，当需要第二阶段三个层次的鉴定，第一层次构件危险性鉴定中尽量采用简化的直接确定方法进行，以便提高鉴定效率，对鉴定为 A、B 级的房屋，应建议后续进行可靠性鉴定、抗震鉴定等工作。

### 1.3 《15版可靠性鉴定标准》

在日常鉴定工作中应用最多，需特别注意以下几个问题：

鉴定标准仅适用于已建成可以验收和已投入使用的民用建筑。已建成可以验收的民用建筑是新版鉴定标准增加内容，即本标准施工验收资料缺失的房屋鉴定。对日常工作中由于建设手续不齐全或施工资料缺失的在建工程，由于尚不具备建成验收条件，不能按本标准进行安全性鉴定。此类项目的鉴定，可按现行相关施工质量验收规范、现行设计规范、抗震规范等进行验收，给出合格与否的验收意见而不能按鉴定标准评级。实体检测结果为质量验收不合格的工程，方可按程序进行安全性和抗震鉴定。

安全性鉴定中所有建筑，无论已使用年限长短，验算分析鉴定依据均执行现行各类设计规范标准和本鉴定标准的规定方法，而不是按类似于抗震鉴定标准中按 A、B、C 类建筑分类采用不同的鉴定方法，对不同后续使用年限的建筑，鉴定标准采用对结构上作用可变荷载进行折减的方法修正承载能力 $R/\gamma_0 S$ 中的作用效应值 $S$，通过调整作用效应 $S$ 值来校准可靠度水准。

在鉴定方法上，鉴定标准采用三层次的鉴定方法，与前述两个危险性鉴定标准的"二阶段、三层次"方法区别是，取消二阶段，要求对建筑物无论地基基础的鉴定评级结果如何，均需对建筑物按三层次进行全系统、全过程的普查鉴定。

对正常使用构件的简化鉴定评级，构件按第 5.1.4 条可不参与鉴定，构件安全性可直接评为 $a_u$ 或 $b_u$ 的隐含条件是符合现行规范的正常设计、正常施工。

构件的安全性鉴定是按承载能力、构造、不适用于继续承载的位移和变形、裂缝或其他损伤四个检查项目最低一级项目评级，承载能力是按验算结果评级，而其余项目是按承载状况调查实测结果评级，对于建筑物鉴定单元由于按承载能力验算评为 $D_{su}$ 级的状况，建筑实物可能处于濒临危险的状态，而非危险性鉴定标准评定的完全危险状态，因此，对于按该标准由承载能力验算而评为 $D_{su}$ 级的建筑，即我们常说的"算出来的危楼"，鉴定报告中常见的提出建议拆除的问题，需审慎对待。

### 1.4 《19版工业可靠性鉴定标准》

《工业建筑可靠性鉴定标准》（GB 50144—2019）的鉴定方法采用与《民用建筑可靠性鉴定标准》（GB 50292—2015）相同"三层次"的鉴定方法，但具体鉴定时有以下区别，在实际工作中容易混淆，值得提醒重视。

（1）对既有工业建筑的可靠性鉴定，标准中不再分为安全性鉴定和正常使用性鉴定，应统一进行以安全性鉴定为主并注重正常使用性的可靠性鉴定。

（2）构件的安全性等级仅按承载能力、构造和连接两个项目评定，裂缝、变形、缺陷和损伤、腐蚀属于构件使用性的鉴定评级。安全性评级中的承载能力系数的界限值，钢构件较混凝土构件、砌体构件除 a 级外均高 0.05，且承载能力分级界限值与《民用建筑可靠性鉴定标准》（GB 50292—2015）

取值相比偏低，《民用建筑可靠性鉴定标准》（GB 50292—2015）对构件安全性评级采用现行设计规范分析验算，采用《建筑结构可靠性设计统一标准》（GB 50068—2001）规定的可靠指标为基础来确定安全性等级的界限；而《工业建筑可靠性鉴定标准》（GB 50144—2019）是以现行设计规范分析验算。

### 1.5　《19 版火灾鉴定标准》

《火灾后工程结构鉴定标准》（T/CECS 252—2019）以建筑结构构件的安全性鉴定为主，鉴定按"两阶段"来执行，即初步鉴定和详细鉴定。对结构分析与构件校核应按"两类"进行分析，即火灾过程中的结构分析和火灾后的结构分析。第一类分析是为了判断火灾过程中的温度应力对结构造成的损伤或潜在损伤。第二类分析是为了掌握火灾后结构的残余状况。构件的鉴定评级及后续工作可按相关专业可靠性鉴定标准执行即可。

### 1.6　《09 版抗震鉴定标准》

《建筑抗震鉴定标准》（GB 50223—2009）适用于 6 ～ 9 度地区的现有建筑抗震鉴定，即除古建筑、新建建筑、危险建筑以外，迄今仍在使用的既有建筑。在规范应用中有以下问题常常容易混淆。

（1）标准不适用于古建筑、新建建筑、危险建筑。

（2）A 类、B 类建筑按本鉴定标准执行，C 类建筑应按《建筑抗震设计规范》（GB 50011—2010，2016 年版）执行，而不能按《建筑抗震设计规范》（GB 50011—2001）执行。因为按国家建筑标准法规，废止规范无法律效力，执行废止规范属违法行为，至于 A 类、B 类建筑执行已废止《95 版鉴定标准》（《建筑抗震鉴定标准》50023—95）和《89 抗规》（《建筑抗震设计规范》GBJ 11—89）的问题是通过《09 版抗震鉴定标准》使其合法化，因为《建筑抗震鉴定标准》（GB 50223—2009）为现行有效标准。

（3）A 类、B 类建筑在抗震验算时地震影响系数最大值不应折减，《09 版抗震鉴定标准》是通过对其特征周期取《89 抗规》的较小值，各类结构材料强度的设计指标按附录 A 取《89 混规》与《88 砌体规范》（《砌体结构设计规范》GBJ 3—88）较大值，并对 A 类混凝土房屋抗震鉴定承载力调整系数值 $\gamma_{Ra}$ 取《10 抗规》（《建筑抗震设计规范》GB 50011—2010）承载力抗震调整系数值 $\gamma_{RE}$ 为 0.85 等，校准后续使用年限 30 年、40 年建筑结构的设防目标水准。

（4）抗震鉴定工作分为两级，为简化鉴定，A 类建筑采用筛选法的两级鉴定，且第二级鉴定采用综合抗震能力指数的简化方法，而不必计算构件抗震承载力。体系影响系数 $\psi_1$ 取各项系数乘积，局部影响系数 $\psi_2$ 取各项系数最小值，且局部影响系数仅用于局部楼层或构件。

B 类建筑抗震鉴定可考虑抗震承载力与抗震措施的综合影响而评定。对 C 类建筑，应完全按现行《10 抗规》，抗震措施与抗震承载力等各项指标必须全部满足规范方可评为满足抗震要求。上述鉴定方法原则上体现了当遭遇同样的地震影响时，A 类、B 类建筑的损坏程度可略大于 C 类建筑，但"大震不倒"的第三水准是终极底线设防目标。

### 1.7　《14 版构筑物抗震鉴定标准》与《09 版抗震鉴定标准》的区别

（1）仅对部分 A 类构筑物采用筛选法的两级鉴定方法。

（2）明确规定了按不同后续年限做抗震鉴定时的地震影响系数来调整系数，并取消了对 A 类建筑的特征周期值及抗震鉴定承载力调整系数的规定。

（3）对 A 类与 B 类构筑物的分界标准是 93 版《构筑物抗震设计规范》（GB 50191—93），A 类按 88 版《工业构筑物抗震鉴定标准》（GBJ 117—88）为准，B 类构筑物按 93 版《构筑物抗震设计规范》（GB 50191—1993）为准，C 类按现行 12 版《构筑物抗震设计规范》（GB 50191—2012）为准。

（4）与建筑抗震鉴定相同，现有构筑物的情况十分复杂，其结构类型、建造年代、设计时所采用设计规范、地震区划图的版本、施工质量和使用维护等方面存在差异，抗震能力有很大的不同，因此根据实际情况区别对待和处理。

## 2　结论

中华人民共和国成立后我国建筑设计规范大体经历了 1954 年、1958 年、1974 年、1989 年、2001 年及 2010 年六个阶段，从大的趋势来看，每一阶段规范的结构可靠度均较前一期有不同程度的提高。

基于此理，按照上述各鉴定标准规范编制的思路，可概括为《16版危房鉴定标准》《19版工业可靠性鉴定标准》《09版抗震鉴定标准》《14版构筑物抗震鉴定标准》等在危险性鉴定、抗震鉴定是基于"满足当初建造时的设计规范要求即为安全"的原则，而避免造成大量原本满足当初设计规范的构件被"算"出来是危险的状况出现，并在抗震鉴定A类、B类建筑中适当汲取了新规范中保证"大震不倒"的抗震措施。至于按《02版抗规》设计的现有建筑，则属于《09版抗震鉴定标准》与《10版抗规》规范间衔接出现问题的特例，相信会随着新版抗震鉴定标准的修订而解决，而《民用建筑可靠性鉴定标准》（GB 50292—2015）则完全采用现行设计规范标准，只是对结构上的作用效应按后续使用年限不同而折减，可靠性水准满足《建筑结构可靠性设计统一标准》（GB 50068—2018）要求。

## 参考文献

[1] 中华人民共和国住房和城乡建设部. 农村住房危险性鉴定标准：JGJ/T 363—2014[S]. 北京：中国建筑工业出版社，2015.

[2] 中华人民共和国住房和城乡建设部. 危险房屋鉴定标准：JGJ 125—2016[S]. 北京：中国建筑工业出版社，2016.

[3] 中华人民共和国住房和城乡建设部. 火灾后工程结构鉴定标准：T/CECS 252—2019[S]. 北京：中国建筑工业出版社，2020.

[4] 中华人民共和国住房和城乡建设部. 民用建筑可靠性鉴定标准：GB 50292—2015[S]. 北京：中国建筑工业出版社，2016.

[5] 中华人民共和国住房和城乡建设部. 工业建筑可靠性鉴定标准：GB 50144—2019[S]. 北京：中国建筑工业出版社，2019.

[6] 中华人民共和国住房和城乡建设部. 建筑抗震鉴定标准：GB 50023—2009[S]. 北京：中国建筑工业出版社，2009.

[7] 中华人民共和国住房和城乡建设部. 构筑物抗震鉴定标准：GB 50117—2014[S]. 北京：中国建筑工业出版社，2015.

[8] 中华人民共和国住房和城乡建设部. 建筑结构可靠性设计统一标准：GB 50068—2018[S]. 北京：中国建筑工业出版社，2019.

# SFCB 嵌入式加固混凝土构件承载力
# 提升效果评价

傅锦渝[1]　孙泽阳[1]　李小波[1]　罗云标[2]

1. 东南大学土木工程学院　南京　210096
2. 天津大学建筑工程学院　天津　300072

**摘　要：**钢 – 连续纤维复合筋（SFCB）是由钢筋内芯与纤维增强复合材料（FRP）优势互补复合而成的高性能筋材，具有可控的屈服后二次刚度、良好的耐久性、较高的弹性模量（相较 FRP 筋）等诸多优点，在需要高耐久的新建混凝土结构以及既有结构加固中具有广阔应用前景。本文依据课题组嵌入式加固混凝土构件试验，归纳了 SFCB 嵌入式加固混凝土梁的破坏模式，介绍了非黏结破坏的 SFCB 嵌入式加固混凝土梁承载力计算方法，并与试验结果进行了比较分析，结果发现加固筋最优含量与最终加固效果并非正比关系，过大加固量易造成剥离破坏。相关成果可为 SFCB 嵌入式加固混凝土构件提供参考。

**关键词：**钢 – 连续纤维复合筋（SFCB）；破坏模式；混凝土梁；嵌入式加固

在腐蚀性环境下，钢筋产生锈蚀将导致结构性能退化[1]。纤维增强复合材料（FRP）具有高强度、良好耐久性等优势，在海洋环境、化工车间等场所中得到广泛应用[2]。然而，FRP 弹性模量较钢材低、延性差、抗剪能力较低，抗拉强度利用效率低，同时呈线弹性，易发生脆性破坏[3]。通过将钢材与纤维增强复合材料进行复合，可得到不同的钢 – 连续纤维复合材料[4]，其中钢 – 连续纤维复合筋（SFCB）由带肋钢筋内芯与外包纵向 FRP 材料经过拉挤成型工艺后制成[5]。通过复合法则，在不考虑黏结树脂提供承载力的情况下，得到 SFCB 应力 – 应变关系[6]：

$$\sigma_{sf} = \begin{cases} \varepsilon_{sf}(E_s A_s + E_f A_f)/A & (0 \leqslant \varepsilon_{sf} < \varepsilon_{sfy}) \\ f_{sfy} + (\varepsilon_{sf} - \varepsilon_{sfy})E_f A_f/A & (\varepsilon_{sfy} < \varepsilon_{sf} \leqslant \varepsilon_{sfu}) \\ f_y A_s/A & (\varepsilon_{sfu} < \varepsilon_{sf}) \end{cases} \quad (1)$$

$$\gamma_{sf} = \frac{E_{II}}{E_I} = \frac{E_f A_f}{E_f A_f + E_s A_s} \quad (2)$$

式中，$A$ 为 SFCB 截面总面积；$A_s$、$E_s$、$f_y$ 分别为钢芯截面面积、弹性模量、屈服强度；$A_f$、$E_f$ 为 FRP 截面面积与弹性模量；$\varepsilon_{sf}$、$\sigma_{sf}$ 分别为 SFCB 应变与应力；$\gamma_{sf}$ 为二次刚度比，为 SFCB 屈服前后筋材轴向刚度之比。

SFCB 力学性能示意如图 1 所示。

SFCB 作为钢筋与 FRP 的复合产物，充分发挥了二者各自优势：（1）外层包裹不易腐蚀的 FRP，使 SFCB 具有较好耐久性；（2）初始阶段钢筋未屈服，SFCB 具有较高的弹性模量；（3）外裹 FRP 在钢筋内芯屈服后承受荷载，SFCB 存在明显的屈服后刚度[3-7]。故 SFCB 在混凝土结构中具有广泛的运用前景。SFCB 构造示意如图 2 所示。

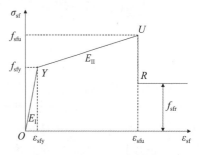

图 1　SFCB 力学性能示意图

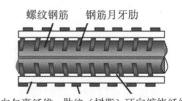

图 2　SFCB 构造示意图[5]

作者简介：傅锦渝（2000—　　），男，硕士研究生。
通信作者：孙泽阳（1984—　　），男，博士，副教授，硕士生导师；E-mail：sunzeyang@seu.edu.cn。
基金号：国家自然科学基金（52178120）。

# 1 SFCB 筋材增强与加固

## 1.1 SFCB 梁力学性能

SFCB 配筋混凝土梁具有良好抗弯性能。课题组杨洋等对 BFRP、SFCB 混合配筋梁性能进行试验研究，探究了等效配筋率、钢材与 FRP 含量比对混合配筋梁抗弯性能影响[8]。欧进萍等提出了 FRP-钢筋复合筋增强混凝土构件等效刚度设计法，并根据等刚度与等承载力两种原则试验对比了复合筋梁受弯性能[9]。孙泽阳等开展不同形式的集束钢筋/FRP 梁弯曲性能试验，表明集束配筋梁相较于分布配筋梁在极限荷载相近的情况下，前者屈服与极限位移更大[10]。

## 1.2 SFCB 嵌入式加固混凝土构件技术

嵌入式加固（NSM）是预先将混凝土表面剔槽，将加固材料安置在槽内后注入黏结材料，使其与原结构形成整体[11]。嵌入式加固可以充分利用加固材料性能，有效提高加固构件承载力。高强、轻质的 FRP 是嵌入式加固常见材料，但 FRP 对构件刚度提高效果不明显，同时价格较为昂贵。

吴刚等将 SFCB 用于混凝土梁嵌入式加固并进行抗弯试验（图 3），试验表明 SFCB 嵌入式抗弯加固能同时显著提高受弯构件正常使用阶段的刚度和极限阶段承载力[12]。罗云标等对 SFCB 嵌入式加固钢筋混凝土梁的破坏特征与极限承载力计算方法进行理论分析[13]。高立研究使用纤维复合材料加固老化混凝土构架，对变电站老旧混凝土建筑物进行调研并通过 Abaqus 模拟以及实际工况模拟试验，总结归纳了嵌入 SFCB 加固的具体施工工艺以及注意事项，为电力行业中嵌入加固法提供依据[14]。

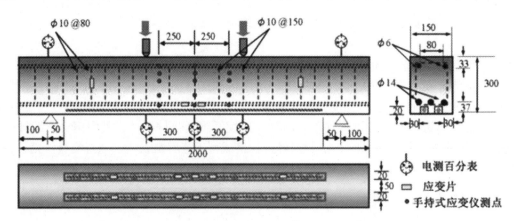

图 3　SFCB 嵌入式加固梁试验示意图（单位：mm）[12]

## 1.3 SFCB 嵌入式加固承载力计算方法

SFCB 嵌入加固混凝土梁会出现黏结剥离破坏与非黏结破坏[12]。在完全锚固条件下，计算嵌入式加固梁承载力时，可考虑平截面假定并认为黏结材料与混凝土并无材性差异[13]。根据梁受压区边缘混凝土压应变是否达到峰值压应变、原受拉钢筋是否屈服、嵌入筋材是否屈服等不同破坏模式，依照截面静力平衡与截面应变关系，可确定中和轴高度 $h_n$、梁截面边缘混凝土压应变 $\varepsilon_c$、受拉主筋应变 $\varepsilon_s$ 以及截面曲率 $\phi$ 与嵌入筋拉应变 $\varepsilon_{sf}$ 的关系式[13]：

$$\int_0^{h_0} f_c \mathrm{d}x = A_s f_s + A_{sf} f_{sf} \tag{3}$$

$$\varepsilon_c = \frac{h_n}{d_{sf} - h_n}\varepsilon_{sf}; \quad \varepsilon_s = \frac{d_s - h_n}{d_{sf} - h_n}\varepsilon_{sf}; \quad \phi = \frac{1}{d_{sf} - h_n}\varepsilon_{sf} \tag{4}$$

在加固梁已经开裂的情况下，可得到有关中和轴高度 $h_n$ 的截面方程：

$$M(h_n) = f_{sf}A_{sf}(d_{sf} - h_n + y_c) + f_s A_s(d_s - h_n + y_c) \tag{5}$$

上式中，$d_{sf}$、$d_s$ 分别为嵌入筋、钢筋至梁顶的高度；$A_s$、$f_s$ 分别为钢筋截面面积、应力；$A_{sf}$、$f_{sf}$ 分别为 SFCB 截面面积、应力；$y_c$ 为混凝土压应力合力至中和轴距离。

通过定义嵌入筋与混凝土的极限应变，参照嵌入筋、混凝土本构关系，确定嵌入筋应力与混凝土受压区高度及中心，便可求得加固梁极限承载力[13]。

## 2　SFCB 嵌入式加固构件试验

### 2.1　试件介绍

吴刚等进行了 SFCB 嵌入式加固试验[12]。B-C 梁为对照 RC 梁；B-C24、B-C40 分别使用 2 根 S10-C24、S10-C40 加固；B-B20、B-B30 分别使用 2 根 S10-B20、S10-B30 加固；B-F8 使用 2 根 $\phi$8CFRP 加固。试验结果如下：B-C 梁发生适筋破坏；B-C24 梁受拉钢筋屈服，受压区混凝土压溃，SFCB "拉断"；B-B20 梁钢筋屈服，受压区混凝土压溃，SFCB 未拉断；B-C40、B-B30、B-F8 梁发生剥离破坏[12]（表 1）。

表 1　SFCB 嵌入式抗弯加固混凝土梁试验特征值比较

| 试件编号 | $P_y$ (kN) | | | $P_u$ (kN) | | | $\mu_y$ | $\mu_E$ | $\eta_E$ |
|---|---|---|---|---|---|---|---|---|---|
| | 试验 | 计算 | 误差 (%) | 试验 | 计算 | 误差 (%) | $\Delta_u/\Delta_y$ | $E_u/E_y$ | $E_{加固}/E_{对照}$ |
| B-C | 130.4 | — | — | 163.6 | — | — | 6.42 | 8.12 | 1.00 |
| B-C24 | 230.3 | 228.8 | 0.7 | 259.3 | 265.0 | 2.2 | 2.14 | 3.02 | 1.68 |
| B-C40 | 240.0 | — | — | 284.0 | — | — | 2.06 | 2.96 | 1.00 |
| B-B20 | 233.3 | 224.6 | 3.7 | 269.6 | 267.7 | 0.7 | 3.51 | 5.36 | 2.00 |
| B-B30 | 240.0 | — | — | 270.3 | — | — | 2.04 | 2.69 | 1.24 |
| B-F8 | 190.0 | — | — | 259.6 | — | — | 2.09 | 3.30 | 0.91 |

注：B-C40、B-B30、B-F8 梁最终发生剥离破坏，故此处未计算梁理论屈服于极限承载力；$P_y$、$P_u$ 为试验值、理论值，引自文献 [13]。

### 2.2　加固效果评价

在表 1 中为文献 [12] 中 SFCB 嵌入式加固梁试验数据以及本文相关计算结果。相较于对照梁，采用 SFCB、CFRP 进行加固后屈服承载力与极限承载力均有较大提升，其中 B-C40 梁提升效果最为显著。加固梁非剥离破坏的屈服点和极限点与计算结果吻合良好。$\mu_y$、$\mu_E$、$\eta_E$ 分别为试验梁位移延性系数、能量延性系数以及加固梁与试验梁破坏吸收能量比值：

$$\mu_y = \frac{\Delta_u}{\Delta_y}; \quad \mu_E = \frac{E_u}{E_y}; \quad \eta_E = \frac{E_{加固}}{E_{对照}} \tag{6}$$

式中，$E_{加固}$ 与 $E_{对照}$ 分别为加固梁与对照梁破坏过程中吸收的能量。在计算时，对照梁能量计算范围为起始加载至所有加固梁最大 $\Delta_u$ 阶段，加固梁取起始加载至下降至 $0.85P_u$ 阶段。考虑加固梁对承载力提升与延性阶段长度，相对于位移延性系数 $\mu_y$，能量延性系数 $\mu_E$ 更能体现加固梁加固效果，其综合表现加固梁承载力与变形能力水平。由能量比 $\eta_E$ 可知，在加固后，由于发生剥离破坏，B-B30、B-C40、B-F8 梁破坏吸收能量提升不明显甚至降低，加固效果不显著。而 B-B20 梁吸收能量较多，说明并非加固量越多，加固效果越良好。

图 4 绘制了荷载 – 位移曲线以及无量纲的 $P/P_y$-$\Delta/\Delta_y$ 曲线，以比较不同嵌入筋加固梁抗弯性能。

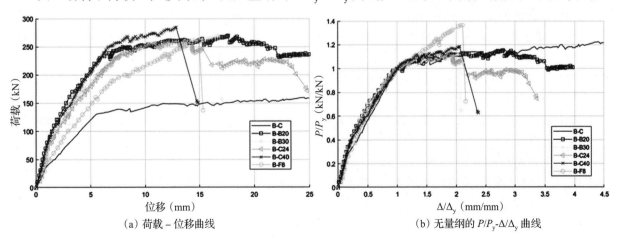

（a）荷载 – 位移曲线　　　　　　　（b）无量纲的 $P/P_y$-$\Delta/\Delta_y$ 曲线

图 4　试验梁加固前后性能比较

发现 B-C40、B-B30、B-F8 梁承载力迅速下降后失效。开裂阶段前，各试验梁较为相似。在开裂后至屈服前阶段，加固梁均具有较高刚度。在屈服后，加固梁有较高的屈强比作为强度储备。相较于 B-F8 梁，SFCB 梁具备更高延性，梁变形能力良好。CFRP 加固梁具有最高极限荷载 / 屈服荷载比值以及屈服后二次刚度。

　　黏结剥离破坏会导致 SFCB 嵌入式加固混凝土梁无法达到理论承载力，应尽量避免。可采用释放端部应力进行改善，具体实施方法包括：（1）加大锚固段槽道尺寸；（2）控制端部树脂加热时间；（3）端部使用刚度较低树脂；（4）端部使用 U 形箍锚固等[15]。

## 3　结语

　　本文主要综述了 SFCB 嵌入式加固混凝土梁的抗弯性能，简要介绍了 SFCB 嵌入式加固梁承载力计算方法，评估了课题组嵌入式加固试验梁承载能力与变形能力。SFCB 嵌入式加固梁破坏承载力较未加固梁有较大提升，且相对于嵌入 FRP 筋而言，嵌入 SFCB 在高耐久前提下更容易避免剥离破坏。同时，并非加固量越大，加固效果越好。

### 参考文献

[1] SANZ B, PLANAS J, SANCHO J M. Influence of corrosion rate on the mechanical interaction of reinforcing steel, oxide and concrete[J]. Materials and Structures, 2017, 50（4）: 195.

[2] CROMWELL J R, HARRIES K A, SHAHROOZ B M. Environmental durability of externally bonded FRP materials intended for repair of concrete structures[J]. Construction and Building Materials, 2010, 25（5）: 2528-2539.

[3] WU G, WU Z, LUO Y. Mechanical properties of steel-frp composite bar under uniaxial and cyclic tensile loads[J]. Journal of Materials in Civil Engineering, 2010, 22（10）: 1056-1066.

[4] 孙泽阳，郑忆，吴刚. 钢 – 连续纤维复合筋及其增强混凝土结构研究现状 [J]. 南京工业大学学报（自然科学版），2021, 43（04）: 425-434.

[5] 罗云标，吴刚，吴智深，等. 钢 – 连续纤维复合筋（SFCB）的生产制备研究 [J]. 工程抗震与加固改造，2009, 31（01）: 28-34.

[6] 吴刚，罗云标，吴智深，等. 钢 – 连续纤维复合筋（SFCB）力学性能试验研究与理论分析 [J]. 土木工程学报，2010, 43（03）: 53-61.

[7] 吴智深，吴刚，吕志涛. 钢 – 连续纤维复合筋增强混凝土抗震结构：CN1936206[P]. 2007-03-28.

[8] YANG Y, SUN Z, WU G, et al. Experimental study of concrete beams reinforced with hybrid bars（SFCBs and BFRP bars）[J]. Materials and Structures, 2020, 53（4）: 104-117.

[9] 欧进萍，韩世文，白石. FRP– 钢筋复合筋及其增强混凝土构件的等效刚度设计法 [J/OL]. 中国公路学报，2022, 1-17.

[10] SUN Z, FU L, FENG D, et al. Experimental study on the flexural behavior of concrete beams reinforced with bundled hybrid steel/FRP bars[J]. Engineering Structures, 2019, 197（C）: 109443.

[11] 李荣，滕锦光，岳清瑞. FRP 材料加固混凝土结构应用的新领域：嵌入式（NSM）加固法 [J]. 工业建筑，2004（04）: 5-10.

[12] 吴刚，罗云标，吴智深，等. 钢 – 连续纤维复合筋（SFCB）嵌入式加固混凝土梁试验研究 [J]. 工程抗震与加固改造，2009, 31（01）: 8-13, 27.

[13] 罗云标，吴刚，吴智深，等. 钢 – 连续纤维复合筋嵌入式加固 RC 梁承载力分析 [J]. 建筑结构学报，2010, 31（08）: 86-93.

[14] 高立. 既有变电站混凝土构架加固技术研究与示范 [D]. 南京：东南大学，2019.

[15] 张立伟. 嵌入式预应力 CFRP 筋抗弯加固混凝土梁试验研究 [D]. 南京：东南大学，2009.

# 传统木结构材料本构模型和节点受力性能研究进展

张晓港 宋晓滨

同济大学 上海 200092

**摘 要**：木材本构模型和节点受力性能是传统木结构抗震性能研究中的重要问题。相比于弹性本构模型、弹塑性本构模型和弹性损伤模型，弹塑性损伤模型能够在考虑塑性变形的基础上描述材料的软化行为和反复荷载作用下的刚度退化行为。传统木结构节点受力性能试验研究较为丰富，但理论滞回模型对试验数据依赖性较大，在加卸载刚度强度退化上理论分析较少，在捏拢效应的模拟、控制点的选取、卸载曲线的形式上仍有改进空间。采用弹塑性损伤模型对传统木结构节点的受力性能进行模拟，并完善滞回模型卸载和再加载段的理论模型，有助于提升传统木结构节点性能模型的精度和效率。

**关键词**：木材；本构模型；传统木结构；柱脚节点；榫卯节点；斗拱节点；受力性能

我国有大量传统木结构建筑保存至今，但许多历史上传承下来的传统木结构建筑结构可靠性和稳定性降低，震损风险不容忽视[1]。木材材性和节点受力性能是传统木结构抗震性能研究中的重要问题，一直以来受到国内外学者的广泛关注。木材非线性受力行为的描述一般由强度准则和本构模型组成，后者可以描述材料的硬化、软化以及刚度退化行为，并对数值模拟的计算精度和效率产生影响[2]。

目前在传统木结构节点受力性能研究方面，对于恢复力 – 位移骨架曲线的试验研究和理论分析丰富，而对于滞回性能的研究较少。如何建立合理的理论框架以准确地描述传统木结构节点滞回性能是一个关键问题。本文从木材本构模型和传统木结构节点受力性能的试验研究和理论研究入手，对三种传统木结构关键节点受力性能的研究进展进行梳理总结，通过介绍目前较为先进的力学本构模型以及理论分析方法，提出该领域的进一步研究的建议，为传统木结构关键节点力学性能的数值模拟和理论研究提供参考。

## 1 木材的材料特性

木材是多孔、非均质的各向异性材料，木材的三个正交方向分别是顺纹方向（*L*）、横纹径向（*R*）和横纹弦向（*T*），如图1所示。木材在不同方向受不同类型作用力时的力学性能各异，针对木材复杂的各向异性材料特点，国内外学者提出的本构模型一般可分为弹性本构模型和弹塑性本构模型，以下分别简述。

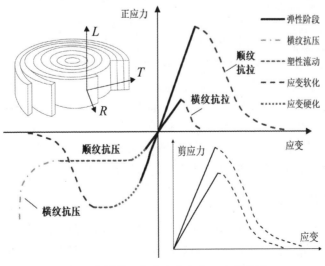

图 1 木材的正交方向和应力 – 应变关系

## 1.1　弹性本构模型

在弹性阶段一般可将各向异性的木材简化为正交各向异性材料[3]。随着荷载逐渐增加，木材应力水平达到一定程度后会发生拉、剪脆性破坏或受压塑性变形，强度准则是复杂应力状态下木材失效行为的主要判别依据。Hill 强度准则[4] 可以考虑材料各向异性特点，但不能考虑材料拉压强度不相等的情况。Hoffman 强度准则[5] 以及 Tsai-Wu 强度准则[6] 考虑了材料拉压强度不同的情况，但仅能预测材料破坏的应力状态，而不能判断具体破坏模式。Yamada 和 Sun[7] 将 Norris 强度准则[8] 简化后提出的 Yamada-Sun 强度准则考虑了多个应力分量的组合作用，因而计算精度高，且能区别材料的破坏模式，是木结构研究中常用的强度准则之一。

## 1.2　弹塑性本构模型

木结构领域常见弹塑性本构模型可分为三类：弹塑性模型、弹性损伤模型和弹塑性损伤模型。研究发现，弹塑性本构模型能准确表征木材在压应力作用下产生的不可恢复变形和强度硬化行为[9]，但难以描述木材在拉应力和剪应力作用下的刚度退化和强度软化行为[10]。弹性损伤模型能够反映材料的软化以及反复加载中刚度退化的行为，但无法考虑材料的塑性变形[11]。弹塑性损伤模型相比上述两种模型在描述材料硬化和软化行为以及塑性变形上具有显著优势。Wang 等[12] 通过木材三维弹塑性损伤本构模型分析木材受拉和受压的损伤演化过程，模拟结果精度较好。

## 2　传统木结构节点受力性能研究

传统木结构中的节点形式大致可以分为柱脚节点、榫卯节点和斗拱节点三类，表 1 总结了国内外学者对三类节点在试验研究、数值模拟和理论研究方面的成果。

表 1　典型传统木结构节点研究总结

| 研究内容 | | 柱脚节点 | 榫卯节点 | 斗拱节点 | |
|---|---|---|---|---|---|
| 试验研究 | 加载方式 | 竖向荷载、水平单调、低周反复加载[13] | 水平单调[14]，低周反复加载[15] | 竖向荷载[16] | 竖向荷载和水平单调、低周反复加载[16-18] |
| | 破坏模式 | 柱脚滑移、边缘受压[13] | 榫头横纹受压、拔榫[15] | 栌斗叉柱泥道拱横纹劈裂[19]、华拱木枋横纹压屈[16] | 栌斗叉柱华拱横纹开裂，木枋压屈、弯曲破坏[17-18]，暗销剪切[20] |
| 数值模拟 | 材性模型 | 正交各向同性弹塑性模型[21] | 正交各向异性弹塑性模型[15] | 正交各向异性弹塑性[22] | 正交各向异性弹塑性模型、弹塑性损伤模型[23] |
| | 加载方式 | 水平低周反复加载[21] | 水平单向、反复荷载[15] | 竖向荷载[22] | 竖向荷载、水平反复荷载[23] |
| | 参数分析 | 竖向荷载、柱径[21] | 榫头尺寸、弹性模量、荷载[15] | 竖向荷载[24] | 竖向荷载[23] |
| 理论研究 | 分析理论 | 木柱摇摆抗侧理论[25] | 考虑榫头挤压剪切[26] | 弹簧组合模型[27] | 虚拟柱摇摆理论[18] |
| | 研究成果 | 抗侧力 – 位移骨架曲线经验、理论公式[25] | 折线模型[15] | 竖向荷载 – 位移模型[22] | 骨架曲线、滞回曲线理论模型[18] |

节点试验研究较为成熟，但在节点滞回性能数值模拟和理论分析方面的分析较少，其中材料本构模型的选取是关键问题之一。现阶段研究以正交各向异性理想弹塑性模型为主流[22]，但基于弹塑性本构模型的有限元模型会高估节点的初始刚度、极限承载力和延性比，且难以表征反复荷载作用下木材的损伤演化规律[28]。王明谦等[23] 发现引入弹塑性损伤模型的有限元模型可以合理表征单斗拱节点的强度软化和刚度退化行为，但模拟方法和精度仍有较大提升空间。

## 3　传统木结构节点滞回性能研究

SAWS 和 Pinching 是现代木结构中使用较多的通用滞回模型[29-30]，但通用滞回模型的参数取值需根据试验结果反算，而传统木结构中的节点和构件尺寸多变且竖向荷载影响不一，难以通过少量试验获得全部构件和节点的性能参数。

在理论分析的基础上建立滞回模型对试验数据的依赖性较小，且能够考虑节点和构件尺寸多变且竖向荷载等不同影响因素的变化，但滞回性能研究的难点在于节点刚度和强度退化的表征方法。现有研究大多从卸载点位移[31]、卸载点荷载[32]和考虑损伤累计[33-34]的角度入手提出各自的分析方法。

图 2 给出基于上述损伤模型的模拟结果对比情况，可以看出仅通过卸载点位移控制卸载曲线误差较大；而以能量或变形计算损伤因子的损伤模型无法描述木结构框架较为明显的捏拢效应，且线性模型的模拟效果较差；以卸载点位移及荷载控制的损伤模型能在一定程度上描述捏拢效应，但在卸载刚度方面误差较大。此外，上述研究方法均对试验数据的依赖性较大，在缺少试验数据的情况下难以建立可预测节点滞回性能的理论模型。

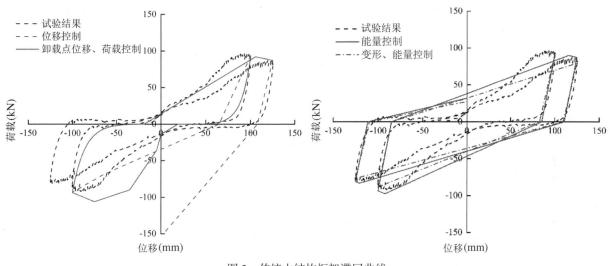

图 2　传统木结构框架滞回曲线

## 4　传统木结构节点滞回性能研究的发展趋势

### 4.1　弹塑性损伤本构模型

木材材性复杂，采用正交各向异性弹塑性本构模型能够较好地模拟各类传统木结构节点在弹塑性阶段的受力行为，但在表征反复荷载作用下木材的损伤演化规律上较为局限，而弹塑性损伤模型可以合理描述材料的硬化与软化行为以及不可恢复变形，在传统木结构滞回性能研究中更具优势。

### 4.2　基于损伤的理论滞回模型

理论滞回模型具有较好的适用性和实用价值，但目前相关研究较少，且对试验数据的依赖性较强，具体问题表现在大部分理论模型的承载力下降段需要试验得到的骨架曲线确定，仅考虑卸载点来描述强度、刚度退化的方法误差较大，对于捏拢效应的描述效果较差等。因此，综合考虑损伤等因素，给出基于能量和变形的节点刚度、强度退化模型，合理采用曲线描述卸载段，并确定捏拢点理论解等是滞回模型理论研究领域未来值得关注的问题。

## 5　结论

（1）相比弹性、弹塑性和弹性损伤模型，弹塑性损伤模型能够在考虑塑性变形的基础上描述材料的软化行为和反复荷载作用下的刚度退化行为。

（2）传统木结构节点的试验研究较为丰富，但由于弹塑性本构模型的局限性，节点非线性受力行为和木材损伤演化的数值模拟研究较少，采用弹塑性损伤本构模型有所帮助但尚不成熟。

（3）在理论研究方面，尚未有较完整的加卸载刚度、强度退化模型，现有研究对捏拢效应的模拟效果较差且对试验数据依赖性强。

（4）弹塑性损伤模型和基于损伤的理论滞回模型是传统木结构节点滞回性能研究的发展趋势。

## 参考文献

[1] 潘毅，王超，季晨龙，等.汶川地震中木结构古建筑的震害调查与分析 [J].建筑科学，2012，28（07）：103-106.

[2] 王明谦，顾祥林，宋晓滨，等.木材非线性受力行为的表征方法研究进展 [J].建筑结构学报，2021，42（10）：76-86.

[3] 陈志勇，祝恩淳，潘景龙.复杂应力状态下木材力学性能的数值模拟 [J].计算力学学报，2011，28（04）：629-634.

[4] HILL R. A theory of the yielding and plastic flow of anisotropic metals[J]. Proceedings of the Royal Society of London, 1948, 193（1033）: 281-297.

[5] OSCAR H. The brittle strength of orthotropic materials[J]. Journal of Composite Materials, 1967, 1（2）: 200-206.

[6] SREPHEN W T. A general theory of strength for anisotropic materials[J]. Journal of Composite Materials, 1971, 5（1）: 58-80.

[7] YAMADA, SUN. Analysis of laminate strength and its distribution[J]. Journal of Composite Materials, 1978, 12（3）: 275-284.

[8] NORRIS C B. Strength of orthotropic materials sub-jected to combined stresses[D]. Report United States Forest Products Laboratory, 1962.

[9] 李猛，陆伟东，刘开封.木构架榫卯节点滞回性能的数值模拟 [J].南京工业大学学报（自然科学版），2015，37（03）：125-129.

[10] XU B H, TAAZOUNT M, BOUCHAIR A, et al. Numerical 3D finite element modelling and experimental tests for dowel-type timber joints[J]. Construction & Building Materials, 2009, 23（9）: 3043-3052.

[11] SANDHAAS C. Mechanical behaviour of timber joints with slotted-in steel plates[D]. Civil engineering & Geosciences, 2007.

[12] WANG, MINGQIAN, SONG, et al. Three-dimensional combined elastic-plastic and damage model for nonlinear analysis of wood[J]. Journal of Structural Engineering, 2018, 144（8）: 04018103.1-04018103.12.

[13] 贺俊筱，王娟，杨庆山.古建筑木结构柱脚节点受力性能试验研究 [J].建筑结构学报，2017，38（08）：141-149.

[14] 潘毅，张启，王晓玥，等.古建筑木结构燕尾榫节点力学模型研究 [J].建筑结构学报，2021，42（08）：151-159.

[15] 潘毅，安仁兵，王晓玥，等.古建筑木结构透榫节点力学模型研究 [J].土木工程学报，2020，53（4）：61-70，82.

[16] 程小武，沈博，刘伟庆，等.宋式带"昂"斗拱节点力学性能试验研究 [J].建筑结构学报，2019，40（04）：133-142.

[17] 谢启芳，向伟，杜彬，等.残损古建筑木结构叉柱造式斗拱节点抗震性能退化规律研究 [J].土木工程学报，2014，47（12）：49-55.

[18] WU Y, SONG X, VENTURA C, et al. Modeling hysteretic behavior of lateral load-resisting elements in traditional chinese timber structures[J]. Journal of Structural Engineering, 2020, 146（5）: 4020061-4020062.

[19] 袁建力，陈韦，王珏，等.应县木塔斗拱模型试验研究 [J].建筑结构学报，2011，32（07）：66-72.

[20] 隋龚，赵鸿铁，薛建阳，等.中国古建筑木结构铺作层与柱架抗震试验研究 [J].土木工程学报，2011，44（01）：50-57.

[21] WANG J, HE J X, YANG Q S, et al. Study on mechanical behaviors of column foot joint in traditional timber structure[J]. Structural Engineering and Mechanics, 2018, 66（1）: 1-14.

[22] 谢启芳，张利朋，向伟，等.竖向荷载作用下叉柱造式斗拱节点受力性能试验研究与有限元分析 [J].建筑结构学报，2018，39（09）：66-74.

[23] 王明谦，许清风，周乾，等.基于三维弹塑性损伤演化的斗拱节点滞回性能分析 [J].建筑结构，2021，51（09）：103-108.

[24] 袁建力，施颖，陈韦，等.基于摩擦–剪切耗能的斗拱有限元模型研究 [J].建筑结构学报，2012，33（06）：151-157.

[25] WU Y，SONG X，VENTURA C，et al. Rocking effect on seismic response of a multi-story traditional timber pagoda model[J]. Engineering Structures，2019，209：110009.

[26] 陈庆军，何永鹏，邱凯祥，等. 广府古建筑木结构箍头榫节点弯矩 – 转角关系理论分析 [J]. 湖南大学学报（自科版），2019，046（001）：65-75.

[27] AO W C，NIU Q F，QIAO G F，et al. Typical brackets dimensional numerical simulation of the wooden structure[J]. Advanced Materials Research，2014，1008-1009：1250-1253.

[28] 薛建阳，路鹏，董晓阳. 古建筑木结构歪闪斗拱竖向受力性能的 Abaqus 有限元分析 [J]. 西安建筑科技大学学报（自然科学版），2017，49（01）：8-13.

[29] LOWES L N，MITRA N，ALTOONTASH A. A beam-column joint model for simulating the earthquake response of reinforced concrete frames[D]. 2003.

[30] FOLZ B，FILIATRAULT A. Seismic analysis of woodframe structures[J]. I：Model Formulation. Journal of Structural Engineering，2004，130（9）：1353-1360.

[31] KIVELL B T，MOSS P J，CARR A J. Hysteretic modelling of moment-resisting nailed timber joints[J]. Bulletin of the New Zealand Society for Earthquake Engineering，1981，14（4）：233-243.

[32] HELENA，MEIRELES，RITA，et al. A hysteretic model for " frontal " walls in Pombalino buildings[J]. Bulletin of Earthquake Engineering，2012，10：1481-1502.

[33] LUIS F I，RICARDO A M，HELMUT K. Hysteretic models that incorporate strength and stiffness deterioration[J]. Earthquake Engineering & Structural Dynamics，2005，34（12）：1489-1511.

[34] KTAWINKLER H，ZOHREI M. Cumulative damage in steel structures subjected to earthquake ground motions[J]. Pergamon，1983，16（1）：531-541.

# 通规实施对某既有高层建筑改造鉴定的影响分析

张自强　吴弥坚

福建省建筑科学研究院有限责任公司　福州　350028

**摘　要：** 随着一系列通用规范的发布与实施，既有建筑改变建筑用途前，委托方应首先确定初步改造方案，并在考虑后续使用功能的基础上同时进行安全性鉴定及抗震鉴定。根据《既有建筑鉴定与加固通用规范》（GB 55021—2021）的要求，当为改变用途而鉴定原结构、构件的安全性时，应在调查结构实际作用的荷载及拟新增荷载的基础上，按现行规范与标准的规定进行验算；既有建筑的抗震鉴定，应根据后续工作年限采用相应的 A、B、C 类鉴定方法。本文通过某既有高层民用建筑拟改变用途前进行鉴定的工程实例，介绍按通用规范要求对其进行的改造鉴定。

**关键词：** 通用规范；既有高层建筑；改造鉴定

《住房和城乡建设部关于在实施城市更新行动中防止大拆大建问题的通知》（建科〔2021〕63 号）提出，严格控制大规模拆除、大规模增建、大规模搬迁，确保住房租赁市场供需平稳。可以预见，在通知的指引下，未来将形成可靠性鉴定、加固改造等需求为导向的城市更新模式。同时，随着《工程结构通用规范》（GB 55001—2021）[1]、《既有建筑鉴定与加固通用规范》（GB 55021—2021）[2]等一系列通用规范的发布与实施，鉴定及改造加固工作均应按照通用规范的指导方针进行。本文以某既有高层钢筋混凝土建筑的改造鉴定为例，根据通用规范要求，对改造鉴定中结构安全等级、荷载、分项系数、后续使用年限的确定及安全性鉴定、抗震鉴定等若干问题进行论述，供同行业人员参考。

## 1　工程概况

某既有高层钢筋混凝土民用建筑于 2015 年设计建造并作为酒店使用，现为地下一层、地上二十层，现浇钢筋混凝土框架 - 剪力墙结构，其中（1—2）—（C—F）轴开间及（11—13）—（C—F）轴开间分别为三层裙房，设计采用钻孔灌注桩基础，持力层为强风化岩层。房屋高度为 65.5m，建筑面积约为 11000m²，标准层结构平面布置示意图如图 1 所示。现拟改造作为办公楼使用，根据《既有建筑鉴定与加固通用规范》（GB 55021—2021）[2]，应同时进行安全性鉴定与抗震鉴定，为改造鉴定的处理提供依据。

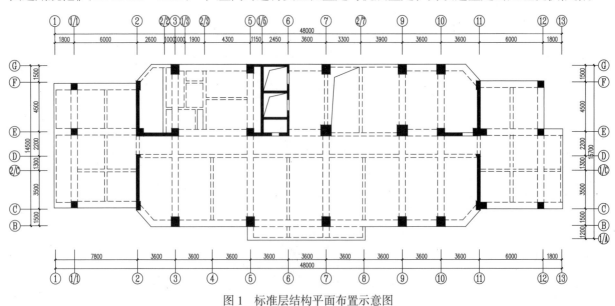

图 1　标准层结构平面布置示意图

---

作者简介：张自强（1996—　　），男，助理工程师，本科，主要从事工程结构检测、鉴定。

## 2 检查方案

### 2.1 目标及后续使用年限的确定

根据鉴定标准[2-4]，安全性鉴定和抗震鉴定应首先确定目标使用年限和后续使用年限。本工程于2015年设计建造，抗震鉴定的后续使用年限依据《既有建筑鉴定与加固通用规范》（GB 55021—2021）[2]不应低于剩余设计工作年限的规定，确定为50年；鉴于初勘情况总体良好，经与委托方协商，安全性鉴定的目标使用年限亦同样确定为50年。

### 2.2 根据改造方案拟定改造鉴定方案

出于经济性考虑以及后续作为办公楼的使用用途，改造方案主要为拟拆除现有外围护墙，并在建筑物四周外围布置玻璃幕墙，即仅涉及装修改造，不涉及主体结构改造。为了解改造后房屋的安全性状况及抗震性能，为改造提供可靠依据，改造鉴定方案主要包括以下内容：

（1）现状结构布置与原设计的符合性核查。

（2）上部结构构件变形与损伤状况调查，包括不均匀沉降在上部结构中的传递情况，以间接评价地基基础的工作状态，材料性能退化情况、裂缝、钢筋锈蚀、渗漏等，并为计入变形与损伤的结构分析提供数据。

（3）结构构件施工质量抽样检测。鉴于本工程经竣工验收合格，施工质量主要进行复核性抽样检测，主要包括构件截面尺寸、混凝土强度、钢筋分布等。

（4）根据调查情况、检测数据并结合后续改造方案及办公楼使用用途，进行主体结构构件复核验算。

（5）根据《既有建筑鉴定与加固通用规范》（GB 55021—2021）[2]、《民用建筑可靠性鉴定标准》（GB 50292—2015）[3]及《建筑抗震鉴定标准》（GB 50023—2009）[4]分别进行安全性鉴定、抗震鉴定，并提出综合处理建议。

## 3 现场检测内容与检测结果

### 3.1 结构布置及结构构件工作状态调查

经现场调查、勘测，各层结构布置与设计基本相符；上部结构未见因基础不均匀沉降引起的明显裂缝及变形，各层剪力墙、柱、梁、板及其连接节点、围护结构构件工作状态未见明显异常；结构整体侧向位移方向无明显一致性，实测测点侧向位移未超过规范规定的不适于继续承载的限值要求。

### 3.2 上部结构构件施工质量检测

剪力墙、柱、梁构件截面尺寸与设计基本相符；因本工程钢筋混凝土构件龄期超过1000d，本次检测混凝土抗压强度换算值按《民用建筑可靠性鉴定标准》（GB 50292—2015）[3]附录K的相关规定进行修正，采用回弹法检测的各层墙、柱、梁现龄期混凝土强度推定值均达到相应设计强度等级；所检剪力墙分布筋平均间距与公称直径，柱、梁构件主筋根数，以及角筋公称直径、框架柱、梁箍筋平均间距及填充墙体与框架柱拉结筋平均间距满足设计要求。

## 4 整体结构分析及承载能力验算

### 4.1 结构静力分析

根据《既有建筑鉴定与加固通用规范》（GB 55021—2015）[2]，当为改变用途而鉴定原结构、构件的安全性时，应在调查结构实际作用的荷载及拟新增荷载的基础上，按现行规范与标准的规定进行验算，根据《工程结构通用规范》（GB 55001—2021）[1]的要求，计算参数取值如下：

（1）根据结构破坏可能产生后果的严重性，结构安全等级取二级，结构重要性系数 $r_0$ 取1.0。

（2）风荷载：根据现行《高层建筑混凝土结构技术规程》（JGJ 3—2010）[5]的要求，房屋高度超过60m，则属于对风荷载比较敏感的高层建筑，基本风压按1.1倍考虑，取0.88kN/m²，地面粗糙度为C类，风荷载体型系数取1.3。

（3）根据后续办公楼使用功能及拟新增荷载，楼面装修荷载取1.5kN/m²，屋面装修荷载取2.8kN/m²；板面均布活载依据《工程结构通用规范》（GB 55001—2021）[1]取值，地下室停车库取 $5.5-0.5\times3.6=3.7$（kN/m²），办公室取2.5kN/m²，电梯机房取8.0kN/m²，卫生间取2.5kN/m²，楼梯间取3.5kN/m²，上人屋面取 2.0kN/m²，不上人屋面取 0.5kN/m²。其中停车库、办公室、电梯机房楼面均布活荷载标准值取值与现行《建筑抗震鉴定标准》（GB 50023—2009）有较大变化。

在不考虑地震作用下，根据《工程结构通用规范》（GB 55001—2021）[1]的规定，房屋建筑结构的永久作用分项系数，当对结构不利时取 1.3，当对结构有利时取 1.0；可变作用分项系数，当对结构不利时取 1.5；当对结构有利时取 0。经复核验算，各层剪力墙、柱、梁、板 $R/(r_0S) \geq 1.0$。

### 4.2　结构抗震分析

本工程地处抗震设防烈度 7 度区（0.15g），设计地震分组为第三组，本工程为地下一层、地上十二层现浇钢筋混凝土框架 – 剪力墙结构，地下室顶层作为上部结构嵌固部位，房屋高度为 65.5m，根据现行《高层建筑混凝土结构技术规程》（JGJ 3—2010）[5]确定为 A 级高度钢筋混凝土高层建筑。底部加强部位的高度从地下室顶板算起，取底部两层和墙体总高度的 1/10 二者的较大值，确定为地下一层及底部两层。

本工程现拟作为办公楼使用，经常使用人数不超过 8000 人，抗震设防类别确定为标准设防类（丙类），由于底层框架部分承受的地震倾覆力矩大于结构总地震倾覆力矩的 10% 但不大于 50%，根据现行《高层建筑混凝土结构技术规程》（JGJ 3—2010）[5]的规定，本工程可按框架 – 剪力墙结构进行设计，框架抗震措施等级确定为三级，剪力墙抗震措施等级确定为二级；场地类别为 Ⅲ 类，根据现行《高层建筑混凝土结构技术规程》（JGJ 3—2010）[5]的规定，按抗震设防烈度 8 度（0.20g）采用抗震构造措施，框架抗震构造措施等级确定为二级，剪力墙抗震构造措施等级确定为一级。

（1）房屋高度、高宽比

本工程房屋高度为 65.5m，满足规范对框架 – 剪力墙结构 7 度 A 级高度限值的要求；房屋高宽比约为 4.5，满足现行《高层建筑混凝土结构技术规程》（JGJ 3—2010）[5]规定的 7 度最大高宽比限值 6 的要求。

（2）结构平面、竖向规则性

平面规则性：考虑扭转耦联时，结构扭转以第一自振周期与平动为主的第一自振周期之比约为 0.8，未超过 A 级高度高层建筑限值 0.9 的要求；结构平面简单、规则、对称、无明显突出；各层楼板连续，无大开洞；在考虑偶然偏心影响的规定水平力作用下，楼层两端抗侧力构件层间位移的最大值与平均值的比值 X 向为 1.03<1.2，Y 向为 1.11<1.2，属平面规则结构。

竖向规则性：框架基本双向拉通，剪力墙自下而上连续布置，贯通房屋全高，相邻楼层的侧向刚度无明显突变，楼层质量沿高度均匀分布，表明本工程竖向抗侧力构件连续，属竖向规则结构。

以上表明本工程结构平面、竖向规则性满足规范要求。

（3）抗震构造措施

所检剪力墙、框架柱、梁现龄期混凝土强度推定值均达到现行《高层建筑混凝土结构技术规程》（JGJ 3—2010）[5]规定的最低强度等级 C20 的要求及作为上部结构嵌固部位的地下室楼盖的混凝土强度等级不宜低于 C30 的要求。

重力荷载代表值作用下，剪力墙最大轴压比为 0.25，满足现行《高层建筑混凝土结构技术规程》（JGJ 3—2010）[5]一级剪力墙轴压比限值 0.5 的要求；考虑地震作用组合，框架柱最大轴压比为 0.62，满足现行《高层建筑混凝土结构技术规程》（JGJ 3—2010）[5]二级框架柱轴压比限值 0.85 的要求。

本工程无短肢剪力墙，剪力墙截面厚度满足底部加强部位不应小于 200mm、其他部位不应小于 160mm 的要求。剪力墙的竖向和水平分布钢筋均为双排配筋，所检剪力墙钢筋配置满足一级剪力墙配筋率不应小于 0.25% 及间距不大于 300mm、直径不小于 8mm 的要求；剪力墙约束边缘构件及构造边缘构件满足规范要求。

框架柱、梁截面尺寸、纵向钢筋配置及箍筋加密区长度、平均间距及柱加密区箍筋的体积配箍率满足规范规定的二级框架的要求。

填充墙与主体结构连接处设置拉结筋，所检填充墙体与框架柱拉结筋平均间距基本满足规范要求。

（4）抗震承载力及变形验算

地震组合下，根据《建筑与市政工程抗震通用规范》（GB 55002—2021）[6]，重力荷载分项系数当对承载力不利时取 1.3，当对承载力有利时取 1.0；水平地震作用分项系数为 1.4。经复核验算，各层剪力墙、框架柱、梁抗震承载力满足规范要求；在多遇地震作用下，各楼层剪重比满足规范要求，刚重比满足结构整体稳定要求，楼层层间水平位移与层高之比满足规范要求，验算结果详见表 1。

**表 1　剪重比、刚重比、楼层层间最大位移验算结果汇总**

| 验算内容 | | 计算结果 | 规范限值 |
|---|---|---|---|
| 最小剪重比 | $X$ 向 | 2.45% | 1.60% |
| | $Y$ 向 | 2.37% | |
| 最小刚重比 | $X$ 向 | 4.80 | 1.40 |
| | $Y$ 向 | 4.52 | |
| 楼层层间最大位移 | $X$ 向地震力作用 | 1/1720 | 1/800 |
| | $Y$ 向地震力作用 | 1/1415 | |
| | $X$ 向风荷载作用 | 1/1237 | |
| | $Y$ 向风荷载作用 | 1/1078 | |

## 5　安全性鉴定评级及抗震鉴定结论

根据《既有建筑鉴定与加固通用规范》（GB 55021—2021）[2]，既有建筑的安全性鉴定应按构件、子系统和鉴定系统三个层次，每一层次分为四个安全性等级。

鉴于改造后传递至地基基础的荷载尚有一定程度的减小，既有建筑的地基基础安全性鉴定应首先依据地基变形和主体结构反应的观测结果进行鉴定评级，地基基础子单元安全性等级评定为 $A_u$ 级；上部承重结构子单元根据结构承载功能等级、结构整体性等级、结构侧向位移等级评定为 $A_u$ 级；围护结构子单元安全性等级评定为 $A_u$ 级；鉴定单元安全性等级评为 $A_{su}$ 级。

根据《既有建筑鉴定与加固通用规范》（GB 55021—2021）[2] 及《建筑抗震鉴定标准》（GB 50023—2009）[4]，本工程按《建筑抗震设计规范》（GB 50011—2010）设计，抗震鉴定后续使用年限按 50 年考虑，属 C 类建筑，其抗震性能按现行《建筑抗震设计规范》（GB 50011—2010，2016 版）的要求进行评估，本工程综合抗震能力评为满足规范要求。

安全性鉴定评级、抗震鉴定评定过程分别与《民用建筑可靠性鉴定标准》（GB 50292—2015）[3] 及《建筑抗震鉴定标准》（GB 50023—2019）[4] 一致，具体过程不再一一赘述。

## 6　结语

根据《既有建筑鉴定与加固通用规范》（GB 55021）[2]，房屋改造类安全性鉴定应在调查结构上实际作用的荷载及拟新增荷载的基础上，按现行规范与标准的规定进行验算，并应按现行标准的要求进行抗震鉴定。按通用规范执行后，主要存在以下两个方面区别：

（1）明确了既有建筑的鉴定应同时进行安全性鉴定和抗震鉴定。

（2）板面活荷载变大，《建筑结构荷载规范》（GB 50009）中的永久荷载及可变荷载对结构不利时的分项系数分别由 1.2、1.4 变化为 1.3、1.5，《建筑抗震设计规范》（GB 50011）中的重力荷载、地震作用分项系数分别由 1.2、1.3 变化为 1.3、1.4，从而使结构构件作用效应设计值较先前规范变大。

**参考文献**

[1] 中华人民共和国住房和城乡建设部. 工程结构通用规范：GB 55001—2021[S]. 北京：中国建筑工业出版社，2021.

[2] 中华人民共和国住房和城乡建设部. 既有建筑鉴定与加固通用规范：GB 55021—2021[S]. 北京：中国建筑工业出版社，2021.

[3] 中华人民共和国住房和城乡建设部. 民用建筑可靠性鉴定标准：GB 50292—2015[S]. 北京：中国建筑工业出版社，2015.

[4] 中华人民共和国住房和城乡建设部. 建筑抗震鉴定标准：GB 50023—2009[S]. 北京：中国建筑工业出版社，2009.

[5] 中华人民共和国住房和城乡建设部. 高层建筑混凝土结构技术规程：JGJ 3—2010[S]. 北京：中国建筑工业出版社，2010.

[6] 中华人民共和国住房和城乡建设部. 建筑与市政工程抗震通用规范：GB 55002—2021[S]. 北京：中国建筑工业出版社，2021.

# 全国地震易发区房屋设施加固进展与政策

王兰民　王　平　蒲小武　景天孝　吕郁鑫　许世阳

中国地震局兰州地震研究所　兰州　730000

**摘　要：** 在中国地震局重大政策研究课题"全国地震易发区房屋设施加固工程有关政策研究"支持下，本文通过对10个省（自治区）房屋设施加固工程实地调研，18个省（自治区）和相关部委的问卷调研，31个省（自治区、直辖市）的网上调研，召开咨询交流会等方式，研究分析了全国地震易发区房屋设施加固工程的进展情况、典型经验、实施体制和机制、存在的突出困难与问题，在此基础上，提出了更快更好地推进该项工程的政策、法规和措施建议。

**关键词：** 地震易发区；房屋设施；加固；进展；政策法规；措施

我国是全球地震灾害最为严重的国家之一，地震活动频度高、强度大、震源浅、分布广，历史上的地震造成过重大的人员伤亡和经济损失。20世纪以来，我国因地震造成了近70万人死亡，主要原因是建（构）筑物的倒塌和地震引起的滑坡、液化、水灾、火灾等次生灾害。据我国现行的抗震设防地震动参数区划图[1]，全国约58%的国土面积为7度及以上高烈度设防区，涉及50%的城市、70%百万以上人口的大、中城市。当前我国城市尚存在未达到抗震要求的老旧建筑物和棚户区，生命线工程、次生灾害源高度集中，遭受重大地震灾害的风险高；农村仍有大量的砖混结构、砖木结构、石砌结构、泥草房等抗震性能较低的房屋；不同时期建设的交通、水利、电力、电信、供水、供气等基础设施以及厂矿企业建筑也存在大量的地震灾害隐患。

2018年10月10日，习近平总书记主持召开了中央财经委员会第三次会议，对提高自然灾害防治能力的九项重点工程做出了全面部署。地震易发区房屋设施加固工程即是九项重点工程之一。该项工程要求对地震易发区内的居民小区、大中小学校、医院、农村民居，以及重要的交通生命线、电力和电信网络、水库大坝、危险化学品厂库等设施进行抗震鉴定、评估和加固，争取三年见成效。它是降低地震灾害风险、保护人民生命财产安全、维护经济社会可持续发展最为直接有效的手段。为了推进该项工程，国家成立了由15个部委、局组成的协调工作组，该工作组办公室设在中国地震局。为了掌握全国实施情况，了解典型经验和存在困难，提供政策保障支撑，中国地震局设立重大政策研究课题"地震易发区房屋设施加固工程有关政策研究"。笔者作为该项课题负责人，组织实地调研了四川、云南、西藏、陕西、甘肃、青海、宁夏、山东、吉林、黑龙江等10个省（自治区），分别对18个省（自治区）及其市、县和相关部委开展了120份问卷调研，并对31个省（自治区、直辖市）进行了网上调研，召开了7次调研座谈会和1次咨询交流会，基于课题调研成果撰写了此论文，以为推进该项工程提供政策法规上的参考。

## 1　地震易发区房屋设施加固工程的进展情况

目前，各省（自治区、直辖市）为贯彻中央财经委第三次会议精神和《地震易发区房屋设施加固工程总体工作方案》（国减办发〔2020〕1号），均发文成立了九大工程实施领导小组，形成了由党政主要领导负责的自然灾害防治能力建设领导机构，颁布或正在编制地震易发区房屋设施加固工程的实施方案，明确了部门和各级政府责任分工；但不同省份，同省的不同市、县、区，推进差异较大（表1）。

在省级层面，各省结合省情，制定了加固工程实施工作方案。市、县、区主要依托扶贫攻坚、城镇棚户区改造、抗震专项改造、危旧房改造、泥草房改造、移民搬迁、灾后重建、农村民居地震安全工程以及美丽乡村、特色小镇、乡村振兴战略，整合各级各类项目、工程、资源和政策，统筹推进房

基金项目：中国地震局重大政策研究课题（CEAZY2019JZ15）。

作者简介：王兰民（1960—　），男，二级研究员。

屋设施抗震加固工作。而不同省（自治区、直辖市）的交通、水利、电力、电信等行业主管部门，依托行业维修、加固、除险专项和相关项目资金，聚焦到水库大坝、桥梁隧道、供电通信设施等抗震隐患，基本完成了相关工程设施的抗震加固工作，并取得了一些典型经验。

表1　全国地震易发区房屋设施加固工程各省（自治区、直辖市）进展情况统计

| 标志性进度 | 九大工程实施领导小组 | 九大工程实施方案 | 加固工程实施工作方案 | 加固工程试点工程 | 制定地方技术标准 | 依托脱贫攻坚专项工程 |
|---|---|---|---|---|---|---|
| 完成省（自治区、直辖市）个数 | 30 | 30 | 30 | 30 | 12 | 6 |
| 牵头部门 | 1. 省地震局（3）；2. 省住建厅（6）；3. 应急厅（5）；4. 省减灾委、省地震局、省应急厅、省住建厅共同牵头（3）；5. 省住建厅、省地震局、省发改委共同牵头（2）；6. 省（自治区）发改委、住建厅、应急厅、地震局共同牵头（5）；7. 省应急厅、省地震局共同牵头（6） | | | | | |

注：1. 牵头单位"（ ）"内数字表示采取此类牵头方式的省（自治区、直辖市）个数。
　　2. 表中统计未包括新疆维吾尔自治区。

各地针对地震易发区房屋设施加固工作，首先开展了活动构造探测和风险评估工作，为地震易发区房屋设施加固工程提供技术支持，其结果可应用于国土规划及重大工程设防等。在充分吸收活断层探测、震害预测成果的基础上，启动了防震减灾规划，为城市防震减灾部署提出要求和对策，明确和强化各部门职责，强化预防措施，提高全面地震防御能力。其次，按照国家减灾委办公室、中国地震局印发的《地震易发区房屋设施加固工程总体方案》（国减办发〔2020〕1号）要求，在具体实施方案中细化了相关部委和省级相关部门，省地震局、省建设厅、省发改委、省财政厅、省民政局、省农委等单位的工作职责，为推进该工程实施，成立推进协调办公室和工作团队，各省主要牵头部门情况见表1。推进协调办公室和工作团队主要工作内容：（1）建立协调工作机制，编制完成房屋设施加固工程实施方案，分行业分类别明确房屋设施加固工程量化指标。（2）完成抗震性能普查和鉴定，建立省、市、县三级房屋设施抗震风险基础数据库，并确定需要进行抗震加固的项目名单，提出抗震加固的分步实施计划。

## 2　地震易发区房屋设施加固工程实施的典型经验

调研组在各地应急管理、地震、住建、发改等部门的协助下，就相关省份开展地震易发区房屋设施抗震加固工程实施情况进行实地调研，总结分析实施进展情况、保障措施的典型经验、存在困难和建议，结果（表1）表明，各省（自治区、直辖市）均成立了工程实施领导机构，制定了实施方案，全面启动了加固工程，并已取得显著进展，因地制宜，积累了许多好的做法与经验。但各地组织方式和牵头单位模式各不相同。需要说明的是，由于新疆维吾尔自治区在21世纪初就已率先实施了抗震安居工程，其后实施了富民安居工程、保障性安居工程和自然灾害防治工程，收到了显著实效，并形成长效机制，因此，表1未包括新疆维吾尔自治区。

（1）省级统筹主导、部门分工协作

各地分别成立了省级自然灾害应急（防治）领导小组，并下设办公室，按照工程类别及行业分工，统筹推进本地区和本行业抗震加固工程实施，统一组织本地区工程试点建设、监督检查。例如，甘肃、山东、宁夏、陕西等省（自治区）印发了包括指导思想、工作任务、进度安排、任务分工、工作要求及保障措施等内容的《地震易发区房屋设施加固工程实施方案》。

（2）个人申报、专家鉴定

针对农村危旧房屋改造，云南、甘肃、宁夏等省（自治区）由个人直接申报至乡镇住建部门，通过汇总上报并组织专家进行鉴定，对属于危旧房屋的及时公示，依据加固图集制定房屋加固方案，改造后给予适当补助。对城镇房屋，鼓励居民自愿申报，鉴定为危房（危楼）的采取改造外围结构的方式进行加固改造。

（3）试点示范工程推进

云南、甘肃、山东、吉林等省选取地震灾害风险高的重点地区先行示范。如云南省住建厅以课题

研究形式，选择大理州地震重点危险区的 4 个县为试点，从排查方案、技术改造、资金运作、政策保障等方面探索在云南省内形成可复制、可推广的加固经验。甘肃省参照基本地震动峰值加速度列表，分阶段分类别开展地震易发区房屋设施抗震加固实施，优先选取乡镇设防地震动峰值加速度全部或部分为 0.30g 的县（自治区）为试点地区，在此基础上逐步向全省辐射带动。山东省先后组织实施农村民居地震安全工程、农村和城市危房改造工程、棚户区改造工程、中小学校舍安全工程、危桥（隧）改造工程、病险水库除险加固工程等。

（4）依托和整合既有专项及资金

各省（自治区）均积极争取中央财政资金补助，依托和整合扶贫攻坚、危旧房改造、棚户区改造、泥草房改造、灾后重建、行业设施除险加固与维修、避险安置、乡村振兴战略等相关专项资金和政策，区分轻重缓急，自上而下合理确定年度改造计划，推进房屋设施加固工程开展，优先支持在抗震设防烈度 8 度及以上地区开展加固工程试点。

（5）政策法规支持

为指导全国地震易发区房屋设施加固工程实施，2020 年 8 月工程协调工作组颁布了《地震易发区房屋设施加固工程技术指南》[2]。云南省结合地震灾害多发省情，先行组织编制老旧小区改造技术导则（暂行）及指导意见、危旧房改造指导意见等政策文件。四川省制定危旧房改造和抗震加固的资金补助和激励政策，调动各方实施房屋改造加固的积极性。

（6）新技术推广应用

云南省注重减隔震技术研发推广，开发了高性能的橡胶隔震支座并形成成套技术，强制性规定云南省内新、改、扩建公共设施必须采用减隔震技术。吉林省松原市通过重点科研项目立项，推进地震重点监视防御城市的活动断层探测、地震风险普查工作，并将结果运用于国土规划及重大工程设防。甘肃省、青海省通过政府部门推广轻钢结构、装配式房屋等符合当地抗震设防标准和高寒环境施工工期等的抗震措施。

（7）技术支撑和智库管理

各省住建或地震部门均组织编制、印发抗震、节能农居设计、施工图纸、抗震构造图集、农村危房加固改造指南等，借助人社厅培训平台，面向农村工匠开展农居规范化设计、施工的技术培训，科学引导农民建造具有抗震能力的房屋。各省均成立了不同形式的技术专家咨询服务队伍，开展咨询、鉴定、培训等服务。例如，云南省成立建筑工程抗震设防专项审查专家委员会；吉林省成立超限建筑工程抗震设防专家委员会、市政工程抗震专家库、震后房屋建筑应急评估专家队，及时提供技术咨询服务。

（8）第三方鉴定

行业主管部门组织相关专家进行房屋设施抗震性能普查，收集房屋原始建设图纸等资料，委托第三方有资质的科研、企事业单位进行房屋设施抗震性能鉴定，并出具相应的安全等级检测、鉴定报告，提供加固建议方案。

（9）绩效考评和多维监管

四川、吉林等省将地震易发区房屋设施加固工程实施进展纳入各级政府绩效考评，定期通报、检查、督导各级政府职能部门房屋设施加固工程实施进展情况。吉林省住建厅加强抗震加固工程项目建设的质量监管，以交叉检查、上级督查的方式逐户落实改造情况，限期整改发现的问题。

## 3　地震易发区房屋设施加固工程存在的突出困难和问题

地震易发区房屋设施抗震加固工程涉及住建、发改、应急、财政、地震、自然资源、规划、教育、交通、农业农村、能源、水利、国家健康、工业信息、军委后勤保障 15 个部门、单位，是一项惠及民生的系统工程，需要发挥行业和专业作用，同向合力，分类施策、科学推进地震易发区房屋设施加固工作。但目前在工作体制和机制、资金筹措、政策法规与技术标准方面还存在如下突出困难和需要加强的工作。

（1）工作体制和机制方面：①目前，地震易发区房屋设施加固工程实施的工作体制和机制还未理顺，建议进一步明确完善国家层面的领导机制，解决省级牵头部门不明确、组织机构不完善、实施机制不明晰、部门间工作关系不顺畅的问题。②项目推进过程中建议借鉴日本等发达国家成功经验，对存量房屋设施加固工程实施形成短期强化工作模式和机制，对增量加固工程实施建立长效工作体制和机制。

（2）资金筹措方面：①地震易发区房屋设施加固工程在具体实施过程中缺乏专项资金，影响全面实施进度。②针对地震易发区不同省份经济社会发展和加固工程量差异性较大的实际情况，对欠发达的西部多震省份制定相应的中央资金支持倾斜政策，而对经济发达而加固工程量较少的省份可主要依托地方资金实施。

（3）政策、法规和技术标准方面：①农村修建新房后，为保留宅基地不拆老旧房屋，存在安全隐患，建议出台相应的政策或法规，鼓励解决这一问题。②应尽快出台房屋设施加固的相关具体政策，分类指导城市、农村地区房屋和各类设施的加固工作。③各地缺少因地制宜的技术指南。④各地应建立加固工程大数据平台，加强对农居建设的监管。⑤针对工程实施，开展自上而下、分门别类、系统全面的培训和宣传不够，实施人员对工作要求和技术标准掌握不够；群众意识不够强，积极性不够高。

# 4 更好更快地推进工程实施的政策法规和保障措施建议

## 4.1 政策法规建议

（1）完善体制与机制，探索激励政策

建立政府主导、受益方参与、社会资金投入机制，出台涉及土地规划、城市建设规划、金融投资等方面的相关政策，引导社会资金参与解决改造难度大但有投资建设价值的老旧小区和农村民居，探索建立强制性与引导性相结合、政府推动与市场化运作相结合的实施机制。对于加固改造意愿强烈的居民小区、农村民居采取奖励补助、政策倾斜、低息或贴息贷款、灾害保险优惠等举措，制定长效持久的激励政策。

（2）设立各级政府专项资金，保障项目推进和工程实施

建议在整合现有资金渠道的基础上，国家和省级层面设立专项资金以推动工程实施。针对地震易发区不同省份经济社会发展和加固工程量差异性较大的实际情况，对欠发达的西部多震省份制定相应的中央资金支持倾斜政策，而对经济发达而加固工程量较少的省份可主要依托地方资金实施。除了中央财政资金支持外，省、市、县人民政府应设立配套专项资金，统筹有关项目资金，出台相关财政政策，支持发行地方政府专项债券筹措资金，保障加固工程实施必要的工作经费和工程经费。

（3）制定政策法规，统一技术标准和培训

细化创新加固工程在土地规划、建设审批、加固工程管理等方面的政策法规，解决为保留宅基地不拆老旧房屋、原址改造扩建、多渠道筹措资金、农居建设监管等突出困难和问题。同时，分类指导城市、农村地区房屋和各类设施的加固工作；因地制宜，指导支持地方编制考虑自然环境、民族特色、风俗习惯、经济水平等条件的地方技术标准；建立加固工程管理、监督、设计、施工人员培训制度，加大农村工匠抗震施工技术教育培训力度。

## 4.2 保障措施建议

（1）搭建服务平台，提高服务水平

鼓励各省份搭建加固工程网络咨询申报平台，提供网上宣传、咨询、申报、受理、专家鉴定、加固决定公示一站式服务。组建包括相关领域专家的技术咨询队伍，建立专家咨询论证机制和争议仲裁机制，对房屋设施的抗震性能、加固建议方案进行科学论证，为工程实施提供技术指导和服务。

（2）构建网格化管理数据库，实现加固工程全覆盖

探索基层组织实施地震易发区房屋设施加固网格化管理模式，结合致灾因子、孕灾环境、承灾体、功能区等将城乡居住地和基础设施分布区划分为网格，网格员由职能部门和社区工作人员及业主代表组成，对本地房屋设施进行普查和重点隐患排查，协调配合抗震鉴定评估工作，完成房屋设施登记造册，建立台账，并录入网格化房屋设施基础信息数据库。

（3）加强新技术研发推广，提高房屋设施抗震性能

加大研发经费投入，推进各类减隔震技术的研发应用，鼓励新材料、新技术应用于房屋设施抗震

加固工程。以法律法规的形式明确新建、改建、扩建的学校、医院等公共建筑采用减隔震技术，鼓励普通民用建筑采用减隔震技术和抗震加固新技术，以提高房屋设施抗震性能。

（4）加强宣传引导，形成工作合力

加大加固工程政策法规、技术标准和防灾知识的宣传力度，准确解读政策措施，及时回应社会关切话题。结合国家安全日、防震减灾日等时段和"科普进社区""科技下乡"等活动，以及通过微信、微博、抖音等新媒体，广泛开展政策宣贯、科普宣传活动，减小工作阻力，形成工作合力，加快推进加固工程顺利实施。加大对优秀项目、典型案例的宣传力度，提高社会各界对抗震加固工程的认识程度，着力引导群众转变观念，形成社会各界支持、群众积极参与的良好氛围。

## 5 结语

地震易发区房屋设施加固工程是对危旧房改造、棚户区改造、中小学校舍安全工程、农村民居地震安全工程和水利、交通等行业除险加固工程的升级与深化。该工程的实施是对"坚持以防为主，防灾救灾相结合；坚持常态减灾与非常态救灾相统一"的践行，是对国家防灾减灾"从注重灾后救助向注重灾前预防转变，从应对单一灾种向综合减灾转变，从减小灾害损失向减轻灾害风险转变"的体现。目前该项工程已经在地震易发区全面展开，并在近年来强震中显示出明显的减灾成效。但同时也暴露出我国地震岩土工程（如边坡、地基、桥基）设防标准明显低于工程结构和设施的设防目标，例如2021年青海玛多7.4级地震导致野马滩大桥因桥基大面积液化而垮塌就是这种设防目标不匹配的一个典型例证。因此，地震易发区房屋设施加固工程涉及面广，尚有许多技术与标准问题亟待研究，我们期待本文能够为更好更快地实施该项工程提供一些参考。

参考文献

[1] 中国地震局. 中国地震动峰值加速度区划图 [M]. 北京：中国标准出版社，2015.
[2] 全国地震易发区房屋设施加固工程协调工作组办公室. 地震易发区房屋设施加固工程技术指南 [R]. 北京：中国地震局防震司，2020.

# 建筑加固改造类 EPC 总承包设计管理的思考

邱海鹏　黄　琳　刘力波　陈晨晟　左雪宇

中建三局集团有限公司　北京　102629

**摘　要**：本文以某 EPC 类改造加固项目为例，从概算分析入手引申到设计院选择、分包模式探索及加固类工程常见问题的几点思考。首先分析项目超概算原因，找到项目成本超概算问题的突破口，通过综合分析从设计院、专业分包模式两方面化解该问题。最后，本文提出对改造加固类项目设计的 3 点建议，以对其他类似项目提供参考与借鉴。

**关键词**：EPC 总承包；改造加固；概算控制；分包模式

　　EPC 总承包工程是指工程总承包企业按照合同约定，承担工程项目的设计、采购、施工、试运行服务等工作，并对承包工程的质量、安全、工期、造价全面负责。它的优势在于以客户关注度为导向，以实现工程功能为基准；以过往设计缺陷为戒，以巧艺匠心为引；以项目合同条件为基准，以历史商务数据为依托，精细化划分限额；"保姆式"梳理和推动项目全寿命周期工作。该种模式是目前行业的主流实施模式之一，但如何在既有建筑改造加固项目中充分发挥 EPC 管理模式的优势，实现"服务 + 能力 = 价值创造"的高性价比管理，需要以改造加固项目的特点为出发点，从多个方面进行剖析。以下，将以某改造加固项目为例，从该项目面临的各项难点出发，分析在改造加固类项目实施 EPC 总承包管理过程中的探索与思考。

## 1　工程概况

　　本工程始建于 1961 年，设计使用年限 50 年，截至 2021 年该建筑已超期服役 10 年，建筑安全评级为 $D_{su}$ 级（安全性鉴定分级标准划分为四个等级：$A_{su}$ 级为"完好"，$B_{su}$ 级为"基本完好"，$C_{su}$ 级为"限制使用"，$D_{su}$ 级为"危险"），需整体加固。本工程地下 1 层、地上 6 层，总建筑面积约 20000m²，根据结构形式不同分为三个区段，东、西段为砖混结构，中段为框架结构。项目承包模式为 EPC 总承包，固定总价包干模式。

## 2　成本划分及概算控制思考

　　（1）项目成本划分

　　EPC 总承包工程成本包括报批报建费、设计费、建筑安装费（建筑结构、装饰装修、机电安装、幕墙、电梯等各专业费用总和）、预留风险备用金、项目效益等几大方面。本工程因具有其特殊性，报批报建费用单独列项不可能实施。但工程总造价紧张，经对标同类工程，同时经过市场询价测算，仅设计费 + 建筑安装费实际成本已超过工程总造价的 15%。此种情况下，从建筑安装费方面寻找突破口成为必然，进一步分析建设方提供的设计任务书，可知结构加固造价占 60%，机电和装饰装修合计占 40%，通过同类项目对标后发现，机电和装饰装修方面优化空间较小。进而，结构加固设计概算控制成为项目成本问题的主要突破口。

　　（2）设计概算控制

　　设计超概算原因分析：①设计院计件制收费，追求设计进度，未合理考虑投资金额；②设计能力欠缺，不熟悉项目所在地的规范和标准，对项目前期资料未进行翔实研究；③商务分析能力欠缺，对造价指标不了解，设计过程中不能把握技术与经济的统一，有些设计院甚至没有概算能力，让限额设计在设计院成为空谈；④总承包单位自身无投标经验少，设计管理能力不足，招采数据失准，同样会导致超概算。

　　针对以上几方面问题，笔者认为可以从以下几方面入手：①在招采设计分包时，将设计概算作为设计院考察的必备指标，同时将相关条款放入设计合同中。②如果设计院无法选择，可引入能力强的属地设计咨询单位对设计院成果进行审核优化，进而达到降本的目的。③设计合同签订后，与相应设计负责人沟通，设置奖励机制，在正常出图的基础上，设置图纸优化奖励机制。

## 3　设计院的选择与设计优化

由于本工程特殊原因，自 2018 年至 2021 年经历两次停工、三次进场，项目设计条件每次进场都在调整，但不变的是每次进场对设计工程总造价的调减，进而导致上文所提到的工程总造价不可控，从而考虑在结构加固（造价占 60%）方面考虑降本。专业分析比较后，人们明显发现设计院优化能力不足。此外，该设计院对本工程突发配电室区域结构加固难题，无解决方案。项目部综合项目实际情况提出两种解决方案：方案一，重新招采有资质的属地设计院 + 原结构设计院盖章；方案二，设计咨询单位提供优化意见 + 原结构设计院配合改图。两种设计方案对比见表 1。

表 1　两种设计方案对比

| 方案 | 设计成本 | 设计进度 | 项目决策 |
|---|---|---|---|
| 方案一 | 双倍设计费 | 新招属地设计院重新了解项目资料，从零开始设计出图，时间较长 | 综合考虑成本及工期影响，确定选用方案二 |
| 方案二 | 设计费 + 设计咨询费 | 有前期设计模型，且前期经历两年跟踪，对项目基本情况清晰了解，出图时间短，且原设计院有配合改图的意愿 | |

确定方案二后，项目部积极开展设计咨询单位调研工作，并确定改造加固经验丰富的设计咨询单位。引入设计咨询单位后，主要从以下四个方面进行优化：①采用《建筑抗震鉴定标准》（GB 50023—2009）中"平面结构的楼层综合抗震能力指数法"进行设计，取代《建筑抗震设计规范》（GB 50011—2010）设计验算；②针对本工程既有加固构件做补充鉴定，充分利用原结构残值；③重新核算楼层荷载，优化基础加固形式；④对于结构验算偏差较小的梁板构件，主要采取外粘碳纤维和外包型钢等加固方式进行施工，在提高功效的同时节约成本。经过设计咨询单位的介入，项目结构加固方面综合创效率达到 20%。项目创效对比分析如图 1 所示。

针对加固改造类 EPC 总承包工程在设计院选择方面，结合公司目前 EPC 类工程实施情况，有以下三个建议：

（1）建议优先招采工程属地设计院。

（2）建议以"低价中标"模式选择满足相关要求的设计院，配合实力雄厚的设计咨询单位，组合式招采。

（3）建议公司快速建立设计院资源库，以满足目前 EPC 项目在设计院招采方面的需求。

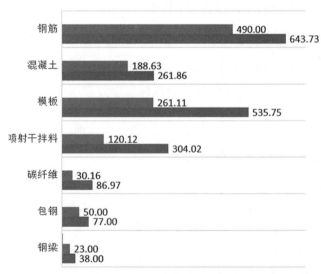

图 1　项目创效对比分析（单位：万元）

## 4　分包模式探索

EPC 工程项目在分包招采方面有两个共同的特点——无图纸、无清单。此时就需要借鉴同类项目施工经验，从同类工程中梳理出本工程主要施工内容，并将其进行截面划分，进而将相关工作打包后，得出本工程的合约框架。

合约框架图梳理完成后，需对主要分包单位（在工程造价中份额较大的分包单位）进行提前规划，本工程共涉及三家主要分包单位：加固专业分包、机电专业分包、精装专业分包。项目部需要各分包单位配合报价、摸排现场及审核施工图纸，每个专业分包单位可以根据需求寻找一两个配合单位，在配合过程中，项目部需对相应专业分包技术实力、现场施工组织能力、总包配合情况进行综合评价，根据评价结果对相应分包做议标处理。议标形式可以多样化，其中包括市场询价、招标竞价等方式。此外，针对机电安装此类过于专业化分包，需在议标时向"管理费 + 单价及总价双控"模式进行引导。本项目工程总承包施工界面划分如图 2 所示。

| \multicolumn{8}{c}{**某工程总承包施工界面划分表V1.0**} |
|---|
| 符号注释：● 实施　○ 配合　■ 总承包管理 | | | | | | | 日期：2021年11月22日 |
| 序号 | 工作内容 | 施工总承包 | 主体劳务单位 | 改造加固单位 | 装修单位 | 机电安装单位 | 备注 |
| 1 | **临时设施及其他** | | | | | | |
| 1.1 | 平面布置的整体规划和协调管理 | ■/● | | | | | |
| 1.2 | 现场临时办公室设施 | ■/● | | ● | ● | ● | |
| 1.3 | 场内工人宿舍设施 | ■/● | | ● | ● | ● | |
| 1.4 | 现场临时库房 | ■/● | | ○ | ○ | ○ | |
| 1.5 | 场内临时材料存储和周转场地 | ■/● | | ● | ● | ● | |
| 1.6 | 临时厕所的安装、清洁、维护和拆除 | ■/● | | | | | 大物业 |
| 1.7 | 指定堆放点的施工废料和垃圾的运输 | ■/● | | ○ | ○ | ○ | |
| 1.8 | 自施范围施工废料和垃圾的清理，堆放至指定地点 | ■/● | | ● | ● | ● | |
| 1.9 | 现场临时道路、围墙、工地出入口及门禁系统 | ■/● | | | | | |
| 1.10 | 现场保卫 | ■/● | | | | | |
| 1.11 | 视频监控系统 | ■/● | | | | | |
| 1.12 | 现场公共安全防护措施 | ■/● | | | | | |
| 1.13 | 自施范围作业面安全防护措施 | ■/● | | ● | ● | ● | |
| 1.14 | 专用卸货和起重设备的安装、维护和使用 | ■/● | | ● | ● | ● | |
| 1.15 | 临时施工电梯的采购、安装、维护和拆除（专业分包根据总包安排无偿使用） | ■/● | | | | | |
| 1.16 | 正式电梯临厅门、门套及呼叫按钮的保护 | ■/● | | | | | |
| 1.17 | 临时供电设备的维护、使用和安全管理 | ■/● | | | | ○ | |

图 2　某项目施工界面划分

## 5　加固改造类项目结构设计建议

结合本工程实际情况，笔者建议在建筑改造加固设计过程中，从以下几个方面入手：

（1）收集项目原始资料并了解其使用情况。目前较多老建筑为手绘图纸，由于时间原因，多数标注不清晰，给设计人员造成一定困扰，针对此类情况，设计人员需要有目的地从原设计图中找出关键信息，同时需揣摩原设计师的设计理念，切勿按照现行设计标注生搬硬套，造成不必要的过度加固。此外，需在加固设计前向建筑原使用单位尽可能多地了解本建筑后期修缮情况，以便于在模型建立或功能改造过程中充分了解建筑现状。

（2）结构鉴定情况。此类工程一般在招标前，业主方委托第三方结构鉴定单位对全楼进行结构鉴定，此时鉴定单位通常选取代表性点位对原结构进行推测鉴定，鉴定结果存在一定偏差。笔者认为，EPC 总承包单位需在建筑面层拆除后，自行委托权威鉴定单位对原结构重新鉴定，此时，结构面已基本外露，如有现有结构与原图纸不符情况将一目了然；同时，根据结构加固设计需要，可在后期补充鉴定过程中将个别参数适当细化，以便对原结构健康情况进一步探明。

（3）机电管线接驳情况。此类工程一般建筑年限时间长，不仅建筑范围内机电管线老化严重，其市政接驳点一样存在严重老化情况。此时，需要 EPC 总承包单位进场后发挥主观能动性，对建筑周边接驳点仔细排查，切勿盲目施工，否则极易造成不可估量的后果。另外，原有建筑机电管线存在后期修缮、更换的情况，在机电管线摸排过程中若发现可利用的部分，可进一步减小项目施工成本。

## 6　结语

　　本工程通过从设计院、创新专业分包模式等方面入手，成功化解超概算问题，实现了设计费 +
建筑安装费实际成本可控，对后续同类工程具有参考和借鉴的意义。此外，改造加固工程不同于新建
工程，结构设计师可在满足建筑平面需求的情况下随意布置结构构件，改造加固工程一般需要考虑建
筑现状情况，对其原有结构受力体系合理折减后，根据现行规范对其补强处理，因此，此类工程在施
工现场与设计院紧密配合方面对总承包单位提出了更高的要求，同时此类工程也更适合以 EPC 总承
包的模式进行发包。

### 参考文献

[1] 袁华安. 建筑结构加固技术探究 [J]. 城市建筑，2021，18（18）：147-149.

[2] 中华人民共和国住房和城乡建设部. 混凝土结构加固设计规范：GB 50367—2013[S]. 北京：中国建筑工业出版社，
2013.

[3] 崔建坤. 浅析房屋建筑结构加固设计及施工技术应用 [J]. 江西建材，2021，06：47-48.

[4] 杨俊恩. 设计采购施工总承包（EPC）模式在学校加固改造工程中的应用 [J]. 建材发展导向（上），2017，15（5）：
60-70.

[5] 何晗芝，贺洁，魏嘉，等. 界面管理在大型建设项目 EPC 总承包方设计管理中的应用 [J]. 施工技术，2017，46
（12）：138-142.

# 既有建筑物耐久性提升和修复技术现状与展望

## 赵建昌

兰州交通大学土木工程学院　兰州　730000

**摘　要：** 钢筋混凝土结构耐久性失效造成的经济损失难以估量，已逐渐成为工程界的共识，既有建筑物耐久性提升和修复（强身健体），延长结构使用年限（延年益寿），所隐藏的经济效益和社会效益将是巨大的。本文在分析了影响结构混凝土耐久性的主要因素的基础上，对既有建筑物耐久性提升和修复技术现状进行了总结和分析，给出了今后努力的方向。

**关键词：** 既有建筑物；混凝土耐久性；提升和修复

钢筋混凝土结构结合了钢筋与混凝土的优点，造价较低，且一直被认为是一种非常耐久的结构形式，其应用范围非常广泛。然而从混凝土应用于土木工程至今的 150 年间，大量的钢筋混凝土结构由于各种各样的原因而提前失效，达不到预定的服役年限。其中有的是由于结构设计的抗力不足造成的，有的是由于荷载的使用不当造成的，但更多的是由于结构的耐久性不足导致的。特别是沿海及近海地区的混凝土结构，由于海洋环境对混凝土的腐蚀，尤其是钢筋的锈蚀而造成结构的早期损坏，丧失了结构的耐久性能，已成为实际工程中的重要问题。早期损坏的结构需要花费大量的财力进行维修补强，甚至造成停工停产的巨大经济损失。耐久性失效是导致混凝土结构在正常使用状态下失效的最主要原因[1]。

国内外大量统计数据表明，如果对结构混凝土的耐久性考虑不周，重视不够，所造成的巨大损失中，高昂的维修和重建费用往往只占较小的部分，更大的损失来源于建（构）筑物的功能丧失所造成的间接经济损失与社会影响[1]。国外学者曾用"五倍定律"形象地描述了混凝土结构耐久性设计的重要性，即设计阶段对钢筋防护方面节省 1 美元，那么就意味着：发现钢筋锈蚀时再采取措施将追加维修费 5 美元；混凝土表面顺筋开裂时采取措施将追加维修费 25 美元；严重破坏时采取措施将追加维修费 125 美元。

改革开放四十多年，我国积累了巨量的物质财富，人们在为我国成为世界第二大经济体而欢心鼓舞之时，由钢筋混凝土创造的建设奇迹也呈现在世人面前。根据我国钢筋混凝土设计规范，这些钢筋混凝土结构设计使用年限为 50 年或 100 年，建造时即使满足设计对耐久性的要求，人们也不禁要问，这些巨量的钢筋混凝土建（构）筑物到了设计使用年限时将如何处置？不管是拆除重建还是维修加固，都将耗资巨大，经济压力将不堪重负，对未来社会造成极为沉重的负担。

提升既有建筑物耐久性（强身健体），延长结构使用年限（延年益寿），所隐藏的经济效益和社会效益是巨大的，提升既有建筑物耐久性，延长结构使用年限已成为人们不二的选择。

## 1　既有建筑物耐久性劣化的主要因素及研究框架

影响结构混凝土耐久性的因素很多，而且各种因素间相互联系，错综复杂。结构混凝土所处的环境可以划分为一般大气环境、海洋环境及工业环境，影响其耐久性的因素主要为混凝土碳化及钢筋锈蚀、氯离子侵入钢筋锈蚀、碱－集料反应、温湿度变化、酸气侵蚀、硫酸盐腐蚀破坏、冻融循环和空隙中盐类结晶、应力损失以及施工质量等[2-4]。迄今为止，已经形成了混凝土结构耐久性研究框架，如图 1 所示。

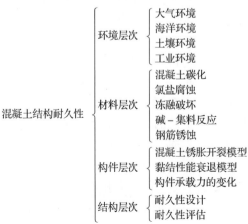

图 1　混凝土结构耐久性研究框架

## 2　既有建筑物耐久性提升和修复技术

目前，在混凝土耐久性提升技术方面，国内外学者从"防""抗""治"三个方面开展研究。表面涂层法是从"防"的角度对新建结构进行耐久性提升或对既有结构进行耐久性修复；特种钢筋和高性能混凝土是通过提高结构材料本身抵抗介质侵蚀的能力，从"抗"的角度对新建结构进行耐久性提升；电化学修复法是从"治"的角度对已腐蚀的既有结构进行耐久性修复治理。我国是世界上钢筋混凝土结构建设量最大的国家，如何采取"技术上可行、经济上合理"的耐久性提升和修复方法是工程界迫切需要解决的问题。

### 2.1　混凝土表面涂层法[2]（提升技术）

混凝土表面涂层保护的作用原理是阻止外部氯离子、二氧化碳或水分浸入混凝土内部，延缓混凝土碳化和防止钢筋的进一步腐蚀。混凝土表面涂层可以分为无机材料和有机材料两大类。

#### 2.1.1　无机材料涂层

无机材料涂层覆盖层，如水泥砂浆、石膏等。其延缓混凝土碳化的机理是覆盖层中本身含有可碳化物质，能消耗掉一部分扩散浸入的 $CO_2$，使 $CO_2$ 接触混凝土表面时间得以延迟，$CO_2$ 穿过覆盖层后浓度降低，使混凝土表面的 $CO_2$ 浓度低于大气环境中的 $CO_2$ 浓度且覆盖层干燥硬化后在基层上形成连续坚韧的保护膜层，能封闭混凝土表面部分开口孔道，阻止 $CO_2$ 的渗透，从而延缓混凝土的碳化速度。研究表明：增加无机材料涂覆盖层的厚度和提供覆盖层的密实度是一种延缓结构混凝土碳化和氯离子透过的有效手段。

#### 2.1.2　有机材料涂层

混凝土表面涂层的效果，不仅取决于其隔断外部水分向内部渗透和扩散的能力，还与混凝土内部的含水量有关。采用丙烯酸树脂类乳浊剂、强弹性丙烯酸橡胶和强弹性聚合物等防水材料与有机聚合物系列、硅烷系列特殊改性树脂等疏水材料制成的混凝土涂层，既能阻止水向混凝土内部渗透和扩散，又有利于混凝土内部的水向外消散，具有很好的防护作用。对比表明，以聚硅烷和聚丙烯酸制成的复合涂层防护效果最为理想。以沥青 – 环氧沥青 – 环氧煤加焦油为基的复合型或厚涂层，可用于地下、水下部分混凝土结构的防护，其自身的耐久性和对混凝土的有效防护时间不少于 20 年；以环氧树脂 – 聚氨酯为基的复合型或厚涂层，可用于上部结构，涂层系统自身的耐久性和对混凝土的有效防护时间不少于 10 年。

### 2.2　电化学提升修复技术

#### 2.2.1　阴极保护技术（提升技术）

阴极保护技术[4]是以抑制钢筋表面形成腐蚀电池为目的的电化学防腐方法，主要包括牺牲阳极法和外加电流辅助阳极法。其基本原理是对钢筋持续施加一定的阴极电流，将其极化到一定程度，从而使得钢筋上的阳极反应降低到非常小的程度。阴极保护技术应用于钢筋混凝土结构中，总体是可行的，但该技术不仅从结构建设期就需要专人管理和维护，并且需要长期维护，成本较高，因此其推广应用受到了一定的限制[5]。此外，阴极保护技术主要应用于在建结构物，对于已经建成并已经出现钢筋锈蚀的结构物，其应用效果仍有待进一步研究。

#### 2.2.2　混凝土再碱化技术（提升与修复）

混凝土再碱化技术[6]是 20 世纪 70 年代末在美国和欧洲兴起的一种用于修复碳化混凝土内钢筋腐蚀的重要方法，主要通过无损伤的电化学手段来提高被碳化混凝土保护层的碱性，使其 pH 恢复到 11.5 以上，从而降低钢筋腐蚀活性，使钢筋表面恢复钝化，以减缓或阻止锈蚀钢筋的继续腐蚀[7-8]。其基本原理是在混凝土试件表面上的外部电极和钢筋之间通直流电，以钢筋作为阴极，以外部电极作为阳极，对钢筋进行阴极极化（图 2）。

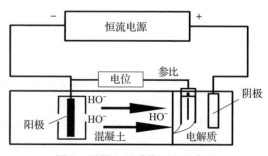

图 2　混凝土再碱化原理示意图

在钢筋上（阴极）的主要电化学反应为：$2H_2O+O_2+4e^- \Longrightarrow 4OH^-$；在外部电极上（阳极）的主要电化学反应为 $4OH^- \Longrightarrow 2H_2O+O_2+4e^-$。在电场和浓度梯度的作用下，混凝土中阴极反应产物 $OH^-$ 由钢筋表面向混凝土表面及内部迁移、扩散，阳离子（$Ca^{2+}$）由阳极向阴极迁移。由于 $OH^-$ 的持续产生和移动，使得钢筋周围已碳化混凝土的 pH 逐渐升高[7-8]。电化学再碱化，可以用于所有碳化的混凝土构筑物，已经成为世界各国公认的事实。目前国内外对再碱化技术研究结果不尽相同。

### 2.2.3　电化学除氯技术（提升与修复）

20 世纪 70 年代，电化学除氯法（Electrochemical Chloride Extraction）[9]首先由美国联邦高速公路局研究出来，后来用于美国战略公路研究规划，并被欧洲 Norcure 使用。

电化学除氯技术的基本原理是以混凝土中的钢筋作为阴极，在混凝土表面敷置或埋入电解液保持层，在电解液保持层中设置钢筋网或者金属片作为阳极，在金属网和混凝土中的钢筋之间通以直流电流。在外加电场作用下，混凝土中的负离子（$Cl^-$、$OH^-$ 等）由阴极向阳极迁移，正离子（$Na^+$、$K^+$、$Ca^{2+}$ 等）由阳极向阴极迁移。$Cl^-$ 由阴极向阳极迁移并脱离混凝土进入电解质，达到了脱氯除盐的目的；同时阴极发生电化学反应，形成的 $OH^-$ 向阳极迁移，氯离子得到排除，钢筋周围和混凝土保护层中的碱性升高，有利于钢筋恢复并维持钝态，又可在一定程度上提高钢筋混凝土抵抗 $Cl^-$ 二次侵蚀的能力[10]。由此可知，电化学除氯法无论是在原理上还是在处理装置上和电化学再碱化技术均无差别，两者只是应用环境不同。

## 3　新型钢筋混凝土耐久性提升和修复技术

### 3.1　钢筋阻锈剂

钢筋阻锈剂分为内掺型阻锈剂和外涂型阻锈剂。内掺型阻锈剂为拌制混凝土或砂浆时加入的钢筋阻锈剂，而外涂型阻锈剂涂于混凝土或砂浆表面，能渗透到混凝土内部，并到达钢筋周围对钢筋进行防护的钢筋阻锈剂。由于外涂型阻锈剂具有渗透移动至钢筋表面并进行保护钢筋的特点，既可以用于新建结构也可以用于既有结构。混凝土中钢筋锈蚀为电化学反应，包括阳极和阴极两种反应。阻锈剂的作用机理在于能优先参与并阻止这两种或其中一种反应，且能长期保持稳定状态，从而有效地阻止钢筋的锈蚀。阻锈剂是提升钢筋混凝土结构耐久性、延迟混凝土结构使用寿命的有效措施。从理论上讲，阻锈剂可应用于任何情况下的混凝土结构，是钢筋防锈技术的一次革命。

### 3.2　电渗阻锈技术

由于外涂型阻锈剂具有渗透移动至钢筋表面并进行保护钢筋的特点，既可以用于新建结构也可以用于既有结构，从理论上讲阻锈剂可应用于任何情况下的混凝土结构。有研究[11]指出，迁移型阻锈剂的渗透深度与混凝土保护层厚度、混凝土密实程度有密切关系，当混凝土保护层较厚或密实度较大时，阻锈剂不能到达钢筋表面或钢筋附近阻锈剂浓度不足，无法起到应有的阻锈效果。电渗阻锈技术是利用电场将有效阻锈剂基团输送至钢筋表面的技术，最早见于文献[12]。该技术采用的有机阻锈剂较为昂贵，且需要较长的通电时间才能达到满意的效果，因此发展较慢，直到最近几年才有所进展。国内对于电渗阻锈过程也有少量研究。近年来洪定海等[13]研制出 BE 阻锈剂，采用电化学方法，使其在短期内迁移至 10cm 厚的混凝土内，并证实其对钢筋具有明显的阻锈效果。

### 3.3　双向电渗阻锈技术

浙江大学结构工程研究所金伟良在结合电迁移型阻锈剂和电化学除氯技术特点的基础上率先提出了双向电渗（BIEM）的概念。双向电渗的基本原理（图 3）是在外加电场的作用下，电解质溶液中的阳离子阻锈剂向阴极钢筋处迁移，混凝土孔隙液及钢筋表面的 $Cl^-$ 向阳极迁移进入电解质溶液中。双向电渗必须考虑电化学除氯与电迁移型阻锈剂的耦合作用，合理化相应的双向电渗影响参数，这样才能得到良好的阻锈效果。章思颖[14]

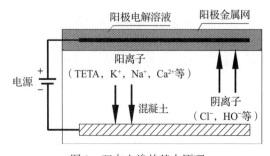

图 3　双向电渗的基本原理

系统地从阻锈剂的阻锈效果、电迁移能力、环境友好性等几个方面出发，筛选出适用于双向电渗修复技术的胺类阻锈剂。郭柱[15]则在此基础上对应用三乙烯四胺作为阻锈剂的双向电渗过程作用效果进行了详细研究，通过对混凝土试件保护层中 $Cl^-$ 浓度、阻锈剂浓度分布的测试及对钢筋电化学参数的观测，分别研究了通电时间、电流密度、水灰比、初始 $Cl^-$ 浓度、保护层厚度对双向电渗作用效果的影响，并且进行了相关的数值模拟。无论是从短期试验还是长期试验的效果来看，双向电渗对于钢筋的锈蚀都具有明显的抑制和修复作用。

## 4　结语

　　多年来，人们对既有钢筋混凝土结构的耐久性提升和修复技术从"防"和"治"两个方面进行了许多研究，取得了大量研究成果，收到了一定的效果，但是由于问题的复杂性，一些方法施工简便（表面涂层法），但防护维持时间较短，需反复施工，难以从根本上解决问题；一些方法理论上可行（电化学技术），费用昂贵，实际应用时困难重重，效果堪忧。结构混凝土耐久性的提升与修复涉及的因素较多，涉及材料学、结构学、物理学、化学等多个学科，需要在整个混凝土科学研究中，采用"防"和"治"综合治理的方式，将水泥基材料微观结构研究、水泥基材料宏观性研究以及混凝土结构整体性能研究有机结合起来，跨学科、跨领域共同联手攻克钢筋混凝土耐久性提升和修复技术难题。

### 参考文献

[1] 金伟良，赵羽习. 混凝土结构耐久性 [M]. 北京：科学出版社，2014.

[2] 吉林，缪昌林，孙伟. 结构混凝土耐久性及其提升技术 [M]. 北京：人民交通出版社，2011.

[3] 洪定海. 混凝土中钢筋的腐蚀与保护 [M]. 北京：中国铁道出版社，1998.

[4] 张羽，张俊喜，王昆，等. 混凝土结构中的研究及应用 [J]. 材料保护，2009，42（8）：51-55.

[5] 黄晓刚，何健，储洪强. 电化学防腐技术在混凝土结构中的应用研究概况 [J]. 建筑技术开发，2008，35（8）：51-55.

[6] 樊云昌，曹兴国，陈怀荣. 混凝土中钢筋腐蚀的防护与修复 [M]. 北京：中国铁道出版社，2001.

[7] VANDANHONDE A J, POLDER R B. Electrochemical realkalisation and chloride removal of concrete[J]. Construction Repair，1992，8：22-26.

[8] 朱雅仙. 碳化混凝土再碱化技术的研究 [J]. 水运工程，2001（6）：12-14.

[9] POLDER R, VANDER H J. Electrochemical realkalisation and chloride remove of concrete, state of the art, laboratory and field experience[C]//Proceedings of RILEM conference, rehabilitation of concrete structures.Melboume：RILEM，1992：135-147.

[10] 金伟良. 腐蚀混凝土结构学 [M]. 北京：科学出版社，2011.

[11] EYDELNART A, MIKSIC B, GELNER L. Migrating corrosion inhibitors for reinforced concrete[J]. Con Chenm Journal，1993，2：38-52.

[12] HETTIARACHCHI S, GAYNOR A T, ASARO M F. Electrochemical chloride removal and protection of concrete bridge components（injection of synergistic inhibitors），strategic highway research program，SHRP-S-310[R]. Washington, D. C.：National Research Council，1987.

[13] 洪定海，王定选，黄俊东. 电迁移型阻锈剂 [J]. 东南大学学报（自然科学版），2006，36（增刊2）：154-199.

[14] 章思颖. 应用于双向电渗技术的电迁移型阻锈剂的筛选 [D]. 杭州：浙江大学，2012.

[15] 郭柱. 三乙烯四胺阻锈剂双向电渗效果研究 [D]. 杭州：浙江大学，2013.

# 木结构抗火性能研究综述

张 雨 宋晓滨

同济大学 上海 200092

**摘 要：** 木结构因其绿色低碳、抗震性能好等优势越来越受到大家的重视，但人们对木结构抗火性能的担忧阻碍了木结构的推广应用。近年来，国内外学者围绕木结构的抗火性能做了大量研究和试验，为木结构防火设计提供了依据，有力推动了木结构的发展与应用。基于国内外现有研究成果，从高温下木材性能、抗火性能试验研究、理论分析与数值模拟三方面对相关研究进行了总结，对未来研究方向做出展望。综述发现，目前对于木结构抗火性能的研究多集中于新建现代木结构，而缺乏对木结构全寿命周期抗火性能的研究，数值模拟方法上存在无法考虑结构场对温度场影响的不足。此外，我国传统木结构古建筑抗火性能的研究有待加强。

**关键词：** 木结构；抗火性能；试验研究；理论分析；数值模拟

木结构建筑在我国有悠久的历史，我国现存古建筑中，木结构建筑占全部古建筑的50%以上，占房屋建筑类古建筑的90%以上[1]。在碳中和及建筑工业化背景下，木结构因其碳排放低、可再生，非常适合装配式建造，其优势在我国越发受到重视。

火灾的发生频率位列各种灾害之首[2]，火灾下结构的安全是木结构建筑必须面对的问题。在高温作用下，木材不仅力学性能会发生退化，其在被引燃后还会促进火灾的持续和蔓延。研究木结构的抗火性能，发展完善木结构防火设计方法，对木结构的发展和应用具有重要意义。本文将从高温下木材性能、试验研究、理论分析与数值模拟三方面对国内外学者的相关研究成果进行介绍。

## 1 高温下木材性能

在火灾作用下，木材经受高温后会发生复杂的物理化学反应，材料性能也会发生明显变化。对不同温度下木材的力学性能和热工性能的研究，为火灾下木结构温度场分布与力学行为的计算奠定了基础。

### 1.1 高温下木材力学性能

在火灾作用下，木材会发生热解、炭化，材质组成将发生明显变化。当木材温度达到288～300℃时，木材发生炭化，强度完全丧失。随着火灾的持续，木材炭化层厚度会不断增加，结构构件的有效截面尺寸也随之减小。未炭化部分的木材受高温影响，强度和弹性模量也会发生不同程度的降低。

为更准确地对火灾下木构件力学行为进行计算，学者对木材未炭化部分（20～300℃）的力学性能进行了研究。一种研究思路是对受荷试样保持荷载不变进行加热，测量位移等随加热时间的变化，对试样内部温度场进行计算，以木材力学性能与温度的关系作为未知量根据试验数据来进行拟合。Young[3]、Zeeland[4]等人分别研究了木材拉/压强度和弹性模量与温度的关系，并提出了相应的双线性和三线性折减模型。还有一种研究思路是先对试样在预定温度下进行加热保温，使得试样全截面到达预定温度，随后进行加载，直接获得木材相应温度下的力学性能。Jiang[5]、Manuel[6]等分别对不同树种高温下的抗压性能进行了试验。岳孔、杨成等[7-8]研究了胶合木用花旗松、落叶松结构材顺纹抗压、抗拉和抗弯性能。

### 1.2 木材热工性能

在火灾环境中，木材在热对流和热辐射的作用下不断升温，热传导使得热量在木材内部由高温区向低温区传递，同时高温区中一部分受热蒸发的水分也会在低温区凝结，传递一部分热量。当木材达到200～400℃时，表面会开始炭化燃烧[9]，炭化深度逐步向木材内部扩展，木材表面形成炭化层。炭化层可以有效阻隔外部热环境与木材之间的热量传递，但随着温度不断升高，炭化层表面会发生分解开裂，隔热能力下降，最后剥落。Friqun[10]对其他研究者的成果进行了总结，将木材从受热到燃烧的过程分为常温阶段、蒸发阶段、热降解阶段、炭化层形成阶段和炭化层收缩阶段五个阶段。

为计算木材内部温度场，学者对木材的热工性能参数进行了研究。目前使用的热工性能参数多是基于试验数据拟合的表观值，通过改变木材热物理性质间接考虑木材的热解炭化、炭化层的开裂剥落等因素的影响。欧规5[11]中采用在 $100 \sim 120℃$ 时增大比热容来考虑木材中水分蒸发吸收的热量，用热传导率和密度的变化考虑木材热解、炭化层剥落开裂等的影响。Thi[12]则开发了可以隐含考虑热解作用的材料子程序。Zhang 等[13]根据热重分析数据分析了密度和热传导率与温度的关系，利用差示扫描量热法测定了考虑潜热和木材热解热的比热容公式，提出了基于表观热物理性质的传热模型。

## 2　木结构耐火极限试验研究

耐火极限试验是评估结构耐火极限最直接、有效的方式。近年来，国内外学者对梁、柱、节点等进行了大量耐火极限试验研究，相关结果有力支撑了相关标准的建设工作。

### 2.1　梁、板构件耐火极限试验研究

梁和楼板是建筑的主要水平受力构件，受火后会导致截面惯性矩的降低，截面边缘应力增大，最终导致构件的破坏。

Firmanti[14]对 150 个相同尺寸的木梁试件进行了耐火极限试验，拟合了持荷水平与耐火极限时间的关系，并指出耐火极限与木材强度等级成正比。许清风等[15-17]进行了胶合木梁和实木梁的三面受火耐火极限试验，系统研究了截面尺寸、持荷比、阻燃涂料、木梁跨中受拉区指接等对耐火极限的影响。结果表明，持荷比的增加和指接会降低木梁耐火极限，增大截面尺寸和涂刷阻燃涂料则可以有效提高耐火极限，胶合木梁与实木梁抗火性能相似。针对我国传统木结构的特点，陈玲珠等[18]对经一麻五灰地仗处理的三面受火木梁的耐火性能进行了试验研究，结果表明，地仗层可以提升木梁的耐火极限。

正交胶合木（CLT）是一种新型工程木产品，已被广泛地应用于多高层木结构建筑中。Fragiacomo[19]和 Wilinder 等[20]开展了不同持荷水平和石膏板包覆的 5 层 CLT 楼板的耐火极限试验，发现持荷比的增加会导致耐火极限的降低，而石膏板可以有效增加耐火极限。Suzuki 等[21]系统地开展了使用不同胶黏剂和持荷比的 CLT 板及单板层积材（LVL）板的耐火极限试验，结果表明，高温稳定性差的胶黏剂会导致炭化层的大面积剥落，从而导致炭化速率的增大。Wang 等[22]系统开展了不同火灾曲线、不同楼板组成、不同持荷比下的 CLT 楼板耐火极限试验，试验结果表明，在相同条件下，标准火灾较自然火灾作用下的楼板耐火极限大，随着 CLT 楼板层数的减少和持荷比的增加，耐火极限降低。

### 2.2　柱、墙构件耐火极限试验研究

Young 等[23]基于试验指出，木柱受火过程中会因水平刚度降低和长细比增加而发生屈曲破坏。许清风等[24]进行了木柱四面受火后力学性能的试验研究，发现受火后木材由于初始裂缝开展不均匀可能发生偏压破坏。陈玲珠等[25]进行了胶合木中长柱四面受火的耐火极限试验，研究了截面尺寸、持荷水平、阻燃涂料等对胶合木中长柱耐火极限的影响规律。李向民等[26]和王正昌[27]分别进行了石膏抹面和一麻五灰地杖处理的四面受火木柱耐火极限试验，结果表明石灰膏抹面和地杖处理可以有效降低外部热环境与木柱内的热量传递。

在墙体方面，Klippel 等[28]进行了不同层板组成、金属支架连接和隐藏金属板连接的 CLT 墙体标准火灾试验，试验发现墙体因丧失完整性而达到耐火极限，炭化层的剥落会导致炭化速率增大，而连接方式对 CLT 墙体的耐火极限影响不明显。Schmid 等[29]进行了单面受火 CLT 墙体标准火灾试验，系统研究了不同层板组成、保护措施、持荷比对 CLT 墙体耐火极限的影响，试验结果表明，相同名义厚度的石膏板和纤维板保护下的 CLT 墙体热工性能相近，墙体破坏形式为整体屈曲。Suzuki 等[30]进行了 8 组持荷和不持荷的 CLT 墙板标准火灾试验，研究了胶黏剂、层板组成、树种、持荷比等对

炭化速率以及耐火极限的影响，并指出胶黏剂和树种都会对炭化速率产生影响，墙体变形增加主要由顺纹层炭化导致。

### 2.3　节点耐火极限试验研究

节点是结构的薄弱部位，节点的破坏可能导致结构的倒塌。现代木结构节点受力复杂，钢板、螺栓等金属连接件会加速木材的炭化。我国传统古建筑梁、柱构件一般安全冗余度较高，耐火极限较大，但在榫卯节点处梁、柱构件截面会受到削弱。

现代木结构在全世界范围内应用较为广泛，对其抗火性能的研究也较为成熟。国内外学者对现代木结构常用的 WWW 销栓连接节点[31]、木材－木材－木材（WWW）钢钉连接节点[32-33]、WWW 螺栓连接节点[31-34]、木材－钢填板－木材（WSW）螺栓连接节点[31,34]等进行了标准火灾试验。试验结果表明，持荷比的增大会降低节点耐火极限，增大侧板厚度可以提高耐火极限，而紧固件的数量和大小对耐火极限影响较小。Palma 等[35]进行了梁－柱钢木销接抗剪连接的火灾试验，试验结果表明，连接破坏可能是由于木材侧板的劈裂破坏或连接件端板从柱身拔出导致的，梁柱之间的间隙增大、销钉间距减小以及自攻螺栓加固等均会降低节点耐火极限。

我国传统榫卯节点耐火性能的研究较为少见。张晋等[36-37]进行了燕尾榫节点耐火极限试验，试验结果表明，节点破坏形式为劈裂破坏，因为榫头与卯口间隙较小，榫头几乎不发生炭化。陈玲珠等[38]比较了透榫节点和单向直榫节点的抗火性能，试验表明，单向直榫节点的抗火性能要优于透榫节点。

## 3　理论分析与数值模拟

### 3.1　理论分析

剩余截面法[11]是目前广泛采用的构件耐火极限评估方法。其思路是根据炭化速率和受火时间确定构件炭化深度，根据构件有效剩余截面来计算构件是否能继续承载。剩余截面法只适用于梁、柱等简单规则构件，并不适用于具有复杂构造的连接节点。

Ali 等[39]基于二维热力学分析提出，根据木材温度、含水量和密度来计算受火木柱的破坏时间和临界温度的半分析方法。Schnabl 等[40]提出了一种半解析数学模型，用于求解受火木柱的屈曲性能，该模型可以考虑不同材料参数、几何尺寸和含水量对木柱临界屈曲荷载的影响。Hietaniemi[41]将概率论方法引入木梁耐火极限分析，采用蒙特卡罗方法模拟结构的热响应和力学性能，并考虑了火灾探测器等主动消防安全措施的干预。

在木结构连接方面，Cachim 等[42]利用 SAFIR 开发了 WWW 销栓连接节点的组件模型，通过降低组件的强度和刚度来模拟火灾作用下的性能。Palma[43]将 Johansen 承载力模型引入梁－柱钢填板销栓节点，先利用传热模型进行温度场计算，再将根据温度折减后的材料强度代入 Johansen 承载力模型。

### 3.2　数值模拟

数值模拟是代替试验的一种有效方式。热－力顺序耦合是目前木结构抗火性能分析常用的模拟方法，即先根据木材热工性能参数进行温度场分析，再将温度场作为预定场进行结构分析。

Racher 等[44]对销栓连接节点的抗火性能进行了模拟，采用 Hill 屈服准则描述木材的各向异性，销栓则采用 Mise 屈服准则。Fragiacomo[45]采用混凝土损伤塑性模型描述木材受拉的脆性破坏行为，模拟分析了 CLT 楼板火灾下的力学行为，并考虑了石膏保护板的影响。李林峰[46]在 Abaqus 中嵌入基于 Yamada-Sun 屈服准则的逐渐累计损伤演化模型的正交异性木材子程序，并进行了梁柱式木结构框架的数值分析研究。Khelifa[47]提出了一个基于连续介质力学的模型来确认多销栓连接的节点的承载能力。该模型应用经典的塑性流动理论，考虑了正交各向异性硬化、大塑性变形和温度的影响。Regueira 等[48]采用了 Hill 屈服准则和 Tsai-Wu 屈服准则对木质圆形燕尾节点在火灾作用下的力学性能进行了数值模拟，并讨论了间隙对传热的影响，分析结果表明考虑间隙传热更加贴近试验结果，但对节点失效时间的模拟差别较大。王跃翔[49]基于 Hashion 破坏准则、连续损伤力学模型以及高温下木材力学性能的变化编写了木材的本构模型，并采用 Cohesive 单元模拟胶黏剂，对火灾下 CLT 楼板的力学行为进行了模拟。

## 4　总结

　　国内外学者在高温下木材的性能变化、耐火极限试验研究、理论分析与数值模拟等方面进行了大量研究，提出了一系列的木结构耐火极限计算模拟方法，为木结构防火设计提供了理论依据，有力地推动了木结构的推广与应用。在总结现有研究成果的基础上，结合我国木结构特点与现状，对今后木结构抗火研究方向做出展望：

　　（1）目前抗火性能的研究多集中于现代木结构，对我国木结构古建筑抗火性能研究较少。在几千年的发展历程中，我国木结构早已形成具有独树一帜的设计法则与施工工艺，针对我国传统木结构构件、连接节点抗火性能的研究具有重要意义。

　　（2）木结构抗火性能的研究多基于新建结构，而在木结构服役期间，木材的热工性能、力学性能会发生劣化，而且在荷载、地震、外界环境等作用下会形成损伤，如何评价木结构在整个服役期间以及超出预期服役期后的抗火性能是一个值得研究的问题。

　　（3）随着受火时间的增长，连接节点各组件之间的间隙不断增大，受热条件改变。现有数值模拟方法只能考虑温度场对结构场的影响，无法考虑结构场对温度场的影响。

### 参考文献

[1] 潘毅，王超，季晨龙. 汶川地震中木结构古建筑的震害调查与分析 [J]. 建筑科学，2012，28（7）：103-106.

[2] 李引擎. 建筑防火工程 [M]. 北京：化学工业出版社，2004.

[3] YOUNG SA，CLANCY P. Compression mechanical properties of wood at temperatures simulating fire conditions[J]. Fire and Materials 2001，25：83-93.

[4] ZEELAND I M V，SALINAS J J，MEHAFFEY J R. Compressive strength of lumber at high temperatures[J]. Fire and Materials：An International Journal，2005，29（2）：71-90.

[5] JIANG J，LU J，ZHOU Y，et al. Compression Strength and Modulus of Elasticity Parallel to the Grain of Oak Wood at Ultra-low and High Temperatures[J]. Bioresources，2014，9（2）：3571-3579.

[6] MANUEL JESÚS MANRÍQUEZ FIGUEROA，POLIANA DIAS DE MORAES. Temperature reduction factor for compressive strength parallel to the grain[J]. Fire Safety Journal，2016，83：Friquin K L.

[7] 岳孔，刘伟庆，程秀才，等. 高温中花旗松结构材顺纹抗压强度试验研究 [J]. 华中科技大学学报（自然科学版），2019，47（08）：44-49.

[8] 杨成，岳孔，陆伟东，等. 火灾条件下落叶松木材抗弯性能研究 [J]. 南京工业大学学报（自然科学版），2016，38（05）：61-67.

[9] SPEARPOINT M J，QUINTIERE J G. Predicting the burning of wood using an integral model[J]. Combustion and Flame，2000，123（3）：308-325.

[10] FRIQUN K L. Material properties and external factors influencing the charring rate of solid wood and glue-laminated timber[J]. Fire and materials，2011，35（5）：303-327.

[11] Eurocode 5-Design of timber structures. Part 1-2：General-Structural fire design[S]. CEN 2004（European Committee for Standardization），EN 1995-1-2，Brussels，Belgium.

[12] V. D. THI，M. KHELIFA，M. OUDJENE，et al. Finite element analysis of heat transfer through timber elements exposed to fire[J]. Engineering Structures，2017，143.

[13] ZHANG Y，ZHANG L，SHAN Z，et al. Thermal responses of woods exposed to high temperatures considering apparent thermo-physical properties[J]. Journal of Renewable Materials，2019，7（11）.

[14] FIRMANTI A，SUBIYANTO B，KAWAI S. Evaluation of the fire endurance of mechanically graded timber in bending[J]. Journal of Wood Science，2006，52（1）：25-32.

[15] 许清风，韩重庆，胡小锋，等. 不同阻燃涂料处理三面受火胶合木梁耐火极限试验研究 [J]. 建筑结构，2018，48（10）：73-78，97.

[16] 陈玲珠，许清风，王欣. 三面受火胶合木梁耐火极限的试验研究 [J]. 结构工程师，2018，34（04）：109-116.

[17] 许清风，张晋，商景祥，等. 三面受火木梁耐火极限试验研究 [J]. 建筑结构，2012，42（12）：127-130.

[18] 陈玲珠，许清风，韩重庆，等. 经一麻五灰地仗处理的木梁三面受火耐火极限试验研究 [J/OL]. [2020-10-11]. https://doi.org/10.14006/j.jzjgxb.2020.0074.

[19] MASSIMO FRAGIACOMO, AGNESE MENIS, ISAIA CLEMENTE, et.al. Fire resistance of cross-laminated timber panels loaded out of plane[J]. Journal of Structural Engineering，139（12）（2012）04013018.

[20] PER WILINDER. Fire Resistance in Cross-laminated Timber[J]. Bachelor Thesis, Jönköping University, Jönköping, Sweden, 2010.

[21] JUN-ICHI SUZUKI, TENSEI MIZUKAMI, TOMOHIRO NARUSE, et al. Fire resistance of timber panel structures under standard fire exposure[J]. Fire technology, 2016, 52（4）：1015-1034.

[22] WANG Y, ZHANG J, MEI F, et al. Experimental and numerical analysis on fire behaviour of loaded cross-laminated timber panels[J]. Advances in Structural Engineering, 2020, 23（1）：22-36.

[23] YOUNG S A, CLANCY P. Compression mechanical properties of wood at temperatures simulating fire conditions[J]. Fire and Materials, 2001, 25（3）：83-93.

[24] 许清风，李向民，张晋，等. 木柱四面受火后力学性能的试验研究 [J]. 土木工程学报，2012，45（03）：79-85，173.

[25] 陈玲珠，许清风，胡小锋. 四面受火胶合木中长柱耐火极限试验研究 [J]. 建筑结构学报，2020，41（01）：95-103.

[26] 李向民，李帅希，许清风，等. 四面受火木柱耐火极限的试验研究 [J]. 建筑结构，2010，40（03）：115-117.

[27] 王正昌，许清风，韩重庆，等. 一麻五灰传统保护处理圆木柱的耐火极限试验研究 [J]. 建筑结构，2017，47（17）：14-19.

[28] KLIPPEL M, LEYDER C, FRANGI A, et al. Fire tests on loaded cross-laminated timber wall and floor elements[J]. Fire Safety Science, 2014, 11：626-639.

[29] SCHMID J, MENIS A, FRAGIACOMO M, et al. Behaviour of loaded cross-laminated timber wall elements in fire conditions[J]. Fire Technology, 2015, 51（6）：1341-1370.

[30] SUZUKI J, MIZUKAMI T, NARUSE T, et al. Fire resistance of timber panel structures under standard fire exposure[J]. Fire Technology, 2016, 52（4）：1015-1034.

[31] NORÉN J. Load-bearing capacity of nailed joints exposed to fire[J]. Fire and Materials, 1996, 20（3）：133-143.

[32] MORAES P D, RODRIGUES J P C, CORREIA N D F. Behavior of bolted timber joints subjected to high temperatures[J]. European Journal of Wood and Wood Products, 2012, 70（1-3）：225-232.

[33] LEI Peng, GEORGE HADJISOPHOCLEUS, JIM MEHAFFEY, et al. Predicting the fire resistance of wood-steel-wood timber connections[J]. Fire Technology, 2011, 47（4）.

[34] 汝华伟，刘伟庆，陆伟东，等. 胶合木结构螺栓连接耐火极限的试验 [J]. 南京工业大学学报（自然科学版），2011，33（05）：70-74.

[35] PEDRO PALMA, ANDREA FRANGI, ERICH HUGI, et al. Fire resistance tests on timber beam-to-column shear connections[J]. Journal of Structural Fire Engineering, 2016, 7（1）.

[36] 张晋，王斌，宗钟凌，等. 木结构榫卯节点耐火极限试验研究 [J]. 湖南大学学报（自然科学版），2016，43（01）：117-123.

[37] 张晋，张强，柏益伟，等. 燕尾榫节点梁柱式木框架抗火性能试验研究 [J]. 建筑结构学报，2019，40（10）：188-196.

[38] 陈玲珠，王欣，韩重庆，等. 透榫和单向直榫木节点耐火极限的试验研究 [J]. 建筑结构，2021，51（09）：98-102，119.

[39] ALI F, KAVANAGH S. Fire resistance of timber columns[J]. Journal of the Institute of Wood Science, 2005, 17（2）：85-93.

[40] SCHNABL S, TURK G, PLANINC I. Buckling of timber columns exposed to fire[J]. Fire safety journal, 2011, 46（7）：431-439.

[41] HIETANIEMI J. Probabilistic simulation of fire endurance of a wooden beam[J]. Structural Safety，2007，29（4）：322-336.

[42] CACHIM P B，FRANSSEN J M. Numerical modelling of timber connections under fire loading using a component model[J]. Fire Safety Journal，2009，44（6）：840-853.

[43] PEDRO PALMA. Fire behaviour of timber connrctions[D]. Technical University of Lisbon，2016.

[44] P RACHER，K LAPLANCHE，D DHIMA，et al. Thermo-mechanical analysis of the fire performance of dowelled timber connection[J]. Engineering Structures，2009，32（4）.

[45] MASSIMO FRAGIACOMO，AGNESE MENIS，PETER J MOSS，et al. Predicting the fire resistance of timber members loaded in tension[J]. Fire and Materials，2013，37（2）.

[46] 李林峰. 梁柱式木结构框架抗火数值模拟研究 [D]. 南京：东南大学，2014.

[47] KHELIFA M，KHENNANE A，EL GANAOUI M，et al. Analysis of the behavior of multiple dowel timber connections in fire[J]. Fire safety journal，2014，68：119-128.

[48] REGUEIRA R，GUAITA M. Numerical simulation of the fire behaviour of timber dovetail connections[J]. Fire Safety Journal，2018，96：1-12.

[49] 王跃翔. 室内自然火灾作用下正交胶合木结构抗火性能理论及试验研究 [D]. 南京：东南大学，2019.

# 减震技术在提高抗震性能加固
# 工程中的应用

赵　欣[1,2]　商昊江[3,4,5]

1. 福州大学　福州　350018
2. 福建江夏学院　福州　350018
3. 福建省建筑科学研究院有限责任公司　福州　350108
4. 福建省绿色建筑技术重点实验室　福州　350108
5. 福建省建研工程顾问有限公司　福州　350108

**摘　要：**我国新建建筑工程量趋于饱和，老旧建筑加固改造工程量逐年增加。我国地震区域分布广且地震烈度较高，基于减震技术理论发展起来的阻尼器类型越来越多，可适用于不同条件下的工程。鉴于改造工程中传统加固工程量较大等原因，将减震技术用于加固改造工程成为另一种大幅提高抗震性能并减少传统加固工程量的有效途径。本文以某酒店公寓楼改造为中学宿舍楼为工程背景，鉴于其抗震性能水准和需求的大幅提高，采用黏滞阻尼器对其进行抗震加固，采用有限元软件 SAUSAGE 对加设黏滞阻尼器和传统加固的模型进行结构在设防地震及罕遇地震下的抗震验算，通过对结构层间位移角、楼层剪力、楼层位移、地震输入能量分布、混凝土损伤等几个方面进行抗震性能分析，并将加设黏滞阻尼器的加固造价与传统加固造价进行经济性对比。通过上述分析，采用黏滞阻尼器进行抗震加固能有效耗散地震能量，大幅提高结构抗震性能，加固后的结构不仅抗震性能明显优于传统的抗震加固方式，且大幅降低结构在改造加固中的工程造价，可作为类似工程的参考。

**关键词：**抗震加固；黏滞阻尼器；耗能；等效阻尼比；抗震性能分析；经济性

汶川地震、青海玉树地震等地震，造成大量房屋倒塌、人员财产损失，使人们越来越重视建筑结构的抗震安全。我国经济高速发展带动建筑业同样经历高速发展 30 年，大量房屋建筑由于建设年代久远，且现代社会对于房屋功能和品质的要求不断提高，因此既有建筑改造加固的需求激增。近年来，在建筑抗震性能提升方面，减震隔震越来越成为政策导向的首选技术，如《建设工程抗震管理条例》已于 2021 年 9 月 1 日施行，明确规定位于高烈度设防地区、地震重点监视防御区的学校、幼儿园、医院、养老机构、应急指挥中心、应急避难场所等既有公共建筑进行抗震加固时，应采用隔震减震技术。在既有建筑改造提升过程中，其抗震性能水准和需求的大幅提高将是一种常态。本文以某酒店公寓楼改造为中学宿舍楼作为典型工程背景，采用黏滞阻尼器对其进行抗震加固，通过对结构层间位移角、楼层剪力、楼层位移、能量分布、等效阻尼比、混凝土损伤等几个方面进行抗震性能分析，以充分验证其抗震加固效果及经济性。

## 1　工程概况

某酒店式公寓群位于福州市马尾区琅岐岛，前身为某大学下属学院，于 2005 年建成并投入使用至今。原校址内几栋酒店式公寓大楼在修缮后作为中学生宿舍。现选择其中一栋多层现浇框架结构建筑作为本文研究对象，其建筑面积为 6600m²，建筑高度为 21.6m，建筑层数为 5 层。标准层结构平面布置如图 1 所示，南北两侧为房间，中间为走廊。

该项目的结构参数有以下特点：（1）建筑楼面活荷载基本没有改变，按原荷载 2.0kN/m² 执行。（2）设计地震分组为三组（原为二组），抗震设防类别为重点设防类（乙类，原为丙类），框架抗震等级为二级（原为三级），抗震设防烈度为 7 度（原为 6 度），基本加速度变为 0.10g，特征周期为 0.45s，场地类别为 Ⅱ 类。（3）基本风压取为 0.70kN/m²，体型系数为 1.3，房屋所在地区的地面粗糙度类别为 A 类。

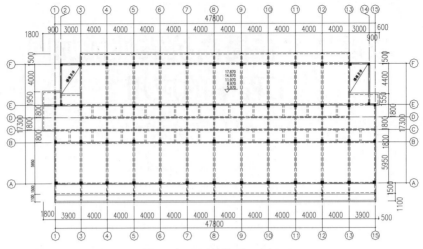

图1　标准层结构平面布置

## 2　抗震加固技术线路分析

按现有的抗震理论及规范体系，采用原参数计算分析可知，结构体系的各项指标和结构构件的承载力及构造由地震作用组合的效应控制，即非重力荷载效应或风荷载效应控制。如上所述，由于各主要抗震参数的改变，导致现结构梁柱配筋均不符合原配筋，部分梁柱出现超筋、轴压比偏大等问题。

采用传统加固方法，即粘钢、包钢、增大截面等方法进行加固处理，虽然能解决梁柱超筋、轴压比偏大等问题，但工程的覆盖面较大，经初步计算可知所有的主体结构构件都需要加固。本文尝试将减震技术应用于该加固工程中，并将其效益及效果与传统加固方法进行对比。采用的阻尼器为黏滞（速度型）阻尼器，阻尼器力学性能见表1。根据以往类似工程经验，采用中震下各层的层间剪力的近一半取总阻尼力，再根据阻尼器协调布置的原则，宜布置使结构两个主轴方向的动力特性相近，沿结构高度方向刚度均匀，宜布置在层间相对位移或相对速度较大的楼层，基于此可得出单个阻尼器的阻尼力，根据速度型阻尼器经典式（1）选取其相应的阻尼参数，见表1。阻尼器布置如图2所示。

$$F = C \times v^{\alpha} \tag{1}$$

式中，$F$ 为阻尼力（kN）；$C$ 为阻尼系数（kN·s/m）；$v$ 为活塞运动的速度（mm/s）；$\alpha$ 为速度指数。

表1　速度型阻尼器参数

| 型号 | 初始刚度（kN/m） | 阻尼系数（kN·s/m） | 速度指数 $\alpha$ |
|---|---|---|---|
| DMP-Kelvin1 | 350 | 500 | 0.2 |

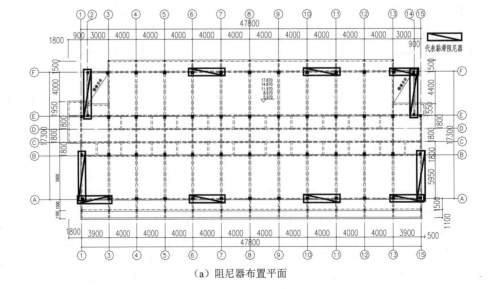

（a）阻尼器布置平面

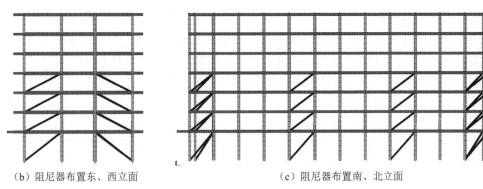

（b）阻尼器布置东、西立面　　　　　　　　（c）阻尼器布置南、北立面

图 2　黏滞阻尼器布置

本文分析采用广州建研数力建筑科技有限公司开发的 SAUSAGE 非线性软件进行减震设计和精细有限元分析。钢材的非线性材料模型采用的双线性随动硬化模型，在循环过程中无刚度退化，考虑了包辛格效应。钢材的强屈比设定为 1.2，极限应力所对应的极限塑性应变为 0.025。一维混凝土材料模型采用规范指定的单轴本构模型，能反映混凝土滞回、刚度退化和强度退化等特性，其轴心抗压和轴心抗拉强度标准值按《混凝土结构设计规范》（GB 50010—2010，2015 版）表 4.1.3 采用。二维混凝土本构模型采用弹塑性损伤模型。该模型能够考虑混凝土材料拉压强度差异、刚度及强度退化以及拉压循环裂缝闭合呈现的强度恢复等性质。当荷载从受拉变为受压时，混凝土材料的裂缝闭合，抗压强度恢复至原有抗压强度；当荷载从受压变为受拉时，混凝土的抗拉强度不恢复，如图 3～图 5所示。

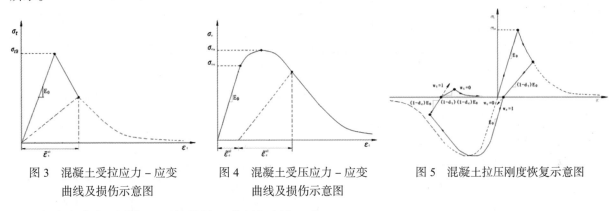

图 3　混凝土受拉应力 – 应变　　图 4　混凝土受压应力 – 应变　　图 5　混凝土拉压刚度恢复示意图
　　曲线及损伤示意图　　　　　　　曲线及损伤示意图

在本文中主要进行以下的设计、分析与研究工作：

（1）在 SAUSAGE 模块下进行了抗震设防烈度 7 度作用下的大震（原结构模型加黏滞阻尼器 YJZ-D）、中震（原结构模型加黏滞阻尼器 YJZ-Z）计算。

（2）在 SAUSAGE 模块下按传统方式加固后的结构模型在抗震设防烈度 7 度作用下的大震（不加黏滞阻尼器 YJ-D）、中震（不加黏滞阻尼器 YJ-Z）验算；传统方式加固后的结构模型定义如下：先在 SATWE 模块下计算，对计算不足部分采用加大截面（改变截面尺寸参数），使采用加大截面后的模型试算数据符合规范要求，将其视为按传统方式加固的结构模型，将其导入 SAUSAGE 中进行不加黏滞阻尼器的计算，分析其抗震性能。

（3）对比分析（1）和（2）之间的差异。

## 3　抗震性能分析

按第 2 节的技术线路计算后，选取结构短跨方向 $Y$ 向的计算结果进行阐述分析。

### 3.1　位移

最大层间位移角、最大楼层位移见表 2 和表 3。

罕遇地震作用下的层间位移角最大值为 1/195（$Y$ 向），小于《建筑抗震设计规范》（GB 50011—2010，2016 年版）第 5.5.5 条要求的层间弹塑性限值 1/50，并且小于减震性能化设计目标限值 1/100，且属于 2～3 倍的弹性层间位移角限值，依据《建筑消能减震技术规程》（JGJ 297—2013），建筑在罕遇地震作用下的破坏级别属于轻微损坏级别，不需要修理或稍加修理仍可使用。对比不加黏滞阻尼器的结构位移角和楼层位移指标，在 TH002 天然波和 RH4T 人工波作用下，其最大层间位移角和楼层位移超规范限值，远大于加黏滞阻尼器的模型，反映了加黏滞阻尼器的模型具有较好的抗震性能。

表 2　结构最大层间位移角、最大楼层位移（加阻尼器）

| 地震波 | Y 向 | | | | |
| --- | --- | --- | --- | --- | --- |
| | 最大层间位移角 | | 最大位移 | | 层间位移角限值 |
| | 大震 | 中震 | 大震 | 中震 | 性能目标值 |
| TH002（Y） | 1/195 | 1/496 | 0.076 | 0.029 | 1/120 |
| TH104（Y） | 1/317 | 1/481 | 0.057 | 0.033 | 1/120 |
| RH4T（Y） | 1/252 | 1/626 | 0.058 | 0.025 | 1/120 |
| 最大值 | 1/195 | 1/481 | 0.076 | 0.033 | 1/120 |

表 3　结构最大层间位移角、最大楼层位移（不加阻尼器）

| 地震波 | Y 向 | | | | |
| --- | --- | --- | --- | --- | --- |
| | 最大层间位移角 | | 最大位移 | | 层间位移角限值 |
| | 大震 | 中震 | 大震 | 中震 | 性能目标值 |
| TH002（Y） | 1/80 | 1/225 | 3.319 | 0.064 | 1/120 |
| TH104（Y） | 1/155 | 1/300 | 0.094 | 0.050 | 1/120 |
| RH4T（Y） | 1/100 | 1/262 | 0.135 | 0.052 | 1/120 |
| 最大值 | 1/80 | 1/225 | 3.319 | 0.064 | 1/120 |

## 3.2　剪力

基底剪力也是一项重要的考查指标，且由于超强系数的存在，常将大震弹塑性基底剪力是否大于小震基底剪力的 3～5 倍作为其延性强弱的评价标准。大震弹性基底剪力和小震弹性基底剪力比值为6 倍左右。基底剪力计算结果见表 4 和表 5。

表 4　大震基底剪力与小震基底剪力的比值（加阻尼器）

| 工况 | | 基底剪力（MN） | | 比值 |
| --- | --- | --- | --- | --- |
| | | 大震 | 小震（CQC） | |
| 地震波 | TH002（Y） | 13.30 | 1.80 | 7.39 |
| | TH104（Y） | 10.60 | 1.80 | 5.89 |
| | RH4T（Y） | 5.90 | 1.80 | 3.28 |

表 5　大震基底剪力与小震基底剪力的比值（不加阻尼器）

| 工况 | | 基底剪力（MN） | | 比值 |
| --- | --- | --- | --- | --- |
| | | 大震 | 小震（CQC） | |
| 地震波 | TH002（Y） | 8.00 | 1.80 | 4.44 |
| | TH104（Y） | 6.40 | 1.80 | 3.56 |
| | RH4T（Y） | 7.40 | 1.80 | 4.11 |

从表 4 中可以看出，加黏滞阻尼器结构的大震基底剪力与小震基底剪力的比值满足 3～5 倍要求，结构具有较好的塑性耗能能力，保证了结构仍具有一定的抗侧刚度，而不加黏滞阻尼器的结构的大震基底剪力与小震基底剪力的比值不满足 3～5 倍要求，结构破坏严重。

## 3.3　地震输入能量组成分析

地震作用传递给结构的总能量 = 动能 + 应变能 + 结构自身阻尼耗能 + 黏滞阻尼器耗能等部分，

总体遵循能量守恒定律。结构在不同地震波作用下的能量图变化趋势大致相同，本文仅选取一条天然波 RH4T 在大震作用下的能量组成进行分析。

从图 6 中可以明显看出，YJ-D（不加阻尼器），在相同地震波作用下，由于结构自身的耗能有限，相当于一部分输入的地震能量转化为结构应变能。该应变能超过结构所承受的极限，进而导致结构破坏严重。YJZ-D（加阻尼器）的黏滞阻尼耗能占绝大部分，承受大部分地震作用，给主体结构附加一定阻尼，表明地震作用下阻尼器起到了较好的耗能效果，有效保护主体结构的安全。

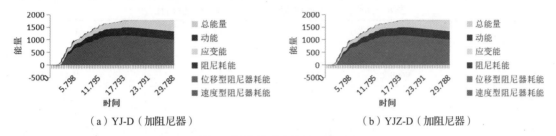

（a）YJ-D（加阻尼器）　　　　　　　　　　　（b）YJZ-D（加阻尼器）

图 6　结构的时程能量组成对比

## 3.4　混凝土损伤

混凝土所采用的本构模型参考了钱稼茹的本构模型，考虑箍筋对混凝土的约束作用，给出了约束混凝土受压应力 – 应变全曲线方程，SAUSAGE 软件给出梁柱的损伤界定结果，结果如图 7 所示。

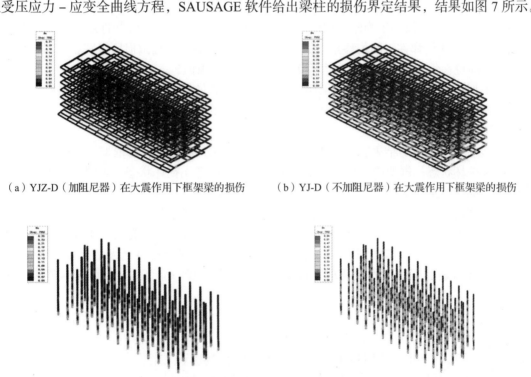

（a）YJZ-D（加阻尼器）在大震作用下框架梁的损伤　　　（b）YJ-D（不加阻尼器）在大震作用下框架梁的损伤

（c）YJZ-D（加阻尼器）在大震作用下框架柱的损伤　　　（d）YJ-D（不加阻尼器）在大震作用下框架柱的损伤

图 7　主体结构框架梁、柱在大震作用下的损伤

YJZ-D（加阻尼器）的框架梁屈服状态为轻微屈服；框架柱（底层柱端除外）未出现屈服。框架梁的塑性铰出现在两端，且损伤程度大于框架柱，符合"强柱弱梁"的抗震设计要求，损伤机制合理。YJ-D（不加阻尼器）柱端底部损伤较大，但柱损坏等级最高都是 3 级，轻度破坏，可单独加强；梁损伤等级最高是 3 级，轻度破坏，可单独加强；其余梁柱大多是轻微或者无损坏。可见 YJZ-D 结构能有效减小主体结构构件弹塑性阶段发展程度。

YJ-D（不加阻尼器）梁的损伤等级也出现较多的 3 级，为轻度损伤，柱均出现较大损伤，柱子损伤等级基本上为 5 级或者 6 级，为比较严重和特别严重，说明在大震作用下，其与 YJZ-D（加阻尼器）的抗震性能相差较大。

## 4　常规抗震加固与加设阻尼器加固经济性对比

按《建筑抗震设计规范》（GB 50011—2010，2016 年版）第 12.3.4 条计算 3 条波的等效附加阻尼比，取最小值 16% 代入 PKPM SATWE 中进行计算，比较"不加黏滞阻尼器 + 大量常规加固（采用粘钢、包钢或加大截面）"和"加黏滞阻尼器 + 少量常规加固（采用粘钢、包钢或加大截面）"两种模型，分析其经济性，具体见表 6。

表 6　加阻尼器和不加阻尼器的抗震加固造价对比

| 结构 | 阻尼器 + 连接等构造的费用（元） | 梁柱常规抗震加固费用（元） | 抗震加固工程总直接费用（元） |
|---|---|---|---|
| YJ（不加阻尼器） | 0 | 2377000 | 2377000 |
| YJZ（加阻尼器） | 960000 | 787500 | 1747500 |
| 总差价 | | | 629500 |

从表 6 中可以看出，加黏滞阻尼器具有较好经济性，对比不加黏滞阻尼器的常规加固后造价，可降低约 27% 的造价。加设黏滞阻尼器，不但提高结构整体抗震性能，也直接降低抗震加固的造价。

## 5　结论

（1）加设黏滞阻尼器的主体结构在 2 个方向 3 组地震波的大震作用下，结构最大层间位移角最大值为 1/195（Y 向），不仅小于弹塑性层间位移角限值（1/50），且小于弹塑性层间位移角性能目标值（1/120）；属于 2 ～ 3 倍弹性层间位移角限值，建筑的破坏级别属于轻微损坏级别。不加设黏滞阻尼器主体结构，层间位移角在大震作用下最大值为 1/80，超规范限值较多，破坏严重。

（2）从不加设黏滞阻尼器和加设黏滞阻尼器的结构的能量组成对比来看，黏滞阻尼器替代原主体结构构件降低了结构的应变能和动能，从而降低结构自身承受的地震力，有效控制了主体结构的塑性损伤。

（3）混凝土损伤分析的结果表明，相对于常规加固（不加阻尼器）的框架梁、柱部分处于严重破坏或特别严重破坏状态，框架梁和框架柱基本上处于轻微或者无损坏状态；表明加设黏滞阻尼器的结构具有较好的抗震性能。

（4）本文阐述的加固改造项目，其特点为抗震相关参数（地震分组、抗震等级、设防类别、地震烈度等）的提高使得原结构抗震性能的水准大幅提升。对此类抗震性能有新的更高要求的工程，通过全文的计算分析可知，在抗震加固中应用黏滞阻尼器不仅能达到抗震性能大幅提升的结构安全目的，同时能大幅减少普通加固的工程量及总体直接造价，具有良好的综合效益，可作为类似工程的直接参考。

**参考文献**

[1] 建设工程抗震管理条例 [Z]. 中华人民共和国国务院令第 744 号，2021.

[2] 中华人民共和国住房和城乡建设部. 建筑抗震设计规范：GB 50011—2010[S]. 2016 版. 北京：中国建筑工业出版社，2016.

[3] 中华人民共和国住房和城乡建设部. 建筑消能减震技术规程：JGJ 297—2013[S]. 北京：中国建筑工业出版社，2013.

[4] 中华人民共和国住房和城乡建设部. 建筑消能减震加固技术规程：T/CECS 547—2018[S]. 北京：中国建筑工业出版社，2018.

[5] 丁洁民，涂雨，吴宏磊，等. 减隔震组合技术在高烈度抗震设防区的应用研究 [J]. 建筑结构学报，2019，40（2）：11-15.

[6] 钱稼茹，程丽荣，周栋梁. 普通箍筋约束混凝土柱的中心受压性能 [J]. 清华大学学报（自然科学版），2002，42（10）：5-10.

[7] 丁洁民，吴宏磊，王世玉，等. 减隔震技术的发展与应用 [J]. 建筑结构，2021，51（17）：9-13.

# 国内外石结构加固技术进展研究

李艳红[1] 黄冀卓[1] 吴武玄[2] 张天宇[3]

1.福州大学土木工程学院 福州 350116

2.福州市建筑科学研究院有限公司 福州 350003

3.福建省建筑科学研究院有限责任公司 福州 350000

**摘 要：** 石结构建筑体现了当地人民与自然环境相融共生的价值观和地域特色的传统文化，是极具历史价值和文化价值的建筑遗产。石材为典型的脆性材料，一旦发生以水平荷载为主导的外部作用，石结构建筑极易发生整体倒塌，严重威胁人们的生命和财产安全。本文将通过梳理国内外石结构加固技术的研究，介绍其研究进展，并探讨其存在的问题。

**关键词：** 石结构；加固技术；进展

居民为了防止台风的侵袭和海盗的侵扰，就地取材，利用当地传统的石材砌筑房屋，依山而建，形成了极具特色的石结构建筑。石结构建筑历史悠久，体现了当地人民与自然环境相融共生的价值观和地域特色的传统文化，是地域文化和历史的缩影，因此是极具历史价值和文化价值的建筑遗产。在我国沿海地区和欧洲大陆，存在大量的石结构建筑。

石结构房屋通常采用石砌墙体作为竖向承重单元（石砌体墙），并利用石条板作为水平承重单元（石条楼板），辅以砂浆或混凝土砌筑。此类结构的整体性能和抗震性能都比较弱，再加上石材为典型的脆性材料，一旦发生以水平荷载为主导的外部作用（如地震），其建筑将极易发生整体倒塌，严重威胁人民群众的生命和财产安全。

关于石结构加固，国内外已有诸多学者开展了大量的研究工作，并产生了系列研究成果。本文将通过回顾国内外石结构加固技术研究进展，探讨当前石结构加固研究存在的问题。

## 1 国内加固技术发展现状

目前，国内对于结构加固的研究主要围绕梁、柱、墙、楼板开展，通过试验和数值分析手段，验证各加固方案、技术的有效性。表 1 按照研究对象分类，给出了目前国内常见的结构加固方法。下面按照加固方法，分类进行详细阐述。

**表 1 国内结构加固研究分类**

| 柱 | 墙 | 板 | 梁 |
|---|---|---|---|
| 钢筋网水泥砂浆 / 钢筋混凝土面层法[1] | 更换砂浆嵌缝加固法[2-3]、钢筋网夹板墙加固法[4-9]、压力灌浆加固法[10-11]、预应力钢筋加固法[12-13] | 石板楼盖后浇内圈梁加固法[14]、嵌埋钢筋 /CFRP 筋加固法[15-16]、碳纤维布加固法[17-19]、板缝加固法[20-21]、钢筋网砂浆面层法[22-26]、预应力钢筋 / 钢丝绳加固法[27] | 角钢 –PET 带加固法[18]、外包型钢加固法[26]、嵌埋钢筋 /CFRP 筋加固法[15]、碳纤维布加固法[18]、压力灌浆加固法[7]、预应力钢筋 / 钢丝绳加固法[27] |

（1）更换砂浆嵌缝法。此种方法是用高强度等级的砂浆更换灰缝内原来低强度等级的砂浆，从而提高灰缝砂浆强度和饱满度；或者在相邻石板板缝嵌埋高强受拉材料（CFRP 筋 / 高强钢筋），并用相应的黏结材料（植筋胶 / 高强灌浆料）固定于板缝，进而提高石砌墙体的抗剪强度。

施养杭[3] 以石粉为集料，研究出一种新型的灌浆材料——石粉水泥浆，用于石砌体结构的抗震加固。工程实例验证和分析结果表明：采用石粉水泥浆对石砌体结构进行抗震加固，效果显著、经济合理、方便可行，具有可观的强度储备和足够的抗震抗剪可靠度。

叶勇等[20] 在相邻条石板板缝间嵌埋 CFRP 筋并填入高强黏结材料，开展了包含三板两缝的组合

基金项目：福建省住建行业建设科技研究开发项目（2022-K-12）。

石板受弯性能试验。试验结果表明：开裂前，各条石板与 CFRP 筋及嵌缝材料变形一致，协同工作性能良好；开裂后，由 CFRP 筋和嵌缝材料组成的增强带能有效防止石板的塌落。

（2）钢筋网夹板墙加固法。此法是指用直径为 6mm 或 8mm 的钢筋绑扎成钢筋网，通过在原石板上植入 U 形筋或 J 形筋的方式将钢筋网与石材固定，最后用聚合物砂浆或改性砂浆覆盖及黏结钢筋网与石材。

卫二强[1]、李梁峰[4] 对采用钢筋网水泥砂浆抹面加固方法的石砌体承载力进行了研究，发现由于钢筋网对构件产生了一定的约束作用，使加固后构件极限承载力提高 0.5 ～ 1.5 倍，抗剪承载力提高 1 ～ 3 倍，其延性也得到很大提高。

张楠[22] 用一批未加固的纯石楼板和一批钢筋网砂浆加固的石楼板开展对比试验。试验结果表明，加固试件的抗弯承载能力和变形能力较未加固石板均有显著提高，并且抗弯承载能力随配筋率的提高而增大。

（3）石板楼盖后浇内圈梁加固法。此方法是在石墙与石板楼盖的交界处，通过植入 U 形锚固筋，将内圈梁锚固于石墙上。通过在石板楼盖底部设置内圈梁增强石板楼盖的整体性、增加石板楼盖支撑长度、减小石板楼盖的计算跨度，同时可为石板楼盖底部增设的加固层提供一定端部锚固。

郑奕鹏[14] 开展了 6 个后浇混凝土内圈梁试件界面受力性能试验，研究锚固筋用量、锚固筋表面特征和加载力臂对内圈梁破坏形态和界面承载力的影响。试验结果表明，增加 U 形锚固筋用量可有效提高内圈梁界面承载力。

（4）压力灌浆加固法。此法特别适用于有垫片石砌体结构，即沿着灰缝方向，按一定的间距进行钻孔，选择合适的灌浆设备，配制好水泥砂浆浆体，然后通过灌浆设备把浆体灌进石砌体的灰缝中，直至满足要求为止。由于房屋石块之间可能存在连接不紧密的情况，进行灌浆施工时，应对灰缝进行合适的处理。

林鑫[10] 指出，灌浆时可先剔凿表层灰缝砂浆，采用压力水冲洗干净灰缝中部的砂浆。同时在清理灰缝时要注意保护好灰缝中受力的石垫片，有松动时应及时补充塞入石垫片，使石料保持稳定，但不得使料石顶起、移位。

（5）预应力钢筋加固法。此方法是在原构件体外增设钢筋或钢丝绳，通过对其施加预应力，改变原结构的内力分布状态，以达到提高结构承载力的目的。石砌体承载过程中，一旦裂缝开始出现，预先施加的预应力可限制裂缝的继续开展，提高石结构承载能力。

吴涛[12] 开展了体外预应力粗料石砌体墙抗震性能试验研究。结果表明：体外预应力不仅大大提高了墙体的开裂荷载和极限荷载，还能显著改善墙体的变形能力、延性和耗能能力。

李益明[27] 对 1 块素石板与 6 块表层嵌埋预应力钢丝绳组合石板进行了受弯性能试验。试验结果表明，嵌埋预应力钢丝绳技术改善了素石板脆性破坏形态，组合石板在受弯作用下表现出延性破坏特征。

（6）预埋钢筋 /CFRP 筋加固法。①表层嵌埋钢筋 /CFRP 筋：在原构件表面挖槽，并用胶黏剂将钢筋 /CFRP 筋置于槽内与石板黏结。②预制 CFRP 筋增强板：在外部用与原构件同材质的薄板挖槽嵌埋 CFRP 筋后再用胶黏剂粘贴到原石材上，形成预制 CFRP 筋增强板。

叶勇[15] 进行了 14 根表层嵌埋预应力 CFRP 筋组合石梁和 6 根表层嵌埋预应力 CFRP 筋组合石板的单调弯曲加载试验。试验结果表明：通过在受拉区表层嵌埋预应力 CFRP 筋有效改变了石梁 / 板的破坏形态，均转变为具有明显挠曲变形的弯曲破坏形态，同时极限承载力得到显著提升。

（7）碳纤维布加固法。此种方法是指将原构件表面打磨后用胶黏剂沿受力方向粘贴碳纤维布，并对端部进行锚固处理。

戴泉玉[19] 开展了 1 根素石梁和 7 根加固石梁的抗弯性能试验。试验结果表明：CFRP 布加固改变了素石梁一裂即断的破坏形态，使石梁开裂后仍具有一定的抗弯承载力，有效提高石梁开裂后的变形能力。同时 CFRP 布可在基本不改变原结构刚度的基础上提高结构承载力和变形能力。

（8）外包型钢加固法。此方法采用横向缀板或套箍为连接件，与型钢或扁钢形成钢构架，包裹着需要加固构件的表面、四角或两侧，是一种可以增强原构件受力性能、使用面广、效果可靠的间接加固法。

陈潇魁[26]使用外包角钢法对石梁进行加固，试验结果表明：采用该法加固的石梁试件破坏过程中延性均有不同程度的提高，各石梁破坏前基本符合平截面假定。

（9）角钢–PET 带加固法。在梁的下角部对称配置通长角钢，上角部配置构造短角钢，使用手动打包机及配套打包扣张紧 PET 带（塑钢带），将试件底部的角钢与石材连为整体。

武晓敏[18]进行了 3 个角钢–PET 带组合加固石梁的受弯性能试验。试验结果表明：角钢–PET 带组合加固石梁的极限承载力较原型石梁有较大提高。由于角钢的加固作用，试件达到极限承载力断裂后仍有一定承载力余量，保证实际结构构件发生断裂破坏后不至于产生塌落的严重后果。

## 2　国外加固技术发展现状

国外对石结构的加固研究主要针对石砌古建筑石墙，少量涉及受弯石梁。伴随着各种高性能材料的出现，石结构加固技术主要围绕新型材料应用进行开展。表 2 按照研究对象分类，给出了目前国外常见的石结构加固方法。下面同样按照加固方法，分类进行详细阐述。

表 2　国外石结构加固研究分类

| 墙 | 梁 |
| --- | --- |
| 压力灌浆加固法[28-29]、横向系结技术[29]、聚丙烯带加固法[30]、玻璃纤维增强聚合物和机械锚固加固法[31-33]、复合增强涂料 / 板加固法[34]、夹板墙加固法[35] | 碳环氧树脂复合纤维加固法[36]、玻璃纤维增强聚合物加固法[32] |

（1）压力灌浆加固法。灌浆料采用以石灰为主、水泥掺量低的灌浆混合物，将灌浆料从墙的底部到顶部注入墙间缝隙。通过填补现有的空隙和裂缝来弥补内部核心的缺陷，并通过填补三叶墙叶片之间的间隙来改善其与外部叶片的黏结。

Nikolopoulou[28]等为了研究用泥浆制成的两叶和三叶石砌体在灌浆加固前、后的力学性能差异，建造了六面墙体进行对比研究。结果表明：使用性能差的水泥砂浆进行灌浆加固也可以显著提高石砌体墙的力学性能，与未进行灌浆加固的墙体相比，抗压强度提高了数倍。

（2）横向系结技术。采用钢筋或 FRP 筋穿过事先打好孔洞的墙体，然后通过使用特殊的锚固元件（如角筋或专门研制的连接器）或依靠 FRP 筋和砂浆之间的黏结性能来实现沿墙体厚度方向的锚固。横向系结技术改善了三叶墙叶片之间的连接，减小了墙体叶片的横向变形。

Silva[29]等采用横向系结技术、压力灌浆法以及两种加固技术结合的不同加固技术对三叶石砌体墙进行加固。研究结果表明：三种加固技术均提高了墙体的抗压强度。其中提高幅度最大的是两种加固技术的结合加固，加固后墙体的抗压强度提高约 90%；其次是压力灌浆法，强度提高 80%；最后是横向系结技术，强度提高 55%。

（3）聚丙烯带加固法。用细钢丝将聚丙烯带网固定于钻有孔洞的石墙两侧面上。聚丙烯带网安装后，用泥浆或砂浆覆盖涂抹墙体。覆盖石墙的聚丙烯带网可以防止土坯、石头和砖块等从承重墙上掉落，从而在地震期间保持整个建筑的结构完整性。

Sathiparan[30]等使用简单且低成本的聚丙烯网状结构，对石砌体墙进行抗震加固。加固后的墙体荷载得以重新分配，故在大变形地震作用下仍可以保持墙体的完整性。外层砂浆还可以保护聚丙烯网免受紫外线辐射，极大地提高该技术的使用寿命。

（4）玻璃纤维增强聚合物和机械锚固加固法。将 GFRP 黏结到基材上，再通过机械锚固进一步加强 CFRP 与基材的连接。该技术的有效性取决于在复合材料增强件上产生的预应力高低，而预应力的高低又取决于加固材料的黏结和锚固效果。

Tomazevic[31]等采用外部黏合玻璃纤维增强聚合物（GFRP）和机械锚固的方法对石砌体结构进行加固。试验结果表明：与未加固的墙相比，加固后墙体的延性和耗能能力均有很大程度提升；具有多个锚固的试样显示出比具有单个锚固的试样拥有更高的变形能力，证明锚固的存在对增加加固墙体的抗剪承载力和变形能力非常有利。

Elshafey[33]等在恒定竖向轴压力和由两点引起的平面外弯曲组合作用下，对 9 个 GFRP 强化石灰石砌体墙体试件（包括 2 个对照试件）开展了单调加载试验研究。试验参数包括 GFRP 配筋率、GFRP 布置方式、竖向轴力大小和锚固方法。试验结果表明：当 CFRP 条每端采用两个锚杆、GFRP 配筋率为 0.06%、GFRP 条板宽度为 100mm 且轴向荷载为 1.5MPa 时，墙体极限承载能力提高可达 100%。

（5）复合增强涂料 / 板加固法。涂层由 GFRP 格栅和 15 ～ 20mm 厚的纤维增强水泥砂浆基质组成；或者由 GFRP 织物和环氧树脂基质组成；也可以是在环氧树脂基质中加入碳纤维、玻璃纤维或同时加入两者，形成玻璃和碳混合层压板。

Miha[34] 等在实验室中以传统方式建造一系列三叶石砌墙，并施加不同类型的聚合物涂层进行加固。通过施加恒定的垂直和周期水平剪切荷载，对加固墙体开展抗震性能研究。试验结果表明：加固后石墙的侧向抗力和变形能力都显著增加，加固后墙体的侧向抗力最高可达未加固墙体的 2.5 ～ 4.0 倍，而变形能力较未加固墙体提高了近 50%。

Kurtis 等[36] 在石梁底部粘贴高强度的碳环氧树脂复合纤维混合层压板，研究其对加固大理石 / 石灰岩石梁抗弯承载力、变形和刚度的影响。经过对比，加固后试件的承载能力有了明显增加。与四层纤维加固相比，八层纤维加固后的承载力未见明显提高，但在刚度方面提高效果显著。

（6）夹板墙加固法。在石墙的一侧表面或两个表面进行钢筋网水泥砂浆抹面，或者采用钢筋混凝土抹面的加固方法。加固时，先对墙面进行清洁，然后在墙面上绑扎钢筋，钢筋粗细间距因实际需求操作，最后在绑扎好钢筋的墙面上涂抹高强度水泥砂浆。

Costa[35] 等研究了一种加固覆盖层（使用砂浆、表面钢筋网和连杆），并将其应用于非均质砌体墙。试验结果表明：该加固技术可显著改善传统石砌墙体抗剪强度差以及材料非均质性的劣势，有效提高了墙体的整体受力性能。

# 3　石结构加固技术存在的问题

尽管目前关于石结构加固的研究已经取得了一定的成果，但是在实际应用中仍然存在如下问题：

（1）现有加固技术的长期有效性、安全性和可靠性值得商榷。目前针对石结构的加固技术主要以有损加固为主。无论是预应力钢筋（钢丝绳）加固法、钢筋 /CFRP 筋加固法、钢筋网砂浆面层加固法，还是后浇内圈梁加固法，均需要对原石结构进行挖槽、植筋或开洞，在加固的同时，也对原石结构造成了无法弥补的永久损伤。石材为脆性材料，对缺陷敏感。这些缺陷既有原生初始缺陷，也包括有损加固造成的微小裂缝。而目前这些研究成果都是基于短期荷载工况下的试验数据，缺乏长期荷载试验（如耐久性试验或疲劳试验）数据支撑，因此也就无法对损伤情况下的石材加固效果的长期可靠性做出评估，进而影响了这些加固技术在实际工程中应用的有效性、安全性和可靠性。

（2）实验室环境下的加固方案与实际工程加固方案一致性问题。实际工程的现场加固条件受结构布局、施工操作空间、施工环境等众多因素影响和制约，与开展现有加固技术研究所需的实验室环境下的边界约束、工作条件、工作设备等存在明显差异，因此在施工现场无法做到和实验室一致的施工环境、条件和边界约束，进而无法保障加固方案在施工现场得到可靠、准确的贯彻和实施。上述所有加固方法或多或少都存在这方面的问题。

（3）现有加固技术过于复杂且经济、社会成本高昂。如上述的有损加固方法，不但施工复杂、成本高昂，而且易产生大量的粉尘和噪声，不但严重影响居民生活，而且还对环境造成污染。再如碳纤维加固法，在粘贴碳纤维前需要对存在严重凹凸不平的原石表面进行打磨处理，因此同样存在这个问题。

**参考文献**

[1] 卫二强. 扩大截面法加固石砌体柱抗压承载力试验研究 [D]. 福州：福州大学，2018.

[2] 刘小娟，郭子雄，胡奕东，等. 聚合物砂浆嵌缝加固石墙灰缝抗剪性能研究 [J]. 地震工程与工程振动，2010，30（06）：106-111.

[3] 施养杭. 石粉在石砌体结构抗震加固中的应用研究 [D]. 天津：天津大学，2003.

[4] 李梁峰. 钢筋网水泥砂浆面层加固石墙抗剪性能试验研究 [J]. 水利与建筑工程学报，2018，16（02）：140-146.

[5] 陈宙. 农村干砌石结构房屋的抗震加固研讨 [J]. 工程抗震，1998，（04）：3-5.

[6] 徐天航. 钢筋网片 – 改性砂浆加固石墙抗震性能研究 [D]. 泉州：华侨大学，2016.

[7] 刘小娟. 钢筋 – 聚合物砂浆嵌缝加固石墙抗震性能试验研究 [D]. 泉州：华侨大学，2011.

[8] 葛静. 石砌体结构抗震性能与加固技术研究 [D]. 兰州：兰州理工大学，2010.

[9] 常现杰. 传统村落石砌体结构夹板墙加固数值模拟分析 [D]. 邯郸：河北工程大学，2017.

[10] 林鑫. 农村石砌体房屋加固 [J]. 建筑工程技术与设计，2019，（20）：3952.

[11] 孙洪滨，潘俊青，李淮东. 高压灌浆在浆砌石砌体防渗加固中的应用 [J]. 水利建设与管理，2010，30（05）：50-54.

[12] 吴涛. 体外预应力石结构抗震性能研究 [D]. 南京：东南大学，2016.

[13] 高晓鹏. 村镇石砌体结构抗震性能适宜性研究 [D]. 南京：东南大学，2018.

[14] 郑奕鹏. 石板楼盖加固技术试验研究 [D]. 泉州：华侨大学，2014.

[15] 叶勇. 表层嵌埋预应力 CFRP 筋组合石梁 / 板受弯性能研究 [D]. 泉州：华侨大学，2014.

[16] 刘翔. 预制 CFRP 筋增强板加固石楼板受弯性能及设计方法研究 [D]. 泉州：华侨大学，2020.

[17] 齐文. 古建筑中石板加固方法研究 [D]. 天津：天津大学，2014.

[18] 武晓敏. 北京市古建筑大型石梁试验研究 [D]. 天津：天津大学，2014.

[19] 戴泉玉. CFRP 布加固石梁抗弯性能试验研究 [D]. 泉州：华侨大学，2016.

[20] 叶勇，郭子雄. 板缝嵌埋 CFRP 筋的组合石板受弯性能试验研究 [J]. 自然灾害学报，2014，23（01）：245-251.

[21] 郑奕鹏，王兰. 板缝加固石板楼盖抗弯性能试验 [J]. 黎明职业大学学报，2019（03）：77-82.

[22] 张楠. 底部钢筋网改性砂浆层加固石楼板抗弯性能试验研究 [D]. 泉州：华侨大学，2011.

[23] 王亨，齐文，邱实，等. 钢筋网聚合物砂浆加固古建筑石板试验研究 [J]. 建筑结构，2015，45（09）：68-72，6.

[24] 郑奕鹏. 石板楼盖加固技术试验研究 [D]. 泉州：华侨大学，2014.

[25] 齐文. 古建筑中石板加固方法研究 [D]. 天津：天津大学，2014.

[26] 陈潇魁. 外包石梁与钢筋网砂浆面层加固石板抗弯承载力研究 [D]. 福州：福州大学，2018.

[27] 李益明. 预应力钢丝绳增强石楼板 / 梁受弯性能试验研究 [D]. 泉州：华侨大学，2018.

[28] NIKOLOPOULOU V，ADAMI C-E，KARAGIANNAKI D，et al. Grouts for strengthening two-and three-leaf stone masonry，made with earthen mortars[J]. International Journal of Architectural Heritage，2019，13（5）：663-678.

[29] SILVA R A，OLIVEIRA D V，LOURENCO P B. On the strengthening of three-leaf stone masonry walls[A]. 6th International Conference on Structural Analysis of Historical Construction[C]，2008，739-746.

[30] SATHIPARAN N，SAKURAI K，NUMADA M，et al. Experimental investigation on the seismic performance of PP-band strengthening stone masonry houses[J]. Bulletin of Earthquake Engineering，2013，11（6）：2177-2196.

[31] TOMAZEVIC M，GAMS M，BERSET T. Strengthening of stone masonry walls with composite reinforced coatings[J]. Bulletin of Earthquake Engineering，2015，13（7）：2003-2027.

[32] FAYALA 1，LIMAM O，STEFANOU I. Experimental and numerical analysis of reinforced stone block masonry beams using GFRP reinforcement[J]. Composite Structures，2016，152：994-1006.

[33] ELSHAFEY N，ELSAFTY A，ALI D，et al. Behavior of GFRP strengthening masonry walls using glass fiber composite anchors[J]. Structures，2021，29：1352-1361.

[34] MIHA TOMAŽEVIČ，MATIJA GAMS，THIERRY BERSET. Strengthening of stone masonry walls with composite reinforced coatings[J]. Bulletin of Earthquake Engineering，2015，13（7）：2003-2027.

[35] COSTA A A，AREDE A，COSTA A，et al. Experimental testing，numerical modelling and seismic strengthening of traditional stone masonry：comprehensive study of a real Azorian pier[J]. Bulletin of Earthquake Engineering，2012，10（1）：135-159.

[36] KURTIS K E，DHARAN CK H. Composite fibers for external reinforcement of natural stone[J]. Journal of Composites for Construction，1997，1（3）：116-119.

# 抗浮锚杆设计规范对比及工程应用分析

## 曾未名　熊柱红

四川省建筑科学研究院有限公司　成都　610081

**摘　要：** 目前有多本规范对抗浮锚杆的设计做出了规定，为明确各规范之间的差异，将各规范关于锚杆拉力、筋体截面面积、锚杆锚固段与岩土层间的长度三个部分的内容进行对比分析，并通过两个不同地质条件的工程案例进行了抗浮锚杆设计，说明了抗浮锚杆的设计方法，将不同规范的设计结果进行了对比分析，为工程设计提供参考。结果表明：各规范关于抗浮锚杆的设计思路较为相似，但是在计算系数的规定上有所区别；不同的地质条件对锚杆拉力及筋体截面面积的设计没有影响，但对锚杆长度的计算有所影响；针对同一个工程的抗浮锚杆，依据不同规范进行设计，其安全性和经济性有一定差异。

**关键词：** 抗浮锚杆；规范对比；工程抗浮

抗浮锚杆是一种处理地下建筑抗浮问题的有效方法，《建筑工程抗浮技术标准》（JGJ 476—2019）、《四川省建筑地下结构抗浮锚杆技术标准》（DBJ51/T 102—2018）、《岩土锚杆与喷射混凝土支护工程技术规范》（GB 50086—2015）、《岩土锚杆（索）技术规程》（CECS 22：2005）、《建筑地基基础设计规范》（GB 50007—2011）都对抗浮锚杆的设计做出了规定。本文结合实际工程，分别根据上述规范进行抗浮锚杆设计，说明抗浮锚杆的设计方法，将各规范设计结果的差异进行对比分析，为工程设计提供参考。

## 1　规范对比

对上述五个规范中关于锚杆拉力、筋体截面面积、锚杆锚固段与岩土层间的长度三个部分的计算公式进行汇总，见表 1。为方便叙述，依次将《岩土锚杆与喷射混凝土支护工程技术规范》（GB 50086—2015）、《建筑工程抗浮技术标准》（JGJ 476—2019）、《四川省建筑地下结构抗浮锚杆技术标准》（DBJ51/T 102—2018）、《岩土锚杆（索）技术规程》（CECS 22：2005）、《建筑地基基础设计规范》（GB 50007—2011）编号为规范 1 ～ 5。

**表 1　各规范中抗浮锚杆设计计算公式**

| 项目 | 锚杆拉力计算公式 | 筋体截面面积 | 锚固体长度 |
|---|---|---|---|
| 规范 1 | $N_d = 1.35\gamma_w N_k$ <br> $N_k \geqslant \dfrac{F_f - G}{n}$ | $A_s \geqslant \dfrac{N_d}{f_y}$ | $l_a \geqslant \dfrac{N_d \cdot K}{f_{mg} \cdot \pi \cdot D \cdot \varphi}$ |
| 规范 2 | $N_d = 1.35 N_k$ <br> $N_k = (K_w F_w - G)A$ | $A_s \geqslant \dfrac{K_t \cdot N_t}{f_y}$ | $l_a \geqslant \dfrac{N_t \cdot K}{f_{rbk} \cdot \pi \cdot D \cdot \xi}$（岩层） <br> $l_a \geqslant \dfrac{N_t \cdot K}{\pi \cdot D \cdot q_{sia}}$（土层） |
| 规范 3 | $N_{ak} = \dfrac{N_{w,k} - 0.95(G_{k1} + G_{k2})}{m}$ <br> $N_{ak} = \dfrac{N_{w,k} - 0.95(G_{k1} + G_{k2})}{A} A_e$ | $A_s \geqslant \dfrac{K_b \cdot N_{ak}}{f_y}$ | $l_a \geqslant \dfrac{N_{ak} \cdot K}{\pi \cdot D \cdot q_{sia}}$ |
| 规范 4 | — | $A_s \geqslant \dfrac{K_t \cdot N_t}{f_{yk}}$ | $l_a \geqslant \dfrac{N_t \cdot K}{\pi \cdot D \cdot f_{mg} \cdot \psi}$ |
| 规范 5 | | $A_s \geqslant \dfrac{1.35 N_t}{f_{yt}}$ | $l_a \geqslant \dfrac{N_t \cdot K}{\pi \cdot D \cdot q_s}$ |

对比分析可知：各规范关于抗浮锚杆的设计思路较为相似，但是在计算系数的规定上有所区别。值得注意的是，《四川省建筑地下结构抗浮锚杆技术标准》（DBJ51/T 102—2018）在设计时采用的是锚杆拉力标准值，《岩土锚杆（索）技术规程》（CECS 22：2005）在设计时采用的是钢筋抗拉强度标准值。

## 2　工程应用分析

下面通过两个工程案例，以《建筑工程抗浮技术标准》（JGJ 476—2019）为例进行抗浮锚杆设计，以此说明抗浮锚杆设计方法，并将各规范的设计结果进行对比分析，研究各规范设计结果的差异。

### 2.1　工程案例一

（1）设计参数与荷载

该工程地下室区域锚杆间距设计值为2.0m×2.0m，锚杆锚固段均为中风化泥岩，锚固体与地层间的极限黏结强度标准值$f_{rbk}$=200kPa，抗浮设计水位对应绝对标高为507.800m，地下室底板板底绝对标高为495.250m。

荷载取值如下：钢筋混凝土26.0kN/m³，顶板覆土18.0kN/m³，找平层20.0kN/m³。

（2）锚杆拉力

根据设计参数与荷载信息可得：底板所受水浮力作用值$F_w$=(507.800−495.250)×10=125.5（kN/m²）。纯地下室区域自重$G$=56.1kN/m²，锚杆拉力标准值$N_k$=(1.05×125.5−56.1)×2×2=302.9（kN），锚杆拉力设计值$N_t$=1.35$N_k$=408.9（kN）。

（3）筋体截面面积

由式$A_s \geq \dfrac{K_t \cdot N_t}{f_y}$可得该地下室区域锚杆筋体截面面积（采用HRB400级钢筋），最小值为$A_s$=2.0×408.9×10³/360=2272（mm²）。

（4）锚杆长度

由式$l_a \geq \dfrac{N_t \cdot K}{f_{rbk} \cdot \pi \cdot D \cdot \xi}$可得该地下室区域锚杆最短为$l_a$=2.0×408.9×10³/（200×10⁻³×π×180×0.8）≈9.0（m）。

（5）各规范设计结果

分别依据上述五个规范对该项目的抗浮锚杆进行设计，将各设计结果汇总见表2。

表2　工程案例一各规范设计结果

| 项目 | 锚杆拉力 $N$（kN） | 锚杆与岩土层锚固长度 $l_a$（m） | 筋体截面面积 $A_s$（mm²） |
|---|---|---|---|
| 规范1 | 449.8 | 9.9 | 1249 |
| 规范2 | 408.9 | 9.0 | 2272 |
| 规范3 | 288.9 | 5.1 | 1605 |
| 规范4 | 408.9 | 9.0 | 1636 |
| 规范5 | 408.9 | 5.8 | 1533 |

### 2.2　工程案例二

（1）设计参数与荷载

该工程地下室区域锚杆间距设计值为2.9m×2.9m，抗浮设计水位取值为484.500m，地下室底板板底绝对标高为476.100m。该工程地质条件较为特殊，基础底面以下土层由上至下依次为：黏土层（5.6m）、强风化砂岩层（2.1m）、中风化砂岩层。由于黏土层及强风化砂岩较厚，在进行锚杆设计时需考虑黏土层、强风化砂岩所提供的侧阻力来达到最优的设计效果。锚固体与地层间的极限黏结强度标准值：$q_{sia黏土}$=45kPa，$f_{rbk强砂}$=150kPa，$f_{rbk中砂}$=260kPa。

荷载取值如下：钢筋混凝土26.0kN/m³，顶板覆土18.0kN/m³，找平层20.0kN/m³。

（2）锚杆拉力

根据设计参数与荷载信息可得：底板所受水浮力作用值 $F_w = (484.500 - 476.100) \times 10 = 84.0$（$kN/m^2$）。纯地下室区域自重 $G = 56.0 kN/m^2$，锚杆拉力标准值 $N_k = (1.05 \times 84 - 56.0) \times 2.9 \times 2.9 = 271.2$（kN），锚杆拉力设计值 $N_t = 1.35 N_k = 366.2$（kN）。

（3）筋体截面面积

由式 $A_s \geq \dfrac{K_t \cdot N_t}{f_y}$ 可得该工程纯地下室区域锚杆筋体截面面积（采用 HRB400 级钢筋）最小值为 $A_s = 2.0 \times 366.2 \times 10^3 / 360 = 2034$（$mm^2$）。

（4）锚杆长度

由《建筑工程抗浮技术标准》（JGJ 476—2019）给出的锚杆锚固段与岩层间的长度计算公式 $l_a \geq \dfrac{N_t \cdot K}{f_{rbk} \cdot \pi \cdot D \cdot \xi}$ 及锚杆锚固段与土层间的长度计算公式 $l_a \geq \dfrac{N_t \cdot K}{\pi \cdot D \cdot q_{sia}}$ 来计算锚杆长度，具体计算过程如下：

①黏土层提供的侧摩阻力：$KN_{t黏土} = l_{ai} \cdot \pi \cdot D \cdot q_{sia} = 5.6 \times \pi \times 160 \times 45 = 126.7$（kN）。

②强风化砂岩层提供的侧摩阻力：$KN_{t强砂} = l_{ai} \cdot \pi \cdot D \cdot f_{rbk} \cdot \xi = 2.1 \times \pi \times 160 \times 150 \times 0.8 = 126.7$（kN）。

③中风化砂岩层锚固长度：减去黏土层和强风化砂岩层提供的侧摩阻力后，中风化砂岩段锚杆承担拉力设计值为 $KN_t - KN_{t黏土} - KN_{t强砂} = 2 \times 366.2 - 2 \times 126.7 = 478.9$（kN），则锚杆在中风化砂岩层最短锚固长度为 $l_{a中砂} = 478.9 \times 10^3 / (260 \times 10^{-3} \times \pi \times 160 \times 0.8) \approx 4.6$（m）。

④锚杆总长度：锚杆总长度为黏土层厚度、强风化砂岩层厚度及中风化砂岩层锚固长度之和：$l_a = 5.6 + 2.1 + 4.6 = 12.3$（m）。

（5）各规范设计结果

分别依据上述五个规范对该项目的抗浮锚杆进行设计，将各设计结果汇总见表3。

表 3　工程案例二各规范设计结果

| 序号 | 锚杆拉力 $N$（kN） | 锚杆与岩土层锚固长度 $l_a$（m） | 筋体截面面积 $A_s$（$mm^2$） |
|---|---|---|---|
| 规范 1 | 402.8 | 9.7 | 1119 |
| 规范 2 | 366.2 | 12.3 | 2034 |
| 规范 3 | 259.4 | 9.5 | 1441 |
| 规范 4 | 366.2 | 9.3 | 1465 |
| 规范 5 | 366.2 | 10.0 | 1373 |

## 2.3　工程案例一与工程案例二设计结果对比

工程案例一与工程案例二设计结果对比如图 1 所示。

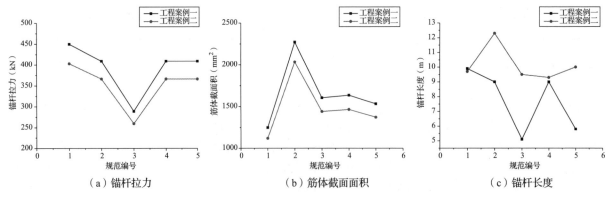

（a）锚杆拉力　　　　　　（b）筋体截面面积　　　　　　（c）锚杆长度

图 1　工程案例一与工程案例二设计结果对比

对表 3、表 4 及图 1 进行对比分析，可得结论如下：

（1）对于锚杆拉力，各规范对锚杆拉力计算的规定较为相似，主要为计算系数的差异。工程案例一与工程案例二所得锚杆拉力规律相同，说明地质条件对锚杆拉力没有影响。

（2）对于筋体截面面积，筋体截面面积与锚杆拉力及计算系数有关，各规范计算结果差异较大。工程案例一与工程案例二所得筋体截面面积规律相同，说明地质情况对筋体截面面积没有影响。

（3）对于锚杆长度，工程案例一中所得锚杆长度相对较短，工程案例二中反而相对较长，这是由于工程案例二需反算土层及强风化层所提供的拉力。在土层厚度一定的情况下，锚杆计算长度越短，反算所得拉力值就越大（假设锚杆所受拉力一定，锚杆计算长度越短，则其单位长度承担拉力值就越大，故而当土层厚度一定的情况下，其承担拉力值就越大），故锚入中风化砂岩层的锚杆长度就较大，最终所得锚杆总长度也就越大。

# 3　结论

通过对比分析上述规范关于锚杆设计的差异性，可以得出以下结论：

（1）各规范关于抗浮锚杆的设计方法较为相似，计算结果的差异性主要体现在计算系数上。

（2）不同的地质条件对锚杆拉力及筋体截面面积的设计没有影响，但对锚杆长度的计算有所影响，在进行抗浮锚杆设计时应综合考虑地质条件来选取依据规范。

（3）对比文中所述五个规范的设计结果，《建筑工程抗浮技术标准》（JGJ 476—2019）在设计时考虑了较多的安全系数且取值较大，安全储备相对较大；而《四川省建筑地下结构抗浮锚杆技术标准》（DBJ51/T 102—2018）和《建筑地基基础设计规范》（GB 50007—2011）的设计结果则相对更为经济。

**参考文献**

[1] 中华人民共和国住房和城乡建设部. 建筑工程抗浮技术标准：JGJ 476—2019[S]. 北京：中国建筑工业出版社，2019.

[2] 四川省住房和城乡建设厅. 四川省建筑地下结构抗浮锚杆技术标准：DBJ51/T 102—2018[S]. 北京：中国建筑工业出版社，2018.

[3] 中华人民共和国住房和城乡建设部. 岩土锚杆与喷射混凝土支护工程技术规范：GB 50086—2015[S]. 北京：中国计划出版社，2015.

[4] 中国工程建设标准化协会. 岩土锚杆（索）技术规程：CECS 22：2005[S]. 北京：中国建筑工业出版社，2005.

[5] 中华人民共和国住房和城乡建设部. 建筑地基基础设计规范：GB 50007—2011[S]. 北京：中国建筑工业出版社，2012.

# 既有建筑的可靠性与抗震鉴定的几个问题

朱彦鹏[1,2]　　杨奎斌[1,2]

1. 兰州理工大学土木工程学院　兰州　730050
2. 西部土木工程防灾减灾教育部工程研究中心　兰州　730050

**摘　要：** 对既有建筑进行鉴定并给出结论是建筑维修加固和延续建筑寿命的重要依据，我国建筑结构检测鉴定规范较多，如何正确使用这些规范，对既有建筑给出合理正确的鉴定结论，进而为建筑的维修加固和延续寿命服务是一个较为复杂的问题。针对目前既有建筑结构鉴定存在的各种问题，研究了针对不同既有建筑结构各种不同状况的鉴定方法和各种鉴定规范的适用条件，给出了改进鉴定方法的建议。所得结论可为结构鉴定、工程事故分析、建筑结构维修加固提供参考。

**关键词：** 既有建筑；可靠性鉴定；抗震鉴定；加固维修

对既有建筑进行鉴定并给出结论是建筑维修加固和延续建筑寿命的重要依据。我国土木工程高速发展期已经持续 40 余年，很多建筑在使用中存在各种问题，需要鉴定，例如到了设计基准期的建筑需要延续使用年限，使用中出现各种安全状况，工程中质量出现问题，环境条件变化引起危险，自然灾害引起的建筑物的损害，建筑结构易主需要对建筑结构安全和使用状况进行评估，等等。我国建筑结构检测鉴定有多种规范，如何正确使用这些规范，对既有建筑给出合理正确的鉴定结论，进而为建筑的维修加固和延续寿命服务是一个较为复杂的问题，工程鉴定中往往由于鉴定方法和鉴定规范使用不当出现各种问题。例如，福建省泉州市欣佳酒店"3·7"坍塌事故调查报告，认定是一起主要因违法违规建设、改建和加固施工导致建筑物坍塌的重大生产安全责任事故。经调查，事故的直接原因是，责任单位泉州市新星机电工贸有限公司将欣佳酒店建筑物由四层违法增加夹层改建成七层，达到极限承载能力并处于坍塌临界状态，加之事发前对底层支承钢柱违规加固焊接作业引发钢柱失稳破坏，导致建筑物整体坍塌。事故调查组认定，相关工程质量检测、建筑设计、消防检测、装饰设计等中介服务机构违规承接业务，出具虚假报告，制作虚假材料帮助事故企业通过行政审批，其中，检测鉴定报告是按照"结构正常使用性进行鉴定"，回避了结构安全问题，是一个存在问题的鉴定报告。近年来，结构鉴定问题突出，各种纠纷不断。除了以上在安全性上存在问题的鉴定外，还有一些鉴定把鉴定标准与现行规范标准混用，把一些设计不存在问题、施工质量良好、使用正常的房屋鉴定为危房，给房屋鉴定带来了混乱。对服役期满的房屋、使用功能改变和灾后受损既有房屋采用何种规范鉴定，均存在使用规范不当等混乱现象。

此外，由于鉴定规范种类较多，鉴定人员在正确使用规范上存在困难。本文针对目前既有建筑结构鉴定存在的各种问题，研究了针对不同既有建筑结构各种不同状况的鉴定方法和各种鉴定规范的适用条件，试图回答目前既有建筑结构鉴定的突出问题，为工程事故分析、建筑结构维修加固和延续使用年限提供依据。

## 1　鉴定依据

建筑结构检测鉴定需要有一定的依据，为了规范鉴定行为，国家出台了不少相关规范，鉴定工作需要遵循国家相关规范要求。安全和抗震鉴定要依据国家和地方相关鉴定技术标准进行，我国目前常用的鉴定规范和标准主要有：（1）《民用建筑可靠性鉴定标准》（GB 50292—2015）；（2）《工业建筑可靠性鉴定标准》（GB 50144—2019）；（3）《危险房屋鉴定标准》（JGJ 125—2016）；（4）《建筑抗震鉴定标准》（GB 50023—2009）；（5）《建筑结构可靠性设计统一标准》（GB 50068—2018）；等等。

---

基金项目：教育部长江学者创新团队支持计划项目（IRT_17R51）。

检测标准有：（1）《砌体工程现场检测技术标准》（GB/T 50315—2011）；（2）《超声回弹综合法检测混凝土抗压强度技术规程》（T/CECS 02—2020）；（3）《既有建筑物结构检测与评定标准》（DGTJ08—804—2005）。

除此之外，还有《混凝土结构加固设计规范》（GB 50367—2013），以及政府相关部门颁布的相关规定和法令等。

## 2　主要鉴定规范适用条件

正确理解各种鉴定规范的适用条件和鉴定范围，对做出鉴定结论至关重要，正确使用各种鉴定规范标准是做出正确鉴定结论的根本保证，下面就各种规范的使用方法进行讨论。

### 2.1　危险房屋鉴定

根据我国《危险房屋鉴定标准》（JGJ 125—2016），当正常使用时，房屋出现危险情况，由业主委托而进行的鉴定，其鉴定范围和适用条件如下：

#### 2.1.1　危房鉴定适用范围

一般是对房屋局部构件和整体出现明显威胁安全的各种状况的评价，主要包括：（1）房屋出现的明显倾斜；（2）受力构件出现超出规定的开裂；（3）地基基础承载力不足而出现的失稳；（4）房屋构件出现的不同程度的耐久性破坏；（5）火灾引起的结构损伤。

#### 2.1.2　危房鉴定的本质

（1）对房屋局部构件和整体状况进行的安全性评价；（2）对房屋局部构件和整体损伤状况的评价。

#### 2.1.3　房屋危险性等级

房屋危险性鉴定应根据地基危险性状态和基础及上部结构的危险性等级，按两个阶段进行综合评定。

（1）第一阶段为地基危险性鉴定，评定房屋地基的危险性状态。

（2）第二阶段为基础及上部结构危险性鉴定，综合评定房屋的危险性等级。基础及上部结构危险性鉴定应按下列三层次进行：①第一层次为构件危险性鉴定，其等级评定为危险构件和非危险构件两类。②第二层次为楼层危险性鉴定，其等级评定为 $A_u$、$B_u$、$C_u$、$D_u$ 四个等级。③第三层次为房屋危险性鉴定，其等级评定为 A、B、C、D 四个等级。

《危险房屋鉴定标准》（JGJ 125—2016）正确使用方法应为：鉴定结论为 A 级的房屋，应明确后续使用年限为原设计基准期减去已使用年限。鉴定结论为 B 级的房屋，经维修后应明确后续使用年限为原设计基准期减去已使用年限。鉴定结论为 C 级时，应明确必须加固维修，加固维修目标最少为后续使用年限 30 年，非地震区按照正常使用荷载组合进行加固验算。

加固维修目标为后续使用年限 30 年时，地震区应结合《建筑抗震鉴定标准》（GB 50023—2009）进行鉴定，按抗震鉴定标准 A 级建筑鉴定并进行加固维修。加固维修目标也可为后续使用年限 40～50 年，按抗震鉴定标准 B、C 级建筑鉴定并进行加固维修。鉴定结论为 D 级时，一般拆除或进行加固维修，加固维修方法同 C 级鉴定结果。

### 2.2　民用建筑可靠性鉴定

根据我国《民用建筑可靠性鉴定标准》（GB 50292—2015），可靠性鉴定是指安全性、适用性和耐久性三个方面。在下列情况下，由业主委托而进行的鉴定。其鉴定范围和适用条件如下：

#### 2.2.1　可靠性鉴定标准适用范围

根据我国《民用建筑可靠性鉴定标准》（GB 50292—2015），当建筑物在以下几种状况下，可采用民用建筑可靠性鉴定标准进行鉴定。

（1）民用建筑可靠性鉴定

在下列情况下，应进行可靠性鉴定，也指安全性、适用性和耐久性鉴定：①建筑物大修前；②建筑物改造或增容、改建或扩建前；③建筑物改变用途或使用环境前；④建筑物达到设计使用年限拟继续使用时；⑤遭受灾害或事故时；⑥存在较严重的质量缺陷或出现较严重的腐蚀、损伤、变形时。

可靠性鉴定结论Ⅰ级，可按照设计基准期给出剩余使用年限。可靠性鉴定结论为Ⅱ级时，经过维修，可按照设计基准期给出剩余使用年限。鉴定结论为Ⅲ级时，应明确必须加固维修，加固维修目标最少为后续使用年限30年，非地震区按照正常使用荷载组合进行加固验算，地震区按抗震鉴定标准A级建筑鉴定并进行加固维修。地震区加固维修目标也可为后续使用年限40~50年，按抗震鉴定标准B、C级建筑鉴定并进行加固维修。鉴定结论为Ⅳ级时，一般拆除，或进行加固维修，加固维修方法同C级鉴定结果。

（2）民用建筑安全性鉴定

根据我国《民用建筑可靠性鉴定标准》（GB 50292—2015），当正常使用时，在下列情况下，可仅进行安全性检查或鉴定：①各种应急鉴定；②国家法规规定的房屋安全性统一检查；③临时性房屋需延长使用期限；④使用性鉴定中发现安全问题。

安全性鉴定结论$A_{su}$级，可按照设计基准期给出剩余使用年限。可靠性鉴定结论为$B_{su}$级时，经过维修，可按照设计基准期给出剩余使用年限。鉴定结论为$C_{su}$级时，应明确必须加固维修，加固维修目标最少为后续使用年限30年，非地震区按照正常使用荷载组合进行加固验算，地震区按抗震鉴定标准A类建筑鉴定并进行加固维修。地震区加固维修目标也可为后续使用年限40~50年，按抗震鉴定标准B、C类建筑鉴定并进行加固维修。鉴定结论为$D_{su}$级时，一般拆除，或进行加固维修，加固维修方法同$C_{su}$级鉴定结果。

（3）民用建筑使用性检查或鉴定

根据我国《民用建筑可靠性鉴定标准》（GB 50292—2015）规定，在下列情况下，可仅进行使用性检查或鉴定：①建筑物使用维护的常规检查；②建筑物有较高舒适度要求。

当检查中未发现问题，结构可正常使用，若存在问题，则进行鉴定，鉴定方法同上。

（4）民用建筑专项鉴定

根据我国《民用建筑可靠性鉴定标准》（GB 50292—2015）规定，在下列情况下，应进行专项鉴定：①结构的维修改造有专门要求时；②结构存在耐久性损伤影响其耐久年限时；③结构存在明显的振动影响时；④结构需进行长期监测时。

专项鉴定主要是对结构材料性能、结构构件损伤状况等进行评价，专项鉴定可能存在可靠性中的安全性、适用性和耐久性的问题，应按照对应相关内容进行鉴定，鉴定方法这里不再赘述。

2.2.2 可靠性鉴定的目标使用年限

根据我国《民用建筑可靠性鉴定标准》（GB 50292—2015）规定，鉴定的目标使用年限，应根据该民用建筑的使用史、当前安全状况和今后维护制度，由建筑产权人和鉴定机构共同商定。对超过设计使用年限的建筑，其目标使用年限不宜多于10年。

笔者认为以上标准规定比较模糊，容易造成歧异和鉴定结论的不确定。对可靠性鉴定完好的建筑，目标使用年限应按照设计基准期减去建筑使用年限来确定，对需全面维修加固的建筑，最少后续使用年限为30年。对抗震加固保证最少后续使用年限30年情况下，可由建筑产权人和鉴定机构共同商定后续使用年限，并按照《建筑抗震鉴定标准》（GB 50023—2009）进行补充鉴定。加固维修目标为后续使用年限30年，按抗震鉴定标准A类建筑鉴定并进行加固维修。加固维修目标也可为后续使用年限40~50年，按抗震鉴定标准B、C类建筑鉴定并进行加固维修。

2.2.3 新建建筑的鉴定

目前，有一些新建建筑，由于各种手续不合规问题，在补办手续时，都需要进行建筑结构可靠性鉴定，一般是要进行全面的安全性、适用性和耐久性鉴定，不能只做专项或单一的安全性鉴定。

《工业建筑可靠性鉴定标准》（GB 50144—2019）的鉴定方法同《民用建筑可靠性鉴定标准》（GB 50292—2015），这里不再赘述。

**2.3 建筑抗震鉴定**

《建筑抗震鉴定标准》（GB 50023—2009）规定，符合本标准要求的现有建筑，在预期的后续使用年限内具有相应的抗震设防目标，即后续使用年限50年的现有建筑，具有与现行国家标准《建筑抗震设计规范》（GB 50011—2010，2016版）相同的设防目标，后续使用年限少于50年的现有建筑，在遭遇同样的地震影响时，其损坏程度略大于按后续使用年限 50 年鉴定的建筑。

### 2.3.1　建筑抗震鉴定范围

此鉴定标准适用于抗震设防烈度为 6～9 度地区的现有建筑的抗震鉴定，不适用于新建建筑工程的抗震设计和施工质量的评定。抗震设防烈度采用中国地震动参数区划图的地震基本烈度或现行国家标准《建筑抗震设计规范》(GB 50011—2010, 2016 版)规定的抗震设防烈度。

### 2.3.2　建筑抗震鉴定对象

《建筑抗震鉴定标准》(GB 50023—2009)规定，下列情况下，现有建筑应进行抗震鉴定：(1)接近或超过设计使用年限需要继续使用的建筑；(2)原设计未考虑抗震设防或抗震设防要求提高的建筑；(3)需要改变结构的用途和使用环境的建筑；(4)其他有必要进行抗震鉴定的建筑。

现有建筑的抗震鉴定，除应符合《建筑抗震鉴定标准》(GB 50023—2009)的规定外，尚应符合国家现行标准、规范的有关规定。

### 2.3.3　建筑抗震鉴定核查和验算方法

《建筑抗震鉴定标准》(GB 50023—2009)规定了建筑抗震鉴定核查和验算方法。现有建筑应按现行国家标准《建筑工程抗震设防分类标准》(GB 50223—2008)分为四类，其抗震措施核查和抗震验算的综合鉴定应按下列要求进行：(1)甲类，应经专门研究按不低于乙类的要求核查其抗震措施，抗震验算应按高于本地区设防烈度的要求采用；(2)乙类，6～8 度应按比本地区设防烈度提高一度的要求核查其抗震措施，9 度时应适当提高要求；抗震验算应按不低于本地区设防烈度的要求采用；(3)丙类，应按本地区设防烈度的要求核查其抗震措施并进行抗震验算；(4)丁类，7～9 度时，应允许按比本地区设防烈度降低一度的要求核查其抗震措施，抗震验算应允许比本地区设防烈度适当降低要求；6 度时应允许不做抗震鉴定。其中，甲类、乙类、丙类、丁类分别为现行国家标准《建筑工程抗震设防分类标准》(GB 50223—2008)特殊设防类、重点设防类、标准设防类、适度设防类的简称。

### 2.3.4　建筑抗震鉴定和加固的后续使用年限

《建筑抗震鉴定标准》(GB 50023—2009)规定，现有建筑应根据实际需要和可能，按下列规定选择其后续使用年限：(1)在 20 世纪 70 年代及以前建造经耐久性鉴定可继续使用的现有建筑，其后续使用年限不应少于 30 年；(2)在 20 世纪 80 年代建造的现有建筑，宜采用 40 年或更长，且不得少于 30 年；(3)在 20 世纪 90 年代(按当时施行的抗震设计规范系列设计)建造的现有建筑，后续使用年限不宜少于 40 年，条件许可时应采用 50 年；(4)在 2001 年以后(按当时施行的抗震设计规范系列设计)建造的现有建筑，后续使用年限宜采用 50 年。

### 2.3.5　建筑抗震鉴定方法

《建筑抗震鉴定标准》(GB 50023—2009)规定，不同后续使用年限的现有建筑，其抗震鉴定方法应符合下列要求：(1)后续使用年限 30 年的建筑(简称 A 类建筑)，应采用本标准各章规定的 A 类建筑抗震鉴定方法；(2)后续使用年限 40 年的建筑(简称 B 类建筑)，应采用本标准各章规定的 B 类建筑抗震鉴定方法；(3)后续使用年限 50 年的建筑(简称 C 类建筑)，应按现行国家标准《建筑抗震设计规范》(GB 50011)的要求进行抗震鉴定。

抗震鉴定分为两级：第一级鉴定应以宏观控制和构造鉴定为主进行综合评价，第二级鉴定应以抗震验算为主结合构造影响进行综合评价。

A 类建筑的抗震鉴定，当符合第一级鉴定的各项要求时，建筑可评为满足抗震鉴定要求，不再进行第二级鉴定；当不符合第一级鉴定要求时，应由第二级鉴定做出判断。

B 类建筑的抗震鉴定，应检查其抗震措施和现有抗震承载力再做出判断。当抗震措施不满足鉴定要求而现有抗震承载力较高时，可通过构造影响系数进行综合抗震能力的评定；当抗震措施鉴定满足要求时，主要抗侧力构件的抗震承载力不低于规定的 95%、次要抗侧力构件的抗震承载力不低于规定的 90%，也可不要求进行加固处理。

C 类建筑的抗震鉴定，应按现行国家标准《建筑抗震设计规范》(GB 50011—2010, 2016 版)的要求进行抗震鉴定。

①第一级鉴定

第一级鉴定主要是对现有建筑宏观控制和构造是否满足要求进行鉴定，主要包括以下几方面：a. 建筑的平、立面，质量、刚度分布和墙体等抗侧力构件的布置在平面内是否对称，结构竖向构件或刚度沿高度分布是否突变；b. 检查结构体系，找出破坏会导致整个体系丧失抗震能力或丧失对重力的承载能力的部件或构件，当房屋有错层或不同类型结构体系相连时，应提高其相应部位的抗震鉴定要求；c. 检查结构材料实际达到的强度等级；d. 多层建筑的高度和层数，应符合最大值限值要求；e. 当结构构件的尺寸、截面形式等不利于抗震时，提高该构件的配筋等构造抗震鉴定要求；f. 结构构件的连接构造应满足结构整体性的要求；装配式厂房应有较完整的支撑系统；g. 非结构构件与主体结构的连接构造应满足不倒塌伤人的要求；位于出入口及人流通道等处，应有可靠的连接；h. 当建筑场地位于不利地段时，尚应符合地基基础的有关鉴定要求。

②第二级鉴定

第二级鉴定主要是对现有建筑结构进行建筑抗震验算，验算要求应符合下列规定：当6度第一级鉴定符合《建筑抗震鉴定标准》（GB 50023—2009）具体规定时，可不进行抗震验算。当6度第一级鉴定不满足时，可通过抗震验算进行综合抗震能力评定。其他情况，至少在两个主轴方向分别按本标准各章规定的具体方法进行结构的抗震验算。

现有建筑的抗震鉴定要求，可根据建筑所在场地、地基和基础等的有利和不利因素，做下列调整：a. Ⅰ类场地上的丙类建筑，7～9度时，构造要求可降低一度；b. Ⅳ类场地、复杂地形、严重不均匀土层上的建筑以及同一建筑单元存在不同类型基础时，可提高抗震鉴定要求；c. 建筑场地为Ⅲ、Ⅳ类时，对设计基本地震加速度0.15g和0.30g的地区，各类建筑的抗震构造措施要求分别按抗震设防烈度8度（0.20g）和9度（0.40g）采用；d. 有全地下室、箱基、筏基和桩基的建筑，可降低上部结构的抗震鉴定要求；e. 对密集的建筑，包括防震缝两侧的建筑，应提高相关部位的抗震鉴定要求。

### 2.3.6 建筑抗震鉴定的主要内容

《建筑抗震鉴定标准》（GB 50023—2009）规定，现有建筑的抗震鉴定的内容及要求有以下几方面：

（1）抗震鉴定的主要内容。

①搜集建筑的勘察报告、施工和竣工验收的相关原始资料；当资料不全时，应根据鉴定的需要进行补充实测。②调查建筑现状与原始资料相符合的程度、施工质量和维护状况，发现相关的非抗震缺陷。③根据各类建筑结构的特点、结构布置、构造和抗震承载力等因素，采用相应的逐级鉴定方法，进行综合抗震能力分析。④对现有建筑整体抗震性能做出评价，对符合抗震鉴定要求的建筑应说明其后续使用年限，对不符合抗震鉴定要求的建筑提出相应的抗震加固对策和处理意见。

（2）抗震鉴定的要求

《建筑抗震鉴定标准》（GB 50023—2009）规定，现有建筑的抗震鉴定，应根据下列情况区别对待：①建筑结构类型不同的结构，其检查的重点、项目内容和要求不同，应采用不同的鉴定方法。②对重点部位与一般部位，应按不同的要求进行检查和鉴定。重点部位指影响该类建筑结构整体抗震性能的关键部位和易导致局部倒塌伤人的构件、部件，以及地震时可能造成次生灾害的部位。③对抗震性能有整体影响的构件和仅有局部影响的构件，在综合抗震能力分析时应分别对待。

综上所述抗震鉴定标准可单独使用，其余标注则需要结合其他标注共同使用，这样才能给出正确的鉴定结论。

## 3 建筑结构鉴定存在的问题及对策

由于各种鉴定标准较多，鉴定单位使用混乱，鉴定结论不准确，给业主和加固设计单位带来很多困惑，了解鉴定工作存在的问题，有利于对建筑结构进行正确的鉴定。对建筑结构鉴定问题给出相应对策和建议，可为进一步做好建筑结构的鉴定工作奠定基础。

### 3.1 建筑结构鉴定存在的问题

笔者近年来进行了大量的工程事故分析与处理工作，发现一些鉴定报告存在以下主要问题：

（1）鉴定标准与现行规范乱用问题

在设计基准期，正在使用的建筑结构，结构整体基本完好，采用《民用建筑可靠性鉴定标准》（GB 50292—2015）进行安全鉴定时，应用现行《建筑结构抗震设计规范》（GB 50011）进行强度和变形验算，给出鉴定结论为 $D_{su}$ 级。例如，某大学公寓，1998 年修建，正在使用，建筑按照当时规范设计，施工质量满足设计要求，由于易主补办手续，鉴定单位经鉴定给出 $D_{su}$ 级，引起住在该学生宿舍中的学生恐慌，让当业主单位和接收单位无所适从。某大学图书馆于 1990 年修建，按当时规范设计，施工质量完好，不存在明显安全问题，检测质量符合设计要求，业主单位准备改变局部建筑使用功能，鉴定单位也给出了 $D_{su}$ 级鉴定结论，使得业主单位找设计施工单位讨说法，引起不必要的误会和麻烦。

（2）只进行材料性能检测问题

有些鉴定报告对非正规设计单位设计的建筑，在进行建筑结构可靠性鉴定时，只进行材料性能、变形和裂缝宽度检测，不进行结构安全分析，凭此即给出鉴定结论，特别是有些应急安全鉴定，这些问题比较普遍，存在不负责的问题，给结构安全使用带来隐患。

（3）错用鉴定规范问题

对改变功能的建筑只做适用性鉴定，不进行安全鉴定，给结构安全使用带来风险，泉州某酒店倒塌事故就是这样的问题导致的。也有几种鉴定规范和现行设计规范都作为鉴定依据，出现鉴定结论东拉西扯、模糊不清的问题。

（4）结构后续使用年限问题

很多鉴定报告在结构后续使用年限上比较模糊，甚至没有这个概念。结构可靠性鉴定完好的结构应有结构的后续使用年限，这样就给业主一个明确的结构安全使用期，到期时必须有相应的处置对策，即进行可靠性鉴定或者维修加固等。

## 3.2　解决建筑结构鉴定问题的对策

出现以上问题的主要原因是各种鉴定规范出自不同单位和不同的专家群体，不同规范在编写时未统一协调，鉴定单位不同专家根据自己理解，有时对规范的理解断章取义，为了能使鉴定工作相对统一的正规，建议从以下几方面开展工作。

（1）编写工程结构可靠性鉴定统一标准

全国可组织编写《工程结构可靠性鉴定统一标准》，规范与结构可靠性相关的安全性、适用性和耐久性的鉴定方法，抗震鉴定作为安全性鉴定的一部分，研究适用性和耐久性的鉴定内容和鉴定方法，明确可靠性鉴定中安全性鉴定是重中之重，必不可少，适用性和耐久性中变形、振动、裂缝及其他损伤可适当放松要求。

根据《工程结构可靠性鉴定统一标准》国家标准的统一要求，可相应编写具有操作性的《建筑结构可靠性鉴定标准》《建筑结构抗震鉴定标准》等标准，以及其他专项鉴定标准。

（2）加强鉴定标准的宣贯

工程技术人员不能正确地运用各种鉴定标准的主要原因是对标准理解不透或理解有误，因此，当各种新标准批准以后，要加强宣贯，以提高工程结构鉴定的技术人员正确理解标准，提高他们的工程结构鉴定水平。

（3）加强鉴定标准基础教育

高等学校应在专业课和专业选修课中开设"工程结构检测鉴定"和"工程事故分析与处理"等相关课程，让学生在学校即获得正确的结构检测鉴定知识。

## 4　结论

本文从目前我国工程结构检测鉴定存在的问题出发，研究了目前各种鉴定规范的适用条件和范围，如何正确运用这些规范进行工程结构的可靠性鉴定工作，以及解决鉴定工作存在问题的对策等，主要研究结论有以下几方面：

（1）鉴定规范较多，适用条件不清，致使工程鉴定技术人员理解不一，鉴定报告问题多，给工程结构鉴定带来混乱；

（2）工程结构可靠性的本质是安全性、适用性和耐久性，安全性是重中之重，鉴定工作必须保证结构安全可靠；

（3）编写《工程结构可靠性鉴定标准》是当务之急，通过本标准可规范鉴定人员的鉴定行为；

（4）加强标准的宣贯，以提高工程结构鉴定的工程技术人员从事工程结构鉴定水平；

（5）在高等学校开设"工程结构检测鉴定"等相关课程，让学生在学校即获得正确的结构检测鉴定知识。

## 参考文献

[1] 中华人民共和国住房和城乡建设部. 民用建筑可靠性鉴定标准：GB 50292—2015[S]. 北京：中国建筑工业出版社，2016.

[2] 中华人民共和国住房和城乡建设部. 工业建筑可靠性鉴定标准：GB 50114—2019[S]. 北京：中国建筑工业出版社，2019.

[3] 中华人民共和国住房和城乡建设部. 危险房屋鉴定标准：JGJ 125—2016[S]. 北京：中国建筑工业出版社，2016.

[4] 中华人民共和国住房和城乡建设部. 建筑抗震鉴定标准：GB 50023—2009[S]. 北京：中国建筑工业出版社，2009.

[5] 中华人民共和国住房和城乡建设部. 建筑结构可靠性设计统一标准：GB 50066—2018[S]. 北京：中国建筑工业出版社，2019.

[6] 中华人民共和国住房和城乡建设部. 砌体工程现场检测技术标准：GB/T 50315—2011[S]. 北京：中国建筑工业出版社，2011.

[7] 中国工程建设标准化协会. 超声回弹综合法检测混凝土抗压强度技术规程：T/CECS 02—2020[S]. 北京：中国计划出版社，2020.

[8] 中华人民共和国住房和城乡建设部. 混凝土结构加固设计规范：GB 50367—2013[S]. 北京：中国建筑工业出版社，2014.

[9] 朱彦鹏，王秀丽. 工程事故分析与处理 [M]. 北京：中国建筑工业出版社，2020.

# 静压桩校正基础下沉和结构恢复原位的新技巧

孙子超[1]　吕元光[2]　孙建志[1]　纪勇鹏[1]　李　欢[3]

1. 兰州德亿建筑科技有限公司　兰州　730020
2. 甘肃省城乡规划设计研究院　730000
3. 兰州信息科技学院　兰州　730207

**摘　要：**基础下沉298mm，框架梁、基础梁、墙体开裂，严重影响建筑物使用。在独立基础下采用微型钢管桩，液压千斤顶放在桩顶上，千斤顶的油缸杆顶至承力架的横梁，利用作用力与反作用力的原理，将钢管桩压入地基。同时，基础逐渐顶升，梁与墙体裂缝缝隙变小，缝隙内预注结构胶，加压时裂缝黏结一起，结构基本恢复原状。

**关键词：**静压桩；加压原理；竖向力；径向力；环向力；多功能；四新；三阶段

为了控制已有基础变形值（$\Delta_x$，$\Delta_y$，$\Delta_z$，$\varphi_x$，$\varphi_y$，$\varphi_z$），通常采用混凝土灌注桩、静压桩坐入可靠持力层（卵石、岩层等）或用压力注浆、化学注液等方法加固地基。如要使基础恢复原位，常采用静压桩（预制混凝土方桩、圆桩或钢管桩）等方案。实践证明静压桩方法是可行、有效、安全、经济的。本文在原有技术上进行了改进：采用新型静压桩、轻型装配式多功能承力架、三阶段静压顶升操作法，使基础顶升，结构恢复原位。

## 1　现状与问题

### 1.1　现状

甘肃省某建筑物于 2007 年由某建筑勘察设计院设计。场地抗震设防烈度七度，建筑物 2 ～ 4 层，坡形瓦屋面，框架结构，柱网 4.5m × （6.5 ～ 7.5）m，柱截面尺寸 500mm × 500mm，基础梁和框架梁截面尺寸（250 ～ 300）mm × （400 ～ 500）mm，独立基础尺寸 2500mm × 2500mm，基础平面图如图 1 所示。

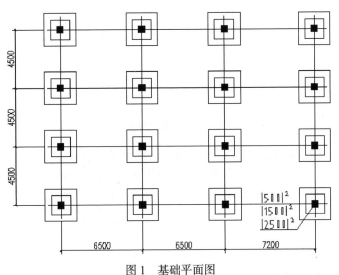

图 1　基础平面图

基础坐落在新近回填的大坑上面，由于场地局部泡水，地基湿陷和压缩变形，16 个基础下沉约 150 ～ 298mm，基础梁裂缝宽 1 ～ 3mm，砖墙裂缝宽度 1 ～ 30mm，缝长 1 ～ 2m。

### 1.2　存在问题

经鉴定，该建筑物鉴定单元安全性等级为 $C_{su}$ 级，鉴定单元使用性等级为 $C_{ss}$ 级，建筑物尚未进行竣工验收，尚未投入使用已存在安全隐患，需进行加固处理，业主要求加固后使用年限 50 年。

采用新材料、新技术、新型静压桩方法加固是可行的、安全的，但唯恐在加荷中，使已有大裂缝发展出现危险，经复核计算、讨论研究，对一部分梁、柱采用扩大截面法临时加固，角钢和扁钢箍夹紧点焊和注射结构胶及嵌筋加固。待结构恢复原位后，对一小部分的型钢采取回收再利用。

## 2　桩被静压原理

### 2.1　新型静压桩特点

新型静压桩的特点主要包括：（1）流线形桩头，摩阻力最小；（2）头大身小，侧摩阻力小；（3）垂直压与水平压相结合；（4）液压与气压相结合；（5）头硬身强；（6）三阶段加压。

### 2.2　静压桩原理

油压千斤顶坐在桩顶上，千斤顶的油缸杆提升时，杆顶紧承力架的横梁，横梁刚度很大且不变形，利用作用力与反作用力原理，千斤顶的油缸杆作用在横梁上的力为 $n$ 吨，千斤顶作用在桩顶的力也是 $n$ 吨，千斤顶将桩压（反压）入土中，随着不停地增加压力，桩逐渐进入可靠持力层。

### 2.3　承力架构造与功能

承力架由 $2 \times 2$ 根槽钢和 2 根轴承及 1 根横梁、$n$ 个地脚螺栓、吊钩所组成。承力架示意图如图 2 所示。

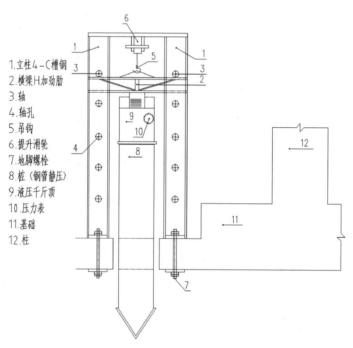

```
1. 立柱 4-C 槽钢
2. 横梁 H 加劲肋
3. 轴
4. 轴孔
5. 吊钩
6. 提升滑轮
7. 地脚螺栓
8. 桩（钢管静压）
9. 液压千斤顶
10. 压力表
11. 基础
12. 柱
```

图 2　承力架立面示意

$n$ 个地脚螺栓将 $2 \times 2$ 根槽钢立柱固定在基础上，油缸加压时，立柱受拉，轴承和横梁受集中力作用属于受弯、受剪构件。如果桩有小偏斜或摩阻力过大、静压有困难时，可利用这套设备改装为逆向装置，经过 $1 \sim 2$ 次压和拔，拔和压反复循环操作几次，即可成功。承力架既可以压桩，也可以拔（拉）桩，既可以正压，也可以斜压，一架多用，属于多功能、杠杆类、轻型、简易、装配式设备。

## 3　静压设备装置与操作

现场加固设备及装置如图 3 所示。

利用基础承受轴力并当作承力架的锚固力，地脚螺栓将承力架（$2 \times 2$ 根槽钢）"生根"于基础上，槽钢上设计一列圆孔，安置圆轴承。横梁（加肋 H 型钢）两端挑担轴承，是一个钢杠杆承力架。整个千斤顶油缸杆顶升工作由现场总指挥部统一安排，每个柱基的桩数、千斤顶台数、配置千斤顶操作手和支垫操作手，必要时"两手"配合、协作、交换、混合静压，做到顶一级、垫一级，当加压（顶升）

到一个"大级距"时，轴承和横梁移位安装工作量大时，可增调人员。操作时要做好三阶段工作：（1）等载同步同行程阶段；（2）不等载而同步，同程而不等位移阶段；（3）调正位移和裂缝值满足规范和标准阶段。当一个组（单元、批）静压桩完成要经过巡视员、监理员认可、签字后，再允许进行下一步工作。

图 3　设备装置图

## 4　结构计算分析

### 4.1　钢管桩管壁的径向力、环向力、剪切力计算

假设应力函数 $\varphi$ 为径向坐标 $r$ 的函数，即 $\varphi = \varphi(r)$，则有：

径向应力
$$\sigma_r = \left(\frac{\mathrm{d}^2\varphi}{\mathrm{d}y^2}\right)_{\theta=0} = \frac{1}{r} \cdot \frac{\mathrm{d}\varphi}{\mathrm{d}r} + \frac{1}{r^2} \cdot \frac{\mathrm{d}^2\varphi}{\mathrm{d}\theta^2} = \frac{1}{r} \cdot \frac{\mathrm{d}\varphi}{\mathrm{d}r} \tag{1}$$

环向应力
$$\sigma_\theta = \left(\frac{\mathrm{d}^2\varphi}{\mathrm{d}x^2}\right)_{\theta=0} = \frac{\mathrm{d}^2\varphi}{\mathrm{d}r^2} \tag{2}$$

剪切应力
$$T_{r\theta} = T_{\theta r} = 0 \tag{3}$$

相容方程简化：
$$\left(\frac{\mathrm{d}^2}{\mathrm{d}r^2} + \frac{1}{r}\frac{\mathrm{d}}{\mathrm{d}r}\right)^2 \psi = 0 \tag{4}$$

四阶常微分方程整理简化后有：$\varphi = A\ln r + Br^2\ln r + Cr^2 + D$

$$\sigma_r = \frac{A}{r^2} + B(1 + 2\ln r) + 2C \tag{5}$$

$$\sigma_\theta = -\frac{A}{r^2} + B(3 + 2\ln r) + 2C \tag{6}$$

$$T_{r\theta} = T_{\theta r} = 0$$

管内半径为 $a$，钢管壁内压力为 $q_a$；管外半径为 $b$，钢管壁外压力为 $q_b$；钢管壁受到压力 $q_g = q_b - q_a$。当混凝土或水泥凝固时，存在微小收缩变形，有缝隙，则 $q_a = 0$，对内壁不产生压力，即 $q_g = q_b$，此时可得下列各式：

径向应力
$$\sigma_r = -\left[1 - \left(\frac{a}{r}\right)^2\right]q_b \bigg/ \left[1 - \left(\frac{a}{b}\right)^2\right] \tag{7}$$

环向应力
$$\sigma_\theta = -\left[1 + \left(\frac{a}{r}\right)^2\right]q_b \bigg/ \left[1 - \left(\frac{a}{b}\right)^2\right] \tag{8}$$

径向位移 $\quad u_r = \left(1 - \dfrac{\mu^2}{E}\right)\left[-\left(1 + \dfrac{\mu}{1-\mu}\right)\dfrac{A}{r} + 2\left(1 - \dfrac{\mu}{1-\mu}\right)Cr\right] + I\cos\theta + K\sin\theta \qquad (9)$

式（5）～式（9）中：$A$、$B$、$C$、$D$、$I$、$K$ 均为任意常数，$\mu$ 为泊松比，$E$ 为弹性模量，$r$ 为钢管壁厚中心至圆心的距离，即半径；$\theta$ 为环向坐标转角。

### 4.2 静压钢管桩计算实例

根据框架结构三维空间杆件有限元分析，每个杆件的杆端有三个力、三个弯矩、三个线位移、三个转角，$12 \times 12$ 方阵分析，运用 YJK 软件计算，多种荷重组合，取有代表性的一组：

框架外排柱的内力：6.5；−21；−786.9；0.45；5.5；框架内排柱的内力：28.5；−0；−1144；0.；−2.45。

前两项为剪力 $V_x$、$V_y$（kN），第三项为轴力 $N$（kN），第四、五项为弯矩 $M_x$、$M_y$（kN·m）。

#### 4.2.1 框架柱分配单桩的内力

单桩竖向轴力 $N_{zk} = \dfrac{N+G}{n} + - \dfrac{M_x \cdots y_i}{\sum y_i^2} + - \dfrac{M_y \cdots x_i}{\sum x_i^2}$；

单桩水平力 $N_{zk} = \dfrac{H}{n}$。

框架边柱单桩竖向轴力 $N_{zk} = 34.23\text{t}$（一柱一基四桩）；

框架中柱单桩竖向轴力 $N_{zk} = 30.83\text{t}$（一柱一基六桩）。

#### 4.2.2 单桩混凝土压应力

$\phi 167 \times 3 \sim 6\text{mm}$，内注 C30 细石混凝土；

$\sigma_c = \dfrac{单桩竖向轴力}{换算桩截面积} = 8.22 \sim 8.55\text{MPa} < 14.3\text{MPa}$（安全）。

#### 4.2.3 单桩端承力和摩阻力

$N_z = 36.1\text{t} > 24.23\text{t}$（安全），试验值为 45t。

#### 4.2.4 单桩稳定性

单桩细长比 $= 12000/167 = 71.856 > 43$，不符合要求，但每节桩长 2.0m，节头附近有花孔、排气孔、吊装孔，砂浆从孔内喷注到粉土、砂砾土、卵石层，形成树枝状桩，细长比 $= 2000/167 = 11.976$，$\psi = 0.95$，符合规范安全性要求。

#### 4.2.5 桩的径向力（$\sigma_r$）、环向力（$\sigma_\theta$）

$P_1 = \sigma_c \cdot \eta = 8.55 \times (0.466 \sim 1.0) = 4.0 \sim 8.55\text{MPa}$，$P_1 = P$。

（1）当桩外侧土压力 $P_2 = 0$（$q_b = 0$），$P_1$ 不等于 0 时，

桩的径向力 $\sigma_r = \left(\dfrac{r_1^2}{r_2^2 - r_1^2}\right)\left(1 - \dfrac{r_2^2}{r^2}\right)P_1 = 4.04\text{MPa} < 270\text{MPa}$（安全）；

桩的环向力 $\sigma_\theta = \left(\dfrac{r_1^2}{r_2^2 - r_1^2}\right)\left(1 + \dfrac{r_2^2}{r^2}\right)P_1 = 109.3\text{MPa} < 270\text{MPa}$（安全）。

（2）当桩内侧压力 $P_1 = 0$（$q_a = 0$）时，

桩的径向力 $\sigma_r = \left(\dfrac{r_2^2}{r_2^2 - r_1^2}\right)\left(1 - \dfrac{r_1^2}{r^2}\right)P_1 = 4.5\text{MPa} < 270\text{MPa}$（安全）；

桩的环向力 $\sigma_\theta = \left(\dfrac{r_2^2}{r_2^2 - r_1^2}\right)\left(1 + \dfrac{r_1^2}{r^2}\right)P_1 = 66.2\text{MPa} < 270\text{MPa}$（安全）。

（3）当桩的内外压力共同作用下，$K = r_1 / r_2 = 0.928$，

$\sigma_r = -P_1 = -8.55\text{MPa} < 270\text{MPa}$（安全）；

$$\sigma_\theta = \left(1 + K^2\right)P_1 - \frac{2P_2}{1 - K^2} = 49.38\text{MPa} < 270\text{MPa}（安全）；$$

$$\sigma_z = \frac{K^2 P_1 - P_2}{1 - K^2} = 20.45\text{MPa} < 270\text{MPa}（安全）。$$

式中，$r_1 = 161$mm，$r_2 = 167$ mm，$r = 164$mm，$K = r_1/r_2$，$P_1$ 为内径压力，$P$ 为中径压力，

### 4.3　基础梁相对沉降产生内力

相对沉降差 $\Delta = 85$ mm、$120$ mm 附加弯矩

$$M = \frac{6i\Delta}{L} = 612;\ 864\text{kN·m} 。$$

附加剪力 $V = \dfrac{12i\Delta}{L} = 170;\ 240\text{kN} 。$

由于过大的附加内力，基础梁开裂，为了确保安全施工，对基础梁采取加固措施。基础梁、短柱加固方式如图4所示。

图4　基础梁、短柱加固图

### 4.4　基础梁相对沉降引起短柱附加内力

附加弯矩 $M = \left(4i\psi\right) = 144.78;\ 160\text{kN·m} 。$

短柱 500mm × 500mm × 2600mm，由于过大的附加内力，短柱开裂，为了确保安全施工，对短柱采取加固。基础梁、短柱加固如图4所示。

## 5　裂缝基本闭合，结构基本恢复原状

由于地基、基础下沉，结构的构件应变、变形过大，当主拉应力大于混凝土（或砖砌体）拉应力、剪应力时，梁（砖）产生裂缝。

### 5.1　在正弯矩作用下

裂缝分布：在跨中部位（垂直缝）或靠近支座部位（$\alpha = 40° \sim 50°$ 斜缝）；一般对称分布，八字形缝；

裂缝大小：下大上小；宽度为 0.3 ～ 3mm；

裂缝长度：1/3 截面高至全截面高；砖墙裂缝长度最长 2m。

### 5.2　在负弯矩作用下

裂缝分布：靠近支座左右两侧部位（倒 $\alpha = 40° \sim 50°$ 缝）；一般对称分布，倒八字形缝。

裂缝大小：上大下小；宽度为 0.1 ～ 1.5mm；

裂缝长度：1/3 截面高至全截面高；砖墙裂缝长度最长 1m。

### 5.3　裂缝规律

裂缝走向与主拉应力方向垂直并顺向主压应力，即裂缝走向与主压应力方向一致。

### 5.4 裂缝基本闭合，结构恢复原状

静压荷载逐渐增加，当加压至 40t 左右时，基础上升，梁（墙）裂缝宽度慢慢变小，趋向裂缝闭合，在闭合前，缝隙内预注结构胶，通过加压至 45t 左右，缝两侧混凝土（砖）黏结为一体，结构基本恢复原状.但存在残余变形、裂缝，混凝土梁缝宽有 0.05 ～ 0.1mm，砖墙缝宽有 1 ～ 3mm。

## 6 结语

（1）以往静压桩在地坑内操作，现在改为地上操作（静压），改善了劳动条件，方便操作，易保证质量，降低安全隐患。

（2）开挖土方量少，减少污染环境，减少土方外运，降低成本，节约资金。

（3）静压承力架是轻型装配式，操作简单，搬运方便。

（4）静压承力架是多功能架，既可用于压桩，也可用于拔（拉）桩；既可用于正压（拉）桩，也可用于斜压（拉）桩；一架多用，为多功能架。

（5）静压（拉）桩设备、操作、运行、经营都比较节省时间，节省资金。

（6）单桩实际承压力远大于计算承载力值。

### 参考文献

[1] 中华人民共和国住房和城乡建设部.混凝土结构设计规范：GB 50010—2010[S].北京：中国建筑工业出版社，2010.

[2] 中华人民共和国住房和城乡建设部.建筑桩基技术规范：JGJ 94—2008[S].北京：中国建筑工业出版社，2008.

# 第 2 篇
# 试验研究与计算分析

# 既有多层工业厂房的减震加固设计实践

## 朱　华　欧国浩　朱灿勇

安徽寰宇建筑设计院　合肥　230001

**摘　要**：减震设计是一种能够显著提高结构抗震性能的手段，实际应用将越来越广范。通过对既有多层工业厂房非减震和减震结构的分析对比，选择采用屈曲约束支撑（BRB）进行消能减震加固设计，并对消能减震加固设计过程中的 BRB 布置、结构抗震性能目标及计算方法的选择、地震三水准下的效应、消能减震子结构和加固方法进行介绍分析，对今后减震加固设计的项目有一定的借鉴意义。

**关键词**：减震；加固；屈曲约束支撑 BRB；抗震设防烈度；刚度；位移

近年来，随着我国经济、社会的发展，国家越来越重视抗震防灾工作。传统的抗震设计完全依靠结构自身的强度及塑性变形来抵抗地震输入的能量，从而达到预期的抗震设防目标；减震设计则通过合理的设置消能装置，在地震发生时，消能装置能吸收大量的地震能量，使结构承受的地震能量显著减小，避免结构中承重构件产生损伤，达到提高结构安全储备的目的。2021 年 9 月 1 日起《建设工程抗震管理条例》（国务院发布的国令第 744 号）的施行，也使减震设计的运用越来越广泛。本文结合实际工程案例，通过减震设计并设置屈曲约束支撑（BRB）的方法，对重组人胰岛素肠溶胶囊 T 号厂房进行消能减震加固设计。

## 1　工程概况

工程位于安徽省巢湖市半汤街道汤泉路与纬二路交口东北角。该建筑使用功能为生产厂房，共 3 层，无地下室，长 69.8m，宽 27.7m，典型柱网为 8.4m×8.4m，1 层结构层高为 9.17m，2 层和 3 层层高均为 4.5m，如图 1 所示。

本建筑原设计为框架结构，抗震设防烈度为 6 度，设计基本地震加速度值为 0.05g，抗震设防类别为重点设防类（乙类），抗震等级为三级，设计地震分组为第二组，建筑场地类别为 II 类，特征周期为 0.40s。该建筑正式施工图出具时间约为 2014 年 8 月，竣工时间约为 2016 年 2 月。

因行政区划的调整，巢湖市并入合肥市。根据《中国地震动参数区划图》（GB 18306—2015），本项目抗震设防烈度由 6 度（0.05g）变化为 7 度（0.10g）。该建筑功能发生较大变化，抗震设防类别由乙类变为丙类，同时新增轻质墙板隔断房间并增加工艺、动力设备，屋面增设冷冻设备等。甲方要求尽量减少加固施工时对地下部分的开挖。

## 2　结构分析与方案选择

### 2.1　结构分析

通过 PKPM 系列软件对本建筑非减震结构模型的计算分析，发现该建筑结构存在以下问题：

（1）非减震结构模型 1 层与 2 层的侧向刚度比无法满足《建筑抗震设计规范》（GB 50011—2010，2016 年版）要求，存在薄弱层。

（2）因抗震设防烈度由 6 度（0.05g）变化为 7 度（0.10g）及建筑功能变化，本建筑大震下非减震结构模型 $X$ 向弹塑性层间位移角为 1/26，无法满足规范限值 1/50 的要求。

（3）因抗震设防烈度由 6 度（0.05g）变化为 7 度（0.10g）及建筑功能变化，本建筑部分框架柱配筋变化较大，若按此模型进行加固设计，加固施工时对地下部分的开挖较多。

### 2.2　方案选择

根据《建筑抗震加固技术规程》（JGJ 116—2009），抗震加固宜使加固后的结构刚度分布均匀，对抗震薄弱部位其承载力或变形能力宜采取比一般部位增强的措施。故通过采用减震设计，设置屈曲约

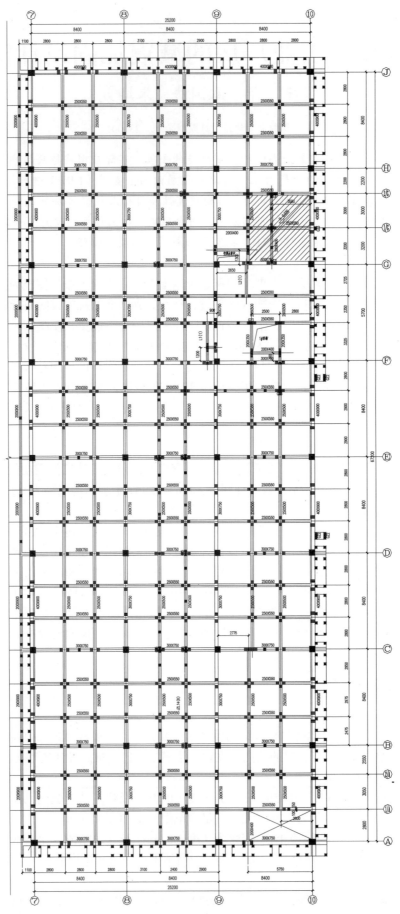

图1 T号厂房平面图

束支撑（BRB），消除薄弱层，增加结构的整体刚度，减小框架柱的配筋，从而达到对本建筑的抗震加固目的。

## 3　消能减震加固设计

### 3.1　屈曲约束支撑（BRB）的布置

根据非减震和减震结构模型的计算分析结果及建筑功能，BRB 布置如图 2 所示，BRB 力学性能见表 1。

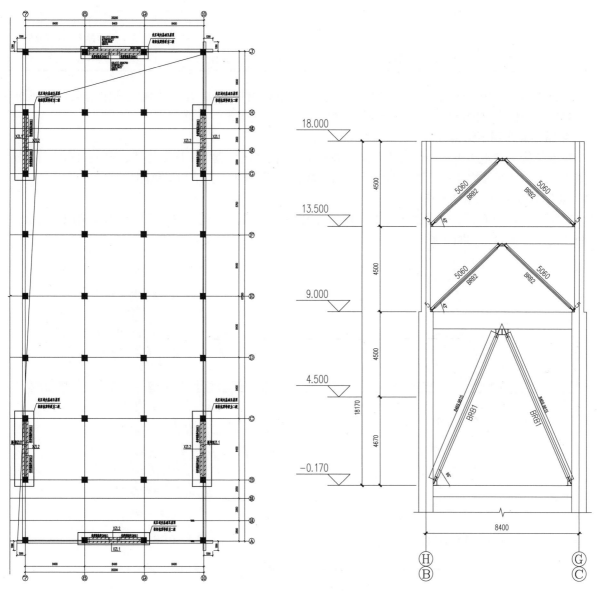

图 2　BRB 布置示意图

**表 1　BRB 力学性能**

| 型号 | 初始刚度（kN/m） | 屈服力（kN） | 屈服后刚度比 | 屈服指数 | 数量 |
| --- | --- | --- | --- | --- | --- |
| BRB1 | 211000 | 1200 | 0.025 | 30 | 12 |
| BRB2 | 69000 | 100 | 0.025 | 30 | 24 |

### 3.2　结构抗震性能目标及计算方法

《建筑消能减震技术规程》（JGJ 297—2013）及《建筑抗震设计规范》（GB 50011—2010，2016 年版）就结构的抗震性能化设计方法提出了具体指导。性能设计的具体要求见表 2。

**表2    结构抗震性能目标及计算方法**

| 地震烈度（50年超越概率） | 多遇地震（63%） | 设防烈度（10%） | 罕遇地震（2%） |
|---|---|---|---|
| 最低抗震性能要求 | 完好 | 轻微至接近中等损坏，结构构件需加固后才能使用，根据检修情况确定是否更换消能器 | 接近严重破坏、大修，结构构件局部拆除，位移相关型消能器应更换 |
| 允许层间位移角 | $[\Delta U_e] = 1/550$ | $2[\Delta U_e] = 1/275$ | $1/120$ |
| 与BRB相连的框架柱、梁抗震设计目标 | 弹性 | 弹性 | 正截面、抗剪不屈服 |
| 主要整体计算方法 | 弹性反应谱法、弹性时程分析 | 弹性反应谱法、弹塑性时程分析 | 大震不屈判别法（采用规范反应谱）、动力弹塑性时程分析 |
| 采用计算程序 | SATWE/SAUSAGE | SATWE/SAUSAGE | SATWE/SAUSAGE |

BRB在小震和风作用下应保持弹性，作为普通支撑构件工作；在设防地震和罕遇地震下屈服耗能，减少对结构主体的损伤，分析框架柱应变、框架梁应变等塑性指标。

### 3.3    多遇地震作用下结构分析

对本结构多遇地震下的弹性时程分析，发现BRB在多遇地震下未屈服耗能，典型BRB滞回曲线如图3所示，满足减震结构小震下的设计目标"BRB小震弹性，为结构提供刚度"。

### 3.4    设防地震作用下结构分析

对本结构设防地震下的弹塑性时程分析，发现BRB在设防地震下屈服耗能，典型BRB滞回曲线如图4所示，能量图如图5所示。

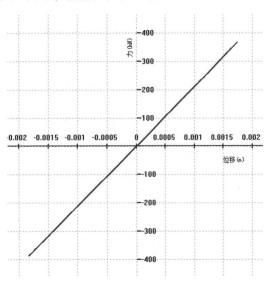

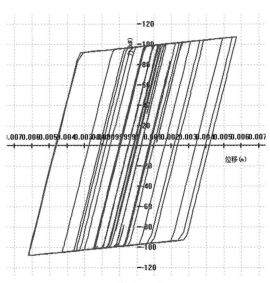

图3    BRB滞回曲线1                    图4    BRB滞回曲线2

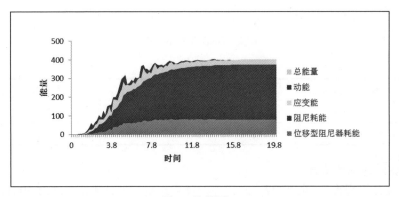

图5    能量图1

## 3.5　罕遇地震作用下结构分析

对本结构罕遇地震下的弹塑性时程分析，发现 BRR 在罕遇地震下屈服耗能，典型 BRB 滞回曲线如图 6 所示，能量图如图 7 所示。

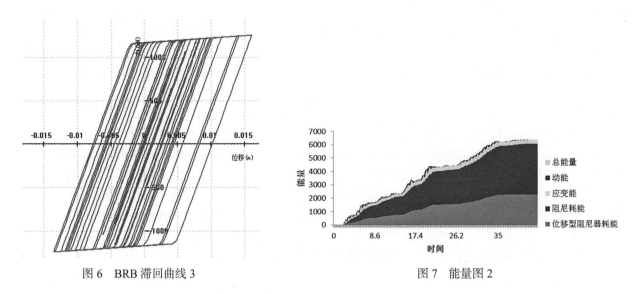

图 6　BRB 滞回曲线 3　　　　　　　　　　　　　　图 7　能量图 2

## 3.6　减震结构分析的结论

通过对结构的计算分析，得到如下结论：

（1）BRB 在多遇地震下未屈服耗能，满足减震结构小震下的设计目标"BRB 小震弹性，为结构提供刚度"。

（2）BRB 在设防地震作用下，开始屈服耗能。$X$ 向和 $Y$ 向的楼层位移分别为 32.5mm 和 26.2mm；$X$ 向和 $Y$ 向的最不利层间位移角分别为 1/455 和 1/454，接近弹性状态。

（3）罕遇地震作用下，BRB 基本进入塑性，发挥了良好的耗能能力，具有良好的抗震耗能机制，提高结构主体的安全性。减震结构 $X$ 向的最不利层间位移角为 1/162，非减震结构 $X$ 向的最不利层间位移角为 1/26，减震结构 $Y$ 向的最不利层间位移角为 1/149，非减震结构 $Y$ 向的最不利层间位移角为 1/74。设置 BRB 以后，结构的层间位移角明显减小，结构最大层间位移角满足规范限值的要求。

（4）结构损伤、变形等各项指标均满足结构抗震性能化设计要求。

## 3.7　消能减震子结构设计

与 BRB 相连的框架柱、梁按地震作用提高一度的要求计算，在设防地震下保证构件弹性，在罕遇地震下按正截面、抗剪不屈服设计，性能化设计时定义为关键构件。

## 3.8　消能减震加固设计

根据分析计算结果，采取设置 BRB、粘贴碳纤维、增大截面和外包型钢等方法对既有多层 T 号厂房进行加固处理，使加固后的结构刚度分布较均匀，承载力或变形能力显著提高，减少地下部分的开挖，满足改造后建筑和工艺的功能要求。

# 4　结语

本文根据项目的实际改造需求，通过理论和计算分析，确定适合本工程的加固方案，确保加固设计安全可靠，经济合理。受建筑功能的改变、区域抗震设防烈度的变化或新规范的实施等因素的影响，加固改造的工程越来越多。加固设计不仅需要对局部变形或承载能力不足的构件进行加固处理，更需要保证加固后的结构体系具有合理的刚度和承载能力分布，良好的整体变形和消耗地震能量的能力，采用消能减震设计有时可以更好地满足建筑加固改造的需求。在新建项目中，减震设计也能明显减小地震效应，从而减小主体结构截面尺寸，提高结构抗震性能，应用范围广泛。

## 参考文献

[1] 中华人民共和国住房和城乡建设部. 建筑结构荷载规范：GB 50009—2012[S]. 北京：中国建筑工业出版社，2012.

[2] 中华人民共和国住房和城乡建设部. 建筑工程抗震设防分类标准：GB 50223—2008[S]. 北京：中国建筑工业出版社，2008.

[3] 中华人民共和国住房和城乡建设部. 建筑抗震设计规范：GB 50011—2010，2016 年版 [S]. 北京：中国建筑工业出版社，2016.

[4] 中华人民共和国住房和城乡建设部. 混凝土结构加固设计规范：GB 50367—2013[S]. 北京：中国建筑工业出版社，2013.

[5] 中华人民共和国住房和城乡建设部. 建筑抗震加固技术规程：JGJ 116—2009[S]. 北京：中国建筑工业出版社，2009.

[6] 中华人民共和国住房和城乡建设部. 建筑消能减震技术规程：JGJ 297—2013[S]. 北京：中国建筑工业出版社，2013.

[7] 中国工程建设标准化协会. 建筑消能减震加固技术规程：T/CECS 547—2018[S]. 北京：中国建筑工业出版社，2018.

[8] 中国工程建设标准化协会. 屈曲约束支撑应用技术规程：T/CECS 817—2021[S]. 北京：中国建筑工业出版社，2021.

[9] 中华人民共和国住房和城乡建设部. 建筑消能阻尼器：JGT 209—2012[S]. 北京：中国建筑工业出版社，2012.

[10] 中华人民共和国质量监督检验检疫总局. 中国地震动参数区划图：GB 18306—2015[S]. 北京：中国标准出版社，2015.

[11] 潘鹏，叶列平，钱佳茹，等. 建筑结构消能减震设计与案例 [M]. 北京：清华大学出版社，2014.

# 建筑抗震韧性提升策略比较

卜海峰[1,2]　　蒋欢军[1,2]

1. 同济大学土木工程防灾国家重点实验室　上海　200092
2. 同济大学土木工程学院　上海　200092

**摘　要：** 为了比较不同韧性提升策略对建筑抗震韧性的影响，本文提出一种建筑抗震韧性量化评价方法，定义了建筑构件震后功能损失评价函数，并使用现有功能组装方法量化建筑的震后功能。本文基于震后修复方案建立建筑功能时变曲线，用以计算建筑的抗震韧性指标。以上海一幢公寓建筑为例，对比分析了建筑在设防烈度地震作用下三种不同的韧性提升策略对该建筑抗震韧性的影响。算例分析结果表明：提出的量化指标能较合理地评价建筑的抗震韧性，对于该案例建筑，在不同的韧性提升策略中提高建筑抗震性能和优化震后修复策略的效果较为显著。

**关键词：** 抗震韧性；建筑功能量化；功能恢复；韧性提升策略

　　建筑的抗震韧性指建筑抵抗地震灾害及震后恢复功能的能力[1]。为了提升建筑的抗震韧性，国内外学者提出了诸多方法[2]。目前建筑抗震韧性常用震后经济损失、人员伤亡和恢复时间等指标来衡量[3]。但由于不同地区、不同标准之间差异较大[4-5]，且过多的指标导致无法比较各类韧性提升方法的优劣。一种较通用的抗震韧性指标是通过将建筑功能时变函数对时间积分得到[1]，该指标可量化建筑全寿命周期内的抗震韧性，比较不同韧性提升方法对建筑的影响。该方法最主要的问题在于如何量化建筑的功能，Terzic 等[6]采用故障树分析法结合功能阈值量化建筑的功能，卜海峰等[7]采用树状层级结构提出了通用型的建筑功能组装和量化方法。目前基于建筑功能的韧性评价方法尚未被应用于量化和比较不同提升策略对建筑抗震韧性的影响。本文将现有建筑震后功能损失量化方法和建筑震后修复方案相结合，获取建筑时变功能函数，量化建筑的抗震韧性。采用统一的抗震韧性指标比较几种典型建筑韧性提升策略的效果，以期为抗震韧性建筑的开发和建设提供参考。

## 1　建筑抗震韧性评价指标

　　建筑抗震韧性指标定义为 $R = \int_0^T F(t)\mathrm{d}t / T$ [1]，该值越大代表建筑的抗震韧性越好。其中，$T$ 是韧性评估控制时间，常取为建筑功能完全恢复所需的时间；$F(t)$ 为建筑震后 $t$ 时刻的功能值，功能损失（function loss，FL）为 $1 - F(t)$。建筑的功能由各类构件的功能组成，分析各类构件在建筑功能上的逻辑关系，通过树状层级结构组装构件，得到建筑的功能损失指标[6-7]。具体为：先将建筑楼层内的各类构件按照功能逻辑组装为不同的子功能，再使用权重系数和关联函数组装为楼层功能，最后考虑楼层间通道、管线等构件的功能关联，将各楼层功能组装为建筑整体功能。

　　用于组装的构件功能损失类似于构件的修复工时、修复费用、人员伤亡等，可视为构件在特定损伤状态（damage state，DS）下的损失分析。因此，构件功能损失量化可在现有韧性评估框架的基础上直接扩展，如图 1（a）所示。考虑功能定义和量化的不确定性，使用概率方法表示特定损伤状态下的功能损失。搜集现有文献中 DS 与 FL 的关系，使用对数正态分布统计各损伤状态的功能损失中值和标准差，如图 1（b）所示。最终，楼层中某类构件的功能损失均值可代表该类构件的功能损失值。

基金项目：国家重点研发项目课题（2017YFC1500701）。

作者简介：卜海峰（1993—　　），男，博士生。E-mail：bhf@tongji.edu.cn。
　　　　　蒋欢军（1973—　　），男，教授，博士生导师，工学博士。E-mail：jhj73@tongji.edu.cn。

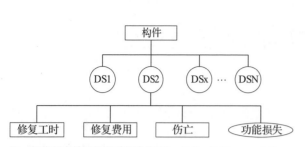

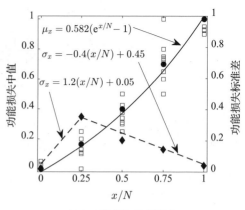

$$\mu_x = 0.582(e^{x/N} - 1)$$

$$\sigma_x = -0.4(x/N) + 0.45$$

$$\sigma_x = 1.2(x/N) + 0.05$$

注：损伤状态按从轻到重依次为DS0，DS1，DS2，…，DSx，…，
DSN（1≤x≤N），DS0表示完好，DSN表示最严重破坏，x/N称为
损伤状态比。

（a）易损性数据结构　　　　　　　　　（b）功能损失概率模型

图1　构件功能损失模型

本文采用基于修复方案的建筑震后功能恢复模型，得到各类构件在任意修复时刻的损伤状态（例如保持震损状态或已修复），从而得到对应的构件功能损失值，通过功能组装即可获取建筑在震后任意时刻 $t$ 的功能值 $F(t)$，最终计算建筑的抗震韧性。基于全概率性能评估理论，采用蒙特卡洛法得到韧性指标的概率分布及其统计值，并将其嵌入 FEMA P58 框架。

## 2　算例

以上海某栋 10 层钢筋混凝土框架结构公寓为例，其标准层的结构平面布置如图 2（a）所示。从 FEMA P58 构件易损性数据库[3]选取 15 种构件置于每个楼层中，以代表建筑的功能。采用 OpenSees 非线性纤维梁柱单元建立有限元模型。建筑结构设计、构件种类与数量、有限元建模的详细信息参见文献［7］。使用 FEMA P695 中 22 条远场地震波作为地震动输入，先将加速度峰值调至 8 度多遇水准（PGA=0.07$g$），算得层间位移角平均响应的最大值约为 1/550，满足规范要求。随后计算结构在设防水准地震（PGA=0.2$g$）下的结构响应，如图 2（b）和图 2（c）所示。假定建筑在震后采用 REDi[8]方案修复，划分七个工序和两个阶段，结构构件和楼梯在第一阶段优先修复，其他构件随后修复。统计各工序所需工时，并为建筑分配维修工人，各工序按楼层从底到顶依次顺序进行。

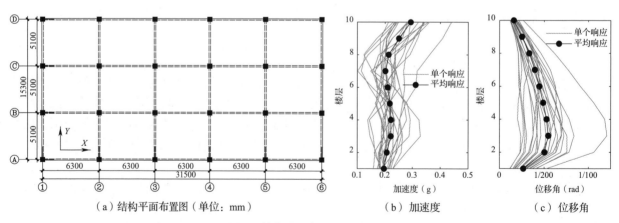

（a）结构平面布置图（单位：mm）　　　　（b）加速度　　　　（c）位移角

图2　结构平面布置和地震响应

## 3　韧性提升策略对比

提升建筑的抗震韧性的策略可归为以下三类：（1）提升建筑抗震性能或减小建筑地震响应；（2）调整构件功能逻辑关联以增强建筑功能鲁棒性；（3）优化建筑震后修复策略以缩短功能恢复时间。为了对比三类策略对建筑抗震韧性提升的影响，假定分别采取相应的措施对建筑进行改造：（1）构件在设防水准地震作用下的抗震能力提升，提升效果等同于原构件在多遇地震下的损伤减轻；（2）各楼层的功能之间相互独立；（3）震后同时修复各楼层。

计算并统计 1000 次蒙特卡洛模拟中原建筑在三种改进策略下的抗震韧性指标，如图 3 所示。可以看出，原方案和采用三种策略的建筑震后功能损失中值分别为 0.32、0.08、0.29 和 0.32，增强建筑抗震性能对建筑的功能有明显改善，而改进修复策略无法直接改善建筑震后功能损失。由于修复方案相同，楼层功能独立时建筑功能的恢复速度与原方案基本相同；由于各楼层同时修复，改进修复方案后建筑功能的恢复速度明显快于原方案。原方案和三种策略的韧性中值分别为 0.81、0.97、0.82 和 0.92，各种改进策略与原方案相比分别提升 19.8%、1.2% 和 13.6%，说明提升建筑抗震韧性比较有效的策略为增强构件的抗震性能和改进震后修复方案。

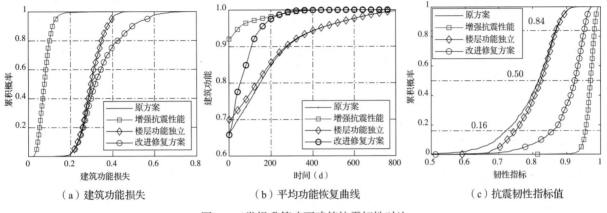

（a）建筑功能损失　　　　　（b）平均功能恢复曲线　　　　　（c）抗震韧性指标值

图 3　三类提升策略下建筑抗震韧性对比

## 4　结论

本文建立了建筑抗震韧性评价方法，可定量比较不同韧性提升策略对建筑抗震韧性的影响。提高建筑构件抗震性能、改善建筑功能逻辑关系和优化建筑震后修复方案均能不同程度地提升建筑的抗震韧性。在本文算例中，提升构件的抗震性能可明显减轻建筑的震后功能损失，优化建筑震后修复策略可加快建筑功能的恢复速度，二者均可明显提升建筑抗震韧性。

## 参考文献

[1] BRUNEAU M，CHANG SE，EGUCHI R T，et al. A framework to quantitatively assess and enhance the seismic resilience of communities[J]. Earthquake Spectra，2003，19（4）：733-752.

[2] 周颖，吕西林. 摇摆结构及自复位结构研究综述 [J]. 建筑结构学报，2011，32（9）：1-10.

[3] Federal Emergency Management Agency. Seismic performance assessment of buildings volume 1：methodology[R]. Washington DC：Federal Emergency Management Agency，2012.

[4] SILVA A，CASTRO J M. A rational approach to the conversion of FEMA P-58 seismic repair costs to Europe[J]. Earthquake Spectra，2020，36（3）：875529301989996.

[5] LU X，LI M，GUAN H，et al. A comparative case study on seismic design of tall RC frame-core-tube structures in China and USA[J]. The Structural Design of Tall and Special Buildings，2015，24（9）：687-702.

[6] TERZIC V，VILLANUEVA P K，SALDANA D，et al. Framework for modelling post-earthquake functional recovery of buildings[J]. Engineering Structures，2021，246（8）：113074.

[7] 卜海峰，蒋欢军，和留生. 基于模糊理论的建筑震后功能损失评价方法 [J]. 建筑结构学报，2020，41（S2）：11-18.

[8] ALMUFTI I，WILLFORD M. REDi rating system：resilience-based earthquake design initiative for the next generation of buildings[EB/OL]. ARUP，2013-10[2020-12-01]. https://www.arup.com.

# 空斗墙轴心受压承载力及有限元分离式建模研究

程浩然　敬登虎

东南大学土木工程学院　南京　211189

**摘　要：** 空斗墙广泛用于历史建筑与老旧房屋中，主要承受竖向荷载，因此有必要对其抗压承载力进行研究。基于国内空斗墙的轴心受压试验研究，对空斗墙的轴心受压承载力进行预测。已有试验结果表明：空斗墙的砌筑方式对轴心受压承载力影响较小；由于斗砖的砌筑特点，空斗墙的有效截面抗压强度大于同尺寸的实心墙。在考虑尺寸效应的情况下，本文提出了空斗墙的轴向受压承载力计算公式。当轴心压力过大时，空斗墙会形成竖向通缝。根据空斗墙的破坏特点，提出其有限元分离式建模方法；利用软件 Abaqus 进行模拟。模拟结果表明：破坏现象和力 - 位移曲线与试验结果吻合较好；空斗墙在受压时丁砖、斗砖易发生分离；内部眠砖易发生剪切破坏。

**关键词：** 空斗墙；砌筑方式；轴心受压；有限元；分离式建模

空斗墙作为我国的传统砖墙之一，用砖侧砌或平、侧交替砌筑形成。其具有省砖、自重轻、保温隔热的优点，自明代以来，在长江以南地区应用较广。目前，空斗墙主要存在于历史建筑和农村老旧房屋中。空斗墙的整体性较实心砌筑墙差[1]，易发生破坏。在使用过程中，空斗墙主要承担竖向承重功能。在受压情况下，斗砖易发生转动，稳定性较差，因此有必要对空斗墙的轴心受压性能进行研究。

陆能源和吕宏远[2]对一斗一眠、两斗一眠和三斗一眠 3 种砌筑方式的空斗墙进行了轴心受压试验，并与尺寸相近的实心墙进行对比。试验结果表明：不同砌筑方式的空斗墙承载能力相近，但轴心受压承载力小于实心墙。王卓琳和蒋利学[3]对全空斗和三斗一眠的低强度砂浆砌筑空斗墙进行轴心受压试验，与相同尺寸实心墙相比，抗压承载力相差在 6% 左右。

关于空斗墙的数值模拟，尚守平等[4]用 ANSYS 对空斗墙进行过抗震性能研究，通过四段式弹簧力 - 位移本构关系定义砖块与砂浆的黏结性能。翁小平[5]用 ANSYS 对空斗墙进行轴心受压性能模拟，通过调整内部空心率来进行整体建模，得到空心率与轴心受压承载力的关系。

本文对空斗墙的轴心受压试验数据进行总结，并在实心墙的相关理论研究基础上，提出空斗墙的轴心受压承载力计算公式。基于空斗墙轴心受压试验的破坏现象，提出空斗墙的有限元分离式建模方法；通过 Abaqus 软件进行模拟，并与试验结果进行对比验证。研究成果可用于既有空斗墙建筑的加固改造工程。

## 1　空斗墙轴心受压承载力

由文献［2-3］可知，不同砌筑方式空斗墙的峰值承载力 $N_u$ 和同尺寸实心墙的峰值承载力 $N_{u0}$ 见表 1。

空斗墙的砌筑方式使其内部存在空心情况（图 1），因此空斗墙的有效受压面积 $A_n$ 小于同尺寸实心墙的受压面积 $A_{n0}$，其比值见表 1。

由表 1 可知，空斗墙的轴心受压承载力普遍小于同尺寸的实心墙，但有效受压面积减小。因此，空斗墙的有效

内部空心

图 1　空斗墙有效受压面积

基金项目：国家自然科学基金项目（52178118）。

作者简介：程浩然，硕士研究生，Email：220201284@seu.edu.cn。

敬登虎，博士，副教授，硕士生导师，Email：jingdh@seu.edu.cn。

抗压强度 $f_m$ 大于同尺寸的实心墙抗压强度 $f_{m0}$。

**表 1 空斗墙轴心受压试验数据**

| 文献来源 | 砌筑方式 | 砖块尺寸 (mm) | 峰值承载力 $N_u$ (kN) | 实心墙峰值承载力 $N_{u0}$ (kN) | $\dfrac{A}{A_{n0}}$ | $\dfrac{f_m}{f_{m0}}$ | $\dfrac{N_u}{N_{u0}}$ | 公式计算 $k$ | 相对误差 |
|---|---|---|---|---|---|---|---|---|---|
| [2] | 一斗一眠 | 28×56×118 | 68.012 | 83 | 0.629 | 1.303 | 0.82 | 0.843 | 2.87% |
| | 两斗一眠 | | 61.64 | | | 1.18 | 0.742 | | 13.5% |
| | 三斗一眠 | | 62.034 | | | 1.19 | 0.747 | | 12.8% |
| | 一斗一眠 | | 103.24 | 116.424 | 0.606 | 1.462 | 0.886 | 0.8131 | 8.31% |
| | 两斗一眠 | | 98.784 | | | 1.4 | 0.848 | | 4.18% |
| | 三斗一眠 | | 91.63 | | | 1.3 | 0.787 | | 3.3% |
| | 两斗一眠 | | 137.2 | 209.328 | 0.592 | 1.106 | 0.655 | 0.79 | 20.5% |
| | 三斗一眠 | | 144.354 | | | 1.166 | 0.690 | | 14.55% |
| [3] | 全斗无眠 | 240×115×53 | 742.3 | 783.2 | 0.571 | 1.658 | 0.947 | 0.82 | 13.4% |
| | 三斗一眠 | | 829.9 | | | 1.854 | 1.059 | | 22.5% |

在轴心受压情况下，由于块体与砂浆的不均匀接触，块体处于复杂应力状态，受拉弯、剪切和部分集中力作用[6]。空斗墙的大部分块体为斗砖形式砌筑，单块块体的高度较实心墙的块体高，抗弯、抗剪和抗拉能力较强；此外，有效接触面积较小，应力状态较实心墙简单。因此，空斗墙中砖的强度利用率高，抗压强度大于实心墙。

将空斗墙与同尺寸下的实心墙进行对比，如式（1）所示。

$$N_u = kN_{u0} \tag{1}$$

式中，$k$ 为实心墙的轴心受压承载力降低系数；$N_u$ 为空斗墙的轴心受压承载力，等于 $f_m A_n$；$N_{u0}$ 为同尺寸实心墙的轴心受压承载力，等于 $f_{m0} A_{n0}$。

轴心受压承载力降低系数 $k$ 可依据式（2）进行计算：

$$k = \frac{N_u}{N_{u0}} = \frac{f_m A_n}{f_{m0} A_{n0}} = \psi_c \frac{A_n}{A_{n0}} \tag{2}$$

式中，$\psi_c$ 为空斗墙抗压强度提高系数，与空斗墙的砖尺寸相关，$\psi_c = \dfrac{f_m}{f_{m0}}$。

根据已有的试验研究结果[6]，块体抗压强度相对于 240mm×115mm×53mm 标准砖的尺寸影响系数 $\psi_d$ 可依据式（3）进行计算：

$$\psi_d = 2\sqrt{\frac{h+7}{l}} \tag{3}$$

式中，$l$，$h$，$b$ 为块体的三维尺寸，$l>b>h$，如图 2 所示。

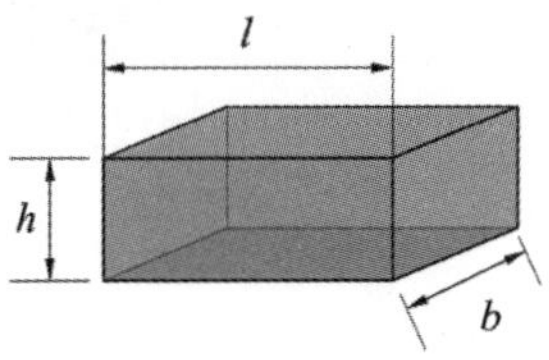

空斗墙的抗压强度提高系数 $\psi_c$ 可依据式（4）进行计算：

$$\psi_c = \frac{\psi_{d1} f_{mk}}{\psi_{d2} f_{mk}} = \sqrt{\frac{b+7}{l} \times \frac{l}{h+7}} = \sqrt{\frac{b+7}{h+7}} \tag{4}$$

图 2 块体三维尺寸

式中，$f_{mk}$ 为标准砖的实心墙抗压强度；$\psi_{d1}$ 为任意尺寸的斗砖形式抗压强度影响系数；$\psi_{d2}$ 为任意尺寸的眠砖形式抗压强度影响系数。

由式（2）计算的实心墙轴心受压承载力降低系数见表 1。其与试验结果相比，误差基本在 20% 以内。

空斗墙一般由烧结普通砖砌筑而成，烧结普通砖砌筑的实心墙抗压强度 $f_{m0}$ 可按照现行规范[7]提供的式（5）进行计算：

$$f_{m0} = \psi_d f_{mk} = 0.78 \psi_d \times \sqrt{f_1}(1+0.07 f_2) \tag{5}$$

式中，$f_1$ 为块体抗压强度；$f_2$ 为砂浆抗压强度。

文献［8］中采用 240mm×115mm×53mm 的标准砖砌筑空斗墙，砌筑方式为一斗一眠。利用式（1）对空斗墙的轴心受压承载力进行预测，结果见表 2，相对误差在 20% 以内。该计算公式可用于工程中空斗墙的轴心受压承载力计算。

**表 2　空斗墙抗压承载力计算**

| 试件 | 块体抗压强度（MPa） | 砂浆抗压强度（MPa） | 空斗墙有效受压面积（mm²） | 空斗墙峰值承载力（kN） | 式（5）计算值（MPa） | 式（2）计算承载力（kN） | 相对误差 |
|------|------|------|------|------|------|------|------|
| 试件 1 | 12.24 | 1.8 | 56640 | 303 | 3.07 | 249 | 17.8% |
| 试件 2 | 12.24 | 3.4 | 56640 | 323 | 3.38 | 273 | 15.4% |

## 2　空斗墙轴心受压有限元建模

根据文献［2］和文献［8］对空斗墙轴心受压破坏时的现象描述，空斗墙在破坏时易出现竖向通缝。

本文以文献［8］的轴心受压试件为例，探讨空斗墙轴心受压时的有限元建模方法。试件破坏情况如图 3 所示，竖向通缝沿丁斗砖与眠砖从上至下发展。

由于块体与砂浆的泊松比不同，在轴心受压下发生的侧向变形不同；此外，丁斗砖处的竖向灰缝高度较高，饱满度较低，稳定性较差。因此，丁斗砖处的竖向灰缝先开裂。

在轴心受压状态下，眠砖的受力状态如图 4 所示。眠砖承受丁斗砖传递的局部荷载，使两砖交界处发生剪切破坏。因此，空斗墙在轴向受压时易出现竖向通缝。

为模拟出轴心受压状态下空斗墙的竖向通缝，需采用分离式建模，将单独块体和周围 50% 厚度的砂浆等效成匀质材料，作为独立实体单元［9］。为模拟出眠砖的剪切开裂效果，将与丁斗砖接触的眠砖沿接触边缘设置成两个实体，模型简图如图 5 所示。

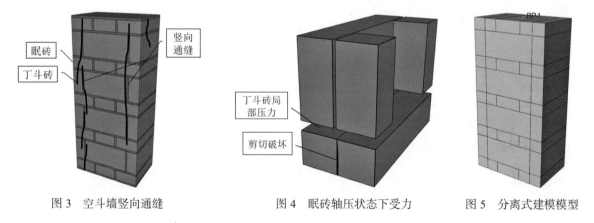

图 3　空斗墙竖向通缝　　　　图 4　眠砖轴压状态下受力　　　图 5　分离式建模模型

实体单元的抗压强度依据式（4）和式（5）进行计算，轴向受压的本构关系依据式（6）［10］进行计算。

$$\frac{\sigma}{f_m} = \begin{cases} 1.96\left(\dfrac{\varepsilon}{\varepsilon_0}\right) - 0.96\left(\dfrac{\varepsilon}{\varepsilon_0}\right)^2 & \dfrac{\varepsilon}{\varepsilon_0} \leq 1 \\ 1.2 - 0.2\left(\dfrac{\varepsilon}{\varepsilon_0}\right) & 1 < \dfrac{\varepsilon}{\varepsilon_0} \leq 1.6 \end{cases} \tag{6}$$

式（6）中，$\varepsilon_0$ 为空斗墙达到受压峰值时的最大应变，主要与砂浆层厚度相关。在相同高度下，空斗墙的砂浆层厚度较小，因此 $\varepsilon_0$ 小于实心墙，同时还与砌筑方式相关，全斗无眠最小，一斗一眠最大。对于一斗一眠砌筑方式，砂浆层厚度约为实心墙砂浆层厚度的一半，文献［10］建议实心墙的最

大压应变 $\varepsilon_0$ 取 0.003，因此本文建议 $\varepsilon_0$ 取 0.0015。空斗墙的泊松比 $\upsilon$ 取 0.18。

由于空斗墙的竖向延性小，其与混凝土砖相似[11]，弹性模量可依据式（7）进行计算：

$$E = 2 \times \frac{f_m}{\varepsilon_0} \tag{7}$$

实体单元之间的接触可简化为法向和切向接触，法向上的压力传递大小不受限制。切向为摩擦力，实体单元的摩擦系数可取 0.4[4]，接触界面在达到最大剪应力时发生滑移。法向接触与切向接触之间相互独立，互不影响，接触面之间关系见式 8。

$$\begin{bmatrix} k_n & 0 & 0 \\ 0 & k_s & 0 \\ 0 & 0 & k_t \end{bmatrix} \begin{bmatrix} \delta_n \\ \delta_s \\ \delta_t \end{bmatrix} = \begin{bmatrix} \sigma_n \\ \sigma_s \\ \sigma_t \end{bmatrix} \tag{8}$$

式中，$k_n$ 为法向刚度；$\delta_n$ 为法向位移；$\sigma_n$ 为法向分离时的最大拉应力，由于本文为单轴受压模拟，法向不会受拉发生分离；$k_s$ 和 $k_t$ 为切向刚度，$k_s = k_t$；$\delta_s$ 和 $\delta_t$ 为切向位移；$\sigma_s$ 和 $\sigma_t$ 为切向分离时的最大剪应力。

竖向灰缝与横向灰缝发生滑移时的最大剪应力可依据式（9）进行计算[6]：

$$\sigma_s = \sigma_t = a\sqrt{f_2} \tag{9}$$

式中，$a$ 为抗剪系数，竖向灰缝取 0.141，横向灰缝取 0.125；$f_2$ 为砂浆的抗压强度。

砖与砖之间的最大滑移剪应力可近似地取竖向灰缝最大滑移剪应力。

本文采用 Abaqus 软件进行模拟，实体单元采取 C3D8R 单元，共定义 100 个面面接触。

模拟结果如图 6 所示，当轴心压力增大时，边缘丁斗砖出现分离，形成竖向通缝，其与试验现象相符合。此外，由图 6 可知，眠砖中间部分几乎不受压力，与斗砖接触部分压力较大；空斗墙的内部眠砖易发生剪切破坏。

将模拟得到的位移 – 压力曲线与试验结果进行对比（图 7）。由图 7 可得，采用分离式建模方法得到的力 – 位移曲线上升段与试验结果符合较好。

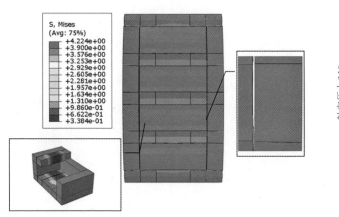
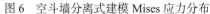
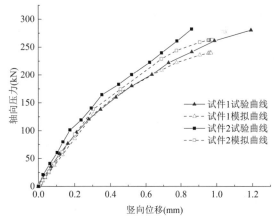

图 6　空斗墙分离式建模 Mises 应力分布　　　　　图 7　力 – 位移曲线试验与模拟结果对比

## 3　结论

本文对空斗墙的轴向受压承载力进行了研究，主要结论如下：

（1）考虑斗砖的尺寸效应，提出了空斗墙的轴向受压承载力计算公式，其与试验结果相比，误差在 20% 以内。

（2）根据空斗墙轴向受压易形成竖向通缝的特点，提出了空斗墙的有限元建模方法，通过 Abaqus 软件模拟得到的破坏现象和力 – 位移曲线与试验结果相符。

（3）根据有限元模拟分析结果，空斗墙在轴向受压时，丁斗砖易发生分离；内部眠砖受力不均匀，易发生剪切破坏。

## 参考文献

[1] 葛学礼，朱立新，于文，等. 江西九江—瑞昌 M5.7 级地震空斗砖墙房屋震害分析 [J]. 工程抗震与加固改造，2006，28（1）：10-13，17.

[2] 陆能源，吕宏远. 空斗砖墙模型试验初步报告 [J]. 华南理工大学学报（自然科学版），1957，（01）：66-75.

[3] 王卓琳，蒋利学. 低强度空斗墙的受力性能试验研究 [J]. 工业建筑，2011，41（S1）：87-92，126.

[4] 尚守平，雷敏，奉杰超，等. 空斗墙抗剪性能试验研究及有限元分析 [J]. 地震工程与工程振动，2013，33（01）：88-96.

[5] 翁小平. 空斗墙砌体数值模拟分析与抗震性能试验研究 [D]. 杭州：浙江大学，2010.

[6] 施楚贤. 砌体结构理论与设计 [M]. 北京：中国建筑工业出版社，2017.

[7] 中华人民共和国住房和城乡建设部. 砌体基本力学性能试验方法标准：GB/T 50129—2011[S]. 北京：中国建筑工业出版社，2011.

[8] 尚守平，刘一斌，姜巍，等. HPFL 加固空斗墙砌体抗压强度试验研究 [J]. 郑州大学学报（工学版），2010，31（06）：19-23.

[9] 蒋济同，蒲甜甜. 轻质砌块填充墙框架抗震性能数值模拟中整体式与分离式建模的比较研究 [J]. 建筑结构，2020，50（S1）：499-503.

[10] 刘桂秋. 砌体结构基本受力性能的研究 [D]. 长沙：湖南大学，2005.

[11] 郑文忠，敖日格乐，王英，等. 碱矿渣陶粒混凝土砌块砌体受压本构关系 [J]. 工程力学，2020，37（10）：218-227.

# 既有工程使用瘦身钢筋后的结构性能分析

成　勃[1,2]　崔士起[1]　李　龙[1]

1. 山东省建筑科学研究院有限公司　济南　250031
2. 山东省建筑工程质量检验检测中心有限公司　济南　250031

**摘　要**：钢筋经冷拉（瘦身）后，有效截面面积和力学性能受到较大影响，现行国家标准《混凝土结构工程施工规范》（GB 50666）、《混凝土结构工程施工质量验收规范》（GB 50204）等均明确规定不得将此类钢筋用于工程中。本文对违规使用了瘦身钢筋的工程进行了检测，对照有关国家规范，通过理论分析和复核验算，全面论述了瘦身钢筋力学性能变化、所处位置对结构整体指标和混凝土构件的影响，以及可能触碰的规范红线，以便于下一步对症处理。

**关键词**：既有工程；瘦身钢筋；结构性能；分析

## 1　问题的提出

钢筋在混凝土中的作用是显而易见的，合格的力学性能是钢筋发挥作用的基础。2021 年央视"3·15 晚会"曝光了多地违规使用瘦身钢筋的问题。瘦身钢筋是将正常钢筋冷拉后再用于工程中，以减小建设成本，牟取不当利润。钢材经冷拉后屈服强度提高，兼有除锈、调直作用，但塑性降低，也降低了钢筋的强屈比，对构件变形不利。

某房地产开发项目共有 9 栋住宅楼，剪力墙结构，层数为 11 ～ 24 层不等，建筑面积共 11.1 万 $m^2$，抗震设计设防烈度 7 度（0.10g），设计地震分组二组，抗震设防类别丙类，剪力墙抗震等级三级。该项目于 2018 年 5 月开始施工，2020 年 11 月竣工，现正等待验收。央视"3·15 晚会"后，项目所在地的媒体也曝光了该项目中违规使用瘦身钢筋的问题。

## 2　工程调查

作者所在的项目鉴定小组对该项目进行了检测鉴定，主要包括主体结构施工质量抽查、钢筋使用情况调查、瘦身钢筋力学性能检测、分析验算等。

### 2.1　主体结构施工质量抽查

鉴定小组对该项目施工质量进行了抽查。主要抽查了基础及上部主体的结构形式、轴网尺寸、构件布置、层高、混凝土强度、剪力墙及梁柱钢筋配置、现浇板厚度等，结果表明，所测内容均满足设计及国家规范《混凝土结构工程施工质量验收规范》（GB 50204—2015，以下简称《验收规范》）[1] 的要求。

### 2.2　瘦身钢筋使用情况调查

施工资料显示，项目使用的钢筋有 CRB600H 和 HRB400E 两种型号，直径为 6 ～ 22mm。其中，6mm、8mm、10mm 为盘圆供货，其余钢筋为直条供货。直条供货的钢筋均在现场加工，而现场加工设备没有延伸功能，不存在瘦身现象。盘圆钢筋由专门机构调直、加工，在加工过程中存在冷拉率超标情况，即瘦身现象。

盘圆钢筋瘦身以后，主要用作现浇板主筋、梁柱及剪力墙的箍筋、剪力墙分布筋等。

其中，作为嵌固部位的地下室顶板，采用 CRB600H 直径 10mm 钢筋；其他位置的现浇板，采用 CRB600H 直径 6mm 的钢筋。梁箍筋采用 HRB400E 直径 8mm 钢筋。

剪力墙底部加强区竖向钢筋采用 HRB400E 直径 10mm 钢筋，边缘构件箍筋采用 HRB400E 直径

---

作者简介：崔士起，研究员，山东省建筑科学研究院有限公司总工程师，主要从事建筑结构检测鉴定加固改造方面的工作。
　　　　　成勃，研究员。E-mail: chb9109@sina.com。

8mm 钢筋；其余位置水平和竖向钢筋均采用 HRB400E 直径 8mm 钢筋，边缘构件箍筋采用 HRB400E 直径 6mm。

### 2.3　瘦身钢筋力学性能检测

对直径为 6mm、8mm、10mm 的钢筋进行取样检测，具体检测情况如下：

（1）钢筋质量偏差

对抽取的钢筋进行质量偏差检测，检测结果统计如下：取样共 27 根钢筋，24 根不合格。不合格的情况为：CRB600H 直径 6mm 的钢筋质量偏差为 −7% ～ −17%，不满足山东省工程建设标准《CRB600H 钢筋应用技术规程》（DB37/T 5068—2016）[2] 中钢筋质量偏差 ±4% 的技术要求；HRB400E 直径 8mm 的钢筋质量偏差为 −9% ～ −23%，HRB400E 直径 10mm 的钢筋质量偏差为 −20% ～ −22%，均不满足国家标准《钢筋混凝土用钢　第 2 部分：热轧带肋钢筋》（GB/T 1499.2—2018）[3] 中钢筋质量偏差 ±8% 的技术要求。

（2）钢筋力学性能

对抽取的钢筋进行力学性能检测，结果表明：CRB600H 钢筋抗拉强度满足要求，但部分试件的规定塑性延伸强度、断后伸长率和最大力总延伸率不满足要求；HRB400E 钢筋的屈服强度、抗拉强度、超强比、强屈比满足要求，但断后伸长率和最大力总延伸率均不满足要求。

从质量偏差和力学性能检测结果可以看出，直径为 6 ～ 10mm 的 CRB600H 和 HRB400E 两种钢筋，均存在明显的瘦身现象，对钢筋截面面积和力学性能均有较大影响，继而影响工程结构安全。

## 3　瘦身钢筋对结构安全的影响分析

### 3.1　钢筋品种的影响

直径为 6mm、8mm、10mm 的钢筋主要用于以下构件：现浇板、楼梯、框架梁柱箍筋、剪力墙暗柱箍筋、较高楼层剪力墙暗柱纵筋、剪力墙分布钢筋、剪力墙拉筋。设计文件中均采用抗震钢筋，即牌号中带"E"的钢筋。

现行国家标准《建筑抗震设计规范》（GB 50011，以下简称《抗规》）[4] 第 3.9.2 条规定：抗震等级为一、二、三级的框架和斜撑构件（含梯段），其纵向受力钢筋采用普通钢筋时，钢筋的抗拉强度实测值与屈服强度实测值的比值不应小于 1.25；钢筋的屈服强度实测值与屈服强度标准值的比值不应大于 1.3，且钢筋在最大拉力下的总伸长率实测值不应小于 9%。

根据以上规定，本工程使用直径为 6mm、8mm、10mm 钢筋的构件中，楼梯应采用抗震钢筋，剪力墙等部位对钢筋的超强比、强屈比没有上述强制规定，是可以采用普通钢筋的。

### 3.2　钢筋质量偏差的影响

实测钢筋质量负偏差较大，但钢筋抗拉强度均满足要求，仅 CRB600H 钢筋有些试件的规定塑性延伸强度稍低。

按国家标准《金属材料拉伸试验　第 1 部分：室温试验方法》（GB/T 228.1—2010）[5]，对钢筋进行力学性能试验时，钢筋抗拉强度 $R_m$ 为最大力 $F_m$ 对应的应力，屈服强度 $R_{eL}$ 为当钢材呈现屈服现象时，在试验期间达到塑性变形而力 $F_{eL}$ 不增加应力点。规范规定的应力，为试验期间任意时刻的力 $F$ 除以试件原始横截面面积 $S_0$ 之商。故力学性能试验时，无论钢筋质量偏差是多少，计算应力时，均按钢筋原始横截面面积 $S_0$ 计算，而不是钢筋瘦身以后的实际截面面积 $S'_0$，但应力与面积的乘积是相同的，即钢筋拉力相同。

$$F_m = R_m \cdot S_0 = R'_m \cdot S'_0 \tag{1}$$

$$F_{eL} = R_{eL} \cdot S_0 = R'_{eL} \cdot S'_0 \tag{2}$$

从公式可以看出，如果考虑钢筋瘦身的影响，即 $S'_0$ 变小，钢筋的实际应力将会变大，也就是钢筋实际抗拉强度 $R'_m$ 和实际屈服强度 $R'_{eL}$ 都会变大，但钢筋拉力值 $F_m$ 和 $F_{eL}$ 不变。

因此，在构件受力过程中，如果钢筋能够充分变形，计算构件承载力时可不考虑质量偏差的影响，可直接按钢筋原始截面面积 $S_0$ 和试验屈服强度 $R_{eL}$ 进行计算。

但是，钢筋质量偏差将主要对以下因素造成影响：剪力墙（含暗柱）水平钢筋及竖向钢筋的配筋率、框架梁柱及剪力墙暗柱箍筋的配筋率、现浇板主筋配筋率、剪力墙及框架梁柱的钢筋最小直径。

本工程中，较多部位的剪力墙、框架梁柱、现浇板构件采用了规范规定的最低配筋率和最小直径。钢筋质量负偏差，也造成了这些位置的实际配筋率和直径小于规范规定值。例如：考虑面积折减后，部分楼层剪力墙配筋率不满足《抗规》第 6.4.3 条"抗震墙竖向、横向分布钢筋的配筋，一、二、三级抗震墙的竖向和横向分布钢筋最小配筋率均不应小于 0.25%"的要求；也不满足第 6.4.4 条"抗震墙竖向和横向分布钢筋的直径，均不宜大于墙厚的 1/10 且不应小于 8mm"的要求。

### 3.3　延伸率不足的影响

钢筋延伸率不足对后期变形大的受弯构件将产生影响，将造成构件受力后期的变形减小，甚至发生脆性破坏；但对后期变形小的剪力墙和梁柱的剪切受力和箍筋对核心混凝土约束作用的影响则较小。

## 4　复核验算原则

考虑面积折减和钢筋实际强度，其余参数按原设计，对工程进行验算分析。复核验算计算原则如下：

### 4.1　钢筋质量偏差的影响

本项目钢筋质量偏差为 $-17\%$ ~ $-23\%$，即截面面积减小为原来的 77% ~ 83%，在计算构件配筋率及现浇板裂缝和挠度时，考虑钢筋质量偏差进行面积折减，统一按各直径的公称截面面积乘以 0.75，屈服强度不变；在计算受弯及受剪承载力时，钢筋受力过程中可充分变形或变形较小，屈服强度和钢筋公称截面面积均不折减。

### 4.2　钢筋延伸率不足的影响

钢筋受拉过程的应力 – 应变如图 1 所示。图 1 中细线为正常钢筋，圆圈代表正常钢筋的屈服点；粗线为瘦身钢筋，三角代表瘦身钢筋的屈服点。（a）为正常钢筋变形图，（b）为瘦身钢筋变形图，（c）为两种钢筋屈服后变形对比，（d）为降低瘦身钢筋强度取值的变形与原有正常钢筋变形对比。

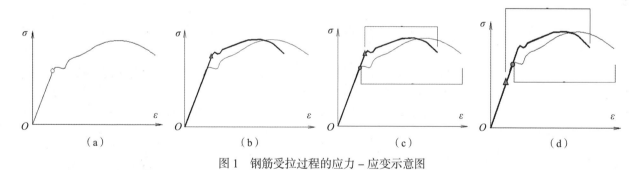

图 1　钢筋受拉过程的应力 – 应变示意图

按照上述原理，本项目钢筋延伸率不满足要求，在剪力墙竖向钢筋和现浇板受弯计算时，设计强度为将钢筋降低一个等级取值，即图 1（d）的取值，以提高安全储备，并相当于提高了钢筋屈服后的延性。

计算剪力墙水平向钢筋时，主要是利用钢筋抗剪强度，因其受力过程中变形较小，故不再考虑强度折减；钢筋在框架梁柱及剪力墙暗柱中用作箍筋时，考虑到箍筋的主要作用是利用抗剪强度和约束混凝土，受力过程中钢筋变形同样较小，也不再考虑强度折减。

当钢筋质量偏差和延伸率不足的情况同时存在时，应同时按上述两个原则验算分析。例如楼梯钢筋质量偏差和最大力总伸长率均不合格，计算楼梯配筋时，考虑钢筋质量负偏差进行面积折减，并降低一个等级取其设计强度，以间接提高钢筋延性。

## 5　复核验算结果

根据现场检测的混凝土强度、钢筋配置、板厚、保护层厚度、实测钢筋力学性能和质量偏差情况，其余参数按照原设计图纸，对该工程结构承载力进行验算分析，分析结果如下：

### 5.1　结构整体指标

（1）位移比

在考虑偶然偏心影响的规定水平地震力作用下，楼层竖向构件最大的水平位移（或层间位移）与平均值之比为 1.21，满足《高层建筑混凝土结构技术规程》（JGJ 3—2010[6]，以下简称《高规》）中不应大于 1.5 的要求。

（2）周期比

结构扭转为主的第一自振周期与平动为主的第一自振周期之比为 0.78，满足《高规》中不应大于 0.9 的要求。

（3）楼层受剪承载力比

各层受剪承载力与上层之比最小值为 0.97，满足《高规》中不应小于 0.8 的要求。

（4）层间位移角

最大层间位移角为 1/1176，满足《高规》中不宜大于 1/1000 的要求。

### 5.2　构件性能

（1）剪力墙

剪力墙使用了质量偏差不满足要求的钢筋，但其水平分布筋和竖向分布筋为构造配筋，承载力满足《混凝土结构设计规范》（GB 50010—2010，2015 年版）[7]（以下简称《混规》）的要求。

（2）剪力墙约束边缘构件

剪力墙约束边缘构件箍筋的质量负偏差不满足要求，考虑钢筋面积折减后，部分约束边缘构件体积配箍率不满足《抗规》的要求；剪力墙约束边缘构件纵筋的质量负偏差不满足要求，考虑钢筋面积折减后，约束边缘构件纵筋配筋率满足现行《抗规》的要求。

（3）框架梁柱

框架梁柱箍筋的质量负偏差不满足要求，考虑钢筋面积折减后，梁箍筋配置满足抗剪承载力和强剪弱弯的要求。

（4）楼梯板

梯段板的质量负偏差不满足要求，考虑钢筋面积折减后，楼梯承载力满足《混规》的要求。

### 5.3　不满足项汇总

瘦身钢筋的力学性能折减后，对工程进行复核验算，工程整体结构位移比、周期比、楼层受剪承载力比、层间位移角均满足要求。不满足项均集中在构件的构造措施上，主要有：钢筋质量的负偏差影响了部分剪力墙和现浇板的配筋率，不满足最小构造配筋率的要求，部分剪力墙分布筋、边缘构件箍筋、框架梁柱箍筋不满足最小直径构造要求。

## 6　结论

钢筋瘦身后，有效截面面积和力学性能受到较大影响。瘦身钢筋用于工程中，将造成一定的隐患，国家标准《混凝土结构工程施工规范》（GB 50666—2011）等规范中均明确规定不得采用此类钢筋。然而，对于已经采用瘦身钢筋的工程，如果仅强调其危害而加以拆除，或者完全忽略钢筋的有利作用而全面加固，都是没有必要的。

本文检测了工程中瘦身钢筋的质量偏差和力学性能，分析了两项指标对结构安全的影响。在复核验算时，对受力特征不同的构件，采用了不同的假设条件，验算了钢筋瘦身对结构整体指标和构件性能的影响。

验算表明，本项目部分位置采用瘦身钢筋后，主体结构的位移比、周期比、楼层受剪承载力比、层间位移角均可满足《高规》要求；构件承载力也可以满足《混规》要求。

　　通过分析，本项目不满足项均集中在构件的构造措施上，主要有：钢筋质量的负偏差影响了部分剪力墙和现浇板的配筋率，不满足最小构造配筋率的要求，部分剪力墙分布筋、边缘构件箍筋、框架梁柱箍筋不满足最小直径构造要求等。

　　本文通过检测钢筋瘦身后的各项指标，提出了复核验算时的基本假设，分析了钢筋瘦身以后对工程结构的影响和触碰的规范红线，为下一步精准加固提供了依据。

## 参考文献

[1] 中华人民共和国住房和城乡建设部. 混凝土结构工程施工质量验收规范：GB 50204—2015[S]. 北京：中国建筑工业出版社，2015.

[2] 山东省住房和城乡建设厅. CRB600H 钢筋应用技术规程：DB37/T 5068—2016[S]. 北京：中国建筑工业出版社，2016.

[3] 中华人民共和国国家质量监督检验检疫总局. 钢筋混凝土用钢　第 2 部分：热轧带肋钢筋：GB/T 1499.2—2018[S]. 北京：中国建筑工业出版社，2018.

[4] 中华人民共和国住房和城乡建设部. 建筑抗震设计规范：GB 50011—2011[S]. 2016 年版. 北京：中国建筑工业出版社，2016.

[5] 国家市场监督管理总局. 金属材料　拉伸试验　第 1 部分：室温试验方法：GB/T 228.1—2010[S]. 北京：中国建筑工业出版社，2010.

[6] 中华人民共和国住房和城乡建设部. 高层建筑混凝土结构技术规程：JGJ 3—2010[S]. 北京：中国建筑工业出版社，2011.

[7] 中华人民共和国住房和城乡建设部. 混凝土结构设计规范：GB 50010—2010[S]. 2015 年版. 北京：中国建筑工业出版社，2015.

[8] 中华人民共和国住房和城乡建设部. 混凝土结构工程施工规范：GB 50666—2011[S]. 北京：中国建筑工业出版社，2012.

# UHPC 预制管片加固地下砌体排水拱涵研究与应用

陈　逵[1]　陈贝贝[1]　肖时杰[1]　吴罗明[2]　王　海[3]

1. 长沙理工大学土木工程学院　长沙　410114
2. 湖南明湘科技发展有限公司　长沙　410114
3. 长沙市住房和城乡建设局　长沙　410075

**摘　要：** 我国 20 世纪中期建造的城市地下排水管渠，渠体结构以砖砌拱涵与浆砌片石侧墙的形式为主。随着城市的不断扩大且管渠长期受地面荷载的影响，造成管渠事故频发，针对该现象，对现有渠体的加固工作变得极为迫切。为探究 UHPC 预制管片在排水拱涵加固工程中的适用性，本文对 UHPC 预制管片与普通混凝土预制管片进行受弯性能对比试验。试验结果表明，UHPC 预制管片在裂缝控制、减小配筋率和受弯承载力、减小加固厚度等方面有明显优势。采用 UHPC 预制管片对长沙市某地下排水管渠进行全结构非开挖加固，对加固后的管渠结构进行堆载试验，结果表明采用 UHPC 预制管片对排水管渠进行非开挖加固，不仅对周围交通影响小，有较好的环境效益，而且加固后对管渠的过流能力影响较小，加固质量能够得到保障。

**关键词：** 城市排水管渠；UHPC 预制管片；非开挖加固；现场试验

随着我国城市化建设进程的加快，城市地下管渠盘根错节，城市道路交通负荷严重，现今对城市地下排水管渠的加固提出了更高的要求[1]。在对地下管渠进行加固时，若采用传统加固方式进行全结构加固，如模筑法或喷射法等，使用普通混凝土可能会导致加固厚度过大影响管渠的正常过流能力。采用模筑法加固时，拱顶部位倒灌混凝土输送困难，难以保证密实度[2]。采用喷射法加固时，容易产生较大的粉尘[3]，施工环境难以控制。超高性能混凝土（UHPC）是一种纤维增强水泥基复合材料，具有超高抗压强度、抗拉强度、弹性模量等力学性能和较高耐久性能的混凝土，应用前景十分广阔[4-6]。UHPC 预制盾构片具有优越的强度、抗渗性能、收缩性能，常用于城市轨道的建设中[7]。采用 UHPC 预制管片，通过标准化设计、工厂化生产、装配式施工对城市地下排水管渠进行加固，该加固工法将具有构件质量好、施工效率高、便于拆装和运输等优点[8-9]，而且对周围交通影响小，有较好的环境效益，加固后对管渠的过流能力影响较小，加固质量能够得到保障。

## 1　工程概况

长沙市红旗渠水系位于长沙市河东中心城区，水系为雨污合流制，始建于 20 世纪 50 年代，渠体以砖砌拱涵以及浆砌片石侧墙的形式为主。该渠主干渠使用年限已久，且缺乏日常维护，同时长期受地面荷载的影响，已进入事故频发期，因此对该管渠结构进行修复加固的工作极为迫切。该管渠的部分结构性缺陷如图 1～图 3 所示。

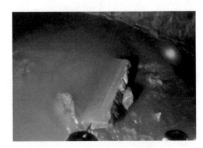

图 1　渠体坍塌　　　　　　　图 2　侧墙、拱顶结构破坏　　　　　　　图 3　底板、基础破坏

## 2　UHPC 与普通混凝土预制管片受弯性能对比试验

### 2.1　试验设计

城市地下管渠的最大弯矩随覆土厚度的增加与设计车速的提高变化较大[10]。为探究 UHPC 预制管片用于地下排水管渠加固工程中的优势，设计相同配筋的 UHPC 预制管片与普通混凝土预制管片进行受弯性能试验，各试件的尺寸均为 2000mm×1000mm×120mm，保护层厚度为 20mm。试件的配筋相同，纵向受拉钢筋均为 10$\Phi$16@100，试件配筋图如图 4 所示。UHPC 试件混凝土强度为 C120，普通混凝土试件混凝土强度为 C50。试验测得各试件加载过程中的跨中挠度，跨中混凝土、钢筋应变变化，加载装置如图 5 所示。

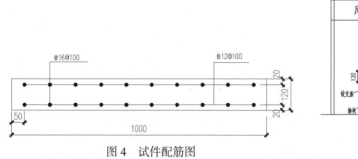

图 4　试件配筋图

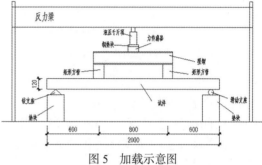

图 5　加载示意图

### 2.2　试验结果分析

试验得到的各曲线如图 6～图 10 所示，通过计算得到的不同厚度 UHPC 管片与普通混凝土管片的开裂弯矩计算图如图 11 所示。

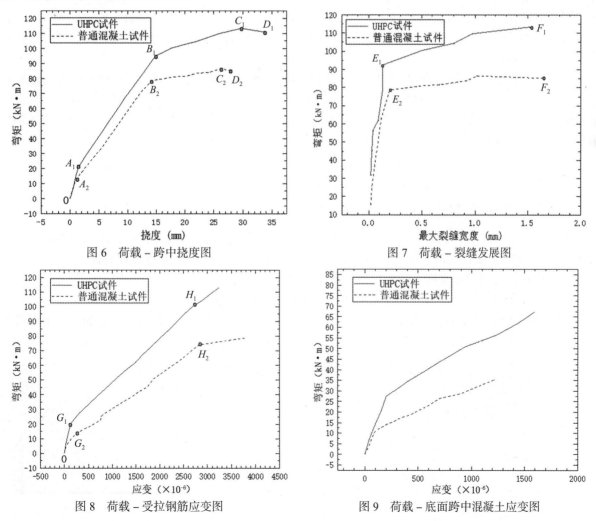

图 6　荷载 – 跨中挠度图　　　　图 7　荷载 – 裂缝发展图

图 8　荷载 – 受拉钢筋应变图　　　　图 9　荷载 – 底面跨中混凝土应变图

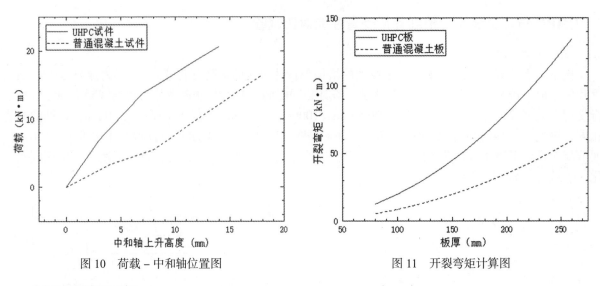

图 10　荷载 – 中和轴位置图　　　　　　　图 11　开裂弯矩计算图

分析试验结果可知：

（1）相同配筋情况下，UHPC 预制管片较普通混凝土预制管片的弹性极限荷载提升了 62%；UHPC 预制管片在极限承载能力和抵抗变形能力上，都要优于普通混凝土预制管片；UHPC 预制管片不仅有更好的适用性，而且增强了地下管渠结构正常使用状态下的耐久性。

（2）UHPC 预制管片的开裂荷载较普通混凝土预制管片提升了 113%，同等级荷载下 UHPC 预制管片的最大裂缝宽度小于普通混凝土预制管片，即 UHPC 预制管片有更好的抵抗开裂和控制裂缝发展的性能，更适合应用于对结构裂缝控制严格的地下排水管渠工程中。

（3）试件达到弹性极限荷载时，UHPC 预制管片纵筋应变较普通混凝土预制管片减小 83%，且在相同荷载条件下，UHPC 预制管片钢筋应变都要更小，即 UHPC 预制管片较普通混凝土预制管片而言，可以有效减小配筋面积。

（4）UHPC 预制管片混凝土应变增长速度较普通混凝土显著降低，尤其是试件受拉开裂后这种特性尤为明显；在弹性阶段，UHPC 预制管片中和轴上升速度较普通混凝土预制管片显著减小，且在钢筋屈服以后，普通混凝土预制管片中和轴上升速度较 UHPC 预制管片显著提升，即 UHPC 预制管片有更好的安全性和适用性。

（5）采用 UHPC 预制构件对城市地下管渠进行加固，可大幅减小加固厚度，减小占用管渠内部空间，增大过水面积且构件质量可控，延长构件的使用寿命。

## 3　加固后 UHPC 预制管片内力监测点布置

以本次红旗渠试验段预制拼装法标准断面拱涵为基础，按 1m 节段宽建模，其侧墙和拱圈厚仅为 120mm，底板厚仅为 100mm，超高性能混凝土强度等级为 C120。建立结构断面 Midas 模型（图 12），侧墙和底板采用节点弹性支撑，荷载有土压力和等效汽车荷载。

（1）边界条件：根据提供的资料，各节点弹簧刚度取 4500kN/m。

（2）荷载条件：竖向土压力按拱顶以上 3m 覆土考虑，按土层随拱变化实际厚度加载。密度考虑 0.5m 路面结构层范围内为 22kN/m³，其下土层考虑为老土，密度取 19kN/m³。

（3）荷载组合：竖向土压力 + 侧向土压力 + 汽车荷载。

加固后组合内力如图 13，图 14 所示。

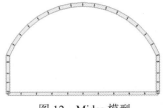

图 12　Midas 模型

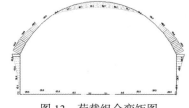

图 13　荷载组合弯矩图

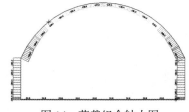

图 14　荷载组合轴力图

根据有限元计算结果，在拱顶、拱趾、侧墙与底板均存在内力峰值点，在 UHPC 预制管片对应拱顶、拱趾、侧墙与底板处内外侧钢筋安装钢筋应变计，以监测加固后 UHPC 预制管片堆载试验与正常使用后钢筋应力的变化，钢筋计安装图如图 15 所示。同时在各内力峰值对应点的 UHPC 预制管片处，安装混凝土应变片，用以测得堆载试验中各测点混凝土应力值的变化，应变片安装图如图 16 所示。该段渠体加固完成后在渠体上方通过水袋进行堆载试验。水袋宽度约 5m，长度约 11m，加满水时高度约 2.2m，现场堆载试验图如图 17 所示。

图 15　钢筋计安装图　　　　图 16　混凝土应变片安装图　　　　图 17　现场堆载试验图

## 4　现场堆载试验

渠体加固后，在现场进行堆载试验，采用集水袋 1/2 水位与满水时各测点数据分析 UHPC 预制管片的受力性能。堆载过程中钢筋应力变化见表 1，混凝土应力变化见表 2。

表 1　钢筋应力变化

| 数据采集时间 | 钢筋应力（MPa） | | | | | | | | | | | |
| --- | --- | --- | --- | --- | --- | --- | --- | --- | --- | --- | --- | --- |
| | 拱圈 | | | | | | 侧墙 | | 底板 | | | |
| | 左拱趾 | | 拱顶 | | 右拱趾 | | 左墙趾 | | 左底板 | | 右底板 | |
| | 外 | 内 | 外 | 内 | 外 | 内 | 外 | 内 | 外 | 内 | 外 | 内 |
| 初始值 | 0.00 | 0.00 | 0.00 | 0.00 | 0.00 | 0.00 | 0.00 | 0.00 | 0.00 | 0.00 | 0.00 | 0.00 |
| 1/2 水 | −0.51 | −0.52 | 0.00 | 0.00 | −0.41 | −0.52 | −0.13 | 0.18 | 0.00 | 0.18 | 0.00 | 0.18 |
| 满水 | −0.61 | −0.84 | 0.10 | 0.22 | −0.61 | −0.73 | −0.13 | 0.53 | 0.26 | 0.53 | −0.33 | 0.92 |

表 2　混凝土应力变化

| 数据采集位置 | 混凝土应力（MPa） | | | |
| --- | --- | --- | --- | --- |
| | 拱顶 | 左拱腰 | 左拱趾 | 左墙趾 |
| 1/2 水 | 0.54 | 0.26 | 1.01 | 0.28 |
| 满水 | 1.03 | 0.52 | 1.98 | 0.59 |

由表 1、表 2 可知，在整个加载过程中，UHPC 预制管片混凝土与内部钢筋的应力变化都较小，表明采用 UHPC 预制管片对城市地下排水管渠进行非开挖加固，加固效果非常显著。

## 5　结语

采用 UHPC 预制管片对城市地下排水管渠进行非开挖加固，在满足渠体承载力的情况下，不仅可以显著降低加固厚度，保证管渠的过流能力，而且 UHPC 预制管片优越的抗开裂性能可以增强地下排水管渠的耐久性，同时可以有效减小预制管片的配筋面积。

## 参考文献

[1] 王国辉，王陆军，王昂. 非开挖修复技术在城市排水管道更新改造工程中的应用 [J]. 市政技术，2020，38（S1）：109-112，116.

[2] 杨培才. 钢筋混凝土管涵内加固施工工艺研究 [R]. 攀枝花：四川省攀钢集团工程技术有限公司，2010-07-30.

[3] 刘桂銮. 喷射混凝土在拱涵内衬加固中的应用 [J]. 建设机械技术与管理，2010，23（10）：78-80.

[4] 申久成，赵江，高益乐，等. 超高性能混凝土研究综述 [J]. 江苏建材，2020（06）：56-57，62.

[5] ERIC S. Structure reliability of prestressed UHPC flexure models for bridge girders[J]. Journal of Bridge Engineering，2010，15（1）：65-72.

[6] 陈宝春，季韬，黄卿维，等. 超高性能混凝土研究综述 [J]. 建筑科学与工程学报，2014，31（03）：1-24.

[7] 徐建新. 浅谈预制盾构管片高性能混凝土的研究和应用 [J]. 绿色环保建材，2021（07）：9-10.

[8] 许庆虎. 装配式钢筋混凝土管型通道的应力状态分析 [D]. 合肥：合肥工业大学，2012.

[9] 郭丰涛，张瀑，卫江华，等. 装配式建筑标准化设计思考 [J]. 建筑结构，2021，51（S1）：1088-1091.

[10] 申文明. 埋地管涵–土相互作用及管涵结构横纵向受力特性研究 [D]. 杭州：浙江大学，2011.

# 钢框架砌体填充墙加固的力学模型研究

任靖哲[1] 曾 晗[2] 陈 齐[2] 潘 毅[2]

1. 中信建筑设计研究总院有限公司 武汉 430014
2. 西南交通大学土木工程学院 成都 610031

**摘 要**：本文针对钢结构框架，建立了加固后砌体填充墙的简化力学模型，并采用 Push-over 分析对所提出的力学模型进行验证。钢结构框架砌体填充墙加固法的力学模型的建立分为以下三个步骤：（1）建立加固前砌体填充墙的简化力学模型；（2）采用通用有限元软件 ANSYS 对加固后的砌体填充墙进行有限元分析，并根据加固前的力学模型建立加固后砌体填充墙的简化力学模型；（3）分别对加固前后砌体填充墙的实体模型和简化力学模型进行 Push-over 分析，验证提出的简化力学模型，并分析砌体填充墙加固法对钢结构框架抗震性能的影响。本文提出的砌体填充墙加固后的简化力学模型，可以用于钢结构框架的抗震设计和加固改造的分析计算，相比砌体填充墙的实体模型，简化力学模型能够大幅缩短计算时间，便于工程应用。

**关键词**：钢结构框架；砌体填充墙；加固做法；力学模型；Push-over 分析

在公共建筑和住宅建筑中，一般使用砌体填充墙对结构的房间进行分割和围护。地震作用下，砌体填充墙会与结构梁、柱发生相互作用，提高整体结构的刚度[1]。在钢结构框架设计中，一般通过周期折减系数考虑砌体填充墙对整体结构的影响，不同的周期折减系数取值会造成结构分析结果的较大差异。但相关规范中只给出周期折减系数的取值范围，并没有给出具体取值。由于钢结构框架自身刚度较小，砌体填充墙的影响显著，当对砌体填充墙进行加固后，砌体填充墙与主体结构的连接更加牢固，需要更精确的方法来考虑砌体填充墙和主体结构的相互作用，仅通过周期折减系数来计入对砌体填充墙影响的做法不能满足结构经济性和安全性的需求。

谷倩等[2]与 El-Dakhakhni 等[3]，根据水平荷载作用下砌体填充墙的破坏形态提出了三斜撑模型，较好地模拟了钢结构框架中的砌体填充墙在约束框架侧向变形时所发挥的对角支撑作用。周云等[4]提出了双斜撑模型作为阻尼砌体填充墙的简化力学模型，其分析结果与试验结果及仿真结果具有一致性。以上两项研究表明，斜撑模型可以较好地模拟砌体填充墙在框架结构中的力学特性，然而现阶段关于加固后的砌体填充墙的力学特性的相关研究还较少，其简化力学模型还需要进一步研究。

能否准确模拟加固后的砌体填充墙对主体结构抗震性能的影响，是评价其力学模型的重要指标。Push-over 分析作为一种静力非线性分析方法，具有概念清晰，操作简便，方便在工程设计中应用等优点，分析结果可以为结构抗震性能分析提供依据。潘毅等[5]采用 SAP2000 对都江堰一栋在汶川地震中破坏的既有框架结构进行 Push-over 分析，分析结果与实际震害基本吻合。聂建国等[6]对方钢管混凝土框架结构进行了分析，为方钢管混凝土框架结构的抗震性能分析提供了参考数据。

本文提出钢框架加固砌体填充墙的简化力学模型，并应用于 Push-over 分析，对砌体填充墙加固前后的抗震性能进行分析。本文提出的加固砌体填充墙的简化力学模型可供钢结构框架结构抗震加固设计使用。

## 1 砌体填充墙的力学特性及其基本力学模型

### 1.1 力学特性及相关规定

管克俭等[7]通过砌体填充墙－钢结构框架和无砌体填充墙的钢结构框架的对比试验，分析了砌体填充墙－钢结构框架的抗侧力性能和滞回性能。试验结果表明，钢结构框架在弹性和弹塑性阶段，砌体填充墙逐步与主体结构脱离，并且不断出现新裂缝，但是可以保持与主体结构共同工作；在钢结构框架的破坏阶段，由于缺乏与主体结构的可靠连接，砌体填充墙在充分发挥其承载力之前已与主体结构完全脱离。

实际工程中，一般将钢结构框架结构中的砌体填充墙作为非结构构件进行设计，砌体填充墙所具有的抗侧刚度及承载力作为结构的安全储备。但是填充墙的设计需要满足《建筑抗震设计规范》（GB 50011—2010）（以下简称《抗规》）关于非结构构件的规定。《抗规》中对非结构构件的基本抗震措施做出了规定：非承重墙体采用砌体墙时，应采取措施减少对主体结构的不利影响，并应设置与主体结构的可靠拉接，使墙体能够适应主体结构不同方向的位移。此外，《砌体结构加固设计规范》（GB 50702—2011）（以下简称《加固规范》）中规定：当砌体墙无圈梁或圈梁设置不符合现行设计规范要求，或纵横墙交接处咬槎有明显缺陷，或房屋的整体性较差时，应增设圈梁进行加固。典型的砌体填充墙加固做法如图1所示。

如图1所示，圈梁与主体结构和砌体填充墙形成了间接或直接的可靠连接，增加了砌体填充墙与主体结构之间的摩擦，可以延缓两者之间过早的开裂和脱离。根据《抗规》和《加固规范》相关规定进行加固后，砌体填充墙和主体结构之间形成了可靠连接，其整体性与抗震性能均有较大的提高，在主体结构设计时可予以适当考虑。

### 1.2 基本力学模型

已有研究成果表明[2,8]，在侧向水平力的作用下，砌体填充墙的高应力区域首先集中在对角区域，随着对角区域斜裂缝的发展，偏对角区域的应力逐渐增加，形成上、下两个受压区，直至结构侧向变形过大，砌体填充墙发生平面外弯曲破坏。本文根据砌体填充墙的受力特点，采用三斜撑模型作为砌体填充墙的基本力学模型，如图2所示。

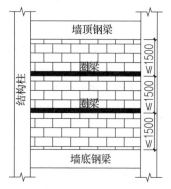

图1 钢框架砌体填充墙加固做法示意图

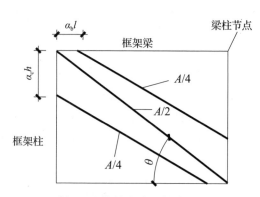

图2 砌体填充墙三斜撑模型

如图2所示，砌体填充墙三斜撑模型通过对角斜撑模拟裂缝出现前砌体填充墙的受压作用；通过上、下两个偏对角斜撑模拟裂缝出现后砌体填充墙对角线上、下两个受压区的作用；通过接触长度模拟砌体填充墙与主体结构之间的连接情况；此外，三斜撑与主体结构的连接方式均为刚接[2-3]。砌体填充墙三斜撑模型中涉及的参数可根据下式计算[3,8]：

$$h_c = \alpha_c h = \sqrt{\frac{2\left(M_{pi} + 0.2M_{pc}\right)}{tf'_{m-0}}} \leqslant 0.4h \tag{1}$$

$$l_c = \alpha_b l = \sqrt{\frac{2\left(M_{pi} + 0.2M_{pb}\right)}{tf'_{m-90}}} \leqslant 0.4l \tag{2}$$

$$A = \frac{(1-\alpha_c)\alpha_c ht}{\cos\theta} \tag{3}$$

$$E = \frac{2hf_c}{\Delta_h \cos^2\theta} \tag{4}$$

式中，$h_c$ 和 $l_c$ 分别为砌体填充墙与主体结构在竖直和水平方向的接触长度；$\alpha_c$ 为柱接触长度系数；$\alpha_b$ 为梁接触长度系数；$h$ 为柱高；$l$ 为梁长；$M_{pc}$ 为柱截面屈服弯矩；$M_{pb}$ 为梁截面屈服弯矩；$M_{pi}$ 为梁、柱节点的较小屈服弯矩；$t$ 为砌体填充墙厚度；$f'_{m-0}$ 为砌体填充墙水平方向抗压强度；$f'_{m-90}$ 为砌体填充墙竖直方向抗压强度；$\theta$ 为主对角支撑和梁底的夹角；$E$ 为斜撑等效刚度；$\Delta_h$ 为上部梁柱节点的极限位移；$f_c$ 为斜撑等效屈服强度。

## 2　加固后砌体填充墙的简化力学模型

砌体填充墙的实体有限元模拟通常有三种方法：宏观模型、简化微观模型和精细化微观模型[9]。宏观模型将砂浆作用弥散到整个墙体中，采用平均材料特性来模拟砌体填充墙。相比另外两种方法，宏观模型虽然不能模拟砌体填充墙裂缝发展和界面滑移等破坏模式，但是在弹塑性阶段宏观模型的模拟结果准确，并且与其他两种方法的结果一致。鉴于本文所研究的简化力学模型主要用来模拟砌体填充墙弹性阶段与弹塑性阶段初期的力学特性，宏观模型能够满足精度需要。

本文采用通用有限元软件 ANSYS 对砌体填充墙的实体模型进行分析：采用 SOLID95 单元模拟钢结构框架，SOILD45 单元模拟砌体填充墙[10]，通过 3D target170 和 pt-to-surf173 接触单元模拟砌体填充墙与主体结构之间的相互作用，有限元网格采用六面体映射划分。钢结构框架采用的钢材牌号为 Q235，砌体填充墙采用加气混凝土砌块，砌体填充墙平均竖直方向抗压强度为 3.25MPa，水平方向平均抗压强度为竖直方向抗压强度的 0.7 倍[3]，泊松比为 0.36[11]。本文采用的砌体填充墙本构关系如图 3 所示。

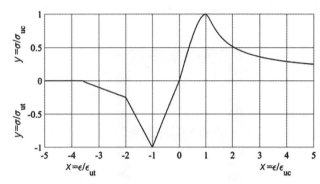

图 3　砌体填充墙的本构关系[11]

砌体填充墙加固做法采用《加固规范》中的角钢圈梁加固，角钢规格为∟80mm × 6mm，每隔 1.5m 与墙体用普通螺栓拉接。在侧向水平力作用下，加固前后砌体填充墙的应力云图如图 4 所示。

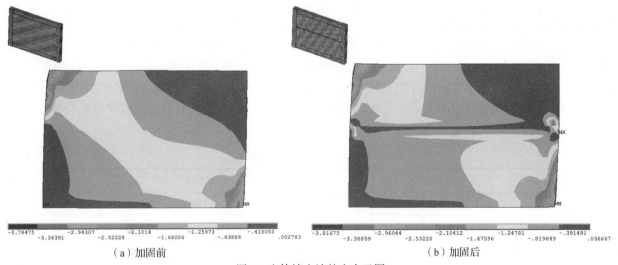

（a）加固前　　　　　　　　　　　　　（b）加固后

图 4　砌体填充墙的应力云图

从稳定性角度来说，角钢圈梁限制了砌体平面外的弯曲失稳；从强度角度来说，如图 4 所示，加固后的砌体填充墙的应力分布在圈梁附近发生了较大的变化，砌体填充墙的整体压应力减小，但整体应力分布模式没有发生较大改变。根据有限元分析结果，采用圈梁加固后，砌体填充墙的受力更加合理，承载力得到了一定增强。本文基于三斜撑模型，采用承载力放大系数对斜撑截面面积进行修正，将修正后的三斜撑模型作为加固砌体填充墙的简化力学模型。承载力放大系数 $\delta$ 与修正后的斜撑截面面积 $A'$ 可根据下式计算：

$$\delta = \frac{S'}{S} \tag{5}$$

$$A' = \delta A \qquad (6)$$

式中，$S$、$S'$ 分别为加固前后钢结构框架的侧向水平极限承载力；$A$ 为修正前的斜撑截面面积。

## 3　钢框架砌体填充墙加固的 Push-over 分析

### 3.1　结构概况

本文算例为一个双层单跨的钢结构框架，跨度为 4m，层高为 3m，两层均在外侧布置围合砌体填充墙，墙厚为 250mm，算例结构立面如图 5 所示。框架柱采用箱形截面，尺寸为 350mm×350mm，厚度为 12mm，框架梁截面采用型钢 HW300mm×300mm。

### 3.2　分析结果及讨论

取主体结构中的一跨，将钢结构框架简化为二维平面结构，在通用有限元软件 ANSYS 中采用实体单元对其进行 Push-over 分析[12]，分析结果如图 6 所示。

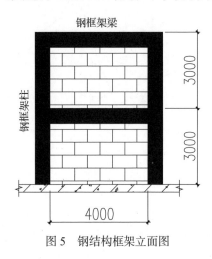

图 5　钢结构框架立面图

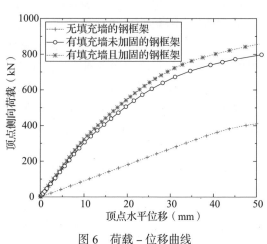

图 6　荷载 – 位移曲线

如图 6 所示，砌体填充墙增大了钢结构框架的侧向水平承载力，加固后其侧向水平承载力有少量提高。《高层民用建筑钢结构技术规程》（JGJ 99—2015）规定：多遇地震作用下，多、高层钢结构层间位移角不宜大于 1/250，薄弱部位的弹塑性位移角不应大于 1/50。本文考虑钢结构框架的塑性发展，取层间位移角 1/125 为水平侧向荷载下钢结构框架的承载力极限状态，并对算例中采用的三斜撑模型的参数进行计算，根据实体单元有限元模型的计算结果计算承载力放大系数。三斜撑模型的参数取值见表 1。

表 1　三斜撑模型的参数取值

| 砌体填充墙状态 | $h_c$ (mm) | $l_c$ (mm) | 斜撑半径 (mm) | $\delta$ |
|---|---|---|---|---|
| 未加固 | 1183 | 964 | 189/133 | 1 |
| 角钢圈梁加固 | 1183 | 964 | 193/136 | 1.05 |

注：斜撑截面形状均为圆形。

在有限元模型中假定斜撑本构关系为理想弹塑性，斜撑等效屈服强度取 15MPa[8]，分别采用实体单元和 BEAM189 单元对不同类型的钢结构框架进行模拟。采用三斜撑模型的钢结构框架的梁单元有限元模型如图 7 所示，钢结构框架侧向水平极限承载力结果及计算时间见表 2。

如表 2 所示，砌体填充墙加固前后的简化力学模型与实体模型的侧向水平极限承载力较为接近，三斜撑模型可以在结构分析中替代砌体填充墙的实体模型；计入砌体填充墙的影响后，结构侧向水平极限承载力提高了近一倍，加固后其侧向水平极限承载力又提高了约 5%。无论是否进行加固，砌体填充墙都增强了钢结构框架的侧向水平承载力。此外，三斜撑模型可以通过梁单元进行模拟，能够极大地缩短计算时间。本文中计算出的 $\delta$ 值较小，表明圈梁对于钢结构框架的水平极限承载力的增强作用并不明显，其主要作用还是限制水平力下砌体填充墙的平面外失稳。根据分析结果，建议除特殊情况外，在设计和分析中不计入圈梁对于主体结构侧向水平承载力的放大作用，将加固后承载力的增量作为结构额外的安全储备。

图 7　三斜撑模型的有限元模型

表 2　钢结构框架侧向水平极限承载力

| 钢框架有限元模型 | 侧向水平极限承载力（kN） | 计算时间（s） |
| --- | --- | --- |
| 无填充墙 – 实体单元 | 356 | 960 |
| 无填充墙 – 梁单元 | 340 | 5 |
| 有填充墙未加固 – 实体单元 | 710 | 2965 |
| 有填充墙未加固填充墙 – 梁单元 | 704 | 30 |
| 有填充墙加固填充墙 – 实体单元 | 758 | 3132 |
| 有填充墙加固填充墙 – 梁单元 | 716 | 35 |

注：在数值模拟中不考虑砌体填充墙的平面外移动，表中的侧向水平极限承载力均为理想状态下的数值。

## 4　结论

本文根据已有砌体填充墙简化力学模型及砌体填充墙的有限元分析结果，提出了加固后砌体填充墙的简化力学模型。根据研究结果，可以得到以下三点结论：

（1）加固后砌体填充墙的受力模式没有发生明显改变，三斜撑模型仍然适用；

（2）加固做法对于主体结构的侧向水平承载力有增大作用，但增大程度较小；

（3）简化力学模型可以较准确地模拟砌体填充墙弹性及弹塑性阶段的受力特点，并能极大地缩短计算时间。本文仅考虑了圈梁加固，采用其他加固做法的砌体填充墙的简化力学模型还需要进一步研究。

## 参考文献

[1] 潘毅，杨琼，林拥军，等. 汶川地震中填充墙对钢筋混凝土框架结构抗震性能的影响及分析 [J]. 四川建筑科学研究，2010，36（5）：141-144.

[2] 谷倩，彭波，刘肖凡. 钢结构框架 – 砌体填充墙结构三支杆模型有限分析 [J]. 武汉大学学报（工学版），2006，50（5）：30-34.

[3] EL-DAKHAKHNI W W，ELGAALY M，HAMID A A. Three-strut model for concrete masonry-infilled steel frames[J]. Journal of Structural Engineering，2003，129（2）：177-185.

[4] 周云，郭阳照，廖奕发，等. 阻尼填充墙简化力学模型研究 [J]. 土木工程学报，2015，48（10）：1-9.

[5] 潘毅，杨成，赵世春，等. 基于 Push-over 方法的既有建筑结构安全性鉴定 [J]. 西南交通大学学报，2010，45（2）：174-178.

[6] 聂建国，秦凯，肖岩. 方钢管混凝土框架结构的 Push-over 分析 [J]. 工业建筑，2005，42（3）：68-70.

[7] 管克俭，李捍无，彭少民. 空腔结构复合填充墙 – 钢框架抗侧力性能试验研究 [J]. 世界地震工程，2003，19（3）：73-77.

[8] SANEINEJAD A，HOBBS B. Inelastic design of infilled frames[J]. Journal of Structural Engineering，1995，121（4）：634-650.

[9] 孔璟常，翟长海，李爽，等. 砌体填充墙 RC 框架结构平面内抗震性能有限元模拟 [J]. 土木工程学报，2012，45（S2）：137-141.

[10] 戴绍斌，余欢，黄俊. 填充墙与钢框架协同工作性能非线性分析 [J]. 地震工程与工程振动，2005，25（3）：24-28.

[11] 陈东方，熊立红，陈国武，等. 配 BFG 蒸压加气混凝土砌块砌体基本力学性能数值模拟 [J]. 地震工程与工程振动，2020，40（2）：216-226.

[12] 林拥军，赵崇锦，潘毅，等. 不同设防烈度下 RC 框架结构的抗侧向倒塌能力 [J]. 土木建筑与环境工程，2018，40（3）：44-52.

# 结构加固中灌浆料与老混凝土界面
# 黏结改性的研究

单　韧[1]　彭　勃[1]　邱浩群[1]　陈潇冰[2]

1. 湖南固特邦土木技术发展有限公司　长沙　410205
2. 长沙市规划设计院有限责任公司　长沙　410007

**摘　要：** 本文针对灌浆料在结构加固中与老混凝土的界面黏结改性问题，研究了膨胀剂、硅灰对新老混凝土界面黏结改性的影响，对比了不同聚合物材料对黏结的改性作用。研究结果表明，灌浆料中膨胀剂的掺量以 10% 为宜，硅灰的掺量以 4% 为宜，当硅灰与膨胀剂共同掺用时，其协同效应对界面黏结改性效果更为显著。考虑到 NP 高分子胶粉掺量少，在标准养护制度下对界面黏结改性效果最佳，适宜用于灌浆料中改善界面黏结。

**关键词：** 灌浆料；新老混凝土；界面黏结改性；结构加固

　　水泥基灌浆料是由水泥、骨料、外加剂和矿物掺和料等原材料组成的干混料，加水拌和均匀后具有高流动性、早强、高强和微膨胀等优点[1-3]。灌浆料的这些优点以及在施工中质量可靠、工期较短、使用方便等特性，非常适宜用于结构加固维修中[4-5]。

　　在混凝土结构维修加固中，新老混凝土的界面黏结一直是普遍关注的热点问题。Wall[6]等认为新老混凝土接触界面，类似于混凝土中骨料与水泥石之间的界面，存在一个界面过渡区，Barnes[7]等人认为其结构示意图如图 1 所示。他们认为在骨料表面有一双层膜，由晶轴垂直于骨料表面的 $Ca(OH)_2$ 以及水化硅酸钙（C-S-H 凝胶）所组成。在双层膜外侧有一孔隙率较大的多孔区域，其中含有大量初生及次生 $Ca(OH)_2$ 晶体，它们晶粒大小及取向明显不同，并同时含有大量的 Hadley 粒子。所谓 Hadley 粒子，是指外包一层 C-S-H 凝胶的颗粒，壳厚 1μm 左右，中间空心或为部分未水化的水泥颗粒所填充，有时也填充部分水化产物。

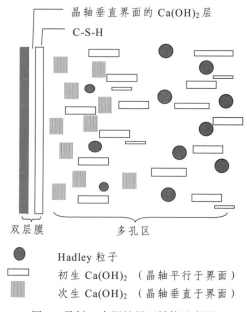

图 1　骨料 – 水泥的界面结构示意图

　　普通骨料与水泥浆体之间所形成的过渡带，具有多孔、晶体尺寸过大且取向生长等特性。因此过渡带强度低，容易产生裂纹，并且易于传播扩展，是混凝土材料中最薄弱的环节[8]。由于老混凝土的亲水性，会在老混凝土表面形成水膜，使界面区水灰比局部升高，导致界面钙矾石和 $Ca(OH)_2$ 晶体富集，形态变大，形成择优取向，致使界面区孔隙率较大和结构疏松，使裂缝容易在这个区域产生和扩展，显著降低界面强度[9-10]。而加固维修工程中，加固效果很大程度上取决于新老混凝土能不能形成整体共同受力，因此，增强新老混凝土界面黏结相当重要。本文研究钙矾石型膨胀矿物掺和料、硅灰和聚合物对界面黏结改性的影响，为灌浆料在加固工程中应用提供参考。

## 1　试验

### 1.1　原材料

　　52.5 级普通硅酸盐水泥、标准砂、硅灰、钙矾石型膨胀矿物掺和料、聚羧酸减水剂、高分子胶粉

NP、丁苯乳液、氯丁乳液、自来水。

## 1.2　试验仪器

拉力试验机、万能试验机、X-Ray 衍射仪、扫描式电子显微镜 SEM。

## 1.3　性能检测

正拉黏结强度测定依据《工程结构加固材料安全性鉴定技术规范》（GB 50728—2011）附录 G；抗拉黏结强度测定依据《聚合物改性水泥砂浆试验规程》（DL/T 5126—2001）砂浆拉伸强度试验。

# 2　试验结果及分析

## 2.1　钙矾石型膨胀矿物掺和料对界面黏结改性效果

水泥基材料在硬化过程中会产生各种不同类型的收缩，在结构加固工程中会影响新老混凝土的界面黏结。钙矾石型膨胀矿物掺和料在水化过程中形成大量均匀分布的钙矾石晶体而产生微膨胀，可保证硬化过程无收缩和高强度外，还具有保水增稠和界面黏结改性作用，防止泌水、离析，保证自流密实。使用钙矾石型膨胀矿物掺和料改善与老混凝土界面黏结区的微观结构，提高灌浆料与老混凝土的界面黏结。为研究钙矾石型膨胀矿物掺和料对界面黏结改性效果，采用 5 种不同钙矾石型膨胀矿物掺和料掺量配制灌浆料，并测得正拉黏结强度，试验数据见表 1 中 1～5 号配合比。

表 1　膨胀剂和硅灰对界面黏结的改性效果

| 序号 | 水泥 | 硅灰 | 膨胀剂 | 砂 | 减水剂 | 水 | 正拉黏结强度（MPa） |
|---|---|---|---|---|---|---|---|
| 1 | 100 | 0 | 0 | 100 | 0.3 | 26 | 1.61 |
| 2 | 94 | 0 | 6 | 100 | 0.3 | 26 | 1.95 |
| 3 | 92 | 0 | 8 | 100 | 0.3 | 26 | 1.85 |
| 4 | 90 | 0 | 10 | 100 | 0.3 | 26 | 2.10 |
| 5 | 88 | 0 | 12 | 100 | 0.3 | 26 | 1.90 |
| 6 | 98 | 2 | 0 | 100 | 0.3 | 26 | 2.32 |
| 7 | 96 | 4 | 0 | 100 | 0.3 | 26 | 2.66 |
| 8 | 94 | 6 | 0 | 100 | 0.3 | 26 | 2.61 |
| 9 | 86 | 4 | 10 | 100 | 0.3 | 26 | 3.05 |

由表 1 中 1～5 号配合比可见，掺入钙矾石型膨胀剂，对新老混凝土的界面黏结具有改性作用，当膨胀剂掺量由 0% 增加至 10% 时，灌浆料的正拉黏结强度提高效果明显，由 1.61MPa 提高到 2.10MPa，提高约 30.4%，当膨胀剂掺量超过 10%，正拉黏结强度数值开始减小。配制灌浆料的胶凝材料中钙矾石型膨胀剂的掺量以 10% 为宜。

图 2 为内掺 10% 钙矾石膨胀型复合矿物掺和料的水泥净浆基体 28d 电镜照片。从水泥净浆试件断裂面的电镜照片可以看出，浆体中有大量针柱状钙矾石晶体形成，且在水泥基体的微裂缝中可明显观察到针柱状水化产物钙矾石晶体的连接作用。由于大量水化产物钙矾石的生成及水化产物 $Ca(OH)_2$ 的减少，提高了水泥基体的抗拉及抗折强度，同时在混凝土中也将改善骨料与水泥浆体的界面结构。

从图 3 水化 28d 的 X-Ray 衍射图谱也可以发现，内掺钙矾石型膨胀矿物掺和料后的水泥净浆基体中钙矾石晶体的衍射峰更为明显，而 $Ca(OH)_2$ 晶体的衍射峰相对较弱，说明水泥的水化产物中部分 $Ca(OH)_2$ 已与掺和料发生了化学反应，生成了钙矾石，改善了水泥基体材料与骨料的界面黏结，同时改善与老混凝土界面黏结区的微观结构，提高新老混凝土界面黏结。

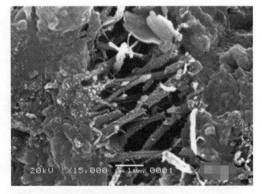

图 2　内掺 10% 钙矾石膨胀型复合矿物掺和料的水泥净浆基体 28d 电镜照片

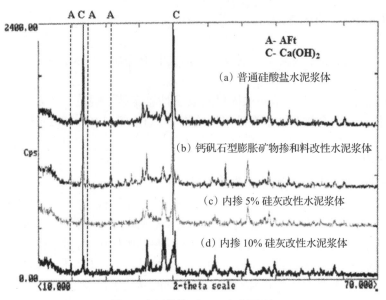

图3　水泥浆体 X-Ray 衍射图谱

### 2.2　高活性矿物掺和料硅灰对界面黏结改性效果

水泥熟料水化过程中的水化产物主要为 $Ca(OH)_2$ 和 C–S–H 凝胶，$Ca(OH)_2$ 在水泥水化产物中约占 20%，这些 $Ca(OH)_2$ 晶体强度低、结晶粗大且在水泥石–骨料界面存在取向性。硅灰是一种超细的活性矿物掺和材料，无定形活性 $SiO_2$ 含量达 90% 以上。硅酸盐水泥中加入硅灰后，水泥熟料"一次水化反应"所形成的 $Ca(OH)_2$ 将与硅灰中的无定形 $SiO_2$ 进一步反应形成 C–S–H 凝胶，降低水泥石中 $Ca(OH)_2$ 的含量，增加水泥石的密实度，改变水泥石浆体的孔结构；特别是使水泥石–骨料的界面特性发生改变，降低界面区 $Ca(OH)_2$ 晶体的取向度，使界面区 $Ca(OH)_2$ 晶体细化甚至消失，从而改善界面区结构。当水泥砂浆中硅灰掺量为 0%、2%、4% 和 6% 时，正拉黏结强度结果见表1中6～9号配合比。

由表1中6～8号配合比可见，灌浆料正拉黏结强度随硅灰掺量增加而提高，当硅灰掺量超过4%，正拉黏结强度数值开始减小。硅灰的加入，可以减少水泥石基体及水泥石–骨料界面的孔隙数量及特征，使其微观结构发生明显改变，显著提高灌浆料的强度的同时，也提升了界面黏结强度。考虑到硅灰的过多加入，将导致灌浆料拌和物黏度及收缩显著增加，故配制灌浆料中硅灰的掺量以 4% 为宜。

从表1中，我们发现9号配比正拉黏结强度最大，可以认为当硅灰与钙矾石型膨胀矿物掺和料共同掺用时，其协同效应对界面黏结改性效果更为显著。

图4及图5分别为普通水泥净浆基体及内掺 10% 硅灰改性水泥净浆基体的扫描电镜照片。在普通水泥净浆基体中可明显观察到粗大的六方板状的 $Ca(OH)_2$ 晶体，而加入硅灰改性后的水泥净浆基体中，水化产物主要为 C–S–H 凝胶，没有发现粗大的 $Ca(OH)_2$ 晶体。而在图3的 X-Ray 衍射图谱中，也可观察到：硅灰加入后，水化产物中 $Ca(OH)_2$ 晶体的衍射峰明显减弱。

图4　普通水泥净浆基体扫描电镜照片　　　图5　内掺 10% 硅灰改性水泥净浆基体的扫描电镜照片

硅灰的平均粒径约为 0.1μm，硅灰用于混凝土中，一方面起超细填充料的作用，填充在水泥颗粒的周围，使浆体更为致密；另一方面在早期水化过程中起晶核作用，并有超高的火山灰活性，它与水泥水化生成的 $Ca(OH)_2$ 结合生成 $C-S-H$ 凝胶，这些凝胶堵塞在毛细管中，使毛细孔变小而且不连续，也明显改善新老混凝土界面区的 $Ca(OH)_2$ 的富集和取向，使界面薄弱区厚度减小甚至消失。同时，硅灰超高的比表面积对混凝土具有明显的保水增稠作用，减少混凝土中的离析和泌水；在合适的硅灰掺量下，灌浆料即使达到一个很大的流动度，也不离析泌水，显著改善灌浆料的均质性，提高灌浆料与老混凝土黏结强度。

## 2.3　聚合物对黏结性能的改性作用

聚合物乳液和粉末对水泥基材料的改性主要表现在改善和易性、改善泌水和离析、提高抗渗性、抗冻性、抗裂性和黏结力等方面。其中，增强界面黏结是聚合物改性的一个重要方面。

为了进一步提升灌浆料复合胶凝材料的界面黏结能力，优化配合比，对比了不同聚合物材料的黏结改性效果。采用灌浆料界面黏结试验进行材料优选，选定 NP 高分子胶粉、丁苯乳液、氯丁乳液三类聚合物对灌浆料进行改性，在标准养护制度下的黏结强度进行了对比分析。

试验中，基准砂浆试块养护制度为脱模后，在温度为（20±3）℃、湿度为 90% 以上的标准养护室水中养护 3 个月。将 3 个月龄期的"8"字形基准砂浆试块拉断，清理断裂面，基准砂浆试块另一半浇筑灌浆料，得到新老砂浆黏结试件，标准养护 28d，在抗拉试验机上测抗拉黏结强度。"8"字形砂浆断面尺寸为 25.4mm×25.4mm。试件形状如图 6 所示。

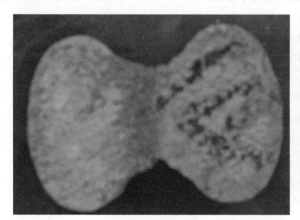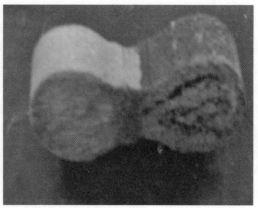

图 6　"8"字形试件

聚合物改性灌浆料抗拉黏结强度如图 7 所示。

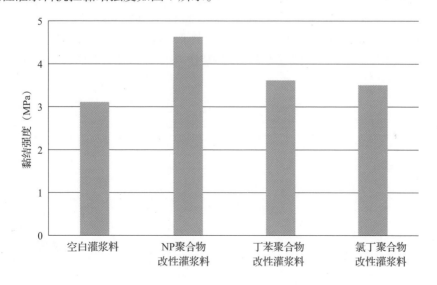

图 7　聚合物改性灌浆料抗拉黏结强度

由图 7 可知，聚合物改善了新老混凝土的黏结能力。聚合物改性灌浆料的黏结强度数值均超过空白灌浆料，其中 NP 聚合物改性灌浆料的黏结改性效果最佳，因为该类聚合物改性灌浆料在标准养护制度下能很好地硬化；丁苯聚合物改性灌浆料和氯丁聚合物改性灌浆料的黏结强度相对偏低，因为这两类聚合物在标准养护制度下不能很好地成膜硬化。

综合以上试验结果，聚合物对新老混凝土界面黏结有改性作用，考虑到 NP 高分子胶粉在标准养护制度下对界面黏结改性效果最佳，且聚合物掺量很小，适宜用于灌浆料中改善界面黏结。

聚合物相主要以空间三维连续网状结构存在于水泥石中。由于聚合物柔韧性好，抗拉强度大，聚合物相网状结构相当于"微纤维"，从而增强界面抵抗裂纹扩展的能力。另外，聚合物中大量的表面活性物质湿润老混凝土表面及浸入老混凝土表面，甚至进入老混凝土表面孔隙，从而形成聚合物膜牢固地黏附在老混凝土表面，改善了老混凝土和新混凝土的黏结能力。

## 3 结论

（1）配制灌浆料的胶凝材料中掺入适量的硅灰和膨胀剂，对新老混凝土界面黏结改性有重要作用。其中钙矾石型膨胀剂的掺量以 10% 为宜、硅灰的掺量以 4% 为宜，当硅灰与钙矾石型膨胀矿物掺和料共同掺用时，其协同效应提升界面黏结强度更为显著。

（2）聚合物对灌浆料与老混凝土界面有改性作用，考虑到 NP 高分子胶粉在标准养护制度下对界面黏结改性效果最佳，且聚合物掺量很小，适宜用于结构加固灌浆料中改善界面黏结能力。

### 参考文献

[1] 中华人民共和国住房和城乡建设部. 水泥基灌浆材料应用技术规范：GB/T 50448—2015[S]. 北京：中国建筑工业出版社，2015.

[2] 赵素宁，高士奇，曲烈. 灌浆料性能研究与应用 [J]. 粉煤灰，2017，29（5）：42-46.

[3] 雷超. 加固用水泥基灌浆料性能研究 [D]. 上海：上海交通大学，2018.

[4] 任亮亮，赵霄飞. 高强灌浆料在结构加固修补技术中的应用 [J]. 科技与企业，2012，21（4）：165-166.

[5] 李祖辉. 混凝土结构加固水泥基灌浆料性能与工程应用研究 [D]. 苏州：苏州科技学院，2015.

[6] WALL J S, SHRIVE N G. Facts affecting bond between new and old concrete[J]. ACI Materials Journal, 1988（3-4）：117-125.

[7] BARNES B D, DIAMOND S, DOLCH W L. The contact zone between Portland cement paste and glass aggregate surfaces[J]. Cement and Concrete Research, 1978, 8（2）：233-243.

[8] WONG H S, BUENFELD N R. Euclidean distance mapping for computing microstructural gradients at interfaces in composite materials[J]. Cement and Concrete Research, 2007, 36（6）：1091-1097.

[9] 刘同宾，杨柳. 新旧混凝土黏结薄弱界面成因分析 [J]. 建材技术，2009（3）：22-24.

[10] 高剑平，潘景龙. 新旧混凝土结合面成为受力薄弱环节原因初探 [J]. 混凝土，2000（6）：44-46.

# 某既有框架结构增层改造后抗震性能分析

杨全全 吴建刚 夏广录

甘肃省建筑科学研究院(集团)有限公司 兰州 730070

**摘 要:** 本文以某五层既有钢筋混凝土框架结构顶部增加一层钢结构工程为背景,采用PKPM软件分别建立该框架结构在增层前后的三维模型,通过模态分析对比增层前后结构自振周期及振型的变化,并采用振型分解反应谱法对增层后结构整体指标进行研究。然后通过弹性时程分析法与反应谱法计算结果对比给出楼层地震力放大系数。最后采用反应谱法并考虑放大系数,研究了结构抗震承载力以及变形,为增层方案的抗震设计提供了依据。

**关键词:** 钢筋混凝土;框架结构;增层改造;抗震性能

建筑物在建成使用多年后,使用要求或功能不能满足业主需求,往往需要对结构进行改建、扩建。增层改造尤其是在原有结构增加轻型钢结构,以其自重轻、抗震性能好和施工周期短等特点,在扩大建筑物使用面积改造工程中被广泛使用[1-2]。本文以某五层既有钢筋混凝土框架结构顶部增加一层钢结构为背景,研究分析该结构体系由多层形成高层及竖向规则性发生变化后对结构抗震性能的影响。

## 1 工程概况

某办公楼为五层全现浇钢筋混凝土框架结构,平面布局呈"一"字形,结构平面布置示意图如图1所示。该工程主体结构高度为22.5m,一层层高4.5m,为商铺,二~四层层高均为4.2m、五层层高为5.4m,为办公用房。该工程抗震设防分类为丙类,抗震设防烈度为8度,设计基本地震加速度为0.20$g$,设计地震分组为第三组,框架抗震等级为二级。结构安全等级为二级,结构设计使用年限为50年,场地类别为Ⅱ类,地基基础设计等级为丙级,桩基础设计等级为丙级。基础采用大直径人工挖孔灌注桩,持力层为圆砾层。混凝土强度设计等级:井桩C35,基础梁、框架梁和现浇板C30,三层及以下框架柱C40,四层框架柱C35,五层框架柱C30。混凝土保护层厚度:基础梁35mm,上部结构室内梁、柱保护层厚度为20mm,板为15mm。钢筋采用HPB300和HRB400级。该工程建成投入使用后,业主计划在该工程屋顶增加一层钢结构用于职工食堂。为确定增层改造对原结构安全性和抗震性能的影响以及新增钢结构的设计合理性,业主委托专业机构对该工程进行了鉴定。

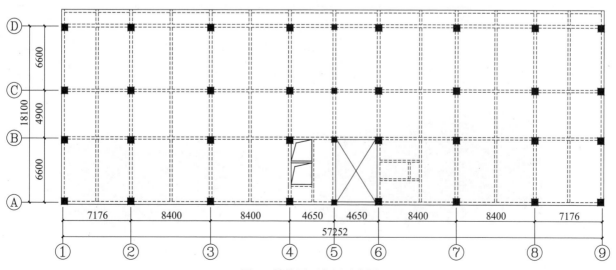

图1 结构平面布置示意图

## 2　增层改造方案

业主计划在该工程屋顶增加一层钢结构，初步设计钢结构采用框架结构，层高 4.2m，柱、梁均采用焊接 H 型钢，钢材等级 Q345，框架柱截面为 H500mm×280mm×16mm×20mm，框架梁截面为 H400mm×250mm×12mm×16mm，屋面板采用钢筋桁架楼承板，框架柱柱脚与原混凝土柱采用刚接，新增钢结构平面布置示意图如图 2 所示。

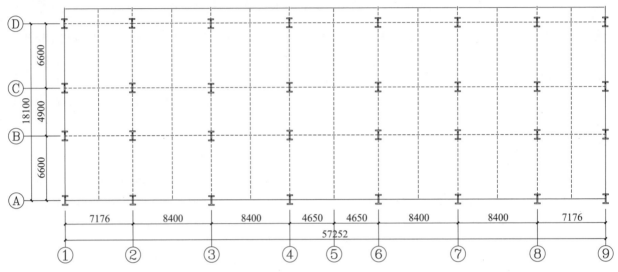

图 2　新增钢结构平面布置示意图

## 3　原结构检测与鉴定

经现场检测及核查资料，该工程施工质量满足设计要求及验收规范的相关要求。经复核计算，增层前原地基基础承载力和结构构件承载力满足要求，构造满足规范要求，根据《民用建筑可靠性鉴定标准》(GB 50292—2015)[3] 的规定，原结构可靠性鉴定等级为 I 级。

## 4　增层后结构抗震性能分析

本文采用 PKPM 软件分别建立该工程增层改造前后的计算模型，模型信息见表 1，计算模型如图 3 所示。首先对增层前后的结构进行模态分析，再分别采用振型分解反应谱法及弹性时程分析法对增层后的结构抗震性能进行分析。

表 1　计算模型信息

| 模型信息 | 层数 | 结构高度 (m) | 荷载变化 | 抗震等级 | 阻尼比 |
| --- | --- | --- | --- | --- | --- |
| 增层前 | 5 | 22.5 (多层) | 屋面活载 0.5kN/m² | 二级 | 全楼 0.05 |
| 增层后 | 6 | 26.7 (高层) | 食堂活载 2.5kN/m²<br>厨房活载 4.0kN/m² | 混凝土部分：一级<br>钢结构部分：三级 | 振型阻尼比<br>混凝土 0.05、钢构件 0.02 |

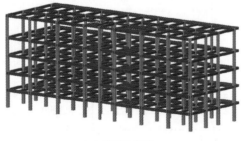

(a) 增层前模型

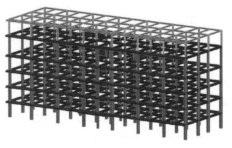

(b) 增层后模型

图 3　计算模型

## 4.1　模态分析

自振特性作为结构抗震性能分析的基础，本文通过模态分析得出增层前、后两个模型的周期、振型形态来对比分析增层改造对结构自振特性的影响，见表 2。模态分析中，取结构前 5 阶振型的周期及方向进行对比分析，经对比，该工程在增层后因结构刚度和质量的变化，每一阶振型的周期较增层前均有所延长；加层后第 1 阶振型平动方向由 $Y$ 向变化为 $X$ 向；加层前后周期比分别为 0.901、0.889。分析表明，增层对结构自振特性造成一定影响。

表 2　自振特性对比

| 振型周期及方向 | 第 1 阶振型 | 第 2 阶振型 | 第 3 阶振型 | 第 4 阶振型 | 第 5 阶振型 |
|---|---|---|---|---|---|
| 增层前 | 0.9245s（$Y$ 向平动） | 0.9066s（$X$ 向平动） | 0.8333s（扭转） | 0.3472s（$Y$ 向平动） | 0.3559s（$X$ 向平动） |
| 增层后 | 1.0999s（$X$ 向平动） | 1.0905s（$Y$ 向平动） | 0.9786s（扭转） | 0.5703s（$X$ 向平动） | 0.4297s（$Y$ 向平动） |

## 4.2　抗震性能分析

### 4.2.1　振型分解反应谱法验算

根据《建筑抗震设计规范》（GB 50011—2010，2016 年版）[4] 的规定，采用振型分解反应谱法进行抗震验算，结构整体指标计算结果见表 3。从表 3 可以看出，增层后六层 $X$ 方向层间位移角为 1/184，严重不满足规范要求 [1/250]，五层 $Y$ 向层间位移角不满足规范要求；六层 $Y$ 向楼层受剪承载力比为 0.42，严重不满足规范要求 [0.80]，属于竖向不规则结构。

表 3　结构整体指标计算结果

| 指标项 | | 计算结果及规范限值 | 指标项 | | 计算结果及规范限值 |
|---|---|---|---|---|---|
| 最小楼层受剪承载力比值 | $X$ 向 | 1.00 > [0.80]（6 层） | 最大位移比 | $X$ 向 | 1.03 < [1.50]（5 层） |
| | $Y$ 向 | 0.42 < [0.80]（5 层） | | $Y$ 向 | 1.23 < [1.50]（6 层） |
| 最小刚度比 | $X$ 向 | 1.00 = [1.00]（6 层） | 最大层间位移比 | $X$ 向 | 1.03 < [1.50]（5 层） |
| | $Y$ 向 | 1.00 = [1.00]（6 层） | | $Y$ 向 | 1.23 < [1.50]（5 层） |
| 最小剪重比 | $X$ 向 | 6.95% > [3.20%]（1 层） | 刚重比 | $X$ 向 | 32.91 > [10]（6 层） |
| | $Y$ 向 | 7.10% > [3.20%]（1 层） | | $Y$ 向 | 38.58 > [10]（2 层） |
| 最大层间位移角 | $X$ 向 | 1/184 > [1/250]（6 层） | | | |
| | $Y$ 向 | 1/486 > [1/550]（5 层） | | | |

### 4.2.2　弹性时程分析法补充验算

根据《建筑抗震设计规范》（GB 50011—2010，2016 年版）的规定，采用弹性时程分析法进行多遇地震下的补充验算。依据规范关于选择地震波的要求，本文选取 2 条天然波、1 条人工波，依次为 TH055TG045 波，CHI-CHI、TAIWAN-05 波，RH2TG045 波，如图 4（a）～图 4（c）所示，分别对增层后结构进行弹性时程分析。地震加速度时程的最大值取为 70cm/s²，时间间隔取为 0.02s。

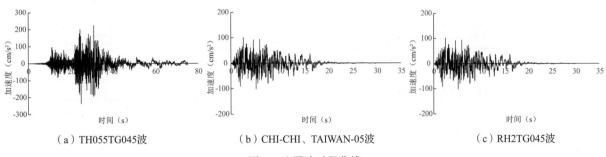

（a）TH055TG045波　　　　（b）CHI-CHI、TAIWAN-05波　　　　（c）RH2TG045波

图 4　地震波时程曲线

经验算，该工程在 3 条地震波弹性时程分析产生的结构底部剪力均大于振型分解反应谱法计算结果的 65%，3 条地震波弹性时程分析产生结构底部剪力的平均值大于振型分解反应谱法计算结果的 80%，满足规范要求。本文将地震作用下弹性时程分析法与振型分解反应谱法计算得到的底部剪力、楼层剪力进行了对比，见表 4。结果表明，经弹性时程分析法补充验算，该工程增层后一层、五层、六层楼层地震力应进行放大，放大系数见表 4。

表 4  楼层剪力

| 楼层 | 振型分解反应谱法（CQC） | | 时程分析法 | | | | | | 楼层剪力包络值 | | 楼层地震力放大系数 | |
| --- | --- | --- | --- | --- | --- | --- | --- | --- | --- | --- | --- | --- |
| | | | TH055TG045 波 | | CHI-CHI、TAIWAN-05 波 | | RH2TG045 波 | | | | | |
| | $X$ 向 | $Y$ 向 | $X$ 向 | $Y$ 向 | $X$ 向 | $Y$ 向 | $X$ 向 | $Y$ 向 | $X$ 向 | $Y$ 向 | $X$ 向 | $Y$ 向 |
| 6 | 1480 | 1056 | 1521 | 907 | 1985 | 991 | 1366 | 768 | 1985 | 1056 | 1.34 | 1.00 |
| 5 | 2449（1738） | 2545（1745） | 2006 | 2014 | 3068 | 2445 | 2048 | 1798 | 3068 | 2545 | 1.25 | 1.00 |
| 4 | 3310（3149） | 3399（3105） | 2686 | 2771 | 3322 | 3134 | 2504 | 2656 | 3322 | 3399 | 1.00 | 1.00 |
| 3 | 4050（4196） | 4148（4112） | 3309 | 3678 | 3911 | 3616 | 2975 | 3317 | 4050 | 4148 | 1.00 | 1.00 |
| 2 | 4667（4985） | 4777（4882） | 3881 | 4312 | 4636 | 4717 | 3371 | 3746 | 4667 | 4777 | 1.00 | 1.00 |
| 1 | 4988（5375） | 5099（5265） | 4197 | 4601 | 5183 | 5251 | 3568 | 3934 | 5183 | 5251 | 1.04 | 1.03 |

注：单位为 kN。括弧内数据为增层前结构各楼层剪力。

### 4.2.3 抗震验算

根据《建筑抗震设计规范》（GB 50011—2010，2016 年版）的规定，考虑楼层地震力放大系数，采用振型分解反应谱法对该工程增层后结构抗震承载力及变形进行验算，并将增层前后各楼层剪力进行了对比，见表 5。结果表明，增层后，四层、五层楼层剪力较增层前有所增大，最大增幅 45%；增层后，六层 $X$ 向层间位移角为 1/137、五层 $Y$ 向层间位移角为 1/486，不满足规范要求；五层 $Y$ 向楼层受剪承载力比不满足规范要求。增层后原结构第五层混凝土结构构件抗震承载能力不满足计算要求，其余楼层满足计算要求；新增钢结构构件抗震承载力满足计算要求，但部分钢框架柱应力比大于 0.95，构件承载力富余度太低。新增钢结构框架柱采用 H 形截面，楼层 $X$ 向与 $Y$ 向刚度、受剪承载能力不均匀，造成新增钢结构无法同时满足构件承载力和楼层受剪承载力比的要求。

表 5  增层前后楼层剪力对比

| 楼层 | | 5 | 4 | 3 | 2 | 1 |
| --- | --- | --- | --- | --- | --- | --- |
| 增层前 | $X$ 向 | 1738 | 3149 | 4196 | 4985 | 5375 |
| | $Y$ 向 | 1745 | 3105 | 4112 | 4882 | 5265 |
| 增层后 | $X$ 向 | 2449 | 3310 | 4050 | 4667 | 4988 |
| | $Y$ 向 | 2545 | 3399 | 4148 | 4777 | 5099 |

### 4.2.4 抗震构造措施

根据《建筑抗震设计规范》（GB 50011—2010，2016 年版）的规定，分别对增层后原混凝土部分及新增钢结构部分抗震构造措施进行核查。结果表明，增层后该工程成为高层结构，随之抗震等级提高，原混凝土结构部分框架柱箍筋直径及配箍率不满足规范要求，其余结构构件轴压比、配筋率等其他抗震构造措施满足规范要求；新增钢结构部分抗震构造措施满足规范要求。

### 4.2.5　小结

通过以上对比分析，得出以下结论：

（1）该工程在增层改造后，一层、二层及三层楼层剪力较增层前有所减小，四层、五层楼层剪力大幅度增加。五层因地震力的增加，楼层变形超限。因新增钢结构的设计不合理，造成五层受剪承载力比超限。

（2）通过采用弹性时程分析方法对增层改造结构的补充验算，与振型分解反应谱法计算结果比较后取包络值，得出各楼层地震力放大系数，能够较准确地验算原有混凝土结构的抗震性能指标，并判定新增钢结构的设计合理性。

## 5　处理建议

根据前文鉴定结果及抗震性能分析结果，关于箍筋配置不满足的框架柱，建议采用粘贴纤维复合材的方法对其进行加固，提高框架柱的延性。经过反复验算对比，建议在原混凝土结构五层增设柱间支撑的方法进行加固，提高楼层刚度及受剪承载能力；建议增层部分考虑弹性时程分析的地震力放大系数后重新设计，将原 H 截面框架柱更换为箱形截面，可提高 X 向楼层刚度，同时减小框架柱 Y 向截面尺寸，进一步解决五层受剪承载力比超限的问题。

## 6　结语

随着城市更新在全国推进，建筑功能多样化成为一种趋势，在既有建筑物上增层改造项目越来越多。在原钢筋混凝土框架的顶部加设一层轻型钢结构是常见的增层方式。本文通过对增层前、后结构抗震性能的对比分析，得到一些结论，提出一些加固处理建议。但是这种增层形式还存在许多亟待解决的问题，需要进一步分析研究，以便为业主提供安全经济的改造设计方案。

### 参考文献

[1] 刘延滨，张瑜都，刘生纬，等.某框架结构加固改造与加层抗震性能分析 [J]. 建筑结构，2015，4（59）：39-42.

[2] 马肖彤，包超，陆华，等.既有钢筋混凝土框架结构加层改造抗震性能研究 [J]. 工程抗震与加固改造，2019，41（06）：89-93，88.

[3] 中华人民共和国住房和城乡建设部.民用建筑可靠性鉴定标准：GB 50292—2015[S]. 北京：中国建筑工业出版社，2015.

[4] 中华人民共和国住房和城乡建设部.建筑抗震设计规范：GB 50011—2010[S]. 2016 版. 北京：中国建筑工业出版社，2016.

# 压路机作业振动对农房振损的
# 影响研究

## 曾繁文　夏广录　吴建刚

甘肃省建筑科学研究院（集团）有限公司　兰州　730070

**摘　要：**公路施工时，压路机作业振动对周边农房造成一定的损伤，周边居民不论远近都要求赔偿，给施工单位造成困扰。建筑物受损表现形式一般为墙体开裂、抹灰层脱落、地基基础变形或下沉等。为确定公路施工时振动对周边房屋的影响，先进行施工前周边房屋现状调查，施工完成后再进行一次房屋受损调查，通过前后损伤对比，结合振动测试计算出振动影响范围，定量分析公路施工振动对既有农房引起的损害，从而科学地评价房屋状态，为后续维修处理或理赔提供技术依据。

**关键词：**公路施工；压路机作业；农房振损；影响范围

伴随着交通迅速发展，公路、铁路离村镇越来越近，公路、铁路施工时，压路机作业振动对周边农房造成一定的损伤，施工企业与周边村民因房屋受损引起的理赔纠纷越来越多，周边居民无论远近都要求赔偿，不仅对施工进度造成严重影响，如何理赔也困扰着施工企业或保险公司。建筑物受损表现形式一般为砌体墙体开裂、抹灰层脱落，地基基础变形或下沉[1]等。科学、客观地评价振动对房屋安全的影响，合理化解矛盾纠纷，已显得越来越重要。本文通过现场实测压路机作业时与振源不同距离的加速度，依据《机械振动与冲击　建筑物的振动　振动测量及其对建筑物影响的评价指南》（GB/T 14124—2009）[2]和《建筑工程容许振动标准》（GB/T 50868—2013）[3]定量分析公路施工压路机作业振动对既有农房引起的损害，给出振动影响范围，结合公路施工前后附近农房损伤情况对比，对压路机振动影响范围进行修正，给出居民和施工企业均可接受的范围，从而进一步确定加固维修费用，为该类事件提供处理依据。

## 1　工程概况

某高速公路项目附近农房，共11户，房屋结构形式为土木、砖木及砖混结构，所涉及的房屋均未进行正规的勘察、设计及施工，根据国家现行标准《建筑抗震设计规范》（GB 50011）附录A[4]规定，该地区抗震设防烈度为7度，设计基本地震加速度值为0.15g，为第三组。

在高速公路施工前，于2016年10月20日对11户涉及房屋建筑结构现状进行调查[5]。公路施工后，于2017年11月27日对11户涉及房屋建筑结构现状再次进行调查。根据调查可知，在压路机作业施工后，部分农房墙体出现不同程度的裂缝，为进一步确定农房受损程度与振动范围，对公路施工压路机作业振动对农房受损进行振动测试分析。

## 2　振动测试方案

现场压路机作业施工时，为进一步分析振动影响程度，对与路基不同距离处的振动进行测试，分析路基路段在压路机作业过程中，振动的幅值及其衰减反应。距压路机运行线路垂直距离20m、40m、60m的测点上分别放置3台强震仪同时进行振动测试，其中路基上测试点布置在同一直线，每个测试点布置水平2分量、上下1分量的拾振器，其中水平向CH1指向振动方向，CH2与振动方向垂直，CH3为垂直方向。通过强震仪记录不同位置测点压路机作业振动所引起的实时加速度时程曲线，根据测量的不同向的加速度峰值及持续时间，得到压路机作业引起强振动随距离的衰减规律。各测点振动实时记录情况见表1。

表 1　路面振动实时记录情况（路基）

| 时间 | 仪器编号 | 测点距离 | 点位描述 | 记录文件 |
|---|---|---|---|---|
| 2017-04-25 | 1 号 | 20m | 距路基边线 20m 处 | A001 |
| 2017-04-25 | 2 号 | 40m | 距路基边线 40m 处 | B001 |
| 2017-04-25 | 3 号 | 60m | 距路基边线 60m 处 | C001 |

## 3　压路机作业振动对路基影响监测结果

### 3.1　振动波形监测

　　根据对振动数据连续监测，压路机作业振动路基测试记录如图 1～图 3 所示，其中横轴时间为 60s，纵轴为加速度（cm/s²）。

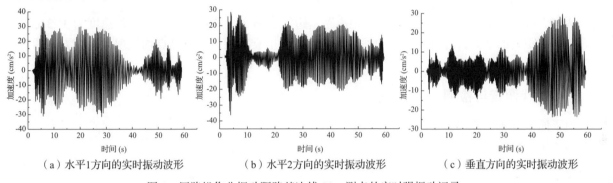

（a）水平1方向的实时振动波形　　　（b）水平2方向的实时振动波形　　　（c）垂直方向的实时振动波形

图 1　压路机作业振动距路基边线 20m 测点的实时强振动记录

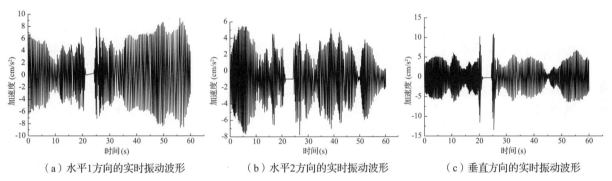

（a）水平1方向的实时振动波形　　　（b）水平2方向的实时振动波形　　　（c）垂直方向的实时振动波形

图 2　压路机作业振动距路基边线 40m 测点的实时强振动记录

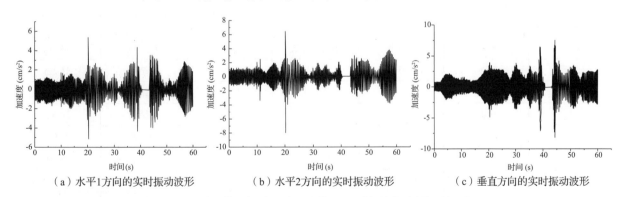

（a）水平1方向的实时振动波形　　　（b）水平2方向的实时振动波形　　　（c）垂直方向的实时振动波形

图 3　压路机作业振动距路基边线 60m 测点的实时强振动记录

### 3.2　振动加速度监测

　　压路机作业振动距路基边线 20m、40m、60m 不同位置的最大加速度值从图 1～图 3 可获得，结果见表 2。

表2 压路机作业振动不同位置的最大加速度

| 记录文件 | 传感器方向 | 最大加速度值（cm/s²） |
|---|---|---|
| A001（距震源20m） | 水平1方向 | 32.26 |
| | 水平2方向 | 31.83 |
| | 垂直方向 | 35.31 |
| B001（距震源40m） | 水平1方向 | 8.69 |
| | 水平2方向 | 7.98 |
| | 垂直方向 | 13.66 |
| C001（距震源60m） | 水平1方向 | 6.22 |
| | 水平2方向 | 7.69 |
| | 垂直方向 | 8.86 |

从表2可以看出，压路机作业振动在距离路基边线20m处，引起的振动最大加速度为35.31cm/s²。随着离振源距离的增大，各测点水平和垂直向振动加速度衰减明显，各测点均表现为垂直方向的振动大于水平方向的振动。

## 4 房屋现状调查与检测

为了便于现场开展检测工作，现场对房屋结构形式及相对距离进行调查，对每户房屋进行了平面图测绘工作，并进行受损现状检测，现将每户房屋的检测内容分述如下：

### 4.1 相对位置

根据现场调查，11户房屋距离施工路基相对位置示意图如图4所示。

图4表明，距离公路路基最近的农房直线距离为15.6m，最远农房距离为43.3m。

### 4.2 基本概况

根据现场调查，11户房屋结构形式[7]、建造年代、屋盖形式、檐口高度及砌筑材料等基本情况见表3。

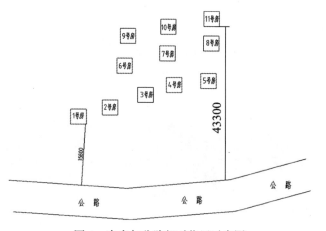

图4 农房与公路相对位置示意图

表3 农房基本情况

| 房号 | 结构形式 | 建造年代 | 屋盖形式 | 檐口高度 | 砌筑材料 | 相对距离 |
|---|---|---|---|---|---|---|
| 1 | 砖木 | 1993年 | 单坡木屋盖 | 2.8m | 烧结砖 | 15.6m |
| 2 | 砖木 | 1993年 | 单坡木屋盖 | 2.9m | 烧结砖 | 16.3m |
| 3 | 砖混 | 2005年 | 预制板 | 3.0m | 烧结砖 | 18.8m |
| 4 | 砖混 | 2009年 | 预制板 | 3.0m | 烧结砖 | 20.6m |
| 5 | 砖木 | 1998年 | 单坡木屋盖 | 2.8m | 烧结砖 | 23.0m |
| 6 | 土木 | 1983年 | 单坡木屋盖 | 2.9m | 土坯 | 27.3m |
| 7 | 砖木 | 1996年 | 单坡木屋盖 | 2.9m | 烧结砖 | 29.6m |
| 8 | 砖木 | 2004年 | 单坡木屋盖 | 2.9m | 烧结砖 | 32.5m |
| 9 | 土木 | 1993年 | 单坡木屋盖 | 2.9m | 土坯 | 35.7m |
| 10 | 砖混 | 2009年 | 预制板 | 3.1m | 烧结砖 | 38.6m |
| 11 | 砖混 | 2009年 | 预制板 | 3.2m | 烧结砖 | 43.3m |

#### 4.3　路基施工前后农房损伤裂缝比对

根据前后两次（2016 年 10 月 20 日、2017 年 11 月 27 日）现场调查，发现该 11 户房屋个别墙体新增不同程度的裂缝[8-9]，同时对房屋墙体裂缝的位置、宽度、走向等具体形式进行了描绘，房屋墙体裂缝具有如下特点：裂缝主要出现在纵横墙及其交界处、门窗洞口四周。墙体裂缝以斜向裂缝为主，个别裂缝为竖向裂缝。裂缝深度和宽度：墙体裂缝宽度在 0.05～4.0mm 之间。检测结果见表 4。

表 4　施工前后农房裂缝比对检测结果

| 房号 | 检测结果 |
| :---: | --- |
| 1 | 新增裂缝 10 条，裂缝宽度从 0.05～1.0mm 变化为 2.0～4.0mm |
| 2 | 新增裂缝 8 条，裂缝宽度从 0.05～1.0mm 变化为 1.0～3.0mm |
| 3 | 新增裂缝 8 条，裂缝宽度从 0.05～1.0mm 变化为 0.5～2.0mm |
| 4 | 新增裂缝 9 条，裂缝宽度从 0.05～0.8mm 变化为 0.5～2.0mm |
| 5 | 新增裂缝 6 条，裂缝宽度从 0.05～0.9mm 变化为 0.5～2.5mm |
| 6 | 新增裂缝 5 条，裂缝宽度从 0.3～1.0mm 变化为 0.6～2.0mm，纵横墙交接处脱开宽度从 1.0～1.5mm 变化为 1.5～3.0mm |
| 7 | 新增裂缝 6 条，裂缝宽度从 0.05～1.0mm 变化为 0.5～1.5mm |
| 8 | 新增裂缝 6 条，裂缝宽度从 0.05～1.0mm 变化为 0.5～1.5mm |
| 9 | 新增裂缝 6 条，裂缝宽度从 0.3～1.0mm 变化为 0.6～2.0mm，纵横墙交接处脱开宽度从 1.0～1.5mm 变化为 1.5～2.5mm |
| 10 | 新增裂缝 8 条，裂缝宽度从 0.05～1.0mm 变化为 0.5～1.5mm |
| 11 | 新增裂缝 5 条，裂缝宽度从 0.05～1.0mm 变化为 0.5～1.5mm |

#### 4.4　房屋围护结构检测

根据现场调查，发现该房屋室外地面散水局部开裂，墙体粉刷层脱落，个别窗户玻璃破损。

### 5　压路机作业振动对房屋影响范围分析

#### 5.1　振动监测与结果分析

根据路基振动监测结果，路基上振动的水平方向最大加速度沿测点与震源距离的分布图如图 5 所示。从图 5 可以看出，压路机作业产生的振动，在距离路基边线 20m 处，引起的振动最大加速度为 35.31cm/s²，其产生的影响相当于地震烈度 Ⅴ 度区的峰值加速度[6]［根据《中国地震烈度表》（GB/T 17742—2008）第 4.1 条"Ⅴ 度区的峰值加速度为 22～44cm/s²"）。在距离 40m、60m 处引起的振动最大加速度为 13.16cm/s²、8.83cm/s²，其产生远小于地震烈度 Ⅴ 度区的峰值加速度。水平方向振动最大加速度沿距离的衰减关系可用下式进行计算：$y=3052.6x^{-1.541}$。其中相关系数 $R^2=0.9678$。

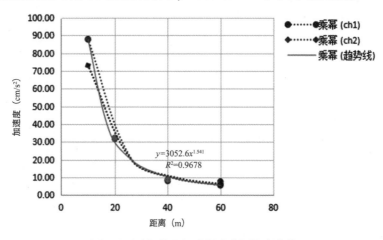

图 5　压路机作业振动影响范围拟合曲线

### 5.2 路基施工前后农房损伤对比分析

从路基施工前后涉案农房损伤对比可以看出，涉案农房在路基施工后不仅原有裂缝均有所增大，且均有新裂缝产生，说明仅按振动监测依据现行《建筑工程容许振动标准》(GB 50868)确立的振动影响范围偏小，原因在于农房自身建造条件（所处场地、建造年代、施工工艺、质量等），同时路基施工是一个长时间持续振动损伤，与短时间或瞬间的地震有较大区别，为避免误判，影响群众利益，建议对振动监测确立的振动影响范围做适当的放大修正。

## 6 结语

压路机作业振动对周围农房有一定的影响，本工程场地影响范围为直线距离 20m 范围以内区域，但通过施工前后比对检测，实际振动影响范围要比监测计算范围更大，原因在于农村房屋自身的建造条件（建造年份、成本投入、施工工艺等）差，抗震设防标准过低会放大振动影响范围。此外，压路机作业为长时间持续性振动，对农房的影响程度会有所增加。建议今后压路机作业施工时要做好过程监测，并提出监测要求的报警值，并对影响范围内的建筑物进行详细调查，以确保房屋安全可靠。施工前后对建筑物损伤程度进行比对分析，结合振动影响范围监测计算，可定量计算出振动对建筑物的影响程度，为后期维修处理提供技术参数，进一步确定加固维修费用，为该类事件提供解决依据。

**参考文献**

[1] 中华人民共和国住房和城乡建设部. 建筑地基基础设计规范：GB/T 50007—2011[S]. 北京：中国建筑工业出版社，2012.

[2] 中华人民共和国国家质量监督检验检疫总局. 机械振动与冲击 建筑物的振动 振动测量及其对建筑物影响的评价指南：GB/T 14124—2009[S]. 北京：中国标准出版社，2009.

[3] 中华人民共和国住房和城乡建设部. 建筑工程容许振动标准：GB 50868—2013[S]. 北京：中国计划出版社，2013.

[4] 中华人民共和国住房和城乡建设部. 建筑抗震设计规范：GB 50011—2010[S]. 2016 年版. 北京：中国建筑工业出版社，2010.

[5] 中华人民共和国住房和城乡建设部. 砌体工程现场检测技术标准：GB/T 50315—2011[S]. 北京：中国建筑工业出版社，2011.

[6] 国家市场监督管理总局. 中国地震烈度表：GB/T 17742—2008[S]. 北京：中国标准出版社，2009.

[7] 中华人民共和国住房和城乡建设部. 砌体结构设计规范：GB 50003—2011[S]. 北京：中国建筑工业出版社，2011.

[8] 中国工程建设协会. 房屋裂缝检测与处理技术规程：CECS 293—2011[S]. 北京：中国计划出版社，2011.

[9] 中华人民共和国住房和城乡建设部. 建筑工程裂缝防治技术规程：JGJ/T 317—2014[S]. 北京：中国计划出版社，2014.

# 双 360° 咬边连接压型金属板屋面系统
# 抗风性能试验研究

常好诵　　任志宽　　殷小珠

中冶建筑研究总院有限公司　北京　100088

**摘　要：**本文对咬边连接压型金属板屋面系统，分别应用美国 FM Approval 4474 静态试验标准、澳大利亚标准 AS 4040.3—1992（R2016）中的 Low-High 动态加载和澳大利亚标准 AS 4040.3—2018 中的 Low-High-Low 动态加载进行抗风揭试验，对比其极限抗风承载力和屋面板工作状态。结果表明，动态加载过程中相比于静态加载发生应力峰值扩展现象，以更低的试验荷载达到屈服，且抗风极限承载力下降。

**关键词：**咬边连接；压型金属板；抗风揭；试验研究

咬边连接压型金属板屋面系统是一种常见的围护结构，面板采用机械加工成型。金属屋面板材质的种类很多，按照材料分类有纯钛屋面板、钛锌屋面板、铜屋面板、不锈钢屋面板、铝镁锰合金屋面板、镀铝锌钢屋面板等多种板材[1]。金属板厚度一般为 0.4 ~ 1.2mm，其表面需要进行涂装加工，根据金属材料种类、涂装工艺和涂层选择的差异，金属板的使用年限在 20 ~ 100 年之间[2]。安装时将专用连接支座固定在支撑龙骨上，相邻屋面板及连接支座相互咬合，然后通过机械或手工的方式进行锁死、定型、固定。目前，国内对该种屋面体系抗风性能的静态试验研究结果比较丰富[3-6]，但关于其动态抗风性能的研究还比较匮乏[7-8]。因此，开展咬边连接压型金属板屋面系统静态和动态抗风性能的试验研究与对比具有重要意义。本次研究分别采用美国 FM Approval 4474 试验标准的分级静态加载法、澳大利亚 AS 4040.3—1992（R2016）标准的 Low-High 动态加载和澳大利亚标准 AS 4040.3—2018 标准的 Low-High-Low 动态加载对试验试件进行加载，对比其抗风极限承载力和屋面板工作状态的区别。

## 1　试验试件布置

### 1.1　双 360° 咬边连接压型金属板屋面系统

双 360° 咬边连接压型金属板屋面系统通过锁边扣合件将 0.6mm 厚镀铝锌基板和 T 形连接支座通过机械方法连接在一起，使相邻两个屋面板连接更加牢靠、稳固，具有良好的抗风性能和防水性能，是一种高性能新型直立锁边金属屋面系统，屋面节点大样如图 1 所示。

金属板屋面系统的安装，是将两个屋面板的卷边对齐，放入 T 形连接支座的左、右翼板下方，然后将咬合扣件套设在卷边及 T 形连接支座外，将卷边竖直段和咬合扣件竖直段一起向内翻折形成咬合边，T 形连接支座通过支撑架固定在檩条上，形成金属屋面系统。

### 1.2　构件布置

为完成咬边连接压型金属板屋面系统静态和动态抗风性能对比，共制作 3 组相同试件，安装在抗风揭测试装置上，构件布置和施工工艺完全按照实际设计图纸和现场施工标准进行。试件所用金属板宽度为 400mm，共计 9 条咬边、8 块完整板，屋面板檩条间距为 1500mm。为观察屋面板在加载过程中的应力变化情况，在屋面板上安装 4 个应变片 Y1 ~ Y4，其中 Y1 ~ Y3 沿金属屋面板纵向布置，

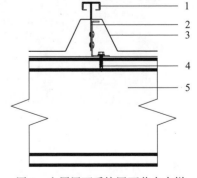

图 1　金属屋面系统屋面节点大样
1—咬合扣件；2—T 形连接支座；
3—0.6mm 厚镀铝锌基板；4—自攻螺钉；
5—屋面系统檩条

Y4 沿横向布置，如图 2 所示。

## 2 分级静态静态试验

### 2.1 加载制度

试验采用气囊法加载，应用美国 FM Approval 4474 静态试验标准，以 700Pa 的分级大小对试件加载直至试件破坏[9]。

（1）初始的压力等级为 700Pa，气压上升速率为（70±50）Pa/s，在该压力下保持 60s。

（2）通过引入更多的空气，压力等级再次增加 700Pa，按如上描述的速率进行，保持该压力等级 60s。

（3）接着如（2）所述重复进行直至样品破坏，不能达到或保持更高的压力等级，试验结束。加载全过程示意图如图 3 所示。

图 2　试件平面布置图

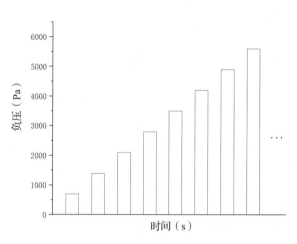

图 3　静态试验加载全过程示意图

### 2.2 试验现象

以 700Pa 分级大小加载，气压为 0～1400Pa 时，屋面无明显变形；气压为 2100～2800Pa 时屋面板中部开始有明显鼓起，支座之间的锁边亦开始轻微上鼓；气压为 3600Pa 时，屋面板变形加剧，支座间锁边上鼓更加明显，由于锁边两边屋面变形程度不同，导致锁边不规则扭曲呈波浪形，如图 4（a）所示；从 3600Pa 向 4300Pa 加压的过程中，加载至 4200Pa 时，发出"嘭"的一声巨响，压力计显示试验平台内压力急剧下降，右边第四条锁边与 T 形连接支座脱开，如图 4（b）、（c）所示，屋面板出现严重变形。

（a）3.6kPa保压时金属屋面系统状态　　（b）金属屋面系统破坏整体状态　　（c）金属屋面系统破坏局部状态

图 4　分级静态加载试验过程现象及破坏状态

### 2.3 受力变化

静态试验屋面板支座处应变片 Y1、Y3 在前 4 级应变呈现线性增大的趋势，加载至第 4 级 2900Pa 时，应变达到最大值，继续加载至第 5 级 3600Pa，应变开始下降，这是由于 2900Pa 时金属板已屈服，继续加大压力金属板发生了大变形，锁边部位的金属板向上张开，内力重新分布，靠近锁边的部分承担了更大的荷载，导致金属板中间应力下降。屋面板跨中处应变片 Y2、Y4 在前 2 级加载时应变增加不明显，从第 3 级 2100Pa 到第 4 级 2900Pa 应变迅速增大到最大值，继续加载至第 5 级 3600Pa，应变开始下降，如图 5 所示。

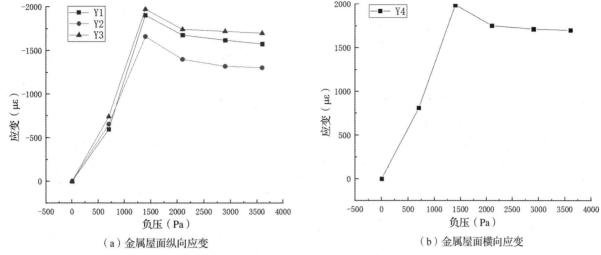

（a）金属屋面纵向应变　　　　　　　　　　（b）金属屋面横向应变

图 5　分级静态加载试验金属屋面应变变化规律

## 3　咬边连接压型金属板屋面系统 Low-High 动态加载试验

### 3.1　加载制度

试验采用箱体法加载，应用澳大利亚标准 AS 4040.3—1992（R2016）版提供的通用于金属薄覆层屋面或墙面的 Low-High 动态加载试验方法，其加载分为四个序列（表 1）。动态试验加载整体分为两个阶段，其中阶段 1 采用 Low-High 动态加载，动态加载结束后进入阶段 2，采用美国 FM Approval 4474 静态试验标准并按照 700Pa 分级进行静态加载，直至金属屋面系统试件破坏。

表 1　Low-High 屋面风压加载序列

| 序列 | 循环荷载次数 | 波动范围 |
|---|---|---|
| A | 8000 | $0 \sim 0.4P_t$ |
| B | 2000 | $0 \sim 0.5P_t$ |
| C | 200 | $0 \sim 0.65P_t$ |
| D | 1 | $0 \sim 1.3P_t$ |

注：$P_t$ 为试验测试压力值。

金属屋面系统静态加载的抗风极限承载力为 4200Pa，根据此结果，选取 1.7 的安全系数，设置风荷载测试值 $P_t$ 为 2500Pa。

阶段 1：

（1）序列 A：8000 次循环加载，循环荷载幅值为 $0.4P_t$。

（2）序列 B：2000 次循环加载，循环荷载幅值为 $0.5P_t$。

（3）序列 C：200 次循环加载，循环荷载幅值为 $0.65P_t$。

（4）序列 D：1 次循环加载，循环荷载幅值为 $1.3P_t$，单个循环应持荷 1min。

阶段 2：

采用美国 FM Approval 4474 静态试验标准，以 700Pa 的分级大小对试件加载直至试件破坏，具体操作过程与静态试验相同，此处不再赘述。加载全过程如图 6 所示。

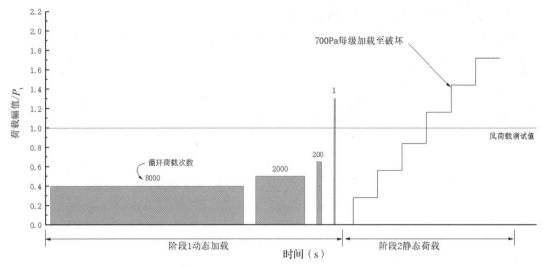

图 6　Low-High 动态加载全过程

## 3.2　试验现象

在阶段 1 的 Low-High 动态加载过程中，屋面在序列 A 无明显变化；序列 B 屋面金属板有轻微鼓起；序列 C 金属屋面板有明显鼓起，支座间锁边无明显变化，如图 7（a）所示；序列 D 金属屋面板鼓起更加剧烈，支座之间的锁边亦有明显上鼓，且由于锁边两变屋面变形程度不同，导致锁边不规则扭曲呈波浪形，如图 7（b）所示。阶段 1 加载结束后，金属屋面系统未发生永久变形等破坏现象。在加载阶段 2，以 700Pa 分级大小加载，从 3600Pa 向 4300Pa 加压过程中加至 3900Pa 时，屋面综合性能试验机上箱体发出一声巨响，通过监控屏幕可以观察到，左边第三条锁边与 T 形连接支座脱开，屋面板出现严重变形，如图 7（c）所示。

（a）序列C，200次无失效　　　　　（b）序列D，1次无失效　　　　　（c）金属屋面系统破坏

图 7　Low-High 动态试验过程现象及破坏状态

## 3.3　受力变化

Low-High 动态加载试验在加载阶段 1，整体而言金属屋面系统屋面板跨中应变随荷载增加呈现增大趋势：在序列 A 的 8000 次 $0.4P_t$ 循环加载过程中，应变保持稳定。在序列 B 的 2000 次 $0.5P_t$ 循环加载过程中，应变略有增大且保持稳定。在序列 C 的 200 次 $0.65P_t$ 循环加载中，循环荷载作用下应变峰值整体呈四折线变化，在前 40 次循环中，应变峰值保持不变；在随后的 100 次循环中，应变峰值逐渐增大，且前 50 次增大速度高于后 50 次；在最后 60 次循环中，应变大小保持不变。在序列 D，应变大小与序列 C 结束时大小一致。在序列 C 进行的过程中，金属屋面板应力状态为分阶段扩展并达到塑性状态，故在序列 D，金属屋面板应变不再增加，具体扩展状态如图 8 所示。

## 4　咬边连接压型金属板屋面系统 Low-High-Low 动态加载试验

### 4.1　加载制度

试验采用箱体法加载，应用澳大利亚标准 AS 4040.3—2018 提供的通用于金属薄覆层屋面或墙面的 Low-High-Low 动态加载试验方法，其加载分为七个序列（表 2）[10]。动态试验加载整体分为两个阶段，其中阶段 1 采用 Low-High-Low 动态加载，动态加载结束后进入阶段 2，采用美国 FM Approval 4474 静态试验标准并按照 700Pa 分级进行静态加载，直至金属屋面系统试件破坏。

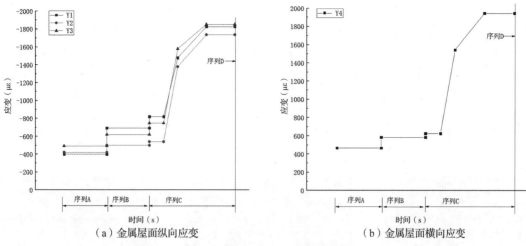

（a）金属屋面纵向应变　　　　　　　　（b）金属屋面横向应变

图 8　Low-High 动态加载试验金属屋面应变变化规律

表 2　Low-High-Low 屋面风压加载序列

| 序列 | 循环荷载次数 | 波动范围 | 序列 | 循环荷载次数 | 波动范围 |
|---|---|---|---|---|---|
| A | 4500 | $0 \sim 0.45P_t$ | E | 80 | $0 \sim 0.8P_t$ |
| B | 600 | $0 \sim 0.6P_t$ | F | 600 | $0 \sim 0.6P_t$ |
| C | 80 | $0 \sim 0.8P_t$ | G | 4500 | $0 \sim 0.45P_t$ |
| D | 1 | $0 \sim P_t$ | | | |

注：$P_t$ 为试验测试压力值。

风荷载测试值 $P_t$ 为 2500Pa，与 Low-High 动态加载试验保持一致。

阶段 1：

（1）序列 A：4500 次循环加载，循环荷载幅值为 $0.45P_t$，其中 $P_t$ 为测试压力值。

（2）序列 B：600 次循环加载，循环荷载幅值为 $0.6P_t$。

（3）序列 C：80 次循环加载，循环荷载幅值为 $0.8P_t$。

（4）序列 D：1 次循环加载，循环荷载幅值为 $P_t$，单个的循环应大于 10s。

（5）序列 E：80 次循环加载，循环荷载幅值为 $0.8P_t$。

（6）序列 F：600 次循环加载，循环荷载幅值为 $0.6P_t$。

（7）序列 G：4500 次循环加载，循环荷载幅值为 $0.45P_t$。

阶段 2：

采用美国 FM Approval 4474 静态试验标准，以 700Pa 的分级大小对试件加载直至试件破坏，具体操作过程与静态试验相同，此处不再赘述。加载全过程如图 9 所示。

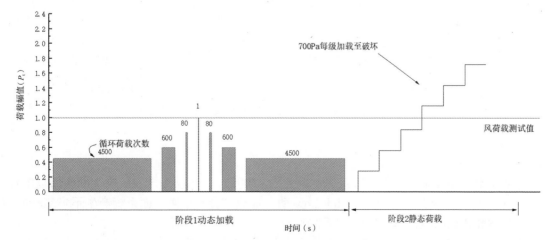

图 9　Low-High-Low 动态加载全过程

## 4.2　试验现象

在阶段 1 的 Low-High-Low 动态加载过程中，屋面在序列 A 无明显变化；序列 B 屋面金属板有轻微鼓起；序列 C 金属屋面板有明显鼓起，支座间锁边无明显变化，如图 10（a）所示；序列 D 金属屋面板鼓起更加剧烈，两侧的锁边严重外翻，如图 10（b）所示；序列 E、F、G 相比 C、B、A 屋面鼓起都更高。阶段 1 加载结束后，金属屋面系统未发生永久变形等破坏现象。在加载阶段 2，以 700Pa 分级大小加载，从 3600Pa 向 4300Pa 加压过程中加至 3900Pa 时，屋面综合性能试验机上箱体发出一声巨响，通过监控屏幕可以观察到，右边第三条锁边与 T 形连接支座脱开，屋面板出现严重变形，如图 10（c）所示。

（a）序列C，80次无失效　　　（b）序列D，1次无失效　　　（c）金属屋面系统破坏

图 10　Low-High-Low 动态试验过程现象及破坏状态

## 4.3　受力变化

在加载阶段 1，整体而言金属屋面系统屋面板跨中应变随荷载增加呈现增大趋势，在序列 A 的 4500 次 $0.45P_t$ 循环加载过程中应变峰值保持稳定；在序列 B 的 600 次 $0.6P_t$ 循环加载过程中应变峰值略有上升亦保持稳定；在序列 C 的 80 次 $0.8P_t$ 循环加载过程中，应变峰值整体呈三折线变化，在前 35 次循环中应变峰值保持不变，在随后的 25 次循环中应变峰值逐渐增大，在最后 20 次循环中应变大小保持不变，具体扩展状态如图 11 所示；在序列 D 的 1 次 $1P_t$ 循环加载、序列 E 的 80 次 $0.8P_t$、序列 F 的 600 次 $0.6P_t$ 应变峰值均和序列 C 结束时的最大值保持一致，不再增加；在序列 G 的 4500 次 $0.45P_t$ 循环加载过程中应变峰值略有下降，且大于序列 A 应变峰值。

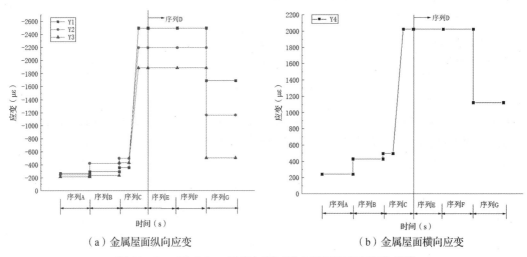

（a）金属屋面纵向应变　　　　　（b）金属屋面横向应变

图 11　Low-High-Low 动态加载试验金属屋面应变变化规律

## 5　结论

（1）静态加载金属屋面系统的极限抗风承载力为 4200Pa，2 组动态试验阶段 2 静态加载极限抗风承载力均为 3900Pa。Low-High 和 Low-High-Low 动态加载均会对金属屋面系统产生不可忽略的损伤，与直接静态加载相比极限抗风承载力均下降 7.1%。

（2）无论是静态加载还是动态加载，当荷载较大时，金属屋面板中部都会严重上鼓，靠近锁边处的屋面板向外张开，与支座咬合处变得相对薄弱，在循环风荷载作用下，这种现象就会造成损伤的不断积累，低幅波动荷载作用下应力峰值保持逐级稳定增大，高幅波动荷载作用下应力峰值发生扩展，其中 Low-High 加载序列 C（$0 \sim 0.65P_t$）呈现四折线变化，Low-High-Low 加载序列 C（$0 \sim 0.8P_t$）呈现三折线变化。

（3）循环风荷载对金属屋面系统造成的损伤是不可逆转的，应力幅值扩展现象发生得越早，屋面进入带损伤工作阶段越早，因此 Low-High-Low 动态加载对金属屋面系统的作用比 Low-High 动态加载更加不利，其试验结果更加保守。

（4）动态试验后的金属屋面系统的极限抗风承载力相比直接进行静态加载的试件有明显下降，直接分级静态加载未能使金属屋面板达到循环风荷载作用下的实际工作状态，因此动态试验方法更适用于台风地区、内陆强风多发地区，而分级静态加载方法不适用。对一些基本风压较小的地区，循环风荷载对金属屋面系统作用造成的损伤不明显，可以采用静态分级加载试验确定其抗风承载性能。

## 参考文献

[1] 陈小旭. 轻钢结构建筑围护系统设计 [J]. 广东科技，2011，14：164-165.

[2] 韩志伟. 铁路客站雨棚金属屋面系统设计研究 [J]. 铁道经济研究，2012（5）：23-27，31.

[3] 易伟. 360° 锁缝板防水一体化施工技术 [J]. 建筑技术开发，2019，46（9）：69-71.

[4] 何新亮，徐廷波. 360° 直立锁缝金属屋面系统 [J]. 中国建筑防水，2015（23）：1-5.

[5] 许秋华，万恬. 直立锁缝金属屋面抗风揭对比试验与加固方案优化 [J]. 新型建筑材料，2018（11）：146-151.

[6] 陈玉. 直立锁边屋面系统抗风承载能力研究 [D]. 北京：北京交通大学，2015.

[7] 田村幸雄，A. 卡里姆. 高等结构风工程 [M]. 北京：机械工业出版社，2017.

[8] 龙文志. 提高金属屋面抗风力技术探讨：上：从首都机场 T3 航站楼金属屋面三次被风掀谈起 [J]. 中国建筑防水，2013（11）：1-6.

[9] FM APPROVALS. Test Standard for Evaluating the Simulated Wind Uplift Resistance of Roof Assemblies Using Static Positive and/or Negative Differential Pressures[S]. ANSI FM4474-2004（R2010），Norwood，2011.

[10] STANDARDS AUSTRALIA. Methods of Testing Sheet Roof and Wall Cladding Method 3：Resistance to Wind Pressures for Cyclone Regions[S]. AS 4040.3，Sydney，2018.

# 抗震性能化设计在加固改造工程中的应用

唐榕滨 李凯冰 薛毓宁 宋 尧

哈尔滨市建筑设计院 哈尔滨 150010

**摘 要：**哈尔滨市游泳馆因建筑功能改造，需进行局部结构构件的承载力加固；同时，因抗震构造措施不满足抗震鉴定要求，按传统方法需整体进行抗震加固，加固量巨大，建设单位不能接受。因而，参照现行《建筑抗震设计规范》（GB 50011）相关要求，采用抗震性能化设计方法，主要框架柱及框架梁设定预期性能目标为性能3，通过比多遇地震提高一度计算构件承载力，仅加固局部构件使其符合承载力和变形要求，满足采取中等延性构造的条件，达到抗震措施按常规设计降低一度采用的目的。通过少量加固，实现了既保证结构安全和建筑使用功能，又节约造价、节省工期的既定目标，为既有建筑的抗震加固提供了一条新思路。

**关键词：**抗震加固；性能化设计；性能目标；中等延性构造；新思路

　　随着我国社会与经济建设的持续发展，科技的进步，人民生活水平的不断提高，即使是2000年初建设的许多公共建筑也已不能满足现阶段的使用需求，需要进行功能性改造、升级。其中包括改变建筑使用功能、增加设备用房、加装电梯等，这些改造必然对主体结构的安全性和抗震性能造成影响。二十多年来，国家各类设计标准进行了多次修订，变化较大，尤其是抗震方面，对于大部分地区，无论是设防烈度还是抗震措施均做了较大提高。如果因局部功能改造而对结构进行整体抗震加固，业主往往不能接受，很多项目因此搁浅。所以，采用何种方法进行抗震加固，成为我们必须深入研究和慎重选择的课题。

## 1 工程概况

　　哈尔滨市游泳馆位于哈尔滨市道外区南极街116号，建筑面积20803.16m²，建成于2004年，地下一层、地上五层，建筑总高度21.87m，建筑长111.5m，宽60.0m，整体平面呈矩形。其主体结构采用现浇混凝土框架结构，屋盖体系采用多跨度网架，基础采用钻孔压浆桩，桩径400～600mm，桩长21.3～21.8m。受哈尔滨市体育局委托，拟对哈尔滨市游泳馆进行功能性改造。本次改造主要内容：按现行规范对场馆进行消防改造，屋面及外立面维修改造，室内功能布局调整，水电系统升级及增加无障碍电梯等（图1）。

## 2 检测鉴定情况

　　现场踏勘发现，现有游泳馆外观基本完整，外墙饰面及玻璃幕墙未发现明显破损、开裂、脱落等情况，附属构件工作状态良好；基础未发生明显沉降，上部框架结构及砌体结构墙体未发现因基础变形引起的较大裂缝及明显倾斜等情况，基础工作情况基本正常；内部刨除装饰层抹灰后，经现场检测，原混凝土强度等级基本达到C30，表面平整，未发现影响承载力的较大变形、开裂等现象；屋面钢结构网架近期刚进行完检测

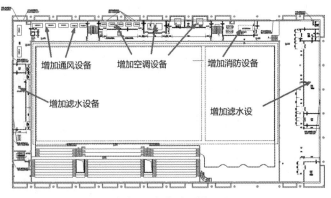

图1 改造平面图

作者简介：唐榕滨，研究员级高工，国家一级注册结构工程师，黑龙江省工程设计师，哈尔滨市市级领军人才梯队带头人。

维修，支座未发现断裂、变形等现象，钢构件外观检测未发现裂纹、折叠、端边分层、夹渣、锈蚀、麻点或划伤等缺陷。

结合本次功能改造和结构改动情况，我们进行了构件承载力验算，发现仅局部增加荷载和设备位置的梁、板、柱等结构构件需做加固处理及采取加强措施（图 2）。

因本次改造中的个别楼层建筑使用功能调整较大，局部增加荷载较多，楼板开洞、梁柱加固等产生竖向、水平构件刚度变化，对建筑物整体抗震性能有一定影响，因此，我们认为在安全性鉴定的同时，应该进行抗震性鉴定。

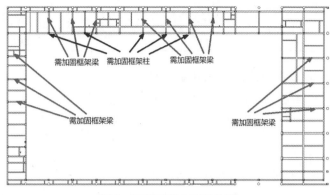

图 2　四层承载力不足位置

《建筑抗震鉴定标准》（GB 50023—2009）第 1.0.4 条规定，在 21 世纪初建造的既有建筑，其后续使用年限不应少于 50 年（简称 C 类建筑），并应按现行国家标准《建筑抗震设计规范》（GB 50011）的要求进行抗震鉴定。由于当年建设游泳馆时哈尔滨的抗震设防烈度为 6 度，2016 年后新的全国地震烈度区划图将哈尔滨调整为 7 度，框架等级由原来的四级提高到三级，因此抗震构造措施不满足抗震鉴定要求，需整体进行抗震加固。

## 3　抗震加固方法选择

对建筑物抗震加固，通常采用两种做法：第一种是按现行国家标准《建筑抗震设计规范》（GB 50011）的规定，对本工程的竖向构件、水平构件、梁柱节点等进行全面加固，以满足构造措施要求；第二种是采取减隔震方法，采用减隔震技术和装置，通过增大阻尼比及指标控制达到降低一度采用抗震构造措施的目的。对第一种方法，由于加固量太大，造价增加过多，建设单位不能接受；第二种方法技术含量过高，工期较长，建设单位同样无法接受。在这种情况下，我们参照《建筑抗震设计规范》（GB 50011）附录 M "实现抗震性能设计目标的参考方法"中的内容，拟采用抗震性能化设计的方法，达到降低一度采用抗震构造措施的目的，以解决本工程的抗震加固问题。

## 4　抗震性能化设计步骤

### 4.1　确定性能目标

根据本工程特点结合既有结构体系及构件现状，对主要框架柱及框架梁设定预期性能目标为性能 3。第一步，采取比多遇地震提高一度计算构件承载力，如满足，可取中等延性构造，措施按常规设计的有关规定降低一度采用；如承载力不满足，可加固局部构件使其满足承载力要求，构造措施仍可按降低一度采用（表 1）。

表 1　结构构件对应于不同性能要求的构造抗震等级示例

| 性能要求 | 构造的抗震等级 |
| --- | --- |
| 性能 3 | 中等延性构造，当构件的承载力高于多遇地震提高一度的要求时，可按常规设计的有关规定降低一度且不低于 6 度采用，否则仍按常规设计的规定采用 |

第二步，按本地区设防烈度进行多遇地震、设防地震、罕遇地震下的承载力及位移指标验算，满足结构构件抗震性能要求（表 2、表 3）。为达到性能设计目标，通过局部加固提高构件承载力，如刚度较弱，需提高整体刚度，推迟结构进入塑性工作阶段并减少塑性变形，以满足变形要求。

表 2　结构构件实现抗震性能要求的承载力参考指标示例

| 性能要求 | 多遇地震 | 设防地震 | 罕遇地震 |
| --- | --- | --- | --- |
| 性能 3 | 完好，按常规设计 | 轻微破坏，承载力按标准值复核 | 中等破坏，承载力达到极限值后能维持稳定，降低少于 5% |

表3 结构构件实现抗震性能要求的层间位移参考指标示例

| 性能要求 | 多遇地震 | 设防地震 | 罕遇地震 |
|---|---|---|---|
| 性能3 | 完好，变形远小于弹性位移限值 | 轻微损坏，变形小于2倍弹性位移限值 | 有明显塑性变形，变形约4倍弹性位移限值 |

### 4.2 判定延性构造的承载力验算

哈尔滨现有抗震设防烈度是7度，故按8度（0.20g）进行承载力验算，计算结果如图3所示。

对照实际配筋结果，各主要框架结构构件现有配筋基本满足要求，对个别不满足的构件进行加固后，达到承载力高于8度多遇地震承载力的要求，根据性能3的构造抗震等级规定，仍可整体采用6度抗震构造措施。

### 4.3 按7度验算承载力及位移指标

对主要框架柱及框架梁设定预期性能目标为性能3，即不低于以下性能目标：多遇地震作用下结构完好；设防地震作用下结构构件5%以下损坏，简单修理后继续使用；罕遇地震作用下结构构件30%以下破坏，需加固后继续使用。

确定地震动水准：7度设防地震的加速度为0.10g，设防地震的$\alpha_{max}$=0.23，多遇地震及罕遇地震加速度为0.35m/s²和2.2m/s²，多遇地震及罕遇地震$\alpha_{max}$为0.08和0.5。

本工程设计整体计算所采用的是中国建筑科学研究院PKPM CAD工程部编制的结构分析程序鉴定加固及SATWE软件2010 v5.2版。各地震水准计算结果如图4～图10所示。

三层顶梁7度中震作用下，超限比例29/786=0.036；四层顶梁7度中震作用下，超限比例11/667=0.016，均小于5%；此时位移角X向为1/440，Y向为1/325，均小于2倍弹性位移限值1/275。满足性能3的中震指标要求。

三层顶梁7度大震作用下，超限比例111/783=0.14，四层顶梁7度大震作用下，超限比例66/660=0.10，均小于30%；此时位移角X向为1/185，Y向1/138，均小于4倍弹性位移限值1/137.5。满足性能3的大震指标要求。

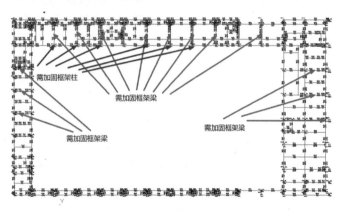

图3 8度多遇地震计算结果

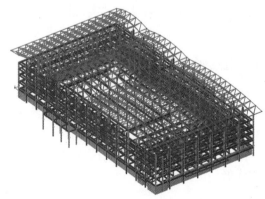

图4 整体计算模型

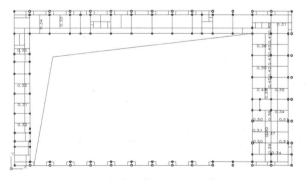

图5 三层顶梁7度中震作用下超限比例29/786=0.036

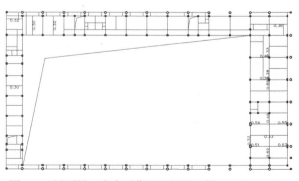

图6 四层顶梁7度中震作用下超限比例11/667=0.016

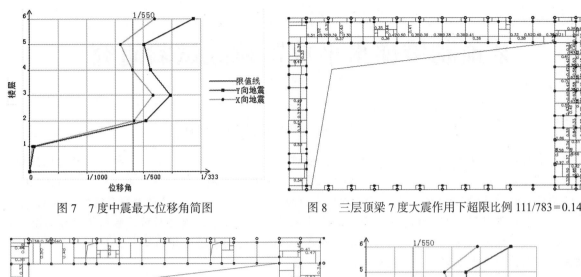

图 7　7 度中震最大位移角简图　　　　　　图 8　三层顶梁 7 度大震作用下超限比例 111/783＝0.14

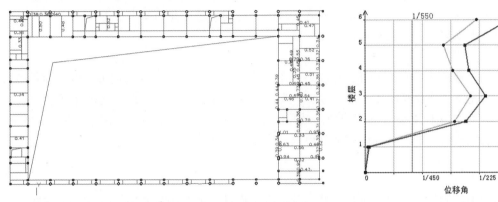

图 9　四层顶梁 7 度大震作用下超限比例 66/660＝0.100　　　图 10　7 度大震最大位移角简图

　　经过以上计算，对各主要框架结构构件最终配筋取 8 度小震配筋，同时应一并考虑 7 度中震及大震位移的计算结果。对承载力不满足的构件进行加固；如果位移角不满足，可采取增加支撑或钢板剪力墙等方法，以达到既满足抗震性能目标 3，同时构件强度高于 8 度多遇地震承载力的要求。

## 5　结语

　　本工程通过抗震性能化设计的方法，找出既有建筑结构构件抗震薄弱环节，通过局部构件的少量加固，解决了建筑功能改造升级后的结构抗震构造问题，并同时达到了节约造价、节省工期的目的，为既有建筑抗震加固提供了一条新思路。

### 参考文献

[1] 中华人民共和国住房和城乡建设部.建筑抗震鉴定标准：GB 50023—2009[S].北京：中国建筑工业出版社，2009.

[2] 中国建筑标准设计研究院.混凝土结构加固构造：08SG 311—2[S].北京：中国计划出版社，2008.

[3] 中华人民共和国住房和城乡建设部.建筑抗震设计规范：GB 50011—2010[S].2016 年版.北京：中国建筑工业出版社，2016.

[4] 中华人民共和国住房和城乡建设部.钢板剪力墙技术规程：JGJ/T 380—2015[S].北京：中国建筑工业出版社，2016.

# 某预制楼梯水平放置荷载试验研究

## 吴武玄　黄可为

福州市建筑科学研究院有限公司　福州　350003

**摘　要：** 本文以某小学预制楼梯荷载试验为例，通过计算分析，提出跨中弯矩等效原则并简化处理的方法，对预制楼梯进行了第一级～第七级加载试验，结果表明：预制楼梯最大实测挠度值为3.42mm，未超过检验允许值14.44mm的要求；斜梯段板底出现一道新生裂缝，裂缝最大宽度为0.08mm，未超过最大允许裂缝宽度限值0.20mm的要求，试验结果满足规范要求；通过对该试验简化处理的准确性进行复核，证明该方法可准确地反映荷载试验的真实状况，达到检验弯矩的要求。

**关键词：** 预制楼梯；水平放置；荷载试验；弯矩等效

楼梯是建筑结构重要的水平承重构件，承担着内部垂直交通功能，也是地震灾害发生时的紧急逃生通道[1-2]。传统的现浇楼梯存在施工工序烦琐、耗费工时多、施工周期长、环境污染重等缺点，而预制混凝土楼梯具有标准化程度高、安装快捷高效、施工绿色环保等优点，随着装配式建筑的发展，预制楼梯构件作为装配式建筑中的重要组成部分得到了广泛应用[3-5]。

## 1　工程背景

某小学楼梯采用工厂制作，再进行现场安装。其混凝土设计强度等级为C30，楼梯宽度1950mm，踏步宽度280mm，踏步高度150mm，其余尺寸及竖向放置状态详见图1。该预制楼梯主要计算参数如下：①两侧栏杆总线荷载标准值为1.0kN/m；②楼梯面层厚度为50mm，重度为22kN/m³；③楼梯底面抹灰厚度为20mm，重度为18kN/m³；④楼梯纵筋级别为HRB400，保护层厚度为15mm；⑤恒载分项系数为1.3，活载分项系数为1.5，活载组合值系数为0.7，活载准永久值系数为0.4。

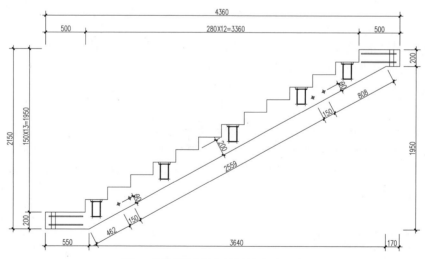

图1　预制楼梯竖向放置状态（mm）

## 2　预制楼梯试验方案

### 2.1　预制楼梯结构性能试验方法及内容

在预制楼梯中心及靠近楼梯支承边中心处各布置1个挠度测点，测点位置如图2所示，采用百分表量测各级加载、卸载时的挠度值，并观察加载、卸载过程中预制楼梯的挠度及开裂状况。

---

作者简介：吴武玄，高级工程师，现主要从事房屋检测鉴定。

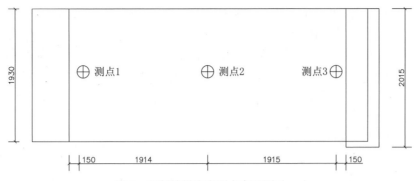

图 2　预制楼梯挠度测点布置图（mm）

## 2.2　试验荷载、挠度检验允许值及裂缝宽度允许值的确定

### 2.2.1　试验荷载

（1）永久荷载为试件自重荷载、楼梯面层荷载、板底抹灰层荷载、栏杆自重荷载等，可变荷载为活荷载。本试件斜梯段恒载为 10.23kN/m²，平段恒载为 7.0kN/m²，活载均为 3.5kN/m²，在设计状态（竖向放置）下，预制楼梯设计荷载简图如图 3 所示。

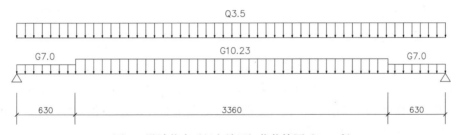

图 3　设计状态（竖向放置）荷载简图（kN/m²）

（2）因现场条件限制，本次试验预制楼梯只能做斜梯段水平放置，且支承设置如图 4 所示。斜梯段水平放置时，恒载及活载具体荷载值详见表 1。

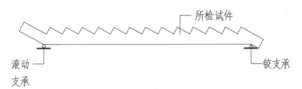

图 4　预制楼梯荷载试验状态（水平放置）

**表 1　预制楼梯性能检验荷载计算**

| 荷载类型 | 荷载部位 | 竖向放置下荷载（kN/m²） | 水平放置下荷载（kN/m²） |
|---|---|---|---|
| 恒载 | 踏步自重 | 1.88 | 1.66 |
| | 斜梯板自重 | 5.67 | 5.00 |
| | 斜梯板面层 | 1.69 | 1.49 |
| | 斜梯板板底抹灰 | 0.41 | 0.36 |
| | 栏杆自重 | 0.58 | 0.51 |
| | 平段板自重 | 5.00 | 5.67 |
| | 平段板面层 | 1.10 | 1.25 |
| | 平段板板底抹灰 | 0.36 | 0.41 |
| 活载 | 楼梯活载 | 3.50 | 3.08 |

考虑到平段板倾斜布置，现场加载困难，故进行简化处理并根据跨中弯矩等效原则，分别得出预制楼梯在基本组合、准永久组合及标准组合下外加试验荷载，具体结果详见表 2，其中序号 1 为预制楼梯竖向放置下跨中弯矩值，序号 2 为预制楼梯水平放置，并经过简化处理（仅考虑预制楼梯斜梯段长度），通过公式 $M=ql^2/8$ 计算得出。表中预制楼梯斜梯段的计算跨度如下所示：

$L_0 = \text{Min}\{L_n + (b_1 + b_2)/2, 1.05L_n\} = \text{Min}\{4420 + (200 + 200)/2, 1.05 \times 4420\} = 4620\text{mm}$。外加试验荷载为试验荷载 $Q$ 减去预制楼梯水平放置下踏步自重和斜梯板自重值，准永久组合时，计算荷载简图如图5所示。

表2　弯矩等效转换结果

| 序号 | 类别 | 基本组合 | 准永久组合 | 标准组合 | 计算长度（m） |
|---|---|---|---|---|---|
| 1 | 跨中弯矩 $M$（kN·m） | 48.7 | 30.4 | 36.0 | 4.62 |
| 2 | 试验荷载 $Q$（kN/m²） | 22.85 | 14.27 | 16.89 | 4.129 |
| | 外加试验荷载 $q$（kN/m²） | 16.19 | 7.61 | 10.23 | |

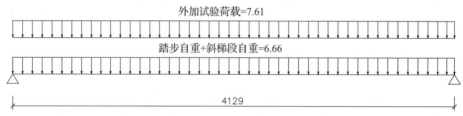

图5　简化处理水平放置下（准永久组合）荷载简图（kN/m²）

### 2.2.2　挠度检验允许值

预制楼梯竖向放置时，正常设计状态下的挠度值：①经公式 $f = \dfrac{5qL_0^4}{384B}$ 验算，最大挠度为22.5mm，$[L_0/205]$ 小于容许挠度 $[L_0/200]$；②根据《混凝土结构设计规范》（GB 50010—2010，2015 年版）[6]，计算跨度为4.62m（小于7m）的受弯构件，挠度限值为 $[a_f] = L_0/200$。并根据《混凝土结构工程施工质量验收规范》（GB 50204—2015）[7]，考虑荷载长期效应组合对挠度增大的影响，按荷载准永久组合值计算钢筋混凝土受弯构件挠度检验允许值，为 $[a_s] = [a_f]/\theta = 14.44\text{mm}$，其中因受拉纵向钢筋 $A_s'$ 与受压纵向钢筋 $A_s$ 相等，预制楼梯水平放置与竖向放置的宽度 $b$ 及高度 $h_0$ 均未变，故 $\theta$ 取1.6。

### 2.2.3　裂缝宽度允许值

根据《混凝土结构设计规范》（GB 50010—2010，2015 年版），一类环境类别设计要求的最大裂缝宽度限值为0.3mm，并依据《混凝土结构工程施工质量验收规范》（GB 50204—2015）规定，构件检验的最大裂缝宽度允许值 $[w_{max}]$ 为0.20mm。

## 3　预制楼梯原位加载试验

### 3.1　加载程序及卸载程序

（1）加载程序。本次试验采用预制混凝土条形块加载，每块对应0.19kN/m²；预制楼梯原计划按五级进行加载（图6、图7），第一级至第五级每级加载值均为1.52kN/m²，每级加载持荷时间均为10min，达到荷载14.27kN/m²时（其中外加荷载为7.61kN/m²），持荷时间为30min。

图6　第一级加载

图7　第五级加载

因该简化方案未考虑平段板自重、面层和板底抹灰荷载（对跨中弯矩有减小作用），故后续试验中又增加了第六级、第七级加载（图 8、图 9），每级加载值均为 1.14N/m²，每级加载持荷时间均为 10min，达到荷载 16.55kN/m² 时（其中外加荷载为 9.89kN/m²），持荷时间为 30min。

图 8　第六级加载　　　　　　　　　　　　　　图 9　第七级加载

（2）卸载程序。预制楼梯按四级进行卸载，第一级卸载值为 2.28kN/m²，第二级、第三级卸载值均为 3.04kN/m²，第四级卸载值为 1.52kN/m²。每级卸载后持荷时间均为 10min，全部卸载完后，恢复性能的量测时间为 60min。

## 3.2　试验结果

本次对预制楼梯在荷载准永久组合值作用下的挠度及裂缝情况进行试验，第一级至第五级加载试验结果详见表 3。结果表明：（1）预制楼梯在荷载准永久组合值（检验荷载为 14.27kN/m²）作用下跨中最大实测挠度值为 2.69mm，未超过检验允许值 14.44mm 的限值要求；（2）预制楼梯在荷载准永久组合值作用下（检验荷载为 14.27kN/m²）斜梯段板底未出现裂缝。

表 3　各级荷载作用下预制楼梯跨中挠度实测值及裂缝情况

| 加载及卸载程序 | | 外加荷载（kN/m²） | 检验荷载（kN/m²） | 外加荷载产生的跨中挠度实测值（mm） | 构件自重产生的跨中挠度值（mm） | 跨中最大实测挠度值（mm） | 试件裂缝出现和发展状况 |
|---|---|---|---|---|---|---|---|
| 加载级数 | 一级 | 1.52 | 8.18 | 0.30 | 1.48 | 1.78 | 试件未出现裂缝 |
| | 二级 | 3.04 | 9.70 | 0.54 | | 2.02 | 试件未出现裂缝 |
| | 三级 | 4.56 | 11.22 | 0.69 | | 2.17 | 试件未出现裂缝 |
| | 四级 | 6.08 | 12.74 | 0.99 | | 2.47 | 试件未出现裂缝 |
| | 五级 | 7.61 | 14.27 | 1.21 | | 2.69 | 试件未出现裂缝 |

第六级和第七级加载试验及卸载结果详见表 4，各级加载及卸载跨中挠度变化如图 10 所示。结果表明：①预制楼梯在检验荷载为 16.55kN/m² 作用下跨中最大实测挠度值为 3.42mm，未超过检验允许值 14.44mm 的限值要求；②预制楼梯在检验荷载达到 16.55kN/m² 时，斜梯段板底出现一道新生裂缝，裂缝最大宽度为 0.08mm，但未超过最大裂缝宽度允许值 0.20mm 的限值要求。具体裂缝情况如图 11 所示。

表 4　各级荷载作用下预制楼梯跨中挠度实测值及裂缝情况

| 加载及卸载程序 | | 外加荷载（kN/m²） | 检验荷载（kN/m²） | 外加荷载产生的跨中挠度实测值（mm） | 构件自重产生的跨中挠度值（mm） | 跨中最大实测挠度值（mm） | 试件裂缝出现和发展状况 |
|---|---|---|---|---|---|---|---|
| 加载级数 | 六级 | 8.75 | 15.41 | 1.52 | 1.48 | 3.00 | 试件未出现裂缝 |
| | 七级 | 9.89 | 16.55 | 1.94 | | 3.42 | 板底出现一道裂缝 |
| 卸载级数 | 一级 | 7.61 | 14.27 | 1.39 | 1.48 | 2.87 | 板底一道裂缝 |
| | 二级 | 4.56 | 11.22 | 0.87 | | 2.35 | |
| | 三级 | 1.52 | 8.18 | 0.51 | | 1.99 | |
| | 四级 | 0.00 | 6.66 | 0.21（残余挠度） | | 1.69 | |

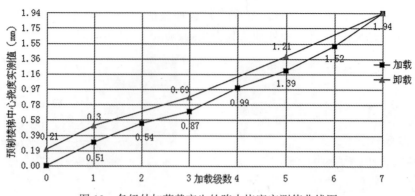

图 10　各级外加荷载产生的跨中挠度实测值曲线图

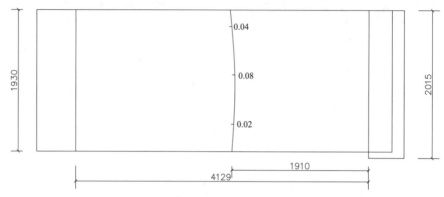

图 11　裂缝示意图（mm）

### 3.3　试验准确性复合

由于本次试验简化处理未考虑预制楼梯平段自重、面层及板底抹灰荷载，故分别对简化处理、现场实际情况及试验应达到的理论情况，在检验荷载分别达到 14.27kN/m²、16.55kN/m² 时跨中弯矩进行对比分析，具体情况详见表 5，其中 $M_1$ 为预制楼梯竖向放置产生的跨中弯矩，$M_2$ 为预制楼梯水平放置产生的跨中弯矩，均为准永久组合值。

表 5　不同情况下跨中弯矩对比分析

| 序号 | 类别 | 检验荷载（kN/m²） | 跨中弯矩 $M_1$（kN·m） | $M_1/M_2$ | 备注 |
|---|---|---|---|---|---|
| 1 | 简化处理 | 14.27 | 30.41 | 1.00 | 不考虑水平放置时，平段自重、面层及板底抹灰荷载 |
|   |   | 16.55 | 35.29 | 1.16 |   |
| 2 | 现场实际情况 | 14.27 | 30.05 | 0.99 | 考虑水平放置时，平段自重荷载 |
|   |   | 16.55 | 34.90 | 1.15 |   |
| 3 | 理论情况 | 14.27 | 29.94 | 0.98 | 考虑水平放置时，平段自重、面层及板底抹灰荷载 |
|   |   | 16.55 | 34.80 | 1.14 |   |

根据表 5 可以得出，预制楼梯简化处理实现的跨中弯矩与现场实际情况及理论情况的偏差仅为 0.01 ～ 0.02，可准确地反映荷载试验的真实状况。

## 4　结论

（1）本文以某小学预制楼梯荷载试验为例，对预制楼梯进行第一级至第五级加载试验，在加载达到荷载准永久组合值（检验荷载为 14.27kN/m²）时，最大实测挠度值未超过检验允许值的要求，斜梯段板底亦未出现裂缝；进行第六级至第七级加载试验，在加载达到检验荷载为 16.55kN/m² 时，最大实测挠度值亦未超过检验允许值的要求，而斜梯段板底出现一道新生裂缝，裂缝最大宽度为 0.08mm，但未超过最大裂缝宽度允许值 0.20mm 的限值要求，试验结果为满足要求。

（2）本次预制楼梯荷载试验，在检验荷载分别达到 14.27kN/m$^2$ 及 16.55kN/m$^2$ 时，简化处理实现的跨中最大弯矩与现场实际情况及理论情况的偏差仅为 0.01 ～ 0.02，可准确地反映荷载试验的真实状况，达到检验弯矩的要求。

## 参考文献

[1] 刘文政，崔士起. 预制预应力混凝土楼梯抗弯性能试验研究 [J]. 建筑结构，2021，51（16）：8-15.

[2] 李娜，徐其功，黄丽萍，等. 预制轻型楼梯选型及静载试验研究 [J]. 工程建设与设计，2021，（15）：16-17，40.

[3] 吴武玄. 某近海环境混凝土框架结构安全性鉴定及病害分析 [J]. 福建建设科技，2018，（02）：48-50，66.

[4] 胡忠君，贾贞. 建筑结构试验与检测加固 [M]. 2 版. 武汉：武汉理工大学出版社，2017.

[5] 唐红元. 既有建筑结构检测鉴定与加固 [M]. 成都：西南交通大学出版社，2017.

[6] 中华人民共和国住房和城乡建设部. 混凝土结构设计规范：GB 50010—2010[S]. 2015 年版. 北京：中国建筑工业出版社，2015.

[7] 中华人民共和国住房和城乡建设部. 混凝土结构工程施工质量验收规范：GB 50204—2015[S]. 北京：中国建筑工业出版社，2015.

# 加固后基于静载试验的现浇钢筋混凝土楼板受力性能分析

谢坤明  叶李斌

福建省永正工程质量检测有限公司  福州  350012

**摘 要：** 为了验证某办公楼楼板加固后的受力性能，确保使用阶段的安全性，本文对该楼板进行了现场静载试验，并结合数值模拟分析了加载过程楼板挠度、裂缝变化情况。结果表明，数值模拟结果与静载试验结果相吻合；加载过程中楼板无明显新增裂缝且未出现塑性变形，满足正常使用要求；加固后该楼板整体性能及受力性能有所增强。该试验案例可为类似受力分析提供一定工程经验。

**关键词：** 钢筋混凝土楼板；静载试验；挠度；裂缝；受力分析

楼板承载能力直接影响建筑物的使用安全，因此需对使用功能、承载能力改变的构件进行加固处理。由于加固过程中施工质量及加固后构件的整体性能将直接影响结构在正常使用阶段的安全，为了确保加固质量，检验构件的安全性能，最直观可靠的方法是采用荷载试验[1]。其主要内容是在试验过程中通过观察并记录构件挠度、裂缝等变化情况，经分析后全面评定构件的性能[2]。

静载试验过程的难点在于现场试验过程中的分析、判断，当出现特殊情况应及时采取措施，以保障试验的准确性、可靠性。因此试验前应制订试验方案，试验过程中应控制好各级加载、卸载速率等。当为双向板时，可用双向板的弹性理论计算得出其弯矩[3]，并结合实测挠度进行受力性能分析。在前人研究基础[4-5]上，本文利用静载试验并结合有限元模拟分析了加固后楼板的受力性能，该方法可为今后类似工程提供一定参考。

## 1  案例概况

三明市某办公楼为三层砌体结构，结构合理使用年限为 50 年。由于该办公楼二楼东侧轴［（1—3）-（A—C）］间楼板拟改变使用功能而进行加固施工。该楼板设计尺寸为 5000mm × 5800mm。设计板厚为 90mm。板底钢筋为双层双向 $\phi6@150$，板面负筋 $\phi8@200$。混凝土设计强度等级为 C20。该工程抗震设防类别为丙类，场地类别为 Ⅱ 类，设计地震分组为第一组，抗震设防烈度为 6 度，设计基本地震加速度为 0.05$g$。二层楼板加固部分示意图如图 1 所示。

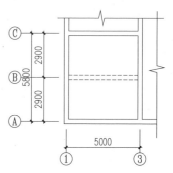

图 1  二层楼板加固部分示意图（单位：mm）

## 2  楼板静载试验及理论计算

### 2.1  试验荷载

根据设计资料，该工程装修荷载标准值为 1.5kN/m²，板面设计活荷载为 5.0kN/m²，目前该楼板已装修，装修附加荷载结合楼板自重计算初始挠度。根据文献［6］，准永久值组合系数为 0.8。正常使用状态下，静载试验荷载设计值表达式[7]为 $S=S_G+\psi_d S_{Qk}$。因此，试验总荷载效应组合 $S=\psi_d S_{Qk}=0.8\times5.0=4.0$（kN/m²），故加载荷载取 4.0kN/m²。本次试验采用流体（水）对楼板进行均布加载[8]，试验过程分 5 级加载、5 级卸载。各级加载、卸载荷载见表 1。

基金项目：福建省建设科技研究开发项目（2020-K-55）；福州市级科技计划项目（2020-PT-142）。

作者简介：谢坤明，高级工程师。

表 1　各级加载、卸载荷载

| 加载等级 | 各级荷载（kN/m²） | 累计加载（kN/m²） | 卸载等级 | 各级荷载（kN/m²） | 累计卸载（kN/m²） |
|---|---|---|---|---|---|
| 1 | 0.95 | 0.95 | 1 | 0.80 | 0.80 |
| 2 | 0.75 | 1.70 | 2 | 0.80 | 1.60 |
| 3 | 0.70 | 2.40 | 3 | 0.80 | 2.40 |
| 4 | 0.80 | 3.20 | 4 | 0.80 | 3.20 |
| 5 | 0.80 | 4.00 | 5 | 0.80 | 4.00 |

## 2.2　测点布置

由于静载试验中双向板应沿板两个跨度方向布置测点且不应少于 5 个测点，故结合现场实际条件，在钢筋混凝土板底、梁底共布置 7 个测点进行挠度测量，各测点布置如图 2 所示。

## 2.3　加载方式及数据分析

该试验荷载共分 5 级，每级加载、卸载后持荷 20min，记录梁、板的挠度，并观测梁、楼板是否开裂，在各级加载、卸载结束后均静置 30min，再进行挠度记录，并观察梁、板底裂缝。

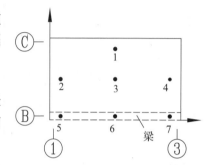

图 2　挠度测点布置示意图

为了得到较精确的挠度值，试验过程中由支座沉降对楼板、梁跨中挠度影响不可忽略，可根据下式消除支座沉降影响[9]：

$$a_{q,0} = u_{m,0} - \frac{(u_{l,0} - u_{r,0})}{2} \tag{1}$$

式中，$u_{m,0}$ 为含支座沉降的跨中最大挠度测读值；$u_{l,0}$、$u_{r,0}$ 分别为左、右两端支座沉降测读值。

在楼板正常使用检测中，自重引起的挠度可由弹性阶段荷载 – 挠度数据经拟合方程计算得出[10]，则拟合所得沿 $x$、$y$ 轴方向的方程分别为：

$$a_{g,c} = 0.2172G_k + 0.01653 \tag{2}$$

$$a_{g,c} = 0.2066G_k + 0.01646 \tag{3}$$

式（2）、式（3）拟合相关系数 $R^2$ 分别为 0.9967、0.9963。

带入楼板等效自重（楼板自重及装修荷载之和）$G_k$，得沿 $x$、$y$ 轴方向自重作用下的挠度值分别为 0.83mm、0.79mm，而经有限元分析所得等效自重作用下楼板挠度为 0.83mm，如图 3 所示，有限元分析结果与拟合方程计算结果基本符合。

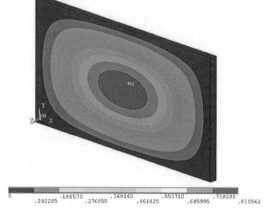

图 3　楼板等效自重挠度云图

得到构件等效自重作用挠度后，结合加载挠度，可得到构件总挠度 $a_{s,0}$：

$$a_{s,0} = \psi(a_{q,0} + a_{g,c}) \tag{4}$$

当采用均布荷载时，$\Psi$ 取 1.0。

结合上述分析，所得各级加载、卸载数据经整理汇总于表 2、表 3。

表 2　加载及检测数据汇总

| 加载等级 | 测点 1（mm） | 测点 2（mm） | 测点 3（mm） | 测点 4（mm） | 测点 5（mm） | 测点 6（mm） | 测点 7（mm） | 跨中挠度（mm） | |
|---|---|---|---|---|---|---|---|---|---|
| | | | | | | | | 与 $x$ 轴平行 | 与 $y$ 轴平行 |
| 初始值 | 0.00 | 0.00 | 0.00 | 0.00 | 0.00 | 0.00 | 0.00 | 0.82 | 0.78 |
| 1 | 0.01 | 0.02 | 0.25 | 0.03 | 0.03 | 0.09 | 0.04 | 1.04 | 0.99 |

续表

| 加载等级 | 测点1（mm） | 测点2（mm） | 测点3（mm） | 测点4（mm） | 测点5（mm） | 测点6（mm） | 测点7（mm） | 跨中挠度（mm） | |
|---|---|---|---|---|---|---|---|---|---|
| | | | | | | | | 与 x 轴平行 | 与 y 轴平行 |
| 2 | 0.05 | 0.05 | 0.46 | 0.07 | 0.06 | 0.18 | 0.07 | 1.22 | 1.16 |
| 3 | 0.09 | 0.10 | 0.66 | 0.11 | 0.09 | 0.26 | 0.11 | 1.38 | 1.32 |
| 4 | 0.14 | 0.14 | 0.85 | 0.13 | 0.12 | 0.33 | 0.13 | 1.54 | 1.46 |
| 5 | 0.19 | 0.22 | 1.06 | 0.17 | 0.16 | 0.46 | 0.17 | 1.68 | 1.60 |

表3　卸载及检测数据汇总

| 卸载等级 | 测点1（mm） | 测点2（mm） | 测点3（mm） | 测点4（mm） | 测点5（mm） | 测点6（mm） | 测点7（mm） | 跨中挠度（mm） | |
|---|---|---|---|---|---|---|---|---|---|
| | | | | | | | | 与 x 轴平行 | 与 y 轴平行 |
| 初始值 | 0.19 | 0.22 | 1.06 | 0.17 | 0.16 | 0.46 | 0.17 | 1.68 | 1.60 |
| 1 | 0.14 | 0.19 | 0.87 | 0.13 | 0.11 | 0.38 | 0.14 | 1.52 | 1.45 |
| 2 | 0.10 | 0.17 | 0.68 | 0.09 | 0.08 | 0.30 | 0.11 | 1.36 | 1.31 |
| 3 | 0.04 | 0.11 | 0.47 | 0.02 | 0.07 | 0.21 | 0.09 | 1.21 | 1.16 |
| 4 | 0.01 | 0.06 | 0.27 | -0.03 | 0.06 | 0.13 | 0.08 | 1.06 | 1.01 |
| 5 | -0.06 | -0.01 | 0.06 | -0.07 | 0.03 | 0.07 | 0.04 | 0.90 | 0.85 |

## 3　检测结果与分析

### 3.1　裂缝

经有限元分析可知，在各级加载过程中，板底均未出现裂缝，如图4所示。

各级加载、卸载后采用裂缝宽度观测仪观测板底裂缝。经观测，在各级加载、卸载后均未发现板底存在新增裂缝，与有限元软件模拟结果基本一致，表明该楼板满足正常使用要求。

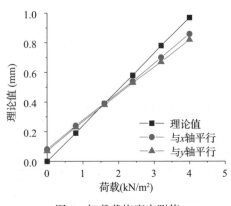

图4　楼板裂缝模拟

### 3.2　挠度

加载、卸载过程中楼板挠度变化值如图5、图6所示。比较理论值与实测值可知，加载过程中，实测挠度均小于理论值，表明该楼板在使用过程中存在一定的安全储备；楼板挠度与荷载基本呈线性变化，表明在正常使用过程中楼板处于弹性阶段；卸载过程中，楼板挠度恢复较好。

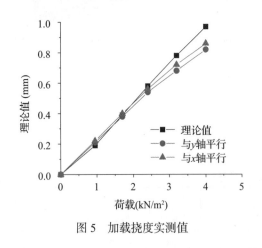

图5　加载挠度实测值　　　　　　　图6　卸载载挠度实测值

根据文献［11］，正常使用荷载下现浇钢筋混凝土板的最大允许挠度为 $L/250$，当考虑荷载长期效应组合对挠度增大的影响系数 $\theta=2.0$ 时，现浇钢筋混凝土板最大允许挠度为 $L/500$，其中，$L$ 为板的计算跨度。根据文献 [8]，构件残余挠度不大于最大挠度的 20%。如表 4 所示，第 5 级卸载后，楼板与 $x$ 轴、$y$ 轴平行方向的残余挠度分别为 0.08mm、0.07mm，远小于残余挠度允许值。表明楼板在试验荷载作用下未出现塑性变形，楼板仍处于弹性工作状态。

表 4　楼板原位加载试验结果汇总

| 方向 | 总挠度 | 总挠度允许值 | 残余挠度 | 残余挠度允许值 |
|---|---|---|---|---|
| 与 $x$ 轴平行 | 1.68 | ≤5.80 | 0.08 | ≤1.16 |
| 与 $y$ 轴平行 | 1.60 | | 0.07 | |

综上所述，卸载后所检楼板的挠度恢复良好，本次加载试验没有产生塑性变形，表明楼板整体性较好，能满足正常使用要求。

### 3.3　受力性能

楼板弯矩和挠度存在一定关系，根据马尔科斯近似法得到板的最大挠度估值[12]，有：

$$\omega_{max} = C\frac{M_{max}l^2}{EI} \tag{4}$$

当楼板挠度已知时，根据式（4），得待求的板中最大弯矩 $M_{max}$ 为：

$$M_{max} = \frac{\omega_{max}EI}{Cl^2} \tag{5}$$

式中，$C$ 为常数，根据该楼板弯矩图形状，取 $C=1/9.6$。

将实测楼板挠度值带入式（5），得加固后楼板跨中最大弯矩 $M_{max}=2.97$kN·m。而根据文献 [3]、文献 [13] 知，在四边固接条件下，同条件下楼板跨中最大弯矩理论值 $M_{max}=0.0813\times8.75\times2.9^2=5.98$（kN·m）。同理，加固前楼板在原设计活荷载下跨中最大弯矩值为 3.12kN·m，相应的理论弯矩值为 3.59kN·m。经分析可知，加固前，实测楼板弯矩值为理论弯矩值的 0.87 倍。加固后实测楼板弯矩为理论弯矩的 0.50 倍，远小于楼板承载极限弯矩，表明楼板承载能力明显提高，满足安全要求。

## 4　结论

（1）在静载试验中，有限元分析结果与试验所得结果相吻合，加固后所检楼板未见明显新增裂缝，板面设计活荷载为 5.0kN/m²，满足正常使用要求。

（2）根据楼板挠度与弯矩的关系，所检楼板加固后跨中最大弯矩为理论弯矩的 0.50 倍，远小于楼板承载极限弯矩，加固后楼板的承载能力明显提高。

（3）在弹性阶段，静载试验过程中荷载与挠度呈线性关系，通过各级加载荷载及对应楼板挠度拟合所得方程的拟合相关系数高，可用于计算楼板自重引起的挠度，该方法简便且易于应用。

### 参考文献

[1] 余强. 现浇混凝土楼板荷载试验分析 [J]. 低碳世界，2017，153（15）：151-152.

[2] 李慧民，熊登，张晓旭，等. 加固后现浇混凝土楼板承载能力分析与静载实验研究 [J]. 工程质量，2019，37（10）：79-83.

[3] 鲁风勇，李卫国，于炳炎，等. 双向板弯矩实用计算方法研究 [J]. 国防交通工程与技术，2007，19（01）：37-41.

[4] 吴方伯，刘彪，邓利斌，等. 预应力混凝土叠合空心楼板静力性能试验研究 [J]. 建筑结构学报，2014，35（12）：10-19.

[5] 王季青，胡春兰. 现浇混凝土楼板裂缝检测与静载试验 [J]. 长沙理工大学学报（自然科学版），2010（7）：46-50.

[6] 中华人民共和国住房和城乡建设部. 建筑结构荷载规范：GB 50009—2012[S]. 北京：中国建筑工业出版社，2012.

[7] 徐海军. 加固后现浇混凝土楼板承载能力和加固效果的研究 [J]. 甘肃科技，2016，32（12）：88-90.

[8] 中华人民共和国住房和城乡建设部. 混凝土结构试验方法标准：GB/T 50152—2012[S]. 北京：中国建筑工业出版社，

2012.

[9] 中华人民共和国住房和城乡建设部. 混凝土结构现场检测技术标准：GB/T 50784—2013[S]. 北京：中国建筑工业出版社，2013.

[10] 叶李斌，张镔锋. 加固后现浇钢筋混凝土楼板静载试验分析 [J]. 长沙理工大学学报（自然科学版），2021，18（03）：32-37.

[11] 中华人民共和国住房和城乡建设部. 混凝土结构设计规范：GB 50010—2010[S]. 北京：中国建筑工业出版社，2016.

[12] 刘洪富. 钢筋混凝土双向板挠度的性态研究 [D]. 济南：山东建筑大学，2012.

[13] 沈蒲生. 混凝土结构：混凝土结构设计原理 [M]. 北京：中国建筑工业出版社，2008.

# 邻近道路施工对既有挡墙结构安全性影响分析

万　飞　张国彬

重庆市建筑科学研究院有限公司　重庆　400016

**摘　要：** 某拟建道路工程对既有挡墙有影响，两种解决方案包括高架桥方案与路基挡墙方案。高架桥方案的实施会导致局部锚杆失效，而路基挡墙方案存在局部基础与既有挡墙顶部锚杆自由段重叠，为防止挡墙施工过程中对锚杆的破坏及锚杆受力状态的影响，在施工过程中需对既有锚杆增加套管进行保护，此外两种方案在施工过程中均存在对原状土体的扰动，在此过程中围岩压力的释放对锚杆挡墙结构安全性存在一定影响。采用定性分析、数值模拟相结合的方式对两种方案进行分析，分析结果表明，在影响范围内采用挡墙方案能更加经济有效地保护既有锚杆挡墙的结构安全，对其他类似工程项目有一定的参考意义。

**关键词：** 锚杆失效；数值模拟；影响程度；结构安全

随着重庆地区城镇化进程的推进，城市建设对空间的利用及需求越来越多，回顾发达国家的大城市发展，其发展的历程也说明地面空间、地下空间与上部空间协调发展的城市立体化再开发是城市中心区改造唯一现实的途径，城市立体化开发需要充分利用地下空间[1]。在建筑之间的空间距离无法保证的情况下，新建结构对既有结构的安全性影响分析越发重要。由于岩土结构的复杂性及不确定性，支护结构的安全性往往不容易保证[2]。本文以重庆某拟建道路工程对既有挡墙影响为例，通过定性分析、数值模拟相结合的方式，分析不同方案对挡墙结构的影响程度，得出最经济和安全的方案，对其他类似工程具有一定借鉴意义。

## 1　工程概况

### 1.1　既有挡墙概况

挡墙结构形式为板肋式锚杆挡墙支护，肋柱尺寸为 300mm×500mm，肋柱间距为 2000～3000mm，肋板厚度为 200mm，为永久性边坡，安全等级为二级，挡墙结构按 6 度抗震设防，设计使用年限为 50 年，边坡岩体类型为 II 类。挡墙长度为 31.20m，高度为 17.20～20.20m，无外倾结构面，边坡稳定性由岩体强度控制，肋柱间距为 2500mm。

### 1.2　拟建道路工程概况

拟建道路全长 595.745m，道路等级为城市次干道 II 级，工程重要性等级为二级，该项目对既有挡墙有影响，提出两种解决方案：方案一为一座 2×20m 普通混凝土连续箱梁（高架桥）；方案二为道路右半幅修建悬臂式路基挡墙。

### 1.3　地勘概况

根据原地勘报告，拟建道路沿线属剥蚀丘陵貌区，现状地貌经人为改造分布有原始厂、荒地及居民区，场地内未见断层、滑坡、危岩（崩塌）、泥石流等不良地质现象，也未见对工程不利的埋藏物，评估区域内的中风化岩层较为完整，砂岩、泥岩基本质量等级为 IV 级。场地上覆土层为第四系全新统素填土（$Q_4^{ml}$）、侏罗系中统沙溪庙组（$J_2s$）泥岩和砂岩。岩土物理参数取值见表 1。

表 1　岩土物理参数取值

| 岩土性质 | 重度（kN/m³） | 弹性模量（MPa） | 泊松比 | 黏聚力（MPa） | 内摩擦角（°） |
|---|---|---|---|---|---|
| 填土 | 20.0 | 5.6 | 0.38 | 0.0027 | 22.5 |
| 强风化岩层 | 24.5 | 234 | 0.30 | 0.0750 | 25.0 |
| 中风化砂岩 | 24.5 | 3329 | 0.27 | 0.9540 | 30.6 |
| 中风化泥岩 | 25.0 | 1003 | 0.38 | 0.2592 | 27.9 |

## 1.4　相互位置关系

方案一高架桥位于道路右半幅。滨山大道高架桥 1 号墩基础与既有挡墙（ab 段）距离较近，最近平面距离为 4.88m；方案二道路右半幅新增悬臂式路基挡墙（2 号挡墙），2 号挡墙高度为 5m，挡墙基础置于岩层，并通过锚杆锚入中风化岩层（锚入深度≥3m）。新增悬臂式路基挡墙与既有挡墙最近平面距离为 2.85m。平面、竖向相互位置关系图如图 1～图 4 所示。

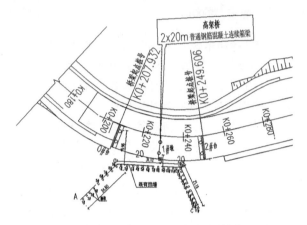

图 1　高架桥方案平面位置关系图（单位：m）

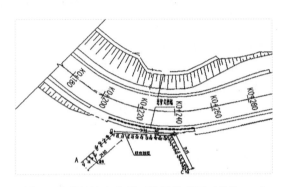

图 2　路基挡墙方案平面位置关系图（单位：m）

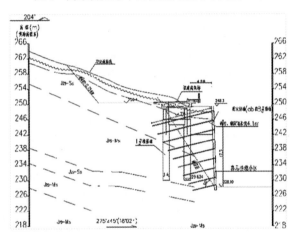

图 3　高架桥方案竖向位置关系图（单位：m）

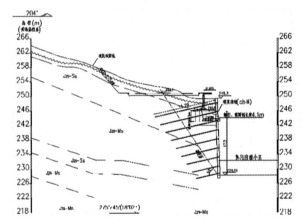

图 4　路基挡墙方案竖向位置关系图（单位：m）

## 2　定性分析

### 2.1　高架桥方案

既有挡墙 ab 段存在局部（8 号肋柱）与拟建高架桥基础（1 号墩）的沿锚杆方向打入距离小于锚杆打入深度，因此滨山大道高架桥桩基的施工会导致局部锚杆失效。8 号肋柱锚杆失效后，8 号肋柱直接考虑为肋板，则 7～9 号肋柱间距为 5m，而岩体无外倾结构面，边坡稳定性由岩体强度控制[3]，岩体等效内摩擦角按侧向土压力考虑。

此时既有挡墙结构侧向压力值计算结果：$e'_{ah} = \dfrac{E'_{ah}}{0.9H} = 35.8(\text{kPa})$。

挡板配筋计算结果如图 5 所示。

肋板配筋抗力值小于效应值，需对既有挡墙进行加固处理。

### 2.2　悬臂式路基挡墙方案

此方案存在局部基础与既有现状挡墙（ab 段）顶部锚杆自由段重叠，为防止挡墙施工过程中对锚杆的破坏及锚杆受力状态的影响，在开挖回填段，需要对锚杆增加套管进行保护（防止混凝土收缩徐变对锚杆受力状态的影响），同时起到自由端的作用。悬臂式路基挡墙的施工存在大量土体的开挖与回填，在此过程中对原有岩土层的扰动以及开挖造成的岩体压力的释放会对既有挡墙结构安全造成一定影响，需进一步进行计算分析。

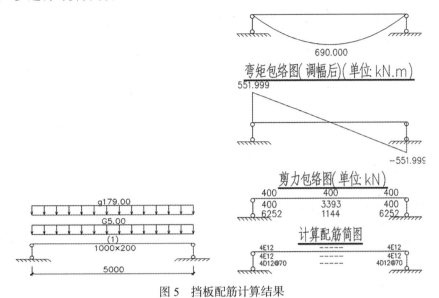

690.000

弯矩包络图(调幅后)(单位: kN.m)

551.999

−551.999

剪力包络图(单位: kN)

| 400 | 400 | 400 |
| 400 | 3393 | 400 |
| 6252 | 1144 | 6252 |

计算配筋简图

| 4E12 | | 4E12 |
| 4E12 | ----- | 4E12 |
| 4D12@70 | ----- | 4D12@70 |

q179.00

G5.00

(1)

1000×200

5000

图 5　挡板配筋计算结果

## 2.3　地质条件

根据相关地质勘察报告，场地内未见断层、滑坡、危岩（崩塌）、泥石流等不良地质现象，也未见地下硐室、古河道等对工程不利的埋藏物，既有挡墙基础持力层为较完整的中风化岩层，具有较好的完整性和强度，有利于该项目的实施。

# 3　数值模拟

（1）为进一步分析悬臂式路基挡墙方案的施工对既有挡墙结构的安全性影响，采用有限元软件MIDAS-GTS NX，选择具有代表性的断面，进行二维数值模拟分析。

（2）计算范围内的岩土体、开挖土体、肋柱、悬臂式路基挡墙，道路、既有挡墙结构采用平面应变单元进行模拟，锚杆采用植入式桁架单元进行模拟。岩土体的屈服条件采用摩尔－库仑准则。

（3）模型中的计算荷载除自重外主要为施工完成后的车辆荷载及人群荷载。取值如下：路面荷载考虑为20kPa，人群荷载为4kPa，并考虑1.4倍活载系数，路面荷载取值为28kPa，人群荷载取值为5.6kPa。

（4）根据项目的建设时序，计算过程主要分为5个施工阶段：

施工阶段1：场地整体结构的初始状态（位移清零）。
施工阶段2：项目平场及悬臂式路基挡墙基础开挖。
施工阶段3：悬臂式路基挡墙施工。
施工阶段4：回填及道路施工。
施工阶段5：项目运营（路面及人群荷载）。

二维计算模型图如图6所示。

既有挡墙结构位移计算结果如图7、图8所示。

由计算结果可知，本项目在施工过程中，对断面5挡墙结构产生的最大竖向位移为0.829mm，最大水平位移为0.563mm，在规范允许范围内[4]。

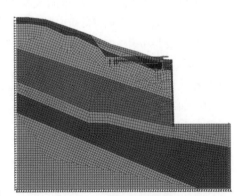

图 6　二维计算模型图

对锚杆产生的最大竖向变形为2.588mm，最大水平变形为0.638mm，变形最大的位置均位于自由段（悬臂式路基挡墙开挖位置），由于锚杆为单向受力构件，悬臂式路基挡墙的开挖及施工会使锚杆产生横向（垂直于锚杆受力方向）的受力或变形，整体变形值仍然较小。

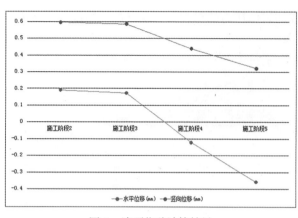

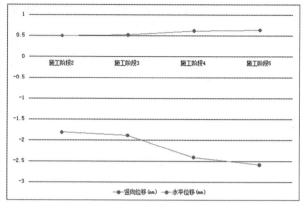

图 7　墙顶位移计算结果　　　　　　　　图 8　锚杆位移计算结果

　　分析认为，悬臂式路基挡墙方案对岩土体的开挖施工引起的围岩压力的释放以及既有挡墙上部荷载变化对既有挡墙结构的受力状态存在一定影响，但场区岩体基本质量等级较好，悬臂式路基挡墙方案对岩土体的开挖施工释放的约束与施工完成后的运营阶段荷载大部分被岩土体中和，从而对既有挡墙结构变形影响较小。

## 4　结果评价

　　高架桥方案的实施会使既有挡墙局部（8号肋柱）锚杆失效，影响既有挡墙结构安全性，若采取该方案，需对既有挡墙进行加固处理，成本较高。悬臂式路基挡墙方案的施工及运营阶段对既有挡墙结构影响较小，安全可控，在开挖过程中需对外露锚杆增加套管进行保护，且整体相对高架桥方案成本较低。

## 5　结语

　　文章结合工程实例，通过定性分析、数值模拟相结合的方式，对两种方案进行分析，分析结果对类似工程具有一定借鉴意义。设计时应细化对既有挡墙结构的保护设计方案，进行动态设计，做到信息化施工，施工方案宜采用逆作法施工并在施工过程中对既有挡墙结构进行监测以便随时掌控结构物的响应。

### 参考文献

[1] 钱七虎. 迎接我国城市地下空间开发高潮 [J]. 岩土工程学报，1998（01）：112-113.

[2] 郭帅，李晓鹏，王强，等. 重庆某边坡板肋式锚杆挡墙垮塌原因分析 [J]. 重庆建筑，2020（08）：49-53.

[3] 中华人民共和国住房和城乡建设部. 建筑边坡工程技术规范：GB 50330—2013[S]. 北京：中国建筑工业出版社，2014.

[4] 中华人民共和国住房和城乡建设部. 建筑基坑工程监测技术规范：GB 50497—2019[S]. 北京：中国建筑工业出版社，2020.

# CFRCM 束拉拔过程的力阻效应及影响机理

宫逸飞　张大伟　陈冠浩

浙江大学结构工程研究所　杭州　310012

**摘　要：**碳纤维织物增强水泥基复合材料（CFRCM）在既有混凝土结构加固技术中已得到广泛验证和应用，利用碳纤维的力阻效应可实现对 CFRCM 进行自监测的目的。然而，针对 CFRCM 力阻效应的研究仍然较少。对 CFRCM 束进行拉拔试验，发现 CFRCM 束的拉拔滑移曲线符合三阶段模型，电阻变化也经历了随机变化、快速上升、缓慢上升三个过程。由于 CFRCM 束的拉拔承载力与砂浆的浸润效果有关，使得脱粘段的电阻变化率增幅与承载力具有一定相关性。

**关键词：**力阻效应；碳纤维织物增强水泥基复合材料；三阶段模型；拉拔滑移响应

碳纤维织物增强水泥基复合材料（CFRCM）是由碳纤维编织网和水泥砂浆组成的复合材料，其对既有钢筋混凝土结构加固修复的有效性已得到验证[1]。研究表明[2]，碳纤维作为一种导电材料，在受力后材料自身的电阻会发生改变，该现象称为碳纤维的力阻效应，据此可对 CFRCM 自身及其加固构件受力和损伤状况进行自监测。

对 CFRCM 力阻效应机理的深入研究，是实现自监测的前提和先决条件，然而目前对 CFRCM 的研究较少。对此，本文对 CFRCM 中碳纤维束（以下简称 CFRCM 束）进行了拉拔试验，据此定性分析 CFRCM 束在加载过程中的力阻响应及其机理，为进一步量化分析影响因素作用效果和建立 CFRCM 束拉拔模型提供一定参考。

## 1　试验方案

### 1.1　试验材料及基本性能

本文使用的碳纤维束及其参数由无锡市优特佳新材料有限公司提供。其中，每根纤维束含 12000 根纤维丝，单丝直径 7μm，弹性模量 230GPa，抗拉强度 3530MPa，极限伸长率 1.5%，电阻率 0.017Ω·mm。砂浆配合比见表 1。依据规范《水泥胶砂强度检验方法（IOS 法）》（GB/T 17671—1999）[3]，制备的 3 个立方体标准试件 28d 抗压强度分别为 21.91MPa、24.61MPa 和 25.69MPa，平均值为 24.07MPa，变异系数为 8.1%。

表 1　砂浆配合比

| 水泥（g） | 水（g） | 粗砂（0.5～1mm）(g) | 细砂（0～0.5mm）(g) | 可再分散乳胶粉（g） | 减水剂（g） |
|---|---|---|---|---|---|
| 100（P·O 42.5） | 45 | 133 | 67 | 1.5 | 0.15 |

### 1.2　试件制备

CFRCM 束拉拔试验设置 5 个平行试件，如图 1 所示意，被测段长度（$L_e$）为 60mm，试件编号为 P-60。试件垂直于碳纤维束方向的横截面积为 30mm×50mm，碳纤维束布置于试件横截面中心位置。试件均依据四电极法制作，以提高结果精度[4]，并认为加载过程中电极的接触电阻为定值。

CFRCM 束拉拔试件采用分层浇筑。第一层砂浆浇筑、振捣后，布置干碳纤维束，并在其两端悬挂重物以施加拉力，保持将碳纤维束拉直。之后用钉枪将模板上盖固定，进行第二层砂浆浇筑，再振捣。

基金项目：广东省重点领域研发计划项目子课题（2019B111107002），国家自然科学基金委项目（51878604，52078454）。

作者简介：宫逸飞（1999—　　），男，硕士研究生。通讯作者：张大伟（1981—　　），男，博士，教授。

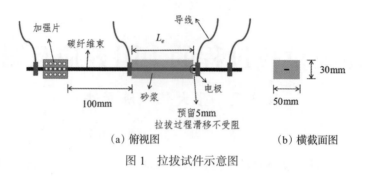

（a）俯视图　　　　　　　　（b）横截面图

图 1　拉拔试件示意图

### 1.3　加载方案及装置

采用三思纵横 UTM6503 电子万能试验机加载，速率为 0.2mm/min，采样频率为 10Hz。根据伏安法，使用东华 DH5922N 动态信号采集仪记录试件的电阻。CFRCM 束拉拔试验加载装置如图 2 所示。试验采用两个东华 YWC 型应变式位移传感器测量纤维束与砂浆之间的滑移，测量结果取平均值。

## 2　结果与讨论

根据 CFRCM 束拉拔试验，可得到其拉拔滑移曲线和电阻变化率曲线，分别如图 3 和图 4 所示。由图 3 可见，试件的拉拔曲线明显具有三阶段特征，其拉拔滑移曲线大致可划分为弹性段、脱粘段和纯摩擦段。同时，由图 4 可知，电阻变化率分别经历了随机变化、快速上升和缓慢上升三个过程。对比两图，可看出电阻变化率和拉伸荷载的三阶段变化具有很好的一致性。

图 2　拉拔试验加载装置

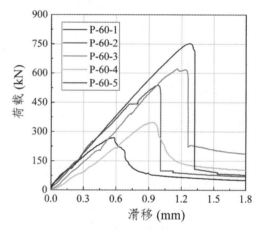

图 3　拉拔滑移曲线

在弹性阶段，CFRCM 束的受力随滑移量的增加而接近线性增长，电阻的变化也相对较小，只有小幅度的波动。Banholzer[5] 将 FRCM 内部的纤维束区分为套筒层和核心层。其中，水泥砂浆只能渗透到套筒层纤维丝间隙中。在此阶段，套筒层的碳纤维丝与砂浆之间黏结良好，套筒层和核心层纤维丝主要以弹性变形为主，电阻变化也主要因此引起。同时，由于砂浆存在浸润不均匀的问题，有部分应力集中的纤维丝在此期间断裂，并有可能与其他纤维丝搭接形成新的导电通路，而原本搭接的纤维丝也有可能脱离搭接，断裂与搭接两种机制的不断变化导致这时电阻的变化存在随机波动，但整体幅度较小。

当滑移量逐渐增大，拉拔滑移曲线进入脱粘段，电阻迅速增大。该阶段拉拔力的变化主要由纤维丝与砂浆黏结界面逐渐脱粘而引起[6]，同时套筒层的大量纤维丝在该阶段由外向内逐层发生断裂[5]。此时，大量纤维丝与砂浆脱粘或出现断裂，而由于砂浆浸润对碳纤维丝所产生的约束和隔离效应，碳纤维丝在断裂或脱粘后不容易发生搭接。此时大量导电通路被切断，纤维束电阻迅速增大。

随着纤维丝大量脱粘或断裂，此时纤维束能承受的荷载到达峰值后迅速下降，拉拔滑移曲线进入纯摩擦段。此时，套筒层的纤维丝已完全脱粘，拉拔力主要由纤维丝之间以及纤维丝与砂浆之间的摩擦剪应力提供[6]。另外，仍有部分纤维丝因为磨损而发生断裂[5]，这导致该阶段的电阻仍然能保持缓慢增长。

　　由前所述，当更多的碳纤维丝在第二阶段发生脱粘或断裂，即水泥砂浆在碳纤维束中的浸润效果越好，其极限拉拔力往往越大。而该阶段的电阻增幅 $\Delta R_{II}$ 与碳纤维丝断裂或脱粘的根数直接相关，为探究脱粘阶段电阻变化幅度与极限拉拔力之间的相关性，以各 CFRCM 束拉拔试件的极限拉拔力为横坐标，$\Delta R_{II}/R_0$ 为纵坐标，绘制于四象限坐标系，如图 5 所示。计算出 $\Delta R_{II}/R_0$ 与极限拉拔力之间的相关系数为 0.773，由此可认为 $\Delta R_{II}/R_0$ 与极限拉拔力之间具有一定的正相关性。

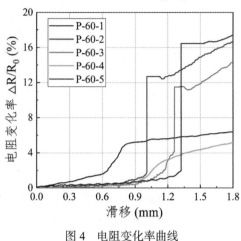

图 4　电阻变化率曲线

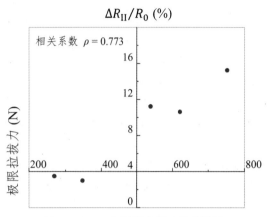

图 5　$\Delta R_{II}/R_0$ 与极限拉拔力的相关性

## 3　结论

　　本文对 CFRCM 束进行了拉拔试验，结合已有对 FRCM 拉拔滑移响应的研究，得到以下主要结论：

　　（1）CFRCM 束在拉拔过程中存在明显的三阶段特征，即随机变化、快速上升、缓慢上升，分别与拉拔滑移响应的弹性段、脱粘段及纯摩擦段一一对应。

　　（2）CFRCM 束弹性段的电阻变化较小，主要由纤维丝的弹性变形引起；在脱粘段，由于砂浆浸润的约束和隔离，大量导电通路被切断，电阻迅速增大；纯摩擦段时部分纤维丝磨损断裂，电阻缓慢增长。

　　（3）第二阶段电阻变化率增幅 $\Delta R_{II}/R_0$ 与 CFRCM 束的极限拉拔力之间具有一定的正相关性。

### 参考文献

[1] ARBOLEDA D. Fabric reinforced cementitious matrix（FRCM）composites for infrastructure strengthening and rehabilitation：characterization methods[J]. Dissertations & Theses-Gradworks，2014.

[2] 郑立霞. 机敏混凝土的导电性及传感特性研究 [D]. 武汉：武汉理工大学，2011.

[3] 中国建筑材料科学研究院. 水泥胶砂强度检验方法（ISO 法）：GB/T 17671—1999[S]. 北京：中国标准出版社，1999.

[4] 姚武，王婷婷. 碳纤维水泥基材料的温阻效应及其测试方法 [J]. 同济大学学报（自然科学版），2007（04）：511-514.

[5] BANHOLZER B. Bond behaviour of a multi-filament yarn embedded in a cementitious matrix[D]. Bibliothek der RWTH Aachen，2004.

[6] ZHU M，ZHU J，UEDA T，et al. A method for evaluating the bond behavior and anchorage length of embedded carbon yarn in the cementitious matrix[J]. Construction and Building Materials，2020，255：119067.

# CFRCM 板拉伸过程力阻效应研究

陶冶王之　　张大伟　　陈冠浩

浙江大学结构工程研究所　杭州　310012

**摘　要：** 碳纤维织物增强水泥基复合材料（CFRCM）作为一种新型复合材料常被应用于混凝土结构和砌体结构加固。利用碳纤维织物的力阻效应对 CFRCM 的受力状态及损伤情况进行自监测的研究还很少见。本文通过 CFRCM 板单调拉伸试验发现其破坏模式符合水泥基碳纤维增强复合材料的多重开裂理论，力阻效应表现为在弹性、多重开裂阶段电阻变化较小，在应变强化阶段电阻变化较大。同时，力阻效应对 CFRCM 板的开裂不敏感，对构件的最终破坏极为敏感。

**关键词：** 碳纤维织物；水泥基；CFRCM；拉伸试验；力阻效应

近年来，一种以水泥基为基体的连续纤维增强复合材料——碳纤维织物增强复合材料（Carbon fabric reinforced cementitious mortar, CFRCM）被广泛关注和研究，并且已成功应用于国内外混凝土结构和砌体结构的加固[1]。同时，对碳纤维智能材料的研究表明，碳纤维在受力后自身的电阻会改变，这种现象被称为碳纤维的力阻效应。利用碳纤维的力阻效应可以对其受力状态以及损伤情况进行自监测[2]。但目前对于 CFRCM 材料中碳纤维束的力阻效应研究较少，本文通过开展 CFRCM 板的单调拉伸试验，研究 CFRCM 加固材料在单调加载过程中的力 – 电学特性，定性分析不同加载阶段的力阻效应响应。

## 1　试验材料及基本性能

试验使用的碳纤维束由无锡市优特佳新材料有限公司提供，单束纤维包含 12000 根纤维丝，单丝直径 7μm，弹性模量为 230GPa，抗拉强度 3530MPa，极限伸长率 1.5%，电阻率 0.017Ω·mm。

试验采用的水泥基胶凝材料由水泥、砂子、水、减水剂及高分子聚合物组成，砂浆配合比详见表 1。依据现行规范《水泥胶砂强度检验方法（IOS）法》（GB/T 17671），制备的 3 个 70.7mm × 70.7mm × 70.7mm 的立方体标准试件 28d 抗压强度分别为 21.91MPa、24.61MPa 和 25.69MPa，平均值为 24.07MPa，变异系数为 8.1%。

表 1　砂浆配合比

| 水泥（g） | 水（g） | 粗砂（0.5～1mm）(g) | 细砂（0～0.5mm)(g) | 可再分散乳胶粉（g） | 减水剂（g） |
|---|---|---|---|---|---|
| 100（P·O 42.5） | 45 | 133 | 67 | 1.5 | 0.15 |

## 2　试件制备

CFRCM 板拉伸试验共 3 个平行试件，试件编号分别为 T-S-1、T-S-2 和 T-S-3。CFRCM 板宽度为 50mm，板厚为 8mm，受拉段长度为 210mm。每块板在浇筑时布置 3 根纵向碳纤维束，间距 15mm，外侧纤维距砂浆边缘 10mm。为了测量 CFRCM 板拉伸过程中碳纤维的电阻变化，在中间纤维束上三等分点处制作 4 个内置电极，砂浆外纤维制作 2 个外电极。拉伸试件整体尺寸及电极测点布置如图 1 所示。

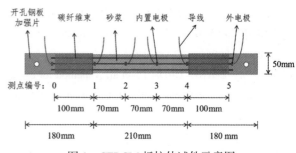

图 1　CFRCM 板拉伸试件示意图

基金项目：广东省重点领域研发计划项目子课题（2019B111107002），国家自然科学基金委项目（51878604，52078454）。

作者简介：陶冶王之，男，硕士研究生。通讯作者：张大伟，男，博士，教授。

外电极采用鑫威（SINWE）双组分环氧导电铜胶制作，内置电极采用鑫威导电银浆制作。适配加载夹具的钢板加强片使用 SKO 结构粘钢胶粘贴于试件两端 100mm 处，静置 24h 后即得试件成品。

## 3　加载方案及装置

试验采用三思纵横 UTM6503 电子万能试验机加载，速率为 0.2mm/min，采样频率为 10Hz。根据伏安法，使用东华 DH5922N 动态信号采集仪记录试件的电阻。CFRCM 板单调拉伸加载装置如图 2 所示。试验采用两个东华 YWC 型应变式位移传感器测量纤维束与砂浆之间的滑移，测量结果取平均值。

## 4　试验结果与分析

CFRCM 板试件开裂及破坏情况如图 3 所示。试件 T-S-1 和 T-S-3 的主裂缝位于测点 3、4 间，试件 T-S-2 的主裂缝位于测点 1、2 间。为方便分析，各测点间电阻用 $R_{ij}$ 表示，其中 $i$、$j$ 为同一试件不同测点（图 1）。若主裂缝在两测点间，则定义该两测点之间的区间为主裂缝区间，否则为非主裂缝区间。

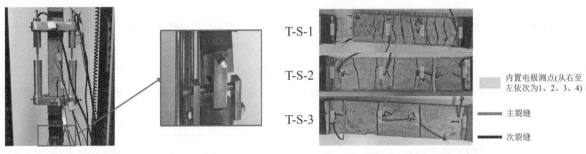

图 2　CFRCM 板单调拉伸加载装置　　　　　图 3　试件开裂及破坏情况

各 CFRCM 板试件的"荷载 – 电阻变化率 – 应变"曲线如图 4 所示。各试件均经历了弹性、多重开裂、应变强化三个阶段，与水泥基连续碳纤维增强复合材料的多重开裂理论（ACK 模型）[3] 所描述的三阶段特征一致。由于不同试件中砂浆浸润碳纤维束的程度不同，导致不同试件拉伸过程纤维束受力情况不同，试件 T-S-1 表现出显著的应变强化阶段，而试件 T-S-2 和 T-S-3 的应变强化阶段不明显；T-S-1 的极限荷载则约为试件 T-S-2 与 T-S-3 极限荷载的 1.5 倍，T-S-1 的裂缝数量也明显多于 T-S-2 与 T-S-3。

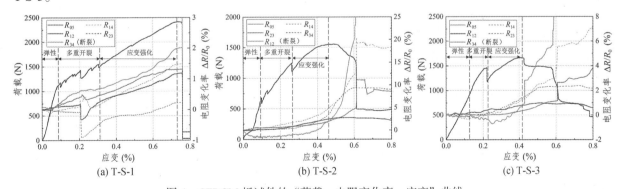

(a) T-S-1　　　　　　　(b) T-S-2　　　　　　　(c) T-S-3

图 4　CFRCM 板试件的"荷载 – 电阻变化率 – 应变"曲线

在弹性阶段，纤维弹性变形对力阻效应的影响较小，且该阶段应变远小于极限拉应变，故各测点间的电阻变化极小。在多重开裂阶段，大部分测点间的电阻增长依然较小，部分试件的部分测点间可观察到明显的电阻增长。原因是试件开裂时，裂缝位置的砂浆应力降为 0，碳纤维束局部应力突增，部分纤维断裂导致电阻上升，但此时 CFRCM 板的总体应变仍然不大，大部分纤维丝未断裂，且应变导致的电阻变化较小，故该阶段电阻增长有限，同时也表明在应变较小时碳纤维束力阻效应对板的开裂并不敏感。

在应变强化阶段，砂浆几乎退出承载，荷载主要由碳纤维束承担。由于开裂位置纤维丝应力集中显著，碳纤维丝逐渐断裂，且数量较大，故观察到所有试件外电极测量的电阻 $R_{05}$、板拉伸段两端的电阻 $R_{14}$ 以及主裂缝区间电阻增长明显。在破坏瞬间，试件 T-S-2 与 T-S-3 主裂缝区间电阻及 $R_{05}$ 和 $R_{14}$ 均显著增大，而非主裂缝区间电阻则由于主裂缝区纤维大量断裂而发生回弹，该区域电阻小幅度下降。对于试件 T-S-1，在破坏瞬间碳纤维束完全断开（图 3），无法根据伏安法测量各测点间实际电阻，故主裂缝区间电阻及 $R_{05}$ 和 $R_{14}$ 直线上升，而非断裂区间的测量电阻大幅度直线下降。以上现象表明 CFRCM 板中碳纤维束力阻效应对板的破坏极其敏感。

## 5　结论与展望

本文通过 CFRCM 板的单调拉伸试验，发现碳纤维束的电阻随加载的进行表现出以下规律：

（1）弹性阶段纤维断裂少，纤维弹性变形对总体电阻变化影响较小；多重开裂阶段，开裂位置部分纤维断裂，电阻略微增大；应变强化阶段纤维大量断裂，各区间电阻均明显增大（远大于多重开裂阶段）；在破坏瞬间，主裂缝区间电阻骤增（超出量程），非主裂缝区间纤维回弹导致电阻略有下降。

（2）碳纤维力阻效应对砂浆开裂不敏感，对最终破坏极其敏感，且破坏阶段电阻变化离散性较大。

CFRCM 板拉伸过程力阻效应特性为未来通过监测电阻变化实现性能监测、损伤识别提供了可能。

### 参考文献

[1] WALRAVEN J. Synthesized intervention method to prolong service life of reinforced concrete structures：ICCP-SS[J]. Structural Concrete，2021，22（2）：590-592.

[2] 郑立霞. 机敏混凝土的导电性及传感特性研究 [D]. 武汉：武汉理工大学，2011.

[3] AVESTON J，KELLY A. Theory of multiple fracture of fibrous composites[J]. Journal of Materials Science，1973，8（3）：352-362.

# CFRP 加固锈蚀钢筋混凝土梁正截面受弯承载力

余晞源　姜　超　张伟平

同济大学工程结构性能演化与控制教育部重点实验室，土木工程学院建筑工程系　上海　200092

**摘　要：** 为快速准确评估 CFRP 加固锈蚀钢筋混凝土梁正截面受弯承载力，根据梁受弯破坏时锈蚀钢筋、CFRP 以及受压区混凝土的应力状态，识别并定义 CFRP 加固锈蚀梁的三种正截面受弯破坏界限以及四种正截面受弯破坏模式。定义界限破坏下锈蚀梁的 CFRP 加固率为界限加固率，并提出基于实际加固率与界限加固率的正截面受弯破坏模式判定方法。针对各受弯破坏模式，提出相应的 CFRP 加固锈蚀梁的正截面受弯承载力简化计算方法。根据 CFRP 拉断时梁正截面相对受压区高度，复核基于界限加固率求解得到的正截面受弯承载力。建立包含 96 根 CFRP 加固锈蚀钢筋混凝土梁的正截面受弯承载力试验数据库。采用提出的方法，计算试验数据库中的 CFRP 加固锈蚀梁的正截面受弯承载力。结果表明，计算值与试验值的相关系数为 0.9920，计算值与试验值比值的平均值为 1.0187，表明所提出的计算方法能准确评估 CFRP 加固锈蚀钢筋混凝土梁的正截面受弯承载力。

**关键词：** CFRP 加固锈蚀钢筋混凝土梁；截面分析；受弯破坏模式；受弯承载力；CFRP 界限加固率

钢筋锈蚀是混凝土梁耐久性失效的主要原因之一。作者所在团队的研究表明[1]，锈蚀引起的钢筋力学性能退化可能导致锈蚀钢筋混凝土梁正截面受弯破坏模式的转变。碳纤维复合材料（CFRP）已经被证明有良好的结构加固潜力[2]，但关于 CFRP 加固锈蚀钢筋混凝土梁的研究尚未成熟。目前 CFRP 加固锈蚀钢筋混凝土梁抗弯承载力的计算方法大致可分为两类：基于试验数据的经验方法[3-4]以及基于截面分析得到的理论方法[5-7]。经验方法没有反映 CFRP 加固锈蚀钢筋混凝土梁的破坏机理，其普适性存疑。而现存理论方法并未区分正截面受弯破坏模式，或者并未对梁受弯极限时的锈蚀钢筋及 CFRP 应力状态做定量分析。实际上，在 CFRP 加固与钢筋锈蚀的影响下，CFRP 加固锈蚀钢筋混凝土梁可能同样存在多种正截面受弯破坏模式，有必要进行进一步研究。为此，本文分析 CFRP 加固锈蚀钢筋混凝土梁正截面受弯破坏模式及承载力。

## 1　材料本构关系

### 1.1　锈蚀钢筋应力 – 应变关系

锈蚀钢筋的应力 – 应变关系采用张伟平等[8]提出的多段折线模型，如图 1 所示。其中，名义屈服强度 $f_{yc}$、名义极限强度 $f_{uc}$、屈服应变 $\varepsilon_{yc}$、强化应变 $\varepsilon_{shc}$、极限应变 $\varepsilon_{suc}$ 和强化模量 $E_{shc}$ 是其相应初始值和平均锈蚀率 $\eta_s$ 的函数。

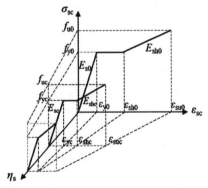

图 1　锈蚀钢筋应力 – 应变关系

### 1.2　混凝土应力 – 应变关系

混凝土的受压应力 – 应变关系采用《混凝土结构设计规范》（GB 50010—2010）[9]推荐的抛物线模型，如图 2 所示。

### 1.3　CFRP 应力 – 应变关系

CFRP 应力 – 应变关系采用《纤维增强复合材料工程应用技术标准》（GB 50608—2020）[10]推荐的线弹性模型：

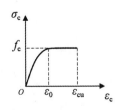

图 2　混凝土受压应力 – 应变关系

基金项目：上海市"科技创新行动计划"项目（19DZ1202400）。

$$\sigma_f = E_f \varepsilon_f \tag{1}$$

式中，$E_f$ 为 CFRP 的弹性模量；$\varepsilon_f$ 为 CFRP 拉应变。

CFRP 的允许拉应变 $\varepsilon_{fu}$ 值，可根据《碳纤维片材加固混凝土结构技术规程》（CECS 146：2003，2007 年版）[11] 进行取值。

## 2　梁正截面力与弯矩平衡方程

为简化计算，不考虑锈蚀钢筋与混凝土黏结、CFRP 与混凝土的黏结以及二次受力的影响。CFRP 加固锈蚀钢筋混凝土梁的正截面受力情况及应变分布如图 3 所示，截面力平衡方程、截面弯矩平衡方程和变形协调方程如式（2）、式（3）和式（4）所示。

$$b \int_0^{x_n} \sigma_c(x)\mathrm{d}x = \alpha_1 f_c b \xi h = E_f \varepsilon_f A_f + \sigma_{sc} A_{s0}(1 - \eta_s) \tag{2}$$

$$M_u = \alpha_1 f_c b \xi h (h_0 - 0.5\xi h) + E_f \varepsilon_f A_f (h - h_0) \tag{3}$$

$$\xi = \frac{\beta_1 x_n}{h} = \frac{\beta_1 \varepsilon_c^t}{\varepsilon_{sc} + \varepsilon_c^t} \cdot \frac{h_0}{h} = \frac{\beta_1 \varepsilon_c^t}{\varepsilon_f + \varepsilon_c^t} \tag{4}$$

式中，$\alpha_1$ 和 $\beta_1$ 为等效矩形应力图相关系数；$\xi$ 为等效矩形应力图的相对受压区高度；$h_0$ 为截面有效高度；$b$ 为截面宽度；$A_{s0}$ 为初始配筋面积；$h$ 为截面高度（由于 CFRP 厚度较小，为简化计算，此处近似取 $h - h_0$ 为 CFRP 到锈蚀钢筋的距离）；$\varepsilon_c^t$ 为受压区边缘混凝土的压应变；$\varepsilon_{sc}$ 为锈蚀钢筋拉应变；$\varepsilon_f$ 为 CFRP 拉应变。

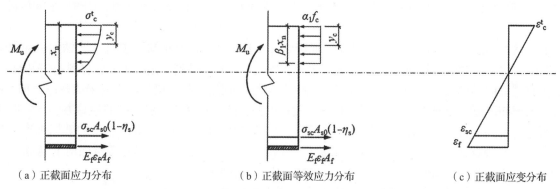

（a）正截面应力分布　　　　　（b）正截面等效应力分布　　　　　（c）正截面应变分布

图 3　CFRP 加固锈蚀钢筋混凝土梁正截面示意图

## 3　界限加固率

在梁受弯破坏时，假设 CFRP 未拉断，受压区混凝土压碎，此时锈蚀钢筋可能存在三种临界应力状态，分别为恰好进入屈服阶段、恰好进入强化阶段以及恰好拉断。据此可定义三种界限状态——界限 Ⅰ、界限 Ⅱ 以及界限 Ⅲ，如图 4 所示。将三个状态对应的加固率与相对受压区高度定义为界限加固率及界限相对受压区高度。由于上述过程涉及 CFRP 未拉断的假定，为便于复核界限加固率，引入 CFRP 拉断时的相对受压区高度 $\xi_{fu}$，如图 5 所示。

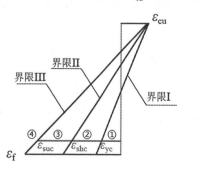

图 4　CFRP 加固锈蚀梁的破坏界限及破坏模式

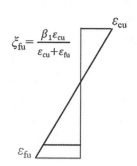

图 5　CFRP 拉断时梁正截面应变分布

### 3.1　界限加固率计算

三个界限相对受压区高度 $\xi_{\text{fsyb}}$、$\xi_{\text{fshb}}$、$\xi_{\text{fsub}}$ 均可按式（4）计算。令 $\varepsilon_{\text{c}}^{\text{t}}=\varepsilon_{\text{cu}}$，对于界限 I，$\varepsilon_{\text{sc}}=\varepsilon_{\text{yc}}(\eta_{\text{s}})$；对界限 II，$\varepsilon_{\text{sc}}=\varepsilon_{\text{shc}}(\eta_{\text{s}})$；对界限 III，$\varepsilon_{\text{sc}}=\varepsilon_{\text{suc}}(\eta_{\text{s}})$。根据相对受压区高度及变形协调关系，可得到各界限的 CFRP 应变值 $\varepsilon_{\text{f}}$。根据锈蚀钢筋应力应变关系，将 CFRP 应变及锈蚀钢筋应力代入式（2）可得界限 I、界限 II 与界限 III 对应的界限加固率 $\rho_{\text{fsyb}}$、$\rho_{\text{fshb}}$ 和 $\rho_{\text{fsub}}$。对任意界限加固率，当计算值小于 0 时取该界限加固率等于 0。

### 3.2　界限加固率复核

令 $\varepsilon_{\text{f}}=\varepsilon_{\text{fu}}$，$\varepsilon_{\text{c}}^{\text{t}}=\varepsilon_{\text{cu}}$，代入式（4）可得 CFRP 拉断时的相对受压区高度 $\xi_{\text{fu}}$。根据 $\xi_{\text{fu}}$ 和 $\xi_{\text{fsyb}}$、$\xi_{\text{fshb}}$、$\xi_{\text{fsub}}$ 的关系对界限加固率进行复核：（1）若 $\xi_{\text{fu}}>\xi_{\text{fsyb}}$，取 $\rho_{\text{fsyb}}=\rho_{\text{fshb}}=\rho_{\text{fsub}}=0$；（2）若 $\xi_{\text{fsyb}}\geqslant\xi_{\text{fu}}>\xi_{\text{fshb}}$，取 $\rho_{\text{fshb}}=\rho_{\text{fsub}}=0$；（3）若 $\xi_{\text{fshb}}\geqslant\xi_{\text{fu}}>\xi_{\text{fsub}}$，取 $\rho_{\text{fsub}}=0$。

## 4　受弯破坏模式及承载力计算方法

### 4.1　受弯破坏模式

根据实际加固率 $\rho_{\text{f}}$ 和界限加固率，可判断 CFRP 加固锈蚀梁受弯破坏模式：（1）当 $\rho_{\text{f}}\geqslant\rho_{\text{fsyb}}$ 时，锈蚀钢筋弹性（模式①）；（2）当 $\rho_{\text{fsyb}}>\rho_{\text{f}}\geqslant\rho_{\text{fshb}}$ 时，锈蚀钢筋屈服（模式②）；（3）当 $\rho_{\text{fshb}}>\rho_{\text{f}}\geqslant\rho_{\text{fsub}}$ 时，锈蚀钢筋强化（模式③）；（4）当 $\rho_{\text{fsub}}>\rho_{\text{f}}$ 时，锈蚀钢筋拉断（模式④）。

### 4.2　受弯承载力计算方法

对模式①、②及③，令 $\varepsilon_{\text{c}}^{\text{t}}=\varepsilon_{\text{cu}}$，由式（4）可得锈蚀钢筋应变 $\varepsilon_{\text{sc}}(\xi)$ 以及 CFRP 应变值 $\varepsilon_{\text{f}}(\xi)$，通过锈蚀钢筋本构关系得到对应的 $\sigma_{\text{sc}}(\xi)$，将 $\sigma_{\text{sc}}(\xi)$ 与 $\varepsilon_{\text{f}}(\xi)$ 代入力平衡方程可以得到关于 $\xi$ 的一元二次方程，取较大的解作为 $\xi$ 的取值。最后将 $\xi$ 与 $\varepsilon_{\text{f}}$ 代入式（3）可求解 $M_{\text{u}}$。

对破坏模式④，抗弯承载力 $M_{\text{u}}=\max(M_{\text{u1}}, M_{\text{u2}})$，其中 $M_{\text{u1}}$ 为钢筋拉断时的抗弯承载力，$M_{\text{u2}}$ 为 CFRP 加固素混凝土梁抗弯承载力。对 $M_{\text{u1}}$，此时偏安全的取相对受压区高度 $\xi=\xi_{\text{fu}}$，$\varepsilon_{\text{sc}}=\varepsilon_{\text{suc}}(\eta_{\text{s}})$，由式（4）可求得 $\varepsilon_{\text{f}}$，通过锈蚀钢筋以及 CFRP 拉力对相对受压区取矩得到 $M_{\text{u1}}$。对 $M_{\text{u2}}$，此时正截面力平衡方程仅考虑 CFRP 与混凝土项，取 $\rho_{\text{fu}}=\alpha_{1}f_{\text{c}}b\xi_{\text{fu}}h/(\varepsilon_{\text{fu}}E_{\text{f}}bh)$。若 $\rho_{\text{f}}\geqslant\rho_{\text{fu}}$，抗弯失效时混凝土压碎，根据力平衡方程得到一个关于 $\xi$ 的一元二次方程，取较大的解作为 $\xi$，并计算抗弯承载力 $M_{\text{u2}}$。若 $\rho_{\text{f}}<\rho_{\text{fu}}$ 则梁抗弯失效时混凝土未压碎，考虑素混凝土梁开裂与 CFRP 拉断对应的梁抗弯失效时的承载力大小关系，此时 $M_{\text{u2}}$ 表达式如式（5）所示。

$$M_{\text{u2}}=\max\left[E_{\text{f}}\varepsilon_{\text{fu}}A_{\text{f}}h\left(1-\frac{\xi_{\text{fu}}}{2}\right), 0.292f_{\text{t}}bh^{2}\right]\qquad(5)$$

### 4.3　破坏模式及承载力复核

4.1 和 4.2 中的破坏模式①、②及③均基于 CFRP 弹性的假定，因此需对该假定复核。由 4.2 节可得 CFRP 加固锈蚀钢筋混凝土梁在模式①、②及③下的正截面受弯承载力 $M_{\text{u}}$ 和相对受压区高度值 $\xi$。若 $\xi\geqslant\xi_{\text{fu}}$，则 CFRP 在梁受弯破坏时处于弹性状态，假定成立，前述计算得到的 $M_{\text{u}}$ 为真实值。若 $\xi<\xi_{\text{fu}}$，则梁受弯破坏时 CFRP 已拉断，假定不成立，此时取 $M_{\text{u}}=\max(M_{\text{uf}}, M_{\text{uc}})$。$M_{\text{uf}}$ 为 CFRP 达到允许拉应变时的梁正截面所受弯矩值，$M_{\text{uc}}$ 为未加固锈蚀钢筋混凝土梁抗弯承载力值。$M_{\text{uf}}$ 可偏安全地计算：设 $\xi_{\text{b}}=\xi_{\text{fu}}$，$\varepsilon_{\text{f}}=\varepsilon_{\text{fu}}$，根据应变协调关系以及锈蚀钢筋本构关系得到 $\sigma_{\text{sc}}(\xi)$，通过锈蚀钢筋以及 CFRP 拉力对相对受压区取矩可计算 $M_{\text{uf}}$。$M_{\text{uc}}$ 则根据未加固锈蚀钢筋混凝土梁的计算方法进行计算。

## 5　计算方法验证

为验证本文所提出的简化计算方法的准确性，收集到锈蚀率 $0.014\sim0.74$，CFRP 加固率 $0.006\%\sim0.394\%$ 范围内

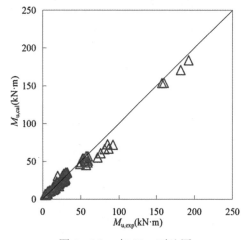

图 6　$M_{\text{u,exp}}$ 与 $M_{\text{u,cal}}$ 对比图

的 CFRP 加固锈蚀钢筋混凝土梁共 96 根，其正截面受弯承载力试验值（$M_{u,exp}$）和计算值（$M_{u,cal}$）对比图如图 6 所示。由于材料力学性能的离散性、较为保守的 CFRP 允许拉应变取值以及锈蚀造成的钢筋力学性能随机性的影响，部分计算值与试验值存在一定偏差。但是，总体上，96 个数据样本点分布在等值线附近，且计算值和试验值的相关系数为 0.9920，$M_{u,cal}/M_{u,exp}$ 的平均值为 1.0187，表明简化计算方法的准确性高。

## 6 结语

本文提出了一种基于界限加固率的 CFRP 加固锈蚀钢筋混凝土梁正截面受弯承载力计算方法，其一般步骤为：（1）测量并计算 CFRP 加固锈蚀钢筋混凝土梁加固前后的基本参数；（2）计算 CFRP 界限加固率并进行复核；（3）对 CFRP 加固锈蚀钢筋混凝土梁正截面受弯破坏模式进行判断；（4）根据破坏模式计算对应的 CFRP 加固锈蚀钢筋混凝土梁正截面抗弯承载力；（5）对相应破坏模式及抗弯承载力进行复核。该方法概念清晰、计算简便、与试验结果吻合较好。

### 参考文献

[1] 姜超，丁豪，顾祥林，等. 锈蚀钢筋混凝土梁正截面受弯破坏模式及承载力简化计算方法 [J]. 建筑结构学报，2022，43（06）：1-10.

[2] AMRAN Y M，ALYOUSEF R，RASHID R，et al. Properties and applications of FRP in strengthening RC structures：A review[J]. Structures，2018.

[3] 周迎利. 碳纤维布加固纵筋锈蚀混凝土梁正截面抗弯及耐久性研究 [D]. 南京：南京航空航天大学，2018.

[4] TRIANTAFYLLOU G G，ROUSAKIS T C，KARABINIS A I. Analytical assessment of the bearing capacity of RC beams with corroded steel bars beyond concrete cover cracking[J]. Composites Part B Engineering，2017，119（6）：132-140.

[5] 张伟平，王晓刚，顾祥林. 碳纤维布加固锈蚀钢筋混凝土梁抗弯性能研究 [J]. 土木工程学报，2010，43（06）：34-41.

[6] 周淑春，吕恒林，吴元周，等. CFRP 加固中（重）度劣化钢筋混凝土梁抗弯性能 [J]. 中国矿业大学学报，2016，45（1）：8.

[7] AL-SAIDY A H，AL-JABRI K S. Effect of damaged concrete cover on the behavior of corroded concrete beams repaired with CFRP sheets[J]. Composite Structures，2011，93（7）：1775-1786.

[8] 张伟平，李崇凯，顾祥林，等. 锈蚀钢筋的随机本构关系 [J]. 建筑材料学报，2014，17（05）：920-926.

[9] 中华人民共和国住房和城乡建设部. 混凝土结构设计规范：GB 50010—2010[S]. 北京：中国建筑工业出版社，2010.

[10] 中华人民共和国住房和城乡建设部. 纤维增强复合材料建设工程应用技术规范：GB 50608—2010[S]. 北京：中国建筑工业出版社，2011.

[11] 中国工程建设标准化协会. 碳纤维片材加固混凝土结构技术规程：CECS 146：2003[S]. 2007 年版. 北京：中国计划出版社，2007.

# 外套 U 型钢加固混凝土梁受弯性能研究

## 卢亦焱　沈　炫　李　杉　宗　帅

武汉大学　武汉　430072

**摘　要**：提出了新型外套 U 型钢加固混凝土梁方法，在外套 U 型钢加固混凝土梁受弯性能试验研究的基础上，采用有限元软件 Abaqus 对加固梁受力全过程进行分析。结果表明：锚固螺栓能够抑制 U 型钢与混凝土梁的相对滑移，使 U 型钢与混凝土梁共同工作；剪跨段的螺栓孔附近易出现斜裂缝，但没有贯通，U 型钢侧板的约束作用在一定程度上限制了斜裂缝的发展；达到极限荷载时，加固梁受压区的 U 型钢侧板与混凝土剥离，混凝土达到极限压应变；外套 U 型钢加固法不仅可以大幅度提高混凝土梁的受弯承载力和刚度，也显著提高混凝土梁受剪承载力。

**关键词**：U 型钢；加固；混凝土梁；受弯性能

　　混凝土结构在建造和使用过程中易受到施工质量、环境侵蚀等不利因素的影响，导致结构承载力不足，为确保其正常使用，往往需要对其进行加固。另外，对于有结构功能改变或承载力升级需求的建筑，也亟待通过加固使其承载能力快速大幅提高，从而满足使用需求。目前传统的加固方法如粘钢加固法和增大截面法，因存在承载力提高幅度有限和施工周期较长等问题，难以满足现有加固市场的需求[1-3]，而采用型钢加固法，虽然能够大幅提高承载力[4-7]，但也存在加固组件繁多、操作工艺复杂等不足[8-9]。

　　为解决混凝土结构在短时间内大幅提高承载力的问题，课题组结合 U 型钢 – 混凝土组合梁的性能优势[10-13]，提出采用 U 型钢对混凝土梁进行加固的新型加固法[14]。本方法加固时仅用建筑结构胶和螺栓将 U 型钢与混凝土梁侧面连接，当建筑结构胶硬化后 U 型钢即可与混凝土梁形成 U 型钢 – 混凝土组合结构共同工作。由于 U 型钢底面钢板与混凝土梁底板形成空间箱形结构，加固梁在增加界面配筋率的同时截面高度也得到增大，使加固梁的承载力得到大幅提高，而建筑结构胶硬化周期较短，则大大缩短了加固周期。另外，加固后形成的空间箱形结构不进行混凝土填充，也使结构自重增加相对较小。因此，与传统的加固方法相比本加固法具有明显的优势。为深入了解 U 型钢加固混凝土梁的受力特性，本研究在试验测试的基础上，采用有限元软件 Abaqus 对 U 型钢加固梁进行全过程受力分析，进一步考察 U 型钢加固梁的工作机理。

## 1　试验概况

　　试验共设计了 12 根试件，包括 1 根未加固对比梁和 11 根 U 型钢加固梁，加固试件示意图如图 1 所示，试验参数及材料性能详见文献[15]。

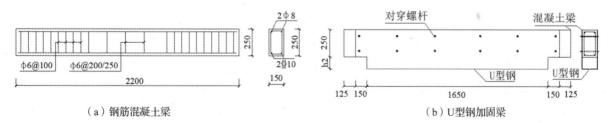

（a）钢筋混凝土梁　　　　　　　　（b）U 型钢加固梁

图 1　U 型钢加固钢筋混凝土梁示意图

基金项目：国家自然科学基金项目（51878520），武汉"3551 光谷人才计划"项目。
作者简介：卢亦焱，教授，博士，主要从事高性能土木工程材料与结构安全研究，E-mail：yylu901@163.com。

试件采用四点弯加载方案，通过分配梁将对称荷载施加于梁净跨的三分点处，加载过程中试件表现出了三种破坏形态，分别为剥离屈曲与弯曲破坏的混合破坏、弯曲破坏、剥离屈曲与剪切破坏的混合破坏。对于发生剥离屈曲与弯曲破坏的混合破坏试件，U 型钢侧板多处发生剥离并屈曲，破坏时加固梁纯弯段顶面混凝土出现压溃；发生弯曲破坏的试件在整个加载过程中 U 型钢侧板未发生剥离，试件破坏表现为跨中纯弯段顶面混凝土压溃；发生剥离屈曲与剪切破坏的混合破坏试件，U 型钢侧板在剪跨段过早发生剥离，导致剪跨段抗剪能力不足，混凝土梁出现从支座向加载点延伸的斜裂缝而破坏，此种破坏发生过程较为突然，属于脆性破坏，在工程应用中应予以避免。

图 2 为各试件荷载 – 挠度曲线。由图 2 可知，相对于未加固钢筋混凝土梁 RCB，经由 U 型钢加固后形成的 U 型钢 – 混凝土组合梁，其承载力和刚度得到了大幅提升。加固梁的承载力以及刚度随着加固后截面高度增加而增大；增加加固用 U 型钢侧面钢板或底面钢板厚度均可提高加固试件的承载力和刚度；待加固钢筋混凝土梁的初始配筋率的提高对加固试件刚度提高作用较小，但可增大极限承载力；随着待加固试件混凝土强度等级的提高，可使加固试件具有更好的整体工作性能、更高的承载力和刚度。

## 2 有限元模型

### 2.1 单元模型及本构关系

混凝土采用 C3D8R 单元，该单元为 8 节点 6 面体线性减缩实体单元，在计算时不易发生剪切自锁的现象，对位移的求解比较精确。对钢筋和螺栓的模拟采用梁单元 B31 单元，U 型钢采用壳单元 S4R 单元，即 4 节点四边形有限薄膜应变线性缩减积分壳单元。

混凝土本构模型采用 Abaqus 提供的塑性损伤模型，即 Concrete damaged plasticity 模型，混凝土的受压及受拉应力 – 应变关系采用《混凝土结构设计规范》（GB 50010—2010）[16] 中推荐的模型；钢材视为各项同性，应力 – 应变关系采用弹性强化型模型。该模型应力 – 应变关系具有唯一性，在计算过程中有利于保证计算收敛。

### 2.2 模型建立与求解

对于界面的处理，钢筋与混凝土之间采用区域嵌固进行处理。U 型钢与混凝土梁设置为面 – 面接触，其中将钢板设为主面，混凝土表面设为从属面，两者法向上设置为硬接触，即 U 型钢侧板与混凝土面可以传递压力，但接触单元不能相互渗入。当接触面的压力为零或者负值时，接触面相互脱离接触。模型计算采用 Newton-Raphson 平衡迭代法，当迭代过程中残差力小于容许值时认为达到平衡状态。

### 2.3 有限元结果与试验结果对比

图 3 为典型试件 SRCB1 的有限元计算结果与试验结果的对比。由图 3 可知有限元计算结果与试验结果吻合较好。表 1 给出了发生剥离屈曲与弯曲破坏试件的有限元计算结果与试验结果的对比，$P_{u,FEM}/P_{u,t}$ 的平均值为 1.008，均方差为 0.052。综合以上对比结果可知，本有限元模型可以较好地对 U 型钢加固混凝土梁的全过程受力进行模拟。

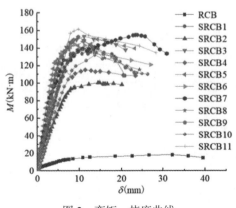

图 2 弯矩 – 挠度曲线

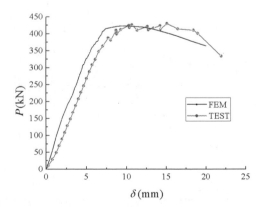

图 3 典型试件的有限元计算结果与试验结果的对比

表 1  试件极限承载力试验值与有限元计算值对比

| 试件编号 | $P_{u,FEM}$ (kN) | $P_{u,t}$ (kN) | $P_{u,FEM}/P_{u,t}$ |
|---|---|---|---|
| SRCB1 | 423.3 | 429.4 | 0.985 |
| SRCB2 | 337.3 | 309.5 | 1.090 |
| SRCB3 | 476.6 | 459.3 | 1.050 |
| SRCB5 | 469.1 | 461.6 | 1.026 |
| SRCB6 | 446.7 | 445.0 | 0.993 |
| SRCB8 | 445.7 | 440.3 | 1.002 |
| SRCB9 | 476.6 | 470.0 | 1.014 |
| SRCB10 | 418.0 | 406.0 | 0.899 |
| SRCB11 | 503.6 | 496.7 | 1.014 |

## 3  受弯性能分析

### 3.1  应力分析

图 4 为 U 型钢加固梁各部分达到极限荷载时的应力分布情况。由图 4 可知，U 型钢侧板在受压区存在明显屈曲，与试验中因发生剥离而形成屈曲的现象较为吻合，且发生屈曲的 U 型钢侧板应力要明显大于未发生剥离区域，U 型钢发生剥离区域的混凝土压应力也明显高于其他区域。由此可知，当 U 型钢发生剥离后该区域的混凝土将承担更多的压应力，导致该区域混凝土易发生压溃。另外从图中也可以发现 U 型钢侧板及混凝土梁设置有螺栓的区域应力也相对较高，表明该区域受到了螺栓的约束作用，也表明锚固螺栓能够提供界面剪力，保证 U 型钢与混凝土梁共同工作。

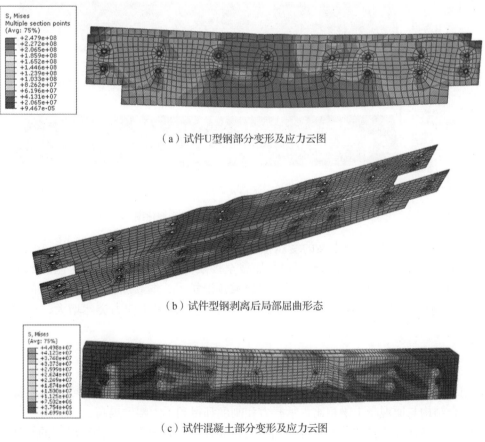

（a）试件U型钢部分变形及应力云图

（b）试件型钢剥离后局部屈曲形态

（c）试件混凝土部分变形及应力云图

图 4  加固梁各部分应力云图

### 3.2  混凝土梁损伤演化分析

图 5 为典型加固试件 SRCB1 混凝土梁的受拉损伤演化图。由图 5 可知，加固组合梁的混凝土受

拉损伤首先出现在纯弯段梁底，随着荷载的增大，纯弯段梁底的损伤范围逐渐增大。与此同时，由于加固梁梁端 U 型钢与混凝土梁之间开始出现相对滑移，锚固螺栓在发挥抗剪作用抑制相对滑移的同时，也导致混凝土梁最外侧螺栓区域出现一定损伤，而加固梁跨中区域由于相对滑移趋势较小，则跨中处螺栓区域损伤与端部相比也较小。随着荷载的进一步增大，梁底受拉损伤区域逐渐向梁顶扩展，而剪跨段螺栓区域附近的损伤范围也在扩大，螺栓孔的存在使剪跨段螺栓孔附近的混凝土更易产生斜裂缝，而同时注意到虽然斜裂缝由截面中部向梁端支座和梁顶面延伸，但并未形成贯通，这也表明 U 型侧板在黏结良好的情况下能够对斜裂缝的发展起到有效的约束作用。

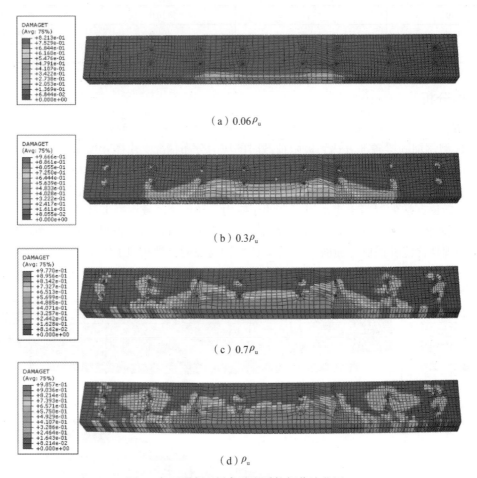

（a）0.06$\rho_u$

（b）0.3$\rho_u$

（c）0.7$\rho_u$

（d）$\rho_u$

图 5　加固混凝土梁各阶段受拉损伤演化图

　　图 6 为典型试件 SRCB1 混凝土梁的受压损伤演化图。由于受压区 U 型钢也承担了部分压应力，受压区混凝土的受压损伤出现相对较晚，约在加载至极限荷载的 50% 时，受压区混凝土首先出现受压损伤，继续加载，加固梁顶部混凝土受压损伤区域逐渐扩大，继续加载，在加载点附近，U 型钢与混凝土发生界面剥离，混凝土独立承担加固梁受压区压力，混凝土应力突然增大，这种现象与试验相符。

## 4　结论

　　（1）采用 U 型钢加固钢筋混凝土梁，U 型钢能够与混凝土梁形成整体共同工作，加固后的 U 型钢 – 混凝土组合结构与原混凝土梁相比，承载力和刚度都得到了大幅度提高。

　　（2）有限元模型计算所得的荷载 – 挠度曲线与试验曲线吻合较好，加固梁模型的破坏形态与试验现象相符，说明本模型能够较为准确地对 U 型钢加固梁的受力行为进行模拟。

　　（3）加固后的混凝土梁，在剪跨段，螺栓孔附近区域混凝土会产生斜裂缝，但 U 型钢侧板会对裂缝的发展起到一定的约束作用。

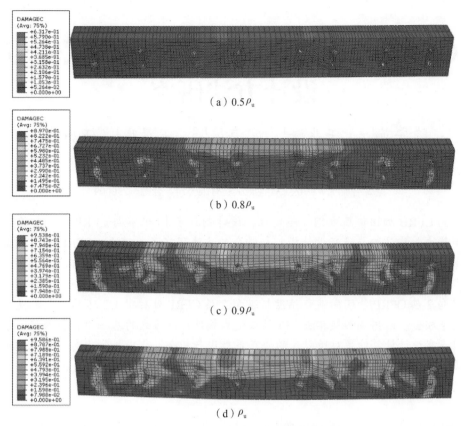

（a）$0.5\rho_u$

（b）$0.8\rho_u$

（c）$0.9\rho_u$

（d）$\rho_u$

图 6　加固混凝土梁各阶段受压损伤图

## 参考文献

[1] 李迎涛，江世永.粘钢法设计中 $\xi_b$ 的探讨 [J].四川建筑科学研究，2002，01：30-31.

[2] 沈华.增大截面加固梁的正截面抗弯性能试验 [J].辽宁工程技术大学学报（自然科学版），2013（12）：1639-1645.

[3] 郭晓宇.钢板 – 混凝土组合加固混凝土梁抗弯性能试验研究 [D].西安：长安大学，2010.

[4] 陆洲导，王李果，那杰.型钢 – 混凝土组合梁在改造加固中的试验研究 [J].工业建筑，2000（02）：1-3，7.

[5] 陆洲导，王李果，李明.型钢 – 混凝土组合梁在改造加固中的理论研究 [J].结构工程师，2000（02）：32-36.

[6] 李曰辰，陈明祥，卢亦焱.黏结型钢形成的缺口梁抗剪粘钢加固方式试验 [J].武汉理工大学学报，2009，31（24）：28-33

[7] 李曰辰，高作平，卢亦焱，等.悬臂梁粘型钢加固应用实例 [J].工业建筑，2000（12）：66-68.

[8] 颜卫亨，乔海军.型钢 – 混凝土组合梁加固和粘钢加固的对比分析 [J].建筑技术，2006，06：434-436.

[9] 卢亦焱，吴涛，高菊英，等.黏结型钢加固技术在工程结构改造中的应用 [J].建筑结构，2005（10）：46-48.

[10] SHUN-ICHI NAKAMURA. New structural forms for steel/concrete composite bridges[J]. Structural Engineering International，2000（1）：45-50.

[11] OEHLERS D J，WRIGHT H D，BURNET M J. Flexural strength of profiled beams[J]. Journal Structural Engineering，ASCE，1994，120（2）：378-398.

[12] 王文浩.冷弯 U 型钢与混凝土组合梁力学性能研究 [D].沈阳：沈阳建筑大学，2011.

[13] 周期源.冷弯薄壁型钢 – 混凝土组合梁抗弯承载性能研究 [D].南昌：南昌大学，2006.

[14] 卢亦焱.一种快速加固混凝土梁的方法：ZL201610163024.4[P].2017-10-03.

[15] 沈炫.锚粘 U 型钢箱形加固钢筋混凝土梁抗弯性能研究 [D].武汉：武汉大学，2018.

[16] 中华人民共和国住房和城乡建设部.混凝土结构设计规范：GB 50010—2010[S].北京：中国建筑工业出版社，2016.

# CFRP 加固偏压方钢管稳定性试验与设计方法研究

陈安英[1,2]　王兆峰[1]　完海鹰[1,2]　王晨曦[1]　王月童[1]

1. 合肥工业大学，土木与水利工程学院　合肥　230009
2. 合肥工大共达工程检测试验有限公司　合肥　230009

**摘　要**：为探究 CFRB 加固偏压方钢管稳定性，设计制作了 14 根不同 CFRP 层数和偏心距的方钢管柱试件，采用静力加载试验与正交设计模拟相结合的方法研究了长细比、CFRP 层数和偏心距三个重要参数对偏压碳纤维增强复合材料（CFRP）加固方钢管稳定承载能力以及破坏模式的影响。研究结果表明：偏压方管柱的极限承载力与 CFRP 层数呈非线性正相关关系，与偏心距、长细比呈近似线性负相关关系，纵向 2 层 CFRP 外环向满布粘贴与纵向 2 层 CFRP 外柱中 1/2 环贴方式对提高偏压方管柱极限承载力效果相当。采用截面换算法，在轴心受力构件计算方式的基础上，引入稳定承载力公式修正系数，利用正交设计计算结果对所引入的修正系数进行拟合，得出长细比对极限稳定承载力公式修正系数影响最大，当粘贴 1 层、2 层、3 层 CFRP 时，修正系数分别为 1.04、1.02、1.0。

**关键词**：正交设计；CFRP；方管柱；极限承载力；修正系数

　　CFRP 加固钢结构技术是一种优点很多的新型技术，如刚度大、轻质高强、易施工、耐腐蚀性强等[1-3]，是一种现场无明火作业且适用面较广的钢结构加固方式。迄今，国内外对 CFRP 加固钢结构已经进行了一些研究，如合肥工业大学的黄钦[4]研究了 CFRP 的粘贴层数、偏心距以及钢管截面形式对方钢管柱力学性能的影响；加拿大学者 Shaat[5]等通过试验发现纵贴 CFRP 对长柱的加固效果好于短柱；澳大利亚学者 Bambach[6]发现 CFRP 加固方钢管时构件的屈曲应力相对于未加固构件提高了 4 倍，强度提高了 1.5 倍，并提出计算 CFRP 加固方钢管柱轴向承载力的公式。虽然国内外对 CFRP 加固轴压方钢管柱稳定承载力也进行了一些研究，但对影响 CFRP 加固偏压方管柱稳定性因数以及设计方法的研究相对而言较少。

　　本文以偏压荷载条件下 CFRP 加固两端铰支的方管柱为对象，分析不同 CFRP 层数、偏心距、长细比三个重要参数对偏压方管柱的极限承载力加固效果，同时引入了稳定承载力修正系数，并利用正交设计结果对其进行拟合。

## 1　试验研究

### 1.1　构件设计

　　试验采用 Q235B 钢材共制作了 14 根方钢管柱构件，构件长度 $L=1500$mm，截面宽度 $B=100$mm，钢管壁厚 $t=4$mm，长细比均为 38.24。训练构件编号及参数见表 1。

**表 1　试验构件编号及参数**

| 编号 | $B$（mm） | $L$（mm） | $t$（mm） | $\lambda$ | CFRP 层数 | 偏心距（mm） |
|---|---|---|---|---|---|---|
| A-0Z0E | 100 | 1500 | 4 | 38.24 | 0 | 0 |
| A-0Z20E | 100 | 1500 | 4 | 38.24 | 0 | 20 |
| A-1Z0E2M | 100 | 1500 | 4 | 38.24 | 1 | 0 |
| A-1Z10E2M | 100 | 1500 | 4 | 38.24 | 1 | 10 |

作者简介：陈安英（1981—　　），男，合肥工业大学副教授，硕士生导师；
　　　　　完海鹰（1960—　　），男，合肥工业大学教授，博士生导师。

续表

| 编号 | $B$（mm） | $L$（mm） | $t$（mm） | $\lambda$ | CFRP 层数 | 偏心距（mm） |
|---|---|---|---|---|---|---|
| A-1Z20E2M | 100 | 1500 | 4 | 38.24 | 1 | 20 |
| A-3Z0E2M | 100 | 1500 | 4 | 38.24 | 3 | 0 |
| A-3Z10E2M | 100 | 1500 | 4 | 38.24 | 3 | 10 |
| A-3Z20E2M | 100 | 1500 | 4 | 38.24 | 3 | 20 |
| A-0Z10E | 100 | 1500 | 4 | 38.24 | 0 | 10 |
| A-2Z0E2M | 100 | 1500 | 4 | 38.24 | 2 | 0 |
| A-2Z10E2M | 100 | 1500 | 4 | 38.24 | 2 | 10 |
| A-2Z20E2M | 100 | 1500 | 4 | 38.24 | 2 | 20 |
| A-2Z20E2M/1 | 100 | 1500 | 4 | 38.24 | 2 | 20 |
| A-2Z20E2M/2 | 100 | 1500 | 4 | 38.24 | 2 | 20 |

## 1.2　试验材料

试验采用 Q235B 级方钢管试件，根据钢材拉伸力学性能试验，其屈服强度为 242MPa，弹性模量为 206GPa，泊松比为 0.3，抗拉强度为 283MPa。碳布采用 UT70-30（300g/m²）型，厚 0.167mm，弹性模量为 240GPa，抗拉强度 3959MPa。

## 1.3　加载制度

试验采用合肥工业大学结构实验室室门式反力架、50t 液压千斤顶进行静力加载，加载装置如图 1 所示。正式加载前进行预加载来确保构件正常受力及充分变形。

## 1.4　试验现象

从试验过程中发现，当荷载达到构件极限承载力的 80% 左右时开始出现响声。未达到极限荷载前，柱中侧向位移较小，CFRP 与方钢管柱变形基本一致。当达到构件极限承载力时，构件柱中侧向位移增加速度变快，CFRP 与方钢管间发生较大的相对位移而剥离；在钢管进入塑性阶段后，柱中侧向位移剧增，构件承载力无法继续增加，构件整体失稳破坏。试验加载结束后，所有的构件均是整体失稳破坏，比较符合预期破坏形式。构件破坏情况如图 2 所示。

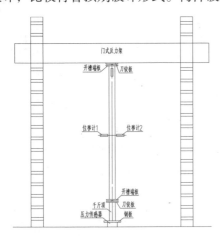

图 1　加载装置和位移计布置

（a）整体破坏情况

（b）局部破坏情况

图 2　构件破坏情况

## 2　试验结果分析

### 2.1　偏心距对构件荷载 – 柱中侧向位移的影响

由图 3 可知，粘贴 1、2、3 层 CFRP 时，粘贴 CFRP 加固轴压的方钢管柱的极限承载力远大于加固后的偏心受压方钢管柱，构件的极限承载力随着偏心距的减小而提高；构件在加载前期，挠度曲线近似线性，可以认定为弹性阶段；随着荷载的增加，构件逐渐进入弹塑性阶段，柱中侧向位移增加变快，当荷载达到峰值后，构件进入塑性阶段，侧向位移增大，最后构件发生失稳破坏。经分析，在弹性阶段，粘贴 CFRP 层数相同时，在弹性阶段偏心距为 20mm 构件的刚度大于构件偏心距为 10mm 的刚度。

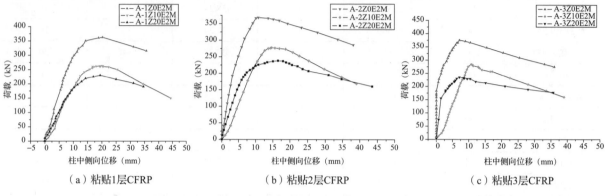

（a）粘贴1层CFRP　　　　　（b）粘贴2层CFRP　　　　　（c）粘贴3层CFRP

图 3　各构件荷载 – 柱中侧向位移曲线

## 2.2　CFRP 对构件荷载 – 柱中侧向位移的影响

在偏心距为 0mm、10mm、20mm 时，构件荷载 – 柱中侧向位移关系曲线走势基本相似。以偏心距 10mm 为例，由图 4 可知，经 CFRP 加固后受压方钢管柱构件的极限稳定承载力均有所提高；在弹性阶段加固后构件的 $N$-$\delta$ 曲线斜率比未加固构件的大，说明粘贴 CFRP 可以增大偏压方钢管柱的刚度，约束了方钢管的侧向变形，提高构件的极限承载力，层数越多，承载力提高得越大。

根据图 5 可知，当偏心距为 20mm，纵贴 2 层 CFRP 时，柱中环贴 CFRP 比柱中没有环贴时稍微提高了构件的极限承载力；满布环贴和中部沿柱高 1/2 环贴对构件的影响基本相同，因此在实际工程中可考虑在柱中 1/2 区域内纵向外侧环向粘贴 CFRP 作为构造措施。

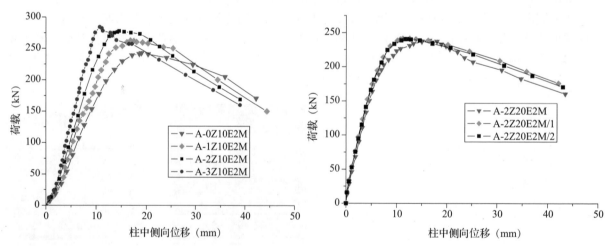

图 4　偏心距为 10mm 构件的荷载 – 柱中侧向位移曲线　　　图 5　不同 CFRP 环贴比例的荷载 – 柱中侧向位移曲线

## 2.3　极限承载力分析

由于试验中长细比为定值 38.24，主要研究了偏心距、CFRP 层数、粘贴方式对加固后的方钢管构件极限稳定承载力的影响，见表 2、表 3。

表 2　粘贴不同层数 CFRP 的构件极限承载力试验数据

| 构件编号 | 实际长度 $L_0$ (mm) | 初始缺陷 $e$ (mm) | 极限承载力 $N_u$ (kN) | 承载力变化百分比 (%) | 极限时跨中挠度 $\delta$ (mm) |
|---|---|---|---|---|---|
| A-0Z0E | 1500 | 1.25 | 334.17 | — | 19.3 |
| A-1Z0E2M | 1500 | 0.50 | 362.88 | 8.59 | 14.3 |

续表

| 构件编号 | 实际长度 $L_0$<br>(mm) | 初始缺陷 $e$<br>(mm) | 极限承载力 $N_u$<br>(kN) | 承载力变化百分比<br>(%) | 极限时跨中挠度 $\delta$<br>(mm) |
|---|---|---|---|---|---|
| A-2Z0E2M | 1501 | 3.34 | 368.45 | 10.26 | 10.7 |
| A-3Z0E2M | 1502 | 3.70 | 375.52 | 12.37 | 7.1 |
| A-0Z10E | 1500 | 2.05 | 242.51 | — | 19.0 |
| A-1Z10E2M | 1501 | 0.70 | 262.48 | 8.23 | 16.8 |
| A2Z10E2M | 1501 | −0.47 | 277.82 | 14.56 | 14.6 |
| A-3Z10E2M | 1500 | −2.45 | 284.10 | 17.15 | 10.7 |
| A-0Z20E | 1500 | 1.50 | 206.30 | — | 18.7 |
| A-1Z20E2M | 1502 | −1.00 | 230.20 | 11.59 | 17.0 |
| A-2Z20E2M | 1501 | 3.06 | 238.34 | 15.53 | 16.5 |
| A-3Z20E2M | 1502 | 1.60 | 244.70 | 18.61 | 7.1 |
| A-2Z20E2M/1 | 1502 | 2.19 | 241.19 | 16.91 | 11.2 |
| A-2Z20E2M/2 | 1500 | −0.50 | 240.34 | 16.5 | 12.0 |

表 3　不同偏心距的构件极限承载力试验数据

| 构件编号 | 实际长度 $L_0$<br>(mm) | 初始缺陷 $e$<br>(mm) | 极限承载力 $N_u$<br>(kN) | 承载力变化百分比<br>(%) | 极限时跨中挠度 $\delta$<br>(mm) |
|---|---|---|---|---|---|
| A-0Z0E | 1500 | 1.25 | 334.17 | 100.00 | 19.3 |
| A-0Z10E | 1500 | 2.05 | 242.51 | 72.57 | 19.0 |
| A-0Z20E | 1500 | 1.50 | 206.30 | 61.74 | 18.7 |
| A-1Z0E2M | 1500 | 0.50 | 362.88 | 100.00 | 14.3 |
| A-1Z10E2M | 1501 | 0.70 | 262.48 | 72.33 | 16.8 |
| A-1Z20E2M | 1502 | −1.00 | 230.20 | 63.44 | 17.0 |
| A-2Z0E2M | 1501 | 3.34 | 368.45 | 100.00 | 10.7 |
| A-2Z10E2M | 1501 | −0.47 | 277.82 | 75.40 | 14.6 |
| A-2Z20E2M | 1501 | 3.06 | 238.34 | 64.69 | 16.5 |
| A-3Z0E2M | 1502 | 3.70 | 375.52 | 100.00 | 7.1 |
| A-3Z10E2M | 1500 | −2.45 | 284.10 | 75.66 | 10.7 |
| A-3Z20E2M | 1502 | 1.60 | 244.70 | 65.16 | 7.1 |

由表 2 可知，当 $e=0$mm、$e=10$mm、$e=20$mm 时，粘贴 CFRP 层数为 1、2、3 的构件，相对于没有粘贴 CFRP 构件的极限承载力则有所提升，且随着粘贴层数的增加，极限承载力提高幅度也随着增加；偏心距为 20mm，且纵贴 2 层、纵向 2 层 CFRP 外环向满布粘贴、纵向 2 层 CFRP 外柱中 1/2 环贴的构件，相对于没有粘贴 CFRP 构件的极限承载力分别提高 15.53%、16.91%、16.50%。从表 3 得出，在构件粘贴 CFRP 层数相同情况下，构件的极限承载力随偏心距的增大而减小。

## 3　正交设计与理论分析

### 3.1　正交设计及模拟结果

采用正交设计方法，模拟三因数四水平试验，因此采用 $L_{16}(4^3)$ 正交表[7]，主要考查了 CFRP 层数、长细比、偏心距 3 个重要参数对偏压方管柱极限承载力的影响，正交设计表及数值模拟结果见表 4。

表4　偏压方钢管柱正交设计及数值模拟结果

| 构件编号 | 长细比 $\lambda$ | CFRP 层数 | 偏心距（mm） | 空白列 | 极限承载力模拟值（kN） | 极限承载力变化（kN） | 极限承载力变化率（%） |
|---|---|---|---|---|---|---|---|
| A-0Z0E1200L | 30.32 | 0 | 5 | 1 | 316.38 | 0 | 0 |
| A-1Z10E1200L | 30.32 | 1 | 10 | 2 | 300.18 | −16.20 | −5.12 |
| A-2Z15E1200L | 30.32 | 2 | 15 | 3 | 274.23 | −42.15 | −13.32 |
| A-3Z20E1200L | 30.32 | 3 | 20 | 4 | 256.64 | −59.74 | −18.88 |
| A-0Z10E1500L | 37.90 | 0 | 10 | 3 | 265.97 | −50.41 | −15.93 |
| A-1Z5E1500L | 37.90 | 1 | 5 | 4 | 311.51 | −4.87 | −1.54 |
| A-2Z20E1500L | 37.90 | 2 | 20 | 1 | 239.86 | −76.52 | −24.19 |
| A-3Z15E1500L | 37.90 | 3 | 15 | 2 | 268.73 | −47.65 | −15.06 |
| A-0Z15E1800L | 45.48 | 0 | 15 | 4 | 223.57 | −92.81 | −29.33 |
| A-1Z20E1800L | 45.48 | 1 | 20 | 3 | 218.05 | −98.32 | −31.08 |
| A-2Z5E1800L | 45.48 | 2 | 5 | 2 | 307.87 | −8.51 | −2.69 |
| A-3Z10E1800L | 45.48 | 3 | 10 | 1 | 278.96 | −37.42 | −11.83 |
| A-0Z20E2100L | 53.06 | 0 | 20 | 2 | 188.74 | −127.64 | −40.34 |
| A-1Z15E2100L | 53.06 | 1 | 15 | 1 | 219.90 | −96.48 | −30.50 |
| A-2Z10E2100L | 53.06 | 2 | 10 | 4 | 254.48 | −61.90 | −19.56 |
| A-3Z5E2100L | 53.06 | 3 | 5 | 3 | 298.90 | −17.48 | −5.52 |
| $K_1$ | −9.330 | −21.400 | −2.438 | −16.630 | | | |
| $K_2$ | −14.180 | −17.060 | −13.110 | −15.803 | | | |
| $K_3$ | −18.732 | −14.940 | −22.053 | −16.462 | | | |
| $K_4$ | −23.980 | −12.822 | −28.623 | −17.328 | | | |
| $R$ | 14.650 | 8.578 | 26.185 | 1.525 | | | |

注：$K$ 值代表 1～4 水平下各因素的试验指标之和；$R$ 表示极差，极差越大表示该因素对试验指标影响越大，可以由此来判定各因数的影响顺序。

根据表4极差可知，影响方钢管柱的极限承载力的效果从大到小为偏心距、长细比、CFRP 层数。空白列的极差最小，说明未考虑因素对 CFRP 加固偏压方钢管柱的极限稳定承载力影响可以忽略不计。

## 3.2　各因素与承载力的关系

根据图6可知，随着 CFRP 层数增加，在偏压荷载下方管柱的极限承载力呈近似线性增长，由此可见提高偏压荷载下方管柱的承载力可以通过适当地增加 CFRP 层数。而偏压方管柱极限承载力变化与偏心距、长细比呈非线性负相关关系。

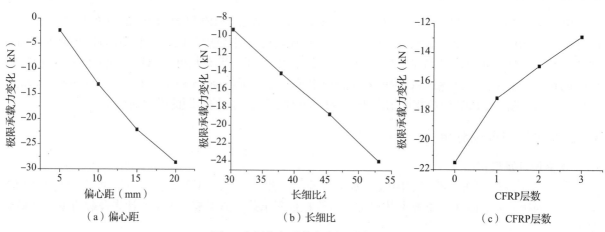

（a）偏心距　　　　　　　　　（b）长细比　　　　　　　　　（c）CFRP层数

图6　各因素与承载力之间的关系图

## 3.3　理论分析

对于偏压构件采用已有的公式验算 CFRP 加固后的复合构件的极限承载力，同样未考虑 CFRP 层数、长细比、偏心距等相关因素对偏压钢构件稳定承载力的影响。因此截面换算法与偏心受力构件计算方式，引入稳定承载力修正系数 $n_f$，得到了一个带有修正系数的 CFRP 加固偏压钢管柱稳定承载力计算公式：

$$\frac{N}{n_f \varphi_c A_t f} + \frac{\beta_{mx} Ne}{n_f \gamma_x W_{1x}(1 - 0.8N/N'_{Ex})f} \leqslant 1.0$$

式中，$N$ 为所计算构件范围内轴心压力设计值（N）；$A$ 为构件的毛截面面积（$mm^2$）；$f$ 为钢材的抗拉强度设计值（$N/mm^2$）；$\varphi_c$ 为弯矩作用平面内轴心受压构件稳定系数，按现行《钢结构设计标准》（GB 50017）附录 D 采用；$N'_{Ex}$ 为参数（mm），$N'_{Ex} = \pi^2 EA_t / (1.1\lambda_x^2)$；$M_x$ 为所计算构件段范围内的最大弯矩设计值（N·mm），$M_x = Ne$，其中 $e$ 为界面内轴压偏心距；$W_{1x}$ 为在弯矩作用平面内对受压最大纤维的毛截面模量（$mm^3$）；$\gamma_x$ 为截面塑性发展系数，当截面板件宽厚比等级不满足 S3 级要求时取 1.0，满足 S3 级要求时，可按现行《钢结构设计标准》（GB 50017）表 8.1.1 采用；$\beta_{mx}$ 为等效弯矩系数，两端绞支取 1.0。

## 3.4　稳定承载力影响系数的拟合

根据 CFRP 加固偏压方钢管柱正交试验模型计算得到的极限稳定承载力值结果，建立相同正交试验模型结果模拟值与公式计算值对比，再考虑长细比、CFRP 层数以及偏心距对构件极限稳定承载力的影响，然后再对稳定承载力公式修正系数进行拟合，见表 5。

表 5　构件正交模型极限承载力公式修正系数对比结果及极差分析

| 构件编号 | 长细比 $\lambda$ | CFRP 层数 | 偏心距（mm） | 空白列 | 极限承载力模拟值（kN） | 极限承载力计算值（kN） | 极限承载修正系数（%） |
|---|---|---|---|---|---|---|---|
| A-0Z5E1200L | 30.32 | 0 | 5 | 1 | 316.38 | 295.68 | 1.071 |
| A-1Z10E1200L | 30.32 | 1 | 10 | 2 | 300.18 | 275.90 | 1.090 |
| A-2Z15E1200L | 30.32 | 2 | 15 | 3 | 274.23 | 260.43 | 1.054 |
| A-3Z20E1200L | 30.32 | 3 | 20 | 4 | 256.64 | 247.96 | 1.036 |
| A-0Z10E1500L | 37.90 | 0 | 10 | 3 | 265.97 | 253.06 | 1.052 |
| A-1Z5E1500L | 37.90 | 1 | 5 | 4 | 311.51 | 302.14 | 1.032 |
| A-2Z20E1500L | 37.90 | 2 | 20 | 1 | 239.86 | 229.09 | 1.049 |
| A-3Z15E1500L | 37.90 | 3 | 15 | 2 | 268.73 | 264.76 | 1.015 |
| A-0Z15E1800L | 45.48 | 0 | 15 | 4 | 223.57 | 219.19 | 1.021 |
| A-1Z20E1800L | 45.48 | 1 | 20 | 3 | 218.05 | 210.27 | 1.039 |
| A-2Z5E1800L | 45.48 | 2 | 5 | 2 | 307.87 | 306.64 | 1.004 |
| A-3Z10E1800L | 45.48 | 3 | 10 | 1 | 278.96 | 284.36 | 0.980 |
| A-0Z20E2100L | 53.06 | 0 | 20 | 2 | 188.74 | 191.42 | 0.985 |
| A-1Z15E2100L | 53.06 | 1 | 15 | 1 | 219.90 | 221.67 | 0.991 |
| A-2Z10E2100L | 53.06 | 2 | 10 | 4 | 254.48 | 259.41 | 0.980 |
| A-3Z5E2100L | 53.06 | 3 | 5 | 3 | 298.90 | 308.47 | 0.968 |
| $K_1$ | 1.063 | 1.032 | 1.019 | 1.023 | | | |
| $K_2$ | 1.037 | 1.038 | 1.026 | 1.024 | | | |
| $K_3$ | 1.011 | 1.022 | 1.020 | 1.028 | | | |
| $K_4$ | 0.981 | 1.000 | 1.027 | 1.027 | | | |
| $R$ | 0.082 | 0.038 | 0.008 | 0.004 | | | |

由表 5 中计算结果可知，极限承载力模拟值与计算值拟合较好，由于长细比的极差最大，因此长细比对极限稳定承载力公式修正系数影响最大。分析了各因素下的极限承载力修正系数后，得出在 CFRP 加固偏压构件时，复合截面的极限承载力修正系数取值如下：当 $n=1$ 时，$n_f=1.04$；当 $n=2$ 时，$n_f=1.02$；当 $n=3$ 时，$n_f=1.0$。

## 4 结论

（1）构件 A-2Z20E2M/1 和 A-2Z20E2M/2 对提高偏压方钢管柱极限承载力效果相当，所以在实际工程中可以考虑在柱中 1/2 区域内纵向外侧环向粘贴 CFRP 作为构造措施。

（2）应用正交设计方法分析了 CFRP 层数、长细比和偏心距三个重要参数对偏压方钢管柱极限承载力的影响。结果表明偏压方管柱的极限承载力与 CFRP 层数呈非线性正相关关系，与偏心距、长细比呈近似线性负相关关系。

（3）通过模拟值与计算值进行比较，对 CFRP 加固偏压构件稳定承载力计算公式进行修正。当粘贴 1 层、2 层、3 层 CFRP 时，$n_f$ 分别为 1.04、1.02、1.0。

### 参考文献

[1] 陈家旺，完海鹰. CFRP 加固轴心受压方钢管柱稳定承载力试验研究 [J]. 建筑钢结构进展，2016，18（05）：25-33.

[2] 姚华川，纳菊，黄文佳，等. CFRP 加固压力钢管的试验研究和数值模拟分析 [J]. 工程抗震与加固改造，2013，35（05）：65-70.

[3] 岳清瑞. 我国碳纤维（CFRP）加固修复技术研究应用现状与展望 [J]. 工业建筑，2000（10）：23-26.

[4] 黄钦. CFRP 加固偏压钢管柱平面内稳定性研究 [D]. 合肥：合肥工业大学，2017.

[5] SHAAT A，FAM A. Axial loading tests on short and long hollow structural steel columns retrofitted using carbon fibre reinforced polymers[J]. Canadian Journal of Civil Engineering，2006，33（4）：458-470（13）.

[6] BAMHACH M R，JAMA H H，ELCHALAKANI M. Axial caparity and design of thin walled steel shs strengthened with CFRP[J]. Thin Walled Structures，2009，47：1112-1121.

[7] 高允彦. 正交及回归试验设计方法 [M]. 北京：冶金工业出版社，1988.

# CFRP 加固偏压圆钢管柱稳定性能及设计方法研究

陈安英[1,2] 王晨曦[1] 完海鹰[1,2] 王兆峰[1] 袁礼正[1]

1. 合肥工业大学 合肥 230009
2. 合肥工大共达工程检测试验有限公司 合肥 230009

**摘 要：** 采用试验研究和数值分析相结合的方法研究了偏压荷载下粘贴碳纤维布加固圆钢管柱的稳定承载性能，进行了 11 组圆钢管柱试件的静力偏压试验，阐述了偏压荷载下试件碳纤维布粘贴层数、偏心距等因素对圆钢管柱稳定承载性能的影响。建立"壳-弹簧-壳"数值分析模型，对比模拟结果与试验数据，验证了数值分析模型的有效性。基于正交设计方法，对数值分析扩展的数据进行分析，提出了关于偏压荷载下粘贴碳纤维布加固圆钢管柱的设计方法。

**关键词：** 碳纤维布；圆钢管柱；正交设计；试验研究；设计方法

在钢结构加固的诸多方法中，粘贴碳纤维布加固法具有抗疲劳性能好，质量轻、强度高，加固对原结构损伤小，对加固面适应性高，施工方便等多种优势[1-2]。

目前国内外学者对于碳纤维布加固钢管柱进行了一些研究，如赵晓林[3]总结了 FRP 加固金属结构的优点，指出 FRP 与钢之间的黏结受 FRP 的影响。周乐[4]等发现构件加固后极限承载力随着负载百分比的增大而减小，在构件中部粘贴 CFRP 的效果劣于端部加固效果，极限承载力随着加固层数的增大而增大，但在达到一定限度后逐渐下降。印度的 Sundarraja[5]等发现环向间隔粘贴 CFRP 可显著提高方钢管短柱的强度和刚度；新加坡的 Gao[6]等发现外贴纵向碳纤维布可以有效地提高圆钢管柱的轴向承载力和刚度，且建立了 CFRP 粘贴层数与轴向荷载的线性对应关系。但国内外学者对于碳纤维布加固钢管柱尚未形成一套系统完整的设计方法。

本文采用试验研究和数值分析相结合的方法研究了偏压荷载下粘贴碳纤维布加固圆钢管柱的稳定承载性能，提出了关于偏压荷载下粘贴碳纤维布加固圆钢管柱的设计方法。本课题是国家规范编制项目支持课题，研究成果为国家标准《钢结构加固设计标准》(GB 51367)的编制提供了有力支撑。

## 1 试验研究

### 1.1 试件设计及材料性能

试验准备 11 组圆钢管柱试件，在钢管两端均焊接尺寸为 200mm × 200mm × 30mm 的端板并开 V 形口，来实现两端铰接的端部约束条件和偏心距的精确控制，试件尺寸及形式如图 1 所示。编号"1Z10E"表示纵向粘贴 1 层碳纤维布且荷载偏心为 10mm 的试件。试验中粘贴碳纤维布所用胶结材料为日本进口的型号为 E2500S 的碳纤维布浸渍脱氧树脂胶。所采用钢材及碳纤维布的材料性能见表 1 和表 2。

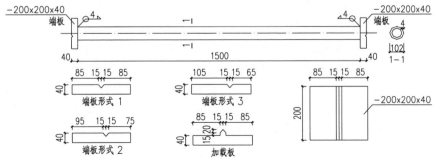

图 1 试件尺寸及形式

表 1　钢材材料性能

| 型号 | 屈服强度 $f_y$（N/mm²） | 极限强度 $f_u$（N/mm²） | 弹性模量 $E$（GPa） | 伸长率 $\delta$（%） |
|---|---|---|---|---|
| Q235 | 244.53 | 340.25 | 204.82 | 23 |

表 2　碳纤维布材料性能

| 型号 | 厚度 $t$（mm） | 弹性模量 $E$（GPa） | 屈服强度 $f_y$（N/mm²） | 伸长率 $\delta$（%） |
|---|---|---|---|---|
| UT70-30 | 0.167 | 240 | 3961 | 1.68 |

## 1.2　加载装置及加载制度

利用门式反力架和液压千斤顶作为加载装置，静力加载并通过 KCB-1MNA 型压力式荷重传感仪、BX120-5AA 型应变片、YHD-100 型位移传感器、JM3813 型扬州晶明多功能静态应变测试系统测量试件所承受荷载以及应变和位移。试验装置如图 2、图 3 所示。

图 2　材料性能试验装置

图 3　加载试验装置

在试验开始前通过预加载测试压力传感器和数据采集系统等是否正常工作并确保加载装置与试件之间无连接空隙。正式加载采用逐级加载的加载制度。各试件的极限承载力理论计算值为 $N$，当荷载在 80%$N$ 及以下时，加载梯度为 5kN 每级，每级持荷时间为 30s；当荷载在 80%$N$ 以上时，加载梯度为 2.5kN 每级，每级持荷时间为 60s。直至试件破坏前记录试件在每级荷载下的应变、位移与试验现象。

试验的主要目的是研究 CFRP 加固的钢管柱试件的失效模式、破坏形态、试件的极限承载力、力学性能以及 CFRP 的工作机理、破坏形态等，并为数值分析模型的可靠性提供对比依据。

## 1.3　破坏现象

试件最终均发生了与预期相符的整体失稳破坏。当荷载值小于 60%$N$ 时，胶层所受到的剪切应力远小于其剪切强度，处于正常工作阶段，钢管柱与碳纤维布未发生明显变形，两者在接触面未产生相对滑移并保持共同工作。当荷载值在 60%$N$ ～ 70%$N$ 范围内时，随着荷载的增大，钢管柱和碳纤维布的变形增大，胶层所受到的剪切应力随之增大，局部区域达到其剪切强度并发生剪切破坏，钢管柱与碳纤维布的接触面产生相对滑移，此时试件发出零星的脆响声。同时由于试件的弯曲变形，使外包碳纤维布在试件内凹侧出现细小水平褶皱。当荷载值在 70%$N$ ～ 80%$N$ 范围内时，胶层普遍发生剪切破坏，此时试件发出连续不断的脆响声，试件中部水平挠度增加明显，内凹侧外包碳纤维布水平褶皱长度增大，数量增多，如图 4（a）所示。当荷载值在 80%$N$ ～ 85%$N$ 范围内时，钢管柱局部应力达到其屈服强度，试件中部水平挠度急剧增大，外包碳纤维布在试件内凹侧产生竖向裂口，如图 4（b）所示，在试件外凸侧达到极限抗拉强度发生撕裂破坏，如图 4（c）所示，荷载迅速下降，直至整体失稳破坏，如图 4（d）所示。

（a）碳纤维布水平褶皱

（b）碳纤维布竖向裂口

（c）碳纤维布撕裂破坏

（d）试件整体失稳破坏

图 4　试件破坏情况

## 1.4　试验结果分析

试件按照偏心距的不同划分为三组，即 $e=0$、$e=10mm$、$e=20mm$，在此基础上对比不同 CFRP 层数情况下的荷载 – 跨中挠度（$N$-$\delta$）曲线。如图 5 ~ 图 7 所示。

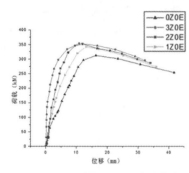

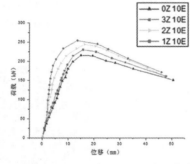

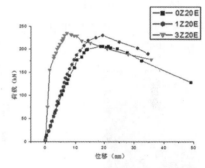

图 5　$e=0$ 试件的 $N$-$\delta$ 关系曲线　　图 6　$e=10mm$ 试件的 $N$-$\delta$ 关系曲线　　图 7　$e=20mm$ 试件的 $N$-$\delta$ 关系曲线

图 5 为第一组试件的 $N$-$\delta$ 关系曲线。从图中可以看出，当荷载值小于 250kN 时处于弹性阶段。对于加固试件，其曲线斜率均较大，说明外包碳纤维布约束了钢管柱的变形发展，且其层数越多则约束作用越强。当荷载值在 250 ~ 350kN 范围内时为弹塑性阶段，对于加固试件，外包碳纤维布层数越多则极限承载力越高，但提高作用与碳纤维布层数并非呈线性关系。同时对于加固试件，当其达到极限承载力时所对应的位移均小于未加固试件，说明外包碳纤维布延缓了试件的塑性发展。

图 6 为第二组试件的 $N$-$\delta$ 关系曲线，当荷载值小于 200kN 时试件处于弹性阶段，当荷载值在 200 ~ 250kN 范围内时处于弹塑性阶段。图 7 为第三组试件的 $N$-$\delta$ 关系曲线，当荷载值小于 150kN 时处于弹性阶段，当荷载值在 150 ~ 250kN 范围内时处于弹塑性阶段。与第一组试件类似，同理可得出结论：外包碳纤维布约束了钢管柱的变形发展；外包碳纤维布对试件极限承载力有提高作用，但提高作用与碳纤维布层数并非呈线性关系；外包碳纤维布延缓了试件的塑性发展。

## 2　数值分析

### 2.1　模型建立

复合试件主要由柱体、胶层、CFRP 和端板组成。建立"壳 – 弹簧 – 壳"模型，圆钢管柱和碳纤维布选用 SHELL181 单元模拟，加载端板选用 SOLID73 单元模拟，胶层选用 COMBIN14 线弹簧单元模拟[7]。钢材采用双线性随动强化模型，屈服后的切线模量取 $0.03E_s$。碳纤维布在试验中前期处于弹性阶段，此时其本构关系取单斜线模型；试验后期碳纤维布发生撕裂，此后其工作强度可忽略不计[8-9]。约束下端板在 $x$、$y$ 方向平动和 $y$、$z$ 方向的旋转；同时约束上端板在三个方向上的平动。

### 2.2　结果对比分析

选取代表性构件做参考，其试验与理论的极限承载力（$N$）与挠度（$\delta$）关系曲线如图 8 ~ 图 10 所示。二者 $N$-$\delta$ 曲线的趋势基本一致。弹性阶段，曲线差异小；弹塑性阶段，模拟试件曲线斜率大于试验试件，这表明模拟试件的刚度略大于试验试件。破坏阶段，试验试件的曲线下降明显，而模拟试件的曲线下降缓慢。

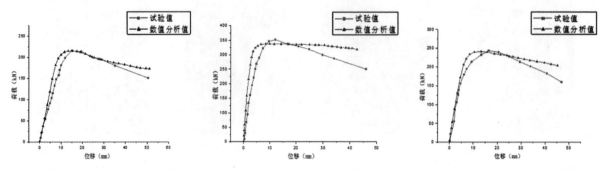

图 8　试件 0Z10E 的 $N-\delta$ 关系曲线对比　图 9　试件 2Z0E 的 $N-\delta$ 关系曲线对比　图 10　试件 2Z10E 的 $N-\delta$ 关系曲线对比

在模型中，柱、胶层、CFRP 层之间采用绑定接触避免相互之间的滑移，而试验中三者之间却存在相对滑移；钢材的本构关系采用双线性随动强化模型来简化计算也导致了误差的存在；外加加载装置和采集装置的读数误差、试件的加工缺陷、碳纤维布的粘贴缺陷等人为因素致使模拟值与试验值存在差异。

模拟结果如图 11 所示。由图可知理论模型的破坏形态为整体失稳破坏，与试验破坏形态吻合；理论模型中 CFRP 主要在试件外凸侧受拉应力，钢管柱主要在试件内凹侧受压应力，与试验研究的受力情况相吻合。

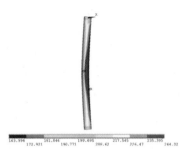

（a）碳纤维布水平裂口　（b）碳纤维布有限元软计算结果　（c）试件整体失稳破坏　（d）圆钢管柱有限元软件计算结果

图 11　应力云图与实际构件破坏形态的对比

将试验数据与模拟数据进行对比，见表 3。由表可知，两者极限承载力差值的绝对值在 0.91% ～ 5.75% 范围内，说明两者结果吻合较好，验证了所建模型的可靠性。

表 3　极限承载力模拟结果与试验结果对比

| 试件编号 | 0Z0E | 0Z10E | 0Z20E | 1Z0E | 1Z10E | 1Z20E | 2Z0E | 2Z10E |
|---|---|---|---|---|---|---|---|---|
| 模拟值（kN） | 306.31 | 201.64 | 176.19 | 328.07 | 237.72 | 191.24 | 333.13 | 244.45 |
| 试验值（kN） | 320.8 | 208.4 | 181.2 | 344.2 | 240.2 | 202.9 | 351.1 | 246.7 |
| 差值（%） | 4.52 | 3.24 | 2.76 | 4.69 | 1.03 | 5.75 | 5.12 | 0.91 |

## 3　简化计算方法

采用正交设计方法考虑偏压圆钢管柱的长细比、碳纤维布层数，偏心距三个因素对数据进行模拟扩展。采用 L16（$4^3$）常用正交表，所采用的因素和水平信息见表 4。

表 4　正交试验设计的因素与水平

| 因素 | 长细比 $\lambda$ | 碳纤维布层数 $n$ | 偏心距 $e$（mm） |
|---|---|---|---|
| 水平 1 | 37.49 | 0 | 5 |
| 水平 2 | 43.26 | 1 | 10 |
| 水平 3 | 49.02 | 2 | 15 |
| 水平 4 | 54.79 | 3 | 20 |

参照《钢结构设计标准》（GB 50017—2017）[10]（以下简称《标准》）中未加固的实腹式受压构件平面内稳定性计算公式，采用换算截面法将复合构件中的碳纤维布截面等效为钢材截面[11-12]。引入加固修正系数 $n_f$，得到碳纤维布加固实腹式受压构件平面内稳定性计算公式，见式（1）：

$$\frac{N}{n_f\varphi_x A_t f} + \frac{\beta_{mx} M_x}{n_f\gamma_x W_{1x}\left(1-\dfrac{0.8N}{N'_{Ex}}\right)f} \leqslant 1.0 \tag{1}$$

式中，$N$ 为轴心压力设计值（N）；$n_f$ 为加固修正系数；$\varphi_x$ 为弯矩作用平面内轴心受压构件稳定系数，按《标准》附录 D 采用；$A_t$ 为换算截面面积（mm²）；$f$ 为钢材的抗拉强度设计值（N/mm²）；$\beta_{mx}$ 为等效弯矩系数，按《标准》第 8.2.1 节计算；$M_x$ 为最大弯矩设计值（N·mm）；$\gamma_x$ 为截面塑性发展系数；$W_{1x}$ 为弯矩作用平面内受压最大纤维的毛截面模量（mm³）；$N'_{Ex}$ 为参数，按《标准》式 8.2.1-2 计算（mm）。

计算所得 $n_f$ 值结果见表 5。

表 5  正交试验设计结果

| 试件编号 | 长细比 $\lambda$ | 碳纤维布层数 $n$ | 偏心距 $e$ (mm) | 空白列 | 承载力模拟值 (kN) | 承载力计算值 (kN) | 修正系数 $n_f$ | 平均值 $\bar{n}_f$ |
|---|---|---|---|---|---|---|---|---|
| 0Z5E37C | 37.49 | 0 | 5 | 1 | 239.00 | 237.57 | 1.006 | — |
| 1Z10E37C | 37.49 | 1 | 10 | 2 | 244.71 | 215.41 | 1.141 | |
| 2Z15E37C | 37.49 | 2 | 15 | 3 | 225.70 | 199.18 | 1.138 | 1.127 |
| 3Z20E37C | 37.49 | 3 | 20 | 4 | 204.81 | 186.70 | 1.101 | |
| 0Z10E43C | 43.26 | 0 | 10 | 3 | 201.64 | 200.84 | 1.004 | — |
| 1Z5E43C | 43.26 | 1 | 5 | 4 | 279.07 | 245.02 | 1.144 | |
| 2Z20E43C | 43.26 | 2 | 20 | 1 | 196.06 | 174.89 | 1.128 | 1.123 |
| 3Z15E43C | 43.26 | 3 | 15 | 2 | 223.13 | 204.33 | 1.097 | |
| 0Z15E49C | 49.02 | 0 | 15 | 4 | 173.32 | 172.97 | 1.002 | — |
| 1Z20E49C | 49.02 | 1 | 20 | 3 | 179.81 | 163.02 | 1.111 | |
| 2Z5E49C | 49.02 | 2 | 5 | 2 | 272.27 | 251.41 | 1.087 | 1.083 |
| 3Z10E49C | 49.02 | 3 | 10 | 1 | 237.75 | 226.50 | 1.052 | |
| 0Z20E55C | 54.79 | 0 | 20 | 2 | 152.52 | 151.16 | 1.009 | — |
| 1Z15E55C | 54.79 | 1 | 15 | 1 | 179.50 | 177.19 | 1.014 | |
| 2Z10E55C | 54.79 | 2 | 10 | 4 | 213.12 | 210.80 | 1.012 | 1.012 |
| 3Z5E55C | 54.79 | 3 | 5 | 3 | 259.07 | 256.68 | 1.011 | |

由表 5 可知，在偏压荷载下，碳纤维布层数 $n$ 越少利用率越高；当钢管柱的长细比大于 50 时，加固效果不明显；当钢管柱的长细比小于 50 时，加固修正系数 $n_f$ 值可取为 1.08 ~ 1.20。

## 4  结论

（1）采用 CFRP 加固的圆钢管柱试件均发生了整体失稳，柱中发生弯折破坏并伴随碳纤维布在凸侧的撕裂；

（2）CFRP 可以提高试件的刚度，延缓塑性发展；试件极限承载力的提高程度与 CFRP 层数呈非线性增长；

（3）在偏压荷载下，碳纤维布层数 $n$ 越少利用率越高；当钢管柱的长细比大于 50 时，加固效果不明显；当钢管柱的长细比小于 50 时，加固修正系数 $n_f$ 值可取为 1.08 ~ 1.20。

## 参考文献

[1] 岳清瑞. 我国碳纤维布（CFRP）加固修复技术研究应用现状与展望 [J]. 工业建筑，2000（10）：23-26.

[2] 韦江萍. CFRP 加固钢管混凝土轴心受压短柱承载力分析 [J]. 工程抗震与加固改造，2009，31（04）：66-70.

[3] 赵晓林. FRP Strengthening of Metallic Structures subject to Fatigue Loading[A]. 中国土木工程学会 FRP 及工程应用专业委员会. 第七届全国建设工程 FRP 应用学术交流会论文集 [C]. 中国土木工程学会 FRP 及工程应用专业委员会：中国土木工程学会，2011：8.

[4] 周乐，王晓初，王军伟，等. 负载条件下碳纤维布加固轴心受压钢管短柱受力性能研究 [J]. 工程力学，2015，32（11）：201-209.

[5] M C SUNDARRAJA，P SRIRAM，G GANESHPRABHU. Strengthening of hollow square sections under compression using FRP composites[J]. Advances in Materials Science and Engineering，2014.

[6] GAO X Y，BALENDRA T，KOH C G. Buckling strength of slender circular tubular steel braces strengthened by CFRP[J]. Engineering structures，2013，46：547-556.

[7] 赵恩鹏，牛忠荣，胡宗军，等. CFRP 加固焊接钢结构的疲劳性能试验研究 [J]. 工业建筑，2011，41（S1）：354-358.

[8] 杨勇新，岳清瑞，彭福明. 碳纤维布加固钢结构的黏结性能研究 [J]. 土木工程学报，2006（10）：1-5，18.

[9] 邵永波，朱红梅，杨冬平. 轴压作用下 CFRP 加固圆钢管短柱的静力承载力分析 [J]. 西南交通大学学报，2020，55（01）：167-174.

[10] 中华人民共和国住房和城乡建设部. 钢结构设计标准：GB 50017—2017[S]. 北京：中国建筑工业出版社，2017.

[11] AL-SAIDY A H，KLAIBER F W，WIPF T J. Repair of steel composite beams with carbon fiber-reinforced polymer plates[J]. Journal of Composite for Construction，2004，8（2）：163-172.

[12] ABDULLAH H，AL-SAIDY，F W KLAIBER，et al. Repair of steel composite beams with carbon fiber-reinforced polymer plates. Journal of Composites for Construction（April 2004），8（2）.

# CFRP 加固偏压圆钢管柱稳定性研究

陈安英[1,2]　袁礼正[1]　完海鹰[1,2]　王月童[1]　王晨曦[1]

1. 合肥工业大学　合肥　230009

2. 合肥工大共达工程检测试验有限公司　合肥　230009

**摘　要**：采用试验、理论以及有限元仿真相互结合的方法来研究 CFRP（碳纤维增强复合材料）加固偏压圆钢管柱的稳定性问题。基于正交试验设计方法，设计并制作了 10 个试件，进行静力偏心受压加载试验，研究了偏心距、CFRP 层数、负载率等因素对 CFRP 加固偏压圆钢管柱稳定性发挥的作用，并使用有限元软件进行数值仿真，对比 CFRP 加固偏压圆钢管柱的试验结果与仿真结果，以此验证有限元仿真与试验的吻合性。试验和有限元分析结果均表明：偏心距、CFRP 层数、负载率对 CFRP 加固偏压圆钢管柱稳定性影响程度大小依次递减。其中偏心距和负载率越大，稳定性越低；CFRP 层数越多，稳定性越高。最后通过试验与理论数据的回归分析，提出关于 CFRP 加固偏压圆钢管柱平面内整体稳定的简化计算方法。

**关键词**：CFRP；加固；偏心受压；圆钢管；稳定性

碳纤维增强复合材料（CFRP）具有刚度好、强度高、施工方便、周期短等优点，被广泛应用于加固工程中。目前国内外学者对 CFRP 加固钢管柱已进行了一些研究，如周乐等通过性能试验，得到了 CFRP 加固方钢管短柱的负载越大，其极限承载力越低，CFRP 对短柱的极限承载能力的提高与 CFRP 层数之间没有线性关系等结论；杨勇新等研究了 CFRP 加固后的轴心受压圆钢管，研究表明纵向粘贴 CFRP 可以明显提高试件的弹性屈曲承载力；完海鹰等研究了 CFRP 加固的轴压圆钢管柱的稳定性问题，并提出了稳定性承载力修正系数。

综合目前研究来看，当前对轴压短柱以及未负载条件下的钢柱研究较多，对偏压中长柱的研究较少，并且没有形成完整理论体系。论文以静力偏压试验研究了 CFRP 层数、偏心距、负载率等因素对于偏压圆钢管柱稳定性的影响，并提出了 CFRP 加固偏心圆钢管柱的稳定承载力修正公式。

## 1　正交试验设计

试验时考虑偏心距、CFRP 层数和负载率三个因素，且不考虑交互作用，采用正交试验设计方法。根据以往试验经验并参考相关文献和实际工程，每个因素考虑三个级别，CFRP 层数分别取 1 层、2 层和 3 层，偏心距分别取 0、10mm 和 20mm，负载率分别取 0%、30% 和 50%，共进行九组不同因素与级别组合的试验。

## 2　试验概述

### 2.1　材料性能

表 1 与表 2 是 10 个试验试件的钢材与 CFRP 的材料性能。对于钢管与 CFRP 之间的胶结材料选用了日本进口的碳纤维浸渍脱氧树脂胶，型号为 E2500S。

**表 1　钢材材料性能**

| 钢材型号 | 屈服强度 $f_y$（N/mm²） | 极限强度 $f_u$（N/mm²） | 弹性模量 $E$（MPa） | 泊松比 $\mu$ | 断裂伸长率 $\delta$（%） |
|---|---|---|---|---|---|
| Q235 | 340 | 439 | $2.052 \times 10^5$ | 0.299 | 21 |

**表 2　CFRP 材料性能**

| 型号 | 设计厚度 $t$（mm） | 弹性模量 $E$（MPa） | 抗拉强度 $f_y$（N/mm²） | 密度 $\rho$（g/mm²） | 伸长率 $\delta$（%） |
|---|---|---|---|---|---|
| 东丽 UT70-30 | 0.167 | $2.40 \times 10^5$ | 3959 | 300 | 1.72 |

## 2.2　试验设计

试验采用长度均为1500mm，外径均为102mm，壁厚均为4mm的10根圆钢管柱试件，并进行相应编号。钢管两端均焊接尺寸为200mm×200mm×30mm的端板并开V形口（图1），来实现两端铰接的端部约束并实现偏心距的精确控制。

## 2.3　加载制度

试验时按照图2的试验装置将试件进行组装，组装完成后，需要进行一次预加载，以保证应变片、位移计以及压力传感器等正常使用，同时对于设计为负载的试件，在正式加载前，需要先加载到30%理论极限荷载值以及50%理论极限荷载值，之后进行持荷，以此提供一个初始应力。为了保证试件静力加载均匀，正式加载采用分级加载，在0%～80%理论极限荷载值时，以10kN为一级荷载，持荷时间30s，之后以5kN为一级荷载，持荷时间为1min，在加载过程中应保持缓慢、均匀。

（a）带刀铰支座端板

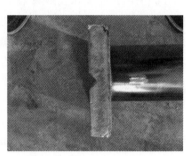
（b）带刀口加载板

图1　支座端板和加载板

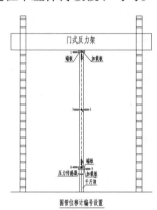

图2　试验装置

# 3　试验结果

表3是试验的10根试件的极限承载力，表4是对试件的极限承载力变化进行数值处理后的结果。

表3　试件极限承载力

| 编号 | 长度 $L_0$ (mm) | 初始缺陷 $e$ (mm) | 极限承载力 $P_u$ (kN) | 极限承载力 $P_u$ 变化 (kN) | 极限时柱中挠度 $\delta$ (mm) | $\delta / L_0$ (‰) |
|---|---|---|---|---|---|---|
| B-0Z0E0C | 1503 | 4.24 | 390.0 | — | 9.7 | 6.5 |
| B-1Z0E0C | 1499 | 3.00 | 422.0 | 32.0 | 9.4 | 6.3 |
| B-1Z10E30C | 1500 | −3.02 | 292.3 | −97.7 | 11.1 | 7.4 |
| B-1Z20E50C | 1500 | 4.08 | 246.4 | −123.6 | 13.5 | 9.0 |
| B-2Z0E30C | 1501 | 1.96 | 449.5 | 59.5 | 10.2 | 6.8 |
| B-2Z10E50C | 1500 | −2.14 | 328.8 | −61.2 | 10.9 | 7.3 |
| B-2Z20E0C | 1499 | −2.28 | 286.0 | −104.0 | 11.6 | 7.7 |
| B-3Z0E50C | 1500 | −4.53 | 442.1 | 52.1 | 9.8 | 6.5 |
| B-3Z10E0C | 1503 | 3.64 | 372.0 | −18.0 | 10.1 | 6.7 |
| B-3Z20E30C | 1501 | 4.93 | 294.7 | −105.3 | 13.2 | 8.8 |

表4　正交试验计算结果

| 试件编号 | CFRP 层数 | 偏心距 (mm) | 初始应力 (%) | 空白列 | 极限承载力 $P_u$ 变化 (kN) | $P_u$ 变化率 (%) |
|---|---|---|---|---|---|---|
| 试验1 | 1 | 0 | 0 | 1 | 32.0 | 8.2 |
| 试验2 | 1 | 10 | 30 | 2 | −97.7 | −25.1 |
| 试验3 | 1 | 20 | 50 | 3 | −123.6 | −31.7 |

续表

| 试件编号 | CFRP 层数 | 偏心距（mm） | 初始应力（%） | 空白列 | 极限承载力 $P_u$ 变化（kN） | $P_u$ 变化率（%） |
|---|---|---|---|---|---|---|
| 试验 4 | 2 | 0 | 30 | 3 | 59.5 | 15.3 |
| 试验 5 | 2 | 10 | 50 | 1 | −61.2 | −15.7 |
| 试验 6 | 2 | 20 | 0 | 2 | −104.0 | −26.7 |
| 试验 7 | 3 | 0 | 50 | 2 | 52.1 | 13.4 |
| 试验 8 | 3 | 10 | 0 | 3 | −18.0 | −4.6 |
| 试验 9 | 3 | 20 | 30 | 1 | −95.3 | −24.4 |
| $K_1$ | −63.100 | 47.867 | −30.000 | −38.167 | | |
| $K_2$ | −35.233 | −58.967 | −41.167 | −49.867 | | |
| $K_3$ | −19.066 | −104.300 | −44.233 | −27.367 | | |
| $R$ | 46.033 | 152.167 | 14.233 | 22.500 | | |

表 4 中的 $K_1$、$K_2$ 与 $K_3$ 是各个因素在不同级别下的平均提高率，$R$ 是根据数值方法计算出的极差。通过对比分析表 4 中的数据，可以得到一些结论：由偏心距、CFRP 层数的 $R$ 值是远大于初始应力的 $R$ 值，可以得出影响承载力的主要因素是偏心距和 CFRP 层数；对比三个因素的 $R$ 值大小，可知偏心距对于试验试件的承载力影响最大，CFRP 的层数次之，初始应力影响最低；对比空格与初始应力的极差值，可以知道对于试验过程中没有考虑的一些未知因素对于承载力的影响大小高于初始应力的影响。

## 4　有限元模拟

### 4.1　单元类型选取

采用 ANSYS 有限元软件建立试件模型。由于 CFRP 加固的圆钢管柱是一个复合构件，最外层为 CFRP 材料，中间层为胶层，最里层为钢管，建立有限元模型时需要真实模拟三者之间的接触关系，所以选用了"壳－弹簧－壳"模型，最外层的 CFRP 材料和最里层的钢管材料均选用 SHELL181 实体单元，中间层胶层选用 COMBIN14 线弹簧单元。由于作为中间层的胶层需要反映最外层 CFRP 与最内层钢管两种材料之间的滑移，所以需要单元具备在 1D、2D、3D 三个方向上可以发生轴向变形或扭转变形的能力，而 COMBIN14 单元恰好具备这种能力（图 3）。同时为了模拟试验试件胶层界面在 $x$、$y$、$z$ 三个方向的真实情况，在最外层与最内层两种材料连接的一些重要位置，设置了三个弹簧单元来模拟三个方向（图 4）。

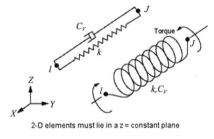

图 3　COMBIN14 单元模型

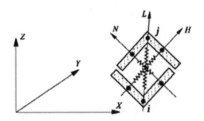

图 4　黏结胶层弹簧单元

### 4.2　本构关系

钢材的本构关系选用双线性随动强化模型，该模型采用 Mises 屈服准则与随动强化准则，屈服前材料的应力－应变为正比例关系，可通过定义弹性模量、泊松比和屈服应力来描述该正比例关系，在材料屈服后应力－应变仍为线性关系，不过屈服后的材料的切线模量取为弹性模量的 0.03。对于 CFRP 的本构关系，由于其抗拉性能远好于钢材的抗拉性能，所以认为在试件破坏前 CFRP 一直处于线弹性阶段。

### 4.3　约束方程

由于 CFRP 加固圆管柱是一个复合试件，其最外层为 CFRP 材料，中间层为胶层，最里层为钢管，为了更加合理地模拟真实接触情况，首先需要在 CFRP、胶层之间和钢管、胶层之间各自建立界面节点，具体建立过程如图 5 所示。

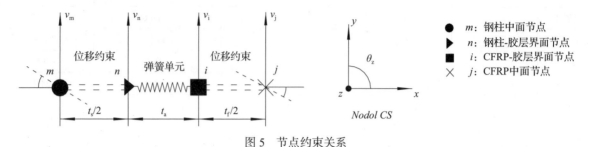

图 5　节点约束关系

为了让建模分析更加准确，变形更加协调，在划分单元后节点必须建立有效的约束方程。在圆管柱单元节点 $m$ 和钢管柱、胶层的界面节点 $n$ 之间建立约束方程（1），在 CFRP 单元节点 $j$ 和 CFRP、胶层的界面结点 $i$ 之间建立约束方程（2）。

$$\begin{cases} u_n = u_m \\ v_n = v_m + \theta_{z(m)} \cdot t_s / 2 \\ w_n = w_m \end{cases} \tag{1}$$

$$\begin{cases} u_i = u_j \\ v_i = v_j + \theta_{z(j)} \cdot t_f / 2 \\ w_i = w_j \end{cases} \tag{2}$$

上式中，对应节点沿节点坐标系三个方向的位移分别用 $u$、$v$ 和 $w$ 表示，绕节点坐标系 $z$ 轴的转角用 $\theta_z$ 表示。

## 5　结果对比分析和简化计算方法

对于 CFRP 加固的圆钢管柱的稳定性简化计算方法，在国内外已经有一定研究方法，比如国内的《钢结构设计标准》（GB 50017—2017），国外的《外贴纤维增强材料加固金属结构规范》中提出的换算截面法，通过参考以上方法，同时考虑到 CFRP 层数、偏心距和负载率对于圆钢管柱的稳定性的影响，引入了稳定承载力修正系数 $n_f$ 进行公式修正，修正后的公式见（3）：

$$\frac{N}{\varphi_x A_t} + \frac{\beta_{mx} N e}{\gamma_x W_{1x}\left(1 - 0.8\dfrac{N}{N'_{Ex}}\right)} \leqslant n_f f \tag{3}$$

式中，$n_f$ 为稳定承载力修正系数；$N$ 为压弯构件的轴线压力；$N'_{Ex} = N_{Ex}/1.1$，$N_{Ex} = \pi^2 EA/\lambda_x^2$；0.8 为修正系数；$\varphi_x$ 为弯矩作用平面内轴压构件的稳定系数；$W_{1x}$ 为在弯矩作用平面内对较大受压纤维的毛截面模量；$\gamma_x$ 为塑性发展系数。

表 5 给出了本文所研究圆管柱极限承载力的模拟值与试验值，并进行了对比。

表 5　模拟值与试验值对比

| 试件名称 | 模拟值（kN） | 试验值（kN） | 试验误差（%） | 稳定修正系数 $n_f$ | | |
| --- | --- | --- | --- | --- | --- | --- |
| | | | | 试验 | 模拟 | 平均值 |
| B-0Z0E0C | 372.6 | 390.0 | −4.46 | — | — | — |
| B-1Z0E0C | 412.7 | 422.0 | −2.20 | 1.0277 | 1.0051 | 1.0164 |

续表

| 试件名称 | 模拟值（kN） | 试验值（kN） | 试验误差（%） | 稳定修正系数 $n_f$ | | |
|---|---|---|---|---|---|---|
| | | | | 试验 | 模拟 | 平均值 |
| B-1Z10E30C | 310.7 | 292.3 | 6.26 | 1.0106 | 1.0788 | 1.0447 |
| B-1Z20E50C | 262.4 | 246.4 | 6.57 | 1.0871 | 1.1638 | 1.1255 |
| B-2Z0E30C | 454.9 | 449.5 | 1.20 | 1.0443 | 1.0569 | 1.0506 |
| B-2Z10E50C | 323.6 | 328.8 | −0.30 | 1.0891 | 1.0706 | 1.0799 |
| B-2Z20E0C | 286.4 | 286.0 | 0.00 | 1.2124 | 1.2142 | 1.2133 |
| B-3Z0E50C | 418.7 | 442.1 | −5.29 | 0.9821 | 0.9301 | 0.9561 |
| B-3Z10E0C | 358.4 | 372.0 | −3.66 | 1.1844 | 1.1378 | 1.1611 |
| B-3Z20E30C | 312.9 | 294.7 | 2.69 | 1.1915 | 1.2722 | 1.2319 |

由表 5 可以看到，试件极限承载力的试验值与模拟值误差在 7% 以内，可以说建立的模型与试验的结构吻合性较好。同时将表 5 中的 10 个试件的试验值、模拟值与公式 1 计算出的理论值进行比较，发现误差满足要求，但为了设计的安全性，综合考虑 CFRP 层数、偏心距和负载率的影响，提出了稳定承载力修正系数 $n_f$，这个系数对于负载率为 0%～50% 的 CFRP 加固偏心距不大于 10mm 的受压圆管柱取 1.05，对于负载率为 0%～50% 的 CFRP 加固偏心距不大于 20mm 的受压圆管柱取 1.12。

## 6　结论

（1）试验结果说明偏心距对于极限承载力影响最大，CFRP 层数影响次之，负载率影响最小。同时偏心距和负载率与极限承载力之间呈负相关关系，CFRP 层数与极限承载力呈正相关关系。

（2）通过建立有限元模型并进行分析，得到了柱子的极限承载力模拟值及应力分布情况，并将之与试验结果进行对比分析，可以发现误差较小，以此说明有限元模拟与试验之间的吻合较好。

（3）将利用修正后 CFRP 加固偏压中长柱的稳定承载力计算公式计算出的理论值，与试验值和有限元模拟值进行对比，可以发现这个修正公式是适用的。同时出于安全和设计需要，提出了整体稳定修正系数 $n_f$，这个系数综合考虑了 CFRP 层数、偏心距和负载率的影响，即对于使用 CFRP 加固偏心受压圆管柱，并且负载率是 0%～50% 时，当偏心距不大于 10mm 时，为 1.05；当偏心距不大于 20mm 时，为 1.12。

### 参考文献

[1] 李俊杰. 碳纤维布加固圆钢管轴心受力有限元分析及试验研究 [D]. 兰州：兰州理工大学，2011.

[2] MILLER T C, CHAJES M J, MERTZ D R. Strengthening of a steel bridge girder using CFRP plates[J]. Journal of Bridge Engineering，2001，6（6）：514-522.

[3] AL-SAIDY A H, KLAIBER F W, WIPF T J. Repair of steel composite beams with carbon fiber-reinforced polymer plates[J]. Journal of Composite for Construction，2004，8（2）：163-172.

[4] GAO X Y, BALENDRA T, KOH C G. Buckling strength of slender circular tubular steel braces strengthened by CFRP[J]. Engineering Structures，2013，46：547-556.

[5] 陈骥. 钢结构稳定理论与设计 [M]. 北京：科学出版社，2001.

# 硫酸盐侵蚀环境下 ECC 与混凝土黏结性能研究

李 娜[1] 刘 康[1] 胡 玲[2] 肖 蓓[1]

1. 武汉理工大学土木工程与建筑学院 武汉 430070
2. 文华学院城市建设工程学部 武汉 430074

**摘 要：** 工程水泥基复合材料（ECC）因其应变硬化和多缝开裂的显著特点，逐渐应用于混凝土的修补加固工程中。本文对 30 个 ECC- 混凝土试件进行劈裂抗拉试验，研究硫酸盐侵蚀条件下 ECC 与既有混凝土的黏结性能劣化规律。侵蚀时间分别为 30d、45d、75d、105d、135d 和 150d。研究结果表明，在试验龄期内 ECC- 混凝土劈拉黏结强度未出现下降，结合 XRD 和 ICP 试验结果，揭示了 ECC- 混凝土黏结面劣化机理，并建立了硫酸盐侵蚀下 ECC 与既有混凝土劈裂抗拉强度预测模型。

**关键词：** ECC；硫酸盐侵蚀；黏结性能；XRD；预测模型

工程水泥基复合材料（Engineering Cementitious Composite，ECC）具有良好的拉伸变形能力和优异的裂缝控制能力，可大大弥补普通混凝土的不足[1-2]，并在近些年来逐渐应用于大坝修复、路面平板修补和地震破坏组件的加固等工程中。ECC 与既有混凝土的界面黏结性能是保证两种材料能共同工作，确保加固效果的前提。国内外学者从力学性能、耐久性、黏结机理等各方面展开丰富的研究[3-9]。然而，硫酸盐对混凝土的劣化作用是影响结构服役期间安全稳定性的不利因素之一，当混凝土结构处于腐蚀环境中，ECC 与既有混凝土界面黏结性能劣化特征也需要得到重视。基于此，本文通过 ECC- 混凝土界面黏结劈裂抗拉试验，研究硫酸盐侵蚀条件下 ECC 与混凝土界面黏结性能的退化规律，并通过微观试验阐明硫酸盐环境下 ECC 与既有混凝土界面黏结性能劣化机理，提出了硫酸盐侵蚀下 ECC 与既有混凝土劈裂抗拉强度预测模型。

## 1 试验概况

本试验共设计 30 个 ECC- 混凝土劈裂抗拉试件，试件浇筑模型及加载方式如图 1 所示。ECC 采用 PVA 纤维进行制备，其力学性能见表 1，混凝土与 ECC 配合比及其力学性能见表 2。混凝土浇筑完成养护 3d 后，在试件表面每隔 30mm 处刻出深度约 5mm 的斜三角形槽，然后在其上层浇筑 ECC，待其养护 30d 后，将其中 15 个试件放入浓度 5% 的硫酸钠溶液中分别浸泡 30d、45d、75d、105d、135d 和 150d［图 1 (c)］，试件详情见表 3。

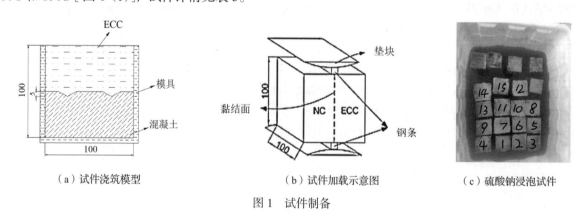

| （a）试件浇筑模型 | （b）试件加载示意图 | （c）硫酸钠浸泡试件 |

图 1 试件制备

基金项目：国家自然科学基金青年项目（编号：52008321）；湖北省自然科学基金青年项目（编号：2020CFB325）。

作者简介：李娜（1985— ），女，博士研究生，副教授，从事混凝土结构加固及耐久性研究。E-mail：ln950228@163.com。

**表 1　混凝土与 ECC 配合比及力学性能**

| 配合比 | 水 | 水泥 | 粉煤灰 | 粗骨料 | 细骨料 | 减水剂 | 纤维体积 (%) | 抗拉强度 (MPa) |
|---|---|---|---|---|---|---|---|---|
| | kg/m³ | | | | | | | |
| 混凝土 | 198.7 | 340.7 | 146 | 810 | 787.5 | 4.0 | — | — |
| ECC | 0.725 | 1 | 1.9 | — | 1.044 | 0.0116 | 2% | 3.7 |

**表 2　PVA 纤维物理力学性能**

| 性能 | 密度 (g/cm³) | 当量直径 (μm) | 长度 (mm) | 弹性模量 (GPa) | 抗拉强度 (MPa) | 极限延伸率 (%) |
|---|---|---|---|---|---|---|
| PVA | 1.3 | 40 | 12 | 36.2 | 1556 | 7.7 |

**表 3　试件设计及主要试验结果**

| 试件编号 | 养护龄期 | 浸泡龄期 | 试件数量 | 是否浸泡 | 平均劈裂抗拉强度 (MPa) | 劈裂抗拉强度耐蚀系数 $K_p$ (%) |
|---|---|---|---|---|---|---|
| PL-30 | 30d | — | 3 | 否 | 2.42 | — |
| SPL-45 | — | 45d | 3 | 是 | 2.73 | 1.157 |
| PL-45 | 45d | — | 3 | 否 | 2.35 | |
| SPL-75 | — | 75d | 3 | 是 | 2.89 | 1.120 |
| PL-75 | 75d | — | 3 | 否 | 2.59 | |
| SPL-105 | — | 105d | 3 | 是 | 2.92 | 1.035 |
| PL-105 | 105d | — | 3 | 否 | 2.83 | |
| SPL-135 | — | 135d | 3 | 是 | 3.09 | 1.132 |
| PL-135 | 135d | — | 3 | 否 | 2.77 | |
| SPL-150 | — | 150d | 3 | 是 | 3.68 | — |

注：SPL 表示硫酸钠浸泡试件，PL 代表自然条件下养护试件，数字表示该试件的浸泡天数，其中养护龄期与浸泡龄期均以试件浇筑完成并养护 30d 后为基准开始。

## 2　试验结果分析

### 2.1　破坏形态

自然条件下和硫酸钠溶液浸泡试件，劈裂抗拉破坏形态如图 2 所示。观察裂开的黏结面表面可以发现，ECC- 混凝土破坏面并不是完全沿着 ECC- 混凝土的黏结界面开裂的，在 ECC 侧可以观察到，混凝土侧的骨料及浆体被拔出或拔断而黏结在 ECC 侧，ECC 侧也有部分浆体和纤维被拔出而残留在混凝土侧，ECC- 混凝土黏结界面破坏区域的内部缺陷、力学情况是整体劈裂抗拉破坏的关键。

　　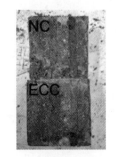

（a）自然状态下　　　　　　　（b）浸泡硫酸盐溶液　　　　　　（c）界面破坏图

图 2　劈裂抗拉试件破坏形态

### 2.2　劈裂试验结果分析

根据《混凝土物理力学性能试验方法标准》（GB/T 50081—2019）[10] 中混凝土劈裂抗拉强度计算

方法 [式（1）]，ECC-混凝土界面劈裂抗拉强度平均值见表 3。

$$f_{ts} = \frac{2F}{\pi A} = 0.637 \frac{F}{A} \tag{1}$$

式中，$f_{ts}$ 为混凝土劈裂抗拉强度（MPa）；$F$ 为试件破坏荷载（N）；$A$ 为试件劈裂面积（mm$^2$）。

为直观反映仅硫酸盐本身对 ECC-混凝土界面黏结性能的影响，引入劈裂抗拉强度耐蚀系数 $K_p$，其计算方法见式 2。

$$K_p = \frac{f_{pn}}{f_{p0}} \times 100\% \tag{2}$$

式中，$K_p$ 为劈裂抗拉强度耐蚀系数（%）；$f_{pn}$ 为第 $n$ 天硫酸盐溶液腐蚀的 ECC-混凝土试件的劈裂抗拉强度测定值（MPa）；$f_{p0}$ 为同龄期自然条件下放置的 ECC-混凝土试件的劈裂抗拉强度测定值（MPa）。

若 $K_p > 1$，则说明在自然条件下试件的强度基础上，硫酸盐使得 ECC 与混凝土的界面黏结强度增加，硫酸盐的累计作用为积极作用；若 $K_p \leqslant 1$，则表示累计硫酸盐作用为消极作用。结果表明，在整个试验龄期内，未浸泡硫酸盐溶液的试件劈裂抗拉强度在前期有小幅度下降，中期逐渐增强，后期又有小幅度下降；浸泡过硫酸钠溶液试件的黏结劈裂抗拉强度始终随着时间的增加而逐步增强。在同一龄期下，浸泡硫酸盐溶液试件的劈裂抗拉强度与未浸泡试件相比，强度均有提升。

### 2.3 微观试验分析

图 3 为硫酸盐溶液浸泡试件在不同侵蚀深度下的 X 射线衍射（XRD）图谱。从图中可以看出，不同侵蚀深度处，都已有钙矾石和石膏的衍射峰，且强度较强，说明硫酸盐的腐蚀反应已经深入到试件的中心处。整体上，随着硫酸盐侵入深度的增加，钙矾石的生成量有所增加，石膏的变化并不明显，氢氧化钙的消耗量呈下降趋势，可以推断，硫酸盐的侵蚀是一个由外向内扩散发生的过程。

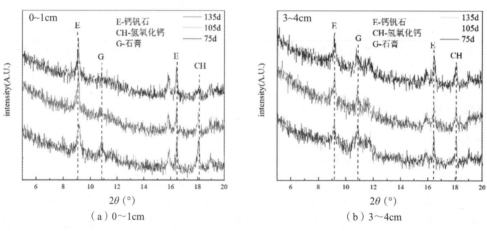

（a）0~1cm　　　　　　　　　（b）3~4cm

图 3　不同侵蚀深度下 X 射线衍射图

图 4 为利用全谱直读等离子体发射光谱仪（ICP）测量得到的浸泡龄期 75d、105d、135d 和 150d 时不同侵蚀深度处的含硫量。可以看出，在侵蚀时间相同情况下，随着侵蚀深度的增加，硫元素含量显著减少，说明硫酸根离子由外部进入速度明显高于内部扩散和迁移的速度。

### 2.4 破坏机理

结合 Fick 第二定律和力学、微观试验可以推知，硫酸盐在界面侵蚀的过程为硫酸根离子由高浓度向低浓度扩散、由外向内逐渐侵蚀的过程。最初硫酸盐侵蚀产物主要沉积在混凝土的初始孔隙中，混凝土开裂和剥落将可能导致混凝土强度损失。随着进一步的反应，过量的

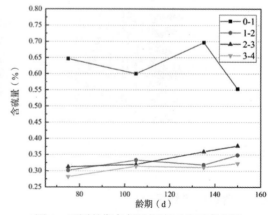

图 4　不同龄期各侵蚀深度下硫元素含量

侵蚀产物导致膨胀和裂缝，界面处的 PVA 的桥接作用在一定程度上可以抑制裂缝的发展。新产生的无法抑制的裂缝使混凝土更加多孔，使得试件更容易受到硫酸盐的进一步侵蚀，从而导致强度的迅速降低，其侵蚀过程如图 5 所示。

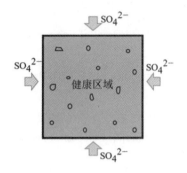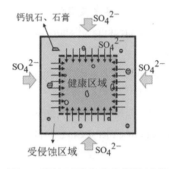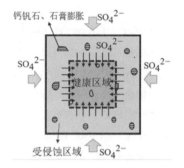

图 5　黏结面受硫酸盐侵蚀过程

## 3　分析模型

本文在耐蚀系数与硫酸盐浸泡龄期间建立了定量关系，由劈裂抗拉耐蚀系数乘以自然条件下劈裂抗拉强度，可得出浸泡硫酸盐条件下的劈裂抗拉强度，见式（3）。

$$f_{pn} = K_p \cdot f_{p0} \tag{3}$$

式中，$f_{p0}$ 为自然条件下试件的劈裂抗拉强度实测值。

根据不同龄期下的受硫酸盐侵蚀试件的劈裂抗拉耐蚀系数的试验结果，拟合得到了耐蚀系数的时变函数，见式（4）。

$$K_p = 0.61318 + 0.0244t - 3.4265 \times 10^{-4}t^2 + 1.40556 \times 10^{-6}t^3 \tag{4}$$

式中，$t$ 为劈裂抗拉试件在硫酸钠溶液中侵蚀龄期。

根据自然条件下的 ECC- 混凝土试件的劈裂抗拉试验结果，拟合得到了劈裂抗拉黏结强度的时变函数，见式（5）。

$$f(t) = \begin{cases} 2.52867 - 0.00693t + 9.4122 \times 10^{-5}t^2 & t \leq 105\,d \\ 3.0525 - 0.00217t & t > 105\,d \end{cases} \tag{5}$$

式中，$f(t)$ 表示自然条件下劈裂抗拉强度拟合值；$t$ 为自然条件下劈裂抗拉试件养护龄期。

由此可得出硫酸盐浸泡条件下时变劈裂抗拉曲线，如图 6 所示。该拟合结果与试验值结果吻合较好。可以看到，浸泡硫酸盐的试件劈裂抗拉强度在该试验龄期内始终保持上升趋势，说明硫酸盐对试件的劣化影响尚比积极影响弱，还未达到平衡状态，也没有下降段。可将 ECC- 混凝土的硫酸盐侵蚀过程分为两个阶段：阶段 Ⅰ——强化阶段；阶段 Ⅱ——损坏阶段。本文推导的拟合曲线可以用于预测阶段 Ⅰ 或阶段 Ⅰ 前期的劈裂抗拉强度，但不可用于阶段 Ⅱ。

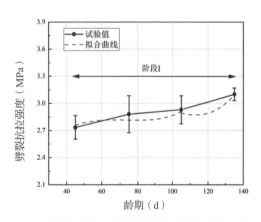

图 6　硫酸盐浸泡条件下劈裂抗拉强度拟合曲线

## 4　结论

（1）ECC- 混凝土的黏结破坏并非沿着某一个平面，而是包含界面处及附近区域，此处的缺陷及受力情况决定了 ECC- 混凝土的黏结强度。

（2）在试验周期内，受硫酸盐侵蚀的 ECC- 混凝土劈裂抗拉强度持续增加，硫酸盐对其产生的黏结强度的累计影响始终是积极的。

（3）以耐蚀系数评估硫酸盐对 ECC– 混凝土界面黏结性能的影响，基于试验结果，提出了硫酸盐侵蚀条件下 ECC– 混凝土界面耐蚀系数预测公式，界面黏结强度预测值与试验值吻合较好。

## 参考文献

[1] LI V C，LEUNG C. Steady-state and multiple cracking of short random fiber composites[J]. Journal of Engineering Mechanics，1992，118（11）：2246-2264.

[2] WEIMANN M B，LI V C. Drying shrinkage and crack width of engineered cementitious composites（ECC）[J]. Brittle Matrix Composites，2003：37-46.

[3] 杜亮. ECC 材料基本力学性能研究 [D]. 苏州：苏州科技大学，2019.

[4] WU C，LI V C. Thermal-mechanical behaviors of CFRP-ECC hybrid under elevated temperatures[J]. Composites Part B Engineering，2017，110：255-266.

[5] QIU J，YANG E H. Micromechanics-based investigation of fatigue deterioration of engineered cementitious composite（ECC）[J]. Cement and Concrete Research，2017，95：65-74.

[6] SUI L L，ZHONG Q L，YU K Q，et al. Flexural fatigue properties of ultra-high performance engineered cementitious composites（UHP-ECC）reinforced by polymer fibers[J]. Polymers，2018，10：892.

[7] 王孟伟. ECC 与既有混凝土黏结性能的影响因素研究 [D]. 南京：东南大学，2018.

[8] 靳嘉鹏. 硫酸盐腐蚀下 ECC 抗拉、抗折及与旧有混凝土界面黏结劣化机理研究 [D]. 天津：河北工业大学，2017.

[9] 韦立. PVA-ECC 材料及 ECC– 混凝土界面早期力学性能及微观结构研究 [D]. 扬州：扬州大学，2019.

[10] 中华人民共和国住房和城乡建设部. 混凝土物理力学性能试验方法标准：GB/T 50081—2019[S]. 北京：中国建筑工业出版社，2019.

# 带木支撑砌体填充木框架墙抗侧性能试验研究

宋晓滨[1,2]　陈邢杰[1,2]　Caterina Salamone[1,3]　唐践扬[1,2]　李　翔[1,2]

1. 同济大学建筑工程系　上海　200092
2. 同济大学工程结构性能演化与控制教育部重点实验室　上海　200092
3. University of Bologna，Via Tombesi dall'Ova 55，Ravenna，48121，Italy

**摘　要：** 砌体填充木框架墙在国内外传统建筑中有广泛的应用。由于木框架和砌体填充墙的抗侧刚度和变形能力差异较大，侧向荷载作用下砌体易过早破坏而不能有效提升木框架墙的抗侧性能。因此参考欧洲传统木框架墙构造形式，提出了一种带木斜撑的砖填充木框架墙体。制作了 3 个不同形式的木框架墙体试件，开展了低周反复加载试验，分析了墙体骨架曲线、刚度和承载力退化、能量耗散和等效黏滞阻尼系数等性能指标。结果表明，砌体填充木框架墙表现出脆性破坏特征，而带木斜撑的砖填充木框架墙体承载和变形能力分别提高 49% 和 85%，且在位移角小于 1/68 时可提高墙体等效黏滞阻尼系数最高达 57%。因此木斜撑能承担斜向压力，加强木构架与砖墙的协同工作，延缓墙体开裂，使整片墙体表现出更优的抗侧性能。

**关键词：** 低周反复加载试验；传统木框架墙；砌体填充；抗侧性能；木支撑加固

砖木结构是我国传统建筑结构的主要形式之一，其中以砖填充墙木框架体系最为常见。该体系以木框架作为主要的承重构件，内嵌砌体填充墙用作保温、分隔。木柱作为受压构件与受弯木梁通过榫卯节点连接，填充墙则能提供一定抗侧刚度，可以较好地满足传统建筑建造需求。然而，在水平荷载作用下，木梁柱构件和填充砌体之间易脱离，影响其协同工作；另外，砌体填充墙轴压比较低，水平荷载作用下易产生水平通缝，抗侧承载力较差。

国内学者对于木框架墙体受力性能及其提升方法做了大量研究。Chun 等[1]测试分析了榫卯节点对框架性能的影响；Chen 等[2]研究了竖向荷载对墙体性能的影响；Qu 等[3]、Huang 等[4]、许清风等[5]和 Crayssac 等[6]分别研究了木板、泥笆墙、砌体以及墙面开洞对木框架墙体抗侧性能的影响；谢启芳等[7]、周乾等[8]、陆伟东等[9]分别研究了榫卯节点加固、马口钉和碳纤维布等以及弧形耗能器对于木构架抗震性能的提升效应。

欧洲地区传统建筑中的木框架墙体普遍采用木斜撑。木斜撑将砌体填充墙划分成较小的区块[10]，可以有效推迟砌体墙水平通缝的出现，也可以减小砌体受损区域[11]。例如，Ceccotti 等[12]比较分析了 Z 形和竖向木支撑的作用；Meireles 等[13]研究了 X 形支撑的效果；Vasconcelos 等[14]研究了粘贴 GFRP 的 X 撑砌体填充墙体性能；Dutu 等[15-16]研究了倒八字斜撑对墙体性能的影响，发现带斜向木支撑的砖砌体填充木框架墙抗侧刚度更大、抗侧性能更好。

带木斜撑墙体的研究虽取得了较好的效果，但主要针对构件尺寸较小、承载力和刚度较低的欧洲传统木框架，文献中尚未见到将该种墙体形式应用到我国带榫卯节点的传统砖木结构墙体的研究。为此，本文制作并加工 3 榀传统木梁柱框架墙体，通过低周反复加载对比试验，比较分析带木斜撑的砖砌体填充木框架墙抗侧性能，相关研究成果可以用于既有传统结构的性能提升和农村地区新建砖木结构的设计计算。

## 1　试件和试验设计

### 1.1　试件设计

共制作 3 榀墙体试件，包括 1 榀纯框架（F1）、1 榀带砖砌体填充木框架（F2）和 1 榀带砖砌体填

基金项目：上海市科学技术委员会项目（13231201703）。

作者简介：宋晓滨（1977—　　　），男，工学博士，教授，主要从事传统和现代木结构抗震性能和性能提升方法研究。

充和木斜撑的木框架（F3）。其中木框架从砌体底面至横梁顶面高 2000mm，框架跨度 1450mm。圆形木柱直径 200mm，横梁矩形截面 200mm×120mm，如图 1 所示。

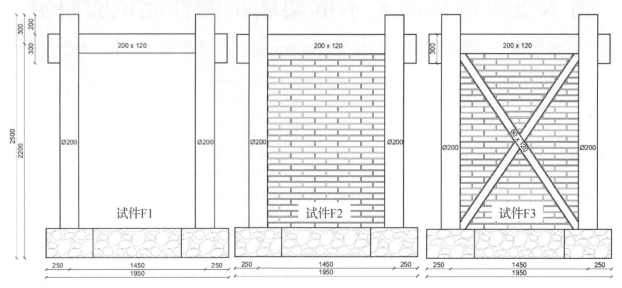

图 1　木框架墙体试件模型图

木柱和横梁采用榫卯（直榫）连接，榫头宽 80mm、高 140mm、长 140mm。木柱底部采用管脚榫和混凝土底座相连（截面 80mm×80mm）。砌体墙厚度为 120mm，采用九五红砖砌筑（240mm×120mm×50mm），砌体墙底部与混凝土底座之间坐浆连接，与周边木构件采用砂浆填充。木斜撑截面 80mm×120mm，与木柱采用榫卯连接并采用单钉固定。

墙体试件的木梁柱和支撑构件均采用花旗松制作，按照相关试验标准测得其顺纹抗压强度为 39MPa，弯曲弹性模量为 12186MPa。砌体选用烧结普通砖和水泥砂浆，实测砖抗压强度 8.4MPa，砂浆立方体抗压强度 4.68MPa，抗剪强度 0.19MPa。

### 1.2　加载制度和测点布置

试验时混凝土底座用锚杆固定于实验室地面，墙体平面外安装导轨以防止平面外变形和破坏。每个柱顶通过千斤顶和滑动支座施加 20kN 竖向荷载（根据典型结构楼屋面恒活载推算）并实现水平方向随动。墙体水平向加载采用液压作动器，如图 2 所示。

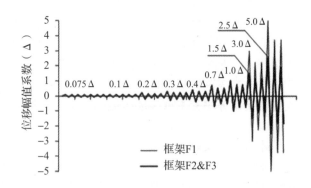

图 2　加载试验装置与加载制度

试验水平向加载采用位移控制。参考 CUREE 加载制度[17]：采用 1 个主循环加 2 ～ 6 次副循环，加载速度为 20mm/min。参考位移 Δ 取值为 40mm[6]。纯框架（F1）达到 1 倍参考位移后主循环位移幅值取为 3.0Δ 和 5.0Δ 直至加载结束，而框架试件 F2 和 F3 则取位移幅值为 1.5Δ 和 2.5Δ，如图 2 所示。

测点布置如图 3 所示，分别在两侧木柱加载高度处设置位移传感器采集水平侧移，在木柱和木梁邻近梁柱节点和柱脚节点区设置应变片测试木材应变以及构件所受弯矩作用。

## 2　试验结果与分析

### 2.1　试验现象和主要破损形式

试件 F1 在加载到 3.0Δ（120mm）时梁柱榫卯节点区出现第一条裂缝（图 4），榫头拔出达 10mm 左右。此外，在反复加载过程中柱底发生上抬，位移达到 5.0Δ 时试件达到最大荷载。

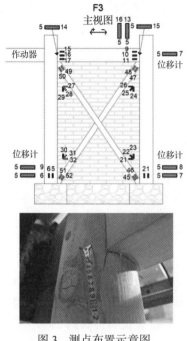

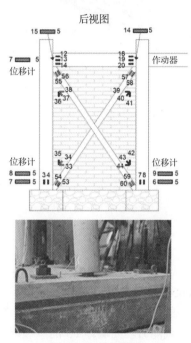

图 3　测点布置示意图　　　　　　　　　　图 4　F1 破损形式

试件 F2 加载后不久即发生砌体和木构件脱离现象，说明拉接能力不足。砌体在侧移达 0.7Δ 时角部发生第一条裂缝，并在 1.0Δ 时贯通。加载至 1.5Δ 时木梁柱榫卯节点附件发生横纹开裂。加载至 2.0Δ 时砌体发生对角受压裂缝，在随后的副循环中砌体角部发生压碎并伴有平面外变形，随即停止加载。此时砌体被中部贯通裂缝分为上下两部分，且上部砌体平面外变形较明显。柱脚上抬最大 15mm。相关变形和裂缝如图 5 所示。

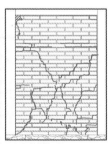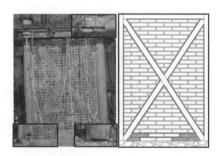

图 5　F2 破损形式（左）和 F3 破坏形式（右）

试件 F3 同样在侧移 0.7Δ（28mm）时角部（木斜撑之间）发生第一条裂缝（图 5），在随后加载中裂缝逐渐贯通并和底部砌体脱离。梁柱榫卯节点附近发生横纹开裂，木斜撑没有明显损伤，木斜撑榫头拔出最大约达 20mm。试件加载至 2.5Δ（100mm）时荷载位移曲线趋于平缓。砌体破坏集中于底部木斜撑之间，其他部位没有明显破坏，木柱柱脚上抬最大达 30mm。

### 2.2　荷载侧移滞回曲线

墙体水平荷载 – 侧移滞回曲线如图 6 所示，横坐标为木梁轴线位置测得的墙体侧移，纵坐标为所施加的水平荷载。由于榫卯节点和砌体填充的性能退化，各试件荷载 – 侧移曲线均表现出捏拢效应。其中带交叉斜撑的墙体（F3）的骨架曲线包络面积更大，试件达到峰值荷载后的下降段也最为平缓。这说明带木支撑的墙体的耗能能力优于无斜撑墙体。

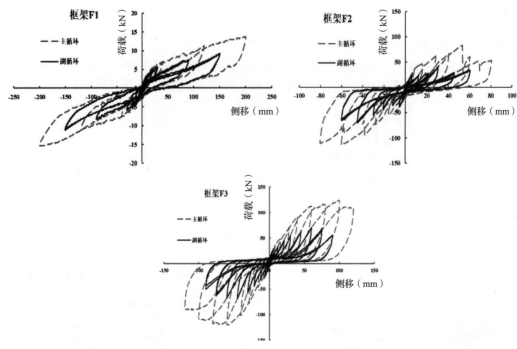

图 6 各墙体试件荷载–侧移滞回曲线

## 2.3 荷载位移骨架曲线及力学性能指标

各试件的荷载–位移骨架曲线如图 7 所示，填充墙协助木框架抵抗水平荷载，显著提升了木框架的刚度和承载能力。而墙体 F3 的承载能力比墙体 F2 高约 49%，最大位移提高约 25%，说明带木斜撑墙体的力学性能更好。

本文采用等效弹塑性能量曲线法 EEEP 计算各试件的屈服荷载和屈服位移，如图 8 所示。根据式（1）计算试件屈服荷载 $P_y$ 以及延性比 $d$，结果见表 1。

$$P_y = \left[\Delta_u - \sqrt{\Delta_u^2 - \frac{2A}{k}}\right]k \qquad d = \frac{\Delta_u}{\Delta_y} = \frac{k\Delta_u}{P_y} \qquad (1)$$

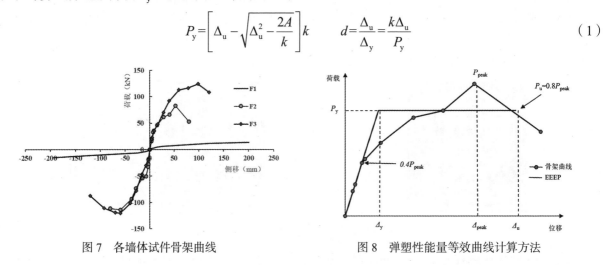

图 7 各墙体试件骨架曲线 　　　　　图 8 弹塑性能量等效曲线计算方法

**表 1 不同墙体试件力学性能指标**

| 试件编号 | $P_{peak}$（kN） | $\Delta_u$(mm) | $P_y$(kN) | $\Delta_y$(mm) | $k$（kN/mm） | $d$ |
|---|---|---|---|---|---|---|
| F1 | 13.73 | 200.61 | 10.83 | 42.39 | 0.26 | 4.73 |
| F2 | 83.17 | 53.04 | 80.26 | 18.21 | 4.41 | 3.02 |
| F3 | 123.85 | 98.38 | 98.19 | 33.30 | 2.95 | 2.95 |

墙体 F1 变形能力最大（位移角约 1/10），延性比最高，承载力和刚度都相对较低。墙体 F2 承载力显著提升（约为 F1 的 6 倍），而变形能力较差（破坏位移角约为 1/39）。墙体 F3 承载力比 F2 进一

步提升约 49%，且破坏位移角达到 1/21。F1 延性较大，F2 和 F3 延性相对较小，增设交叉斜撑对墙体延性系数影响不大。

## 2.4　墙体承载力和刚度退化规律

根据《建筑抗震试验规程》[18] 由式（2）分别计算承载力退化系数 $\lambda_i$ 和刚度退化系数 $k_i$。

$$\lambda_i = \frac{F_j^0}{F_j^i} \qquad k_i = \frac{|P_i^+| + |P_i^-|}{|\Delta_i^+| + |\Delta_i^-|} \tag{2}$$

相关计算结果如图 9 所示。墙体 F2 与 F3 的刚度明显大于 F1，这表明填充墙能够显著提升墙体的抗侧刚度；而增设支撑的墙体 F3 的刚度略大于墙体 F2，表明增设木支撑对墙体的抗侧刚度具有一定贡献。随着循环次数增加，三片墙体的承载能力均呈退化的趋势。

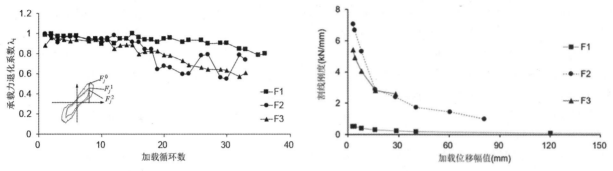

图 9　各墙体试件承载力和刚度退化曲线

## 2.5　耗能与等效黏滞阻尼系数

根据单圈耗能（$S_{\text{loop}}$）和正反向加载的割线刚度线与侧移坐标轴围成的三角形面积（$S_{\Delta+}$ 和 $S_{\Delta-}$）计算得到等效黏滞阻尼系数 $h_e$，见式（3），如图 10 所示。

$$h_e = \frac{S_{\text{loop}}}{2\pi(S_{\Delta+} + S_{\Delta-})} \tag{3}$$

在前 15 次循环加载下三片墙体试件的耗能都较为接近，填充墙发挥了抗侧作用并提升了耗能能力。增设交叉斜撑可使墙体总体耗能能力更强，F3 的累计耗能能量比 F2 提高约 107%。此外，增设交叉斜撑墙体的前期（第 20 次荷载循环之前，对应位移角小于 1/68，相当于小震至中震变形）等效黏滞阻尼系数最大（相比砌体填充墙 F2 提高约 57%），纯木框架前期等效黏滞阻尼系数最小，而加载后期交叉斜撑影响不明显，三片墙体的等效黏滞阻尼系数较为接近。

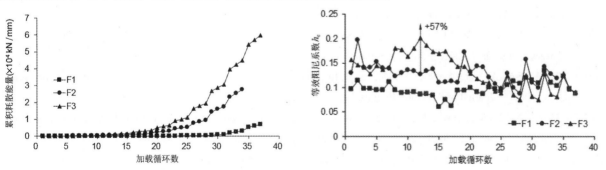

图 10　各墙体试件累计耗能和等效黏滞阻尼系数变化曲线

## 3　结论

（1）三片墙体在水平荷载作用下的破坏模式有显著差异。纯木框架 F1 抗侧刚度较低，侧移较大，破坏主要为木构件开裂及节点拔榫。砖填充木框架 F2 抗侧刚度较大，墙体侧移较小，主要破坏模式为砖砌体墙出现水平通缝，木框架与砖砌体墙拉接不足，砖填充墙发生平面外变形。带木斜撑的砖填充木框架 F3 的抗侧刚度较大，其破坏主要为底部木斜撑之间的墙体开裂。

（2）砖砌体墙能够显著提高纯木框架的抗侧刚度、承载力及耗能能力。增设木斜撑的墙体则表现出更好的抗侧性能，其承载能力、变形能力及耗能能力相比无斜撑的砌体填充木框架墙体分别提高49%、85%和107%，且在位移角小于1/68时可提升墙体等效黏滞阻尼系数，最大达57%。

综上，带木斜撑的砖填充木框架墙体在受力过程中，木斜撑能承担斜向压力，加强砖砌体墙与木构架之间的连接，有利于木构架与砖墙的协同工作，延缓墙体开裂，从而使整片墙体表现出更优的抗侧性能。因此，本文提出的带木斜撑的砖填充木框架墙体具有实际工程意义，可用于提升农村新建砖木结构的性能。

## 参考文献

[1] CHUN Q, YUE Z, PAN J W. Experimental study on seismic characteristics of typical mortise-tenon joints of chinese southern traditional timber frame buildings[J]. Science China Technological Sciences, 2011, 54（9）: 2404-2411.

[2] CHEN J Y, LI T Y, YANG Q S, et al. Degradation laws of hysteretic behavior for historical timber buildings based on pseudo-static tests[J]. Engineering Structures, 2018, 156: 480-489.

[3] QU Z, DUTU A, ZHONG J R, et al. Seismic damage to masonry-infilled timber houses in the 2013 M7.0 lushan, china, earthquake[J]. Earthquake Spectra, 2015, 31（3）: 1859-1874.

[4] HUANG H, WU Y T, LI Z, et al. Seismic behavior of chuan-dou type timber frames[J]. Engineering Structures, 2018, 167: 725-739.

[5] 许清风, 刘琼, 张富文, 等. 砖填充墙榫卯节点木框架抗震性能试验研究[J]. 建筑结构, 2015, 45（6）: 49-53.

[6] CRAYSSAC E, SONG XB, WU Y J, et al. Lateral performance of mortise-tenon jointed traditional timber frames with wood panel infill[J]. Engineering Structures, 2018, 161: 223-230.

[7] 谢启芳, 赵鸿铁, 薛建阳, 等. 中国古建筑木结构榫卯节点加固的试验研究[J]. 土木工程学报, 2008, 41（1）: 28-34.

[8] 周乾, 闫维明, 关宏志. 不同方法加固古建筑榫卯构架抗震试验[J]. 中国文物科学研究, 2013, 8（6）: 56-62.

[9] 陆伟东, 孙文, 顾锦杰, 等. 弧形耗能器增强木构架抗震性能试验研究[J]. 建筑结构学报, 2014, 35（11）: 151-157.

[10] VIEUX-CHAMPAGNE F, SIEFFERT, GRANGE S, et al. Experimental analysis of seismic resistance of timber-framed structures with stones and earth infill[J]. Engineering Structures, 2014, 69: 102-115.

[11] LANGENBACH R. From "opus craticium" to the "chicago frame": earthquake-resistant traditional construction[J]. International Journal of Architectural Heritage, 2007, 1（1）: 29-59.

[12] CECCOTTI A, FACCIO P, NART M, et al. Seismic behaviour of historic timber-frame buildings in the Italian dolomites[C]. 15th International Symposium Istanbul and Rize（Turkey）, 2006.

[13] MEIRELES H, BENTO R, CATTARI S, et al. A hysteretic model for "frontal" walls in Pombalino buildings[J]. Bulletin of Earthquake Engineering, 2012, 10（5）: 1481-1502.

[14] VASCONCELOS G, POLETTI E, SALAVESSA E, et al. In-plane shear behaviour of traditional timber walls[J]. Engineering Structures, 2013, 56: 1028-1048.

[15] DUTU A, SAKATA H, YAMAZAKI Y, et al. In-plane behavior of timber frames with masonry infills under static cyclic loading[J]. Journal of Structural Engineering, 2016, 142（2）: 1-18.

[16] DUTU A, NISTE M, SPATARELU I, et al. Seismic evaluation of Romanian traditional buildings with timber frame and mud masonry infills by in-plane static cyclic tests[J]. Engineering Structures, 2018, 167: 655-670.

[17] KRAWINKLER H, PARISI F, IBARRA L, et al. Development of a testing protocol for wood frame structures[R]. Rep. W-02, CUREE-Caltech Woodframe Project, Stanford Univ., Stanford, Calif., 2001.

[18] 中华人民共和国住房和城乡建设部. 建筑抗震试验规程: JGJ/T 101—2015[S]. 北京: 中国建筑工业出版社, 2015.

# CFRP 与钢板复合加固 RC 梁抗弯疲劳性能研究

卢亦焱

武汉大学　武汉　430072

**摘　要**：对 6 根试件研究不同疲劳荷载下 CFRP 与钢板复合加固钢筋混凝土（RC）梁的受弯性能，分析了复合加固梁的破坏形态、裂缝分布、跨中挠度和材料应变等情况，结果表明：复合加固可显著提高 RC 梁的承载力和刚度，减小其疲劳变形。与未加固梁相比，加固梁大幅降低了钢筋的应力和应力幅。加固梁破坏始于钢板断裂，此后仍可继续承受 1 万～ 2 万次循环荷载才发生钢筋断裂，具有双重保护机制且延长了疲劳寿命。跨中挠度和各材料应变均随循环加载次数增加呈三阶段增长变化，其疲劳寿命随荷载幅值增大而缩短，建立了复合加固梁疲劳寿命回归公式和最大裂缝宽度计算公式。

**关键词**：钢筋混凝土梁；CFRP；钢板；复合加固；疲劳性能

　　混凝土结构修复加固是土木工程重要的研究方向之一。近年来，大量的新技术和材料应用于混凝土结构的修复加固，其中，粘贴纤维增强聚合物（FRP）和外粘钢板（角钢等）加固混凝土结构是两种应用较为广泛的加固技术。结合两种材料在改善结构受力性能上的优点，作者于 2000 年提出了 FRP 与钢复合加固技术，随后相继进行了 FRP– 钢板复合材料的力学性能研究，FRP 与钢复合加固混凝土梁、板和柱的研究[1-3]。

　　在加固钢筋混凝土梁方面：通过复合加固梁抗弯试验[4]，研究了 CFRP 和钢板用量、锚固方式等因素对加固梁受力性能的影响，分析了复合加固梁的破坏机理，结果表明 CFRP 与钢板复合加固梁可显著提高截面承载力和刚度，改善被加固构件的延性，有效抑制混凝土裂缝的发展，相比单一材料加固，复合加固梁受力性能明显提升，弥补了单一材料加固方法的不足，而且解决了 CFRP 布的锚固问题，建立了复合加固梁受弯承载力计算方法和刚度计算方法[5-9]。对复合加固梁进行抗剪试验和理论分析[10-11]，研究了不同加固方法、剪跨比及名义配箍率等对受剪性能的影响，揭示其抗剪机理，建立了复合加固梁受剪承载力计算公式。

　　在加固钢筋混凝土板方面：通过对集中荷载作用下复合加固双向板进行试验研究[12]，分析了加固板的破坏机理，探讨了不同加固方法、CFRP 用量和条带间距对加固板承载力、刚度和延性的影响，结果表明复合加固能充分发挥 CFRP 和钢板各自的优点，二者协同工作性能良好，可显著提高板的承载力及刚度，且保持较好延性。在试验研究基础上，建立了复合加固双向板的有限元模型[13]，进一步分析了其受力机理，建立了复合加固双向板承载力设计方法。

　　在加固钢筋混凝土柱方面：对 CFRP 与钢复合加固短柱和中长柱进行轴压试验研究[14]，分析了 CFRP 与钢复合加固量、加固方法等因素对加固柱受力性能的影响，揭示了其破坏机理，结果表明复合加固可大幅提高构件的承载力，显著改善其延性，建立了复合加固柱轴压承载力计算方法。对复合加固柱的偏压试验研究[15]，分析了 CFRP 和角钢用量、长细比及偏心距对试件承载力、应力 – 应变关系、刚度和延性等的影响，提出了偏压承载力计算方法[16]，编制了计算荷载 – 挠度曲线的非线性分析程序[17]。对复合加固 RC 柱进行低周反复试验[18]，分析了轴压比、CFRP 和角钢用量的影响，与单独角钢加固柱相比，复合加固柱抗震性能显著提升，建立了复合加固柱抗震设计方法。

　　研究表明 FRP 与钢复合加固技术可以实现被加固构件承载力和延性的提升，同时也有效解决了 FRP 加固技术的锚固问题，实现被加固构件的受力性能提升幅度的可控设计。对于桥梁、吊车梁等构件，循环荷载是影响梁服役性能的主要因素。因此，开展复合加固梁的疲劳性能研究具有重要的理论意义。本文开展了复合加固梁的疲劳试验，研究了复合加固梁的疲劳性能和破坏机理，分析了疲劳荷

基金项目：国家自然科学基金（51108355，51778507）。

作者简介：卢亦焱，工学博士，教授。E-mail：yylu901@163.com。

载幅值对加固梁疲劳寿命的影响，以及疲劳荷载下试件的变形和各材料应变发展规律，为复合加固技术应用提供理论依据。

## 1 试验概况

### 1.1 试件设计

试验共设计了 8 根矩形截面简支梁，跨度 3m，净跨 2.7m，实测混凝土立方体抗压强度为 38.66MPa，弹性模量为 32.28GPa，纵筋采用 2Φ16mm 的 HRB335 钢筋，架立筋采用 2Φ10，弯剪段箍筋配 Φ8@100，纯弯段箍筋按最小配箍率配 Φ8@250，试验梁截面尺寸及配筋如图 1 所示。加固用 CFRP(HEX-3R-200) 的尺寸为 2500mm×150mm×0.111mm，钢板尺寸为 2500mm×100mm×2mm。CFRP 和钢板的复合加固构造如图 2 所示，材料力学性能见表 1。

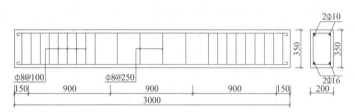

图 1　试验梁截面尺寸及配筋图

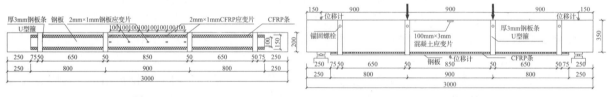

（a）加固梁底面仰视图　　　　　　　　　　　　（b）加固梁侧面正视图

图 2　加固方式及测量方案

表 1　材料力学性能

| 材料型号 | 直径或厚度（mm） | 屈服强度 $f_y$（MPa） | 极限强度 $f_u$（MPa） | 弹性模量 $E$（GPa） | 延伸率 $d$（%） |
|---|---|---|---|---|---|
| Φ8 钢筋 | 7.8 | 390 | 575 | 210 | 23.5 |
| Φ10 钢筋 | 9.6 | 360 | 485 | 200 | 24.0 |
| Φ16 钢筋 | 15.8 | 380 | 525 | 200 | 27.0 |
| Q235 钢板 | 2 | 310 | 400 | 06 | 23.4 |
| CFRP | 0.111 | — | 3550 | 235 | 2.42 |

### 1.2 试验方法

疲劳试验采用 FTS 多功能加载伺服仪，进行两点对称加载，如图 3 所示。首先对试件 LA-1 和 LA-2 分别加静载至破坏，获取对比梁与加固梁静载下的极限荷载 $P_u$ 和 $P_u'$，进而确定疲劳荷载上限 $P_{max}$ 和下限 $P_{min}$，其中疲劳荷载上、下限的设计取值见表 2。疲劳试验前以 $P_{max}$ 为限进行 2 次加卸载循环以校验仪器仪表。然后采用等幅正弦波加载进行疲劳试验，频率为 3Hz，目标次数为 200 万次，并分别在 0（疲劳开始前）、1 万次、3 万次、5 万次、10 万次、20 万次、50 万次、80 万次、100 万次、130 万次、150 万次、180 万次、200 万次疲劳循环时停机卸载至 0，进行一个循环的静载试验（加载至疲劳上限值），分别采用位移计和应变片测量试件的挠度和材料应变，见表 2。

图 3　试验加载装置

表 2　梁疲劳试验参数及结果

| 试件编号 | 疲劳荷载 P（kN） | | | 疲劳寿命 N（万次） | | $P_u$（$P'_u$）(kN) |
|---|---|---|---|---|---|---|
| | $P_{min}$ | $P_{max}$ | 幅值 $\Delta P$ | 钢板断裂 | 钢筋断裂 | |
| LA-1 | — | — | — | — | — | 108 |
| LA-2 | — | — | — | — | — | 190 |
| LB-1 | 10.8 | 70.2 | 59.4 | — | 59.78 | — |
| LB-2 | 10.8 | 70.2 | 59.4 | >200 | >200 | 176 |
| LB-3 | 19.0 | 95.0 | 76.0 | 78.41 | 80.12 | — |
| LB-4 | 19.0 | 104.5 | 85.5 | 57.4 | 58.34 | — |
| LB-5 | 19.0 | 114.0 | 95.0 | 38.4 | 40.80 | — |
| LB-6 | 19.0 | 123.5 | 104.5 | 24.0 | 25.54 | — |

注：试件 LA-1、LB-1 为未加固对比梁，其余加固梁均采用一层 CFRP 和一层钢板进行复合加固。

## 2　试验结果及分析

### 2.1　破坏过程与破坏形态

表 2 列出了各试件的疲劳试验参数及结果。破坏形态主要有 3 种，未加固梁 LB-1 发生典型的脆性破坏，在第 59.78 万次循环荷载作用下，钢筋突然被拉断，如图 4（a）所示。试件 LB-2 在循环至 200 万次后未见明显破坏，疲劳后对其进行静载试验，破坏时跨中底部钢板因弯曲过大而与 RC 梁剥离，如图 4（b）所示。试件 LB-3 ～ LB-6 的破坏过程大体类似，一般是循环加载至一定次数后跨中底部钢板断裂，继续进行 1 万～ 2 万次循环加载后在钢板断裂处 CFRP 剥离、拉断，同时钢筋也被拉断，梁体断裂，典型破坏形态如图 4（c）所示。

（a）试件LB-1　　　　　（b）试件LB-2　　　　　（c）试件LB-6
图 4　试件的破坏形态

### 2.2　荷载 – 挠度分析

各试件跨中挠度随循环次数的变化曲线如图 5 所示，荷载幅值越大，跨中挠度及增长速率也越大。除试件 LB-2 外，其余疲劳加载试件的跨中挠度大体呈三阶段增长变化，初期挠度增加较大，终点在循环加载 1 万次左右，中期增长速率减小并趋于平稳，后期在钢板断裂后增长速度再加快。相同疲劳荷载幅值下加固梁 LB-2 的跨中挠度明显小于试件 LB-1。不同循环次数下试件 LB-4 的荷载 – 跨中挠度如图 6 所示，随循环次数增加，曲线斜率有降低趋势，且每次卸载后都产生残余挠度并不断增加，这说明试件的内部累计损伤加剧，刚度退化。

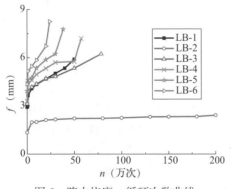 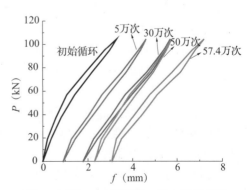

图 5　跨中挠度 – 循环次数曲线　　　　图 6　试件 LB-4 的荷载 – 跨中挠度曲线

### 2.3　材料应变分析

各材料应变及其残余应变随循环次数的增加大体呈三阶段增长变化。以钢筋应变为例，钢筋应变随循环次数的变化曲线如图7所示，相同疲劳荷载幅值下未加固梁LB-1的钢筋应变始终高于加固梁LB-2，且应变增速更快。这表明复合加固层与RC梁协同工作性能良好，很好地抑制了混凝土裂缝开展，参与受拉后使钢筋应力和应力幅减小，延长了构件的疲劳寿命。

### 2.4　疲劳寿命分析

由表2可知，相同疲劳荷载幅值下加固梁LB-2的疲劳寿命比未加固梁LB-1延长了234.56%。疲劳荷载下限值取19.0kN，上限值从95.0kN依次提高到104.5kN、114.0kN、123.5kN，试件疲劳寿命依次缩短了26.8%、51.03%、69.4%，主要因为复合加固后降低了钢筋应力幅，疲劳破坏模式由钢筋断裂转为钢板断裂，加大疲劳荷载幅值后钢板应力幅增加，并最终断裂。通过对加固梁钢板应力幅值及对应循环次数进行线性回归，得到了应力幅–疲劳寿命双对数曲线（图8），其表达式为

$$\lg N = 38.889 - 3.9444 \lg \Delta\sigma \quad (N \le 2 \times 10^6) \tag{1}$$

式中，$N$ 为疲劳寿命；$\Delta\sigma$ 为钢板应力幅值（Pa）。

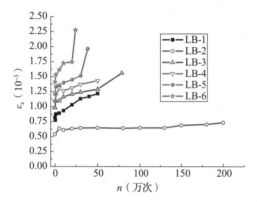

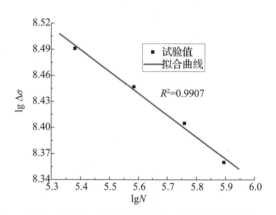

图7　钢筋应变–循环次数（$\varepsilon$–$n$）曲线　　　图8　复合加固梁的应力幅–疲劳寿命曲线

### 2.5　裂缝宽度计算

在普通钢筋混凝土梁裂缝宽度计算理论基础上，结合试验数据先建立静载下加固梁最大裂缝宽度计算公式，然后考虑疲劳应力幅和循环次数的影响，引入扩大系数 $\mu_f$ 建立疲劳荷载作用下复合加固梁最大裂缝宽度计算公式。

其中，静载下加固梁的最大裂缝宽度计算公式为

$$w_{max} = 1.66 w_m = 1.28 \psi \frac{\sigma_s}{E_s} l_{mf} \tag{2}$$

疲劳荷载下加固梁的最大裂缝宽度计算公式为

$$w_{max}^f = \mu_f w_{max} \quad (N>0), \quad \mu_f = 1.538 \times 10^{-4} (\Delta\sigma)^{1.575} N^{0.1183} \tag{3}$$

式中，$w_m$ 为平均裂缝宽度；$\psi$ 为裂缝间受拉钢筋的应变不均匀系数；$l_{mf}$ 为平均裂缝间距；$\sigma_s$ 和 $E_s$ 分别为裂缝截面处钢筋的应力和弹性模量。

对比发现应用式（2）、式（3）计算的最大裂缝宽度与试验值误差大多可控制在17%以内。

## 3　结论

（1）CFRP与钢板复合加固可显著提高RC梁的承载力和刚度，减缓其疲劳荷载下的挠度、混凝土应变和钢筋应变。加固梁疲劳破坏始于钢板断裂，再经1万～2万次循环加载才发生钢筋断裂，具有双重保护机制且疲劳寿命延长。

（2）加固梁的跨中挠度、残余挠度和各材料应变均随循环次数呈三阶段增长变化，第1阶段至循环加载1万次左右，第3阶段始于钢板断裂，且随疲劳荷载幅值增加而增大。加固梁疲劳寿命随疲

劳荷载幅值增大而缩短，且与钢板应力幅具有良好的双对数线性关系，钢板应力幅值增大，疲劳寿命缩短。

（3）复合加固后 RC 梁的裂缝数量增多，裂缝间距和宽度较未加固梁明显减小。基于疲劳应力幅和循环次数的影响，引入扩大系数 $\mu_f$ 建立的最大裂缝宽度计算公式精度较高，误差大多控制在 17% 以内。

（致谢：感谢课题组成员胡玲、王康昊、林庆利等对本文的贡献）

## 参考文献

[1] 卢亦焱. 纤维增强复合材料与钢材复合加固混凝土结构研究进展 [J]. 建筑结构学报，2018，39（10）：138-146.

[2] LU Y Y, LI W J, LI S, et al. Study of the tensile properties of CFRP strengthened steel plates[J]. Polymers，2015，7（12）：2595-2610.

[3] LU Y Y, ZHANG H J. Experimental study on tensile properties of steel plate bonded by CFRP[J]. Journal of Wuhan University of Technology（Materials Science Edition），2008，23（5）：727-732.

[4] 卢亦焱，周婷. 碳纤维布与钢板复合加固钢筋混凝土梁抗弯性能试验研究 [J]. 铁道学报，2006，28（1）：80-87.

[5] 卢亦焱，周婷，赵国藩. 碳纤维布与钢板复合加固钢筋混凝土梁抗弯承载力的计算分析 [J]. 水力发电学报，2006，25（3）：77-83.

[6] 卢亦焱，周婷，张维. 碳纤维布与钢板复合加固钢筋混凝土梁延性分析 [J]. 哈尔滨工业大学学报，2006，38（11）：1939-1942.

[7] 卢亦焱，周婷. 碳纤维布与钢板复合加固钢筋混凝土梁刚度分析 [J]. 铁道学报，2007，29（1）：72-76.

[8] 卢亦焱，周婷. 碳纤维布与钢板复合加固梁剥离破坏研究 [J]. 应用力学学报，2006，23（2）：284-288.

[9] 卢亦焱，张号军，周婷. 碳纤维布与钢板不等长复合加固钢筋混凝土梁变形分析与计算 [J]. 铁道科学与工程学报，2005（02）：1-6.

[10] 卢亦焱，张号军，石志龙. CFRP 与钢板复合加固混凝土梁斜截面试验研究 [J]. 重庆建筑大学学报，2007，29（4）：55-59.

[11] 石志龙. 碳纤维布与钢板复合加固混凝土梁斜截面承载力试验研究 [D]. 武汉：武汉大学，2004：13-57.

[12] 卢亦焱，李晓瑾，张号军，等. 集中荷载下井字形 CFRP 与钢板条带复合加固 RC 双向板试验研究 [J]. 应用基础与工程科学学报，2013，21（4）：287-298.

[13] 李晓瑾，卢亦焱，张号军. CFRP 与钢板条复合加固钢筋混凝土双向板有限元分析 [J]. 武汉大学学报（工学版），2014，47（04）：516-519，531.

[14] 卢亦焱，史健勇，赵国藩. 碳纤维布和角钢复合加固轴心受压混凝土柱的试验研究 [J]. 建筑结构学报，2003，24（5）：18-23.

[15] 卢亦焱，童光兵，张号军. 外包钢与碳纤维布复合加固钢筋混凝土偏压柱试验研究 [J]. 建筑结构学报，2006，27（1）：106-111.

[16] 卢亦焱，童光兵，赵国藩，等. 外包角钢与碳纤维布复合加固钢筋混凝土偏压柱承载力计算分析 [J]. 土木工程学报，2006，39（8）：19-25.

[17] 卢亦焱，童光兵，赵国藩，等. 外包钢与碳纤维布复合加固钢筋混凝土偏压柱受力全过程分析 [J]. 工程力学，2006（07）：72-80，92.

[18] 卢亦焱，陈少雄，赵国藩. 外包钢与碳纤维布复合加固钢筋混凝土柱抗震性能试验研究 [J]. 土木工程学报，2005，38：10-18.

# 某辅助楼鉴定加固中黏滞阻尼器应用的研究

安贵仓　张太亮　梁青武

甘肃土木工程科学研究院有限公司　兰州　730020

**摘　要：**兰州某生产辅助楼主体为地上三层钢筋混凝土框架结构，上部加设两层钢框架结构。不考虑地震作用时，鉴定单元结构安全性综合评定为 $B_{su}$ 级，地震作用下抗侧力结构平面布置不规则、不对称，层间位移角、扭转位移比及配筋等均不符合《建筑抗震鉴定标准》的要求。为确保该辅助楼进行安全使用，本次采用增设阻尼器加固方案，使其在各地震水准条件下的抗震性能水准要求满足抗震性能要求，达到了加固目标要求。

**关键词：**检测鉴定；加固改造；黏滞阻尼器；减震设计

　　建筑物扩建等改造的安全性鉴定是指对建筑物的现状安全状态进行鉴定评估，反映结构安全情况，加固改造工程方案等提供数据支持。安全性和抗震性能评价不满足规范要求的建筑物，需要进行加固，当前广泛应用的加固方法有增大截面、外包型钢加固及增设剪力墙等，技术成熟且施工质量有保障；常规类加固有时影响建筑物的使用功能要求，且会产生较多建筑垃圾，而黏滞阻尼器作为一种新技术，结构紧凑，安装方便，性能稳定，既可以用于抗震，也可以用于抗风等，正在被推广使用，其控制机理是将结构的部分振动能量通过阻尼材料的黏滞效应消耗掉，达到缓解外载的冲击、减少结构振动以及保护结构安全的目的。

　　本文以兰州某生产辅助楼的加固改造为例，研究如何合理地发挥黏滞阻尼器的良好减震效果并应用于工程实际。

## 1　建筑物检测鉴定

### 1.1　项目概况

　　兰州某生产辅助楼（以下简称"该辅助楼"）位于黄河北岸 I 级阶地与断陷盆地复合地貌单元，地形较平坦，地层稳定。该辅助楼主体为地上三层钢筋混凝土框架结构，上部加设两层钢框架结构，室内外高差 0.45m，1 层为机房层高 5.80m，2 层为餐厅层高 4.5m，3 层为餐厅层高 5.0m，4 层为办公室层高 4.8m，5 层为多功能会议室层高 5.4m，主体高度 25.95m，建筑面积 4359m²。该辅助楼原三层钢筋混凝土框架结构于 2006 年 11 月 16 日建成验收并投入使用，后于 2007 年 12 月加设两层钢框架结构，加层加固后建筑结构安全等级为二级。结构抗震等级一级，建筑抗震设防类别一层为乙类，其余为丙类，抗震设防烈度为 8 度，设计地震加速度 0.20g，地震分组第三组，场地类别 II 类，地基基础设计等级为丙级。该辅助楼混凝土强度设计等级：框架柱、板混凝土强度等级 C35，一二层梁混凝土强度等级 C35，三层梁混凝土强度等级为 C40。

### 1.2　结构检测

　　根据《建筑抗震鉴定标准》（GB 50023—2009）要求，属 C 类建筑物。对地层及地基基础进行调查，该工程基础采用端承型人工挖孔扩底灌注桩，以第三层卵石层为桩端持力层，卵石层的极限端阻力标准值 $q_{pk}=5500kPa$，桩底进入完整持力层的深度不小于 1.5m，且桩端下 4 倍桩径范围内无软弱夹层。沉降观测结果：该辅助楼相邻柱基的沉降差最大为 6mm（相邻柱基测点间距 6.5m，沉降差为 $0.0009l_0$），框架结构相邻柱基的沉降差未超出《建筑桩基技术规范》（JGJ 94—2008）表 5.5.4 中 $0.002l_0$ 的要求；最大倾斜为 15mm（该辅助楼 5 层位置处高 25.95m，整体倾斜为 0.58‰），未超出《建筑桩基技术规范》（JGJ 94—2008）表 5.5.4 中允许整体倾斜 3.0‰ 的要求。检测时未发现由于地基基础不均匀沉降和倾斜引起的裂缝。

　　该辅助楼主体结构形式为框架结构，建筑主体高度 25.95m，小于框架结构在该条件下最大适用高度 40m 的要求。该辅助楼混凝土结构平面形式布置不规则，立面无收进，无错层，竖向抗侧力构件连续，无楼板局部不连续，混凝土结构上加设钢结构，竖向布置不规则，结构布置不合理，结构选型存在弊端。该辅助楼一至三层梁、柱、板采用现浇钢筋混凝土，上部钢结构柱脚采用增大柱截面法与三层混凝土柱刚接，四、五层钢构件采用螺栓连接和焊接，连接方式正确牢靠。所抽检构件中框架柱、梁混凝土强度均满足设计等级的要求。柱、梁、板内钢筋实际配置根数与提供的图纸中一致，间距设置均匀，符合《混凝土结构工程施工质量验收规范》（GB 50204—2015）[1] 钢筋安装允许偏差的要求。梁、板钢筋保护层厚度检验判定为合格。混凝土及钢构件截面尺寸、层高、焊缝外观质量均满足要求，但该辅助楼实际修建现况与钢框架加固改造设计图纸局部不相符。

## 1.3　鉴定结论

对该辅助楼框架抗震措施进行鉴定，其中房屋高度、混凝土框架柱及梁截面尺寸及钢筋配置、钢框架柱长细比、板件宽厚比、柱脚及连接构造均符合规范要求，但抗震等级不满足一级抗震等级的要求。

根据专家委审查意见要求，阻尼比取 0.04，按基础顶嵌固计算复核，不考虑地震作用下承载力基本满足要求。考虑地震作用下，结构周期比为 0.907，基本满足规范小于 0.9 的要求；轴压比、楼层抗剪承载力之比、剪重比、有效质量系数均满足规范要求；但最大位移比 X 方向 1.52，Y 方向 1.71，扭转不规则；最大层间位移角均在 1 层，为 X 方向 1/485，Y 方向 1/371。考虑扭转耦联时的振动周期、平动系数、扭转系数等文件如图 1 所示。根据构件配筋验算对比，部分框架柱、梁实配钢筋不满足构件的计算配筋，5 个钢框架梁构件应力比不满足规范要求。

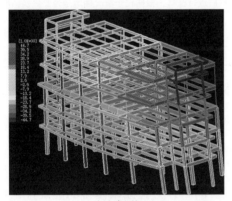

（a）振型1

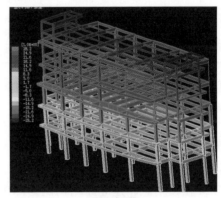

（b）振型2

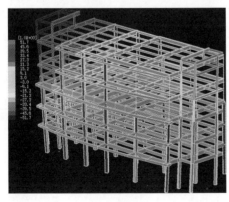

（c）振型

| 振型号 | 周期 | 转角 | 平动系数 (X+Y) | 扭转系数 |
| --- | --- | --- | --- | --- |
| 1 | 1.1016 | 80.78 | 0.70（0.02+0.69） | 0.30 |
| 2 | 1.0557 | 169.60 | 1.00（0.97+0.03） | 0.00 |
| 3 | 0.9973 | 76.80 | 0.30（0.02+0.28） | 0.70 |

（d）振动周期、平动系数、扭转系数

图 1　考虑扭转耦联时的输出文件

结合《民用建筑可靠性鉴定标准》（GB 50292—2015）评定要求，地基基础安全性评定为 $A_u$ 级，上部承重结构主要构件集不含 $d_u$ 级构件，$c_u$ 级含量不超过 15%，混凝土结构上加设钢结构，结构布置不合理，结构选型存在弊端，该辅助楼在不考虑地震作用下鉴定单元结构安全性综合评定为 $B_{su}$。在考虑地震作用下抗侧力结构平面布置不规则、不对称，层间位移角、扭转位移比等不符合《建筑抗震设计规范》（GB 50011—2010，2016 年版）的要求。

## 2　方案设计

### 2.1　方案比选

对该辅助楼加固设计考虑两种方案：第一种考虑传统增设剪力墙和增大截面的加固方法，采用增大柱截面的抗震加固方法与同时采用新增剪力墙和增大柱截面的抗震加固方法。分析表明采用后者的加固方法较前者有明显的优势。但该建筑物平面面积较大，内部为餐厅、多功能会议室等大空间结构，即使采用增设剪力墙的方法，也会严重影响建设方的使用功能要求。经研究分析考虑第二种方案，选用黏滞阻尼器进行减震设计，以期达到在各地震水准条件下的抗震性能水准要求满足该辅助楼抗震性能目标，经比较，采用第二种加固方案满足结构安全要求，也满足委托人的使用要求。

### 2.2　设计目标

采用黏滞阻尼器进行减震设计，多遇地震下为结构提供 5% 附加阻尼比。依据《高层建筑混凝土结构技术规程》（JGJ 3—2010）中的 3.11 "结构抗震性能设计"的要求进行本工程的结构抗震性能设计。各抗震性能目标在各地震水准条件下的抗震性能水准要求见表 1，本工程按性能目标 D 进行抗震设计。本工程满足基本性能目标，子结构及阻尼器相关连接件满足以下要求。

表 1　抗震性能目标级连接件要求

| 项目 | 分项 | 多遇地震 | 罕遇地震 |
|---|---|---|---|
| 设防目标 | 整体结构 | 附加阻尼比 5% | 弹塑性位移角小于 1/60 |
| 消能部件 | 消能器 | 耗能并附加阻尼 | 持续稳定工作，震后进行检修，根据检修情况确定是否更换消能器 |
| | 阻尼器连接件、支撑墙等 | 弹性 | 弹性，作用力取值为消能器在设计位移或设计速度下对应的阻尼力的 1.2 倍，材料强度取设计值 |
| | 消能子结构 | 完好，按常规设计 | 轻－中度破坏，承载力按极限值复核，确保阻尼器在罕遇地震下可正常工作 |

结构参数取值为：场地类别Ⅱ类；基本风压 0.30kN/m²；地面粗糙度 C 类；抗震设防 8 度，地震加速度 0.20$g$，地震分组为第三组。

## 3　消能减震设计

### 3.1　ETABS 分析模型验证

结合 PKPM 模型信息，建立原结构的 ETABS 模型。同时，为验证该模型的准确性，将 EATBS 和 PKPM 模型计算得到的质量、周期、地震剪力进行对比。原结构 ETABS 模型与 PK 模型的结构质量、计算周期和地震剪力的差异较小，由此可以认为，ETABS 模型作为本工程消能减震分析的有限元模型是相对准确的，且能较为真实地反映结构的基本特性。

### 3.2　地震波的选取

《建筑抗震设计规范》（GB 50011—2010，2016 年版）[2] 根据 5.1.2 条的规定，采用时程分析法时，应按建筑场地类别和设计地震分组选用实际强震记录和人工模拟的加速度时程，其中实际强震记录的数量不应少于总数的 2/3，多组时程的平均地震影响系数曲线应与振型分解反应谱法所采用的地震影响系数曲线在统计意义上相符。弹性时程分析时，每条时程计算的结构底部剪力不应小于振型分解反应谱计算结果的 65%，多条时程计算的结构底部剪力的平均值不应小于振型分解反应谱法计算结果的 80%。

本工程实际选取了 5 条强震记录和 2 条人工模拟加速度时程，7 条时程反应谱和规范反应谱曲线如图 2 所示，基底剪力对比结果见表 2。由图 2 可知，各时程平均反应谱与规范反

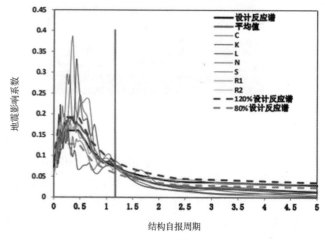

图 2　反应谱曲线图

应谱较为接近（结构基本周期处）。

**表 2　原结构模型反应谱与时程工况的基底剪力对比**

| 项目 | | C | K | L | N | S | R1 | R2 | 反应谱 | 平均值 |
|---|---|---|---|---|---|---|---|---|---|---|
| 基底剪力 | X 向 | 3319.2 | 2970.0 | 2924.0 | 3304.7 | 3046.4 | 2520.3 | 2792.7 | 3091.3 | 2982 |
| | Y 向 | 2660.0 | 2638.9 | 2674.0 | 2624.3 | 2771.4 | 2673.1 | 2781.4 | 2705.9 | 2689 |
| 比值 | X 向 | 107.4% | 96.1% | 94.6% | 106.9% | 98.5% | 81.5% | 90.3% | 100.0% | 96.5% |
| | Y 向 | 98.3% | 97.5% | 98.8% | 97.0% | 102.4% | 98.8% | 102.8% | 100.0% | 99.4% |
| 是否满足 | X 向 | 满足 | 满足 | 满足 | 满足 | 满足 | 满足 | 满足 | 满足 | 满足 |
| | Y 向 | 满足 | 满足 | 满足 | 满足 | 满足 | 满足 | 满足 | 满足 | 满足 |

### 3.3　消能减震装置的设计与布置

　　阻尼器设计布置符合：该辅助楼减震建筑要求在多遇地震下，其建筑主体结构仍保持弹性，且非结构构件无明显损坏；在罕遇地震考虑下，其减震阻尼器系统仍能正常发挥功能。阻尼器配置在层间相对位移或相对速度较大的楼层，条件允许时应采用合理形式增加消能器两端的相对变形或相对速度，以提高消能器的减震效率。消能减震结构设计时按各层消能部件的最大阻尼力进行截面设计，与阻尼器相连接的支撑连接板及相关梁柱节点的强度设计都应取各阻尼器设计出力值的 1.2 倍作为外荷载标准值来进行强度校核，同时应考虑阻尼器所提供的外力作用效应来验算相邻梁柱的强度，并适当采取一些补强措施。对含减震阻尼器的结构进行整体分析，包含不同地震考虑下的结构弹塑性分析。与阻尼器支撑相连接构件或接合构件需适当设计，使其在罕遇地震作用下仍维持弹性或不屈状态。阻尼器及支撑的布置应基本满足建筑使用上的要求，并尽量对称布置。

　　在本工程减震设计中，共安装 19 个黏滞阻尼器（型号吨位一致）。拟附加消能减震支撑具体数量的确定主要以原结构（PK 模型）的各层间剪力和位移角作为依据，本工程实际所选用的阻尼器规格和数量详见表 3。黏滞阻尼器及支撑的平面、立面布置位置详如图 3、图 4 所示。

**表 3　黏滞阻尼器的布置方案及设计参数**

| 层号 | 阻尼器配置方案 | | 阻尼器设计参数 | |
|---|---|---|---|---|
| | X 向（个） | Y 向（个） | | |
| FL5 | 2 | 2 | 容许位移（mm） | ±60 |
| FL4 | 0 | 2 | 最大阻尼力（kN） | ±400 |
| FL3 | 2 | 2 | 设计速度（mm/s） | ±700 |
| FL2 | 2 | 2 | 阻尼系数 | 56kN/（mm/s）$^{0.3}$ |
| FL1 | 3 | 2 | 阻尼指数 | 0.3 |

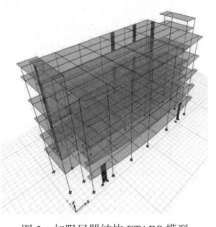

图 3　加阻尼器结构 ETABS 模型

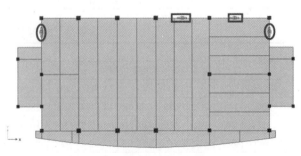

图 4　阻尼器布置平面图

## 4 消能减震效果分析

### 4.1 多遇地震作用下消能减震结构弹性分析

采用非线性时程分析法进行消能减震结构的抗震性能分析和减震效果评价，并与振型反应谱分析法进行比较。为便于分析比较，将分析结构分为如下两种结构状态：结构 1（ST0）为不设阻尼器的主体非减震结构；结构 2（ST1）为增设阻尼器后的主体减震结构。

对于多遇地震作用下的弹性工况分析基于 ETABS 软件进行，其中弹性时程分析采用软件所提供的快速非线性分析（FNA）方法，并进行多次分析迭代。分析内容包括：结构减震前后的层间剪力及层间位移角对比、阻尼器在多遇地震下的实际等效附加阻尼比计算和滞回耗能分析等。

对于罕遇地震的工况分析基于 PKPM-SAUSAGE 软件进行，主要分析内容包括：罕遇地震作用下结构抗震性能的分析、结构减震前后屈服机制和非线性状态的对比、附加黏滞阻尼器的设计承载力和设计行程校核。

基于前面建立的 ETABS 模型（与 PK 模型对比验证其准确性），对消能减震结构进行多遇地震作用下的弹性分析，计算结果可取 7 条时程波计算的平均值和振型分解反应谱法的较大值。

#### 4.1.1 ST0 与 ST1 结构地震响应对比

在 8 度多遇地震作用下，结构 1（ST0）和结构 2（ST1）输入 7 条时程波的计算结果见表 4、表 5，平均值为 7 条时程波均值，ST1 的反应谱结果按 5% 的附加阻尼比计算。其中 ST1 结构的层间剪力通过框架柱分层截面切割读取，层间位移角通过读取层质心处的层间位移运算求得。由分析结果可见消能减震结构（ST1）在多遇地震作用下的层间剪力和层间位移角明显优于原结构（ST0），这说明结构附加黏滞阻尼器减震之后的抗震性能获得大幅提高。

**表 4　多遇地震作用下 ST0 与 ST1 层间剪力对比**

| 楼层 | X 向 | | | | | | | | | | | | | | | | | |
|---|---|---|---|---|---|---|---|---|---|---|---|---|---|---|---|---|---|---|
| | ST0 非减震结构层间剪力（kN） | | | | | | | | | ST1 减震结构层间剪力（kN） | | | | | | | | 剪力均值比 |
| | 反应谱 | C | K | L | N | S | R1 | R2 | 平均值 | 反应谱 | C | K | L | N | S | R1 | R2 | 平均值 | |
| 6 | 47 | 68 | 71 | 47 | 51 | 52 | 43 | 46 | 54 | 37 | 52 | 54 | 28 | 77 | 55 | 36 | 45 | 50 | 0.92 |
| 5 | 445 | 623 | 677 | 434 | 510 | 485 | 388 | 439 | 508 | 371 | 155 | 173 | 83 | 258 | 144 | 102 | 136 | 150 | 0.30 |
| 4 | 1204 | 1557 | 1694 | 1157 | 1499 | 1200 | 1154 | 1090 | 1336 | 1011 | 1106 | 1047 | 618 | 1212 | 780 | 797 | 824 | 912 | 0.68 |
| 3 | 2020 | 2653 | 2415 | 2204 | 2379 | 2033 | 1712 | 1761 | 2165 | 1698 | 1452 | 1258 | 792 | 1492 | 1076 | 1008 | 1273 | 1193 | 0.55 |
| 2 | 2640 | 2823 | 2520 | 2625 | 2928 | 2607 | 2066 | 2412 | 2569 | 2225 | 1596 | 1342 | 1189 | 1903 | 1539 | 1375 | 1582 | 1504 | 0.59 |
| 1 | 3091 | 3314 | 2973 | 2917 | 3316 | 3040 | 2504 | 2778 | 2977 | 2619 | 1575 | 1497 | 1369 | 1911 | 1823 | 1705 | 1752 | 1662 | 0.56 |

| 楼层 | Y 向 | | | | | | | | | | | | | | | | | |
|---|---|---|---|---|---|---|---|---|---|---|---|---|---|---|---|---|---|---|
| | ST0 非减震结构层间剪力（kN） | | | | | | | | | ST1 减震结构层间剪力（kN） | | | | | | | | 剪力均值比 |
| | 反应谱 | C | K | L | N | S | R1 | R2 | 平均值 | 反应谱 | C | K | L | N | S | R1 | R2 | 平均值 | |
| 6 | 38 | 54 | 54 | 38 | 43 | 45 | 32 | 33 | 43 | 37 | 36 | 31 | 22 | 36 | 31 | 22 | 29 | 30 | 0.70 |
| 5 | 381 | 526 | 532 | 376 | 431 | 444 | 317 | 341 | 424 | 383 | 232 | 191 | 131 | 212 | 188 | 133 | 185 | 182 | 0.43 |
| 4 | 1087 | 1385 | 1599 | 1023 | 1340 | 1150 | 896 | 1003 | 1199 | 1073 | 961 | 792 | 544 | 1008 | 645 | 581 | 731 | 752 | 0.63 |
| 3 | 1793 | 2411 | 2365 | 1901 | 2148 | 1928 | 1610 | 1689 | 2007 | 1746 | 1711 | 1324 | 1095 | 1786 | 1299 | 1189 | 1477 | 1412 | 0.70 |
| 2 | 2306 | 2526 | 2425 | 2330 | 2541 | 2395 | 2202 | 2297 | 2388 | 2224 | 1890 | 1610 | 1465 | 2215 | 1862 | 1583 | 1844 | 1781 | 0.75 |
| 1 | 2706 | 2701 | 2640 | 2663 | 2640 | 2765 | 2646 | 2771 | 2690 | 2595 | 1854 | 1896 | 1760 | 2325 | 2325 | 2003 | 2106 | 2038 | 0.76 |

**表 5　多遇地震作用下 ST0 与 ST1 层间位移角对比**

| 楼层 | X 向 | | | | | | | | | | | | | | | | | |
|---|---|---|---|---|---|---|---|---|---|---|---|---|---|---|---|---|---|---|
| | ST0 非减震结构层间位移角（rad） | | | | | | | | | ST1 减震结构层间位移角（rad） | | | | | | | | 位移角均值比 |
| | 反应谱 | C | K | L | N | S | R1 | R2 | 平均值 | 反应谱 | C | K | L | N | S | R1 | R2 | 平均值 | |
| 6 | 2004 | 1412 | 1372 | 2070 | 1739 | 1821 | 2237 | 2151 | 1829 | 2457 | 2331 | 2273 | 4464 | 1764 | 2336 | 3344 | 2747 | 2751 | 0.66 |
| 5 | 1114 | 848 | 742 | 1170 | 939 | 1040 | 1217 | 1153 | 1015 | 1340 | 1783 | 1718 | 3344 | 1431 | 2058 | 2577 | 2146 | 2151 | 0.47 |
| 4 | 863 | 682 | 620 | 907 | 702 | 873 | 920 | 971 | 811 | 1040 | 1008 | 1088 | 1912 | 970 | 1410 | 1414 | 1351 | 1308 | 0.62 |
| 3 | 737 | 591 | 640 | 691 | 646 | 738 | 894 | 841 | 720 | 886 | 1010 | 1174 | 1689 | 972 | 1244 | 1311 | 1121 | 1217 | 0.59 |

续表

| 楼层 | X 向 | | | | | | | | | | | | | | | | | | |
|---|---|---|---|---|---|---|---|---|---|---|---|---|---|---|---|---|---|---|---|
| | ST0 非减震结构层间位移角（rad） | | | | | | | | | ST1 减震结构层间位移角（rad） | | | | | | | | | 位移角均值比 |
| | 反应谱 | C | K | L | N | S | R1 | R2 | 平均值 | 反应谱 | C | K | L | N | S | R1 | R2 | 平均值 | |
| 2 | 600 | 561 | 635 | 610 | 543 | 613 | 769 | 662 | 627 | 720 | 986 | 1125 | 1279 | 841 | 976 | 1053 | 984 | 1035 | 0.61 |
| 1 | 505 | 467 | 530 | 539 | 467 | 515 | 632 | 563 | 530 | 603 | 997 | 1019 | 1136 | 811 | 825 | 881 | 893 | 938 | 0.57 |

| 楼层 | Y 向 | | | | | | | | | | | | | | | | | | |
|---|---|---|---|---|---|---|---|---|---|---|---|---|---|---|---|---|---|---|---|
| | ST0 非减震结构层间位移角（rad） | | | | | | | | | ST1 减震结构层间位移角（rad） | | | | | | | | | 位移角均值比 |
| | 反应谱 | C | K | L | N | S | R1 | R2 | 平均值 | 反应谱 | C | K | L | N | S | R1 | R2 | 平均值 | |
| 6 | 3021 | 2088 | 1901 | 2950 | 2849 | 2695 | 3067 | 3401 | 2707 | 3623 | 4132 | 5000 | 7874 | 4237 | 5291 | 6897 | 4854 | 5469 | 0.50 |
| 5 | 1114 | 900 | 709 | 1134 | 1070 | 1013 | 1164 | 1372 | 1052 | 1506 | 2370 | 3003 | 3861 | 2278 | 3215 | 3704 | 2890 | 3046 | 0.35 |
| 4 | 635 | 522 | 472 | 666 | 605 | 584 | 765 | 854 | 638 | 842 | 991 | 1263 | 1466 | 890 | 1244 | 1499 | 1190 | 1221 | 0.52 |
| 3 | 545 | 463 | 470 | 561 | 551 | 529 | 647 | 711 | 562 | 716 | 786 | 1005 | 1096 | 708 | 903 | 1083 | 873 | 922 | 0.61 |
| 2 | 487 | 412 | 551 | 521 | 514 | 524 | 561 | 606 | 527 | 716 | 902 | 1037 | 1059 | 733 | 843 | 991 | 880 | 921 | 0.57 |
| 1 | 387 | 323 | 451 | 401 | 404 | 434 | 437 | 465 | 416 | 713 | 1067 | 1076 | 1058 | 817 | 804 | 925 | 912 | 951 | 0.44 |

### 4.1.2　阻尼器附加阻尼比计算

本工程中黏滞阻尼器附加给结构的等效阻尼比可按应变能法计算。当结构为以剪切变形为主的多层框架，且不计及其扭转影响时，消能减震结构在水平地震作用下的总应变能仍可按《建筑抗震设计规范》（GB 50011—2010，2016 年版）第 12.3.4 条款估算。其中黏滞阻尼器的恢复力特性可通过线性模型、Maxwell 模型等来描述，其基本的力学特性是黏滞阻尼力与阻尼器相对速度的指数幂成正比，阻尼器的实际耗能滞回曲线形状可以通过一个平行四边形来表征或等效。当忽略主体结构与消能部件地震响应的峰值相位差时，黏滞阻尼器附加给结构的等效阻尼比 $a$ 可按式（1）～式（3）验算：

$$\zeta_a = W_c / (4\pi \cdot W_s) \tag{1}$$

$$W_c = \sum_{j=1}^{m} \lambda_1 \cdot F_{djmax} \Delta u_j \tag{2}$$

$$W_s = \frac{1}{2} \Sigma(F_i u_i) \tag{3}$$

式中，$\zeta_a$ 为黏滞消能部件附加给结构的实际等效阻尼比；$F_{djmax}$ 为第 $j$ 个消能器在相应水平地震作用下的平均阻尼力；$\Delta u_j$ 为第 $j$ 个消能器两端的相对水平位移；$\lambda_1$ 为阻尼指数的函数，取值为 3.66；$F_i$ 为质点 $i$ 的水平地震作用标准值；$u_i$ 为质点 $i$ 对应于水平地震作用标准值的位移。

由式（1）～式（3）可以计算阻尼器在多遇地震作用下的等效附加阻尼比，相应的 7 条时程波作用下的等效附加阻尼比计算结果见表 6，综合 7 条时程波计算结果的等效附加阻尼比平均值为 X 向 9.650% 和 Y 向 7.139%。

**表 6　等效附加阻尼比计算结果**

| 地震波 | X 方向 | | | | Y 方向 | | | |
|---|---|---|---|---|---|---|---|---|
| | $W_c$（kN·mm） | $W_s$（kN·mm） | $\zeta_a$（%） | 平均 | $W_c$（kN·mm） | $W_s$（kN·mm） | $\zeta_a$（%） | 平均 |
| C | 15054.41 | 14527.76 | 8.246 | | 15019.13 | 17734.42 | 6.739 | |
| K | 16161.67 | 12017.87 | 10.702 | | 13307.83 | 13233.97 | 8.002 | |
| L | 9458.15 | 7391.23 | 10.183 | | 10028.09 | 10261.16 | 7.777 | |
| N | 21328.92 | 18977.76 | 8.944 | 9.650 | 16966.76 | 23223.31 | 5.814 | 7.139 |
| S | 17071.52 | 12886.10 | 10.542 | | 14800.38 | 16855.98 | 6.987 | |
| R1 | 14549.64 | 11577.01 | 10.001 | | 11348.10 | 12938.90 | 6.979 | |
| R2 | 15378.74 | 13701.78 | 8.932 | | 15475.66 | 16053.46 | 7.671 | |

考虑到本工程阻尼器设置，选取 ST1 结构阻尼器代表，来查验阻尼器的耗能情况。如图 5 所示为

减震结构中黏滞阻尼器在 R1 时程 8 度多遇地震下的耗能曲线。由图 5 所示可以看出，阻尼器的滞回曲线较为饱满，这说明结构中附加的黏滞阻尼器在多遇地震作用下已经开始耗能，表现出较好的减震能力。

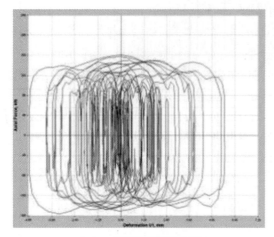 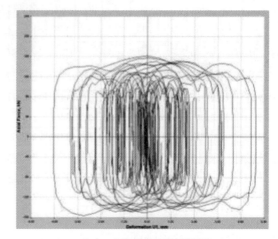

（a）X向阻尼器的滞回耗能　　　　　　　　　（b）Y向阻尼器的滞回耗能

图 5　多遇地震作用下 ST1 结构 X、Y 向布置阻尼器的耗能情况

进一步分析，对 ST1 结构中布置的所有 19 个黏滞阻尼器进行受力分析和位移校核，7 条时程波作用下的阻尼器出力和位移结果见表 7。对比可知所附加黏滞阻尼器在多遇地震下的出力 X 向布置阻尼器的最大出力为 187.8kN；Y 向布置阻尼器的最大出力为 182.9kN，相应的 X、Y 向阻尼器最大位移分别为 5.3mm 和 4.8mm。

表 7　罕遇地震结构层间位移角

| 工况 | 主方向 | 类型 | 最大顶点位移 | 最大层间位移角 | 位移角对应层号 |
|---|---|---|---|---|---|
| C | X 主向 | 弹塑性 | 0.193 | 1/77 | 5 |
| L | X 主向 | 弹塑性 | 0.177 | 1/126 | 5 |
| R1 | X 主向 | 弹塑性 | 0.163 | 1/99 | 5 |
| C | Y 主向 | 弹塑性 | 0.238 | 1/79 | 5 |
| L | Y 主向 | 弹塑性 | 0.208 | 1/110 | 1 |
| R1 | Y 主向 | 弹塑性 | 0.178 | 1/102 | 5 |

**4.2　罕遇地震作用下消能减震结构弹塑性分析**

为达到罕遇地震作用下防倒塌的抗震设计目标，采用以抗震性能为基准的设计思想和位移为基准的抗震设计方法。基于性能化的抗震设计方法是使抗震设计从宏观定性的目标向具体量化的多重目标过渡，强调实施性能目标的深入分析和论证。具体来说就是通过复杂的非线性分析软件对结构进行分析，通过对结构构件进行充分的研究以及对结构的整体性能的研究，得到结构系统在地震下的反应，以证明结构可以达到预定的性能目标。因此，达到防倒塌设计目标的依据是限制结构的最大弹塑性变形在规定的限值以内。根据现行《建筑抗震设计规范》（GB 50010），取弹塑性最大层间位移角限值为1/50。通过弹塑性时程分析得出阻尼器的最大位移和最大速度，为设计提供参数依据。

计算软件采用由广州建研数力建筑科技有限公司开发的新一代"GPU+CPU"高性能结构动力弹塑性计算软件 PKPM-SAUSAGE（PKPM Seismic Analysis Usage）。它运用一套新的计算方法，可以准确模拟梁、柱、支撑、剪力墙（混凝土剪力墙和带钢板剪力墙）和楼板等结构构件的非线性性能，使实际结构的大震分析具有计算效率高、模型精细、收敛性好的特点[3]。

4.2.1　ST1 消能减震结构罕遇地震响应分析

基于前面的弹性分析结果，选择其中地震响应相对较大的 B、L 和 R1 三条时程波进行罕遇地震作用下的弹塑性动力时程分析。

由表 7 中 C、L 和 R1 三条时程波在罕遇地震作用下 X、Y 向的计算结果可知，消能减震结构（ST1）的层间位移角都满足规范 1/50 的限值要求，这充分说明结构采用黏滞阻尼器进行消能减震设计是切实有效的。

### 4.2.2 阻尼器耗能滞回曲线及出力分析

对于罕遇地震作用下本工程黏滞阻尼器的耗能滞回曲线及出力分析仍然按 C、L 和 R1 三条时程波分别分析。

选取 R1 波 X、Y 方向各一个黏滞阻尼器，给出其在 8 度罕遇地震下的滞回曲线如图 6 所示。

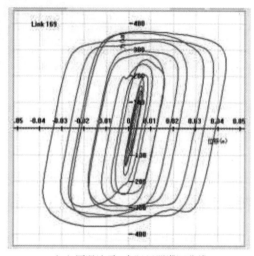
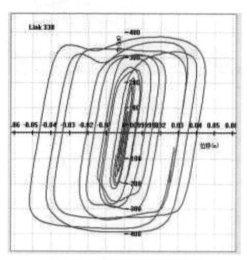

（a）罕遇地震 X 向阻尼器滞回曲线　　　　　　　（b）罕遇地震 Y 向阻尼器滞回曲线

图 6　R1 时程波作用下黏滞阻尼器的耗能滞回曲线

C、L 和 R1 时程波罕遇地震作用下，结构中布置黏滞阻尼器的最大出力及最大位移见表 8。综合表中数据可知结构中所附加的黏滞阻尼器在罕遇地震作用下出力最大为 385.4kN，位移最大为 43.3mm。

表 8　时程罕遇地震作用下黏滞阻尼器（VD）出力与位移分析

| X 向 | 楼层号 | 设计荷载（kN） | 设计位移（mm） | Y 向 | 楼层号 | 设计荷载（kN） | 设计位移（mm） |
| --- | --- | --- | --- | --- | --- | --- | --- |
| 1 | 1 | 383.2 | 41.7 | 1 | 1 | 362.1 | 30.4 |
| 2 | 1 | 385.4 | 43.3 | 2 | 1 | 372.4 | 33.6 |
| 3 | 1 | 382.8 | 41.8 | 3 | 2 | 315.2 | 23.7 |
| 4 | 2 | 371.6 | 32.6 | 4 | 2 | 326.1 | 21 |
| 5 | 2 | 371.9 | 32.7 | 5 | 3 | 318.3 | 23.9 |
| 6 | 3 | 356.6 | 28.4 | 6 | 3 | 342.7 | 26.2 |
| 7 | 3 | 359.6 | 29.6 | 7 | 4 | 337.7 | 27.3 |
| 8 | 5 | 353.7 | 28.8 | 8 | 4 | 345.9 | 29.9 |
| 9 | 5 | 352.5 | 28.3 | 9 | 5 | 317.9 | 22.4 |
| — | — | — | — | 10 | 5 | 327.1 | 22.4 |

### 4.2.3 消能减震结构的能量图及等效附加阻尼比

罕遇地震下结构构件部分进入塑性状态不再满足规范给出的能量法计算条件，罕遇地震下结构附加阻尼比计算采用能量比法，即将阻尼器耗散能量与结构自身阻尼（钢筋混凝土结构 5%）进行对比，得出阻尼器附加阻尼比。

$$\frac{W_s}{W_c} = \frac{\zeta_s}{\zeta_c}$$

式中，$W_s$ 为结构阻尼自身耗散能量；$W_c$ 为阻尼器耗散能量；$\zeta_s$ 为结构自身阻尼比；$\zeta_c$ 为阻尼器附加阻尼比。

如图 7 所示分别为 8 度（0.20g）罕遇地震 R1 时程作用下 X 向和 Y 向的能量曲线。

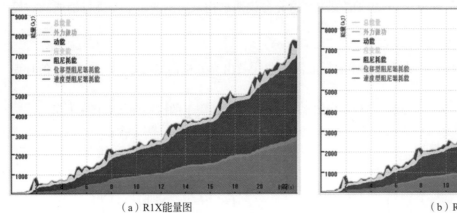

（a）R1X能量图　　　　　　　　　　　（b）R1Y能量图

图 7　罕遇地震 R1 时程作用下的能量分布图

由图 7 可知罕遇地震作用下黏滞阻尼器附加给结构阻尼比 X 向、Y 向分别可取 3.0% ~ 3.3%。

### 4.2.4　消能减震结构的弹塑性发展示意图

以 R1 时程波为代表，对消能减震结构进行罕遇地震作用下的弹塑性屈服机制分析。其中图 8、图 9 分别为 R1 时程波作用下整体结构 X、Y 向随时间步长增加的弹塑性发展示意图及最终阻尼器子框架屈服情况示意图。

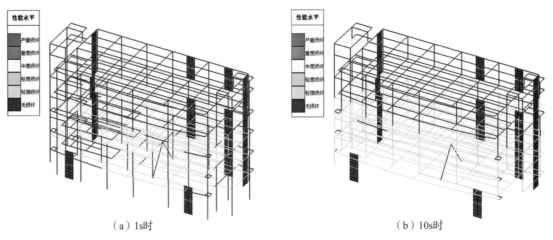

（a）1s时　　　　　　　　　　　（b）10s时

图 8　X 向罕遇地震框架的塑性发展示意图

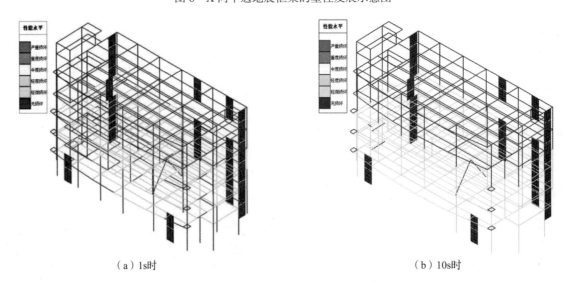

（a）1s时　　　　　　　　　　　（b）10s时

图 9　Y 向罕遇地震框架的塑性发展示意图

由图 8、图 9 可知，设置黏滞阻尼器的消能减震结构在罕遇地震作用下呈现"强柱弱梁"的塑性铰发展机制，且在带阻尼器子框架均未达到极限承载力，没有出现破坏，满足《建筑消能减震技术规程》（JGJ 297—2013）中的要求，这表明主体结构在罕遇地震作用下的损伤状况能够得到有效控制和改善，从而使得整体结构具有良好的抗震性能，更有利于实现"大震不倒"的设防目标。

## 5　结论

使用 ETABS 对普通结构和减震结构在 8 度（0.2$g$）地震作用下进行反应谱分析和时程分析，分析了多遇地震作用下和罕遇地震作用下结构的反应，通过对比分析表明结构采用消能减震设计方案具有良好的效果和独特的优势，主要体现在以下几个方面：

（1）结构设置黏滞阻尼器 19 个，通过 7 条时程波的计算分析，多遇地震作用下阻尼器所提供的等效附加阻尼比 X 向和 Y 向均超过 5%。

（2）设置黏滞阻尼器的消能减震结构，8 度多遇地震时 X、Y 向的最大层间位移角较原结构明显降低。

（3）8 度多遇地震作用下，消能减震结构主体框架部分的 X、Y 向层间切割剪力较原结构的层间剪力明显减小，表明结构附加黏滞阻尼器减震设计后主体结构部分的抗震性能明显提高，消能减震对本结构加固是可行有效的。

（4）基于多遇、罕遇地震作用下原结构与消能减震结构地震响应的对比分析表明，结构采用黏滞阻尼器减震设计之后，较好地改善了原结构薄弱层的抗震性能。

（5）设置黏滞阻尼器的消能减震结构在罕遇地震作用下呈现"强柱弱梁"的塑性铰发展机制，且在带阻尼器 – 支撑立面上主体结构部分的塑性发展程度也比较小，这表明主体结构在罕遇地震作用下的损伤状况能够得到有效控制和改善，从而使得整体结构具有良好的抗震性能，更有利于实现"大震不倒"的设防目标。

### 参考文献

[1] 中华人民共和国住房和城乡建设部. 混凝土结构工程施工质量验收规范：GB 50204—2015[S]. 北京：中国建筑工业出版社，2015.

[2] 中华人民共和国住房和城乡建设部，中华人民共和国质量监督检验检疫总局. 建筑抗震设计规范：GB 50011—2010[S]. 2016 年版. 北京：中国建筑工业出版社，2016.

[3] 李志山，和雪峰，曹胜涛. 高层建筑弹塑性动力时程分析的新型软件方法 [A]. 中国建筑学会建筑结构分会，中国建筑科学研究院. 中国建筑学会建筑结构分会年会暨全国高层建筑结构学术交流会论文集 [C]. 2014.

# 砌体结构隔震加固托换体系试验研究

## 史智伟 舒 蓉

甘肃省建筑科学研究院（集团）有限公司 兰州 730070

**摘 要**：钢－砌体组合托换体系应用于砌体结构隔震加固，施工工期短，托换构件截面较小，对原结构附加的荷载小；施工过程不需要增设临时支撑，施工安全可靠。本文对钢－砌体新型组合托换体系的结构构造、工作机理进行了介绍，对比上部墙体开洞和不开洞，橡胶隔震支座和钢－砌体组合托梁对上部墙体参与协同工作性能和托梁内力的影响，进行了试验。结果表明，隔震支座为支撑方式时钢－砌体组合托换体系与上部墙体可以较好地协同工作。

**关键词**：钢－砌体组合结构；托换体系；隔震加固；试验研究

目前既有砌体结构隔震加固主要侧重于对原结构应用隔震技术后整体抗震性能改善的研究，且多为数值模拟分析[1-5]。砌体结构隔震加固拖换体系的研究较少，通常采用钢筋混凝土双夹梁或单夹梁托换体系，其托换体系的截面尺寸、计算简图、受力分析、构造处理等，均依据建筑移位技术中的托换体系做法。张华[6]等对双托梁托换采用不同截面形式的销键时施工过程和加固后墙体的受力情况进行模拟分析。但实际上，隔震加固时托换体系的荷载工况、构件受力与建筑物移位时的托换体系并不完全相同，而且目前对建筑物移位技术中托换体系的荷载分布、构件的受力机理等方面的研究也比较粗略，基本依据经验或近似分析。因此，对既有建筑隔震加固的托换体系，研究托换体系的受力规律、设计分析方法和构造要求，同时研究适用于砌体结构隔震加固，施工方便、构造简单的新型托换体系是十分必要的。杜永峰[7]等提出一种用于砌体结构隔震加固的钢－砌体组合托换梁，对该托换梁的墙梁效应进行了有限元分析，分析了隔震加固用钢－砌体组合拖换体系的受力性能。

## 1 钢－砌体新型组合托换体系

### 1.1 结构形式

钢－砌体新型组合托换体系[3]在原砌体墙两侧外包槽钢，槽钢规格按砌体整皮数选取，槽钢通过预应力螺栓对穿拉接，间距取250～300mm。上部槽钢与混凝土翼板（隔震层板）通过抗剪件连接，下部槽钢翼缘通过穿墙钢板焊接连接，墙体与钢板焊接处空隙填充结构胶或灌浆料。槽钢与砌体墙间采用灌浆料或细石混凝土进行填充。构造如图1所示。

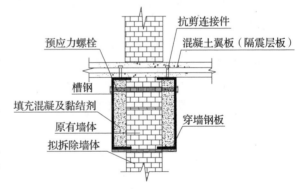

图1 钢－砌体新型组合托换体系构造图

由于隔震支座的安装要求，隔震支座处的托换梁截面较墙厚宽，因此下部缀板参照隔震支座预埋钢板做法，托换梁在端部也设置钢板。隔震支座处，槽钢和钢板形成类似于钢管混凝土柱的形式，如图2所示。

### 1.2 工作机理

钢－砌体新型组合托换体系采用钢板、槽钢外包砌体，槽钢与砌体通过槽钢翼缘与墙体的抗剪键、对拉螺栓的压力、缀板的拉力和内填黏结材料的黏结力，使得钢构件与砌体之间能够协调变形，共同工作。砌体为脆性材料，具有一定的抗压强度，但抗拉强度极低，外包钢板和槽钢有较高的强度，但稳定性较差。而钢－砌体新型组合托换体系，一方面，利用钢构件约束砌体，提高砌体强度；另一方面，砌体在钢构件内部可防止钢板或槽钢发生失稳。与传统的托换体系相比，施工简便，对原墙体扰动小，安全可靠。

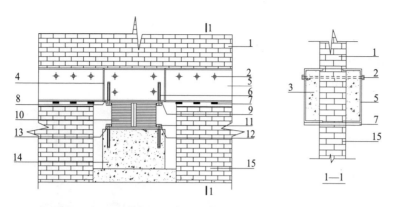

图 2　钢 – 砌体新型组合托换体系隔震支座位置构造图

1—原墙体；2—预应力螺栓；3—填充混凝土；4—增大截面钢板；5—槽钢；6—连接螺栓套筒；7—穿墙缀板；8—上预埋钢板；9—上连接钢板；10—隔震支座；11—连接螺栓；12—下连接钢板；13—下预埋钢板；14—下支墩；15—拟拆除墙体

# 2　试验概况

## 2.1　试件设计

为了进一步验证钢 – 砌体新型组合体系的受力分析及计算方法的准确性，设计了隔震加固用钢 – 砌体组合墙梁的受力性能试验，构件详细尺寸见表 1 和图 3。

表 1　构件相关尺寸表　　　　　　　　　　　　　　　　　　　　　　　　　mm

| 试件 | 无洞口（W-1） | 开洞（WH-2） | 双排螺栓（WL-3） | 混凝土翼（WY-4） |
|---|---|---|---|---|
| 型钢梁 | 高度 200<br>翼缘 60×12.5、腹板 175×9 | 高度 200<br>翼缘 60×12.5、腹板 175×9 | 高度 200<br>翼缘 60×12.5、腹板 175×9 | 高度 120<br>翼缘 60×9、腹板 108×4.5 |
| 墙体 | 2000×1000×240 | 2000×1000×240 | 2000×1000×240 | 2000×1000×240 |
| 缀板 | 缀板 300×50×10 | 缀板 300×50×10 | 无（双排对拉螺栓） | 缀板 280×50×10 |
| 螺栓 | 预应力螺栓采用 M16、长大于 300 | 预应力螺栓采用 M16、长大于 300 | 预应力螺栓采用 M16、长大于 300 | 预应力螺栓采用 M16、长大于 280 |
| 普通黏土砖 | 240×115×53（MU10） | 240×115×53（MU10） | 240×115×53（MU10） | 240×115×53（MU10） |
| 砂浆强度 | M5.0 | M5.0 | M5.0 | M5.0 |
| 混凝土 | C30 | C30 | C30 | C30 |
| 隔震垫 | HRB300 | HRB300 | HRB300 | HRB300 |
| 开洞 | 无 | 700×587.5×600 | 无 | 无 |

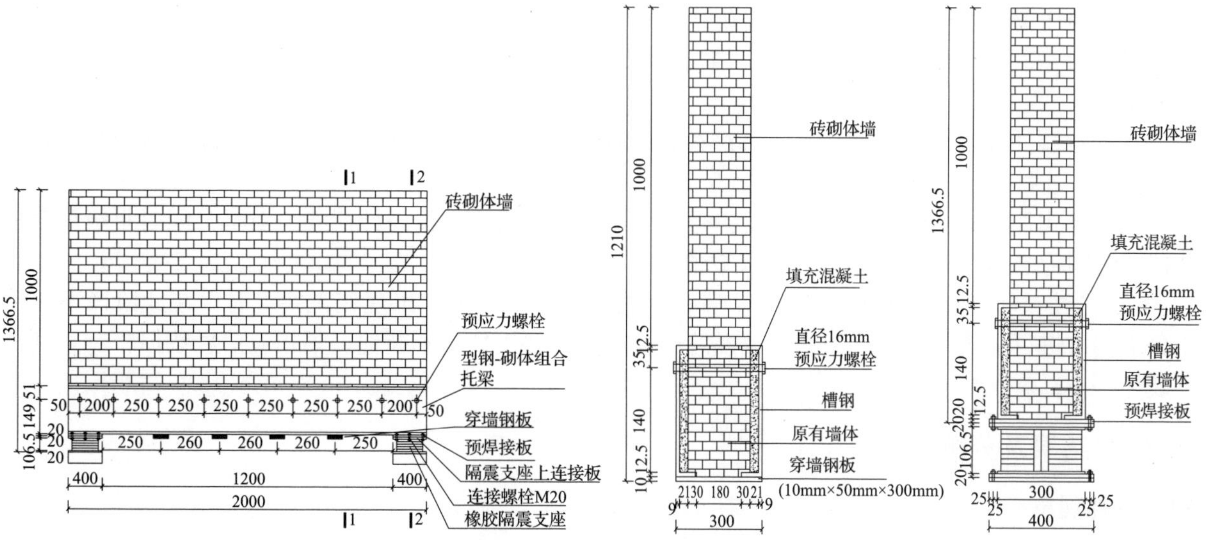

（a）隔震支座支撑方式的钢-砌体组合墙梁立面图　　（b）1—1 剖面图　　（c）2—2 剖面图

图 3　隔震支座支撑方式的钢 – 砌体组合墙梁尺寸图

## 2.2 加载方案及测量

隔震支座支撑的钢 – 砌体组合墙梁受力性能试验在高校结构实验室进行，具体加载装置如图 4 所示，试验装置主要由 200t 液压千斤顶、力传感器、分配压梁和试件组成，其中墙梁构件两端的隔震支座通过螺栓固定在连接地面的两块钢板上。

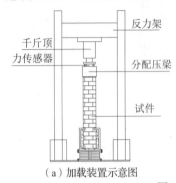

（a）加载装置示意图　　　　　　　　（b）加载装置实物图

图 4　试验装置

本试验采用相关辅助设备进行试验，其中测量采用 DH3816 静态应变测量仪［图 5（b）］采集试件上相应测点应变值与位移值，试验测点布置如图 5（b）所示。在钢 – 砌体组合托梁一侧支座截面的两边型钢布置两组应变片，共 6 个（2-1 ～ 2-6），测支座截面的型钢腹板剪切应变和水平向应变，另一侧支座截面的两边型钢布置 2 组 6 片横向应变片（1-4 ～ 1-6 和 1-10 ～ 1-12），测支座截面水平向应变值，在跨中截面的两侧型钢布置 2 组 6 片横向应变片，用于测跨中截面水平应变值。同时在钢 – 砌体组合托梁跨中和隔震支座处设置位移计，测跨中位移和支座水平向位移。

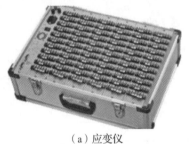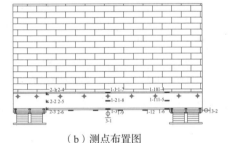

（a）应变仪　　　　　　　　　　　　（b）测点布置图

图 5　试验测量图

加载采用液压千斤顶，利用同一台 380V 三相异步油压机输出液压。一个力传感器 200t，并利用 XL2101C 静态电阻应变仪在压力机上对其进行标定，利用电阻变化值来控制液压千斤顶输出力的大小。

为了使压梁与墙体之间能均匀传递荷载和减小压梁对墙体的约束作用，在墙体与压梁接触截面平铺一层细沙，试件的加载参考《混凝土结构试验方法标准》（GB 50152—1992）的规定，主要分以下步骤实施：

（1）对试件分 3 级进行预加载，每级荷载取理论设计荷载的 10%，使压梁与墙体接触较为紧密，同时检查各连接部件松动情况。

（2）正式加载时，待试件与加载设备稳定后，每级荷载为理论设计荷载的 10%，同时每级荷载加载持续时间为 2 ～ 3min，待电阻应变仪数值稳定后采集数据。

（3）当加载到理论设计荷载的 80% 后，听到墙体发出响声并出现较大裂缝时，在此阶段不再使用分级制度进行加载，而是采用速度较慢的连续加载，并用仪器不断地采集相应信息数据，一直到试件破坏停止。

# 3　试验结果及分析

## 3.1　试件现象

### 3.1.1　墙体不开洞

在试验过程中对于试件 W-1 可以观察到两种明显的破坏模式：墙体斜压破坏和局压破坏，与有限元模拟的较为符合，如图 6 所示。

　（a）斜压破坏　　　　　　　　（b）正面局压破坏　　　　　　　（c）侧面局压破坏

图 6　墙体不开洞试件破坏模式

### 3.1.2　墙体开洞

　　试验现象表明，试件 WH-2 在上部均布荷载作用时，主要在靠近洞口一侧的墙体首先出现斜压破坏，同时，洞口顶部墙体损伤较为严重，与有限元模拟得较为符合，如图 7 所示。

　　　　　　（a）斜压破坏　　　　　　　　　　　　　　　（b）局压破坏

图 7　墙体开洞试件破坏模式

## 3.2　试件结果及分析

### 3.2.1　墙体不开洞时托换梁截面应力分析

　　图 8 给出了钢 – 砌体组合托换梁跨中截面和支座截面应变的分布图。由图可知，钢 – 砌体组合托换梁在支座截面和跨中截面应变值分布近似在一条直线上，所以采用钢 – 砌体组合托梁，其截面基

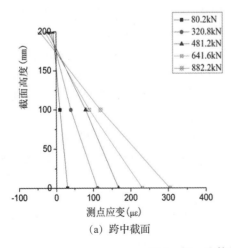 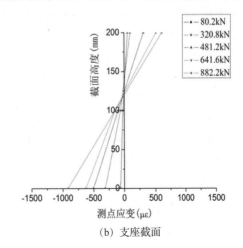

　　　　　　（a）跨中截面　　　　　　　　　　　　　　　（b）支座截面

图 8　钢 – 砌体组合托换梁截面应变分布

本满足平截面假定的要求。在不同级荷载作用下，从跨中截面应变分布可知，钢－砌体组合托梁跨中截面处于小偏心受拉状态，同样从支座截面应变分布可以看出，钢－砌体组合托梁在支座截面处于大偏心受压。与有限元模拟相比可以验证有限元模型较为准确。

### 3.2.2 墙体开洞时托换梁截面应力分析

图9给出了钢－砌体组合托换梁跨中截面和支座截面应变的分布图。由图可知，上部墙体开洞时，钢－砌体组合托换梁在支座截面和跨中截面应变值分布与上部墙体不开洞时类似，都近似在一条直线上，截面基本满足平截面假定的要求，但不同的是上部墙体开洞，钢－砌体组合托梁在支座截面和跨中截面类似于大偏心受压。

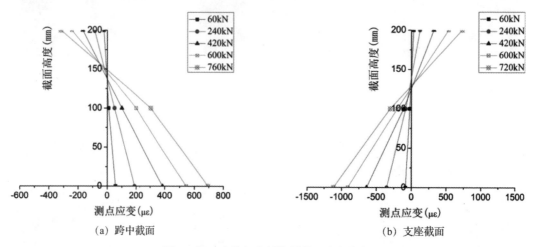

图9 钢－砌体组合托换梁截面应变分布

## 4 结论

钢砌体－组合托换体系应用于砌体结构隔震加固有一定的优势，本文通过试验得出以下结论：

（1）上部墙体不开洞时，隔震支座为支撑方式的钢－砌体组合托梁与上部墙体可以协同工作，但上部墙体形成拱传力模式与传统墙梁结构有差异，主要表现在拱的形成区域减小，荷载向支座偏移。上部墙体主要发生局压破坏或斜拉破坏。

（2）上部墙体开洞时，隔震支座为支撑方式的钢－砌体组合托梁与上部墙体也可协同工作，但与墙体不开洞相比，协同工作效应大大减小。当墙体偏开洞时，由于上部墙体的拱区域大幅减小，上部墙体主要发生斜压或斜拉破坏。

**参考文献**

[1] 赵曦，申向东，高娃，等.既有多层砌体结构隔震加固数值模拟分析 [J].中国科技论文，2017，12（1）：101-106.

[2] 冯晔晨，俞涵.既有砌体结构隔震加固应用研究 [J].建筑技术开发，2020，47（9）：3-4.

[3] 魏新强，安贵仓，唐晓琳.兰州某中学教学楼隔震加固设计 [J].建筑结构，2016，46（11）：54-59.

[4] 陈文海，徐贾，郭彤.既有砖混结构楼隔震加固技术及其工程应用 [J].建筑技术，2014，45（3）：215-218.

[5] 陈淑娟，刘万义，何强.某中学砖混结构教学楼隔震加固设计与施工 [J].工程抗震与加固改造，2013，35（2）：121-128.

[6] 张华，张富有，张佳琳.隔震加固双托梁的销键形式研究 [J].低温建筑技术，2014，7：66-68.

[7] 杜永峰，梅东明，党育，等.隔震加固用钢－砌体组合拖换梁的墙梁效应有限元分析 [J].兰州理工大学学报，2019，45（06）：113-119.

# 初应力对内填纤维混凝土加固钢管柱
# 受压性能的影响分析

李　娜[1,2]　卢亦焱[2]　石尚杰[2]　刘真真[2]

1. 武汉理工大学　武汉　430070
2. 武汉大学　武汉　430072

**摘　要**：在钢管柱内填充混凝土形成钢管混凝土柱是加固钢管柱的有效方法。不同于普通钢管混凝土柱，钢管柱中的初始应力将影响钢管混凝土柱的力学性能。基于此，本文通过建立钢管混凝土有限元模型，研究钢管初始应力水平对内填纤维混凝土加固钢管柱受压力学性能的影响。研究参数还包括钢纤维体积掺量、钢管壁厚和混凝土强度。结果表明：随着钢管初应力的增大，加固柱的弹性阶段缩短，峰值荷载降低，峰值位移增大，但峰值后性能无明显变化；掺入钢纤维可以改善构件的变形能力。

**关键词**：钢管柱；加固；内填混凝土；初始应力；钢纤维

　　钢结构是目前主要的结构形式之一，由于服役龄期的增长或使用要求的改变等原因，许多钢结构需要增强加固。基于钢管混凝土柱中钢管与混凝土的相互作用的原理，在钢管内注入混凝土将是一种经济有效的增强钢管柱的方法。虽然国内外研究者对钢管混凝土柱的力学性能已经进行了深入研究[1]，但是在内填混凝土进行加固的钢管柱中，钢管的初始应力将影响其与混凝土的相互作用，使其力学性能不同于钢管混凝土柱[2-3]。另外，研究还表明，在混凝土中掺入钢纤维有助于改善钢管混凝土柱的力学性能[4-6]。基于此，本文通过采 Abaqus 软件建立模型，探索钢管初始应力对内填纤维混凝土加固钢管柱力学性能的影响规律。

## 1　有限元模型建立

### 1.1　单元选取和材料本构关系

　　本次研究中，钢管和混凝土均采用 C3D8R 单元，该单元为 8 节点 6 面体线性减缩实体单元，可与其他单元建立良好的接触关系，可施加任意类型的荷载，且位移计算较为精确。钢材需考虑塑性变化，其应力 – 应变变化过程中含有弹性阶段、塑性阶段、应变强化阶段，采用文献 [7] 中五段式本构关系进行模拟，如图 1（a）所示。本文建模所需材料性能来源于文献 [4] 中材性性能试验结果。混凝土本构模型采用 Abaqus 提供的塑性损伤模型，即 Concrete damaged plasticity 模型，并采用文献 [8] 中提出的适用于钢管约束混凝土的等效应力应变关系，如图 1（b）所示。为考虑掺入钢纤维对混凝土性能的影响，参考文献 [9] 在计算时的分析方法，对混凝土单轴应力 – 应变曲线的峰值及其下降段进行调整。

### 1.2　钢管初始应力的施加

　　采用 Abaqus 程序提供的技术实现钢管初始应力的模拟。首先建立包含钢管与混凝土的钢管混凝土模型，分两阶段完成模型加载。初应力加载阶段：在此阶段中，将混凝土单元"杀死"，此时仅钢管单元受力，但混凝土单元仍与钢管单元协

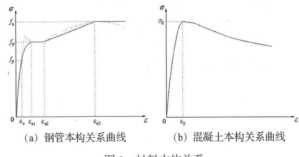

（a）钢管本构关系曲线　　　（b）混凝土本构关系曲线

图 1　材料本构关系

基金项目：国家自然科学基金项目（编号：No.51878520）。
作者简介：卢亦焱，教授，主要从事高性能土木工程材料与结构安全研究，E-mail：yylu901@163.com。李娜，女，副教授，主要从事混凝土结构加固及耐久性研究，E-mail：ln950228@163.com。

同变形，模拟加固前钢管受力状态。共同加载阶段：当初应力加载阶段结束以后，激活混凝土单元，使得钢管和混凝土都参与受力，模拟内填混凝土加固钢管后二者共同受力阶段（图2）。

### 1.3 模型验证

为了验证本文有限元模型选取是否合理，选取文献［10］中圆钢管混凝土中长柱轴压试验研究结果进行对比，对比结果见表1。有限元计算值 $P_{u,FEM}$ 与试验值 $P_{u,t}$ 的比值的平均值为0.998，均方差为0.013。因此，本文建立的模型可以较好地模拟圆钢管混凝土柱的力学性能。

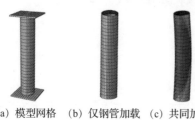

（a）模型网格　（b）仅钢管加载　（c）共同加载

图2　模型及加载

表1　有限元计算值与文献［10］试验值对比

| 试件编号 | $P_{u,FEM}$ (kN) | $P_{u,t}$ (kN) | $P_{u,FEM}/P_{u,t}$ |
|---|---|---|---|
| SCA-1 | 1183 | 1191 | 0.993 |
| SCB-1 | 1151 | 1171 | 0.983 |
| SCC-1 | 1135 | 1120 | 1.013 |
| SCC-3 | 1343 | 1359 | 0.988 |
| SCC-4 | 1472 | 1450 | 1.015 |

## 2 内填纤维混凝土加固钢管柱受压性能数值分析

### 2.1 试件设计

钢管外径273mm，高度1500mm，钢材强度等级Q235。考虑实际工程情况，研究变量包括钢管壁厚 $t$（3.5mm，4.5mm，5.5mm），混凝土强度等级（C30，C40，C50）和钢纤维体积掺量 $V_f$（0，1.2%），钢管初始应力水平 $\beta$（0，0.25，0.45，0.65），端弯钩型钢纤维长度30mm，直径0.52mm。试件详情见表2。

表2　试件设计及承载力

| 试件 | 承载力 (kN) | 试件 | 承载力 (kN) | 试件 | 承载力 (kN) | 试件 | 承载力 (kN) |
|---|---|---|---|---|---|---|---|
| t3.5C30f0-0 | 2611.5 | t3.5C30f0-0.25 | 2506.9 | t3.5C30f0-0.45 | 2421.2 | t3.5C30f0-0.65 | 2356.3 |
| t3.5C30f1.2-0 | 2661.4 | t3.5C30f1.2-0.25 | 2589.4 | t3.5C30f1.2-0.45 | 2532.4 | t3.5C30f1.2-0.65 | 2484.7 |
| t3.5C40f0-0 | 2995.4 | t3.5C40f0-0.25 | 2864.6 | t3.5C40f0-0.45 | 2765.9 | t3.5C40f0-0.65 | 2684.9 |
| t3.5C40f1.2-0 | 3049.4 | t3.5C40f1.2-0.25 | 2960.9 | t3.5C40f1.2-0.45 | 2896.2 | t3.5C40f1.2-0.65 | 2843.6 |
| t3.5C50f0-0 | 3379.1 | t3.5C50f0-0.25 | 3229.8 | t3.5C50f0-0.45 | 3133.7 | t3.5C50f0-0.65 | 3034.2 |
| t3.5C50f1.2-0 | 3436.6 | t3.5C50f1.2-0.25 | 3334.1 | t3.5C50f1.2-0.45 | 3266.7 | t3.5C50f1.2-0.65 | 3199.3 |
| t4.5C30f0-0 | 2949.0 | t4.5C30f0-0.25 | 2850.6 | t4.5C30f0-0.45 | 2763.1 | t4.5C30f0-0.65 | 2699.4 |
| t4.5C30f1.2-0 | 3015.9 | t4.5C30f1.2-0.25 | 2910.5 | t4.5C30f1.2-0.45 | 2839.9 | t4.5C30f1.2-0.65 | 2828.6 |
| t4.5C40f0-0 | 3310.1 | t4.5C40f0-0.25 | 3174.0 | t4.5C40f0-0.45 | 3069.2 | t4.5C40f0-0.65 | 2993.8 |
| t4.5C40f1.2-0 | 3387.9 | t4.5C40f1.2-0.25 | 3297.3 | t4.5C40f1.2-0.45 | 3226.5 | t4.5C40f1.2-0.65 | 3172.4 |
| t4.5C50f0-0 | 3678.9 | t4.5C50f0-0.25 | 3515.4 | t4.5C50f0-0.45 | 3416.9 | t4.5C50f0-0.65 | 3313.4 |
| t4.5C50f1.2-0 | 3762.5 | t4.5C50f1.2-0.25 | 3655.9 | t4.5C50f1.2-0.45 | 3586.5 | t4.5C50f1.2-0.65 | 3514.7 |
| t5.5C30f0-0 | 3332.9 | t5.5C30f0-0.25 | 3257.3 | t5.5C30f0-0.45 | 3191.9 | t5.5C30f0-0.65 | 3135.7 |
| t5.5C30f1.2-0 | 3364.5 | t5.5C30f1.2-0.25 | 3297.0 | t5.5C30f1.2-0.45 | 3238.7 | t5.5C30f1.2-0.65 | 3188.1 |
| t5.5C40f0-0 | 3609.4 | t5.5C40f0-0.25 | 3472.4 | t5.5C40f0-0.45 | 3361.8 | t5.5C40f0-0.65 | 3297.1 |
| t5.5C40f1.2-0 | 3697.8 | t5.5C40f1.2-0.25 | 3604.3 | t5.5C40f1.2-0.45 | 3524.5 | t5.5C40f1.2-0.65 | 3476.9 |
| t5.5C50f0-0 | 3965.7 | t5.5C50f0-0.25 | 3795.0 | t5.5C50f0-0.45 | 3690.8 | t5.5C50f0-0.65 | 3601.2 |
| t5.5C50f1.2-0 | 4061.3 | t5.5C50f1.2-0.25 | 3950.7 | t5.5C50f1.2-0.45 | 3872.8 | t5.5C50f1.2-0.65 | 3813.2 |

注：试件编号包含钢管壁厚，混凝土强度，纤维掺量和钢管初始应力水平，其中应力水平定义为：t3.5C30f0-0.25表示钢管壁厚3.5mm，混凝土强度等级C30，钢纤维体积掺量1.2%，钢管应力水平0.25的试件。

### 2.2 加固柱受压性能分析

#### 2.2.1 承载力

所有试件的承载力计算结果见表2。可以看出，对比钢管混凝土柱，内填混凝土加固钢管柱的承载力均有所下降，下降程度受到纤维掺量的影响，但混凝土强度和钢管壁厚则影响较小。当初应力水平分别为0.25、0.45和0.65时，未掺钢纤维的试件承载力约分别平均下降3.9%、6.8%和9.1%，而掺入钢纤维的试件承载力约分别平均下降 2.8%、4.8% 和 6.3%。

### 2.2.2　荷载 – 位移曲线

图 3 ～图 6 所示为部分试件的荷载 – 位移曲线。荷载位移曲线包括两个阶段，即仅钢管加载阶段和钢管与混凝土共同受力阶段。图 3 所示为钢管初始应力对内填混凝土加固钢管柱轴心受压荷载 – 位移曲线的影响。可以看出：（1）钢管初应力对加固柱弹性阶段刚度无明显影响；（2）在有初始应力的试件中，弹塑性阶段出现一段水平段，且水平段长度随着钢管初应力的增大而增长，随后荷载继续增长至峰值荷载；（3）随着初始应力的增大，峰值荷载降低，但峰值位移增大；（4）当荷载下降到一定值后，钢管初应力对荷载 – 位移曲线的影响基本消失。

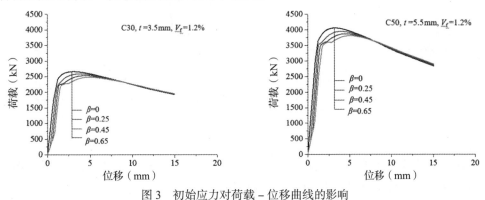

图 3　初始应力对荷载 – 位移曲线的影响

图 4 所示为混凝土中掺入钢纤维对内填混凝土加固钢管柱荷载 – 位移曲线的影响。可以看出：掺入钢纤维不影响试件弹性阶段的性能，但是可以提高试件的峰值荷载和峰值位移，并延缓峰值后荷载的下降，改善构件的变形能力。

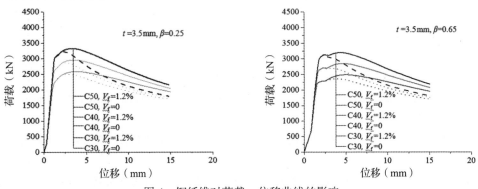

图 4　钢纤维对荷载 – 位移曲线的影响

图 5 所示为混凝土强度对内填混凝土加固钢管柱荷载 – 位移曲线的影响。可以看出：相比钢管柱，填入混凝土可以大幅提高其承载力。随着混凝土强度的提高，无初应力钢管混凝土柱的峰值荷载增大，峰值位移变化不明显，但是在初应力较高（$\beta=0.65$）的加固钢管混凝土柱中，峰值位移随着强度的提高而出现明显的下降。

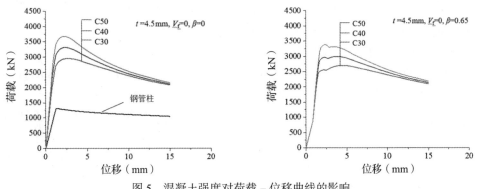

图 5　混凝土强度对荷载 – 位移曲线的影响

图 6 所示为钢管壁厚对内填混凝土加固钢管柱荷载 – 位移曲线的影响。可以看出：随着钢管壁厚的增大，试件的峰值荷载和峰值位移均呈现增大的趋势，且在具有较高初始应力水平的构件中影响更为明显。

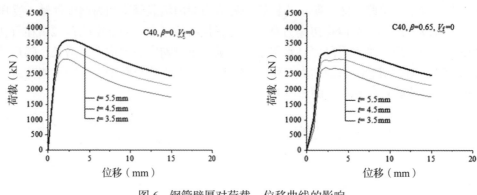

图 6　钢管壁厚对荷载 – 位移曲线的影响

## 3　结论

（1）在内填混凝土加固钢管混凝土柱中，随着钢管初应力的增大，峰值荷载降低，但峰值位移增大，当荷载下降到一定值后，钢管初始应力的影响基本消失。

（2）掺入钢纤维对于试件弹性阶段的性能影响不明显，但是可以提高试件的峰值荷载和峰值位移，并延缓峰值后荷载的下降，改善构件的变形能力。

（3）随着混凝土强度的提高，试件峰值荷载提高，无初始应力的试件峰值位移变化不明显，但具有较高初始应力的加固柱的峰值位移明显下降。

（4）随着钢管壁厚的增大，试件的峰值荷载和峰值位移均呈现增大的趋势，且对于有较高初始应力水平的构件影响更为明显。

**参考文献**

[1] LI N，LU Y Y，LI S，et al. Statistical-based evaluation of design codes for circular concrete-filled steel tube columns[J]. Steel and Composite Structures，2015，18（2）：519-546.

[2] 黄福云，陈宝春，李建中，等. 有初应力的钢管混凝土格构柱轴压试验研究 [J]. 建筑结构学报，2013，34（11）：109-115.

[3] 解威威，叶志权，唐睿楷，等. 钢管初应力影响系数因素分析及计算方法 [J]. 中外公路，2020，40（5）：63-70.

[4] LU Y Y，LI N，LI S，et al. Behavior of steel fiber reinforced concrete-filled steel tube columns under axial compression，Constr. Build. Mater. 2015，95：74-85.

[5] LU YIYAN，LIU ZHENZHEN，LI SHAN，et al. Axial compression behavior of hybrid fiber reinforced concrete filled steel tube stub column，Constr. Build. Mater. 2018，174：96-107.

[6] LI NA，LU YIYAN，LI SHAN，et al. Axial compressive behaviour of steel fiber reinforced self-stressing and self-compacting concrete-filled steel tube columns[J]. Eng. Struct，2020，222：111108.

[7] 韩林海. 钢管混凝土结构：理论与实践 [M]. 3 版. 北京：科学出版社，2016.

[8] 刘威. 钢管混凝土局部受压时的工作机理研究 [D]. 福州：福州大学，2005.

[9] PADMARAJAIAH S K，RAMASWAMY ANANTH. A finite element assessment of flexural strength of prestressed concrete beams with fiber reinforcement[J]. Cem. Con. Com.，2002，24：229-241.

[10] 李斌，落凯妮，王柯程. 圆钢管混凝土中长柱轴压性能试验研究 [J]. 山西建筑，2018，44（14）：32-34.

# 混凝土芯样试件端面处理方法的试验研究与优化

刘振辉　　由世岐

辽宁省建设科学研究院有限责任公司　沈阳　110005

**摘　要**：本文通过试验对混凝土芯样端面不同处理方法进行了研究，结论如下：锯切后部分芯样存在明显的棱条、凸起等宏观缺陷，对芯样试件的磨平操作具有必要性。经统计，磨平法处理芯样端面的处理方法得到的混凝土抗压强度最低，先磨平再补平芯样端面的处理方法更有利于混凝土抗压强度真实值的推定。磨平法适用于 C50 强度等级及以上混凝土芯样试件的加工，硫黄胶泥适用于 C30 强度等级以下芯样试件的补平，采用调平胶（乙烯基树脂）作为芯样端面补平材料时，抗压强度值更接近于立方体试块的数值，建议可将调平胶作为端面补平材料的补充。

**关键词**：钻芯法；端面处理方式；抗压强度

钻芯法[1]是从结构或构件中钻取圆柱状试件得到在检测龄期混凝土强度[2]的方法，是一种直接检测混凝土强度的方法，在工程检测中广泛应用。对钻芯法的深入研究发现，混凝土芯样试件端面处理方式的不同会对其抗压强度的检测造成一定的影响。许多学者对芯样试件端面处理方法进行了研究，王元光[3]对硫黄胶泥、水泥净浆补平芯样、磨平芯样三种端面处理方法进行了研究，结果表明采用硫黄胶泥补平芯样端面得到的芯样试件抗压强度平均值最高、机械磨平最低、水泥净浆补平芯样端面略低。邵珊等[4]提出了一种砂盒法的端面处理方法，研究结果表明这种方法检测出的芯样试件抗压强度与磨平端面的处理方式接近。杨大顺[5]研究了平面磨床对芯样端面的精细加工，可以获得更高的端面平整度，检测的芯样试件抗压强度值更大，离散值更小。本文研究了芯样锯切、磨平及补平等方法的工艺特点及不同端面处理方法下芯样试件抗压强度数据的分析比较，探究芯样试件端面处理的最佳方法。

## 1　试验设计

### 1.1　试验流程

钻芯法检测混凝土抗压强度的主要流程包括钻芯取样、芯样加工、受压试验、数据分析等方面，本次试验将采用调平胶（乙烯基树脂）与硫黄胶泥作为补平材料，在加工方式上将磨平与补平的方式结合起来，采用先磨平后补平的方法，并与锯切后只磨平的端面处理方式进行对比，对混凝土芯样试件的加工工艺、抗压强度数值、补平材料等方面进行研究分析。

### 1.2　试件设计

本次试验采用的混凝土芯样试件直径为 75mm，高径比为 1∶1，试件为不含钢筋的素混凝土，混凝土芯样的设计强度等级为 C15、C20、C30、C40、C50、C60，每个强度设计分别采用以下三种不同的端面处理方式：（1）锯切芯样后磨平试件端面；（2）锯切芯样后先磨平试件端面再采用硫黄胶泥补平试件端面；（3）锯切芯样后先磨平试件端面再采用调平胶补平试件端面。每个强度等级的芯样试件数目为 40 个，考虑由于芯样试件的缺陷，芯样加工时操作失误等情况，会不可避免地出现一些偏差较大的芯样，导致数据出现异常值，通过统计方法剔除数据异常值后，将剩余符合要求的芯样试件进行数据分析。同时制作各个强度等级的 100mm×100mm×100mm 的立方体试块，采用同条件养护，数量为 35 块。

### 1.3　补平材料

（1）硫黄胶泥

硫黄胶泥主要由胶黏剂、硫黄、增韧剂、填充剂等材料，按一定比例混合搅拌后，形成的热塑冷硬型材料，硫黄胶泥是绝缘体，在常温下具有良好的耐酸性，常应用于基础工程水泥预制桩的黏结、码头基础的黏结、桥梁基础的黏结、电器绝缘材料的胶固等方面。硫黄胶泥的物理力学性质见表1。

表 1 硫黄胶泥物理力学性质

| 抗压强度（N/mm²） | 抗拉强度（N/mm²） | 黏结强度（N/mm²） | 抗折强度（N/mm²） | 密度（g/cm³） | 收缩率 |
|---|---|---|---|---|---|
| 40 | 4 | 11 | 11 | 2.16～2.3 | 4% |

（2）调平胶

本试验所用调平胶为是一种双组分、以触变性极强的乙烯基树脂为基体的膏状结构胶，分为A、B两组分：A组分外观呈现为白色偏黄的黏稠膏状体，具体化学成分为乙烯基树脂；B组分为白色粉末，化学成分为重金属固化剂。A、B两种组分按照质量比为20∶1的比例混合，固化后的调平胶颜色呈白色，抗压强度较高，主要应用于桥梁、墩台、盖梁顶面快速修复，调平胶的物理力学性质见表2。

表 2 调平胶物理力学性质

| 物理力学性质 | | 强度值（N/mm²） |
|---|---|---|
| 抗压强度 | 固化后 2h | ≥30 |
| | 固化后 4h | ≥32 |
| | 固化后 8h | ≥33 |
| | 固化后 12h | ≥35 |
| 正拉黏结强度 | | 2.5 |

## 2 试件加工

### 2.1 锯切芯样的缺陷

采用混凝土锯切机对芯样进行加工，受限于锯切机的精度，部分芯样试件经过锯切后会产生各种缺陷，主要有以下几个方面：

（1）芯样试件锯切后，部分芯样端面产生棱条，主要为中部棱条和边缘棱条，如图1所示。

（2）芯样试件锯切后，部分芯样会在边缘留下凸起的毛刺等较大的缺陷，如图2所示。

  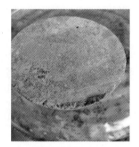 

| （a）边缘深棱条 | （b）中部棱条 | （a）边缘较大凸起 | （b）边缘小凸起 |
|---|---|---|---|
| 图 1 芯样端面的棱条缺陷 | | 图 2 芯样边缘缺陷 | |

本次试验统计，锯切后有超过10%比例的芯样存在明显的棱条、凸起等缺陷，此时显然不适于直接采用补平材料进行补平，对芯样试件的磨平操作具有必要性。

### 2.2 磨平芯样端面的效果

磨平法采用磨平机对混凝土芯样两端进行打磨，是规范规定的芯样端面处理方法，如图3所示，磨平后的芯样表面没有明显锯切芯样试件后的各种缺陷，没有棱条，也没有凸起，较为平整，手感光滑，此时的芯样试件在满足规定的芯样高径比、垂直度、平整度等参数要求后，可以进行抗压强度试验。

## 2.3　磨平后补平芯样端面的效果

本次试验将磨平后的芯样进行端面补平处理，效果如图4所示。从图中可以看出，无论是硫黄胶泥补平，还是调平胶补平，芯样试件端面平整，手感光滑。因磨平精加工阶段已经把锯切时候可能存在的芯样棱条、凸起等问题进行处理，因此补平材料与芯样混凝土基层黏结效果良好。

图3　磨平芯样效果图　　　　　　（a）磨平芯样后硫黄胶泥补平端面　　　（b）磨平芯样后调平胶补平端面

图4　锯切芯样后先磨平再补平端面效果图

## 2.4　感压纸试验

无论是磨平的芯样试件，还是补平的芯样试件，其平整度都难以用肉眼观察判断，本次试验采用了感压纸进行芯样试件平整度的判别。

感压纸是一种无色胶片，其内部颗粒含有红色色素，当压力达到一定程度时，颗粒被破坏，从而释放出内部色素，所受到的压力越大，受到破坏的色素颗粒越多，感压纸表面颜色就越浓。本次试验采用的是 C20 混凝土，感压纸型号为 MS，测压范围为 10 ～ 50MPa，本次测试对象为磨平端面的芯样试件、硫黄胶泥补平端面的芯样试件、调平胶补平端的面芯样试件，感压纸检测结果如图5所示。

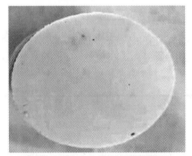

（a）磨平芯样端面　　　　　　　　（b）硫黄胶泥补平芯样端面　　　　　　（c）调平胶补平芯样端面

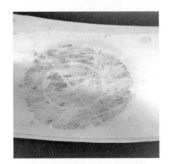

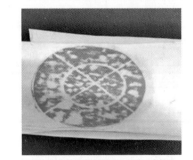

（d）磨平芯样的感压纸　　　　　（e）硫黄胶泥补平芯样的感压纸　　　　（f）调平胶补平芯样端面的感压纸

图5　芯样端面平整度测量结果

从图5中的感压纸测量结果可以看出，磨平芯样端面的试件对应的感压纸相较于其他两种端面处理方式对应的感压纸颜色最浅，实测的抗压强度值低，留白部分最多，说明磨平芯样端面后的试件在进行受压试验时，芯样端面并非理论上的全截面受压；硫黄胶泥补平芯样端面对应的感压纸颜色较深，且分布较为均匀，由此说明，硫黄胶泥补平芯样端面的试件平整度最好，对芯样试件抗压强度还原较好；调平胶补平芯样端面的试件对应的感压纸颜色也较深，补平芯样端面的平整度比磨平芯样端面的效果更好，比硫黄胶泥补平芯样端面的效果稍差。

## 2.5 芯样端面加工工艺分析

对锯切后的芯样试件进行端面处理时，规范提出了磨平与补平两种并行的端面修补方式，结合本文提出的先磨平后补平的端面修补方法，进行对比分析如下：

（1）端面磨平法：从加工过程来说，磨平端面的方法有很大的概率造成芯样端面产生极为细小的棱条，尽管肉眼难以看出，用手摸上去也没有明显的粗糙感，但芯样试件的磨平痕迹客观存在，此外磨平的过程中磨平机对芯样试件内部也会造成扰动，特别是较低强度的芯样试件，对这种扰动更加敏感。

（2）端面补平法：根据规范，C60以下的混凝土试件都可以采用补平芯样端面的处理方式，但本试验表明，补平法存在相当的局限性，具体表现在对锯切工艺的精细化程度依赖性过高，通过本次试验初步统计，锯切后有超过10%以上的芯样存在明显的棱条、凸起等宏观缺陷，如直接采用补平材料进行修补，会很大程度影响黏结效果，在进行压力试验时补平材料的黏结是否能将棱条、凸起引起的应力集中进行弥补，尚不明确。

（3）端面先磨平后补平法：钻芯取样后对芯样试件进行锯切，属于粗加工阶段，锯切后部分芯样试件端面不可避免地存有明显缺陷，此时采用磨平芯样端面的处理方式进行处理，可称为精加工阶段，具有必要性。芯样端面磨平后再采用补平材料进行修补，宏观方面可以使得芯样具有更高的平整度，受压更为均匀，微观方面表现在：对混凝土切割磨平的过程中难以避免地对芯样产生扰动，产生细小的破坏，补平材料具有一定的强度，能把受到扰动、具有一定松散性的芯样端面粘合，产生紧箍效应，综上从理论上分析先磨平后补平法处理芯样端面的方法效果更佳。

# 3 试验数据

## 3.1 试件抗压强度统计

进行抗压强度试验并将数据异常值剔除后，将不同端面处理方式的芯样试件抗压强度进行统计，得到的芯样试件抗压强度的平均值及推定区间见表3～表5。

表 3 立方体试块抗压强度统计结果

| 混凝土设计强度等级 | 试块尺寸（mm） | 抗压强度平均值 $f_{cu,m}$（MPa） | 抗压强度标准差 $s$（MPa） | 变异系数 $\delta$ | 抗压强度标准值 $f_{cu,k}$（MPa） |
|---|---|---|---|---|---|
| C15 | $100 \times 100 \times 100$ | 17.5 | 0.74 | 0.04 | 17.4 |
| C20 | $100 \times 100 \times 100$ | 18.8 | 1.02 | 0.05 | 18.7 |
| C30 | $100 \times 100 \times 100$ | 27.0 | 2.08 | 0.08 | 26.9 |
| C40 | $100 \times 100 \times 100$ | 37.7 | 2.56 | 0.07 | 37.6 |
| C50 | $100 \times 100 \times 100$ | 54.8 | 4.98 | 0.09 | 54.7 |
| C60 | $100 \times 100 \times 100$ | 65.1 | 7.85 | 0.12 | 64.9 |

表 4 芯样试件抗压强度统计结果

| 混凝土设计强度等级 | 芯样试件直径（mm） | 芯样数量 | 芯样试件端面处理方式 | 抗压强度平均值（MPa） | 抗压强度标准差（MPa） |
|---|---|---|---|---|---|
| C15 | 75 | 32 | 磨平 | 16.4 | 1.11 |
| | | 35 | 磨平 + 调平胶 | 20.4 | 1.16 |
| | | 35 | 磨平 + 硫黄胶泥 | 20.3 | 1.40 |
| C20 | 75 | 31 | 端面磨平 | 17.8 | 2.04 |
| | | 36 | 磨平 + 调平胶 | 20.4 | 1.49 |
| | | 32 | 磨平 + 硫黄胶泥 | 19.1 | 2.05 |

续表

| 混凝土设计强度等级 | 芯样试件直径（mm） | 芯样数量 | 芯样试件端面处理方式 | 抗压强度平均值（MPa） | 抗压强度标准差（MPa） |
|---|---|---|---|---|---|
| C30 | 75 | 32 | 端面磨平 | 22.0 | 2.20 |
| | | 34 | 磨平＋调平胶 | 31.3 | 1.82 |
| | | 30 | 磨平＋硫黄胶泥 | 27.8 | 3.25 |
| C40 | 75 | 32 | 端面磨平 | 27.9 | 2.69 |
| | | 31 | 磨平＋调平胶 | 37.9 | 2.52 |
| | | 32 | 磨平＋硫黄胶泥 | 31.1 | 4.19 |
| C50 | 75 | 30 | 端面磨平 | 52.6 | 4.12 |
| | | 33 | 磨平＋调平胶 | 55.2 | 3.18 |
| | | 30 | 磨平＋硫黄胶泥 | 59.0 | 2.47 |
| C60 | 75 | 29 | 磨平 | 66.4 | 3.21 |
| | | 30 | 磨平＋调平胶 | 68.2 | 2.44 |
| | | 31 | 磨平＋硫黄胶泥 | 69.0 | 2.89 |

**表 5　检测批混凝土抗压强度推定区间**

| 混凝土设计强度等级 | 芯样试件直径（mm） | 芯样数量 | 芯样试件端面处理方式 | 推定区间上限值（MPa） | 推定区间下限值（MPa） |
|---|---|---|---|---|---|
| C15 | 75 | 32 | 磨平 | 15.0 | 14.1 |
| | | 35 | 磨平＋调平胶 | 19.0 | 18.0 |
| | | 35 | 磨平＋硫黄胶泥 | 18.6 | 17.4 |
| C20 | 75 | 31 | 磨平 | 15.3 | 13.6 |
| | | 36 | 磨平＋调平胶 | 18.5 | 17.3 |
| | | 32 | 磨平＋硫黄胶泥 | 16.5 | 14.8 |
| C30 | 75 | 32 | 磨平 | 19.3 | 17.4 |
| | | 34 | 磨平＋调平胶 | 29.0 | 27.5 |
| | | 30 | 磨平＋硫黄胶泥 | 23.7 | 21.0 |
| C40 | 75 | 32 | 磨平 | 24.5 | 22.3 |
| | | 31 | 磨平＋调平胶 | 34.8 | 32.7 |
| | | 32 | 磨平＋硫黄胶泥 | 25.9 | 22.4 |
| C50 | 75 | 30 | 磨平 | 47.5 | 44.0 |
| | | 33 | 磨平＋调平胶 | 51.2 | 48.6 |
| | | 30 | 磨平＋硫黄胶泥 | 55.9 | 53.9 |
| C60 | 75 | 29 | 磨平 | 62.4 | 59.7 |
| | | 30 | 磨平＋调平胶 | 65.2 | 63.1 |
| | | 31 | 磨平＋硫黄胶泥 | 65.4 | 63.0 |

### 3.2　芯样试件抗压强度分析

本次试验中，对芯样试件的处理主要采用了三种端面处理方式：磨平芯样端面、磨平后硫黄胶泥补平芯样端面、磨平后调平胶补平芯样端面，这三种端面处理方式的修补效果各有差异，不仅需要从试验现象中进行定性分析，通过修补端面的平整度、修补工艺、修补效率等方面，判断各种端面处理方式的适用性，还需从数据统计中进行定量分析，以具体的结果对定性分析修正，统计数据如图6、图7所示。

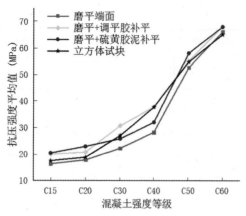
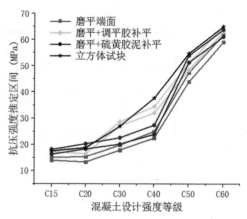

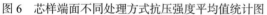

图 6  芯样端面不同处理方式抗压强度平均值统计图      图 7  芯样端面不同处理方式抗压强度推定值统计图

从图 6、图 7 中可以分析得出如下结论:

（1）无论是低强度芯样还是高强度芯样，磨平芯样端面的加工方式都会降低芯样试件的抗压强度值，而磨平后再补平芯样端面的加工方式会在一定程度上提高芯样试件的抗压强度，因此采用先磨平后补平芯样端面的加工方式不仅使芯样试件有更高的端面平整度，还能有效弥补芯样试件在钻芯检测过程中的强度损失。

（2）磨平后硫黄胶泥补平芯样端面法适用于 C30 以下的低强度混凝土，磨平后调平胶补平芯样端面法的试验数据，更加接近立方体试块抗压强度的试验值，从数据统计来说，调平胶是一种比较理想的补平材料。

（3）根据曲线分析，对 C50 及以上高强混凝土，因内部骨料更加密实、分布更加均匀、联系更加紧密，磨平后再补平的修补方法对其强度提高影响不大。

## 4  结论

（1）锯切芯样后先磨平再补平端面的处理方式要优于锯切后单一磨平或补平端面的处理方式。这种修补方式集成了磨平法去除芯样宏观明显缺陷，补平法提高表面平整度并产生端面紧箍效应的优点，由试验数据可以明显看出，该种方法更有利于混凝土抗压强度真实值的推定。

（2）磨平法适用于 C50 强度等级及以上混凝土芯样试件的加工，硫黄胶泥适用于 C30 强度等级以下芯样试件的补平，采用调平胶（乙烯基树脂）作为芯样端面补平材料时，各个强度等级下的抗压强度值更加接近于立方体试块的数值，离散程度更低，建议可将调平胶作为端面补平材料的补充。

### 参考文献

[1] 中华人民共和国住房和城乡建设部. 钻芯法检测混凝土强度技术规程：JGJ/T 384—2016[S]. 北京：中国建筑工业出版社，2016.

[2] 中华人民共和国住房和城乡建设部. 混凝土强度检验评定标准：GB/T 50107—2010[S]. 北京：中国建筑工业出版社，2010.

[3] 王元光. 端面处理方式对混凝土芯样抗压强度影响分析 [J]. 混凝土，2013（08）：67-71.

[4] 邵珊，洪波，时光明. 砂盒法检测混凝土芯样抗压强度的试验研究 [J]. 建材世界，2013，34（02）：15-18.

[5] 杨大顺. 钻芯法检测芯样端面处理的最佳方法试验研究 [J]. 安徽建筑，2018，24（04）：268-269.

# 外套钢管夹层混凝土加固 RC 柱优化模型研究

梁鸿骏　汪　鹏　刘真真　卢亦焱

武汉大学　武汉　430072

**摘　要：** 外套钢管夹层混凝土加固法能够快速、大幅度提高受损钢筋混凝土柱承载力和延性，但已有研究主要集中于加固结构的短期力学性能，对加固结构的长期力学性能研究较少，同时缺乏基于经济最优化的设计方法研究。本文基于已有未锈蚀加固柱承载力计算公式和锈蚀后钢管材料性能退化规律，建立锈蚀后的加固柱承载力计算公式，计算值与试验值吻合良好。确定力学性能、工作性能等要求的约束条件数学模型，以加固成本最低为目标函数，编制 Python 程序进行优化外套钢管夹层混凝土加固 RC 柱的优化设计模型研究。研究结果表明：在优化后加固柱与试验样本的轴压承载力大致相当的情况下，优化后的加固柱成本得到有效降低，最大降低幅度达 13%，证明相关优化模型的有效性。

**关键词：** 钢管混凝土；加固柱；承载力；优化设计模型

## 1　前言

对受损钢筋混凝土（RC）柱进行加固修复符合国家绿色环保、碳中和发展战略。外套钢管夹层混凝土加固方法是一种综合传统增大截面加固法和钢管混凝土组合结构优势的新型加固方法，该方法具有承载力和变形能力提高幅度大、施工便捷、无须支模拆模、经济效益好等诸多优点，越来越受到工程界的重视和青睐。近年来课题组对于外套钢管夹层混凝土加固法开展了大量的研究。卢亦焱[1-3]等进行了加固 RC 短柱的轴压试验，结果表明由于钢管对核心混凝土的约束，被加固柱的承载力提高明显，且大于各组成部分纵向承载力的叠加。同时，该加固方法对加固 RC 中长柱[4]和偏心受压柱[5]也同样有效。但目前研究多集中于钢管混凝土加固柱的短期力学性能，对其长期力学性能研究尚有不足，缺少基于经济性最优的加固设计方法。

基于此，本文开展外套圆钢管夹层混凝土加固 RC 柱的优化模型研究。基于已有未锈蚀加固柱承载力计算公式和锈蚀后钢管材料性能退化规律，建立锈蚀后的加固柱承载力计算公式。基于已有研究结果，确定满足力学性能要求、工作性能要求的约束条件后，以加固成本最低为目标函数，编制 Python 程序进行优化模型研究。

## 2　锈蚀钢管混凝土加固柱承载力退化计算公式

### 2.1　未锈蚀加固柱承载力计算公式

未锈蚀加固柱承载力计算方法可参考课题组前期研究成果[6]，计算公式如下：

$$N_u = \left[1 + \xi\left(\frac{3 + (K-1)}{3}\right)^{1/2}\right]f'_c A_c + f_y A_{s1} \tag{1}$$

式中，$\xi = A_a f_a / A_c f'_c$；$f_a$ 为外套钢管屈服强度；$f'_c$ 为核心混凝土的等效抗压强度；$K$ 为侧压系数，取 3～6 之间的整数；$A_a$、$A_c$、$A_{s1}$ 分别为外套钢管、核心新旧混凝土和纵筋的有效截面面积。

### 2.2　锈蚀对外套钢管夹层混凝土加固柱性能的影响规律

对于原 RC 柱，钢筋锈蚀会严重影响钢筋自身力学性能，其产生的锈胀裂缝会降低钢筋笼外保护层的混凝土强度。文献[7]中给出了不同锈蚀率下钢筋的屈服强度计算公式：

基金项目：国家自然科学基金（51978539，51708240）。

作者简介：梁鸿骏，副教授，博士，主要从事工程结构加固研究，E-mail：hongjunliang8@163.com。

卢亦焱，教授，博士，主要从事高性能土木工程材料与结构安全研究，E-mail：yylu901@163.com。

$$f_{y0} = (1 - 0.012\eta_0) f_y \tag{2}$$

式中，$f_{y0}$ 为锈蚀纵筋的名义屈服强度；$\eta_0$ 为纵筋锈蚀率。

对于钢筋锈蚀带来的混凝土损伤，参考文献［7］可按下式计算：

$$f_{c0} = [1 - \eta_c(\eta_0)] f_c \tag{3}$$

式中，$f_{c0}$ 为受损混凝土抗压强度；$\eta_c(\eta_0)$ 为强度损伤系数，范围在［0，1］，取值见式（4）。

$\eta_c(\eta_0)$ 与 $\eta_0$ 的近似函数关系式如下：

$$\eta_c(\eta_0) = \begin{cases} 6.293\eta_0, & \eta_0 \leqslant 15.89\% \\ 1, & \eta_0 > 15.89\% \end{cases} \tag{4}$$

因此，组合加固柱核心新旧混凝土的等效抗压强度可以表示为：

$$f_c' = [f_{c0}A_{c0} + f_{c1}(A_{c1} - A_{c0}) + f_{c2}A_{c2}] / (A_{c1} + A_{c2}) \tag{5}$$

式中，$f_{c0}$、$f_{c1}$、$f_{c2}$ 分别为受损保护层混凝土、RC 原柱混凝土与后浇混凝土的抗压强度；$A_{c0}$、$A_{c1}$、$A_{c2}$ 分别为 RC 原柱保护层混凝土、RC 原柱混凝土与后浇混凝土的截面面积。

开展了大量的锈蚀钢管拉伸试验后，发现锈蚀同样会引起钢管的面积和力学性能的退化，具体试验结果可参考文献［8］。在此引入截面面积损伤因子 $\alpha(\eta)$ 和强度损伤因子 $\beta(\eta)$ 来分别考虑锈蚀对外套钢管的有效截面面积和材料强度的影响，锈蚀后的钢管对核心混凝土的套箍系数可按下式计算：

$$\xi(\eta) = (1 - 0.01\eta)(1 - 0.005\eta)\xi_0 \tag{6}$$

式中，$\eta$ 为外套钢管的锈蚀率；$\xi_0$ 为未锈蚀钢管混凝土加固柱的初始套箍系数。

### 2.3　锈蚀加固柱承载力计算公式及验证

将不同 $K$ 值计算得到的承载力与文献［9］中锈蚀后钢管混凝土加固柱的承载力对比发现，当侧向系数 $K$ 取 5 时，计算值与试验结果吻合度最好，两者对比结果见表 1。表中 $N_{u,exp}$ 和 $N_{u,cal}$ 分别表示承载力试验值和计算值。最终得到锈蚀后外套钢管夹层混凝土加固受损 RC 柱的承载力退化计算公式为：

$$N_u = [1 + 2.517(1 - 0.01\eta)(1 - 0.005\eta)\xi_0] f_c'A_c + f_{y0}A_{s1} \tag{7}$$

## 3　优化模型研究

### 3.1　目标函数

后浇混凝土及加固用钢管的材料成本和施工成本均可根据加固工程当地情况取值。本文根据武汉建材市场数据，将后浇混凝土和钢管的材料价格定为 $C_{c2}$=600 元 /m³ 和 $C_a$=4400 元 /t，后浇混凝土和钢管的建筑成本与材料成本的比率分别定为 $P_{c2}$=21.5% 和 $P_a$=12.3%［10］。因此，每单位长度的柱加固成本为：

$$C(x) = \left[ (1 + P_{c2})C_{c2} \left( \frac{\pi}{4}(D - 2t)^2 - \frac{\pi}{4} \cdot d^2 \right) + (1 + P_a)C_a \left( \frac{\pi}{4}D^2 - \frac{\pi}{4}(D - 2t)^2 \right) \rho \right] \times 10^{-9} \tag{8}$$

式中，$d$=150mm 为 RC 柱的直径；$\rho$=7800kg/m³ 为钢管的密度。

### 3.2　约束条件数学模型

（1）加固柱承载能力应满足 $N \leqslant N_u$，即 s.t. $N - [1 + 2.517(1 - 0.01\eta)(1 - 0.005\eta)\xi_0] f_c'A_c + f_{y0}A_{s1} \leqslant 0$。

（2）为避免钢管过早屈曲，外套钢管的径厚比应满足［10］ s.t. $D/t \leqslant 100\sqrt{235/f_a}$。

（3）为兼顾加固试件延性和经济性，试件的套箍约束系数应满足［10］ s.t. $0.5 \leqslant \xi(\eta) \leqslant 3.0$。

（4）钢管与钢筋混凝土柱之间的间隙应满足加固混凝土浇筑的要求，即间隙至少要大于 3 倍的粗骨料粒径，即 s.t. $D - 2t - d \geqslant 3r$，其中 $t$、$d$ 分别为加固钢管壁厚和原 RC 柱直径。

### 3.3　优化结果对比

对文献［9］中加固柱试件进行优化设计，部分试件 t4-R15%-C40、t4-R10%-C40 和 t3-R5%-C40

的优化结果见表 1。由表可知三种样本在加固后承载能力保持不变的情况下，加固成本分别降低了13.17%、10.75% 和 1.35%，表明该优化模型的有效性。

**表 1　优化结果对比**

| 试件 | 优化情况 | $D$ (mm) | $t$ (mm) | $\xi$ | $N_{u,exp}$ (kN) | $N_{u,cal}$ (kN) | $N_{u,cal}/N_{u,exp}$ | 单位长度成本 (元/m) | 优化后成本减幅（%） |
|---|---|---|---|---|---|---|---|---|---|
| t4-R15%-C40 | 优化前 | 219 | 3.61 | 0.68 | 2740 | 2729 | 0.996 | 94.16 | 13.17 |
| | 优化后 | 232.15 | 3.0 | 0.50 | — | 2729 | 0.996 | 83.33 | |
| | 最终结果 | 232 | 3.0 | 0.50 | — | 2725 | 0.995 | 83.2 | |
| t4-R10%-C40 | 优化前 | 219 | 3.61 | 0.73 | 2799 | 2867 | 1.024 | 94.16 | 10.75 |
| | 优化后 | 236.49 | 2.86 | 0.50 | — | 2867 | 1.024 | 80.85 | |
| | 最终结果 | 237 | 3.0 | 0.52 | — | 2947 | 1.053 | 85.02 | |
| t3-R5%-C40 | 优化前 | 219 | 2.57 | 0.53 | 2467 | 2459 | 0.997 | 67.36 | 1.35 |
| | 优化后 | 221.77 | 2.46 | 0.50 | — | 2459 | 0.997 | 65.42 | |
| | 最终结果 | 222 | 2.5 | 0.51 | — | 2480 | 1.005 | 66.46 | |

## 4　结论

（1）在锈蚀钢管力学性能退化研究的基础上，基于极限平衡法建立锈蚀后钢管混凝土加固受损 RC 柱的承载力退化公式，根据试验结果对比分析了本文推导的锈蚀外套钢管夹层混凝土加固受损 RC 柱的承载力退化极限公式。

（2）优化后的程序可以使不同加载条件下的加强柱的典型试件 t4-R15%-C40、t4-R10%-C40 和 t3-R5%-C40 的成本分别降低 13.17%、10.75% 和 1.35%，优化程序的可行性得到了验证。

**参考文献**

[1] LU Y Y, LIANG H J, LI S. Axial behavior of RC columns strengthened with SCC filled square steel tubes[J]. Steel and Composite Structures, 2015, 18（3）: 623-639.

[2] 卢亦焱, 梁鸿骏, 李杉. 方钢管自密实混凝土加固钢筋混凝土方形截面短柱轴压性能试验研究 [J]. 建筑结构学报, 2015, 36（7）: 43-50.

[3] LIANG H J, LU Y Y, HU J Y. Experimental study and confinement analysis on RC stub columns strengthened with circular CFST under axial load[J]. International Journal of Steel Structures, 2018, 18（5）: 1577-1588.

[4] LI W J, LIANG H J, LU Y Y. Axial behavior of slender RC square columns strengthened with circular steel tube and sandwiched concrete jackets[J]. Engineering Structures, 2019, 179: 423-437.

[5] LU Y Y, LIANG H J, LI S. Numerical and experimental investigation on eccentric loading behavior of RC columns strengthened with SCC filled square steel tubes[J]. Advances in Structural Engineering, 2015, 18（2）: 295-309.

[6] 薛继峰. 钢管自密实混凝土加固 RC 方柱受压力学性能研究 [D]. 武汉: 武汉大学, 2015: 76-78.

[7] 蒋燕鞠, 卢亦焱, 梁鸿骏. 轴心受压下钢管混凝土加固锈蚀 RC 圆柱受力全过程分析 [J]. 土木工程与管理学报, 2021, 38（03）: 140-145, 179.

[8] JIANG Y J, SONG B, HU J Y. Structure time-dependent reliability of corroded circular steel tube structures: Characterization of statistical models for material properties[J]. Structures, 2021, 33: 792-803.

[9] 蒋燕鞠. 氯盐环境下钢管混凝土加固受损 RC 柱的可靠度分析研究 [D]. 武汉: 武汉大学, 2021: 44-45.

[10] ZHAO X B, LU Y Y, LIANG H J. Optimal design of reinforced concrete columns strengthened with steel tubes and sandwiched concrete[J]. Engineering Structures, 2021, 244: 112723.

# CFRP 加固焊接空心球节点连接焊缝常幅疲劳性能试验研究

段雨童　雷宏刚

太原理工大学　太原　030000

**摘　要：** 为提升空间网格结构疲劳寿命，采用碳纤维复合材料（CFRP）对焊接空心球节点连接焊缝进行加固处理，共进行 4 个应力加载等级的焊接空心球常幅疲劳试验。结果表明，未加固试件破坏位置均位于管球连接焊缝的管面焊趾处，加固试件破坏位置均位于端板 – 钢管连接焊缝的管面焊趾处。CFRP 加固可将焊接空心球疲劳寿命提高 81% ～ 279%。

**关键词：** CFRP；焊接空心球；疲劳性能；常幅疲劳试验

　　焊接钢结构中，70% ～ 90% 的失效归结于焊接接头的疲劳断裂[1]，如何提高在役带悬挂起重机的焊接空心球网架结构疲劳性能值得国内外学者重点关注。近年来碳纤维复合材料（CFRP）在钢结构加固中成为热点[2]。对于 CFRP 加固钢结构疲劳性能[3]，研究结果表明无论是有损、无损及锈蚀钢材，CFRP 均能够有效提高钢材疲劳寿命，降低裂纹扩展速率。对于 CFRP 加固焊接结构疲劳性能，研究对象主要有横向焊接接头[4]、纵向焊接接头[5]、十字形焊接接头[6-7]、K 形和方形焊接接头[8] 及铝合金梁柱节点[9]，疲劳寿命可提高 2 ～ 10 倍。本文拟采用 CFRP 对焊接空心球节点连接焊缝进行加固处理，并进行常幅疲劳试验得出 S-N 曲线，为 CFRP 在加固焊接结构的疲劳性能试验上提供依据。

## 1　试验概况

### 1.1　试件设计

　　本次试验共进行 8 个焊接空心球常幅疲劳试验，其中 4 个为未加固试件（以下简称"对照组"），4 个为 CFRP 加固试件（以下简称"试验组"）。试件材料均采用 Q235B 钢材，钢管直径 75.5mm，壁厚 3.75mm，高频焊管，焊接球直径 200mm，壁厚 8mm，管球之间采用对接加坡口焊，焊缝质量等级均不低于二级。加固材料选用卡本 I 级碳纤维布及配套浸渍胶，试验材料力学性能见表 1。

表 1　试验材料力学性能

| 材料 | 弹性模量（GPa） | 屈服强度（MPa） | 抗拉强度（MPa） | 伸长率（%） |
|------|------|------|------|------|
| CFRP | 240 | — | 3512.7 | 1.7 |
| 浸渍胶 | 2.9 | — | 60.1 | 3.40 |
| 钢管 | 206 | 407 | 518 | 22.5 |

### 1.2　试件制作

　　对照组试件只进行表面打磨光滑并喷涂黑色哑光漆处理，试验组试件在对照组基础上将管球连接焊缝处进行粘贴 CFRP 加固处理。将 CFRP 裁成图 1 的尺寸，经计算单个管球连接焊缝处需 3 块碳布将焊缝完全包裹，试件打磨后用丙酮溶液将粘贴部位擦拭干净。

　　由于加固部位几何构造复杂，粘贴 CFRP 之前用粘钢胶将焊缝表面抹平，尽可能形成一个光滑平整的粘贴面并静置固化 24h。待

图 1　CFRP 尺寸

基金项目：国家自然科学基金项目（51578357）。

作者简介：段雨童，博士研究生，主要从事钢结构加固研究，E-mail：dytong163@163.com。

通信作者：雷宏刚，教授，主要从事钢结构加固领域的研究，E-mail：lhgang168@126.com。

粘钢胶初步固化后按比例配置好 CFRP 专用浸渍胶，试件表面涂抹一定厚度胶后将碳布与试件紧密粘贴并按压一段时间，制作流程如图 2 所示。

（a）试件打磨　　　　　　　　（b）粘钢胶找平　　　　　　　　（c）CFRP 粘贴

图 2　加固试件制作流程

## 1.3　加载方案

采用 MTS Landmark370.50 疲劳试验机及配套数据采集软件 Multipurpose Elite 进行常幅疲劳试验，试验在室温条件（10 ～ 35℃）下进行，采用等幅正弦曲线加载，根据加载状况确定试验频率为 3 ～ 5Hz。依据团队研究成果确定本次管球节点常幅疲劳试验应力比为 0.1，结合网架结构下弦杆受力状态及 Q235 钢材设计强度，共设计 4 个应力加载等级，加载制度详见表 2。

表 2　常幅疲劳试验加载制度

| 序号 | 试验加载力（kN） | | 试验加载应力（MPa） | | 应力范围 | 应力比 |
| --- | --- | --- | --- | --- | --- | --- |
| | $N_{max}$ | $N_{min}$ | $\sigma_{max}$ | $\sigma_{min}$ | $\Delta\sigma$ | $\rho$ |
| 1 | 181.74 | 18.17 | 215 | 21.5 | 193.5 | 0.1 |
| 2 | 126.79 | 12.68 | 150 | 15 | 135 | 0.1 |
| 3 | 118.34 | 11.83 | 140 | 14 | 126 | 0.1 |
| 4 | 109.89 | 10.99 | 130 | 13 | 117 | 0.1 |

注：$N_{max}$、$N_{min}$ 分别为试验最大、最小加载力；$\sigma_{max}$、$\sigma_{min}$ 为钢管名义应力，$\sigma_{max} = N_{max} / A_s$，$\sigma_{min} = N_{min} / A_s$，$A_s$ 为钢管横截面面积；应力范围 $\Delta\sigma = \sigma_{max} - \sigma_{min}$；应力比 $\rho = \sigma_{max} / \sigma_{min}$。

## 2　试验结果

由表 3 可知，对于未加固的焊接空心球，由于焊趾区域的焊缝缺陷及残余应力影响，该处应力集中严重，裂纹大多起源于管球咬边处并沿钢管壁厚方向完全穿透，进而沿着管面焊趾环向开裂，试验停止时断口长度大约占整个管周的 1/2，试件破坏位置如图 3（a）所示。

表 3　焊接空心球节点连接焊缝疲劳试验结果

| 加载等级 $\sigma_{max}$ | 对照组疲劳寿命 $N$（$\times 10^4$ 次） | 实验组疲劳寿命 $N$（$\times 10^4$ 次） | 提高寿命 $\Delta N$（$\times 10^4$ 次） | 寿命提高（%） |
| --- | --- | --- | --- | --- |
| 215 | 3.1 | 11.6 | 8.6 | 279.56 |
| 150 | 20.8 | 40.3 | 29.7 | 93.93 |
| 140 | 35.1 | 45.9 | 20.6 | 30.68 |
| 130 | 112.6 | 132.1 | 71.6 | 17.36 |

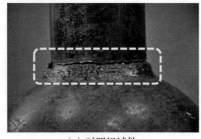

（a）对照组试件　　　　　　　　　　　　（b）试验组试件

图 3　试件破坏位置

　　如图 4 所示，经过 CFRP 加固后的试件，4 个应力加载等级下管球连接焊缝处疲劳寿命分别提高了 17.36%、30.68%、90.93%、279.56%，疲劳破坏位置均发生在端板 – 钢管连接焊缝的管面焊趾处，由于 CFRP 改变了裂纹尖端的应力场，使得试件中应力集中严重部位由原本的管球连接焊缝处变为管 – 端板焊缝连接处，裂纹从管面焊趾处萌生并逐步穿透钢管壁厚，进而沿钢管环向开裂，试件破坏照片如图 3（b）所示。

## 3　结论

　　分别对 4 个焊接空心球节点和 4 个 CFRP 加固节点进行常幅疲劳试验，得出以下结论：

　　（1）CFRP 加固后焊接空心球节点管球连接焊缝处疲劳寿命可提高 81% ～ 279%，平均值为 105.38%。

　　（2）未加固试件疲劳破坏位置均位于管球连接焊缝的管面焊趾处，而加固试件中 CFRP 粘贴有效改善了连接焊缝周围应力场，降低裂纹尖端应力强度因子，使破坏位置发生在另一个应力集中严重部位——端板钢管连接焊缝的管面焊趾处。

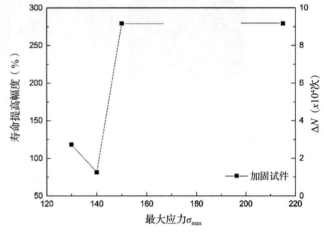

图 4　寿命提高百分比

**参考文献**

[1] 霍立兴，王东坡，王文先. 提高焊接接头疲劳性能的研究进展和最新技术. 2002：13.

[2] ZHAO X L. FRP-strengthened metallic structures[M]. Boca Raton：CRC Press，2013.

[3] 顾祥林，余倩倩，陈涛. 碳纤维增强复合材料提升钢结构疲劳性能的研究进展 [J]. 青岛：2018：5-24.

[4] TONG L W，YU Q T，ZHAO X L. Experimental study on fatigue behavior of butt-welded thin-walled steel plates strengthened using CFRP sheets[J]. Thin-walled structures，2020，147106471.

[5] YU Q Q，CHEN T，GU X L，et al. Fatigue behaviour of CFRP strengthened out-of-plane gusset welded joints with double cracks[J]. POLYMERS，2015，7（9）：1617-1637.

[6] 王吴俊，揭志羽，陈超. 碳纤维复材加固开裂焊接十字接头疲劳性能研究 [J]. 工业建筑，2021，51（05）：181-187.

[7] CHEN T，YU Q Q，GU X L，et al. Stress intensity factors（KI）of cracked non-load-carrying cruciform welded joints repaired with CFRP materials[J]. Composites. Part B，Engineering，2013，45（1）：1629-1635.

[8] XIAO Z G，ZHAO X L. Cfrp repaired welded thin-walled cross-beam connections subject to in-plane fatigue loading[J]. International journal of structural stability and dynamics，2012，12（1）：195-211.

[9] 蒋首超，张锦骁. 纤维增强复合材料加强铝合金焊接梁柱节点性能试验研究 [J]. 工业建筑，2015，45（07）：170-175.

# 钢筋接头率对混凝土柱抗震性能
# 影响试验研究

王广义[1]　　田忠诚[1]　　杨广晖[2]

1.山东建筑大学工程鉴定加固研究院有限公司　济南　250101
2.山东建筑大学　济南　250101

**摘　要：** 本文对钢筋机械连接接头面积百分率不同的共12个混凝土柱试件进行低周往复加载试验，得到了该类试件的滞回曲线、荷载－应变曲线及骨架曲线等，研究了钢筋机械连接接头率对混凝土柱抗震性能的影响。结果表明：如连接接头不发生破坏，试件的破坏形式、受力特性、承载力和变形性能与无钢筋接头的试件相同，且与钢筋的接头率无关，此时钢筋的接头率对结构的抗震性能没有影响；如接头不满足要求，试件在荷载作用下接头易发生滑移破坏，此时试件发生突然"脆性"破坏，构件的承载力和延性明显降低，显著影响其抗震性能。

**关键词：** 钢筋接头率；机械连接；混凝土柱；抗震性能

目前我国规范[1]对纵向受拉钢筋采用机械连接方式的接头面积百分率规定为：位于同一区段内的受拉钢筋搭接接头面积百分率不宜大于50%，对板、墙、柱及预制构件的拼接处，可根据实际情况放宽。而在混凝土结构加固工程施工中，由于现场条件限制及剔凿难度较大等原因，往往出现混凝土梁、柱、板等构件在同一连接区段内纵向钢筋的接头率超规范要求的情况，此时一般遵循在钢筋连接区域应采取必要的构造措施，以增加对连接区段的围箍约束，如适当增加混凝土保护层厚度或钢筋间距、加强配箍等[2]。

目前，混凝土结构构件受拉钢筋机械连接接头面积百分率对其抗震性能影响的相关研究相对较少，本文阐述了对钢筋机械连接接头面积百分率不同的共12个混凝土柱试件进行低周往复加载试验的情况，研究分析了接头率对柱抗震性能的影响，以供设计及施工作为参考。

## 1　试验设计

### 1.1　试件设计

试验柱的截面尺寸为250mm×250mm，柱高1300mm。本次试验钢筋接头连接方式为机械连接，钢筋接头位置均在柱的底部，钢筋接头率取三种：50%、67%和100%。接头率为50%的试件下部受拉钢筋为两根，其中一根有接头。接头率为67%的试件下部受拉钢筋为三根，其中两根有接头。接头率为100%的试件下部受拉钢筋为三根，三根钢筋全部在柱的底部采用机械连接接头。钢筋均选用HRB400钢筋，纵筋直径选用三种，即Φ18、Φ22和Φ25。箍筋沿柱全高配Φ8@150。试件混凝土强度等级为C30。另外设计了一根无钢筋接头的试件，以便进行试验结果的对比分析。为了对柱施加水平荷载时固定柱，试件设置底梁。构件具体要求见图1～图3和表1。

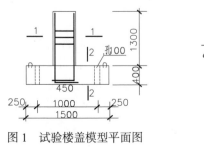
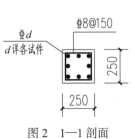
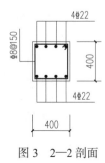

图1　试验楼盖模型平面图　　　图2　1—1剖面　　　图3　2—2剖面

**表 1　试件设计表**

| 型号 | 构件截面尺寸（mm） | 构件高度（mm） | 每侧纵向受力钢筋根数 | 每侧有接头钢筋根数 | 接头位置 | 接头率（%） | 构件数量 |
|---|---|---|---|---|---|---|---|
| 1A-1 | 250×250 | 1700 | 2Φ18 | 1根 | 柱根同一截面 | 50 | 1 |
| 1B-2 | 250×250 | 1700 | 3Φ18 | 2根 | 柱根同一截面 | 67 | 1 |
| 1C-1 | 250×250 | 1700 | 3Φ18 | 3根 | 柱根同一截面 | 100 | 1 |
| 1D-2 | 250×250 | 1700 | 3Φ18 | 0 | 无接头 | 0 | 1 |
| 2A-1 | 250×250 | 1700 | 2Φ22 | 1根 | 柱根同一截面 | 50 | 1 |
| 2B-1 | 250×250 | 1700 | 3Φ22 | 2根 | 柱根同一截面 | 67 | 1 |
| 2C-1 | 250×250 | 1700 | 3Φ22 | 3根 | 柱根同一截面 | 100 | 1 |
| 2D-1 | 250×250 | 1700 | 3Φ22 | 0 | 无接头 | 0 | 1 |
| 3A-2 | 250×250 | 1700 | 2Φ25 | 1根 | 柱根同一截面 | 50 | 1 |
| 3B-1 | 250×250 | 1700 | 3Φ25 | 2根 | 柱根同一截面 | 67 | 1 |
| 3C-1 | 250×250 | 1700 | 3Φ25 | 3根 | 柱根同一截面 | 100 | 1 |
| 3D-1 | 250×250 | 1700 | 3Φ25 | 0 | 无接头 | 0 | 1 |

## 1.2　试验加载方案

试验时利用反力墙和液压伺服加载系统进行加载，加载示意图如图 4 所示。

对试验柱进行拟静力试验，采用液压伺服加载系统（MTS）施加水平向推拉往复荷载，观察机械接头在反复拉压荷载作用下的工作状态。对于柱内纵向受力钢筋，柱所受轴力越小，钢筋的应力幅越大，因此在试验时柱的轴压比取 0，即仅施加水平荷载不施加竖向荷载。试验加载时首先用荷载控制，钢筋屈服后再用位移控制，荷载降至极限荷载的 85% 以下时，停止加载。

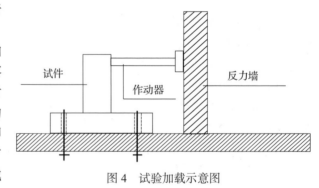

图 4　试验加载示意图

## 1.3　测点布置

为了得到钢筋在每个加载阶段的应力，以便判断有接头钢筋的工作状态，在靠近接头位置处的钢筋上布置了应变片。应变片预埋在试件内，每级荷载下钢筋的应力通过数据采集器采集。在试件的支座及柱的顶部各布置一个百分表以便测试构件的侧移。

## 2　试验结果

### 2.1　试件破坏形态

对于配置直径为 18mm 和 25mm 纵向钢筋的构件，无论是否有接头，也无论接头率是多少，构件的破坏过程和破坏形式基本相同，当荷载达到 20 ～ 25kN 时，柱的底部加荷载一侧首先产生水平裂缝，两个侧面上则出现稍微倾斜的斜裂缝。随着荷载的增加，裂缝不断发展，裂缝宽度不断加大，同时构件上产生新的裂缝，最终受压区混凝土被压、碎构件发生破坏，构件达到最大承载力，此时位移增加但荷载降低。

对于配置直径为 22mm 纵向钢筋的构件，当荷载达到 20 ～ 25kN 时，构件底部首先产生裂缝，随着荷载的增加裂缝不断发展，裂缝宽度不断加大，同时构件上产生新的裂缝。试件 2A-1 在荷载达到 53kN 时，发出"砰"的一声爆裂声，此时侧移迅速增加、荷载降低，裂缝迅速发展，裂缝宽度明显加大，受压一侧混凝土被压碎构件发生破坏，构件达到极限承载力。试件 2B-1 在荷载达到 62kN 时，发出"砰"的一声爆裂声，此时侧移迅速增加、荷载降低，裂缝迅速发展，裂缝宽度明显加大，受压一侧混凝土被压碎构件发生破坏，构件达到极限承载力。试件 2C-1 在荷载施加到 64kN 时发出"砰"的爆裂声音，此时侧移迅速增加、荷载降低，裂缝迅速发展，裂缝宽度明显加大，受压一侧混凝土被压碎，构件发生破坏，构件达到极限承载力。对于出现"砰"的爆裂声音的构件，破坏后将钢筋剔除，发现钢筋从机械连接的套内拔出，钢筋螺纹受到明显损伤。试件 2D-1 破坏形态与配置直径为 18mm 和 25mm 纵向钢筋的构件基本相同。

## 2.2　钢筋应变试验结果

由试验结果可知，试件在开裂前钢筋应变比较小，试件开裂后钢筋应变明显增加，原因是试件开裂后混凝土承担的拉力卸给钢筋，钢筋的应力将产生突变。对受拉钢筋没有接头的试件或有接头但在荷载作用下接头未发生破坏的构件，最终钢筋达到屈服应变，钢筋屈服，由于应变较大，较多应变片破坏，无法测得实际应变。对于钢筋接头出现问题的试件，当发出"砰"的声音时，某根钢筋的应变突然减小，也说明该根钢筋出现问题，钢筋从套筒内拔出。原因是钢筋从套筒内拔出后，钢筋将不能再承担拉力，因此应变突然减小，而无接头的钢筋应变迅速增加，而且钢筋接头出现问题时钢筋还未达到屈服强度。

## 3　试验数据分析

根据试验结果，分析得到各试件的滞回曲线如图 5～图 16 所示。

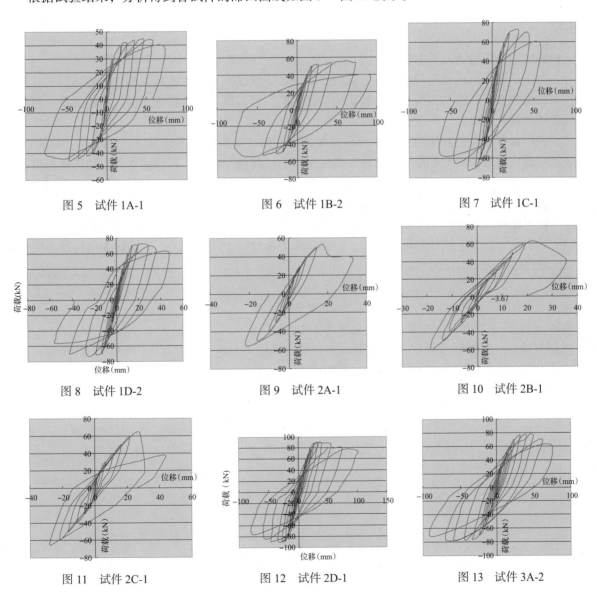

图 5　试件 1A-1　　　　图 6　试件 1B-2　　　　图 7　试件 1C-1

图 8　试件 1D-2　　　　图 9　试件 2A-1　　　　图 10　试件 2B-1

图 11　试件 2C-1　　　　图 12　试件 2D-1　　　　图 13　试件 3A-2

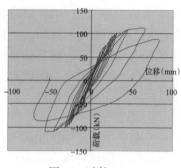

图 14　试件 3B-1

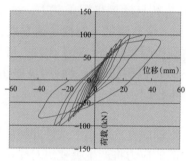

图 15　试件 3C-1

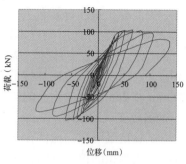

图 16　试件 3D-1

由滞回曲线可以看出，对于配置直径为 18mm 和 25mm 纵向钢筋的构件，无论受拉钢筋是否有接头，也不论接头率是多少，试件的滞回曲线基本相同，构件开裂前变形较小，构件出现裂缝后，随着荷载的增加变形加快，受拉钢筋达到屈服强度后，构件变形增加较快，达到极限荷载后，荷载缓慢降低但侧移增加较大，说明构件具有一定的延性。对于配置直径为 22mm 纵向钢筋的构件，在钢筋接头未发生破坏前，滞回曲线同一般构件完全相同，当钢筋接头出现问题时，构件也就达到了最大承载力，此时，构件的承载力大幅度降低，变形迅速增加，其主要原因是，当钢筋从套筒拔出后钢筋已失去作用，受拉钢筋面积突然减小，构件的承载力也突然降低，构件的刚度也迅速减小。

## 4　结论

试验和理论分析得到以下主要结论：

（1）对于钢筋采用机械连接的构件，荷载作用下如连接接头不发生破坏，构件的破坏形式、受力特性、承载力和变形性能与无受拉钢筋接头的构件相同，且与钢筋的接头率无关。钢筋的接头率对结构的抗震性能没有影响。

（2）如构件在荷载作用下接头产生滑移发生破坏，构件的裂缝将迅速发展，裂缝宽度明显加大，即使降低荷载，裂缝和变形都发展比较快，产生突然的"脆性"破坏，构件的承载力和延性都将明显降低。

（3）如果钢筋连接接头不满足要求，在反复荷载作用下，钢筋在接头处更容易出现问题，承载力和延性都将明显降低，对构件的抗震性能影响要远大于对构件在静力荷载作用下的性能影响。

（4）对于钢筋混凝土构件的机械连接，控制接头的百分率不是主要的，关键是如何保证不同规格的钢筋机械连接接头不出现问题。

**参考文献**

[1] 徐有邻，程志军.混凝土结构中钢筋的连接 [J].建筑结构，2003，33（4）：67-72.

[2] 中华人民共和国住房和城乡建设部.混凝土结构设计规范：GB 50010—2010[S].北京：中国建筑工业出版社，2010.

# 可更换部件的联肢剪力墙数值模拟分析

李书蓉[1]　闫　岩[3]　蒋欢军[2]　张　鑫[1]

1. 山东建筑大学建筑结构加固改造与地下空间工程教育部重点实验室　济南　250101
2. 同济大学土木工程防灾国家重点试验室　上海　200092
3. 山东建筑大学工程鉴定加固研究院有限公司　济南　250101

**摘　要：** 为了实现剪力墙结构在地震后不需要修复或稍加修复即可恢复其功能，本文提出了一种连梁和墙脚均可更换的可恢复功能的钢筋混凝土联肢剪力墙。采用循环软化膜模型建立了传统联肢剪力墙和可恢复功能的联肢剪力墙的非线性数值计算模型。借助数值计算结果与试验结果的对比，验证了数值计算模型的正确性。分析结果表明，在高轴压比下，提出的可恢复功能联肢剪力墙的承载力、延性和耗能能力均明显优于传统联肢剪力墙。

**关键词：** 可恢复功能结构；钢筋混凝土剪力墙；可更换部件；有限元模型；数值模拟

　　我国现阶段的抗震设防目标是"小震不坏，中震可修，大震不倒"[1]，要求建筑结构在遭遇罕遇地震后，允许结构有较大的变形和大的破坏，但避免结构倒塌，造成人员伤亡。地震时若结构破坏严重，震后难以修复，只能推倒重建，从而造成巨大的浪费和经济损失。对于可修复的建筑，由于修复时间长、建筑功能中断，直接影响了人们的生产和生活。如何实现强震后工程结构、城市乃至整个社会快速恢复其正常使用功能，近年来得到了密切关注。2017 年，我国开始实施"韧性城乡"计划列为国家地震科技创新工程四大计划之一。

　　为了实现结构的抗震韧性，减小地震造成的经济损失，有效缩短建筑修复周期，一种有效的方式是在结构易破坏的位置安装可更换的耗能部件。考虑到地震时联肢剪力墙中连梁及墙脚均易遭受严重破坏，本文作者提出了一种连梁和墙脚均可更换的新型钢筋混凝土联肢剪力墙，其构造如图 1 所示。新型联肢剪力墙的低周反复加载试验结果表明[2]，该剪力墙具有良好的抗震性能，损伤集中在可更换部件，墙肢非更换段保持完好。

　　本文在试验基础上，建立了新型联肢剪力墙的非线性数值计算模型，采用经过验证的数值计算模型进一步验证高轴压比下新型联肢剪力墙的抗震性能。

## 1　有限元计算模型

### 1.1　分析单元及材料

　　采用 OpenSees 分析软件对试件进行数值建模。约束边缘构件与墙板采用 EqualDOF 命令组合，有限元模型如图 2 所示。

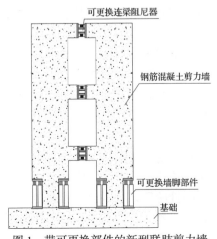

图 1　带可更换部件的新型联肢剪力墙

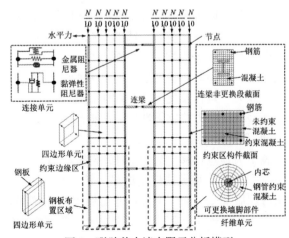

图 2　联肢剪力墙有限元分析模型

　　剪力墙的约束边缘构件和传统连梁采用基于刚度法的纤维单元，混凝土材料采用 Concrete02 本构模型，本构模型参照 Mander 本构模型。试验中连梁纵筋和墙底约束边缘构件的纵筋屈曲，钢筋模型本文选用 DM 模型。剪力墙板采用四边形单元，采用基于循环软化膜模型[3]的材料本构。墙底内置钢板采用四边形单元，通过 $J_2$ 材料本构表达钢材的多轴材料行为[4]。

　　新型可更换连梁主要由非更换段和可更换段（复合阻尼器）组成。复合阻尼器由金属阻尼器和黏弹性阻尼器并联组成，采用连接单元模拟。金属阻尼器采用 Hysterical 材料本构。黏弹性阻尼器采用 Elastic 和 Viscous 材料模型。可更换墙脚部件采用纤维单元模拟，钢管由于不直接承受压力，不建模。混凝土采用 Concrete02 本构模型，软钢内芯选用 Steel02 材料模型。

### 1.2　模型验证

　　采用和试验相同的加载制度对 4 个试件的荷载 – 位移滞回性能进行分析，水平力 – 顶点位移滞回曲线计算结果如图 3 所示。由图可知，数值模拟结果与试验结果吻合较好，说明本文采用的有限元模型可以较准确地模拟构件的滞回性能。

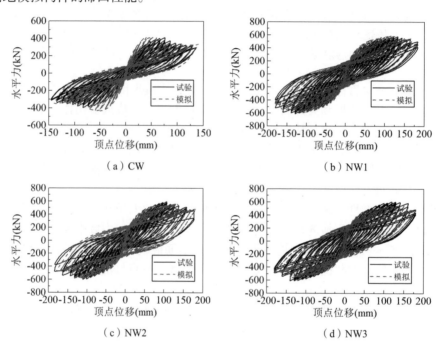

图 3　试件的荷载 – 位移滞回曲线计算结果与试验结果对比

## 2　高轴压比下新型联肢剪力墙的抗震性能

### 2.1　荷载 – 位移滞回曲线

　　图 4 为不同轴压比下传统剪力墙和新型联肢剪力墙的荷载 – 位移滞回曲线对比。由图可知，随着轴压比增大，传统联肢剪力墙的承载力有不同程度的提高，延性逐渐降低，构件强度退化明显；新型联肢剪力墙随着轴力增大，承载力增大，当轴压比为 0.6 时，新型联肢剪力墙的承载力略有降低；轴压比增大，新型联肢剪力墙的延性降低，但延性降低幅度较小。相比传统联肢剪力墙，新型联肢剪力墙的承载力、延性及耗能能力均明显优于传统联肢剪力墙，说明在高轴压比下，与传统联肢剪力墙相比，新型联肢剪力墙抗震性能显著提高。

### 2.2　连梁损伤

　　表 1 为顶点位移角为 1% 时，传统联肢剪力墙和新型联肢剪力墙在轴压比 0.24、0.35、0.45 和 0.6 下，二层连梁端部纵筋应变的最大值。传统连梁纵筋屈服（纵筋屈服应变为 $2700 \times 10^{-6}$），纵筋应变远超过屈服应变，而新型连梁非更换段的纵筋都非常小，处于弹性阶段。另外，连梁非更换段纵筋应变远小于传统连梁。随着轴压比增大，新型连梁的破坏集中在阻尼器，连梁非更换段的钢筋和钢板没有屈服。

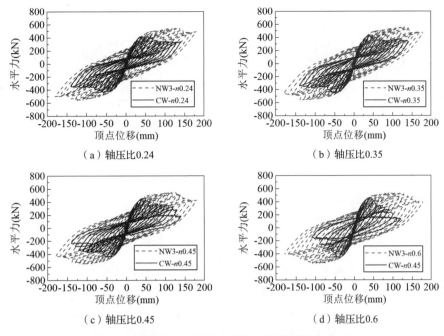

图 4　不同轴压比下试件的荷载 – 位移滞回曲线对比

表 1　连梁纵筋最大应变（$\times 10^{-6}$）

| 试件 | 轴压比 | | | |
|---|---|---|---|---|
| | 0.24 | 0.35 | 0.45 | 0.60 |
| 传统墙肢 | 15574 | 16516 | 15569 | 14956 |
| 新型墙肢 | 1712 | 1674 | 1678 | 1648 |

## 3　结论

应用有限元分析软件 OpenSees，采用循环软化膜模型对传统联肢剪力墙和新型联肢剪力墙进行了数值建模分析，通过与试验结果对比验证了数值计算模型的正确性。采用经过验证的数值计算模型研究了高轴压比下新型联肢剪力墙的抗震性能。计算结果表明，在高轴压比下，新型联肢剪力墙的承载力、延性和耗能能力均明显优于传统联肢剪力墙，新型联肢剪力墙的破坏主要集中在连梁阻尼器和可更换墙脚部件，非更换区得到了有效保护。

## 参考文献

[1] 中华人民共和国住房和城乡建设部. 建筑抗震设计规范：GB 50011—2010[S]. 北京：中国建筑工业出版社，2010.

[2] JIANG H，LI S，BOLANDER JE，et al. Seismic performance of a new type of coupled shear wall with replaceable components：experimental validation[J]. Journal of Earthquake Engineering，2022，（1）：24.

[3] MANSOUR M，HSU T T C. Behavior of reinforced concrete elements under cyclic shear Ⅱ：theoretical model[J]. Journal of Structural Engineering，2005，131（1）：54-65.

[4] HILL R. The mathematical theory of plasticity[M]. Oxford：Oxford university press，1998.

# 既有地铁车站上盖增层基坑施工力学响应及参数分析

刘兆成[1]　韩健勇[2,3,4]　张朝阳[1]　邵广彪[2,3,4]　孔　涛[1]

王　军[2,3,4]　张清平[1]　刘颜磊[5]　姚传栋[1]

1. 山东省地矿工程勘察院　济南　250014
2. 山东建筑大学土木工程学院　济南　250101
3. 山东建筑大学工程鉴定加固研究院有限公司　济南　250013
4. 山东建筑大学建筑结构加固改造与地下空间工程教育部重点实验室　济南　250101
5. 山东建筑大学设计集团有限公司　济南　250013

**摘　要：** 北京苹果园站既有地铁结构进行上盖增层拓建，上盖增层基坑直接落在既有车站拱顶，既有结构和基坑围护结构之间存在复杂的影响。基于此项目，本文针对围护结构嵌固桩与无嵌固桩的受力特点，建立三维有限元数值模型，对不同桩体展开关键参数分析，对围护桩桩体及既有结构的受力变形规律进行深入分析。研究表明，无嵌固桩底部与既有车站结构不连接时，既有车站隆起量基本不变，但桩体位移最大增加约 2.7 倍，桩体弯矩最多降幅至连接时的 57.1%；随着嵌固桩与既有车站结构距离增加，既有车站结构隆起量呈线性增加，而桩与结构间的土体部分呈趋于平缓的非线性增加，嵌固桩的位移增大、受力减小，当距离大于 4.7m 后，桩体位移和受力基本不再变化；桩体嵌固深度对桩体受力变形影响主要在桩体下半部分，随着嵌固深度增加，最大位移减小约 16.9%，最大弯矩减小，最大负弯矩增加。

**关键词：** 地铁车站；明挖增层；围护结构；数值模拟；参数分析

　　基于国家创新驱动发展战略，在新时代网络化地下空间建设需求下，国内地下工程的建设和功能要求不断提高，既有结构的拓建工程不断涌现。尤其对于地铁换乘车站，上盖增层拓建具有显著的经济优势，但由于基坑内大体积卸载将对既有结构产生显著影响，并且基坑围护结构部分与既有结构相连，其施工力学效应与常规基坑不同，其在设计和施工上较近邻建筑物基坑更复杂。目前，地下结构拓建相关研究尚不深入，尤其对于上盖增层基坑与既有结构的相互作用影响分析尚属空白，理论尚不成熟，亟待展开相关研究分析。

　　早在 20 世纪 70—80 年代，Clough、Peck[1] 等结合监测数据，对基坑常见的变形形式进行总结，将不同围护形式的地表沉降规律进行对比分析，并提出预测地表沉降量和范围的经验曲线。郑刚等[2] 对比有限差分数值模拟和极限平衡法，对基坑破坏模式及工程桩的有益效果展开分析，提出基坑失稳模式更接近于圆弧滑动面，并证明工程桩能有效限制基坑塑性剪切带的延伸。上述研究多是针对天然场地中的基坑展开，与周围环境及建筑物的相互影响较少，当涉及紧邻既有结构时，基坑与既有结构间会产生复杂的相互影响，进行的研究也相对较少。韩健勇等[3] 基于 Plaxis 有限元软件建立数值模型，对近接浅基础建筑物深基坑施工对围护结构和邻近建筑物的变形影响进行研究，并基于潜在失稳破坏区对基坑后方土体进行主次影响区域划分。周泽林、程康、吴才德等[4-6] 分析基坑施工对下卧已建地铁隧道上抬变形的影响，提出一种用于计算基坑开挖及工程降水所引起的邻近隧道附加应力的方法，建立了隧道在附加荷载作用下的平衡微分方程，为相关工程实例参考。

　　基于此，本文依托北京地铁 6 号线西延工程苹果园站拓建工程项目，对基坑嵌固桩和无嵌固桩关键节点展开参数分析，研究不同参数条件下围护桩和既有车站的受力变形规律，给出合理的参数优化建议，为今后类似的拓建工程提供理论依据。

## 1　工程概况

### 1.1　工程概况

　　新建地铁 6 号线苹果园站斜交 70° 密贴下穿既有 1 号线结构，其主体结构采用洞桩法 + 明挖法施工。车站增层拓建段位于既有 1 号线东西两侧,其地下二三层采用洞桩法施工,地下一层在下部结构施工完成后进行上盖增层明挖拓建。两个明挖基坑尺寸相同,东西长 39.8m,南北宽 27.9m,深 12.2m。基坑围护结构采用 φ1000mm 人工挖孔桩 + 三道内支撑形式,桩间距为 1.6m,桩间采用 100mm 厚挂网喷射混凝土支护。竖向设三层内支撑,其中第一层角撑为混凝土支撑,截面尺寸为 0.6m×1m;其余支撑结构均为钢支撑,采用直径 0.8m、壁厚 16mm 的钢管(图 1)。

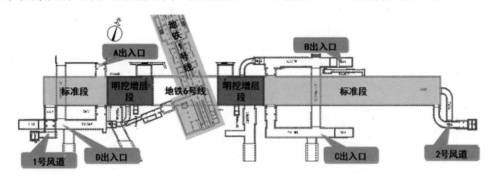

图 1　苹果园站平面位置图

## 1.2　上盖增层基坑围护结构关键节点施工技术

由于增层基坑位于既有结构上方,故东西两端围护桩直接落于车站顶拱,该部分围护桩属于吊脚桩(下文均称“无嵌固桩”)形式。南北两侧围护桩嵌入土体一定深度(下文均称“嵌固桩”),其紧邻既有车站结构导洞侧壁,最小净距仅 0.2m。对不同支护结构进行编号:无嵌固桩用符号 A 表示,嵌固桩用符号 B 所示,L1 ~ L3 代表三层内支撑,$H_e$ 代表基坑开挖深度,如图 2 和图 3 所示。

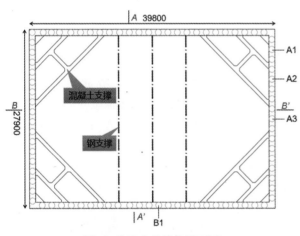

图 2　基坑支护结构平面图

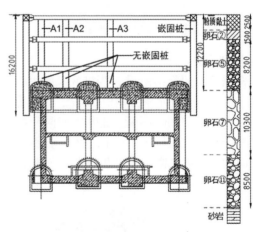

图 3　基坑支护结构 A—A′ 剖面图

为保证基坑稳定性,在施作无嵌固桩时,人工挖孔到既有车站结构小导洞上方后,风镐破除导洞厚度 200mm,将围护桩嵌入既有导洞结构中,并将钢筋和小导洞格栅主筋焊接成整体(图 4)。此外,为保证无嵌固桩桩后稳定性,在施作无嵌固桩后,对桩后进行注浆加固,注浆宽度 3m,注浆深度自地表以下 3.7m 至基坑底部区域(图 5)。

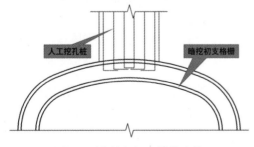

图 4　围护桩与初支结构连接

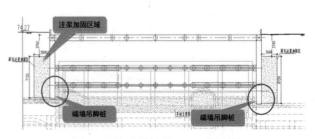

图 5　基坑支护结构 B—B′ 剖面图

### 1.3 围护桩水平变形

本工程对围护桩进行水平位移监测，选取 A2 号和 B1 号桩进行水平位移分析。如图 6～图 7 所示，分别为 A2 号和 B1 号桩各工况下的桩体水平位移监测曲线。从图 6 可知，无嵌固桩（A2）桩底水平位移接近于 0，桩底与既有结构连接可以有效限制桩底变形。对比图 6 和图 7，嵌固桩水平位移小于无嵌固桩，桩后注浆加固对桩体位移产生有益效果。此外，桩体均在第三道支撑拆除后出现最大水平位移值，其值约 4.50mm，为基坑开挖深度的 0.037%。这表明人工挖孔桩、桩底与初支连接、桩后注浆加固和内支撑有效地抑制了桩体变形。

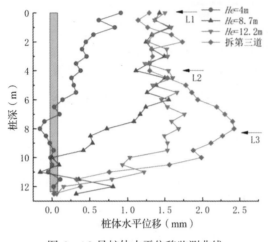

图 6　A2 号桩体水平位移监测曲线

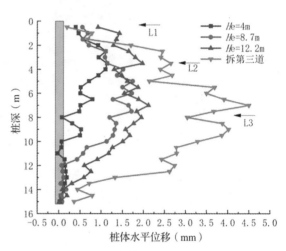

图 7　B1 号桩体水平位移监测曲线

## 2　上盖增层基坑数值模型建立

### 2.1 模型建立

根据已有研究结论[7]，当桩底未嵌固时，对基坑外侧土体影响范围约 $1.5H_e$，在此基础上考虑一定富余量，综合在水平方向取 $3.3H_e$，竖直方向从车站底部向下取 $2H_e$，确定本三维有限元模型尺寸为 $119m \times 105m \times 55m$（图 8、图 9）。有限元模型边界条件包括应力位移和渗流两个方面[8-9]，本工程地下水位于车站底板以下 10.4m，故不考虑渗流影响。模型上表面为自由面，不设置约束，四周限制水平方向约束，底部限制水平和竖直方向约束。模型中施加荷载除材料自重外，根据基坑周围堆载和施工机械放置范围，在围护桩后 2～10m 范围内施加 20kPa 的均布荷载模拟施工荷载。

图 8　明挖上盖增层有限元模型

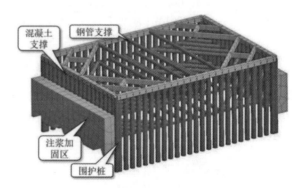

图 9　明挖基坑围护结构模型

### 2.2 参数选取

本模型材料众多，根据实际受力特征土体和既有车站主体结构采用实体单元，初衬结构采用板单元模拟，围护桩、冠梁、混凝土支撑和钢管柱采用梁单元模拟，钢支撑采用桁架单元模拟，通过修改单元属性实现注浆加固区土体到浆土混合体的材料性质转换。模型中除土体外均采用弹性本构模型进行模拟，其主要力学参数见表 1。

**表 1　模型主要材料物理力学参数**

| 材料 | 重度 $\gamma$ (kN/m³) | 弹性模量 $E$（MPa） | 泊松比 $\nu$ | 材料 | 重度 $\gamma$ (kN/m³) | 弹性模量 $E$（MPa） | 泊松比 $\nu$ |
|---|---|---|---|---|---|---|---|
| 冠梁、混凝土支撑 | 24 | 30000 | 0.2 | 钢管柱 | 25 | 34500 | 0.3 |
| 基坑围护桩 | 24 | 24000 | 0.2 | 深孔注浆加固区 | 20 | 100 | 0.3 |
| 初衬 | 24 | 20400 | 0.2 | 钢管支撑 | 78 | 210000 | 0.3 |
| 主体结构 | 25 | 32500 | 0.2 | | | | |

由于基坑开挖涉及大体积卸载问题，对变形参数较为敏感[10]，故本模型中粉质黏土和卵石层采用 Hardening-SoiL 本构模型。从 Plaxis 用户手册中可知，相比于 MC 模型，HS 模型是一种更高级的土体模型，不仅采用双曲应力 – 应变曲线（图 10），还可通过对参考小主应力 $-\sigma_3' = P^{\text{ref}}$ 定义一个刚度模量 $E_{50}^{\text{ref}}$。由式 1 可知土体实际的刚度由三轴试验中的 $\sigma'$ 确定。

$$E_{50}^{\text{ref}}\left(\frac{c \times \cos\varphi - \sigma_3'\sin\varphi}{c \times \cos\varphi + p^{\text{ref}}\sin\varphi}\right) \tag{1}$$

由图 3 可知，本车站范围内主要为卵石，根据 Plaxis 用户手册和已有研究的经验值[3,11]确定卵石取 $3E_{\text{oed}}^{\text{ref}} = 3E_{50}^{\text{ref}} = E_{\text{ur}}^{\text{ref}}$，粉质黏土取 $2E_{\text{oed}}^{\text{ref}} = 2E_{50}^{\text{ref}} = E_{\text{ur}}^{\text{ref}}$ 并根据位移反分析确定 $E_{50}^{\text{ref}} = 3E_s(E_0)$。砂岩采用 Mohr-Coulomb 模型，各参数见表 2。

**表 2　土体主要材料力学参数**

| 材料 | $\Gamma$ (kN/m³) | $E$（MPa） | $\nu$ | $c$ (kPa) | $\varphi$ (°) | $E_{\text{oed}}^{\text{ref}}$（MPa） | $E_{50}^{\text{ref}}$（MPa） | $E_{\text{ur}}^{\text{ref}}$（MPa） |
|---|---|---|---|---|---|---|---|---|
| 粉质黏土 | 16.5 | — | 0.3 | 8 | 10 | 12 | 12 | 48 |
| 卵石② | 17.0 | — | 0.26 | 0 | 25 | 20 | 20 | 60 |
| 卵石⑤ | 21 | — | 0.26 | 0 | 40 | 50 | 50 | 150 |
| 卵石⑦ | 21.5 | — | 0.26 | 0 | 42 | 70 | 70 | 210 |
| 卵石⑪ | 21.5 | — | 0.26 | 0 | 45 | 100 | 100 | 300 |
| 砂岩 | 28.3 | 1000 | 0.35 | 100 | 35 | — | — | — |

本模型施工过程主要分两大部分；洞桩法车站开挖和上盖增层明挖基坑开挖。模型施工步序共 23 步，其中洞桩法车站开挖主要包括导洞开挖、初衬施作、立柱安装、扣拱施工、主体土体开挖和主体结构施工。在此基础上进行位移清零，再进行上盖增层明挖基坑开挖，其主要包括深孔注浆加固、围护桩安装、土体开挖和内支撑施作。

## 2.3　数值模型验证

为验证模型的准确性和参数的合理性，对模型进行标定。如图 11 所示为无嵌固桩 A2 开挖至 12.2m 时，桩体水平位移实测值与计算值对比曲线。从图 11 可以看出，模拟数据与监测数据变形规律基本一致，水平位移最大值均为埋深 4m 左右，分别为 1.41mm 和 1.89mm，两者数值相近。实测数据与模拟结果水平位移曲线形状和大小均相近，模型的准确性满足本论文研究。

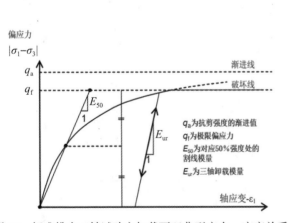

图 10　标准排水三轴试验主加载下双曲型应力 – 应变关系

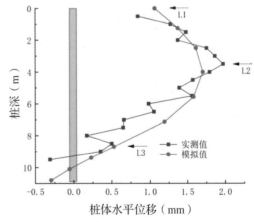

图 11　围护桩桩体水平位移对比曲线

## 3 无嵌固桩关键连接节点影响分析

在明挖增层拓建过程中，基坑有一侧围护结构势必位于既有结构上方，成为吊脚桩结构形式，桩底的连接处理对基坑整体稳定性影响至关重要。本节针对无嵌固桩底部与既有结构是否连接，分析不同连接形式对围护桩体力学响应及既有结构变形的影响。基于有限元数值分析结果，对基坑开挖 4m、8.7m、12.2m 和拆除第三道钢支撑四个工况进行整理分析。

### 3.1 既有结构竖向变形分析

图 12 和图 13 分别为基坑底部沿横向和纵向的隆起变形曲线。由图 12 和图 13 可知，上盖增层基坑开挖过程中桩底与既有车站结构连接与不连接两种节点处理方式下坑底均明显隆起，并且隆起量基本相同。与已有研究结论相同，引起基坑底部隆起的主要因素是开挖后卸载引起的土体回弹[12]，无嵌固桩桩底与既有结构是否连接对坑底隆起量几乎无影响。

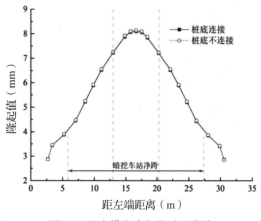
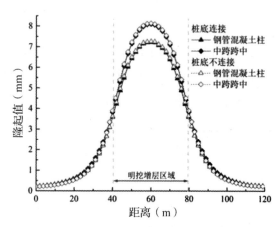

图 12　坑底横向隆起量对比曲线　　　　　图 13　坑底纵向隆起量对比曲线

### 3.2 围护桩水平变形分析

图 14 为 A3 号桩不同施工阶段桩体与既有车站结构连接与不连接的桩体水平位移对比曲线。从图 14 可以看出，当开挖深度较浅时，桩底是否连接对桩体的水平位移影响不大，主要是桩后被动区土体对桩体具有一定约束作用[13]，故围护桩水平位移并未显著增加；当 $H_e$=12.2m 时，桩体水平位移出现明显增大，最大位移增量位于桩底，约 1.89mm，分析认为是桩体底部没有连接既有结构，导致桩体发生绕第二道内支撑的踢脚式破坏模式[14]；当拆除第三道支撑后，桩底不连接时增加的水平位移量更大，最大增加量约 2.02mm，其值增加约 2.7 倍。拆除第三道钢支撑后，桩体 –4m 以下缺乏约束，对桩体水平位移产生不利影响，此时，最大水平位移位于桩体 –8.7m 处，约 2.82mm，最大位移位置出现上移。

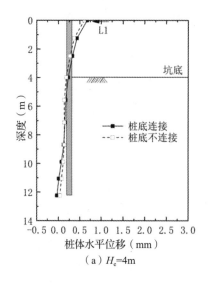
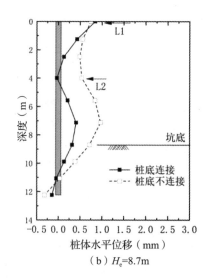

（a）$H_e$=4m　　　　　　　　　　（b）$H_e$=8.7m

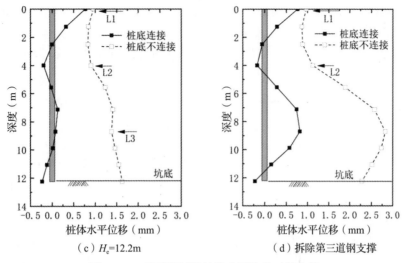

（c）$H_e$=12.2m　　　　　　　　　　（d）拆除第三道钢支撑

图 14　A3 号无嵌固桩桩体水平位移对比曲线

### 3.3　围护桩桩体受力分析

如图 15 所示为 A3 号桩不同施工阶段桩体与既有车站结构连接与不连接的桩体弯矩对比曲线。从图 15 可知，在四种工况下两种关键节点处理方法弯矩曲线形状基本相同。当无嵌固桩桩底与既有结构不连接时，各工况下桩底弯矩均为 0，桩底转动不受约束，且桩身正负弯矩值均小于桩底连接时，在 $H_e$=8.7m、$H_e$=12.2m 和拆除第三道支撑后，桩身最大弯矩值仅为连接时的 57.1%、56.9% 和 78.9%，桩身弯矩降幅明显。

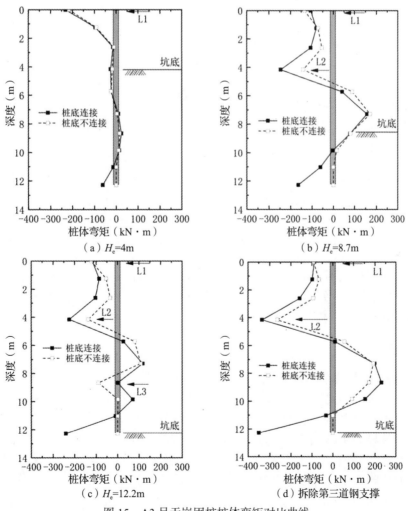

（a）$H_e$=4m　　　　　　　　　　　（b）$H_e$=8.7m

（c）$H_e$=12.2m　　　　　　　　　　（d）拆除第三道钢支撑

图 15　A3 号无嵌固桩桩体弯矩对比曲线

　　如图 16 所示为 A3 号桩不同施工阶段桩体与既有车站结构连接与不连接的桩体剪力对比曲线。从图 16 可知，在四种工况下两种关键节点处理方法剪力曲线形状基本相同，随着开挖深度增加，桩体剪力分布形状类似连续梁，在支撑位置出现突变。与弯矩曲线类似，在桩底 3m 范围内，不连接时桩体剪力约为 0。

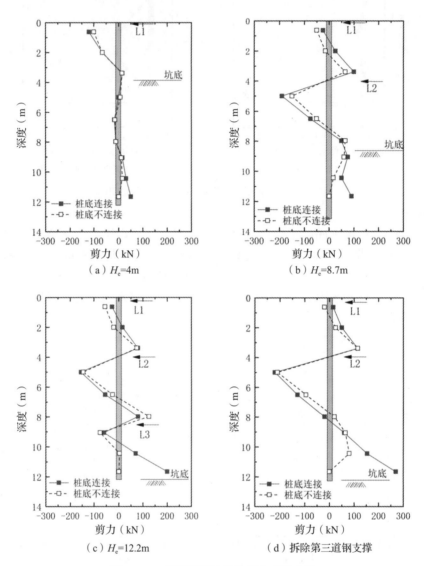

图 16　A3 号无嵌固桩桩体剪力对比曲线

　　综上所述，无嵌固桩底不连接时位移更大，受力更小，且在桩底 3m 范围内受力为 0，分析认为是不连接时通过桩体变形释放了桩后部分侧向土压力，桩身受力变小。

## 4　嵌固桩关键参数分析

　　由于增层基坑嵌固桩一侧紧邻既有车站结构，其受力模式与常规基坑存在一定区别，尤其是本基坑嵌固桩与既有车站导洞净距仅 0.2m，势必产生较为显著的相互作用影响。本节对不同嵌固桩与既有车站导洞距离（图 17）进行数值模拟分析，对比不同嵌固围护桩 B1 与既有车站结构距离（"桩体近接距离"，$L_p$）对基坑和围护桩展开受力和变形分析。取 $L_p$（中心距）分别为 0.7m、2.7m、4.7m、6.7m 进行分析。

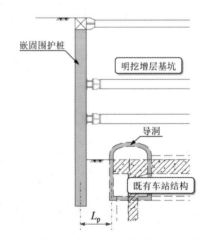

图 17　嵌固桩与既有车站结构距离示意图

### 4.1　既有结构竖向变形分析

由于不同 $L_p$ 对应的基坑宽度不同，为便于曲线对比，将不同工况下的基坑中心位置置于图上同一条线上。如图 18 所示为不同桩体近接距离下基坑底部横向隆起量曲线，虚线分别表示既有车站结构边墙和中心线位置，图 19 为上盖增层明挖基坑底部隆起最大值随嵌固桩近接距离变化曲线。根据桩体近接距离 $L_p$ 引起的不同基坑隆起量变形形状，将基坑底部横向隆起量曲线分为既有车站结构部分和结构外侧土体部分进行分析。

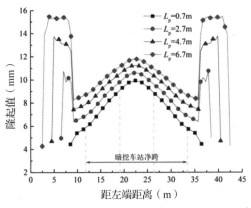

图 18　不同近接距离下坑底横向隆起量曲线

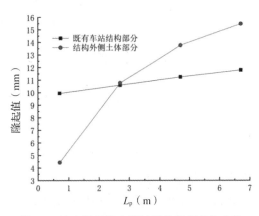

图 19　坑底隆起最大值随近接距离变化曲线

由图 18 可知，对于既有车站结构部分，不同 $L_p$ 引起的隆起量曲线形状变化不大，随着 $L_p$ 增大，其最大隆起量呈线性增长趋势（图 19）。当 $L_p=0.7$m 和 $L_p=6.7$m 时，既有结构部分最大隆起量分别为 9.80mm 和 11.80mm，其值增加约 20.4%，即 $L_p$ 每增加 1m，最大隆起量约增加 0.33mm。对于既有结构外侧土体部分，隆起量曲线呈中间大、两端小的形状。随着 $L_p$ 增大，最大隆起量呈非线性增长，并慢慢趋于平缓。当 $L_p=0.7$m 和 $L_p=6.7$m 时，既有结构外侧土体最大隆起量分别为 4.40mm 和 15.50mm，其值增加约 2.5 倍，增幅显著。随着近接距离增加，围护桩与既有车站侧壁对隆起量的限制作用越来越弱，隆起值增加。可见，近接距离越小，对坑底稳定性越有益，考虑到施工空间，宜将近接距离控制在 0.2m 左右。

### 4.2　围护桩水平变形分析

如图 20 所示，为不同近接距离下不同施工阶段时的 B1 号桩体水平位移曲线。由图 20 可知，当开挖深度较浅时，不同 $L_p$ 对桩体水平位移曲线形状和大小影响不大。当 $H_e=8.7$m 和 $H_e=12.2$m 时，$L_p$ 由 0.7m 增加到 4.7m 时，桩体最大水平位移分别增加 0.37mm 和 0.82mm，增幅约 21.8% 和 39.4%，当近接距离由 4.7m 增加到 6.7m 时，桩体水平位移几乎无增加。随着 $L_p$ 增加，既有车站结构对嵌固桩的约束效果逐渐减弱，导致桩体下部位移增大，当 $L_p$ 增加到一定距离后，不再产生约束作用，桩体水平位移趋于稳定。

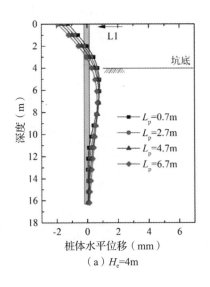
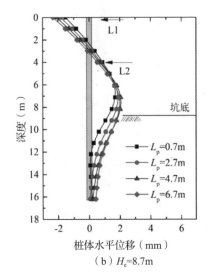

（a）$H_e=4$m　　　　　　　　　　　（b）$H_e=8.7$m

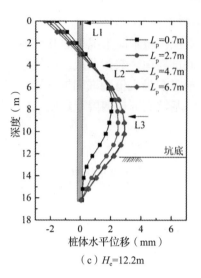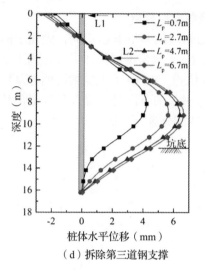

（c）$H_e$=12.2m　　　　　　　　　（d）拆除第三道钢支撑

图 20　不同近接距离 B1 号嵌固桩桩体水平位移曲线

### 4.3　围护桩桩体受力分析

如图 21 所示为不同近接距离下不同施工阶段时的 B1 号桩体弯矩曲线。由图 21 可知，近接距离 $L_p$ 对弯矩曲线形状影响不大，对弯矩大小的影响主要在桩身下部，随着 $L_p$ 增大出现负弯矩减小和正弯矩增大。与对桩体水平位移规律相似，$L_p$ 越大，弯矩的大小变化越不明显，$L_p$>4.7m 后，近接距离增大对弯矩基本无影响。

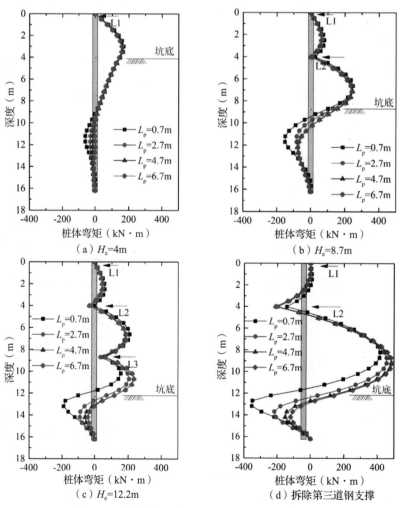

（a）$H_e$=4m　　　　　　　　　　　（b）$H_e$=8.7m

（c）$H_e$=12.2m　　　　　　　　　（d）拆除第三道钢支撑

图 21　不同近接距离 B1 号嵌固桩桩体弯矩曲线

结合桩体水平位移和弯矩变化特点，嵌固桩近接距离 $L_p$ 越小，桩体受到既有车站结构的约束越强，桩体的水平位移越小，且坑底的隆起量也越小。因此，在考虑到施工空间的影响下，实际工程中宜尽量减小近接距离。

## 5　嵌固围护桩嵌固深度影响规律研究

对于本工程而言，嵌固桩与既有暗挖车站侧壁距离仅 0.2m，其嵌固桩深度对整个增层基坑的稳定性有显著影响。本节针对不同嵌固桩嵌固深度进行研究，对比不同嵌固围护桩嵌固深度（$H_p$）对围护桩受力变形进行研究。其中 $H_p$ 分别取 1m、2m、4m、6m、8m（图 22）。

### 5.1　围护桩桩体变形分析

如图 23 所示，为不同嵌固深度时的桩体水平位移对比曲线。由图 23 可知，当开挖深度较浅时，桩体嵌固深度 $H_p$ 对桩体水平位移影响不大。随着开挖深度增加，当基坑拆除第三道支撑后，$H_p$ 由 1m 增加至 4m 时，桩体最大水平位移由 5.08mm 减小至 4.22mm，减小约 16.9%。当 $H_p$ 由 4m 继续增加时，桩体水平位移几乎不再减小。随着 $H_p$ 增加，土体与既有车站结构对嵌固桩底部约束作用增加，限制了桩底水平位移，当 $H_p$ 增加到一定深度后，桩底约束作用不再增加，桩体变形趋于稳定。

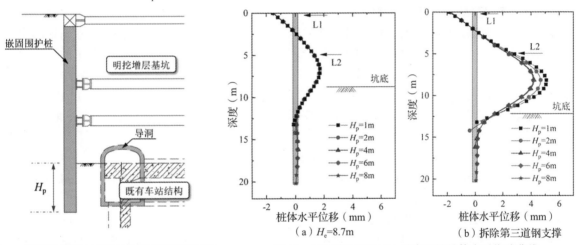

图 22　嵌固桩与既有车站结构嵌固深度示意图　　　图 23　不同嵌固深度 B1 号嵌固桩桩体水平位移曲线

### 5.2　围护桩桩体受力分析

如图 24 所示为不同桩体嵌固深度时的桩体弯矩对比曲线。由图 24 可知，桩体嵌固深度 $H_p$ 对桩体弯矩形态无影响。当开挖较浅时，桩体嵌固深度对弯矩影响不大。当基坑拆除第三道支撑后，主要对桩体下部分弯矩产生影响，$H_p$ 由 1m 增加至 4m 时，桩体正弯矩减小负弯矩增大。当 $H_p$ 大于 4m 后，桩体弯矩不再变化，并且嵌固深度 5m 以下的位置弯矩可忽略不计。

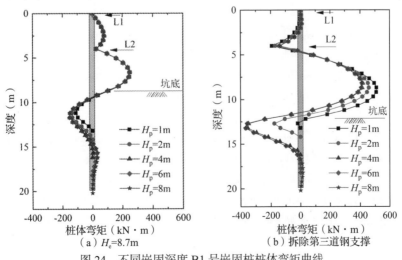

图 24　不同嵌固深度 B1 号嵌固桩桩体弯矩曲线

结合嵌固深度对桩体水平位移和弯矩的影响，发现随着嵌固深度增加，桩体水平位移减小，负弯矩增大，对基坑稳定具有有益效果。但当深度超过一定值（$H_p$＞4m）后，桩体位移和受力基本不再变化，可见对同类工程，嵌固深度为4m时效果最好。

## 6　结论

本文以北京苹果园站增层基坑为研究背景，通过有限元模拟结合基坑动态开挖过程结果，对基坑围护桩与既有车站结构间复杂的相互影响展开分析，得出以下结论：

（1）无嵌固桩不连接时，对坑底隆起量形态和大小基本无影响，但各工况下桩体水平位移会显著增大，其最大位移量增加约2.7倍，且最大位移位置上移，可见桩底连接和桩后注浆加固具有良好的工程效果。

（2）无嵌固桩不连接时，在各施工阶段，桩体弯矩和剪力均有不同程度的减小，尤其是桩底3m范围内弯矩和剪力接近于0，桩体弯矩最小仅为连接时的56.9%，说明不连接时桩体变形释放了桩后土压力，不利于基坑稳定。

（3）随着嵌固桩近接距离增大，既有结构部分最大隆起量呈线性增长，$L_p$＝6.7m时比0.7m时增加约20.4%；桩间土体部分最大隆起量呈非线性增长，$L_p$＝6.7m时比0.7m时增加约2.5倍，因此，在条件允许时，应尽量减小桩体的近接距离。

（4）在近接距离$L_p$＝4.7m时，桩体最大水平位移增加39.4%，且桩体负弯矩减小正弯矩增大，并在大于4.7m后，桩身位移和弯矩均变化趋于缓慢，说明近接距离越大，桩体受既有车站结构约束越小，并在一定距离后不再受既有车站约束。

（5）根据桩体嵌固深度对桩体受力变形的研究，差别主要出现在桩体的下半部分，在$H_p$由1m增加至4m时，桩体最大位移降幅约16.9%，超过4m后变形基本不再变化，建议类似工程嵌固深度取4m左右。

## 参考文献

[1] CLOUGH G W, O'ROURKE T D. Construction induced movements of in situ wall[J]. Geotechnical Special Publication, 1990（25）：439-470.

[2] 郑刚，张涛，程雪松. 工程桩对基坑稳定性的影响及其计算方法研究 [J]. 岩土工程学报，2017，39（S2）：5-8.

[3] 韩健勇，赵文，李天亮，等. 深基坑与邻近建筑物相互影响的实测及数值分析 [J]. 工程科学与技术，2020，52（04）：149-156.

[4] 周泽林，陈寿根，陈亮，等. 基坑施工对下卧地铁隧道上抬变形影响的简化理论分析 [J]. 岩土工程学报，2015，37（12）：2224-2234.

[5] 程康，徐日庆，应宏伟，等. 既有隧道在上覆基坑卸荷下的形变响应简化算法 [J]. 岩石力学与工程学报，2020，39（03）：637-648.

[6] 吴才德，曾婕，成怡冲，等. 紧邻地铁车站的深基坑位移控制措施效果分析 [J]. 城市轨道交通研究，2017，20（05）：117-121.

[7] 吴晓刚. 地铁吊脚桩深基坑围护结构及土体变形规律 [J]. 科学技术与工程，2016，16（14）：280-287.

[8] 王湧，岳建勇. 主体与支护结构结合的水平支撑系统数值分析 [J]. 地下空间与工程学报，2005（04）：591-594.

[9] 郑颖人，赵尚毅. 岩土工程极限分析有限元法及其应用 [J]. 土木工程学报，2005（01）：91-98，104.

[10] 黄书岭，冯夏庭，张传庆. 岩体力学参数的敏感性综合评价分析方法研究 [J]. 岩石力学与工程学报，2008（S1）：2624-2630.

[11] KHOIRI M, OU C Y, TENG F C. A comprehensive evaluation of strength and modulus parameters of a gravelly cobble deposit for deep excavation analysis[J]. Engineering Geology, 2014, 174（8）：61-72.

[12] 刘国彬，黄院雄，侯学渊. 基坑回弹的实用计算法 [J]. 土木工程学报，2000（04）：61-67.

[13] 戴自航. 抗滑桩滑坡推力和桩前滑体抗力分布规律的研究 [J]. 岩石力学与工程学报，2002（04）：517-521.

[14] 张俊，陈志新，门玉明. 锚杆抗滑桩嵌固深度研究 [J]. 东北大学学报（自然科学版），2008（11）：1637-1640，1651.

# 高层建筑物纠倾加固工程采用应力解除法确定竖向结构荷载的研究

李今保[1] 李欣瞳[1] 李碧卿[1] 姜 帅[1] 姜 涛[1] 朱俊杰[1] 马江杰[1]

徐赵东[2] 张继文[2] 淳 庆[2] 穆保岗[2] 张 一[2]

1.江苏东南特种技术工程有限公司 南京 210000

2.东南大学 南京 210000

**摘 要**：目前高层及超高层建筑物的纠倾加固，纠倾施工过程中仅仅是通过建筑物外部的沉降监测、倾斜监测和裂缝监测来判断纠倾过程是否合理有效，纠倾操作全过程基本上依靠人工的眼力和经验进行判断，如此纠倾施工并不能有效控制高层建筑物处于结构安全状态。因此，针对高层建筑的纠倾工程，运用现代化检测技术，开发适用于高层及超高层建筑物纠倾的实时纠倾监控管理系统具有重要的工程意义。因高层及超高层建筑物的不均匀沉降导致建筑物发生倾斜，致使建筑物结构承受的竖向荷载值发生应力重分配。通过在既有建筑物承受竖向荷载的结构上截取混凝土试件，根据混凝土试件截取前后的应变值计算出该结构承受的竖向荷载值，分析了采用应力解除法确定竖向结构荷载值的影响因素，探讨了混凝土试件的长度、宽度、深度、原结构中混凝土的徐变、配筋率对结构承受的竖向荷载值的计算方法，为后续对高层建筑物进行纠偏加固提供依据。

**关键词**：截取试件；试件深度；混凝土徐变；配筋率；竖向荷载；应力解除

随着经济的发展和人口数量的增加，土地资源日益短缺，为了满足人们经济活动和居住的需求，越来越多的高楼拔地而起。理论情况下，高层建筑物的竖向结构均匀承受其竖向荷载，该荷载的大小是可以通过计算获知的[1-2]；但是，在实际情况中，往往由于建筑物基础的不均匀沉降等因素导致建筑物倾斜，致使建筑结构的竖向荷载重新分配，每个竖向承重结构的竖向荷载量发生了很大的变化。现有高层及超高层建筑物的纠倾加固工程中，通过迫降法或抬升法对建筑物进行纠倾，纠倾施工过程中仅仅是通过建筑物外部的沉降监测、倾斜监测和裂缝监测来判断纠倾过程是否合理有效[3-10]。

为了保证建筑物的结构安全，需要对发生倾斜的既有建筑基础进行加固纠偏，尽量使竖向结构的应力恢复至原设计状态。因此，测算出已发生不均匀沉降的既有建筑物每个竖向承重结构上所承担的竖向荷载，是实施加固的重要参考依据，也是保证加固效果及建筑物安全必不可少的工作环节。目前，针对既有高层建筑物竖向荷载检测的技术相对缺乏[11]，因此亟须一种能够有效检测既有高层建筑物竖向结构荷载的方法，以辅助对既有高层建筑结构的加固。本文介绍一种通过截取混凝土结构试件检测既有高层建筑竖向结构荷载的方法[12]。

## 1 基本原理

高层建筑物出现倾斜后，由于高层建筑物具有重心高、稳定性差等特点，倾斜的高层建筑物会对地基基础产生二次附加应力，将进一步加剧高层建筑物的不均匀沉降，高层建筑物倾斜速率加快，导致上部结构墙体开裂，进而产生巨大的结构安全隐患，因此必须尽快采取有效的纠倾技术措施进行处理，确保人民生命财产的安全。

对弹性体施加一个外界作用力，弹性体会发生形变。材料在弹性变形阶段，其应力和应变成正比例关系，其比例系数称为弹性模量。高层建筑的竖向结构是弹性体，其在竖向荷载的作用下发生一定的弹性变形，通过振弦应变计测得所截取的混凝土结构试件在竖向上的应变，在已知弹性模量的情况

---

作者简介：李今保，男，1958 年出生，研究员级高级工程师。E-mail：ljb1958@163.com。

下可以反向推算出其竖向的应力，进而推算出整个竖向结构的竖向荷载量。该方法可通过检测出结构的应力，建立实时监控系统，在高层及超高层建筑物纠倾加固过程中实时监控建筑物的倾斜、位移、结构应力等指标。截取混凝土结构试件检测既有建筑竖向荷载的装置如图 1 所示。

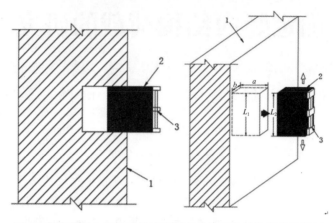

图 1　截取混凝土结构试件检测既有建筑竖向结构荷载的装置

1—既有建筑竖向结构；2—混凝土结构试件；3—振弦应变计；$L_1$—混凝土结构试件截取前竖向高度；
$L_2$—混凝土结构试件截取后竖向高度；$a$—混凝土结构试件截取的深度；$b$—混凝土结构试件截取横向宽度

## 2　理论计算

在既有高层建筑物竖向结构上截取混凝土结构试件，采用振弦应变计检测该混凝土结构试件的竖向应变，根据已知弹性模量推算该建筑竖向结构承受荷载的大小。具体步骤如下：

### 2.1　安装应变计

在既有高层建筑待检测的竖向结构上确定截取混凝土结构试件的位置、形状及大小，并在待截取的混凝土结构试件处安装振弦应变计，同时记录其初始高度，记为 $L_1$。

### 2.2　截取试件

按确定的混凝土结构试件的位置、大小及形状，连带安装的振弦应变计一起截取混凝土结构试件，通过振弦应变计测取该混凝土结构试件取出后的高度，记为 $L_2$。

### 2.3　计算应力

利用弹性模量计算公式式（1），计算该混凝土结构试件所受应力：

$$p = E_c \cdot \varepsilon \tag{1}$$

式中，$E_c$ 为根据截取的混凝土结构试件混凝土强度查表获知的弹性模量值，N/mm²；$p$ 为截取的混凝土结构试件在未截取前受到的竖向应力，N/mm²；$\varepsilon$ 为截取的混凝土结构试件在竖直方向的应变量，$\varepsilon = (L_2 - L_1)/L_1$。

### 2.4　计算荷载

根据计算得到的混凝土结构试件竖向应力，利用式（2）计算既有建筑待检测结构上的竖向荷载：

$$F = S \cdot p \tag{2}$$

式中，$F$ 为混凝土竖向结构的竖向荷载，N；$S$ 为既有建筑待测结构横截面面积，mm²。

## 3　计算模拟

一般情况下，混凝土工作应力保持在弹性范围之内。数值模拟中假定混凝土为弹性材料，取混凝土的泊松比为 0.2，弹性模量 $E_c$ 为 $3.8 \times 10^4$MPa，钢筋的弹性模量 $E_s$ 为 $2 \times 10^5$MPa。利用 Abaqus 有限元分析软件，建立桩径 1000mm、桩长 6000mm 的混凝土桩计算分析模型。单元类型采用 8 节点六面体线性减缩积分单元 C3D8R，切割区附近的网格密度适量增大。混凝土的一端采用固定支座进行约束，另一端施加竖向荷载。切割区设在距荷载面 1000mm 处的桩侧，开槽的过程通过有限元法中的生死单元法予以实现。

　　一根受拉（压）杆件被完全锯开，杆件内部约束就会完全解除，并产生恢复变形，应力状态将恢复到加载前的零应力状态，由此完成一次人为的卸载过程。

### 3.1　应力解除方法

　　在构件表面开一定深度的槽；解除测点周围约束，构件应力将会重新分布；当开槽达到一定深度时，测点处局部工作应力完全释放，即可测量该处零应力状态下的应变结果。具体应力解除方法如图 2 所示。

### 3.2　各种开槽方案的研究

　　为探究开槽尺寸及方式对应力释放的影响，以槽间距、槽宽、槽深和开槽方式为变量进行分析。

#### 3.2.1　开槽深度对应力释放程度的影响

　　单向受力状态下，开槽间距为 100mm、开槽长度为 100mm 时，探究不同开槽深度时应力释放情况，其应力变化云图如 3 图所示，开槽深度与应变释放率变化图如图 4 所示。

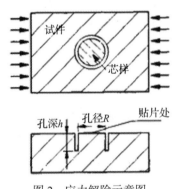

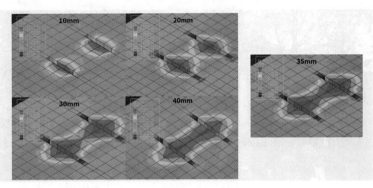

图 2　应力解除示意图　　　　　　　图 3　不同开槽深度的应力变化云图

　　结果表明：单向受力，开槽间距为 100mm 的情况下，扣除扰动因素的影响，应力完全释放深度为 34 ～ 35mm。

#### 3.2.2　开槽宽度对应力释放程度的影响

　　单向受力状态下，开槽深度 50mm、槽间距 100mm，探究不同切割宽度对残余应力的影响，残余应力随槽宽度的变化图如图 5 所示。结果表明：开槽宽度小于开槽间距时，宽度越大应力释放率越高；开槽宽度不小于开槽间距时，开槽宽度对应力释放无影响。为减小开槽宽度对应力释放的影响，建议开槽宽度不小于槽间距。

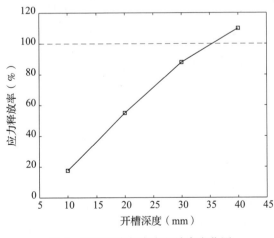

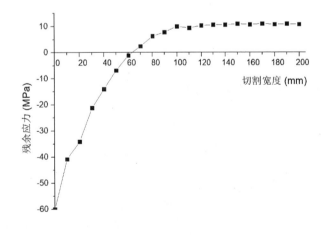

图 4　开槽深度与应变释放率变化图　　　　　图 5　残余应力随切割宽度的变化图

#### 3.2.3　不同槽间距对应力释放的影响

　　针对不同槽间距下应力释放速率和应力释放率进行缩放对比分析。图 6（a）为各槽间距下 $\eta$（$\eta=$

残余应力 / 初始应力）与 h/d（槽深 / 槽间距）的关系图，可知 h/d 在 0.3 ～ 0.4 时应力可完全释放。图 6（b）中为（1−η）·c 与 h/d 关系图。可以看出，通过对应力释放速率和应力释放率的缩放，三条曲线趋于一致，可知切割间距对缩放应力释放率影响较小，基本可以忽略。

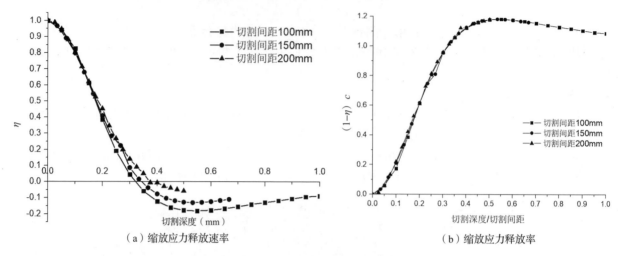

图 6　开槽尺寸 - 残余应力及影响因素缩放图

### 3.2.4　配筋率对残余应力释放的影响

以纵筋的截面面积为变量，分析桩体内部钢筋对应力释放的影响。表 1 为混凝土纵筋截面面积与测区应力的关系。可以看出钢筋对测区应力有影响，经理论研究具体影响满足以下关系：

$$\sigma_0 = \sigma_1 \cdot \frac{E_c}{\Sigma E_{si} \dfrac{A_{si}}{A_c} + E_c} \tag{3}$$

式中，$\sigma_0$ 为无钢筋时的测区应力；$\sigma_1$ 为有钢筋时的测区应力；$E_c$ 为混凝土的弹性模量；$E_s$ 为钢筋的弹性模量；$A_s$ 为钢筋的截面面积；$A_c$ 为混凝土的截面面积。

表 1　钢筋量对测区应力影响结果

| $A_s$（mm²） | 初始应力（MPa） | 残余应力（MPa） |
|---|---|---|
| 0 | −58.877 | 2.614 |
| 80 | −58.512 | 2.592 |
| 400 | −57.015 | 2.500 |
| 800 | −55.206 | 2.402 |

结果表明：不同配筋率对内部应力释放仅存在微小影响，可以忽略。

## 4　混凝土试件截取的方法

依据以上研究，确定混凝土结构试件的截取方法：

（1）截取混凝土结构试件的位置设在既有建筑待测竖向结构的一个侧面，混凝土结构试件的形状为长方体。

（2）试件截取的深度大于或等于其宽度的两倍，以利于截断后取出混凝土结构试件。

（3）振弦应变计竖直安装在混凝土结构试件纵截面的中心处。

（4）截取混凝土结构试件的方法为采用手提金刚石砂轮机按所定尺寸进行切割。

（5）截取混凝土结构试件的切割顺序为：先切割两条竖直的平行线，该两条垂直平行线的间距为混凝土结构试件的宽度，然后安装振弦应变计再切割混凝土结构试件的上下两端。

（6）混凝土结构试件在上下两端的距离根据振弦应变计的长度而定，一般为 10 ～ 25cm。

## 5 工程实例1

某框架结构柱截面尺寸为 300mm×300mm，混凝土设计强度为 C40，要求检测该框架柱承受的竖向荷载，为后续加固提供依据。

截取的混凝土结构试件高度为 15cm，即 $L_1=15cm$，混凝土结构试件的横截面宽度 $b=2cm$，深度 $a=4cm$。截取试件在上下两端被切割断开后，振弦应变计记录试件高度 $L_2=15.0048cm$。

### 5.1 应变计算

混凝土结构试件在竖直方向上的应变 $\varepsilon=(L_2-L_1)/L_1=320\times10^{-6}$，该数值也可以通过振弦应变计读取。

### 5.2 试件应力计算

弹性模量计算公式：

$$p=E_c\cdot\varepsilon \tag{4}$$

其中，$E_c$ 为混凝土弹性模量值，N/mm²；$p$ 为所测方向的应力，N/mm²；$\varepsilon$ 为所测方向的应变。

由于本案例中待检测的框架柱结构为 C40 混凝土，查表可知其弹性模量值为 $3.25\times10^4$N/mm²，由此可以反向计算出该混凝土结构试件在未截取前受到的竖向荷载应力 $p=E_c\cdot\varepsilon=3.25\times10^4\times320\times10^{-6}=10.4$（N/mm²）。

### 5.3 构件竖向荷载计算

$$F=S\cdot p=300\times300\times10.4=936（kN）$$

式中，$F$ 为混凝土竖向结构的荷载值，N；$S$ 为既有建筑待测竖向结构横截面面积，mm²。

## 6 工程实例2

南京某高层建筑物（34 层，总高度为 100m）由于施工质量问题，导致该既有高层建筑物的桩基承载力不足，致使地基基础发生较大的沉降，主体结构封顶时建筑物的平均沉降量值达 221mm，且为不均匀沉降，倾斜率达 3.4‰，沉降速率为 0.35mm/d，超过国家相关规范规定的允许值。业主要求对地基基础进行补桩加固，并采用截桩迫降法对建筑物进行纠偏作业。原设计桩型为预应力高强混凝土管桩，管桩型号为 PHC-600（130）AB-C80，单桩设计承载力特征值为 2700kN，极限值为 5400kN。由于本工程的桩端阻力较大和施工质量问题导致各桩的实际承载力值相差较大。如在对既有桩进行截桩迫降时，不对既有桩的实际承载力进行检测，盲目截桩，可能因为某些桩的承载力较小，导致截桩无效，还极有可能导致某些桩的承载力达到极限值而导致爆桩，影响整体建筑结构的安全。因此既有桩承载能力的检测结果是指导截桩纠偏施工的主要依据。根据检测结果将承载力较大的桩首先截除，实现上部结构应力的重新分布，确保结构安全的目的。

混凝土管桩的混凝土强度等级为 C80，截面直径为 600mm，壁厚为 130mm，混凝土截面面积为 237384mm²。同样是通过在混凝土管桩侧面截取混凝土试件，检测该管桩承受的竖向荷载。具体检测实施步骤与案例 1 相同。本案例中，截取的混凝土结构试件竖直方向的应变为 $\varepsilon=895\times10^{-6}$，其在未截取前受到的竖向荷载应力 $p$ 为

$$p=E_c\cdot\varepsilon=3.8\times10^4\times895\times10^{-6}=34（N/mm²）$$

由此进一步计算得到该检测管桩承受的竖向荷载为

$$F=S\cdot p=237384\times34\times10^{-3}=8071（kN）$$

该力值远大于单桩极限承载力 5400kN，桩爆裂的可能性极大，由此判断须先对该根混凝土管桩进行截桩迫降。该检测方法可以准确检测出每根桩的竖向荷载，为工程的加固纠偏工作提供了重要的数据支撑，使纠偏加固工作可以顺利地完成。

## 7 结论

本文通过理论分析，确定了应力解除法确定竖向结构荷载的可行性，通过模拟计算，分析了开槽深度、开槽长度、开槽间距以及配筋率对试件周围应力释放的影响，进而确定试件截取方式和操作步

骤，并通过工程实例验证了本方法的有效性，对工程后续加固设计提供了很好的技术支持，为今后类似高层及超高层建筑物纠倾加固工程中的荷载测量提供了很好的技术参考，在工程界中具有很强的使用价值。

## 参考文献

[1] 中华人民共和国住房和城乡建设部. 混凝土结构设计规范：GB 50010—2010[S]. 北京：中国建筑工业出版社，2010.

[2] 中华人民共和国住房和城乡建设部. 建筑结构荷载规范：GB 50009—2012[S]. 北京：中国建筑工业出版社，2012.

[3] 李今保，邱洪兴，赵启明，等. 某工程整体抬升后加固方案优化研究 [J]. 施工技术，2015，44（16）：31-34.

[4] 李今保，胡亮亮. 某多层综合楼抬升纠倾技术 [J]. 建筑技术，2010，41（09）：803-807.

[5] 李今保，李碧卿，姜涛，等. 因地下室上浮的建筑物倾斜纠倾技术 [J]. 建筑技术，2015，46（10）：904-908.

[6] 李延涛，王建厂，梁玉国. 某高层筏板基础纠倾迫降的设计与施工 [J]. 工程质量，2015，33（04）：79-82.

[7] 贾媛媛，付素娟，崔少华，等. 综合纠倾法在高层建筑物纠倾中的应用 [J]. 华北地震科学，2017，35（S1）：10-14.

[8] 王桢. 锚索技术用于建筑物可控精确纠倾 [J]. 施工技术，2011，40（S）：24-27.

[9] 程晓伟，王桢，张小兵. 某高层住宅楼倾斜原因及纠倾加固技术研究 [J]. 岩土工程学报，2012，34（04）：756-761.

[10] 张小兵. 高层建筑物纠倾工程中的监测与控制技术研究 [D]. 北京：中国铁道科学研究院，2009.

[11] 中华人民共和国住房和城乡建设部. 建筑结构检测技术标准：GB/T 50344—2010[S]. 北京：中国建筑工业出版社，2020.

[12] 李今保. 一种通过截取混凝土结构试件检测既有建筑竖向结构荷载的方法：ZL2019113805054[P]. 中国.

# 负载下焊接加固工形钢梁残余变形有限元分析与残余变形变化机理

黄健鸣[1]　王元清[1]　宗　亮[2]

1. 清华大学土木工程系土木工程安全与耐久教育部重点实验室　北京　100084
2. 天津大学建筑工程学院　天津　300350

**摘　要：**基于已有的负载下工形钢梁焊接加固试验，进行统计分析得到上下翼缘不同的焊接时长与焊接速度，并对试验数据波动进行了修正。基于通用结构有限元分析软件 Abaqus 对试验构件建立顺序热力耦合分析模型，考虑随温度变化的材性参数以及上下翼缘的实际焊接速度，提出了可以用于大型焊接结构热力耦合分析的实用方法，并将有限元结果与试验结果进行对比分析，验证了有限元模型的有效性；基于推导分析与有限元方法对负载下焊接加固工形钢梁在全过程中的焊接残余变形变化机理给出了解释。

**关键词：**负载；焊接加固；焊接残余变形；有限元；机理分析

近年来，越来越多的钢结构建筑接近或达到其设计使用年限，或由于结构材料性能老化、使用需求提高等因素而不满足现行规范规定的使用要求等，需进行结构检测，并可能需要对不满足规范的地方进行加固，以能够达到继续服役的要求。在经济性与施工便利性等因素的影响下，既有钢结构的加固中很多是在结构负载情况下进行的[1]。负载下进行结构加固的加固方式在实际工程中能提高施工效率，缩短施工周期，带来显著的经济效益。焊接加固是钢结构加固中的一种用于增大构件截面的方法。由于拥有优良耐久性、高经济性、高可靠性及施工便捷性，焊接加固目前仍常为钢结构加固施工的首选方案[2]。

负载下焊接加固构件的承载性能，国内有学者对其进行了一系列研究[3-6]。Liu 等[7-8]通过试验与有限元的方式对负载下焊接加固工字形钢梁的初始荷载、加固方式及钢梁跨度对钢梁承载性能的影响。焊接加固残余变形的已有研究相当一部分存在于机械、汽车以及船舶等领域，而较少集中于土木领域，其中负载下钢结构加固残余变形的相关研究更少。

基于前期负载下的钢梁焊接加固试验研究成果[9]，本文通过有限元软件 Abaqus 建立了有限元模型，进行热力耦合计算得到焊接残余挠度，并与试验结果进行对比，验证了所提有限元方法，并基于试验与有限元结果，对全过程中的焊接残余变形变化机理给出了解释。

## 1　有限元模型

### 1.1　试验概况

试验选取四根两端夹支受弯钢梁为研究对象，分别命名为 B-1 ～ B-4。试件尺寸均为钢梁长度 3200mm，腹板尺寸 400mm×8.0mm，翼缘板尺寸 160mm×8.0mm，加固板截面尺寸 130mm×6.0mm，钢梁设计跨度 3000mm，钢梁两端各夹支 200mm，加固板长 2720mm。被加固钢梁与加固板的钢材牌号均为 Q345b。试验加载装置如图 1 所示，试件一端为三角形刀铰，另一端为圆形辊轴，并在两端用夹支支座约束。放置好试件后，利用 G 型夹钳将加固板固定在钢梁的上下翼缘表面，并通过千斤顶施力于钢梁中点，其后即可进行焊接。

四个试件均为上下翼缘加固，仅焊接方式发生了改变，各焊接方式如图 2 所示。B-1 根据规范 CECS 77：96[10]与规范 YB 9257—1996[11]规定进行加固焊缝设计，整体上焊缝从加固板两端向跨中施焊，再对 A1 ～ D2 这八段的两侧焊缝细分小段，每段 350mm 焊缝均分成 5 段的 70mm 焊缝。B-2 采用的是大段的连续焊接方式，B-3 采用的是小段的跳跃连续施焊方式，B-4 采用的是小段的间断焊接方式。四种焊接方式均先焊受拉侧，再焊受压侧加固板。加固板和翼缘端部的连接采用角焊缝连接，焊缝的焊脚尺寸设计为6mm。试验中焊接施工采用$CO_2$气体保护焊，焊机为OTC XD500S气体保护焊机，焊丝采用ER50-6，焊丝直径1.2mm，设计焊接电压和电流为33V和200A。

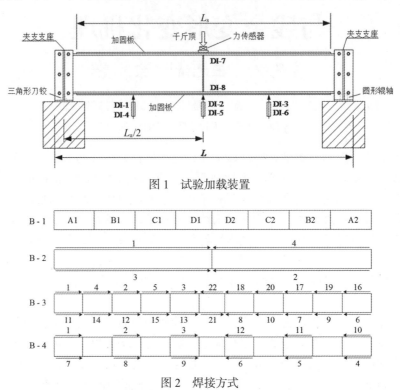

图1　试验加载装置

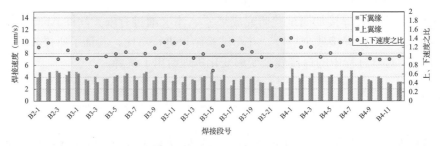

图2　焊接方式

　　试验过程中，B-1在开始施加初始荷载之后、焊接加固之前便发生了明显的整体失稳现象，其余三个试件从加载到冷却的过程中均保持良好的持载状态。因此，在后文的有限元模拟中不对B-1进行模拟。

　　将三个试件所有焊缝的焊接速度以及上、下翼缘对应焊缝的速度之比关系绘制于图3。另外，将三个试件所有焊缝的焊接次数（每段焊缝的起焊次数）以及下、上翼缘对应焊缝的焊接次数之比关系绘制于图4。

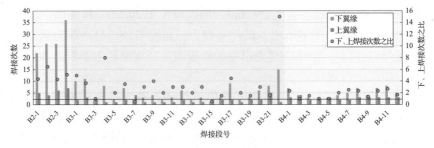

图3　焊接方式示意图（一）

图4　焊接方式示意图（二）

可见，下翼缘与上翼缘在实际的焊接过程中，在焊接速度、起焊次数等方面存在明显的区别，即上下翼缘的焊接状态实际上是不一致的。在常见的有限元焊接模拟文献中，各实际焊接过程中，下翼缘的焊缝焊接速度要比上翼缘的焊接速度慢，且由于焊接条件，需要更多的焊接次数。两者都说明了实际的焊接过程中，下翼缘与上翼缘的焊接状态应该是不同的，这可能会对后面的有限元模拟分析产生影响。

## 1.2　有限元建模

基于有限元软件 Abaqus，采用顺序热力耦合方法对焊接过程进行模拟分析，以综合考虑计算效率以及计算准确性。

模型尺寸与设计尺寸保持一致，所建的有限元模型如图 5 所示，热分析模型与力分析模型一致。

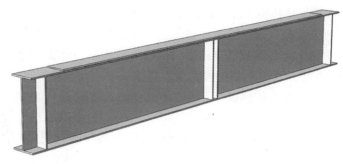

图 5　有限元模型

本文采用的 Q345b 钢材高温材性数据基于《建筑钢结构防火技术规范》（GB 51249—2017）[12]，材性曲线如图 6 所示。比热容参考已有的 Q345 钢材高温试验结果[13]，以使模型具有更好的收敛性。考虑熔池结晶潜热，设定 Q345b 钢材潜热数值为 300J/g，固液相温度分别设定为 1430℃和 1500℃。本模型没有区分焊缝与母材材性，该模拟方式在焊接模拟中被广泛使用。

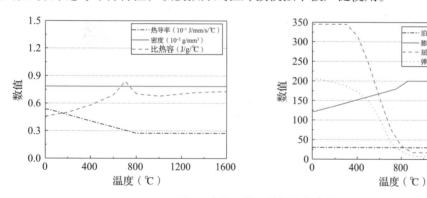

图 6　有限元模型材料性能参数

热分析中的边界条件需要考虑热辐射与热对流，这里采用 Goldak 所提出的混合对流换热系 $H=24.1\times10^{-4}\varepsilon T^{1.61}$，以提高模型的计算效率。其中的系数 $\varepsilon$ 根据文献采用 0.9 进行计算。在焊接冷却阶段将对流换热系数设置为 10W/（$m^2\cdot$℃），以加速计算，经过检验并不会影响最终结果。环境温度设为 20℃，作用表面选择钢梁整个表面。计算过程中涉及的斯蒂芬 – 玻尔兹曼常数为 $5.67\times10^{-8}$W/（$m^2\cdot K^4$），绝对零度设定为 –273.15℃。

力分析中，根据试验概况，分别在钢梁的一端限制下翼缘的横向、纵向以及上下的位移以模拟三角形刀铰，另一端限制纵向、上下的位移以模拟辊轴支座。同时对夹支范围内的单元表面限制横向位移以模拟夹支支座。有限元模型中所施加的支座条件如图 7 所示。

焊接模拟的模型网格很重要，对计算效率的影响较大。本文在网格上做了一些优化，模型所采用的网格划分如图 8 所示。翼缘板的焊缝区域对焊缝进行了网格细化，否则易出现计算不收敛的情况，在翼缘板中部采用疏松网格以减少网格数量。另外，由于温度场的变化主要集中在翼缘板附近，因此腹板处采用渐变网格，由两翼缘板向腹板中部逐渐变大。

图 7 支座条件　　　　　　　　　　　　　　图 8 模型网格

力分析的网格与热分析的网格相同，以使热分析的温度场正确添加到力分析模型。本有限元模型总单元数为 49818。热分析模型采用用于热分析的 DC3D8 单元，力分析模型采用 C3D8R 单元。

选取高斯热源模型作为焊接热源，并对高斯热源模型进行如下调整：将模型热源半径扩大，则可使网格尺寸变大，提高计算效率。当热源半径扩大后，其热量分布变得分散，熔池区域的温度下降。此时提高输入功率，对功率进行迭代调整以得到一个合适的功率，使熔池形状满足熔合线边界准则。这样的做法主要是因为本文中所涉及的试件尺寸大、焊缝长度长且试验时间长，因此计算效率需要被着重考虑。最终，确定高斯热源中的热源半径为 20mm，输入功率为 17000W。力分析中，跨中施加均布荷载，力总大小为 90kN。

试验对焊接过程进行了录影，得到了每段焊缝的实际焊接时间与记录焊接时间。有限元模型的分析步设置采用将上或下翼缘的非焊接时间平分到该翼缘的每一段焊缝中去的方法，示意图如图 9 所示。如已有下翼缘的纯焊接时间与总记录焊接时间，则将两者的差值（下翼缘的非焊接时间）平分给下翼缘的所有焊缝，并在每段焊缝后设置冷却分析步。焊接分析步按照实际焊接时间设定。

:额外时间

图 9 分析步示意图

## 2 有限元结果分析

### 2.1 试验曲线修正

对前述试验[9]跨中截面的位移计所测数据校核可发现，数据记录存在波动点与异常点。焊接过程对挠度的影响是通过温度场的变化间接进行的，因此可认为焊接对残余位移的影响应该是不存在突变的。若出现较大波动，可能是外力导致，也可能是位移计波动导致，需对其修正。修正是必要的，因为从本文试验结果及前人研究来看，焊接残余变形总值不是很大，而实际试验中的一些预料外的波动都可能导致数据有较大波动，特别是在本文这类试验时间较长的试验中，出现波动的概率会比较大。

根据位移计记录的挠度变化特点，对原始数据进行了如下修正：

（1）将跨中位移计的每两个记录时间点之间的位移变化求出，得到焊接位移变化绝对值。

（2）考虑到焊接过程和冷却过程中的位移变化幅度是不一致的，将整个过程分为焊接与冷却两个阶段，分别求出上述位移变化绝对值的 99% 分位数，将上一步中得到的焊接位移变化绝对值与该分位数对比可以得到哪些点属于异常值，对其进行排查。

（3）对上述异常值点进行校对并处理。这些异常值中，大部分的点属于波动点，虽数值会突然上升或下降，但在下一刻可能又恢复，这种情况可以将波动的点去除从而得到更为平滑的曲线，也可以不做处理；另一小部分的点会出现急剧的上升或下降波动，可能是工人的操作、位移计的波动等情况导致，属于急剧的位移变化，与焊接过程的挠度变化不符，非焊接因素导致，需将其去除。

三个试件的修正前后曲线如图 10 所示。

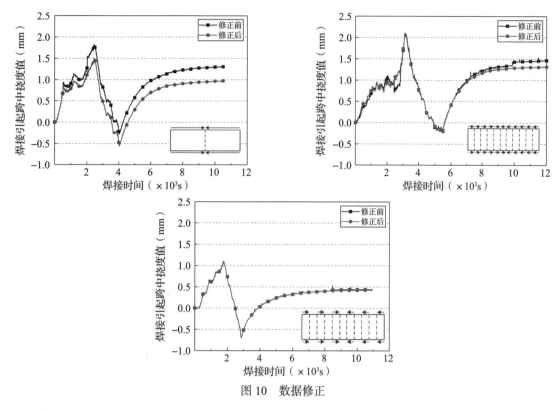

图 10　数据修正

## 2.2　焊接残余挠度对比

从试验概况中知道,下翼缘与上翼缘在实际的焊接过程中,在焊接速度、起焊次数等方面存在明显的区别,即上下翼缘的焊接状态实际上是不一致的。在常见的有限元焊接模拟文献中,各焊缝的热源参数是不变的。为了考虑上下翼缘在焊接时的差异,本文考虑对焊接热源中的经验系数、焊接效率系数 $\eta$ 进行区别设置。对于 $CO_2$ 气体保护焊的焊接模拟,目前已有的文献均将焊接效率系数 $\eta$ 取经验值 0.8。本文假设上翼缘的焊接效率系数为 0.8,为常用的系数水平,下翼缘则从 $0.55 \sim 0.8$ 每 0.05 取一个值进行参数分析,所得有限元结果见表 1。

表 1　不同焊接效率下的有限元结果

| 焊接效率 | 试件 | 试验值（mm） | 有限元（mm） | 有限元误差 |
|---|---|---|---|---|
| 0.8 | B-2 | 0.972 | 0.656 | −33% |
|  | B-3 | 1.317 | 0.917 | −30% |
|  | B-4 | 0.424 | 0.480 | 13% |
| 0.75 | B-2 | 0.972 | 0.734 | −24% |
|  | B-3 | 1.317 | 0.951 | −28% |
|  | B-4 | 0.424 | 0.532 | 26% |
| 0.7 | B-2 | 0.972 | 0.818 | −16% |
|  | B-3 | 1.317 | 0.979 | −26% |
|  | B-4 | 0.424 | 0.582 | 38% |
| 0.65 | B-2 | 0.972 | 0.905 | −7% |
|  | B-3 | 1.317 | 1.007 | −24% |
|  | B-4 | 0.424 | 0.628 | 48% |
| 0.6 | B-2 | 0.972 | 1.002 | 3% |
|  | B-3 | 1.317 | 1.040 | −21% |
|  | B-4 | 0.424 | 0.675 | 59% |
| 0.55 | B-2 | 0.972 | 1.119 | 15% |
|  | B-3 | 1.317 | 1.103 | −16% |
|  | B-4 | 0.424 | 0.727 | 72% |

因为当焊接长度不同时，上下翼缘焊接状态不同所产生的影响也会不同，因此将 B-2 与 B-3 一起考虑，B-4 则单独考虑。从表 1 中可以看出，对于总焊接长度相同的 B-2（大段焊接）与 B-3（跳跃式连续焊接）梁来说，随着下翼缘焊接效率系数 $\eta$ 减小，B-2 有限元误差的绝对值减小，在 $\eta = 0.6$ 时达到最小值，随后又增大；B-3 有限元误差的绝对值逐渐减小；两者的平均误差在 $\eta = 0.6$ 时达到最小值。对于 B-4（间断焊接）来说，随着下翼缘焊接效率系数的减小，有限元误差逐渐增大。这可能是因为对于 B-2 与 B-3 两个试件来说，下翼缘的焊接长度较长，且下翼缘焊接时为仰焊，焊接条件较为复杂，与上翼缘的焊接过程存在较大的区别，因此焊接效率偏小。对于 B-4 来说，本身的焊接长度较短，焊接环境与条件对上下翼缘的影响相较起来没那么大。

综上，在有限元模拟过程中，对 B-2 与 B-3 试件，下翼缘的焊接效率系数采用 0.6，而对于 B-4 试件，下翼缘的焊接效率系数采用 0.8，所得到的跨中焊接残余挠度有限元结果与试验值对比如图 11 所示，图中因为点焊的范围以及时间都很小，因此不考虑它对过程中的焊接残余位移影响。试件冷却后，B-2、B-3 与 B-4 有限元残余挠度的相对误差分别为 3%、−21% 与 13%。

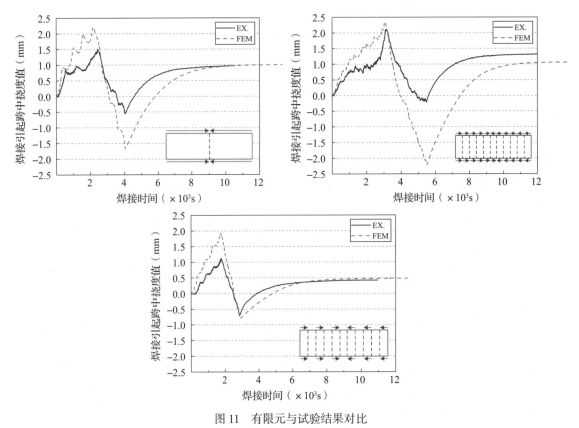

图 11  有限元与试验结果对比

## 3  负载下工形钢梁焊接残余挠度机理解释

从有限元与试验焊接挠度的发展都能看出，跨中在焊接下翼缘时竖向焊接残余位移增大，焊接上翼缘时竖向焊接残余位移减小至反向，冷却时竖向焊接残余位移增大直至稳定，最终的跨中竖向焊接残余挠度向下。这样的现象容易让人认为：最终的跨中竖向焊接残余挠度是下翼缘焊接导致的，而上翼缘的焊接可以让向下的焊接残余挠度得到恢复。

焊接过程中的挠度变化主要来源于两个方面：钢梁的热胀冷缩与高温下钢材力学性能的退化导致局部进入塑性所产生的残余变形。以下将按照负荷阶段、下翼缘焊接阶段、上翼缘焊接阶段与冷却阶段对负载下焊接加固工形钢梁的焊接残余挠度变化机理进行解释。

### 3.1  负荷阶段

此阶段在跨中对钢梁施加荷载，根据材料力学原理可知钢梁的上翼缘受压、下翼缘受拉。如图 12 中所示，从梁中取一个小长度的分析单元，并在后文中对其进行分析。

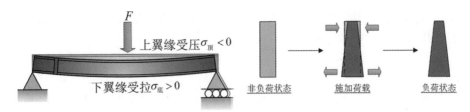

图 12　负荷阶段

### 3.2　下翼缘焊接阶段

如图 13 所示，在焊接下翼缘的过程中，焊接处温度局部升高，分析单元下部温度升高，单元下部伸长，两侧截面夹角变大，局部下凸曲率变大，跨中焊接残余位移增大。同时，下翼缘的热影响区温度高对外膨胀，但受到外围温度较低部分的阻碍，从而产生了压应力。该压应力与跨中荷载所产生的拉应力符号相反。若该压应力与拉应力相互抵消后的应力和大于屈服强度，则构件局部进入塑性，产生塑性变形。所产生的塑性变形为压缩塑性变形，在焊缝冷却收缩后，相当于在焊缝处给梁产生了一个沿纵向的偏心压力，从而导致构件跨中出现上拱的竖向挠度。

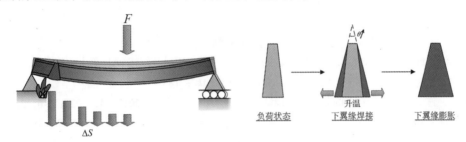

图 13　下翼缘焊接阶段

### 3.3　上翼缘焊接阶段

如图 14 所示，对钢梁上翼缘施焊。焊接的过程中，上翼缘焊接处温度局部升高，分析单元的上部温度升高，单元上部伸长，单元两侧截面夹角反向，由下凸变为上凸，曲率的改变导致曲线局部上凸，跨中残余位移减小。此时上翼缘的热影响区温度较高，需要对外膨胀，同样受到了外围温度较低部分的阻碍，从而产生了压应力。该压应力与跨中荷载所产生的应力符号相同，若两压应力之和大于屈服强度，则构件局部进入塑性，产生塑性变形。下翼缘受焊接的单元逐渐冷却，进入塑性的单元的弹性变形部分得到一定的恢复，而塑性部分则无法恢复，造成纵向收缩变形。

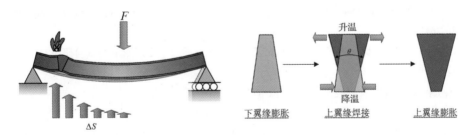

图 14　上翼缘焊接阶段

### 3.4　冷却阶段

在冷却阶段的初期，上翼缘温度高于下翼缘；冷却阶段的最终，上下翼缘温度相等。从冷却的全程来看，上翼缘温度降低得多，收缩量大，单元两侧截面夹角逐渐减小，宏观上即焊接残余挠度增大。

最终钢梁由于热塑性的影响，整体挠度比施加荷载后的状态更大，即焊接残余挠度总是正的（方向向下的）。这个现象发生的原因主要有两个：第一，焊缝的冷却过程会在热影响区内产生纵向收缩，相当于在上下翼缘处对梁施加了一个偏离于钢梁截面中性轴的偏心力；第二，从上面的焊接过程分析可知，初始负载的存在使上翼缘产生与焊缝收缩力同向的压应力，而下翼缘的拉应力则与焊接压应力符号相反，因此上翼缘进入塑性的区域会更大，焊缝的纵向收缩力更大。结合结构的受力分析，可以知道钢梁最终将产生向下的焊接残余挠度。

## 4　结论

本文对三个试件进行了有限元模拟，并探究了负载下焊接加固钢梁的焊接残余挠度变形机理，得到以下结论：

（1）建立了顺序热力耦合分析模型，考虑随温度变化的材性参数以及上下翼缘的实际焊接速度，提出了可以用于大型焊接结构热力耦合分析的实用方法。

（2）该有限元误差可能来源于以下几个方面：材性不是真实材性数据；位移计的数据采集误差；热交换的各项参数是用的一些推荐的模型，与实际情况有偏差；热源模型自身的误差。在焊接模拟的过程中，特别是针对大型构件的焊接模拟，需要对模型的计算效率进行重点考虑，否则会带来极大的计算耗时以及存储压力。

（3）通过分析，阐述了负载下工形钢梁在焊接各阶段中的焊接残余挠度变化机理，该机理可以合理解释试验过程中的焊接残余挠度变化。

## 参考文献

[1] 祝瑞祥，王元清，戴国欣，等. 负载下钢结构构件加固技术及其应用研究综述 [A]. 第十一届全国建筑物鉴定与加固改造学术交流会议论文集 [C]. 北京：中国建材工业出版社，2012：188-194.

[2] 王元清，宗亮，施刚，等. 钢结构加固新技术及其应用研究 [J]. 工业建筑，2017，47（02）：1-6，22.

[3] 王元清，祝瑞祥，戴国欣，等. 工字形截面受弯钢梁负载下焊接加固试验研究 [J]. 土木工程学报，2015，48（01）：1-10.

[4] 王元清，祝瑞祥，戴国欣，等. 初始负载下焊接加固工字形截面钢柱受力性能试验研究 [J]. 建筑结构学报，2014，35（07）：78-86.

[5] 王元清，祝瑞祥，戴国欣，等. 负载下焊接加固受弯工形钢梁的受力特性分析 [J]. 建筑科学与工程学报，2013，30（04）：112-120.

[6] 王元清，祝瑞祥，戴国欣，等. 负载下焊接加固钢柱截面应力分布有限元分析 [J]. 沈阳建筑大学学报（自然科学版），2013，29（04）：577-583.

[7] LIU Y，GANNON L. Experimental behavior and strength of steel beams strengthened while under load[J]. Journal of Constructional Steel Research，2009，65（6）：1346-1354.

[8] LIU Y，GANNON L. Finite element study of steel beams reinforced while under load[J]. Engineering Structures，2009，31（11）：2630-2642.

[9] 黄健鸣，王元清，宗亮，等. 焊接方式对负载下加固工形截面钢梁残余变形影响的试验研究 [J]. 工程力学，2021，38（S1）：243-250.

[10] 清华大学土木工程系. 钢结构加固技术规范：CECS77：96[S].

[11] 冶金工业部建筑研究院. 钢结构检验评定及加固技术规范：YB 9257—1996[S].

[12] 中华人民共和国住房和城乡建设部. 建筑钢结构防火技术规范：GB 51249—2017[S]. 北京：中国建筑工业出版社，2017.

[13] WANG Y，FENG G，PU X，et al. Influence of welding sequence on residual stress distribution and deformation in Q345 steel H-section butt-welded joint[J]. Journal of Materials Research and Technology，2021，13：144-153.

# 基于数值试验的 Plastic-Hardening 模型参数选取方法

徐毅明　刘海波

甘肃省建筑科学研究院（集团）有限公司　兰州　730050

**摘　要：**结合颗粒流软件 PFC$^{3D}$，基于离散体的计算方法，模拟排水三轴数值试验和固结试验，对砂卵石材料细观参数的设置进行参数的敏感性分析，选取合理的细观力学参数以表达砂卵石材料宏观的力学特性，然后通过数值试验，获得不同应力状态条件下应力 – 轴应变曲线、体积应变 – 轴应变曲线和固结试验 $\sigma_1-\varepsilon_1$ 关系曲线，对数值试验获得的试验数据进行分析，得到用于 Plastic-Hardening 模型计算参数。

**关键词：**Plastic-Hardening 模型；离散元；数值三轴排水试验；固结试验

Plastic-Hardening 模型是在双硬化模型[1]的基础上提出的塑性理论模型。该模型采用加载和卸载的双模量定义弹性部分的双刚度且能有效考虑土体的压缩性；塑性部分采用非相关联流动法则和各向同性的硬化准则，可以很好地描述双曲线形式的应力 – 应变关系和土体的剪胀性[2]。与其他模型不同，Plastic-Hardening 模型的参数除了一般土体强度参数，还包括土体刚度的基本参数和表征土体的高级参数，这些参数均可以通过常规的三轴排水试验和固结试验分析获得。但从实际操作的角度出发，一般的室内试验都存在耗时、不经济、操作困难等因素。同时从理论分析的角度来看，室内试验法对于时间和空间限制要求比较高。随着计算机科学的快速发展，数值试验法越来越受到学者[3-5]的青睐。数值试验法不仅省时、经济，而且可以很好地解决室内试验法中对于时间与空间的限制，利用数值程序伺服控制，可以得到试验法中很难或者无法获得的数据。本文结合颗粒流软件 PFC$^{3D}$[6]，基于离散体的计算方法，模拟排水三轴数值试验和固结试验，对砂卵石材料细观参数的设置进行参数的敏感性分析，选取合理的细观力学参数以表达砂卵石材料宏观的力学特性，然后通过数值试验，获得不同应力状态条件下应力 – 轴应变曲线、体积应变 – 轴应变曲线和固结试验 $\sigma_1-\varepsilon_1$ 关系曲线，接着对数值试验获得的试验数据进行分析，得到用于 Plastic-Hardening 模型的计算参数。

## 1　Plastic-Hardening 模型参数

Plastic-Hardening 模型的参数既包括一般土体强度参数，也包括土体刚度的基本参数和表征土体的高级参数（图 1）。

## 2　三轴数值试验

模型最终尺寸为 170mm × 340mm，采用三种形式的类椭圆形颗粒，颗粒半径为 15 ～ 19mm，数值试验模型如图 2 所示。

## 3　砂卵石地层宏、细观参数标定

结合各细观参数对砂卵石土体宏观参数的力学特性影响规律，采用围压分别为 0.5MPa、0.7MPa 和 0.9MPa，通过多次试算，反复调整数值三轴试验中的细观参数，使之表征的宏观特性与成都地铁砂卵石基坑勘察资料的统计分析结果大致相同，从而标定了成都地铁基坑砂卵石地层的宏观物理力学参数与模型细观参数之间对应的关系。

地勘资料中给出的成都地铁基坑砂卵石宏观力学特性见表 1，通过反复标定的细观参数见表 2。

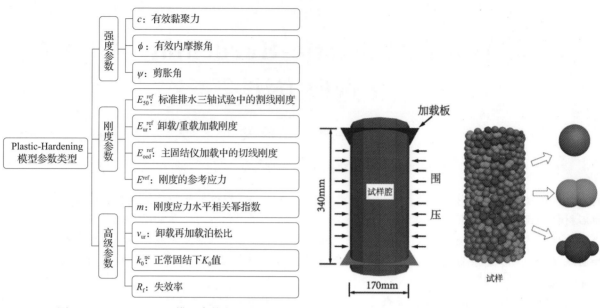

图 1　Plastic-Hardening 模型参数类型　　　　　　　　　图 2　数值试验模型

**表 1　砂卵石土层宏观物理力学参数**

| 土层名称 | 密度（kg/m³） | 黏聚力（kPa） | 内摩擦角（°） | 变形模量（MPa） |
|---|---|---|---|---|
| 砂卵石 | 2100 | 0 | 26 | 18 |

**表 2　砂卵石土层细观参数**

| 土层名称 | 粒径比 $r^*$ | 有效模量 $E^*$（MPa） | 刚度比 $k^*$ | 摩擦系数 $\mu^*$ | 孔隙率 $n_c$ |
|---|---|---|---|---|---|
| 砂卵石 | 1.3 | 85.6 | 2 | 0.43 | 0.36 |

### 3.1　砂卵石数值三轴排水试验

采用上述标定的细观力学参数，模拟数值三轴试验从而获得砂卵石应力 – 轴应变曲线、体积应变 – 轴应变曲线如图 3、图 4 所示，此时的数值试验曲线基本可以代表室内三轴试验反映砂卵石的力学特性。

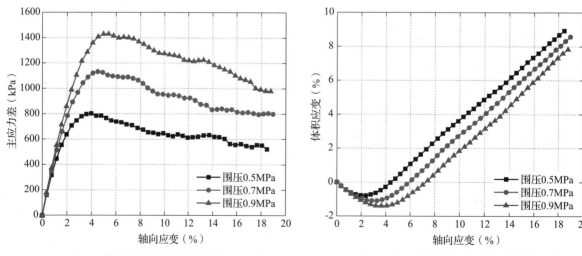

图 3　砂卵石应力 – 轴应变曲线　　　　　　　　　图 4　砂卵石体积应变 – 轴应变曲线

### 3.2　砂卵石数值固结试验

采用上述标定的细观参数，近似模拟快速固结试验。在模拟快速固结试验时，将刚性圆柱墙设定为恒定的速度，并将其有效模量设置为无限大以模拟实验室刚性环刀侧壁，一次施加轴向荷载

400kPa，以计算时间步近似代替固结时间，监测竖向应力 $\sigma_1$ 与轴向应变 $\varepsilon_1$ 之间的关系，其数值模拟结果如图 5 所示。

## 4　Plastic-Hardening 模型的参数选取方法

Plastic-Hardening 模型参数需要通过分析三轴数值试验的结果来获得，本节以数值试验获得的砂卵石的应力 – 轴应变曲线（图 3）、体积应变 – 轴应变曲线（图 4）和固结试验 $\sigma_1-\varepsilon_1$ 关系曲线（图 5）为例，对其数值试验的数据分析，确定 Plastic-Hardening 模型的参数。

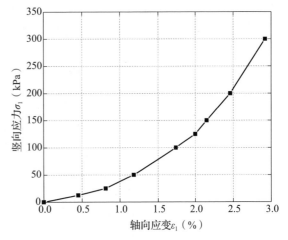

图 5　砂卵石固结试验 $\sigma_1-\varepsilon_1$ 关系曲线

### 4.1　有效内摩擦角 $\phi$ 和有效黏聚力 c 的选取

在处理常规的三轴数值试验，求解有效内摩擦角 $\phi$ 和有效黏聚力 c 时，通常做法是将破坏点的数据绘制在 $\tau_{\mathrm{f}}-\sigma$ 坐标上，然后绘制摩尔破坏圆的公切线，通过求解斜率和截距来确定内摩擦角和黏聚力。这种方法的缺点是，绘制摩尔破坏圆的公切线时，主观的人为因素，加大数据处理的误差。本文提供两种数值三轴试验求解内摩擦角和黏聚力的方法，其具体步骤如下：

采用 $p=(\sigma_1+2\sigma_3)/3$ 为横坐标轴，$q=\sigma_1-\sigma_3$ 为纵坐标轴，将不同围压下数值试验的结果绘制在 $p-q$ 坐标上，取不同围压下的应力破坏点，采用线性回归软件对数值试验结果进行一次线性回归，回归曲线的斜率和截距分别为 k 和 b，则有如下关系：

$$k=\frac{6\sin\phi}{3-\sin\phi} \tag{1}$$

$$b=\frac{6c\cos\phi}{3-\sin\phi} \tag{2}$$

拟合结果如图 6 所示，得斜率 $k=1.029$，截距 $b=0$，代入式（1）和式（2），解得：$\phi=26.05°$，$c=0$。

### 4.2　失效率 $R_{\mathrm{f}}$ 的选取

经转换，得 $\dfrac{1}{\varepsilon_1}-\dfrac{1}{q}$ 的关系表达式如下式：

$$\frac{1}{q}=\frac{1}{E_i}\cdot\frac{1}{\varepsilon_1}+\frac{1}{q_{\mathrm{a}}} \tag{3}$$

通过对数值试验数据处理，并采用一次线性回归，回归直线图如图 7 所示。由回归直线可以计算出不同偏应力时的初始刚度 $E_i$，而初始刚度 $E_i$ 与主加载割线刚度 $E_{50}$ 之间的关系表达式见式（4）。

$$E_i=\frac{2E_{50}}{2-R_{\mathrm{f}}} \tag{4}$$

式中，$R_{\mathrm{f}}$ 为失效率，其定义为

$$R_{\mathrm{f}}=\frac{q_{\mathrm{f}}}{q_{\mathrm{a}}} \tag{5}$$

式中，$q_{\mathrm{f}}$ 为极限剪应力，由 Mohr-Coulomb 模型失效准则给出，满足函数关系式（6）。

$$q_{\mathrm{f}}=\frac{2\sin\phi\left(c\cot\phi+\sigma_3\right)}{1-\sin\phi} \tag{6}$$

式中，$\phi$ 为有效内摩擦角；c 为有效黏聚力。

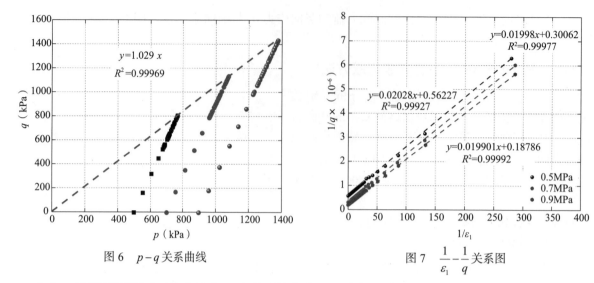

图 6   $p$–$q$ 关系曲线                     图 7   $\dfrac{1}{\varepsilon_1}$–$\dfrac{1}{q}$ 关系图

由表 3 计算不同围压下的失效率，取其平均值作为最终值，即 $R_f = 0.3449$。

表 3   不同围压下的 $E_{50}$ 和 $R_f$ 值

| $\sigma_3$（MPa） | $k$（$\times 10^{-6}$） | $b$（$\times 10^{-6}$） | $q_a$（MPa） | $q_f$（MPa） | $R_f$ | $E_i$（MPa） | $E_{50}$（MPa） |
|---|---|---|---|---|---|---|---|
| 0.5 | 0.02028 | 0.56227 | 1.7785 | 0.7832 | 0.4404 | 49.3096 | 38.4516 |
| 0.7 | 0.01998 | 0.30062 | 3.3265 | 1.0964 | 0.3296 | 50.0500 | 41.8017 |
| 0.9 | 0.01990 | 0.18786 | 5.3231 | 1.4097 | 0.2648 | 50.2487 | 43.5958 |

### 4.3   标准排水三轴试验中的割线刚度 $E_{50}^{\text{ref}}$，刚度应力水平相关幂指数 $m$ 的选取

将由 Mohr-Coulomb 模型失效准则得出 $q_f$ 转换得到式（7）。

$$E_{50} = E_{50}^{\text{ref}} \left( \frac{q_f}{q_f^{\text{ref}}} \right)^m \tag{7}$$

$$q_f^{\text{ref}} = \frac{2\sin\phi \left( c\cot\phi + p^{\text{ref}} \right)}{1 - \sin\phi} \tag{8}$$

式中，$p^{\text{ref}}$ 为刚度的参考应力，一般取 $p^{\text{ref}} = 100\text{kPa}$。

两边对式（8）对数求导得函数式：

$$\ln E_{50} = \ln E_{50}^{\text{ref}} + m\ln \left( \frac{q^f}{q_f^{\text{ref}}} \right) \tag{9}$$

上式满足一次线性函数关系式，计算结果见表 4，拟合线性图如图 8 所示，斜率 $k$ 即为 $m$ 值，截距 $b$ 为 $\ln E_{50}^{\text{ref}}$，即求得 $E_{50}^{\text{ref}} = e^b$。

表 4   不同围压下的 $\ln E_{50}$ 和 $\ln(q_f / q_f^{\text{ref}})$ 值

| $\sigma_3$（MPa） | $E_{50}$（MPa） | $\ln E_{50}$（MPa） | $q_f$（MPa） | $q_f^{\text{ref}}$（MPa） | $q_f / q_f^{\text{ref}}$ | $\ln(q_f / q_f^{\text{ref}})$ |
|---|---|---|---|---|---|---|
| 0.5 | 38.4516 | 3.6494 | 0.7832 | 0.1566 | 5.0013 | 1.6096 |
| 0.7 | 41.8017 | 3.7329 | 1.0964 | 0.1566 | 7.0013 | 1.9461 |
| 0.9 | 43.5958 | 3.7750 | 1.4097 | 0.1566 | 9.0019 | 2.1974 |

由图 4-3 可得：

$m = 0.2156$，$E_{50}^{\text{ref}} = e^b = 27.2676$（MPa）。

### 4.4   卸载 / 重载刚度 $E_{\text{ur}}^{\text{ref}}$ 的选取

对于卸载 / 重载刚度 $E_{\text{ur}}^{\text{ref}}$ 的选取，通常取 $E_{\text{ur}}^{\text{ref}} = (3 \sim 5) E_{50}^{\text{ref}}$，本文采用 $E_{\text{ur}}^{\text{ref}} = 4 E_{50}^{\text{ref}}$，计算的 $E_{\text{ur}}^{\text{ref}} =$

109.0704（MPa）。

## 4.5　剪胀角 $\psi$ 的选取

由式（10）

$$s_{\mathrm{m}} = -\frac{\Delta \varepsilon_{\mathrm{v}}}{\Delta \varepsilon_1} \approx -\frac{\Delta \varepsilon_{\mathrm{v}}^{\mathrm{p}}}{\Delta \varepsilon_1^{\mathrm{p}}} = \frac{2\sin\psi}{1-\sin\psi} \qquad (10)$$

式中，$s_{\mathrm{m}}$ 为体积应变 – 轴应变中最大的斜率值。

进一步变换可得

$$\sin\psi = \frac{s_{\mathrm{m}}}{s_{\mathrm{m}}+2} \qquad (11)$$

不同围压下，剪胀角 $\psi$ 的计算值见表 5。

表 5　不同围压下的 $\psi$ 值

| $\sigma_3$（MPa） | $s_{\mathrm{m}}$ | $\psi$（°） |
| --- | --- | --- |
| 0.5 | 0.62969 | 13.85 |
| 0.7 | 0.65344 | 14.26 |
| 0.9 | 0.68326 | 14.75 |

由表 5，计算不同围压下的剪胀角 $\psi$，取其平均值作为最终的 $\psi = 14.29°$。

## 4.6　主固结仪加载中的切线刚度 $K_{\mathrm{oed}}^{\mathrm{ref}}$，正常固结下 $K_0^{\mathrm{nc}}$ 值的选取

$K_{\mathrm{oed}}^{\mathrm{ref}}$ 是在固结试验中，主加载压力 $\sigma_1 = p^{\mathrm{ref}}$ 时的割线模量，由松散砂卵石固结试验 $\sigma_1 - \varepsilon_1$ 关系曲线，当 $\sigma_1 = p^{\mathrm{ref}} = 100\mathrm{kPa}$ 时，做切线得到的切线模量即为主固结仪加载的切线刚度 $K_{\mathrm{oed}}^{\mathrm{ref}}$，如图 9 所示。

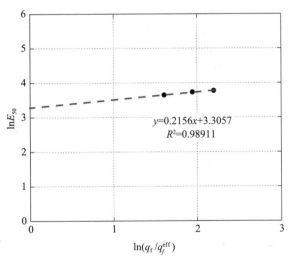

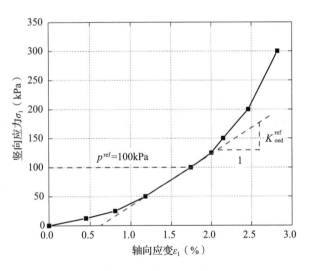

图 8　$\ln(q_{\mathrm{f}}/q_{\mathrm{f}}^{\mathrm{ref}}) - \ln E_{50}$ 关系图　　　　图 9　松散砂卵石在 $\sigma_1 = p^{\mathrm{ref}}$ 时的 $K_{\mathrm{oed}}^{\mathrm{ref}}$

由图 9 得切线模量即为 $K_{\mathrm{oed}}^{\mathrm{ref}}$，解得

$$K_{\mathrm{oed}}^{\mathrm{ref}} = 8.19（\mathrm{MPa}）$$

正常固结下 $K_0^{\mathrm{nc}}$ 的取值为 $K_0^{\mathrm{nc}} = 1-\sin\phi$，代入的 $K_0^{\mathrm{nc}} = 0.56$。

## 4.7　卸载再加载泊松比 $v_{\mathrm{ur}}$ 的选取

卸载再加载泊松比通常按照工程经验数值选取，一般选取为 $v_{\mathrm{ur}} = 0.2$。

## 5　Plastic-Hardening 模型的参数汇总

对中密和密实砂卵石采用同样的方法，对数值试验及试验数据进行分析，获得松散、中密和密实

状态下 Plastic-Hardening 模型的参数值见表 6。

表 6　Plastic-Hardening 模型参数汇总

| Plastic-Hardening 模型参数 | 散砂卵石 | Plastic-Hardening 模型参数 | 散砂卵石 |
|---|---|---|---|
| $p^{\text{ref}}$（kPa） | 100 | $\phi$（°） | 26.05 |
| $E_{50}^{\text{ref}}$（MPa） | 27.27 | $\psi$（°） | 14.29 |
| $E_{\text{ur}}^{\text{ref}}$（MPa） | 109.07 | $m$ | 0.22 |
| $E_{\text{oed}}^{\text{ref}}$（MPa） | 8.19 | $k_0^{\text{nc}}$ | 0.56 |
| $\upsilon_{\text{ur}}$ | 0.2 | $R_{\text{f}}$ | 0.34 |
| $c$（kPa） | 0 | | |

## 6　结论

　　颗粒离散元作为研究离散介质的强大工具，已广泛适用于许多领域。不同的颗粒细观参数对于表征材料宏观力学特性存在较大的差异，而通过常规的室内试验，对于细观参数的获得十分困难。本文在对离散元的基本理论进行分析的基础上，提出一种类椭圆颗粒的模拟方法，通过建立数值三轴试验，介绍了细观参数标定的过程及标定方法，并依据成都地铁基坑砂卵石土层地勘统计资料的宏观参数对其细观参数进行了标定，利用标定的数值试验数据，结合 Plastic-Hardening 模型理论，计算选取了 Plastic-Hardening 模型的主要参数。

### 参考文献

[1] VEMEER P A. A double hardening model for sand[J]. Geotechnique, 1978, 28（4）: 413-433.

[2] 王海波, 徐明, 宋二祥. 基于硬化土模型的小应变本构模型研究 [J]. 岩土力学, 2011, 32（1）: 39-44.

[3] 金磊, 曾亚武, 李欢, 等. 基于不规则颗粒离散元的土石混合体大三轴数值模拟 [J]. 岩土工程学报, 2015, 37（5）: 829-838.

[4] 周伟, 谢婷蜓, 马刚, 等. 基于颗粒流程序的真三轴应力状态下堆石体的变形和强度特性研究 [J]. 岩土力学, 2012, 33（10）: 3006-3080.

[5] 周健, 史旦达, 贾敏才, 等. 砂土单调剪切力学性状的颗粒流模型 [J]. 同济大学学报（自然科学版）, 2007, 35（10）: 1299-1304.

[6] ITASCA CONSULTING GROUP, INC. Universal distinct element code version 5.0[M]. Minneapolis: Itasca Consulting Group, 2018.

# 某高势能尾矿坝加高加固动力时程分析

陈天镭　秦　婧　汪　军　徐锡荣　冒海军

兰州有色冶金设计研究院有限公司　兰州　730000

**摘　要：** 随着上游式尾矿水力冲填筑坝的不断加高，库内水位持续上升，逐步形成高势能尾矿坝，其地震时的稳定至关重要，用动力时程分析方法对高势能尾矿坝加高加固进行地震下的动力稳定分析是高势能尾矿坝稳定分析的有效途径。

**关键词：** 高势能尾矿坝；动力稳定分析

## 1　概况

某尾矿坝自 1985 年开始建设，1987 年 7 月投入运行，设计初期坝为透水堆石坝，初期坝顶标高为 1392m，相应坝高 42m。1990 年至 1998 年分 5 次加高初期坝，共加高 37.12m，加高后初期坝顶标高达到 1435m。后期该尾矿库采用上游式堆积筑坝堆高至 1485.0m，总坝高 135m，内坡比为 1：1.5，外坡比为 1：5.0。2017 年发现坝体稳定性不满足规范要求，在思考解决该问题的同时进行加高扩容设计：继续使用现状初期坝，为提高尾矿坝的动力抗震安全性，在 1480.0m 以下采用干尾矿加固尾矿坝，在原设计尾矿库最终标高 1510.0m 以上，采用上游式湿式排放加高至 1553.0m 标高。最终总坝高 206.0m，总库容 3307.0×10⁴m³，加高扩容后典型剖面图如图 1 所示。

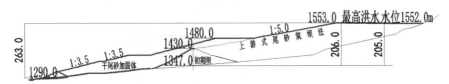

图 1　某尾矿坝典型剖面图

## 2　静力分析方法

### 2.1　土性能指标的选用

本次稳定性分析采用的尾矿材料抗剪强度参数经验值，考虑尾矿库内的充填材料在堆积加高过程中，库内固结未完全结束，有效应力强度指标是在试验结果基础上进行一定折减，综合分析后确定的。

### 2.2　静力分析

极限平衡分析法是边坡稳定性分析应用较早、积累经验最丰富且最常用的方法。因考虑条块间力的假定条块及破坏面形状的不同，极限平衡法形成了分析圆弧滑动面 Bishop 法、Janbu 法和瑞典法，各计算方法假定条件的不同，决定了这些方法的计算精度及适用范围的不同。

运用上文所确定的计算剖面、计算参数与运行情况，分别用 Bishop 法、Janbu 法、瑞典法分析该尾矿坝的稳定性，考虑地震作用产生的荷载对坝体的影响，共进行了 12 种计算方案的分析工作，计算结果见表 1，剖面 8 度地震 –500 年一遇洪水水位运行下最小安全系数与滑弧面位置见计算分析结果图（图 2～图 4）。

---

作者简介：陈天镭（1963—　　），男，教授级高级工程师，全国有色金属行业设计大师、甘肃省工程勘察设计大师，甘肃省尾矿处置行业技术中心主任，从事结构、尾矿设计及科研工作。联系方式：兰州市城关区天水南路 168 号，730000，13893330276。

表 1  抗滑稳定性计算结果

| 计算剖面 | 运行情况 | 安全系数 | | |
|---|---|---|---|---|
| | | Bishop 法 | Janbu 法 | 瑞典法 |
| 典型剖面 | 正常运行 | 1.968 | 1.903 | 1.927 |
| | 500 年一遇洪水运行 | 1.968 | 1.905 | 1.928 |
| | 8 度地震 – 正常水位 | 1.011 | 0.959 | 0.931 |
| | 8 度地震 –500 年一遇洪水水位 | 0.861 | 0.827 | 0.790 |

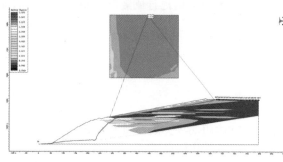

图 2  洪水水位 8 度地震 Bishop 法计算分析结果

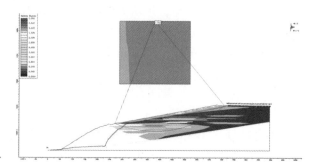

图 3  洪水水位 8 度地震 Janbu 法计算分析结果

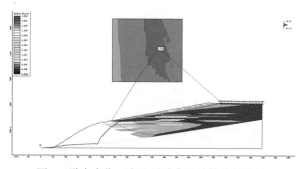

图 4  洪水水位 8 度地震瑞典法计算分析结果

## 3  动力时程分析

### 3.1  土性能指标选用

尾矿库由初期坝和堆积坝组成，根据尾矿库材料构成分析，初期坝内材料包括：定向爆破的块石料（以下简称"爆破块石土"），第一、二次加高的山坡土石料（以下简称"山坡土石料"），第三至五次加高的采场废石土（以下简称"采场废石土"）。堆积坝尾矿料主要由尾粉砂、尾粉土、尾粉质黏土、尾黏土组成。对上述各组成材料进行现场取样试验与室内试验，查明物理力学性质，为数值模拟计算提供合理的参数（表 2）。

表 2  各种材料的动力特性参数

| 分组 | 名称 | $K_d$ | $n_d$ | $C_1$ | $C_2$ | $C_4$ | $C_5$ |
|---|---|---|---|---|---|---|---|
| 初期坝 | 爆破堆石体 | 862 | 0.34 | 0.93 | 0.97 | 7.38 | 1.00 |
| | 山坡土石料 | 667 | 0.50 | 0.79 | 1.03 | 7.29 | 1.11 |
| | 采场废石土 | 890 | 0.42 | 0.5 | 0.82 | 7.76 | 0.85 |
| 堆积坝 | 尾粉砂 | 160 | 0.45 | 0.85 | 0.94 | 7.17 | 0.97 |
| | 尾粉土 | 152 | 0.43 | 0.80 | 0.90 | 6.20 | 1.00 |
| | 尾粉质黏土 | 98.6 | 0.49 | 0.82 | 0.90 | 6.56 | 1.00 |
| | 尾黏土下 | 118.32 | 0.58 | 0.85 | 0.91 | 7.2 | 1.00 |
| | 尾黏土上 | 105.00 | 0.51 | 0.82 | 0.90 | 6.8 | 1.00 |

## 3.2　地震动参数及地震波选取

该地区抗震设防烈度为 8 度，设计基本地震加速度为 0.20$g$，根据地质勘察报告书可知，尾矿库地区场地土类型为中软场土，建筑场地类别为Ⅲ类，设计特征周期 $T_g$ 为 0.40s，阻尼比为 5%。根据确定的反应谱参数分别生成三条人工地震波，并对其相关性进行校验，分别用于尾矿坝顺河向、横水向和竖直向的地震动输入，各方向的地震波加速度时程曲线如图 5 所示，图中加速度峰值为单位加速度，在进行计算分析时水平向乘以设计加速度峰值，竖直向按水平向 2/3 进行输入。在采用无质量地基模型时，直接在尾矿坝上施加加速度惯性力。

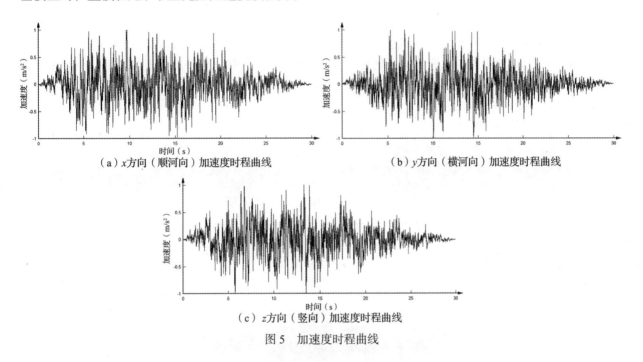

（a）$x$ 方向（顺河向）加速度时程曲线　　　　　（b）$y$ 方向（横河向）加速度时程曲线

（c）$z$ 方向（竖向）加速度时程曲线

图 5　加速度时程曲线

计算动力工况时，当采用无质量地基方法计算时，输入的是加速度波，分别是顺河向、横河向、竖向的加速度波，共 3 条地震波。按照地震工况要求，顺河向、横河向加速度峰值为 0.2$g$，即 1.96m/s$^2$，竖向加速度峰值为顺河向与横河向的 2/3，即 0.133$g$，即 1.307m/s$^2$。

## 3.3　尾矿坝地震动力成果分析

在静力计算的基础上，考虑地震作用，采用固定边界（无质量地基）方法，输入三条地震加速度波，对坝体的动力响应进行分析。在进行动力分析计算时，由于数据量很大，选取中央主截面 5 个典型的节点进行动力时程分析。

### 3.3.1　尾矿坝截面与节点选取

选择中央主截面 5 个典型节点，由于初期坝至堆积坝 1480m 高程以上施加了干尾砂压坡体，故特征选择分别为初期坝下游坡脚点，初期坝顶部表面节点，1480m 压坡体顶部表面节点，1520m 高程节点，1553m 高程库节点。这 5 个典型节点选取见表 3、图 6。

表 3　典型节点信息

| 典型部位 | 节点号 | 高程（m） |
|---|---|---|
| $A_3$– 初期坝下游坡脚 | 798 | 1340 |
| $B_3$– 初期坝坝顶表面 | 2090 | 1450 |
| $C_3$– 压坡体顶部表面 | 1579 | 1480 |
| $D_3$– 堆积坝中部表面 | 1672 | 1520 |
| $E_3$– 库区表面 | 2326 | 1553 |

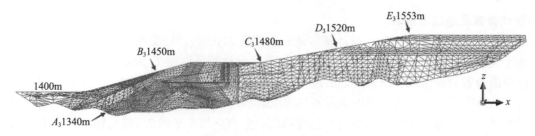

图 6　典型节点位置分布图

### 3.3.2　尾矿坝加速度响应分析

固定边界条件下，对 5 个典型节点的加速度时程曲线进行分析，动力计算时长为 30s，加速度单位是 m/s²。由于典型节点的加速度响应规律与 1500m 高程工况和 1515m 高程工况类似，故只给出尾矿坝顶部 1553m 高程典型节点 $E_3$ 的加速度时程曲线，如图 7 所示。

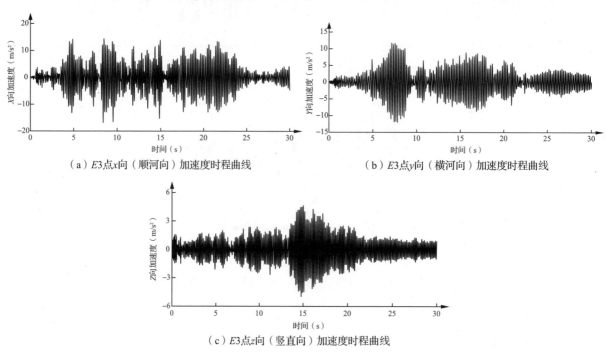

（a）E3点x向（顺河向）加速度时程曲线　　　　（b）E3点y向（横河向）加速度时程曲线

（c）E3点z向（竖直向）加速度时程曲线

图 7　$E_3$ 点加速度时程曲线图

对固定边界条件下计算的 5 个典型节点的加速度进行对比分析，得到表 4。从表 4 中可以看出，尾矿坝 1553m 高程的加速度响应中，z 向的加速度响应最小；无质量地基固定边界下的加速度放大倍数随着尾矿坝高程升高而增大，坝体越高的位置，加速度响应越大；加速度分布规律从坝底到坝顶逐渐增大，这是由于加速度地震波从下到上传播，且在传播过程中沿高度逐渐放大，在坝顶鞭梢效应响应最大。

表 4　尾矿坝 1553m 高程加速度响应分析结果

| 节点位置 | 固定边界下的最大加速度（m/s²） | | | 固定边界下的加速度放大倍数 | | |
| --- | --- | --- | --- | --- | --- | --- |
| | $X$ 向 | $Y$ 向 | $Z$ 向 | $X$ 向 | $Y$ 向 | $Z$ 向 |
| $A_3$ | 1.90 | 1.31 | 1.03 | 1.00 | 1.00 | 1.00 |
| $B_3$ | 7.06 | 5.30 | 2.62 | 3.71 | 4.05 | 2.54 |
| $C_3$ | 13.65 | 7.09 | 4.77 | 7.18 | 5.41 | 4.63 |
| $D_3$ | 15.82 | 8.95 | 4.97 | 8.32 | 6.83 | 4.83 |
| $E_3$ | 16.97 | 11.53 | 5.09 | 8.93 | 8.80 | 4.94 |

### 3.3.3　尾矿坝应力响应分析

为了分析尾矿坝坝体内动应力分布，取河床中间最大断面进行分析，断面位移如图 8 所示。由于顺河向和横河向应力比竖直向应力小得多，下面主要分析坝体竖向应力。

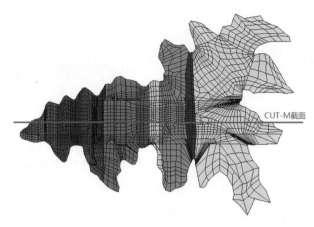

图 8　河床中间截面位置图

图 8 给出了尾矿坝河床最大断面无质量地基模型在地震 10s、20s、30s 时竖直向应力分布，其中为了表现地震过程中尾矿坝应力时程变化情况，选取初期坝底部中点 $P_1$ 点和堆积坝底部中点 $P_2$ 点绘制应力时程变化曲线如图 9 所示。

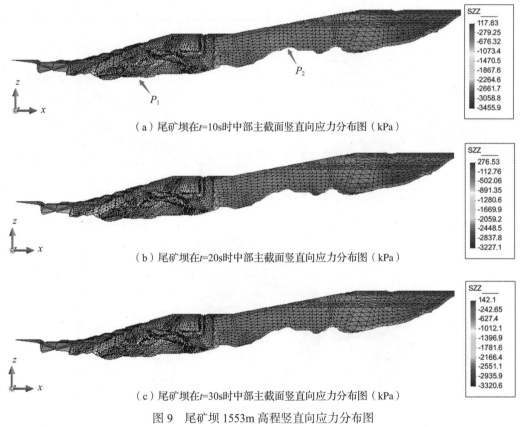

（a）尾矿坝在 $t$=10s 时中部主截面竖直向应力分布图（kPa）

（b）尾矿坝在 $t$=20s 时中部主截面竖直向应力分布图（kPa）

（c）尾矿坝在 $t$=30s 时中部主截面竖直向应力分布图（kPa）

图 9　尾矿坝 1553m 高程竖直向应力分布图

从图 10 可以看出，在地震的各个时刻，坝体基本处于受压状态，仅在表面极小区域出现数值较小的拉应力，这是由于在地震作用下表面加速度响应较大而受压较小，导致出现微小的拉应力。坝体竖直向最大压应力位于初期坝与堆积坝接触区域最下层，主要是因为堆积坝底部受压，故底部压应力最大。随着尾矿料的堆积，底部受压程度增大，压应力增大。

### 3.3.4　尾矿坝永久变形分析

地震情况下坝体产生不可恢复的变形，即永久变形。本文计算了固定边界（无质量地基）条件下的坝体永久变形并给出动力条件下的永久变形量。

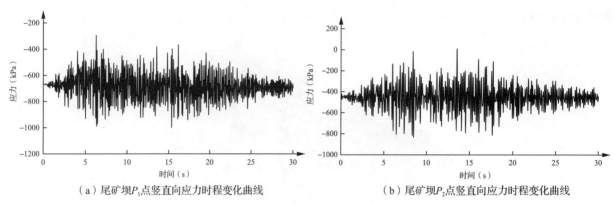

（a）尾矿坝$P_1$点竖直向应力时程变化曲线 （b）尾矿坝$P_2$点竖直向应力时程变化曲线

图10 尾矿坝竖直向应力时程变化曲线

固定边界条件下，计算尾矿坝坝体1553m高程在地震作用下的永久变形量，变形量见表5，变形云图如图11所示。

表5 尾矿坝1553m高程地震作用下永久变形量

| 边界 | 固定边界 | | |
|---|---|---|---|
| | $X$向 | $Y$向 | $Z$向 |
| 最大变形（m） | 0.115 | 0.143 | 0.556 |

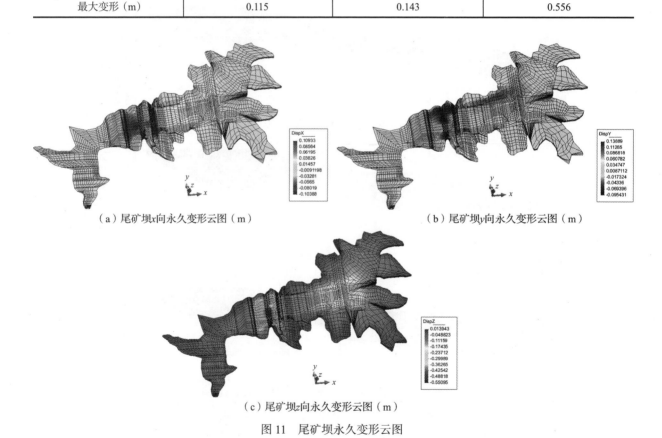

（a）尾矿坝$x$向永久变形云图（m） （b）尾矿坝$y$向永久变形云图（m）

（c）尾矿坝$z$向永久变形云图（m）

图11 尾矿坝永久变形云图

从图11中可以看出，尾矿坝$x$向永久变形为0.115m，出现在干尾砂压坡体表面；$y$向永久变形左右两侧基本呈对称状态，左右岸变形量基本相等；$z$向变形最大量位于堆积坝下游侧，计算最大变形量为0.556m，约占坝高的0.261%。

### 3.3.5 尾矿库地震液化分析

图12和图13分别为尾矿坝1553m高程液化区分布俯视图和侧视图，从图中可以看出最大动孔压比为0.899，位于1553m高程库尾与基础相接部位，可能产生液化，但区域相对较小。在库区中部

部分区域的动孔压比 0.5 以上，也有产生液化的可能性。库区大部分单元的动孔压比都在 0.2 ～ 0.5 之间，产生液化的可能性不大。为减小液化可能性，建议湿排期间保持库水下渗通道畅通，及时排水，降低水位。若有可能，可在表面增加压重或铺设土工格栅以减小液化产生的可能性。

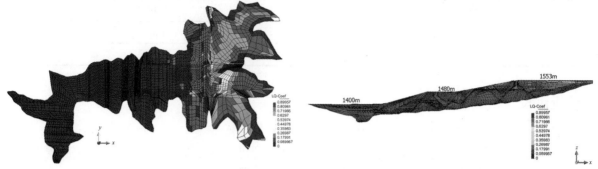

图 12　尾矿坝 1553m 高程液化区分布俯视图　　　　图 13　尾矿坝 1553m 高程液化区分布侧视图

## 3.4　尾矿坝 1553m 高程动力稳定分析

　　尾矿坝坝坡动力稳定分析是在尾矿坝抗震时程分析的结果上进行，取顺河向截面进行分析。从动力时程分析结果中取得各截面上的动应力，然后在每一个计算时刻上进行最小稳定安全系数的搜索，得到每一计算时刻上的最小稳定安全系数，绘制安全系数时程曲线进行评价。三维有限元网格整体模型图（坝顶高程 1553m）如图 14 所示。

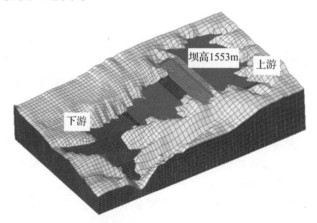

图 14　三维有限元网格整体模型图（坝顶高程 1553m）

　　图 15 给出了典型截面坝坡最小安全系数时程曲线。

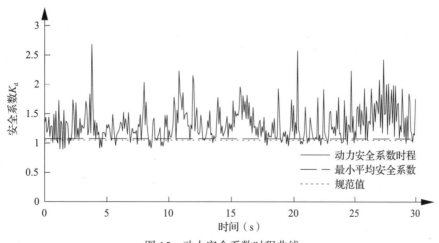

图 15　动力安全系数时程曲线

　　表 6 给出典型截面的平均安全系数、最小平均安全系数，其中最小平均安全系数由静力安全系数

和动力最小安全系数求得，均大于规范要求值，满足稳定要求。

**表 6　动力安全系数**

| 工况 | 典型截面 |
|---|---|
| 规范值 | 1.05 |
| 最小平均安全系数 | 1.071 |
| 平均安全系数 | 1.315 |

## 4　分析比较

从表 1 和表 6 可以得到以下几方面的认识：

（1）从计算结果看，在正常运行条件下及在 500 年一遇洪水运行条件下，1485m 坝顶高程情况下堆积坝各部位及初期坝的抗滑安全系数均可满足设计规范要求。

（2）在地震烈度为 8 度正常水位运行情况下，基本剖面抗滑安全系数接近于 1，有一定的风险，基本没有安全储备。在 500 年一遇洪水水位运行情况下，基本剖面在 1480m 坝顶高程下，坝体的抗滑安全系数均小于 1 约在 0.8 左右，处于不安全状态，不满足设计规范要求。

（3）加高加固后在地震工况下，尾矿坝典型截面动力稳定安全系数较静力安全系数有所降低，滑弧半径有所增加。动力工况下截面最小平均安全系数最小，根据静力分析结果确定施加干尾砂反压坡体后，1553m 高程下动力最小平均安全系数为 1.071，高于规范值 1.05，满足动力稳定要求。

## 5　结论

（1）瑞典条分法由于忽略了条间力的作用，不能满足所有静力平衡条件，计算的安全系数比其他方法稍低。Binshop 法的假定和土体实际受力情况基本相符，在所有情况下其计算情况都是精确的。Janbu 法能适合任意形状的滑动面，并满足全部的平衡条件，一般可以认为与正确答案的误差不超过 6%。

（2）该尾矿坝在 1485m 标高时进行坝体稳定性分析，在地震工况下计算抗滑稳定性不满足规范要求，通过施加干尾砂反压坡体加强坝体稳定性，进一步增加库容，并可以继续加高坝体，经过动力稳定性分析计算坝体稳定性满足规范要求。

（3）在现状 1485m 标高下，初期坝及堆积坝总坝高为 133m，属于人为建设高边坡，多年尾矿库的运行随着堆积高度的逐渐加高及库内水位的不断上升，已经导致边坡稳定性不满足规范要求，有失稳的可能。控制与管理不当会带来边坡变形与失稳，形成边坡地质灾害。

（4）为消除尾矿坝失稳危害，并继续使用该尾矿库，设计现状堆坝 1485m 以下采用干尾砂反坡加压加高，1485m 以上继续湿排加高，最终总坝高 206m，高势能尾矿坝的失稳破坏不仅会直接摧毁工程建设本身，而且也会通过环境灾难对工程和人居环境带来间接的影响和灾害。地震作用下边坡的失稳机理、稳定性评价是一个很复杂的问题，本次以该尾矿坝的动力时程分析为例思考高势能尾矿坝的稳定性可作为研究的一个方向。

（5）由动力时程分析可以为高势能尾矿坝的稳定评价及设计运行提供数据支撑及理论支持，是未来高势能尾矿坝设计必不可少的一步。

# CFRP 加固预应力空心板受弯承载力设计分析

## 曾 静 肖承波 罗梓桐

四川省建筑科学研究院有限公司 成都 610000

**摘 要：**随着使用年限增长，由于结构损伤老化、楼面荷载增大等原因，预应力空心板的承载力已不能满足现行规范要求。采用碳纤维布对预应力空心板进行加固具有质量轻、施工便捷等优势，能有效提高板的受弯承载力和延性。鉴于现有规范中没有可供设计人员使用的碳纤维布加固预应力空心板的计算方法，文章依据现有试验研究成果，参考现行碳纤维布加固法相关标准，给出了碳纤维布加固预应力空心板受弯承载力的简化计算公式，并从图集中选取 9 块预应力空心板，其中每种板截面选择配筋较少、适中、较多的 3 块板，采用上述公式进行受弯承载力加固计算，计算各块板的碳纤维布加固量范围及相应的受弯承载力提高幅度，总结了碳纤维布加固量的控制措施，为工程设计提供参考。

**关键词：**碳纤维布；加固；预应力空心板；抗弯承载力

预应力空心板是我国 20 世纪 60—70 年代建造房屋时大量使用的楼、屋盖构件，由于结构损伤老化、楼面荷载增大等原因，预应力空心板的承载力已不能满足现行规范要求，急需对其进行加固。在现有加固措施中，粘贴碳纤维布具有施工快、操作便捷等优势，刘曙光等[1]在试验研究中证明了加固后预应力空心板的受弯承载力将大幅提升。然而现行规范中没有明确的公式用于碳纤维布加固预应力空心板设计计算。本文依据现有相关研究成果，参考混凝土结构设计和碳纤维布加固法相关规范[2-3]，给出了碳纤维布加固预应力空心板受弯承载力简化计算公式，总结了碳纤维布加固量的控制措施，为工程设计提供参考。

## 1 截面等效换算

将预应力空心板按面积等效和抗弯刚度等效原则换算为工字形截面，如图 1 所示。

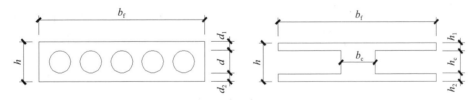

图 1 预应力空心板截面等效换算

## 2 受弯承载力计算公式

（1）第一类截面（$x < h_1$ 时）

由力矩平衡公式和轴向力平衡公式可得（力矩中心取板受拉区边缘）：

$$M \leqslant \alpha_1 f_c b_f x \left(h - x/2\right) - k_s f_{py} A_s \left(h - h_0\right) \tag{1}$$

$$\alpha_1 f_c b_f x = k_s f_{py} A_s + \varphi_f k_m f_f A_f \tag{2}$$

式中，$M$ 为包含预应力板初始弯矩的总弯矩设计值；$k_s$ 为钢筋锈蚀等原因引入的强度折减系数；$\varphi_f$ 为碳纤维布的强度利用系数；$k_m$ 为碳纤维布厚度折减系数。

（2）第二类截面（$x > h_1$ 时）

同理，结合规范[3]中第二类 T 形截面算法，由力矩平衡公式和轴向力平衡公式可求得。

## 3 碳纤维布加固量范围

（1）Ⅰ类界限加固量

该种情况下，破坏时预应力筋早已屈服，碳纤维布刚好达到其拉应变设计值，此时受压区混凝土压碎，根据截面应变平截面假定，算得加固后混凝土Ⅰ类界限受压区高度 $x_1$：

$$x_1 = \frac{0.8\varepsilon_{cu}}{\varepsilon_{cu} + \varepsilon_{f0} + \varepsilon_{f'}} \cdot h \tag{3}$$

式中，$\varepsilon_{f'}$ 为考虑二次受力影响的碳纤维布的滞后应变；$\varepsilon_{f0}$ 为碳纤维布拉应变设计值。

（2）Ⅱ类界限加固量（最大加固量）

该种情况下，破坏时预应力筋刚达到屈服，受压区混凝土压碎，但碳纤维布远没有达到其拉应变设计值，此时加固后的混凝土Ⅱ类界限受压区高度 $x_2$：

$$x_2 = \frac{0.8\varepsilon_{cu}}{\varepsilon_{cu} + \varepsilon_y} \cdot h_0 = x_b \tag{4}$$

为避免加固后的板受剪破坏先于受弯破坏发生，规范[2]要求加固后构件截面的界限受压区高度 $x_{b,f}$ 不超过板加固前的界限受压区高度 $x_b$ 的 0.85。由此可见，当加固前板的混凝土受压区高度大于界限受压区高度的 0.85 时，便不宜对其进行受弯加固。

## 4 设计算例

从图集中选取 9 块预应力空心板，其中每种板截面中选择配筋较少、适中、较多的 3 块板，采用上述公式计算各板碳纤维布加固量及受弯承载力提高幅度，见表 1。

表 1 预应力空心板计算结果

| 板编号 | $A_{l,f}$（mm²） | $A_{b,f}$（mm²） | $\phi_{f,b}$ | 原 $M$（kN·m） | 加固后 $M$（kN·m） | 承载力提升幅度（%） |
|---|---|---|---|---|---|---|
| Y-KB305-5 | 39.68 | 128.12 | 0.4702 | 5.84 | 14.31～18.15 | 144.9%～210.7% |
| Y-KB365-4 | 26.59 | 100.29 | 0.4702 | 8.30 | 13.85～17.69 | 66.8%～113.1% |
| Y-KB395-4 | 16.12 | 78.02 | 0.4702 | 10.17 | 13.48～17.32 | 32.4%～70.2% |
| Y-KB336-5 | 37.67 | 132.59 | 0.4702 | 8.89 | 16.82～21.43 | 89.1%～140.9% |
| Y-KB396-3 | 32.49 | 121.46 | 0.4702 | 9.86 | 16.63～21.24 | 68.7%～115.4% |
| Y-KB366-5 | 21.96 | 99.20 | 0.4702 | 11.75 | 16.26～20.88 | 38.4%～77.7% |
| Y-KB339-4 | 71.63 | 227.35 | 0.4759 | 10.47 | 25.76～32.60 | 145.9%～211.3% |
| Y-KB399-3 | 52.27 | 186.67 | 0.4759 | 14.12 | 25.08～31.92 | 77.5%～125.9% |
| Y-KB369-5 | 39.36 | 159.56 | 0.4759 | 16.48 | 24.62～31.47 | 49.4%～90.9% |

由表 1 可见：（1）碳纤维布利用效率方面，采用Ⅰ类界限加固量加固后，板的承载力可提高 32.4%～145.9%，此时碳纤维布强度被充分利用；而采用界限加固量加固后，虽然理论计算承载力可提高 70.2%～211.3%，但此时碳纤维布强度利用系数低至 0.4702，利用率低，不经济，且由于多层粘贴造成不利影响，计算的有效截面将进一步折减。（2）受剪承载力方面，板的受剪承载力不受碳纤维布加固影响，故当加固后截面承载大幅提高，截面可能发生脆性的斜截面受剪破坏。（3）构件变形方面，当加固量超过Ⅰ类界限后，钢筋进入塑性变形阶段，结构变形加大，板跨中挠度和受拉区混凝土裂缝宽度快速增长，虽计算的极限受弯承载力提升可观，但事实上构件已经超过正常使用极限状态。

## 5 总结及展望

（1）采用板底粘贴碳纤维布加固后预应力空心板的受弯承载力按Ⅰ类界限控制，可满足大多数既有预应力空心板的承载力提高要求，且能达到最经济、可靠的加固效果。

（2）板底受拉面粘贴碳纤维布加固后跨中正截面应变平截面假定还需更多试验验证。

（3）预应力空心板的圆孔简化为方孔，受压区采用简化矩形应力图存在一定误差，可以对截面形式简化方法进一步优化或者采用更合适的压应力图形，以追求更精确的结果。

（4）预应力空心板的配筋率对加固效果的影响，以及预应力筋采用无屈服台阶的钢筋后结果的变化，还需进行更多的试验研究或者建立精细化的非线性有限元模型分析。

## 参考文献

[1] 刘曙光，闫长旺，王刚，等. 碳纤维布加固预应力空心板承载力与延性试验分析 [J]. 建筑结构学报，2008，29（S1）：125-128.

[2] 中华人民共和国住房和城乡建设部. 混凝土结构加固设计规范：GB 50367—2013[S]. 北京：中国建筑工业出版社，2013.

[3] 中华人民共和国住房和城乡建设部. 混凝土结构设计规范：GB 50010—2010[S]. 北京：中国建筑工业出版社，2010.

# 混凝土构件正截面受弯加固计算公式的探讨

甘立刚[1,2]　吴　体[1]　陈　华[2]

1. 四川省建筑科学研究院有限公司　成都　610081
2. 四川省建研全固建筑新技术工程有限公司　成都　610081

**摘　要：** 国家标准《混凝土结构加固设计规范》（GB 50367—2013）中包含增大截面加固法、粘贴钢板加固法、粘贴纤维复合材加固法等十种针对混凝土结构的加固方法。对受弯构件进行加固时，无论加固前还是加固后，受弯构件的变形采用的都是欧拉－伯努利假定。受弯构件正截面承载力计算公式的本质为在平截面上同时满足力平衡和力矩平衡，建立力矩平衡方程时应根据混凝土受压区高度在不同范围采用平截面上不同的取矩点。对增大截面加固法、粘贴钢板加固法、粘贴纤维复合材加固法和预应力碳纤维复合板加固法加固受弯构件的正截面承载力计算公式进行了系统梳理，探讨了目前规范中计算公式存在的不足，提出了修订建议，可为规范修订提供参考。

**关键词：** 混凝土结构；受弯构件；正截面承载力；加固

国家标准《混凝土结构加固设计规范》（GB 50367—2013）[1]于 2013 年 11 月发布、2014 年 6 月施行，规范包含增大截面加固法、粘贴钢板加固法、粘贴纤维复合材加固法等十种针对混凝土结构的加固方法。针对钢筋混凝土受弯构件的加固，目前最常用的几种加固方法是增大截面加固法、粘贴钢板加固法、粘贴纤维复合材加固法和预应力碳纤维复合板加固法[2]。加固方法的选用要结合结构的特点、当地具体条件及对加固后建筑物的功能要求综合确定[3]。粘贴钢板加固法和粘贴纤维复合材加固法除应按规范第 3.2.4 条对原结构进行验算并要求原结构、构件能承担 $n$ 倍恒载标准值的作用之外，尚应满足规范中"构件加固后其正截面受弯承载力的提高幅度不应超过 40%"的规定。

以弯曲变形为主的构件称为受弯构件，工程中典型的受弯构件就是梁和板。受弯构件的变形采用的是平截面假定，即变形前的横截面变形后保持为平面，此乃著名的欧拉－伯努利假定[4]。赵志平等[5]利用大型通用有限元软件 ANSYS10.0，对碳纤维片材（CFRP）加固钢筋混凝土梁的平面假设进行的非线性有限元分析结果表明，平面假设在所有情况下均有效。受弯构件计算公式建立的本质即为在平截面上同时满足力平衡和力矩平衡。混凝土受压区高度在不同范围时应取平截面上不同的取矩点建立力矩平衡方程的计算公式。只有选择了正确的计算公式，才有可靠的依据，得出正确的结论[6]。

## 1　增大截面加固法受弯构件正截面加固计算

当在受拉区加固矩形截面受弯构件时，《混凝土结构加固设计规范》（GB 50367—2013）采用的是式（1）和式（2）的计算公式，同时要满足式（3）的条件。采用的计算简图如图 1 所示。

$$M \leqslant \alpha_s f_y A_s \left( h_0 - \frac{x}{2} \right) + f_{y0} A_{s0} \left( h_{01} - \frac{x}{2} \right) + f'_{y0} A'_{s0} \left( \frac{x}{2} - a' \right) \tag{1}$$

$$\alpha_1 f_{c0} b x = f_{y0} A_{s0} + \alpha_s f_y A_s - f'_{y0} A'_{s0} \tag{2}$$

$$2a' \leqslant x \leqslant \xi_b h_0 \tag{3}$$

式中，$M$ 为构件加固后弯矩设计值；$\alpha_s$ 为新增钢筋强度利用系数，取 0.9；$f_y$ 为新增钢筋的抗拉强度设计值；$A_s$ 为新增受拉钢筋的截面面积；$h_0$、$h_{01}$ 为构件加固后和加固前的截面有效高度；$x$ 为混凝土

---

作者简介：甘立刚（1983—　　），男，高级工程师，硕士，从事建筑结构检测、鉴定与加固等领域的研究工作。E-mail：214530938@qq.com。

受压区高度；$f_{y0}$、$f'_{y0}$ 为原钢筋的抗拉、抗压强度设计值；$A_{s0}$、$A'_{s0}$ 为原受拉钢筋和原受压钢筋的截面面积；$a'$ 为纵向受压钢筋合力点至混凝土受压区边缘的距离；$\alpha_1$ 为受压区混凝土矩形应力图的应力值与混凝土轴心抗压强度设计值的比值；当混凝土强度等级不超过 C50 时，取 $\alpha_1 = 1.0$；当混凝土强度等级为 C80 时，取 $\alpha_1 = 0.94$；其间按线性内插法确定；$f_{c0}$ 为原构件混凝土轴心抗压强度设计值；$b$ 为矩形截面宽度；$\xi_b$ 为构件增大截面加固后的相对界限受压区高度。

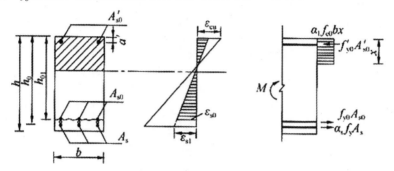

图 1　增大截面加固计算简图

规范还规定当按式（1）和式（2）计算得到的加固后混凝土受压区高度 $x$ 与加固前原截面有效高度 $h_{01}$ 之比大于原截面相对界限受压区高度 $\xi_{b0}$ 时（$x > \xi_{b0}h_{01}$），应考虑原纵向受拉钢筋应力 $\sigma_{s0}$ 尚达不到 $f_{y0}$ 的情况，此时应将式（1）和式（2）中的 $f_{y0}$ 改为 $\sigma_{s0}$，并重新验算。验算时，$\sigma_{s0}$ 值按式（4）确定。

$$\sigma_{s0} = \left( \frac{0.8h_{01}}{x} - 1 \right) \varepsilon_{cu} E_s \leqslant f_{y0} \tag{4}$$

构件增大截面加固后的相对界限受压区高度 $\xi_b$ 小于原截面相对界限受压区高度 $\xi_{b0}$ [7]，加固后截面有效高度 $h_0$ 大于加固前的截面有效高度 $h_{01}$，但 $\xi_{b0}h_{01}$ 存在两种情况：$\xi_{b0}h_{01} \leqslant \xi_b h_0$ 或者 $\xi_{b0}h_{01} > \xi_b h_0$。所以加固后混凝土受压区高度 $x$ 也就可能存在 $\xi_{b0}h_{01} < x < \xi_b h_0$ 或者 $\xi_b h_0 < \xi_{b0}h_{01} < x$ 的情况。当 $\xi_{b0}h_{01} < x < \xi_b h_0$ 时，采用将式（4）代入式（1）和式（2）进行计算可顺利求解；当 $\xi_b h_0 < \xi_{b0}h_{01} < x$ 时，还要考虑新增纵向受拉钢筋应力 $\sigma_s$ 也达不到 $f_y$ 的情况，此时采用将式（4）代入式（1）和式（2）进行计算无法求解，因为此时有三个未知数 $\sigma_s$、$A_s$、$x$，却只有两个方程。

现行规范所采用的式（1）的计算公式是通过受拉钢筋、受压钢筋对受压区高度合力作用点取矩建立平衡方程。此平衡方程在加固后混凝土受压区高度 $x$ 满足式（3）的条件下只有两个未知数 $A_s$ 和 $x$，结合式（2）可联合求解未知数。但规范中未给出 $x > \xi_b h_0$ 和 $x < 2a'$ 时所应采用的计算公式。

当荷载较大且受压钢筋配置较少时，计算可能会存在 $x > \xi_b h_0$ 的情况，此时新增受拉钢筋未达到屈服，为避免建立的平衡方程包含过多的未知数，参照《混凝土结构设计规范》（GB 50010—2010）[5] 此时应取 $x = \xi_b h_0$，然后采用新增受拉钢筋合力作用点作为取矩点取矩建立平衡方程，即式（5）的表达方式，从而避免了前述有三个未知数 $\sigma_s$、$A_s$、$x$ 却只有两个方程导致的计算无法求解的情况。

当双筋截面验算且受压钢筋配置较多时，计算有可能存在 $x < 2a'$ 的情况，此时受压钢筋未达到屈服，应考虑受压钢筋应力 $\sigma'_{s0}$ 尚达不到 $f'_{y0}$ 的情况，式（5）中将出现两个未知数 $\sigma'_{s0}$ 和 $x$，即使联合式（2）进行计算也无法求解，此时应采用取 $x < 2a'$ 代入式（1）后变形为式（6）的计算公式。

$$M \leqslant \alpha_1 f_{c0} bx \left( h_0 - \frac{x}{2} \right) + f'_{y0} A'_{s0} (h_0 - a') - f_{y0} A_{s0} (h_0 - h_{01}) \tag{5}$$

$$M \leqslant \alpha_s f_y A_s (h_0 - a') + f_{y0} A_{s0} (h_{01} - a') \tag{6}$$

　　同时，按现行规范的计算方式，加固设计首先是先假定新增受拉钢筋的截面面积 $A_s$ 后采用式（2）求得混凝土受压区高度 $x$，然后将假定的 $A_s$ 代入式（1）验算构件加固后的弯矩设计值是否满足要求，这是一个反复试算的过程。如果采用式（5）取等式就可以直接采用构件加固后的弯矩设计值解一元二次方程求得混凝土受压区高度 $x$，再采用式（2）求得需要新增受拉钢筋的截面面积 $A_s$，这样避免了反复试算，提高了计算求解的效率。

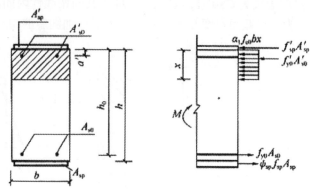

图 2　粘贴钢板加固计算简图

## 2　粘贴钢板加固法受弯构件正截面加固计算

　　在矩形截面受弯构件的受拉面和受压面粘贴钢板进行加固时，《混凝土结构加固设计规范》（GB 50367—2013）采用的是式（7）和式（8）的计算公式，同时要满足式（9）的条件。采用的计算简图如图 2 所示。

$$M \leqslant \alpha_1 f_{c0} bx\left(h - \frac{x}{2}\right) + f'_{y0} A'_{s0}(h - a') + f'_{sp} A'_{sp} h - f_{y0} A_{s0}(h - h_0) \tag{7}$$

$$\alpha_1 f_{c0} bx = \psi_{sp} f_{sp} A_{sp} + f_{y0} A_{s0} - f'_{y0} A'_{s0} - f'_{sp} A'_{sp} \tag{8}$$

$$x \geqslant 2a' \tag{9}$$

式中，$M$ 为构件加固后弯矩设计值；$b$、$h$ 为矩形截面宽度和高度；$x$ 为混凝土受压区高度；$f_{sp}$、$f'_{sp}$ 为加固钢板的抗拉、抗压强度设计值；$A_{sp}$、$A'_{sp}$ 为受拉钢板和受压钢板的截面面积；$A_{s0}$、$A'_{s0}$ 为原受拉钢筋和原受压钢筋的截面面积；$a'$ 为纵向受压钢筋合力点至混凝土受压区边缘的距离；$h_0$ 为构件加固前的截面有效高度；$\psi_{sp}$ 为考虑二次受力影响时，受拉钢板抗拉强度有可能达不到设计值而引起的折减系数。

　　现行规范所采用的式（7）的计算公式是通过受压钢筋、受压钢板和混凝土受压合力对受拉钢板取矩建立平衡方程，此平衡方程在加固后混凝土受压区高度 $x$ 满足式（9）的条件下只有未知数 $x$，结合式（8）可求解未知数 $A_{sp}$。当双筋截面验算且受压钢筋配置较多时，计算有可能存在 $x < 2a'$ 的情况，此时受压钢筋未达到屈服，应考虑受压钢筋应力 $\sigma'_{s0}$ 尚达不到 $f'_{y0}$ 的情况，式（7）中将会出现两个未知数 $\sigma'_{s0}$ 和 $x$，即使联合式（8）进行计算也无法求解，参照《混凝土结构设计规范》（GB 50010—2010）[8] 此时应取 $x = 2a'$，然后采用受压钢筋合力作用点作为取矩点取矩建立平衡方程，即式（10）的表达方式。

　　当荷载较大且受压钢筋配置较少时，计算可能会存在 $x > \xi_{b,sp} h_0$ 的情况，此时新增受拉钢板未达到屈服，应取 $x = \xi_{b,sp} h_0$ 用式（7）进行计算，所以，还要限制加固后混凝土受压区高度不能超过界限受压区高度，即式（11）。

$$M \leqslant f_{y0} A_{s0}(h_0 - a') + \psi_{sp} f_{sp} A_{sp}(h - a') + f'_{sp} A'_{sp} a' \tag{10}$$

$$2a' \leqslant x \leqslant \xi_{b,sp} h_0 \tag{11}$$

## 3　粘贴纤维复合材加固法受弯构件正截面加固计算

　　在矩形截面受弯构件的受拉边混凝土表面上粘贴纤维复合材进行加固时，《混凝土结构加固设计规范》（GB 50367—2013）采用的是式（12）和式（13）的计算公式，同时要满足式（14）的条件。采用的计算简图如图 3 所示。

$$M \leqslant \alpha_1 f_{c0} bx\left(h - \frac{x}{2}\right) + f'_{y0} A'_{s0}(h - a') - f_{y0} A_{s0}(h - h_0) \tag{12}$$

$$\alpha_1 f_{c0} bx = \psi_f f_f A_{fe} + f_{y0} A_{s0} - f'_{y0} A'_{s0} \tag{13}$$

$$x \geqslant 2a' \tag{14}$$

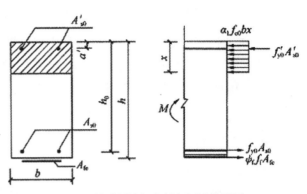

图 3　粘贴纤维复合材加固计算简图

式中，$M$ 为构件加固后弯矩设计值；$b$、$h$ 为矩形截面宽度和高度；$x$ 为混凝土受压区高度；$f_f$ 为纤维复合材的抗拉强度设计值；$A_{fe}$ 为纤维复合材的有效截面面积；$A_{s0}$、$A'_{s0}$ 为原受拉钢筋和原受压钢筋的截面面积；$a'$ 为纵向受压钢筋合力点至混凝土受压区边缘的距离；$h_0$ 为构件加固前的截面有效高度；$\psi_f$ 为考虑纤维复合材实际抗拉应变达不到设计值而引入的强度利用系数。

现行规范所采用的式（12）的计算公式是通过受压钢筋和混凝土受压合力对受拉纤维复合材取矩建立平衡方程。此平衡方程在加固后混凝土受压区高度 $x$ 满足式（14）的条件下只有未知数 $x$，结合式（13）可求解未知数 $A_{fe}$。当双筋截面验算且受压钢筋配置较多时，计算有可能存在 $x < 2a'$ 的情况，此时受压钢筋未达到屈服，应考虑受压钢筋应力 $\sigma'_{s0}$ 尚达不到 $f'_{y0}$ 的情况，式（12）中将出现两个未知数 $\sigma'_{s0}$ 和 $x$，即使联合式（13）进行计算也无法求解，参照《混凝土结构设计规范》（GB 50010—2010）[8] 此时应取 $x = 2a'$，然后采用受压钢筋合力作用点作为取矩点取矩建立平衡方程，即式（15）的表达方式。

当荷载较大且受压钢筋配置较少时，计算可能存在 $x > \xi_{b,f} h_0$ 的情况，此时新增纤维复合材未达到屈服，应取 $x = \xi_{b,f} h_0$ 用式（12）进行计算，所以，还要限制加固后混凝土受压区高度不能超过界限受压区高度，即式（16）。

$$M \leqslant f_{y0} A_{s0} \left( h_0 - a' \right) + \psi_f f_f A_{fe} \left( h - a' \right) \tag{15}$$

$$2a' \leqslant x \leqslant \xi_{b,f} h_0 \tag{16}$$

## 4　预应力碳纤维复合板加固法受弯构件正截面加固计算

在矩形截面受弯构件的受拉边混凝土表面上粘贴预应力碳纤维复合板进行加固时，《混凝土结构加固设计规范》（GB 50367—2013）采用的是式（17）和式（18）的计算公式，同时要满足式（19）的条件。采用的计算简图如图 4 所示。

$$M \leqslant \alpha_1 f_{c0} bx \left( h - \frac{x}{2} \right) + f'_{y0} A'_{s0} \left( h - a' \right) - f_{y0} A_{s0} \left( h - h_0 \right) \tag{17}$$

$$\alpha_1 f_{c0} bx = f_f A_f + f_{y0} A_{s0} - f'_{y0} A'_{s0} \tag{18}$$

$$2a' \leqslant x \leqslant \xi_{b,f} h_0 \tag{19}$$

式中，$M$ 为构件加固后弯矩设计值；$b$、$h$ 为矩形截面宽度和高度；$x$ 为混凝土受压区高度；$f_f$ 为碳纤维复合板的抗拉强度设计值；$A_f$ 为预应力碳纤维复合板的截面面积；$A_{s0}$、$A'_{s0}$ 为原受拉钢筋和原受压钢筋的截面面积；$a'$ 为纵向受压钢筋合力点至混凝土受压区边缘的距离；$h_0$ 为构件加固前的截面有效高度。

现行规范所采用的式（17）的计算公式是通过受压钢筋和混凝土受压合力对受拉碳纤维复合板取矩建立平衡方程。此平衡方程在加固后混凝

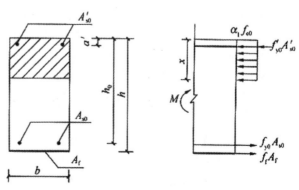

图 4　预应力碳纤维复合板加固计算简图

土受压区高度 $x$ 满足式（19）的条件下只有未知数 $x$，结合式（18）可求解未知数 $A_f$。当双筋截面验算且受压钢筋配置较多时，计算有可能存在 $x < 2a'$ 的情况，此时受压钢筋未达到屈服，应考虑受压钢筋应力 $\sigma'_{s0}$ 尚达不到 $f'_{y0}$ 的情况，式（17）中将出现两个未知数 $\sigma'_{s0}$ 和 $x$，即使联合式（18）进行计算也无法求解，参照《混凝土结构设计规范》（GB 50010—2010）[8] 此时应取 $x = 2a'$，然后采用受压钢筋合力作用点作为取矩点取矩建立平衡方程，即式（20）的表达方式。

$$M \leqslant f_{y0} A_{s0} \left(h_0 - a'\right) + f_f A_f \left(h - a'\right) \tag{20}$$

## 5　讨论与分析

结构加固工程不同于新建工程，是在既有结构构件的基础上开展工作，要受到很多既成事实和现有条件的限制，加固方法也应根据实际情况选择合适的方法。在实际工程中，当荷载较大（如使用功能改变导致荷载大幅增加）且受压钢筋配置较少时，计算可能存在 $x > \xi_b h_0$ 的情况；当双筋截面验算且受压钢筋配置较多时，计算有可能存在 $x < 2a'$ 的情况。

钢筋混凝土受弯构件纵向受拉钢筋屈服与受压区混凝土破坏同时发生时的相对界限受压区高度 $\xi_b$ 与钢筋类别和混凝土强度等级有关。当 $x > \xi_b h_0$ 时，受拉钢筋未屈服，为避免建立的平衡方程包含过多的未知数，此时应采用受拉钢筋合力作用点作为取矩点建立平衡方程；当混凝土受压区高度 $x < 2a'$ 时，受压钢筋未屈服，为避免建立的平衡方程包含过多的未知数，此时应采用受压钢筋合力作用点作为取矩点建立平衡方程。

国家标准《混凝土结构加固设计规范》（GB 50367—2013）的增大截面法、预应力碳纤维复合板加固法、粘贴钢板加固法和粘贴纤维复合材加固法的受弯构件正截面加固仅给出了加固后混凝土受压区高度 $x$ 在一定范围的计算公式。在加固计算过程中若硬套规范公式进行计算，可能导致计算假定与实际受力不一致，并可能会造成一定的浪费。

## 6　结语

对现行国家标准《混凝土结构加固设计规范》（GB 50367—2013）中增大截面加固法、粘贴钢板加固法、粘贴纤维复合材加固法和预应力碳纤维复合板加固法受弯构件正截面加固计算公式进行梳理表明：

（1）应用规范公式时，应根据被加固构件的具体情况，采用合理的假定和力学模型进行计算，并应注意规范公式的适用范围。

（2）采用增大截面法加固混凝土构件时，加固计算中采用对新增受拉钢筋合力作用点取矩可以节省加固计算中的试算工作量，提高工作效率。

建议规范按照加固后混凝土受压区高度 $x$ 所在的不同范围给出相应的计算公式。

### 参考文献

[1] 中华人民共和国住房和城乡建设部. 混凝土结构加固设计规范：GB 50367—2013[S]. 北京：中国建筑工业出版社，2013.

[2] 姚涛，黎红兵，薛伶俐. 国家标准《混凝土结构加固设计规范》修订简介 [J]. 四川建筑科学研究，2014，40（5）：3.

[3] 吴体，张孝培. 钢筋混凝土梁实用加固方法 [A]. 全国建筑物鉴定与加固改造学术讨论会论文集 [C]. 2000.

[4] 熊峰. 结构设计原理 [M]. 北京：中国建筑工业出版社，2013.

[5] 赵志平，王秀册，袁影辉. CFRP 加固钢筋混凝土梁平面假设的非线性有限元分析 [J]. 四川建筑科学研究，2007，04：107-109

[6] 吴体，肖承波，凌程建，等. 结构设计与鉴定加固计算中常见失误浅析 [J]. 结构工程师，2003（Z1）：2.

[7] 万墨林. 钢筋混凝土结构加固设计计算：下 [J]. 建筑科学，1992（4）：9-14.

[8] 中华人民共和国住房和城乡建设部. 混凝土结构设计规范：GB 50010—2010[S]. 北京：中国建筑工业出版社，2015.

# 大跨钢桁架结构的现场加载试验

王震宇 常志远

烟台大学 烟台 264000

**摘 要:** 某商场自动扶梯大跨度钢结构桁架需要在正常使用极限状态下检测挠度和应力,由于该钢桁架整体悬空,仅在两端设有支座,跨度为 47.9m,离地面较高,现场难以采用直接堆载方式加载,故提出一种空间加载的现场试验系统。在桁架节点处悬挂精轧螺纹钢筋,以地下室楼板作为反力装置,利用千斤顶加载。首先对加载系统进行承载力、整体稳定及局部稳定验算,采用 SAP2000 有限元软件对地下室梁板结构进行验算,验证竖向拉力会导致梁板结构开裂,最后采用梁板上堆载方式平衡该拉力。现场试验结果表明,该加载系统对原地下室梁板结构未造成损害,钢桁架实测挠度和应力情况与原结构设计相符。

**关键词:** 钢桁架;现场试验;挠度;应力;堆载

某商场设计一部从结构三层到七层、跨度为 47.9m 的自动扶梯,扶梯安装在下部钢桁架结构之上。该桁架在三层和七层与楼板相交处设置支座,三层以下无楼板,钢桁架最高处距离地下室顶板35m 左右。受甲方委托,对该钢结构桁架进行现场加载,以检验其在正常使用荷载下的挠度变形与应力情况,为后期在钢桁架上安装自动扶梯做准备。受现场条件限制,常规堆载方案无法实现[1-2],本文提出一种空间加载的现场试验系统,解决了常规堆载无法实现的问题。

## 1 试验概况

### 1.1 空间加载系统

钢桁架与加载点如图 1 所示,自动扶梯未来将安装在钢桁架 C1、C2、C3 处预留的支座上,若要实现钢桁架的加载检测,首先需要明确荷载大小。将扶梯自重与活荷载集中折算为竖向荷载,得到 C1、C2、C3 处的荷载设计值分别为 201.3kN、177.4kN 和 201.3kN。为实现该桁架的竖向加载,设计了一套空间加载装置,如图 2 所示。该加载装置包括:纵向分配梁与横向分配梁,纵、横向分配梁均带有卡槽,可以互相锁紧,确保加载时不会发生滑动。横向分配梁两端设置钢筋挂件,固定竖向下垂的四根精轧螺纹钢筋。下部反力装置依靠反力板与垫板,与原框架地下室梁板结构一起形成反力体系,现场加载试验如图 3 所示。

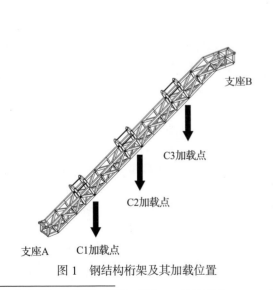

图 1 钢结构桁架及其加载位置

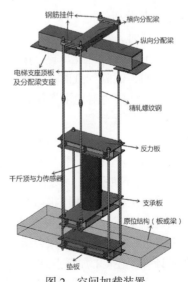

图 2 空间加载装置

---

作者简介:王震宇,教授,博士,15046668199,zywang@ytu.edu.cn,山东省烟台市莱山区清泉路 30 号烟台大学土木工程学院。

## 1.2 构件设计

所用钢材为 Q345 钢，精轧螺纹钢筋为 PSB830 级，直径 25mm。材料强度取相关规范中的设计值进行计算，钢材抗拉强度取 310MPa，抗剪强度取 205MPa，加载装置主要构件规格见表 1。分别对纵横向分配梁、支座、卡槽挡板、垫板等在预估加载值作用下进行抗弯与抗剪承载力验算，以及整体稳定性、局部稳定性验算，各构件承载力与变形均满足规范要求。

**表 1　加载装置主要构件规格**

| 构件名称 | 构件形式 | 构件规格 | | | 数量 |
| --- | --- | --- | --- | --- | --- |
| | | C1 加载点 | C2 加载点 | C3 加载点 | |
| 纵向分配梁 | 矩形管 | 长度 1600mm，截面为 300mm × 200mm × 16mm 矩形冷弯钢管 | | | 3 |
| 横向分配梁 | | 长度 1300mm，截面为 200mm × 100mm × 12mm 矩形冷弯钢管 | | | 3 |
| 支承板 | 钢板切割焊接加工 | 箱形截面，总高 × 总宽 = 124mm × 400mm | | | 3 |
| 分配梁支座 | | 实心钢材，尺寸：100mm × 350mm × 20mm | | | 6 |

## 1.3 测点布置与测量

在钢桁架加载位置 C1、C2、C3 节点附近的杆件上，布置一定数量的应变片来测量钢桁架在加载试验中的应变发展，如图 4 所示。同时，采用全站仪测量钢桁架在加载过程中支座 A、B 与 C1、C2、C3 加载点处的竖向挠度变形。

图 3　现场试验示意

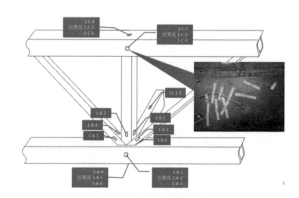

图 4　应变片布置位置

# 2　地下室楼板验算

## 2.1 有限元建模与分析

由于空间加载时，对地下室楼板施加了与正常使用时相反的力，为了避免对加载点附近的钢筋混凝土楼板、梁产生影响而导致开裂，加载前用 SAP2000 有限元软件进行建模与分析[3]，如图 5 所示。

分析结果表明，试验加载时产生向上的竖向拉力会使原梁板结构开裂，因此考虑在现有地下室楼板上堆载，来减小该拉力对地下室梁板体系的影响。

## 2.2 考虑堆载的有限元计算

分析验算工况包括：工况 1 = 1.3 × 自重荷载 + 1.5 × 堆载荷载；工况 2 = 1.0 × 自重荷载 + 1.0 × 堆载荷载；工况 3 = 1.0 × 自重荷载 + 1.0 × 堆载荷载 + 1.0 × 试验加载。其中工况 1 按《建筑结构荷载规范》[4] 考虑了荷载分项系数，作为承载力极限状态的荷载。工况 2 考虑加载试验前已经完成堆载的情况，对地下室梁板结构正常使用极限状态下裂缝宽度进行验算。工况 3 则考虑完成堆载后、开始现场加载试验的情况，上述验算方法根据《混凝土结构设计规范》（GB 50010—2010）完成，经验算上述工况，地下室梁板结构的承载力和裂缝宽度均满足规范要求。

经有限元计算，在 C1 加载点地下室楼板 3.3m² 内施加 5kN/m² 的均布荷载，即可在加载试验时保证下部梁板结构的安全，如果采用砂子作为堆载材料，则只需在 3.3m² 内楼板上堆积 0.3m 高的砂子即可，方便现场具体操作。

### 2.3　地下室板的冲切验算

C2、C3 加载点的垫板都托于钢筋混凝土梁的下方，加载时梁的高度足以抵抗垫板产生的向上剪力。但 C1 加载点的垫板托于地下室楼板的下方，需单独对板的抗冲切性能进行验算。采用 SAP2000 对地下室楼板的抗冲切进行了分析验算，如图 6 所示，验算结果表明试验加载不会导致楼板的冲切破坏。

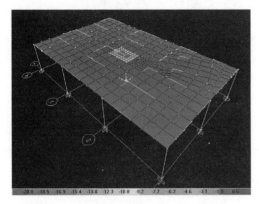

图 5　地下室梁板结构的有限元分析

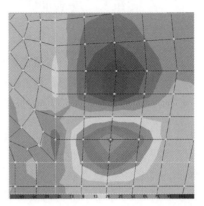

图 6　地下室楼板抗冲切有限元分析结果

## 3　试验结果与分析

钢结构杆件的应变数据采用动态应变仪实时采集，应变数据乘以钢的弹性模量转为应力数值。在 SAP2000 结构分析模型中，提取相应杆件测点处的应力，以 1-F-1（C1 点右桶上弦正应力）为例，试验与计算结果的比较如图 7 所示。可以看出，试验测量与有限元分析结果在应力变化趋势与大小上吻合良好，杆件处于弹性工作状态，满足《钢结构设计规范》[5]要求。将现场试验测得的挠度值与 SAP2000 模型中在试验荷载作用下的挠度计算结果进行比较，如图 8 所示。各测点挠度的试验结果与计算结果误差很小，充分说明实际桁架结构的变形性能与设计预期相符。

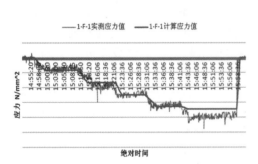

图 7　试验与有限元结果的对比

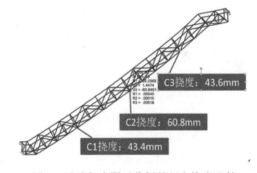

图 8　试验与有限元分析的竖向挠度比较

## 4　结论

（1）对于类似的工程现场检测问题，可采用本文提出的空间加载系统。

（2）以原结构楼板提供反力时，应以楼板开裂作为验算依据，不应对原结构造成损伤。

（3）可采用在楼板上堆载的方式，平衡现场加载时对楼板产生的竖向拉力。

### 参考文献

[1] 邱冬瑞，凡俊，周阿娜，等.某钢框架结构整体检测方法探讨 [J].工程质量.2015，33（3）：28-31.

[2] 周绪，红莫涛，刘永健，等.高层钢结构交错桁架结构的试验研究 [J].建筑结构学报.2006，27（5）：86-92.

[3] 张永超，刘松雪，李栖彤.SAP2000 在国际工程钢结构设计中的运用 [J].水利水电工程设计，2015，34（1）：25-27.

[4] 中华人民共和国住房和城乡建设部.建筑结构荷载规范：GB 50009—2012[S].北京：中国建筑工业出版社，2012.

[5] 中华人民共和国住房和城乡建设部.钢结构设计规范：GB 50017—2003[S].北京：中国建筑工业出版社，2003.

# 既有砌体结构静力评估方法及分项系数研究

吴乐乐[1]　唐曹明[1,2]　罗开海[1,2]　吕大刚[3,4]　程绍革[1,2]

1. 中国建筑科学研究院　北京　100013
2. 住房城乡建设部防灾研究中心　北京　100013
3. 哈尔滨工业大学结构工程灾变与控制教育部重点实验室　哈尔滨　150090
4. 哈尔滨工业大学土木工程学院智能防灾减灾工业与信息化部重点实验室　哈尔滨　150090

**摘　要：** 为探究科学合理的既有砌体结构静力评估方法，对比分析了既有结构和拟建结构的不确定性来源，提出了改进的评估方法和极限状态评估表达式；综合分离系数法和校准法给出了分项系数的确定方法及取值；根据"荷载系数分级"方法给出了既有砌体轴压构件的安全性分级标准。研究表明：改进的评估方法符合既有砌体结构的实际情况，适用于既有砌体结构的评估。

**关键词：** 既有砌体结构；静力评估；不确定性；极限状态表达式；分项系数；安全性等级

　　由于我国既有砌体房屋存量巨大，老旧砌体房屋改造升级成为一项重要的工作，对其进行科学合理的评估是进行加固改造的必要前提和基本依据。目前，既有结构构件评估主要采用分项系数形式的概率极限状态方法，以 $R/(\gamma_0 S)$（其中，$R$ 为抗力设计值，$\gamma_0$ 为重要性系数，$S$ 为作用效应设计值）为安全性分级指标进行评估，评估时采用的极限状态验算表达式与拟建建筑设计表达式相同。同时，分项系数取值与抗力和荷载的不确定性及目标可靠度水平有关。由于既有结构与拟建结构存在较大区别，因此，研究适用于既有结构评估的极限状态验算方法及分项系数取值是非常有必要的。

　　英国结构工程师协会（ISE 1980）、欧洲国际混凝土委员会（CEB 1983）建议在减少不确定性的基础上调整荷载和抗力分项系数。Allen[1] 基于生命安全的性能水准，考虑结构的检测和性能、系统行为、风险类别三个因素，对加拿大建筑规范（NBC）的目标可靠指标调整级差进行了划分，并根据调整后目标可靠指标给出了既有结构评估的最小荷载分项系数取值。Ellingwood[2] 指出：极限状态设计方法已经不适用于既有建筑，场地实测获得的抗力和荷载统计特性的变异性小于设计所用的先验概率模型，采用与设计时等可靠指标并采用场地实测统计特性时所获得的抗力分项系数和永久作用分项系数均小于设计时的相应系数。Val[3] 等认为既有建筑可以通过场地实测方法进行建筑信息更新，其中模型不确定性对分项系数的取值有很大影响，可以通过更新后的建筑信息对材料分项系数进行修改。顾祥林等[4] 基于既有结构的荷载和抗力概率模型，对不同目标使用期内的荷载和抗力分项系数进行了优化，永久荷载分项系数 $\gamma_G = 1.0$（永久荷载对结构有利时 $\gamma_G = 0.6$），可变荷载分项系数 $\gamma_Q = 1.3$，抗力分项系数 $\gamma_R = 1.1 \sim 1.8$；同时，按照目标可靠指标增减 0.25 确定了承载能力分级评定标准，$R/(\gamma_0 \gamma_R S) \geq 1.0$ 时为 $a_u$ 级，$1.0 > R/(\gamma_0 \gamma_R S) \geq 0.96$ 时为 $b_u$ 级，$0.96 > R/(\gamma_0 \gamma_R S) \geq 0.92$ 时为 $c_u$ 级，$R/(\gamma_0 \gamma_R S) < 0.92$ 时为 $d_u$ 级（其中，$R$ 为抗力计算值，$\gamma_0$ 为重要性系数，$\gamma_R$ 为抗力分项系数，$S$ 为作用效应设计值）。黄炎生、郑华彬等[5-6] 采用全随机过程的简化模型，建立了既有框架结构基于分项系数法的可靠性评估表达式，并采用目标可靠度校准法，推导了不同目标使用期的最优荷载和抗力分项系数，永久荷载分项系数 $\gamma_G = 1.2$，可变荷载分项系数 $\gamma_Q = 0.814 \sim 1.168$，抗力分项系数 $\gamma_R = 1.114 \sim 2.226$。Jana[7] 认为既有结构评估时，抗力分项系数可以根据实测统计特性采用分离系数的形式进行修改，抗力实测的变异性越小，抗力分项系数取值越小。姚继涛等[8-9] 对既有结构的作用、抗力变异系数推断方法进行了研究，确定了既有结构构件承载能力的鉴定分级与可靠指标之间的关系。本文将在对比既有结构与拟建结构不确定性来源的基础上，给出适用于既有结构的评估方法，并以既有砌体结构的统计特性为基础，确定既有砌体结构静力评估时的分项系数取值以及安全性等级划分标准。

# 1　研究的基本假设

本研究基于以下几点假设：

（1）结构在鉴定之前未经历过超越原设计荷载的工况，且目前处于正常工作状态。

（2）以当前时刻 $\tau_0'$ 的抗力 $R(\tau_0')$ 和未来 $M$ 年内可变作用效用最大值 $S_Q$ 为两个综合随机变量。

（3）既有结构的永久作用效应（如自重）$S_G$ 的变异性与可变作用效应相比很小。

（4）功能函数为 $Z = R(\tau_0') - S_G - S_Q$ 时，后续服役基准期 $T'$ 内，既有结构或构件的失效概率采用下式计算：

$$P_f(T') = P\{Z < 0\} = P\{R(\tau_0') - S_G - S_Q < 0\} \tag{1}$$

# 2　既有结构与拟建结构不确定性来源对比

既有结构评估与拟建结构设计的不确定性来源存在较大的区别：拟建结构设计针对的是某一大类的结构，而既有结构评估则是对于一个具体的个体；拟建结构研究的对象是设计中的抽象结构和设计方案，既有结构则是具体的结构；拟建结构设计时所需的信息均存在不确定性，可靠性分析时，变量的不确定性描述主要依据结构或构件的先验信息；既有结构是实际存在的实体，其所处环境更为具体，各种信息的采集、描述、处理与检验等都应依据具体的情况，其不确定性主要来源于本身固有的不确定性和系统误差，可靠性分析时，变量不确定性的描述可基于调查样本进行假设检验和理论模拟[10]。

抗力的不确定性描述见表 1[11]，抗力 $R$ 按随机变量处理时，当前时刻 $\tau_0'$ 的抗力 $R(\tau_0')$ 可由下式表示：

$$R(\tau_0') = \Omega_P R_P(\tau_0') = \Omega_P R[f(\tau_0'), \Omega_f, a(\tau_0'), \Omega_a] \tag{2}$$

式中，$f(\tau_0')$、$a(\tau_0')$ 分别为当前时刻材料性能和几何参数，其他符号见表 1。

**表 1　既有结构与拟建结构抗力的不确定性对比[11]**

| 项目 | 拟建结构 | 既有结构 |
|---|---|---|
| 材料性能 | $\Omega_f = \dfrac{f_c}{\omega_0 f_k}$，服从正态分布<br>其中，$f_c$ 为结构构件中材料性能值；<br>$f_k$ 为规范规定的试件材料性能标准值；<br>$\omega_0$ 为规范规定的反映结构构件材料性能与试件材料性能差别的系数 | $f_c$ 直接通过相关检测手段获得；<br>具有实测统计样本；<br>可以反映砌体当前时刻的材料性能；<br>不考虑主观不确定性时为确定量 |
| 几何参数 | $\Omega_a = \dfrac{a}{a_k}$，服从正态分布<br>其中，$a$、$a_k$ 分别为结构构件的几何参数值及几何参数标准值 | $a$ 可直接通过相关检测手段获得；<br>具有实测统计样本；<br>可以反映砌体当前时刻的几何参数；<br>不考虑主观不确定性时为确定量 |
| 计算模式 | $\Omega_P = \dfrac{R^0}{R^c}$，服从正态分布<br>其中，$R^0$、$R^c$ 分别为结构构件的实际抗力值（可取试验值或精确计算值）及按规范公式的计算抗力值 | 同拟建结构 |

材料强度的当前值客观上是确定的，不具备随机性，但常常带有主观的不确定性，需作为不确定量处理[12]。如果结构的实际情况与设计预想的情况之间不存在明显的差别，则可利用设计的先验信息，采用 Bayes 小样本统计推断方法对当前时刻材料强度进行推断[12]。考虑工程鉴定评估的实用性和可行性，本文暂不考虑当前值 $f(\tau_0')$ 及 $a(\tau_0')$ 主观的不确定性，均按照确定量处理。由表 1 可得拟建结构和既有结构抗力 $R$ 不确定性 $\Omega_R$ 的分布特征如下式所示：

（1）拟建结构

均值：$\mu_{\Omega_R} = \mu_{\Omega_P} \cdot \mu_{\Omega_f} \cdot \mu_{\Omega_a}$　　变异系数：$\delta_{\Omega_R} = \sqrt{\delta_{\Omega_P}^2 + \delta_{\Omega_f}^2 + \delta_{\Omega_a}^2}$ 　　　　　　（3）

（2）既有结构

均值：$\mu_{\Omega_R} = \mu_{\Omega_P}$　　变异系数：$\delta_{\Omega_R} = \delta_{\Omega_P}$　　　　　　　　　　　　　　　　（4）

拟建结构抗力的分布特征一般为对数正态分布。上述既有结构的不确定性虽然仅考虑了计算模式的变异性，但主观的不确定性确实存在，因此本文认为既有结构抗力的分布特征仍可按对数正态分布考虑。

既有结构的永久作用效应的变异性很小，与可变作用效应相比一般可以忽略，按确定量处理[4]。拟建结构与既有结构的时间条件不同，设计基准期 $T$ 与后续服役基准期 $T'$ 一般不同，基准期内荷载模型习惯简化为等时段矩形波函数的平稳二项随机过程模型，对持久性活荷载和临时性活荷载一般取时段 $\tau=10$ 年，对风、雪荷载一般取时段 $\tau=1$ 年，对后续服役基准期 $T'$ 内可变荷载的概率模型可采用"等超越概率"原则确定[10,12-13]。可变荷载服从极值 I 型分布，任意时点概率分布模型如式（5）所示：

$$F_{Q_i}(x) = \exp\left[-\exp\left(-\frac{x-\theta}{\alpha}\right)\right]　　　　　　　　（5）$$

式中，$\alpha = \sigma/1.2826$，为尺度参数；$\theta = \mu - 0.5772\alpha$，为位置参数，其中 $\mu$ 为均值，$\sigma$ 为标准差[4]。

后续服役基准期 $T'$ 内按照"等超越概率"原则，可变荷载的概率分布模型为

$$F_{Q_{T'}}(x) = [F_{Q_i}(x)]^{m_{T'}}　　　　　　　　　　　（6）$$

$$m_{T'} = \frac{m_M}{m_N} m_T　　　　　　　　　　　（7）$$

式中，$m_{T'}$ 为后续服役基准期内荷载出现次数；$m_M$ 为后续服役期 $M$ 内荷载出现次数；$m_N$ 为设计使用期 $N$ 内荷载出现次数；$m_T$ 为设计基准期 $T$ 内荷载出现次数。

综合上述拟建结构和既有结构抗力和荷载的特点，可知两种结构的不确定性存在较大的区别。因此，既有结构的评估方法应与拟建结构设计有所区别。

## 3　既有结构极限状态评估方法

### 3.1　改进的评估方法

目前对既有建筑静力评估的方法主要有两种，第一种为《民有建筑可靠性鉴定标准》（GB 50292—2015）[14]中采用的方法，该方法与拟建建筑设计方法相同；第二种为《既有建筑物结构检测与评定标准》（DG/T J08—804—2005）[15]中采用的方法，与第一种方法不同的是该方法对抗力的描述采用式（4）的统计特征，恒荷载按确定量考虑，活荷载考虑了后续使用年限的不同，但对极限状态方程可靠性的描述、分项系数设计方法以及安全性分级形式均与拟建建筑设计方法相同（两种方法均称为"现行方法"）。

从工程的角度看，既有结构构件抗力是可以实测的，未来一段时间的作用效应是不确定量，基于此，本文提出一种改进的评估方法：通过抗力实测值来评估未来一段时间结构所能承受的作用效应，以此来反映既有结构或结构构件的可靠性（以下称为"改进方法"）。现行方法与改进方法评估的思路如图 1 所示，可知改进方法的整体评估思路与设计方法不同。

为验证改进方法的合理性和可行性，笔者调查了既有砌体住宅常见建筑结构布局，并对砌体住宅结构基本信息进行了归纳，见表 2。以表 2 中层数 7 层、标准层高 2.9m、开间 3.3m、砂浆强度 M7.5 工况为例，按照图 1 中两种思路校准既有结构构件的可靠指标。本文对砖砌体构件的分析均采用 240mm×1000mm 的墙段，砌体强度标准值按照《砖石结构设计规范》（GBJ 3—73）[16]计算。经计算该工况条件下，底层 240mm×1000mm 砌体墙段的抗压强度标准值为 $R_k=600$kN，恒荷载仅考虑自重时，所承受的恒荷载标准值为 $S_{Gk}=180$kN；活荷载标准值为 $S_{Qk}=31$kN。变量统计特性，$\kappa_R=1.21$，$\delta_R=0.25$，$\kappa_{S_G}=1.06$，$\delta_{S_G}=0.07$，$\kappa_{S_Q}=0.644$，$\delta_{S_Q}=0.233$[11]。

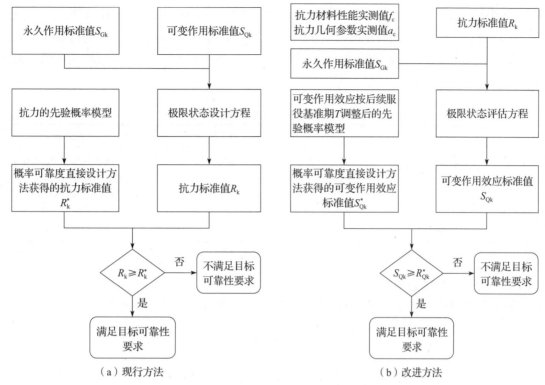

图1 现行方法与改进方法评估流程

表2 砖砌体结构房屋基本信息

| 子项 | 子项信息 | 子项 | 子项信息 |
|---|---|---|---|
| 墙体类型 | 240mm厚普通烧结砖，单位面积墙体重为4.32kN/m² | 砌筑砂浆强度 | M0.4、M1、M2.5、M5、M7.5、M10，共6个工况 |
| 结构层数 | 4层、5层、6层、7层，共4个工况 | 楼面板 | 120mm厚现浇混凝土楼板、素水泥浆结合层一道、35mm厚1:2:3细石混凝土撒1:1水泥砂子压实赶光，总重量3.9kN/m² |
| 标准层层高 | 2.8m、2.9m，共2个工况 | 屋面板 | 120mm厚现浇混凝土楼板、30mm厚细石混凝土面层、防水层、20mm厚顶棚抹灰，总重量4.1kN/m² |
| 建筑开间 | 3.0m、3.3m、3.6m、4.0m，共4个工况 | 楼面活荷载 | 1.5kN/m² |
| 砖砌体强度 | MU10 | 屋面活荷载 | 0.5kN/m² |

注：底层层高取标准层层高0.5m。

既有结构评估的功能函数：

$$Z = R - S_G - S_Q \tag{8}$$

式中，$R$ 为评估时抗力；$S_G$ 为永久作用效应；$S_Q$ 为可变作用效应。

拟建结构设计的极限状态验算表达式：

$$\gamma_G S_{Gk} + \gamma_Q S_{Qk} \leq R_k / \gamma_R \tag{9}$$

式中，$R_k$ 为抗力标准值；$S_{Gk}$ 为永久作用效应标准值；$S_{Qk}$ 为可变作用效应标准值，恒荷载分项系数 $\gamma_G$ 取1.2，活荷载分项系数 $\gamma_Q$ 取1.4，抗力分项系数 $\gamma_R$ 取1.6。

由于改进方法中抗力是可以实测的，可靠度校准过程中，抗力标准值的获取是与设计方法不同的（图1），因此采用现行方法与改进方法对既有结构构件进行可靠度校准时，功能函数中变量分布特征是不同的。采用拟建结构设计的极限状态验算表达式式（9）进行校准时，功能函数式（8）中变量的分布特征见表 3，采用一次二阶矩方法得两种评估方法的可靠指标，见表 3，比较 $\beta$、$\beta_D$ 和 $\beta_A$ 可知，$\Delta_1 = \beta - \beta_D = 0.51$，$\Delta_2 = \beta - \beta_A = 0.3$，改进方法的可靠指标 $\beta_A$ 更接近实际构件的可靠指标 $\beta$，表明改进方法更能反映既有结构构件真实的可靠水平。因此，可以基于改进方法重新构造极限状态评估的功能函数和验算表达式。

**表 3　不同校准方法的可靠指标对比**

| 指标 | 直接计算 | 现行方法（文献［14］） | 改进方法 |
|---|---|---|---|
| 变量分布特征 | $\mu_R = \kappa_R R_k$，$\sigma_R = \mu_R \delta_R$ $\mu_{S_G} = \kappa_{S_G} S_{Gk}$，$\sigma_{S_G} = \mu_{S_G} \delta_{S_G}$ $\mu_{S_Q} = \kappa_{S_Q} S_{Qk}$，$\sigma_{S_Q} = \mu_{S_Q} \delta_{S_Q}$ | $\mu_R = \kappa_R R_k = \kappa_R \gamma_R (\gamma_G S_{Gk} + \gamma_Q S_{Qk})$ $\sigma_R = \mu_R \delta_R$ $\mu_{S_G} = \kappa_{S_G} S_{Gk}$，$\sigma_{S_G} = \mu_{S_G} \delta_{S_G}$ $\mu_{S_Q} = \kappa_{S_Q} S_{Qk}$，$\sigma_{S_Q} = \mu_{S_Q} \delta_{S_Q}$ | $\mu_R = \kappa_R R_k$，$\sigma_R = \mu_R \delta_R$ $\mu_{S_G} = \kappa_{S_G} S_{Gk}$，$\sigma_{S_G} = \mu_{S_G} \delta_{S_G}$ $\mu_{S_Q} = \kappa_{S_Q} S_{Qk} = \kappa_{S_Q} (R_k / \gamma_R - \gamma_G S_{Gk}) / \gamma_Q$ $\sigma_{S_Q} = \mu_{S_Q} \delta_{S_Q}$ |
| 可靠指标 | $\beta = 2.83$ | $\beta_D = 2.32$ | $\beta_A = 2.53$ |

注：$\mu$ 为变量均值；$\sigma$ 为变量标准差；$\delta$ 为变量变异系数；$\kappa_x$ 为偏差系数。

### 3.2　基于传统功能函数的极限状态评估方法（评估方法一）

若功能函数采用式（8）的形式，则既有结构评估的极限状态验算表达式为：

$$\frac{R_k}{\gamma_{Rd}} - \gamma_G S_{Gk} \geqslant \gamma_Q S_{Qk} \tag{10}$$

式中，$R_k$ 为仅考虑计算模式不确定性的抗力标准值；$S_{Gk}$ 为永久作用效应标准值；$S_{Qk}$ 为基于后续服役基准期 $T'$ 调整后的可变作用效应标准值；$\gamma_{Rd}$ 为仅考虑计算模式不确定性的抗力分项系数；$\gamma_G$ 为永久作用分项系数；$\gamma_Q$ 为可变作用分项系数。

尽管式（10）的形式与设计极限状态表达式相同，但其物理意义不同：不等式左侧部分代表当前既有结构去除永久作用效应后的抗力评估值，不等式右侧部分代表后续服役基准期 $T'$ 内可变作用最大值的评估值。采用式（10）对既有结构可靠度校准时，变量的分布特征为表 3 中改进方法对应的分布特征。

### 3.3　基于需求能力比的极限状态评估方法（评估方法二）

根据需求 – 能力比的形式重新构造功能函数 $Z$，如下式所示：

$$Z = \frac{S}{R} = \frac{S_G + S_Q}{R} \tag{11}$$

式中，$R$ 为评估时既有结构构件承载或变形能力；$S$ 为作用需求；$S_G$、$S_Q$ 分别为永久作用效应和可变作用效应。

当 $Z \leqslant 1$ 时，结构构件满足可靠性要求；当 $Z > 1$ 时，结构构件不能满足可靠性要求。重新构造评估极限状态验算表达式：

$$\frac{\gamma_G S_{Gk} + \gamma_Q S_{Qk}}{R_k / \gamma_{Rd}} \leqslant 1 \tag{12}$$

式中，符号同式（10）。

式（12）具有明确的物理意义：不等式左侧分子表示既有结构在后续服役基准期内的作用需求，不等式左侧分母表示既有结构的承载或变形能力评估值。虽然评估方法一与评估方法二功能函数及状态方程的形式不同，但对结构评估的结果是相同的。同等条件下，两者的形式也可相互转化。

## 4　砌体结构静力评估分项系数及安全性分级

### 4.1　砌体结构静力评估分项系数

采用评估方法一对极限状态评估验算表达式的分项系数进行研究。根据分离系数法，式（10）中的分项系数可以分离成如下形式：

$$\begin{cases} \gamma_G = \dfrac{\mu_{S_G}(1+\alpha_S\alpha_{S_G}\beta_T\delta_{S_G})}{S_{Gk}} = \kappa_{S_G}(1+\alpha_S\alpha_{S_G}\beta_T\delta_{S_G}) \\[3mm] \gamma_Q = \dfrac{\mu_{S_Q}(1+\alpha_S\alpha_{S_Q}\beta_T\delta_{S_Q})}{S_{Qk}} = \kappa_{S_Q}(1+\alpha_S\alpha_{S_Q}\beta_T\delta_{S_Q}) \\[3mm] \gamma_{Rd} = \dfrac{R_k}{\mu_R(1-\alpha_R\beta_T\delta_R)} = \dfrac{1}{\kappa_R(1-\alpha_R\beta_T\delta_R)} \end{cases} \tag{13}$$

式中，$\alpha_R$ 与 $\alpha_S$ 为广义分离系数；$\alpha_{S_G}$ 为 $S_G$ 的分离系数；$\alpha_{S_Q}$ 为 $S_Q$ 的分离系数；其余参数为分布参数，同表 3。

式（8）中各变量标准值见式（14）。

$$\begin{cases} S_{Gk} = \mu_{S_G}(1+\omega_{S_G}\delta_{S_G}) \\[2mm] S_{Qk} = \mu_{S_Q}(1+\omega_{S_Q}\delta_{S_Q}) \\[2mm] R_k = \mu_R(1+\omega_R\delta_R) \end{cases} \tag{14}$$

式中，$\omega_{S_G}$ 为永久作用保证率系数；$\omega_{S_Q}$ 为可变作用保证率系数；其余参数同表 3。

由式（13）可知，极限状态评估方程的分项系数包含抗力和作用效应的不确定性，分项系数的取值与各个变量的统计特性以及目标可靠水平有关。由于忽略既有结构永久作用效应的变异性，极限状态评估时永久作用分项系数由式（13）得 $\gamma_G = 1.0$，因此，结构的重要性系数 $\gamma_0$ 可仅在可变作用效应上体现，式（10）则可以改写为如下形式：

$$\frac{R_k}{\gamma_{Rd}} - S_{Gk} \geqslant \gamma_0\gamma_Q S_{Qk} \tag{15}$$

抗力的分布特征可按式（4）采用，可变作用分布特征可根据式（5）～式（7）并按照《建筑结构荷载规范》(GB 50009—2012)[17] 中的 JCSS 组合模型确定，见表 4。

表 4　底层构件永久作用效应标准值与抗力标准值比值 $\rho$

| 墙体类别 | 层高 (m) | 层数 | 3m 开间 | | | | | | 3.3m 开间 | | | | | |
| | | | M10 | M7.5 | M5 | M2.5 | M1 | M0.4 | M10 | M7.5 | M5 | M2.5 | M1 | M0.4 |
| 砖砌体 | 2.8 | 4 | 0.15 | 0.16 | 0.18 | 0.23 | 0.27 | 0.31 | 0.16 | 0.17 | 0.19 | 0.24 | 0.28 | 0.33 |
| | | 5 | 0.19 | 0.20 | 0.23 | 0.28 | 0.34 | 0.39 | 0.19 | 0.21 | 0.24 | 0.30 | 0.35 | 0.41 |
| | | 6 | 0.22 | 0.24 | 0.27 | 0.34 | 0.40 | 0.47 | 0.23 | 0.25 | 0.29 | 0.35 | 0.42 | 0.49 |
| | | 7 | 0.26 | 0.28 | 0.32 | 0.39 | 0.47 | 0.54 | 0.27 | 0.29 | 0.33 | 0.41 | 0.49 | 0.57 |
| | 2.9 | 4 | 0.15 | 0.16 | 0.19 | 0.23 | 0.28 | 0.32 | 0.16 | 0.17 | 0.20 | 0.24 | 0.29 | 0.33 |
| | | 5 | 0.19 | 0.20 | 0.23 | 0.29 | 0.34 | 0.40 | 0.20 | 0.21 | 0.24 | 0.30 | 0.36 | 0.42 |
| | | 6 | 0.23 | 0.24 | 0.28 | 0.34 | 0.41 | 0.47 | 0.24 | 0.26 | 0.29 | 0.36 | 0.43 | 0.50 |
| | | 7 | 0.26 | 0.29 | 0.32 | 0.40 | 0.48 | 0.55 | 0.27 | 0.30 | 0.34 | 0.42 | 0.50 | 0.58 |

| 墙体类别 | 层高 (m) | 层数 | 3.6m 开间 | | | | | | 4m 开间 | | | | | |
| | | | M10 | M7.5 | M5 | M2.5 | M1 | M0.4 | M10 | M7.5 | M5 | M2.5 | M1 | M0.4 |
| 砖砌体 | 2.8 | 4 | 0.16 | 0.18 | 0.20 | 0.25 | 0.30 | 0.34 | 0.17 | 0.19 | 0.21 | 0.26 | 0.31 | 0.36 |
| | | 5 | 0.20 | 0.22 | 0.25 | 0.31 | 0.37 | 0.43 | 0.22 | 0.23 | 0.26 | 0.33 | 0.39 | 0.45 |
| | | 6 | 0.24 | 0.26 | 0.30 | 0.37 | 0.44 | 0.51 | 0.26 | 0.28 | 0.32 | 0.39 | 0.47 | 0.54 |
| | | 7 | 0.28 | 0.31 | 0.35 | 0.43 | 0.51 | 0.60 | 0.30 | 0.33 | 0.37 | 0.46 | 0.54 | 0.63 |
| | 2.9 | 4 | 0.17 | 0.18 | 0.20 | 0.25 | 0.30 | 0.35 | 0.18 | 0.19 | 0.22 | 0.27 | 0.32 | 0.37 |
| | | 5 | 0.21 | 0.22 | 0.25 | 0.31 | 0.37 | 0.44 | 0.22 | 0.24 | 0.27 | 0.33 | 0.40 | 0.46 |
| | | 6 | 0.25 | 0.27 | 0.30 | 0.38 | 0.45 | 0.52 | 0.26 | 0.28 | 0.32 | 0.40 | 0.47 | 0.55 |
| | | 7 | 0.29 | 0.31 | 0.35 | 0.44 | 0.52 | 0.61 | 0.30 | 0.33 | 0.37 | 0.46 | 0.55 | 0.64 |

综合分离系数方法，令 $\rho = S_{Gk}/R_k$，极限状态评估的分项系数可按以下步骤确定，对应的流程如图2所示。

（1）根据需要评估的结构或结构构件，选择常用的 $\rho$ 值；

（2）对安全等级为二级的结构或结构构件，重要性系数取 $\gamma_0 = 1.0$；

（3）对选定的结构或结构构件，确定抗力分项系数 $\gamma_{Rd}$ 下抗力的评估值；

（4）对选定的结构或结构构件，确定可变作用分项系数 $\gamma_Q$ 下简单组合的可变作用标准值；

（5）计算选定结构或结构构件简单组合下的可靠指标 $\beta$；

（6）选取使可靠指标 $\beta$ 与目标可靠指标 $\beta_T$ 最接近 $\left[ H = \Sigma \omega_i (\beta - \beta_T)^2 \text{ 最小} \right]$ 的 $\gamma_{Rd}$、$\gamma_Q$，$\omega_i$ 为权重系数；

（7）根据工程经验，对分项系数 $\gamma_{Rd}$、$\gamma_Q$ 进行判断，必要时进行调整；

（8）对安全等级为一级、三级的结构或构件，以上面确定安全等级为二级结构或结构构件的分项系数为基础，同样在满足 $H = \Sigma \omega_i (\beta - \beta_T)^2$ 最小的条件，优化确定结构重要性系数 $\gamma_0$。

将式（15）表示成习惯采用的形式，砌体结构房屋评估时，极限状态评估验算表达式如下式所示：

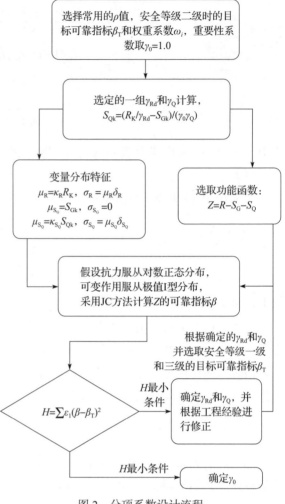

图2　分项系数设计流程

$$S_{Gk} + \gamma_0 \gamma_Q S_{Qk} \leqslant R(f_c, a_c \cdots) / \gamma_{Rd} \tag{16}$$

式中，$R(\cdot)$ 为抗力计算标准值；$f_c$ 为材料性能实测值；$a_c$ 为几何参数实测值；其余参数同式（10）。

根据表2的工况，经计算底层轴压构件的永久作用效应标准值与抗力标准值比值 $\rho$ 见表4，$\rho$ 值的频率直方图如图3所示，可知 $\rho$ 主要集中在 0.1 ~ 0.5 之间，本文取 $\rho = 0.15$、0.25、0.35、0.45，对应的权重分别取 $\omega = 0.1$、0.4、0.3、0.2。为证实 $\rho$ 取值的合理性，笔者统计了北京某小区的14栋住宅，均为 4 ~ 7 层的A类建筑，经统计，4层结构底层 $\rho$ 值在 0.1 ~ 0.4 之间，5 ~ 7 层结构底层 $\rho$ 值在 0.1 ~ 0.5 之间，与分析结果基本吻合。

砌体结构轴压构件统计参数见表5，《工程结构可靠性设计统一标准》（GB 50153—2008）[18] 规定对安全等级二级，脆性破坏构件的目标可靠指标 $\beta_T = 3.7$，按照分项系数设计的步骤和图2，可以获得不同后续服役基准期的分项系数取值和 $H$ 取值，见表6。根据表6可知，当 $\gamma_{Rd} = 1.4$、$\gamma_G = 1.0$ 时，$H$ 均取得最小值，进而可得 $\gamma_Q$ 值。安全等级一级时，$\beta_T = 4.2$，安全等级三级时，$\beta_T = 3.2$，可分别获得结构重要性系数 $\gamma_0$ 的取值，见表7，综合不同后续服役基准期的重要性系数 $\gamma_0$ 取值，安全等级一级

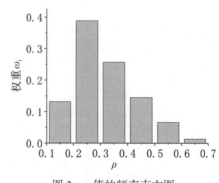

图3　$\rho$ 值的频率直方图

时可取 $\gamma_0 = 1.2$ ，安全等级二级时可取 $\gamma_0 = 1.0$ ，安全等级三级时可取 $\gamma_0 = 0.8$ 。

**表 5　砌体轴压构件统计参数[6,11]**

| 后续服役基准期（年） | | 10 | 20 | 30 | 40 | 50 |
|---|---|---|---|---|---|---|
| 可变作用 | $\kappa_{S_Q} = \mu_{S_Q} / S_{Qk}$ | 0.486 | 0.554 | 0.594 | 0.622 | 0.644 |
| | $\delta_{S_Q}$ | 0.308 | 0.270 | 0.252 | 0.241 | 0.233 |
| 永久作用 | $\kappa_{S_G} = \mu_{S_G} / S_{Gk}$ | | | 1.0 | | |
| | $\delta_{S_G}$ | | | 0.0 | | |
| 抗力 | $\kappa_{Rd} = \mu_R / R_k$ | | | 1.05 | | |
| | $\delta_R$ | | | 0.15 | | |

**表 6　不同后续服役基准期的分项系数和 H 取值**

| 10 | | | | 20 | | | | 30 | | | | 40 | | | | 50 | | | |
|---|---|---|---|---|---|---|---|---|---|---|---|---|---|---|---|---|---|---|---|
| $\gamma_{Rd}$ | $\gamma_G$ | $\gamma_Q$ | $H$ | $\gamma_{Rd}$ | $\gamma_G$ | $\gamma_Q$ | $H$ | $\gamma_{Rd}$ | $\gamma_G$ | $\gamma_Q$ | $H$ | $\gamma_{Rd}$ | $\gamma_G$ | $\gamma_Q$ | $H$ | $\gamma_{Rd}$ | $\gamma_G$ | $\gamma_Q$ | $H$ |
| 1 | 1 | 1.87 | 0.0488 | 1 | 1 | 1.98 | 0.0581 | 1 | 1 | 2 | 0.0680 | 1 | 1 | 2 | 0.0830 | 1 | 1 | 2 | 0.1002 |
| 1.1 | 1 | 1.63 | 0.0305 | 1.1 | 1 | 1.72 | 0.0375 | 1.1 | 1 | 1.79 | 0.0416 | 1.1 | 1 | 1.83 | 0.0451 | 1.1 | 1 | 1.86 | 0.0476 |
| 1.2 | 1 | 1.42 | 0.0154 | 1.2 | 1 | 1.51 | 0.0201 | 1.2 | 1 | 1.56 | 0.0229 | 1.2 | 1 | 1.6 | 0.0253 | 1.2 | 1 | 1.63 | 0.0272 |
| 1.3 | 1 | 1.25 | 0.0048 | 1.3 | 1 | 1.33 | 0.0073 | 1.3 | 1 | 1.37 | 0.0089 | 1.3 | 1 | 1.4 | 0.0103 | 1.3 | 1 | 1.43 | 0.0113 |
| 1.4 | 1 | 1.1 | 0.0008 | 1.4 | 1 | 1.17 | 0.0011 | 1.4 | 1 | 1.21 | 0.0015 | 1.4 | 1 | 1.24 | 0.0020 | 1.4 | 1 | 1.26 | 0.0023 |
| 1.5 | 1 | 1 | 0.0102 | 1.5 | 1 | 1.03 | 0.0046 | 1.5 | 1 | 1.07 | 0.0038 | 1.5 | 1 | 1.09 | 0.0033 | 1.5 | 1 | 1.11 | 0.0030 |
| 1.6 | 1 | 1 | 0.1453 | 1.6 | 1 | 1 | 0.0684 | 1.6 | 1 | 1 | 0.0372 | 1.6 | 1 | 1 | 0.0247 | 1.6 | 1 | 1 | 0.0186 |
| 1.7 | 1 | 1 | 0.4456 | 1.7 | 1 | 1 | 0.3045 | 1.7 | 1 | 1 | 0.2293 | 1.7 | 1 | 1 | 0.1889 | 1.7 | 1 | 1 | 0.1580 |
| 1.8 | 1 | 1 | 0.8955 | 1.8 | 1 | 1 | 0.7024 | 1.8 | 1 | 1 | 0.5911 | 1.8 | 1 | 1 | 0.5282 | 1.8 | 1 | 1 | 0.4771 |

**表 7　不同后续服役基准期分项系数和重要性系数取值**

| 后续服役基准期（年） | 分项系数 | | | 重要性系数 | | |
|---|---|---|---|---|---|---|
| | | | | 安全等级一级 | 安全等级二级 | 安全等级三级 |
| | $\gamma_{Rd}$ | $\gamma_G$ | $\gamma_Q$ | $\gamma_0$ | | |
| 10 | 1.4 | 1.0 | 1.1 | 1.24 | 1.0 | 0.81 |
| 20 | 1.4 | 1.0 | 1.17 | 1.23 | 1.0 | 0.82 |
| 30 | 1.4 | 1.0 | 1.21 | 1.22 | 1.0 | 0.82 |
| 40 | 1.4 | 1.0 | 1.24 | 1.22 | 1.0 | 0.82 |
| 50 | 1.4 | 1.0 | 1.26 | 1.22 | 1.0 | 0.82 |

### 4.2　砌体结构静力评估安全性分级

美国国家公路与运输协会（AASHTO）对桥梁评估的分级方法其中之一为"荷载系数分级"方法[19]，其表达式为：

$$RF = \frac{C - A_1 D}{A_2 L (1 + I)} \tag{17}$$

式中，$C$ 为构件承载力；$D$ 为永久荷载效应；$L$ 为可变荷载效应；$I$ 为影响系数；$A_1$ 为永久荷载分项系数；$A_2$ 为可变荷载分项系数；永久荷载分项系数对所有类型桥梁均相同，可变荷载分项系数取值取决于不同的分级标准。

根据图 2 和极限状态评估表达式（15）可以发现，"荷载系数分级"方法的分级形式对既有砌体轴压构件的安全性分级适用，如下式所示：

$$RF = \frac{R_k / \gamma_{Rd} - \gamma_G S_{Gk}}{\gamma_0 \gamma_Q S_{Qk}} \tag{18}$$

式中，$\gamma_{Rd}$、$\gamma_G$ 对不同后续服役基准期均为相同值；$\gamma_Q$ 随后续服役基准期不同具有不同取值；$\gamma_0$ 的取值与安全等级相关。

文献［14］中规定，构件按承载能力对砌体结构构件进行安全性分级时对应的可靠指标为：$\beta \geq \beta_T$ 为 $a_u$ 级；$\beta_T > \beta \geq \beta_T - 0.25$ 为 $b_u$ 级；$\beta_T - 0.25 > \beta \geq \beta_T - 0.5$ 为 $c_u$ 级；$\beta < \beta_T - 0.5$ 为 $d_u$ 级。分级系数 $RF$ 的取值与不同安全等级下的可靠指标相对应，不同后续服役基准期 $T'$ 内分级系数 $RF$ 的取值见表 8，可知不同后续服役基准期 $T'$ 内分级系数 $RF$ 的取值基本相同，因此可采用 $RF$ 的均值作为既有砌体轴压构件安全性分级系数，即 $RF \geq 1.0$ 为 $a_u$ 级；$1.0 > RF \geq 0.90$ 为 $b_u$ 级；$0.9 > RF \geq 0.82$ 为 $c_u$ 级；$RF < 0.82$ 为 $d_u$ 级。

表 8 按承载能力评定的砌体构件安全性等级

| 参数 | $a_u$ 级 | $b_u$ 级 | $c_u$ 级 | $d_u$ 级 |
|---|---|---|---|---|
| | $\beta \geq \beta_T$ | $\beta_T > \beta \geq \beta_T - 0.25$ | $\beta_T - 0.25 > \beta \geq \beta_T - 0.5$ | $\beta < \beta_T - 0.5$ |
| $T' = 10$ | $RF \geq 1.0$ | $1.0 > RF \geq 0.90$ | $0.9 > RF \geq 0.81$ | $RF < 0.81$ |
| $T' = 20$ | $RF \geq 1.0$ | $1.0 > RF \geq 0.90$ | $0.9 > RF \geq 0.82$ | $RF < 0.82$ |
| $T' = 30$ | $RF \geq 1.0$ | $1.0 > RF \geq 0.91$ | $0.91 > RF \geq 0.82$ | $RF < 0.82$ |
| $T' = 40$ | $RF \geq 1.0$ | $1.0 > RF \geq 0.90$ | $0.9 > RF \geq 0.82$ | $RF < 0.82$ |
| $T' = 50$ | $RF \geq 1.0$ | $1.0 > RF \geq 0.91$ | $0.91 > RF \geq 0.82$ | $RF < 0.82$ |
| 均值 | $RF \geq 1.0$ | $1.0 > RF \geq 0.90$ | $0.9 > RF \geq 0.82$ | $RF < 0.82$ |

## 5 工程算例

北京某住宅楼为 5 层砌体结构，为 A 类（后续使用年限 30 年）砌体建筑，开间 3.6m，层高 2.9m，经检测砖砌体强度 MU10，砂浆强度 M2.5，楼面恒荷载 4.0kN/m²，楼面活荷载 1.5kN/m²，屋面恒荷载 5.0kN/m²，屋面活荷载 0.5kN/m²，属于典型的老旧小区住宅房屋。该房屋使用期间未经历过超越原设计荷载的工况，目前处于正常工作状态，因外加电梯的需求，需对原房屋进行结构评估。采用中国建筑科学研究院开发的 PKPM 鉴定加固软件计算，其 1 层部分墙受压承载力计算图如图 4 所示，墙 1 的抗压强度标准值 $R_k = 3295.56$kN，恒荷载效应标准值 $S_{Gk} = 1536$kN，可变荷载效应标准值 $S_{Qk} = 292.67$kN。

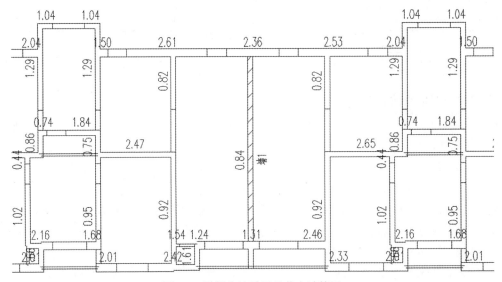

图 4 1 层部分墙受压承载力计算图

按照现行方法评估：墙 1 的受压抗力设计值 $R=R_k/\gamma_f=3295.56\div1.6=2059.72$（kN），作用效应 $S=\gamma_0（1.3S_{Gk}+1.5S_{Qk}）=1.0\times（1.3\times1536+1.5\times292.67）=2435.8$（kN），$R/S=0.84$，根据现行《民用建筑可靠性鉴定标准》（GB 50292）$R/S<0.9$，墙 1 评定为 $d_u$ 级。

按照本文改进方法评估：墙 1 的受压抗力设计值 $R=R_k/\gamma_{Rd}-S_{Gk}=3295.56\div1.4-1.0\times1536=817.97$（kN），作用效应 $S=\gamma_0\gamma_QS_{Qk}=1.0\times1.21\times292.67=354.13$（kN），$RF=R/S=2.3\geqslant1.0$，对应可靠指标为 $\beta=4.6>\beta_T=3.7$，按照本文的安全性分级标准，墙 1 评定为 $a_u$ 级。若按照 $b_u$ 级的评价标准，使墙 1 的可靠指标 $\beta=3.45$，安全性分级 $RF=0.90$，经计算墙 1 承受的活荷载标准值需提高原值的 2.5 倍。

比较两结果可知：本文改进方法的评估结果与现行方法评估结果，相差较大；本文改进方法评估结果表明该轴压构件的可靠水平高于目标可靠水平，可以正常使用；即使在承受 2.5 倍原设计活荷载的工况下，也可以满足可靠性的要求；与现行方法相比，评估结果与当前房屋使用情况相符，说明本文改进的方法更加科学、合理，且能反映结构的真实可靠水平，可以避免结构的过度加固。

## 6　结论

本文首先对比分析了既有结构和拟建结构不确定性来源，其次基于既有结构不确定性特点提出了改进的评估方法，综合分离系数法和校准法给出了既有结构评估分项系数确定方法，并根据砌体轴压构件的分布特征确定了既有砌体结构评估的分项系数取值和重要性系数取值，最后采用"荷载系数鉴定法"的分级方式，按照目标可靠指标增减 0.25 的原则确定了砌体轴压构件安全性等级的分级标准。主要结论如下：

（1）既有结构与拟建结构的不确定性来源有较大区别，通过抗力来评估未来一段时间结构或构件所能承受的作用效应的评估方法的可靠水平更接近构件的实际可靠水平。

（2）后续服役基准期 $T'=10\sim50$ 年时，既有砌体结构静力鉴定评估的抗力分项系数 $\gamma_{Rd}=1.4$、永久作用分项系数 $\gamma_G=1.0$、可变作用分项系数 $\gamma_Q=1.1\sim1.26$；重要性系数 $\gamma_0$，安全等级一级时可取 $\gamma_0=1.2$，安全等级二级时可取 $\gamma_0=1.0$，安全等级三级时可取 $\gamma_G=0.8$。

（3）采用"荷载系数分级"方法评定砌体构件安全性等级时，即 $RF\geqslant1.0$ 为 $a_u$ 级；$1.0>RF\geqslant0.90$ 为 $b_u$ 级；$0.9>RF\geqslant0.82$ 为 $c_u$ 级；$RF<0.82$ 为 $d_u$ 级。

（4）与现行方法相比，本文改进的方法更加科学、合理，且能反映结构的真实可靠水平，可以避免结构的过度加固。

### 参考文献

[1] ALLEN D E. Limit states criteria for structural evaluation of existing buildings[J]. Canadian Journal of Civil Engineering, 1991, 18（6）: 995-1004.

[2] ELLINGWOOD B R. Reliability-based condition assessment and LRFD for existing structures[J]. Structural Safety, 1996, 18（2-3）: 67-80.

[3] VAL D V, STEWART M G. Safety factors for assessment of existing structures[J]. Journal of Structural Engineering, 2002, 128（2）: 258-265.

[4] 顾祥林，许勇，张伟平. 既有建筑结构构件的安全性分析 [J]. 建筑结构学报，2004，25（6）: 117-122.

[5] 黄炎生，邓浩，罗仁志. 基于分项系数法的既有框架结构可靠性评估 [J]. 华南理工大学学报，2008，36（12）: 34-37.

[6] 郑华彬. 基于目标使用期和整体可靠性的既有钢筋混凝土结构鉴定与加固研究 [D]. 广州：华南理工大学，2010.

[7] JANA M. Reliability assessment of existing structures[J]. Journal of Konbin, 2008, 4（1）: 149-164.

[8] 姚继涛，解耀魁. 既有结构可靠性评定中变异系数统计推荐 [J]. 建筑结构学报，2010，31（8）: 101-104.

[9] 姚继涛，罗张飞，程凯凯，等. 既有结构可靠性评定的设计值法 [J]. 西安建筑科技大学学报，2016，48（1）: 18-23.

[10] 张俊芝. 服役工程结构可靠性理论及其应用 [M]. 北京：中国水利水电出版社，2007.

[11] 中国建筑科学研究院. 建筑结构设计统一标准：GBJ 68—84[S]. 北京：中国建筑工业出版社，1984.

[12] 姚继涛. 现有结构材料强度的统计推断 [J]. 西安建筑科技大学学报（自然科学版），2003，35（4）：307-311.

[13] 欧进萍，刘学东，王光远. 现役结构安全度评估的环境荷载标准值研究 [J]. 工业建筑，1995，（25）8：11-16.

[14] 四川省住房和城乡建设厅. 民用建筑可靠性鉴定标准：GB 50292—2015[S]. 北京：中国建筑工业出版社，2015.

[15] 同济大学. 既有建筑物结构检测与评定标准：DG/TJ 08—804—2005[S]. 上海：同济大学出版社，2005.

[16] 辽宁省基本建设委员会. 砖石结构设计规范：GBJ 3—73[S]. 北京：中国建筑工业出版社，1973.

[17] 中华人民共和国住房和城乡建设部. 建筑结构荷载规范：GB 50009—2012[S]. 北京：中国建筑工业出版社，2012.

[18] 中华人民共和国住房和城乡建设部. 工程结构可靠性设计统一标准：GB 50153—2008[S]. 北京：中国建筑工业出版社，2008.

[19] MBE-1 The manual for bridge evaluation[S]. American Association of State Highway and Transportation Officials，2018.

# 某图书馆（媒体中心）钢结构工程施工仿真分析及监测技术研究

吴　东　　张元植　　魏明宇　　贾　斌

四川省建筑科学研究院有限公司　成都　610081

**摘　要**：本文以某图书馆（媒体中心）主体钢结构施工项目为背景，对施工期间关键钢杆件应力水平及变形情况进行了监测，对结构主体竣工后的自振基频进行了动力测试。采用 MDIAS Gen 软件对该结构大跨度钢桁架胎架拆除前后进行了施工过程分析，并对该结构主体进行了自振模态分析。分析结果表明，有限元计算结果与监测结果吻合较好，通过监测技术与仿真分析技术在该工程中的实际应用为类似项目实践提供参考。

**关键词**：施工仿真分析；大跨度钢结构；结构健康监测技术

近年来，随着大型公共建筑、商业综合体及地标性建筑的兴建，针对大跨度、大悬挑空间结构建筑施工过程健康监测技术的应用越来越广泛，通过对施工过程结构响应如应变、变形等的监测，获得其真实受力状态。与设计阶段相比，数值计算方法在土木工程施工过程中起到很重要的作用，在施工过程中，整个结构体系为逐阶段建立的过程，未形成完整结构之前，建筑实际受力与施工图设计阶段计算模型相差巨大。因此在大跨度钢结构施工过程中往往都会有数值计算的影子。将结构健康监测与针对施工过程的仿真分析结合，能够有效地保证施工安全和实现达到设计预定状态的目的。针对大型钢结构施工过程健康监测，众多研究者进行了工程实践与理论研究，形成了较成熟的技术应用方法[1-5]。本文基于前人的研究开展针对某图书馆（媒体中心）钢结构工程施工仿真分析及监测技术研究。

成都某图书馆（媒体中心）为包含图书馆、档案馆及融媒体中心的综合功能的公共建筑。该建筑地上五层，局部两层，一层地下室。地下层高 6m，地上层高有 4.2m、4.4m、5.4m，建筑大屋面高度为 23.950m。呈不规则四边形，边长尺寸为 69.6～92.6m，中庭开洞。该建筑地面以上主要采用钢框架 – 支撑结构，地面以上三～屋面层间通过设置 34.5～43.6m 大跨度桁架并设置 11.9～14.8m 长悬挑桁架来实现建筑需求。考虑到该建筑特点，在对该建筑地上钢结构进行施工时，通过设置支撑胎架来实现。为了保证大跨度钢结构顺利卸载，对该结构进行了施工过程监测，监测指标主要为结构应力与结构变形。除施工过程监测外，还对竣工后该结构主体进行了动力测试，该建筑现状照片如图 1 所示。

（a）施工阶段照片　　　　　　　　　　　　　　　　（b）竣工后照片

图 1　某图书馆照片

作者简介：吴东（1980—　　　），男，高级工程师，主要从事建筑结构检测鉴定加固设计及管理工作。

## 1 施工过程监测技术

（1）监测参数及设备

采用振弦式应变传感器进行关键构件应力监测，安装方法为焊接，如图 2 所示。对结构变形的监测采用宾得 R322NX 全自动电子全站仪进行监测。对主体结构的加速度动力测试采用东华测试 2D001 型磁电式速度传感器，其主要性能参数如图 3 所示。采用东华 DH5908 动态信号测试无线采集模块组成测试分析系统进行加速度 / 速度监测。

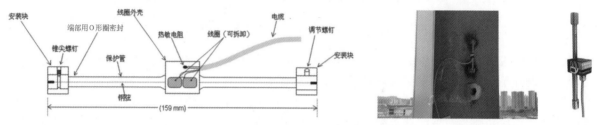

图 2 振弦式传感器及现场布设照片

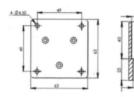

| 档位 | 0 | 1 | 2 | 3 |
|---|---|---|---|---|
| 参量 | 加速度 | 小速度 | 中速度 | 大速度 |
| 技术指标 | | | | |
| 灵敏度 (V·s/m) | 0.3 | 20 | 5 | 0.3 |
| 量程 | 20m·s⁻² | 0.125m·s⁻¹ | 0.3m·s⁻¹ | 0.6m·s⁻¹ |

图 3 加速度传感器及参数

（2）测点布置

在服役阶段，经过长时间的日晒雨淋，结构材料老化、地基不均匀沉降等因素会造成结构在刚度、强度等结构性能方面的退化，这些都可以在结构的实际受力状态中体现，且结构的应力－应变是了解结构形态和受力情况最直接的途径。因此，在服役阶段对结构关键部位的应力－应变进行检测，以获得反映结构当前实际状态的数据信息，以理论、分析相结合，在宏观上把握结构的变化趋势，使结构处于安全控制状态，保证结构的安全运行。针对本项目，应力测点布设原则为：①结构受力较大部位；②结构关键位置；③结构杆件应力比较大部位；④卸荷前后结构应力（内力）变换较大部位。根据上述原则，应力测点具体布设在第三层至屋面层大跨度钢桁架、大悬挑钢桁架上及第四层至屋面层钢吊柱上，具体布置如图 4、图 5 所示。因受现场条件限制，仅通过布设 2 个加速度测点来确定结构第一阶自振频率，未对结构实际振型进行测试。针对竣工后主体结构的动力测试测点主要布设在结构悬挑层两对角位置楼面上，如图 6 所示。

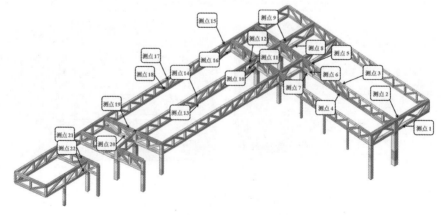

图 4 大跨度钢桁架上设置应力传感器

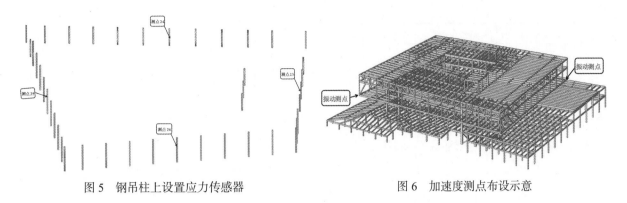

图 5　钢吊柱上设置应力传感器　　　　　　　　　图 6　加速度测点布设示意

（3）监测数据分析

以应力测点数据为例，对监测数据进行分析，如图 7 所示，部分测点在施工过程中遭到破坏导致在监测后期无数据。通过分析监测数据，可以看到监测期间，所监测杆件应力水平基本处于正常波动范围。图 8 为监测期间结构所在环境温度随监测日期的变化。

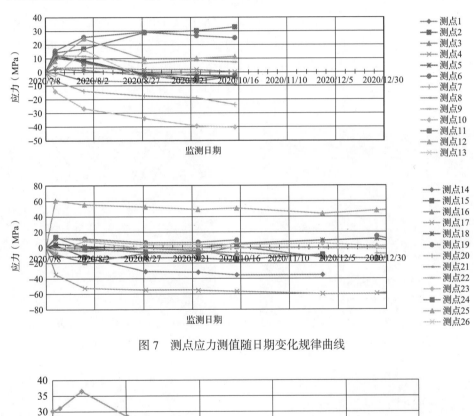

图 7　测点应力测值随日期变化规律曲线

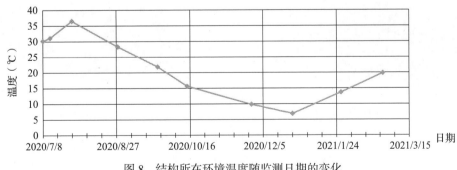

图 8　结构所在环境温度随监测日期的变化

在主体结构竣工后及装修工程完工后分别对工程主体结构进行动力测试，经分析，主体结构竣工后及装修工程完工后实测，在未人工激励情况下结构第一阶自振频率分别为 2.44Hz 和 1.95Hz。两侧实测基频存在差异的原因在于装修工程完成后，楼板地面找平层及面层的铺设及其他装修荷载增加了结构自重引起自振基频的降低。两次动力测试结构频域曲线结果如图 9 所示。

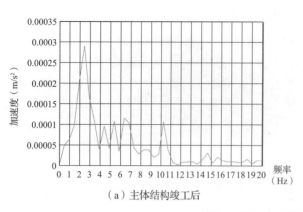
（a）主体结构竣工后

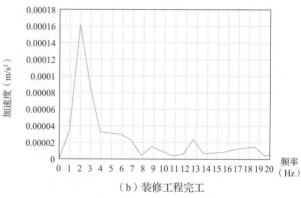
（b）装修工程完工

图9 两次动力测试结构频域曲线结果

## 2 施工仿真模拟

（1）胎架卸载施工过程分析

针对 2020 年 7 月 8 日至 2020 年 7 月 13 日胎架拆除前后施工过程（胎架拆除前后现场照片如图10、图11 所示）进行模拟分析，采用 MIDAS Gen 软件进行施工过程分析。建立胎架拆除前后的计算模型如图12、图13 所示。图14 为拆除胎架前后应力监测结果与施工模拟计算结果对比。图15 为拆除胎架前后变形监测结果与施工模拟计算结果对比。可以看到，拆除胎架前后的施工模拟能够比较好地预测结构内力（应力）发展趋势及变形趋势。计算结果与实测结果基本吻合。

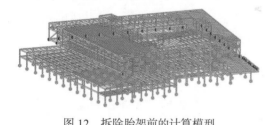
图10 胎架拆除前照片

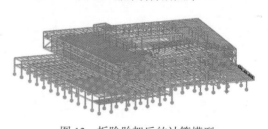
图11 胎架拆除后照片

图12 拆除胎架前的计算模型

图13 拆除胎架后的计算模型

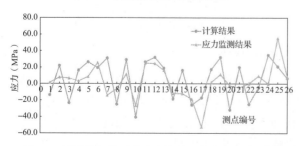
图14 拆除胎架前后应力计算结果与实测结果对比

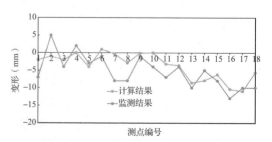
图15 拆除胎架前后变形计算结果与实测结果对比

（2）结构模态分析

对该主体结构进行自振模态分析，本文计算时考虑该房屋结构的自重荷载及装修恒荷载，计算前三阶自振模态如图 16 所示。经计算，本文所采取模型计算第一阶自振频率为 1.67Hz。计算结果与第二次动力测试实测结果基本吻合，与第一次动力测试实测结果有一定差距。主要原因在于，装修未完工前该结构仅承担结构层自重荷载及部分装修抹灰层荷载，与考虑装修后的结构计算模型相比，其自重偏低，导致其实测结构第一阶自振频率较计算结果略高。

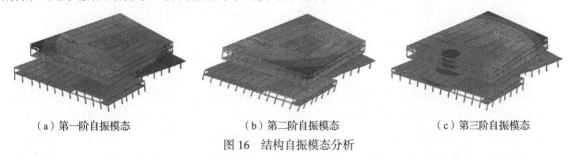

（a）第一阶自振模态　　　　　　（b）第二阶自振模态　　　　　　（c）第三阶自振模态

图 16　结构自振模态分析

## 3　结论

结合施工过程分析开展针对大跨度及大悬挑空间钢结构施工过程的结构健康监测，对保证施工过程安全及结构安全具有重要的意义。本文对某图书馆（媒体中心）主体钢结构施工期间关键钢杆件应力监测及动力测试进行了简要介绍，采用 MDIAS Gen 软件对该结构大跨度钢桁架胎架拆除前后进行了施工过程分析，并对该主体钢结构进行了自振模态分析。结果表明，拆除胎架前后的施工模拟能够比较好地预测结构内力（应力）发展趋势及变形趋势。计算结果与实测结果基本吻合，表明实际施工过程受力状态与预测结果没有明显偏差。本文研究表明通过将施工过程分析与施工过程结构健康监测相结合，能够较好地保证施工过程安全并达到实现设计预定状态的目的。

### 参考文献

[1] 崔晓强，郭彦林，叶可明. 大跨度钢结构施工过程的结构分析方法研究 [J]. 工程力学，2006，23（5）：83-88.

[2] 王祎，罗晓群，谢步瀛. 大型钢结构施工全过程数值分析的三维可视化 [J]. 同济大学学报（自然科学版），2006（12）：1602-1605，1636.

[3] 张慎伟，楼昕，张其林. 钢结构施工过程跟踪监测技术与工程实例分析 [J]. 施工技术，2008，37（3）：62-64.

[4] 罗尧治，王小波，杨鹏程，等. 某钢结构廊桥施工吊装过程监测 [J]. 施工技术，2010，39（2）：10-13.

[5] 多忠，魏德敏. 大跨度钢结构分步施工模拟方法 [J]. 华南理工大学学报（自然科学版），2010，38（9）：123-126.

# 全铰连接低层装配式钢框架结构抗震性能
# 试验研究

贾　斌[1,2]　吴　体[1]　王元清[2]　魏明宇[1]

1. 四川省建筑科学研究院有限公司　成都　610081
2. 清华大学土木工程系　北京　100084

**摘　要：** 低层装配式钢结构在办公、住宅建筑中具有广阔应用前景，体系组成及连接构造对其抗震性能有重要影响。对一种采用全铰连接的装配式钢框架结构体系进行了子结构拟静力试验，基于试验数据对试件承载力、失效模式、耗能能力以及刚度特征等关键参数进行了分析。结果表明：铰接框架支撑体系的梁柱构件主要承受竖向荷载，抗侧刚度完全由支撑体系提供；各试件破坏模式均以支撑体系失效为最终破坏模式，梁柱构件及节点基本完好；弱连接形式下的不同围护体系对结构抗侧刚度及耗能能力有显著影响；结构体系主要以抗侧刚度与弹性变形抵抗地震作用，而非结构延性性能。

**关键词：** 钢框架；铰接节点；抗震性能；试验研究；结构设计

全装配式钢框架结构体系采用标准化设计、工厂化生产、工地装配化施工，具有抗震性能好、施工速度快、低碳绿色环保等优点[1]。全装配式钢结构属于国家大力支持的钢结构创新技术，符合我国建筑产业现代化的发展要求。钢框架结构可分为刚接的框架体系和铰接的框架支撑体系，前者梁柱及柱脚节点均为刚接，后者则包含支撑节点在内均为铰接[2]。采用螺栓连接方式的铰接框架支撑体系因其在运输安装方面的便捷性，在经济欠发达地区具备一定应用推广条件。

康巴藏区是传统地理概念上中国三大藏区之一，该地区存在大量使用木材建造的低层"崩科"民居建筑。近年来，随着人口规模的扩大以及城市建设的需要，传统"崩科"建筑对于木材资源的需求越来越大，已经逐渐涉及生态保护问题[3]。在对当地典型民居调查测绘基础上，提出可替代的低层装配式钢结构体系方案，对当地生态环境保护具有积极意义。

本文提出一种传力体系明确、连接构造简单的铰接框架支撑体系，整个体系由梁构件、柱构件（柱顶集成节点）及支撑构件通过普通螺栓连接形成整体，模块化的构件规格组合可满足大多数户型的结构布置需求。选取体系中关键子结构进行拟静力试验，通过对各项力学性能指标的分析，研究其抗震性能并为工程应用提供必要依据。

## 1　工程背景

我国在钢结构设计、制作、施工、安装领域已经达到世界一流水平，但在低层建筑特别是村镇建筑中，钢结构推广仍较为缓慢[4]。相比国外超过50%的钢结构农村建筑，国内在技术成熟度和群众接受程度上仍较为落后。以本文低层装配式钢结构体系藏房为载体，提出满足现行规范要求、符合民族生活习惯的钢结构体系，以解决村镇地区钢结构建筑体系中的经济性和实用性问题。

基于实地调研情况，设计了多种低层住宅户型方案。以其中比较有代表性的两层住宅方案为例，该方案建筑面积为195m²，梁柱间距约3.3m，结构层高3.3m。图1为建筑效果及结构布置。该结构体系设计思路为：梁柱、柱脚及支撑节点均为螺栓铰接，梁柱构件承受竖向荷载引起的内力，而风荷载及地震作用等水平作用均由支撑体系承担；整个结构体系以竖向构件承受轴力、水平构件承受弯矩为主的高效传力体系。

图2为本文铰接框架支撑体系各关键构件、节点构造组成情况，所有节点均为普通螺栓铰接连接。经拆分后梁柱单元长度在3m左右，因结构体系传力路径清晰，构件材料利用率高，结构体系用钢量约为32kg/m²。梁柱单元质量不超过50kg，支撑单元质量约为120kg，现场施工安装可不依赖大

型机械设备。

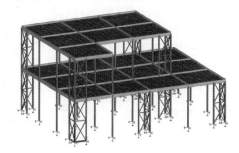

图 1    建筑效果及结构布置

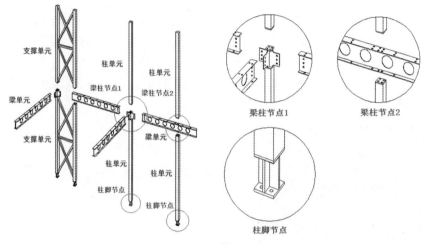

图 2    结构体系组成

## 2    拟静力试验概况

### 2.1    试件设计与制作

传统无支撑框架结构抗侧性能主要取决于梁柱构件及其连接形式，而本文铰接框架支撑体系的抗震性能则主要依靠支撑体系以及围护墙体。为了对本文结构体系抗侧刚度、变形及耗能能力以及节点可靠性进行试验验证和定量分析，选取主体结构中一榀独立子结构单元进行试验研究，子结构单元具体几何尺寸如图 3 所示。型钢构件均由 Q235B 制作，采用 4.8 级 M16 普通螺栓连接形成整体结构，在此基础上配合不同围护墙体系，共设计六种试件。试件具体参数见表 1，依据支撑不同分为刚性支撑体系和柔性支撑体系，依据围护墙体不同分为带 ECP 挂板墙体（板材尺寸 2700mm×600mm×60mm）和外嵌石砌墙体（石墙采用角码及拉接筋与框架连接，两者不共面）。

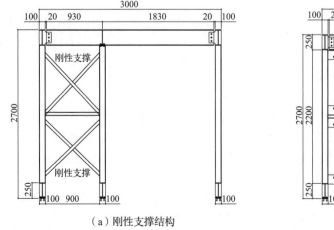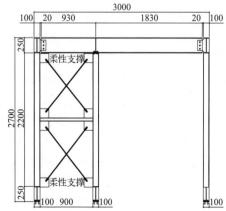

（a）刚性支撑结构                        （b）柔性支撑结构

图 3    子结构单元试件

表 1    试件参数

| 试件编号 | 柱截面规格（mm） | 梁截面规格（mm） | 支撑形式（mm） | 围护体系 |
|---|---|---|---|---|
| FW-1 | □ 100×100×6 | H250×125×6×9 | □ 50×50×2 矩管 | — |
| FW-2 | □ 100×100×6 | H250×125×6×9 | □ 50×50×2 矩管 | 外挂 ECP 挂板 |
| FW-3 | □ 100×100×6 | H250×125×6×9 | □ 50×50×2 矩管 | 外嵌石砌体 |
| FW-4 | □ 100×100×6 | H250×125×6×9 | φ 12 圆钢 | — |
| FW-5 | □ 100×100×6 | H250×125×6×9 | φ 12 圆钢 | 外挂 ECP 挂板 |
| FW-6 | □ 100×100×6 | H250×125×6×9 | φ 12 圆钢 | 外嵌石砌体 |

## 2.2　试验装置及加载制度

试验装置主要由 MTS 电液伺服程控试验机、反力架及反力墙系统、荷载分配梁、地梁及反力地坪组成，具体如图 4 所示。于顶部反力架上设置千斤顶施加竖向荷载，水平往复荷载由连接于反力墙上的水平作动器施加，并于框架平面外设置两道三角形反力架用以约束平面外变形。在试件左侧中部及顶部分别布置 2 个位移计，监测试件水平向位移。试验开始时，首先在顶端施加 20kN 的竖向荷载，通过 20a 工字钢分配梁均布于试件梁顶面以模拟楼板荷载。

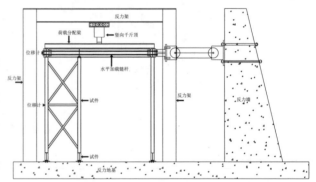

图 4　试验加载装置

试验参考 JGJ 101—2015[5] 及 ATC-24[6] 中的加载制度，根据层间位移角大小控制加载速率，图 5 为具体加载制度。当层间位移角 $\theta \leqslant 0.2\%$ 时，位移增量为 0.04%；当层间位移角 $\theta > 0.2\%$ 时，位移增量为 0.2%；当层间位移角 $\theta \geqslant 2.0\%$ 时，位移增量设为 0.6%，直至试件破坏。

## 3　试验现象及结果分析

### 3.1　刚性支撑试件试验现象

FW-1 为无围护体系的刚性支撑试件，拟静力试验现象为：层间位移角为 0.4% 时，试件发出显著钢材摩擦声响；层间位移角为 0.8% 时，下部斜支撑交叉拼接处发生 8mm 左右凹陷；层间位移角达到 1.0% 时，下部斜支撑与钢柱节点处发生断裂；继续加载至 1.8% 层间位移角时，下部斜支撑在靠近右侧节点处发生屈曲；层间位移角为 2.0% 时，正右下斜支撑与钢柱中部连接处发生断裂，同时上部斜支撑交叉拼接处发生凹陷；层间位移角达到 2.6% 时，上部斜支撑与钢柱连接焊缝发生断裂，试件基本失去抗侧刚度。试件 FW-1 典型破坏模式如图 6（a）所示。

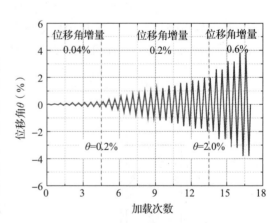

图 5　拟静力加载制度

FW-2 为设置五块 60mm 厚 ECP 外挂墙板的刚性支撑试件，墙板从左往右依次编号为 1～5 号，采用点挂形式与主体钢结构连接，墙板间无连接。拟静力试验现象为：层间位移角加载至 0.4% 时，型钢构件间摩擦声音十分明显；加载至层间位移角 0.6% 时，1 号板右下方与螺栓连接位置出现竖向裂缝，5 号板左上方及 4 号板右上方端角处发生破坏；加载到层间位移角 0.8% 时，1 号板左下方与螺栓连接处出现裂缝；层间位移角达到 1.0% 时，2 号板右上角出现竖向裂缝，4 号板右下方与螺栓连接的地方出现裂缝；层间位移角为 1.2% 时，上部斜支撑左上方与中柱连接处屈曲，上部斜支撑交叉拼接处屈曲；层间位移角为 1.4% 时，1 号板右下部出现横向裂缝，上部斜支撑左上方与中柱连接处断裂；层间位移角为 1.6% 时，1 号板下部的裂缝继续发展，层间位移角为 1.8% 时，上部斜支撑交叉拼接处矩形钢管焊缝断裂，下部斜支撑交叉节点处外凸，4 号和 5 号板上部接触的地方挤压破坏；加载到层间位移角 2.0% 时，下部斜支撑交叉拼接处钢管焊缝断裂，1 号板裂缝继续发展，此时荷载下降到极限荷载的 85% 以下。试件 FW-2 典型破坏模式如图 6（b）所示。

FW-3 为外嵌 380mm 厚黄泥砌筑毛石围护墙柔性支撑试件，沿钢柱 1/4h 和 1/2h 高度处设置角码及两根间距为 $\phi$6 拉接筋，毛石墙体依靠钢结构外表面砌筑。拟静力试验现象为：层间位移角为 0.4% 时，上部斜支撑交叉拼接处有较为明显的屈曲，加载到 0.6% 时，下部斜支撑交叉拼接处出现屈曲；加载到层间位移角 1.0% 时，毛石墙体顶部砂浆找平层开裂；层间位移角为 1.2% 时，上下斜支撑交叉拼接处屈曲明显，下部斜支撑交叉拼接处及与钢柱连接焊缝发生断裂，同时石砌体墙左侧部分有外闪趋势；层间位移角为 1.4% 时，石墙左侧中间位置出现斜向裂缝，下部斜支撑交叉拼接处及与钢柱连接处焊缝完全撕裂；当加载至层间位移角 1.6% 时，左侧石墙中部毛石块逐渐外凸，墙体出现了一条 1m 左右竖向裂缝，上斜支撑交叉拼接处及与钢柱连接处发生撕裂；继续加载至层间位移角 2.0% 时，左侧石墙体发生局部垮塌，加载停止。试件 FW-3 的典型破坏模式如图 6（c）所示。

下部斜撑拼接处焊缝断裂

上部斜撑拼接处屈曲

下部斜撑端部焊缝断裂

（a）FW-1 试件破坏现象

墙板编号顺序

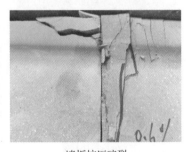
墙板挤压碎裂

支撑端部断裂

（b）FW-2 试件破坏现象

左侧石墙局部垮塌

上部斜撑拼接处撕裂

下部斜撑拼接处焊缝断裂

（c）FW-3 试件破坏现象

图 6　刚性支撑试件试验现象

### 3.2　柔性支撑试件试验现象

FW-4 为无围护体系的柔性支撑试件，拟静力试验现象为：柔性拉杆替代刚性支撑后，结构体系抗侧刚度降低，变形能力加大，对比刚性支撑试件，初期相同层间位移角下未出现明显破坏特征；层间位移角达到 2.0% 时，中部横向支撑发生明显屈曲，达到 2.6% 层间位移角时，节点板连接处柔性拉杆发生了明显的弯曲；层间位移角达到 5.0% 时，水平作动器反向达到限位值，后面加载时负向位移值均为 5.0%；当正向加载到层间位移值角 5.6% 时，水平荷载下降到峰值荷载的 85%。试件 FW-4 典型破坏模式如图 7（a）所示。

FW-5 为设置五块 60mm 厚 ECP 外挂墙板的柔性支撑试件，墙板从左往右依次编号为 1 ～ 5 号，采用点挂形式与主体钢结构连接，墙板间无连接。拟静力试验现象为：层间位移角加载至 0.8% 时，4 号板左上部位开裂，加载至 1.0% 时，4 号板裂缝进一步扩展，层间位移达到 1.2% 时，4 号板右上部位开裂；当加载至 2.0% 时，与中柱连接处的横向支撑矩形钢管屈曲，当达到 2.6% 层间位移角时，上部斜支撑与中柱连接处节点板焊缝开裂；层间位移角达到 3.2% 时，3 号板右上部位开裂，横向支撑与节点板连接处屈曲，随着加载进行，3 号板和 4 号板破坏逐渐发展；层间位移角达到 4.4% 时，5 号板底部连接位置发生破坏，3 号板与 4 号板顶部接触位置挤压碎裂；层间位移达到 5.0% 时，4 号板顶部破坏严重导致脱落，横向支撑端部严重屈曲并发生撕裂，加载停止。试件 FW-4 典型破坏模式如图 7（b）所示。

横向支撑屈曲　　　　　　　　　　拉杆端部弯曲　　　　　　　　　　试验结束支撑变形

（a）FW-4试件破坏现象

横向支撑屈曲撕裂　　　　　　　　墙板挤压碎裂　　　　　　　　　　试验结束支撑变形

（b）FW-5试件破坏现象

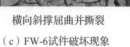

左侧石墙局部垮塌　　　　　　　横向斜撑屈曲并撕裂　　　　　　　上部斜撑变形情况

（c）FW-6试件破坏现象

图 7　柔性支撑试验现象

FW-6 为外嵌 380mm 厚黄泥砌筑毛石围护墙柔性支撑试件，沿钢柱 1/4$h$ 和 1/2$h$ 高度处设置角码及两根间距为 $\phi$ 6 拉结筋，毛石墙体依靠钢结构外表面砌筑。拟静力试验现象为：层间位移为 0.6% 时，柔性斜支撑受压屈曲明显，同时石墙上砌筑泥浆少量脱落；层间位移角为 1.8% 的时候，下部斜支撑与中柱节点板焊缝开裂，同时石砌体墙局部开裂，2.0% 层间位移角时，中柱节点板处横向支撑出现轻微屈曲及裂缝；继续加载至 2.6% 时，上部柔性斜支撑受压出现显著屈曲现象；加载至 3.2% 时，横向支撑两端严重屈曲，节点板处支撑裂缝进一步扩展；层间位移角为 3.8% 时，石砌体墙左侧有局部外闪趋势；层间位移角达到 4.4% 时，石砌体墙有石块脱落，左侧上部产生较大的裂缝且伴随石块的脱落；层间位移角达到 5.0% 时，左侧石砌体上部出现大面积垮塌，水平荷载值下降到峰值荷载 85% 以下。试件 FW-6 典型破坏模式如图 7（c）所示。

### 3.3　滞回曲线及骨架曲线

由滞回曲线及骨架曲线可以了解结构构件的变形能力、耗能性能、刚度退化特征等抗震性能，六组试件的滞回曲线如图 8 所示。

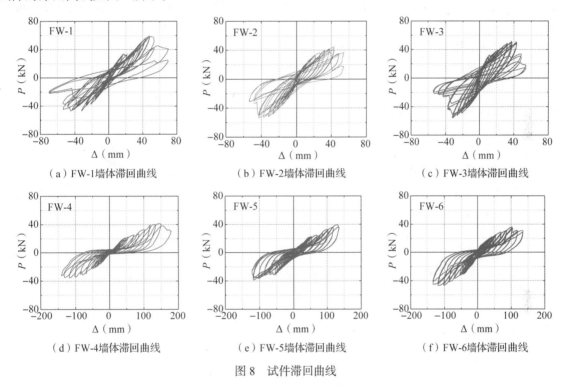

图 8　试件滞回曲线

（1）在加载前期，六组试件未产生构件屈曲、ECP 墙板或者毛石墙体开裂等现象，试件刚度没有明显变化，荷载和位移基本保持线性关系，试件处于弹性工作阶段。

（2）当层间位移角超过 1/250 后，各试件滞回曲线出现捏拢现象，FW-1 ～ FW-3 三组刚性支撑试件的滞回曲线相较 FW-4 ～ FW-6 三组柔性支撑试件更加饱满。刚性支撑试件抗侧刚度更大，依靠矩管支撑拉压屈服耗散部分输入能量。

（3）设置 ECP 外挂墙板和外嵌石砌墙体后，试件滞回曲线相对纯框架结构更加饱满，结构抗侧刚度也有一定程度提高。围护体系与主体结构之间即便采用较弱的连接方式，但诸如 ECP 板材间的接触挤压、毛石墙体与主体框架间的接触摩擦等也会对主体结构抗震性能产生显著影响。

（4）刚性支撑试件 FW-1 ～ FW-3 的滞回曲线在加载后期呈现明显锯齿状，原因是该阶段试件出现了构件屈曲、焊缝断裂等强非线性现象；柔性支撑试件 FW-4 ～ FW-6 的滞回曲线则较为平滑，其非线性行为主要表现为横向矩管支撑及柔性拉杆受压屈曲，相对而言并不剧烈。

（5）当水平荷载卸载到零时，柔性支撑试件相对刚性支撑试件具有较小的残余变形，其原因是柔性支撑试件抗侧刚度较小，钢筋受压屈曲变形后，受拉阶段具备一定的恢复能力。

对比图 9 所示六组试件的骨架曲线可知：

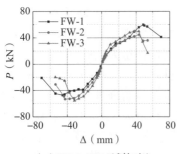
（a）FW-1~FW-3试件对比

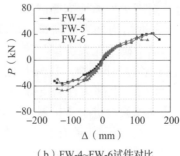
（b）FW-4~FW-6试件对比

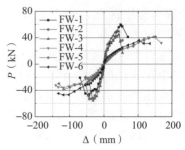
（c）FW-1~FW-6试件对比

图 9　试件骨架曲线

（1）试件骨架曲线可分为 3 个阶段。线性增长阶段：该阶段位移较小，各试件尚未出现明显屈曲、断裂现象，试件基本处于弹性工作状态。变形硬化阶段：由于钢材变形硬化特征，主体梁柱损伤不明显，主要以支撑屈服为主，试件抗侧刚度缓慢降低，当达到峰值荷载时支撑出现显著屈曲或连接焊缝断裂，水平荷载不再增加。承载力退化阶段：这一阶段支撑体系因严重屈曲和大量连接焊缝断裂导致骨架曲线迅速下降。

（2）加载初期试件 FW-1 ～ FW-3 的骨架曲线以及 FW-4 ～ FW-6 的骨架曲线均较为重合，说明荷载较小时，主体结构与围护体系的变形相对独立，弹性阶段围护体系对主体结构的刚度贡献不大。

（3）加载中后期，试件 FW-2 和 FW-3 的抗侧刚度相较于 FW-1 有比较明显的提高，同时 FW-5 和 FW-6 的抗侧刚度也相较于 FW-4 有明显提高，表明加载中后期子结构变形较大时，围护体系对框架结构抗侧刚度有显著贡献。

根据图 10 所示原理方法[5]确定各试件的屈服荷载、极限荷载及对应变形值。刚性支撑试件 FW-1 ～ FW3 骨架曲线均具有下降段，整理得到各试件的荷载特征值，详细结果见表 2。六个试件的正向屈服位移均大于负向屈服位移，试件 FW-2 和 FW-3 的屈服位移比较接近，均小于试件 FW-1 屈服位移。试件 FW-4 ～ FW-6 的屈服位移则大于刚性支撑试件，但屈服荷载和极限荷载则相对较小。

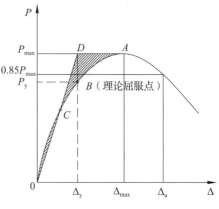

图 10　骨架曲线特征点

表 2　荷载特征值

| 试件 | 方向 | $\Delta_y$ (mm) | $P_y$ (kN) | $\Delta_{max}$ (mm) | $P_{max}$ (kN) | $\Delta_u$ (mm) | $P_u$ (kN) |
|---|---|---|---|---|---|---|---|
| FW1 | PD | 40.48 | 52.78 | 48.55 | 59.88 | 59.86 | 50.90 |
| | ND | −29.64 | −39.37 | −45.39 | −47.28 | −56.93 | −40.19 |
| FW2 | PD | 29.54 | 37.01 | 42.87 | 44.91 | 46.89 | 38.17 |
| | ND | −24.98 | −46.06 | −42.83 | −53.41 | −45.90 | −45.40 |
| FW3 | PD | 30.93 | 46.70 | 37.80 | 49.95 | 48.36 | 32.13 |
| | ND | −20.60 | −48.22 | −31.72 | −55.56 | −35.90 | −47.22 |
| FW4 | PD | 113.00 | 37.47 | 146.3 | 41.35 | 160.72 | 35.15 |
| | ND | −83.00 | −30.84 | −118.10 | −35.92 | — | −30.53 |
| FW5 | PD | 114.64 | 35.62 | 150.54 | 41.49 | — | — |
| | ND | −74.80 | −31.32 | −118.92 | −38.74 | — | — |
| FW6 | PD | 75.91 | 29.77 | 102.15 | 36.14 | 122.4 | 30.72 |
| | ND | −73.50 | −38.04 | −118.1 | −46.97 | −125.78 | 39.72 |

注：试件 FW-4、FW-5 滞回曲线未出现下降段，故未给出其极限荷载和位移。

## 4　抗震性能分析

### 4.1　刚度退化特性

采用环线刚度描述各试件的刚度退化情况，分别对正向和反向的刚度退化进行了分析。环线刚度表达式如下：

$$K_j = \sum_{j=1}^{n} P_j^i \Big/ \sum_{i=1}^{n} u_j^i \tag{1}$$

式中，$P_j^i$ 为第 $j$ 级加载时，第 $i$（$i=1$，2，…）次循环的最大荷载值；$u_j^i$ 为第 $j$ 级加载时，第 $i$（$i=1$，2，…）次循环最大荷载对应的变形值；$n$ 为循环次数。

通过对 FW-1 ～ FW6 六组试件滞回曲线数据的分析，得到图 11 所示的各试件环线刚度 $K_j$ 退化曲线。刚度退化曲线反映出：试件 FW-1 的初始刚度范围为 3.08 ～ 3.56kN/mm；试件 FW-2 的初始刚度范围为 3.56 ～ 3.61kN/mm；试件 FW-3 的初始刚度为 5.18 ～ 5.54kN/mm；试件 FW-4 的初始刚度为 0.75 ～ 0.937kN/mm；试件 FW-5 的初始刚度为 1.54 ～ 2.29kN/mm；试件 FW-6 的初始刚度为 2.44 ～ 3.33kN/mm；外嵌石砌体的初期刚度贡献大于外挂 ECP 板。刚性支撑试件的刚度退化相对较快，柔性支撑试件后期刚度退化趋于平缓，六组试件刚度退化曲线连续性较好。

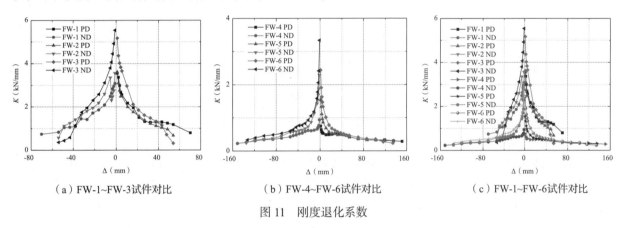

（a）FW-1~FW-3试件对比　　　　（b）FW-4~FW-6试件对比　　　　（c）FW-1~FW-6试件对比

图 11　刚度退化系数

### 4.2　构件耗能能力

通常采用耗能比、功比指数以及等效黏滞阻尼系数等指标量化评价结构耗能能力，参考《建筑抗震试验规程》（JGJ/T 101—2015）中的建议，取六组试件各级加载第一次循环的滞回曲线面积，分析等效黏滞阻尼系数 $\zeta_{eq}$ 和耗能曲线两个主要参数。

相对柔性支撑试件，刚性支撑试件在加载前期耗能较多，但因支撑体系损伤严重，后期结构延性逐渐丧失。柔性支撑试件变形能力较大，加载后期结构构件逐渐屈服，耗能能力在后期得以体现。等效黏滞阻尼系数 $\zeta_{eq}$ 反映出，无论刚性支撑试件还是柔性支撑试件，围护墙体参与结构耗能导致等效黏滞阻尼比均有较大程度提高，纯框架等效黏滞阻尼系数 $\zeta_{eq}$ 约为 4%。围护体系在柔性支撑试件中的刚度贡献更大，参与耗能也更加明显，其等效黏滞阻尼系数 $\zeta_{eq}$ 为 6% ～ 7%（图 12）。

### 4.3　延性系数特征

通常利用延性系数来评估构件承载力下降前的变形能力。延性系数可分为曲率延性系数、位移延性系数以及转角延性系数[7]。此处采用位移延性系数和转角延性系数来分析本文各试件延性特征。位移延性系数 $\mu$ 定义为柱顶位置试件的极限位移 $\Delta_u$ 和屈服位移 $\Delta_y$ 的比值，转角延性系数 $\mu_\theta$ 定义为极限位移角 $\theta_u$ 和屈服位移角 $\theta_y$ 之比值，表达式分别如下：

$$\mu = \frac{\Delta_u}{\Delta_y} \tag{2}$$

$$\mu_\theta = \frac{\theta_u}{\theta_y} \tag{3}$$

式中，$\theta_u = \arctan(\Delta_u/h)$，$\theta_y = \arctan(\Delta_y/h)$。

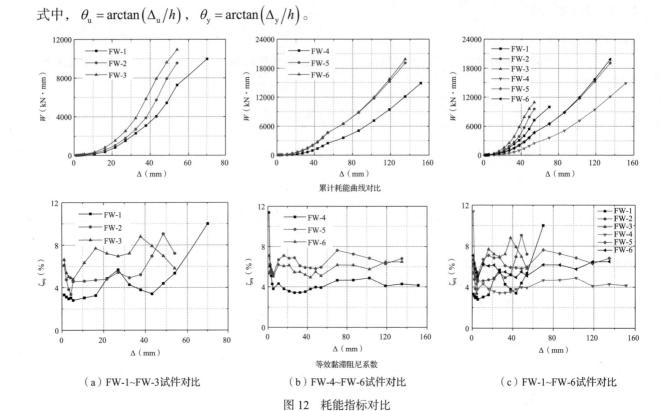

（a）FW-1~FW-3试件对比　　　　　（b）FW-4~FW-6试件对比　　　　　（c）FW-1~FW-6试件对比

图12　耗能指标对比

表3为基于六组试件骨架曲线求得的位移延性系数 $\mu$ 和转角延性系数 $\mu_\theta$。本文两种支撑体系试件的结构构件设置方式以及节点连接方式决定了主要耗能构件为支撑体系，试验结果也显示了子结构中支撑体系破坏最严重，梁柱构件损伤较轻，支撑失效后，结构体系水平承载力即迅速降低。各试件延性系数基本在1.4～1.9之间，表明子结构体系耗能机制较为单一，结构体系主要依靠抗侧刚度及弹性变形能力抵抗地震作用，而非进入塑性状态后的结构延性。

表3　延性系数

| 编号 | 方向 | $\Delta_y$ (mm) | $\Delta_u$ (mm) | $\theta_y$ (mrad) | $\theta_u$ (mrad) | $\mu$ 或 $\mu_\theta$ |
|---|---|---|---|---|---|---|
| FW-1 | PD | 40.5 | 59.9 | 15.0 | 22.2 | 1.5 |
| | ND | −29.6 | −56.9 | 11.0 | 21.1 | 1.9 |
| FW-2 | PD | 29.5 | 46.9 | 11.0 | 17.4 | 1.6 |
| | ND | −25.0 | −45.9 | 9.3 | 17.0 | 1.8 |
| FW-3 | PD | 30.9 | 48.4 | 11.5 | 17.9 | 1.6 |
| | ND | −20.6 | −35.9 | 7.6 | 13.3 | 1.7 |
| FW-4 | PD | 113.0 | 160.7 | 41.9 | 59.5 | 1.4 |
| | ND | −83.0 | — | 30.7 | — | — |
| FW-5 | PD | 114.6 | — | 42.5 | — | — |
| | ND | −74.8 | | 27.7 | | |
| FW-6 | PD | 75.9 | 122.4 | 28.1 | 45.3 | 1.6 |
| | ND | −73.5 | −125.8 | 27.2 | 46.6 | 1.7 |

注：试件FW-4、FW-5滞回曲线未出现下降段，故未给出其极限位移。

## 5　结论

（1）各试件均表现为支撑体系失效破坏，主体梁柱构件基本完好，刚性支撑破坏以屈曲、屈服、撕裂等特征为主，柔性支撑则以屈曲、屈服及节点失效为主。

（2）本文结构体系节点连接均为铰接，试件耗能主要依靠支撑、围护墙体等抗侧力构件，因此滞回曲线相对并不饱满，尤其柔性支撑体系在加载前期以存储弹性应变能为主。

（3）六组试件层间位移角达到 1/250 时处于弹性工作状态，FW-1 ～ FW-3 刚性支撑试件在 1/60 层间位移角时承载力没有显著降低，FW-4 ～ FW-6 柔性支撑试件达到 1/30 层间位移角时仍具有较大承载力。加载后期，柔性支撑试件与刚性支撑试件水平承载力基本一致。

（4）围护体系对试件抗侧刚度有显著贡献。外挂 ECP 板 FW-2 试件的初始刚度范围为 3.56 ～ 3.61kN/mm，外嵌石砌体墙 FW-3 试件初始刚度为 5.18 ～ 5.54kN/mm，分别为刚性支撑纯框架试件 FW-1 的 1.2 倍和 1.7 倍。外挂 ECP 板 FW-5 试件的初始刚度范围为 1.54 ～ 2.29kN/mm，外嵌石砌体墙 FW-6 试件初始刚度为 2.44 ～ 3.33kN/mm，分别为柔性支撑纯框架试件 FW-4 的 2.0 倍和 3.3 倍。

（5）无围护体系的纯框架等效黏滞阻尼系数 $\zeta_{eq}$ 约为 4%，结构加载后期，围护体系逐渐参与耗能，整体结构等效黏滞阻尼系数 $\zeta_{eq}$ 达到 6% ～ 8%。

（6）简化梁柱节点构造是本文结构体系特点，低周反复荷载下，本文铰接框架支撑体系的延性系数为 1.4 ～ 1.9，表现出非延性破坏特征。

## 参考文献

[1] 修龙，赵林，丁建华. 建筑产业现代化之思与行 [J]. 建筑结构，2014，44（13）：1-4.

[2] 杨国华. 多层柱支撑铰接钢框架抗震性能研究 [D]. 天津：天津大学，2005：1-10.

[3] 黄珊，刘北贤，周元. 道孚"崩科"结构更新改造工程经济社会效益分析 [J]. 价值工程，2019，25（13）：74-75.

[4] 贾斌，丁娟，丁泽宇，等. 钢板攻丝高强螺栓连接钢框架节点力学性能试验研究 [J]. 建筑钢结构进展，2021，23（1）：48-58.

[5] 中华人民共和国住房和城乡建设部. 建筑抗震试验规程：JGJ/T 101—2015[S]. 北京：中国建筑工业出版社，2015.

[6] ATC-24 Guidelines for cyclic seismic testing of components of steel structures. Redwood City（CA）：Applied Technology Council，1992.

[7] 邱灿星. 带复合墙板钢框架的滞回性能研究 [D]. 济南：山东大学，2011.

# 预应力混凝土梁的预应力损失监测试验

兰春光[1,2]　王金博[2]　王心刚[2]　卫启星[1]　王泽强[1]　郭　楠[2]

1. 北京市建筑工程研究院有限责任公司　北京　100039
2. 东北林业大学　哈尔滨　150040

**摘　要：** 在提出切实可行的全尺度预应力损失监测方法并研制了新型光纤传感器的基础上，采用对比分析方法，将新型光纤传感器和传统预应力损失监测用传感器同时布设于同条件下（包括几何尺寸、材料性质、施工条件等）的两个预应力混凝土梁内，考察新型传感器工作状态的同时，获得了静载作用下各损伤状态时预应力混凝土梁的预应力损失演变规律。结果表明：在无损伤状态和初裂卸荷状态下受荷预应力混凝土梁的预应力损失变化规律与非受荷梁相同；而在裂缝达到限值后卸荷状态下受荷梁预应力损失随时间的增长而增大，裂缝达限值状态的预应力总损失占静置状态下预应力损失的36.4%。

**关键词：** 光纤光栅；光纤传感技术；智能钢绞线；预应力损失；预应力混凝土梁

预应力混凝土结构由钢筋混凝土结构演变而来，为解决二战后重建所需钢材短缺的问题，预应力混凝土技术首先在欧洲各国得到广泛的应用，而后在世界范围内迅速发展起来[1-2]。梁式预应力混凝土结构构件是预应力混凝土结构众多结构形式中应用最为广泛的一种。尤其在桥梁工程中应用最为广泛，从 20 世纪末以来世界各国所建桥梁中采用预应力混凝土结构的超过了 70%[3-4]。预应力损失的定义为在预应力混凝土结构构件长期服役期内，预应力结构的关键受力构件——预应力筋的张拉应力从构件施工到服役结束全寿命过程中将不断降低的现象[5-6]。预应力损失的产生不可避免地使预应力混凝土结构产生结构构件的抗力衰减，降低结构正常使用功能和抵抗自然灾害的能力，甚至引发灾难性后果。工程界已经达成共识：预应力混凝土工程结构服役末期，因超载、材料性能退化、恶劣服役环境等因素引起的长期预应力损失将导致裂缝扩大，进而加剧水侵蚀、腐蚀恶化，预应力结构的抗力严重退化。20 世纪末我国兴建的近万座小型预应力梁式桥，出现大范围的裂缝扩大问题，因无法把握钢筋或钢绞线的预应力状态，导致其安全评估、承载力核算失去依据，已经成为制约工程界的一大难题[7-13]。因此，针对预应力混凝土梁在承受静载作用后产生不同程度的损伤的预应力损失演化规律进行分析具有重大意义。

本文针对预应力混凝土结构损伤状态下预应力损失监测的需要，综合考虑光纤布里渊传感技术和光纤光栅传感技术特点，提出以光纤布里渊传感技术为主，光纤光栅传感技术为合理补充的预应力损失监测方法，并研制了满足工程实际应用的智能钢绞线。在此基础上，将新型光纤智能钢绞线和传统预应力损失监测用传感器同时布设到两根同条件预应力混凝土梁内，获得预应力混凝土梁承受静载作用后不同损伤状态的预应力损失演化规律，并与未受荷载的梁进行对比分析，为预应力混凝土梁的设计方法与安全评定提供数据支撑。

## 1　基于光纤传感技术的预应力损失监测方法

根据预应力损失的产生机理可知预应力损失是时变量，同时又与空间位置密切相关。为了获取预应力损失时间和空间的分布信息，选择以分布式光纤布里渊传感技术（BOTDA）为主，准分布式光纤光栅（FBG）阵列为合理补充（修正光纤布里渊传感技术的边界效应和低采样频率等问题）的方法准确获取全分布式预应力混凝土结构中预应力钢筋的预应力损失状态（图 1）。

考虑到光纤布里渊应变传感特性和光纤 Bragg 光栅

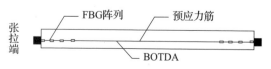

图 1　全尺度预应力损失监测方法示意图

应变传感器的特点，通过光纤传感器测试得到的钢绞线有效应力值分别为：

$$\sigma = \frac{E_{IC}}{k_{\varepsilon}}\Delta v \tag{1}$$

$$\sigma = \frac{E_{IC}}{\alpha_{\varepsilon}}\Delta\lambda_{B} \tag{2}$$

式中，$\Delta\lambda_{B}$ 为光纤 Bragg 光栅中心波长变化值，nm；$\alpha_{\varepsilon}$ 为光纤光栅轴向应变与中心波长变化关系的灵敏度系数，nm；$\Delta v_{B}$ 为光纤发生应变前后布里渊散射光频率的漂移量，Hz；$k_{\varepsilon}$ 为光纤轴向应变与光频率漂移量变化关系的灵敏度系数，Hz。

## 2　光纤智能钢绞线简介

### 2.1　基本原理

根据预应力混凝土结构预应力损失监测需要，设计制作增强纤维光纤布里渊和光纤光栅智能复合筋，然后用智能复合筋替代常规 7 丝智能钢绞线的中芯丝（图 2），组装成新型智能钢绞线。为保证智能复合筋与普通钢绞线外丝协同变形，在智能复合筋表面包裹一层或几层高延性金属薄片（0.02mm 的铜箔），通过增加智能复合筋直径的方法增加智能复合筋与普通钢绞线外丝的层间摩擦力。借助钢绞线受力状态下的端部锚固和扭转效应，智能复合筋会被自然握裹，达到协同变形的效果[14]。

### 2.2　标定试验

为验证智能钢绞线中光纤光栅传感器的传感性能，特做如下标定试验。试验对象为长 3m 的智能钢绞线；试验加载设备为千斤顶和反力架；光纤光栅传感器解调仪为美国 MOI 公司的 Si720；加荷方式为逐级加载，以 20kN 为一个级别，加载到 200kN 后，以同样的级数卸载至无力状态，重复 5 个循环。试验装置和试验结果如图 3 和图 4 所示。标定试验结果表明：智能钢绞线可以采用传统的预应力筋张拉和锚固工具；其测试结果的线性度和重复性均较好，线性拟和系数 $n$=99.993%。

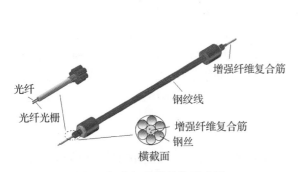

图 2　智能钢绞线结构示意图　　　　　图 3　智能钢绞线中光纤光栅传感器标定装置照片

为验证智能钢绞线中光纤布里渊传感器的应变感知特性，特做如下标定试验：试验对象与光纤光栅传感器标定试验同为 3m 长智能钢绞线，加载装置为 100kN 手动油压千斤顶和自制卧式拉伸装置；试验荷载最大值为 30kN，试验过程中将总荷载值分 9 级施加；光纤布里渊频移解调仪为瑞士 OMNI 公司生产的 DiTeSt 光纤布里渊分析仪（BOTDA），其最小空间分辨率为 10cm，应变测试精度为 20με，标距为 50mm 引伸计布设在智能钢绞线的中间位置，试验装置如图 5 所示。图 6 为光纤布里渊传感器测得钢绞线的应变空间分布图，图 7 为引伸计测试应变与光纤传感器对应位置的 BOTDA 测试应变对比图。由图 6 可知，智能钢绞线测试范围为图 6 中 1～4m 的范围内，剔除受到测试方法端部效应影响的 0.5m 范围，智能钢绞线获得的各点应变相等，这与理论结果相吻合。再由图 7 可知，智能钢绞线中光纤布里渊传感器测试的应变与引伸计测试数据相吻合，误差小于 2%。

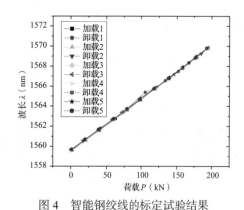

图 4 智能钢绞线的标定试验结果

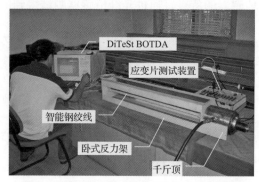

图 5 光纤布里渊智能钢绞线应变感知试验

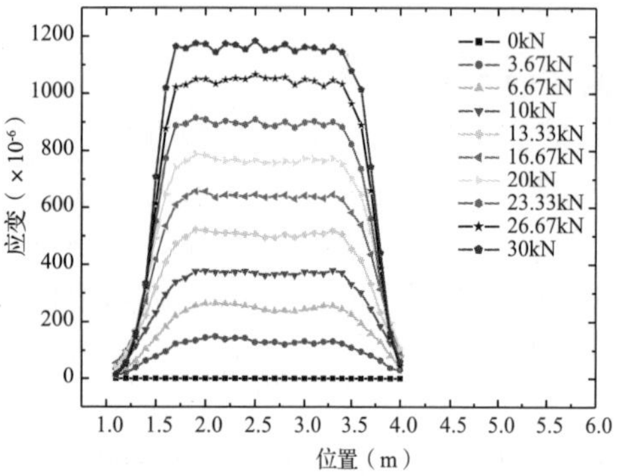

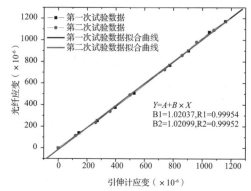

图 6 智能钢绞线获取沿线应变分布规律图

图 7 引伸计与同位置智能钢绞线测试应变对比图

## 3 预应力混凝土梁损伤状态预应力损失监测试验

### 3.1 试验概况

（1）试验梁设计

为满足对比分析的需要，本试验样本为两根相同条件（材料、几何、施工条件等）的预应力混凝土梁；梁截面尺寸为 100mm×200mm，跨度为 3m；预留直径为 30mm 的直线孔道；预应力筋配置单根智能钢绞线，公称直径为 15.12mm，强度标准值为 1660MPa；混凝土为 C40；非预应力钢筋采用 HRB335 级，在试验梁的受拉区和受压区分别布置 2Φ10；箍筋为 Φ6@200。预应力混凝土梁配筋示意图如图 8 所示。由于试验梁截面尺寸较小，无成品波纹管可直接使用，本试验梁采用直径为 30mm 的 PVC 管成孔。张拉端和锚固端预埋钢垫板和螺旋筋以承受局部压力，钢垫板厚 10mm，螺旋筋直径 4mm，内径为 50mm，5 匝。

（2）传感器系统

为达到考察损伤状态下预应力混凝土梁预应力损失的演化规律的目的，本试验所选传感器系统主要为新型智能钢绞线和传统压力传感器。其中智能钢绞线含通长光纤布里渊光纤和双光纤光栅（分别位于梁端和跨中）共线传感器，压力传感器为电阻应变式压力传感器，布设于预应力混凝土梁锚具和锚垫板之间。传感器系统布置示意图如图 9 所示。

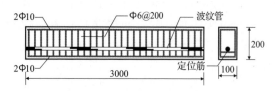

图 8 预应力混凝土梁配筋示意图（单位：mm）

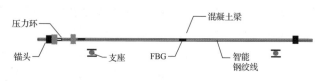

图 9 试验传感器系统布置示意图

（3）加载形式

①预应力施加

预应力钢筋采用单端张拉。张拉设备为标准单孔顶锚预应力张拉机，张拉控制应力约为

$\sigma_{con}=0.7f_{ptk}$（智能钢绞线的 $f_{ptk}$ 为 1660MPa），最大张拉荷载约为 160kN。张拉力分五级加载，进程为：$0 \rightarrow$ 拉直（约 6kN）$\rightarrow 20\%\sigma_{con} \rightarrow 50\%\sigma_{con} \rightarrow 80\%\sigma_{con} \rightarrow 100\%\sigma_{con} \rightarrow$ 放张锚固。

②静载施加过程

选择两根试验梁中的一根施加静荷载，加载位置为梁跨中左右各 500mm 位置，加载方式为 10t 油压千斤顶通过反力架和分配梁施加，荷载控制为安装于反力架和千斤顶之间的电阻应变式压力传感器。为了剔除由于试验梁移动导致的预应力损失，加载试验梁在试验架上进行张拉后不再移动。试验装置如图 10 所示。预应力混凝土梁施工结束 20d 后施加设计试验荷载，荷载施加历程为：分级施加荷载，前期以 3kN 为一级，当达到 9kN 以后减小为 1.5kN 每级直至预应力混凝土梁出现第一条裂缝后卸荷，持续这一状态约 10d；然后再以 3kN 为一级，施加荷载至预应力混凝土梁最大裂缝宽度达 0.2mm 后卸荷，持续这一状态 10d。

（4）试验数据采集

预应力施工过程中选择每级控制荷载、放张锚固及其后适当时间点（时间点选择原则：随着时间的推移前期密集后期疏松），同时采集受荷梁和非受荷梁内所有传感器（包括智能钢绞线中光纤光栅传感器、光纤传感器、电阻应变式压力传感器等）测试数据。其中光纤光栅传感器中心波长通过美国 MOI 公司生产的 Si720 解调仪采集，光纤布里渊传感器的光波频移值通过瑞士 OMNI 有限公司生产的 DiTeSt 系列布里渊应变分析仪（BOTDA）采集，电阻应变式压力环采用东华仪器仪表厂生产的静态应变仪记录。

## 3.2　试验结果与分析

（1）预应力施加阶段

图 11 为施工阶段智能钢绞线中光纤光栅传感器测试结果。图中非受荷梁和受荷梁分别代表后续试验中不施加和施加静载的预应力混凝土梁。由图可知，光纤光栅传感器中心波长值随荷载的增大线性增加，且两根梁内光纤光栅传感器具有相近的灵敏度系数，从而说明采用两根梁进行对比考察不同损伤工况状态下预应力钢筋应力状态是基本可行的。

图 10　试验装置

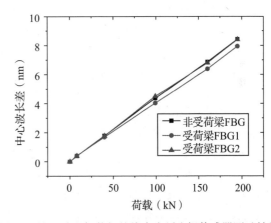

图 11　施工阶段智能钢绞线中光纤光栅传感器测试结果

同样地，为了考察智能钢绞线内光纤布里渊传感器的工作状况，采用施工阶段光纤布里渊传感器测试数据，绘制其随荷载变化规律，如图 12 所示。试验过程中，为了节省光纤布里渊传感器解调仪通道数量和节约测试时间，充分发挥光纤布里渊传感技术分布式测量优势，试验数据采集过程中将受荷梁和非受荷梁内光纤传感器串联后同时采集。由图 12（a）和图 12（c）可以清晰分辨出受荷梁智能钢绞线测试区间（图中 $x$ 轴 5 ～ 8m 范围）和非受荷梁智能钢绞线的测试区间（图中 $x$ 轴 13 ～ 16m 范围）。图 12（b）和图 12（d）分别为非受荷梁跨中点（$A$ 点——测试区域 6m 处）和受荷梁跨中点（$B$ 点——测试区域 15m 处）位置光纤布里渊测试得到的钢绞线应变随荷载变化图。从图上可知，光纤布里渊传感器测试的施工过程中钢绞线的应变随着荷载增大而线性增加。受荷梁和非受荷梁中光纤布里渊传感器的测试灵敏度系数比较接近，其值分别为 40.6με/kN 和 37.6με/kN，从而进一步说明采用两根预应力混凝土梁内光纤布里渊传感器对比测试方法研究不同损伤工况下预应力钢筋应力状态是可行的。

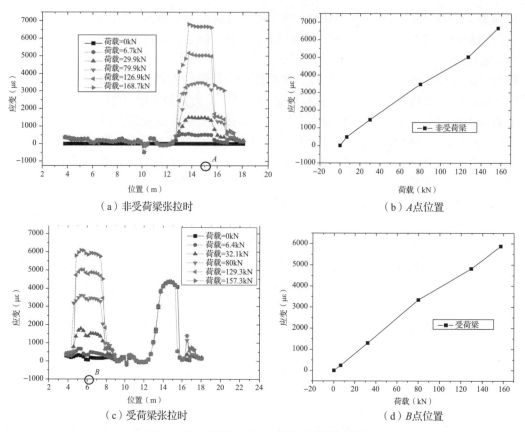

（a）非受荷梁张拉时　　　　　　　　　　（b）A点位置

（c）受荷梁张拉时　　　　　　　　　　（d）B点位置

图 12　施工阶段光纤布里渊传感器测试数据

**（2）无损伤状态阶段**

为了考察智能钢绞线内光纤光栅传感器测试的有效性，获得无损伤状态下预应力损失的演化规律，采用光纤光栅传感器测试数据与传统预应力损失监测用电阻应变式压力传感器测试结果进行对比，如图 13 所示。由图可知，电阻应变式压力传感器测试的预应力损失的演化规律与光纤光栅传感器测试结果相吻合。预应力混凝土梁在无损伤状态下的预应力损失随着时间的增长而增加，前 2d 变化幅度大，之后变化逐渐减少，约 20d 时试验预应力混凝土梁的预应力损失约为 36MPa。

**（3）预应力混凝土梁初裂后卸荷阶段**

为了考察预应力混凝土梁初裂状态下预应力损失情况，在受荷梁初裂卸载至无荷后，采用智能钢绞线获取受荷梁和非受荷梁的预应力损失演化规律，绘于图 14 内。由图可知，两根梁的预应力损失演化规律曲线近似为水平，从而说明静载作用下的初裂损伤对预应力损失无影响。究其原因，混凝土初裂阶段，混凝土梁上的混凝土仅出现轻微损坏（一条或两条可见裂缝），卸荷后裂缝全部封闭，其对预应力筋应力几乎没有影响。因此，初裂卸荷状态导致的预应力钢筋预应力损失值可忽略。

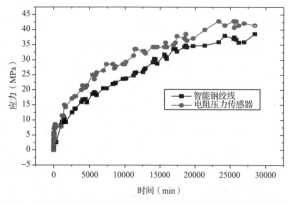

图 13　基于智能钢绞线和压力传感器测试的预应力损失

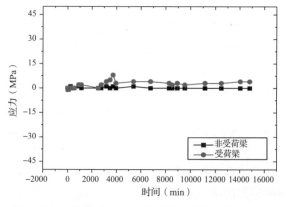

图 14　初裂卸荷状态下预应力损失变化规律对比图

（4）预应力混凝土梁裂缝达到限值后

完成初裂卸荷阶段的长期预应力损失采集后，对受荷梁继续按照加载历程中规定的荷载级别逐步施加。随着外荷载的不断增加，预应力混凝土受荷梁的裂缝逐渐出现并在纯弯段更加密集，在加载至 50kN 时，预应力混凝土梁体下边缘最大裂缝宽度达到 0.2mm。试验梁裂缝分布和宽度测量如图 15 所示。将受荷梁荷载卸至无荷后，采用智能钢绞线中的光纤传感器和光纤光栅传感器获取受荷梁和非受荷梁的预应力损失演化规律。

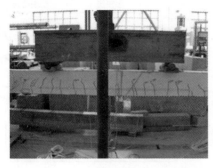

（a）裂缝分布　　　　　　　　　　　（b）裂缝测量

图 15　预应力混凝土裂缝分布与测量

图 16 为采用智能钢绞线内光纤布里渊测试数据，以时间和位置为轴绘制的三维应力云图。由图可知，预应力钢筋预应力损失沿梁长方向分布是不均匀的，图上 6m 位置和 7m 位置截面的预应力损失值较大，其他位置相对较小。考察预应力梁加载方案和光纤布里渊传感器布置可知，图上 6m 位置和 7m 位置分别是四点弯曲的两个加载点位置，而由试验现象记录可知预应力混凝土梁在这两点位置的裂缝较多且较宽，从而说明梁截面预应力钢筋预应力损失与预应力混凝土梁上裂缝分布相关，即裂缝越密集的区域预应力钢筋预应力损失越大。

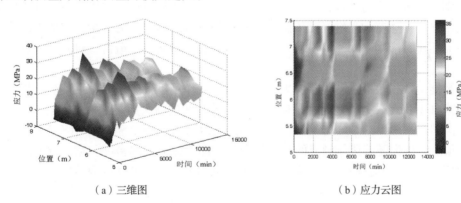

（a）三维图　　　　　　　　　　　　（b）应力云图

图 16　光纤布里渊传感器测试得预应力损失值

图 17 为裂缝达限值后卸荷状态下受荷梁和非受荷梁光纤光栅传感器测试所得预应力损失的演化规律。由图可知，预应力混凝土梁达到裂缝限值并卸载后，随着时间的持续增长，非受荷梁预应力损失基本保持不变，相应的受荷梁预应力损失则有明显的增大，其最终损失值约为 12MPa，占无损状态下预应力损失的 33.3%，说明裂缝达限值状态对预应力混凝土梁的预应力钢筋应力值是有明显的减弱作用的。究其原因是预应力混凝土梁达到裂缝限值时梁上裂缝较多，且宽度较大，部分位置混凝土已有脱落现象，预应力混凝土梁上荷载卸掉后，在预应力的作用下，混凝土梁被挤紧，从而导致预应力钢筋平面的锚固长度缩短，进而导致部分预应力损失存在。

（5）静载受荷全过程预应力演化规律

为了更加直观地考察损伤状态对预应力混凝土梁预应力损失的影响，将受荷梁和非受荷梁在无损伤状态、初裂卸荷状态和裂缝达到限值卸荷状态下的光纤光栅传感器测试结果绘制在同一个图内，如图 18 所示。由图可知，非受荷梁预应力混凝土梁的预应力损失随着时间的增长逐渐增大，其中前期变化较快，而后逐渐趋于不变；与此同时，受荷预应力混凝土梁的预应力损失随着损伤状态的不同有着明显的变化，其中在无损伤状态和初裂卸荷状态预应力损失变化规律与非受荷梁相同；而在裂缝达到限值后卸荷状态下受荷梁预应力损失继续增加后再次保持一个稳定的数值。综上所述，不难发现预应力混凝土梁的预应力损失随着裂缝（损伤）的增大而增大，较大裂缝（损伤）导致的预应力损失是不可忽略的。

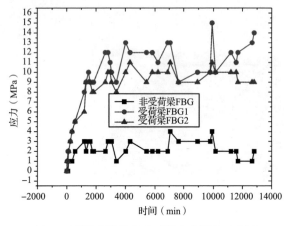

图 17　裂缝达限值状态下预应力损失对比图

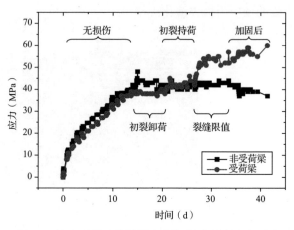

图 18　整个过程两种梁预应力损失测试结果对比图

## 4　结论

　　本文将智能钢绞线和传统预应力损失监测用传感器同时布设到两根同条件预应力混凝土梁内，通过仅对一根预应力混凝土梁施加静载，对比分析试验梁在施加静载至破坏的各阶段的预应力损失演化规律，得到如下结论：

　　（1）智能钢绞线可采用与普通钢绞线相同的布设工艺、张拉仪器、锚固设备，施工简单方便；通过智能钢绞线内光纤传感器和光纤光栅传感器能够准确获得结构梁受力各阶段预应力演化规律；与传统监测用传感器相比，准确率相当，但稳定性、成活率、测试频率、造价、对原结构影响程度均明显占优。

　　（2）采用智能钢绞线可准确获得预应力混凝土梁静载作用下各阶段的全尺度演化规律。各阶段预应力损失的表现如下：无外力作用时，预应力损失随着时间的增大而逐渐增大，前期（1~2d）速率较快，而后逐渐趋于平缓，约20d时，预应力长期损失值为36MPa；静载作用（初裂卸荷、裂缝达到限值）状态，预应力损失随着梁体裂缝的分布而变化，即梁体裂缝的密度和宽度越大预应力损失越显著，裂缝达限值这一阶段的预应力损失增达12MPa。从而说明，裂缝达到限值的结构损伤产生的预应力损失是不可忽略的。

### 参考文献

[1] 房贞政. 预应力结构理论与应用 [M]. 北京：中国建筑工业出版社，2005.

[2] 程东辉，薛志成. 预应力混凝土结构 [M]. 北京：中国计量出版社，2010.

[3] 宋玉普. 预应力混凝土桥梁结构 [M]. 大连：机械工业出版社，2007.

[4] AHLBORN T M, SHIELD C K. Full-scale testing of prestressed concrete bridge girders[J]. Experimental Techniques，1997，21（1）：33-35.

[5] 劳晓春，何庭蕙，汤立群，等. 基于应变测量的大跨度桥梁预应力损失的计算与分析 [J]. 实验力学，2006，21（6）：742-746.

[6] 中华人民共和国住房和城乡建设部. 混凝土结构设计规范：GB 50010—2011[S]. 北京：中国建筑工业出版社，2011.

[7] LIN Y B, CHANG K C, CHERN J C, et al. The health monitoring of a prestressed concrete beam by using fiber bragg grating sensors[J]. Smart Mater. Struct，2004，13：712-718.

[8] GAO J，SHI B，ZHANG W，et al. Monitoring the stress of the post-tensioning cable using fiber optic distributed strain sensor[J]. Meas. Confed. 2006，39：420-428.

[9] 邓年春，欧进萍，周智，等. 光纤光栅在预应力钢绞线应力监测中的应用 [J]. 哈尔滨工业大学学报，2007，39（10）：1550-1553.

[10] CHUN G L，ZHI Z，JIN P O. Full-scale prestress loss monitoring of damaged rc structure using distributed optical fiber sensing technology[J]. Journal of Sensors，2012，12（5）：5380-5394.

[11] 兰春光，周智，欧进萍. 内嵌钢丝 GFRP-FBG 智能复合筋的研制及其性能分析 [J]，沈阳建筑大学学报（自然科学版），2012：28（1）：72-78.

[12] 周智，何建平，吴源华，等. 土木结构的光纤光栅与布里渊共线测试技术 [J]. 土木工程学报，2010，43（3）：111-118.

[13] 兰春光，刘航，周智. 基于 BOTDA-FBG 智能钢绞线的预应力损失监测 [J]. 土木工程学报，2013，46（9）：55-61.

[14] 兰春光，王天昊，刘航，等. 光纤光栅缓黏结智能钢绞线的研制及应用 [J]，. 哈尔滨工业大学学报，2014，46（6）：682-686.

# 非均匀火灾温度场中钢筋混凝土结构性能分析

董振平[1,2] 刘 俊[1,2] 周佳丽[1,2] 范 力[1,2] 李 想[1] 王旭杰[1] 陈思雨[1]

1.西安建筑科大工程技术有限公司 西安 710055

2.西安建筑科技大学土木工程学院 西安 710055

**摘 要：** 发生火灾时因过火时间、最高温度和受火形式不同，混凝土构件表面酥松开裂深度、变形损伤程度差异较大。以六层混凝土框架主控楼电缆层发生火灾为例，通过对火灾后现场勘察确定过火时间；对火灾现场混凝土取样，采用 X 射线衍射、热重分析及扫描电镜推定火场不同区域温度；采用 Abaqus 有限元软件进行了火灾温度场下结构性能数值分析。在非均匀火灾温度场中，温度附加应力和材料性能劣化相耦合是导致混凝土结构丧失承载能力、发生突然垮塌的主要原因。

**关键词：** 非均匀火灾；X 衍射分析；热重分析；有限元分析；温度应力

随着工业化和城市化进程的加速，火灾已成为目前发生概率最大、损失最严重的自然和人为灾害。因具有良好的承载性能，且成本较低、施工便利，混凝土结构为既有和新建建筑中应用最广泛的结构形式。对火灾中温度场分布评估方法进行研究，分析火灾下钢筋混凝土结构的力学性能，具有较强的理论意义和工程应用价值。

目前，模拟火灾试验研究开展较多，材料性能劣化研究方面取得了部分成果。时旭东[1]进行了高温下钢筋混凝土框架的受力性能试验研究，认为高温导致结构发生内力重分布，使变形规律和破坏机制发生改变。吴波等[2]进行了高温后混凝土力学性能试验研究，提出了高温后混凝土材料计算模型。李俊华等[3]试验结果表明高温后混凝土梁式构件的承载能力有所下降，但延性有所提高。王广勇等[4]进行了高温作用后型钢混凝土柱力学性能试验，认为受火时间长、轴压比大的框架柱在降温阶段破坏严重。综上所述，已有研究成果多为梁柱构件层面，以温度场模拟火灾研究混凝土材料破坏特点，缺少实际火灾后分区域研究混凝土结构整体劣化的成果。

本文对某六层混凝土框架中间层发生严重火灾的区域进行现场调查，推定不同区域的过火时间、最高温度和受火特点，分区域建立火灾时混凝土结构的精细有限元分析模型，可为灾后的修复加固提供数据支撑。

## 1 工程概况

某钢铁公司 120t 转炉炼钢主控楼为地上 6 层混凝土框架结构，东西长为 101.370m，南北宽为 12.000m。过火的二层层高为 3.100mm，框架柱截面为 600mm×600mm，框架梁为 300mm×600mm、350mm×500mm、350mm×700mm 三种；次梁截面为 250mm×450mm、300mm×600mm、300mm×650mm 三种；楼（屋）面板厚度均为 120mm，梁板柱均采用 C30 混凝土。具体结构平面布置如图 1 所示。

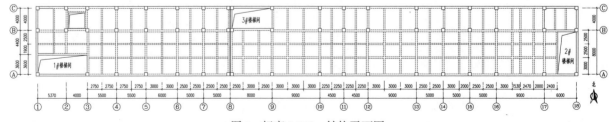

图 1 标高 9.560m 结构平面图

基金项目：国家自然科学基金面上项目（51808437）；教育部"创新团队发展计划"（IRT_17R84）；国家自然科学基金面上项目（52078413）。

第一作者：董振平，男，1970 年出生，博士，教授级高级工程师，E-mail：wolflj@126.com。

## 2　火灾现场情况

该主控楼二层为电缆设备层，电缆桥架立柱为型钢构件，桥架采用 PVC 材料，电缆为铜芯胶皮线，桥架较为均匀地分布于该层室内。因工艺要求，该层仅北侧设有窗户，楼梯间设于两端。

火灾首先发生在 5/B～C 轴间区域，然后顺电缆桥架漫布整个楼层。消防部门到场后，因场地受限，只能从两侧楼梯间开始灭火，两侧 3～5 轴间、16～17 轴间区域因靠近楼梯，过火时间约 1.5h，PVC 桥架变形、尚有残存；梁、柱构件表观基本完好，表面存在宽度 0.2mm 以下无规则裂缝，锤击回声发闷。

5～16 轴间因远离灭火通道，过火时间较长，其中 B～C 轴间区域靠近外窗，通风良好，可燃物燃烧充分、火势较大。灭火云车水枪对混凝土构件的冲击，造成框架柱呈现锥形，距板底 1.2m 范围内纵筋外露、混凝土剥落最深达 100mm，梁角部、板底部混凝土剥落，钢筋外露，如图 2 所示。A～B 轴间区域远离外窗，通风较差，且无法进行灭火，可燃物燃烧缓慢，过火时间超过 4h，该区域梁板下挠严重，构件表面约 50mm 材料粉化，丧失强度，锤击保护层易整体剥落，如图 3 所示。

（a）残存框架柱呈锥状　（b）梁角、板底混凝土剥落严重　　　（a）框架梁表面材料粉化　（b）梁下挠明显

图 2　过火时间较长、通风良好区域的构件现状　　　图 3　过火时间较长、封闭区域的构件现状

## 3　火场温度场推断

该主控楼为单面开窗建筑物，且开窗侧相邻建筑正在占地施工，消防部门仅能从两端灭火，虽可燃物均匀布置于室内，但燃烧起始时间、灭火时间和通风状况不尽相同，因此火场的过火时间和最高温度差别较大。参照《火灾后工程结构鉴定标准》（T/CECS 252—2019）推定方法[5]，采用火灾现场残余物熔点推定法和采样实验室的 X 衍射分析法、热重分析法及扫描电镜观察法综合推断过火温度。

### 3.1　残余物熔点推定法

现场检测发现过火层的 PVC 桥架、阻燃材料均已烧毁，C 轴多处铝合金外窗框发生融化，滴状物生成，铝材的熔点为 650℃，可推定室内最高过火温度高于该熔点，如图 4 所示。

### 3.2　采样试验分析

根据现场检测，初步将火场划分为若干区域，在不同区域采样，依次为：Z1 表征 5～16/B～C 轴间区域，Z2 表征 5～16/A～B 轴间区域、Z3 表征 3～5 轴间和 16～17 轴间区域。

#### 3.2.1　X 射线衍射法

X 射线衍射法是根据不同的衍射角度判定对应的物相，可根据比较特征峰值来定性分析混凝土中物象的特征[6]。对试样 Z1、Z2、Z3 进行 X 射线分析，射线图谱如图 5 所示。

　　　　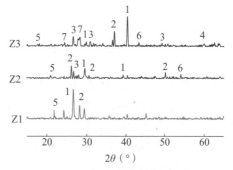

（a）铝合金窗框融化　（b）融化后铝合金窗框滴状物

图 4　过火时间较长、通风良好区域的构件现状

图 5　混凝土试样 XRD 图谱

1—方解石；2—云石；3—石英；4—二硫化硅；
5—磷酸铝；6—沸石；7—熟石灰

由图 6 可知，三种混凝土物相组成主要有方解石、云石、石英、二硫化硅、磷酸铝、沸石、熟石灰，其中熟石灰、云石是混凝土分解产物。根据化学方程式：

$$Ca(OH)_2 == CaO + H_2O \qquad (1)$$
$$CaCO_3 == CaO + CO_2 \qquad (2)$$

$Ca(OH)_2$ 在 480℃左右发生如式（1）所示分解，$CaCO_3$ 在 700℃左右发生如式（2）所示分解。试样 Z3 中含少量 7- 熟石灰和 2- 云石，说明 $Ca(OH)_2$ 发生部分分解，推定试样 Z3 经历的最高温度略超 480℃。试样 Z2 中含较多 2- 云石、无 7- 熟石灰、少量 1- 碳酸钙，说明完全发生第一步分解，并已开始发生第二步分解，推定试样 Z2 经历的最高温度接近 700℃。试样 Z1 中仅含少量 1- 碳酸钙和少量 2- 云石，说明 Z1 经历的最高温度大于 Z2，温度大于 700℃。

### 3.2.2 热重分析法

热重 - 差式热是通过微熵热重分析 DSC 曲线，确定各温度峰值相应的水化产物，再依据热重分析 TG 曲线进行定量分析，从而确定混凝土中水化产物的含量。对混凝土样块 Z1、Z2、Z3 进行热重试验，其 TG 与 DSC 结果如图 6 所示。

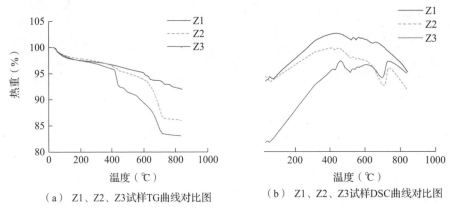

（a）Z1、Z2、Z3 试样 TG 曲线对比图　　（b）Z1、Z2、Z3 试样 DSC 曲线对比图

图 6　Z1、Z2、Z3 试样 TG 和 DSC 曲线对比图

$Ca(OH)_2$ 和 $CaCO_3$ 两种物质分解时均会吸收热量，可根据 DSC 线中吸热峰出现的位置进行定量分析，利用 $H_2O$ 和 $CO_2$ 质量损失可计算出混凝土中 $Ca(OH)_2$ 和 $CaCO_3$ 含量，进而推定不同试样所经历的最高温度区段。Z1、Z2、Z3 试样的 TG 与 DSC 曲线对比如图 7 所示。

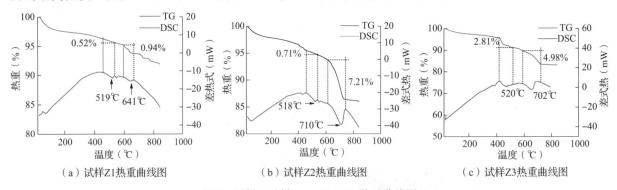

（a）试样 Z1 热重曲线图　　（b）试样 Z2 热重曲线图　　（c）试样 Z3 热重曲线图

图 7　混凝土试样 Z1、Z2、Z3 热重曲线图

根据热重曲线图，试样 Z1 的 $Ca(OH)_2$ 计算含量占初始含量 2.14%，$CaCO_3$ 占初始含量 2.14%；试样 Z2 的 $Ca(OH)_2$ 占初始含量 2.92%，$CaCO_3$ 占初始含量 16.39%；试样 Z3 的 $Ca(OH)_2$ 占初始含量 11.55%，$CaCO_3$ 占初始含量 11.32%。由 $Ca(OH)_2$ 和 $CaCO_3$ 含量比率可推出：Z1 经历的最高温度超过 700℃；Z2 经历温度略低于 Z1，在 500 ~ 700℃之间；Z3 过火温度最低，约在 500℃以下。

### 3.2.3 微观形貌分析结果

试样的 2500 ~ 10000 倍微观形貌如图 8 所示。试样 Z1，无板状 $CaCO_3$ 晶体，以松散的颗粒状 $CaCO_3$ 晶体居多，分布在孔隙之间；试样 Z2 同时存在板状晶体和颗粒状晶体；试样 Z3 仅存在板状晶体，无颗粒状晶体。密实度 Z3>Z2>Z1，密实程度能反映出火灾温度场在微观层面对混凝土结构的影响和损伤。

采用残余物熔点推定法、X 衍射分析法、热重分析法和电镜观察法，综合推断：试样 Z1 最高过火温度略超 700℃，试样 Z2 为 600℃ 左右，试样 Z3 低于 500℃。

## 4　非均匀温度场混凝土构件数值分析

### 4.1　温度场以及数值模型建立

分别选取试样 Z1、Z3 所在的（10-11）/（B-C）区域和（4-5）/（B-C）区域建立有限元模型，采用 Abaqus/Standard 软件中的热分析模块，如图 9 所示。模型长度 5100mm，宽度 4000mm，柱截面尺寸为 600mm×600mm，配筋 12Φ20；短边梁截面尺寸为 300mm×500mm，梁顶配筋 7Φ25，梁底配筋 5Φ25，中部腰筋为 4Φ12；长边梁截面尺寸为 300mm×500mm，受拉，梁顶和梁底配筋均为 5Φ25，中部腰筋为 4Φ12。网格划分尺寸为 0.4m，混凝土部分采用实体单元，钢筋部分采用桁架 T3D2 单元。

主要考虑三方面的荷载效应：（1）混凝土构件的自重；（2）沿柱高度方向的温度梯度分布；（3）沿板厚度方向和梁截面方向的温度梯度分布。模型基本假定如下：

（1）因过火时间较长，假定温度恒定，认为系统温度场为不随时间变化的稳态传热；

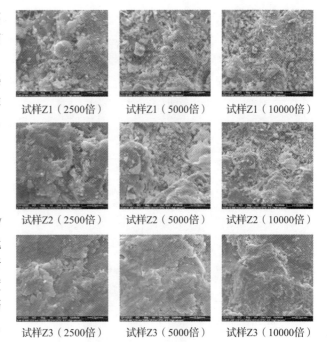

图 8　Z1、Z2、Z3 试样微观形貌

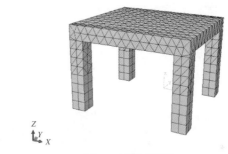

图 9　有限元模型

（2）混凝土为均质的各向同性材料，不考虑混凝土开裂、保护层脱落引起的材料性能变化，不考虑钢筋对温度场的影响[7]；

（3）不考虑火灾高温度场导致的混凝土密度降低，质量密度常值 $\rho_c$ 取 2400kg/m³。导热系数采用王燕华[8]给出的公式：

$$\lambda_c = 1.6 - 7.1 \times 10^{-4}T \tag{3}$$

比热容采用陆洲导[9]给出的公式：

$$\rho_C C_C = 840 + 0.53T \tag{4}$$

热膨胀系数采用吕彤光[10]给出的公式：

$$\alpha_c = 28(T-1000) \times 10^{-6}, \quad 20℃ < T < 1200℃ \tag{5}$$

试样 Z3 和 Z1 所在区域的温度场分布如图 10 所示。其中，柱子上半部分以及板底面、梁内侧温度设定 500℃ 和 700℃，柱子下半部分温度设定 100℃，梁外侧温度根据具体位置而定。

### 4.2　结构应力分析

由图 11（a）、（b）可知，当温度场最高温度为 500℃ 时，框架柱上半部分区域的钢筋屈服，混凝土膨胀开裂；梁板构件向上凸起，顶面钢筋屈服，梁端底部混凝土开裂，与现场 3～5 轴间区域的构件损伤情况相符合。当温度场最高温度为 700℃ 时，框架柱在梁底位置应力增大，变形严重，形成塑性铰；梁板向上凸起程度加重，梁端下部出现新的塑性铰，如图 11（c）、（d）所示，与现场 5～16/B～C 轴间区域，梁板底部混凝土大面积剥落，梁明显变形，柱截面呈锥形等实际情况符合。

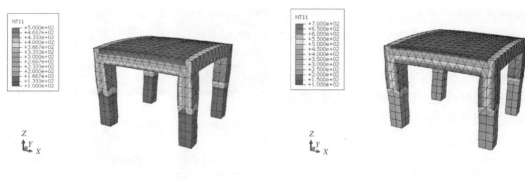

（a）试样Z3所在区域温度场云图　　　　　　　（b）试样Z1所在区域温度场云图

图 10　温度场云图

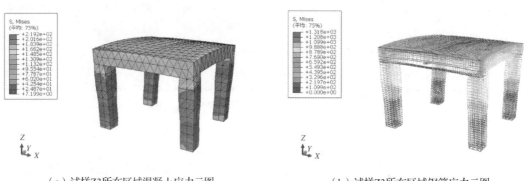

（a）试样Z3所在区域混凝土应力云图　　　　　　（b）试样Z3所在区域钢筋应力云图

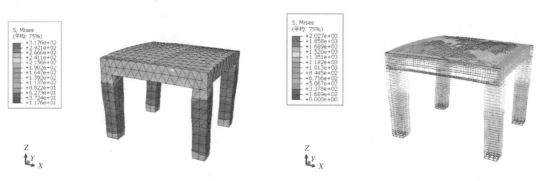

（c）试样Z1所在区域混凝土应力云图　　　　　　（d）试样Z1所在区域钢筋应力云图

图 11　应力云图

当过火时间超过 1.5h 时，混凝土对钢筋的隔热保护作用会急剧降低，混凝土开裂将加快热传导的速度，使得受力钢筋表面温度与外环境温度接近或相同。在 400～800℃温度场中，钢筋强度降至常温时的 10%～20%，钢筋力学性能退化，与温度场作用下框架柱与梁交接区域出现的塑性铰相耦合，会导致混凝土结构存在较大风险，尤其在底层发生火灾时，框架柱为高应力构件，更容易发生突然垮塌。

## 5　结语

（1）火灾中温度场多为非均匀分布，应根据结构特点、过火时间和通风条件等因素，对温度场进行精细化划分，按照不同区域分析火灾构件损伤。

（2）采用 Abaqus 有限元软件可较准确地模拟分析非线性、稳态热传导条件下不同温度场对混凝土构件的影响。

（3）过火时间较长的混凝土框架结构在温度场作用下，框架柱顶区域更易发生材料屈服、出现塑性铰，底层轴压比较大的构件易产生严重破坏，导致结构垮塌。

（4）X 射线衍射和热重分析相结合的方法，可较精准地确定结构经历的最高温度。

## 参考文献

[1] 时旭东，过镇海. 高温下钢筋混凝土框架的受力性能试验研究 [J]. 土木工程学报，2000（01）：36-45.

[2] 吴波，宿晓萍，李惠，等. 高温后约束高强混凝土力学性能的试验研究 [J]. 土木工程学报，2002（02）：26-32.

[3] 李俊华，唐跃峰，刘明哲，等. 火灾后型钢混凝土柱加固试验研究 [J]. 工程力学，2012，29（03）：177-183.

[4] 王广勇，张东明，郑蝉蝉，等. 考虑受火全过程高温作用后型钢混凝土柱力学性能研究及有限元分析 [J]. 建筑结构学报，2016，37（03）：44-50.

[5] 中冶建筑研究总院有限公司. 火灾后工程结构鉴定标准：T/CECS 252—2019[S]. 北京：中国建筑工业出版社.

[6] 刘俊，丁莎，刘西光，等. 高温梯度下高炉出铁场混凝土平台的开裂分析研究 [J]. 工业建筑，2019，49（06）：54-58.

[7] 邱源. 钢筋混凝土结构抗火性能的有限元分析与研究 [D]. 沈阳：辽宁工业大学，2016.

[8] 熊学玉，王燕华. 基于 Monte-Carlo 随机有限元的火灾可靠性研究：以混凝土简支梁为例 [J]. 自然灾害学报，2005（01）：150-156.

[9] 陆洲导，朱伯龙，周跃华. 钢筋混凝土简支梁对火灾反应的试验研究 [J]. 土木工程学报，1993（03）：47-54.

[10] 吕彤光，时旭东，过镇海. 高温下 I～V 级钢筋的强度和变形试验研究 [J]. 福州大学学报（自然科学版），1996（S1）：13-19.

# 第 3 篇
# 检测与鉴定

# 基于焊缝缺陷的超声波探伤检测技术分析

牛昌林　　胡海涛

甘肃建投科技研发有限公司　兰州　730050

**摘　要：**本文从超声波探伤检测技术的原理出发，以实际工程中的检测应用情况为支撑，分析总结影响超声波探伤检测结果的具体因素，列出的主要影响因素有探头参数、K 值的选择、工件处理程度、耦合剂选择、检测环境等，并提出对应的减小超声波探伤检测影响因素负面作用的措施建议。最后以一个工程实例说明焊缝超声波探伤检测的具体操作过程，以期对超声波探伤检测的理论研究与工程应用起到一定的参考作用。

**关键词：**无损检测；超声波探伤；焊缝；影响因素

　　超声检测技术属于无损检测的一种方法，适用于对金属、非金属和复合材料试件的缺陷进行精准定位，也称超声探伤。检测过程不会损害或影响被检测对象的使用性能和内部组织。除了超声检测，常见的无损检测技术还包括射线检测技术、磁粉检测技术及渗透检测技术等，上述检测技术都是以物理或化学方法为手段，借助现代化的技术和设备器材，将材料内部结构异常或缺陷引起的热、声、光、电、磁等反应的变化通过数据或图像显示出来，可以对试件内部及表面的结构、性质、状态及缺陷的类型、性质、数量、形状、位置、尺寸、分布及其变化进行检查和测试[1-2]，根据被检对象中是否存在缺陷或不均匀性，给出其缺陷大小、位置、性质和数量等信息。

## 1　超声检测原理及技术特点

### 1.1　超声检测原理

　　超声检测是利用超声波的反射和透射特性，进入材料时在界面边缘发生反射，通过仪器接收的回波信号，在不同的声程位置上形成构件的缺陷波幅变化曲线，对材料缺陷进行评定[3]。超声波在介质（如水、油等）中传播时，能将不同质界面上的缺陷反射回来，具有灵敏度高、周期短、成本低、灵活方便、效率高、对人体无害等诸多优点。超声检测技术可以对工件内部的焊缝、裂纹、夹杂、折叠、气孔、砂眼等多种缺陷进行快速、便捷、精确的检测、定位、评估和诊断，并且不会对构件的内部组织产生损伤，既可以用于实验室，也可以在工程现场使用。图 1 给出超声检测的原理图。

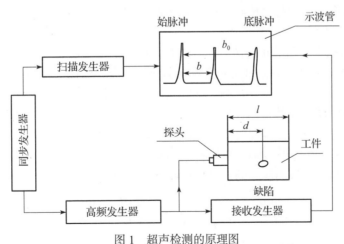

图 1　超声检测的原理图

作者简介：牛昌林，正高级工程师，甘肃建投科技研发有限公司总经理。主要从事装配式建筑、既有建筑改造、无损检测及高耸结构的施工技术研究。

焊接是现代钢结构的主要连接方法之一，采用焊接连接时，焊缝处产生的气孔、裂纹等缺陷会降低焊缝的连续性，破坏焊缝质量。超声检测技术被广泛应用于钢构件连接焊缝质量的检验工作。

### 1.2　技术特点

超声探伤所使用的超声波的频率为 0.4 ~ 25MHz，穿透力较强，探测深度可达数米；检测精度、灵敏度较高，可发现微小空隙的反射体；能准确确定内部微小反射体的体向、大小、形状，可快速得出缺陷监测结果，操作安全，设备轻便。

超声探伤技术也存在一些缺点，比如对缺陷的显示不直观，探伤技术难度较大，容易受到主、客观因素的影响。当遇到表面粗糙、形状不规则、体积较小、厚度较薄或材料内部组织不均匀的构件时，对缺陷进行较准确的定性、定量检测分析仍有一定困难；超声探伤技术也不适合检测空腔结构。

超声检测技术在建筑工程中可用于检测混凝土强度，通过校准曲线和修正系数来推定结构混凝土强度。在钢结构建筑中，超声检测技术是确保钢结构加工焊接过程中焊缝质量的重要手段之一，通过多波次的损伤检测对试件中缺陷的大小和位置进行评估。超声检测还可以探测路面和岩石，获得其承受能力、抗压性等性能，对于一些新型材料，还可开展综合探测和全面评价，保障其能够被有效应用到建筑工程中去。图 2 所示为超声检测技术在建筑工程中的实际应用。

图 2　超声探伤现场操作

## 2　影响因素

从超声检测的工作原理出发，在实际应用过程中发现，影响超声检测结果的因素主要有超声波仪器探头参数设置、检验材料处理情况、检测方法实施情况、检验环境情况等[4-6]，具体影响过程如下：

### 2.1　探头参数

超声波探头是超声波探伤仪的核心组成部件，其尺寸形状及相关参数是否合理，直接关系到探伤检测结果的精确度。可以通过增大探头与被测面的有效接触面积来提高检测精确度，为确保探伤时探头检测面与被测部位的良好接触，并改善耦合条件，应在探测前对轴端面进行打磨并加工成平面。

实践表明，曲率半径大于 25mm 时，通过仪器缺陷反射回的波形较为稳定，波幅上下浮动不超过 3%。反之，在曲率半径小于 25mm 时，通过仪器缺陷反射回的波形并不稳定，也就是说，被检工件表面的曲率半径应尽量控制在 25mm 以上，避免发生缺陷漏检的现象，当被检工件表面的曲率半径小于 25mm 时，可通过将探头表面打磨成与工件曲率相近的方法来提高检测精确度。

### 2.2　探头 $K$ 值选择

超声波探头 $K$ 值是指折射角的正切值，实际上是指缺陷的水平位置与缺陷深度的比值。如果超声波探头的 $K$ 值选择不当，会导致探头扫描速度控制不稳，也会导致探头在扫描过程中声束覆盖面积不够，影响到探伤检测结果的精确度，且被测工件的温度变化会影响探头 $K$ 值的大小，当温度发生变化时，在不同温度下工件中超声波的传播速度是不同的，探头的折射角也会随之发生变化。由反射 – 折射定律公式 [式（1）] 可以看出，温度改变，超声波在介质中的传播速度改变，$\sin\beta_1$ 改变，进而折射角 $\tan\beta_1$ 改变，也即探头 $K$ 值改变。所以在实际检测操作中，如果检测现场温度与室内温度相差较大，必须模拟检测测定工作温度对探头性能的影响，从而修正检测结果。

$$\frac{\sin\alpha_1}{CL_1} = \frac{\sin\alpha_{1s}}{CL_1} = \frac{\sin\alpha_s}{CS_1} = \frac{\sin\beta_1}{CL_2} = \frac{\sin\beta_s}{CS_2} \tag{1}$$

式中，$\alpha_1$ 为纵波入射角；$\alpha_{1s}$ 为纵波反射角；$\alpha_s$ 为横波反射角；$\beta_1$ 为纵波折射角；$\beta_s$ 为横波折射角；$CL_1$ 为第一介质中的纵波声速；$CS_1$ 为第一介质中的横波声速；$CL_2$ 为第二介质中的纵波声速；$CS_2$ 为第二介质中的横波声速。

## 2.3　工件表面处理情况

大量实践表明，超声检测前对受检工件表面的打磨程度影响着超声波探伤检测结果，将同样的受检工件通过表面不处理、表面砂纸打磨和表面机械打磨三种方式检测缺陷定量，得到的仪器读数和影响程度曲线分别列于表 1 和图 3。

从图 3 中可以看到，受检工件表面越粗糙，对仪器的反射波幅影响越大，故而在实际检测中要求对工件表面打磨平整。

## 2.4　耦合剂选择

由于超声波在传播的过程中会遇到不同介质，为提高检测效果，检测时会在探头与工件表面之间施加耦合剂，使超声波能有效地传入工件。因此，若所选耦合剂不当，则会影响探测结果。当以机油、水和浆糊作为不同的耦合剂材料时，在同样的定标试块上测试耦合材料对缺陷波高的影响程度，得到的仪器读数和影响程度曲线分别列于表 2 和图 4。

**表 1　不同工件处理下仪器读数**

| 耦合剂 | 处理方式 | 仪器读数（dB） |
|---|---|---|
| 机油 | 不处理 | 32 |
| | 砂纸打磨 | 36 |
| | 机械打磨 | 37 |
| 水 | 不处理 | 34 |
| | 砂纸打磨 | 37 |
| | 机械打磨 | 38 |
| 浆糊 | 不处理 | 34 |
| | 砂纸打磨 | 36 |
| | 机械打磨 | 37 |

**表 2　不同耦合剂选择下仪器读数**

| 孔埋深（mm） | 耦合剂 | 仪器读数（dB） |
|---|---|---|
| 10 | 机油 | 50 |
| | 水 | 51 |
| | 浆糊 | 53 |
| 20 | 机油 | 46 |
| | 水 | 47 |
| | 浆糊 | 49 |
| 30 | 机油 | 43 |
| | 水 | 43 |
| | 浆糊 | 45 |
| 40 | 机油 | 39 |
| | 水 | 39 |
| | 浆糊 | 42 |

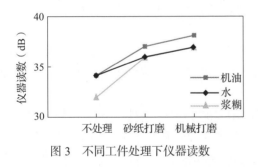

图 3　不同工件处理下仪器读数

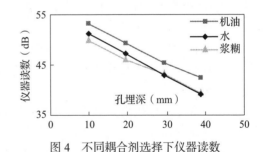

图 4　不同耦合剂选择下仪器读数

由图 4 所得曲线的趋势可以看到，浆糊做耦合剂比机油和水做耦合剂的回波均高，也即浆糊作为耦合剂对超声波无损检测影响最小，但要注意及时处理工件表面的锈蚀。

## 2.5　检验环境

检验人员的技术性或检测过程中的人员情绪因素、操作程序的合理性等都属于环境因素，都会影响检测结果的准确性。作业场地狭小或位置危险，不利于操作人员进行准确操作，也会影响超声波探伤检测的科学性与合理性。因此应注意通过加强对探伤检测的监督管理，提升检测结果的精确度与科学合理性。

# 3　工程实例

## 3.1　技术难点

河西学院学术交流中心（图 5），总建筑面积 9716.39m²，建筑层数为 3 层，建筑总高度 23m，结构类型为钢筋混凝土框架结构，基础形式为柱下独立基础加防水板结构。其舞台、观众厅屋盖为大跨度重型焊接球形网架结构，主要施工难点在于顶部球形网架结构，其跨度为 32m×33m，质量约182t，杆件与球的焊接是整个网架施工的关键工序之一，网架杆件、焊接球材质均为 Q345B，焊缝等级为一级，为确保工程施工质量，对所有的全熔透焊缝，需要在完成外观检查之后进行 100% 的超声波无损检测。

### 3.2 具体做法

河西学院学术交流中心的钢网架焊缝超声波探伤主要有探伤准备和现场探伤两部分工作。检测前首先将探测面上的焊接飞溅、氧化皮、锈蚀和油垢等进行打磨处理，在焊缝及探伤表面经外观检查合格后进行超声波无损检测。在现场探伤过程中，调试好仪器，定标并校正探头 K 值，通过检测定标试块并制作 DAC 曲线（距离 – 波幅曲线），评定焊缝质量等级，出现波形不能准确判断的情况时，检测人员辅以其他检验方法做综合判定，将检测出的不合格缺陷标注返修部位与深度，及时返修并报检，返修区域修补后要按原探伤要求进行复验，同一条焊缝一般允许连续返修补焊 2 次直至合格。图 6 所示为超声波验收合格的钢网架焊缝细节图。

图 5　河西学院学术交流中心

图 6　钢网架焊缝进行 100% 超声波验收

## 4　结语

本文以某工程实例中使用超声波探伤技术对钢网架焊缝进行检测的过程为例，对超声波探伤检测焊缝缺陷的检测过程进行了分析，对超声波探伤原理及可能影响检测结果准确性的因素进行了探究和验证，最后归纳为以下几点：

（1）无损检测技术有多种，且每种都有其优势与适用范围，工程检测人员应合理选用各类无损检测技术对工程施工质量进行检测与控制，及时发现工程内部构件存在的质量缺陷问题并消除，保障建筑物的安全和施工质量。

（2）超声波检测精确度受到多方面因素的影响，因此在实际检测操作过程中，需选择正确的仪器和操作方法并全程监督控制，将其影响因素产生的负面作用降低到最小，进而提高检测精度。

（3）超声波检测技术在实际应用过程中，仍然存在一定的局限性，其精确度还需要不断加强和完善，通过检测出来的客观数据，为工程构件的安全提供科学判断，在此基础上总结经验，提高技术能力并扩大适用范围。

### 参考文献

[1] 朱琪挺. 焊接部位的超声波无损质量检测研究 [D]. 杭州：浙江大学，2016.

[2] 乔伟峰，杨科伟，李舒萍. 浅谈无损检测技术在建筑工程检测中的应用 [J]. 科技创新与应用，2013（17）：211-212.

[3] 倪振新. 高层民用建筑钢结构焊缝超声波检测 [J]. 安装，2015，（3）：41-44.

[4] 曾一彪，袁邱浚. 焊接质量的超声波探伤无损检测 [J]. 中国石油和化工标准与质量，2020，40（16）：55-56.

[5] 杨羿，张建东，李昊. 钢结构桥梁焊接无损检测技术应用及发展 [J]. 轻工科技，2020，36（12）：70-71，114.

[6] 丁杰. 建筑钢结构焊缝超声波检测能力验证计划与技术分析 [J]. 无损检测，2011，（4）：61-63.

# 西北环境下混凝土桥梁智能检测与黏结加固研究

王起才[1,2]　崔晓宁[1]

1. 兰州交通大学土木工程学院　兰州　730070
2. 道桥工程灾害防治技术国家地方联合工程实验室　兰州　730070

**摘　要：** 我国服役桥梁体量巨大且既有桥梁已经出现不同程度损伤，为保证桥梁的安全运营，及时有效的桥梁检测与加固十分重要。传统的桥梁检测多依赖人工，然而人工检测面临主观性强和效率低的局限，为实现精确高效的桥梁检测，利用深度学习算法对桥梁动力响应与裂缝局部信息进行信息融合与特征分析，实现基于深度学习算法的混凝土桥梁智能损伤检测。黏结加固优势明显、应用广泛，但对于特定工况，黏结剂需要因地制宜地进行材料改性。西北地区具有大温差和强紫外线等特点，针对西北地区的复杂外界环境，为实现稳定有效的桥梁黏结加固，综合考虑黏结剂刚度、黏稠度与密贴性、温度稳定性及抗老化性能等因素，研制出一种适用于西北地区桥梁黏结加固的 WN 结构胶。

**关键词：** 混凝土桥梁；智能检测；计算机视觉；黏结加固

　　桥梁不仅为人们的出行提供便利，同时也为我国经济和社会的发展做出贡献，桥梁已经成为我国最重要的国家基础设施之一。在过去的几十年里，我国的桥梁工程得到了长足的发展，截止到 2020 年年底，我国建成运营的公路桥梁已经超过 90 万座，铁路桥梁已经超过 20 万座，可见，我国桥梁建设的数量已经达到较大体量[1]。随着桥梁服役年限的增加，由于内部缺陷与外部荷载作用，既有桥梁已经出现了不同程度、不同类型的结构损伤，为了保证桥梁结构的安全运营，及时有效的桥梁损伤检测与加固显得尤为重要[2]。

　　传统的桥梁检测多依赖人工，然而人工检测面临主观性强和效率低的局限，为实现精确、高效的桥梁检测，结合先进的深度学习算法开展既有桥梁病害的智能识别。对于桥梁的智能检测，人工智能技术逐渐体现出巨大的潜力[3]。目前，深度学习在桥梁损伤识别中的应用主要包括两大方面：基于振动信号的桥梁全局损伤识别研究[4-6]。基于计算机视觉的桥梁局部病害识别研究[7-9]。本文开展基于深度学习的桥梁损伤识别研究，通过振动信号文本分析与裂缝计算机视觉分析的技术融合，实现全局识别与局部细化的全方位桥梁损伤智能识别，进而通过建立局部损伤与全桥健康状态之间的关联机制，实现桥梁的智能检测和健康状态评估，同时精确的局部损伤也可为桥梁加固提供准确指导。

　　桥梁黏结加固的效果受黏结剂的影响较大。西北地区具有大温差及强紫外线等特点，这些不利因素都对桥梁加固提出更高的要求。因此，以西北地区的混凝土桥梁的检测加固技术为研究对象，在综合考虑黏结剂刚度、黏稠度与密贴性、温度稳定性及抗老化性能等因素，研制出一种适用于西北地区的桥梁黏结加固的 WN 结构胶。

## 1　基于深度学习的桥梁损伤智能检测

### 1.1　基于动力响应的桥梁全局损伤智能识别

　　结构的损伤识别方法分为全局损伤识别和局部损伤识别。基于结构动力响应的损伤检测的方法通常被视作结构全局损伤识别。对于桥梁的全局损伤识别而言，固有频率、模态振型、柔度矩阵、频响函数及模态曲率等动力特征是常用的损伤识别指标，但这些动力特征的测量易受外界环境因素的影响且外界不利影响无法避免，比如：温度荷载和交通荷载的存在会对桥梁的固有频率产生重大影响，这些因素产生的变化将掩盖桥梁损伤引起的变化，致使桥梁损伤识别精度下降；风荷载在外界环境中普

基金项目：甘肃省引导科技创新发展专项 – 重点研发能力提升项目（2019ZX-09）；长江学者和创新团队滚动支持发展计划（IRT_15R29）。

作者简介：王起才（1962—　　　），男，教授，博士生导师。E-mail：13909486262@139.com。

遍存在，但风荷载的脉冲效应会对桥梁的动力测试产生不利影响，使动力测试数据包含大量噪声。由此可见，基于动力响应的桥梁全局损伤识别精度受外界环境噪声的影响较大。

随着人工智能技术的快速发展，深度学习为高精度的桥梁全局损伤智能识别提供了算法支撑。为实现精确的桥梁全局损伤智能识别，不仅需要建立数据规模庞大的桥梁损伤数据集，而且需要针对桥梁的数据特征建立精确、高效的深度学习算法模型。由于时间的局限性，许多既有桥梁在成桥阶段未布置桥梁健康监测系统，使既有桥梁的初始未损伤状态的动力特征信息无法获得，且既有桥梁的动力参数测试不易，无法仅仅依靠实桥测量来获得数据集样本。因此，建立既有桥梁的有限元模型，通过参数修正使有限元模型在同样激励作用下产生无限接近于实际结构的动力响应，得到修正的有限元模型。利用修正的有限元模型模拟既有桥梁的各种损伤工况，得到有限元模型动力特征数据，进而通过结合有限元模拟数据与实桥测量数据建立既有桥梁的动力特征数据集。针对既有桥梁损伤动力特征数据集的特点，建立深度学习算法模型并进行模型训练、参数优化与模型评价，确定最优桥梁损伤识别模型并基于最优模型进行损伤识别与预测，实现桥梁的损伤全局智能识别。

### 1.2 基于计算机视觉技术的桥梁局部损伤智能识别

钢筋混凝土桥梁局部损伤包括裂缝、漏筋、蜂窝麻面、表面剥落、磨损等，传统的局部损伤检测多依靠人工进行检测，但人工检测存在以下问题：（1）人工检测受主观因素影响较大，容易出现错检、漏检等现象；（2）人工检测效率较低；（3）特定环境下的桥梁损伤检测无法实现人工检测。为克服人工检测出现的局限性，开展智能化的损伤检测是必要的，同时精确的局部损伤识别可以为桥梁精准加固提供指导。

目标检测的任务是找出给定图像中所有感兴趣的目标，并确定它们的所属类别和位置，是计算机视觉领域的核心问题之一。以桥梁损伤中最为常见的裂缝为研究对象，基于 YOLO-v5 进行裂缝的目标检测，以便实现精确的裂缝智能识别。图 1（a）所示为混凝土裂缝的原图，图 1（b）所示为混凝土裂缝对应的目标检测识别图。

语义分割的任务是实现对输入图像的像素级分类，从而实现像素级的区域划分。对裂缝而言，语义分割的结果就是将裂缝所属的像素标记并识别为 0，图像背景标记并识别为 1。以混凝土裂缝为研究对象，基于 ATT-Unet[10] 深度学习模型进行裂缝的语义分割。图 1（c）所示为混凝土裂缝的原图，图 1（d）所示为混凝土裂缝对应的语义分割识别图。

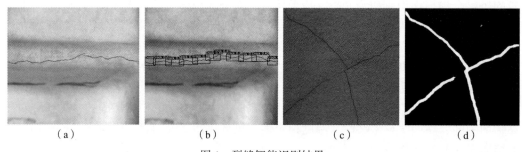

$$\qquad\text{（a）}\qquad\qquad\qquad\text{（b）}\qquad\qquad\qquad\text{（c）}\qquad\qquad\qquad\text{（d）}$$

图 1　裂缝智能识别结果

裂缝不仅降低桥梁结构的承载力，而且会影响桥梁的耐久性和适用性。基于计算机视觉的裂缝智能识别算法可以统计裂缝的位置、数量、宽度、深度等特征。通过对桥梁裂缝进行标定、定期观测、特征识别，建立裂缝特征动态变化数据集，通过对每条裂缝的动态跟踪与特征提取，构建裂缝信息表征桥梁结构损伤程度的目标函数，实现桥梁损伤定位、量化及危害优先级判定，从而实现基于计算机视觉技术的桥梁结构损伤智能检测。

### 1.3 建立桥梁全局动力特征与局部裂缝的关联模型

裂缝会引起桥梁局部刚度的下降和动力特征的突变，准确的裂缝识别可以更好地指导桥梁加固，传统的桥梁检测与损伤识别可以实现基于桥梁动力信号的损伤定位，但对于桥梁的损伤程度与裂缝的特征信息缺乏定量评估。因此，建立桥梁动力特征与局部裂缝损伤信息的关联机制是十分必要的。

既有桥梁多是带裂缝工作状态，对于确定的目标桥梁，不同的裂缝分布位置与损伤程度会影响桥梁的动力响应特征。随着桥梁服役年限的继续增加，裂缝不断开展，其动力特征也不断变化。裂缝对于桥梁动力特征的影响具有明显的非线性特点。荷载引起桥梁振动，呼吸裂缝随着桥梁上拱和下挠而闭合和张开，但呼吸裂缝的张开过程只会出现在下挠过程中，对于上拱过程裂缝闭合，此时裂缝处的截面保持全截面工作状态。对于这一非线性关系的处理，传统算法暴露出极大的局限性，随着深度学习技术的发展，这一难题的解决迎来新方法。对桥梁健康状态的动态监测，建立服役桥梁的裂缝开展规律与其对应的桥梁结构动力特征的数据集，进而基于深度学习算法对动力信号进行特征提取，可以实现桥梁不同裂缝的危险等级评估，最终实现对桥梁裂缝维修与加固的精确指导。同时，桥梁的剩余服役寿命与桥梁的裂缝开展状态息息相关，通过建立桥梁裂缝损伤信息、桥梁动力特征与桥梁结构剩余承载力的关联机制，还可以实现既有桥梁的健康状态评估和剩余寿命预测。

## 2　西北环境下的桥梁黏结加固技术

西北地区具有大温差、强紫外线等气候特征。为满足西北地区特殊环境下的桥梁加固要求，该地区的桥梁加固需要因地制宜地选择相应黏结加固材料，因此，对传统黏结剂进行材料改性，并研制出一种 WN 结构胶。WN 结构胶已经广泛地应用于西北地区的桥梁黏结加固，并取得了较好的黏结加固效果。WN 结构胶的研制综合考虑以下因素：

### 2.1　合理的刚度

混凝土的黏结加固体系为"三明治"结构，即混凝土—黏结剂—加固材料协同工作、共同受力。处于中间层的黏结剂是实现由混凝土受力向加固材料受力传递的中间介质。如果黏结剂的刚度太大，则中间层的黏结剂受力较大，容易出现局部应力超过黏结剂抗剪强度的现象，致使局部脱粘，进而导致黏结加固体系失效；相反地，黏结剂的刚度也不能太小，否则加固体系共同变形下，黏结剂的受力较小，导致最外侧加固材料受力也较小，造成加固效果不显著。因此，黏结剂需要具备合理的刚度以保证黏结加固体系的正常工作。

### 2.2　黏稠度与密贴性

在实际的混凝土黏结加固施工过程中，梁底的加固作业较为常见，在梁底黏结加固施工过程中，黏结剂在固化前由于自身重力的作用会出现变形较大甚至流动的现象，致使黏结剂与混凝土表面不密贴，造成黏结加固效果欠佳甚至加固失败。可见，黏结剂的黏稠度对施工控制及黏结加固效果影响较大，黏结剂的黏稠度需要保证黏结剂在固化之前能够克服自重作用下的变形，即自重作用下不"挂丝"，同时黏结剂需要有良好的固化性能与密贴性，在黏结剂固化之前不出现脱粘现象。

### 2.3　温度稳定性

西北地区昼夜温差大，大温差环境对黏结加固系统的稳定性是巨大考验，原因在于：黏结剂的热膨胀系数较大，而混凝土的热膨胀系数相对较小。升温过程中，黏结剂会产生较大的膨胀变形，而混凝土膨胀变形较小，两者产生相对位移的趋势，受黏结力约束，黏结剂无法自由变形，因而在黏结界面产生内向剪应力；同理，在降温过程中，黏结剂会产生较大的收缩变形，在黏结界面产生外向剪应力；随着升温降温的循环往复，在黏结界面产生温度剪切疲劳，特别是在大温差环境下更易产生较大的剪切疲劳问题，直至脱粘进而导致黏结加固的失效。因此，黏结剂的热膨胀系数需要与混凝土尽可能接近。

### 2.4　抗老化性能

西北地区紫外线辐射具有辐射强度高、辐射时间长的特点。长期的紫外线辐射容易导致黏结剂老化，致使黏结加固效果下降，且西北地区昼夜温差大，这一因素与紫外线辐射耦合作用，加剧了黏结剂的老化进程。为防止因紫外线长期照射出现的黏结剂老化与脱粘现象，在 WN 结构胶中增加防紫外线添加剂与特定固化剂，以增强 WN 结构胶的抗紫外线能力，从而提高黏结剂的抗老化性能与加固效果。

## 3　结论

本文以钢筋混凝土桥梁的智能检测与黏结加固为研究对象，主要研究成果如下：

（1）环境噪声对动力特征测试与分析影响较大，为实现精确的桥梁全局损伤智能识别，开展基于深度学习的桥梁动力特征损伤识别研究。通过有限元模拟与实桥测量建立既有桥梁的动力特征损伤数据集，基于动力特征数据集进行深度学习模型的建立、训练、评价及优化，进而得到具有较高精度的桥梁损伤识别模型，实现桥梁全局损伤的智能识别。

（2）以混凝土桥梁极易出现的裂缝为研究对象，通过建立深度学习目标检测算法与语义分割算法对裂缝的局部位置进行识别，实现了混凝土桥梁局部损伤的智能检测，进而建立局部损伤与全桥健康状态的关联模型，实现桥梁的健康状态评估。

（3）黏结剂是影响黏结加固的重要环节，但现有研究较少。西北地区具有大温差和强紫外线等特点，为提高西北地区的桥梁黏结加固效果，在综合考虑黏结剂刚度、黏稠度与密贴性、温度稳定性及抗老化性能等因素下，研制出一种适用于西北地区桥梁黏结加固的 WN 结构胶。

## 参考文献

[1] 2020 年我国交通运输行业发展统计公报发布 [J]. 隧道建设（中英文），2021，41（06）：963.

[2] 孙利民，尚志强，夏烨. 大数据背景下的桥梁结构健康监测研究现状与展望 [J]. 中国公路学报，2019，32（11）：1-20.

[3] 李书进，赵源，孔凡，等. 卷积神经网络在结构损伤诊断中的应用 [J]. 建筑科学与工程学报，2020，37（06）：29-37.

[4] KHODABANDEHLOU H，PEKCAN G，FADALI M S. Vibration-based structural condition assessment using convolution neural networks[J]. Structural Control and Health Monitoring，2019，26（2）：e2308.

[5] LEE J S，KIM H M，KIM S I，et al. Evaluation of structural integrity of railway bridge using acceleration data and semi-supervised learning approach[J]. Engineering Structures，2021，239：112330.

[6] SHANG Z，SUN L，XIA Y，et al. Vibration-based damage detection for bridges by deep convolutional denoising autoencoder[J]. Structural Health Monitoring，2021，20（4）：1880-1903.

[7] DUNG C V. Autonomous concrete crack detection using deep fully convolutional neural network[J]. Automation in Construction，2019，99：52-58.

[8] CUI X N，WANG Q C，DAI J P，et al. Pixel-level intelligent recognition of concrete cracks based on dracnn [J]. Materials Letters，2022，306：130867.

[9] 郎洪，温添，陆键，等. 基于深度学习的三维路面裂缝类病害检测方法 [J]. 东南大学学报（自然科学版），2021，51（01）：53-60.

[10] CUI X N，WANG Q C，DAI J P，et al. Intelligent crack detection based on attention mechanism in convolution neural network[J]. Advances in Structural Engineering，2021，24（9）：1859-1868.

# 某高级中学体育馆空间网架结构
# 适用性检验应用与研究

夏敬婵　夏广录　吴建刚　任廷选　王艳春

甘肃省建筑科学研究院（集团）有限公司　兰州　730300

**摘　要：** 本文以某高级中学体育馆双层平板网架结构为背景，通过静载试验，以网架结构刚度方程所确定的变形增量－荷载曲线为依据，对网架结构进行适用性能检测及评价。试验检测结果表明：平板网架结构在检验荷载作用下，荷载－位移增量、测试杆件的应力增量－荷载基本呈线性增长，节点的残余变形量小于 20%，网架结构始终处于弹性工作状态。采用局部加载的检测方法对网架结构的适用性检验具有较好的使用推广价值。

**关键词：** 网架结构；静载试验；刚度方程；荷载－位移增量曲线；弹性

随着我国经济和建筑业的飞速发展，传统的钢筋混凝土结构形式已经无法满足社会对特殊功能的需求，各种体型新颖、外观变化多样的大跨度空间结构如雨后春笋般涌现，空间网格结构因为比传统钢结构节省用钢量、结构整体空间刚度大、方便采光等优点被广泛用于近年来兴建的体育场馆、航站楼、火车站中，但是这些大跨空间结构在施工阶段由于人为操作的失误或计算模型不当，坍塌事故时有发生。

目前，国内外不少专家学者展开了空间网格结构性能的试验和研究。王骥[1]等通过某工程阐述了网架结构采用实物荷载试验的简化鉴定方法和实施过程；张小鹏[2]等通过某大型空间网架的现场载荷试验确定了其是否符合承载力检验标准，对结构进行安全鉴定。吕恒林[3]等通过某屋盖网架结构使用性能检测及评定，为该屋盖网架工程使用性能评价提供依据。由于建筑结构检测技术标准的不断更新完善，对钢结构的性能检测做出新的定义，分为适用性检验、荷载系数或构件系数检验和综合系数或可靠指标检验，其中适用性检验作为进行荷载系数或构件系数检验的前提。荷载系数或构件系数检验作为综合系数或可靠指标检验的前提。本文以某高级中学新建体育馆项目为背景，属于人员密集场所，它的安全直接关系到全校师生的生命安全，也是社会所关注的焦点，考虑到工程安全使用性能的重要性，本文采用局部加载的检测方法对该体育馆的适用性检验做了有益尝试。

## 1　工程概况

某高级中学体育馆建造于 2017 年，结构形式为双层平板网架结构，网架布置如图 1 所示，其网架平面尺寸为 42.8m × 38.7m，网架厚度为 2.5m，网架形式为正放四角锥，节点类型为螺栓球，采用上弦支承，屋面标高为 17.0m；钢管为 Q345 钢，螺栓球为 45 号钢。该工程结构安全等级为二级，设计使用年限为 50 年，抗震设防烈度为 8 度，设计地震基本加速度为 0.2g；基本风载为 $0.35kN/m^2$，上弦层恒载为 $1.00kN/m^2$，下弦层恒载为 $0.50kN/m^2$，屋面活载为 $0.50kN/m^2$。

## 2　适用性检测原理

适用性检测本质上是对结构或构件在施加的分级荷载作用下，所测节点的位移增量变化和所测杆件应力变化增量是否满足线性关系。通过网架刚度方程确定了网架结构位移、内力、荷载和刚度的对应关系[4]：若网架结构没有缺陷，当网架某一节点 $i$ 产生了一个荷载增量 $\Delta F_i$，那么网架节点也会产生一个位移增量 $\{\Delta U\}$，两者之间是呈线性关系的，说明网架是安全的；若网架结构存在缺陷，当与网架某一节点 $i$ 相连的杆件出现缺陷或退化，即产生了刚度增量 $\Delta K_{ij}$ 和 $\Delta K_{ji}$（$i=1$，2，…，$n$），网架节点位移同样也会产生一个位移增量，它和刚度增量一起改变了网架原设计的内力特征。网架的刚度已经发生改变，荷载增量 $\Delta F_i$ 与位移增量 $\{\Delta U\}$ 之间呈非线性关系，网架存在缺陷。所以此载荷试验主要是通过施加一定的荷载，检测杆件应力和节点位移增量的变化规律，以了解被检测网架结构的实际工作状态。

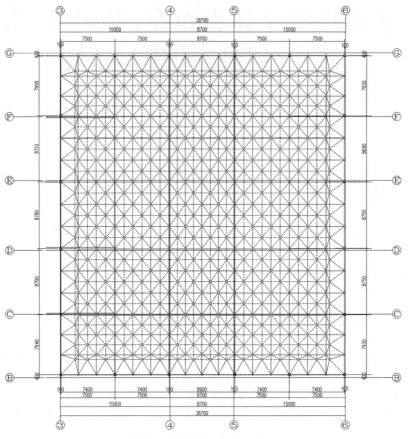

图 1　网架结构平面布置图

## 2.1　加载方式及测点布置

　　检验荷载根据《建筑结构检测技术标准》，钢结构的原位适用性实荷检验荷载不应超过结构承受的可变荷载标准值[5]，本工程实荷试验通过悬挂配重（砂袋）的方式进行加载（图 2）。根据现场实际情况，通过 3D3S 模拟分析，以满载和局部加载使关键杆件应变及节点位移相接近为原则[6]，选取部分节点进行实荷加载。根据结构体系对称性，选取 38 个上弦节点和 30 个下弦节点施加检验荷载，荷载大小及布置位置如图 2 所示，测点位移和应变布置如图 3 所示。

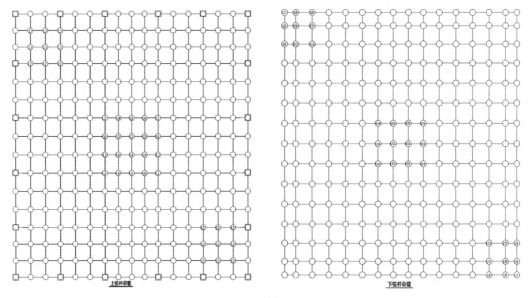

图 2　荷载布置

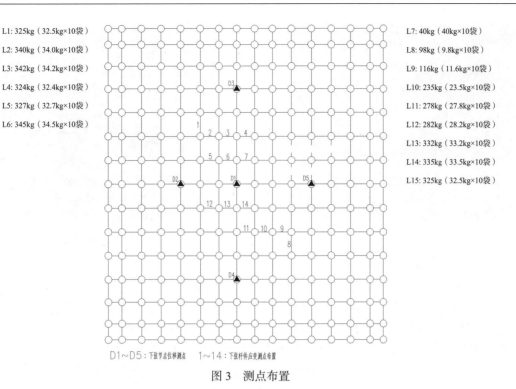

L1: 325kg（32.5kg×10袋）　　　　　　　　　　　　L7: 40kg（40kg×10袋）

L2: 340kg（34.0kg×10袋）　　　　　　　　　　　　L8: 98kg（9.8kg×10袋）

L3: 342kg（34.2kg×10袋）　　　　　　　　　　　　L9: 116kg（11.6kg×10袋）

L4: 324kg（32.4kg×10袋）　　　　　　　　　　　　L10: 235kg（23.5kg×10袋）

L5: 327kg（32.7kg×10袋）　　　　　　　　　　　　L11: 278kg（27.8kg×10袋）

L6: 345kg（34.5kg×10袋）　　　　　　　　　　　　L12: 282kg（28.2kg×10袋）

L13: 332kg（33.2kg×10袋）

L14: 335kg（33.5kg×10袋）

L15: 325kg（32.5kg×10袋）

D1~D5：下弦节点位移测点　　　1~14：下弦杆件应变测点布置

图 3　测点布置

## 2.2　加载过程

加载按照各加载点对应的配重，对砂袋进行分装及标记。分 6 级加载，当荷载小于检验荷载的80% 时，每级荷载为检验荷载的 20%，当荷载达到检验荷载的 80% 时，每级荷载为检验荷载的 10%。在荷载达到检验荷载前，每级加载后的持荷时间为 15min，同时检查杆件、节点是否存在断裂、屈曲等现象；当荷载达到检验荷载后，持荷 1h。每级持荷结束时，测取测点位移并记录杆件的应变。应变传感器安装和现场加载过程如图 4 和图 5 所示。

图 4　安装应变传感器

图 5　现场加载

## 2.3　卸载过程

卸载过程分 5 级，每级荷载为检验荷载的 20%，即砂袋配重分级卸载步骤为：2 袋→2 袋→2 袋→2 袋→2 袋（共 10 袋）。在每级荷载卸载全部完成后测取测点位移。

## 3　试验数据及分析

试验中，分别对试验荷载作用下的测点高程及杆件应变数据进行采集。测点高程通过在屋盖球节点处粘贴反光片，利用瑞士徕卡 TS09Plus 全站仪采集在测试施加荷载作用下测点的高程，如图 6 所示，位移增量通过分析得到。应变利用 ZX-SL-C16 光纤光栅解调仪和分布式应变传感器采集得到，如图 7 所示，应力增量通过分析得到。同时，数据采集系统采用温度补偿，以防止应变数据漂移。

图 6　杆件位移测量

图 7　调试仪器

### 3.1　实荷过程位移增量测试和分析

网架中心点和 1/4 跨度测点在测试过程中的荷载－位移增量的变化曲线如图 8～图 12 所示，从图中看出测点的位移增量在加载和卸载过程中呈现出规律性的变化，网架中心的位移增加较快，向两端呈现递减趋势，与网架结构整体变形特性趋于一致。加载过程位移增量相关性曲线如图 13～图 17 所示，可知加载过程中节点的位移增量线性相关性系数大于 0.9，位移增量－荷载曲线基本呈线性关系。残余变形与最大变形值见表 1，节点的残余变形量均小于 20%，说明屋盖网架结构的整体刚度比较大，在试验荷载作用下，整个网架结构始终处于弹性状态。

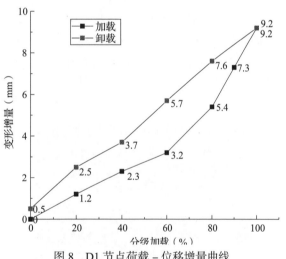

图 8　D1 节点荷载－位移增量曲线

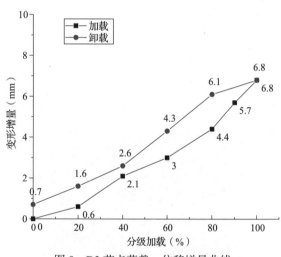

图 9　D2 节点荷载－位移增量曲线

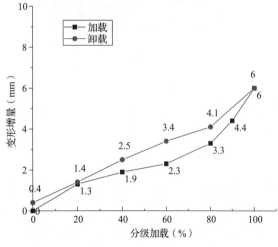

图 10　D3 节点荷载－位移增量曲线

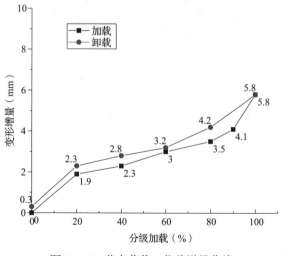

图 11　D4 节点荷载－位移增量曲线

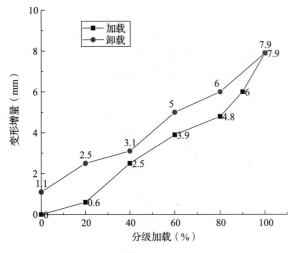

图 12　D5 节点荷载 – 位移增量曲线

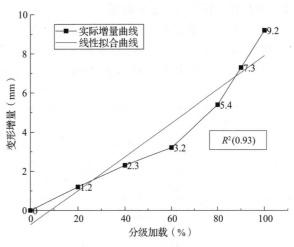

图 13　D1 节点加载过程位移增量相关性曲线

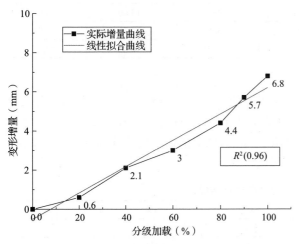

图 14　D2 节点加载过程位移增量相关性曲线

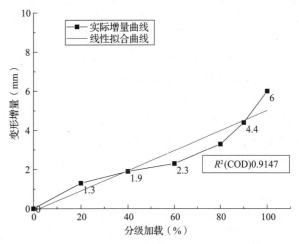

图 15　D3 节点加载过程位移增量相关性曲线

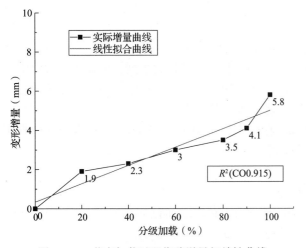

图 16　D4 节点加载过程位移增量相关性曲线

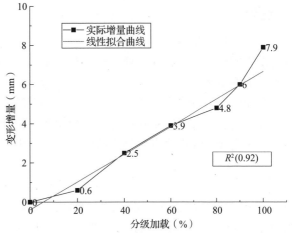

图 17　D5 节点加载过程位移增量相关性曲线

表 1　残余变形量

| 参数 | D1 | D2 | D3 | D4 | D5 |
|---|---|---|---|---|---|
| 变形量累计（mm） | 9.2 | 6.8 | 6 | 5.8 | 7.9 |
| 残余变形（mm） | 0.1 | 0.7 | 0.4 | 0.3 | 1.1 |
| 残余变形量（%） | 1.1 | 10.3 | 6.7 | 5.2 | 13.9 |

### 3.2 测试过程杆件应力变化数据

结合测点布置原则及工程特点，选取试验中杆件应力较大的几根杆件的应力进行分析，加载完成后杆件在局部持荷下的应力增量如表 2 所示。从表 2 中可以看出，加载过程中，在各级检验荷载作用下，杆件的应力增量随检验荷载的逐级增大呈线性增长，说明这些杆件始终处于弹性工作阶段。

表 2　加载过程应力增量　　　　　　　　　　　N/mm²

| 杆件 | 分级加载 | | | | | |
|---|---|---|---|---|---|---|
|  | 20% | 40% | 60% | 80% | 90% | 100% |
| 2 | 3.22 | 6.44 | 9.69 | 12.88 | 14.48 | 15.21 |
| 3 | 3.47 | 6.94 | 10.41 | 13.88 | 15.61 | 16.38 |
| 4 | 3.45 | 6.99 | 10.49 | 13.98 | 15.73 | 16.49 |
| 5 | 4.41 | 8.82 | 13.22 | 17.64 | 19.84 | 21.87 |
| 6 | 4.85 | 9.70 | 14.55 | 19.40 | 21.83 | 23.77 |
| 7 | 4.93 | 9.87 | 14.80 | 19.73 | 22.19 | 23.65 |
| 11 | 1.58 | 6.81 | 10.21 | 13.62 | 15.32 | 16.09 |
| 12 | 1.09 | 6.22 | 9.34 | 12.45 | 14.00 | 14.67 |
| 13 | 2.48 | 6.99 | 10.50 | 14.00 | 15.75 | 16.93 |
| 14 | 3.63 | 7.25 | 10.88 | 14.50 | 16.32 | 17.75 |

### 3.3 试验数据与计算结果对比

采用 3D3S 软件对该网架结构进行与试验加载过程相同的模拟计算分析，位移增量对比见表 3。从表 2 中可以看出位移增量的实测值均小于计算值，实测值与计算值的误差在 10.2% ～ 15.1% 之间，具有较好的一致性，可以采用软件计算结果作为网架结构性能的判定依据。由软件计算结果得知该网架结构下弦节点的最大竖向位移为 12.3mm，小于规范限值。

表 3　加载完成后下弦节点竖向位移增量

| 参数 | D1 | D2 | D3 | D4 | D5 |
|---|---|---|---|---|---|
| 实测值 mm | 9.2 | 6.8 | 6.0 | 5.8 | 7.9 |
| 计算值 mm | 10.7 | 7.9 | 7.1 | 6.5 | 8.8 |

## 4　结论

（1）在役网架使用了一段时间，85% 的设计荷载已经施加在结构上产生了一定的初始应力，虽然目前常规的检测方法还无法获取这些初始应力，但通过分析以上静载试验的数据，可知加载过程中节点的变形增量线性相关性系数大于 0.9，位移增量 – 荷载曲线和检验荷载 – 应力增量基本呈线性关系，节点的残余变形量均小于 20%，表明整个网架结构始终处于弹性工作状态。

（2）与软件计算结果对比，试验数据和理论计算结果的误差为 10% ～ 15.1%，说明在设计荷载作用下，采用线弹性理论进行整体结构的静力分析是合适的。

#### 参考文献

[1] 王骥. 小型钢网架结构采用实物荷载试验的简化鉴定方法 [J]. 广东土木与建筑，2006（7）：61-62.

[2] 张小鹏. 某大型空间网架载荷试验与理论分析 [J]. 建筑钢结构进展，2007，9（4）：46-51.

[3] 吕恒林，丁北斗，宋明志，等. 某屋盖网架结构使用性能检测及评定 [J]. 工业建筑，2010，（40）：395-399.

[4] 刘礼华，陈冬勇，陈黎明，等. 基于静载试验的矩形网架结构安全性评价 [J]. 华中科技大学学报（城市科学版），2007，24（1）：77-85.

[5] 中华人民共和国住房和城乡建设部. 建筑结构检测技术标准：GB/T 5.344—2019[S]. 北京：中国建筑工业出版社，2019.

[6] 刘承斌，王柏生，周瑾. 结构试验与检测中几个问题的探讨 [J]. 浙江建筑，2011，28（2）：19-23.

# 某景区钢筋混凝土栈道安全性检测鉴定及
# 加固方法研究

徐海军　　夏广录　　吴建刚　　贾军国

甘肃省建筑科学研究院（集团）有限公司　兰州　730070

**摘　要：** 旅游景区栈道大部分处于露天环境，经过长时间的风吹雨淋和环境侵蚀，容易出现不同程度的病害，影响其安全性和耐久性。文章以某景区钢筋混凝土栈道为背景，通过对支承栈道的岩体、栈道与岩体连接部位、栈道支架结构、栈道附属结构进行现场调查和检测，提出了符合实际的支架模型，研究了栈道支架结构承载力，并对其安全性进行了评价。结合现场实际，提出了切实可行的加固方案。

**关键词：** 栈道；安全性；检测鉴定；承载力；加固

　　近年来，随着我国经济的持续增长，人民生活水平的不断提高，旅游业迎来了蓬勃的发展。伴随着旅游业的迅速发展，对旅游设施的安全要求也越来越高，栈道安全就是其中很重要的部分。景区内的栈道，不仅可以满足人们的通行要求和观景需求，其本身也是一道亮丽的风景。但景区内的栈道大多依山就势临空而建，且长期处于室外露天环境，易受环境侵蚀影响其安全性和耐久性。由于栈道经常会出现人员拥挤现象，一旦发生垮塌，可能会造成恶性事故。因此，对其安全性进行鉴定十分必要。对栈道进行全面的检测鉴定，可以提前发现问题，从而有针对性地解决，消除安全隐患，减少或避免恶性公共安全事故，并为后期修缮加固提供科学的技术依据，促进旅游业健康发展。

## 1　工程概况

　　某景区钢筋混凝土栈道，修建于 1995 年，全长约 220m，整体呈东西走向，依山就势临空而建，底部为河道，栈道距离河道高度 6～10m，其外观如图 1 所示。栈道采用三角支架，横梁和斜立柱锚固于下部岩体中，上部在临空侧设置钢筋混凝土护栏。根据初步调查，该栈道无任何设计及施工等资料，因此，现场对该栈道平面和立面布置进行了测绘，部分平面布置图如图 2 所示，断面形式示意图如图 3 所示。

图 1　栈道外观

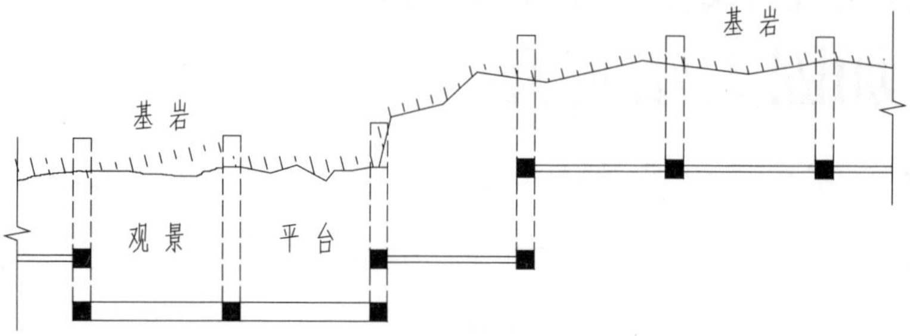

图2 结构平面布置示意图

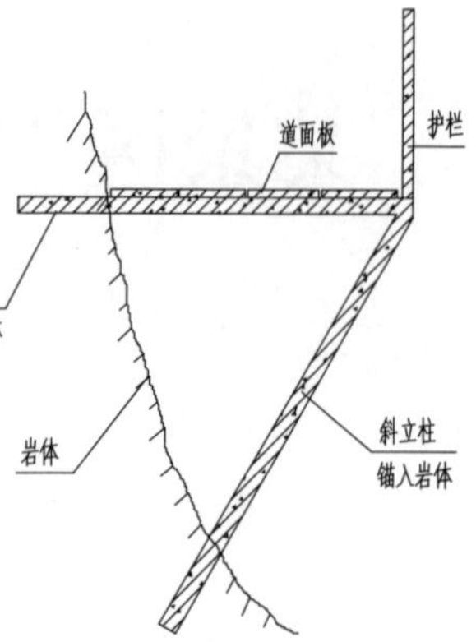

图3 断面形式示意图

## 2 现场检测

根据栈道结构的特点，栈道安全性检测鉴定内容主要包括支承栈道的岩体、栈道与岩体连接部位、栈道支架结构、栈道附属结构[1-3]等的检测鉴定，具体如下：

### 2.1 支承栈道的岩体

根据现场调查检测，支承栈道的基岩裸露，岩体为石灰岩，呈灰白和灰黑色，表层微风化，部分地段岩体在河道、瀑布及雨水的长期冲刷下，表层弱风化。岩体为整体状，局部呈块状，岩体局部出现层面和裂隙发育。现场检测时发现部分地段存在崩塌和落石，但未发现岩体存在明显活动断裂通过痕迹，岩体总体尚稳定。现场对岩体进行锤击检测，其锤击声清脆，有轻微回弹，稍震手，较难击碎，岩体较坚硬。岩体质量可满足栈道支架结构构件锚固要求和栈道正常使用时荷载和变形的要求。

### 2.2 栈道与岩体连接部位

根据现场调查检测，该栈道支架横梁和斜立柱均采用人工凿孔锚入下部岩体中。现场对锚固部位进行检查，未发现明显开裂及变形情况。现场采用探地雷达对锚固长度进行检测，利用探地雷达发射天线向目标体发射高频脉冲电磁波，由接收天线接收目标体的反射电磁波，从而获得断面的垂直二维剖面图像。根据探地雷达检测并结合开凿验证，栈道支架横梁和斜立柱锚固深度在530～660mm之间。

### 2.3 栈道支架结构

栈道支架结构现场检测的主要内容有结构体系调查、工作环境调查、结构上作用调查、结构构件几何尺寸、结构材料[4]等的检测，具体如下：

2.3.1 结构体系调查

根据现场调查检测，该栈道采用单跨单斜柱式支架，结构构件均采用钢筋混凝土，横梁和斜立柱均锚入下部岩体中，在每根横梁端部设置护栏立柱，栈道道面为钢筋混凝土板平铺于横梁，遇高差处设置台阶。栈道主要柱距（板跨方向）为2.5m，道面距离底部河道高度为6.0～10.0m，底部斜立柱高度为3.0～3.5m，护栏立柱高度为1.0m，横梁外伸长度为1.0～1.5m，其中，两处观景平台悬挑长度最大。

2.3.2 工作环境调查

根据现场调查检测，该栈道结构构件长期处于室外露天环境，部分结构构件上部有瀑布流下，在瀑布的长期冲刷下，构件表面长满苔藓。根据《混凝土结构耐久性设计标准》（GB/T 50476—2019）的规定，栈道刚架结构所处的环境类别为一般环境，环境作用等级为Ⅰ-B级，构件易由混凝土碳化引起钢筋锈蚀。

2.3.3 结构上作用调查

根据现场调查，该栈道支架结构上的作用主要为永久作用和可变作用，具体见表1。

表1 结构上作用调查

| 作用类型 | 调查项目 |
| --- | --- |
| 永久作用 | 该栈道刚架结构上的永久作用主要为刚架结构构件自重、道面板自重、栏杆自重，其标准值根据实际取为 $g=2.0kN/m^2$ |
| 可变作用 | 该栈道刚架结构上的可变作用主要为道面人群荷载，根据规范，其标准值取为 $q=3.5kN/m^2$ |

### 2.3.4　几何尺寸检测

根据现场检测，该栈道支架结构横梁截面尺寸均为 $b \times h = 200\text{mm} \times 300\text{mm}$，斜立柱截面尺寸均为 $b \times h = 200\text{mm} \times 200\text{mm}$。

### 2.3.5　材料强度检测

现场采用回弹法对该栈道刚架结构构件混凝土强度进行检测，并采用钻芯法进行修正。修正后的混凝土强度推定等级为 C15。

### 2.3.6　钢筋配置及保护层厚度检测

现场采用磁感仪对栈道支架结构构件的主筋数量、箍筋间距和保护层厚度进行检测，并开凿进行验证。经检测验证，栈道支架结构横梁底面和顶面主筋分别为 $3\phi12$、$3\phi12$，箍筋为 $\phi6$，箍筋间距为 197～220mm，保护层厚度为 20～22mm；斜立柱主筋为 $4\phi12$，箍筋为 $\phi6$，箍筋间距为 193～204mm，保护层厚度为 20～24mm。

### 2.3.7　碳化深度检测

现场对进行回弹检测的构件混凝土碳化深度进行检测。经检测，该栈道支架结构横梁碳化深度在 14～18mm，斜立柱碳化深度在 16～22mm，部分已达到钢筋的保护层厚度。

### 2.3.8　裂缝及损伤检测

根据现场检测，该栈道支架结构构件长期处于室外露天环境，部分斜立柱混凝土碳化深度已达到或超过钢筋保护层厚度，箍筋出现锈蚀，如图4、图5所示。

图4　斜立柱箍筋锈蚀（一）

图5　斜立柱箍筋锈蚀（二）

### 2.3.9　位移及变形检测

根据现场检测，该栈道支架结构构件未出现明显位移及变形情况。

## 2.4　栈道附属结构

栈道附属结构主要是护栏和道面板，均采用钢筋混凝土。现场检测时发现部分道面板出现下挠现象，部分护栏混凝土开裂、钢筋锈蚀，栈道附属结构存在一定安全隐患。

# 3　计算分析

## 3.1　计算模型选取

该栈道支架结构横梁和斜立柱均锚入下部岩体中，支座类型可考虑为固定支座；横梁和斜立柱为一体浇筑，其连接形式可考虑为刚结，栈道支架结构的计算简图如图6所示。

## 3.2　荷载选取

栈道支架结构上的永久荷载主要为刚架自重、道面板和护栏的自重，其标准值根据实际取为 $g = 2.0\text{kN/m}^2$；可变荷载主要为游客荷载，根据规范，其标准值取为 $q = 3.5\text{kN/m}^2$。考虑两者的最不利组

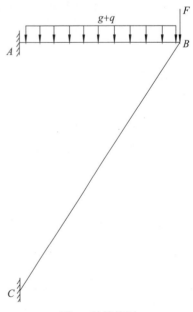

图6　计算简图

合，作用于栈道支架结构横梁上的荷载组合值取为 20kN/m²。

### 3.3　承载力验算

对栈道支架结构进行受力分析，栈道支架结构横梁为拉弯构件，其最大弯矩、剪力和轴力出现在根部处，分别为 25.39kN·m、35.81kN、2.83kN（拉力）；立柱为压弯构件，其最大弯矩、剪力和轴力出现在立柱和横梁连接部位处，分别为 5.82kN·m、1.85kN、2.73kN（压力）。

对栈道支架结构横梁和斜立柱的承载力进行验算，横梁的承载力不满足计算要求，具体计算结果见表 2、表 3。

表 2　横梁承载力计算

| 构件类型 | 计算配筋面积（mm²） | | 实际配筋面积（mm²） | |
| --- | --- | --- | --- | --- |
| | 上部纵向钢筋 | 箍筋（双肢） | 上部纵向钢筋 | 箍筋（双肢） |
| 横梁 | 403 | 48.5 | 339 | 56.6 |

表 3　斜立柱承载力计算

| 构件类型 | 计算配筋面积（mm²） | | 实际配筋面积（mm²） | |
| --- | --- | --- | --- | --- |
| | 单侧纵向钢筋 | 箍筋 | 单侧纵向钢筋 | 箍筋（双肢） |
| 斜立柱 | 143 | 56.6 | 226 | 56.6 |

## 4　鉴定结论

根据现场检测和计算分析结果，该栈道支架结构横梁的承载力不满足计算要求，建议对其进行加固处理。部分斜立柱箍筋出现锈蚀，建议对其进行除锈和阻锈处理。部分道面板出现下挠，护栏混凝土开裂、钢筋锈蚀，建议对其进行修补或更换处理。

## 5　加固方法的选取

混凝土结构的加固有多种方法，其目的是提高结构构件的抗力或减小结构构件上的作用效应，从而确保结构安全。提高混凝土结构构件抗力的方法为直接加固法，如增大截面法、置换混凝土法、外粘型钢法、粘贴纤维复合材法等，而减小结构构件上作用效应的方法则为间接加固法，如增设支点法、体外预应力法[5]等，应根据实际情况，按照技术可靠、安全适用、经济合理、方便施工的原则择优选取，并应避免或减少对原结构构件的损伤。由于栈道支架结构构件均锚入岩体中，若采用直接加固法，新增钢筋、型钢或钢板及纤维复合材的锚固施工难度较大，锚固效果也不好保证。因此，建议采用增设支点的间接加固法进行加固，在原有栈道支架结构区段中部增设钢梁支承，从而减小原结构承担的荷载。通过力学模型计算分析，增设钢梁支承有效地减少了原结构构件上的作用效应，其承载力能够满足计算要求。

## 6　结语

旅游景区的栈道往往以三角支架的形式锚固于岩体中，且高悬在空中。结构构件长期处于露天环境经受风吹雨淋，寒冷地区还要经受冻融，结构构件易于损坏，且隐秘不易发现。由于栈道经常出现人员密集情况，一旦发生事故，其灾难严重程度难以想象。因此，建议景区对栈道进行定期检测并建立日常巡检制度，发现结构安全问题应及时进行加固与维修处理，确保栈道的安全使用。

### 参考文献

[1] 宋建学，袁英保，刘贺龙. 旅游栈道安全评价技术研究 [J]. 郑州大学学报（工学版），2008，2（29）：129-132.

[2] 叶增平. 旅游景区钢栈道安全评价技术探讨 [J]. 四川建筑科学研究，2012，4（38）：107-110.

[3] 林坤. 浅谈栈道安全性鉴定 [J]. 福建建材，2014，6（158）：18-20.

[4] 李建厚. 龙门石窟旅游栈道稳定性评估研究 [J]. 石窟寺研究，2013：380-392.

[5] 中华人民共和国住房和城乡建设部. 混凝土结构加固设计规范：GB 50367—2013[S]. 北京：中国建筑工业出版社，2013.

# 施工期现浇钢筋混凝土板柱－抗震墙结构裂缝
# 鉴定与分析

谢坤明　叶李斌

福建省永正工程质量检测有限公司　福州　350012

**摘　要：**为了研究施工期钢筋混凝土构件裂缝产生的原因，以某现浇钢筋混凝土板柱－抗震墙结构为背景，介绍了混凝土构件裂缝的检测方法，并结合数值模拟对检测结果进行科学甄别。结果表明，原材料级配不合理、施工期温度变化、养护不到位及伸缩缝间距过大等原因易使构件产生裂缝，楼板长宽比影响非受力裂缝的分布。该工程现场检测方法、数据分析及原因评定也可为今后类似项目提供工程经验。

**关键词：**施工期；板柱－抗震墙结构；裂缝；回弹法；数值模拟

　　施工期混凝土结构通常因温差过大、地基变形、养护不到位等原因而产生不同形式的裂缝，当裂缝发展至一定程度时，构件因内部钢筋锈蚀造成混凝土胀裂、剥落，影响构件的承载力及使用寿命[1]。按裂缝成因主要分为结构性裂缝和非结构性裂缝[2]。

　　荷载作用下构件某些部位产生的拉应力超过材料的抗拉强度而引起的裂缝，即结构性裂缝。其主要特点有：在结构和构件的受拉、受剪区域多呈楔形；在受弯区域呈竖向裂缝；在轴心受拉构件中呈贯穿裂缝；当钢筋应力接近屈服应力时，构件将出现沿钢筋纵向分布的裂缝[3]。构件因混凝土材料的收缩变形、温湿度变化及混凝土内部钢筋锈蚀等原因而引起的裂缝，即非结构裂缝，包括干燥收缩裂缝、自生收缩裂缝、温度收缩裂缝、基础不均匀沉降裂缝、碱－骨料化学裂缝、钢筋腐蚀引起的裂缝及施工不当造成的裂缝等。

　　通常混凝土构件裂缝开裂源于内部，并在整个构件内逐渐形成微裂缝网格，在外力或温度变化等作用下，可在结构内部产生局部大裂缝[4]。由于开裂特征与开裂原因关系密切，因此可通过裂缝出现的位置、形态特征等判断裂缝成因，为处理相应裂缝病害提供解决措施。

## 1　工程概况

　　某沿海冷链物流园冷库设计为地下一层、地上六层板柱－抗震墙结构，地下一层为高温冷藏间（0℃），一～五层为低温冷藏间（－25℃），六层为高低温冷藏间（0℃、－25℃）。施工过程中地下室顶板后浇带分为Ⅰ区、Ⅱ区、Ⅲ区、Ⅳ区四个区域，如图1所示，板厚为140mm，板顶配筋为双向Φ10@150；板底钢筋为双向Φ8@150，地下一层墙体、柱混凝土设计等级为C50，一层梁、板混凝土强度等级为C45。现浇钢筋混凝土抗震墙伸缩缝最大间距为28m。该工程地

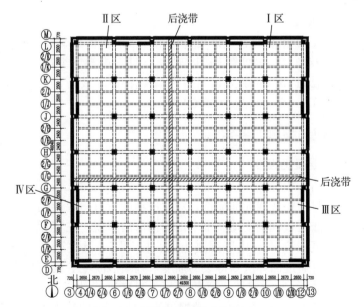

图 1　一层结构平面图（单位：mm）

基金项目：福建省建设科技研究开发项目（2020-K-55）；福州市级科技计划项目（2020-PT-142）。

作者简介：谢坤明，高级工程师，工学学士。

下室外墙（抗震墙）、地下室顶板拆模过程中发现不同程度的裂缝（后浇带尚未浇捣），且裂缝数量较多、分布范围较广。

## 2　内业资料调查

### 2.1　设计分析

查阅了经设计院提供的图纸资料，经分析该工程体型规则，结构布置、材料选用合理，混凝土板、柱、墙配筋及构造满足规范要求。

### 2.2　原材料分析

查阅了搅拌站提供的混凝土强度、钢筋材料试验报告，报告结果表明，该工程水泥用量、原材料质量（机制砂）、配合比、坍落度、钢筋配置等基本满足要求。同时，查阅施工日志可知，混凝土从搅拌站到达工地后，均经加水重新配制。

由上述材料分析可知，地下混凝土强度为 C50，属高强度等级混凝土，理论上高强度等级混凝土水泥用量较多，用水量大，水泥水化热大，在施工环境降温时，更容易产生温差裂缝。另外，混凝土采用机制砂为拌和物，理论上机制砂级配不合理，强度低于天然河砂，且含泥量、含石粉量过大，容易吸水而导致混凝土和易性变差，更容易造成混凝土开裂[2]。

### 2.3　拆模时间

查阅施工资料，Ⅰ区混凝土浇捣后第八天，冷藏间轴（11-13）顶部楼板存在开裂渗水现象，冷藏间各部位抗震墙、柱及地下室顶板的混凝土浇筑及拆模时间见表 1，表明拆模时间满足要求。

表 1　拆模时间

| 部位 | 混凝土浇筑时间（2021 年） | | 拆模时间（2021 年） | |
| --- | --- | --- | --- | --- |
| | 墙、柱 | 地下室顶板 | 墙、柱 | 地下室顶板 |
| Ⅰ区 | 1 月 14 日 | 1 月 24 日 | 1 月 26 日 | 3 月 2 日 |
| Ⅱ区 | 1 月 27 日 | 1 月 29 日 | 2 月 28 日 | 3 月 6 日 |
| Ⅲ区 | 1 月 28 日 | 2 月 2 日 | 3 月 1 日 | 3 月 4 日 |
| Ⅳ区 | 2 月 1 日 | 2 月 4 日 | 3 月 1 日 | 3 月 5 日 |

### 2.4　气温

查阅气象资料，该地 2021 年 1 月 14 日至 3 月 15 日各天最高温、最低温如图 2 所示，日最高温为 26℃，日最低温为 15℃，最大日温差为 11℃；记录最高、最低温为 26℃、6℃，极差为 20℃。

## 3　现场检测、鉴定

### 3.1　混凝土强度

钻芯法可以较真实地反映混凝土内部质量及强度，但容易对构件造成局部损伤，对使用功能造成一定影响，而回弹法通过混凝土硬度推求得到构件的强度，在实际应用中精度较高[5]。由于混凝土梁、板为同一批次混凝土浇捣，可通过回弹法测得梁的强度来判断混凝土等级。利用回弹法[6]对抗震墙、梁的混凝土强度进行抽样检测[7]，

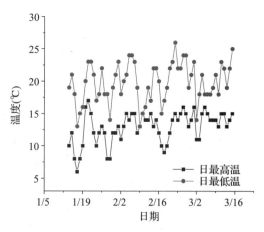

图 2　1 至 3 月日最高温、最低温

结果见表 2。回弹法检测数据表明，所检抗震墙现龄期混凝土强度推定值为 53.5 ～ 56.3MPa，所检梁现龄期混凝土强度推定值为 42.7 ～ 49.9MPa，可判定本工程地下室抗震墙、一层楼板混凝土强度满足设计要求。

表 2　混凝土强度回弹结果　　　　　　　　　　　　　　MPa

| 构件名称 | 碳化深度（mm） | 强度平均值 | 标准差 | 强度最小值 | 强度推定值 |
|---|---|---|---|---|---|
| -1Q-（13）-（G-H） | 0 | 58.4 | 1.27 | 56.0 | 56.3 |
| -1Q-（13）-（F-G） | 0 | 57.7 | 1.60 | 54.8 | 55.1 |
| -1Q-（9-10）-（M） | 0 | 57.0 | 1.22 | 55.3 | 55.0 |
| -1Q-（6-7）-（M） | 0 | 57.7 | 1.77 | 53.8 | 54.8 |
| -1Q-（6）-（7-D） | 0 | 57.1 | 2.02 | 53.8 | 53.8 |
| -1Q-（4）-（E-F） | 0 | 56.4 | 1.75 | 53.8 | 53.5 |
| 1L-（9-10）-（F） | 0 | 53.2 | 3.81 | 48.4 | 47.0 |
| 1L-（2/9）-（E-F） | 0 | 54.7 | 2.92 | 48.7 | 49.9 |
| 1L-（10-12）-（2/J） | 0 | 54.6 | 4.49 | 46.6 | 47.2 |
| 1L-（10-12）-（1/J） | 0 | 54.3 | 2.89 | 49.6 | 49.5 |
| 1L-（4）-（E-F） | 0 | 53.8 | 2.54 | 50.2 | 49.6 |
| 1L-（4-6）-（1/E） | 0 | 53.9 | 3.82 | 48.3 | 47.6 |

## 3.2　保护层厚度及钢筋配置

采用钢筋位置测定仪、游标卡尺，通过原位剔凿法，抽样检测地下室顶板、抗震墙钢筋直径、间距，并测量保护层厚度。由文献［8］知，受力钢筋间距允许偏差为 ±10mm，板、墙混凝土保护层厚度允许偏差为（±8mm，-5mm），见表 3，抗震墙、地下室顶板钢筋配置及保护层厚度均符合设计要求。

表 3　部分钢筋配置、保护层厚度检测结果　　　　　　　　　　mm

| 构件名称 | 位置 | 钢筋分布 | | 保护层厚度 | | | | |
|---|---|---|---|---|---|---|---|---|
| | | 设计值 | 实测值 | 设计值 | 实测值 | | | 平均值 |
| 1B-（8-1/8）-（2/E-F） | 板面（与 x 轴平行） | 150 | 152 | 25 | 30 | 28 | 31 | 30 |
| | 板面（与 y 轴平行） | 150 | 148 | | 29 | 27 | 28 | 28 |
| | 板底（与 x 轴平行） | 150 | 155 | | 26 | 27 | 25 | 26 |
| | 板底（与 y 轴平行） | 150 | 151 | | 24 | 25 | 23 | 24 |
| 1B-（9-1/9）-（K-1/K） | 板面（与 x 轴平行） | 150 | 146 | 25 | 29 | 29 | 28 | 29 |
| | 板面（与 y 轴平行） | 150 | 153 | | 24 | 25 | 24 | 24 |
| | 板底（与 x 轴平行） | 150 | 152 | | 26 | 24 | 26 | 25 |
| | 板底（与 y 轴平行） | 150 | 150 | | 25 | 26 | 25 | 25 |
| -1Q-（13）-（G-H） | 水平分布筋 | 150 | 152 | 25 | 25 | 23 | 24 | 24 |
| | 垂直分布筋 | 150 | 149 | | 27 | 26 | 25 | 26 |
| -1Q-（7-8）-（D） | 水平分布筋 | 200 | 196 | 25 | 22 | 24 | 23 | 23 |
| | 垂直分布筋 | 200 | 201 | | 28 | 27 | 25 | 27 |

## 3.3　截面尺寸

现浇钢筋混凝土板、墙拆模后的截面尺寸允许偏差为（+8mm，-5mm），采用钢尺抽样检查，实测地下室顶板厚为 138 ～ 146mm（设计值 140mm），抗震墙墙厚为 370 ～ 375mm（设计值 370mm），厚度均满足设计要求。

## 3.4　裂缝检测

### 3.4.1　裂缝数量、分布

以板、墙拆模时刻记为 0 时刻，记录裂缝日增量数据，如图 3、图 4 所示。

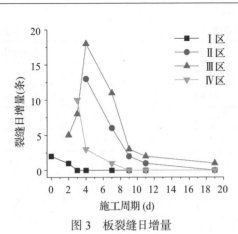

图 3　板裂缝日增量

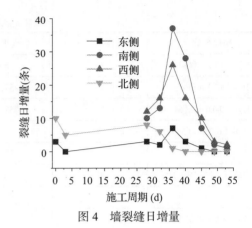

图 4　墙裂缝日增量

统计结果表明，Ⅰ区楼板拆模时发现两条裂缝，其后未见明显裂缝；Ⅱ区、Ⅳ区楼板拆模后裂缝增量呈递减趋势；Ⅲ区于拆模后第三天日新增裂缝最多达 18 条，其后日新增裂缝逐渐减少。地下室顶板各区于拆模一周后未见明显新增裂缝。东侧、北侧抗震墙自Ⅰ区拆模后出现裂缝，其后未见明显日新增裂缝，东侧、北侧最大日增量分别为 10 条、7 条；南侧、西侧拆模后，裂缝日增量呈明显递增趋势，南侧、西侧最大日增量分别为 37 条、26 条。各抗震墙于拆模两周后未见明显新增裂缝。

现场检测表明，地下室顶板Ⅱ区、Ⅲ区、Ⅳ区所检楼板裂缝走向基本一致，裂缝分布示意图如图 5 所示，在板内近似呈对角分布；抗震墙裂缝多为竖向裂缝，裂缝分布示意图如图 6 所示，缝长接近墙高，裂缝两端逐渐变细、消失，在抗震墙两端及后浇带附近墙体裂缝相对较少，在抗震墙中部附近相对较多。

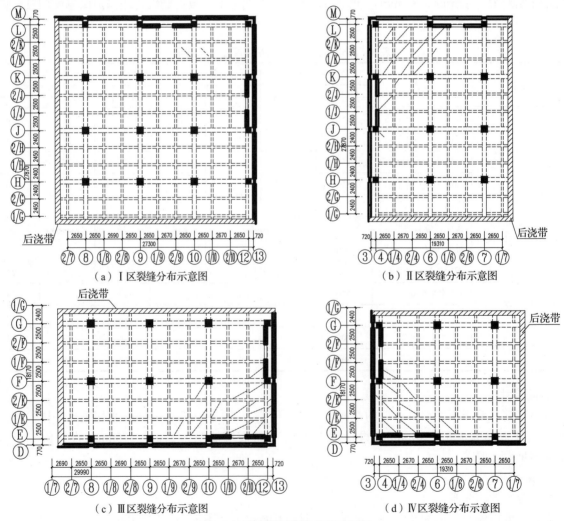

图 5　地下室顶板裂缝分布示意图

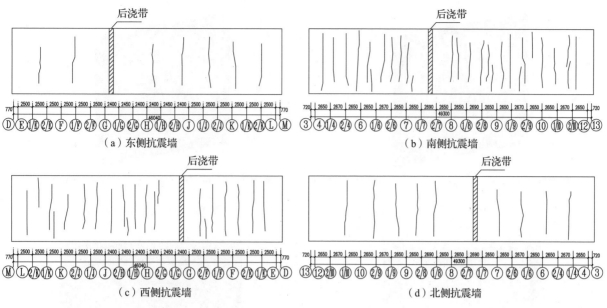

图 6　抗震墙裂缝分布示意图

### 3.4.2　裂缝宽度

采用裂缝宽度观测仪对地下室顶板、抗震墙进行裂缝宽度检测。所测板、墙裂缝宽度与温度变化情况如图 7、图 8 所示，检测结果表明，部分所检楼板裂缝宽度为 0.02 ～ 0.17mm；所检抗震墙中多数裂缝宽度≤0.2mm，最大裂缝宽度为 0.39mm。在所检温度变化范围内，裂缝宽度随温度升高而变大。所检地下室顶板、抗震墙裂缝宽度均未超出规范的限值要求。

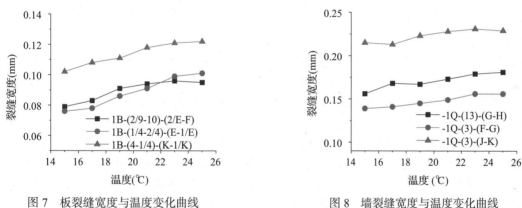

图 7　板裂缝宽度与温度变化曲线　　　　图 8　墙裂缝宽度与温度变化曲线

结合上述检测结果分析，该工程地下室顶板、抗震墙混凝土强度、钢筋配置、保护层厚度、板厚及墙厚等均满足设计及规范要求，未见明显施工缺陷。

### 3.5　有限元分析

结合有限元软件，分析了地下室顶板构件在自重、温度作用及施工荷载作用下板的挠度及应变情况。1B-（8-1/8）-（2/E-F）自重挠度为 0.15mm，考虑施工荷载后挠度为仅考虑自重荷载时挠度的 2.9 倍，如图 9、图 10 所示，自重应变为 $1.58 \times 10^{-6}$，在附加温度作用下楼板应变为 $0.72 \times 10^{-6}$，为自重应变的 45.5%，如图 11 所示。在自重、施工荷载及附加温度作用下，楼板裂缝主要分布在楼板支座处，而跨中未见明显裂缝，如图 12 所示。同理，由软件模拟分析知抗震墙在自重、施工荷载及附加温度作用下亦无明显裂缝。

## 4　鉴定分析

结合内业资料、现场实测数据、有限元分析及裂缝成因特征，经综合分析，该工程地下室顶板、抗震墙裂缝属于非受力裂缝。

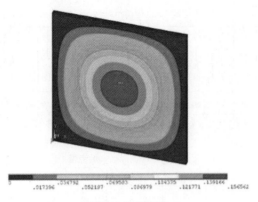

图 9　自重挠度

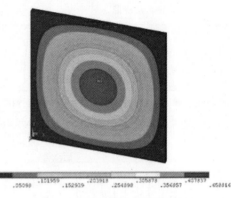

图 10　自重及施工荷载挠度

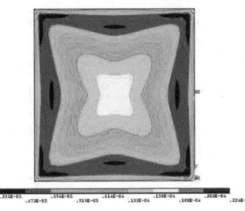

图 11　板自重应变

图 12　楼板自重裂缝分布

### 4.1　板裂缝分析

地下室顶板Ⅰ～Ⅳ区混凝土浇筑及拆模时间详见表 1。由表 1 及内业资料可知，板Ⅰ浇筑时间最早，养护到位，相较Ⅱ～Ⅳ区，Ⅰ区拆模较晚，故未见明显裂缝。冷藏间轴（11-13）顶部楼板由于拆模时龄期不足 28d，混凝土强度尚未形成，导致顶部楼板开裂渗水，出现干缩裂缝。

地下室顶板Ⅱ～Ⅳ区浇筑后，恰逢春节，现场施工人员进入假期，养护不到位，2 月 18 日最低温度为 9℃，2 月 22 日最高温度为 26℃，温差较大、现场风力也较大。当养护不当时，温度越高，混凝土表面水分蒸发量大，湿度变化大，反之其内部水分变化不明显，湿度变化小，造成构件内外体积收缩不均，表面混凝土出现拉应力，引起混凝土表面开裂。地下室顶板Ⅱ区、Ⅲ区、Ⅳ区靠近地下室墙角处板周边因墙体约束，刚度较大，容易在墙角附近产生应力集中现象。

因此在混凝土强度完全形成之前，由于温差在板中产生的主拉应力超过混凝土的抗拉强度导致开裂。冷藏库地下室顶板的长宽比 $L/B=1.2$，此时板纵横两个方向应力相近（$\sigma_x \approx \sigma_y$），裂缝近似呈对角线方向分布，裂缝分布特征详见图 13；穿堂地下室顶板的长宽比 $L/B=3.9$，沿长度方向的应力 $\sigma_x$ 远大于沿宽度方向的应力 $\sigma_y$，此时裂缝在板的中央形成，且方向近似垂直于板的长边，裂缝分布特征详见图 14。

### 4.2　抗震墙裂缝分析

由文献［9］知，现浇式钢筋混凝土挡土墙、地下室墙壁等结构伸缩缝最大间距可为 20m（露天）、30m（室内或土中）。当未进行土体回填时，因抗震墙薄且长的结构特点，对温度、湿度变化较敏感，当在墙体中由温度应力产生的主拉应力超过混凝土的抗拉强度后，则墙体开裂。

本工程现浇钢筋混凝土抗震墙伸缩缝最大间距为 28m，现状未进行回填，其中西侧抗震墙于 3 月 11 日开始回填。墙体对温度、湿度的要求较高，而该墙体施工时段恰值春节，施工人员放假，混凝土养护不到位，加之气候突变及昼夜温差、海边风力大且日照下混凝土阴阳面的温差较大，构件表面水分蒸发过快，进而产生收缩裂缝，而南侧、西侧日照时间更足，墙体裂缝数量也更多。

图 13　冷藏间板底开裂

图 14　穿堂板底开裂

综上所述，地下室顶板、抗震墙在自重和少量施工荷载作用下，结构变形较小，不易因承载力不足而产生裂缝。其宏观裂缝主要是由于人工养护不当，外界环境变化差异大造成混凝土干燥收缩和温度变化过大而导致的。

## 5　结论

（1）结合数值模拟分析可知，施工期拆模时板构件在重力及施工荷载作用下若产生裂缝，则该裂缝主要分布于支座端，跨中无明显裂缝。

（2）所检地下室顶板、抗震墙施工质量符合设计及规范要求，板、墙宏观裂缝主要是由于混凝土干燥收缩和温度变化过大而引起的，施工期板、墙只承受自重和少量施工荷载，结构变形较小，不易引起裂缝。

（3）抗震墙伸缩缝间距、温差、养护条件及混凝土级配等是非受力裂缝产生的主要原因，因此地下室抗震墙在伸缩缝间距的设定要合理，在回填之前应做好养护措施，同时应控制好混凝土级配、水化热等影响因素，避免因温差过大而产生裂缝。

（4）施工期拆模后非受力裂缝宽度随温度升高而变大。楼板长宽比影响非受力裂缝的分布：当长宽比相近（$L/B=1.2$）时，裂缝近似呈对角线方向分布；当长边远大于短边（$L/B=3.9$）时，裂缝在板的中央形成，且方向近似垂直于板的长边。

### 参考文献

[1] 龙建光. 钢筋混凝土构件裂缝研究与工程应用 [D]. 长沙：中南大学，2006.

[2] 徐有邻，顾祥林. 混凝土结构工程裂缝的判断与处理 [M]. 2 版. 北京：中国建筑工业出版社，2010.

[3] 曲成. 混凝土结构裂缝成因分析及加固技术 [D]. 大连：大连理工大学，2002.

[4] 丁岜. 钢筋混凝土结构裂缝宽度计算方法研究 [D]. 天津：天津大学，2007.

[5] 黎忠祁，罗泽权，梁洪涛. 回弹法检测混凝土强度的准确性研究 [J]. 广西水利水电，2020（6）：38-41.

[6] 中华人民共和国住房和城乡建设部. 回弹法检测混凝土抗压强度技术规程：JGJ/T 23—2011[S]. 北京：中国建筑工业出版社，2011.

[7] 中华人民共和国住房和城乡建设部. 建筑结构检测技术标准：GB/T 50344—2019[S]. 北京：中国建筑工业出版社，2019.

[8] 中华人民共和国住房和城乡建设部. 混凝土结构工程施工质量验收规范：GB 50204—2015[S]. 北京：中国建筑工业出版社，2015.

[9] 中华人民共和国住房和城乡建设部. 混凝土结构设计规范：GB 50010—2010[S]. 北京：中国建筑工业出版社，2016.

# 某地早期人防干道结构检测与安全性评定

## 李　根

甘肃省建筑设计研究院有限公司　兰州　730030

**摘　要**：现存早期人防干道修建年代较早，且国家尚未颁布全国性规范。针对某地早期人防干道，采用测量、物探、检测等手段对干道进行测绘及干道结构检测。采用通用有限元分析软件计算分析干道受力情况。参照已发布的政府机关、地方和现有建筑规范做法，在没有较权威规范的基础上对早期人防干道的安全性进行研究及合理评估，指出现结构体系存在的问题，并对后续使用维护提供一定的依据。

**关键词**：人防干道；检测鉴定

现存早期人防干道大部分修建于 20 世纪 60—70 年代，因修建年代久远，在使用过程中，各部位结构都逐渐出现老化或局部破损等病害，致使其安全性下降，已无法正常发挥其使用功能；且工程档案缺失，长期缺少维护。

## 1　工程概况

某地早期人防干道为 20 世纪 60—70 年代前后修建的适于当时战争技术的人防设施，坑地道人防工程是该工程主要类型，当时以战时将人员从密集处疏散至周边分散隐蔽为主要功能。干道大体为南北走向，干道结构为混凝土结构。干道地貌单元属河右岸 Ⅰ～Ⅱ 级阶地，地形南高北低，地面高程介于 xx86.70～xx22.80m 之间，最大相对高差约 63.90m。

全洞经踏勘，干道可通行长度 1504m，通过多方调查及物探方法验证，描绘的无法通行干道长度约为 1240m。干道区域内各层的岩土特征分别描述大体如下：①层填土；②层黄土状土，干道场地从北向南地基湿陷等级从 Ⅰ 级（轻微）～Ⅳ 级（严重）；③层粉细砂；④层卵石土。主要补给来源为大气降水入渗及含水层侧向补给，排泄方式为蒸发排泄及含水层侧向排泄。结构材质大多为混凝土衬砌。干道内部干燥，墙面有泛碱现象，地面有局部破损，破损较严重路段有常年积水，拱腰处有少量裂缝以及蜂窝麻面。

## 2　检测方法

### 2.1　干道测量和水质分析

采用三维激光扫描仪、电子全站仪等测绘仪器对该干道进行测量和三维建模，并绘制干道平面位置及干道横断面。同时采用物探方式对不能进入干道走向、埋深等进行探测。干道部分横断面图如图 1 所示，水质分析对比报告见表 1。

图 1　干道部分横断面图

**表 1　水质分析对比报告**

| 离子 | 水样1 | 水样2 | 相邻场地地下水 |
|---|---|---|---|
| $Mg^{2+}$（mg/L） | 3019.73 | 2877.87 | 68～350 |
| $Cl^-$（mg/L） | 35364.37 | 35777.99 | 114～665 |
| $SO_4^{2-}$（mg/L） | 2801.75 | 1200.75 | 1245～2442 |
| $HCO_3^-$（mg/L） | 36.61 | 36.61 | 60～120 |

在干道内部取多组水样，洞内积水对 Ⅱ 类环境下的混凝土结构有强腐蚀，在干湿交替时对混凝土结构中的钢筋具强腐蚀。调查发现基岩段衬砌下雨后衬砌均有渗漏现象，水源为基岩裂隙水，水中 $Mg^{2+}$、$Cl^-$、$K^+$、$Na^+$ 含量均比较高，且部分渗水中含有较多的易溶盐，引起土体的溶解性、膨胀性、

渗透性的变化，当易溶盐类溶解流失后就会改变土的稳定性、强度及透水性，致使混凝土产生泛碱、疏松、剥落、起砂等缺陷。

## 2.2　结构检测

### 2.2.1　衬砌和底板检测

采用地质雷达法对衬砌质量、衬砌和底板后空洞病害检测（衬砌后土体流失及底板下沉陷情况），结果显示左拱腰、拱顶、右拱腰测线衬砌与围岩之间多处存在空洞、塌陷、不密实等缺陷，衬砌背后以塌陷和不密实现象居多。

### 2.2.2　混凝土抗压强度检测

为避免钻芯取样对该干道造成的二次破坏，采用回弹法进行检测。检测结果显示，该干道大部分混凝土抗压强度推定值为 10 ～ 21.7MPa，部分强度小于 10MPa。

### 2.2.3　混凝土中钢筋检测

检测结果显示该干道口部位置存在部分钢筋，但钢筋数量较少，钢筋直径不统一。

### 2.2.4　结构缺陷和构造检查

结果显示，该干道混凝土整体泛碱现象严重，局部蜂窝、麻面、掉皮、起砂、裂缝、渗水较多。其中，拱腰有不同程度的混凝土裂缝发育，经统计裂缝共有 92 条，裂缝走向多为水平向，裂缝尺寸最大长度约 20m，最大宽约 20mm 且有新裂缝发育的趋势。衬砌有渗水漏水并伴有白色晶体析出且析出物较多，即泛碱较多。大范围有蜂窝、麻面、掉皮、起砂。局部干道底板（地面）隆起破损，凹凸不平，隆起部位有较大竖向裂缝，间断性破损（图 2 ～图 4）。

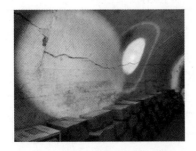 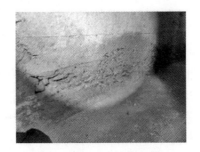 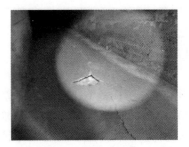

　　图 2　混凝土衬砌上端开裂　　　　　图 3　混凝土衬砌底部蜂窝　　　　　图 4　干道地面拱起

### 2.2.5　变形

结果显示，该干道拱腰处多出现水平裂缝，部分位置拱顶与拱腰有不同程度的脱开，弧形拱顶端部向干道内部局部发展，形成不利于承载的变形。

## 3　结构分析与计算

目前尚缺少对人防干道的通用计算软件，采用 ANSYS 公司的 ANSYS R19.0 有限元分析软件进行计算。构件参数采用实际检测和测量结果，计算参数按照现行规范进行取值（图 5 ～图 7）。

 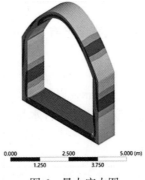 

　　　图 5　有限元网格模型　　　　　　　图 6　最大应力图　　　　　　　图 7　变形放大后，前后比对

计算结果表明，最大应力和最大变形均集中于拱顶与衬砌交接处。与已调查到的开裂情况相同，

且部分拱顶与衬砌已经形成脱开状态。混凝土构件开裂均集中于拱顶与衬砌交接处，且局部混凝土产生破坏。随着混凝土受易容性盐影响，混凝土质量变差，承载能力和变形均发生变化。

## 4 安全性评级

### 4.1 鉴定层次划分及参考规范

国家尚未颁布关于早期人防设施的鉴定标准，故参照国家机关管理局标准《早期人民防空工程分类与处置标准》（试行）（JGSW 01—2019）、陕西省地标《早期人民防空工程分类鉴定规程》（DB61/T 1019—2016）、山东省地标《早期人防工程安全鉴定规范》（DB37/T 2955—2017）三个标准，结合本项目实际情况及已颁布的 GB 50010—2010、GB 50292—2015 等，综合考虑整理制定了本项目的安全鉴定及评级标准，见表2。

表 2　本项目的安全鉴定及评级标准

| 鉴定项目<br>A、B、C、D | 单个构件或检查项目<br>a、b、c、d |
| --- | --- |
| 安全性鉴定 | 结构承载力 |
| | 构造 |
| | 不适于承载的位移或变形 |
| | 裂缝或损伤 |
| | 覆土层厚度 |

### 4.2 鉴定评级

#### 4.2.1 结构承载力

根据计算结果显示，不考虑战时荷载情况干道承载能力满足要求，但干道受积水、易容性盐等影响，干道内混凝土质量将变差，并形成安全隐患。同时依据《混凝土结构设计规范》（GB 50010—2010）（2015 年版）第 4.1.2 条规定素混凝土结构的混凝土强度等级不应低于 C15，以及《人防工程设计大样图结构专业》规定现浇混凝土构件的混凝土强度等级不低于 C25，该干道实测混凝土强度均不满足上述规范要求。当材料的最低强度等级不符合相关标准的规定时，应直接定为 c 级。混凝土构件的安全性按承载能力均评定为 c 级。

#### 4.2.2 构造评定

根据对构件连接节点构造和受力预埋件进行检测，该干道大部分混凝土结构构件采用素混凝土，直接由浇筑而成，较薄弱，未采取任何加强措施，构造不完全符合国家相关规范要求，且混凝土衬砌有不同程度的受力破坏裂缝。构件的安全性按构造要求评为 c 级。

#### 4.2.3 不适于承载的位移或变形评定

通过现场检查，拱腰混凝土衬砌由于向内收敛变形明显而导致底板拱起等现象。部分变形位移较大，该建筑物混凝土构件的安全性按不适于承载的位移或变形，评为 c 级。

#### 4.2.4 衬砌质量评定

该干道衬砌质量如 2.2.4 中所述，裂缝最大宽度已有 20mm，且衬砌后空洞较多，该干道衬砌质量评为 c 级。

#### 4.2.5 上覆土层厚度评定

该干道宽度 2.5～3.0m，上覆土厚度 10～50m，以硬塑黄土及第三系泥岩（砂岩）为主，上覆土厚度（$H$）/洞宽（$L$）为 4.0～15.0。在不改变上部土体含水量及厚度的情况下，洞体围岩基本稳定，平时无整体倒塌风险。

### 4.3 安全性鉴定评级

本干道整体安全性等级评为 C 级，即安全性不符合对 A 级的要求，显著影响承载能力，应采取措施，且有极少数构件应及时采取措施。

## 5　总结与建议

本干道建造年代久远，建造标准低，已不能满足现代战争和现行规范对人防掩体的要求，不经改造不宜继续作为人防工程使用。虽暂时无坍塌风险，洞内常年积水，缺少维护，已对原结构形成损伤，形成一定安全隐患。

加固方法可采用钢筋混凝土内衬套等方法进行结构加固，并加设钢筋混凝土底板加固。

## 6　结语

由于人防干道属于隐蔽性工程，安全隐患病害检测滞后性所引发的工程事故和地质灾害也逐渐增多[7]。早期人防干道的安全性涉及勘察、测绘、检测等多个专业，国内对于早期人防干道尚无全国性规范及系统性计算方法，收集现有规范基础上对早期人防社会干道的安全性进行检测评估，能为后续施工处置及城市地下空间综合开发利用提供一定的依据。

### 参考文献

[1] 焦斌. 早期人防工程安全评估方法研究 [J]. 科技经济市场，2010（04）：41-43.

[2] 晏月平，张叶鹏. 早期坑地道人防工程地质隐患特点及综合勘测 [J]. 工程地球物理学报，2016，13（05）：666-671.

[3] 张宁宁，骆亚生. 易溶盐对黄土强度特性的影响 [J]. 人民黄河，2014，36（08）：103-105.

[4] 中华人民共和国住房和城乡建设部. 民用建筑可靠性鉴定标准：GB 50292—2015[S]. 北京：中国建筑工业出版社，2016.

[5] 中华人民共和国住房和城乡建设部. 混凝土结构设计规范：GB 50010—2010[S]. 2015 年版. 北京：中国建筑工业出版社，2015.

[6] 山东省人民防空办公室. 早期人防工程安全鉴定规范：DB37/T 2955—2017[S].

[7] 郭都城，邵继喜. 探地雷达法在早期人防坑道检测中的应用研究 [J]. 建材与装饰，2020（21）：2.

# 某化工钢结构管廊支架安全性评估

商登峰[1,2]　江　勇[2]　宋晓滨[1]

1. 同济大学土木工程学院　上海　200092

2. 上海同瑞土木工程技术有限公司　上海　200092

**摘　要：**化工钢结构管架的安全性评估项目因其结构形式的特殊性，其检测鉴定工作存在一定难度，如构件尺寸及变形情况的检测与测量、使用荷载的调查以及结构承载力验算等。本文以某化工钢结构管架安全性评估项目为例，介绍了三维扫描技术在管架结构检测中应用，以及管架结构承载力的计算方法，供类似工程参考。

**关键词：**化工管架；三维扫描；结构检测；安全性评估

化工钢结构管架的安全性评估因其结构形式的特殊性，与普通的钢结构建筑物或构筑物检测鉴定项目存在一定的差异，主要体现在以下几点：（1）因化工厂安全管理以及管架结构一般较高等因素，导致管架结构构件的检测与复核等工作存在一定难度；（2）因管道桥架数量和种类繁多，导致管架现状使用荷载调查存在一定难度；（3）因管廊结构形式特殊以及使用荷载复杂，导致结构承载力验算存在一定难度。本文以某化工钢结构管架安全性评估项目为例，介绍三维扫描技术在管架结构检测中应用，通过对管架结构传力体系的分解以及使用荷载的调查分析，对管架结构承载力进行了计算，对管架结构的安全性进行了全面的分析与评估。

## 1　工程概况

检测评估对象为两段钢结构管架，位于张家港市某化工厂内，分别标记为 PR1 和 PR2，其中：PR1 管廊呈东西走向、PR2 管廊呈南北走向，两管廊相互独立，主要为双层钢结构管廊式支架，建于2016 年前后，长度分别为 59.5m 和 103m，目前正常使用。

厂方拟对两条管廊进行扩建改造，以支承新增管道及电缆桥架，为确保管廊改造工程和构筑物结构安全，并为改造设计提供依据，委托对管廊结构质量进行全面检测，对管廊结构的抗震性能进行鉴定，对其结构改造方案的技术可行性做出综合评价，并对可能存在的问题提出处理建议（图 1）。

## 2　管架结构检测

受化工厂内安全管理及登高措施限制等因素影响，常规的人工测量手段无法满足管架结构检测的要求，本项目因地制宜地使用了高精度三维扫描技术，对两段管架进行了扫描建模（图 2），通过对高精度的点云模型的数据分析，实现对管架结构尺寸复核、构件变形检测（钢柱倾斜、钢梁挠度等）以及管架使用荷载的调查等检测工作。

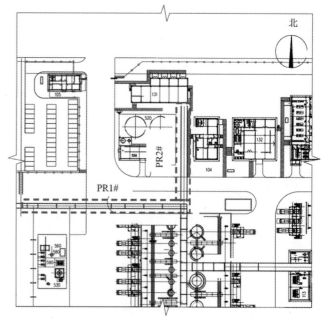

图 1　两管架相对位置关系

作者简介：商登峰（1979—　　），男，高级工程师，国家一级注册结构工程师，E-mail：shangdf@tongji.edu.cn。
　　　　　宋晓滨（1977—　　），男，博士，教授，博士生导师，E-mail：xiaobins@tongji.edu.cn。

图 2　三维扫描整体模型

## 2.1　结构构件尺寸的检测与复核

通过对高精度的点云模型的数据分析，并结合部分人工测量（采用 DISTO CLASSIC4 型手持式激光测距仪、钢卷尺）结果，对管架轴线尺寸和层高、结构布置情况以及主要结构构件截面尺寸等进行了检测与复核（表 1、表 2）。检测结果表明：各管廊轴线尺寸和层高、结构布置情况以及主要结构构件截面尺寸与原设计图纸基本一致。

表 1　主要建筑尺寸抽样检测与复核结果

| 检测内容 | 检测位置 | 尺寸复核（mm） | | 尺寸偏差（mm） | 复核结果（%） |
| --- | --- | --- | --- | --- | --- |
| | | 设计值 | 实测值 | | |
| 轴网尺寸 | 10/Ya-5/Xa ～ 6/Xa 轴 | 12000 | 12023 | +23 | +0.19 |
| | 9/Ya-7/Xa ～ 8/Xa 轴 | 23000 | 22791 | −29 | −0.12 |
| | 10/Ya-8/Xa ～ 9/Xa 轴 | 9000 | 8989 | −11 | −0.12 |
| | 12/Xa-6/Yb ～ 5/Yb 轴 | 12000 | 12002 | +2 | +0.02 |
| | 12/Xa-4/Yb ～ 5/Yb 轴 | 12000 | 11999 | −1 | −0.01 |
| | 13/Xa-2/Yb ～ 3/Yb 轴 | 13000 | 12997 | −3 | −0.02 |
| 层高 | 12/Xa ～ 13/Xa-6/Yb ～ 7/Yb 轴 | 4500 | 4509 | +9 | +0.20 |
| | 12/Xa ～ 13/Xa-2/Yb ～ 3/Yb 轴 | 8500 | 8495 | −5 | −0.06 |
| | 7/Xa ～ 8/Xa-10/Ya ～ 9/Ya 轴 | 8500 | 8502 | +2 | +0.02 |
| | 10/Xa ～ 11/Xa-10/Ya ～ 9/Ya 轴 | 6500 | 6507 | +7 | +0.11 |

注：1. 表中复核结果为实测值与设计值的差值占原设计值的百分比，数据前"＋"表示实测较原设计大，"−"表示实测较原设计小；

2. 实测值已扣除墙面粉刷层厚度；

3. 主要轴网、层高尺寸采用 DISTO CLASSIC4 型手持式激光测距仪，测量结果含测量误差；

4. 根据复核结果，各轴网、层高实测值均与设计值基本相符。

表 2　典型钢构件截面尺寸检测与复核结果

| 检测位置 | 设计值（mm） | 实测值（mm） | 复核结果 |
| --- | --- | --- | --- |
| 5/Xa-9/Ya 轴柱 | HM244 × 175 × 7 × 11 | 245 × 176 × 7 × 11 | 基本一致 |
| 6/Xa-10/Ya 轴柱 | HM244 × 175 × 7 × 11 | 246 × 175 × 8 × 11 | 基本一致 |
| 8/Xa-9/Ya 轴柱 | HM294 × 200 × 8 × 12 | 297 × 202 × 8 × 12 | 基本一致 |
| 2/Xa ～ 5/Xa-9/Ya ～ 10/Ya 梁 | HN150 × 75 × 5 × 7 | 152 × 76 × 5 × 7 | 基本一致 |
| 9/Ya-2/Xa ～ 5/Xa 梁 | HM294 × 200 × 8 × 12 | 295 × 200 × 8 × 12 | 基本一致 |

## 2.2　使用荷载（管道、管架布置）调查

对高精度的点云模型输出的管架剖面图进行分析（图 3、图 4），对两条管廊现状管道及桥架布置情况进行调查。调查结果表明：两条管廊各层均敷设有 4 ～ 9 根不等的管道、2 ～ 11 根不等的桥架；

两桥架过街段均后增广告牌（可测量广告牌的位置及尺寸）。与原设计对比，现状管道、桥架布置与原设计局部不符，过街段桁架原设计未考虑广告牌。

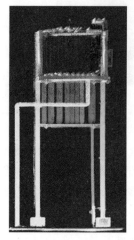

图 3　三维扫描 PR1 典型横向剖面切片　　　　图 4　三维扫描 PR2 典型横向剖面切片

### 2.3　构件变形检测

#### 2.3.1　相对不均匀沉降趋势的检测

采用 SOKKIA CX-102 型电子全站仪测量了两条管廊的相对不均匀沉降趋势（含施工误差），测量时以钢梁底为相对水准面。检测结果表明：PR1 东西向钢柱的相邻柱基沉降差在 0 ~ 14mm 之间，平均相对倾斜在 0‰ ~ 1.17‰ 之间；PR2 南北向钢柱的相邻柱基沉降差在 0 ~ 30mm 之间，平均相对倾斜在 0‰ ~ 4.62‰ 之间。各管廊各方向相邻柱基沉降差均低于国家标准《建筑地基基础设计规范》（GB 50007—2011）关于同类建筑结构相对倾斜的限值（5‰）。

#### 2.3.2　倾斜情况的检测

采用 SOKKIA CX-102 型电子全站仪，并结合 FARO 高精度三维扫描仪扫描结果，对管廊结构倾斜情况进行了检测。检测结果表明：PR1 钢柱东西向倾斜率在 0.55‰ ~ 4.46‰ 之间，南北向倾斜率在 0.63‰ ~ 3.64‰ 之间；PR2 钢柱东西向倾斜在 0.02‰ ~ 2.16‰ 之间，7/Yb 刚架钢柱南北向倾斜率在 13.12‰ ~ 17.26‰ 之间，其余刚架钢柱南北向倾斜率在 0.48‰ ~ 4.38‰ 之间。管廊各钢柱倾斜方向与相对不均匀沉降趋势不完全一致。除 7/Yb 轴刚架钢柱外，其余钢柱倾斜率均能满足国家标准《化工工程管架、管墩设计规范》（GB 51019—2014）关于同类建筑结构倾斜的限值（$H/200$）。

#### 2.3.3　主要水平构件挠度检测

采用 SOKKIA CX-102 型电子全站仪，并结合 FARO 高精度三维扫描仪扫描结果，对管廊的主要水平构件挠度情况进行了检测，检测结果表明：管廊主要水平构件挠度在 0.5 ~ 18.5mm 之间，挠跨比在 1/26000 ~ 1/667 之间，均低于国家标准《化工工程管架、管墩设计规范》（GB 51019—2014）的挠度限值（管架柱上的横梁、纵梁及桁架上的横梁为 $l_0/250$，支撑中间横梁的钢纵梁为 $l_0/400$，钢桁架为 $l_0/500$）。

## 3　管廊结构损伤及缺陷的检测

两条管廊主要结构构件整体上保存完好，未见明显变形、开裂等损伤情况的发生，构件间连接节点完好，连接可靠，未见明显变形、开裂等损伤的发生，个别位置存在渗水、防锈漆脱落、发霉现象；管廊钢柱柱脚局部螺栓表面存在浮锈现象；现场检测发现 PR002 管廊西侧另一独立支架柱存在较大的倾斜情况（图 5），根据三维扫描测量结果，该柱主要呈东西向倾斜，东西向倾斜率约 5‰。

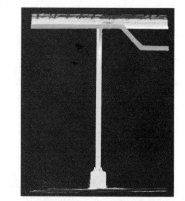

图 5　三维扫描 PR2 西侧支架柱东西向切片（测量东西向倾斜）

根据现场损伤调查结果，对管廊损伤原因进行分析：管廊出现的个别位置渗水、防锈漆脱落、发霉、螺栓表面浮锈等现象，主要为材料收缩、老化以及排水不畅、防锈漆脱落所致；管廊目前出现的损伤均主要为非结构损伤，不影响结构安全。

# 4　管架结构承载力验算

## 4.1　管廊改造方案及未来使用荷载的调查

根据委托方提供的管廊结构改造方案，本次改造主要包括：

（1）对于PR1管廊，于原双层管廊上方加建一层形成三层，对部分钢柱基础进行加固。

（2）对于PR2管廊，于原管廊 3/Yb ～ 7/Yb 段 4.5m 标高处向西侧扩建一跨，于 1/Yb ～ 3/Yb 段 6.5m 标高处向西侧扩建一跨，并在局部柱间新增柱间撑（八字撑），局部横梁之间新增连梁。

（3）对两处管廊新增结构部分的管道及桥架进行了重新设计、布置。

根据委托方提供的管廊改造设计方案图纸，并结合现场检测，根据两处管廊各层管道和桥架实际布置情况（类型及大小等）以及改造方案确定使用荷载，并考虑后加广告牌的自重及附加风荷载。

## 4.2　结构抗震构造措施的调查分析与评定

管廊结构抗震构造措施的调查结果表明：两处管廊结构抗震构造措施整体上均能满足国家标准《构筑物抗震设计规范》(GB 50191—2012) 的要求（表3）。

表3　管廊结构构造措施调查一览表

| 结构情况 | 规范要求 | 结论 |
|---|---|---|
| 两处管廊支架柱主要截面形式为 HM244×175×7×11、HM294×200×8×12，管廊最高处为 8.500m，长细比均在限值范围内 | 钢支架柱的长细比限值，对于固定支架，6度时长细比限值为150（此值适用于Q235钢，采用其他牌号钢材时按规范要求换算） | 符合 |
| 敷设于支架顶层横梁上的外侧管道设有防止管道滑落的措施 | 敷设于支架顶层横梁上的外侧管道应采取防止管道滑落的措施，采用下滑式或滚动式管托的支架应采取防止管托滑落于梁侧的措施 | 符合 |
| 两处管廊均设有柱间支撑 | 管廊式支架在直线段的适当部位应设置柱间支撑和水平支撑；8度和9度时，在有柱间支撑的基础之间宜设置连系梁 | 符合 |
| 两处管廊的支架柱均为贯通型 | 钢支架的梁柱连接宜采用柱贯通型 | 符合 |

## 4.3　结构承载力验算

根据国家标准《化工工程管架、管墩设计规范》(GB 51019—2014) 和《构筑物抗震设计规范》(GB 50191—2012) 相关要求，对两处管廊结构承载力进行验算。对于中间横梁和纵梁，按单跨简支梁验算其承载力；对于支架结构，简化为二维框架结构体系，按照抗震设防烈度6度、设计基本地震加速度 0.05g（设计地震分组为第二组、建筑场地类别为Ⅳ类）、抗震设防类别丙类、设计后续使用年限50年的要求进行抗震承载力验算。管廊结构体系、连接节点、构件截面尺寸以及材料强度取值等根据《检测报告》确定，荷载根据第七章调查结果取值，恒、活荷载分项系数分别取 1.3、1.5。计算中不考虑结构构件存在的损伤及变形影响。

### 4.3.1　验算结果

（1）PR1：

原支架各横梁：承载力、整体稳定以及挠度均能满足计算要求。原支架各纵梁和纵向桁架：承载力、整体稳定以及挠度均能满足计算要求。横向刚架：过街段管架不满足承载力的计算要求，且位移角不能满足规范限值要求。其余刚架均能满足结构安全性要求。支架柱基础：除过路段支架两侧钢柱（7/Xa轴和8/Xa轴）下方基础不能满足计算要求外，其余基础均能满足承载力的计算要求。

（2）PR2：

原支架部分横梁：整体稳定不能满足计算要求，其余承载力以及挠度均能满足计算要求。原支架部分纵梁：挠度不能满足规范限值要求，承载力能满足计算要求。横向刚架和纵向桁架：整体上均能满足承载力的计算要求，变形能满足规范限值要求。支架柱基础：除3/Yb轴下方基础不能满足计算要求外，其余基础均能满足承载力的计算要求。

#### 4.3.2 典型横梁计算

位置：（4/Yb）～（7/Yb）段 4.500m 层原结构横梁。横梁规格：HN200×100×5.5×8，跨长4m。

梁上荷载：敷设有 10 根桥架，横向四排，根据委托方提供的设计计算书，按集中荷载（自动计算梁自重）计算，计算简图如图6所示。图中，尺寸单位为 mm，荷载单位为 kN。

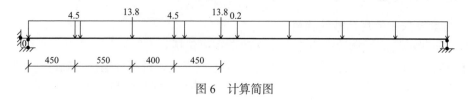

图6 计算简图

验算结果：见表4，整体稳定不满足要求。

**表4 验算结果** MPa

| 计算参数 | 受弯强度 | 受剪强度 | 局部承压 | 折算应力 | 整体稳定 | 挠度 |
|---|---|---|---|---|---|---|
| 计算结果 | 178 | 33 | 10.23 | 140 | 362 | $L/382$ |
| 规范限值 | 305 | 175 | 305 | 336 | 305 | $l_0/250$ |

#### 4.3.3 典型横向框架验算

位置：3/Yb 轴横向框架（考虑广告牌附加风荷载）。

验算结果：各构件均能满足承载力计算要求（图7、图8）。

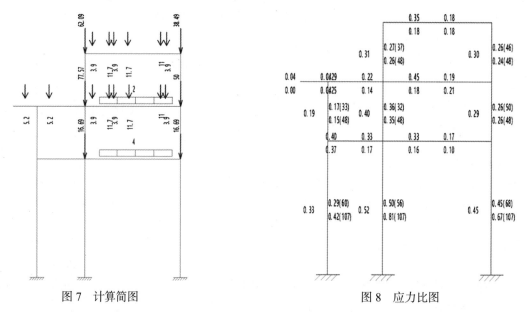

图7 计算简图          图8 应力比图

### 4.4 结构抗震性能综合评定及改造方案可行性评估

管廊结构抗震构造措施的调查结果表明：两处管廊结构抗震构造措施整体上均能满足国家标准《构筑物抗震设计规范》（GB 50191—2012）的要求；PR1 过街段支架两侧横向框架（考虑广告牌附加风荷载）不满足承载力的计算要求，过路段支架两侧钢柱下方基础（CTj07）不满足计算要求；PR2 原支架部分横梁整体稳定不满足计算要求，原支架部分纵梁挠度不满足计算要求，（3/Yb 轴）钢柱基础不满足计算要求。

综上，在对不满足承载力计算要求的构件采取必要的加固措施后，管廊结构能满足相关规范要求，管廊结构改造方案在技术上是可行的。

## 5 结语

（1）两条管廊均为钢结构管廊式管架结构体系，管架柱间支撑、水平支撑、连接节点等构造措施均满足国家标准《化工工程管架、管墩设计规范》（GB 51019—2014）的相关要求，各构件整体保存完好，未见明显变形、开裂等损伤发生，各节点连接可靠，未见明显变形、破坏等情况。

（2）两处管廊结构抗震构造措施整体上均能满足国家标准《构筑物抗震设计规范》（GB 50191—2012）的要求。

（3）PR1 过街段支架两侧横向框架（考虑广告牌附加风荷载）不满足承载力的计算要求，过路段支架两侧钢柱下方基础（CTj07）不满足计算要求；PR2 原支架部分横梁整体稳定不满足计算要求，原支架部分纵梁挠度不满足计算要求，（3/Yb 轴）钢柱基础不满足计算要求。

（4）对于过街段支架两侧不满足承载力计算要求的横向刚架，建议增加支撑或其他有效加固措施；对于不满足计算要求的基础，建议采取锚杆静压桩增大基础截面法或其他有效加固方法进行处理。

（5）对于整体稳定不满足计算要求的横梁，建议增加连系梁或其他有效措施进行加固；对于挠度不满足计算要求的纵梁，建议通过增加斜撑或其他有效加固措施。

（6）本文三维扫描技术在管架结构检测中使用，以及管架结构承载力的计算分析，可供同行类似项目参考。

## 参考文献

[1] 中华人民共和国住房和城乡建设部. 化工工程管架、管墩设计规范：GB 51019—2014[S]. 北京：中国建筑工业出版社，2014.

[2] 中华人民共和国住房和城乡建设部. 构筑物抗震设计规范：GB 50191—2012[S]. 北京：中国建筑工业出版社，2012.

[3] 中华人民共和国住房和城乡建设部. 建筑结构荷载规范：GB 50009—2012[S]. 北京：中国建筑工业出版社，2012.

[4] 中华人民共和国住房和城乡建设部. 建筑工程抗震设防分类标准：GB 50223—2008[S]. 北京：中国建筑工业出版社，2008.

# 检测鉴定文件深度要求约定与验收程序的思考

魏常宝[1]　马　龙[2]　郑建军[1]　安贵仓[1]　钱　铭[1]　赵福荣[1]

1. 甘肃土木工程科学研究院有限公司　兰州　730020
2. 中核四〇四有限公司　嘉峪关　735112

**摘　要：** 在目前没有检测鉴定报告编制深度的规定下，本文拟从招投标阶段、合同签订阶段就检测鉴定报告编制深度尝试进行了约定，这样就能够从招标和合同管理方面保证检测鉴定报告的编制质量和深度达到合同与相关规范要求，满足建设单位、设计单位及相关决策等的使用要求。本文还探讨了制定检测鉴定报告深度规定对该类文件的编制深度约束的可行性。主要采用专家论证会方式、制订审查制度方式、审查委员会审查方式、有资质单位咨询审查方式四种有效的验收方式对检测鉴定报告进行有效验收，促进检测鉴定报告编制走向正规，达到审查要求。本文尝试制订检测鉴定报告深度约定及验收方式，有效规范检测鉴定文件的编制质量与深度，有效约束检测鉴定行为，更好地为建设单位服务，为检测鉴定标的物的后续处理提供可靠的技术依据，为主管单位提供可靠的决策依据。

**关键词：** 检测鉴定；成果文件；深度约定；成果验收

检测鉴定成果文件不同于勘察报告、设计施工图以及咨询报告等技术文件，检测鉴定成果文件目前没有可以遵守的编制深度规定，也没有明确的评审及审查等验收程序审查其深度与质量，因此导致不同的单位编制的检测鉴定成果文件千差万别。因该领域尚无统一的编制深度规定，这就造成了此类成果文件编制内容混乱、名目繁多、可用性较差等，有些不能成为对建筑结构进行有效的评价的依据。尤其是对一些需要继续使用的既有老旧既有建筑不能很好地提供技术依据和有用的数据，导致业主单位决策失误，造成不必要的损失和浪费。本文在提出检测鉴定成果文件编制深度规定的基础上，从检测鉴定成果深度和质量的约定、制订检测鉴定成果文件的验收程序两个方面分别进行了探索与思考，呼吁规范检测鉴定行为，规范检测鉴定成果文件编制，希望对以后的检测鉴定管理提供一种思路，指导检测鉴定成果文件的编制和验收走向正规。

## 1　检测鉴定成果深度约定的思考

### 1.1　招标阶段的约定及双信封制度

检测鉴定项目招标期间，通过编制招标文件对检测鉴定行为和提交的成果文件进行约定，在招投标阶段就进行系统的约束，防止检测鉴定成果文件质量有缺陷，深度不足。招标文件对技术部分进行严格而系统的约定，编制检测鉴定大纲，投标单位必须严格执行，不得有偏差，提交的成果文件也不得低于招标文件要求。这虽对招标人的专业技术要求较高，招标人需要有检测鉴定方面的技术专家，但招标人也可邀请检测鉴定方面的技术专家编制招标文件技术要求条款。另外降低投标价格分所占比例，增加技术评分所占比例，防止低价格中标后检测鉴定现场作业投入不足、检测鉴定现场作业（外业）质量缩水，防止提交的检测鉴定成果文件深度不足、质量低劣等。通过招标文件约定以及降低报价分比例，各投标人不得降低检测鉴定成果文件的深度与质量，打击以牺牲检测鉴定质量而低价中标的恶意竞争。

### 1.2　招标阶段的双信封制度

在招投标阶段，借鉴国际工程招标和国内其他行业招标"双信封制度"。双信封招投标制度的实施有助于优良检测鉴定单位参与市场竞争，防止竞标方之间低价抢标现象发生，提倡合理低价中标，引导检测鉴定把关注焦点由价格战转移到质量战上来。双信封制评标首先评审技术标（第一个信封），筛选出技术标中标候选人（一般为3个），再对排名第一的中标候选人的商务标（第二个信封）进行评审，若第一个中标候选人不符合条件，再评审排名第二的中标候选人商务标。

## 1.3　合同条款约定

中标后，在有效期内及时签订合同，签订合同时再次对检测鉴定深度和质量进行约定，要求不低于招标文件规定。

另外，现阶段检测鉴定合同通常都不考虑检测鉴定成果深度的约定，这一点不同于建设工程施工合同，没有形成标准的制式合同格式，也没有形成通用条款和专用条款约定。因此，制订一套适合检测鉴定项目的标准制式合同文本也是有必要的。

## 1.4　制订深度规定进行约束

不同于勘察与设计项目，检测鉴定项目暂无深度约定，也无评审和审查程序，不能像勘察设计项目一样按深度规定编制，也无法通过评审审查程序对检测鉴定成果文件的深度和质量进行评审和审查。鉴于此，本文提出可尝试通过课题研究的方式申请并制订检测鉴定成果文件的深度规定，此深度规定作为各地的地方标准试用，再不断进行修订完善，待修订成熟且经过审查后作为行业标准或国家标准进行推广，进而推广检测鉴定项目评审制度、审查制度，规定检测鉴定项目的验收程序，从而有效规范检测鉴定行为之乱象。

## 2　检测鉴定技术文件验收程序的思考

对于检测鉴定成果文件，在没有类似于勘察和设计项目审查制度和验收程序的情况下，一般委托单位都不能对检测鉴定成果文件进行审查和有效的验收。检测鉴定单位提供什么样的文件，委托单位就接收什么样的文件，其质量的优劣只取决于检测鉴定单位的技术水平、业务能力，委托单位不能对检测鉴定行为进行有效的监管，这对建设单位的权利是一种侵害，也是造成检测鉴定行业混乱的因素之一。

实际上，由于检测鉴定单位提交深度不足、质量不过关的检测鉴定报告，对建（构）筑物的安全隐患不能准确提出，会给委托单位的后续使用以及加固改造造成延误、损失，甚至造成严重后果。因此，如何对检测鉴定成果文件进行审查和验收是把好最后一道关的关键所在。参照勘察设计项目的审查制度、评审制度，拟从以下 4 个方面对检测鉴定成果文件验收程序进行探索和思考。

## 2.1　专家论证会方式评审验收

在没有审查程序的条件下，对检测鉴定成果文件，委托单位可以组织专家论证会的方式进行验收，对符合专家论证会要求的技术文件进行接收，对不符合专家论证会要求的技术文件退回。退回的文件由检测鉴定单位参考专家咨询意见进行修改。此法不具有强制性，但也是目前采用较多的一种评审验收方式，为大多数委托单位采用。

委托单位组织的专家论证会应根据需要邀请检测鉴定方面的专家（5 名以上单数）进行论证。专家选择本省从事检测鉴定方面的专家，还需选择至少 1 名改造加固设计单位的项目负责人或设计人作为专家组成员。为严格论证审查，也可邀请竞标排名第二的单位（主要竞争对手）和参与加固改造设计的专家。若是重大工程，也可邀请全国知名专家进行论证。检测鉴定单位对专家论证会意见有义务逐条答复并修改，检测鉴定单位对改造与加固设计项目负责人的审查意见必须重视。

## 2.2　制订审查（制度）验收

参照勘察、设计项目的审查制度，对于检测鉴定项目，其成果文件是也可以通过制订审查制度进行验收，委托单位只接收通过技术审查并盖有审查合格章的技术文件，同时要求提供审查合格证书。建立审查制度对检测鉴定项目进行审查，规范检测鉴定项目作业，规范检测鉴定成果文件的编制，督促检测鉴定单位提高检测鉴定质量，更好地为委托单位服务。

## 2.3　组织审查委员会审查验收

各省级建设管理部门（住房和城乡建设厅）组织成立检测鉴定项目审查委员会，检测鉴定项目审查委员会对检测鉴定成果文件进行审查，审查合格后颁发相应的"合格证书"。经审查合格的检测鉴定成果文件，委托单位方能接收，未经审查或审查未通过，不得进行决策和开展下一步的工作。

**2.4　组织有资质单位咨询审查验收**

各省级建设管理部门（住房和城乡建设厅）下达审查权到有甲级检测单位、甲级鉴定单位（若有鉴定资质才做此要求）、甲级设计单位，在审查制度的框架下，其参与检测鉴定项目的审查。委托单位委托有资质的单位对其拟将接收的检测鉴定成果文件进行审查，审查合格后颁发相应的"合格证书"。经审查合格的检测鉴定成果文件，委托单位方能接收，未经审查或审查未通过，不得进行决策和开展下一步的工作。

# 3　案例分析

本文所述两个典型案例均为检测鉴定项目低价中标，检测鉴定单位在低于正常成本或利润率的情况下，给检测鉴定项目的外业工作和内业工作"打折"，其所提交的技术文件深度达不到相关规范要求、成果文件质量差，对所检测鉴定的建（构）筑物未能有效进行检测与评价，不能有效指导后续的加固维修处理，给委托单位后续的处理制造了障碍，造成了损失，延误了项目的整治。

2015 年某地 A 建设单位采用竞争谈判的方式采购该公司技改工程建（构）筑物可靠性检测项目，该项目无投标限价，C 公司报价 125 万元，D 公司报价 79 万元。最终 D 公司以 79 万元的成交价中标该项目。经 D 公司检测鉴定并提交成果文件，各老旧建（构）筑物安全性鉴定等级都为 $D_{su}$ 级，虽评级粗糙但无明显过错，只是全部拆除处理意见欠妥，各报告未能详细检测与合理评级，未能进行加固后使用的合理建议，对后续的加固处理无指导意义。因 A 建设单位的老旧建（构）筑物为 20 世纪 50 年代时所建，有些建（构）筑物有纪念意义，其中有些典型、标志的建（构）筑物不能拆除，必须通过加固后延长使用年限。因此，A 建设单位委托其他设计单位进行加固设计时，其他设计单位因检测鉴定深度不够、资料不全、建议不合理而无法进行有效设计，D 公司提交的检测鉴定报告深度和质量均不足以为加固设计提供技术依据，以至于加固设计进程很难开展，拖延了 A 建设单位对这类老旧建（构）筑物安全隐患的治理，造成了不良影响。

2021 年某地 B 建设单位公开招标该公司老旧房屋安全可靠性鉴定项目。该项目投标限价为 63.5 万元，此次投标中最具竞争力的只有 C 公司和 D 公司。C 公司投标报价 58.4 万元，两轮报价优惠后最终报价为 49.6 万元。D 公司投标报价 56.7 万元。两轮优惠报价后，最终报价 29.5 万元。2 家竞标公司报价（含优惠报价）差距不大。经过综合评标，D 公司最终以 29.5 万元的成交价格中标该项目。经 D 公司检测鉴定，并提交了检测鉴定成果文件，其中各老旧房屋地基基础安全性鉴定等级为 $A_{su}$ 级，对于工业建筑，上部结构安全性鉴定结果为Ⅳ级，对于民用建筑，上部结构安全性鉴定结果为 $D_{su}$ 级，只进行了抗震承载力验算，未进行静力作用下正常工况下的承载力鉴定（作为安全性等级的判定条件），只以抗震承载力验算结果对安全性进行评价。未能严格按照现行《工业建筑可靠性鉴定标准》（GB 50144）和《民用建筑可靠性鉴定标准》（GB 50292）的要求，划分构件、构件集，对构件及构件集进行有效评定，只是笼统地对结构构件的抗震承载力评价安全性进行评价。检测鉴定处理建议基本以拆除新建为主，未提及结构加固、抗震加固处理意见和建议，项目未能进行详细检测与评定，成果文件对老旧房屋加固基本无指导意义。

# 4　结语

本文以总结归纳既有工业与民用建（构）筑物检测鉴定文件深度规定为起点，从招标阶段招标文件约定和合同条款约定出发，尝试通过制订标准对检测鉴定项目的检测深度和成果文件深度进行有效的约定，以达到类似施工图设计深度规定之效果，更好地为建设单位提供服务，为建设单位提供可靠的决策依据。最后提出针对检测鉴定项目成果文件的一系列验收程序和验收方案，即采取专家论证会方式评审验收、审查（制度）验收、组织审查委员会审查验收、组织有资质单位咨询审查验收。对于检测鉴定项目制订验收程序是必要的，这样既能够促使检测鉴定项目的成果文件是建设单位真正所需要的，又能达到质量和深度的要求，更好地为建设单位对既有老旧建（构）筑物延续使用和处理提供正确合理的技术依据与技术支撑，有效指导加固设计等。本文探索了检测鉴定深度的一系列约定，也探索了检测鉴定成果文件的质量验收程序，目的在于呼吁规范检测鉴定质量，也为业主单位和政府相关部门管理检测鉴定行为和检测鉴定成果文件提供一种思路，对建设单位和检测鉴定质量管理部门对其所管辖的检测鉴定项目的管理和监管有一定借鉴意义，希望能在一定范围内推广或借鉴。

### 参考文献

[1] 陈建国，刘晨玉，胡文发. 加拿大工程设计审核制度分析与启示 [J]. 工程管理学报，2021，35（01）：37-43.

[2] 王树平. 不断完善施工图审查制度：守住工程安全底线 [J]. 建筑设计管理，2021，38（02）：8.

[3] 杜始勇. 交通工程检测要点及检测质量控制 [J]. 工程建设与设计，2020（22）：154-155.

[4] 马立荣. 关于业主规避恶意低价中标行为的策略研究 [J]. 石油石化物资采购，2011（10）：90-91.

[5] 张天晓，旷飞，刘晓文. 浅谈建筑工程专项方案监督管理 [J]. 工程质量，2017，35（03）：20-24.

[6] 夏偕田. 建筑工程检测实验室司法鉴定工作管理的探讨 [J]. 工程质量，2007，（11）：1-3.

# 某地下车库工程质量事故检测与分析

闫　妮　吴善能　廖勇元

同济大学　上海　200092

**摘　要：** 某地下车库上部为7层车间或人行广场，主体施工已完成，地库尚未开放使用。2018年9月，地下车库中发现6根柱脚四周地坪出现裂缝、渗水，柱间的底板有明显的隆起。为查明地下室底板损坏范围及损坏原因，现场对底板施工质量、地下室不均匀沉降和底板变形、底板损坏情况进行检测，并采用有限元软件对底板设计承载力及实际承载力进行验算。结果表明，地下室底板板厚及配筋不满足设计要求，局部区域的底板下层支座设计配筋略低于规范要求，地下室底板自身抗浮承载力不足，最终导致在高水位期间，柱脚四周地坪开裂及冒水事故发生。建议采用增加板厚、增设抗拔桩或两者相结合的方式进行加固处理，以提高地下室底板自身抗浮承载力。

**关键词：** 底板开裂；高水位；抗浮承载力

## 1　建筑结构概况

上海某工程地下一层车库位于1号楼（以下简称"主楼"）及广场下方，主楼和地下车库的位置关系如图1所示。检测时主体施工已完成，地库尚未开放使用。

主楼和地下车库均为钢筋混凝土框架结构，主楼为7层（局部6层）车间，平面形式近似L形。地下车库的平面形式近似矩形，东西向总宽69.6m，南北向总长92.4m。主楼室内地面相对标高为 ±0.00m，室内外高差0.20m，地下室层高为5.00m（主楼区域）或3.80m（广场区域，上方为1.00m厚覆土）。

地下室基础采用桩 + 承台 + 筏板，承台高度均为900mm或1000mm，基桩主要为直径500mm的PHC管桩（PHC-500 AB 125 13-13-13b），桩长39m。地下室外墙厚300mm，底板厚400mm，底板顶面结构标高为 –5.05m。顶板采用主次梁结构，主楼区域顶板板厚180mm，板顶标高 –0.05m，广场区域顶板板厚为250mm，板顶标高 –1.20m。基础混凝土强度设计值为C35，地下室墙柱混凝土强度设计值为C40，地下室顶梁板混凝土强度设计值为C35。车库基础底板及桩位示意图如图2所示。

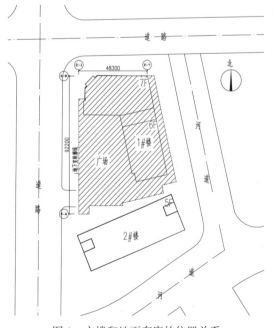

图1　主楼和地下车库的位置关系

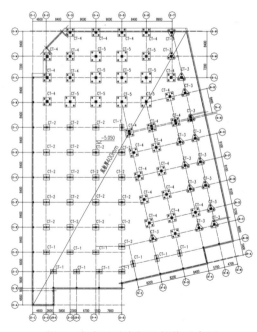

图2　车库基础底板及桩位示意图

## 2　工程地质情况

该项目场地属于长江三角洲滨海平原地貌，在 65.0m 范围内的地基土属第四纪全新世 Q4 和上更新世 $Q_3$ 的沉积物，主要由黏性土和粉性土组成。勘察期间测得的地下水稳定水位埋深一般为 1.10 ～ 2.80m（②层粉质黏土）。设计时地下水位埋深建议按不利因素考虑，高水位可取设计室外地坪下 0.5m，低水位可取设计室外地坪下 1.5m。

## 3　地下室抗浮措施

考虑地下室抗浮问题，设计要求施工期间最初降水必须保证地下水位在基坑以下 500mm，待地下室顶板全部施工完毕且顶板上覆土和道路施工完毕，场地排水系统已能正常排水，主体结构施工到第五层楼面，方可停止降水。

## 4　地下室底板事故情况调查

地下室底板于 2018 年 1 月初浇筑，顶板于 2018 年 1 月底浇筑。基坑施工期间，采取降水措施后，地下水位处于稳定状态。主体结构施工期间，房屋各沉降监测点没有明显的沉降情况。

2018 年 8 月 10 日—18 日期间连续降水，地下车库（2-J ～ 2-H）×（2-2 ～ 2-4）轴 6 根柱脚周边相继出现冒水现象，施工单位先后 4 次通过凿开找漏点并采取注浆等办法修复，但均未达到修复效果。11 月底，再次进行了 AB 胶注浆修复，起到一定效果，但是随着降雨的持续，地下水位上涨，柱子四周再次冒水，凿开底板混凝土发现柱子周围钢筋向上弯曲，底板隆起 5 ～ 6cm。

2018 年 12 月，施工单位对损坏区域采取堆载（堆沙袋约 1.5t/m²）以及凿开个别柱脚混凝土进行排水，有效控制了底板隆起，不再发展新的裂缝和渗漏现象。

## 5　地下室底板施工质量检测

（1）采用钻芯法检测底板厚度，检测结果见表 1。测得底板结构板厚平均值为 366mm，小于原设计厚度 400mm；板面面层平均厚度为 54mm，略大于原设计厚度 50mm。板底防水材料的保护层厚度为 0 ～ 36mm。

表 1　地下室底板厚度检测结果　　　　　　　　　　　　　　　　mm

| 区域 | 编号 | 构件位置 | 芯样总长 | 面层厚度 | 保护层厚度 | 结构板厚 |
|---|---|---|---|---|---|---|
| 广场区域<br>（损坏区） | BH-1 | （2-4 ～ 2-5）×（2-H ～ 2-J）轴 | 381 | 30 | 0 | 351 |
| | BH-2 | （2-4 ～ 2-5）×（2-G ～ 2-H）轴 | 387 | 35 | 0 | 352 |
| | BH-3 | （2-3 ～ 2-4）×（2-H ～ 2-J）轴 | 465 | 51 | 28 | 386 |
| | BH-4 | （2-3 ～ 2-4）×（2-G ～ 2-H）轴 | 434 | 52 | 0 | 382 |
| | BH-5 | （2-2 ～ 2-3）×（2-H ～ 2-J）轴 | 433 | 53 | 35 | 345 |
| 广场区域<br>（未损坏区） | BH-6 | （2-2 ～ 2-3）×（2-D ～ 2-E）轴 | 435 | 51 | 23 | 361 |
| | BH-7 | （2-3 ～ 2-4）×（2-E ～ 2-F）轴 | 505 | 49 | 36 | 420 |
| 主楼区域 | BH-8 | 3-3 ～ 3-4）×（3-E ～ 3-F）轴 | 457 | 70 | 29 | 358 |
| | BH-9 | 3-3 ～ 3-4）×（3-G ～ 3-H）轴 | 423 | 72 | 34 | 317 |
| | BH-10 | 2-6 ～ 2-7）×（2-K ～ 2-L）轴 | 488 | 76 | 21 | 391 |

（2）采用钢筋探测仪对底板板面钢筋布置进行检测，测得底板 $X$ 向钢筋间距平均值为 170mm，$Y$ 向钢筋间距平均值为 169mm，均大于设计间距（150mm）；板面钢筋的保护层厚度平均值为 24mm，符合设计要求（20mm）；在底板已开凿处测得钢筋直径符合设计要求。

（3）四周底板已开凿的承台处，地下室底板钢筋均贯通承台，连接构造符合规范要求。

（4）采用钻芯法检测混凝土强度，底板混凝土抗压强度评定值为 35.2MPa，满足原设计强度 C35 的要求。

（5）现场截取 2 根板面钢筋进行材料试验，测得钢筋力学性能满足设计资料的要求。

## 6　地下室不均匀沉降及底板变形检测

（1）以一层楼面梁底为相对水准面，采用 DSZ2 型高精度水准仪和 FS1 测微器测量地下室不均匀沉降情况。结果表明，地下室无明显整体倾斜规律，相对倾斜率小于国家标准《建筑地基基础设计规范》（GB 50007—2011）的允许值（4‰）。

（2）采用 DSZ2 型高精度水准仪和 FS1 测微器检测地下室底板的挠度。结果表明，地下室底板各板块最大相对向上挠度为 21mm，相对向下挠度为 15mm，小于规范的挠度限值。最大向上挠度的板块位于主楼区域（3-3 ～ 3-4）×（3-G ～ 3-H）轴范围，此板块的结构板厚测点数据为 317mm，低于设计值 400mm，推定板中部上挠与板厚不足有关。

## 7　地下室底板损坏情况检测

地下室底板（2-H ～ 2-J）×（2-2 ～ 2-4）轴区域的 6 根柱脚四周裂缝、渗水（图 3），板中隆起（后续已采用堆载和排水的方式进行控制），几次反复凿开修复后仍然存在渗水现象，其他区域未见明显损坏情况。

## 8　地下室底板承载力验算

采用中国建筑科学研究院 PKPM 程序的 SLABCAD 模块（复杂楼板有限元分析），建立无梁楼盖三维模型（图 4），承台按柱帽模型输入，有限元划分以承台边缘为边线，网格尺寸为 500mm。根据板带内的有限元配筋结果积分后，计算每延米宽度配筋，即为板带配筋结果。

（1）根据原设计板厚、面层厚度等参数，验算底板设计承载力。结果表明，地下室底板抗冲切验算和挠度满足规范要求，大部分区域的底板承载力满足规范要求，但广场区域的部分底板下层支座钢筋设计值比计算值少 10% ～ 20%，底板设计抗浮承载力不满足规范要求。

（2）根据地下室底板板厚及面层厚度实测值，验算底板损坏区域实际承载力。结果表明，底板下层支座钢筋实配值比计算值少 10% ～ 40%，底板实际抗浮承载力不满足规范要求。

图 3　柱脚四周裂缝、渗水

图 4　无梁楼盖三维模型

## 9　地下室底板损坏原因分析

（1）地下室底板质量存在以下问题：底板平均厚度不满足设计要求；底板钢筋间距平均值大于设计要求；损坏区域的防水材料局部未设保护层。

（2）根据结构有限元计算分析：局部区域的底板下层支座设计配筋不足，设计承载力略低于规范要求；损坏区域的底板实际承载力不满足历史高水位下的抗浮验算。

综上，在高水位期间，由于地下室底板自身抗浮承载力不足，底板与承台连接处产生裂缝，且板底的防水材料上局部未设保护层，最终导致柱脚四周地坪开裂及冒水事故发生。底板抗浮承载力不足与设计和施工均有直接关系。由于外部水浮力较难控制，因此建议提高结构自身承载力，可采用增加板厚、增设抗拔桩或两者相结合的方式进行加固处理。

**参考文献**

[1] 杨淑娟、张同波、吕天启，等.地下室抗浮问题分析及处理措施研究 [J].建筑技术，2012，43（12）：1067-1070.

[2] 徐国春.地下室上浮开裂事故的鉴定与加固处理 [J].建筑结构，2002，32（11）：26-28.

# 新天地改造区建筑现状结构安全评估

唐冬玥　白　雪　杨　三

上海市建筑科学研究院有限公司　上海　200032

**摘　要：** 现在的新天地改造区，是通过原太平桥旧区改造项目实现的，该项目于 1998 年启动，2001年入住，至今已逾二十载，对于新天地改造区建筑的使用现状，有必要进行安全评估与鉴定。本文以上海新天地南里广场 34 号建筑为例介绍其安全评估方法及结论。34 号建筑原建于 20 世纪 20 年代，在太平桥旧区改造项目时，保留历史建筑南侧外廊区域并新建南区结构，使其形成框架体系。本次安全性检测发现，34 号建筑使用状况良好，历史建筑保留结构与南区新建结构连为一体，局部存在一定的结构体系缺陷，经采取合适的加固维修措施后，房屋结构安全性可基本满足后续使用要求。

**关键词：** 历史建筑安全评估；历史建筑改造；新天地改造区

## 1　前言

上海新天地位于上海黄浦区，南邻自忠路，西起马当路，东至黄陂南路，是通过原太平桥旧区改造项目实现的，以历史文化建立了特色商业，为城市中心区的住宅类建筑遗产改造的典范[1-3]。区内分北里和南里，北里以保留石库门建筑为主，南里既有完全现代风格的新建筑，也有改造后的历史建筑[4]。新天地项目于 1998 年启动，2001 年入住，至今已逾二十载。对于新天地改造后的历史建筑的使用现状，有必要进行安全评估与鉴定。本文以上海新天地南里广场 34 号建筑为例介绍改造后的历史建筑安全评估方法及结论。

## 2　34 号建筑安全评估

某外廊式建筑位于上海市新天区域，经过改扩建，如今分为原建结构、南区两个区域，由围护墙围合为一个建筑空间。其中原建结构建于 20 世纪 20 年代，2001 年改造时保留原建南侧外廊区域（图 1），并建立南区结构，与原建部分在结构上相连，形成一个整体，如图 2 所示。

图 1　某外廊式建筑南立面图

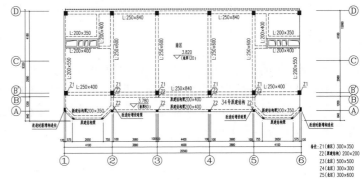

图 2　某外廊式建筑分区示意图

### 2.1　建筑、结构概况

（1）建筑特色

原建为一幢典型的殖民地外廊式建筑[5]，以南立面为主，中轴对称，造型轮廓规整。南立面中部为整齐的柱列。建筑细部带有中西合璧的特色，如中式传统木质挂落和西式宝瓶状栏杆相互呼应；外廊内侧采用传统中式木质门窗，门窗上有西式风格的圆弧形装饰线条。外墙采用水刷石墙面，外廊地坪或楼面采用马赛克面层，二层外廊上方悬挂铸铁灯具。

（2）改造后建筑、结构概况

原建结构为地上二层混凝土结构（混凝土梁、柱共同承重）。南区沿袭原建结构的建筑风格，但2001年改造时将室内承重体系改造为框架结构，两层结构，平面呈矩形，屋盖主要采用木屋架+木檩条+木望板+红色机制平瓦结构形式，屋面设置木梁，与横向木屋架之间通过榫卯连接。原建二层梁与南区结构之间采用U形箍拉接，并增设暗梁，两者形成一个结构整体。围护山墙为改造时新砌，采用红砖和混合砂浆砌筑，顶部设置菱形通气窗，新做木质门窗风格与原建结构保持一致。

## 2.2 现状损伤及变形

原建结构南侧外廊区域外墙面、装饰线、马赛克地砖等特色部位均存在一定的损伤。

南立面一层顶部装饰线最大相对高差为112mm，呈西低东高趋势，存在一定的不均匀沉降现象。

南区存在一定的结构体系缺陷，具体表现为：

（1）南区原设计屋面 B/1-6 轴线钢筋混凝土梁缺失，无法形成完整的平面框架，如图3所示。

（2）南区屋面框架梁梁底标高不一致，南北向和东西向框架梁错位，与柱未相交于同一点。

（3）南区木屋架杆件普遍干裂（图4），个别腹杆与上弦脱开。

南区角部棱线倾斜率在 0.15‰ ～ 6.70‰ 之间，房屋整体向南有一定倾斜。

图 3　南区屋面 B/1-6 轴线钢筋混凝土梁缺失

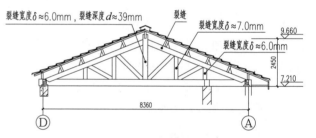

图 4　典型木屋架损伤示意图

## 2.3 处理建议及评估结论

34号建筑目前使用状况良好，南区与原建结构两者连为一体，局部存在一定的结构体系缺陷。因本次改造方案为二层楼板开洞，建议改造时采取适当措施对结构体系缺陷及局部结构改动处周边构件进行加固处理。经采取合适的加固维修措施后，房屋结构安全性可基本满足后续使用要求。

## 3　小结

在2001年的改造项目中，新天地的历史建筑经过很大的改造。以南里广场34号建筑为例，只保留了南侧外廊，其余部分为后期重建，重建部分采用新的结构体系，但建筑风格一致。因改造项目至今已逾二十载，根据新的改造需要，采取合适的加固维修措施后，房屋结构安全性可基本满足后续使用要求，改造方案基本可行。

### 参考文献

[1] 王靓. 近现代建筑遗产保护与再生设计方法探讨：以南京青石街项目为例 [D]. 南京：东南大学，2020.

[2] 宗劲松. 上海瑞安新天地项目的商业改造设计 [J]. 上海建筑科技，2020.3：44-47.

[3] 上海市房地产学会卢湾分会. 卢湾区太平桥地区旧区改造启示 [J]. 上海房地，2001（11）：34-35，48.

[4] 王玉萍. 城市旧城改造及文化遗产保护研究 [D]. 上海：同济大学，2006.

[5] 刘亦师. 中国近代"外廊式建筑"的类型及其分布 [J]. 南方建筑，2011.2：36-42.

# 单筒式钢筋混凝土烟囱可靠性鉴定探讨

秦　浩　张国强　仲崇强　苏　哲

山东建筑大学工程鉴定加固研究院有限公司　济南　250013

**摘　要**：结合单筒式钢筋混凝土烟囱检测鉴定工程实例进行论述和分析，为类似烟囱结构检测鉴定工作提供借鉴。

**关键词**：单筒式烟囱；可靠性鉴定；结构检测；加固处理

　　烟囱是工业与民用建筑中常见且不可或缺的构筑物，属于特种结构，在冶金、电力、化工等部门中是一种重要的标志性构筑物[1]，但在建造施工中常常因各种原因造成筒壁混凝土不密实、孔洞、夹渣、开裂、渗水等质量问题，严重影响烟囱的结构安全和后续的使用年限。因此对烟囱的检测鉴定与评估及后续的处理措施成为很重要的一项内容。

## 1　工程概况

　　山东某热电公司单筒式钢筋混凝土烟囱，总高度为 150m，基础为混凝土基础，基础混凝土强度设计等级为 C30；筒身混凝土结构采用液压操作平台滑模施工，筒壁采用双面配筋，内外侧环向钢筋均在竖向钢筋外侧，最外侧钢筋保护层厚度为 30mm，筒壁混凝土强度设计等级为 C30，内衬为耐酸胶泥砌筑的轻质耐酸砌块，顶部直径为 5.9m，基础直径为 27.2m。该烟囱外观如图 1 所示。

## 2　现场检测

　　（1）宏观检测：现由于该烟筒筒身的内衬和隔热层紧贴布置且处于正常运行，受条件限制其内部渗漏腐蚀检查无法开展，只能从筒壁外表面对渗漏腐蚀情况进行检查，采用目测、高倍望远镜及无人机等方式对该烟囱筒壁外表面的外观缺陷进行检测，检查中发现该烟囱标高 30～40m、70～90m 区段筒身破损较严重，主要表现为混凝土开裂和脱落，且裂缝宽度普遍超过 1.0mm，局部钢筋大面积外露锈蚀。具体缺陷分布状况如图 2 所示，局部爬梯预埋螺栓锈蚀严重，个别位置与爬梯连接件脱开。

图 1　烟囱外观

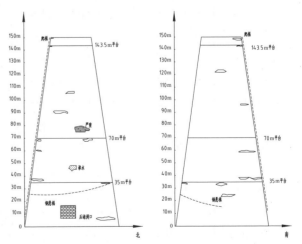

图 2　烟囱外观缺陷分布示意图

　　（2）烟囱筒壁混凝土强度检测：受现场条件限制，本次检测仅在 35m 以下，采用回弹法及钻芯法对混凝土进行检测，检测结果表明，所检测部位的混凝土强度满足设计要求。

---

　　作者简介：秦浩，工程师，从事结构检测鉴定、加固设计工作。

（3）混凝土碳化深度检测：检测结果表明，外筒壁混凝土碳化深度最大值为 11.0mm，最小值为 1.8mm，平均值为 7.5mm。

（4）钢筋配置检测：采用钢筋位置测定仪及局部剔除筒壁混凝土的方法对烟囱混凝土筒壁钢筋配置情况进行抽样检测，检测结果表明，所抽测外筒壁不同高度部位钢筋间距满足设计及验收规范要求，钢筋的保护层厚度大部分满足设计及验收规范要求，个别位置环向钢筋保护层偏小。

（5）烟囱外壁红外测温检测：现场采用红外热像仪对烟囱同比表面温度进行检测，根据拍摄的筒壁红外照片，筒壁表面温度分布局部不均，混凝土缺陷部位筒壁表面温度明显低于其他部位，红外照片如图 3 所示。

（6）烟囱整体倾斜检测：现场采用电子全站仪对烟囱整体倾斜进行观测，观测方法为前方交会法。也可采用三维激光扫描仪扫描该烟囱获得空间点云数据形成三维可视化模型（图 4），自烟囱地面起向上每间隔 10m 创建一个横截面，共创建 15 个横截面，在 AutoCAD 中绘制每个高度处的横截面图形，计算出各图形的形心坐标，对烟囱整体倾斜进行检测，检测结果表明，该烟囱的整体倾斜满足规范[2]要求（表 1）。

图 3　筒壁红外照片

图 4　三维可视化模型

表 1　烟囱整体倾斜检测结果

| 测点位置 | 横截面形心坐标 | | 倾斜方向 | 倾斜值（mm） | 倾斜率（‰） | |
|---|---|---|---|---|---|---|
| | $X$（m） | $Y$（m） | | | 实测值 | 允许值 |
| 标高 140.00m 处 | 199.3279 | 35.0178 | 上偏西 | 14.20 | 0.10 | 4.00 |
| | | | 上偏南 | 50.10 | 0.36 | |
| 标高 130.00m 处 | 199.3242 | 35.0553 | 上偏西 | 17.90 | 0.14 | 4.00 |
| | | | 上偏南 | 12.60 | 0.10 | |
| 标高 120.00m 处 | 199.2921 | 35.0061 | 上偏西 | 50.00 | 0.42 | 4.00 |
| | | | 上偏南 | 61.80 | 0.52 | |
| 标高 110.00m 处 | 199.2825 | 35.0512 | 上偏西 | 59.60 | 0.55 | 4.00 |
| | | | 上偏南 | 16.70 | 0.15 | |
| 标高 100.00m 处 | 199.2736 | 35.0501 | 上偏西 | 68.50 | 0.69 | 4.00 |
| | | | 上偏南 | 17.80 | 0.18 | |
| 标高 90.00m 处 | 199.2796 | 35.0079 | 上偏西 | 62.50 | 0.70 | 4.00 |
| | | | 上偏南 | 60.00 | 0.67 | |
| 标高 80.00m 处 | 199.3008 | 35.0296 | 上偏西 | 41.30 | 0.52 | 4.00 |
| | | | 上偏南 | 38.30 | 0.48 | |
| 标高 70.00m 处 | 199.3352 | 35.0385 | 上偏西 | 6.90 | 0.10 | 4.00 |
| | | | 上偏南 | 29.40 | 0.43 | |

续表

| 测点位置 | 横截面形心坐标 | | 倾斜方向 | 倾斜值（mm） | 倾斜率（‰） | |
|---|---|---|---|---|---|---|
| | $X$（m） | $Y$（m） | | | 实测值 | 允许值 |
| 标高 60.00m 处 | 199.3195 | 35.0721 | 上偏西 | 22.60 | 0.38 | 4.00 |
| | | | 上偏北 | 4.20 | 0.07 | |
| 标高 50.00m 处 | 199.3155 | 35.0697 | 上偏西 | 26.60 | 0.54 | 4.00 |
| | | | 上偏北 | 1.80 | 0.04 | |
| 标高 40.00m 处 | 199.3276 | 35.0750 | 上偏西 | 14.50 | 0.37 | 4.00 |
| | | | 上偏北 | 7.10 | 0.18 | |
| 标高 30.00m 处 | 199.3269 | 35.0727 | 上偏西 | 15.20 | 0.52 | 4.00 |
| | | | 上偏北 | 4.80 | 0.17 | |
| 标高 20.00m 处 | 199.3290 | 35.0579 | 上偏西 | 13.10 | 0.69 | 4.00 |
| | | | 上偏南 | 10.00 | 0.53 | |
| 标高 10.00m 处 | 199.3449 | 35.0735 | 上偏东 | 2.80 | 0.31 | 4.00 |
| | | | 上偏北 | 5.60 | 0.62 | |
| 标高 1.00m 处 | 199.3421 | 35.0679 | — | 0.00 | 0.00 | 4.00 |
| | | | — | 0.00 | （0） | |

## 3　可靠性鉴定评级

该烟囱地基基础安全性等级评定为 A 级，烟囱筒壁的安全性等级评定为 C 级，附属设施的安全性等级评定为 B 级[3]。

## 4　筒壁渗漏腐蚀的原因分析

烟囱排放的气体中含有二氧化硫气体，形成的硫酸根离子会与混凝土中的 $Ca(OH)_2$ 反应生成腐蚀产物 $CaSO_4 \cdot 2H_2O$，$CaSO_4 \cdot 2H_2O$ 进一步与混凝土中的水化铝酸钙（$3CaO \cdot Al_2O_3 \cdot 6H_2O$）反应生成钙矾石，体积增大 1.5 倍以上，引起膨胀破坏；随着膨胀破坏的不断加剧，混凝土中的缺陷也会进一步扩展，为腐蚀性物质通过混凝土到达钢筋表面提供了通道，使混凝土表面出现坑蚀。此外，硫化过程消耗了混凝土的 $Ca(OH)_2$ 成分，使混凝土对钢筋的碱性保护作用减弱，混凝土结构中的钢筋在失去钝化膜后发生锈蚀，钢筋锈蚀膨胀引起混凝土保护层开裂剥落。筒壁混凝土和模板接槎处存在薄弱面，易出现渗漏水现象；加上混凝土保护层厚度偏小、碳化深度大、混凝土不密实、存在疏松及孔洞等原因，都将导致烟囱筒壁出现上述问题。

## 5　处理措施建议

（1）因保护层偏小、钢筋锈胀导致表层混凝土开裂、脱落的情况，具体处理措施为先剔除烟囱表面疏松的混凝土，直至混凝土密实处，清灰后对锈蚀的环向钢筋及竖向钢筋进行除锈处理，涂刷钢筋阻锈剂 2 遍，涂刷工序需严格按照产品使用说明书进行，然后用聚合物砂浆修复至原截面。对锈蚀严重或锈断的钢筋进行同级别、同直径钢筋补强处理。

（2）筒壁外侧局部混凝土质量较差、存在混凝土开裂、蜂窝麻面、疏松及孔洞的，处理措施为先剔除质量较差的混凝土，直至密实处，若剔凿范围较小，深度小于 6cm，则在清灰后用 1 级聚合物砂浆将其抹平。若剔凿时发现范围较大或深度大于等于 6cm，则应将质量较差的混凝土全部用灌浆料置换。在检查或剔凿的过程中若发现内部钢筋存在锈蚀等问题，做法同（1）。

（3）筒壁局部存在渗漏现象时，应采用注浆封堵法将此进行封堵。

（4）对于外筒壁东侧原开设烟道口现封堵时两侧未设置拉接钢筋情况，应采取加固处理措施，加固图如图 5 所示。

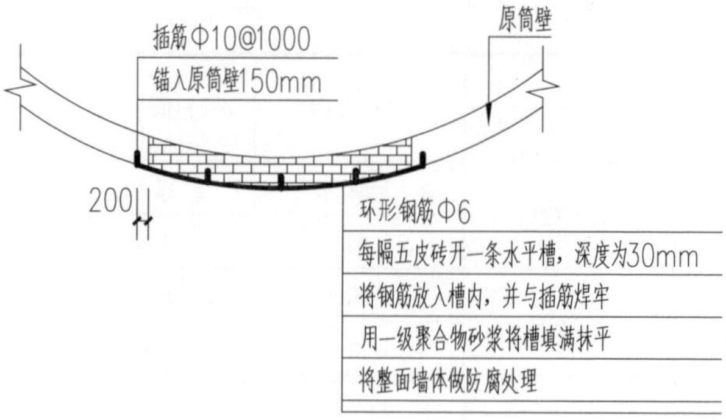

图 5　洞口后堵加固示意图

（5）南侧局部爬梯预埋螺栓锈蚀严重，个别位置与爬梯连接件脱开，建议采取除锈及防腐措施，脱开的钢构件可按照原设计图纸进行焊接或更换。

（6）该工程加固施工时应由具有加固施工资质的专业施工队伍完成，并严格控制施工质量。为保证烟囱的耐久性，加固施工完后应在外筒壁表面刷防腐、防水涂料两遍，并应在以后使用过程中每 5 年进行一次定期检查、维护。若发现涂料开裂、脱落应重刷；若存在局部混凝土开裂、钢筋锈蚀应及时处理。

（7）因该烟囱在检测鉴定阶段不能停产，现场未对该烟囱隔热层及内衬进行检测，建议在停产检修时对烟囱隔热层及内衬进行检查。若存在隔热层及内衬失效等现象，应对其进行处理，并对筒身混凝土壁疏松或存在孔洞区域和开裂严重的部位进行处理，对存在锈蚀的钢筋进行除锈或置换补强处理，处理方法同外筒壁。在处理的过程中也应采取必要的安全防护措施。

## 6　结语

以上简述了对某 150m 烟囱的检测鉴定过程，包括宏观检测、烟囱筒壁混凝土强度检测、混凝土碳化深度检测、钢筋配置检测、烟囱外壁红外测温检测、烟囱整体倾斜检测。现场检测、检查、调查结果给出了鉴定结论及相应的处理措施建议，为该结构后期的安全使用提供了科学依据。上述方法可为其他相关工程提供参考。

参考文献

[1] 王识. 某电厂烟囱检测鉴定及加固分析 [D]. 鞍山：辽宁科技大学，2015.

[2] 中华人民共和国住房和城乡建设部. 建筑地基基础设计规范：GB 50007—2011[S]. 北京：中国建筑工业出版社，2011.

[3] 中华人民共和国住房和城乡建设部. 烟囱可靠性鉴定标准：GB 51056—2014[S]. 北京：中国建筑工业出版社，2014.

# 某地下室顶板覆土超载的检测鉴定

朱晓强[2] 陈 辉[2] 曾 勇[1]

1. 四川省建筑质量检测中心有限公司 成都 610081
2. 四川省建筑科学研究院有限公司 成都 610081

**摘 要：** 某两层地下室工程在顶板覆土施工过程中，局部区域多根框架柱、钢筋混凝土梁出现明显的变形、开裂，需对事故原因进行鉴定。对施工及覆土过程设备荷载、混凝土浇筑及拆模时间、覆土开始时间等情况，构件施工质量、构件变形及缺陷的检测情况，以及三种工况下结构构件的承载能力验算情况的调查，明确了地下室负一层框架柱和顶板梁发生破坏的主要原因，提出了后续处理意见，为后续处理及加固提供了重要依据，也为其他同类工程提供参考。

**关键词：** 覆土超载；地下室顶板；框架；原因分析；检测鉴定

根据建筑物的修建及使用情况，框架结构地下室顶板覆土超载引起的结构损伤可分为既有结构损伤鉴定和地下室顶板覆土施工过程中结构损伤鉴定两类。既有结构覆土超载常见原因是景观设计覆土标高与结构、建筑图纸不符，局部堆土超载引起的。地下室顶板覆土施工过程中的超载原因主要有：地下室顶板过早或过多堆放建筑材料、行驶重型机械设备、施工过程中回填堆土荷载超标等。本文结合现行标准[1-2]对某地下室顶板覆土施工过程中超载引起的结构开裂、变形进行了系统鉴定，分析了事故的原因，并对其存在的主要问题提出了有效、可行的后续处理措施。

## 1 项目概况

某楼盘地下室车库为地下 2 层钢筋混凝土框架结构，鉴定区域以中（强）风化泥岩为地基持力层，基础形式为柱下独立基础。地下室顶板厚度为 160mm，设计覆土厚度不大于 1.2m、地下室顶板花园均布活荷载为 4kN/m²；柱主要截面尺寸为 500mm×500mm，主次梁主要截面尺寸为 500mm×800mm、300mm×700mm，主要柱距为 7850mm×9400mm。地下室顶板、梁、柱混凝土强度等级均为 C30，钢筋等级为三级。地下室负二层、负一层层高分别为 3.5m、3.4m。

## 2 施工过程调查情况

地下室顶板浇筑时间为 2021 年 10 月 27 日，拆模时间为 2021 年 11 月 9 日，自然养护。地下室顶板覆土时间为 2021 年 12 月 1 日—12 月 2 日，并于 12 月 2 日发现地下室顶板梁及负一层柱出现裂缝、变形，及时设置满堂脚手架支顶。

主体结构施工阶段设备荷载主要有 35t 混凝土搅拌罐车、35t 起重机。地下室顶板覆土施工过程中设备荷载主要有 16t 装载机、50t 双桥后八轮自卸车、13t135 挖掘机等；回填土未压实；回填土及卸荷方式为双桥后八轮自卸车拉土至顶板回填区自动卸载，装载机就近铲运至相应位置，再用 135 挖掘机整平。

## 3 现场检查、检测情况

### 3.1 覆土厚度及压实情况

地下室顶板原设计附加恒载限值为 8.5 ～ 22.6kN/m²。实测回填土主要为素填土，覆土厚度为 2.05 ～ 2.63m，地下室顶板完成面以上 0.7m 较密实，其余土层未压实。等效附加恒载为 31 ～ 37kN/m²。

### 3.2 尺寸及配筋情况复核

经抽测，该地下室轴线尺寸、构件布置、层高与设计图纸吻合。

对 10 根框架柱、10 根钢筋混凝土梁的截面尺寸和配筋情况进行抽测。抽测框架柱的截面尺寸、钢筋根数、钢筋间距、保护层厚度均满足设计要求。抽测发现个别梁截面尺寸小于设计要求，部分梁在主次梁节点处附加箍筋配置情况不符合设计图纸要求。

### 3.3 混凝土抗压强度检测

对框架柱、钢筋混凝土梁的混凝土抗压强度采用回弹法进行抽测，并采用钻芯法进行强度修正。截至检测日期，抽测发现地下室负一层柱及顶板梁的混凝土强度推定值尚未达到设计值。

### 3.4 构件缺陷及变形检测

该区域内地下室负一层柱普遍出现柱顶节点区斜向裂缝、柱顶水平或环向 U 形裂缝、柱顶混凝土破碎。未发现负一层柱柱底及负二层柱出现明显变形及裂缝。

该区域内地下室顶板梁普遍出现 U 形裂缝、斜向裂缝，典型裂缝分布示意图如图 1、图 2 所示；主次梁节点处出现 U 形及斜向裂缝；部分梁严重下挠。

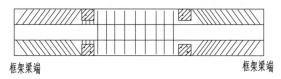

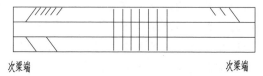

图 1　框架梁典型受力裂缝示意图　　　　　　　　图 2　次梁典型受力裂缝示意图

## 4 承载能力验算

### 4.1 计算工况

根据现场调查及检测结果，分别按以下三种工况对地下室负一层柱、顶板梁的承载能力进行验算。（1）原设计工况：不考虑施工缺陷及超载；（2）验算工况二：考虑施工缺陷，不考虑覆土超载；（3）验算工况三：考虑覆土超载，不考虑施工缺陷。

### 4.2 计算结果

原设计工况下，个别柱纵筋配置不满足要求；个别梁抗剪承载能力、部分主次梁节点集中作用点附加箍筋配置不满足要求。验算工况二部分构件承载能力不满足要求，较原设计工况的差值幅度及范围进一步增加。验算发现工况三梁抗弯、抗剪承载能力均不满足要求，主次梁节点集中作用点附加箍筋配置均不满足要求，柱轴压比和纵筋配置均不满足要求。

## 5 破坏原因分析及建议

依据相关资料及现场检查、检测结果并结合承载能力验算结果综合分析，该地下室顶板梁及负一层柱出现的裂缝、变形原因如下：（1）实际覆土完成面的附加恒载超过设计允许值、覆土施工过程中超载及回填土运输卸荷时产生的冲击荷载。（2）设计工况下部分结构构件的承载能力不满足要求。（3）框架柱、梁的施工质量缺陷导致部分结构构件的实际承载能力低于设计要求。（4）跨度大于8m的框架梁混凝土浇筑至拆模时的龄期仅13d，部分结构构件存在拆模过早及早期受荷的影响。（5）覆土开始施工时混凝土龄期仅34d，按近期的日平均气温，实体结构的逐日累计尚未达到养护龄期，覆土施工对结构构件存在早期受荷的影响。

建议对该区域地下室梁板进行专项结构加固设计；对该项目地下室尚未覆土的其他区域进行复核验算后方可进行覆土施工；后续使用及施工过程中严格控制荷载。

## 6 结语

本文以某地下室顶板覆土施工过程中超载引起的结构损伤为例，对该类项目系统检测、鉴定的关键节点进行了介绍，并分析了结构破坏的主要原因，提出了后续处理意见，可以为其他同类工程提供参考。

### 参考文献

[1] 中华人民共和国住房和城乡建设部. 建筑结构检测技术标准：GB/T 50344—2019[S]. 北京：中国建筑工业出版社，2019.

[2] 中华人民共和国住房和城乡建设部. 民用建筑可靠性鉴定标准：GB 50292—2015[S]. 北京：中国建筑工业出版社，2015.

# 某危改造工程房屋结构安全性鉴定剖析

刘兴远 刘 洋 唐家富 王祝胜

重庆市建设工程质量检验测试中心有限公司 重庆 400020

**摘 要：**随着城镇建设发展及房屋使用功能提档改造的需求，既有建筑物改造前需对房屋的安全性进行鉴定。分别按《民用建筑可靠性鉴定标准》（GB 50292—2015）和《危险房屋鉴定标准》（JGJ 125—2016）评定某危改造工程安全性，得到不同的评级结果，可为同类工程提供相关借鉴。

**关键词：**建筑物安全性；鉴定；危房

重庆市出台了"重庆市城镇房屋使用安全管理办法"[1]，与此同时，由于既有建筑物使用功能需求的变化，既有建筑物改造前需对建筑物结构进行安全性鉴定，当前正在执行的对既有建筑物安全性鉴定的标准有两个，分别为《民用建筑可靠性鉴定标准》（GB 50292—2015）[2]和《危险房屋鉴定标准》（JGJ 125—2016）[3]，两个标准的应用各有特点，也存在各自的问题，刘兴远等在参考文献[4]～参考文献[6]进行了专门论述，实际工程中如何把握两个标准的使用尺度存在较大的困难。本文根据某实际工程分别应用这两个标准评定该建筑物的安全性，得到了不同的评级结果。案例分析结果可供相关技术人员参考、借鉴。

## 1 案例工程简况

某危改造工程位于重庆市，该建筑共六层，建筑面积约 3517m²，主要结构形式为混凝土框架结构（局部砖混）。工程修建于 1998 年左右，2014 年前后该建筑物经某检测机构鉴定，其安全性评定为 $B_{su}$ 级。2021 年因该工程改造需要，需对其现状结构安全性进行鉴定。

## 2 现场检测情况

### 2.1 结构基本情况检查

该工程主要承重结构为混凝土框架结构，楼梯间（1）～（2）/（E）～（G）、一层（12）～（13）/（A）～（F）轴线范围为砖混结构，其他区域为混凝土框架结构；一层层高 3.6m，二～五层层高 3.5m，六层屋檐处高 4.2m，屋脊处高 4.8m。该建筑主要用途为办公室和教室。现场检查、量测了实际的建筑平面布置情况，该房屋建筑一层平面布置图如图 1 所示。

### 2.2 基础检查

该房屋建设场地为平缓坡地，未见滑坡、崩塌、地陷、地裂等不良地质现象。现场检测未发现主体结构基础有明显沉降或有因地基基础沉降引起的基础裂缝、室内地面裂缝及局部破损等，其上部结构也未见因不均匀沉降引起的侧向位移或裂缝。房屋建成后已投入使用多年，承重结构未发现异常。

### 2.3 结构构件检测

该工程为混凝土框架结构（部分砖混），楼梯间（1）～（2）/（E）～（G）、一层（12）～（13）/（A）～（F）轴线范围为砖混结构，其他区域为框架结构。根据建筑结构形式，该建筑的竖向承载构件为框架柱以及砌筑砖墙构件，水平承载构件为混凝土构件。混凝土构件主要为柱、梁、现浇板及楼梯板。该建筑已投入使用多年，室内已做装修，根据现场检测条件，对室内的承重构件进行了抽样检测或检查。

砌体结构构件检查：现场检测发现，检测部位墙体外观整齐，砌筑方法基本正确，构造基本合理，现场检测未发现由于连接或其他构造不当引起的构件或连接部位开裂、变形、位移或松动等现象，该房屋砌体构件连接及其他构造基本正确。现场采用钢筋探测仪配合剔打检查了该楼圈梁、构造柱设置情况。检查表明该建筑楼梯间（1）/（G）、（2）/（G）、（2）/（E）角部未设置构造柱。对房屋的砖砌墙体进行外观检查，未发现承重墙有变形、开裂现象，纵横墙交接处未见开裂现象。

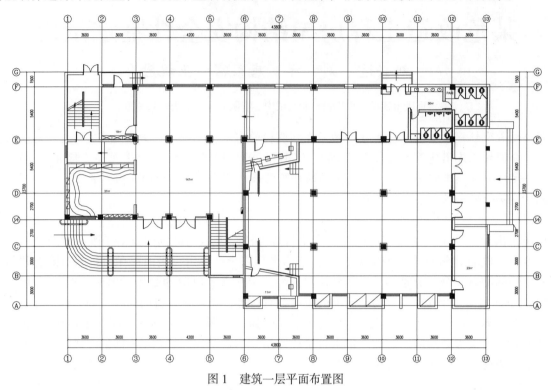

图1 建筑一层平面布置图

混凝土结构构件检测：对房屋混凝土柱、梁、板等构件进行检查，未发现混凝土构件存在因承载能力不足引起的肉眼可识别的变形、开裂现象，也未见混凝土构件明显存在钢筋锈胀、保护层剥落现象。根据结构形式，现场对该建筑每层抽取部分混凝土构件进行截面尺寸、配筋检测（检测数据略），检测数据正常。随机在每层分别选取5～10个梁、柱、板，采用回弹法进行混凝土抗压强度检测（检测数据略），检测中发现底层混凝土抗压强度较弱，故采用钻芯法在混凝土柱上钻取一个芯样检测混凝土抗压强度，检测数据如图2所示，其中带 * 构件的强度值为钻芯法获得的检测数据。

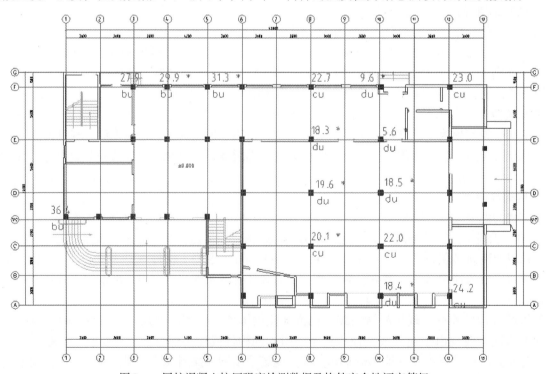

图2 一层柱混凝土抗压强度检测数据及构件安全性评定等级

围护结构构件检测：对房屋围护结构构件进行了检查，屋顶（第六层）轻钢结构屋面（后期加建部分）未见明显变形，相应钢结构连接未见明显损坏现象，屋顶女儿墙未见明显开裂、变形迹象；外立面装饰层存在大面积的锈蚀，框架柱间填充墙局部存在竖向裂缝，楼梯间（1）/（G）、（2）/（G）、（2）/（E）角部未设置构造柱。

## 3　房屋安全性鉴定

### 3.1　按《民用建筑可靠性鉴定标准》(GB 50292—2015 )[2]评定房屋安全性等级

#### 3.1.1　主体结构混凝土结构构件安全性评定

结合现场检测数据：经验算，一层混凝土抗压强度低于 C20 的混凝土结构构件按承载能力等级评定为 $d_u$ 级；混凝土抗压强度低于 C25 的混凝土结构构件按承载能力等级评定为 $c_u$ 级，一层部分混凝土柱安全性评定等级如图 2 所示。

该建筑混凝土结构构件构造合理，连接方式正确，表面无缺陷，按构造情况评定上部混凝土结构构件的安全性等级为 $b_u$ 级；混凝土构件未见明显侧向弯曲和水平位移，混凝土构件的安全性按不适于承载的位移或变形评定为 $b_u$ 级；混凝土构件普遍存在钢筋锈胀、保护层剥落现象，混凝土结构构件的安全性按损伤程度评定为 $b_u$ 级。

综上，除图 2 所列构件外，其他层混凝土构件的安全性等级评定为 $b_u$ 级。

#### 3.1.2　地基结构子单元安全性评定

该房屋实际使用状况正常，未发现因地基基础沉降变形引起的上部结构开裂、变形等情况，地基基础现状稳定。根据《民用建筑可靠性鉴定标准》（GB 50292—2015）评定：该房屋地基基础安全性等级为 $B_u$ 级。

上部结构子单元安全性评定：根据《民用建筑可靠性鉴定标准》（GB 50292—2015）相关规定，抽检的底层柱普遍为 $c_u$、$d_u$ 级构件，且 $d_u$ 级构件含量 18.2%（＞3%），底层柱集评定为 $D_u$ 级。根据该标准第 7.3.11 条第 3 款规定：多层或高层房屋中的底层柱集为 $D_u$ 级时，上部承重结构子单元根据其承载功能等级评定为 $D_u$ 级。

该房屋楼梯间（1）/（G）、（2）/（G）、（2）/（E）角部未设置构造柱，上部承重结构子单元根据其结构整体性等级评定为 $C_u$ 级。

综上根据《民用建筑可靠性鉴定标准》（GB 50292—2015）的有关规定，上部结构子单元的结构安全性评级为 $D_u$ 级。

#### 3.1.3　围护系统承重部分子单元安全性评定

该建筑填充墙存在裂缝、外立面装饰锈蚀。据此，根据《民用建筑可靠性鉴定标准》（GB 50292—2015）的有关规定，围护系统承重部分子单元的安全性评定为 $C_u$ 级。

#### 3.1.4　建筑物整体安全性评定

根据《民用建筑可靠性鉴定标准》（GB 50292—2015）的有关规定：根据其地基基础、上部承重结构和围护系统承重部分子单元的评级结果，以及与整栋建筑有关的其他安全问题，该建筑物整体安全性等级评定为 $D_{su}$ 级，必须立即采取措施。

### 3.2　按《危险房屋鉴定标准》(JGJ 125—2016 )鉴定房屋危险性等级

#### 3.2.1　地基危险性鉴定

未发现基础有明显沉降、开裂，依据《危险房屋鉴定标准》（JGJ 125—2016）第 4.2 节的规定，房屋地基评定为非危险性状态。

#### 3.2.2　构件危险性评定

（1）基础构件危险性评定。该建筑已经建成使用多年，其建设场地现状稳定，现场检测未发现基础有明显沉降。基础实际使用状况正常，未发现异常现象，依据《危险房屋鉴定标准》（JGJ 125—2016）第 5.1.5 条及第 5.2 节规定，基础评定为非危险性构件。

（2）砌体构件危险性评定。墙体砌体结构外观整齐，砌筑方法基本正确，构造基本合理，高厚比满足规范要求；房屋纵横墙交接处、承重墙未发现开裂现象；与砌体墙体相邻的框架柱未发现变形倾斜、钢筋锈蚀、混凝土压碎等现象；虽然楼梯间存在未设置构造柱情况，但在不考虑抗震情况下，根据《危险房屋鉴定标准》（JGJ 125—2016）第5.3节规定，砌体结构评定为非危险构件。

（3）混凝土结构构件危险性评定

承载能力验算：根据《危险房屋鉴定标准》（JGJ 125—2016）第5.4节，在混凝土构件外观表象未发现危险点情况下，采用计算软件对鉴定单元的构件进行了承载能力验算，按照恒载 2.5kN/m²、活荷载 2.0kN/m² 考虑，混凝土构件抗压强度检测低于 C25 的按实取值，未检测和检测强度大于 C25 的考虑时间效应修正后取 C25，$\gamma_0$ 取 1.0，建模对房屋进行验算。根据《危险房屋鉴定标准》（JGJ 125—2016）第5.4节要求，$R/\gamma_0 S \leq 0.9$ 为危险点，混凝土抗压强度低于 C20 的构件，其承载能力确定为危险点。

危险构件确定原则：根据《危险房屋鉴定标准》（JGJ 125—2016）第6.3.3条的规定，当本层下一楼层中竖向承重构件评定为危险构件时，本层与该层危险构件上、下对应位置的竖向构件无论其是否被评定为危险构件，均应计入危险构件数量。

### 3.2.3 房屋危险性评级

根据《危险房屋鉴定标准》（JGJ 125—2016）中第6章的相关规定，分别计算、评定各层及房屋危险性等级（计算及评定过程略），评定结果为：基础层危险性等级评定为 $A_u$ 级；上部结构楼层危险性等级第一层～第六层评定为 $C_u$ 级；房屋危险性等级评定为 C 级。

综合评定该建筑的危险等级为 C 级[3]，即部分承重结构不能满足安全使用要求，房屋局部处于危险状态，构成局部危房。

## 4  结语

该案例按《民用建筑可靠性鉴定标准》（GB 50292—2015）规定鉴定，该建筑物整体安全性等级评定为 $D_{su}$ 级，必须立即采取措施；而根据《危险房屋鉴定标准》（JGJ 125—2016）规定，该房屋危险等级综合评定为 C 级，即部分承重结构不能满足安全使用要求，房屋局部处于危险状态，构成局部危房。可见，不同的鉴定结论对应的处理措施不同（委托方告知：D 级房，拆除房屋重建；C 级房加固该房屋）。该建筑出具初步结论时按《民用建筑可靠性鉴定标准》（GB 50292—2015）评定，该建筑物整体安全性等级评定为 $D_{su}$ 级，随后有关部门要求按《危险房屋鉴定标准》（JGJ 125—2016）鉴定，该房屋为整体危房，但按 JGJ 125—2016 标准鉴定只能给出局部危房（C 级）的结论，检测机构及时与相关单位沟通，最终确认按《民用建筑可靠性鉴定标准》（GB 50292—2015）出具该建筑物安全性鉴定报告。

该案例有如下经验教训需引起工程技术人员注意：

（1）该房屋若只按《危险房屋鉴定标准》（JGJ 125—2016）鉴定，通常可直接判断该房屋至少为 B 级房。原因如下：该建筑虽无前期技术资料，但有产权证[1]，且有前期安全性鉴定报告，鉴定结论为 $B_{su}$ 级，该建筑主体结构已使用了 20 多年，主体结构无任何损伤、开裂等异常现象，且该建筑主要需求是拟进行装修改造，使用荷载、建筑功能不改变，照惯例不怀疑以往历史（有前期鉴定报告），该建筑危险性鉴定应可直接评定为 B 级或 A 级，但事实却完全相反，该建筑物整体安全性等级应评定为 $D_{su}$ 级，必须立即采取措施。

（2）《危险房屋鉴定标准》（JGJ 125—2016）将《民用建筑可靠性鉴定标准》（GB 50292—2015）中鉴定为 $c_u$ 级构件排除在外，只有 $d_u$ 级构件认定为危险点，如此使用《危险房屋鉴定标准》（JGJ 125—2016）将房屋鉴定为危险房屋的机会大大减小［按《民用建筑可靠性鉴定标准》（GB 50292—2015）评定为 $A_{su}$ 级、$B_{su}$ 级、$C_{su}$ 级，且无 $d_u$ 级构件时，房屋危险性等级均可评定为 A 级］，增加了房屋实际安全隐患。特殊情况下，若用《民用建筑可靠性鉴定标准》（GB 50292—2015）鉴定房屋所有构件均为 $c_u$ 级构件，按《民用建筑可靠性鉴定标准》（GB 50292—2015）鉴定房屋结构安全等级为 $D_{su}$ 级，而按《危险房屋鉴定标准》（JGJ 125—2016）鉴定房屋无危险点，房屋危险性鉴定评级为 A 级。

（3）《危险房屋鉴定标准》（JGJ 125—2016）未完全正确处理房屋整体牢固性问题，从结构整体性判定，该房屋存在局部或整体垮塌（8-12/A-G 轴线范围）的风险，而用《危险房屋鉴定标准》（JGJ 125—2016）无法得到此结果。

（4）针对同一建筑使用不同技术标准可能得到不同鉴定结论，由此可能产生不同的安全事故隐患。此案列警示工程技术人员应认真核实建筑物实际情况，在技术标准不一致时选择合适的技术标准评定建筑物的安全性。

## 参考文献

[1] 重庆市人民政府. 重庆市城镇房屋使用安全管理办法 [Z]. 2014.

[2] 中华人民共和国住房和城乡建设部. 民用建筑可靠性鉴定标准：GB 50292—2015[S]. 北京：中国建筑工业出版社，2015.

[3] 中华人民共和国住房和城乡建设部. 危险房屋鉴定标准：JGJ 125—2016[S]. 北京：中国建筑工业出版社，2016.

[4] 刘兴远，封承九，王虎彪，等.《危险房屋鉴定标准》（JGJ 125—2016）若干问题探讨 [J]. 重庆建筑，2018（1）：29-31.

[5] 刘兴远，封承九，刘洋.《民用建筑可靠性鉴定标准》（GB 50292—2015）的应用探讨 [J]. 重庆建筑，2017（5）：54-57.

[6] 刘兴远·何春燕，刘磊，等. 城镇房屋建筑安全性及危险性鉴定若干问题探讨 [J]. 重庆建筑，2020（5）：29-33.

# 某底框砌体结构检测鉴定及加固设计

李杭杭　闫鹏程　芮彩雲　李　斌

甘肃省建筑科学研究院（集团）有限公司　兰州　730070

**摘　要：** 本文以某底框砌体结构为背景，通过现场检测和抗震鉴定，得出该结构不满足抗震规范的结论。根据结构的不同情况，分别提出了粘贴碳纤维加固、增设砌体抗震墙加固、钢筋网砂浆面层加固、柱间钢支撑等加固方案，并给出详细加固详图，为今后类似工程的检测加固提供依据。

**关键词：** 底框结构；抗震鉴定；结构检测；钢筋网砂浆面层；碳纤维；柱间支撑

底框砌体结构具有底部大开间、上部作住宅、建造成本相对低廉等特点，其在中小城市中曾被广泛应用。为了规范底框砌体结构的应用，保证底框砌体结构的抗震安全，从《建筑抗震设计规范》（GBJ 11—89）开始，历版抗震规范均对底框砌体结构从底部框架层数和层高、总层数、总高度等方面做出了详细的规定，并要求采用一系列抗震构造措施。

房屋地震作用分析方法经历了静力法、反应谱法、动力弹塑性分析方法等几个阶段。同时，抗震设计思想也从只追求延性设计发展到了以"延性设计为主，减隔震设计为辅，协同抗震"的新阶段。"以刚制刚"以硬抗为主要途径的传统方法，常会因为塑性变形积累给结构构件带来不可修复的损伤，最终导致构件破坏而丧失继续承载能力[1]。

## 1　工程概况

某办公楼为四层底框结构，局部为两层，基础采用人工挖孔扩底桩，建筑物长 65.760m，宽度为 16.200m，高为 14.20m，砌体工程中 ±0.00 以下砖砌体均采用 MU10 普通砖、M10 水泥砂浆，±0.00 以上砌体一层、二层采用 MU10 普通砖、M10 混合砂浆，三层以上均采用 MU10 普通砖、M7.5 混合砂浆；混凝土强度：井桩桩身采用 C20，基础底梁采用 C25；圈梁、构造柱采用 C15，现浇板、现浇柱、梁、板、楼梯均采用 C25。

由于该楼办公楼地处矿区，受地下采掘影响，地质较为复杂，地基西南角和楼前踏步出现严重变形、墙体多处裂缝、墙皮脱落等问题，近年，办公楼又出现墙体多处裂缝、瓷砖掉落、地砖鼓起、地基踏步变形等情况，并且各类问题持续发生。

## 2　结构检测鉴定

### 2.1　现场检测

#### 2.1.1　上部承重构件外观质量与缺陷检测

该建筑为砖混结构，通过现场检查，承重构件、承重墙无明显裂缝，墙体不空鼓，局部墙体无酥碱和粉化现象，无明显歪闪；支承梯梁的墙体无竖向裂缝，承重墙、自承重墙交接处无明显裂缝。

#### 2.1.2　砌体砂浆强度检测

本次砌筑砂浆强度检测采用回弹法，但从检测现场开凿位置看，砂浆强度低无法进行回弹检测，因此采用现场抽取砂浆试样综合判定砂浆强度，从检测现场抽取的砂浆试样看，本次检测的砂浆强度一层综合判定为 M2.5，二～四层综合判定为 M1，砂浆抗压强度检测结果见表 1。

作者简介：李杭杭，联系电话 15101332704，E-mail：1510771848@qq.com。

**表 1　砂浆抗压强度检测结果表**

| 构　件 | 砂浆抗压强度回弹值（MPa） | | 砂浆强度等级 |
| --- | --- | --- | --- |
| | 平均值 | 换算值 | |
| 一层承重墙 | 19.04 | 2.6 | M2.5 |
| 四层承重墙 | 15.3 | 1.2 | ＜ M2.5 |
| 五层承重墙 | 14.6 | 1.0 | |
| 六层承重墙 | 16.6 | 1.6 | |

### 2.1.3　砌体砌块强度检测

承重墙实心黏土砖抗压强度采用回弹法进行检测，按照《砌体工程现场检测技术标准》（GB/T 50315—2011）[2]规定的取样数量和检测方法，砖墙测试强度推定值达到 MU10 级，满足《建筑抗震鉴定标准》（GB 50023—2009）[3]中第 5.2.3 条砖强度等级不宜低于 MU7.5 的要求，检测结果见表 2。

**表 2　砖强度检测结果表**

| 构　件 | 砖抗压强度回弹值（MPa） | | 砖的强度等级 |
| --- | --- | --- | --- |
| | 平均值 | 换算值 | |
| 一层承重墙 | 36.02 | 11.10 | MU10 |
| 二层承重墙 | 36.44 | 11.46 | |
| 三层承重墙 | 35.60 | 11.04 | |
| 四层承重墙 | 37.68 | 12.73 | |

### 2.1.4　裂缝检测

从现场检测可以看出，该办公楼部分墙体存在不同程度的裂缝。从墙体裂缝图看出，该楼裂缝主要是温度收缩应力造成的（图 1）。

图 1　建筑物倾斜观测示意图

### 2.1.5　构造检测

根据现场检测情况，每层均布置了圈梁，纵横墙交接处均布置了构造柱，其圈梁、构造柱布置满足《建筑抗震鉴定标准》（GB 50023—2009）[3]继续使用年限 40 年的要求。

### 2.1.6　结构侧向位移

建筑物的倾斜率是检测部位的倾斜值与自室外地面算起建筑物高度的比值，自室外地面算起建筑高度为 14.2m。该楼最大倾斜为南侧东南角部位向南倾斜 38mm（由于该观测基面为装饰面，存在施工误差），满足《建筑地基基础设计规范》（GB 50007—2011）[4]中建筑倾斜值不大于 4‰ 的要求。

### 2.2　计算复核

#### 2.2.1　基本参数

根据以上检测结果，对该楼进行计算复核，计算采用的软件为 PKPM2010 版鉴定加固计算软件。计算取值如下：

该楼建于 20 世纪 90 年代，根据《建筑抗震鉴定标准》(GB 50023—2009)[3]，本次鉴定后期使用年限按 40 年考虑。

结构类型：砌体结构，总层数四层；

砖强度等级为 MU10.0，砂浆强度等级 M2.5（一层），M1（二层以上）；

结构总高度：14.2m，地震烈度 7 度；

设计基本地震加速度 0.15$g$，地震分组为第三组；

楼面为装配式钢筋混凝土，施工质量控制等级按 B 级考虑。

#### 2.2.2　计算结果

第一层 E 轴线抗力与效应比在 0.75 ~ 1.52 之间，其中有 4 个位置小于 0.9；D 轴线抗力与效应比在 0.75 ~ 0.96 之间，其中有 4 个位置小于 0.9；其余个别轴线墙体也存在不同程度的抗力效应比小于 0.9 的现象。第二层 E 轴线抗力与效应比在 0.73 ~ 1.51 之间，其中有 4 个位置小于 0.9，D 轴线抗力与效应比在 0.70 ~ 1.01 之间，其中有 6 个位置小于 0.9，其余个别轴线墙体也存在不同程度的抗力效应比小于 0.9 的现象。第三层 D 轴线抗力与效应比在 0.74 ~ 1.32 之间，其中有 2 个位置小于 0.9；其余个别轴线墙体也存在不同程度的抗力效应比小于 0.9 的现象。第四层墙体抗力效应比在 1.08 ~ 7.6 之间。

墙体局部受压，一层至四层均存在不同程度的不满足计算要求的墙体。

### 2.3　安全性评定

根据以上检测计算结果、构件及子单元评级结果，结合《民用建筑可靠性整定标准)(GB 50292—2015)[4]评定，该楼鉴定单元结构安全性评定为 $D_{su}$（即"安全性严重不符合本标准对 $A_{su}$ 级的要求，严重影响整体承载，必须立即采取措施"）。

### 2.4　鉴定结论

该楼未发现明显地基基础不均匀下沉和倾斜，从检测现场抽取的砂浆试样看，本次检测的砂浆强度其一层综合判定为 M2.5，二至四层综合判定为 M1。裂缝主要为温度收缩应力造成的裂缝。每层均布置了圈梁，纵横墙均布置了构造柱，其圈梁构造柱位置满足《建筑抗震鉴定标准》(GB 50023—2009)[3]继续使用年限 40 年的要求。

根据以上检测结果、构件及子单元评级结果，结合《民用建筑可靠性鉴定标准》(GB 50292—2015)[5]评定，该楼鉴定单元结构安全性评定为 $D_{su}$。

由于该楼砌筑砂浆强度低，其部分位置墙体抗力效应比较低，对该楼整体性影响较大，而且其安全性能差，已影响到该楼整体承载和安全使用，因此建议对该楼进行全面加固处理。

## 3　加固设计

### 3.1　梁、柱采用粘贴碳纤维加固

一层框架梁及框架柱采用粘贴碳纤维法加固，加固采用的碳纤维选用聚丙烯腈基不大于 15K 的小丝束纤维，承重结构加固工程严禁采用预浸法生产的纤维织物。结构加固用的纤维复合材的安全性能必须符合现行国家标准《工程结构加固材料安全性鉴定技术规范》(GB 50728—2011)[6]的规定。黏结碳布采用专门配制的 A 级改性环氧树脂胶黏剂，碳纤维布采用高强度 I 级，单层单位面积碳纤维质量等于 300g/m², 厚度为 0.167mm。其基本性能指标必须符合《混凝土结构加固设计规范》(GB 50367—2013)[7]的材料规定。表面防护：表面防护要求采用 20mm 厚 I 级聚合物砂浆做防护层，以满足设计要求及国家现行相关标准的规定，并保证防护材料与碳纤维布有可靠的黏结。

已知梁的截面参数：梁宽 $b$=250mm，梁高 $h$=500mm，采用碳纤维进行加固，梁底碳纤维弹性模

量 $E_{ef}$=2.4×10⁵MPa，抗拉强度标准值 $f_{cfk}$=3500MPa。梁侧受剪碳纤维弹性模量 $E_{ef}$=2.4×10⁵MPa，加密区条带净距离 200mm，非加密区条带净距离 250mm，粘贴层数 $n_{cfv}$=1.0，单层厚度 $t_{cfv}$=0.167mm。JGL2 加固如图 2 所示。

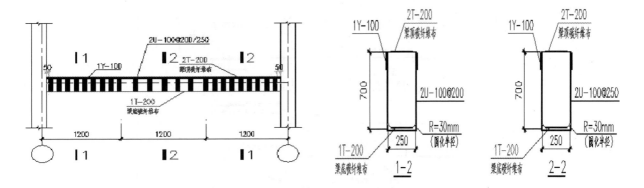

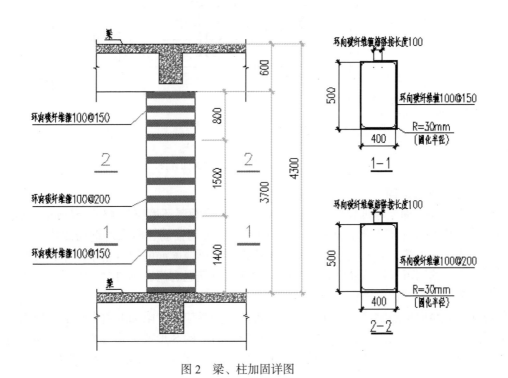

图 2　梁、柱加固详图

## 3.2　增设砌体抗震墙加固

底框架结构中的剪力墙既是承担竖向荷载的主要构件，更是承担水平力的主要构件，在地震中起第一道防线作用，因此在设计时要考虑底部剪力墙承担 100% 的水平地震作用，而框架只承担小部分的地震力作为安全储备。震害观测表明，底框砖房在地震时底层将发生变形集中，会出现过大的侧移而造成破坏甚至倒塌。有鉴于此，新规范在近十几年各地试验研究的基础上，对底框架结构剪力墙的布置做出了更科学的调整。

底框结构中山墙一般要布置剪力墙，相关试验表明，加大底层空旷房屋两端平面刚度，对底层框架端部竖向位移进行控制，可有效增加底层框架的安全储备，但尽管如此布置也并不周全，中间还需要很多剪力墙。底框结构 8 字方针为竖直、均匀、对称、相交。所谓竖直就是在布置底层剪力墙时应尽量对应上部上下竖直、中间不间断的墙体，否则即使底层布置的剪力墙刚度再大，若竖向无对应的上部墙体，不仅传力途径不直接且上下层刚心相距较远，地震时上部墙体与底层剪力墙间会形成很大扭矩，极易破坏，新增砌体抗震墙加固如图 3 所示。

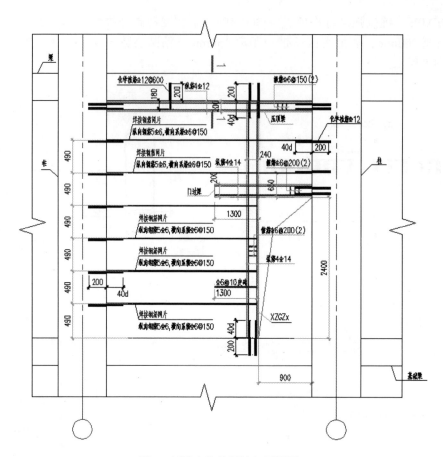

图 3　新增砌体抗震墙加固详图

### 3.3　钢筋网砂浆面层加固

室内正常环境下面层厚度应为 35 ～ 45mm，露天或潮湿环境应为 45 ～ 50mm。钢筋网宜采用点焊方格网，方格网尺寸不大于 300mm。钢筋网四周应采用锚筋、插入短钢筋或拉结筋等与楼板、大梁、柱或墙体可靠连接，其上端应锚固在楼层构件、圈梁或配筋的混凝土垫块中，其伸入地下一端应锚固在基础内，锚固可采用植筋方式。钢筋网的横向钢筋遇有门窗洞口时，对单面加固情形，宜将钢筋弯入洞口侧面并沿周边锚固；对于双面加固情形，宜将两侧的横向钢筋在洞口处闭合，且尚应在钢筋网折角处设置竖向构造钢筋。此外，在门窗转角处，尚应设置附加的斜向钢筋。单面加固层的钢筋网宜采用 $\phi 6$ 的 L 形锚筋，双面加面层的钢筋网宜采用 $\phi 6$ 的 S 形或 Z 形穿墙筋与原墙体连接。L 形锚筋间距宜为 600mm，S 形或 Z 形穿墙筋间距宜为 900mm，梅花形布置，详见图 4。

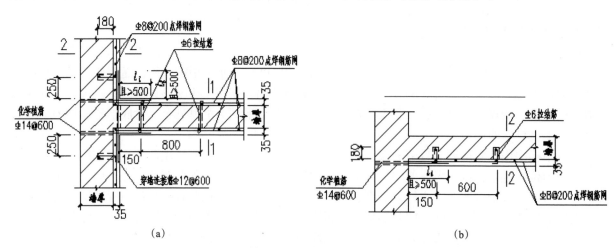

(a)　　　　　　　　　　　　　　　　　　　　(b)

图 4　钢筋网水泥砂浆面层加固砌体详图

### 3.4　钢筋混凝土板墙加固

结构加固用的混凝土强度等级不应低于 C20（或 C25），主要是为了保证新浇混凝土与原砖砌体构件界面以及它与新加受力钢筋或其他加固材料之间有足够的黏结强度，使之能达到整体共同受力。因加固所需的后浇混凝土厚度一般较小，浇筑空间有限，施工条件较差。调查和试验均表明，在小空间模板内浇筑的混凝土均匀性较差，其现场取芯确定的混凝土抗压强度可能要比正常浇筑的混凝土低 10% 左右，因此有必要适当提高其强度等级，详见图 5。

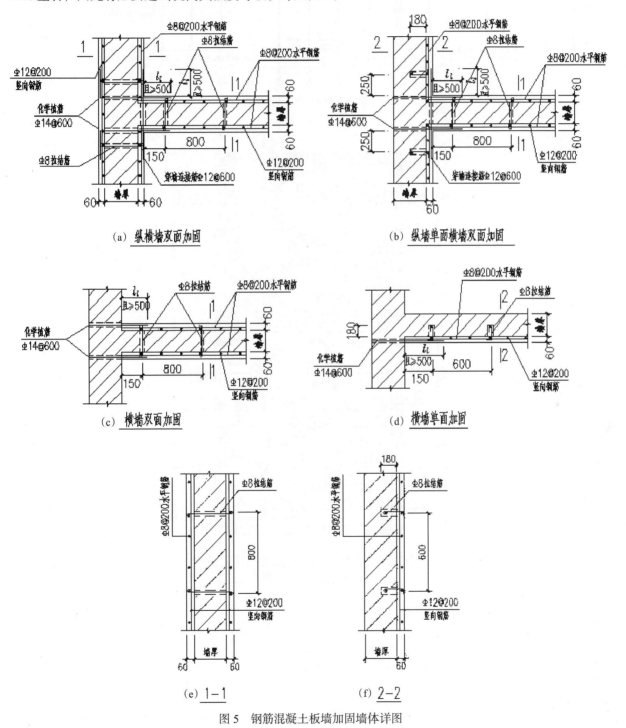

图 5　钢筋混凝土板墙加固墙体详图

### 3.5　柱间支撑加固

增设柱间支撑能够保证结构整体稳定，提高侧向刚度和传递水平荷载，柱间支撑平面布置见图 6，钢支撑详图见图 7。

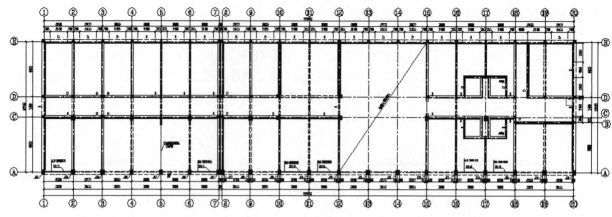

图 6  柱间支撑平面图

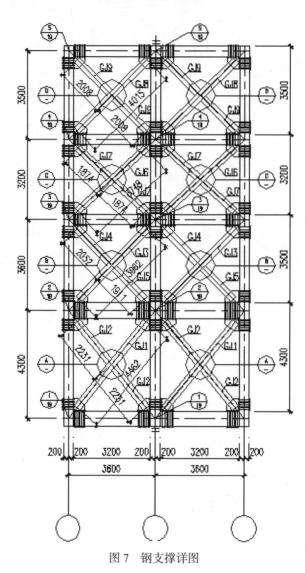

图 7  钢支撑详图

## 6  结语

本章以某办公楼为研究背景,对增设抗震墙、钢支撑后的结构进行弹塑性时程分析,经分析比较后可得出以下结论:

(1)增设抗震墙后,结构底部框架层抗侧刚度有所增加,薄弱层层间位移得到有效控制。但它也给结构带来了不利的影响,存在薄弱层向过渡层转移的趋势,也加大了结构基底剪力。

（2）对于高烈度区的底框砌体结构，当遭遇极大地震时，抗震墙加固的效果并不明显。而采用钢支撑加固方案则可以取得更好的效果，容易施工，加固成本也更小。

## 参考文献

[1] 黄静丽，杨涛. 底框结构隔震加固的优化分析 [J]. 四川建筑，2019（4）：62-65.

[2] 中华人民共和国住房和城乡建设部. 砌体工程现场检测技术标准：GB/T 50315—2011[S]. 北京：中国计划出版社，2012.

[3] 中华人民共和国住房和城乡建设部. 民用建筑可靠性鉴定标准：GB 50292—2015[S]. 北京：中国建筑工业出版社，2016.

[4] 中华人民共和国住房和城乡建设部. 建筑抗震鉴定标准：GB 50023—2009[S]. 北京：中国建筑工业出版社，2009.

[5] 中华人民共和国住房和城乡建设部. 混凝土结构加固设计规范：GB 50367—2013[S]. 北京：中国建筑工业出版社，2014.

[6] 中华人民共和国住房和城乡建设部. 工程结构加固材料安全性鉴定技术规范：GB 50728—2011[S]. 北京：中国建筑工业出版社，2012.

# 第4篇
# 加固改造与施工技术

# 湿陷性黄土地区某混凝土站钢框架结构混凝土搅拌楼高位顶升纠偏加固研究

汪过兵　姜　伟　裴先科　董　超　崔鹏翔

甘肃省建材科研设计院有限责任公司鉴定加固分院　兰州 730010

**摘　要：** 纠偏技术是湿陷性黄土地区既有建筑工程结构纠偏加固探索的主要工程技术之一。本文以湿陷性黄土地区某混站钢结构高位顶升纠偏加固为研究背景，根据该楼的变形观测及钢构件和支撑现场调查，综合分析结果显示 C 轴较 E 轴沉降变形大，C 轴向 E 轴方向倾斜变形，倾斜变形与沉降变形方向相反。采用应力释放的方法对该楼进行高位顶升纠偏加固，其最大顶升纠偏值为 365mm。该方法可以消除由于应力集中引发的工程事故，纠偏达到建筑物变形范围之内，使之正常使用，而且工期短而经济、安全可靠。加固完成至今的变形观测数据显示，建筑物未明显继续变形，加固效果良好，目前已经正常使用；研究成果为湿陷性黄土地区既有钢框架结构建筑物高位顶升纠偏加固和施工提供理论科学依据。

**关键词：** 湿陷性黄土；既有钢框架结构；高位顶升纠偏加固

　　建筑物纠偏技术在 20 世纪前半叶开始发展。20 世纪中叶，意大利 Fondedile 公司首次研究出树根桩技术，随后得到广泛应运，20 纪后半叶得到迅速发展，日本和美国等国家对建筑物纠偏和加固比较重视，加之计算机水平较为先进，纠偏和加固的计算机设计和分析比较成熟[1]；20 世纪 80 年代欧美国家已经制定了建筑物纠偏技术规范和标准[2]。与此同时国内专家也开始投身于建筑物纠偏技术的研究，经过不断的创新与研究和工程实践，纠偏技术也不断发展，纠偏方法也越来越多。回顾我国的既有建筑结构纠偏加固技术发展历史，近 30 年以来逐渐得到了空前的发展，而对于既有钢结构建筑纠偏加固在相关规范规程仅在某些方而给出了一些原则性的指引，设计人员还难以按规范规定来完成具体项目的设计工作[3]，在国家西部大开发、一带一路等政策下，西部地区工程建设得到了空前的发展憧憬。我国西部地区地处黄土高原，分布着大量的湿陷性黄土，许多建筑建造于湿陷性黄土地基上。建筑物在长期使用过程中可能出现地基承载力不足、地基土松软及不均匀沉降等现象，再加上不合理的勘察设计或地震等自然灾害会引起楼房的倾斜[4]；汪杨、苟卫强、孟雄飞对既有建筑建筑结构的纠偏技术总结和应用，都是对地基的止倾纠偏加固展开的研究[5-7]。刘祖德于 1989 年提出了"地基应力解除法"[8]以来，利用该方法对 140 余座建筑物进行了成功纠偏[9]。吴宏伟、梁志松等对地基应力解除法进行完善以及推广和应用[10-11]。甘肃省建材科研设计院鉴定加固分院裴先科、姜伟课题组为了探索湿陷性黄土地区钢框架结构高位顶升纠偏加固，以湿陷性黄土站钢框架结构混凝土搅拌楼高位顶升纠偏加固为研究背景，采用应力释放的方法对湿陷性黄土地区既有钢框架结构建筑进行高位顶升纠偏加固研究，其研究成果为湿陷性黄土地区既有钢框架结构建筑高位顶升纠偏加固设计、施工提供科学支撑，为我国既有钢框架结构建筑的高位顶升纠偏加固积累经验。

## 1　工程概况

　　该混凝土站搅拌楼位于甘肃省榆中县某村，2014 年年底竣工；地上 3 层钢支撑框架结构。总长度（轴网尺寸）为 11.478m，总宽度（轴网尺寸）为 5.649m，总高度为 12.63m（檐口至室外地坪标高）。

---

　　* 甘肃省建材科研设计院重大专项：既有砌体结构内部大空间改造加固研究（项目编号：KY2021-05）。

　　作者简介：汪过兵，助理工程师，从事既有建筑工程结构检测、鉴定、加固设计理论研究，E-mail: wgb6688@qq.com。

　　　　　　　姜伟，鉴定加固分院总工，从事既有建筑工程结构检测、鉴定、加固设计研究，E-mail: 94788188qq.com。

钢柱钢梁为焊接工字钢，采用螺栓刚接连接，钢材牌号为 Q235。二层、三层墙体采用双层彩钢岩棉夹心板，楼面为密肋（次梁）钢铺波纹钢板，屋面板为双层彩钢岩棉夹心板，现状如图 1 所示。二层为搅拌机械设备间、三层为其他设备操作间，其设备位置如图 2 ~ 图 5 所示。建筑物基础形式为泥浆护壁钻孔灌注桩基础，桩长约为 15m，持力层为杂填土，纠偏加固后续使用年限为 15 年，搅拌楼的抗震设防类别为丙类建筑。

图 1　该搅拌楼现状

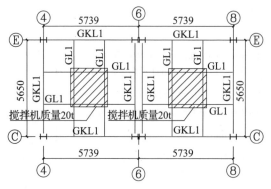

图 2　二层平面布置图

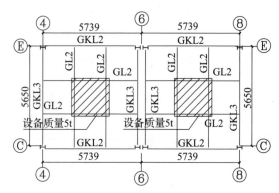

图 3　三层平面布置图

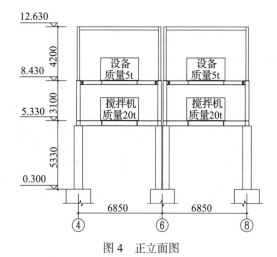

图 4　正立面图

图 5　侧立面图

## 2　变形损伤分析研究

### 2.1　变形研究

采用全站仪对建筑物进行相对沉降和倾斜观测，观测结果如图 6 所示，通过观测结果分析，相邻柱基相对沉降差最大值为 235mm，房屋的水平方向最大侧向位移值为 237mm，沉降和倾斜已不满足相关规范和规程的相关要求。

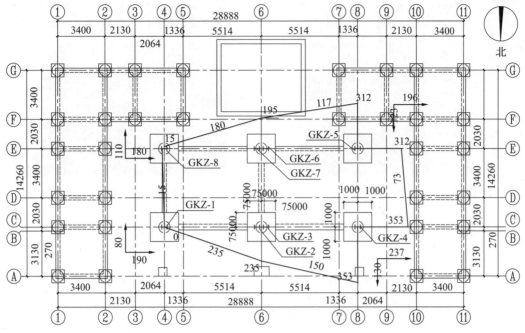

图 6　倾斜及沉降观测结果

## 2.2　损伤分析

根据该楼场地的实际钻取芯样分析，杂填土层含水率随着深度而增大，搅拌楼区域呈饱和状态，导致该搅拌楼桩基础出现不均匀沉降。对该楼的沉降和变形观测发现，该搅拌楼桩基础不均匀沉降观测结果显示 C 轴较 E 轴沉降变形大；倾斜观测结果显示，该楼 C 轴向 E 轴方向倾斜变形，倾斜变形与沉降变形方向相反。根据变形观测结果及钢构件和支撑现场调查结果综合研究分析，发现（4-6）/C 轴、（C-E）/6 轴、（6-8）/C 轴、（4-6）/E 轴柱间支撑弯曲变形严重，如图 7～图 10 所示。同时还发现大部分钢柱钢梁节点以及钢柱与柱间支撑节点螺栓锈蚀严重。梁柱节点连接采用摩擦型高强螺栓连接，螺栓松动锈蚀。

针对该工程损伤现状，经过研究论证分析，决定采用应力释放的方法进行高位顶升纠偏加固研究，主要加固内容如下：①对该搅拌楼进行高位顶升纠偏加固。②对搅拌楼上部已经变形的钢斜撑进行拆除更换。③对抗震承载力不满足的第三层钢柱进行加固处理。④对钢柱、钢梁节点以及钢柱与柱间支撑节点螺栓进行重新防腐、防火涂装处理。

图 7　（4-6）C 轴柱间支撑

图 8　（C-E）6 轴柱间支撑

图 9 （6-8）C 轴柱间支撑

图 10 （4-6）E 轴柱间支撑

## 3 高位顶升纠偏加固研究

由于建筑物梁柱节点固结，所以顶升技术性强、施工组织难度大。钢柱顶升施工过程中建筑物的不均匀沉降会使建筑物的梁板产生附加内力，过大的附加内力将导致梁板破坏，继而威胁建筑物的安全；钢柱顶升过程中，基础的前期沉降会导致顶升梁随桩基一起下沉，千斤顶加荷、原有桩基破坏还会使顶升梁产生一定挠度。过大的变形不仅使顶升梁本身破坏，还会导致上部建筑物的破坏。为确保上方建筑、周边环境安全及施工安全，根据相邻柱子测量控制目标在 2‰ 要求，本课题组经过多次研究分析，决定针对柱子荷载值计算研究分析结果，采用多台 50t 液压千斤顶对柱子进行高位顶升纠偏加固，本体高度 625mm，行程 500mm。高位顶升纠偏示意图如图 11～图 15 所示。

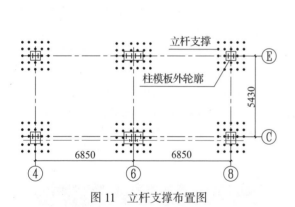

图 11 立杆支撑布置图

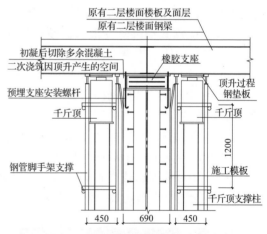

图 12 板式橡胶支座安装示意图

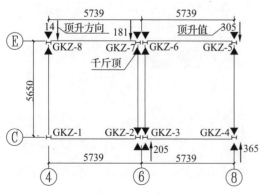

图 13 千斤顶顶升值置图

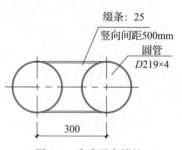

图 14 千斤顶支撑柱

图 15　高位顶升纠偏示意图

### 3.1　高位顶升纠偏施工顺序

高位顶升纠偏详细施工顺序如下：

（1）搭设钢管支撑体系：先搭设钢管支撑架，支撑立杆钢管型号 $\phi 48 \times 3.5$，原有钢柱四周立杆间距加密为 450mm，步距 1200mm，上部自由端不大于 500mm，布置见图 11、图 12，每个轴线位置加竖向剪刀撑，顶部加水平剪刀撑，再设置 $\phi 219 \times 4$ 的格构式钢管支撑柱如图 13、图 14 所示，其顶部焊接钢板 20mm 厚，上方再放置千斤顶，且钢圆管支撑柱与立杆支撑牢固拉接成整体支撑体系的。

（2）搭设钢管支撑架对搅拌楼进行支撑后，浇筑型钢混凝土柱，混凝土掺入早强剂，按照标准养护，再安装千斤顶，暂时停止搅拌楼生产，切断钢柱与二层钢结构连接，再顶升二层钢结构，达到顶升要求后，预留板式橡胶支座安装空间后，如图 11、图 12 所示，再浇筑顶升高度柱子内混凝土，按照标准养护 7d 后，安装板式橡胶支座，完成顶升纠偏。

（3）顶升控制：先顶升 8/C、8/E 轴线的 2 个点，待 6/C、6/E 轴线的 2 个点与 8/C、8/E 轴线的 2 个点水平高度接近时，再同时顶升这 4 个点，达到与 4/E 轴的点水平高度接近时，再同时顶升这 5 个点，钢柱顶升数值如图 13、图 14 所示，其中最大顶升纠偏值为 365mm。顶升中应严格检测原结构节点处的变化情况，严禁一次顶升过大而产生次生破坏。顶升过程中，应随切断柱的不断上升及时进行支撑，以防液压千斤顶倾斜或引起活塞突然下降而造成事故。

### 3.2　高位顶升纠偏技术研究

（1）千斤顶采用统一的供油和控制系统，顶升时分级进行，将千斤顶安放在指定位置，上下均安装 20mm 厚的钢板垫块，千斤顶活塞杆预先伸出 20 ~ 30mm，使千斤顶对牛腿施加 30% 的顶升力。保证千斤顶平稳、竖直。

（2）每级顶升量严格控制，并保证各点位同步。顶升分级不宜过大，第 1 级最大顶升量可为 1 ~ 2mm。最大顶升速度为 0.5mm/min。顶升时应加强各部位监测，分析监测值与理论值的差异，在有可靠保证的情况下，每级顶升量可逐级适当增加。

（3）顶升时要同步，按下列程序进行：按预设进行加载和顶升→各个观察点及时反映测量情况→各测量点认真做好测量工作并及时反映测量数据→比较实测数据与理论数据的差异→针对数据偏差进行分析与调整→确认当前工作状态，决策下一步操作。

（4）每级顶升结束后，应立即采用钢板将缝隙塞实顶紧，并保持 15 ~ 30min。在此期间可对顶升系统、监测系统进行调整，对建筑物整体倾斜情况各水准点位进行观测。顶升过程中钢垫板要做到随顶随垫，各层垫块位置应准确，相邻垫块应进行焊接，确保垫块与承台间隙 ≤1mm，如果薄钢板垫块超过 3 块，应立即更换为厚钢板垫块。

（5）高位顶升纠偏前应布置监测点对该建筑物全面高位顶升纠偏过程进行检测。

## 4　结论

纠偏技术是湿陷性黄土地区既有建筑工程结构基础加固探索的主要工程技术之一。结合该楼的实际情况，该楼的变形观测及钢构件和支撑现场调查综合研究分析结果显示，（4-6）/C 轴、（C-E）/6 轴、（6-8）/C 轴、（4-6）/E 轴柱间支撑弯曲变形严重；C 轴较 E 轴沉降变形大；倾斜观测结果显示，该楼 C 轴向 E 轴方向倾斜变形，倾斜变形与沉降变形方向相反。针对该工程损伤现状，通过该楼的高位顶升纠偏研究得出以下主要结论：

（1）通过先顶升 8/C、8/E 轴线的 2 个点，待 6/C、6/E 轴线的 2 个点与 8/E 轴线的 2 个点水平高度接近时，再同时顶升这 4 个点，与 4/E 轴的点水平高度接近时，再同时顶升这 5 个点，其中 8/C 点为最大点，最大顶升纠偏值为 365mm。

（2）采用应力释放的方法及对高位顶升纠偏加固研究，既可以消除该建筑物应力集中引发规程事故，同时可以纠偏达到建筑物变形范围，使之正常使用，该方法不但工期短而且经济安全可靠。

（3）从高位顶升纠偏加固完成至今的变形观测数据分析结果中未发现明显继续变形，加固效果良好，目前已经正常使用；在正常维护的前提下可保证后续使用年限内正常使用，研究成果为湿陷性黄土地区既有钢框架结构建筑物高位顶升纠偏加固和施工提供理论科学依据。

## 参考文献

[1] 吴秀峰. 既有建筑物深层冲孔排土纠偏方法的机理分析和计算模拟研究 [D]. 阜新：辽宁工程技术大学，2004.

[2] 李杏，于广明，赵文彦，等. 基于原因分析的工程质量事故处理研究 [J]. 青岛理工大学学报，2012，33（3）：26-30.

[3] 中华人民共和国住房和城乡建设部. 既有建筑地基基础加固技术规范：JGJ 123—2000[S]. 北京：中国建筑工业出版社，2000.

[4] 侯达远，马悼勋，果广福. 某建筑物倾斜原因分析及加固处理 [J]. 山西建筑，2007（30）：9-11.

[5] 汪杨. 建筑物纠偏加固方法研究 [D]. 合肥：安徽建筑大学，2017.

[6] 苟卫强. 既有建筑物工程事故分析及纠偏加固处理研究 [D]. 兰州：兰州理工大学，2017.

[7] 孟雄飞. 既有建筑物工程事故分析及顶升纠偏技术研究 [D]. 北京：中国地质大学，2020.

[8] 刘祖德. 地基应力解除法纠偏处理 [J]. 土工基础，1990，4（1）：1-6.

[9] 刘祖德. 纠偏防倾工程十五年 [J]. 土工基础，2006，20（4）：83-87.

[10] 吴宏伟，徐光明. 地基应力解除法纠偏机理的离心模型试验研究 [J]. 岩土工程学报，2003，25（3）：299-303.

[11] 梁志松，陈晓平. 软土流变模型及在建筑物纠偏工程中的应用 [J]. 岩土力学，2004，25（增2）：513-517.

# 老旧小区综合改造方案探讨分析

牛昌林 祁生旺

甘肃建投科技研发有限公司 兰州 730050

**摘 要**：本文通过对老旧小区综合改造现状、政策及存在问题的分析，全面梳理了5类、23项综合改造内容及措施；从统一规划、改造内容及资金来源等方面，分析了老旧小区综合改造方案的构建模式，并给出了相关建议，可为类似项目实施提供参考。

**关键词**：老旧小区；加固改造；适老化

据测算，我国城市包括小城镇现有约400亿m²既有居住建筑及老旧小区，其中约有1/3需要改造。另外，根据2006年至2021年《中国建筑能耗与碳排放研究报告》中的相关数据，"十三五"以来，城镇居住建筑碳排放年均增速为3.4%，公共建筑碳排放年均增速为3.9%，各省建筑碳排放增速与人口净流入量、GDP增速及建筑本省节能性能密切相关。在当前"碳达峰、碳中和"背景下，我国建筑全过程能耗及碳排放总量中，运行阶段的能耗和碳排放占比约为46.2%，实施老旧小区的综合节能改造，有助于减少运营阶段碳排放量[1]。本文将根据老旧小区的现状及存在问题，对综合改造内容、改造方案构建等进行研究。

## 1 政策及存在问题分析

### 1.1 政策分析

国家在推动既有居住建筑和老旧小区改造方面发布了多项指导文件和支持政策，如《既有居住建筑节能改造指南》（建办科函〔2012〕75号）、《关于进一步发挥住宅专项维修资金在老旧小区和电梯更新改造中支持作用的通知》（建办房〔2015〕52号）、《关于进一步做好城市既有建筑保留利用和更新改造工作的通知》（建城〔2018〕96号）等。这些政策对既有建筑和老旧小区的综合改造的实施要点、目标、质量保证措施等提出了具体建议，并给予针对性财政补助，有力推动了近年我国棚户区改造和既有建筑加固项目的实施。

### 1.2 存在问题

老旧小区大部分存在使用功能不全面、生活环境不宜居、环境破坏力较大、资源消耗较高等问题[2]。当前老旧小区综合改造存在以下问题：

（1）老旧小区一般位于城市的繁华地段，建设时大多没有统一的规划，综合改造过程中需要结合城市发展进行统筹规划。

（2）不同年代建造的小区，其房屋建筑物在抗震性能、耐久性及施工质量上存在较大差异，综合改造方案制订时应在全面结构检测的基础上合理确定改造内容。

（3）老旧小区通常产权复杂、住户需求差异大，综合改造的协调组织和资金筹集较困难。

## 2 综合改造内容及措施分析

### 2.1 既有建筑加固改造

（1）结构安全检测鉴定与加固

对于早期建设的建筑物，出现局部裂缝、结构性缺陷或地基损坏等现象时，应对建筑物进行结构安全检测鉴定，制订有针对性的加固方案，如增加扶壁柱、钢支撑、钢构件、浆液填充、混凝土套加固等。

（2）建筑物抗震加固改造

老旧小区内的既有建筑，要提高抗震性能，应对建筑物进行整体抗震性能评价，实施性能化设计及相应抗震加固方案[3]，如增设构件加固法（增设抗震墙、外加圈梁钢筋混凝土柱、增设支撑或钢架）、增强构件加固法（外粘型钢、黏贴钢板、增大构件截面、增加钢梁、钢柱等）、隔震或耗能减震加固法等抗震加固方法。

（3）建筑延寿改造

部分老旧小区建筑已接近或超过设计使用年限，但建筑结构和功能基本完好，可在检测鉴定的基础上进行加固，延长其使用寿命。

## 2.2　既有建筑节能改造

（1）外墙保温装饰改造

大多数老旧小区的建筑以砖混结构为主，存在能耗高、热效率低、热舒适度差的问题，需要根据最新建筑节能规范相关要求进行节能改造，如可选用保温装饰一体板等新型建材。

（2）屋面改造

对屋顶存在檐口防水层断裂、女儿墙裂缝和结构损伤、屋面防水层老化裂缝等问题的建筑，应修复或更换屋面防水卷材，檐沟天沟下设防水保温附加层，对裂缝灌浆加固、水泥砂浆修补。

（3）门窗改造

老旧小区既有建筑门窗多采用木门、木窗或钢门、钢窗，绝热性差。改造时宜根据当地气候条件、功能要求、节能要求以及建筑物其他围护部件的情况来选择合适的中高档门窗。对传统外窗的钢副框进行整体替换，设置滴水槽、金属披水板等节点构造措施[4]。

（4）太阳能利用改造

在当前"碳达峰、碳中和"的背景下，随着我国太阳能热水设备、光伏发电设备等技术不断成熟，响应国家节能减排号召，根据建筑实际条件，在屋顶改造中增设相关太阳能设备，提高能源利用率。

（5）排水系统及散水改造

湿陷性黄土地区老旧小区常因排水不畅、落水管损坏原因，导致屋面积水渗透到外墙面，造成外墙表面酥碱粉化，甚至出现建筑物（局部）地基下沉等问题。改造时可采取以下措施：①重新进行屋面排水设计，最大限度地将屋面雨水收集并排放到室外雨水管。②加装、更换落水管。③分析散水破坏原因，修复散水。

## 2.3　适老化改造

（1）无障碍设施改造

老旧小区大多没有无台阶（坡面）设计，但该类小区住户老年人居多，会造成出行不便，无障碍改造是老旧小区改造的重要内容之一[5]。可采取以下改造措施：①小区道路及绿地采取平整或坡化，重要部位进行盲道设置、无障碍标识。②小区公共服务场所需完善无障碍出入口、地面、扶手、低位服务柜台等无障碍设施。③停车场所设置无障碍停车位。

（2）加装电梯

随着我国人口老龄化加重，大多既有居住建筑及老旧小区尚未安装电梯，难以满足老人、孕妇及小孩的日常生活需求。在综合改造时，需通过专项设计，对尚无电梯的多层住宅（四层及四层以上）加装电梯；条件允许的老旧小区还可加装能放下医院病床的电梯。

（3）医养设施

根据老旧小区老年住户的需求，综合改造时可在住户家中设置"一键呼"系统，方便老年人求助信息传输；加装家庭供氧系统、直饮水供水系统，方便日常生活。

## 2.4　基础设施改造

（1）供暖改造

甘肃属严寒地区，冬季气候寒冷。目前，不少既有居住建筑及老旧小区的供暖设施出现了不同程度的老化或损坏，供暖效果差、漏水现象经常发生，严重影响住户日常生活，可采取以下改造措施：①对老化严重的暖气管道、散热管片、阀门等进行更换。②通过维修改造使供热系统实现分户控制，计量供暖。③对于室外老化严重的内热井、热力管沟、供热设备、热力管道、防腐保温、阀门、热力表等相关设施设备进行更换。

（2）给排水改造

既有居住建筑及老旧小区常因管道锈蚀，造成给水污染，出现给排水管道渗漏、排水不畅等问题。应组织专业人员入户检查，对老化严重的供水设备、管道、防腐保温、阀门和水表等设施设备及时更换。

（3）电路改造

老旧小区室外电线私拉乱接现象严重；室内电线线芯截面小，不能满足多个大功率电器同时使用，容易断路停电，严重影响住户正常使用，安全隐患突出，可采取以下改造措施：①对小区线缆敷设凌乱的增加桥架或地沟重新进行梳理规整，或进行重新改造敷设。②对小区内破损严重的开闭所（开关站）、环网柜（分接箱）、配电所、高低压开关柜、变压器、电度表及表箱等进行更换。③对住户室内线芯截面小的强电线路进行更换。

（4）小区道路工程改造

老旧小区人行道、车行道路面破裂、凹陷问题突出，影响居民步行的舒适度和车辆的正常运行。综合改造措施：①对破损道路进行翻修，做好路基防水和道路排水。②有条件的小区实行人车分流，确保行人安全。

（5）停车设施改造

老旧小区普遍存在车位紧张、无专用电瓶车充电位等问题，可采取以下改造措施：①有条件的小区规划停车位，部分停车位设置充电桩。②建造立体停车设施。③适当设置自行车等非机动车停车位，部分停车位设置充电桩。

（6）安防设施改造

不少老旧小区安防系统设置不成熟，存在摄像监控覆盖面不全、小区及楼宇门禁系统缺失等问题，可采取以下改造措施：①设置视频监控管理系统，监控探头宜明暗布置，实现小区全覆盖、无盲区监控。②有条件的小区，可安装车辆门禁及楼宇可视对讲系统。

（7）消防设施改造

大多数老旧小区存在消防设施配备不齐全，消防通道随意停车、消防扑救场地被占用等问题，可采取以下改造措施：①清除消防车道和扑救场地的障碍物。②在小区楼道增配消防照明应急一体设施，设置紧急疏散指示标志。③增设室内外消火栓，安装简易喷淋、独立式感烟火灾探测报警器等设施。

（8）文娱设施改造

老旧小区中老年人占比较大，对文娱活动需求较多，现有文娱设施单一且数量较少，可采取以下改造措施：①对出现故障的现有居民小区健身与休闲娱乐设施进行维修。②扩建小区健身场所，增配文娱设施。③有条件的小区，建设中老年活动中心。

## 2.5　室外环境改造

（1）小区围墙改造

部分老旧小区围墙年久失修破损，多处开裂，甚至出现地基沉降、围墙倾斜情况，严重影响小区美观，且存在较大安全隐患，可采取以下改造措施：①拆除破损围墙或全部翻修。②采用花篮墙或文化墙，美化小区环境，提升城市文化形象。③在围墙适当位置设置隐蔽监控探头，提高安防能力。

（2）场坪改造

部分建成时间较长的老旧小区，道路普遍出现坑洼现象，小区车多、人多、活动空间狭小，可采取以下改造措施：①硬化路面。②小区人行路面铺设渗水砖，方便出行，解决地面积水问题。③小区停车位置铺设植草砖，提高小区绿化面积。

（3）景观提升

老旧小区普遍绿地率较低，没有形成绿化带，缺少遮阴灌木，整体景观及环境较差，可采取以下改造措施：①小区出入口道路两侧设置隔离绿带，形成整齐、饱满、层次分明的道路绿化色带效果。②小区内布置景观小品。③有条件的小区增设围挡喷淋装置，降尘降温，改善小区环境。

（4）厨余垃圾处理与垃圾分类

对于老旧小区垃圾收集装置破损或缺失的问题，可采取以下改造措施：①封闭楼道原有垃圾道。②设置垃圾分类收集桶。③搭建小区临时垃圾回收房。

## 3　实施方案分析

老旧小区的综合改造涉及多方利益，政府部门必须统筹实施，达到"政府有规划，住户有需求，资金有保障，方案有价值"的目的，实现多方共赢。可按图1所示模式构建老旧小区综合改造方案，首先老旧小区的改造要以城市更新的统一规划为基础，结合各地"节能改造""碳排放"相关政策、资金支持情况，在满足住户基本需求的条件下，充分调动各方资本参与，制定最终改造方案。

老旧小区综合改造方案的关键影响因素在于资金来源。资金来源主要有以下几个方面：（1）政府配套资金。（2）住户（单位）自筹资金。（3）社会资本[6]。政府配套资金主要用于基础设施、公共区域设施的改造，住户自筹资金主要用于建筑使用功能方面的改造，社会资本需要通过小区综合改造后的增值及运营收益来融资。

综上所述，建议对建设年代相对久远、住户经济条件一般、自筹经费相对困难的既有居住建筑及老旧小区，以结合政府配套资金、引导社会资本参与的方式进行综合改造，如"三供一业改造"（主要包含供水、供暖、供电及小区物业改造）；对于具有一定规模、住户经济条件相对较好的老旧小区，可在充分调研住户改造需求的基础上，结合前述的综合改造内容，制订可标准化实施的"菜单式改造方案"，进行综合提升改造。

## 4　结语

本文对老旧小区综合改造现状及存在问题进行分析，全面梳理了综合改造内容及对策措施，给出老旧小区综合改造方案的构建模式及相关建议。

### 参考文献

[1] 2021中国建筑能耗与碳排放研究报告：省级建筑碳达峰形式评估 [R]. 中国建筑节能协会，重庆大学，2021.

[2] 张承宏，穆冠霖. 城市老旧小区改造现状及难点与对策分析 [J]. 宁波职业技术学院学报，2016（6）：78-79.

[3] 童敏. 既有建筑改造中的性能优化设计 [J]. 建筑结构，2021（S1）：1678-1680.

[4] 杨志峰，徐伟，胡百根. 老旧小区住宅楼综合改造技术与管理 [J]. 施工技术，2015（19）：122-124.

[5] 桑轶菲，应佐萍. 城市老旧小区适老化改造的路径探讨 [J]. 价值工程，2015（3）：40-42.

[6] 吴二军，王秀哲，甄进平. 城市老旧小区改造新模式及关键技术 [J]. 施工技术，2020（3）：40-49.

# 川大博物馆加固改造结构设计

张蜀泸　许京梦

中国建筑西南设计研究院有限公司　成都　610042

**摘　要：** 随着城市的发展，既有建筑的升级改造日益成为城市更新的一个重要组成部分。四川大学博物馆改扩建项目正是在此背景下进行的，通过对博物馆扩建和对老馆的加固改造，可以扩大展厅规模，提高展览水平。根据规范要求，在老馆加固改造前，对其进行了抗震及安全性鉴定，结论为抗震措施满足要求，抗震鉴定基本满足要求。在加固改造过程中，为满足建筑使用功能要求，结合抗震及安全鉴定报告，确定了合理的加固改造原则。在此原则的指导下，对主体结构进行加固改造，并对加固荷载取值、基础加固、构件加固处理及新旧建筑之间交接处理等关键问题进行了说明。

**关键词：** 博物馆；加固改造；基础加固；规范

随着我国城市化进程的发展，城市更新已成为城市发展的重要手段[1]，城市的改造升级成为目前城市发展的重要方向。坚持充分利用、功能更新的原则，加强城市既有建筑保留利用和更新改造，是当前城市高质量更新发展的新理念。

从发展的角度看，以合理改造旧建筑替代大量拆除重建的方式，是促进资源持续利用的最优选择，通过加固改造，满足建筑新的功能需求，同时对既有建筑受损或超过使用限度的构件进行加固替换，最大限度保留既有建筑的价值，节约部分建筑材料，实现资源的合理利用。同时，对立面系统的重新设计改造，恢复建筑的活力，提升城市形象。

四川大学博物馆位于成都锦江区，紧邻望江路，是大学校园与城市交流的一个重要窗口。作为博物馆改扩建项目的重要组成部分，对既有博物馆建筑的加固改造可以提升建筑功能需求，与新建博物馆统一建筑风格，打造成为城市特色文教主题街区的重要单元。本文结合川大博物馆老馆的加固改造设计，针对加固改造过程中的关键问题进行分析总结，探索经济合理的加固改造思路与方法，更好地满足既有建筑结构承载能力和建筑更新需求。

## 1　工程概况

四川大学（简称"川大"）博物馆位于四川大学望江校区，紧邻锦江，是中国高等院校及西南地区创建最早、历史最悠久的博物馆之一。川大博物馆老馆设计于 1998 年，分为两部分：川大博物馆区平面为三角形，地下一层，地上三层，为展陈及服务空间，展厅层高为 5.1m。川大自然博物馆区平面为矩形，长 48.0m，宽 36.0m，层高 3.6m，地下一层为库房，地上六层为展陈、办公及库房，一至四层中部为狭长中庭，五、六层平面收进，两馆间设结构缝，通过三层通道相连，地下室不连通（图 1、图 2）。

图 1　川大博物馆区位示意图

图 2　川大博物馆现状

作者简介：张蜀泸，中国建筑西南设计研究院有限公司设计三院执行总工程师，高级结构工程师，一级注册结构工程师；
　　　　　许京梦，高级结构工程师，一级注册结构工程师。

老馆设计基准期为 50 年，结构设计使用年限为 50 年，结构安全等级为二级。工程抗震设防类别为重点设防类，抗震设防烈度为 7 度（0.10g），框架结构的抗震等级为二级。

为扩大博物馆展厅面积，提高展览水平，现对川大博物馆进行整体扩建，旨在打造一个以展示人文、自然资源为主的世界一流综合性开放型博物馆群，作为成都文化、旅游、科普新地标，有效提升城市综合实力。

作为博物馆的传承和延续，既有展馆部分需进行加固改造以满足新的使用要求。改造方案将现川大自然博物馆区改造为库区，将现川大博物馆区改造为展区。同时对原博物馆外观进行改造升级，与新建博物馆形成统一风格（图 3）。改造后的老馆与新建博物馆地上部分建筑功能连成一体，并在地下部分增加地下通道与新建博物馆地下一层相连。

根据建筑设计防火规范、博物馆建筑设计规范等现行规范，建筑使用功能及外立面发生变化，需要对既有建筑承载能力进行评估，对现有机电系统进行改造提升，对现有建筑进行消防复核改造，以满足新规范的需求。整个过程中，结构荷载变化较大，需要对结构进行必要的加固改造。

图 3　改造后效果图（左侧为老馆）

## 2　结构抗震鉴定及安全性鉴定

根据相关规范[2-3]，对川大博物馆老馆进行了结构鉴定评估。评估鉴定结果如下：

（1）未发现有因地基基础沉降引起的地坪、散水与主体结构之间的裂缝，未有因基础不均匀沉降引起的上部结构构件的裂缝与变形，地基基础现状是稳定的。

（2）经鉴定，结构整体布置基本合理，连接构造无明显缺陷，房屋侧向位移在规范允许范围内，房屋个别部位填充墙体存在框架交接处的界面裂缝及斜向裂缝，框架柱、梁、现浇板等结构构件截面尺寸、配筋等符合原设计要求；未发现主体结构构件出现影响结构安全的损伤及变形，主体结构的安全性综合评定为 $B_{su}$ 级。

（3）经使用性鉴定评级，地基基础及围护系统使用性综合评级为 $B_s$ 级，部分现浇板及钢筋混凝土梁存在温度收缩类裂缝，部分混凝土构件存在露筋、钢筋锈蚀及混凝土保护层胀裂情况，上部承重结构的使用性等级评为 $C_s$ 级，工程鉴定单元使用性综合评定为 $C_{ss}$ 级。

（4）根据《建筑抗震鉴定标准》（GB 50023—2009），该工程房屋按 B 类建筑要求进行抗震措施鉴定，经核查，抗震措施满足要求，抗震鉴定基本满足规范要求。

## 3　加固原则及方法

### 3.1　加固原则

博物馆老馆部分由于建筑使用功能调整，需要对原主体结构进行部分构件的拆除或增补加固。在整个博物馆老馆的加固改造过程中，遵循以下原则：

（1）在既有建筑拆除和加固过程中，尽量减小对既有结构的损伤。拆除过程中，尽量采用静力拆除的方法，减少对结构的扰动和破坏。

（2）川大博物馆老馆设计于 1998 年，根据《建筑抗震鉴定标准》（GB 50023—2009），确定为 B 类建筑。

（3）改造后的结构荷载按现行规范[4]取值，根据建筑功能设置，展区一层用于人文展览，避免重型展品（石雕、大型金属展品）等，活载取值 5.0kN/m²，库区部分根据库房用途取值，并严格限定使用荷载不得超过设计值。

（4）减轻结构自重。外墙采用多孔砖砌块，卫生间等用水房间 1.8m 以下采用多孔砖砌块，1.8m以上采用加气混凝土砌块并做好防水措施，内隔墙尽量采用轻质墙体等。

### 3.2　加固方法

在川大博物馆老馆的加固过程中，主要采用以下方法：

（1）楼板加固采用粘贴碳纤维法。

（2）梁加固采用增大截面法、粘贴碳纤维法、粘钢法。

（3）框架柱采用外包角钢和增加截面法，当轴压比或抗剪不足时采用粘贴碳纤维法。

（4）新增混凝土构件钢筋与原有结构构件连接采用植筋，新增钢梁与原有混凝土构件连接采用化学锚栓。

## 4 加固改造中的关键问题处理

### 4.1 规范参数

川大博物馆为重点设防类建筑，现行《建筑结构可靠性设计统一标准》[4]中规定，重点设防类建筑的安全等级宜为一级，结构重要性系数 $\gamma_0 = 1.1$；若按现行标准进行加固，原本满足原设计要求的构件会出现承载力不足、需要加固的情况，基础也会受到较大影响。根据既有建筑加固原则，尽量减少不必要、不合理的加固，维持原结构安全等级为二级。

### 4.2 基础加固

川大博物馆老馆于 2003 年建成并投入使用，在建筑自重及使用荷载的作用下，基础固结已基本完毕。基础开挖加固容易引起对周围土体的扰动，对基础的受力产生影响，因此在加固时，必须进行沉降观测。

博物馆建筑对室内环境的湿度有较高的要求[5]，川大博物馆紧邻锦江，抗浮水位较高，对基础及底板的抗渗要求较高。增加基础底面面积的加固方法会破坏既有建筑原有防水做法，而且会在底板及基础中产生结构施工缝，如果处理不当，极易形成渗水点，影响建筑的正常使用。

基础加固施工具有技术要求高、施工难度大、场地条件差、不安全因素多、风险大等特点[6]，对施工单位及施工人员要求较高。考虑到基础加固的难度与代价，在改造设计中，尽量减少对基础的加固工作，在无法避免时，尽量避免增加基础截面尺寸，对抗冲切或抗剪不满足要求的基础可采用增加基础墩的形式来解决。

为此，建筑功能布置时尽量减少对原功能分区的变更，严控使用荷载，在屋面种植区域采用轻质种植土，并控制覆土厚度，隔墙采用轻质墙体，减轻隔墙荷载，设备机房考虑设备及设备基础的真实荷载作用等，通过各种措施减少对基础的影响。

近 20 年的荷载作用下，地基土的固结已基本完成，承载力有所提高，根据经验，地基承载力特征值按原承载力特征值的 1.1 倍取值。根据地基基础设计规范，基础复核时对现有基础进行宽度和深度修正。深度修正时埋置深度自室内底板顶标高算起。

### 4.3 楼梯加固

展区楼梯原设计疏散宽度为 1.2m，不能满足现行规范的疏散要求，若新增疏散需求全部由新增楼梯来承担，会增加楼梯数量，减小有效使用面积，对平面布置影响较大。

为满足疏散宽度，减轻楼梯自重，减少改造对主体结构的影响，经综合评估，最终决定拆除现混凝土楼梯，在其位置新增满足疏散要求的钢结构楼梯。同时钢梁与主体结构间采用滑动连接构造，保证在水平荷载作用下钢楼梯不参与主体结构受力，减少地震等水平荷载工况下楼梯对主体结构的影响。

### 4.4 楼板、梁裂缝处理及加固

鉴定报告指出原有楼板部分区域裂缝较为密集且为贯穿性裂缝，影响结构安全及耐久性。在后期加固中，根据裂缝分布情况的不同采用不用的处理方式。

楼板裂缝较少且方向较为一致时，沿垂直裂缝方向粘贴碳纤维；楼板裂缝较多且方向杂乱时，采用双向粘贴碳纤维的加固方法，并对贯穿裂缝采用注胶补缝；楼板荷载增加的区域采用双向粘贴碳纤维的方法进行加固；板上新增隔墙处，在板下增加钢梁，钢梁上翼缘布置锚入楼板的锚栓，保证钢梁与楼板的协同作用；在楼板新增开洞处增边梁。

部分梁跨中附近存在竖向或 U 形裂缝，部分出现梁箍筋露筋及锈蚀情况。根据加固分析，对非受力裂缝注胶封闭处理，并粘贴碳纤维布；若梁承载力满足要求，梁箍筋露出及锈蚀处，对钢筋除锈，增加梁保护层并粘贴 U 形碳纤维布补强；梁截面不满足承载力要求的，采用粘钢、增加底筋或面筋、增加梁截面等处理方法。

### 4.5 屋面处理

根据建筑设计，展区屋面设计为绿色共享空间，在沿江侧增加观景平台。相较于原设计，屋面荷载增加较多。为减少对主体结构的影响，通过专业配合，在满足建筑要求的情况下，景观平台区域采用木栈道，仅在需种植区域采用优质轻质种植土并限制覆土厚度。

原设计中屋面楼板厚为100mm，承载力不满足要求。在楼板板底粘贴双向碳纤维，提高楼板承载力，对承载力不满足要求的梁，采用梁底加高截面的方法，尽量避免破坏现有梁板结构，避免产生结构冷缝形成渗水点；观景平台立柱设置于梁上或梁相交位置，通过在梁上植筋架设上翻混凝土柱墩，作为上部观景平台钢柱柱脚。

### 4.6 新馆与老馆之间的交接处理

新建博物馆与老馆展区互通，地上部分结构设置抗震缝，地下部分通过新增一层地下通道相连。地下通道采用400mm厚筏板基础，基础持力层为松散卵石层，与新建博物馆之间设置后浇带。在新馆与老馆基础交接处，老馆基础凿除部分混凝土形成折面，增加交接面，并在转折位置增加止水胶条和止水钢板，基础钢筋采用焊接搭接（图4）。增加新旧混凝土交接面，延长渗水路径，以提高结构抗渗能力。

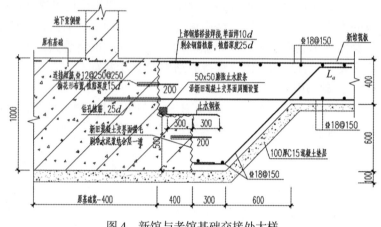

图4 新馆与老馆基础交接处大样

## 5 结论

川大博物馆老馆依据规范进行了抗震及安全性鉴定，在加固改造过程中，结合建筑功能要求，在满足规范要求的前提下，尽量减少对既有结构的损伤，并对荷载取值、基础加固、构件加固及新老建筑交接等关键问题进行了分析总结。

（1）结构在加固作业前按规范要求进行鉴定，在完成构件拆除、加固作业施工前进行了二次鉴定，确定构件的最终性能状态。

（2）加固改造原则对加固改造的经济性和合理性影响较大，应结合加固改造要求和施工质量控制，综合确定合理的改造原则，选用合理的规范依据。

（3）基础加固应优先并慎重考虑防水问题。在满足建筑要求的前提下，尽量减少基础加固。必要加固时，可采用延长结构交接面、增加止水条及止水钢板等抗渗措施。

（4）改造加固宜采用轻质墙体，尽可能减少结构自重，减轻结构荷载。

（5）对承载力不满足要求的构件，应选用合理的加固方案，尽量减少对原有结构的损伤，并根据相关规范进行设计和验算，满足结构整体性和构件的要求。

**参考文献**

[1] 赵亚博，臧鹏，朱雪梅. 国内外城市更新研究的最新进展 [J]. 城市发展研究，2019，26（10）：42-48.

[2] 中华人民共和国住房和城乡建设部. 建筑抗震鉴定标准：GB 50023—2009[S]. 北京：中国建筑工业出版社，2009.

[3] 中华人民共和国住房和城乡建设部. 混凝土结构现场检测技术标准：GB/T 50784—2013[S]. 北京：中国建筑工业出版社，2013.

[4] 中华人民共和国住房和城乡建设部. 建筑结构可靠性设计统一标准：GB 50068—2018[S]. 北京：中国建筑工业出版社，2018.

[5] 中华人民共和国住房和城乡建设部. 博物馆建筑设计规范：JGJ 66—2015[S]. 北京：中国建筑工业出版社，2015.

[6] 既有建筑地基基础加固技术规范：JGJ 123—2012[S]. 北京：中国建筑工业出版社，2012.

# "7.20"暴雨郑州地区砌体房屋灾害实例及加固处理措施

刘砚山[1]　李迎乐[2]　周恒芳[3]

1. 人禾设计工程集团有限公司　郑州　450001
2. 河南省工业规划设计院　郑州　450002
3. 中原科技学院　郑州　451400

**摘　要：** "7.20"暴雨对郑州地区老旧砌体房屋造成了不同程度的损坏。以"7.20"暴雨后郑州一典型砌体房屋为研究对象，通过可靠性鉴定及建立 PKPM 模型分析发现：砌体结构构件受压及抗剪承载力均满足现行国家规范要求；其房屋顶层水平位移最大 15mm，满足《民用建筑可靠性鉴定标准》要求；其受损部位多集中于顶层西侧，裂缝形态上宽下窄，多为 45° 斜裂缝及竖向裂缝，且仍在发展。针对以上问题，本文提出了相应的结构加固处理措施和建议，研究结果可为此类房屋水灾后安全性性能评价和加固改造提供技术参考。

**关键词：** 暴雨；砌体房屋；安全性鉴定；加固措施

砌体房屋是采用块体及砂浆砌筑而成的以砌体墙为主要承重构件的房屋。由于经济条件、材料及建造技术限制，我国在 20 世纪 50—80 年代建造了大量的砌体房屋。该类房屋就地取材、不需要模板及特殊施工设备，具有施工方便、造价低等优点，且该类房屋具有良好的抗腐蚀性、耐火性、隔热性等使用性能，因此被广泛应用于城市和乡镇住宅建筑中。

2021 年 7 月 20 日前后，以郑州为中心的河南中北部遭受强降雨，河南全省降雨量超 400mm 站点 43 处，超 300mm 站点 154 处，超 200mm 站点 467 处，超 100mm 站点 1426 处，其中郑州一小时降雨量达到 201.9mm。在特大暴雨的影响下，郑州、新乡、卫辉等地形成严重城市内涝，造成了部分砌体房屋受损。

本文选取郑州市一典型受灾砌体房屋为研究对象，整理各个砌体房屋构件受灾类型，总结该类房屋砌体灾害规律，在此基础上提出相应加固措施，相关研究可为此类房屋灾害分析及改造提供参考。

## 1　郑州上街友谊街某砌体住宅楼工程实例

### 1.1　工程概况

该房屋建造于 1981 年，为地上 4 层砖混结构，无地下室，建筑宽度为 7.50m，建筑长度为 47.10m，总建筑面积约为 1600m²，目前正在使用中，其外立面如图 1 所示。委托方未提供设计图纸，该房屋砌体构件材料为烧结普通砖和水泥混合砂浆，砌体构件材料强度等级均不详，屋面板和楼面板均为预制板。根据鉴定报告及现场核实，该建筑物层高 3.0m，承重墙体 240mm 厚，仅在二层及顶层外墙设置圈梁，其他位置未设置圈梁，房屋四角及楼梯间未设置构造柱，各层户型布置一致，其标准层平面布置如图 2 所示。

根据现场实测，该房屋烧结普通砖及砌筑砂浆强度见表 1。

---

作者简介：刘砚山，高级工程师，硕士，一级注册结构工程师；
　　　　　李迎乐，高级工程师，硕士，一级注册结构工程师；
　　　　　周恒芳，高级工程师，硕士，二级注册结构工程师。

（a）房屋南立面　　　　　　　　　　　　（b）房屋东立面

图 1　受损房屋现状照片

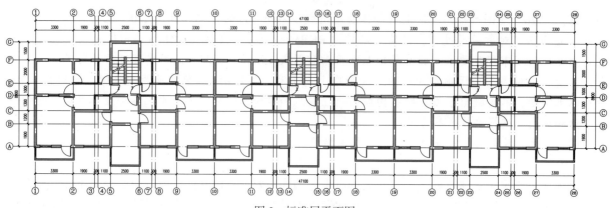

图 2　标准层平面图

表 1　房屋材料强度

| 强度等级 | 第 1 层 | 第 2 层 | 第 3 层 | 第 4 层 |
|---|---|---|---|---|
| 烧结黏土砖 | 11.8 ~ 14.5MPa | 12.0 ~ 12.7MPa | 11.9 ~ 13.6MPa | 10.7 ~ 11.6MPa |
| 砂浆 | 3.4 ~ 4.8MPa | 4.1 ~ 6.9MPa | 4.8 ~ 6.1MPa | 2.5 ~ 2.9MPa |

## 1.2　房屋安全性鉴定

根据现场实勘，本工程遭受大暴雨后屋顶预制板拼缝处渗水严重；该房屋顶层西单元纵横墙交接处有较为明显的裂缝，损坏较为严重，但裂缝还未发展至其他各层；结构顶点向西位移最大 15mm，其位移满足《民用建筑可靠性鉴定标准》（GB 50292—2015）要求[1]。根据实测尺寸及材料强度建立 PKPM 模型进行计算分析，PKPM 模型如图 3 所示。分析结果表明，该房屋砌体墙抗剪承载力及受压承载力均满足规范要求，砌体构件安全性等级按照承载能力评定为 $B_u$ 级；根据现场检测结果，该房屋纵横墙连接处多处存在严重开裂，依据《民用建筑可靠性鉴定标准》（GB 50292—2015）相关规定，该房屋砌体构件的安全性等级按照构造

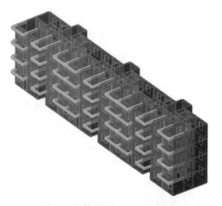

图 3　砌体结构 PKPM 模型

评定为 $C_u$ 级；该房屋砌体构件未发现明显的倾斜、侧向位移、变形、弯曲等，依据《民用建筑可靠性鉴定标准》（GB 50292—2015）相关规定，该房屋砌体构件的安全性等级按照不适于继续承载的位移评定为 $B_u$ 级；根据砌体构件的现场检测结果，发现砌体构件存在明显的不适于继续承载的裂缝，依据《民用建筑可靠性鉴定标准》（GB 50292—2015）相关规定，该房屋砌体构件的安全性等级按照不适于继续承载的裂缝评定为 $C_u$ 级。结合构件承载能力、构造、不适于继续承载的位移和裂缝等项评价结果，砌体结构构件安全性等级评定为 $C_u$ 级。

该房屋的现场检测结果：上部承重结构由于地基基础的不均匀沉降引起的裂缝，依据《民用建筑可靠性鉴定标准》（GB 50292—2015）第 7.2 节的相关规定，该房屋地基基础评级为 $C_u$ 级；上部结构

整体性的安全性等级评定为 $C_u$ 级，上部结构侧向位移的安全性等级评定为 $B_u$ 级；综上所述，该房屋鉴定单元的安全性等级评定为 $C_{su}$ 级，即安全性不符合规范对 $A_{su}$ 级的规定，显著影响整体承载，应采取措施进行处理。

## 2　房屋灾害原因分析

进行 PKPM 计算分析，不考虑地基不均匀沉降时，本工程第四层砌体墙受压承载力 $R/S$ 最小值为 1.85，地震作用下受剪承载力 $R/S$ 最小值为 2.32，均能满足国家相关规范要求，即本裂缝并非正常使用过程中产生的。

经现场踏勘，房屋顶层有部分太阳能热水器，其基座安装时对防水层有损坏，加之防水年久失修，在大暴雨作用下顶层渗水较为严重，特别是西单元存在大面积渗水痕迹，如图 4（a）所示。同时该房屋外墙没有粉刷防护层，雨水从顶板及外墙面渗入砂浆孔隙，造成砂浆黏结强度下降及部分位置砂浆缺失，砌体抗剪及受压承载力降低。

另外，西单元山墙侧排水不畅，积水长时间浸泡地基，导致该处地基产生不均匀沉降。经过复核构造措施，顶层内部纵横墙体未见圈梁，仅外墙处设有圈梁，同时纵横墙交接处未设置构造柱，房屋整体性较差，抵抗整体弯曲变形能力较弱，适应地基不均匀沉降变形能力较弱。根据表 1 可知，顶层砂浆强度等级最低且压应力最小，此时依据现行《砌体结构设计规范》（GB 50003）第 5.5.1 条计算，砌体墙沿通缝及沿阶梯形截面破坏时受剪承载力最低，因此不均匀沉降差逐渐累计致使上部结构中应力重新分布，当超过砌体墙抗剪承载力时，西单元顶层墙体开裂。裂缝形态呈上宽下窄的竖向斜裂缝和 45° 斜裂缝，多集中在顶层墙体中上部，裂缝整体分布在顶层西单元，即图 1 所示 1 轴～ 5 轴交 A 轴～ F 轴区间，顶层裂缝形态详如图 4（b）至（d）所示。

房屋开裂后，政府对受损房屋进行鉴定，山墙外倾量在规范限值之内，除顶层开裂外，其余各层未见裂缝，但裂缝开展随着沉降增加有加剧趋势，裂缝已开展到顶层窗下墙，如图 4（d）所示。因此需要进行地基加固，防止裂缝发展至其他各层而造成更大区域的结构损坏。

（a）顶层渗水严重

（b）顶层西单元纵横墙交接处竖向裂缝

（c）内纵墙与西山墙交接处斜裂缝

（d）外纵墙与西山墙交接处斜裂缝

图 4　砌体房屋灾害图片

## 3　加固处理方案

### 3.1　地基基础加固措施

根据上部结构计算及现场实测，地基不均匀沉降是顶层西单元砌体墙开裂的主要原因，且裂缝还在逐渐发展，因此急需进行地基加固处理。注浆加固可用于已发生不均匀沉降的建筑物、构筑物，可避免沉降继续发展[2]。为此，本工程结合地区经验，在西单元1轴～5轴交A轴～F轴区间采用水泥－水玻璃快凝浆液对地基土进行注浆加固。

加固前进行注浆加固试验，加固时墙下条形基础双排布置，注浆孔间距1.5m，注浆深度为基础底部主要持力层内，即基底3.0～5.0m范围内。施工过程中采用对称间隔注浆方式，以减小对既有建筑因注浆而产生的附加沉降；其余注浆加固注意事项详见《既有建筑地基基础加固技术规范》第11.7节相关要求[3]。地基加固后建议对该房屋墙体裂缝进行三个月以上的长期观测，观测加固效果及房屋顶点水平位移，待沉降稳定及顶点水平位移均在规范限值要求以内且裂缝发展稳定后，再对上部结构裂缝进行处理。

### 3.2 开裂砌体墙加固措施

砌体墙加固时根据现场裂缝形态及宽度采用不同的措施：（1）当砌体墙筋表层有宽度小于等于0.3mm细微裂缝时，采用裂缝表面封闭处理；（2）当裂缝宽度较大时，采用无收缩水泥灌浆料压浆法进行处理。裂缝修补的其他注意事项详见《砌体结构加固设计规范》（GB 50003）第13章相关规定[4]。

同时考虑到本工程除二层、顶层外墙外，其他墙体均未设置圈梁，且整个房屋未设置构造柱，房屋整体性较差。为增强受损砌体的整体性及墙体抗剪能力，在房屋西单元进行钢筋网水泥砂浆面层加固处理，钢筋网规格为双向Φ8@200，拉接筋为Φ6@400矩形布置。实际施工时，考虑到外立面完整性且顶层外纵墙已有圈梁，外墙在房屋内部单侧加固，内部墙体双侧加固，其技术措施可参考《砖混结构加固与修复》（15G611）[5]。

### 3.3 屋顶整修处理措施

由于屋顶热水器固定时对防水有一定损坏且翻修时防水不宜施工，因此建议业主移除屋顶热水器，同时按一级防水要求进行防水层整修。在施工过程中，预制板板缝较大处采用细石混凝土填缝，屋顶重新找平，以达到排水通畅的目的，减小屋顶渗水可能。对竖向挠度较大的预制板，进行承载力复核并采用粘贴碳纤维布方式进行加强处理，以达到增强预制板的抗弯承载力的目的。需要注意的是，为防止新增防水构造层荷载对屋面板产生不利影响，在铺设防水前需去除原有防水构造层进行卸荷。

## 4 结论及建议

本文以"7.20"洪水后郑州一受损砌体房屋为研究对象，通过可靠性鉴定及PKPM模拟分析，得到如下结论：

（1）本工程砌体墙受压及受剪承载力满足规范要求，砌体结构构件可以满足正常使用。

（2）通过变形观测、裂缝形态等因素判断，本工程裂缝是由于地基不均匀沉降引起的，且裂缝处于发展状态，急需进行地基加固止倾处理。

（3）本工程裂缝多集中在顶层西单元且房屋整体性较差，采用加固措施时应考虑增强墙体抗裂能力及房屋整体性的措施。

（4）本工程使用年限已接近设计使用年限，需要在水灾后综合进行抗震鉴定及加固处理措施。

**参考文献**

[1] 中华人民共和国住房和城乡建设部. 民用建筑可靠性鉴定标准：GB 50292—2015[S]. 北京：中国建筑工业出版社，2015.

[2] 薛丽影，杨文生. 注浆加固法在处理建筑物不均匀沉降中的应用[J]. 建筑结构，2011，41（S2）：399-401.

[3] 中华人民共和国住房和城乡建设部. 既有建筑地基基础加固技术规范：JGJ 123—2012[S]. 北京：中国建筑工业出版社，2012.

[4] 中华人民共和国住房和城乡建设部. 砌体结构加固设计规范：GB 50702—2011[S]. 北京：中国建筑工业出版社，2011.

[5] 中国建筑标准设计研究院. 砖混结构加固与修复：15G611[S]. 北京：中国计划出版社，2015.

# 综合纠倾技术在高层建筑纠倾加固中的应用

莫振林 袁永强 彭小军 易 翔 樊 清 邓正宇

中国建筑西南勘察设计研究院有限公司 成都 610052

**摘 要：** 对某高层建筑物倾斜的原因进行分析，根据该建筑物的场地特性及结构形式，采用新增人工挖孔桩进行地基基础加固并在桩顶预留回倾对应高度的柔性垫层，然后采用挖土卸载—掏土射水—截止沉桩综合法对该高层建筑物进行纠倾加固施工。工程实践表明，对于高层建筑物先采用桩顶设置垫层加固，后采用综合迫降法纠倾能保证建筑物纠倾过程可控，纠倾后桩土共同受力，为今后其他类似工程提供参考。

**关键词：** 补桩加固；高层建筑物综合纠倾

20 世纪 80 年代以来，经过多年的建筑物纠倾工程实践及专家学者的研究总结与创新，我国纠倾技术水平有了很大的提升，纠倾设计的理论水平也不断完善。1989—1990 年，刘祖德教授首次提出并重新阐明了地基应力解除法的原理、功用及其与限沉的关系[1]，后经工程实践证明了此法的有效性和可行性。此后，各种纠倾加固方法如浸水纠倾法、斜孔取土纠倾法、顶升纠倾法、沉井冲孔排水法、地基应力解除法、基底水平掏土法与锚杆静压桩加固法、高压旋喷注浆加固法等方法[2-3] 被广泛应用于建筑物纠倾加固中，并达到了纠倾的目的。

一直以来，高层建筑在施工及使用过程中由于建筑形式复杂、地基条件不良、建筑物地基与基础设计不合理、相邻建筑物的施工扰动或者其他环境因素等，容易出现倾斜或者地基不均匀沉降等问题。由于导致倾斜的原因复杂以及理论方面不完善，高层建筑的纠倾难度大、危险系数高。本文以成功纠倾的雅安某高层住宅楼为实例，灵活采取科学、合理的综合纠倾措施，总结工程经验，对类似工程具有较好的借鉴意义[4-7]。

## 1 工程概况

某小区规划用地面积 43005.52m²，房屋总高度 99.40m，总建筑面积 189049.39m²，由 9 栋高层住宅楼及附属设施组成。加固前住宅楼主体结构均已封顶。该小区场地属山区河谷侵蚀堆积地貌，地貌单元属青衣江右岸 I 级阶，微地貌单元属青衣江与周公河交汇形成的冲洪积江心洲。

该小区 2 号楼建筑特点为：点式单体建筑，设计无地下室，基顶 -7.0m，室内回填至 ±0.00m，建筑物一层为架空层，建筑高度 99.4m；结构为平面规则，竖向体型无突变，底层为薄弱层，质量 22000t，刚重比 3.33（$X$ 向）、3.56（$Y$ 向），实际纠倾高度 108.4m；基础为筏板基础，厚度 2m；持力层为换填级配砂石，$f_{ak}$ =300kPa，$E_0$ =46.0MPa，自上而下土层分别为卵石层（局部为强风化层）、强风化泥岩层（局部为全风化层）、强风化泥岩层、中风化泥岩层。典型底层剖面如图 1 所示。

在 2 号楼主体施工完成后，为后期修建中庭地下室车库而进行测量的过程中，发现该楼栋基础存在不均匀沉降，后检测单位对该楼外墙四角垂直度偏差进行了检测，垂直度偏差检测结果如图 2 所示，其最大倾斜率达到 5.06‰，根据现行《建筑地基基础设计规范》（GB 50007），该住宅楼整体倾斜已超过规范规定的 2.5‰ 允许值，且加固前沉降尚未稳定。

## 2 原因分析

建筑物毗邻周公河，距离不足 30m，受上游发电站影响，河水涨落频繁，涨水水位基本与基底持平，落水水位为基底以下 4～8m，综合分析原因如下：

（1）场地强风化泥岩存在可压缩层（全风化泥岩层），积水软化增大其变形量；

（2）基岩内以透镜体形式存在的石膏成分，经地下水溶蚀而形成不规则流塑状黏土层性状；

（3）工程建设改变了原场地的水文地质环境，邻近河水的频繁涨落改变了场地局部地层性状。

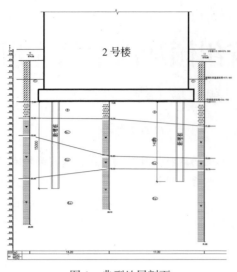

图 1  典型地层剖面

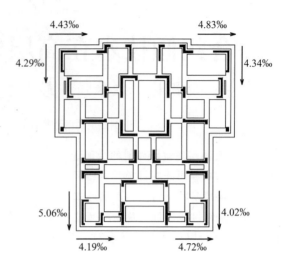

图 2  纠倾前房屋倾斜情况

## 3  纠倾加固

该高层建筑物发生倾斜时尚未投入使用，电梯井道发生变形，无法安装，且倾斜量不断增加，影响了上部主体结构的安全，为防止住宅楼产生倾覆，对该高层建筑物的加固纠倾处理刻不容缓。对比各种纠倾措施及工程现场实际情况，确定了"基础加固—挖土卸载—掏土射水—截止沉桩"综合法进行纠倾加固。

### 3.1  基础加固

基础加固的目的是防止沉降量较大的一侧沉降加剧，达到止倾的目的，常用方法为在沉降量大的一侧新增桩。根据现场条件，本工程中采取如下措施：

（1）室内筏板开孔，增设人工挖孔桩 28 根，桩径 $D=1.0 \sim 1.1$m，桩长 $12 \sim 18$m，桩端进入中风化泥岩 1.5m，单桩承载力特征值为 $8000 \sim 9000$kN。结合房屋出现东南角不均匀沉降的特点，为避免挖桩降水过程对房屋造成过大的附加沉降，现场分 4 个批次补桩，施工顺序如图 3 所示。

（2）配合后续纠倾工作需要，需在桩顶设置柔性垫层：通过前期安放不同厚度的柔性垫层，为纠倾提供迫降空间，当迫降侧桩顶柔性垫层完全压缩时，刚性桩开始发挥作用，兼做过过倾措施，当沉降侧桩顶柔性垫层完全压缩，刚性桩开始发挥作用，兼做防复倾措施，沉降最大的东南角桩不设置柔性垫层，及时发挥止倾作用。各桩顶垫层厚度由该处迫降量确定，如图 4 所示，做法如图 5 所示。

（3）基岩裂隙水丰富，设置止水帷幕，布置降水井等措施解决挖桩降水问题。

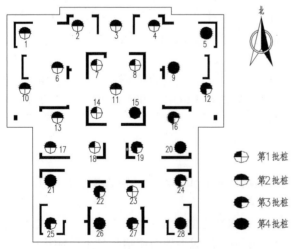

图 3  增桩施工顺序示意图

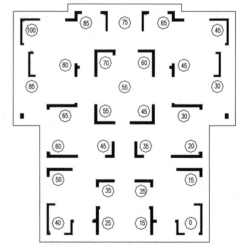

图 4  各桩顶垫层厚度示意图

### 3.2 建筑物纠倾

该建筑物纠倾阶段共分为挖土卸载、掏土射水、截止沉桩三个部分工作。

#### 3.2.1 挖土卸载

该工作主要包括两部分内容：（1）清除筏板顶 7m 覆土，减轻建筑物自重；（2）迫降侧（西侧和北侧）开挖工作槽，解除迫降侧土体约束，为设备操作提供空间。

掏土工作量估计：清除筏板顶 7m 覆土 4970m³；工作槽开挖土方量约 3100m³。

#### 3.2.2 掏土射水

该措施是为了消弱原有的支撑面积，加大浅层土中的附加应力，从而促使沉降较小一侧的地基土下沉。主要内容为：（1）掏土孔直径 146mm，长度不超过总宽或总长的三分之二，掏土孔高度为筏板下 500mm，孔应水平布置；掏土孔分两个序列布置，第 1 序列为水平直孔，第 2 序列为水平斜孔，具体如图 6 所示。

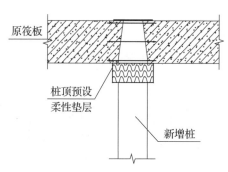

图 5　桩顶预留柔性垫层做法示意图

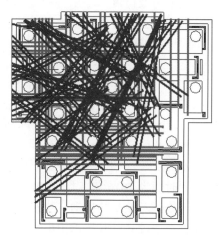

图 6　掏土及射水孔平面布置示意图

#### 3.2.3 截止沉桩

掏土射水末阶段，部分桩提前受力，起到"阻倾"作用。参考桩身内力监测数据，东西向沉降监测拐点，第 1、2 批桩布置情况，最终确定初步检查范围为 1～11 号桩、13～15 号桩、17～19 号桩、21 号桩、22 号桩、25 号桩、26 号桩。根据实地观测纠倾效果，采用内、外部开挖巷道方式检查，如图 7 所示。经检查，部分桩顶聚苯板提前压缩，个别桩聚苯板已压缩完毕，4 号桩、14 号桩桩头已形成刚性铰支座，桩顶开裂。出现提前压缩的桩穿过核心筒呈区域性分布，形成一道"刚性止倾轴"，阻止房屋进一步向西北回倾。根据检查结果，确定截桩的范围是刚性止倾轴上的九根桩。九根桩按照对角线分布成两排，其中 4 号桩、8 号桩、10 号桩、14 号桩、18 号桩、17 号桩为第 1 批次，3 号桩、7 号桩、13 号桩为第 2 批次，每批次又分为 3 个序列轮流进行钻孔，每个序列如图 8 所示。

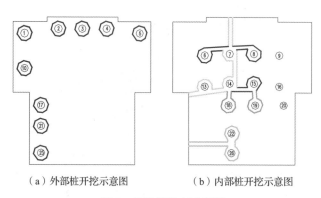

（a）外部桩开挖示意图　　　（b）内部桩开挖示意图

图 7　桩开挖检查示意图

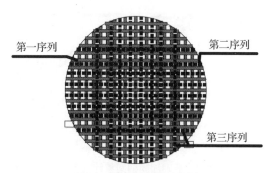

图 8　截桩三序列示意图

采用静力水钻方式（$D$=20mm）对桩顶同一标高进行截面削弱，形成一层薄弱层，通过薄弱层的压酥破坏，产生筏板沉降。在同一标高处钻孔，使桩顶形成薄弱层，上部荷载作用下，薄弱层出现较大塑性变形，实现迫降。截桩过程中理想受力状态为薄弱层出现塑性损伤，而基桩整体处于弹性工作状态。结合现场监测数据综合分析，削弱后薄弱层的承载力上、下限分别为 10000kN、5000kN。

### 3.3　后期恢复

后期恢复主要包括三个部分：

（1）桩顶修复；

（2）基底掏土巷道采用 C30 细石混凝土填筑，地基土后注浆处理；

（3）工作槽底部采用级配砂石回填压实，筏板标高以上采用素土回填压实。

### 3.4　监测方案

本纠倾工程采取多重监测措施，监测的主要内容有：筏板整体相对沉降、倾斜，桩身应力、剪力墙应力、筏板应力及挠度。采用各种监测手段监测数据并综合分析，为纠倾工作提供实时可靠信息。根据监测结果，可实时量化纠倾状态，尽早发现可能发生的危险，及时采取补救措施，从而更好地指导纠倾工作的顺利进行。

## 4　纠倾加固效果分析

该工程于 2015 年进场，2016 年 11 月中旬完成基础加固；2016 年 11 月 30 日开始纠倾工作，2017 年 7 月中旬达到回倾效果，后进行后期恢复工作。根据工程实际情况，纠倾效果分为两个阶段：止倾效果、回倾及稳定效果。

### 4.1　止倾效果

基础加固时间为 2016 年 3 月—2016 年 11 月底，监测数据如图 9 所示。数据表明，增桩过程中由于降水措施与施工对地基的扰动，建筑物在该阶段整体有进一步的倾斜，基础加固后各监测点数据相对稳定，部分新增桩基已开始承担由筏板传递的部分上部荷载，对建筑物下一步的纠倾迫降工作具有指导意义。

### 4.2　回倾及稳定效果

纠倾时间为 2016 年 12 月—2017 年 7 月中旬，监测数据如图 10 所示，数据表明：

（1）掏土卸载后，挖土卸载阶段房屋并未出现明显回倾。

（2）前期掏土阶段：筏板出现南北方向相对变形，未出现整体回倾；以东南角为基准点，东北角（H1）相对沉降约 3.9mm，西北角（H4）相对沉降约 3.23mm，西南角（H15）相对沉降约 1.77mm，核心筒相对沉降约 4mm。分析原因主要为桩位遮挡，水平直孔非均匀布置；掏土孔设计长度约为 20m，钻孔过程中，套管出现偏转或变形，不能在同一标高范围内对土体进行有效削弱，不能达到迫降效果。采取的相应措施为：提高钻孔设备稳定性，增加钻杆（套管）刚度；采用旋喷射水工艺进行压力射水。

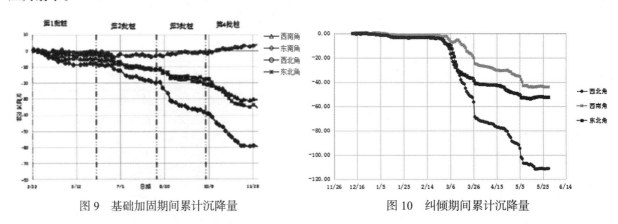

图 9　基础加固期间累计沉降量　　　　　图 10　纠倾期间累计沉降量

射水阶段：射水后孔间土冲散，孔间碎石呈堆积状，孔间砂呈沉积状。整体呈缝隙状脱开，局部碎石仍与垫层接触，部分砂粒被带出或汇入原有内部孔洞中；射水后整体呈脱空状，高度约 30cm。碎石冲向两侧堆积，砂粒沉积。

掏土 + 射水阶段末沉降数据：以东南角为基准点，东北角（H1）相对沉降约 36.21mm，西北角（H4）相对沉降约 49.57mm，西南角（H15）相对沉降约 14.23mm。从施工角度分析，目前射水取土工作整体上基本达到效果；从沉降曲线整体分析，房屋出现明显回倾；从桩身受力监测看，除东南角止倾桩受力外，内部部分桩受力有增大趋势；从剪力墙受力监测来看，整体受力变化不大，其间没有出现区域性突变。此时急需解决桩身及桩周土受力问题，查明并解决房屋东侧排土量相对不足的问题。

（3）截止沉桩阶段：第一序列钻孔之后，桩顶无明显变化；第二序列钻孔之后，桩顶孔口出现毛面，个别孔壁出现横向断裂，此阶段大部分桩头西侧或北侧表面混凝土出现受压裂缝，后伴随出现混凝土表面起皮酥裂或剥离；第三序列钻孔之后，桩顶孔壁内出现横向及纵向断裂，孔口斜上方孔壁出现水平裂缝，随着水平裂缝的进一步发展，个别孔位出现孔洞错位、变形的现象。个别桩孔洞顶部出现竖向短缝，并向上延伸。大部分桩头西侧或北侧受压裂缝进一步沿环向发展、贯通，桩头表面混凝土剥离，敲击闷响。

本阶段末，房屋倾斜率满足规范要求，沉降基本稳定。

## 5　结论与展望

雅安某高层建筑纠倾工程的成功实施，对类似建筑物的加固、纠倾设计与施工具有一定的参考价值，丰富了在复合地基条件下的纠倾设计与施工。由本工程的纠倾实践，得出几点建议：

（1）本工程采用人工挖孔桩进行止沉加固，桩顶按照回倾量预留柔性垫层，为纠倾提供迫降空间。

（2）对人工换填砂石垫层进行迫降纠倾，通过工艺比对，选择合适的设备参数，采用掏土 + 射水法取得较好效果。

（3）对刚性桩桩头进行多批次钻孔削弱，通过"薄弱层"塑性变形，保证桩身其余部位完好，最终实现截桩迫降，结合开挖巷道可广泛用于桩基础发挥作用的建筑物纠倾加固中。

（4）纠倾过程实施动态监测，及时调整迫降工艺，控制建筑迫降姿态，从而保证结构整体处于安全可控状态。采用多种监测手段对倾斜建筑物的沉降、承重构件应力进行监测，增强了监测信息的可靠性，进而更好地指导工程实施。

（5）"基础加固 – 挖土卸载 – 掏土射水 – 截止沉桩"综合纠倾加固法对高层建筑物的纠倾加固是切实可行的，是一种可控性好、效果好的纠倾方法。

### 参考文献

[1] 刘祖德. 地基应力解除法纠偏处理 [J]. 土工基础，1990，4（1）：1-6.

[2] 程晓伟，王桢，张小兵. 某高层住宅楼倾斜原因及纠倾加固技术研究 [J]. 岩土工程学报，2012（4）：756-761.

[3] 唐业清. 倾斜建筑物的扶正与加固 [J]. 施工技术，1999（2）：3-7.

[4] 李今保，潘留顺，王瑞扣. 某小区住宅楼纠偏加固 [J]. 工业建筑，2004，34（11）：82-84.

[5] 刘毓氚，陈卫东，朱长歧，等. 建筑物倾斜的纠偏加固综合治理实践 [J]. 岩土力学，2000，21（4）：420-422.

[6] 王建平，朱思响，李品先. 既有建筑综合纠倾法设计与施工 [J]. 施工技术，2012，41（9）：57-59.

[7] 贾媛媛，付素娟，崔少华，等. 综合纠倾法在高层建筑物纠倾中的应用 [J]. 华北地震科学，2017，35（S）：10-14.

[8] 李科技，孙琪，梁收运，等. 某高层建筑倾斜原因及纠倾加固技术研究 [J]. 施工技术，2018，47（10）：50-55.

# 某工程转换梁混凝土缺陷检测及加固处理

姚雨鹏　张国彬

重庆市建筑科学研究院有限公司　重庆　400016

**摘　要：**某在建高层住宅转换层施工期间，构件拆模后发现大量转换梁存在较明显的水平分界线。根据实地检测分析，确定转换梁存在影响结构性能的施工冷缝。在进行加固设计时，将存在水平施工冷缝的转换梁按照叠合层混凝土已达设计规定强度值的叠合构件进行定性、定量分析计算，以此来确定最终加固处理方案，可为今后在结构工程实践中处理转换梁施工冷缝问题提供参考。

**关键词：**转换梁；施工冷缝；检测；加固处理

## 1　工程概况

某在建高层住宅为地下两层，地上二十四层框支剪力墙结构。房屋第三层为转换层，层高4.1m。该建筑设计使用年限为50年，结构安全等级为二级，建筑抗震设防类别属于标准设防类（丙类），抗震设防烈度为6度，转换梁抗震等级为二级。转换层楼板厚度为180mm，梁、板、柱混凝土强度等级为C50。转换层平面布置及梁编号如图1所示。

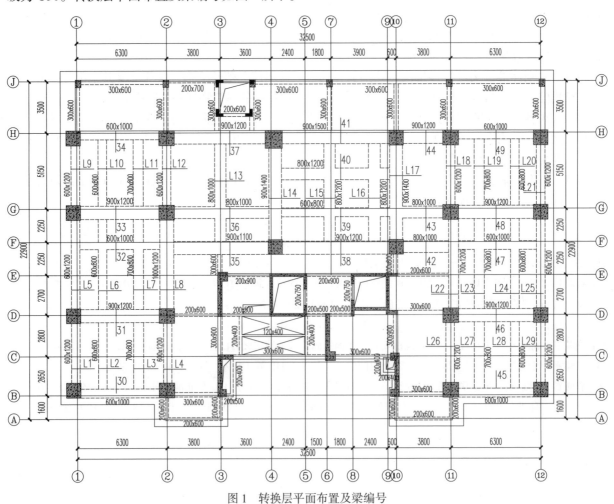

图1　转换层平面布置及梁编号

---

作者简介：姚雨鹏，助理工程师，从事检测鉴定与加固设计工作。

## 2　检测情况

### 2.1　外观检查

现场对所有转换梁进行外观检查，检查结果表明：梁 L1、梁 L5、梁 L9、梁 L12、梁 L14、梁 L15、梁 L16、梁 L17、梁 L18、梁 L21、梁 L22、梁 L25、梁 L26、梁 L29、梁 L37、梁 L38、梁 L39、梁 L41、梁 L43、梁 L48 存在较明显的水平分界线。水平分界线普遍位于距离梁底 200～700mm 范围内，整体呈水平或倾斜走势。典型转换梁水平分界线外观及走势如图 2、图 3 所示。

图 2　典型转换梁水平分界线外观照

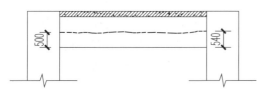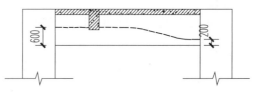

图 3　典型转换梁水平分界线走势

### 2.2　钻芯及劈裂试验

抽检存在较明显水平分界线的转换梁，梁跨缝钻取芯样进行劈裂试验，试验结果表明：梁 L5、梁 L9、梁 L12、梁 L14、梁 L15、梁 L16、梁 L17、梁 L18、梁 L21、梁 L22、梁 L25、梁 L37、梁 L38、梁 L39、梁 L41、梁 L43 芯样沿水平分界线破裂，破裂面存在软弱夹杂，劈裂强度低于抗拉强度标准值，综合判定这部分梁存在明显水平施工冷缝。典型芯样外观如图 4 所示。

图 4　典型芯样外观照

### 2.3　其他检测情况

（1）采用回弹法对转换梁混凝土强度进行检测，结果表明转换梁混凝土强度满足设计强度 C50 的要求。

（2）采用一体式钢筋扫描仪对转换梁钢筋配置及保护层厚度进行检测并结合局部剔凿验证，结果表明转换梁钢筋配置及保护层厚度符合设计及相关规范要求。

（3）采用钢卷尺对转换梁截面尺寸进行检测，结果表明构件截面尺寸符合设计要求。

### 2.4 施工冷缝形成原因

混凝土施工冷缝是在混凝土浇筑过程中因特殊原因导致混凝土浇筑中断，前浇筑混凝土已经初凝，然后继续浇筑，在前后混凝土浇筑面上形成的一个薄弱结合面。经现场调查，造成多根转换梁产生施工冷缝的主要原因如下：

（1）转换梁截面普遍较大，施工单位为避免较高的技术措施费用，在混凝土浇筑时未采用整体一次性浇筑方案，最终采用分层浇筑方案施工。

（2）混凝土浇筑于夏季夜间，夜间突然降雨造成混凝土浇筑临时中断，施工单位未做好应急施工措施，导致前后浇筑时间间隔较长。

### 2.5 检测结论

（1）抽检混凝土构件抗压强度、截面尺寸、钢筋配置及保护层厚度符合设计及相关规范要求。

（2）梁 L5、梁 L9、梁 L12、梁 L14、梁 L15、梁 L16、梁 L17、梁 L18、梁 L21、梁 L22、梁 L25、梁 L37、梁 L38、梁 L39、梁 L41、梁 L43 均存在较严重的水平施工冷缝，鉴于未抽检梁与抽检梁浇筑环境、时间、施工工艺等相同，故整体评定委托范围内的梁均存在影响结构性能的水平施工冷缝。

（3）委托具有相应资质的设计单位对转换层的转换梁进行加固补强处理。

## 3 加固设计

### 3.1 加固思路

转换梁中的水平施工冷缝面可近似看作一个叠合面，故将存在施工冷缝的转换梁按照叠合梁进行分析处理，加固设计中主要考虑因素为：①冷缝的存在对上下梁体的协调变形有不利影响；②冷缝面（叠合面）混凝土抗剪失效，需加强抗剪承载力。根据以上因素确定本次加固原则为：

（1）采用加强约束的方式协调冷缝上下梁体共同变形；

（2）附加其他材料抵抗叠合面剪力，叠合面受剪承载力按下式确定[4]：

$$V \leqslant 1.2 f_t b h_0 + 0.85 f_{yv} \frac{A_{sv}}{s} h_0$$

根据以上原则确定该工程转换梁加固措施可选用增大截面或附加钢板法。

### 3.2 加固措施

（1）转换层主框架梁截面较大，部分支撑上部剪力墙的主框架梁同时需承担较大竖向荷载。采用附加钢板的方法作用甚微，故采用增大截面方式对主框架梁加固。具体方式为在梁两侧各加宽 200mm，梁底部加高 100mm，详见图 5。为保证主框架梁加宽部分的钢筋锚固，同时将梁两端柱子四周每侧增大 250mm，整体效果类似柱帽，详见图 6。

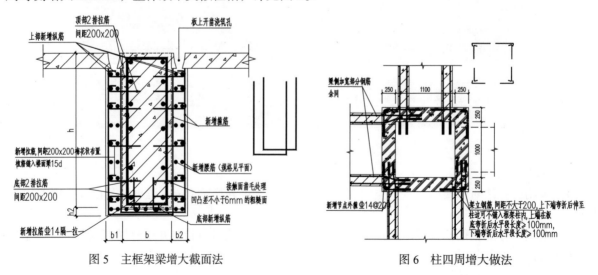

图 5 主框架梁增大截面法　　　　　图 6 柱四周增大做法

（2）转换层次梁截面相对主框架梁较小，主要起拉接主框架梁作用，并传递水平荷载，采用附加钢板的方式对其加固。具体做法为在梁两侧附加 200mm 宽、8mm 厚的 L 形钢板（Q345-B 型），L 形钢板用 M16 化学螺栓固定在梁两侧；梁底用相同规格的钢板与两侧 L 形钢板焊接；梁顶用 2 根 Φ14U 形封闭圆钢与两侧 L 形钢板焊接，详见图 7。

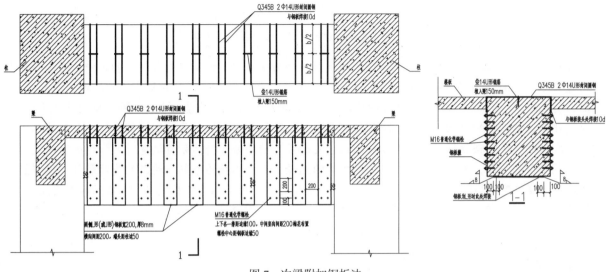

图 7　次梁附加钢板法

### 3.3　抗震性能影响分析

转换梁经加固后的刚度会不同程度地增加，为复核转换梁刚度增加后对转换柱的影响，采用 YJK-A 系列软件组建结构模型整体分析，经软件计算，转换梁加固后，转换柱构件配筋未超过设计配筋值，符合"强柱弱梁"要求。

## 4　结语

转换梁作为重要结构构件，工程实际中应严格把控施工工艺、制定专项施工方案，避免施工冷缝的存在，否则必须对其进行加固处理。在加固设计过程中将带施工冷缝的转换梁近似看作叠合梁，选择合适的加固方式解决其协调变形及叠合面抗剪承载力问题是可行的办法，可为今后处理类似工程问题提供参考。

参考文献

[1] 中华人民共和国住房和城乡建设部. 建筑结构检测技术标准：GB/T 50344—2019[S]. 北京：中国建筑工业出版社，2019.

[2] 中华人民共和国住房和城乡建设部. 回弹法检测混凝土抗压强度技术规程：JGJ/T 23—2011[S]. 北京：中国建筑工业出版社，2011.

[3] 中华人民共和国住房和城乡建设部. 混凝土结构工程施工质量验收规范：GB 50204—2015[S]. 北京：中国建筑工业出版社，2015.

[4] 中华人民共和国住房和城乡建设部. 混凝土结构设计规范：GB 50010—2010[S]. 北京：中国建筑工业出版社，2010.

[5] 中华人民共和国住房和城乡建设部. 混凝土加固设计规范：GB 50367—2013[S]. 北京：中国建筑工业出版社，2013.

# 锚杆静压桩与掏土纠偏组合应用的工程实践

杜吉坤　李世宏　谭启洲

江苏建科土木工程技术有限公司　南京　210008

**摘　要：** 锚杆静压桩与掏土纠偏的联合使用是建筑倾斜纠偏中一种切实有效且经济的方法，其工作原理是对建筑基础进行增设锚杆静压桩加固，加固后在沉降较大一侧进行临时封桩，达到快速止沉的效果。然后，对沉降较小一侧的基础下方进行浅层掏土，通过减小基础底部地基土承压面积，加大地基土压力，从而使建筑达到回倾的效果。本文介绍了江苏扬州某小区住宅建筑的纠偏加固实例。通过整理第三方检测单位提供的沉降观测数据、原建筑结构图纸、地勘报告等详细资料，分析该建筑沉降速率和建筑倾斜超过规范限值的原因，重点阐述了纠偏加固方案的选择、具体参数的选取、施工的先后顺序、锚杆静压桩的实际布置情况，加固纠偏完成后建筑沉降及倾斜情况，可为类似的工程提供一些借鉴和工程经验。

**关键词：** 锚杆静压桩；掏土纠偏；建筑倾斜

## 1　工程概况

　　江苏扬州某小区减沉纠偏工程共计 4 幢住宅楼，分别为 44 号楼、45 号楼、48 号楼和 49 号楼，4 幢建筑通过中间地库相连，无伸缩缝。在减沉纠偏前，4 幢建筑均已完成主体工程验收，但未进行竣工验收，如图 1 所示。建筑的具体情况如下：

　　44 号楼、45 号楼均为 3 层别墅，建筑高度分别为 10.83m 和 10.46m，结构形式为框架结构，基础形式为筏板基础。原地基土体采用水泥土搅拌法进行了复合地基处理，搅拌桩的直径为 600mm，深约 13m。

　　48 号楼、49 号楼均为 6+1 多层住宅，建筑高度分别为 17.44m 和 17.44m，结构形式为框架结构，基础形式为筏板基础。原地基土体通过水泥土搅拌桩法进行了复合地基处理，搅拌桩的直径为 600mm，深约 13m。

　　根据第三方检测单位提供的沉降和倾斜观测数据，截至 2019 年 10 月，这 4 幢建筑基础沉降仍不稳定（观测点最大值达 1.2mm/ 天）且不均匀。建筑出现向南方向的倾斜，建筑倾斜率最大达到 8.6‰，超过规范允许值限值 4‰[1]，总体沉降量超过 200mm。

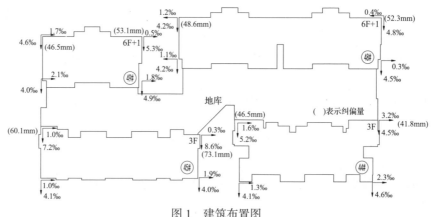

图 1　建筑布置图

## 2　地质条件

　　根据地质勘察报告，该部分的土层分布如下：

　　①层：素填土，灰色，松散状，层厚 0.30 ~ 6.70m，土质不均匀。

　　②层：粉质黏土，灰色、灰黄色，可塑状态，层厚 0.50 ~ 2.00m，压缩性一般。

　　③层：淤泥质粉质黏土，灰色、深灰，流塑状态，层厚 3.30 ~ 13.10m，压缩性高。

④ -1 层：粉砂夹粉土，灰色，饱和，稍密状态，层厚 0.70 ~ 8.40m，中等压缩性。

④ -2 层：粉细砂，灰、青灰色，中密状态，层厚 1.40 ~ 20.00m，中等偏低压缩性。

④ -2A 层：淤泥质粉质黏土夹粉土，灰、灰黑色，淤泥质粉质黏土呈流塑状态场地局部分布，层厚 0.80 ~ 14.80m，土质不均匀，中等偏高压缩性。

④ -2B 层：粉砂夹粉土，灰色，粉砂呈稍密状态，层厚 4.10 ~ 9.70m，中等压缩性。

⑤层：粉质黏土夹粉土，灰色，粉质黏土呈软塑状态，局部流塑，场地均有分布，层厚 0.70 ~ 20.30m，土质不均匀，中等偏高压缩性。

⑥层：粉细砂，灰、青灰色，饱和，密实状，局部中密状态，层厚 2.80 ~ 11.10m，该层土质较均匀，低压缩性。

⑦ -1 层：强风化泥质粉砂岩。

⑦ -2 层：中风化泥质粉砂岩。

## 3　沉降原因分析

### 3.1　建筑沉降现状及周边情况

4 幢建筑均采用水泥搅拌桩进行地基处理，搅拌桩进入第四层土（粉砂夹粉土），桩长约 13m，44 号楼、45 号楼南侧有新增堆土（约 5m 厚），48 号楼、49 号楼北侧与其他栋建筑的地库相通（地库基础为桩基础），两者之间设有沉降缝。现沉降缝两端有明显沉降差（48 号楼、49 号楼底板相对于桩基础的地库底板，下沉量约为 200mm）。

### 3.2　原因分析

依据地质条件进行沉降计算，如只考虑筏板基础，不考虑搅拌桩地基处理，最终验算的理论沉降值约为 40cm；如果同时考虑筏板基础和搅拌桩地基处理，最终验算的理论沉降值约为 6cm。

结合计算分析结果和施工现场调查情况，建筑产生不均匀沉降的原因有：（1）建筑南侧因场地平整及造景在地面新增约 5m 厚堆土，大面积堆土极大地增加了地基的附加应力，这是导致建筑产生不均匀沉降（倾斜）的主要原因；（2）水泥搅拌桩下部仍有较厚中等偏高压缩性土层是产生较大沉降的重要原因；（3）部分搅拌桩质量未达到设计效果。

根据上述原因以及现有沉降观测数据可知，如不对原有地基基础进行加固处理，该建筑物的不均匀沉降仍会继续发展，建筑的倾斜超标值及安全风险将继续增大。

## 4　减沉纠偏加固方案

考虑到 48 号楼、49 号楼和 44 号楼、45 号楼的纠偏加固方法相似，此处的纠偏加固方案以 44 号楼、45 号楼为例。

### 4.1　加固方法的选择

考虑到建筑的沉降仍未趋于稳定等因素，在掏土纠偏前，应对地基基础进行加固，进而实现快速止沉。在既有建筑物的地基基础加固处理中，锚杆静压桩是常用的一种方法，它是锚杆与静压桩结合而成的一种地基加固处理技术，属于桩式托换技术。

建筑纠偏不仅要考虑被纠偏建筑的因素，还需考虑纠偏施工对邻近建筑是否产生不利影响。鉴于这 4 幢建筑周边还有其他建筑且距离较近，采用浅层掏土迫降法更为合适。浅层掏土对深层地基扰动小，影响范围小，且具有施工方便、经济的特点。

综合考虑，本次加固纠偏方案选择了锚杆静压桩与浅层掏土相组合的方法进行建筑加固纠偏。

### 4.2　施工顺序

对 44 号楼、45 号楼南侧堆土卸载→在原筏板上钻孔、种植压桩锚杆→压桩→不掏土侧临时封桩→建筑和地库连接处梁板支撑→地库底板和顶板切割→掏土纠偏→纠偏完成后永久封桩→地库底板和顶板恢复→拆除支撑。

### 4.3　锚杆静压桩

静压桩采用 $\phi$273mm × 8mm 钢管开口桩，每节桩长 2.0m，压桩完成后内灌 C30 细石混凝土，采用内套管焊接连接。桩顶与基础底板锚固连接。锚杆采用直径 36mm 钢棒制作，长度 530mm，螺纹长 150mm，锚杆植筋于筏板中。压桩采用压桩力和桩长双控的原则，压桩力为 1200kN，桩长约为 40m，持力层为⑥层。

### 4.4 掏土纠偏

44 号楼、45 号楼属于整体向南倾斜，掏土位于建筑物北侧。本次纠偏过程中建筑北侧的沉降量较大，且北侧与地库相连，为避免结构牵连影响沉降以及结构因沉降诱发受损，掏土纠偏前对北侧与地库相连部位梁板进行切断处理，断开部位为建筑主体外约 1.5m 处地库梁板位置。

在基础锚杆静压桩加固完成后，掏土纠偏开始前，对建筑进行最新的沉降观测和建筑倾斜观测，确定最终的纠偏量。4 幢建筑北侧的最大纠偏量分别为 48mm、45mm、36mm 和 41mm。

掏土方案为筏板下方水平掏土。结合现场地基土及施工环境的实际情况，采用高压水枪冲水掏土方法；即用高压水流冲切土体，冲切落下的泥土形成泥浆从筏板底部流出，泥浆流入泥浆池沉淀后运出，根据运出泥浆量计算掏土方量[2]。

每栋建筑物的北侧先增设三个掏土孔位，采用周边辐射的方式进行掏土，根据沉降实时观测情况调整掏土孔位的数量和掏土量。

### 4.5 锚杆静压桩与掏土纠偏组合

掏土纠偏存在变形容易集中、基底受力不均匀、可控性差等缺点。因此，在掏土纠偏时采用锚杆静压桩与掏土纠偏组合尤为重要。

掏土纠偏前，将沉降较小一侧的锚杆桩进行临时封桩（图 2），临时封桩采用临时封桩横梁和锚杆，锚杆上有螺母，通过控制螺母与横梁的位置关系，可以控制掏土沉降速率，从而使建筑在掏土纠偏时沉降在可控范围内。掏土纠偏时严格控制纠偏速率，保证每日建筑沉降量小于 3mm。当纠偏量超过目标值时，及时锁紧北侧钢管桩的可调节螺母。

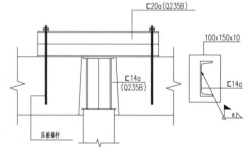

图 2　临时封桩

### 4.6 施工监测和地基土加固

在纠偏前、纠偏过程中和纠偏完成后即时监测建筑各个角部的沉降速率以及倾斜率，以便随时调整钢管桩的压桩顺序和掏土工程量，确保建筑的安全。本次采用静力水准仪和自主研发移动端智能测控系统对建筑关键点的竖向位移进行 24h 实时动态监控，可在手机端随时查看沉降数据，静力监测设备静力水准仪如图 3 所示。

纠偏完工后，对筏板下松动的地基土采用水泥浆（加外加剂水玻璃）进行压密注浆[3]。注浆完毕后 14d，该建筑物出现整体抬升现象（抬升高度总计约 2mm），后很快趋于稳定。

图 3　纠偏监测设备

## 5　纠偏效果及结束语

采用上述锚杆静压桩与掏土纠偏组合法，2 个月内顺利完成现场施工，建筑的整体倾斜率、各点沉降速率均符合现行规范的要求；此外，上部主体结构未出现开裂等异常情况。因此，该组合法在本工程中取得了成功应用，可为类似的工程提供一些借鉴和工程经验。

### 参考文献

[1] 中华人民共和国住房和城乡建设部. 建筑地基基础设计规范：GB 50007—2011[S]. 北京：中国建筑工业出版社，2011.

[2] 中华人民共和国住房和城乡建设部. 李世宏，杜吉坤. 建筑物纠偏实用技术案例分析[M]. 北京：中国建筑工业出版社，2018.

[3] 中华人民共和国住房和城乡建设部. 既有建筑地基基础加固技术规范：JGJ 123—2012[S]. 北京：中国建筑工业出版社，2012.

# 预应力张弦梁在抽柱扩跨改造工程中的应用

杨艳祥[1]　王　健[1]　王　建[1]　王文军[2]

1. 大连市建筑科学研究设计院股份有限公司　大连　116000
2. 大连凯华新技术工程有限公司　大连　116000

**摘　要：** 应用预应力张弦梁结构体系解决改造工程中的抽柱扩跨问题。该结构体系，通过预应力张弦梁与支座为媒介，建立结构荷载平衡体系，有效地解决了抽柱扩跨改造工程中由于构件跨度的变化造成的内力重分布问题。本文通过实例介绍预应力张弦梁钢结构在抽柱扩跨改造工程中的设计方法，并采用理论计算、有限元分析与施工监测验证设计方法的可行性。工程现阶段已经投入使用，工作状态良好。

**关键词：** 预应力张弦梁结构；抽柱扩跨；改造工程

目前，我国建筑处于新建与改造并重的阶段，既有建筑的改造，可以有效延长建筑使用寿命，扩展建筑结构的使用寿命，对节能减排可持续发展意义重大。

预应力张弦梁结构，具有承载能力高、结构稳定性强、施工方便、绿色、经济、美观的特点，目前我国预应力张弦梁结构较多地应用于大跨空间结构体系。本文结合实际工程，讨论预应力张弦梁结构运用于既有建筑物的改造加固。

随着人们生活水平的不断提高，对改造技术的要求越来越高，预应力张弦梁结构可以满足较高要求的建筑效果的同时，发挥自身特点，在今后的改造工程中具有广阔的应用与发展前景。

## 1　工程概况

本工程为合肥某项目，整体建筑包括裙房和两栋塔楼。裙房为地下 2 层，地上 7 层现浇混凝土框架结构。根据建设方要求，拟将 1 层至 6 层使用功能改为电器超级体验店，并将 A2-2 轴～ A2-4 轴交 1-F1 轴～ 1-G1 轴 2 层至 5 层先期封堵楼盖拆除，恢复原设计的中庭空间功能，6 层楼盖保留，该楼层结构平面如图 1 所示。

现根据建筑使用要求，对中庭所在位置进行抽柱扩跨改造设计，需抽掉图 2 中所示 2-1/K 轴交 A2-3 轴，2-2/K 轴交 A2-3 轴的两根柱，实现跨度 17.4m 的建筑空间，平面布置如图 2 所示。

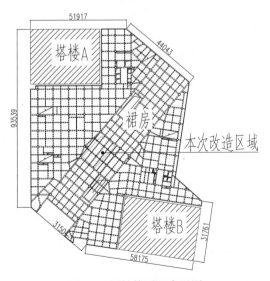

图 1　6 层结构平面布置图

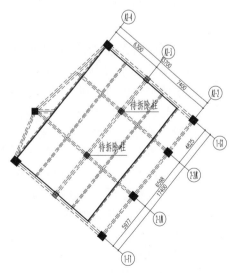

图 2　中庭平面布置及待拆除柱位置

作者简介：杨艳祥，工程师，Email：yangyanxiang_0422@163.com。

本工程设计基准期为 50 年，结构安全等级为二级，抗震设防烈度为 7 度，设计基本地震加速度为 0.10g，设计地震分组为第一组，场地类别为 Ⅱ 类场地，场地特征周期为 0.35s，阻尼比为 0.05。采用合肥地区 50 年重现期基本风压为 0.35kPa，地面粗糙度类别为 C 类，风荷载体型系数为 1.4。结构抗震及抗风性能主要由两栋塔楼的剪力墙承担。结构的整体性能分析不在本文讨论范围之内。

拟保留 6 层现状使用功能为健身房，建筑面层厚度为 50mm，可变荷载按 4.0kN/m² 设计。

## 2 改造方案介绍

### 2.1 项目对结构专业的要求及相关限制条件

（1）改造后建筑功能为某电器超级体验店，建设方要求结构形式美观、轻盈；

（2）6 层建筑使用功能为健身房，且处于正常营业状态，不可在 6 层进行施工作业；

（3）地下 1 层为超市，且处于正常营业状态，不可在地下 1 层进行施工作业。

### 2.2 抽柱后结构受力状态影响

（1）整体建筑物的结构体系无变化，仍为混凝土框架结构。

（2）抽柱后相关范围结构构件产生内力重分布。抽柱处梁端由原来的负弯矩区域变为最大正弯矩设计区。

（3）原梁柱节点区变为新体系的跨中位置。最大跨度由 6.6m 变为 17.4m，原有梁截面不足。抽柱位置处原有梁钢筋在此处为互相锚固状态，钢筋不连续，无法直接用于承担梁底正弯矩。

### 2.3 方案选择

加大截面法为混凝土结构加固的常用方法，根据柱子拆除后的结构跨度，拟定加大截面法之后的截面高度约为 1.6m。支座处柱需采用增大截面处理，处理高度为地下 2 层～地上 5 层。因地下 1 层及地上 6 层无法进行加固，此方法无法解决支座处负弯矩钢筋不足及相关范围结构构件内力重分布的问题。

预应力混凝土加固方法可有效控制结构高度，降低加固后混凝土梁截面的高度，并可以改善相关范围结构构件内力重分布的问题。但因原有混凝土强度较低，仅为 C30，对此梁施加预应力后，混凝土受压区高度超过规范限值，无法满足承载力要求。

预应力张弦梁结构加固方法，可有效控制结构高度，将张弦梁支座处设计为铰接节点，对支座框架柱及相邻跨梁不会造成次弯矩的不利影响，并通过合理设计可以控制相关范围结构构件内力重分布的幅度，减少工程改造的加固量。

综上所述，本工程采用预应力张弦梁结构加固方案可行。

## 3 预应力钢梁理论计算

### 3.1 设计思路

本工程采用预应力张弦梁结构加固的基本思路为，建立预应力张弦梁结构与所负担荷载的自平衡体系，通过对钢索施加预应力，通过撑杆，产生向上的作用力，抵消拆除柱子的节点向下的作用力。预应力本身产生的水平压力由新增钢梁承担，对现有结构的梁、柱不产生附加作用力。通过计算及施工监测的配合，控制拆除柱子节点处的位移，基本消除结构体系改变带来的相关构件的内力重分布，减少加固工程量。通过优化钢结构支座与原结构柱的节点连接做法，形成铰接节点，对现有结构柱不产生附加弯矩，仅传递轴力至现有结构柱。在此条件下，将所托换结构柱负担的竖向荷载通过预应力张弦梁结构体系以轴力形式传递至现有结构柱。采用此方法，相对现有结构高度，仅增加 0.7m。

结合上述条件，根据所要实现的建筑空间要求，结合原有结构条件及施工作业面要求，利用预应力张弦梁结构体系独立、受力明确的特点，将结构柱拆除后的内力重分布问题转化为结构的变形控制问题，通过调整钢索施加预应力的大小，调整控制点的变形，以保证现有结构体系内力基本不变的前提下，实现建筑空间所需的要求。

因需要控制拆除柱节点处的位移，使预应力加载后的节点位移趋近于零，设计中均采用标准值建立平衡方程，通过对钢梁施加的预应力平衡拆除柱节点处的永久荷载。按负载面积统计，每根拆除柱所负载面积的荷载组合值为 390kN（荷载组合为 1.0D+0.5L），由两根预应力钢梁托换两根柱，每根钢梁需平衡的荷载为 390kN。

## 3.2　构件材料及截面选定

钢梁选用 Q355 钢，钢梁截面根据在未施加预应力的工况下按简支梁计算。选定钢梁截面为 H582mm × 300mm × 12mm × 17mm，焊接 H 型钢。

根据钢梁尺寸结合预应力索及锚固条件，拟选用公称直径为 52mm 的单股钢丝绳。

# 4　预应力张弦梁有限元分析

理论计算中未考虑钢梁自身的压缩及剪切变形，预应力钢索的张拉布置位置根据施工条件进行微调。采用 Midas Gen 软件进行有限元分析。

根据施加预应力的尺寸条件施加钢索预应力，钢索施加预应力值为 900kN，并对钢梁进行剖分，剖分尺寸为 0.3m × 0.3m。

## 4.1　钢梁计算简图（图 3）

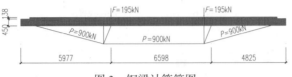

图 3　钢梁计算简图

## 4.2　钢梁分析结果

钢梁变形分析对应荷载组合按 $1.0D+0.5L$。

经分析计算，拆除柱节点处的位移为 1.81mm，最大位移为 2.56mm，整体规律与理论计算值一致。

除支座处，钢梁全截面整体受压，整体最大压应力出现在拆除柱节点上翼缘处，局部最大应力出现在预应力张拉节点处。与理论分析规律一致。

（1）钢梁变形分析结果（表 1、图 4）

表 1　钢梁位移统计表（由左至右平均分布 9 个点，单位 mm）

| 位置 | 1 | 2 | 3 | 4 | 5 | 6 | 7 | 8 | 9 |
|---|---|---|---|---|---|---|---|---|---|
| 位移 | 0 | 0.8 | 1.3 | 1.8 | 2.6 | 2.0 | 1.4 | 0.6 | 0 |

图 4　钢梁变形结果文件

（2）钢梁应力分析结果（表 2、图 5）

表 2　钢梁应力统计表（由左至右平均分布 9 个点，单位 MPa）

| 位置 | | 1 | 2 | 3 | 4 | 5 | 6 | 7 | 8 | 9 |
|---|---|---|---|---|---|---|---|---|---|---|---|
| 应力 | 顶 | 8.0 | 58 | 36 | 144 | 42 | 153 | 42 | 66 | 3.7 |
| | 底 | 2.6 | 269 | 52 | 85 | 50 | 82 | 54 | 257 | 4.5 |

图 5　钢梁有效应力结果文件

# 5　预应力张弦梁及支座设计

本工程预应力张弦梁设计为工程重点，钢梁截面的选定、预应力筋布置位置的合理性、张拉端与锚固端的设置位置，均关系到结构的安全性与经济性。各个连接支座的设计，更关系到构件实际受力状态与计算假定的相符程度。

对此，本工程钢结构各个组成构件，包括支座、张拉锚固端节点，钢梁各钢板构件均放样制图，保证工厂加工时能完全符合设计意图。

## 5.1　预应力钢梁设计方案（图6～图8）

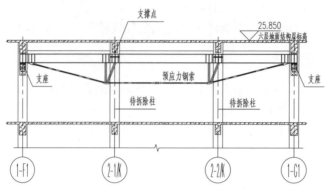

图6　预应力张弦梁侧视图

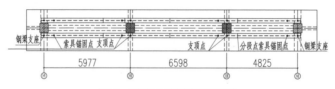

图7　预应力张弦梁俯视图

## 5.2　支座设计方案

为保证设计的初衷，即将所需平衡的荷载通过钢梁自平衡体系以轴力的形式传至两端框架柱，本工程支座进行了特殊设计（图9）。

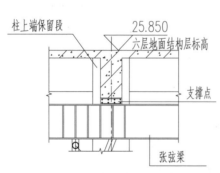

图8　预应力钢梁中点处剖面图

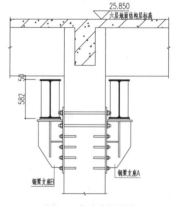

图9　支座剖面图

首先用20mm厚锚板，增设钢结构牛腿，牛腿与结构柱采用M24胶粘型贯通锚栓/M24胶粘型锚栓连接。混凝土不平整形成的空隙采用结构胶填实。两道预应力张弦梁对称放置于牛腿上，预应力张弦梁的集中荷载两边自平衡。预应力张弦梁与牛腿的连接采用双螺母螺栓，不施加预紧力，并设置长圆孔，保证钢梁可沿水平方向有一定量的位移，释放施加预应力时支座产生的约束。并在钢梁与牛腿之间设置短钢板，形成铰接条件，保证实际支座与计算假定一致，且不产生不利次弯矩。

现场照片如图10所示。

## 6　施工监测

保证临时支撑和钢梁的施工安全，为钢索张拉提供

图10　预应力钢梁（张拉端）

参考依据，对本项目进行施工过程的数据监控。主要仪器设备采用全站仪、振弦传感器、压力传感器等。

（1）临时支撑的应变

临时支撑的受力为初始不受力，当拆除框架柱时临时支撑受力最大，随着钢梁预应力的张拉，临时支撑的应变变小至不受力，然后拆除临时支撑。

在每个临时支撑上安装振弦式传感器，读取初始值，每个施工节段均读取数据，为预应力张拉提供依据。结合观测支撑点处是否脱离，达到双控效果。每个支撑布置 1 个传感器。共布置 20 个。

（2）梁的变形监控

梁的变形分两部分，分别为混凝土梁和钢梁。

混凝土梁的变形监控是为了保证施工前后变形得到控制，沿梁底均匀布置 9 个测试点。

钢梁的变形监控是为了保证预应力张弦梁的预拱度达到设计要求，并辅助控制预应力钢索的张拉控制应力，及时反映预应力钢索张拉过程中的结构反应。沿梁底布置 9 个测试点，2 个钢梁共 18 个测试点。

（3）钢梁的应变

钢梁应变监控是保证钢梁张拉过程中的安全。及时反映钢梁各点的应力应变分布及变化，反向验证有限元分析结果的正确性，为工程设计提供有效的参考数据。每个梁在梁顶布置 6 个传感器，其跨中布置 2 个，6 分点处各布置 1 个。共布置 12 个。

# 7　结论

（1）预应力钢结构梁张拉完毕后，原设置的临时支撑均松动可移除，原结构楼盖位移恢复到抽柱以前的平衡状态。

（2）对改造后结构进行持续监测，位移均在可控范围内。周边结构构件均完好，未见结构性裂缝。完成拟定的控制相关结构构件内力分布的设计目标。

（3）本文通过有限元计算及过程数据监控等多角度考虑，二者呈互相验证关系。根据监控结果数据，二者趋势符合，数据基本一致。可作为相关工程的参考。

（4）预应力张弦梁结构，承载能力高、湿作业少、布置灵活，但对设计的精细度要求较高。需要结构工程师全面考虑各种工况，以及钢结构构件的加工运输。

（5）控制关键点位移的方法，也是改造工程中一种高效的结构处理方法。从一般情况的依靠构件尺寸与强度的被动抵抗的方式，延伸至通过施加外力，建立平衡条件的方式，充分发挥各种材料的特点，使改造加固工程的方案选型更安全、经济、合理。

**参考文献**

[1] 钟善桐. 预应力钢结构 [M]. 哈尔滨：哈尔滨工业大学出版社，1986.

[2] 钟善桐. 钢结构 [M]. 武汉：武汉大学出版社，2005.

[3] 陆赐麟. 现代预应力钢结构 [M]. 北京：人民交通出版社，2007.

[4] 熊学玉. 体外预应力结构设计 [M]. 北京：中国建筑工业出版社，2005.

[5] 北京迈达斯技术有限公司. MIDAS Gen 工程应用指南 [M]. 北京：中国建筑工业出版社，2012.

[6] 中华人民共和国住房和城乡建设部. 钢结构设计标准：GB 50017—2017[S]. 北京：中国建筑工业出版社，2017.

[7] 中华人民共和国住房和城乡建设部. 混凝土结构设计规范：GB 50010—2010[S]. 2015 版，北京：中国建筑工业出版社，2015.

# 某高层建筑改造加固设计与思考

郭 强 张 路 施 泓 马玉虎 罗 肖

中国建筑设计研究院有限公司 北京 100044

**摘 要：**项目位于北京朝阳区，地上 21 层，主体结构高度 79m，主体结构采用框架－核心筒结构体系。原使用功能为酒店，改造后使用功能为办公，改变了原结构的使用功能，进行房屋综合安全性鉴定。对原结构体系与现状进行识别判断。通过对该项目的系统性分析，采用合适的规范体系对地震作用进行折减、减小改造后的荷载、保证结构安全的前提下尽量减少因为改造加固对原结构的破坏。改造后的结构满足规范要求，安全可靠。

**关键词：**高层建筑；改造加固；合理化设计；策略思考

## 1 工程概况与结构识别

### 1.1 工程概况与鉴定技术要求

本项目位于北京市朝阳区东三环南路。原主体结构建造于 20 世纪 90 年代，主要包括塔楼及地下工程，具有酒店、餐饮等功能。

本次改造设计范围为地上及地下结构，其中地上建筑面积约 2 万 m²，地下建筑面积约 0.4 万 m²，改造后建筑功能为办公、商业、餐饮等。

本项目主楼采用框架核心筒结构体系，主楼部分地上 21 层，结构高度 79m。

依据《建筑抗震鉴定标准》（GB 50023—2009）第 1.0.6 条规定，改变结构的用途和使用环境的建筑需要进行抗震鉴定，本项目主要建筑功能由酒店调整为办公，需要进行抗震鉴定。

依据《房屋结构综合安全性鉴定标准》（DB 11/637—2015）第 3.1.1 条规定，改变房屋用途的需要进行房屋结构综合安全性鉴定，本项目改变房屋用途需要进行房屋综合安全性鉴定。

项目各单体及地下室平面示意如图 1 所示。

### 1.2 现状结构识别

（1）本工程原设计主楼采用框架－核心筒结构，原结构选型基本合理。

（2）原结构加盖裙楼设计说明中显示按照抗震设防烈度为 7 度设计；主楼部分未见相关资料注明设计依据设防烈度。经过查阅相关资料，北京地区对应设计年代抗震设防烈度为 8 度（依据业主单位提供的地勘报告，亦证明为 8 度）。主楼原设计时北京设防烈度依据图 2 所示的区划图确定。

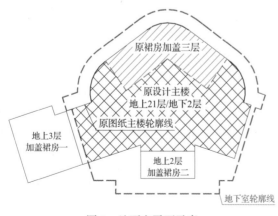

图 1 地下室平面示意

图 2 北京设防烈度区划图

依据上述条件可知，主楼部分原设计标准未明确，依据结构试算结果判别。

本次改造加固地上结构的主要设计条件介绍如下：

（1）抗震设防烈度 8 度（0.20$g$），标准设防类。

（2）设计地震分组第二组，建筑场地类别Ⅲ类，场地土特征周期 $T_g$=0.40s（依据建筑抗震鉴定标准折减）。

（3）基本风压 0.45kN/m²（$n$=50）；地面粗糙度类别为 C 类。

## 2　结构加固合理化设计措施

### 2.1　抗震加固设计策略分析

本项目建造年代为 20 世纪 90 年代，依据《建筑抗震鉴定标准》（GB 50023—2009）可定义为 B 类建筑。

北京地区现行结构抗震改造加固规范为《建筑抗震鉴定标准》（GB 50023—2009）及《建筑抗震加固技术规程》（DB 11/689—2016）。两本规范对于 B 类建筑的改造加固给出不同的地震作用及内力调整折减方法，具体如下：

（1）方案一。依据《建筑抗震鉴定标准》（GB 50023—2009）设计加固方案

现有特征周期现行标准为 0.55，可折减为 0.40，参数成倍数影响整体计算结果，同时材料设计指标、内力调整系数、承载力验算公式等均按照"89 规范"系列标准执行。

（2）方案二。依据《建筑抗震加固技术规程》（DB 11/689—2016）设计加固方案

《建筑抗震加固技术规程》（DB 11/689—2016）第 3.0.6 条规定，B 类建筑如不按照《建筑抗震鉴定标准》（GB 50023—2009）进行抗震验算，可按照现行规范进行设计，其中材料设计指标、内力调整系数、承载力验算公式等按现行规范执行，$\alpha_{max}$ 可以乘以 0.88 的折减系数。

方案二地标方案对地震作用影响系数 $\alpha_{max}$ 进行折减，材料内力放大执行现行规范；方案一对特征周期进行折减，材料强度、内力放大系数采用"89 规范"。

两个方案都考虑到既有建筑的后续使用年限低于 50 年及既有建造年代与现行规范执行标准不同的影响，均较新建建筑的要求有所降低。方案一国标对此考虑更为全面，更有利于保护既有建筑的原始结构，且仍有一定的安全储备。

综上，本项目优选方案一，依据《建筑抗震鉴定标准》（GB 50023—2009）进行结构鉴定加固设计。

### 2.2　结构荷载控制策略分析

（1）活荷载

结构构件设计计算过程中按照规范要求对活荷载进行折减，以减小改造加固量。其中墙柱设计时可按照楼层进行折减。

（2）恒荷载

楼面恒载对结构整体计算结果影响较大，可通过与承建方协商在满足建筑使用功能的前提下采用下列方法进行恒载优化以减小。

①减薄楼面做法，通常建筑面层做法为 100mm 厚度，对于改造项目可通过减小面层做法，例如面层做法取值 50mm 或 80mm 可有效减轻恒载以减小改造加固量。

②优化隔墙质量，建筑隔墙做法不同荷载取值由较大差异，本项目改造后用途为办公，对于隔声等要求较低，轻质隔墙基本可满足建筑需求，对于非建筑防火要求隔墙可采用轻钢龙骨石膏板，防火墙亦可采用轻墙 + 岩棉等防火措施处理以减少隔墙荷载变化引起的加固量。

③屋顶花园种植要求需设置覆土层，此部分荷载变化易引起较大加固改造，可通过采用轻质覆土材料减小荷载，从而减少结构改造加固量。

（3）荷载优化前后工程量对比.

按照原始荷载及采用上述荷载控制方法后改造加固工程量如图 3 所示。

统计全楼荷载优化后框架柱加固量较优化前降低约 20%、梁板降低约 10% ～ 15%。

## 3　结构计算与加固工程量分析

### 3.1　计算结果及现状对比分析

采用 YJK3.0 结构计算软件，计算模型如图 4 所示。

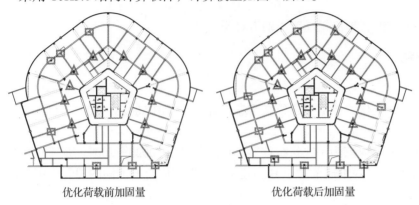

优化荷载前加固量　　　　　　　　　优化荷载后加固量

图 3　优化前后加固量

图 4　主楼计算模型

主楼部分基本可以满足现行规范要求，基本可以规避大规模结构体系层面加固措施。本项目需按照规范进行抗震承载力验算，因此会引起局部的水平地震作用计算而引起的构件层面加固，现阶段判断此部分加固量较多。典型楼层的加固构件如图 5、图 6 所示。

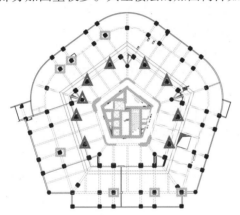

图 5　首层柱加固示意（三角形为增大截面法方框部分为粘钢法加固）

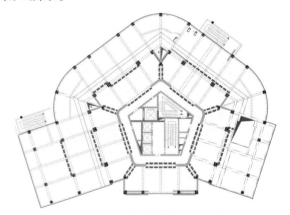

图 6　三层梁加固示意（虚线为增大截面法实线为粘钢法加固）

### 3.2　主要加固技术措施概述

竖向构件加固：对于竖向构件裂缝进行耐久性恢复，采用注环氧树脂或水泥浆。对于竖向构件承载力不满足计算要求的进行承载力加固，优先选取粘钢加固；对于竖向构件轴压比不满足要求构件进行增大截面法加固。

梁加固：对于梁裂缝进行耐久性恢复，采用注环氧树脂或水泥浆；对于水平梁构件承载力不满足计算要求的进行承载力加固，优先选取粘钢加固，承载力要求超过原设计 40% 采用增大截面法加固。

楼板加固：对楼板裂缝进行耐久性恢复，采用注环氧树脂或水泥浆；对不满足承载力要求楼板优选粘钢加固。

优选粘钢相关方案，尽量避免增大截面法，尽量避免湿作业，减少现场土建工作难度，节约土建加固成本。

## 4　典型既有建筑加固设计策略的思考

### 4.1　基于本工程的加固原因分析及泛用性讨论

既有建筑改造加固的加固量及方法往往受限于既有建筑现状，改造加固量主要受以下几方面的影响：

（1）规范活荷载取值变化，结构设计活荷载标准值取值随着实际需求的变化而产生变化，例如《建筑结构荷载规范》（GBJ 9—87）中规定旅馆办公活荷载取值为 1.5kN/m²，《建筑结构荷载规范》（GB 50009—2012）荷载取值为 2.0kN/m²，计算荷载的提高直接影响结构构件的承载力。

（2）该项目建立至今 20 多年，期间结构设计参照的各种规范有变化，如《建筑抗震设计规范》《混凝土结构设计规范》等规范经过数次更新，计算参数、各种计算系数取值等均有不同程度更新，此部分规范规定必须执行新版规范的计算参数，均应按照新版规范进行结构设计计算。

（3）该项目原建成年代电算方法较为落后，多为工程师依据经验采用手算方法进行估算，不能真实计算地震作用等引起的构件内力，导致部分构件的配筋结果与真实计算地震作用差异较大，此部分电算与手算方法的差异引起的加固量在现初算加固量中占比较大。

（4）建筑及使用功能的调整会引起结构荷载的变化，结构构件的承载力需求增加。

对于既有建筑改造加固通常可按照以下步骤进行结构设计：

（1）既有建筑的现状判定。包括既有建筑的建造年代、后续使用年限及建筑类别，通过对建筑类别的定义判定适用的规范体系。

（2）既有建筑鉴定。既有建筑改造一般都涉及建筑使用功能的调整，需要对既有建筑进行鉴定，包括房屋综合性鉴定及抗震鉴定。

（3）根据既有建筑的原始条件、建筑功能的变化、规划许可证等条件确定设计采用规范体系。对抗震性能不足的单体进行全面复核，通过对原始构件的综合加固提高结构单体的抗震性能，以达到较高的抗震性能；对于因为抗震性能及承载力不足的构件通过加固措施提升构件的承载能力、抗震能力。

## 4.2　其他可能的加固设计策略分析

对于抗震性能严重不足的既有建筑可通过以下方法进行减少原结构的改造加固量，尽量保证原结构的完整性：

（1）采用耗能减震可耗散大量输入结构的地震能量，使结构本身的耗能量减少，有效地保护主体结构使其不受到损伤或破坏，此种方法成本高，适用于抗侧力水平较低的既有建筑。

（2）隔震技术即在建筑物上部结构与基础之间以及上部建筑层间设置隔震层，隔离地震能量向上部结构传递。降低上部结构的地震作用，达到预期的防震要术，使建筑物的安全得到可靠的保证。包括上部结构、隔震装置和下部结构三部分。该技术对于减小地震作用对结构本身产生的影响效果较好，但对于改造项目该技术施工难度大、周期长、成本高。

（3）增设剪力、支撑、框架柱可提高结构的抗侧力能力，该方法适用于抗侧水平贴近规范限值的既有建筑。

## 5　结论

（1）本项目采用了适用于本项目的规范体系，结构整体动力特性等满足规范要求，经过局部加固本项目安全可靠。

（2）既有建筑改造加固量的影响因素主要包括即有建筑现状条件、规范体系的更新及各种功能调整引起的荷载变化。

（3）既有建筑的改造加固通过减小荷载、选用合适的规范体系可减少改造过程对原结构的破坏，减少改造加固的工程量。

**参考文献**

[1] 中华人民共和国住房和城乡建设部. 建筑抗震鉴定标准：GB 50023—2009[S]. 北京：中国建筑工业出版社，2009.

[2] 北京市规划和国土资源管理委员会. 建筑抗震加固技术规程：DB 11/689—2016[S]. 北京：北京市城乡规划标准化办公室，2017.

[3] 中华人民共和国住房和城乡建设部. 高层建筑混凝土结构技术规程：JGJ 3—2010[S]. 北京：中国建筑工业出版社，2010.

[4] 中华人民共和国住房和城乡建设部. 建筑抗震设计规范：GB 50011—2010，2016 年版 [S]. 北京：中国建筑工业出版社，2016.

[5] 中华人民共和国住房和城乡建设部. 民用建筑可靠性鉴定标准：GB 50292—2015[S]. 北京：中国建筑工业出版社，2015.

# 某高层建筑物倾斜纠倾加固技术研究

李欣瞳 朱俊杰 李碧卿 姜 涛 马江杰 李今保 姜 帅 张龙珠

江苏东南特种技术工程有限公司 南京 210008

**摘 要:** 通过高层及超高层建筑物纠倾加固技术的相关研究,结合某小区高层住宅楼的实际纠倾加固案例,采用有限元软件从多角度深入分析了该住宅楼的倾斜原因,针对该项目场地的特殊性及业主提出的后续使用要求,给出了"锚杆静压钢管桩加固 + 截桩迫降纠倾"的纠倾加固方案,并研究分析了本次纠倾加固施工过程中所使用的关键控制技术,制定了科学合理的施工方案。同时,采用了本公司依托东南大学开发的纠倾施工实时监测系统[1]全过程信息化监控施工,指导纠倾施工安全有序的进行,以确保建筑物正常使用,并满足国家相关验收规范和后续使用安全,为今后高层建筑物的纠倾加固方案设计提供有价值的参考信息。

**关键词:** 高层建筑物;纠倾加固;不均匀沉降;施工监测

随着高层建筑数量的增多,许多建筑物在使用期间发生不均匀沉降[2],出现了倾斜,以致影响建筑物的正常使用。故为充分利用现有的建筑设施,减小经济损失,使建筑物迅速达到正常使用状态,建筑物纠倾加固技术[3]应运而生。鉴于纠倾加固具有小规模施工、工期短、投入低等优点得到了工程师们越来越多的关注。

目前,建筑物纠倾的方法有很多种,其中按照纠倾工艺的不同,大体上可以归纳为顶升法[4-6]、迫降法[7-8]以及综合法[9-11]三大类。考虑到不同工程项目的多样性及地质环境的复杂性,不同倾斜建筑物的纠倾加固方式也不完全一致。由于建筑物纠倾加固技术起步较晚,并且需要综合考虑的设计因素较多,至今尚未形成完整的理论体系,更多依托于已往的工程实际经验。因此,长期以来建筑物的纠倾加固有很大的施工风险,特别是对于高层建筑。本文结合某典型高层住宅楼的纠倾加固工程实例,多角度深入分析其倾斜原因,重点研讨了截桩迫降法在实际工程应用中需注意的关键技术,并根据实际工程环境确定了总体施工方案。同时,在施工过程中,结合本公司依托东南大学开发的纠倾施工实时监测系统全过程信息化监控[12],保证倾斜建筑物平稳安全地回归正常白白白的使用状态,为今后类似工程的纠倾加固提供有价值的参考信息。

## 1 工程概况

某小区 26 号住宅楼为地下 1 层,地上 32 层(局部 33 层)的框架剪力墙结构房屋,原设计房屋基础采用预应力混凝土管桩,建筑高度为 98.5m,东西长约 42m,南北宽 17.5m,总建筑面积为 26940m²。该楼是该小区最北侧的两栋楼之一,南侧为埋深约 5.0m 的地下车库及配电房等附属工程。其主体结构已于 2020 年 1 月验收合格,外装修、内墙装修及地坪等工程也已全部完成,仅电梯未安装。

据勘察资料及后续补勘资料显示,该楼所处场地第四纪地貌形态为江淮波状平原地貌单元,微地貌单元为池河河漫滩地貌单元。同时,场地范围内未发现有影响场地稳定性的活动构造通过,无不良地质作用,地势平整。地层结构自上而下分别为杂填土、粉质黏土、淤泥质粉质黏土、粉质黏土、中细砂、强风化泥质砂岩以及中风化泥质砂岩,各土层相关的设计参数见表 1。

表 1 场地内各层岩土设计参数

| 土层代号 | 岩土名称 | 层厚 (m) | 黏聚力 (kPa) | 重度 (kN/m³) | 承载力特值 (kPa) | 压缩模量 (MPa) |
|---|---|---|---|---|---|---|
| ① | 杂填土 | 0.6 ~ 7.2 | 5 | 18 | | |
| ② | 粉质黏土 | | 48.1 | 19.3 | 120 | 6.0 |
| ③ | 淤泥质粉质黏土 | 3.5 ~ 8.3 | 8.9 | 17.9 | 70 | 3.5 |

续表

| 土层代号 | 岩土名称 | 层厚（m） | 黏聚力（kPa） | 重度（kN/m³） | 承载力特值（kPa） | 压缩模量（MPa） |
|---|---|---|---|---|---|---|
| ④ | 粉质黏土 | | 50.2 | 19.4 | 150 | 7.5 |
| ⑤ | 中细砂 | 0.8～1.5 | | | 200 | 12.0 |
| ⑥ | 强风化泥质砂岩 | 3～3.1 | | | 320 | 18.0 |
| ⑦ | 中风化泥质砂岩 | 8 | | | 700 | 压缩性微小 |

## 2  建筑沉降倾斜现状及原因分析

### 2.1  倾斜现状

　　该高层住宅楼始建于 2018 年，在主体结构验收合格不久后，地基出现了较大的不均匀沉降，大楼整体向东南方向倾斜。根据沉降观测显示，直到 2021 年我公司接到这一工程项目时，沉降速率仍然较大且并未出现收敛趋势，倾斜变形仍持续发展。截至 2021 年 6 月 25 日，26 号楼向南的最大倾斜率达到了 4.13‰，其余各边的倾斜率如图 1 所示。从图中可以看出，26 号楼的整体倾斜率已远超《建筑地基基础设计规范》（GB 50007—2002）所规定的倾斜允许值 2.5‰[13]，故为了确保房屋后续使用安全，需要对其基础进行纠倾加固处理。

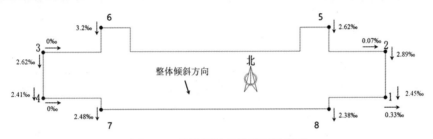

图 1  26 号楼倾斜现状平面示意图

### 2.2  原因分析

　　一般来说，勘察设计失误、施工顺序不当、采取错误的施工技术、工程质量问题等多种因素都能造成建筑物出现不均匀沉降乃至倾斜，但通过对 26 号楼结构形式、地基地质环境、周边建筑环境以及倾斜现状等相关因素的综合分析可以看出，26 号楼的不均匀沉降并非单一不利因素影响所致，而是在勘察、设计、施工三个环节均出现一定失误：

　　（1）对地基土层分布情况的勘察工作不够仔细，地质勘察报告不准确。图 2 是我公司对 26 号楼沉降较大一侧进行加固处理时，在不同压桩深度下压桩力变化的曲线图。从图中可以看到，9 号桩、40 号桩和 54 号桩在压桩深度为 7～8m 之间时，压桩力急速下降，证明该深度的土层较为松散，压缩模量较小，压缩性相对较大，但从原有土层勘探资料中并没发现相关描述，这会影响设计人员对地基土层承载力的判断。

　　（2）设计布局不当。虽然在设计方案中，桩群所提供的竖向承载力远大于上部荷载，但由于桩基位置布置不当，荷载分布不均匀，群桩承载力合力点与荷载中心相差较大，导致上部荷载产生偏心作用，使得受力较大的一侧发生不均匀沉降。为进一步证实该因素，本文采用 Abaqus 有限元软件建立了 26 号楼的简化模型[14]，上部荷载为 1.0 恒载 +1.0 活载，数值计算结果如图 3 所示。图 3（a）是建筑物倾斜前后整体变化的对比图；（b）是建筑物底部

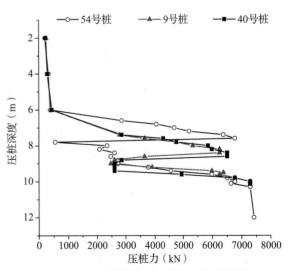

图 2  不同压桩深度下压桩力变化曲线图

$z$ 方向的应力云图。从图 3 中可以看到，大楼的倾斜方向与实际基本一致，验证了模型的计算精度及可靠性。同时，应力云图也证明了 26 号楼底部桩基承载力分布不均匀，局部桩及剪力墙承载力较大，上部荷载分布不均使建筑物结构产生偏心，以致建筑物产生不均匀沉降。

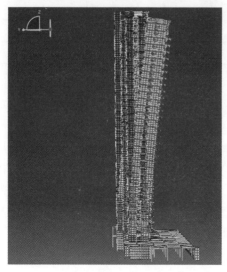 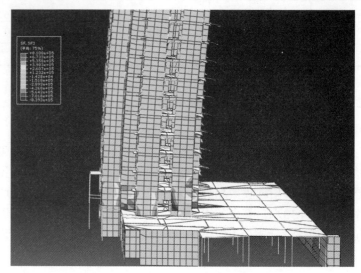

（a）倾斜变化对比图　　　　　　　　　　　　　　　　（b）z 方向应力云图

图 3　26 号楼数值模型结果分析图

（3）施工时地基处理不到位。原设计方案中桩长为 11m，桩端持力层为第 7 层中风化砂砾岩，单桩承载力特征值 2000kN，而实际预制施工桩仅长 6m，基本位于第 5 层中细砂层层顶位置。虽然工程桩的静载荷试验结果满足承载力设计要求，但桩端未达到设计位置，没有接触到良好的持力层。同时，由于承台底的标高不一致，导致桩端所达到的持力层不完全一致，降低了建筑物整体的稳定性，进而使其产生不均匀沉降。

## 3　纠倾加固方案设计及施工流程

### 3.1　纠倾加固方案

由于 26 号楼上部荷载较大，重心相对较高，且工程所给施工时间较短，综合比较多种纠倾方式后，决定了锚杆静压钢管桩加固 + 截桩迫降止倾的纠倾加固方案，具体方案如下：

（1）加固方案

根据目前 26 号楼沉降、倾斜数据及工程地质条件，针对大楼沉降不稳定现状，使用新增大吨位锚杆静压注浆钢管桩，对基础进行部分托换，利用原承台基础作为压桩平台，静力取锥体压桩孔进行压桩，以便有利于后期桩筏共同受力。桩长 12m，钢管桩进入第 6 层中风化砂砾岩持力层，采用压桩力控制为主的原则。压桩完成后，桩端部高压注浆以加强地基土层的承载能力来达到控制大楼沉降的目的。基于现场实际沉降情况，既有桩承载力特征值取原设计值 42.5%，因此本次新增钢管桩按承担房屋设计荷载的 60% 进行基础加强，对原基础进行控沉加固。在满足施工空间要求的前提下，新增锚杆静压钢管桩尽量靠近剪力墙布置，以更好地分担剪力墙传来的荷载，并最大限度地减小新增桩对底板的附加应力作用。同时，新增锚杆静压钢管桩整体对称均匀布置，使群桩的合力中心与房屋荷载重心尽量重合。在沉降较大处及关键部位（如电梯井、阳台等）适当多布锚杆静压钢管桩以调节本工程的沉降差。

（2）纠倾方案

为使 26 号楼能在较短的施工时间内线性平稳安全地回归正常使用状态，即整体倾斜率满足国家规范要求，我公司决定采用截桩迫降的纠倾方式。在建筑物北侧采用专利技术对检测出承载力相对最大的原有桩进行分批截桩，截桩位置及先后顺序应根据动态沉降监控数据进行确定（包括各部位剪力墙的应力变化、沉降速率、倾斜值、新加钢管桩的临时封桩力值等），使得截桩后上部荷载均匀地分配到剩余桩上，群桩的合力重心向北侧偏移，从而使建筑物北侧剩余桩的荷载逐渐增大。当剩余桩顶荷载超过其承载力极限值时将发生沉降变形，导致建筑物北侧沉降，待建筑物回倾至设计值后，对建筑物新增钢管桩进行永久性封桩，阻止建筑物继续沉降。在纠倾施工过程中，采用计算机应力 – 应变装置对结构的应力、应变情况进行实时监测，争取在结构发生变形之前，及时发现结构内部荷载变化和应力集中现象，并采取措施消除不利因素，确保结构和施工安全。

### 3.2　施工流程

结合本文所选取的纠倾加固思路及 26 号楼自身的特殊性，本工程的施工流程如下：止沉桩施工→现场动态监测→迫降坑道开挖→截桩纠倾→连接恢复。

（1）在建筑物沉降较大的南侧压入大吨位钢管桩，并采用专用封桩设备临时封桩，通过调节封桩应力及时控制房屋沉降。同时在北侧压入止沉桩，并进行临时封桩。

（2）对现场剪力墙、原有管桩的竖向力进行检测，结合新加锚杆钢管桩的实时力值、沉降量及速率、倾斜值进行动态监测。

（3）根据动态监测数据调整封桩力，并确定开挖坑道位置进行迫降坑道开挖。

（4）按设计要求，结合现场测试数据，分批次截断原管桩，使房屋均匀回倾。

（5）纠倾施工完成，恢复截断管桩连接。调整各钢管桩应力，分批次对钢管桩进行预应力封桩。

## 4　纠倾加固中的关键技术

### 4.1　纠倾工程实施监控系统

迫降施工是一项以施工控制，特别是施工监测[15]为主，以理论计算分析为辅的系统化工程。倾斜建筑实际的施工质量、基底土层可能存在的不确定因素、现场实际的施工条件以及倾斜后结构的实际应力状态等都需要在施工过程中通过现场检测、监测，并结合施工情况实时调整，才能确保纠倾施工安全有序进行，以达到最终的纠倾加固效果。

鉴于以上原因，通过对大量纠倾加固施工案例经验的总结，结合我公司依托东南大学开发的"纠倾施工实时监测系统"（主要包涵了既有建筑上部结构和基础的实时应力 – 应变情况和房屋各监测点实时的位移变化情况），通过计算机和专门的数据分析，采用无线传播实时地反映建筑物纠倾过程中的真实情况。系统可根据设计数据设置预警值，开启自动报警装置。

### 4.2　锚杆静压钢管桩施工

锚杆静压钢管桩是结合锚杆和静压桩技术二者优点形成的一种新型地基加固技术，其主要技术原理是在建筑物沉降较大一侧的基础上埋设锚杆，并预留桩孔，借助建筑物对其的反作用力将预制桩压入地基中。当桩端接触到良好的持力层后，用膨胀混凝土将桩与基础连接，形成新的地基基础以承受上部荷载，阻止建筑物继续沉降，达到纠倾加固的目的。本公司专门研发了用于锚杆静压桩施工材料（即特种 KL-80 加固型混凝土）为无机水泥基微膨胀材料，具有高强度、耐久性好等特点。同时，使用的压桩设备满足大吨位压桩力需求，能够穿透坚硬土层，非常适用于高层、超高层大吨位建筑的基础加固工程。在施工过程中对称进行压桩，且连续不间断，以防因间歇时间过长使压桩力骤增。

### 4.3　截断桩恢复原桩承载力技术

为避免截断桩在重新连接恢复后出现不受力、悬空的现象，本公司专门设计发明了一种恢复建筑物截桩纠偏后桩承载能力的装置，具体做法为：将钢板水平放置在被截桩下部桩体的顶部，两钢牛腿分别可拆卸地安装在水平钢板的两头，两承压曲面钢板分别位于两钢牛腿的内侧并贴紧被截桩下部桩体的表面；两台自锁式千斤顶用于对承压组件施加竖向压力。其主要原理是使用千斤顶给截断桩一个预压应力，通过应变测试仪调整桩的应力状态至设计应力状态后，浇筑 KL-80 加固型混凝土连接桩与上部基础。本项技术极大地提高了截断桩恢复后的承载能力，避免截桩连接后出现荷载传递不均导致筏板及上部结构受损伤。其具有可重复利用、施工工期短等特点。

### 4.4　预应力封桩技术

预应力封桩装置能够有效地将锚杆桩抗力传递到建筑本体结构上。当桩压到设计的最终压桩力后，在桩顶部施加一定的封桩力。根据监测系统给出的上部结构的荷载调整封桩压力，确保每道剪力墙的应力状态与原设计值相近，以调控建筑本体的沉降差。同时，在筏板底部向下 500mm 处采用扩大头封桩法，使桩的抗力尽可能直接传递到剪力墙上，减小对筏板的冲切应力。

## 5　结论

　　针对目前纠倾加固技术起步晚、难度大的施工现状，本文结合某倾斜高层住宅楼的成功纠倾案例，从多方面辨析了其倾斜原因，且根据该工程的特殊性提出了"锚杆静压桩加固 + 截桩迫降止倾"的组合纠倾方案，并针对性地研究了该方案中的关键技术以及在纠倾施工过程中需重点关注的细节问题。通过本工程得出以下几点结论：

　　（1）通过该住宅楼的成功纠倾案例，证实了"锚杆静压桩加固 + 截桩迫降止倾"组合纠倾方案的可行性，表现出该组合精度高、可控性好、安全程度高的优点。

　　（2）纠倾实时监控系统在纠倾加固施工过程中扮演着不可或缺的角色，不仅可以精确地检验纠倾结果，还可以指导纠倾施工安全有序进行，确保达到最终的纠倾加固效果。

　　（3）建议为保障纠倾施工的安全性，监测多种数据结果，相互印证比较分析，为设计施工人员的下一步措施提供可靠的信息依据。

## 参考文献

[1] 李今保. 计算机应变控制梁柱托换方法在某高层置换混凝土加固工程中的应用 [J]. 工业建筑，2008（09）：107-111.

[2] 李今保，赵启明，邱洪兴，等. 大吨位锚杆静压桩在高层建筑基础加固中的应用 [A]. 第十届建构筑物改造和病害处理学术研讨会，第五届工程质量学术会议论文集 [C]. 2014：190-194.

[3] JOHN BURLAND. The stabilization of the learning tower of pisa[J]. Journal of Architectural Conservation，2013，7（5）：139-158.

[4] 李今保，邱洪兴，赵启明，等. 某工程整体抬升后加固方案优化研究 [J]. 施工技术，2015，44（16）：31-34.

[5] 李今保，胡亮亮. 某多层综合楼抬升纠倾技术 [J]. 建筑技术，2010，41（09）：803-807.

[6] 李今保，李碧卿，姜涛，等. 地下室上浮的建筑物倾斜纠倾技术 [J]. 建筑技术，2015，46（10）：904-908.

[7] 单单. 建筑物水平掏土纠倾的三维数值分析研究 [D]. 济南：山东建筑大学，2016.

[8] 李延涛，王建厂，梁玉国. 某高层筏板基础纠倾迫降的设计与施工 [J]. 工程质量，2015，33（04）：79-82.

[9] 贾媛媛，付素娟，崔少华，等. 综合纠倾法在高层建筑物纠倾中的应用 [J]. 华北地震科学，2017，35（S1）：10-14.

[10] 王桢. 锚索技术用于建筑物可控精确纠倾 [J]. 施工技术，2011，40（S），24-27.

[11] 程晓伟，王桢，张小兵. 某高层住宅楼倾斜原因及纠倾加固技术研究 [J]. 岩土工程学报，2012，34（04）：756-761.

[12] 张小兵. 高层建筑物纠倾工程中的监测与控制技术研究 [D]. 北京：中国铁道科学研究院，2009.

[13] 中华人民共和国住房和城乡建设部. 建筑地基基础设计规范：GB 50007—2002[S]. 北京：中国建筑工业出版社，2002.

[14] 杨凡. 建筑物掏土纠倾的三维模型分析与应用研究 [D]. 济南：山东建筑大学，2015.

[15] 张三福，邓正定. 动态监测系统在高层建筑纠偏中的应用 [J]. 甘肃科技，2016，32（08）：109-111，4.

# 既有建筑地下增层改造技术及工程案例

## 李 湛 李钦锐

1. 建筑安全与环境国家重点实验室 北京 100013

2. 中国建筑科学研究院有限公司地基基础研究所 北京 100013

3. 北京市地基基础与地下空间开发利用工程技术研究中心 北京 100013

**摘 要:** 既有建筑地下增层改造, 是为了满足既有建筑增加使用面积、改善使用功能, 在保留既有地上建筑的情况下, 采用结构及岩土工程技术, 在既有建筑地下增加使用空间的既有建筑加固改造技术。针对工程实践中较为成熟的既有建筑地下增层方式, 介绍了实现既有建筑地下增层的结构与岩土工程方案、地基基础与上部结构荷载托换技术、地下增层关键技术问题等。结合典型工程案例, 介绍了地下增层的实施方案及荷载托换技术。最后, 对既有建筑地下增层需要深入研究的一些问题进行了展望。

**关键词:** 既有建筑; 地下增层; 荷载托换; 地基基础加固

随着我国经济的发展、人口的增长、城市化进程的加快, 城市建设用地紧张的矛盾日益突出, 通过对既有建筑进行增层改造, 增加既有建筑使用面积、改善既有建筑使用功能, 对缓解日益增加的城市建设用地紧张矛盾、建设节约型城市具有重要的社会经济价值。既有建筑的增层改造可分为直接增层、外套增层、室内增层、地下增层等[1-2], 当不能在地上增层时, 可在既有建筑地下增加使用空间, 或对既有地下结构进行改建、扩建等, 实现既有建筑增加使用面积、改善使用功能。既有建筑地下增层改造, 是为了满足既有建筑增加使用面积、改善使用功能, 在保留既有地上建筑的情况下, 采用结构及岩土工程技术, 在既有建筑地下增加使用空间的既有建筑加固改造技术。

近年来, 随着大量既有建筑地下增层工程的实施, 地下增层的基础理论及工程技术研究得到了很大的发展。针对工程实践中较为成熟的既有建筑地下增层方式, 介绍了实现既有建筑地下增层的结构与岩土工程方案、地基基础与上部结构荷载托换技术、地下增层关键技术问题等。结合典型工程案例, 介绍了地下增层的实施方案及荷载托换技术。最后, 对既有建筑地下增层需要深入研究的一些问题进行了展望。

## 1 地下增层形式及荷载托换技术

### 1.1 地下增层形式

既有建筑地下增层, 包括竖向延伸式地下增层、水平扩展式地下增层、混合式地下增层、平移式地下增层等几种形式, 如图1所示。前3种地下增层形式属于原位地下增层方式。

(1) 竖向延伸式。指沿竖向在既有建筑下进行地下增层, 如图1(a)所示。具体又包括新增地下室、增加地下室层高、增加地下室层数等不同形式。根据新增地下结构面积与首层或上层地下结构面积的不同, 又可分为局部地下增层和整体地下增层。

(2) 水平扩展式。指在原地下室外部, 通过向外扩展来增加地下室, 如图1(b)所示。当既有建筑无地下室时, 也可在既有基础外新建地下室。新建地下结构的外部通道可以设在既有建筑外部, 或在既有建筑内部增加联络通道。水平扩展式新建地下室结构的基础埋深可以大于、等于或小于既有地下室的基础埋深。新建地下结构基础埋深小于、等于既有基础埋深时, 实施地下增层相对较为简单, 一般不涉及对既有地基基础与上部结构荷载的托换。

(3) 混合式。指将竖向延伸式和水平扩展式两种形式综合运用的地下增层形式, 如图1(c)所示。

---

基金项目: 住房城乡建设部科学计划项目, 既有建筑地下空间拓展与加固改造关键技术, 编号2020-k-151。

作者简介: 李湛, 博士, 研究员, 主要从事地基基础及既有建筑加固改造等方面的科研和生产工作。Email: Lz-xj@163.com。

（4）平移式。指将上部结构先移位到临时位置，待新建地下室施工完成，再将既有建筑移位到新建地下室上，完成既有建筑与新建地下室结构连接，实现地下增层，如图1（d）所示。平移式地下增层涉及结构及岩土工程技术主要为平移技术。

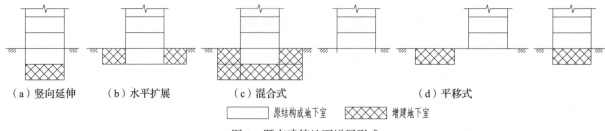

（a）竖向延伸　　（b）水平扩展　　　　（c）混合式　　　　　　　（d）平移式

▭ 原结构或地下室　▨ 增建地下室

图1　既有建筑地下增层形式

## 1.2　竖向延伸式地下增层及荷载托换技术

竖向延伸式地下增层，一般需要采用荷载托换技术对地基基础及上部结构荷载进行托换，土方开挖后将既有建筑承重构件向下延伸，实现既有建筑地下增层。也可采用在既有基础内部或既有地下室内部实现竖向延伸式地下增层。竖向延伸式地下增层，在工程实践中常用的结构和岩土工程方案及荷载托换方案，主要包括如图2所示的几种形式。

（1）地基基础侧向托换[3]，如图2（a）所示。在既有建筑基础内部对既有地基基础进行侧向托换，在侧向托换结构内侧实现土体开挖及地下增层。地基基础侧向托换方案，适用于既有建筑外部不具备施工条件，或对既有建筑外部环境有保护要求而不允许在既有建筑外部施工的情况等。

（2）临时性托换[4]，如图2（b）所示。采用桩－承台式托换结构，实现上部结构荷载的托换与传递，在土方开挖到基础底标高后，将上部结构承重构件向下延伸进行新建地下结构建设。临时托换适用于新建地下结构承重构件与既有建筑承重构件平面位置相同的情况，临时托换结构在新建地下结构施工完成、既有建筑上部结构荷载转移到新建地下结构上后，需要进行拆除施工。

（3）一类永久性托换[5]，如图2（c）所示。采用荷载转换梁或转换板，直接对上部结构承重构件进行托换，荷载转换结构可结合新建地下结构设计。适用于新建地下结构与上部结构承重结构平面布置不同情况，可以对新建地下结构实现更为灵活的平面及空间布置。

（4）二类永久性托换[6]，如图2（d）所示。采用桩－承台式托换结构，实现上部结构荷载的永久托换与传递，桩－承台式托换结构永久承载被托换既有建筑的荷载，地下增层完成后不再拆除托换结构。这种托换方案对新建地下结构空间有一定影响，但可避免托换结构的拆除与荷载二次转移对既有上部结构沉降与变形的影响。

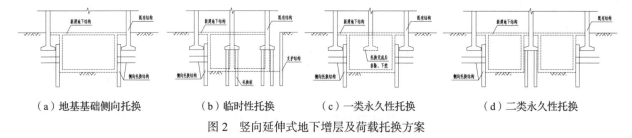

（a）地基基础侧向托换　　（b）临时性托换　　（c）一类永久性托换　　（d）二类永久性托换

图2　竖向延伸式地下增层及荷载托换方案

（5）局部地下增层。相对既有建筑平面，只在局部范围内进行地下增层，对地下增层范围内的承重构件，可以采用前述（2）~（4）的荷载托换方案，局部增层范围之外，对既有地基基础可以采用地基基础侧向托换或隔离技术进行基坑开挖时对既有地基基础的保护。

实际工程中，由于上部结构、地基基础、新建地下结构形式等的不同，可以分别采用上述荷载托换方案或其组合形式进行地基基础及上部结构荷载托换。

## 1.3　水平扩展式地下增层及荷载托换技术

水平扩展式地下增层[5-7]，一般需要采用荷载托换技术对既有建筑地基基础或上部结构荷载进行托换，在既有建筑外部对既有地下结构进行扩展，实现水平扩展式地下增层。水平扩展式地下增层，工程实践中常用的结构及岩土方案、荷载托换方案包括如图 3 所示的几种形式。

（1）地基基础侧向托换，如图 3（a）所示。采用地基基础侧向托换技术对既有地基基础荷载进行托换，在既有基础外新建地下结构，适用于新建地下结构外墙与既有地下室外墙之间具备地基基础侧向托换结构施工的情况。

（2）临时性托换，如图 3（b）所示。采用桩 – 承台式荷载托换结构，实现既有建筑结构荷载的临时托换与传递，新建地下室完成后，需部分或全部拆除托换结构。

（3）永久性托换，如图 3（c）所示。采用桩 – 承台式荷载托换结构，实现既有建筑荷载永久性托换。新建地下结构施工完成后，无须拆除荷载托换结构，可避免托换结构的拆除与荷载二次转移对既有上部结构沉降与变形的影响。

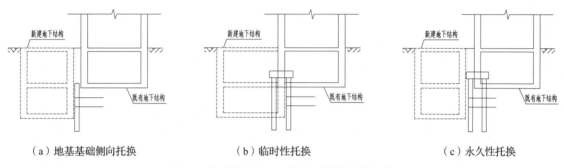

（a）地基基础侧向托换　　　　　　　（b）临时性托换　　　　　　　　（c）永久性托换

图 3　水平扩展式地下增层及荷载托换方案

实际工程中，针对不同的上部结构、地基基础、新建地下结构形式，可以分别采用上述荷载托换方案或其组合形式对既有地基基础与上部结构荷载进行托换。

## 2　地下增层关键技术问题

既有建筑地下增层，需要建立可靠的荷载托换结构及荷载传递体系，进行施工过程中既有结构及托换结构稳定性设计，严格控制地下增层过程中既有建筑的沉降与变形，对地下增层施工采取信息化施工等，确保地下增层施工过程中既有建筑的安全。

### 2.1　托换结构体系与荷载传递路径设计

托换结构体系选择需要综合考虑既有结构现状、结构及地基基础形式、地下增层的建筑及结构设计、结构与岩土施工条件、周边环境条件、经济性等各种因素。主要包括荷载托换结构体系设计及荷载传递路径设计。工程实践中，通常根据结构基础形式与新建地下结构形式结合既有建筑沉降与变形控制进行托换结构体系设计。

对于框架结构、框剪结构等，当基础为扩展基础、条形基础、筏板基础等形式时，可利用原基础经加固后作为托换承台，形成桩 – 承台式托换结构，托换桩一般采用小直径锚杆静压桩、钢管桩等微型桩[5-8]。这种托换结构体系设计的优点是荷载托换直接、荷载传递路径明确，缺点是托换桩施工、土方开挖及新建地下结构施工难度增加；也可在既有建筑外侧施工大桩径高承载力托换桩，结合荷载转换梁或转换板将上部结构荷载转换到建筑外侧的托换桩上，这种托换结构体系的优点是托换桩施工方便，土方开挖及新建地下结构施工受托换桩影响较小，新建地下结构可以根据建筑功能需求采用相对灵活的平面及竖向布置形式[9]。

对于砌体结构等，当基础类型为无筋扩展基础等形式时，一般采用夹墙梁、销键、托换桩等组成的托换结构体系对上部结构荷载进行托换，托换桩的布置可以分别采用分散布置、集中布置、分散结合集中布置等方式。研究表明，竖向托换构件采用"分散与集中相结合"的布置方式，有利于控制上部结构的变形和附加内力[10]；也可采用建筑外侧的大直径高承载力托换桩与转换梁或转换板组成的托换结构体系。

荷载托换结构体系设计决定了上部结构荷载的传递路径，既有建筑地下增层的实施过程，既是新建地下结构或既有地下结构的加固改造过程，也是既有上部结构、地基基础荷载托换结构及荷载传递路径的过程，托换结构体系设计应做到上部结构荷载的传递路径明确、荷载传递可靠。

## 2.2　既有结构与托换结构稳定性控制

既有建筑地下增层施工过程中，一般会涉及既有结构构件的拆除施工，会对既有结构稳定性造成一定的影响。可以通过在正负零以上位置设置临时支撑，来保持既有地下室梁、板拆除时既有建筑的稳定性，必要时需要对既有上部结构进行加固。也可通过新建地下结构构件的优化设计，尽量避免托换梁与原地下室梁在平面与竖向的位置重合或冲突，在新建托换梁施工完成后，再进行地下室梁的拆除施工[5]。

当托换桩桩型为微型桩时，在土体下挖后，托换桩－承台成为高桩承台结构，土体的不对称开挖、桩的压屈稳定、桩的承载力随土体开挖降低等因素，会对托换结构的稳定性造成影响，进而对既有上部结构内力及变形产生影响，此时需要考虑托换桩的稳定问题，必要时需设置临时支撑结构增加托换结构的稳定性。

板式托换地下增层与盖挖式地下增层是竖向延伸式地下增层的两种特殊形式，在托换结构体系设计的同时，兼顾了托换结构及上部结构的稳定性。板式基础托换法是利用拟建地下室的部分顶板和底板交替支撑既有建筑物完成开挖土方和施工地下室的方法。贾强[11]等对板式基础托换法开发既有建筑地下空间施工过程进行分析，阐述了梅花形、十字形、开敞式板式托换法的技术思路，提出了板下土体稳定性和沉降量的控制方法及板式托换法的构件设计方法；既有建筑盖挖法托换是利用既有地下室顶板作为天然盖板，在地下室内进行暗挖加层的施工方法。上海徐家汇地铁站换乘区采用盖挖法施工成功实现既有建筑地下增层改造[12]。

## 2.3　既有建筑沉降与变形控制

对地基基础加固或增加荷载的既有建筑，其地基最终变形量可按下式确定[2]：

$$s = s_0 + s_1 + s_2$$

式中，$s$ 为地基最终变形量（mm）；$s_0$ 为地基基础加固前或增加荷载前，已完成的地基变形量，可由沉降观测资料确定，或根据当地经验估算（mm）；$s_1$ 为地基基础加固或增加荷载后产生的地基变形量（mm）；$s_2$ 为原建筑物尚未完成的地基变形量（mm），可由沉降观测结果推算，或根据地方经验估算。当原建筑物基础沉降已稳定时，此值可取零。

按上式确定的地基基础最终变形量应满足既有建筑地基变形允许值的控制要求。

## 2.4　施工扰动变形控制

沉降稳定的既有建筑，地下增层及加固改造引起的既有建筑的附加变形，除了通过设计分析能够预测的变形，还包括结构及岩土施工工艺、施工工序等引起的不能准确预测的变形，这部分变形可能会占到既有建筑加固改造总变形的较大比例，既有建筑加固期间的地基变形还应分析并考虑这部分变形。佟建兴等[13]采用沉降趋势拟合曲线法，根据既有建筑加固全过程的信息监测数据中的沉降－时间曲线，对既有建筑加固过程中的施工扰动沉降和期间沉降进行预测。

为降低岩土工程施工引起的既有建筑附加沉降与变形，应采用对既有建筑地基影响小的施工工艺，减小岩土施工对既有建筑附加沉降的影响。土体开挖严格按照设计要求，均衡、对称、同步开挖，减小土体开挖引起的既有建筑的附加沉降。

## 2.5　沉降与变形主动控制

采用预应力钢筋混凝土技术可对既有建筑沉降进行主动控制。在蒙特利尔古教堂地下空间开发工程中[9]，采用既有建筑外侧施工的托换桩与预应力转换梁形成的托换结构体系。首先紧贴结构外围施工垂直方向的钢管混凝土桩，然后在水平方向设钢筋混凝土梁并预留预应力钢筋孔道，再在结构的纵横两个方向张拉预应力钢筋以承受各种工况下的上部结构重量，通过调节预应力值控制结构变形。

既有建筑荷载向托换桩传递时，由于托换桩承受竖向荷载后产生沉降，会引起上部结构产生附加沉降与变形。当既有建筑结构形式对附加沉降与变形较为敏感时，例如古建筑、砌体结构，或上部结构荷载较大时，宜采取主动托换形式，即通过在托换桩顶设置千斤顶，实现托换桩的预应力封桩，从而在荷载可靠传递的同时减小托换桩沉降引起的既有结构的附加沉降。

## 2.6　监测与信息化施工

　　既有建筑地下增层实施难度高,涉及结构、岩土、监测、施工控制等多方面技术的综合运用,因此必须做到信息化施工,根据实时监测数据,包括托换结构及既有建筑变形,必要时还包括构件应力及应变等,实施全面监控,及时对托换结构及既有建筑的状况进行分析、判断与评价,从而对施工控制的有效性及安全性得出全面的评价,必要时调整施工方案,甚至是设计方案的应对措施。

# 3　地下增层工程案例

## 3.1　竖向延伸式地下增层工程[3]

　　某建造于 20 世纪 20 年代的历史保护建筑,既有建筑地上两层,为框架、砌体组合结构,基础为钢筋混凝土条形基础。采用地基基础侧向托换技术在原基础内增建一层地下室,新建地下室基础埋深相对原基础埋深增加 0.45 ~ 1.4m,托换结构及新增地下室剖面图如图 4 所示。该项目通过增建一层地下室,增加了建筑使用面积,提升了建筑使用功能。

## 3.2　混合式地下增层工程[5]

　　某建造于 20 世纪 30 年代的历史保护建筑,地上 3 层,砌体、混凝土组合结构。地下 1 层,层高约 3m (净高约 1.8m),素混凝土条形(墙)基础。既有建筑地下结构平面图如图 5 所示。

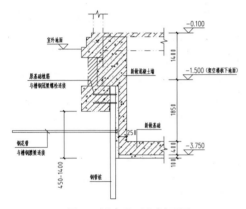

图 4　新建地下室剖面图

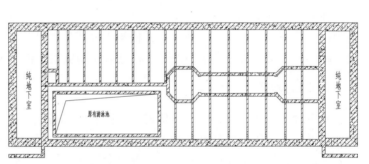

图 5　地下室结构平面图

　　改造后新建地下结构基础平面图和南北向(中轴部位)建筑剖面图分别如图 6、图 7 所示。

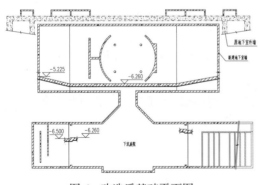

图 6　改造后基础平面图

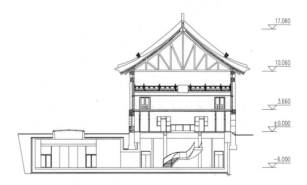

图 7　改造后南北向(中轴)建筑剖面图

　　为实现改造后地下室建筑功能需求,拆除了原地下室内部全部承重结构,在东侧和西侧新建两个大跨度地下功能空间。为满足层高使用要求,将地下室的层高从 3m 增加至 5.3 ~ 6.96m。在既有建筑南侧 5.05m 处新建纯地下结构,并与改造后的既有地下室之间建设联络通道。

　　采用一类永久性托换与地基基础侧向托换相结合荷载托换方案,实现既有地基基础及上部结构荷载的托换。首先施工侧向托换钢管桩,然后施工托换既有建筑首层内部承重构件的永久托换结构。待地下室内部承重墙拆除后,向下开挖土体,同步施工地基基础水平向托换构件,开挖至新建地下室基底标高后，完成永久托换结构以下新建地下结构的施工，如图 8 所示。既有建筑南侧通过水平扩展形成的新建纯地下结构及与改造后地下结构之间的联络通道同步施工。

### 3.3　水平扩展式地下增层工程[4-7]

北京某回字形建筑，周边 A-F 楼座原有 1 ~ 3 层地下室，中庭部分无地下室。该项目在中庭部位新建 1 层下沉广场，通过水平扩展方案增加地下结构平面图如图 9 所示。

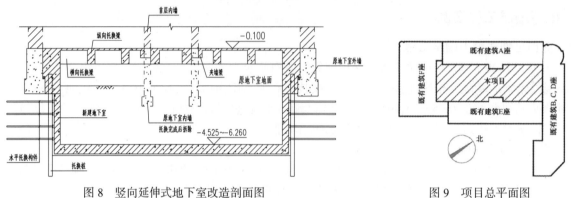

图 8　竖向延伸式地下室改造剖面图　　　　　　　图 9　项目总平面图

为了加快施工速度，减少对周边相邻商业建筑的影响，采用盖挖逆作法进行地下增层施工。即先施工新增地下结构的框架柱，框架柱兼作地下室结构施工完成前盖挖顶板的承载桩，做到桩柱合一。桩、柱分界面为基础底板，基础底板以下是桩，基础底板标高至桩端的长度为有效桩长。基础底板以上为柱，按框架柱设计。在地下室顶板施工完成后，开挖土方到基底进行新增筏板施工。在设计新建地下结构框架梁、板等水平构件时，将其兼作基坑支护桩的水平支撑。

## 4　结语与展望

地下增层工程，由于既有结构形式、既有基础形式及新增地下结构形式等的不用，可能出现不同的地下增层方案以及地基基础和上部结构荷载托换方案。地下增层理论研究及工程实践得到了很大的发展，但面对复杂工程建设需求，还有很多问题需要开展更加深入的研究。

（1）地下增层，特别是竖向延伸式地下增层，具有安全风险大、技术难度高等特点，涉及建筑、结构、施工、检测、监测等多学科、多专业技术的交叉与综合运用，需要系统化的理论体系与技术体系作为工程实践的指导。

（2）对地基—托换结构—既有上部结构的协同作用分析理论及工程技术进行系统的研究，实现地下增层施工全过程变形分析和变形控制。

（3）地下增层涉及多种形式的托换结构连接及转换节点设计，需对连接及转换节点的力学性能及荷载传递机理进行系统性、规律性的理论研究和试验研究。

（4）需要研究和开发高效、绿色、环保的特种作业施工设备和施工工艺，解决好地下增层工程中的托换桩施工、地下水控制和基坑支护等技术问题。

### 参考文献

[1] 滕延京，李湛，李钦锐，等.既有建筑地基基础改造加固技术 [M].北京：中国建筑工业出版社，2012.

[2] 中华人民共和国住房和城乡建设部.既有建筑地基基础加固技术规范：JGJ 123—2012[S].北京：中国建筑工业出版社，2013.

[3] 李湛，于虹，段启伟，等.某既有建筑地下室增加层高地基基础侧向托换加固工程 [J].建筑科学，2016，32（5）：9-13.

[4] 李钦锐，李湛，唐君，等.冲击旋喷钢管桩在既有建筑托换加固中的应用 [J].建筑科学，2021，37（增Ⅰ）：167-171.

[5] 李湛，滕延京，李钦锐，等.既有建筑加固工程的微型桩技术 [J].土木工程学报，2015，48（S2）：197-201.

[6] 邱仓虎，詹永勤，张玲，等.北京中山音乐堂整体基础托换与地下加层技术设计研究 [J].建筑结构，1999，29（12）：15-20.

[7] 李洪求，徐越，吴增良，等.逆作法在某既改下沉广场项目中的设计与应用 [J].建筑结构，2019，49（16）：59-62.

[8] 文颖文，胡明亮，韩顺有，等.既有建筑地下室增设中锚杆静压桩技术应用研究 [J].岩土工程学报，2015，35（S2）：224-229.

[9] 汤永净.蒙特利尔地下空间扩建中的古建筑保护技术 [J].地下空间与工程学报，2010，6（4）：672-676.

[10] 吴江斌，苏银君，王向军，等.既有建筑下地下空间开发中竖向托换设计及其对上部结构的影响分析 [J].建筑结构学报，2019，39（S1）：314-320.

[11] 贾强，张鑫.板式托换法在逆作法技术中的应用 [J].建筑结构，2006，36（11）：59-62.

[12] 杨磊.上海紧邻地铁车站的既有地下空间盖挖加层施工技术 [A].地下工程建设与环境和谐发展——第四届中国国际隧道工程研讨会文集 [C].上海：中国土木工程学会，2009，90-100.

[13] 佟建兴，孙训海，周圣斌，等.既有建筑复合桩基加固关键技术及工程应用研究 [R].建研地基基础工程有限责任公司，2020，52-90.

# 筏板基础高层建筑水平掏土纠倾实例研究

肖俊华[1,2]　王清朋[3]　孙伟杰[4]

1. 山东建筑大学土木工程学院　济南　250101
2. 山东建筑大学建筑结构加固与地下空间工程教育部重点实验室　济南　250101
3. 山东建大工程鉴定加固设计有限公司　济南　250014
4. 山东建固特种专业工程有限公司　济南　250014

**摘　要：** 建筑物纠倾是一项风险高、实践性强的技术，通过工程实例研究，分析建筑物产生倾斜的原因从而认识产生建筑物倾斜的主要因素，对纠倾方案进行评价验证纠倾的有效性，从而提高对掏土纠倾的认识，提升纠倾设计与施工水平。研究内容包括 4 个方面：（1）对采用筏板基础的 11 层建筑物进行检测，确定倾斜产生的时间；（2）采用规范方法和有限元方法对建筑物沉降进行分析，判定建筑物产生倾斜的原因为沉降过大及建筑物平面上的几何偏心引起；（3）根据倾斜原因对建筑物进行纠倾加固，采用水平掏土进行纠倾，采用微型桩对地基基础进行加固；施工期间的观测数据证明建筑物回倾平稳，验证纠倾方案有效合理；（4）对纠倾效果、孔间距、实际纠倾量与理论计算值进行评价，为筏板基础高层建筑水平掏土纠倾提供参考。

**关键词：** 水平掏土；纠倾；有限元；微型桩

近三十年来，随着我国土木工程的快速发展，建筑物倾斜问题时而出现。对于采用筏板基础的建筑物，采用水平掏土纠倾是最常用的方法[1-2]。江苏徐州某住宅楼地上 11 层地下 1 层如图 1 所示，钢筋混凝土剪力墙结构、筏板基础、基础位于深厚的第四系冲积层上。建筑物封顶后装修过程发现建筑物倾斜，通过检测发现其倾斜值已超出规范值，因而必须进行纠倾。本文通过该实例研究，得出建筑物产生倾斜的一些共性问题，以引起从业者的注意；并根据原因提出纠倾加固方案，通过对施工过程监测数据的分析，讨论作业沟开挖、降水等各因素对纠倾的贡献，最后对纠倾过程与效果、掏土孔间距、实际纠倾量与计算值的关系进行评价，为相似工程事故的处理提供参考。

## 1　建筑物地基基础条件

### 1.1　场地工程地质条件

拟建场地为河流相冲洪积地貌单元，原为农田，地势平坦，地面绝对标高为 34.14 ~ 34.85m。上部①层为耕土，②~④层为第四系全新统（$Q_4$）新近沉积土层；⑤层为第四系全新统（$Q_4$）一般沉积土；⑥层及以下土层为第四系晚更新统（$Q_3$）冲积形成的老黏性土及砂土。地下水为孔隙潜水，稳定水位 32.00m。场地主要土层参数如图 1 所示。

### 1.2　地基基础情况

建筑物为剪力墙结构，采用梁板式筏板基础，基底标高一般为 32.150m，位于第二层黏土层或三层粉土层。设计时采用的地基承载力特征值为 100kPa，其下一层淤泥质黏土层为软弱下卧层，承载力特征值为 80kPa。建筑物分为三个居住单元，筏板为整浇钢筋混凝土防水板，板厚为 450mm，筏板下做 100mm 厚 C15 素混凝土垫层，筏板四周外挑 700mm。基础平面图如图 2 所示。

建筑物封顶后在安装电梯的过程中，发现建筑物产生严重倾斜。为了清楚地说明整个事故过程与处理进程，各时间节点如下：

---

基金项目：国家自然科学基金重点项目（No.52038006）；山东建筑大学工程鉴定加固研究院有限公司校企联合横向课题（No. H19233z）

第一作者简介：肖俊华（1969），女，工学博士，副教授，主要从事建筑物纠倾与地基基础加固方面的研究工作。

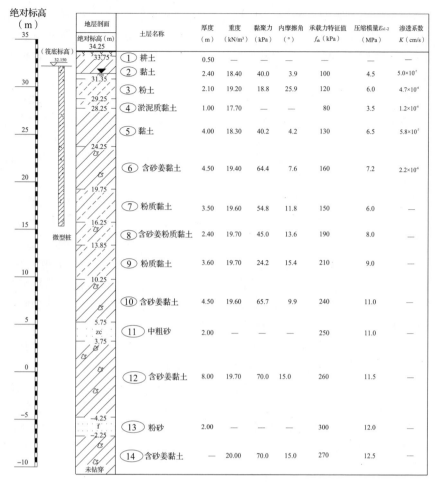

图1　地层剖面及土层参数表

| 绝对标高（m） | 地层剖面 绝对标高（m）34.25 | 土层名称 | 厚度（m） | 重度（kN/m³） | 黏聚力（kPa） | 内摩擦角（°） | 承载力特征值 $f_{ak}$（kPa） | 压缩模量 $E_{s1-2}$（MPa） | 渗透系数 $K$（cm/s） |
|---|---|---|---|---|---|---|---|---|---|
| | 33.75 | ① 耕土 | 0.50 | — | — | — | — | — | — |
| | 31.35 | ② 黏土 | 2.40 | 18.40 | 40.0 | 3.9 | 100 | 4.5 | $5.0×10^{-7}$ |
| | 29.25 28.25 | ③ 粉土 | 2.10 | 19.20 | 18.8 | 25.9 | 120 | 6.0 | $4.7×10^{-4}$ |
| | | ④ 淤泥质黏土 | 1.00 | 17.70 | | | 80 | 3.5 | $1.2×10^{-6}$ |
| | 24.25 | ⑤ 黏土 | 4.00 | 18.30 | 40.2 | 4.2 | 130 | 6.5 | $5.8×10^{-7}$ |
| | 19.75 | ⑥ 含砂姜黏土 | 4.50 | 19.40 | 64.4 | 7.6 | 160 | 7.2 | $2.2×10^{-6}$ |
| | 16.25 | ⑦ 粉质黏土 | 3.50 | 19.60 | 54.8 | 11.8 | 150 | 6.0 | — |
| | 13.85 | ⑧ 含砂姜粉质黏土 | 2.40 | 19.70 | 45.0 | 13.6 | 190 | 8.0 | — |
| | 10.25 | ⑨ 粉质黏土 | 3.60 | 19.70 | 24.2 | 15.4 | 210 | 9.0 | — |
| | 5.75 | ⑩ 含砂姜黏土 | 4.50 | 19.60 | 65.7 | 9.9 | 240 | 11.0 | — |
| | 3.75 | ⑪ 中粗砂 | 2.00 | | | | 250 | 11.0 | — |
| | -4.25 | ⑫ 含砂姜黏土 | 8.00 | 19.70 | 70.0 | 15.0 | 260 | 11.5 | — |
| | -2.25 | ⑬ 粉砂 | 2.00 | | | | 300 | 12.0 | — |
| | 未钻穿 | ⑭ 含砂姜黏土 | — | 20.00 | 70.0 | 15.0 | 270 | 12.5 | — |

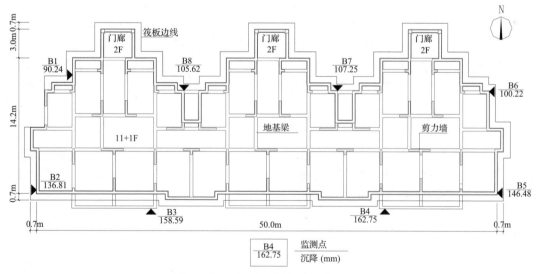

图2　基础平面布置图与监测点布置图

2011年5月建筑物开始施工；2011年12月建筑物封顶，随后进入装修阶段，发现倾斜迹象；2012年1月13日—2013年6月20日进行连续沉降观测，并于6月20日进行了全方位测斜检测；2013年2月28日—2013年11月20日进行水平掏土与地基加固施工。

## 2　建筑物倾斜检测与分析

当建筑物发生工程事故时，往往由于各方责任与利益纠纷，难以取得全部设计、施工与监测资料。对于该建筑物，当发现有倾斜迹象时，由于缺乏施工期间的沉降数据，难以确定倾斜是施工期间产生，还是工后其他原因引起。于是，在建筑物外墙距地面以上 0.5m 处布置 8 个观测点，对建筑物进行工后沉降观测，观测期为 2012 年 1 月 13 日至 2013 年 6 月 20 日。观测点的布置及该期间建筑物沉降量如图 2 中所示。

由图 2 可见，南侧各测点（即 B2、B3、B4、B5）的累计沉降量明显要大于北侧各测点（即 B1、B8、B7、B6），最大沉降 B4 点为 162.75mm，最小沉降 B1 点为 90.24mm，各点平均沉降量约为 126mm。南北两侧累计沉降量差值在 50mm 左右，测点之间的水平距离约为 12m，计算后南北方向的倾斜率增量约 4.2‰，已超过建筑地基基础设计规范规定的 3.0‰ 的限值。在东西方向上，西侧测点（B1、B2）的累计沉降量略大于东侧的测点（B5、B6），两侧相差 10mm 左右，东西两侧测点的水平距离约为 50m，以此推算，房屋由西向东的倾斜率增量约为 0.2‰，未超过规范限值。

该测量结果为主体完工后约 17 个月的沉降量，地基越软、越偏黏性土，施工速度越快，按照固结理论则工后沉降越大。在新加坡含漂石的黏土层上筏板基础工后沉降可达建筑物总沉降 25%～40%[3]；根据中国大量工程实践，统计数据表明，对于中压缩性土工后沉降占总沉降的 50%～80%[4-5]。该工程位于正常固结的深厚冲积层上，黏性土为主且工期约为 7 个月。对于该建筑物即使按工后沉降占总沉降的 50% 考虑，建筑物总沉降值必定超过建筑物地基基础设计规范规定的限值 200mm。

建筑物在施工过程中，一边建造一边调整修正其垂直度，这样一定程度上掩盖了建筑物倾斜的发展从而不易被察觉。为了证实建筑物施工期间已经产生沉降，同时为了纠倾施工前确定一个基准值，于是在 6 月 20 日对建筑物进行了全方位测斜检测，两种检测方式相互校验。

第一种方法是在电梯井利用垂吊法对建筑物进行测斜，得到三个单元的南北方向的平均倾斜值为 6.0‰。第二种方法是在第二层楼板板底进行测斜，板底南北方向的倾斜平均值为 5.9‰，与电梯井测斜结果相吻合。两种方法测得东西方向的倾斜可以忽略不计。由于工后沉降计算倾斜值 4.2‰ 为工后产生的，而电梯井的倾斜包括了建筑过程中和工后的倾斜值，因此可以判定，施工期间建筑物已产生倾斜，即使进行了垂直度调整纠正，施工期间倾斜值也已经达到了 1.8‰。

## 3 建筑物倾斜原因分析

### 3.1 规范法计算沉降

建筑物建造过程中即产生倾斜，周边无基坑开挖及降水影响，判定其最可能的原因就是沉降过大引起的不均匀沉降，因此对建筑物进行沉降再分析。首先按《建筑地基基础设计规范》（GB 50007—2011）方法计算总沉降量，土体参数按勘察报告提供的参数取值，如图 2 所示，采用下式计算：

$$s = \varphi_s \sum_{i=1}^{n} \frac{p_0}{E_{si}} \left( z_i \bar{\alpha}_i - z_{i-1} \bar{\alpha}_{i-1} \right) \tag{1}$$

建筑物荷载加上筏板质量在基底产生的压力为 190kPa，基础埋深约 3.0m，因此基底附加应力为 140kPa。建筑物不计门廊部分的面积，平面面积为 600m²。为方便计算将建筑物平面等效为矩形，建筑物宽度约为 50m，则建筑物等效宽度为 12m。

则计算压缩层厚度为：

$$z_n = b(2.5 - 0.4\ln b) = 12.0 \times (2.5 - 0.4 \times \ln 12.0) = 18.1 \, (m)$$

近似取至第 8 层底面，压缩层总厚度为 18.3m。将基础四分，$l/b=4.2$，不计基础筏板刚度，基础中心点下的沉降量列表计算见表 1。

表 1　等效矩形基础中心点的沉降量计算表

| 土层 | 厚度（m） | z | z/b | $\bar{\alpha}_i$ | $z_i\bar{\alpha}_i$ | $4(z_i\bar{\alpha}_i - z_{i-1}\bar{\alpha}_{i-1})$ | 压缩模量（MPa） | 压缩量（mm） |
|---|---|---|---|---|---|---|---|---|
| 2 黏土 | 0.8 | 0.8 | 0.13 | 0.2499 | 0.1999 | 0.7996 | 4.5 | 24.8 |
| 3 粉土 | 2.1 | 2.9 | 0.48 | 0.2473 | 0.7172 | 2.0692 | 6.0 | 48.4 |
| 4 淤泥质黏土 | 1.0 | 3.9 | 0.65 | 0.2444 | 0.9532 | 0.9440 | 3.5 | 37.6 |
| 5 黏土 | 4.0 | 7.9 | 1.32 | 0.2246 | 1.7743 | 3.2844 | 6.5 | 70.8 |

续表

| 土层 | 厚度（m） | $z$ | $z/b$ | $\bar{\alpha}_i$ | $z_i\bar{\alpha}_i$ | $4(z_i\bar{\alpha}_i - z_{i-1}\bar{\alpha}_{i-1})$ | 压缩模量（MPa） | 压缩量（mm） |
|---|---|---|---|---|---|---|---|---|
| 6 含砂姜黏土 | 4.5 | 12.4 | 2.07 | 0.1989 | 2.4664 | 0.6921 | 7.2 | 54.0 |
| 7 粉质黏土 | 3.5 | 15.9 | 2.65 | 0.1811 | 2.8795 | 2.7694 | 6.0 | 38.4 |
| 8 含砂姜粉质黏土 | 2.4 | 18.3 | 3.05 | 0.1702 | 3.1147 | 0.9408 | 8.0 | 16.4 |
| 总沉降量（mm） | | | | | | | | 290.4 |

注：计算压缩模量的当量值为 6.0MPa，经验系数近似取 1.0。

计算地基沉降量为 290.4mm，该值远大于规范规定的 200mm 的限值。建筑物主体结构完工后 17 个月的实测平均沉降值达 126mm，因此，最终沉降量达到该计算值是完全有可能的。实测和规范计算值都表明建筑物总沉降量偏大，这说明地基的安全储备偏低，若采用复合地基或减沉桩基可以有效地减小沉降。

## 3.2　有限元法计算沉降

建筑物均匀沉降一般不会给建筑物带来严重的问题，而不均匀沉降则问题严重。对于高层建筑来说除了造成电梯的安装与运行方面的问题外，继续发展会带来局部结构破坏甚至倾倒等严重后果。为了进一步探明不均匀沉降的原因，对地基沉降进行有限元计算。

建模是只取筏板和地基部分，均采用实体单元。荷载取 140kPa，为了反映上部结构刚度对筏板的影响，筏板弹性模量取 3 倍即 94.5GPa，地基土压缩模量根据经验取 10MPa。筏板沉降等值线图如图 3 所示。筏板中心最大沉降 297mm，筏板横向最大沉降差为 72mm，相当于倾斜值为 4.0‰。这种不均匀沉降主要是由于筏板形状不规则引起，北侧各单元间内凹，而门廊处外伸进一步扩散主楼的荷载，从而造成北侧地基土中附加应力小，因而北侧沉降偏小。

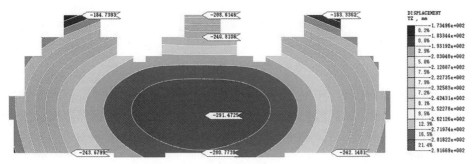

图 3　有限元计算筏板沉降等值线图

## 3.3　建筑物倾斜原因分析

根据规范计算结果，建筑物沉降为 290.4mm；根据有限元计算结果，沉降最大值为 291.5mm；封顶后 17 个月内（2012 年 1 月 13 日至 2013 年 6 月 20）平均沉降 126mm，南侧最大沉降 162.7mm。尽管沉降计算难以精确，但根据以上数据判定，建筑物沉降过大，总沉降量必定超过规范限定值 200mm。需要强调的是，建筑物不均匀沉降无法预测，通常通过控制总沉降量来控制不均匀沉降。

由于筏板呈向北的"山"字形，存在几何偏心现象；南侧荷载连续而北侧荷载不连续，造成地基中的附加应力不对称。尽管设计时建筑物重心与基础形心重合，但过大的沉降量会促使不均匀沉降发展，这一点应引起设计师的重视。从有限元计算结果看，建筑物南北侧出现明显的沉降差；从实测数据看，南北侧沉降差明显。因此，基础形状不规则是不均匀沉降的又一因素。

综上所述，建筑物不均匀沉降的原因为：总沉降量过大，超出规范限值；建筑物基础形状不规则，存在几何偏心。

## 4　纠倾加固设计方案

由于加固工程受施工空间的限制，微型桩是最常采用的加固方式[6]。为保证工程的正常使用与后期的安全，对该工程进行纠倾同时进行加固设计，通过北侧掏土实现建筑物的回倾，后期补桩大大消除工后沉降，保障建筑物使用期的安全。

建筑物掏土设计施工图如图 4 所示，掏土施工前先在南侧施打部分微型桩止沉，然后建筑物北侧开挖作业沟进行掏土。建筑物筏板宽度 15.6m，计入 $F$ 轴北侧筏板总宽 18.6m（$F$ 轴以北部分建筑设计地面只有 2 层）。采用两种掏土孔长度，有效长度分别为 13.3m 和 11.1m，长孔 50 个短孔 26 个，后因回倾难以达到设定值，增设 12.3m 的掏土孔 20 个，全部掏土孔总数为 96 个。掏土时对称均匀施工，先短后长。掏土孔间距 300 ～ 750mm，掏土孔直径为 110mm。根据建筑物现状总掏土宽度为 52.80m，计算平均掏土孔间距为 550mm，相当于 5 倍的孔径。

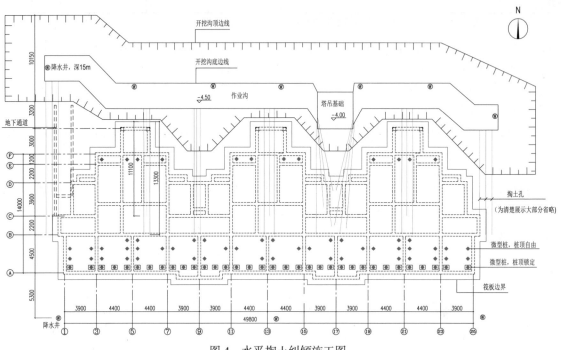

图 4　水平掏土纠倾施工图

掏土完成后采用微型桩加固。共布置 188 根微型桩，桩的布置如图 5 所示。微型桩为锚杆静压桩，桩长 15m，每节长 1.5m，桩截面 250mm×250mm，C30 混凝土，角钢焊接接桩，桩顶入基础板 50 ～ 100m，共 188 根。锚杆静压桩单桩竖向承载力的特征值为 300kN，桩端进入 8 层含砂姜粉质黏土中，以压桩力 450kN 控制压桩。

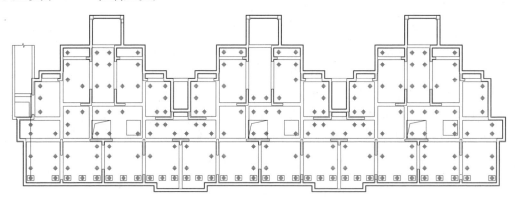

图 5　微型桩布置图

建筑物平面面积为 600m²，按基底荷载 190kPa 计算，则建筑物总荷载为 11400kN；微型桩总承载力为 300kN×188＝56400kN，约占荷载的 49.5%。主体施工期间和工后一段时间内，建筑物已完成大部分沉降，可以认为，加固后建筑物地基的安全储备能够满足使用阶段的要求。

## 5　纠倾加固效果与评价

### 5.1　纠倾过程分析

现场施工分为三个阶段，即准备阶段、掏土纠倾阶段及地基加固阶段。施工过程中在建筑物上布置了 19 个监测点，对建筑物进行了严密的沉降观测，从而监测建筑物回倾情况，动态调整施工。整个纠倾过程中，建筑物表现出比较大的刚度，整体均匀回倾。代表性监测点的时间 – 沉降曲线如图 6 所示，现对建筑物回倾过程进行分析。

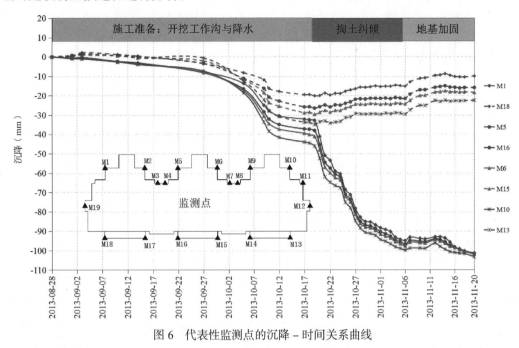

图 6　代表性监测点的沉降 – 时间关系曲线

（1）施工准备阶段：2013 年 8 月 28 日至 10 月 18 日，在筏板南侧打微型桩阻沉，同时管井降水，开挖工作沟。建筑物南侧因压桩效应轻微隆起，而北侧因开挖工作沟而开始缓慢下沉。10 月 6 日，工作沟内的管井开始降水，10 月 8 日建筑南侧的管井开始排水。降水使建筑物的沉降继续发展，起初速率较大，至 10 月 10 日渗流达到稳定状态，建筑物沉降速率变缓且保持均匀下沉。

（2）掏土纠倾阶段：2013 年 10 月 19 日至 11 月 3 日，在建筑物北侧对称均匀分批掏土，先短孔掏土，后长孔掏土。在整个掏土过程中，建筑物北侧明显下沉，建筑物南侧则轻微隆起，呈现出沿固定轴回倾的特征。该阶段每个住宅单元的回倾幅度和回倾速率基本一致，表明施工控制精确，建筑物具有足够的刚度。

（3）地基加固阶段：自 2013 年 11 月 4 日至 11 月 20 日，停止抽水，对阻沉桩进行封桩即桩顶锁定于承台上，同时，压入微型桩进行地基加固，对水平掏土孔进行注浆，回填工作沟。当停止掏土时，剩余倾斜率为 1.0‰，该值是在纠倾前提出的纠倾剩余值，以防后续的地基加固扰动导致建筑物反倾。在这一阶段，初期建筑物呈现整体略微抬升，可能是由于压入大量预制桩导致孔隙水压力急剧上升导致；随后，建筑物北侧缓慢沉降，南侧略微隆起，表明建筑物回倾在持续发展，这是打桩后地基超孔隙水压力消散同时地基应力重分布导致地基土固结引起。至 2013 年 11 月 20 日监测结束，建筑物回倾呈收敛趋势。

## 5.2　纠倾设计与效果评价

（1）纠倾效果：在纠倾施工的三个阶段，每个阶段的施工都对建筑物的回倾具有贡献。以 M6 监测点为例，三个阶段的迫降值分别为 41.8mm、55.91mm 和 4.26mm，占总迫降量的 40.99%、54.83% 和 4.18%。总体来说，该纠倾工程十分成功，各环节的控制完全达到了设计预期，建筑物由纠倾前 6.0‰ 回倾至纠倾后 0.5‰。

（2）该工程采用 110mm 的掏土孔，平均孔间距为 550mm，相当于 5 倍的孔径；而一般工程或有限元分析计算表明，孔间距为（2～4）倍孔径[7-8]，该工程孔间距偏大。较大的孔间距就取得了理想的纠倾效果，反映地基土偏软或者原地基安全储备偏低，这与沉降分析结果相吻合。

（3）一般认为掏土孔闭合是建筑物沉降的主要来源[9]。该工程在 52.8m 的长度范围内共布置了 96 个直径为 110mm 的掏土孔，理论上引起的沉降量为：

$$s = 96 \times \frac{\pi d^2}{4} / 52800 = 96 \times \frac{3.14 \times 110^2}{4} / 52800 = 17.27 \, (\text{mm})$$

以 M6 点为例，只考虑掏土阶段的沉降量，其值为 55.91mm，相当于理论沉降量的 3.2 倍；这反映了施工过程中降水、土体进一步固结、作业沟开挖等对建筑物沉降的持续影响。土体的这种敏感性与软弱性，即是建筑物产生不均匀沉降导致倾斜的原因，也是建筑物在掏土施工下快速回倾的原因，同时反映了纠倾后地基加固的必要性。

## 6 结论与建议

通过该工程实例分析，得到如下结论及建议：

（1）在未取得沉降监测数据的情况下，通过工后沉降和综合倾斜检测数据分析，判定建筑物在建造期间就产生的倾斜现象；这种检测方法对于问题建筑物的综合检测分析具有借鉴作用。

（2）通过规范法和有限元法进行沉降分析，确定建筑物产生倾斜的原因是沉降过大以及几何偏心，这两个方面应引起设计师的重视。要控制建筑物不均匀沉降必须控制总沉降量；建筑物质心与形心重合并不意味着建筑物沉降均匀，基础形状的不规则引起基底附加应力在地基土中扩散不均匀不对称，对于高压缩性的地基土来说，极有可能造成建筑不均匀沉降，从而导致建筑物倾斜。

（3）根据建筑物产生倾斜的原因制定纠倾加固方案，采用水平掏土方法进行纠倾，采用微型桩对地基进行加固。监测数据表明纠倾过程控制平稳，纠倾效果完全达到预期；同时通过加固地基承载力安全储备得到提高，充分保证建筑后期的正常使用与安全。

（4）现场条件下，进行纠倾时在建筑物一侧开挖工作沟，纠倾过程中进行了降水，工作沟的开挖及降水都对纠倾有贡献，且这种贡献不可忽视。由此可以得到启示，进行纠倾设计时，考虑施工扰动对纠倾的贡献；另外，降水实际上是增加地基土中的附加应力，进行掏土纠倾时，也可以配合单边降水或筏板上单侧施加荷载的方式迫使建筑物回倾。

（5）对于该工程采用 5 倍孔径的孔间距进行纠倾，建筑物迫降纠倾效果明显；掏土阶段实际沉降量达到理论计算纠倾量的 3.2 倍；这表明地基土的安全储备偏低，这与建筑物沉降分析结果吻合。纠倾获得的这两个数据均为软土地区采用筏板基础的高层建筑纠倾提供参考依据。

### 参考文献

[1] 邓正定，张小兵，王珑. 水平掏土迫降纠倾法机理分析及计算方法 [J]. 土木工程与管理学报，2016（2）：116-120

[2] 张鑫，陈云娟，岳庆霞，等. 建筑物纠倾技术及其工程应用 [J]. 山东建筑大学学报，2016，31（6）：599-605.

[3] WONG I H, OOI I K, BROMS B B. Performance of raft foundations for high-rise buildings on the bouldery clay in singapore[J/OL]. Canadian Geotechnical Journal, 1996, 33（2）: 219-236. https://doi.org/10.1139/t96-002.

[4] 宫剑飞，石金龙，朱红波，等. 高层建筑下大面积整体筏板基础沉降原位测试分析 [J]. 岩土工程学报，2012，34（6）：1088-1093.

[5] ZHANG L, NG A M Y. Limiting tolerable settlement and angular distortion for building foundations[J/OL]// Geo-denver. 2007. https://doi.org/10.1061/40914（233）18.

[6] SUN J P, XIAO J H, WANG Q P. Settlement of composite foundation-A case history with reinforcement of steel pipe micro-pile[J/OL]// International Conference on Engineering and Technology Innovations（ICETI）. 2017. https://doi.org/10.26480/iceti.01.2017.109.112.

[7] 孙剑平，魏焕卫，邵广彪，等. 某住宅楼的加固纠偏设计施工监测效果分析 [J]. 四川建筑科学研究，2010：36（1）：91-93.

[8] 岳庆霞，徐伟娜，张鑫. 基于极限应变的建筑物纠倾方法模拟与工程应用 [J/OL]. 建筑结构学报，2020：1-9. https://doi.org/10.14006/j.jzjgxb.2020.0448

[9] OVANDO-SHELLEY E, SANTOYO E. Underexcavation for leveling buildings in mexico city: case of the metropolitan cathedral and the sagrario church[J/OL]. Journal of Architectural Engineering, 2001, 7（3）: 61-70. https://doi.org/10.1061/（ASCE）1076-0431（2001）7: 3（61）.

# 某地下室上浮开裂原因分析及加固改造技术研究

李　莹　王　恒　杨立华

山东建筑大学工程鉴定加固研究院有限公司　济南　250014

**摘　要：** 青岛乾豪国际广场在施工过程中地下室上浮开裂，基础筏板开裂透水、地下室框架梁、柱、板、剪力墙开裂、变形。通过对该工程地下室梁板柱剪力墙混凝土强度、钢筋配置、变形情况、裂缝状况、抗浮锚杆承载力、基地岩层状况等进行了检测鉴定，并分析了抗浮开裂的原因，进一步对基础及整体抗浮计算和上浮后上部结构各种工况下内力计算，做出基础抗浮加固和地下室结构加固设计，通过加固施工，达到良好的效果。

**关键词：** 地下室上浮；检测鉴定；抗浮锚杆承载力；加固设计

现阶段我国经济正在迅猛发展，城市用地日趋紧张，地下空间的充分利用越来越受到重视，多层地下室应用越来越广泛，地下室底部标高远低于常年地下水位，特别是沿河沿海地区，地下水的变化对建筑物的作用和影响较为明显。建筑物的抗浮措施尤其重要，既要满足整体抗浮和局部抗浮的要求，同时还必须考虑施工过程中及建成使用后的抗浮问题。

## 1　工程概况

青岛乾豪国际广场（青岛银座中心）位于青岛市市南区香港中路，由一栋超高层办公楼及多层商业裙楼（银座商场）两部分组成，如图 1 所示，总建筑面积约 13.56 万 $m^2$。超高层办公楼地下 3 层、地上 37 层，地上建筑总高度 155.30m；多层商业裙楼，地下 3 层，地上 6 层，地上建筑高度 31.5m。超高层办公楼采用框架 – 核心筒结构；商业裙楼采用框架 – 剪力墙结构，平面布置如图 2 所示。基础采用独立基础加防水底板。高层办公楼与商业裙房在地下连为整体，地上设置抗震缝。基础均落至岩石上，基底标高处均有各种岩性分布，抗浮锚杆深度范围内自上而下依次为糜棱岩及破碎岩、细晶岩、中粗粒花岗岩。

图 1　南立面图

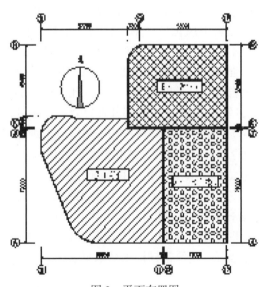

图 2　平面布置图

该项目主体结构施工至 ±0.000m 标高处时，由于地下室抗浮能力不足，地下室产生起拱、上浮

* 泉城产业领军人才支持计划创新团队（No.00692018017）。

作者简介：李莹，正高级工程师，E-mail：liying@sdjzu.edu.cn。

现象，据相关单位介绍，上浮最大处约 300mm，梁、板、柱、剪力墙均出现不同程度的开裂。施工单位发现问题后，立即采取在基础筏板钻孔，对地下水进行泄压，并在地下室外侧布设降水井，进行井点降水，采取降水措施后，地下室最大变形回落 1/2。为确保建筑物的安全，建设单位委托我院对该建筑物进行加固处理。

## 2　工程检测鉴定及原因分析

### 2.1　裂缝检测

受建设单位委托，我院技术人员前往现场进行检测，检测时发现地下室底板多处开裂，柱独立基础相对标高发生变动，最大高差达 148mm，相邻柱基最大高差 58mm；地下室梁柱开裂，如图 3 所示，开裂部位主要集中在柱上端、下端，下端较上端开裂严重，最大裂缝宽度 2.0mm，部分柱角混凝土压碎；柱开裂较严重的侧面，上端与下端裂缝多位于相对侧面；柱端部裂缝，一侧面为水平裂缝，相邻侧面为斜裂缝，部分柱下部存在明显的受拉区域及受压区域。框架梁开裂明显，梁端的开裂形式主要为竖向裂缝和斜裂缝，梁最大裂缝宽度 0.4mm，如图 4 所示。经过测量和比对，C 区中心区域上浮位移值最大，相应区域梁柱的破坏开裂情况也最为严重。地下 2 层及地下 1 层框架柱、梁的开裂情况相对较轻，开裂范围相对较小。楼板裂缝宽度较小，大部分小于 0.10mm。

图 3　地下 3 层柱开裂　　　　　　　　　　　　　图 4　地下 3 层梁柱开裂

### 2.2　工程施工现状鉴定

技术人员调阅了本项目的地质勘察报告，发现本项目地基分为两种情况，第一种为中粗粒花岗岩、结晶岩中风化带；第二种为中粗粒花岗岩、结晶岩、糜棱岩、碎裂岩强风化带。原抗浮设计针对两种不同的岩体采用两种长度不同的岩石锚杆，C 区底板设计水头 13.7m，中风化岩带锚杆长度为 2.5m，强风化岩带锚杆长度为 6m；B 区底板设计水头 15.9m，中风化岩带锚杆长度为 3.4m 长锚杆，强风化岩带锚杆长度为 7m；锚杆孔直径均为 150mm。技术人员调阅了施工过程中的"隐蔽工程验收记录"，发现 C 区及 B 区部分破碎岩区域锚杆按 2.5m 进行施工，锚杆施工长度达不到设计要求。

现场检测室发现 C 区中心中庭区域内观光电梯底坑的抗浮锚杆尚未施工，靠近中庭位置施工塔吊区域的抗浮锚杆也未施工。水位升高时，该区域局部抗浮承载力不足，成为地下室底板上浮时的起浮点。

原设计要求在地下室主体施工完成后，且室内回填土回填完毕后方可停止降水。而上浮事故前，地下室主体结构已施工完成，室内回填土尚未回填，室外降水井点已停止降水。

### 2.3　锚杆承载力检测

受现场条件限制，仅选取两根抗浮锚杆进行抗拔承载力试验，选取试验锚杆位于 C 区，均为 A 类抗浮锚杆，抗浮锚杆检测结果见表 1。

表 1　抗拔试验结果统计

| 锚杆序号 | 位置 | 设计抗拔承载力特征值（kN） | 设计抗拔承载力极限值（kN） | 抗拔试验承载力极限值（kN） | 备注 |
|---|---|---|---|---|---|
| 1 号 | 5～6-E～F | 260 | 520 | 338 | 锚固体系破坏，新增上拔力无法保持稳定 |
| 2 号 | 7～8-F～G | 260 | 520 | 492 | 锚固体系破坏，新增上拔力无法保持稳定 |

由表 1 可见：所测抗浮锚杆设计抗拔承载力极限值为 520kN，抗拔试验极限承载力分别为 338kN 和 492kN，未达到设计要求。

根据以上情况分析，该项目地下室上浮事故是由于抗浮锚杆长度达不到设计要求，使整体抗浮承载力下降、局部抗浮锚杆缺失而导致的局部抗浮失效，然后带动整个岩层发生破坏，随之发生整体抗浮失效。

## 3　基础及整体抗浮计算及加固设计

在降水井泄压的同时，采取新增抗浮锚杆的加固方式，抗浮锚杆深度加大，与已施工锚杆间隔布置，并在原有防水板顶新增钢筋混凝土板，与原有底板叠合受力，为抗浮锚杆提供端部锚固的同时抵抗水浮力。抗浮加固计算分析方面：（1）单根锚杆抗拔承载力特征值计算时，砂浆与岩石间黏结强度特征值取规范建议值和现场实测反推值中的较小值；（2）整体抗浮稳定性验算时，考虑上部主体自重（包括原底板）、新增底板自重、覆土自重及新增抗浮锚杆共同抵抗水浮力；（3）防水底板按照柱基为支座、锚杆抵消部分水浮力后的倒无梁楼盖进行有限元分析计算。

### 3.1　抗浮锚杆承载力计算

新增抗浮锚杆（图 5）成孔直径为 220mm，B 区及 A 区（A-B 轴、12-16 轴间，A-F 轴、16-17 轴间）抗浮锚杆钻孔深度自原防水板底不小于 7.0m，当中风化岩石芯样总长度小于 0.5m 时，原 7m 长抗浮锚杆需变更为 7.5m；C 区抗浮锚杆钻孔深度自原防水板底不小于 6.0m。锚杆主体为 3 根 $\phi$ 28 钢筋（HRB400）。

根据《建筑地基基础设计规范》（GB 50007—2011）8.6.3 计算，按照勘察报告提供的参数，砂浆与岩石间黏结强度特征值取为 120kPa（C 区 2.5m 长抗浮锚杆，孔径 150mm），现场实测极限值中小值为 338kN，反推砂浆与岩石间黏结强度特征值取为 143kPa，取 120kPa 计算满足），单根锚杆抗拔承载力特征值为 6m，长抗浮锚杆抗拔承载力特征值为 400kN，7m（按照 6.5m 强风化，0.5m 中风化计算）长抗浮锚杆抗拔承载力特征值为 527kN。

按照材料强度计算时，抗浮锚杆抗拔承载力特征值取计算较小值，6m 长抗浮锚杆抗拔承载力特征值取 400kN，7m 长抗浮锚杆抗拔承载力特征值取 490kN。

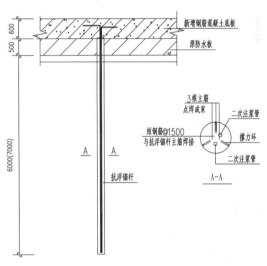

图 5　锚杆加固图

### 3.2　抗浮稳定性验算

抗浮稳定性验算时，考虑上部主体自重（包括原 500mm 厚底板）、新增 600mm 厚底板自重、覆土自重（按 0.4m 考虑）及新增抗浮锚杆抵抗水浮力。

（1）B 区抗浮稳定性验算：抗浮设计水位为 2.5m，该区域底面积约为 4580m²，其中区域一板底相对标高为 –16.2m（相当于绝对标高 –11.2m），抗浮水头为 13.7m，面积约 410m²；区域二板底相对标高为 –16.7m（相当于绝对标高 –11.7m），抗浮水头为 14.2m，面积约 190m²；区域三板底相对标高为 –17.3m（相当于绝对标高 –12.3m），抗浮水头为 14.8m，面积约 610m²；区域四板底相对标高为 –18.4m（相当于绝对标高 –13.4m），抗浮水头为 15.9m，面积约 3370m²，总水浮力为 709260kN。

板顶至地面高度内按照覆土重量计算，该区域覆土厚度不同，按照覆土 0.5m 区域 740m²，覆土 0.4m 区域 660m²，覆土 2.6m 区域 3180m²，承载力为 160236kN。原 500 厚底板、新增 600mm 厚承载力为 125950kN。

根据结构计算，上部结构（不包含底板自重，未考虑面层、填充墙荷载）恒荷载标准值为 381863kN。

B 区范围新增 7m 长抗浮锚杆共 421 根，6m 长抗浮锚杆共 29 根，提供的抗拔承载力合力为 217890kN。根据《建筑地基基础设计规范》（GB 50007—2011）5.4.3 计算抗浮稳定性，加固后抗浮稳定性满足规范要求。

（2）C区抗浮稳定性验算：抗浮设计水位为2.5m，板底相对标高为–16.2m（相当于绝对标高 –11.2m），抗浮水头为13.7m。

根据结构计算，上部结构（不包含底板自重，未考虑面层、填充墙荷载）恒荷载标准值为482843kN，该区域底面积约为5480m²。原500厚底板、新增600mm厚底板、0.4m覆土荷载为34.7kPa。

新增6m长抗浮锚杆共532根，提供的抗拔承载力合力为212800kN。根据《建筑地基基础设计规范》（GB 50007—2011）5.4.3计算抗浮稳定性，加固后抗浮稳定性满足规范要求。

（3）按照锚杆及周围岩体整体拔出验算

按照上部主体自重（包括原500mm厚底板）、新增600mm厚底板自重、覆土自重（按0.4m考虑）及抗浮锚杆深度范围内岩体自重（按照浮重度11kN/m³计算）抵抗水浮力。加固后抗浮稳定性均足规范要求。

### 3.3 抗浮底板计算

抗浮底板计算见表2。

**表2 抗浮底板计算**

| 类型 | | C区底板（原锚杆2.5m） | B区底板（高层北邻部分，原锚杆3.1m） | B区底板（北，原锚杆2.5m） |
|---|---|---|---|---|
| 设计水头（kN/m²） | | 137 | 159 | |
| 抵抗水浮力（kN/m²） | 新增锚杆 | 64.2（6m长，每个区格内增设13根） | 64.2（7m长，每个区格内增设13根） | 64.2（7m长，每个区格内增设13根） |
| | 原底板 + 新增底板（0.6m厚） | 27.5 | 27.5 | 27.5 |
| | 回填土 | 7.2 | 9 | 37.8 |
| 底板抵抗剩余的水浮力 | | 38 | 58 | 58 |

## 4 上浮后上部结构计算及加固设计

按不同荷载工况进行对比分析计算：（1）仅考虑结构构件自重情况下的现状工况；（2）后期增加装修面层、填充墙、活荷载后的工况；（3）进一步组合风荷载、地震作用的工况。

根据实测位移值对结构进行弹性状态下的内力分析，分析裂缝形态及裂缝宽度判断构件截面、钢筋损伤程度，以此为基础做构件开裂后内力重分布后的塑性分析。加固设计时将构件内部残余应力与后期增加荷载后的附加内力相叠加，对构件进行加固。结构建模图如图6所示。

图6 结构建模图

上浮造成框架柱产生不均匀沉降，相应位置的框架梁支座处负弯矩及剪力增大明显，加固设计计算时，认为结构上浮变形后、加固前的梁可承担现有的结构自重荷载，加固后构件承载力的提高幅值大于后期增加的内力值（由后加装修荷载、隔墙荷载、使用活荷载等产生），可保证结构安全。

多数损伤严重的框架梁端部采用外包型钢的加固方式，典型框架梁支座外包型钢抗弯加固计算见表3。

**表3 典型框架梁支座外包型钢加固计算表**

| 计算断面 | 截面尺寸（mm） | 加固后截面尺寸（mm） | 梁顶新增钢板面积（mm²） | 现有结构自重所产生的弯矩（kN·m） | 后期正常使用弯矩包络值（kN·m） | 后期增加荷载产生的弯矩（kN·m） | 原截面抗弯承载力（kN·m） | 抗弯承载力提高值（kN） | 抗弯承载力提升幅度（%） |
|---|---|---|---|---|---|---|---|---|---|
| 框架梁支座 | 500×800 | 500×800 | 4000 | 510 | 860 | 350 | 860 | 440 | 51 |

少数损伤严重的框架梁端部采用新增截面的加固方式，典型框架梁新增截面抗弯加固计算见表4。

**表4　典型框架梁支座新增截面加固计算表**

| 计算断面 | 截面尺寸<br>(mm) | 加固后截面尺寸<br>(mm) | 新增负弯矩钢筋 | 现有结构自重所产生的弯矩<br>(kN·m) | 后期正常使用弯矩包络值<br>(kN·m) | 后期增加荷载产生的弯矩<br>(kN·m) | 原截面抗弯承载力<br>(kN·m) | 抗弯承载力提高值<br>(kN) | 抗弯承载力提升幅度<br>(%) |
|---|---|---|---|---|---|---|---|---|---|
| 框架梁支座 | 500×800 | 900×800 | 6C22 | 480 | 805 | 325 | 822 | 416 | 50 |

　　对于损伤严重或残余内力较大的柱,采用四面加大截面的方式加固;对于损伤轻、残余内力小的柱,采用外包型钢方式加固,如图7所示。

　　框架梁主要为梁端受剪损伤和梁端附加弯矩,跨中内力不变化,分别按照钢-混组合构件和规范方法进行相应计算,根据分析结果对梁端部一定范围采用外包整钢板或型钢的方式进行加固,如图8、图9所示。受损构件加固前要求进行必要的裂缝处理。

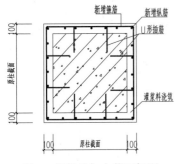

图7　框架柱加大截面加固

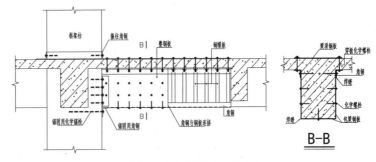

图8　框架梁外包钢加固

图9　框架梁加固实体

## 5　结语

　　随着地下室开挖深度的增加,地下室底部标高远低于常年地下水位,建筑物的抗浮设计和施工措施尤其重要,确定施工时停止降水的合理时间点,施工时严格遵守。通过对该工程地下室梁、板、柱、剪力墙混凝土强度、钢筋配置、变形情况、裂缝状况、抗浮锚杆承载力、基地岩层状况等进行了检测鉴定,并分析了地下室开裂变形的原因,进一步对基础及整体抗浮计算和上浮后上部结构各种工况下内力计算,做出基础抗浮加固和地下室结构加固设计,通过加固施工,达到良好的效果。

### 参考文献

[1] 中华人民共和国住房和城乡建设部. 建筑地基基础设计规范:GB 50007—2011[S]. 北京:中国建筑工业出版社, 2011.

[2] 中华人民共和国住房和城乡建设部. 混凝土结构加固设计规范:GB 50367—2013[S]. 北京:中国建筑工业出版社, 2013.

# 采用抬升基础法对某高层建筑物进行
# 纠倾加固的技术研究

李今保[1]　李碧卿[1]　李欣瞳[1]　姜　涛[1]　朱俊杰[1]　姜　帅[1]　马江杰[1]

张继文[2]　淳　庆[2]　穆保岗[2]　戴　军[2]　张　一[2]

1. 江苏东南特种技术工程有限公司　南京　210000
2. 东南大学　南京　210000

**摘　要：** 高层建筑物由于设计、施工不当或地质条件不良等原因造成地基基础不均匀沉降，而导致建筑物倾斜，出现极大的安全隐患。以青岛某住宅小区23层剪力墙结构高层建筑物为例，重点介绍了采用抬升基础法对高层建筑物进行纠倾加固的设计及施工。该方法不同于其他高层建筑物抬升纠倾方法，是通过新增大吨位锚杆静压钢管桩加大地基基础抗力从而阻止建筑物的进一步沉降，再以其作为支撑通过自锁式液压千斤顶将基础连同上部结构整体抬升，该方法实现了高层建筑物纠倾与地基基础加固同时完成，大幅度降低了纠倾加固工程成本，且凭借自主开发的动态检测控制系统可精确地保证抬升建筑物的纠倾精度及建筑物的结构安全。该方法将地基基础加固和建筑物纠倾工序合二为一。与其他方法相比，该方法对高层及超高层建筑物在纠倾加固施工过程中的结构安全更宜得到保证，能大幅度地降低工程造价，可更准确地保证建筑物的纠倾精度，为今后类似的工程纠倾加固提供一种安全、经济、可靠的高层建筑物纠倾加固方法。

**关键词：** 不均匀沉降；抬升基础法；锚杆静压钢管桩；高层建筑物；纠倾加固

近些年来，很多高层及超高层建筑物出现地基不均匀沉降的情况，对于湿陷性黄土浸水、地震、建筑物周边情况变化、勘察设计和施工等各个因素都可能造成高层建筑物的不均匀沉降。而不均匀沉降引起的结构裂缝所造成的危害，轻则影响建筑物的美观，重则导致墙体渗水和漏风，影响建筑物的使用功能，造成使用者心理上的不安；更严重的会引起建筑物倒塌，出现人员伤亡和财产损失。

处理高层及超高层建筑物不均匀沉降的核心思路应是以预防为主，在建筑物建设前做到地勘资料真实完整、地基处理方案合理、合理设计建筑的外形和结构。对于已经发生的不均匀沉降，导致建筑物倾斜后，往往纠倾难度很大，处理费用较高，但纠倾相对于拆除后重建具有良好的经济性，符合节约型社会的要求。目前，处理的方法大体上可以归纳为顶升法[1-5]、迫降法[6-7]以及综合法[8]三种。根据实际情况本工程采用抬升基础法进行纠倾加固，该方法实现了高层建筑物纠倾与地基基础加固同时完成，大幅度降低了纠倾加固工程成本。与其他方法相比，该方法对高层及超高层建筑物在纠倾加固施工过程中的结构安全更宜得到保证，能大幅度地降低工程造价，可更准确地保证建筑物的纠倾精度，是一种安全、经济、可靠的高层建筑物纠倾加固方法。

## 1　工程概况

某住宅小区位于山东省青岛市，其中11号楼地下1层，地上23层，外加机房层，建筑高度71.20m，结构形式为剪力墙结构，基础形式为桩筏基础，筏板厚900mm，筏板顶标高为-5.650m，基础持力层为全风化花岗岩，建筑±0.000标高相当于绝对高程8.100m。该建筑抗震设防烈度为7度（0.1g），设计地震分组为第3组。

对11号楼倾斜及沉降情况进行了测量，可以发现倾斜趋势为11号楼整体向南侧倾斜，最大倾斜率为5.16‰。地下室高差测量结果显示南侧沉降量相对北侧正负零参考点沉降量最大为108mm，地下室最大倾斜率为9.63‰，超过建筑整体倾斜允许值2.5‰的标准，具体情况如图1所示。且由于该区域沉降未稳定，南北两侧沉降量差距在继续增大。

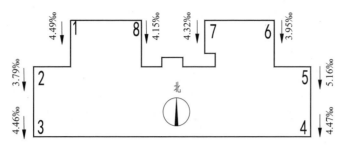

图 1　观测点及倾斜情况

根据钻探资料，场地勘察深度范围内地层结构简单，层序清晰。第（1）层素填土：呈黄褐色、灰褐色，以砂土、粉土、黏性土为主，局部含有较多碎石、块石，该层强度低，成分不均匀，密实度差，不考虑地基承载力；第（2）层淤泥质粉质黏土：灰褐色、灰黑色，主要以淤泥质粉质黏土为主，局部含有少量淤泥质粉细砂，干强度低，地基承载力特征值 $f_{ak}=80kPa$，变形模量 $E_0=6MPa$；第（3）层中粗砂：黄褐色、灰褐色，主要由石英、长石组成，颗粒级配一般，地基承载力特征值 $f_{ak}=120kPa$，变形模量 $E_0=8MPa$；第（4）层全风化花岗岩：黄褐色、灰绿色，主要矿物为斜长石、钾长石、角闪石、石英，花岗结构、块状构造，组织结构已基本破坏，矿物蚀变强烈，地基承载力特征值 $f_{ak}=350kPa$；变形模量 $E_0=25MPa$。第（5）层强风化花岗岩：黄褐色、肉红色、灰绿色，主要矿物成分为斜长石、钾长石、角闪石、石英，易击碎，进水后手可掰开，矿物成分发生显著变化，组织结构大部分破坏，地基承载力特征值 $f_{ak}=500kPa$；变形模量 $E_0=40MPa$。

## 2　原因分析

该工程产生不均匀沉降的原因是多方面的，主要包括：（1）通过对原场地进行二次地质勘探发现，初次勘探时数据有偏差，建议的地基承载力特征值高于实际地基承载力特征值，见表 1；（2）从地勘报告得知，第 2、3 层土质条件差，强度较低，上部荷载和筏板荷载大，地基土应力较大，故易引起明显的整体沉降。另外建筑物地基土层厚度分布不均匀，易使上部荷载作用下导致建筑物南北向沉降不一致；（3）基础设计方面存在缺陷，原设计方案中将全风化花岗岩层作为持力层，但是实际工程中持力层落在了含黏性土的中粗砂土层上。

表 1　两次勘探土层参数对比

| 土层代号 | 岩土名称 | 初次勘探，$f_{ak}$（kPa） | 二次勘探，$f_{ak}$（kPa） |
|---|---|---|---|
| 1 | 素填土 | — | — |
| 2 | 淤泥质粉质黏土 | 180 | 80 |
| 3 | 含黏性土中粗砂 | 200 | 120 |
| 4 | 全风化花岗岩 | 350 | 350 |
| 5 | 强风化花岗岩 | 1000 | 500 |

## 3　有限元分析

通过 YJK 有限元计算模型考虑 1.0 恒荷载、1.0 活荷载和基础自重等情况后总承载力为 184799.4kN。

本次地基加固方案拟采用静压钢管桩，为上部结构提供抗力，同时利用新增锚杆静压钢管桩对建筑物进行抬升纠偏。在当前上部结构荷载作用下，地基沉降仍未达到稳定状态。根据相关规范，原筏板基础承担荷载按设计荷载的 50% 进行加固设计，主要数据见表 2。

表 2　沉降加固设计结果汇总表

| 总荷载（kN） | 原设计抗力（kN） | 既有筏板基础可提供抗力（kN） | 新增钢管桩承载力特征值（kN） | 补桩数量（根） | 新增钢管桩可提供抗力（kN） | 加固后总抗力（kN） |
|---|---|---|---|---|---|---|
| 184799.4 | 177450 | 88725 | 1300 | 80 | 104000 | 192725 |

新增静压钢管桩实际补桩数量根据计算结果最终确定为 80 根，单桩承载力特征值取 $R_a$=1300kN，新增总承载力 104000kN。加固后总抗力为 192725kN，大于原设计总荷载 184799.4kN，实现控制建筑物不均匀沉降的目的。

在纠偏阶段，需要以新增的静压钢管桩为支撑，利用千斤顶对上部结构进行纠倾。纠倾过程中原有地基基础不能提供承载力，承载力完全由新增静压钢管桩提供，原建筑物上部结构总承载力为 184799.4kN，新增桩数为 80 根，单桩承载力特征值需达到 2309.99kN，承载力特征值采用 1.3 倍的安全系数，故单桩承载力特征值在本设计方案中取 3000kN，大于 $R_a$ 为 1300kN 时，最终确定单桩承载力特征值为 3000kN。

将新增静压钢管桩加入原有模型进行验算，以沉降位移为例，如图 2 所示。由图 2 可知，建筑物总体位移在 2～5mm 范围内，且各部位沉降均匀，满足设计要求。另外参考了相关规范对锚杆抗拔承载力、锚杆区冲切、筏板抗冲切、钢管桩桩身强度和钢管桩受压承载力进行验算，均满足要求。

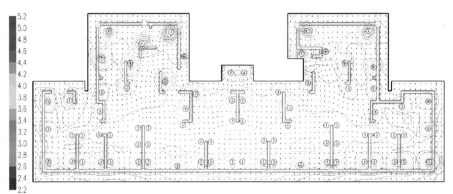

图 2　加固后建筑物整体沉降图

## 4　抬升基础法纠倾加固技术研究

目前，建筑物纠倾的方法主要是迫降纠倾和顶升纠倾。其中，迫降纠倾法对于纠倾操作要求高，沉降量及纠倾速率不易控制，容易导致二次不均匀沉降；而顶升纠倾法在纠倾过程中需要对结构进行分离，会对建筑上部结构造成二次损伤，由于高层建筑自重较大，所以顶升反力的措施费较高。因此，针对高层建筑的结构特点，需要开发出适用于高层建筑桩基础加固纠倾的新技术，具有重要的工程价值和经济与社会效益。

根据地质勘探报告、沉降及倾斜数据，针对本工程现状，采用新增锚杆静压管桩的方法进行基础加固，增大桩筏基础承载力和控制沉降；通过抬升法对基础进行纠倾从而使建筑物的倾斜得到纠正，最终使建筑物的沉降速率及倾斜率满足规范要求。同时在基础加固及纠倾过程中，采用实时监控系统对建筑物沉降及倾斜、应力、应变等数据进行实时监测，指导基础加固及纠倾的施工工作。采用抬升基础法进行高层建筑物纠倾加固，可有效解决截墙顶升纠倾中的几个问题：（1）高层建筑物剪力墙截断后，严重地影响结构的稳定性；（2）剪力墙截断在同一截面，不满足施工规范要求；（3）纠倾完成后，恢复工程工作量大，费用高；（4）施工工期长，施工难度大。而采用抬升基础法纠倾技术，可使地基基础加固和纠倾施工同时进行，大幅度地降低了工程造价并缩短了工期。

建筑物加固及纠倾工程总流程为：原有倾斜高层建筑的地下室底板结构为混凝土筏板→在倾斜高层建筑的筏板上开设静压锚杆加固桩孔→在开设的静压锚杆加固桩孔周围植入锚杆→在开设静压锚杆加固桩孔内压入锚杆桩→锚杆静压加固桩压桩完成后进行抬升纠倾→抬升纠倾完成→将筏板下的混凝土空隙注浆填实→完工验收。其具体步骤如下：

（1）止沉桩施工。根据设计要求，本工程共需增加 80 根锚杆静压钢管桩，在大楼南侧沉降较大处新增应急止沉锚杆静压钢管桩，其中止沉桩和锚杆植筋位置如图 3 所示。在压桩完成后采取临时封桩措施，使其与原有桩筏基础共同受力，控制沉降。在北侧及其他部位锚杆静压钢管桩施工完成后，利用锚杆桩进行抬升纠倾。

（2）对基础进行抬升纠倾。利用结构计算软件计算出每道剪力墙和柱的上部荷载，根据上部荷载值和千斤顶的工作荷载计算需要千斤顶的个数，计算出每个千斤顶的抬升量，利用钢管桩和反力架对上部结构进行抬升，如图 4 所示。抬升过程中根据我单位的纠偏工程实时监测系统，控制抬升速度及抬升量，直至建筑物的垂直度满足规范和合同要求。

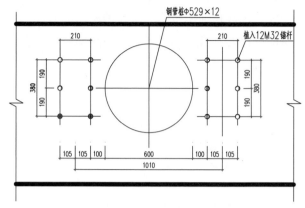

图 3　止沉桩和锚杆植筋示意图

图 4　抬升反力架

（3）基础底部填充。待本工程纠偏完成后，对抬升后基础底部的空隙灌注 KL—40 高强材料，并采用我单位的"动态适时监测系统"对本工程所有新增钢管桩的承载力进行力值调整，使每道剪力墙的应力与原设计值尽量吻合，最后进行永久封桩。

抬升基础法纠倾技术不同于其他高层建筑物抬升纠倾方法，是通过新增大吨位锚杆静压钢管桩，加大地基基础抗力，从而阻止建筑物进一步沉降的同时再以其作为支撑通过自锁式液压千斤顶将基础连同上部结构整体抬升，该方法实现了高层建筑物纠倾与地基基础加固同时完成，且凭借自主开发的动态检测控制系统可精确地保证抬升建筑物的纠倾精度及建筑物的结构安全。该方法将地基基础加固和建筑物纠倾工序合为一体，与其他方法相比，该方法在高层及超高层建筑物纠倾加固施工过程中的结构安全更宜得到保证，能大幅度地降低工程造价，可更准确地保证建筑物的纠倾精度，是一种安全、经济、可靠的高层建筑物纠倾加固方法。

## 5　监测技术

根据我单位委托东南大学开发的纠倾工程实时监测系统专项技术，在 11 号楼地基基础加固及纠倾施工全过程中，对建筑物沉降、倾斜、应力、应变等状态数据进行实时监测，并指导基础加固及纠倾的工作。

其中非常关键的是抬升点根据布置情况计算出抬升量，施工过程中需保证每一片墙上的抬升点的竖向位移与设计一致，防止结构因位移不均导致开裂、破坏。为保证各个点同步抬升，本工程采用计算机监测传感系统检测。监测传感系统在整个抬升系统中非常重要，是获得数据信息的主要来源。

监测传感系统主要是由光栅尺、信号放大器、传感线路及计算机组成，其中最重要的就是光栅尺，分辨率能达到 0.01mm。光栅尺的主要作用是监测抬升的相对位移，然后将测得的位移数据通过信号放大器的处理，把经过放大后的信号通过传感线路传送到计算机，由计算机进一步处理所收集到的数据信息。光栅尺的布设直接影响到监测的准确性，合理地布设光栅尺能客观地反映出整体的位移姿态。所以在划分控制区域时，要考虑到光栅尺的架设位置是否能客观地反映该控制区域的整体位移。当然，光栅尺架设时应保证它的垂直度，尽量减少人为造成的误差，保证光栅尺的精度。

## 6　结语

在进行高层及超高层建筑物纠倾加固设计时，如何确定既有桩的承载力取值，如何结合房屋的地质条件和沉降速率确定地基基础的加固量，以及在纠倾项目中大吨位减沉桩和桩基变刚度调平理论的应用，如何采用预封桩技术解决新、老桩的协同受力问题，如何结合原桩应力释放技术，改善或消除对房屋倾斜后导致的基础及上部结构局部应力集中效应，如何更有效地采用加固与纠倾一体化施工，如何应用预应力技术进行纠倾等，需进行大量进行分析、总结，特别是有关土力学的工程性质，土的微观和宏观流变性能的研究等，促进高层及超高层建筑物倾斜纠倾设计和施工能够更加客观、科学、经济的实施。

建筑纠偏加固设计方法很多，纠偏方案的选择要根据建筑结构本身的可靠性鉴定，同时结合结构本身的特点，综合考虑纠偏效果、经济效应和施工可行性。抬升基础法作为一种新型的纠偏方法，具有纠偏效果好、纠偏思路清晰、对主体结构扰动小、纠偏过程安全可控等优点。该纠倾加固方法有效地采用加固与纠倾一体化施工，取得了良好的效果。

## 参考文献

[1] 宋小峰，钱野，张强. 同步顶升法修复桥梁支座调平块实例分析 [J]. 工程质量，2021，39（12）：68-71.

[2] 李今保，邱洪兴，赵启明，等. 某工程整体抬升后加固方案优化研究 [J]. 施工技术，2015，44（16）：31-34.

[3] 李今保，胡亮亮. 某多层综合楼抬升纠倾技术 [J]. 建筑技术，2010，41（09）：803-807.

[4] 李今保，潘留顺，王瑞扣. 某小区住宅楼纠偏加固 [J]. 工业建筑，2004（11）：82-84.

[5] 戴占彪，周陆洋，刘司佳，等. 整体顶升法加固改造既有网架结构施工技术 [J]. 工程质量，2021，39（05）：9-13.

[6] 刘小红. 某住宅楼房陶土迫降法纠倾实例 [J]. 门窗，2015（07）：235-236.

[7] 李世宏，杜吉坤. 某高层建筑迫降法纠偏施工技术 [J]. 施工技术，2011，40（06）：52-54.

[8] 徐学燕，王兴宇，何新东，等. 砖混住宅楼纠倾加固综合技术 [J]. 建筑技术，2004（06）：435-436.

# 某湿陷性黄土地区工业建筑物纠倾加固技术研究

李碧卿　张龙珠　李欣瞳　朱俊杰　姜　涛　马江杰　李今保　姜　帅

江苏东南特种技术工程有限公司　南京　210000

**摘　要：** 为深入研究湿陷性黄土地区倾斜工业建筑物的纠倾加固技术，结合陕西延安能源化工公司卸储煤工程的纠倾加固案例的特殊性提出了"坑式静压桩止沉 + 截桩顶升纠倾"的组合纠倾方案，针对性地研究了该方案中所采取的关键技术以及纠倾加固施工过程中所使用的重要控制技术，制定了科学合理的施工方案。为确保建筑物在不停产的情况下安全平稳地回归正常使用状态，并满足国家相关验收规范和后续使用安全，采用有限元软件模拟验算，计算结果进一步证实了该组合纠倾方案的可行性和精度。在施工过程中，结合本公司依托东南大学开发的纠倾施工实时监测系统[1]全过程信息化监控施工，指导纠倾施工安全有序进行，确保达到最终的纠倾加固效果，为今后湿陷性黄土地区工业建筑物的纠倾加固设计提供了有价值的参考。

**关键词：** 工业建筑；纠倾加固；不均匀沉降；施工监测

为满足人们日益增长的物质需求，国内工业化进程也在不断加速推进，极大地促进了我国工业建筑施工技术的发展。但同时，随着工业建筑数量的增多，许多建筑物在使用期间发生不均匀沉降[2]，出现了倾斜现象，影响了建筑物后续的使用安全。故为充分利用现有的建筑设施，减小经济损失，使建筑物迅速达到正常使用状态，建筑物纠倾加固技术应运而生。鉴于其同时具备小规模施工、工期短、投入低等优点得到了工程师们越来越多的关注。

目前，按照纠倾工艺的不同，建筑物纠倾的方法大体上可以归纳为顶升法[3-5]、迫降法[6-7]以及综合法[8-10]三大类。考虑到不同工程项目的多样性及地质环境的复杂性，不同倾斜建筑物的纠倾加固方式也不完全一致。由于建筑物纠倾加固技术起步较晚，并且需要综合考虑的设计因素较多，至今尚未形成完整的理论体系，更多依托于已往的工程实际经验。因此，长期以来建筑物的纠倾加固都有很大的施工风险。本文结合某湿陷性黄土地区工业建筑物的纠倾加固工程实例，重点研讨了截桩顶升法在实际工程应用中需注意的关键技术，并根据实际工程环境确定了总体施工方案。同时，在施工过程中，结合本公司依托东南大学开发的纠倾施工实时监测系统全过程信息化监控[11]施工，保证倾斜建筑物平稳安全地回归正常使用状态，为今后类似工程的纠倾加固提供有价值的参考信息。

## 1　工程概况

该加固工程为延安能源化工公司煤油气资源综合利用项目的地基基础加固设计，其中共包括 6 号转运站、采样室、2 号细碎机室 3 栋建筑物，现仅针对该项目中典型建筑物（即 2 号细碎机室）的纠倾加固设计进行研究探讨。

该项目中 2 号细碎机室位于陕西省延安市富县境内，建筑用途为工业，结构形式为地上 5 层的钢筋混凝土框架结构，总建筑高度为 31.4m。桩基础采用钢筋混凝土灌注桩，桩径为 600mm，桩顶设计标高为 EL98.050m，桩长≥24.5m，单桩承载力特征值为 1500kN，桩端持力层为（5-1）强风化泥岩互层体，桩端进入该层长度≥0.8m；桩顶承台厚度为 1000mm，承台顶标高为 EL99.000m。建筑相对标高 EL100.000，相当于绝对标高 899.750m。

据勘察资料及后续补勘资料显示，场地地表以下 30.0m 范围内地层结构自上而下分别为混凝土地面、压实填土（黏性土）、压实填土（湿软黏性土）、黄土状土、粉质黏土、强风化砂泥岩互层体、中风化砂泥岩互层体。各土层相关的设计参数见表 1。

---

作者简介：李碧卿，本科学士学位，中级工程师。

表1　场地内各层岩土设计参数

| 土层代号 | 岩土名称 | 层厚（m） | 重度（$\gamma$）（kN/m³） | 地基承载力特征值（$f_{ak}$）(kPa) | 压缩模量（$E_{S1-2}$）(MPa) | 侧阻力特征值$q_{sia}$ (kPa) | 端阻力特征值$q_{pa}$ (kPa) |
|---|---|---|---|---|---|---|---|
| ① | 混凝土地面 | 0.3 | — | — | — | — | — |
| ② | 压实填土（黏性土） | 3.0～8.5 | 18.2 | 150 | 6.27 | −20 | — |
| ②-1 | 压实填土（湿软黏性土） | 6.4～12.1 | 18.0 | 130 | 3.78 | −20 | — |
| ③ | 黄土状土 | 1.7～3.1 | 18.8 | 150 | 5.05 | 35 | — |
| ④ | 粉质黏土 | 1.8～6.1 | 18.9 | 180 | 5.96 | 35 | — |
| ⑤-1 | 强风化砂泥岩互层体 | 2.0～2.5 | | 420 | | 50 | 800 |
| ⑤-2 | 中风化砂泥岩互层体 | 4.2～8.2 | | 1000 | 压缩性微小 | $f_{rk}=15MPa$ | |

注：据勘察报告显示，土层②压实填土（黏性土）、②-1 压实填土（黏性土）均属高等压缩性土，压缩模量平均值远低于设计要求，部分土样含自重湿陷性，侧阻力特征值为 −20kPa。同时，由于土层较厚，对灌注桩产生负摩阻作用较强，严重减弱实际桩基础的承载能力。

## 2　建筑沉降倾斜现状

该加固工程为延安能源化工公司煤油气资源综合利用项目的地基基础加固设计，其中共包括 6 号转运站、采样室、2 号细碎机室 3 栋建筑物，现仅针对该项目中典型建筑物（即 2 号细碎机室）的纠倾加固设计进行研究探讨（图 1）。

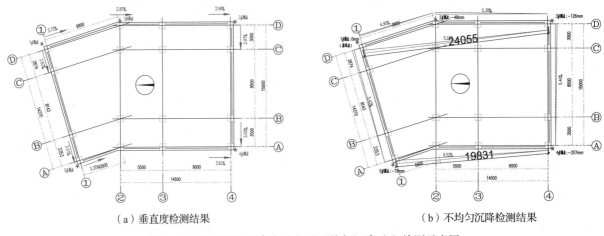

（a）垂直度检测结果　　　　　　　　　　（b）不均匀沉降检测结果

图 1　2 号细碎机室垂直度（a）及不均匀沉降（b）检测示意图

为确保本次纠倾加固设计后建筑物能安全平稳地回归正常使用状态，并满足国家相关验收规范和后续使用安全，对该建筑倾斜沉降情况进行数据采集，具体检测结果如下：

由检测数据对建筑物的倾斜沉降现状进行分析，该建筑总高度为 31.4m，依据《工业建筑可靠性鉴定标准》（GB 50144—2019）[12] 可得垂直度偏差最大限值为 2.22‰，而该建筑实际的最大垂直度偏差为 3.62‰，远超规范限值。根据《建筑地基基础设计规范》（GB 50007—2011）[13] 该建筑物倾斜率的最大限值为 4‰，而其基层最大沉降差为 129mm，最大倾斜率为 6.25‰，远超规范限值。最终确定以保证上部结构水平方向沉降差以及上部结构的垂直度满足现行规范要求为目的调整整体差异沉降，以最大倾斜率 4‰ 为调整整体差异沉降的设计目的。

## 3　纠倾加固方案研究及有限元计算分析

### 3.1　纠倾加固方案

考虑到建筑物在纠倾加固过程中不停产不停工，且距主体结构完工近四年后沉降仍未出现收敛趋势，为保证建筑物安全平稳地回归正常使用状态，并满足国家相关验收规范和后续使用安全，必须对其基础进行纠倾加固处理。为保持上部结构的整体性，满足业主单位反馈的设计要求，同时由于实际工程所给的施工时间较短，综合比较多种纠倾方式后，决定了坑式静压钢管桩止沉＋截桩顶升纠倾的加固方案。

### 3.1.1　止沉方案

根据目前 2 号细碎机室沉降、倾斜数据及工程地质条件，针对建筑物沉降不稳定的现状，对该建筑物采用新增坑式静压钢管桩的方法进行基础加固，减小原桩基基础的应力，同时为上部结构提供抗力。通过新增钢管桩与原桩基基础的共同作用，增大桩基承载力，控制建筑物沉降。

通过开挖导坑和操作坑的方式利用原承台基础作为压桩平台，控制加固施工成本，减小投入。增设的坑式静压钢管桩桩长 21m，单桩承载力特征值为 900kN，钢管桩进入第 5-2 层中等风化砂泥岩互层体 0.8m，以设计最终压桩力进行控制，使沉降速率满足规范要求。压桩完成后，桩端部高压注浆以加强地基土层的承载能力，来达到控制建筑物沉降的目的。基于现场实际的不均匀沉降情况，在当前上部结构荷载作用下，地基沉降仍未达到稳定状态。综合考虑湿陷性黄土的负摩阻作用、相关规范的规定以及当地类似工程的施工经验，在加固设计时原桩基基础承担荷载按设计值的 40% 进行计算，因此本次新增钢管桩按承担上部结构设计荷载的 60% 进行基础加强，对原基础进行控制沉降加固。

### 3.1.2　纠倾方案

为使 2 号细碎机室能在较短的施工时间内线性平稳安全地回归正常使用状态，即整体倾斜率满足国家规范要求，采用截桩顶升的纠倾方式，即利用新增坑式静压钢管桩对建筑物进行抬升施工，钢管桩压力值达到设计要求后，安放抬升自锁式千斤顶，通过对千斤顶施压将上部荷载转移到新增钢管桩基础上，然后等纠倾实时监控系统显示原桩已受到拉应力后，截断原桩，通过调整建筑物各桩的顶升量调节各抬升点的位移，从而达到纠倾的目的。

纠倾过程中原有地基基础不能提供承载力，承载力完全由新增静压钢管桩提供。需要注意的是，顶升过程中应严格控制顶升速度和各个千斤顶顶升的均匀性，同时观测建筑物的倾斜量；当局部因荷载较大而顶升量不足时，停止其余千斤顶的顶升，单独对该千斤顶进行特殊顶升。同时，整个纠倾施工过程须在我公司纠倾实时监控系统的控制下进行，以便纵观全局，随时调整顶升施工，确保顶升纠倾施工过程中的安全性和统一性（图 2）。

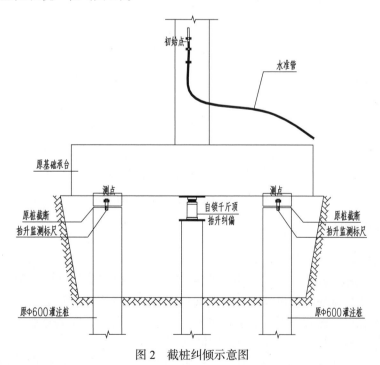

图 2　截桩纠倾示意图

## 3.2　有限元计算分析

为验证纠倾加固设计方案的可行性及综合确定补桩数量、单桩承载力，建立了 2 号细碎机室的有限元计算模型。从模型计算结果可以看出，当补桩数量为 48 根、单桩承载力特征值为 900kN 时，桩基沉降量较小，单桩承载力值满足设计要求，加固后总抗力大于上部结构荷载作用，满足后续使用需要，足以实现控制建筑物沉降的目的（图3）。

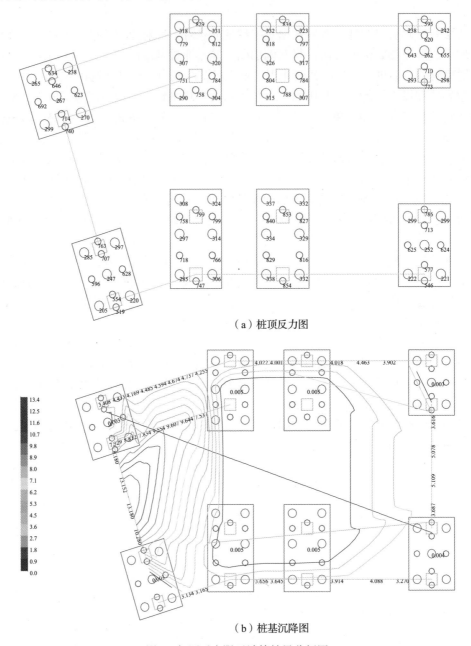

（a）桩顶反力图

（b）桩基沉降图

图3　加固后有限元计算结果分析图

## 4　纠倾加固中的关键技术

### 4.1　纠倾工程实施监控系统

　　迫降施工是一项以施工控制，特别是施工监测[14]为主，以理论计算分析为辅的系统化工程。倾斜建筑实际的施工质量、基底土层可能存在的不确定因素、现场实际的施工条件以及倾斜后结构的实际应力状态等都需要在施工过程中通过现场检测及监测进一步明确，并结合施工情况实时调整，才能确保纠倾施工安全有序地进行，以达到最终的纠倾加固效果。

　　鉴于以上原因，通过对大量纠倾加固施工案例经验的总结，结合我公司依托东南大学进行的技术研发，开发了一套"纠倾施工实时监测系统"，这套系统主要包涵了既有建筑上部结构和基础的实时应力应变情况和房屋各监测点实时的位移变化情况。通过计算机和专门的数据分析系统，采用无线传播实时地反映建筑物纠倾过程中的真实情况。同时可根据设计数据设置遇警值，开启自动报警装置（图 4）。

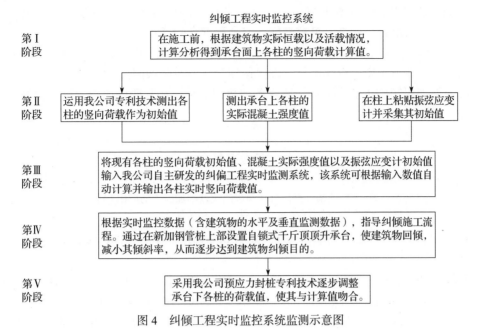

图 4　纠倾工程实时监控系统监测示意图

## 4.2　坑式静压钢管桩技术

坑式静压钢管桩是充分利用静压桩技术优点形成的一种新型地基加固技术，其主要技术原理是在建筑物沉降较大一侧的基础下开挖导坑和操作坑，安放桩体，借助建筑物对其的反作用力将钢管桩压入地基中。当桩端接触到良好的持力层后，用膨胀混凝土将桩与基础连接，形成新的地基基础以承受上部荷载，阻止建筑物继续沉降，达到止沉加固的目的。

当新增坑式钢管桩压力值达到设计要求后，安放抬升自锁式千斤顶，通过对千斤顶施压将上部荷载逐渐转移到新增钢管桩基础上，然后待纠倾监控系统显示原桩已受到拉应力后，截断原桩，调整千斤顶以调节建筑物各桩的顶升量，使建筑物沿某一直线（无须抬升轴线）作整体的刚体平面转动，从而达到纠倾加固的目的。

## 4.3　截断桩恢复原桩承载力技术

为避免截断桩在重新连接恢复后出现不受力、悬空的现象，本公司专门设计发明了一种恢复建筑物截桩纠倾后桩承载能力的装置，具体做法为：将钢板水平放置在被截桩下部桩体的顶部，两钢牛腿分别可拆卸地安装在水平钢板的两头，两承压曲面钢板分别位于两钢牛腿的内侧并贴紧被截桩下部桩体的表面；两台自锁式千斤顶，用于对承压组件施加竖向压力。其主要原理是使用千斤顶给截断桩一个预压应力，通过应变测试仪调整桩的应力状态至设计应力状态后，浇筑 KL-80 加固型混凝土连接桩与上部基础。本项技术极大地提高了截断桩恢复后的承载能力，避免截桩连接后仍出现荷载传递不均的现象，进而导致筏板、承台及上部结构损伤的后果，且具有可重复利用、施工工期短等特点。

## 4.4　预应力封桩技术

预应力封桩装置能够有效地将新增坑式钢管桩抗力传递到建筑本体结构上。当桩压到设计的最终压桩力后，在桩顶部施加一定的封桩力。根据监测系统给出的上部结构的荷载调整封桩压力，确保每根柱的应力状态与原设计值相近，以调控建筑本体的沉降差。同时，在承台底部向下 500mm 处采用扩大头封桩法，使桩的抗力尽可能直接传递到结构柱上，减小对承台的冲切应力。

## 5　结论

针对目前纠倾加固技术起步晚、难度大的施工设计现状，本文结合某湿陷性黄土地区倾斜工业建筑物的成功纠倾案例，根据该工程的特殊性提出了"坑式静压桩止沉 + 截桩顶升止倾"的组合纠倾方案，并针对性地研究了该方案中的关键技术以及在纠倾施工过程中需重点关注的细节问题。通过本工程得出以下几点结论：

（1）通过该工业建筑的成功纠倾案例，证实了"坑式静压桩止沉＋截桩顶升止倾"组合纠倾方案的可行性，表现出该组合精度高、可控性好、安全程度高的优点；

（2）纠倾实时监控系统在纠倾加固施工过程中扮演着不可或缺的角色，不仅可以精确地检验纠倾结果，还可以指导纠倾施工安全有序进行，确保达到最终的纠倾加固效果；

（3）建议为保障纠倾施工的安全性，监测多种数据结果，相互印证比较分析，为设计施工人员的下一步措施提供可靠的信息依据。

## 参考文献

[1] 李今保. 计算机应变控制梁柱托换方法在某高层置换混凝土加固工程中的应用 [J]. 工业建筑，2008（09）：107-111.

[2] 李今保，赵启明，邱洪兴，等. 大吨位锚杆静压桩在高层建筑基础加固中的应用 [A]. 第十届建构筑物改造和病害处理学术研讨会、第五届工程质量学术会议论文集 [C]. 2014：190-194.

[3] JOHN BURLAND. The stabilization of the learning tower of pisa[J]. Journal of Architectural Conservation，2013，7（5）：139-158.

[4] 李今保，邱洪兴，赵启明，等. 某工程整体抬升后加固方案优化研究 [J]. 施工技术，2015，44（16）：31-34.

[5] 李今保，胡亮亮. 某多层综合楼抬升纠倾技术 [J]. 建筑技术，2010，41（09）：803-807.

[6] 李今保，李碧卿，姜涛，等. 因地下室上浮的建筑物倾斜纠倾技术 [J]. 建筑技术，2015，46（10）：904-908.

[7] 李延涛，王建厂，梁玉国. 某高层筏板基础纠倾迫降的设计与施工 [J]. 工程质量，2015，33（04）：79-82.

[8] 贾媛媛，付素娟，崔少华，等. 综合纠倾法在高层建筑物纠倾中的应用 [J]. 华北地震科学，2017，35（S1）：10-14.

[9] 王桢. 锚索技术用于建筑物可控精确纠倾 [J]. 施工技术，2011，40（S），24-27.

[10] 程晓伟，王桢，张小兵. 某高层住宅楼倾斜原因及纠倾加固技术研究 [J]. 岩土工程学报，2012，34（04）：756-761.

[11] 张小兵. 高层建筑物纠倾工程中的监测与控制技术研究 [D]. 中国铁道科学研究院，2009.

[12] 中华人民共和国住房和城乡建设部. 工业建筑可靠性鉴定标准：GB 50144—2019[S]. 北京：中国建筑工业出版社，2019.

[13] 中华人民共和国住房和城乡建设部. 建筑地基基础设计规范：GB 50007—2011[S]. 北京：中国建筑工业出版社，2011.

[14] 中华人民共和国住房和城乡建设部. 张三福，邓正定. 动态监测系统在高层建筑纠偏中的应用 [J]. 甘肃科技，2016，32（08）：109-111，4.

# 某商业建筑抽柱加固设计及施工技术

姜　涛　赵启明　李今保　朱俊杰　董艳宾　张龙珠

姜　帅　李欣瞳　李碧卿

江苏东南特种技术工程有限公司　南京　210000

**摘　要：** 在抽柱改造工程中，如何选择安全有效、经济合理的改造方案，一直是该类工程的重中之重；如何将改造方案高效稳妥地实施，则是该类工程的关键所在。以某商业建筑抽柱加固工程的方案比选、方案设计、施工要点、监测要求等方面对抽柱改造工程进行全流程梳理，为同类工程提供参考。某商业建筑抽柱加固工程，因抽柱区域涉及公交站台枢纽，具有跨度大、荷载大、施工要求高等特点。在加固方案设计时进行抽柱后结构整体计算校核，并对改造后结构的基础抗浮承载力、楼面振动等情况进行分析，确保加固方案的合理有效；明确梁柱连接节点加固构造，对托换支撑提出具体要求，为加固施工明确具体要求；明确施工中的重难点，并提出详细的指标要求，将施工质量控制、监测要求等具体化、系统化。

**关键词：** 加固方案比选；整体计算分析；预应力托换梁；舒适性振动分析；支撑卸载；计算机应力、应变卸载控制

## 1　工程概况

某商业建筑为地下 2 层、地上 3 层框架结构，其中 B2 层、B1 层作为车库使用，LG 层、M 层作为商场使用，G 层作为公交站枢纽，各层层高分别为 4.45m、5.85m、4.9m、5.0m 和 6.55m。

房屋结构形式为钢筋混凝土框架结构，基础采用天然地基上梁板式筏基基础，筏板厚度 500mm，基础梁 1.0m×1.0m；地基承载力特征值 210kPa。筏板顶标高为 -20.750m。

设计参数及荷载情况：基本风压：0.75kN/m²，地面粗糙度 B 类，抗震烈度：7 度，加速度：0.1g，地震分组：第一组。楼层活荷载：3.5kN/m²，城市公园覆土按 500mm 考虑，公交站枢纽活荷载：20kN/m²，城市公园活荷载：3.0kN/m²。

现因商场业态需要，拟将 M 层局部楼面柱、梁、板拆除，形成共享空间，其中 LG 层 U 轴 /7 轴、U 轴 /8 轴和 M 层 U 轴 /7 轴、U 轴 /8 轴两处柱拆除，跨度为由 8.5m 变为 17.0m（图 1）。

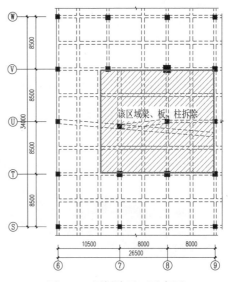

图 1　M 层拆除平面示意图

## 2　工程重、难点及加固方案必选

### 2.1　工程重难点

本工程拆除区域涉及 LG 层 2 根框架柱拆除，需拆除框架柱承受 G 层为公交站枢纽区域的荷载，改造加固过程中不能影响公交站的正常运营。本工程具有安全要求高、施工难度大等特点，要求在结构改造加固过程中严格控制竖向变形。要获得良好的结构设计效果，需要解决其中的一些关键问题：（1）加固方案比选；（2）结构整体计算分析；（3）加固节点及支撑卸载。

### 2.2　加固方案比选

结合原结构设计资料及改造后的使用要求，经过初步计算分析，提出两套加固方案进行比选（图 2、图 3）。

方案一：在抽柱部位新增大跨度托换梁，将抽柱后荷载转移到相邻柱，并对相邻框架柱、梁进行加固处理。该方案优点：加固在 G 层底部进行，不影响 G 层公交枢纽的正常运行，且改造加固工程

量较小，施工周期短。该方案缺点：对托换梁而言其跨度大、荷载大，对托换梁的施工质量要求高，施工过程中的支撑卸载，托换梁在框架柱节点部位的连接难度大。

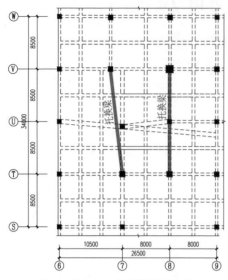

图 2　方案一：新增托换梁加固

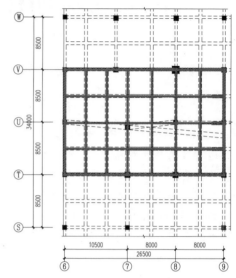

图 3　方案二：井字梁、板结构

　　方案二：拆除抽柱受荷区域的梁、板，对抽柱周圈梁、柱进行加固后，在抽柱区域新增井字梁、板结构，将抽柱区域荷载均匀地分散到周边结构。该方案优点：抽柱后的荷载分散较为均匀，且拆除后新井字梁、板结构易于施工，施工质量容易保证。该方案缺点：需要拆除 G 层公交枢纽区域的楼板，影响 G 层公交枢纽的正常运行，且拆除、新建工程梁较大，施工周期长。

　　通过两套加固方案在对周边环境的影响、加固效果、施工质量、工期、造价等方面进行综合比选，确定选用方案一，在抽柱部位新增大跨度托换梁进行实施，采用计算机应力、应变控制卸载技术保证施工过程中的安全和加固效果，对托换梁施加预应力以控制其变形，并减小钢筋用量。

# 3　结构整体计算分析

　　采用中国建筑科学研究院开发的 PKPM V5.1 软件，对改造后的结构进行整体计算分析，并对上部结构和基础的承载力、变形进行复核（图 4、图 5、表 1）。

图 4　结构整体计算模型

图 5　结构整体（东立面）

表 1　结构整体指标汇总信息

| 指标项 | | 汇总信息 | 指标项 | | 汇总信息 |
|---|---|---|---|---|---|
| 总质量（t） | | 55701.38 | | | |
| 质量比 | | 1.35＜［1.5］（4 层 1 塔） | 最小剪重比 | X 向 | 3.42%＞［1.60%］（4 层 1 塔） |
| 最小刚度比 1 | X 向 | 1.00＞＝［1.00］（5 层 1 塔） | | Y 向 | 3.16%＞［1.60%］（3 层 1 塔） |
| | Y 向 | 1.00＞＝［1.00］（5 层 1 塔） | 最大层间位移角 | X 向 | 1/1101＜［1/550］（5 层 1 塔） |
| 最小楼层受剪承载力比值 | X 向 | 0.94＞［0.80］（3 层 1 塔） | | Y 向 | 1/645＜［1/550］（5 层 1 塔） |
| | Y 向 | 1.00＞［0.80］（5 层 1 塔） | 最大位移比 | X 向 | 1.08＜［1.50］（4 层 1 塔） |
| 结构自振周期（s） | | T2＝0.8335（X） | | Y 向 | 1.11＜［1.50］（3 层 1 塔） |
| | | T1＝0.9326（Y） | 最大层间位移比 | X 向 | 1.27＜［1.50］（5 层 1 塔） |
| | | T3＝0.4288（T） | | Y 向 | 1.19＜［1.50］（5 层 1 塔） |
| 有效质量系数 | X 向 | 97.97%＞［90%］ | 刚重比 | X 向 | 73.16＞［10］（5 层 1 塔） |
| | Y 向 | 100.00%＞［90%］ | | Y 向 | 37.46＞［10］（3 层 1 塔） |

## 3.1　基础校核

该房屋筏板顶标高为 -20.750m，抽柱后需对抽柱区域筏板的抗浮进行校核。

筏板厚度：0.5m，基础梁：1.0m×1.0m，筏板底标高：-20.75m，筏板面积：146.625m²，水头标高：10.8m。

上部传来恒载 =7340.12（kN），筏板恒载（自重 + 土重 + 板面恒载）=2555（kN），围区原锚杆抗拔承载力：13×700=9100（kN），抗浮稳定性计算符合下式要求：

$$\frac{G_k}{N_k^w} \geq K_w$$

围区水浮力计算结果：（上部传来恒载 + 筏板恒载 + 原锚杆抗拔承载力）/ 围区水浮力）=（7340.12+2555+9100）/15835.5=1.20>1.05，抗浮稳定性满足设计要求（图6、图7）。

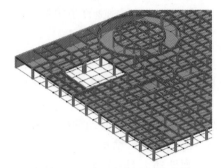
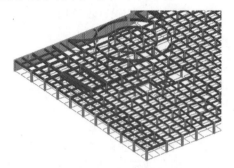

图 6　M 层开洞区域局部模型　　　　　　　图 7　G 层新增托换梁局部模型

## 3.2　抽柱区域 G 层楼面振动分析

为了明确抽柱后，对 G 层为公交站枢纽区域的使用性影响，对楼面振动进行计算分析。

（1）外部激励加载曲线

公交车激振力按总质量 17400kg 的车辆荷载简化考虑，车辆荷载分布如图 8 所示。

公交车入场的车速取 10km/h，即 $V$=2.78m/s：车轮与地面接触的横向宽度恒为 250mm，即 $d$=0.25。荷载时程函数为：

$$P(t) = \frac{q}{2}\left[1 - \cos\left(\frac{2\pi V t}{d}\right)\right]$$

根据车辆荷载分布示意图，结合荷载时程函数，可得出公交车经过某一节点时所对应的加载曲线，如图 9～图 13 所示。

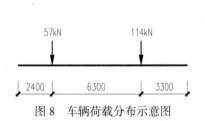
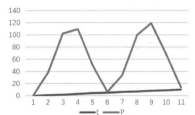

图 8　车辆荷载分布示意图　　　　　　　　图 9　行车荷载加载曲线

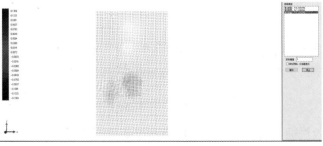
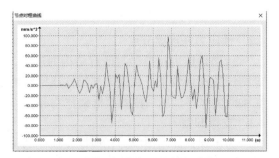

图 10　YJK 模态分析结果显示　　　　　　图 11　最不利位置竖向加速度时程曲线

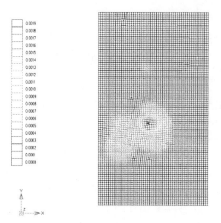

图12 竖向位移分布图

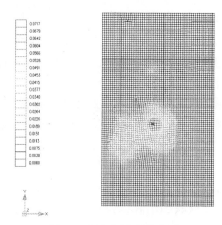

图13 竖向加速度分布图

（2）加载方式

在抽柱区域车辆入场的车道数为1条，选较不利工况进行分析，假设车场满负荷工作，同一车道的每辆车间距为2m，且所有车同步行驶，这时车辆共同激励的荷载达到最大值。

（3）分析结果

本工程基于线性分析假定，采用YJK2.0建立空间模型进行时程分析。振动分析仅考虑竖向荷载作用，车辆入场除考虑竖向荷载外，其余区域活荷载均按静力荷载考虑。结构的质量由1.0恒载+0.5活载换算。采用车辆荷载激励加载曲线和加载方式对结构进行弹性动力时程分析。计算可知，抽柱区域最大峰值加速度为 $0.1m/s^2$，满足标准 $0.15mm/s^2$ 要求。

## 4 加固节点及支撑卸载

### 4.1 预应力托换梁

本次采用预应力托换梁跨度17.0m，截面900mm×1800mm，设置2道18根15.2有黏结钢绞线（表2、图14）。

表2 预应力度验算结果

| 部位 | 左端上部 | 跨中下部 | 右端上部 |
|---|---|---|---|
| 普通钢筋配筋面积（mm²） | 4752 | 2815 | 4752 |
| 预应力筋配筋面积（mm²） | 3360 | 3360 | 3360 |
| $\lambda=(f_{py}A_{php})/(3f_yA_{shs})$ | 0.770 | 1.194 | 0.770 |

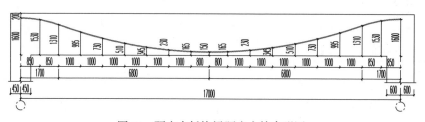

图14 预应力托换梁预应力筋束形图

### 4.2 预应力托换梁节点

新增预应力托换梁与既有结构的连接，以及预应力钢筋的锚固是本工程的重、难点，为保证新、老结构的连接效果，在梁端部与柱连接区域剔凿抗剪槽，并植入抗剪销筋加强连接；新增预应力采用在梁两侧水平加腋后锚固至框架柱端部。

### 4.3 支撑卸载

为了保证新增预应力托换梁在抽柱部位有效贯通，需凿除预应力托换梁梁高范围柱的混凝土，为保证结构和施工安全，凿除柱前需对柱进行支撑、卸载，支撑采用在既有柱上设置环抱承台，在承台与柱顶之间设置钢支撑 + 千斤顶，并连接计算机应力 – 应变监测设备，通过对千斤顶施加荷载同时观测既有柱的应力、应变情况，当卸载值达到设计值，且既有柱需剔除区域应力为零后，再进行剔凿施工（图 15 ～图 18）。

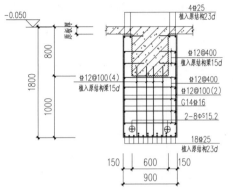

图 15　预应力托换梁截面配筋图

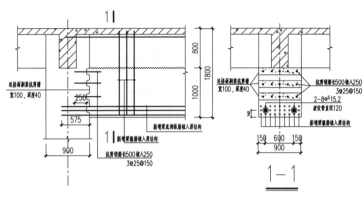

图 16　新增托换梁连接节点

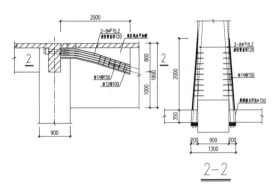

图 17　新增托换梁连张拉锚固端节点

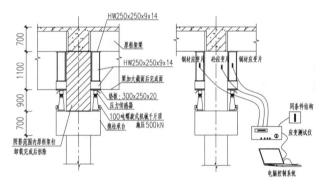

图 18　抽柱支撑卸载示意图

## 5　施工重、难点及应对措施

因本工程为既有建筑拔柱托换工程，上部为公交站台，对工程本身的结构质量和日后运营的安全性要求都非常高，工程质量是保证运营安全的基本保障，所以本工程的施工质量，特别是各关键工序的施工质量和过程控制是本工程施工中的重点与难点。由于托换施工需保证结构周边商业及上部公交站正常运营不受影响，必须加强施工监测以保证建筑物及施工安全，因此施工监测也是本工程的施工重点。针对本工程施工重点的应对措施如下：

### 5.1　支撑、卸载施工

（1）加强施工过程控制，加强托换支撑、卸载过程的监测措施；（2）施工前，做好施工组织，按施工方案要求进行支撑施工。

### 5.2　托换梁与原结构界面处理及植筋

（1）聘请有专业资质的单位进行植筋施工；（2）施工材料送检合格后才允许使用；（3）严格按照设计图和施工规范进行施工；（4）严格按设计和规范要求进行抗拔承载力验收。

### 5.3　预应力施加控制

（1）托换时的预应力施加作业，严格按照设计和规范要求以及已批复施工方案的操作程序进行分级加载作业；（2）托换体系受力转换过程中，监测托换部位的竖向位移、倾斜，保证加载过程的稳定和平衡。

### 5.4　大体积混凝土施工浇筑及养护

（1）控制进场商品混凝土质量，确保工程材料合格；（2）施工前做好技术交底，组织安排有经验的施工人员，严格按批复的施工方案和设计及施工规范要求的工艺和标准施工；（3）安排专人按施工方案及规范要求及时对混凝土进行养护；（4）做好托换梁施工组织规划、技术交底；（5）加强钢筋、模板等各施工工序的质量控制。

**5.5　施工监测**

（1）按设计和规范要求编制、上报施工监测方案；（2）配备数量充足且有效的监测仪器，安排有经验的监测人员，按批复监测方案进行监测；（3）及时进行数据分析，根据监测反馈的情况指导施工（表3）。

表 3　抽柱施工各项监测指标控制标准

| 序号 | 监测项目 | 控制值 |
|---|---|---|
| 1 | 拔柱顶楼面沉降控制值（mm） | 3 |
| 2 | 楼面水平位移控制值（mm） | 2 |
| 3 | 托换区域周边结构裂缝（mm） | 0.1 |
| 4 | 托换节点顶升位移（mm） | 1 |
| 5 | 支撑轴力控制值（kN） | 5 |

## 6　结论

本工程从前期的方案比选，到加固计算分析、主要节点设计，以及施工重难点的控制，对抽柱改造加固全过程进行系统性的总结。加固方案根据业主的实际需求及现场的实际条件，综合考虑结构安全、质量、工期、造价等多方面因素，提出最切实可行、科学经济的方案。为同类工程提供了可借鉴的经验。

该项目实施完成，通过对使用过程中近一年的监测，各项指标均满足规范及设计要求。

参考文献

[1] 中华人民共和国住房和城乡建设部. 建筑结构荷载规范：GB 50009—2012[S]. 北京：中国建筑工业出版社，2012.

[2] 中华人民共和国住房和城乡建设部. 钢结构设计标准：GB 50017—2017[S]. 北京：中国建筑工业出版社，2017.

[3] 中华人民共和国住房和城乡建设部. 建（构）筑物托换技术规程：CECS 295—2011[S]. 北京：中国计划出版社，2017.

[4] 李今保. 计算机应变控制梁柱托换方法. 200710022247.3[P]. 2007.

[5] 姜涛，李碧卿，李今保，等，桥梁基础被动托换工程施工关键技术 [A]. 第十二届建筑物建设改造与病害处理学术会议论文集 [C]. 郑州：施工技术杂志社，2018.83-86.

[6] 李今保. 计算机应变控制梁柱托换方法在某高层置换混凝土加固工程中的应用 [J]. 工业建筑，2008，（09），107-111.

# 混凝土剪力墙无支撑置换加固受力分析及施工优化设计

董军锋[1] 张旻[1] 王耀南[1] 雷拓[2] 刘宜[2]

1. 陕西省建筑科学研究院有限公司 西安 710082
2. 长安大学建筑工程学院 西安 710061

**摘 要:** 混凝土无支撑置换加固法因其具有诸多优点,常用于混凝土强度过低的项目。但无支撑置换加固技术设计难度大,施工过程中安全风险较高,而规范对于无支撑置换加固方案还未形成统一的设计理论和施工技术总结。本文根据某高层混凝土剪力墙无支撑分段置换工程及监测数据,深入揭示了混凝土置换加固过程中置换剪力墙、与置换剪力墙相连的梁板等结构的受力变化规律。监测数据表明,墙段拆除施工会使梁板应变增长,但增长值有限,而由于墙段浇筑时间的差异,使得先后加固的墙段出现明显的应力滞后现象,应力滞后可能导致结构的安全性降低,因此为了使无支撑置换加固法具有更好的适用性,基于Abaqus 有限元分析软件,采用生死单元、等效升温法以及添加场变量的方法实现剪力墙施工模拟,通过施工模拟对不同轴压比下的置换方案进行优化设计,最后给出了具有一般性的建议施工方案。

**关键词:** 加固改造;分段置换;应力滞后;有限元分析;施工模拟

混凝土置换加固法作为近年来出现的一种新兴加固方法已成功应用于多个加固改造工程[1-3],混凝土置换加固法是通过较高强度混凝土替换原结构中强度偏低或有严重质量缺陷的混凝土。该方法能完全解决由于混凝土强度不足导致的工程质量问题,又不会损失建筑使用空间,相比其他加固方法,该方法具有不改变原有结构构件断面尺寸、施工速度快等突出优点。但该加固方法施工过程风险性较高,往往需要搭设支撑进行卸荷,而对于高层或超高层结构需进行加固处理时,需要布设一系列的应力、应变传感器,实时监测结构在施工期受力变化情况,保证施工期间结构安全。

本文结合某高层混凝土剪力墙无支撑分段置换加固工程,探讨了置换施工阶段重新浇筑完成的剪力墙、与置换剪力墙相连梁板等结构的受力变化规律,而对于无支撑置换加固产生的应力滞后等问题,通过 Abaqus 软件对不同施工方案进行施工模拟,给出了用于指导无支撑置换加固的施工顺序、墙体分段置换长度及置换材料的建议。

## 1 工程概况及加固方案

某混凝土剪力墙结构住宅楼共34层,竣工验收时发现18、19层共六道剪力墙混凝土强度未达到C30的设计强度,实际强度仅C15,进行强度复核表明该实际强度下的混凝土不满足设计要求,因此采用了无支撑分段置换加固法进行加固处理,无支撑加固在需置换剪力墙拆除及后续浇筑过程中,不进行支撑卸荷。置换材料采用强度等级为C35的灌浆料[4],加固楼层的平面布置如图1所示。

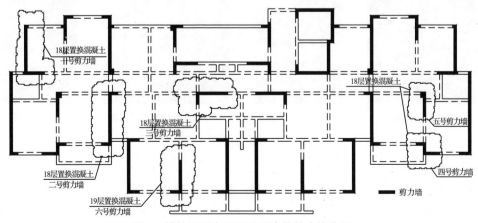

图 1 结构平面布置图及不合格剪力墙位置

由于采用无支撑加固方案，通过严格计算将不合格的六道剪力墙拆分成 36 个墙段依次进行置换，确保施工阶段不会出现结构的局部损伤，剪力墙分段编号及对应的拆除长度如图 2 所示，由于加固剪力墙较多，本文选取了具有代表性的一号、三号、四号剪力墙进行分析，一号、三号、四号剪力墙的墙段拆除、浇筑时间及拆除顺序见表 1。

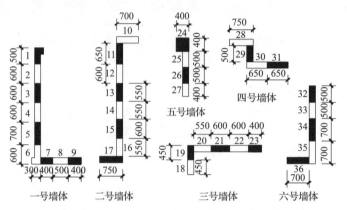

图 2　墙段编号及拆除长度

**表 1　墙段拆除与浇筑时间**

| 墙段编号 | 拆除时间 / 浇筑时间 | 墙段编号 | 拆除时间 / 浇筑时间 | 墙段编号 | 拆除时间 / 浇筑时间 | 墙段编号 | 拆除时间 / 浇筑时间 |
|---|---|---|---|---|---|---|---|
| 5，22 | 4 月 22 日至 4 月 24 日 | 3 | 4 月 30 日至 5 月 2 日 | 31 | 5 月 12 日至 5 月 13 日 | 19 | 5 月 18 日至 5 月 19 日 |
| 30 | 4 月 23 日至 4 月 24 日 | 23 | 5 月 3 日至 5 月 5 日 | 4 | 5 月 12 日至 5 月 14 日 | 6 | 5 月 19 日至 5 月 20 日 |
| 20 | 4 月 27 日至 4 月 27 日 | 29，1 | 5 月 6 日至 5 月 7 日 | 18 | 5 月 13 日至 5 月 15 日 | — | — |
| 8 | 4 月 27 日至 4 月 29 日 | 21 | 5 月 8 日至 5 月 9 日 | 7 | 5 月 15 日至 5 月 17 日 | — | — |
| 28 | 4 月 28 日至 4 月 30 日 | 9 | 5 月 10 日至 5 月 11 日 | 2 | 5 月 15 日至 5 月 18 日 | — | — |

## 2　监测方案及监测数据分析

为研究置换施工阶段各结构的受力变化规律及保证施工安全，布置了施工全过程监测系统[5]。

在置换剪力墙以及与置换剪力墙相连的梁、楼板表面布置 144 个表面式应变传感器；其中梁传感器布置在所有与置换剪力墙相连的梁跨中及靠近置换剪力墙的梁的一侧，如图 3（a）所示；楼板传感器布置在距离置换墙体约 1m 左右位置，如图 3（b）所示；置换墙段上的表面应变传感器布置在每一需要拆除的墙段中间位置，如图 3（c）所示。为监测由灌浆料浇筑而成墙段的受力情况，布置埋入式应变传感器 36 个，埋入式传感器绑扎在拆除不合格混凝土裸露出的钢筋表面，随着灌浆料浇筑与加固后的墙段形成整体，如图 3（d）所示。

（a）梁应变传感器　　（b）板应变传感器　　（c）墙段表面应变传感器　　（d）埋入式传感器

图 3　传感器布置图示意图

### 2.1　梁板受力分析

下面根据梁板传感器监测数据对施工阶段梁板受力过程进行分析，图 4 为一号、三号、四号剪力墙梁板传感器布置详图。图 5 所示为一号、三号、四号剪力墙梁板传感器应变变化曲线。将梁板传感器监测到的应变改变量汇总于表 2。

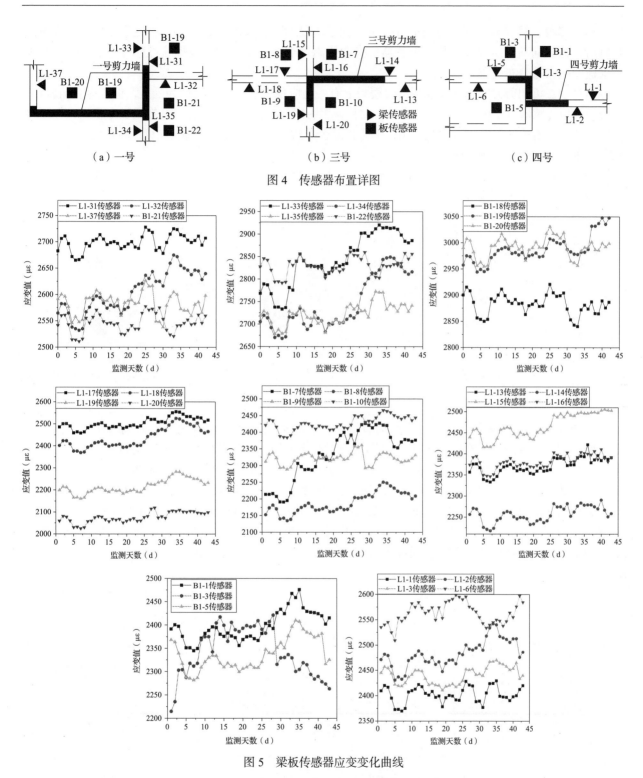

图 4　传感器布置详图

图 5　梁板传感器应变变化曲线

表 2　一号、三号、四号剪力墙梁板传感器应变监测值

| 传感器编号 | L1-1 | L1-2 | L1-3 | L1-6 | L1-13 | L1-14 | L1-15 | L1-16 | L1-17 | L1-18 |
|---|---|---|---|---|---|---|---|---|---|---|
| 应变增长量（με） | 10.5 | 15.0 | 4.9 | 13.4 | 34.6 | 2.6 | 63.3 | 17.7 | 31.5 | 64.2 |
| 传感器编号 | L1-19 | L1-20 | L1-31 | L1-32 | L1-33 | L1-34 | L1-35 | L1-37 | B1-1 | B1-3 |
| 应变增长量（με） | 34.2 | 39.8 | 24.8 | 75.4 | 117.1 | 111.1 | 22.5 | 6.8 | 24.0 | 48.6 |
| 传感器编号 | B1-5 | B1-7 | B1-8 | B1-9 | B1-10 | B1-18 | B1-19 | B1-20 | B1-21 | B1-22 |
| 应变增长量（με） | 2.6 | 162.9 | 56.3 | 19.9 | 31.2 | −13.5 | 90.5 | 8.3 | 18.4 | 28.1 |

由图 5 可知，安装在同一监测区域的传感器应变变化规律相同，应变曲线上均出现明显的阶段性

增长与下降段，根据墙段施工时间进行分析可知，墙段拆除后荷载向梁板转移导致应变增长，浇筑灌浆料后，荷载向新浇筑墙段转移，传感器应变曲线出现下降段，因此墙段拆除过程会直接影响与其相连梁板的应力重分布过程。

结合表 2 可知剪力墙加固完成后，仅楼板上有一处应变出现负增长表现为受压，但压应变值较小，其余的梁板传感器应变在置换加固后均有所增长，表明部分荷载转移到梁板上并在梁板上积累，但 67% 传感器的应变增长量小于 50με，说明由于墙段拆除会导致应力重分布，但荷载向梁板转移较少。

## 2.2 置换剪力墙受力分析

图 6 给出了通过埋入式传感器测得一号、三号、四号剪力墙加固完成后各墙段的应变值，其中七号墙段传感器施工期间损坏。

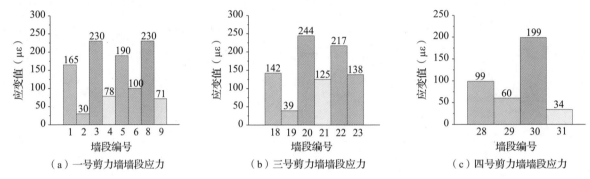

图 6 一号、三号、四号剪力墙各墙段应变数据

由图 6 可知，各墙段应变在加固后均有增长，表明加固后墙段均承受上部荷载的作用，但各墙段应变呈现显著差异，结合前文所给墙段拆除施工顺序可知，一号剪力墙最先置换的五、八、三号墙段应变分别为 190με、239με、230με，最后置换的四、二、六号墙段应变分别为 78με、30με、100με。三号剪力墙最先置换的二十二、二十号墙段应变分别为 217με、244με，最后置换的十八、十九号墙段应变分别为 143με、39με。说明由于采取无支撑分段加固导致了加固后的剪力墙出现了明显的应力滞后现象，表现为先置换的墙段应变大，后置换的墙段应变小，而正常受力状态下的剪力墙应力分布均匀。图 7 给出了各墙段浇筑完成后通过埋入式传感器测得的应变变化过程。

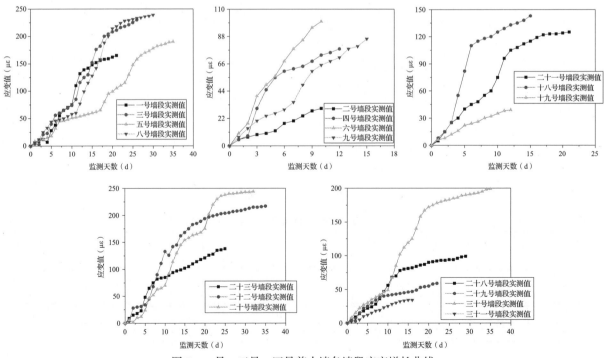

图 7 一号、三号、四号剪力墙各墙段应变增长曲线

由图 7 可知,各墙段浇筑灌浆料后应变均持续增长,但不同墙段在不同阶段应变增长规律出现显著差异,可分为平缓和大幅增长段。所有墙段刚浇筑完成的一段时间内,由于施工方案中相邻墙段并未连续施工,因此应变增长在监测初期均处于平缓增长段,该阶段墙段开始承受上部荷载的作用,相邻墙段置换施工前,墙段应变随着灌浆料强度的增长而缓慢增长。

下面对应变曲线上大幅增长段出现原因进行分析。根据表 1 可知,五号墙段浇筑后,在 18d 后进行四号墙段拆除,在 24d 后进行六号墙段拆除,五号墙段浇筑后的 18 ~ 29d 应变大幅增长。对于二十二号墙段,浇筑二十二号墙段后,在 8d 后进行二十三号墙段拆除,二十二号墙段上应变大幅增长出现在浇筑后的 8d 时间。三十号墙段应变大幅增长段出现在浇筑后的 12 ~ 24d,三十号墙段浇筑后,在 12d 后进行二十九号墙段拆除,在 19d 后进行三十一号墙段拆除。通过对以上对墙段应变大幅增长时间的分析可知,应变大幅增长与相邻墙段拆除时间节点重合。

墙段上应变大幅增长与相邻墙段拆除时间密切相关,墙段拆除卸荷后,由于应力重分布,原先由该墙段承受的荷载会向其相邻的墙体转移,导致在墙段拆除期间相邻墙体应变的大幅增长。而五、二十二、三十号墙段应变大幅增长段增长的应变分别占总应变的 65%,62%,60%,说明由于相邻墙段的拆除导致的应变增长过程会很大程度上决定加固完成后该墙段的应力水平。

由于应力滞后的存在,使剪力墙上应力分布出现显著差异,可能降低构件安全性。为了使无支撑置换加固具有更好的安全性和适用性,需针对无支撑置换加固方案进行优化设计,减小应力滞后效应的影响。下面结合有限元分析对施工方案进行优化设计,使无支撑置换方案具有更好的实用性。

## 3　有限元模型

本文采用有限元软件 Abaqus 对该剪力墙结构无支撑置换加固的施工全过程进行模拟。研究表明,置换施工导致的应力重分布现象主要发生在加固层及其上下层之间[6-7]。因此本文建立了包括 18、19 层在内的共五层结构模型,有限元模型如图 8 所示,18 层位于中间层。该工程处于竣工验收阶段,因此荷载仅需考虑自重荷载和施工层的施工荷载。混凝土采用 C3D8R 实体单元,钢筋采用 T3D2 桁架单元并嵌入混凝土中,实体单元网格尺寸为 150mm,桁架单元网格尺寸为 50mm。为了模拟施工过程可能造成的结构损坏,强度达标的 C30 混凝土本构采用了 Abaqus 提供的塑性损伤模型。

不合格混凝土在置换施工中会被逐渐拆除,这样对计算结果影响较小,因此材料参数按照《混凝土结构设计规范》中 C15 的混凝土强度设计值选取。为准确模拟结构置换全过程,如何描述灌浆料的强度增长是关键问题之一,本文采用吴元根据多组灌浆料试件的试验数据提出的弹性模量以及抗压强度计算公式来模拟灌浆料强度增长[8],见式(1)、式(2)。

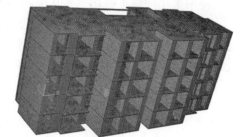

图 8　有限元模型

$$f_{cu} = 4.5\ln\left(\frac{n}{28}\right) + f_{gc,28} \tag{1}$$

$$E_c = \frac{10^5}{1.8 + \dfrac{55.6}{f_{cu}}} \tag{2}$$

式中,$E_c$ 为灌浆料弹性模量,MPa,$f_{cu}$ 和 $f_{gc,28}$ 分别表示标准立方体抗压强度、龄期为 28d 时灌浆料的立方体抗压强度,MPa,$n$ 表示龄期,d。

为实现灌浆料强度的时变效应,在材料属性中设置材料的场属性,场属性中的弹性模量按式(2)确定,然后对材料属性需要改变的墙段单元建立集合,通过在 Abaqus 中修改关键字对重新浇筑灌浆料的墙段集合进行赋值,使重新浇筑的墙段材料属性得到修改,实现施工过程中灌浆料的时变特性。剪力墙中的 HPB400 钢筋的弹性模量及泊松比按《混凝土结构设计规范》中规定的设计值选取。

　　本文通过等效升温法实现灌浆料的微膨胀效应，将浇筑后灌浆料膨胀过程考虑成结构的等效升温。最后，利用 Abaqus 的"生死单元"来"钝化"或"激活"相关元素来实现剪力墙墙段的拆除和重新浇筑过程，施工分析步的划分见表3。

表3　有限元模拟施工分析划分

| 施工分析步 | 对应施工天数 | 施工设置 |
|---|---|---|
| Step 1 | 第一天 | "钝化"需拆除墙段1 |
| Step 2 | 第二天 | 重新激活墙段1，"钝化"墙段2 |
| Step 3 | 第三天 | 重新激活墙段2，"钝化"墙段3 |
| 依次进行直至全部墙段拆除置换完成 | | |

　　图9给出了八号墙段应变监测数据与有限元模拟结果的对比图。计算值与实测值的误差大部分数据能保持在10%以内，说明利用该模型进行施工模拟较为合理，也验证了有限元模型的正确性。

## 4　施工方案优化设计

### 4.1　施工方案的影响因素

　　置换加固方案关注的重点主要有轴压比、置换段长度、置换顺序、置换材料选取，本文将通过有限元模拟对这些因素进行详细分析。

　　轴压比可作为衡量上部荷载的依据，同时会影响到置换材料强度的选择，置换段长度也需根据轴压比进行调整，较大轴压比下需减小墙段长度以保证施工期结构安全，同时施工顺序也需要根据墙段的拆除长度进行调整。

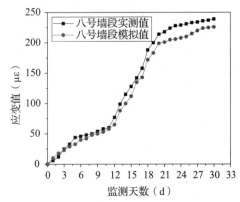

图9　模拟值与实测值对比曲线

　　墙段的置换顺序会直接影响各墙段加固完成后的应力状态，应采取合理的施工顺序降低应力滞后的影响，本文实际工程中采用的施工顺序是先从中间墙段拆除，然后拆除墙肢两边墙段，尽量避免相邻墙段连续施工。从监测数据来看，这种施工顺序能取得较好的加固效果。但该施工顺序并不具有较强规律性，表4给出了具有规律性的施工顺序组合，但由于施工顺序组合较多，该方案并不能对所有的施工顺序予以归纳，因此在实际工程设计中可适当调整，但应遵循基本原则：相邻墙段不能进行连续施工。

表4　拆除顺序

| 墙段示意图 | 置换拆除方案 | 拆除顺序 |
|---|---|---|
| A B C D E F G | 顺序一 | D—B—F—A—G—C—E |
| | 顺序二 | D—A—G—C—E—B—F |
| | 顺序三 | A—C—E—G—B—D—F |
| | 顺序四 | A—G—D—B—F—C—E |

　　本实际工程采用的置换长度进行加固后，虽出现应力滞后，但根据规范要求进行了承载力复核，结果表明加固后各剪力墙承载力与设计值相比虽有所降低，但降低的幅度有限，因此有限元模拟中按照前文所给各墙段的施工长度进行模拟，当模拟结果不满足要求时进行相应调整即可。

　　相邻楼层剪力墙的刚度不宜相差较大，刚度相差过大会导致楼层出现刚度突变，遭遇地震作用时，该层会变为薄弱层，使该层安全性显著降低，因此施工模拟阶段采用的置换材料强度要选取高于原混凝土设计强度一至二个强度等级。表5给出了施工方案的各种组合。

表5　置换加固施工方案组合

| 置换施工加固方案 | | 施工顺序 | | | |
|---|---|---|---|---|---|
| | | 顺序一 | 顺序二 | 顺序三 | 顺序四 |
| 置换材料强度 | 较设计强度提高一级 | 方案一 | 方案二 | 方案三 | 方案四 |
| | 较设计强度提高二级 | 方案五 | 方案六 | 方案七 | 方案八 |

#### 4.2　施工模拟结果

下面给出各剪力墙不同轴压比下的施工模拟结果，由于置换施工方案组合较多，低轴压比作用下的应力滞后现象影响小，因此限于篇幅，仅给出了各剪力墙在较大轴压比作用时的施工模拟结果。

##### 4.2.1　四号剪力墙施工模拟结果分析

由于四号剪力墙仅进行四次置换，只有顺序二适用于四号剪力墙的加固，因此仅方案二、方案六适用于四号剪力墙的加固，图 10 给出了四号剪力墙施工模拟结果，四号剪力墙长度为 2.55m。

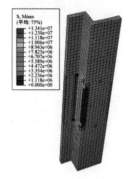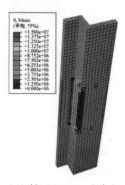

（a）轴压比 0.5、方案二　　（b）轴压比 0.5、方案六　　（c）轴压比 0.55、方案二　　（d）轴压比 0.55、方案六

图 10　四号剪力墙施工模拟结果

根据图 10 可知，四号剪力墙加固完成后最大应力出现在加固拆除墙洞口上[9]，以图 10（d）为例，该方案下应力最大为 18.0MPa，最大应力出现在墙段角落上。由于四号剪力墙在 0.5 轴压比作用下时，应力集中处的应力值大于混凝土的设计强度，因此将置换段长度进行适当调整，将四号剪力墙按照方案六的施工方案进行加固处理。表 6 给出了四号剪力墙加固完成后应力最大墙段中间位置应力值及承载力富余，承载力富余为最大应力墙段的正截面受压承载力富余与该墙段正截面受压承载力的比值。

表 6　四号剪力墙墙段最大应力及承载力富余

| 墙段应力（MPa） | 轴压比 | |
| --- | --- | --- |
| | 0.5 | 0.55 |
| 方案二 | 10.1 | 12.5 |
| 承载力富余 | 57.6% | 50.2% |
| 方案六 | 10.1 | 12.5 |
| 承载力富余 | 64.6% | 60.7% |

根据表 6 可知，采用方案二、方案六进行加固处理，承载力富余均在 50% 以上，说明较大轴压比下也能采用无支撑置换方法进行结构加固。方案二与方案六仅置换材料强度不同，由表 6 可知，同一轴压比下方案六的墙段应力均大于方案二，说明置换材料强度并不是越高越好。

##### 4.2.2　三号剪力墙施工模拟结果分析

图 11 给出了三号剪力墙在 0.55 轴压比作用下的施工模拟结果，三号剪力墙长 3.05m。

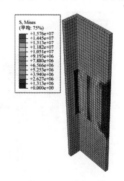

（a）轴压比 0.55、方案一　　（b）轴压比 0.55、方案二　　（c）轴压比 0.55、方案三　　（d）轴压比 0.55、方案四

 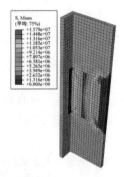 

（e）轴压比0.55、方案五　　　（f）轴压比0.55、方案六　　　（g）轴压比0.55、方案七　　　（h）轴压比0.55、方案八

图 11　三号剪力墙施工模拟结果

根据图 11 可知，与其他施工顺序相比采用施工顺序一进行加固后墙段应力分布均匀，更接近正常受力状态的剪力墙结构。而采用施工顺序三、四进行加固时部分墙段应力较大但应力集中导致的最大应力值较小。表 7 给出了三号剪力墙加固完成后应力墙段中间位置最大应力值及承载力富余。

**表 7　三号剪力墙墙段最大应力及承载力富余**

| 墙段应力（MPa） | 轴压比 | 墙段应力（MPa） | 轴压比 |
| --- | --- | --- | --- |
|  | 0.55 |  | 0.55 |
| 方案一 | 13.5 | 方案五 | 14.4 |
| 承载力富余 | 45.5% | 承载力富余 | 53.1% |
| 方案二 | 12.8 | 方案六 | 14.2 |
| 承载力富余 | 49.0% | 承载力富余 | 52.6% |
| 方案三 | 13.1 | 方案七 | 13.2 |
| 承载力富余 | 47.4% | 承载力富余 | 57.3 |
| 方案四 | 13.5 | 方案八 | 14.0 |
| 承载力富余 | 45.5% | 承载力富余 | 53.6% |

根据表 7 可知，施工顺序二、三进行加固后，承载力富余较高，而施工顺序一、四进行加固后承载力富余偏低。根据同一施工顺序下不同置换材料的对比可知，采用较高强度置换材料会提高承载力富余。

### 4.2.3　一号剪力墙施工模拟结果分析

图 12 给出了一号剪力墙的施工模拟结果，由于轴压比 0.5、0.55 作用下的施工模拟结果中仅墙段应力不同，受力规律具有一致性，因此仅给出在 0.55 轴压比作用下的施工模拟结果，一号剪力墙长度为 5.1m。

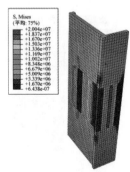 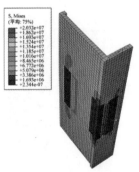 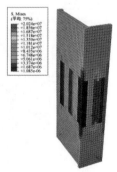 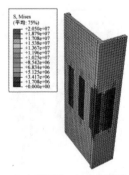

（a）轴压比0.55、方案一　　　（b）轴压比0.55、方案二　　　（c）轴压比0.55、方案三　　　（d）轴压比0.55、方案四

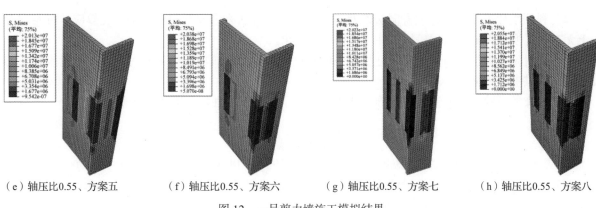

（e）轴压比0.55、方案五　　（f）轴压比0.55、方案六　　（g）轴压比0.55、方案七　　（h）轴压比0.55、方案八

图 12　一号剪力墙施工模拟结果

根据图 12 可知，无论采用何种置换方案，均是先置换的墙段应力大，后置换的墙段应变小，但应力分布较为均匀，未出现墙段应力集中于剪力墙某一区域的现象，说明隔段置换能取得较好效果，能尽量避免荷载分布集中。

表 8 给出了一号剪力墙加固完成后应力最大墙段中间位置应力值及承载力富余。

表 8　一号剪力墙墙段最大应力及承载力富余

| 墙段应力（MPa） | 轴压比 | 墙段应力（MPa） | 轴压比 |
| --- | --- | --- | --- |
| | 0.55 | | 0.55 |
| 方案一 | 15.0 | 方案五 | 15.1 |
| 承载力富余 | 49.0% | 承载力富余 | 53.7% |
| 方案二 | 15.2 | 方案六 | 17.0 |
| 承载力富余 | 43.7% | 承载力富余 | 45.5% |
| 方案三 | 16.5 | 方案七 | 16.9 |
| 承载力富余 | 39.5% | 承载力富余 | 45.9% |
| 方案四 | 17.1 | 方案八 | 18.5 |
| 承载力富余 | 35.5% | 承载力富余 | 39.0% |

根据表 8 知，方案一、方案五的承载力富余最大，因此施工顺序一加固效果较好，而采用施工顺序四进行加固时承载力富余降低较多。根据同一施工顺序下不同置换材料的对比可知，较高强度置换材料并不会提高甚至会降低承载力富余。

表 9 给出了适合不同置换条件下的建议施工方案组合。

表 9　建议施工方案

| 墙体长度 | 置换施工顺序 | 墙段拆除长度范围 | 置换材料强度 |
| --- | --- | --- | --- |
| 3m 以下 | 顺序二、顺序三 | 400～650mm（墙体轴压比≤0.45）<br>350～500mm（墙体轴压比 >0.45） | 高于设计强度 1～2 个等级 |
| 3m 以上 | 顺序一、顺序二、顺序三、顺序四 | 500～750mm（对轴压比无限制） | 高于设计强度 1～2 个等级 |

## 5　结论

通过对无支撑置换加固过程关键构件的受力分析以及通过施工模拟进行优化设计可得以下结论：

（1）通过布置监测系统对无支撑置换加固施工进行全过程施工监测可以保证施工期结构安全，提高工程质量。

（2）无支撑置换施工会影响与置换剪力墙相连的梁板结构，导致梁板结构应力增加，但应变增长有限，由于墙段浇筑时间的差异导致剪力墙加固完成后出现明显的应力滞后现象。

（3）利用生死单元法、等效升温法以及添加场变量的方法来考虑材料和结构时变效应，可实现混凝土无支撑置换加固的全过程模拟，并可取得较好效果。

（4）通过施工模拟的方式给出了适用于各种长度剪力墙的建议施工方案，可为无支撑置换施工的设计阶段提供参考依据。

（5）本文的试验及其研究仅针对静力状态下，对于相关抗震性能仍需进一步研究。

## 参考文献

[1] 胡克旭，赵志鹏. 混凝土置换法在某短肢剪力墙高层住宅加固中的应用 [J]. 结构工程师，2015，31（06）：172-177.

[2] 李树明，王美杰，崔庆海，等. 剪力墙置换加固中内力和位移变化研究——以龙奥御苑住宅楼加固工程为例 [J]. 山东建筑大学学报，2017，32（05）：496-501.

[3] 李春涛，张力，栗增欣，等. 分段置换混凝土在某高层住宅加固中的应用 [J]. 建筑科学，2018，34（03）：111-117.

[4] 冯剑，何舜，徐强，等. 水泥基灌浆料在工程加固中应用研究 [J]. 江西建材，2019（12）：13-14.

[5] 韩龙，田稳苓，肖成志，等. 高层钢结构建筑施工监测与模拟研究 [J]. 施工技术，2016，45（14）：86-89.

[6] CRISTIAN S，COSMIN P，et al. Local and global behavior of walls with cut-out openings in multistory reinforced concrete buildings[J]. Engineering Structures，2019，187：57-72.

[7] STAZI F，SERPILLI M，MARACCHINI G，et al. An experimental and numerical study on CLT panels used as infill shear walls for RC buildings retrofit[J]. Construction and Building Materials，2019，211：605-616.

[8] 吴元，王凯，魏彬. 水泥基灌浆料基本力学性能试验研究 [J]. 建筑结构，2014，44（19）：95-98，6.

[9] 赵更歧，肖水，鲁渊，等. 剪力墙开洞结构受力性能的研究 [J]. 世界地震工程，2014，30（03）：23-26.

# 某砌体结构粮仓墙体开裂分析与加固

陈建华[1] 江 星[2] 武占鑫[1] 刘 磊[1] 李文博[1]

1. 黑龙江省寒地建筑科学研究院 哈尔滨 150080
2. 黑龙江省城乡建设研究所 哈尔滨 150070

**摘 要:** 早年建设的粮食平房仓多为组合砌体结构,仓内粮食基本都是散装方式,粮仓外墙既起到围护作用,又起到挡粮作用,由于散装粮食荷载的特殊性,粮仓外墙受到较大的水平侧压力,易出现开裂破坏,墙体裂缝对房屋结构安全、建筑外观和密闭性能均存在较大不利影响,因此墙体裂缝问题备受关注。本文以某实际工程为例,对某粮食平房仓墙体开裂原因进行分析,并提出结构加固处理方案。
**关键词:** 砌体结构;平房仓;墙体开裂;加固

## 1 建筑物概况

某粮食平房仓平面形状呈矩形,总长度约 151m,总宽度为 31m,总建筑面积约为 4681m²,层数为地上 1 层,檐口高度为 7.5m,采用两道伸缩缝将该建筑物分为三个结构单元。结构形式为组合砖墙砌体单跨排架结构,基础形式为现浇钢筋混凝土条形基础,竖向承重结构采用烧结普通砖砌体和钢筋混凝土柱组合墙,屋盖采用轻型钢结构单跨双坡屋面系统,主钢梁为变截面实腹型钢梁,屋面板采用复合夹芯保温彩钢板。建筑平面布置、外观及内部效果如图 1~图 3 所示。

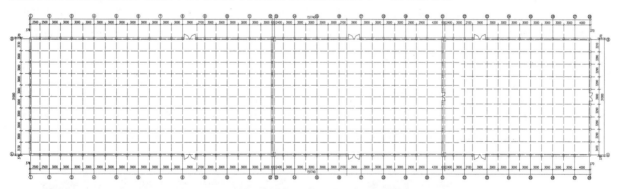

图 1 粮食平房仓建筑平面布置示意图

图 2 粮食平房仓外观

图 3 粮食平房仓内部

作者简介:陈建华,正高级工程师,研究方向:建筑结构检测鉴定与加固设计、工程结构抗震技术、冻土地基及地基基础加固技术。E-mail: 18604517507@163.com。

该粮食平房仓建于 2000 年左右，投入使用 1 年后，房屋东、西两侧外纵墙表面开始出现水平裂缝，裂缝位于外纵墙排架柱顶标高处。建设单位发现墙体开裂后，曾对该仓库进行过加固维修处理，对屋面钢梁增加了钢拉杆，对开裂墙体进行了封闭处理，维修处理后半年左右，上述墙体原开裂部位又出现了新开裂。

## 2 结构系统及构件的现场调查、检测

### 2.1 地基基础调查、检测

现场随机对该建筑山墙和外纵墙相交处选取检测点，通过对开挖基础探坑进行检查可知，该建筑地基基础形式为天然地基浅基础，基础类型为现浇钢筋混凝土条形基础，基础埋深为 2.35m，基础大放脚沿外纵墙面挑出宽度为 1100mm，沿山墙面挑出宽度为 1000mm，基础大放脚边缘厚度为 250mm、根部厚度为 450mm，基础实际检测情况与原设计基本相符。

### 2.2 上部承重结构调查、检测

#### 2.2.1 上部结构布置情况

该仓库上部结构形式为单跨现浇钢筋混凝土排架结构。两侧纵向墙体为竖向壁柱与水平向圈梁分块约束的烧结黏土砖组合墙体，壁柱截面尺寸为 400mm×600mm，壁柱高度为 6.5m，水平间距为 3.0m，圈梁截面尺寸（宽×高）为 370mm×240mm，由地面至檐口标高，沿墙体高度方向均匀设置了四道水平圈梁；山墙结构与两侧纵墙基本一致，水平圈梁与两侧纵墙内圈梁呈闭合状设置，山墙壁柱高同檐口高度，以间隔方式延伸至屋顶与屋盖系统连接。屋盖结构为变截面型钢折梁结构单跨双坡屋面，钢梁形式类似门式刚架结构，钢梁为焊接、分段拼装门式钢梁，杆件拼接处采用高强螺栓和节点板连接；屋面钢梁曾进行过加固处理，采用在钢梁下翼缘靠近两端拼接节点处增设钢拉杆进行拉接。每个结构单元的端部区域设有一道屋架上弦横向水平支撑，但缺少横向系杆；檩条系统采用实腹式冷弯薄壁卷边槽钢（C 型钢）檩条，檩条间跨中部位设置了一道直拉条，屋脊和檐口处均未设置刚性撑杆，部分直拉条未张紧，檩条托板已被加高，节点构造不合理，檩条端部已出现变形。屋面板采用彩钢复合聚苯乙烯夹芯板。屋面钢梁加固情况如图 4 所示。

#### 2.2.2 外纵墙变形及开裂情况

依据现行行业标准《建筑变形测量规范》（JGJ 8—2016）相关规定[1]，采用全站仪对外纵墙垂直度进行测量，测量结果表明，外纵墙排架柱顶水平位移（向室外一侧）为 50～60mm，纵墙水平裂缝分布在排架柱顶标高处（室外侧），裂缝最大宽度约为 4mm，为非贯通性裂缝。墙体开裂破坏情况如图 5 所示。

图 4 屋面钢梁增设钢拉杆加固状况

图 5 砌体开裂破损状况（室外开裂、室内未开裂）

#### 2.2.3 构件材料强度及钢筋配置情况

依据国家《混凝土结构现场检测技术标准》（GB/T 50784—2013）[2]、《砌体工程现场检测技术标准》（GB/T 50315—2011）[3]等相关检测要求，对组合墙体混凝土、砖和砂浆材料强度，以及混凝土构件内的钢筋数量、间距和保护层厚度进行检测。通过对检测数据整理分析可知：该建筑混凝土构件强度等级推定值为 C20、烧结砖强度等级推定值为 MU10、砌筑砂浆强度等级推定值为 M5，混凝土构

件配筋情况符合原设计要求。

## 3　房屋结构安全性评价

依据现行国家标准《民用建筑可靠性鉴定标准》（GB 50292—2015）[4]相关要求，对该粮食平房仓结构现状安全性进行评估。

### 3.1　地基基础评价

该建筑物地基基础从宏观看处于完好状态，建筑场地环境正常。未发现因地基不均匀沉降而引起的主体结构裂缝，据此判断，地基基础工作正常。地基基础子单元结构安全性可评为 $A_u$ 级。

### 3.2　上部承重结构评价

#### 3.2.1　组合砖墙砌体结构

现场勘验、检测结果表明，砖 – 混组合结构墙体表面为抹灰饰面，凿除局部墙体表面抹灰层勘验发现，砖砌体组砌方法正确，上、下错缝，内外搭砌，砌筑质量较好，墙体无空鼓现象，无严重酥碱现象；混凝土圈梁和壁柱表观质量较好，未发现蜂窝、孔洞等缺陷；混凝土振捣密实，材料强度满足设计要求。内横墙及纵横墙交接处未发现裂缝、变形现象，外纵墙排架柱顶部分有明显外闪变形及纵向开裂现象，变形值大于 $H/350$。竖向承重结构安全性可评为 $C_u$ 级。

#### 3.2.2　屋盖结构

通过现场测量屋面钢梁尺寸，按现行设计规范验算可知：现有屋盖钢梁承载力不足、刚度弱，支座处仍有向外水平推力，屋面钢梁存在较大安全隐患。由现场实际测量可知，C 形檩条截面高为 160mm，布置间距为 1600mm，檩条截面偏小，现场已有肉眼可见屈曲变形，檩条结构仅在跨中位置设置了一道直拉条，屋脊、檐口处未设置刚性撑杆，因此，实际工作中该屋盖檩条系统易出现侧向变形和扭转变形，存在较大安全隐患。屋盖结构安全性可评为 $C_u$ 级。

#### 3.2.3　房屋整体性

该房屋外围护结构整体性较好，砌体在壁柱和水平圈梁的约束下，具有足够的强度和刚度。但是外纵墙顶部至檐口区域结构布置及构造很弱，对结构整体性影响较大。

该房屋屋盖钢梁结构选型不合理，现有钢梁加固后仍然无法有效约束两端支座的水平位移，两端支座处仍存在向室外方向的水平推力，对下部排架柱产生不利作用，且无法对排架柱顶形成有效的拉接约束，继而对房屋整体性产生较大影响。房屋结构整体牢固性等级可评为 $C_u$ 级。

综上分析，该房屋上部承重结构子单元结构安全性可评为 $C_u$ 级。

### 3.3　鉴定单元安全性评价

根据《民用建筑可靠性鉴定标准》（GB 50292—2015）第 9.1.2 条第 1 款的规定：鉴定单元的安全性等级，一般情况下，应根据地基基础和上部承重结构的评定结果按其中较低等级确定。故鉴定单元的安全性等级为 $C_{su}$ 级。

## 4　墙体裂缝成因分析及加固方案探讨

### 4.1　墙体裂缝成因分析

该仓库墙体裂缝主要分布于东、西两侧外纵墙排架柱顶附近，呈水平状分布于整面外纵墙，裂缝形态均属于非贯通性裂缝，外纵墙内侧未见裂缝。墙体沿竖直方向有平面外变形，排架柱顶标高以下部分向室外一侧倾斜、排架柱顶标高以上部分向室内一侧倾斜，即水平裂缝正处于墙体侧向变形的反弯点处，每个结构单元内，墙体侧向变形沿外纵墙长度方向呈中间大、靠近内横墙和山墙处变小的整体变形形态。

通过现场调查了解到，外纵墙排架柱顶位于屋面钢梁下，排架柱顶与檐口之间采用 370mm 厚烧结砖砌筑填充。正常排架结构屋面应用钢屋架结构（原设计亦采用梯形钢屋架），理论计算模型可简化为刚性系杆，即无轴向变形。而本工程采用的这种变截面型钢折梁屋架构造，由于下弦无拉杆，抗弯刚度、拉压刚度均较弱，钢梁在屋面荷载及自重作用下，将产生弯曲变形及纵向伸长变形，同时在梁两端支座部位将产生较大的水平推力，两侧纵墙内排架柱在屋面梁水平推力以及仓库内粮食堆载侧压力作用下，将出现较大的面外侧向倾斜变形，进而导致墙体最薄弱处（壁柱顶部与砖填充墙交界处）出现水平裂缝。结构单元内裂缝及变形呈中部大、端部小的形态，这是由于排架柱与多道圈梁整体连接，靠近端部的抗风柱受附近山墙或内横墙的约束作用相对较大，进而提高了该部分排架柱的抗侧刚度，导致其倾斜变形及墙顶开裂现象较中部轻微。正常排架结构理论计算简图和本工程排架结构计算简图对比情况如图 6 所示。

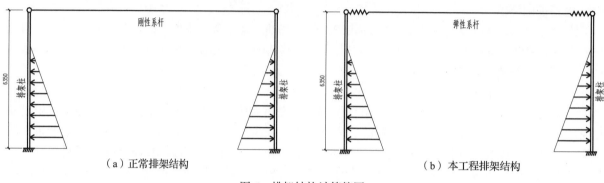

（a）正常排架结构　　　　　　　　　　　　　（b）本工程排架结构

图 6　排架结构计算简图

### 4.2　加固处理方案

#### 4.2.1　提高屋盖型钢折梁刚度

（1）方案一：采用梯形钢屋架替换屋盖型钢折梁。即拆除原有型钢折梁及屋面系统，重新制作安装梯形钢屋架，并恢复屋面系统。加固示意图如图 7（a）所示。

（2）方案二：将屋盖型钢折梁改造为钢桁架。即保留原有屋面系统，拆除原型钢折梁下部下翼缘既有钢拉杆，并在原型钢折梁下部重新增设型钢腹杆及下弦杆，将实腹型钢梁改为钢桁架。加固示意图如图 7（b）所示。

（3）方案三：采用张弦梁技术加固屋盖型钢折梁[5]。

即保留原有屋面系统，拆除原型钢折梁下部下翼缘既有钢拉杆，同时在钢梁支座部位增设连接两端支座的型钢拉杆（即张弦），并在对应屋脊部位及两侧 1/4 跨度处设置竖向撑杆与预应力钢拉杆（张弦）连接，将实腹型钢梁改为张弦梁。加固示意图如图 7（c）所示。

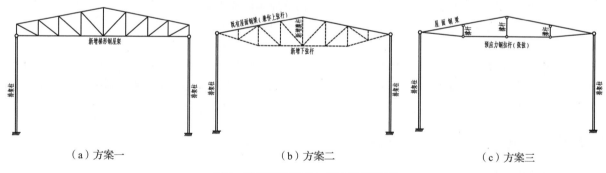

（a）方案一　　　　　　　　　　（b）方案二　　　　　　　　　　（c）方案三

图 7　排架结构屋盖加固方案示意图

采用上述三个方案加固后，均可显著提升既有屋盖结构的抗弯刚度及抗拉刚度，使排架结构受力更合理，并对两端排架柱能够形成有效的侧向约束，防止其继续变形。

方案一的优点是：新增钢屋架可在地面制作，不存在高空焊接作业，施工难度小，施工质量容易保证；缺点是：需要拆除原有屋面系统，施工期间需清空粮仓内原有储粮，工程总造价较高，施工周期较长。

方案二的优点是：可保留既有屋面系统，施工期间无须清空粮仓内原有储粮，工程造价显著降低，施工周期较短；缺点是：高空焊接作业量大，施工难度较大，施工质量不容易保证。

方案三的优点是：可保留既有屋面系统，施工期间无须清空粮仓内原有储粮，高空焊接作业量较小，工程造价低，施工周期短；缺点是：对钢架梁平面内抗压刚度基本无改善。

综合上述方案优缺点分析，本项目最终选择方案三作为最终加固方案。

### 4.2.2　完善屋盖结构支撑系统

在既有屋架上弦横向水平支撑系统中增设横向系杆，完善水平支撑系统；更换屋面檩条系统，新增檩条应满足强度及刚度要求，并按国家现行相关标准要求设置拉条和撑杆。

### 4.2.3　采用裂缝修补技术维修开裂墙体

东西两侧外纵墙顶部纵向裂缝宽度较大，先采用压力灌浆法对墙体裂缝进行封闭处理，并采用双面增设配筋砂浆带法对裂缝上部墙体进行整体性加固补强处理。

## 5　结语

本研究报告采用定性分析的方法，对某砌体结构粮食平房仓墙体开裂原因进行了分析论证，针对该项目实际损伤情况，经过对比分析提出了合理的概念性结构加固方案，通过对本项目的分析研究主要得到以下结论：

（1）房屋结构设计及加固设计时，应重视结构概念设计，选定的结构系统或结构加固方案应符合传力路线明确、构造措施完备、强度刚度匹配、结构冗余度高等基本要求，并满足结构静力安全性及抗震性要求。

（2）采用张弦梁技术加固既有大跨度楼屋盖结构，具有受力明确、构造简单、施工简便、造价低廉等明显综合技术优势，加固后的屋盖结构具有结构安全可靠、刚度提升明显、外型轻巧美观等优点，推广应用价值很高。

本工程项目的研究成果、加固设计思路和技术方法，可为类似大跨度屋盖结构的加固补强提供参考与借鉴。

**参考文献**

[1] 中华人民共和国住房和城乡建设部. 建筑变形测量规程：JGJ 8—2016[S]. 北京：中国建筑工业出版社，2016.

[2] 中华人民共和国住房和城乡建设部. 混凝土结构现场检测技术标准：GB/T 50784—2013[S]. 北京：中国建筑工业出版社，2013.

[3] 中华人民共和国住房和城乡建设部. 砌体工程现场检测技术标准：GB/T 50315—2011[S]. 北京：中国建筑工业出版社，2011.

[4] 中华人民共和国住房和城乡建设部. 民用建筑可靠性鉴定标准：GB 50292—2015[S]. 北京：中国建筑工业出版社，2015.

[5] 魏明宇，贾斌，赖伟. 基于张弦梁技术加固既有门式刚架厂房结构 [J]. 钢结构，2018，33（7）：71-75.

# 某预应力抽柱改造项目中的托梁拔柱施工技术

车英明[1]　董振平[12]　高明哲[1]　熊泉祥[1]　曹明安[1]

1. 西安建筑科大工程技术有限公司　西安　710055
2. 西安建筑科技大学土木工程学院　西安　710055

**摘　要：** 本文从某项目的工程实践出发，介绍了抽柱施工方案的设计和结构的安全性验算，并介绍了梁加固和框架柱抽除的施工过程控制。施工监测结果及实践效果表明该加固方案合理可靠，可为同类项目提供参考。

**关键词：** 预应力；加固；改造；抽柱；施工技术

随着城市的发展日趋成熟与饱和，如何在已有的限制条件下为旧建筑注入新的生命力，完成旧建筑的重生成为近几年关注的热点问题。同时，物质文化生活的不断提高，也使人们对建筑使用功能的需求不断提高。因此，业主往往要求对其所使用的旧建筑进行适当的改造，如常常希望能抽除某些楼层的柱或墙，以扩大使用空间。本文从某项目的工程实践的角度出发，介绍了采用预应力与增大截面相结合的方式解决旧建筑抽柱加固改造的方法，力求为同类项目提供参考。

## 1　结构概况

某商场原结构采用现浇钢筋混凝土框架结构，建于 2010 年，抗震设防烈度为 8 度（0.20g），设防类别为丙类，柱距以 8.2m 为主。根据新业主需求，现有建筑格局及使用功能与原设计有所不同，需对原结构按现有建筑使用功能进行改造加固设计。

结构改造主要涉及两种类型，如图 1、图 2 所示：

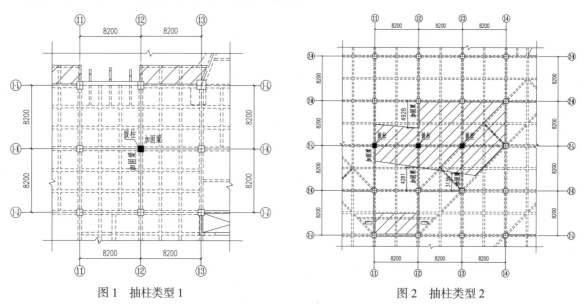

图 1　抽柱类型 1　　　　　　　　　　图 2　抽柱类型 2

图 1 为局部抽柱，原结构梁跨度由 8.2m 变成 16.4m；图 2 为局部楼盖开扶梯洞口，原结构梁由跨度为 8.2m 的框架梁变成 4 ～ 6m 的悬挑梁。

## 2　抽柱后结构内力分析

抽柱后与该柱柱顶相连梁的跨度成倍增加，同时结构的外荷载作用效应也会随之发生较大的变化。如图 3 所示，抽去柱 $Z_0$ 前，该柱两侧的梁截面承受较大的负弯矩 $M_L$ 和 $M_R$；如图 4 所示，抽柱后，承受较大的正弯矩 $M_0$。抽柱前后，结构的外荷载传递路径发生改变，导致原来梁的配筋形式不再适用。

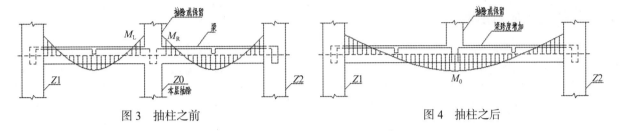

图 3　抽柱之前　　　　　　　　　　　　图 4　抽柱之后

## 3　加固施工方案设计

卸除增加跨度框架梁的上部荷载，在待拆除框架柱上使用直径 100 水钻定位排孔，切割为 300mm×1150mm 洞口（洞口大小根据梁增大截面大小确定，本次按梁底增大 200mm 进行节点演示），使用电镐对洞口上部及底部进行找平，保证支撑位置稳定。具体步骤如下：

（1）临时支撑措施：在开洞位置下部铺设 10mm 钢板，然后安装千斤顶及支撑型钢；顶升千斤顶使其受力，监测受力情况，当受力情况满足支撑要求时，切割两侧剩余混凝土，支撑安装方案如图 5、图 6 所示。

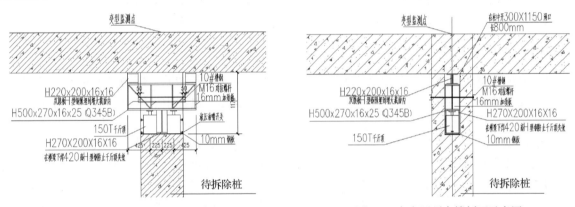

图 5　X 方向回顶支撑剖面示意图　　　　　图 6　Y 方向回顶支撑剖面示意图

（2）增大截面：千斤顶顶升卸荷完成后关闭液压阀门，保持千斤顶恒压，使用水钻或绳锯切割两侧混凝土柱；绑扎增大截面梁钢筋，安装预应力波纹管、预应力筋及节点。然后进行支模灌注 CGM 灌浆料。待灌浆料达到强度后张拉预应力筋，钢筋绑架方案如图 7、图 8 所示。

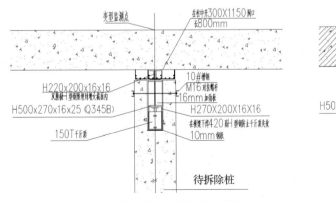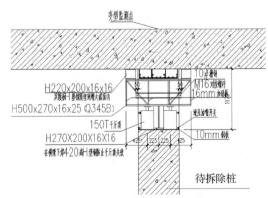

图 7　X 方向增大截面钢筋绑扎示意图　　　　图 8　Y 方向增大截面钢筋绑扎示意图

（3）加固完成后的卸载要求：加固完成后分级卸载，分级数不少于五级，通过位移变形监测控制每级卸载值；第一级卸载值小一些，同时观察相关构件和节点的位移变化，为后续卸载控制提供判断依据。

　　抽柱切割：当增大截面 CGM 灌浆达到 100% 强度及预应力张拉完成后，撤掉千斤顶支撑，使用绳锯对本层混凝土柱进行切割。

## 4　抽柱施工应急预案

　　本工程在实施过程中存在诸多不确定性因素，可能造成具体实施过程无法正常进行，需对诸多不确定因素进行合理分析并制定相应紧急预案，做好充分的技术准备，确保在结构安全的前提下完成抽柱拆除工作，且待拆除柱周边构件变形值在计算值允许范围内。

　　（1）千斤顶顶升监测：支撑前缓慢加载，实时监测千斤顶处结构受力，当顶升力值完全替代剩余柱时停止顶升，观测恒压千斤顶稳定性，是否满足卸载要求再进行施工。应急预案：如有恒压不稳定时及时替换千斤顶，重新观测千斤顶受力情况，直到千斤顶达到使用要求。

　　（2）拆柱监测：支撑完毕后，拆除柱两侧混凝土，根据水钻开孔顺序实时监测结构梁变形及位移情况，发现位移变化异常（偏离计算值）时立即停止开孔或切割。应急预案：如有开孔时位移偏离计算值时，停止开孔或切割，顶升千斤顶或增加临时支撑。

　　（3）加固完成后卸载过程中出现应力、应变等突变情况：由于本工程加固完成后的卸载过程属于"一次卸载"，即通过分多级卸载的方式控制卸载过程中结构的形态和变形，但每一级卸载的完成状态都是不可逆的，原钢筋混凝土结构构件在顶升和卸载的反复作用过程中，不可避免地出现局部应力 - 应变集中、突变。应急预案：缓慢分级卸载，第一级卸载值较小，出现突发情况时立即停止卸载，及时通报监理和设计，以确定下一步卸载方案。

## 5　抽柱施工过程监测

　　（1）竖向位移监测点，应在相应位置改造施工开始前一天进行初始数据测量，此后应每 12h 进行一次竖向位移监测，持续至相应位置施工结束后 14d 为止，施工过程中根据施工工法可适当加密监测频率，监测点位置可根据施工情况进行轻微调整。

　　（2）应变监测点，应在相应位置改造施工开始前一天进行初始数据测量，在预应力张拉过程中应持续进行监测，监测频率不小于 5min 每次，张拉接束后应每 1h 进行一次应力监测，持续至相应位置施工结束后 5d 为止，应变监测点布置在该梁端支座截面处。

　　（3）竖向位移监测精度不应小于 0.1mm，应变监测精度不应小于 1 微应变。竖向位移监测数据的预警值为 1.0mm，报警值为 3.0mm，警戒值为 5.0mm。

　　（4）应变监测数据的预警值为 200 微应变，报警值为 300 微应变，警戒值为 500 微应变。

## 6　加固施工结构安全性验算

　　支撑方案受力模拟采用有限元计算软件 YJK 1.9.3.0 进行分析模拟。模拟分析抽柱支撑中两种受力情况：

　　（1）原混凝土柱中剔除矩形洞，由混凝土柱剩余部分支撑时的受力情况。

　　（2）支撑千斤顶的型钢梁受力分析。

### 6.1　短墙受力分析

　　恒荷载：按实际梁、板尺寸计算，考虑面层；活荷载：按 1kN/m² 施工荷载考虑；组合系数：恒、活系数均为 1.0。

　　原混凝土柱中剔除矩形洞，竖向荷载由混凝土柱剩余部分承担，荷载按不利情况考虑，取 2 跨 × 2 跨模拟，中柱抽柱后采用两段 250mm×800mm 墙单元模拟，其余构件截面同原设计，杆件配筋计算结果如图 9 所示，抽柱位置处竖向变形如图 10 所示。

　　可见在施工荷载组合下，计算配筋远小于现有梁柱配筋，抽柱位置竖向位移 0.08mm，变形在控制内。

　　施工荷载组合下，抽柱位置两段 250mm×800mm 短墙 X 向弯矩为 0kN·m，Y 向弯矩为 4.2kN·m，如图 11、图 12 所示。

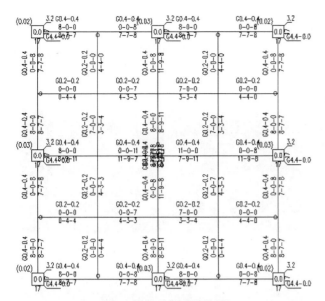

图 9　梁柱计算配筋简图

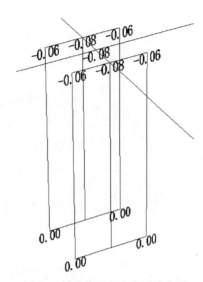

图 10　抽柱位置竖向变形放大图

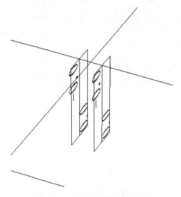

图 11　短墙 $X$ 向弯矩图

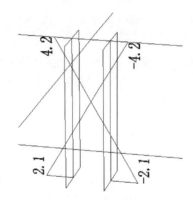

图 12　短墙 $Y$ 向弯矩图

$X$ 方向弯矩为 0，无须考虑；$Y$ 向弯矩计算时，不考虑钢筋的有利作用，按素混凝土计算。按《混凝土结构设计规范》（GB 50010—2010，2015 年版）中，式（D.3.1-2）：

$$M \leq \gamma f_{ct} bh^2/6 = 1.829 \times 0.94 \times 800 \times 250 \times 250 \times 10^{-6}/6 = 14.33\,(\mathrm{kN \cdot m})$$

其中：

$$\gamma = (0.7 + 120/h)\gamma_m = (0.7 + 120/250) \times 1.55 = 1.829$$

$$f_{ct} = 0.55 f_t = 0.55 \times 1.71 = 0.94\,(\mathrm{N/mm^2})$$

抗弯承载力为 14.33kN，远大于所承受荷载 4.2kN。

综上所述，可以认为柱中开孔方案，不存在结构安全问题。

### 6.2　支撑千斤顶的型钢梁受力分析

千斤顶按 200mm × 200mm 方柱考虑，钢梁悬挑长度按 450mm（从柱中心算起）考虑，型钢截面为 H500mm × 270mm × 16mm × 25mm（Q345B），型钢梁末端施加点荷载 250kN。型钢最大应力比 0.16（受弯）、0.14（稳定）、0.27（受剪），均小于 0.3（图 13），型钢梁末端最大位移为 0.78mm，对应悬挑长度 450mm 的挠度值为 1/577，变形较小（图 14），因此抽柱施工过程可控。

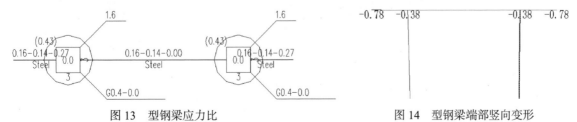

图 13　型钢梁应力比　　　　　　　　　　　　图 14　型钢梁端部竖向变形

## 7  抽柱施工过程

详细施工过程不再赘述，监测结果显示，柱拆除后，梁跨中位置竖向位移小于 1mm，与理论计算吻合较好。施工过程照片如图 15 ~ 图 18 所示。

图 15  增大截面及预应力张拉完成

图 16  上层柱拔除

图 17  中间层柱拔除

图 18  下层柱拔除

## 8  结语

加固改造工程有别于新建工程，应兼顾结构安全可靠性、施工便利性，充分考虑施工可行性和施工过程中的主体结构安全。确定适合该工程的加固改造方案，并基于选定的加固改造方案给出合理而详尽的施工步骤。该工程从设计、施工到投入使用已近三年，实际建筑使用效果良好。该工程设计、施工中取得的经验可供其他类似工程参考。

### 参考文献

[1] 湛楠，吴殿昌，熊梦林，等. 抽柱加梁技术在框架结构加固改造中的设计与应用 [J]. 施工技术，2018，47（11）：54-58.

[2] 郭浩然，鲁晓通，王欣博，等. 深圳某办公楼改造结构加固设计 [J]. 施工技术，2018，47（7）：11-13，105.

[3] 翟影. 重庆某剧院抽柱转换加固方案 [J]. 重庆建筑，2016，15（12）：32-36.

[4] 陈安东. 杭州国际博览中心既有结构室内改造拆除施工技术研究 [J]. 施工技术，2017，46（19）：145-148.

[5] 张开臣，李铭，车英明，等. 某预应力抽柱改造项目设计与施工研究 [J]. 施工技术，2019，48（9）：39-42.

# 锚杆静压钢管桩在超大厚黄土地区地基处理中的应用研究

闫鹏程　李杭杭

甘肃省建筑科学研究院（集团）有限公司　兰州　7300700

**摘　要：** 本文以某工程为背景，针对超大厚度黄土地区既有建筑地基出现不均匀沉降，采用锚杆钢管静压桩加固施工过程中摩阻力过大、桩过长造成压桩困难，提出了消除压桩侧摩阻力的方法，分析了钢管桩侧摩阻力对压桩的影响，总结了施工中的技术要点，为类似工程提供参考。

**关键词：** 既有建筑；高填方湿陷性黄土；桩侧摩阻力；钢管桩；地基托换

微桩托换技术能够解决地基承载力不足及地基变形等问题，考虑到复杂高填方湿陷性黄土场地既有建筑持力层较深，桩基施工易造成沉渣较厚。既有建筑采用锚杆钢管静压桩托换技术受到持力层深度限制，桩端无法较好地进入持力层。采用消除桩侧摩擦力的施工方法，避免了随着压桩长度的增加桩侧摩擦力累积增大的影响。该技术能够较好的确保桩端进入持力层，桩侧预留一定孔洞，桩内后续压力灌注水泥砂浆时能够通过孔洞流出水泥砂浆，对钢管桩起到保护层作用，对钢管桩抗腐蚀起到一定的作用。

微桩托换技术能够有效地提高桩基承载力，但对既有建筑结构较长的桩，采用消除侧摩阻力法，不仅降低了施工难度，还能够确保施工质量。因此，本文通过对既有建筑地基锚杆钢管桩托换施工技术，对既有建筑结构微桩的施工工艺、作用机理及承载性状等方面的研究，分析桩侧摩阻力对结构施工及承载力的影响，为以后大量采用既有建筑静压桩消除施工桩侧阻力提供技术指导。

## 1　工程概况

工程位于兰州市城关区，该建筑使用功能为住宅楼，结构形式为钢筋混凝土框架剪力墙结构，地上十八层、地下一层，基础为桩基础，防水筏板厚度为 300mm。建筑高度为 52.20m，建筑物长度为 75.45m，宽度为 15.90m，建筑面积为 20010.30m²，基础采用人工挖孔钢筋混凝土灌注桩，地基基础设计等级为乙级，由 1～4 个单位组成，其中 2、3 单元之间预留结构伸缩缝。

该楼近几年地基出现严重不均匀沉降，主要表现为 2、3 单元伸缩缝顶层变宽，3、4 单元整体倾斜，地下室筏板下部脱空，室外管道出现倒流现象，室内部分填充墙开裂，部分门窗无法正常开闭。

### 1.1　地基条件

该场地成西高东低，东侧部分区域为回填土，场地地质由高到低分布情况如下：

1 层素填土：层厚为 0.50～10.7m。褐色，主要由粉土组成，含有少量砾石、砖块、煤渣等建筑垃圾及少量生活垃圾，稍密，稍湿。

2 层杂填土：层厚为 0.6～5.6m。杂色，主要由砖块、煤渣、砾石及生活垃圾组成，松散，稍密。

3 层粉土：层厚为 10.7～21.4m。黄褐色，土质均匀，局部夹有薄层粉质黏土及细砂，含钙质菌丝，摇振反应迅速，无光泽，干强度高，稍湿，稍密。

4 层卵石：埋深 25.8～31.6m 层厚为 6.1～8.5m。青灰色，一般粒径 20～100mm，最大粒径 160mm，局部含大漂石，粒径大于 20mm 的含量约占总量的 65% 左右，磨圆度较好，呈次圆状，成分以石英岩、砂岩为主，砂砾充填。密实。

5 层砂岩：第三系沉积岩，本次勘察揭露最大厚度为 11.3m（未揭穿），棕红色，细粒结构，岩芯呈短柱状，遇水或暴露地表易软化或风化崩解，不经扰动时强度较高。局部岩芯呈青灰色粗粒结构，矿物成分以石英、长石为主，局部夹泥岩。据区域资料，该层层位稳定，厚度大于 500m。

### 1.2 沉降倾斜观测

为保证沉降观测精度，在监测对象外围布设 3 个基准点。在监测对象四个大角及每边布设观测点，点位间距不大于 20m。观测点为专用沉降观测标志，用建筑胶植入外墙体。本工程共布设 10 个观测点。因沉降观测的该楼为既有建筑，故观测频率根据观测结果而确定。初始观测频率为 1 次 / 周，当日平均沉降量不大于 0.2mm/d，调整为 1 次 /15d，当连续多次观测结果的日平均沉降量不大于 0.2mm，且累计沉降量不大于 5mm 时调整为 1 次 /30d。该楼沉降呈现收敛停止状态。

该楼进行整体倾斜观测，测得东西方向（边长：75.45m）两端沉降差分别为 68mm、102mm，整体倾斜均为 0.001；南北方向（边长：12.30m）两端沉降差为 25mm、9mm，整体倾斜分别为 0.002、0.001。该楼整体倾斜未超过《建筑地基基础设计规范》(GB 50007—2011) 第 5.3.4 条要求。

## 2 施工方法

### 2.1 施工准备

#### 2.1.1 施工现场

施工前先组织相关人员了解施工现场，查清建筑物周围的地下管网，做好沉降观测、倾斜观测，对钢管桩位置进行放线，测量影响静压桩施工的管道位置。该钢管静压桩施工位于地下室，地下室通风较差、消防管道较低、通风管道体积较大不利因素。

#### 2.1.2 材料准备

锚杆、钢管、M30 水泥砂浆、钢筋等材料。

#### 2.1.3 施工机具准备

施工机具有：压桩反力架、千斤顶、油泵、水钻、电焊机、切割机、电锤及通风设备等。

#### 2.1.4 技术准备

沉降方案编制、防水筏板拆除方案、锚杆静压桩施工方案、疑难点控制措施及试桩方案等。

### 2.2 施工流程

桩位测量放线→压桩孔制作→锚杆植筋→钢管桩制作→压桩反力架安装→压桩施工（垂直度调整、桩节连接）→稳压→压桩深度纪录→水泥砂浆压力灌注→施工质量验收。

### 2.3 施工方法

（1）根据建筑物轴线按桩位平面布置图测量放线，平面位置偏差不得大于 ±20mm；桩位测放结束需经监理或建设单位验收通过后方能进行下道工序施工。

（2）钢管桩制作，根据现场实际操作高度确定静压桩标准节长度，为能够可靠地使钢管桩进入持力层，采取桩端焊接 $\phi$14mm 钢筋环，避免桩身与土体接触。钢管桩桩身自桩头 0.5m 预留 $\phi$20mm 注浆孔，间距 1000mm，梅花布置。

（3）压桩孔制作，根据压桩孔布置图，采用水钻切割原有筏板，压桩孔尺寸应满足压桩需求。

（4）压桩孔周边埋设 6 根 M8.8 级锚杆，锚杆直径为 33mm，原有筏板厚度为 300mm，螺杆植筋深度 280mm，锚杆露出承台顶面不应小于 120mm。

（5）压桩反力架安装，为保证压桩垂直度，应垂直安装反力架，原有筏板表面不平整，采取筏板上面铺设一定厚度细砂，保证反力架垂直，采用力矩扳手均匀拧紧每一颗螺栓。防止压桩架晃动，压桩时桩体应保持垂直，垂直偏差不得超过桩节长度的 ±1.0%。

（6）起吊桩段，就位桩孔，桩段就位时必须保持桩段垂直，桩段就位后采取双侧悬挂线坠措施，确保桩段双向均垂直，压桩时使千斤顶与桩端轴线保持在同一直线上，不得偏压。

（7）接桩时根据钢管壁厚剖口焊接，接头部位钢管桩壁均布 4 根 $\phi$14mm 加强钢筋，接桩前采取临时固定措施，调整垂直度后再焊接施工，接头验收合格后再进行压桩施工。

（8）桩尖应达到设计深度，且压桩力不小于设计单桩承载力的 1.5 倍时的持续时间不少于 5min 时，可终止压桩，统计记录压桩深度及压桩力。

（9）压桩完成后钢管内灌注 M30 水泥砂浆，加压力不大于 2.0MPa。

## 2.4　施工注意事项

### 2.4.1　质量控制

（1）质量预控

①建立质量管理网络，设计技术交底和进行图纸会审，制定质量评定制、质量奖罚制度、质量例会制度、质量问题处理制度。施工方案必须具有针对性，措施具体，施工流程清楚，顺序合理。

②工程质量检验制度，包括原材料设备进场检验制度，施工过程的检验，施工结束后的抽样检测。

（2）过程质量控制

①管桩质量，对管桩进行外观检查，尺寸偏差和承载力检验。

②压桩机传感设备是否完好，桩机配重与设计承载力是否相适应。

③桩端焊接很重要，要检查焊条质量，设备适用完好率。焊完后必须保证一定暂停时间，间歇时间超过15min为好，以焊接部位自然冷却时间为准。

垂直度：通常用两台磁力线坠、夹角90°方向进行监测。需注意第一节桩桩尖导向必须垂直；地基表面有坚硬石块必须清除，使桩身达到垂直度要求。

压桩过程：压桩过程碰到硬土层，不能用力过猛，管桩抗弯能力不强往往容易折断，抬架时也要轻抬轻放。否则一是造成桩身开裂；二是易发生桩架倾斜倒塌事故。

（3）检验（验收）控制

桩基完成后依据国家行业标准《建筑基桩检测技术规范》（JGJ 106—2014）规定对管桩质量评定。

管桩静力载荷试验：主要检测极限承载力，沉降量回弹后残余变形情况。

### 2.4.2　问题处理

（1）桩身弯曲变形：桩在沉入过程中，桩身突然倾斜错位，当桩尖处土质条件没有特殊变化，而贯入度逐渐增加或突然增大，桩身出现回弹现象，即可能桩身弯曲变形。主要原因：桩身在施工中出现较大弯曲，在集中荷载作用下，桩身不能承受抗弯度；桩身在压应力大于钢管抗压强度时，钢管发生弯曲变形。

预防措施：压桩时遇地下障碍物，应采取拔桩引孔措施，再重复压桩。

（2）沉桩达不到设计要求：沿桩设计时是以最终贯入度和最终标高作为施工的最终控制。一般情况下，以一种控制标准为主，以另一种控制标准为参考，有时沉桩达不到设计的最终控制要求。主要原因：勘探点不够或勘探资料粗略，勘探工作以点带面。致使设计考虑持力层或选择桩尖标高有误，有时因为设计要求过严，超过施工机械能力或桩身强度；桩机及配重太小或太大，使桩沉不到位或沉过设计要求的控制标高，桩身弯曲变形致使桩不能继续打入。

预防措施：探明工程地质情况，必要时应作补勘，正确选择持力层或标高；防止桩身弯曲变形，压桩时注意桩身变化情况。

（3）桩身倾斜：桩身垂直偏差过大。原因分析：场地不平、有较大坡度。桩机本身倾斜，则桩在沉入过程中会产生倾斜；稳桩时桩不垂直，送桩器、桩帽及桩不在同一条直线上。预防措施：场地要平整，如场地不平，施工时应在压桩机底部抄平抄实，使压桩机底盘保持水平。

## 3　压桩设计

### 3.1　反力架设计

#### 3.1.1　锚杆设计

钢管桩竖向承载力特征值为500kN，根据规范要求压桩力为特征值的1.5倍，压桩力为750kN，考虑压桩安全储备1.2倍，锚栓总拉拔力为900kN，根据压桩力选择4根8.8级M33高强螺杆，锚杆螺栓的锚固深度采用12～15倍锚杆直径，且不小于300mm，由于原有筏板厚度为300mm，植筋深度能满足施工要求，现场植筋深度为280mm，对现场植筋采取拉拔试验，最小拉拔力为180kN，原设计植筋不能满足现场需求，采取增加植筋数量要求。预埋锚杆平面布置如图1所示，预埋锚杆构造详图如图2所示。

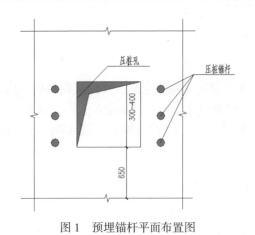 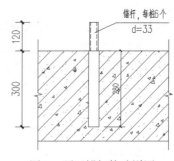

图 1　预埋锚杆平面布置图　　　　　　　　　图 2　预埋锚杆构造详图

### 3.1.2　反力架设计

压桩反力架立柱采用 2 根 160mm×65mm×8.5mm×10mm 槽钢，底板厚度为 480mm×250mm×30mm，底板上部预留长孔 100mm×40mm（图 3）。

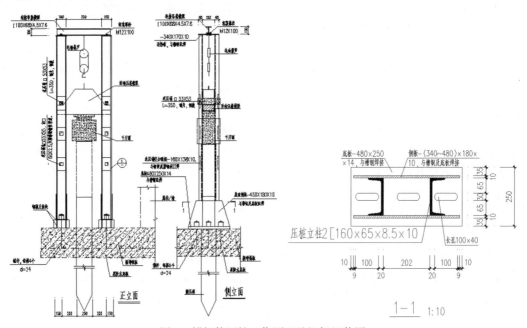

图 3　锚杆静压桩工作原理及机架组装图

## 3.2　桩头设计

本工程锚杆静压桩采用钢管桩，桩段长度由场地净高和顶压设备尺寸确定，一般取 1.0～2.5m。总桩长由持力层深度确定。根据原设计该项目工程桩持力层为Ⅰ区卵石层埋深 25.8～31.6m，Ⅱ区卵石层埋深 21～26m，由于持力层较深，压桩时钢管桩侧壁摩擦力对压桩影响较大，钢管桩按照端承桩设计，为了使钢管桩有效地进入持力层，采取压桩时消除桩侧摩擦力，并考虑钢管桩腐蚀现象，对距离桩端 100mm 桩身处焊接 $\phi14$mm 钢筋环，有效的消除压桩摩擦力。桩身预留一定数量 $\phi20$mm 孔洞，后注水泥砂浆流出孔洞形成钢管保护成。本工程设计钢管桩尺寸为 219mm×8mm；静压桩长度按照 25m 计算，进入卵石层深度按照 500mm 计算。

### 3.2.1　压桩力计算公式

单桩极限承载力计算公式如下所示：

$$P_p = Q_{uk} = Q_{sk} + Q_{pk} = \mu \sum q_{sik} l_i + \lambda_p q_{pk} A_p$$

式中，$P_p$ 为压桩力；$Q_{uk}$ 为单桩竖向承载力标准值；$Q_{sk}$ 为总极限侧摩阻力标准值；$Q_{uk}$ 为总端阻力标准值；$l_i$ 为桩周第 i 层土的厚度；$q_{sik}$ 为桩侧第 i 层土的极限侧阻力标准值；$\mu$ 桩身周长；$q_{pk}$ 为桩的侧限端阻力标准值；$\lambda_p$ 为桩端土塞效应系数；$A_p$ 为桩端面积。

### 3.2.2 标准压桩力计算

各土层物理力学指标见表 1。

**表 1 各土层物理力学指标**

| 层号 | 土层名称 | 层厚 | 桩侧极限摩阻力标准值 |
|---|---|---|---|
| 1 | 杂填土 | 5.6m | 30kPa |
| 2 | 素填土 | 5.1m | 30kPa |
| 3 | 粉、细砂 | 15.6m | 60kPa |
| 4 | 卵石 | 0.5m | 200kPa |

压桩过程中桩端力主要为粉土层桩端力，粉土层 $q_{pk}$ 按照 2700kPa 计算。

$Q_{sk}=\mu\sum q_{sik}l_i=\mu（5.6\times30+5.1\times30+15.6\times60+0.5\times200）=0.688\times1357=933.616（kN）$

$Q_{pk}=\lambda_p q_{pk} A_p=0.365（2700\times3.14\times0.1095\times0.1095）=0.365\times101.65=37.103（kN）$

$P_p=Q_{uk}=933.616+37.103=970.719（kN）$

### 3.2.2 消除侧摩阻力压桩力计算

$P_p=Q_{uk}=Q_{pk}=37.103（kN）$

按照传统技术压桩施工时钢管桩侧摩阻力为 933.6kN，桩端阻力为 37.103kN，该技术消除侧摩阻力后压桩力为 37.103kN，本工程钢管柱最大压桩计算深度为 25m，传统做法压桩力较大压桩过程中极容易使钢管弯曲变形，消除侧摩阻力后压桩力减小较大，能够保证压桩过程顺利进行（图 4）。

图 4 钢管桩桩身详图

### 3.3 高强水泥砂浆钢管桩设计

地基浸水导致该建筑物不均匀沉降，现有注浆技术主要采用水泥浆改变地基承载力，水泥浆含水量大，易引起建筑物附加沉降，且强度不易保证，采取混凝土浇筑钢管桩不易对钢管形成保护层，影响钢管使用年限，采用高强度水泥砂浆技术，能确保流动性满足施工要求，同时解决流动性和强度问题，避免因水泥浆含水量大引起附加下沉。采用 M30 水泥砂浆压力灌注钢管柱。

## 4 施工过程沉降观测

设置基准的原则是合理埋设，观测方便，并能保证水准点的稳定，基准点的埋设数量不少于三个，基准点必须加盖保护，在观测平面中，基准点位置应明确标注。

（1）沉降观测

沉降观测采用闭合圈法按一等水准测量要求进行，DS 使用级精密水准仪、水准尺。

加固施工前观测一次，结构加固施工过程每 3 ~ 5d 观测一次，建筑物加固完成后每 15 ~ 30d 观测一次，直至沉降稳定为止。针对建筑物沉降异常情况应及时整理出资料及时提交给业主、设计。使用阶段每半年观测一次，共两次，以后每年一次，预计观测五年或直到沉降稳定，使用阶段预计共测 6 次。

（2）观测成果管理

本工程沉降观测应有专用记录表和建筑物平面图及观测点布置图等，并根据沉降观测成果绘制沉降分布图，沉降量与时间关系曲线图，最后计算整个建筑物的平均沉降量和相对沉降差。

## 5 检验及验收

（1）施工前应对成品桩做外观及强度检验，接桩用焊条应有产品合格证书，或送有关部门检验；

压桩用压力表、锚杆规格及质量应进行检查。

（2）压桩施工中应检查压力、桩垂直度、接桩间歇时间、桩的连接质量及压入深度。重要工程应对电焊接桩的接头进行探伤检查，对承受反力的结构应加强观测。

（3）施工结束后应进行桩的承载力检验。

①钢管桩承载力不小于设计值，采用静载法抽样试验。

②压桩长度不小于设计值，采用钢卷尺测量。

③水泥砂浆强度不小于设计值，采用 28d 试块强度试验。

④接头焊接尺寸偏差符合设计规范要求，采用焊缝检测仪检测。

# 6　结论

本文通过对湿陷性黄土地区既有高层建筑地基不均匀沉降地基托换技术研究，对某工程采用锚杆静压桩托换技术研究分析，得出以下结论：

（1）钢管桩采用消除侧壁压桩阻力的方法，有效地解决了压桩深度不满足设计问题，解决实际施工中以设计最终压桩力为主，压入深度为辅的问题。

（2）通过压桩过程中消除侧摩阻力，大量减小压桩过程中压桩力，有利于减小压桩钢管桩弯曲变形，提高垂直度及施工质量。

（3）本方法还可以通过锚杆提供预压力，对终止不均匀沉降有较好的作用。

**参考文献**

[1] 吴江斌，王向军，宋青君. 锚杆静压桩在低净空条件下既有建筑地基加固中的应用 [J]. 岩土工程学报，2017，（S2）：162-165

[2] 徐中华，王建华，王卫东. 上海地区深基坑工程中地下连续墙的变形性状 [J]. 土木工程学报，2008，（08）：81-86.

[3] 冯虎，刘国彬，张伟立. 上海地区超深基坑工程地下连续墙的变形特性 [J]. 地下空间与工程学报，2010，6（01）：151-156.

# 第5篇
# 新技术与新材料

# 锚杆静压桩处理既有建筑湿陷性黄土地基

## 李勇李晋

太原市恒瑞达工程技术有限公司　太原　030019

**摘　要：** 湿陷性黄土是一种特殊土，广泛分布于山西、陕西、宁夏以及甘肃多省，湿陷性黄土是指在上覆土层自重应力作用下，或者在自重应力和附加应力共同作用下，因浸水后土的结构破坏而发生显著变形的土[1]。对于湿陷性黄土地基的处理，现行规范以及有关研究中给出了很多行之有效的处理方式，但是对既有建筑的湿陷性黄土地基处理目前应用比较广泛的是采用注浆处理，但是在长期的工程实践中，注浆处理在城市中错综复杂的环境中处理效果的不确定性较大，并且在自重湿陷性黄土地基中应用局限性很大，尤其是高层建筑为了解决在前期处理中存在缺陷的自重湿陷性黄土地基尤其是深厚湿陷性黄土地基的后期加固问题，采用锚杆静压桩这种常用于提高地基承载力的方法加固既有建筑的自重湿陷性黄土地基，基本原理就是把湿陷性黄土以下具有良好土力学性能的土层作为持力层，利用钢管桩或者混凝土桩对原有地基进行托换，降低对原有地基的附加应力，使湿陷性黄土地基形成复合地基，并对黄土有一定的挤密作用，消除其部分湿陷性，桩采用锚杆静压的方式成桩，压桩力与深度双控。经过在山西省境内的两个因湿陷性造成高层住宅倾斜项目的应用取得了良好的效果。

**关键词：** 锚杆静压桩；自重湿陷性黄土地基；托换；地基加固；沉降监测；压桩力

虽然现在各地建设主管部门对于自重湿陷性黄土场地非常重视，只要是湿陷性黄土场地都要对处理方案进行专家论证，力争做到万无一失，但是由于场地的不均匀性、地下的复杂性以及施工质量等原因，不可避免地在建筑投入使用后，因地基进水造成了建筑的不均匀下沉，对建筑的安全使用带来了很大的影响。

本文选取某剪力墙结构高层住宅作为研究对象。这栋建筑虽然在前期采用了灰土挤密桩对地基湿陷性进行了处理，但是在投入使用后因地基浸水发生了不均匀沉降，造成建筑倾斜，梁板柱构件出现开裂，为确保后续的安全使用，对地基进行了补充勘察，采用了锚杆静压桩对地基进行了加固处理。在设计过程中，对锚杆静压桩的设计计算进行了研究探讨，对今后类似工程实践提供了参考。

## 1　发展现状与研究热点

### 1.1　现状与问题

《既有建筑地基基础加固技术规范》（JGJ 123—2012）中对于湿陷性黄土地基的加固方法主要是注浆加固与静压桩，但是对两种加固方式如何在工程中进行设计计算没有具体的规定，只是概念性的阐述，注浆加固处理湿陷性黄土地基一般是参照《湿陷性黄土地区建筑标准》（GB 50025—2018）中的规定，但是对于自重湿陷性黄土地基，要求采用溶液自渗的方式，该方式施工周期长，施工效果不易，存在较大附加沉降[2]，对于高层建筑的筏板基础存在开孔过多、孔径小不易修补、深厚湿陷性黄土处理效果差等问题，在处理高层建筑已经存在倾斜并且业主已经入住的情况下，采用注浆加固应慎之又慎。

而采用静压桩处理规范中未给出明确的计算方法和公式，只能在工程实践中根据具体的情况进行设计计算。如何在工程中具体应用是需要研究的问题。

### 1.2　热点及关键技术

锚杆静压桩在既有建筑地基加固中属于一种较为成熟的施工技术[3]，但是在处理既有建筑的深厚自重湿陷性黄土的应用中还没有系统成熟的设计方法，关键是对既有地基基础进行部分托换，形成多桩型复合地基，提高地基的承载力，降低湿陷性黄土的附加应力，从而解决湿陷性问题[4]。

## 2 工程实例

### 2.1 工程概况

该工程位于山西省运城市万荣县县城，钢筋混凝土全剪力墙结构，地上18层、地下2层，由两个单体建筑构成，中间留有400mm抗震缝，基础部分未断开，基础为筏板，地基为灰土挤密桩与CFG桩复合地基，灰土桩桩长7m，CFG桩桩长16.5m。万荣县为7度（0.15）区第三组，场地为Ⅲ级自重湿陷性场地，工程重要性等级二级，场地等级二级，地基复杂性等级二级，利用灰土挤密桩处理湿陷性黄土，未完全处理湿陷性土层，剩余湿陷量150mm。

该工程于2017年竣工并投入使用，现场外景图如图1所示。在业主入住以后，发现抗震缝部位发生不均匀沉降，并且一直未能稳定，截至2021年楼顶部的抗震缝已经接近闭合，局部最大沉降量已经突破200mm，且持续发展。经过几次专家论证会，分析是地下室部位抗震缝处未按照设计进行填充，因此造成雨水灌入地基，引发湿陷性黄土的变形下沉，但是在后续的补充勘察过程中发现原因不止如此，后文将会阐述。

图1 建筑外景

### 2.2 补充勘察

#### 2.2.1 补充勘察概况

接到该工程加固任务后，要对建筑场地的现状进行一个详细的勘察，摸清现状，找出问题的原因。因该小区一期工程由四个单位工程组成，结构形式一样，地基处理的方法也一样，所以有理由怀疑，出问题的这栋建筑的地质情况与其他建筑有所不同，而先期未勘出。补充勘察在建筑物周边共设置四个钻孔和两个探孔。

针对这栋建筑的补充勘察，对比原勘察报告，发现湿陷性黄土层的厚度要超过原勘察报告给出的15m，达到了18.5m，具体数据见表1、表2。

表1 自重湿陷量计算

| 孔号 | 深度（m） | 计算厚度（mm） | 自重湿陷系数 | 分层自重湿陷量（mm） | 修正系数$\beta_0$ | 自重湿陷量（mm） | 场地湿陷类型 |
|---|---|---|---|---|---|---|---|
| TJ10 | 6.0 | 1000 | 0.022 | 22.0 | 0.9 | 304.2 | 自重 |
| | 10.0 | 1000 | 0.030 | 30.0 | | | |
| | 12.0 | 1000 | 0.029 | 29.0 | | | |
| | 13.0 | 1000 | 0.042 | 42.0 | | | |
| | 14.0 | 1000 | 0.024 | 24.0 | | | |
| | 15.0 | 1000 | 0.067 | 67.0 | | | |
| | 16.0 | 1000 | 0.055 | 55.0 | | | |
| | 17.0 | 1000 | 0.050 | 50.0 | | | |
| | 18.0 | 1000 | 0.019 | 19.0 | | | |
| TJ7 | 6.0 | 1000 | 0.019 | 19.0 | 0.9 | 217.8 | 自重 |
| | 7.0 | 1000 | 0.017 | 17.0 | | | |
| | 8.0 | 1000 | 0.024 | 24.0 | | | |
| | 9.0 | 1000 | 0.024 | 24.0 | | | |
| | 10.0 | 1000 | 0.024 | 24.0 | | | |
| | 14.0 | 1000 | 0.035 | 35.0 | | | |
| | 15.0 | 1000 | 0.041 | 41.0 | | | |
| | 16.0 | 1000 | 0.035 | 35.0 | | | |
| | 17.0 | 1000 | 0.023 | 23.0 | | | |

表 2　湿陷量计算表

| 孔号 | 湿陷厚度（m） | 取样深度（m） | 湿陷系数 | 计算厚度（m） | 修正系数 | 分层湿陷量（mm） | 总湿陷量（mm） | 湿陷等级 |
|---|---|---|---|---|---|---|---|---|
| TJ$_{10}$ | 10.0 | 6.0 | 0.036 | 1000 | 1.5 | 54.0 | 422 | Ⅲ |
| | | 7.0 | 0.024 | 1000 | | 36.0 | | |
| | | 10.0 | 0.032 | 1000 | 1.0 | 32.0 | | |
| | | 12.0 | 0.035 | 1000 | | 35.0 | | |
| | | 13.0 | 0.052 | 1000 | | 52.0 | | |
| | | 14.0 | 0.026 | 1000 | | 26.0 | | |
| | | 15.0 | 0.060 | 1000 | | 60.0 | | |
| | | 16.0 | 0.057 | 1000 | | 57.0 | | |
| | | 17.0 | 0.050 | 1000 | | 50.0 | | |
| | | 18.0 | 0.020 | 1000 | | 20.0 | | |
| TJ$_7$ | 9.0 | 6.0 | 0.022 | 500 | 1.5 | 16.5 | 314 | Ⅱ |
| | | 7.0 | 0.019 | 1000 | | 28.5 | | |
| | | 8.0 | 0.031 | 1000 | | 46.5 | | |
| | | 9.0 | 0.028 | 1000 | | 42.0 | | |
| | | 10.0 | 0.027 | 1000 | | 40.5 | | |
| | | 14.0 | 0.037 | 1000 | 1.0 | 37.0 | | |
| | | 15.0 | 0.045 | 1000 | | 45.0 | | |
| | | 16.0 | 0.036 | 1000 | | 36.0 | | |
| | | 17.0 | 0.022 | 1000 | | 22.0 | | |

该栋楼的地基属于Ⅲ级自重湿陷性场地，由于剩余湿陷性土层的厚度要超过原勘察结果 3.5m，就造成原设计的灰土桩桩长不够，剩余湿陷量要远大 150mm，并且 CFG 桩进入持力层的长度也减少了 3.5m。

### 2.2.2　勘察结论

根据补充勘察报告以及沉降观测记录，因原勘察报告与地基的实际情况出现较大的偏差，给设计提供的依据存在错误，造成了湿陷性处理深度不足，并且复合地基的承载力也存在不足，因湿陷性处理深度不够，剩余的湿陷性土层成为了软弱下卧层，另外整个地基处理均匀布置，并未因荷载的变化进行桩的加密，中间的抗震缝处有双墙结构，局部荷载较大，造成了该处的沉降量远大于建筑的两端，建筑北侧布置有电梯井，荷载大于南侧，造成北侧沉降大于南侧，造成了建筑的倾斜。

## 2.3　加固方案设计

### 2.3.1　加固方案选取

因该场地属于Ⅲ级自重湿陷性土层，如果采用注浆加固的话，根据相邻住宅小区的注浆处理数据，附加沉降量将达到 60mm 以上，该建筑的抗震缝已经接近闭合，如果再沉降 60mm 的话，顶部的结构将发生破坏，因此注浆、高压旋喷以及树根桩等会造成附加沉降的方案均无法采用，并且地下室内空间狭小，大型设备无法进入，所以最终选择了锚杆静压钢管桩进行加固。锚杆静压桩具有施工速度快、设备小巧、施工难度小等特点，相对于深坑静压桩唯一的缺点是对筏板基础有一定的损害，可后期补强筏板，但是承担的风险要远远小于深坑静压桩，所以最终选定该方案。

### 2.3.2　设计计算

由于 CFG 桩的存在以及剪力墙的分布，选用了 1.5m 间距，$\phi$245 无缝钢管开口桩，根据静探结果以第六层粉土作为持力层，静探结果见表 3。

表 3　静探结果

| 层号 | 指标 | | |
|---|---|---|---|
| | 平均层厚度（m） | 侧阻力标准值 $q_{si}$（kPa） | 端阻力标准值 $q_{pk}$（kPa） |
| ①素填土 | 4.27 | −10 | |
| ②湿陷性粉土 | 8.01 | −12 | |
| ③粉质黏土 | 1.66 | 50 | |
| ④湿陷性粉土 | 4.18 | −15 | |

续表

| 层号 | 指标 | | |
| --- | --- | --- | --- |
| | 平均层厚度（m） | 侧阻力标准值 $q_{si}$（kPa） | 端阻力标准值 $q_{pk}$（kPa） |
| ⑤粉土 | 12.56 | 45 | 1400 |
| ⑥粉土 | 14.07 | 55 | 1500 |
| ⑦粉土 | | 65 | 1600 |

按照摩擦桩进行计算，湿陷性黄土层侧摩阻力均为 0，不计负摩阻力，单桩承载力为：

$$Q_{uk} = Q_{sk} + Q_{pk} = u \sum q_{sik} l_i + \lambda_p q_{pk} A_p$$
$$R_d = (1/2) Q_{uk}$$

最大压桩力：

$$P_p = K_p \cdot R_d$$

式中，$K_p$ 取 2。

根据静探结果，桩长取 26.5m，单桩承载力计算平均值为 700kN，压桩力为 1400kN，不考虑桩对土的挤密作用，与原灰土桩、CFG 桩组成复合地基

$$f_{spk} = m_1 \lambda_1 R_{a1} / A_{p1} + m_2 \lambda_2 R_{a2} / A_{p2} + \beta [1 - m_1 - m_2 + m_3 (n-1)]$$

图 2 中的实心黑点为新增的锚杆静压桩，桩的布置是按照建筑的倾斜方向布置，北侧沉降量大，因此北侧的布桩数量要远大于南侧。

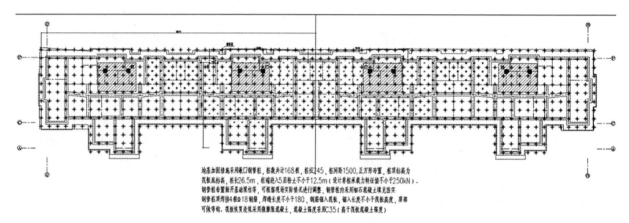

图 2　锚杆静压桩平面布置图

为保证底板的完整性和承载力，利用反力架的锚杆对比标准图集的节点做法增加了封桩钢板，并在后期增加了叠合层，将筏板基础改成了平板基础（图 3）。

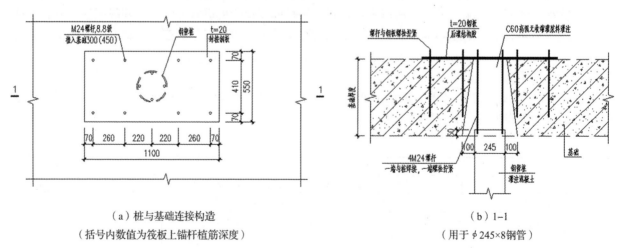

（a）桩与基础连接构造
（括号内数值为筏板上锚杆植筋深度）

（b）1-1
（用于 $\phi 245 \times 8$ 钢管）

图 3　封桩节点图

根据原设计数据以及地勘报告结果，经过锚杆静压桩加固以后地基承载力达到了 380kPa，大于设计要求承载力 330kPa，满足了设计要求。

### 2.3.3 施工过程

压桩反力架采用型钢焊接制作（图 4），因地下室空间狭小，转运不便，在满足受力的情况下，尽量轻便，采用组合式结构，立柱与横梁能够由三人抬起转运。设计最大压桩力为 1400kN，每一套反力架配备两套千斤顶进行压桩施工，一台 100t，一台 200t，压桩力在 800kN 以下时采用 100t 千斤顶，800kN 以上时采用 200t 千斤顶，以提高施工速度。

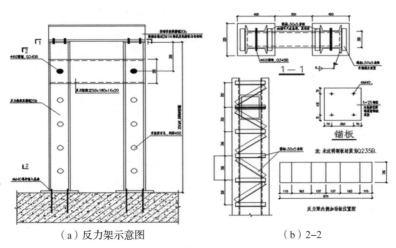

(a) 反力架示意图　　　　　　　　(b) 2-2

图 4　反力架设计图

施工顺序采用以抗震缝为中心向两侧施工，为减少压桩困难以及使基础底板受力均匀，采用跳行跳排施工。钢管桩每一节长度为 1.85m，采用二氧化碳保护焊进行焊接连接，压桩结束后静置 24h 后桩内灌注 C20 混凝土，并进行封桩，封桩采用非预应力模式。

经过对施工过程中压桩力的统计，所有桩的压桩力都在 1400kN 以上，说明理论计算是正确的。

整个施工过程中对建筑的沉降持续进行了观测，通过观测未发现建筑出现附加沉降，上部结构也未发现新的开裂。

### 2.3.4 加固效果

施工结束后，通过持续的沉降观测，压桩部位的沉降速率已经下降至 0.04mm/d 以内，建筑的倾斜已经开始向相反方向发展，为下一步纠偏打下了良好的基础（图 5、图 6）。

| 沉降观测记录 | | | | | | | | | |
|---|---|---|---|---|---|---|---|---|---|
| 测量单位：山西戊鑫土地勘测有限公司 | | | 自2020年7月19日至2021年9月5日止 | | | | | 编号：第15次 | |
| 工程名称 | 万荣·学府城1号楼主体 | | 观测点 | 上次观测日期 | 上次累计沉降量(mm) | 本次观测日期 | 本次观测高程(m) | 本次沉降量(mm) | 累计沉降量(mm) | 观测进度情况 | 备注 |
| 水准点位置及编号 | J1 | | A1 | 8.05 | 35.65 | 9.05 | 599.28240 | 3.44 | 39.09 | 第十五次 | |
| 水准点高程 | 597.23236 | | A2 | 8.05 | 36.97 | 9.05 | 599.16588 | 3.89 | 40.86 | 第十五次 | |
| 水准仪水准尺型号 | 电子水准仪DiNi03 | | A3 | 8.05 | 35.57 | 9.05 | 599.12376 | 3.86 | 39.43 | 第十五次 | |
| 观测点布置示意图： | | | A4 | 8.05 | 35.04 | 9.05 | 599.12858 | 4.01 | 39.05 | 第十五次 | |
| | | | A5 | 8.05 | 29.63 | 9.05 | 599.19874 | 4.00 | 33.63 | 第十五次 | |
| | | | A6 | 8.05 | 21.97 | 9.05 | 599.37693 | 4.14 | 26.11 | 第十五次 | |
| | | | A7 | 8.05 | 14.04 | 9.05 | 599.36392 | 3.25 | 17.29 | 第十五次 | |
| | | | A8 | 8.05 | 23.74 | 9.05 | 599.30165 | 4.20 | 27.94 | 第十五次 | |
| | | | A9 | 8.05 | 29.56 | 9.05 | 599.12011 | 3.81 | 33.37 | 第十五次 | |
| | | | A10 | 8.05 | 30.09 | 9.05 | 599.12490 | 4.07 | 34.16 | 第十五次 | |
| | | | A11 | 8.05 | 33.69 | 9.05 | 599.20599 | 4.12 | 37.81 | 第十五次 | |
| | | | A12 | 8.05 | 31.94 | 9.05 | 599.28700 | 4.16 | 36.10 | 第十五次 | |
| 测量员：陈英迪 | | | 测量员：李博文 | | | | 校核员：李敏 | | | |

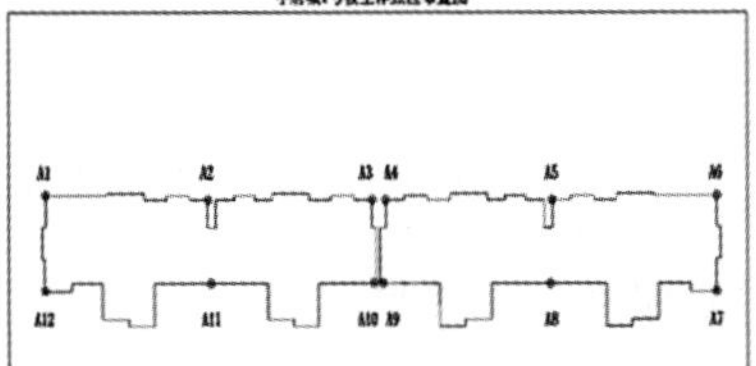

图 5　施工前沉降观测数据

**沉降观测记录**

测量单位：山西戊鑫土地勘测有限公司　　自2020年7月19日至2022年1月5日止　　编号：第17次

| 工程名称 | | 观测点 | 上次观测日期 | 上次累计沉降量(mm) | 本次观测日期 | 本次观测高程(m) | 本次沉降量(mm) | 累计沉降量(mm) | 观测进度情况 | 备注 |
|---|---|---|---|---|---|---|---|---|---|---|
| 水准点位置及编号 | J1 | A1 | 12.04 | 50.31 | 1.05 | 599.26853 | 2.65 | 52.96 | 第十七次 | |
| 水准点高程 | 597.23236 | A2 | 12.04 | 53.23 | 1.05 | 599.15150 | 2.01 | 55.24 | 第十七次 | |
| 水准仪水准尺型号 | 电子水准仪DiNi03 | A3 | 12.04 | 51.29 | 1.05 | 599.11016 | 1.74 | 53.03 | 第十七次 | |
| 观测点布置示意图： | | A4 | 12.04 | 51.29 | 1.05 | 599.11455 | 1.79 | 53.08 | 第十七次 | |
| | | A5 | 12.04 | 44.63 | 1.05 | 599.18702 | 0.72 | 45.35 | 第十七次 | |
| | | A6 | 12.04 | 32.72 | 1.05 | 599.36910 | 1.22 | 33.94 | 第十七次 | |
| | | A7 | 12.04 | 21.01 | 1.05 | 599.35945 | 0.75 | 21.76 | 第十七次 | |
| | | A8 | 12.04 | 35.25 | 1.05 | 599.29172 | 2.62 | 37.87 | 第十七次 | |
| | | A9 | 12.04 | 41.62 | 1.05 | 599.10869 | 3.17 | 44.79 | 第十七次 | |
| | | A10 | 12.04 | 42.42 | 1.05 | 599.11395 | 2.69 | 45.11 | 第十七次 | |
| | | A11 | 12.04 | 46.68 | 1.05 | 599.19396 | 3.16 | 49.84 | 第十七次 | |
| | | A12 | 12.04 | 42.89 | 1.05 | 599.27702 | 3.19 | 46.08 | 第十七次 | |

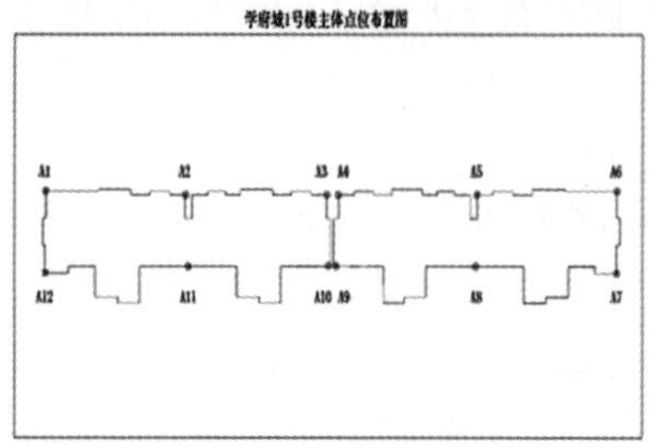

测量员：陈英迪　　　测量员：李博文　　　校核员：李敏

图6　施工结束后一个月沉降观测结果

由图6中观测数据可以看出，锚杆静压桩处理过的部位沉降大幅度收敛，未施工部位沉降依然较大，整个抗震缝呈张开的趋势，建筑的倾斜在慢慢恢复。

## 3　结论与建议

本文以山西省万荣县某高层住宅为研究对象，通过勘察、设计、施工、监测的整个过程，得出以下结论：

（1）处理深厚自重湿陷性黄土地基不均匀下沉采用锚杆静压桩是可行可靠的，具有施工速度快、场地要求少、处理效果显著的特点。

（2）对建筑的补充勘察十分必要且不可或缺，原始的勘察报告对于一个单体建筑来讲可能存在偏差较大的情况。

（3）确定处理方案之前必须搞清楚事故发生的原因，并对周边建筑的情况进行了解，对场地的历史进行摸查。

（4）对于用灰土挤密桩处理过的地基，锚杆静压桩也是适用的，施工过程中未发现难以成桩的情况。如果地基下存在空洞等不良地质情况也能通过压桩过程中压桩力的变化发现。

（5）考虑到经济性问题，锚杆静压桩不宜设计为桩基础，要充分利用原地基的承载力，按照部分托换原则设计为复合地基。设计过程中需要根据地基的不同情况进行针对性进行设计，需要设计师的大量施工经验，很多参数均为经验值，这就为以后的深入理论研究留下了课题。

**参考文献**

[1] 杨校辉，黄雪峰，朱彦鹏，等.大厚度自重湿陷性黄土地基处理深度与湿陷性评价实验研究 [J].岩石力学与工程学报，2014，33（05）：1063-1074.

[2] 胡海涛.湿陷性黄土基础施工技术研究与应用 [J].水利技术监督，2013，（5）：68-70，72.

[3] 沈琛.基础加固方法的研究与实际工程应用 [D].合肥：合肥工业大学，2014.

[4] 赵昕.秀峰寺接待厅地基事故分析及整体加固技术研究 [D].北京：北京林业大学，2008.

# 既有建筑物纠偏时动态安全保障技术研究

孙 琪 周 鹏 王逢睿 卢芳琴

中铁西北科学研究院有限公司 兰州 730000

**摘 要:** 既有建筑物的纠偏加固施工过程中受到多种不确定性因素的影响,实时、准确、全过程评估施工周期内及后期纠偏效果的安全并及时反馈预警值具有重要的工程意义。引入目前较为成熟的互联网、物联网监测技术手段,前期模拟搭建施工信息采集网络化平台,施工全过程对基础筏板、大楼整体倾斜度等数据实施实时、准确、动态捕捉、传输及反馈,及时调整纠偏方案。基于动态安全度的思想,以数值模型分析为基础,给出施工过程中各种不利工况下的安全性评价指标及关键参数。预警值超限后,通过互联网的监测信息网络化平台及时反馈至现场各作业人,暂定或放缓纠偏措施。最后,基于计算机编程技术,二次开发"特征工程动态安全监测与可视化信息处理系统",该系统实现了既有建筑纠偏加固施工全过程的动态安全监测及可视化信息处理,为人民生命财产提供有力的科技保障。

**关键词:** 建筑倾斜;纠偏加固;动态安全

随着高层建筑不断涌现,由于勘察、设计、施工等多种因素,导致部分建筑在施工过程中或使用过程中发生了不均匀沉降、倾斜,甚至倒塌。这些"带病上岗"的建筑物,轻则影响正常使用,重则导致结构构件破坏、耗能构件提前破坏或整体失稳倒塌。随着建筑物倾斜病害的出现,既有建筑物纠偏加固技术也在不断地发展。巧妙、合理地使用这些"绣花技术",可以用较小的经济代价改善和提高房屋质量或恢复结构使用功能。

由于既有建筑纠偏加固工程具有施工环节多、施工技术复杂、不可预见的风险因素多和对社会环境影响大等特点,所以是一项高风险建设工程。针对以基础纠偏等为主要内容的既有建筑纠偏加固工程在实施过程中所具有不同于新建工程的高风险特征,研发了"特征工程动态安全监测与可视化信息处理系统",解决该类工程实施前风险识别无系统、工程实施过程中安全监测数据采集、处理、反馈的动态化可视程度不足的问题。成果可适用于该类工程的辅助设计、指导施工、工后评价和健康监测等阶段。

## 1 安全性评定基础

### 1.1 基本理论

国家标准《建筑结构可靠性设计统一标准》(GB 50068—2018)中将结构的可靠性定义为:已建成的结构在规定的时间内、规定的条件下、正常使用及正常维护下,并考虑环境等因素影响时能够完成预定功能的能力[1]。

### 1.2 极限状态及状态方程

结构或构件的极限状态是区分可靠与不可靠状态的界限,极限状态划分为承载能力极限状态和正常使用极限状态。承载能力极限状态是结构或结构构件达到最大承载能力或不适于继续承载的变形状态。正常使用极限状态是结构或结构构件达到正常使用或耐久性能的某项规定限值的状态[1]。

结构在规定的时间内、规定的条件下完成预定功能的概率称为结构的可靠度,结构可靠度是可靠性的度量指标,是对可靠性的一种定量的描述。若以随机向量 $X=(X_1, X_2, \cdots, X_n)$ 表示各种作用、环境影响、几何尺寸等影响结构或结构构件状态的基本变量,以功能函数 $G(\cdot)$ 的形式定义结构工作状态[2]:

$$Z = G(X_1, X_2, \cdots, X_n) \begin{cases} >0 & \text{结构处于可靠状态} \\ =0 & \text{结构处于极限状态} \\ <0 & \text{结构处于失效状态} \end{cases}$$

基金项目:中铁科学研究院有限公司"既有建筑改造与病害处理工程动态安全保障关键技术研究"项目资助(项目编号:2016KJ005-Z005-03)。

作者简介:孙琪,高级工程师,从事特种建筑工程设计与施工。

## 2　安全性评定指标体系及关键参数

### 2.1　量化标准

结构构件承载能力等级，主要根据构件抗力与荷载效应比值的方法进行评定，见式1。

$$\eta = \frac{R}{\gamma_0 S} \tag{1}$$

式中，$\eta$ 为抗力与效应比；$R$ 为结构构件的抗力；$\gamma_0$ 为结构重要性系数；$S$ 为结构构件承载能力极限状态下的作用效应。

构件的安全性根据承载能力评定时，针对不同结构类型制定了相应的分级标准。

既有建筑纠偏技术的基础（筏板）应力是一个动态的变化过程，随着纠偏措施的不断实施，使得结构整体受力表现出动态变化的特征，故安全性量化指标也应呈现出不断变化的特点，而不应该是准确解。

### 2.2　指标体系

动态安全预警的关键是如何确定动态预警指标，目前主要分为3种方法：（1）经验法。该方法主要是通过专家经验的工程比拟，也是大多数纠偏加固的最为常用的方法之一。由于不同地域、不同工程等条件的不同、岩土工程参数的不同，推广受限较大。（2）工程现场试验法。该方法是最直接、准确获取岩土参数的方法，但受试验周期长、试验条件的限制，很难对施工中各关键工况下都进行试验。（3）数值模拟分析法。随着计算机和有限元软件的不断发展，数值分析的精度越来越高。通过工程现场试验法与数值模型分析方法相结合，获得的指标数据最贴近工程实际的数值。计算机技术和数值模拟分析法在岩土、结构的应用，为施工过程中的动态安全监测的软件开发提供技术储备，建立了如图1所示的预警指标体系和如图2所示的结构类别。

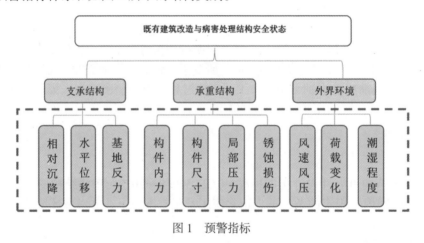

图 1　预警指标

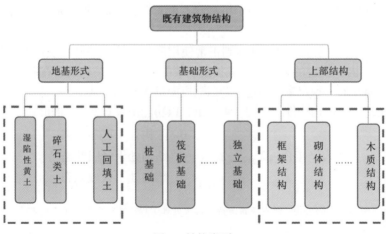

图 2　结构类别

### 2.2.1　砌体结构类指标

该类既有建筑物多为条形基础，建筑高度较低，材料自重大，块体和砂浆间的黏结力较差，从而使其遇到地震时破坏较重，抗震性能很差，需要采用构造柱、圈梁等其他构造措施以提高其延性和抗倒塌能力。在没有经验的条件下，需要对地基进行承载力原位试验，确保地基承载力的可靠性。

不同地质条件下的地基土有着不同的岩土参数特性（如压缩性、含水率等），地基土层厚度和分布的不同可能会造成基础的不均匀沉降，从而引起建筑物的倾斜，造成基础局部应力集中，导致基础开裂。

通过原设计文件，按现行《砌体结构设计规范》（GB 5000 3—2011）对材料强度等级进行承载力复核计算，将实测的有效值扣除各种条件对结构构件承载力不利影响的因素造成的损失。根据构件抗力与荷载效应比值，确定构件的安全性等级。

建立了如图 3 所示的砌体结构的指标体系。

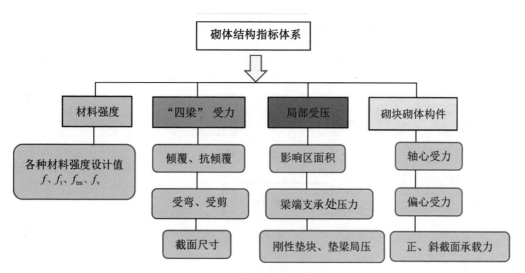

图 3　砌体结构指标体系

### 2.2.2　框架、框剪类指标

该类既有建筑物多为筏板基础或桩基础等基础形式，建筑高度较高，抗震性能高，需要借助电算等手段复核各项计算指标，根据超限指标从而确定纠偏加固的技术措施。因此，建立了如图 4 所示的框架、框剪结构的指标体系。

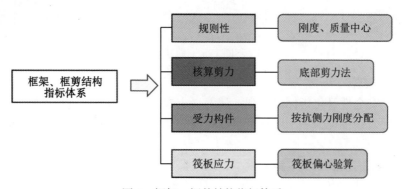

图 4　框架、框剪结构指标体系

### 2.2.3　纠倾方案

根据地基变形的不同特征，确定合理、有效、可控的倾斜方案。当既有建筑物发生以下情况时，应考虑对其进行纠倾加固：

（1）基础的倾斜已经造成上部结构构件损坏或者有明显构件变形影响其使用功能；

（2）倾斜值已经超过或到达国家标准颁布的倾斜限值；

（3）倾斜已经明显影响居住者的心理或情绪。

如果既有建筑的倾斜量还在持续发展，则需要同时考虑对地基基础进行加固，先阻止建筑物的持续沉降，然后根据建筑物的结构形式和基础形式的实际情况、外界环境和现场施工条件因地适宜地制订纠倾方案。如图5所示的地基变形特征和如图6所示的不同工况下地基承载力。

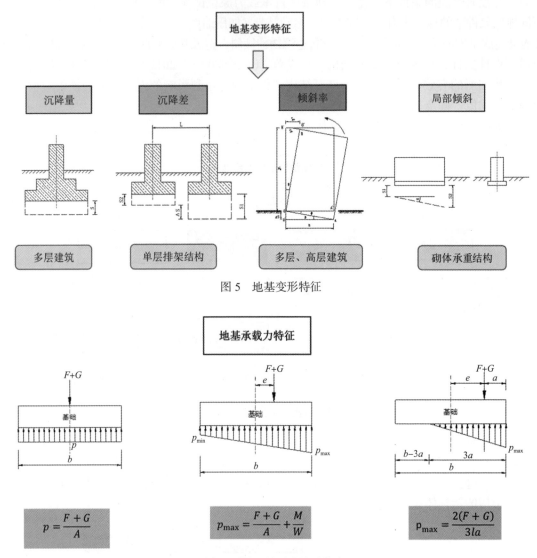

图 5　地基变形特征

图 6　不同工况下地基承载力

## 2.3　数值模拟分析的实现

在岩土参数中，安全性量化指标最直观。随着岩土参数的不同需要进行不断的迭代计算，最终求得最优解，计算量巨大，传统的手工计算是难以完成的，而且对现场的施工起不到高效、准确、迅速的指导意义。

因此，需要在施工前期建立三维地质模型，通过监测元件的预埋，对不同荷载工况、纠偏进度进行实时采集，由互联网平台传至有限元模型[3]，通过不间断计算、快速模拟，自动判断结构的可靠性，指导或及时修正后续施工进度。

## 3　系统程序开发流程

综合考虑地基、基础形式及项目本身特点等内、外因素对既有建筑物正稳定性进行综合评价。建立集计算机网络技术的全过程、多层级的安全风险自动识别、分析、预警、评估、反馈于一体的监控系统，加强既有建筑物纠偏加固项目的自动化监测手段，避免传统监测信息传统滞后、效率低。程序开发流程图如图7所示。

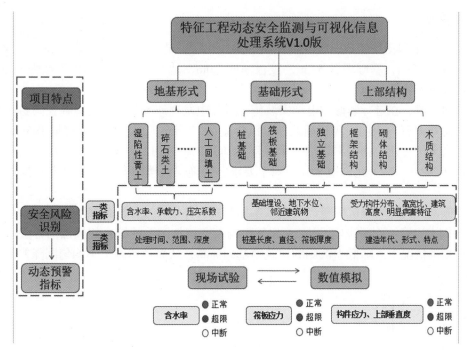

图 7　程序开发流程图

## 4　服务对象及监测目的

### 4.1　服务对象

在岩土工程中，建筑物建造在地质构造复杂、岩土特性不均匀的地基上，在外界环境作用和自然因素的影响下，其工作状态和安全状况随时都在变化。通过互联网技术应用，实现岩土工程与结构工程相交叉的"真空灰色地带"的"地基加固、基础托换、结构补强、建筑移位"类特种工程的"共性技术个性化应用研究"，以实现在不同阶段的数据传递、模拟分析，促进网络和移动终端的应用（图 8、图 9）。

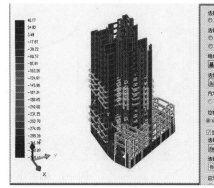

图 8　某纠偏加固计算模型　　　　　　　　　　　　图 9　荷载内力组合

### 4.2　监测目的

在现有监测元件和软件平台基础上，利用计算机通信技术，快速、准确地识别安全风险因素，建立起可控、可协调的安全保障体系，可实现实时采集、远程传输、可视化的现场数据采集技术等，并且在能够确保安全、稳定的基础上，总结形成技术标准。

特种工程的动态安全预警系统的开发目标遵循"实时采集、在线反馈、分级预警、快速决策、多应急备选方案"的原则，融合安全监测技术、智能算法、计算机网络技术、实时监测技术在一起，实现具有先进水平的动态安全保障功能，及时确定潜在风险并给出正确的评估方案，为现场工程师指导工程施工或抢险决策提供科学依据及系统支持。

## 5 工程应用案例

某商住楼由主楼和裙楼组成，框–剪结构，地下1层，地上17层，建筑总高度为49.7m，基础形式为平板式筏形基础，基础埋深5.2m，筏板厚度1.0m，地基处理采用孔内深层强夯法整片处理，处理范围为筏板边界外扩10m。

主体结构封顶时，在进行装修和电梯安装施工过程中发现外墙及电梯井道存在倾斜现象。经相关资质单位的沉降观测资料表明，筏板南北两端沉降差达139mm，顶点位移偏移量195mm，最大倾斜率为5.25‰，已大于《建筑物倾斜纠偏技术规程》（JGJ 270—2012）中关于建筑物的纠偏设计和施工验收合格标准（24<$H$<60）允许值3‰的安全要求。为确保大楼的安全，故决定对基础进行纠偏加固处理[4-5]。

根据大楼倾斜方向、差异沉降量以及地基基础形式，并结合以往的纠倾加固经验，采用"多竖井开挖分批水平掏土迫降 + 锚索加压调控 + 钢管桩与石灰桩加固"的综合纠倾加固方法。即在保证多沉侧沉降值不变的情况下，降低少沉侧的建筑物基础标高，从而达到调整不均匀沉降差、实现纠倾的目的（图10）。

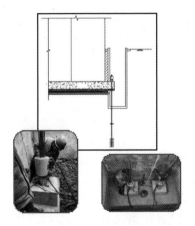
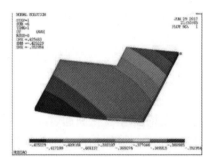
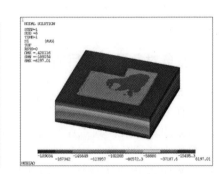

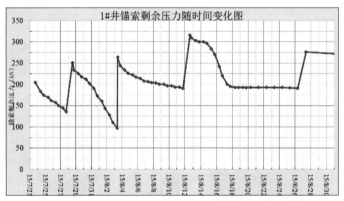

图10 锚索压力与筏板应力监测

## 6 结语

本文研究了通过监测元件的不断采集，实现既有建筑物纠偏技术施工周期内的及时采集与无线传输，通过预先设定好的有限元模型分析，准确提取不同工况下的关键指标，并基于计算机编程技术二次开发的"特征工程动态安全监测与可视化信息处理系统"，结合已完的实体工程，总结其特点得出以下结论：

（1）针对既有建筑纠偏方案的自身特点，在安全性评定基础下综合评价纠偏方案，针对不同的结构体系，全面建立监测项目，提取安全性监测指标及关键参数，通过互联网信息平台，及时、准确地对施工全过程的监测数据进行采集与传输。

（2）对各监测指标进行综合评价分析，及时反馈至数据模型中，形成具有一定的科学性和系统性的安全评估效果，以图或表等形式表现出来，为人民生命财产提供有力的技术保障。

（3）通过实际工程的分析，该开发系统可靠、稳定、可行、信息含量大，弥补了传统上依靠专家经验为主的单一评估方法。

（4）通过对既有建筑物现状信息的可靠性评价，可在纠偏施工完成后，对既有建筑物进行长期的"健康在线监测"，可及时了解、评价纠偏施工效果，避免类似的病害重复发生，也可为后期类似工程积累宝贵经验。

## 参考文献

[1] 中华人民共和国住房和城乡建设部 . 危险房屋鉴定标准：JGJ 125—2016[S]. 北京：中国建筑工业出版社，2016.

[2] 杨春燕，蔡文 . 可拓工程 [M]. 北京：科学出版社，2007.

[3] 王新敏 . ANSYS 工程结构数值分析 [M]. 北京：人民交通出版社，2007.

[4] 邓正定，张小兵，王珑 . 水平掏土迫降纠倾法机理分析及计算方法 [J]. 土木工程与管理学报，2016，33（05）：38-43.

[5] 孙琪，王珑，郑建忠 . 某高层建筑物综合纠偏加固方法的应用 [J]. 工程勘察，2017（8）：12-16.

# 静力水准监测系统在房屋纠偏工程中的应用

袁永强[1]　莫振林[1]　张　乐[2]　张　立[3]　邓光旭[1]　杨少朋[1]

1. 中国建筑西南勘察设计研究院有限公司　成都　610052

2. 中铁二十三局集团建筑设计研究院有限公司　成都　635000

3. 河南科技学院　新乡　453003

**摘　要：** 文章论述了静力水准监测系统基本工作原理、监测精度影响因素及其在房屋纠偏工程中的应用；通过对施工间歇期静力水准监测数据分析、实际纠偏施工效果对比分析及与电子水准仪（人工）监测数据对比分析，进一步验证了该监测系统的稳定性、时效性与精确性，且自动化数据采集满足纠偏施工中实时监测的要求，具有一定的工程应用价值。

**关键词：** 静力水准系统；既有房屋；迫降纠倾；监测精度

随着我国城市建设的迅猛发展，各种形式的建筑如雨后春笋般涌现。但由于自然不可控制因素、勘察工作不足等原因使得建筑物发生不均匀沉降，不能满足正常使用要求，当建筑物倾斜超过规范要求限值时，必须对该建筑物进行纠偏处理。

纠偏过程中建筑物沉降量随时发生变化，变化量值对纠偏控制至关重要，施工方往往会结合监测数据，现场安排或实时调整下一步纠偏工作。常规沉降监测无法达到实时监测的频率要求，在此种情况下，一个具备良好稳定性、高精度、实时化、自动化的监测系统尤为必要。

本文以某高层建筑纠偏工程为背景，从静力水准监测系统基本工作原理及其精度影响因素出发，结合工程实例，论述静力水准系统在迫降纠偏施工中的应用。

## 1　静力水准监测方法

静力水准监测系统采用连通器原理来测量各个测点垂直位移变化量，工作原理如图1所示。

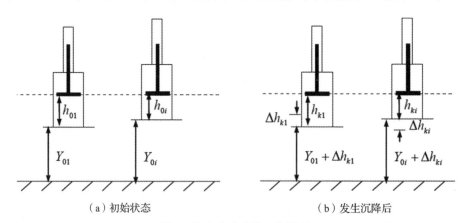

（a）初始状态　　　　　　（b）发生沉降后

图1　静力水准系统工作原理

假设共有 $1\cdots n$ 个观测点，各个观测点之间用连通管连通。安装完毕后各测点的安装高程分别为 $Y_{01}\cdots Y_{0i}$，初始液面高度分别为 $h_{01}\cdots h_{0i}$，发生沉降分别为 $\Delta h_{01}\cdots\Delta h_{0i}$，沉降后液面高度变分别为 $h_{k1}\cdots h_{ki}$。

则有：

$$Y_{01} + h_{01} = \cdots = Y_{0i} + h_{0i} \tag{1}$$

$$(Y_{01} + \Delta h_{k1}) + h_{k1} = \cdots = (Y_{0i} + \Delta h_{ki}) + h_{ki} \tag{2}$$

第 $j$ 个观测点相对于基准点 $i$ 的相对沉降量为：

$$H_{ji} = \Delta h_{kj} - \Delta h_{ki} \qquad (3)$$

通过上述公式代换可得：

$$H_{ji} = (h_{kj} - h_{ki}) - (h_{0j} - h_{0i}) \qquad (4)$$

通过采集各测点实时液面高度，即可求出各测点在不同时刻的相对沉降量。

## 2　静力水准监测系统精度影响因素

影响静力水准监测系统监测精度主要因素有外环境和仪器本身两方面。外环境因素主要包括温度、气压、外部干扰等；仪器本身因素主要包括连通管内存在气泡、液体的延滞效应等。

### 2.1　温度因素

静力水准监测系统中的连通介质是液体，液体易受到外界温度的影响而改变其物理状态，引起液面高度发生变化。该工程历时较长，故采用凝固点为 −35℃ 的玻璃水。为了减小温度的影响，我们取某测点 24h 液面变化曲线为研究对象，如图 2 所示。

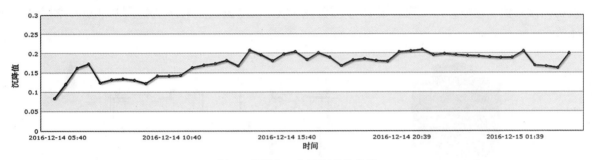

图 2　某测点 24h 液面变化曲线

通过图 2 可以看出，监测数据始终处于波动状态，白天受温度影响较大。夜间 23:00—01:39 时间段的数据较为稳定可靠，因此，在纠偏工程中可取该阶段数据的平均值作为当日有效沉降监测数据。

### 2.2　气压因素

在图 1 中，假设两个仪器中液面处压强分别为 $P_{01}$ 和 $P_{0i}$，根据静力水准系统工作原理则有：

$$P_{01} + \rho g h_{0i} = P_{0i} + \rho g h_{0i} \qquad (5)$$

进一步推出：

$$\Delta H = h_{0i} - h_{01} = \frac{P_{01} - P_{0i}}{\rho g} \qquad (6)$$

由上可知，如仪器液面上压强不等，则会因气压差产生液面差。因此在仪器安装调试阶段，必须保证连接气管畅通，并对仪器两端进行密封处理，排除气压对仪器精度的干扰。

### 2.3　外部干扰因素

当液体管局部或整体受到外界干扰时，会加速液体流动，引起仪器罐内液面晃动，进而导致数据采集误差。因此，仪器应安装在施工扰动小的区域，并在监测期间封闭该区域。

### 2.4　连通管内气泡影响

当连通管内存有气泡时，气泡的存在增大了液体间的流动摩擦，液面稳定状态被延迟；同时气泡占用了液体空间，对监测精度和稳定性造成影响。

在安装仪器前，需根据房屋纠偏量估算所需液体量，一次性注入，不可中途添加，避免残余气泡的存在。

### 2.5　液体延滞效应

在纠偏过程中，各个测点沉降出现持续缓慢的变化，测点间液体出现流动趋势，实际上液体的流动会受管壁摩阻力影响，仪器罐内液面在一定时间内处于相对波动状态，使得获取稳定状态下的数据具有一定的滞后性。实践表明，由于夜间停止施工，其夜间 23:00—01:39 时间段数据相对稳定。

## 3　应用分析

### 3.1　工程概况

某小区 2 号住宅楼为 34 层钢筋混凝土剪力墙结构，房屋总高度 99.40m，总建筑面积 16200.71m²，筏板基础，面积 709.91m²，采用换填级配砂卵石作为持力层。迫降纠倾前已完成刚性桩复合地基加固，基础沉降得到有效控制。但该房屋最大倾斜率达 5.06‰，超过规范限值要求，故采用迫降纠倾法进行纠倾作业。

纠倾前，桩顶按 2‰ 回倾量设置不同厚度柔性垫层，并采用 PKPM 结构分析软件对房屋结构回倾前后受力状态进行分析，计算模型如图 3 所示。根据受力变化情况设置桩身应力、剪力墙应力、筏板挠度及应力、沉降监测点，本文主要介绍静力水准监测系统在高层建筑纠偏工程中的应用情况。

### 3.2　监测实施

本工程为高层建筑迫降纠倾，采用静力水准监测系统进行沉降监测。监测点的布设要能全面反映建筑物回倾数值、速率，该工程共布 18 个监测点（取原沉降最大点 H18 为监测基准点），测点位置如图 4 所示。

图 3　计算模型示意图

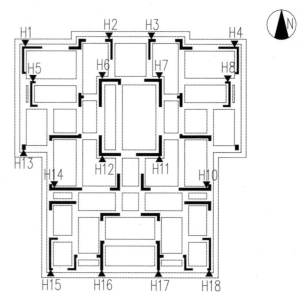

图 4　静力水准系统系统监测布点示意（单位：mm）

静力水准监测系统型号为 HD-2NJ103-1，产品及相关参数详见表 1，监测控制系统结构示意如图 5 所示，要求数据采集分析系统具有数据自动化采集、简单计算分析、实时上传网络终端等功能，实现动态监测。

表 1　静力水准系统及相关参数

| 精度 | 0.1mm |
|---|---|
| 量程 | 80 ～ 100mm |
| 分辨率 | 0.01mm |
| 工作温度 | −20 ～ +80℃ |
| 长 | 330mm |
| 直径 | 150mm |
| 信号输出 | R485 输出 |

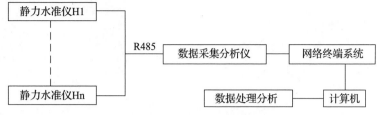

图 5　监测控制系统结构示意

## 3.3　监测数据分析

为更全面地反映房屋回倾情况，设定数据采集频率为 30min/ 次，观测周期为 24h，对每日观测数据进行统计、分析。为准确评估静力水准监测系统在房屋纠倾过程中的运行状态，我们对施工间歇期静力水准监测数据稳定性复核、纠偏施工过程中监测结果与施工效果对比分析及其静力水准监测与常规沉降监测对比分析这三个方面进行论述。

（1）施工间歇期静力水准监测数据稳定性复核

春节期间（2017-1-25—2-14）与纠偏完成后观察期（2017-5-20—5-30）该建筑物未进行相关迫降施工，静力水准监测系统观测数据变化曲线分别如图 6、图 7 所示。

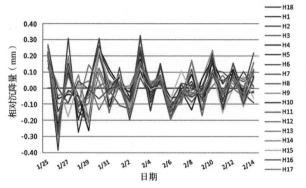

图 6　春节期间各测点相对沉降变化量

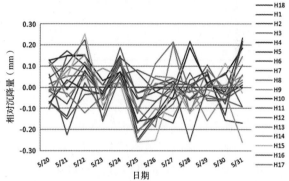

图 7　纠倾完成后观察期间各测点相对沉降变化量

从图 6 可以看出，春节期间，刚停止施工后观测数据有一定波动，自 2017-02-04 之后，沉降数据基本稳定在 ±0.2mm 以内；从图 7 可以看出，迫降施工结束后，沉降数据很快趋于稳定状态，基本稳定在 ±0.2mm 以内。

静力水准监测系统实际监测情况稳定性较好，满足《建筑变形测量规范》（JGJ 8—2016）第 4.3.3 条静力水准观测二等技术要求，且满足实际纠偏施工过程中的工程需要。

（2）纠偏施工过程中监测结果与施工效果对比分析

现场自 2016-11-30 开始工作槽开挖，纠倾主要作业分成四个阶段，详见表 2。全阶段各测点相对于基点沉降监测数据变化曲线如图 8 所示，最终累计沉降云图如图 9 所示，各测点相对累计沉降数据详见表 3。

表 2　纠倾主要内容及时间

| 时间 | 工作内容 | 概述 |
|---|---|---|
| 2016-12-15—17-2-25 | 掏土迫降 | 孔口贴近筏板下混凝土垫层；孔径 146mm/168mm，总钻孔数 294，总钻进长度 5229.91m |
| 2017-02-25—03-27 | 高压射水 + 板底查槽开挖 | 潜孔锤进行钻孔引孔，总长度 4329.75m；检查槽开挖总量 255.2m³ |
| 2017-3-28—05-19 | 钻孔截桩 + 高压射水 | 对止倾明显的 14 根桩进行钻孔截桩 |
| 2017-5-20—6-30 | 修复、填筑 | 桩及筏板裂损修复，工作巷道、工作槽填筑 |

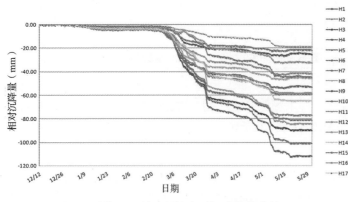

图 8  纠倾过程中各测点相对沉降变化曲线

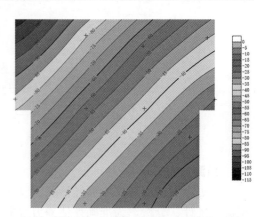

图 9  纠倾前后各测点相对累计沉降量云图
（"＋"为各测点位置）

**表 3  各测点相对沉降数据统计**

| 测点 | H1 | H2 | H3 | H4 | H5 | H6 |
|---|---|---|---|---|---|---|
| 累计沉降量（mm） | −52.78 | −76.51 | −89.17 | −111.27 | −100.32 | −80.58 |
| 测点 | H7 | H8 | H9 | H10 | H11 | H12 |
| 累计沉降量（mm） | −58.70 | −45.27 | −24.89 | −21.32 | −41.23 | −57.94 |
| 测点 | H13 | H14 | H15 | H16 | H17 | H18 |
| 累计沉降量（mm） | −83.82 | −64.51 | −44.10 | −31.93 | −18.33 | 0.00 |

针对纠倾作业四个不同阶段，监测数据情况如下：

第一阶段：该阶段监测结果表明无明显回倾，后续的工作槽开挖证实该阶段掏土施工后，筏板下核心区域地基土有效面积掏空率不足。

第二阶段：该阶段监测结果表明房屋出现明显回倾，测点 H4 相对沉降速率最大，2017-2-27 出现第一次"突降"，沉降量达到 12.14mm/d，现场有个别桩发生图 10 所示的压裂现象。此阶段基底土更加有效地"脱离"筏板底垫层，桩逐渐承担更多的上部荷载。

第三阶段：经监测，第二阶段末房屋回倾速率放缓，施工方调整迫降方案对止倾桩进行截桩施工。2017-5-6—5-8 期间，主要测点 H4 相对沉降出现第二次"突降"，沉降量约 4mm/d。数据表明，此阶段桩发挥止倾作用，通过截桩施工，房屋回倾至设计要求。

第四阶段：各测点单次沉降量在 0.5mm 以内，房屋相对稳定，纠偏工程完成。

在纠偏施工过程中，沉降监测曲线变化与各阶段实际施工情况在时效性和回倾效果上完全吻合，能做到及时、准确地判断房屋整体回倾状态，为纠倾工程提供可靠的数据依据。

（3）静力水准监测与常规监测对比分析

为进一步验证静力水准监测系统在房屋纠倾过程中的可靠性与精确性，整个纠倾过程中，采用电子水准仪（人工）与静力水准监测两种方法进行比对分析。取 H18 监测点为基准点，分别以 H1、H4 及 H15 三测点的两种监测数据进行对比分析，如图 11～图 13 所示。

图 10  桩头压裂

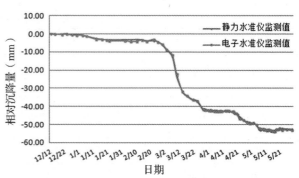

图 11  H1 测点两种监测方法数据对比曲线

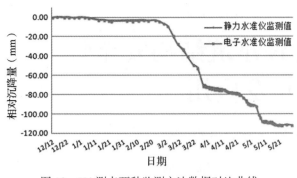

图 12　H4 测点两种监测方法数据对比曲线

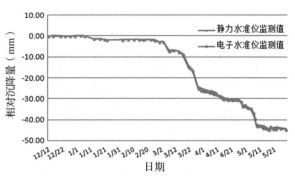

图 13　H15 测点两种监测方法数据对比曲线

从以上沉降对比曲线可以看出，电子水准仪（人工）与静力水准仪的监测数据随时间变化趋势完全相同，累计变化量基本一致，差异值基本在 1.0mm 以内，且差异存在偶然性，不排除为人工监测时的读数误差。总体来看，通过与电子水准仪（人工）监测对比分析，静力水准监测精度和稳定性满足纠偏工程要求。

## 4　结论

（1）静力水准监测系统对建筑沉降进行有效实时监测，确保了纠倾监测数据的实时上传，为纠偏工程提供了可靠的数据支撑。

（2）通过施工间歇期静力水准监测数据分析，静力水准监测系统展现出良好的稳定性；通过与实际纠偏施工效果对比分析，静力水准监测系统展现出良好的时效性。通过与电子水准仪（人工）监测数据对比分析，静力水准监测系统展现出良好的精确性。

（3）静力水准监测系统具有良好的稳定性、时效性、精确性，在房屋纠偏加固工程中具有一定的工程运用价值。

（4）根据静力水准监测系统工作原理，该系统主要应用于建筑物（房屋、隧道、桥梁等）竖向沉降监测，常规量程为 0 ～ 100mm，工程需求超量程时应特别定制。为保证系统稳定性，将其安装于施工等外界干扰较小区域，宜取每天固定时间（非施工期间）采集的数据进行对比分析。

## 参考文献

[1] DAVID H. PARKER，BILL RADCLIFF，JOHN W. SHELTON. Advances in hydrostatic leveling with the NPH6, and suggestions for further enhancements[J]. Precision Engineering，2005. 129（7）：367-374.

[2] W.P. RICE，E.G. FERNANDEZ，D. JAROG，A. JENSEN. A comparison of hydrostatic leveling methods in invasive pressure monitoring[J]. Critical Care Nurse，2000，20（6）：20-30.

[3] P. PELLISSIER. Pellissier model H5-portable hydrostatic level/tiltmeter[R]. Technical Report 116，GBT Memo Series；1994.

[4] 何晓业，黄开席. 压力和温度对静力水准系统精度影响分析 [J]. 核技术，2006，29（5）：321-325.

[5] 陈龙浩，郭广礼. 液体静力水准仪变形监测精度分析 [J]. 煤矿安全，2015，46（3）：201-204.

[6] 刘玉梅，姚敏. 高层建筑物沉降观测及其数据分析 [J]. 沈阳建筑工程学院学报（自然科学版），2003，19（4）：279-282.

[7] 孙泽信，张书丰. 静力水准仪在运营期地铁隧道变形监测中的应用及分析 [J]. 现代隧道技术，2015，52（1）：203-208.

[8] MATHENY P，RADCLIFF B. Hydrostatic level operation[R]. Technical Report L0472，The National Radio Astronomy Observatory；1998.

[9] 白韶红. 静力水准系统在北京城铁变形监测中的应用 [J]. 中国仪器仪表，2003，（11）：34-36.

[10] 陶建伟，唐继明. 自动化实时监测技术在地铁穿越工程中的应用 [J]. 工程勘察，2009，（s2）：583-587.

# 基于 BIM 技术的既有建筑结构安全性
# 鉴定模块开发应用

杨春蕾　霍旭恒　刘祥坤　张志扬　孙　敏

山东省建筑工程质量检验检测中心有限公司　济南　250031

**摘　要：**我国建筑业发展正在呈现出由"大规模新建"向"新建和维护并存"转变的趋势，然后将进入"旧建筑改造、维修和加固为主"阶段。该阶段最重要的程序就是既有建筑结构安全性鉴定。当前我国既有建筑结构安全性鉴定工作还有很多方面亟待改善。理论上来说，建筑信息模型（Building Information Modeling，BIM）技术的特点与既有建筑结构安全性鉴定相结合能有效地弥补当前既有建筑结构安全鉴定工作中的不足。通过对结构安全性鉴定功能的需求分析，利用基于 Revit 软件平台的 BIM 技术二次开发方法和 C# 编程语言等方法，开发出基于 Revit 软件平台的既有建筑结构安全性鉴定功能模块，并将其应用在具体建筑结构安全性鉴定的项目中，证明 BIM 技术在实际工程项目中应用是具有可行性和有效性的。既有建筑结构安全性鉴定模块的开发为 BIM 技术在建筑物改造、维修和加固中的应用积累了经验，对 BIM 技术在工程结构领域中应用范围的拓展具有借鉴意义。

**关键词：**建筑信息模型（BIM）技术；既有建筑；安全性鉴定；Revit 二次开发

在我国大力发展经济的背景下，基础设施建设投资逐年加大，建筑业快速发展，建筑业已逐渐成为我国经济发展的支柱产业。我国既有建筑面积不断增长，房地产市场需求逐渐趋向饱和，我国建筑业产值增长速率明显放缓[1]。我国建筑业发展呈现出由"大规模新建"向"新建和维护并存"转变的趋势[2]。这一发展趋势与国际上各发达国家建筑业发展趋势基本吻合。

结构安全性鉴定是鉴定评价的基础，只有建筑的结构安全性能得到保障，建筑物其他方面的评价才有意义。所以既有建筑结构安全性鉴定对建筑物整体检测鉴定尤为重要。我国在既有建筑结构安全性技术鉴定方面存在需要改进之处，比如资料保存与检索困难、检测鉴定成果表达不直观等。现阶段，实践已经证明了 BIM 技术在建筑的设计、施工和维护过程中能够起到重要作用[3]。BIM 技术在既有建筑结构安全性鉴定方面具有的优势有以下几点：检测鉴定成果可视化、检测鉴定内容可储存、鉴定评级自动化等。

通过软件二次开发技术研发基于 Revit 软件平台的既有建筑结构安全性鉴定功能模块，同时结合实际项目，进一步探索将两者相结合的可行性及功能模块的实用性，为既有建筑结构安全性鉴定技术的发展提出基于 BIM 技术的解决方案。

## 1　BIM 二次开发方法

### 1.1　BIM 平台特点

BIM 平台是将在建筑全生命周期中产生的与建筑设计、建造、维护过程中相关的信息整合到同一个建筑模型中，形成建筑信息的统一管理平台。BIM 平台的目的就是创建一个有助于提升建筑信息交流和传递效率的平台，在该平台上建筑各参与方能够及时地获取、增添、更新信息，提高工作效率和工程质量[4]。基于 BIM 平台的数据交互方式如图 1 所示。

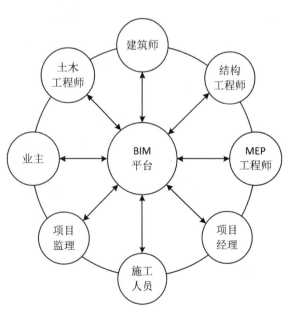

图 1　基于 BIM 平台的数据交互方式

BIM 平台优点是为实现建筑各阶段和各参与方之间信息集成和共享提供技术支持，解决"信息断层"和"信息孤岛"等问题，实现全生命周期的建筑性能分析，提高建筑产业效率和建筑产品质量[5]。

## 1.2　Revit 二次开发特点

Revit 二次开发就是利用 Revit 软件提供的 API，根据不同项目要求以及实际需求进行功能的自定义，主要具有以下几个特点：

（1）开发流程复杂。开发人员必须熟练使用 Revit 软件各种功能并熟知各功能运行原理，在开发过程中，可能要应用到很多的相关软件，其操作流程较为复杂。

（2）学科交叉。Revit 二次开发需要开发人员熟知相关编程语言，如 C#、C++ 等，找到建筑学科和计算机科学之间的契合点，才能完整开发出实际所需功能。

（3）功能层级化。Revit 软件的功能是通过层级实现的，在进行二次开发的过程中，要实现一个功能，需要先将其他辅助功能实现，才能进行下一步工作。

（4）功能实用性。Revit 二次开发的目的之一是简化重复性的工作，提高工作效率，实现不同项目的特殊需求。

## 1.3　Revit API 开发概述

Revit 软件的功能实现离不开参数化建模。Revit 软件作为一款开源的软件，提供了丰富的 API，便于用户按照自己的想法建模。Revit API 主要具有几个方面的功能：①访问模型的图形数据；②访问模型的参数数据；③创建、修改、删除模型元素；④创建插件来完成对重复工作的自动化处理。

API 提供了多种编程语言的运用方式，用户可以按照自己的喜好使用编程语言进行应用。现在可以利用 C# 编程语言使用 API 进行二次开发，可以将不同功能的集合进行分类整合，放入不同命名空间，只要引用此命名空间便可以使用这一类集合，同时可以实现不同类型的功能，有助于在应用 API 时进行查找，加快开发速度，提高开发效率。

## 1.4　Revit 二次开发实现方式

使用 C# 编程语言对 Revit 软件进行二次开发，Revit 二次开发的实现方式主要有外部命令和外部程序两种方式[6]。Revit 二次开发的实现方式如图 2 所示。

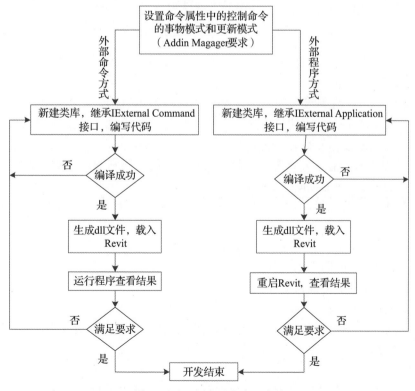

图 2　Revit 二次开发实现方式

## 2　基于 BIM 技术的既有建筑结构安全性鉴定模块开发

### 2.1　开发思路

对基于 BIM 技术的既有建筑结构安全性鉴定进行功能需求分析，通过对这些功能进行分析，该鉴定模块的特点有以下几个方面：

（1）调查及检测成果以信息形式传入到模型中，并附着在对应构件或区域上，其流程如图 3 所示。

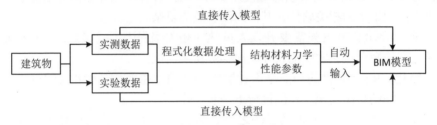

图 3　检测数据输入流程

（2）自动处理数据，评定建筑物实际状态，如实测材料强度、钢筋布置、构件尺寸、构造变化等。通过实测数据与原设计数据进行比对，比较既有建筑现有状态与设计状态差异，以文件或数据形式在模型上显示。

（3）根据实际作用效应情况，分析构件抗力、构件的作用效应及效应参数，自动得到抗力效应比值，根据相关规范要求评级。各部分之间的关联图如图 4 所示。

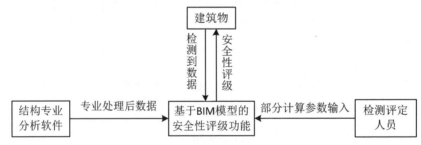

图 4　安全性评级系统关联图

（4）整体评价鉴定结构的安全性能，从多个方面，对建筑结构的安全性能进行评价，然后系统自动判别后得出结构的安全性能评级。

对于项目整体而言，在检测过程中每一步都是依托模型进行的，这与传统方式是不同的。Revit 模型由构件组成系统，由系统组成项目，这与鉴定中构件到子单元、到鉴定单元的工作模式完全吻合。Revit 模型的可视化能力也为鉴定构件的定位提高了准确性。

此外，Revit 模型强大的信息集成能力有利于把调查检测收集到的信息附加到模型中，Revit 模型的可视化能力也为鉴定构件的定位提高了准确性。

对基于 BIM 技术的既有建筑结构安全性鉴定进行功能需求分析后，需对功能进行设计，此模块功能设计主要为：

（1）现场检测的数据处理。现场实测数据经过程序自动化处理得到相应的数值并插入到 BIM 模型相应的构件中，方便各功能调用相关数据；

（2）材料性能评定及检测构件自动评级；

（3）各子单元安全性评级；

（4）整个鉴定单元安全性评级。根据相关的鉴定标准和项目的实际情况得出整个鉴定单元的安全性评级并储存在模型中。

### 2.2　主要功能实现

通过对基于 BIM 技术的既有建筑结构安全性鉴定进行功能需求分析，通过软件二次开发技术实现鉴定功能模块。其主要功能包括：①指定构件选择；②构件参数值读取和插入；③相关文件选择；

④构件及结构安全性评级；⑤鉴定结果显示。

此功能模块研发完成后，运行后效果如图 5 ～图 8 所示。

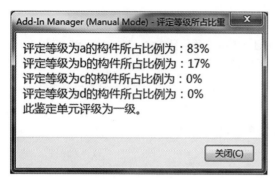

图 5　评级显示

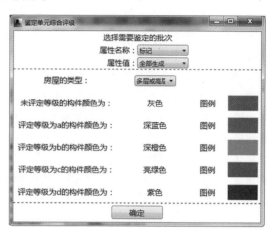

图 6　结果显示界面

图 7　应用效果图

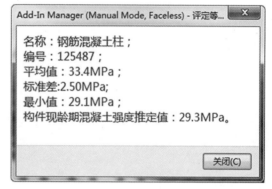

图 8　检测结果

分析实现各种功能的原理流程，结合规范的安全性鉴定方法研究应用功能模块后产生的结果，显示出应用本功能模块相对于传统方式的优势，力求本功能模块能够在实际安全性鉴定工程中产生便利性和实用性的效果。

### 2.3　鉴定模块运用效果与传统方法对比

鉴定模块运用效果与传统方法对比可得：

（1）检测鉴定结果与传统方法一致，证明了模块的可靠性；

（2）材料性能评定效率提高，显示效果直接；

（3）构件及单元评级快速，结果及显示效果明显。

根据实际项目的运用及鉴定结果与传统鉴定结果对比，可以看出所研发的既有建筑结构安全性鉴定功能模块可以在实际工程中运用，进一步验证了将 BIM 技术与既有建筑结构安全性鉴定相结合的可行性。采用已开发鉴定模块对实际既有建筑结构安全性鉴定项目进行运用，采用开发模块的效果提高了，强化了数据与模型的对应关系，增强了显示效果，更易检查，避免了错误。

## 3　结语

经研究，提出基于 BIM 技术的既有建筑结构鉴定体系，并应用 Revit 二次开发技术和 C# 编程语言，设计开发了基于 Revit 软件平台的既有建筑结构安全性鉴定功能模块，同时将其应用于实际项目中，证实了将两者结合在一起的可行性和实用性。但是，还有许多方面需要进行改进，如何将建筑的适用性和适修性与 BIM 技术相结合、如何将结构计算软件与 BIM 软件结合在一起。

## 参考文献

[1] 张红歌. BIM 技术在既有建筑改造中的应用探究 [D]. 西南交通大学，2016.

[2] 庞文燕. 既有建筑结构安全鉴定决策支持系统的研究 [D]. 西南石油大学，2017.

[3] 蒋璐，郑昊. BIM 技术在既有建筑检测加固中的应用探索 [J]. 土木建筑工程信息技术，2016，8（05）：26-29.

[4] 石志道. 基于 BIM 的建筑消防设施管理系统研究 [D]. 沈阳：沈阳航空航天大学，2016.

[5] 张建平，余芳强，李丁. 面向建筑全生命期的集成 BIM 建模技术研究 [A]. 第三届工程建设计算机应用创新论坛论文集 [C]. 2011，127-139.

[6] 李亚克. 基于 Revit 平台的 BIM 应用系统二次开发研究 [D]. 石家庄：河北科技大学，2019.

# 微型钢管静压桩在高层住宅楼基础不均匀沉降事故中的应用

俞兆藩　赵红霞

甘肃省建筑科学研究院（集团）有限公司　甘肃　730070

**摘　要：** 某高层住宅楼因地质复杂，桩基未进入持力层，建成后邻近建筑物基坑降水，造成该建筑物主体严重倾斜。根据地基沉降变形及工程地质条件，提出了钢管静压桩与筏板相结合的托换加固设计方案，就加固方案比选、施工工艺及施工过程中注意的问题和处理方法进行了阐述，为类似的地基加固工程中钢管静压桩加固设计提供一定的参考。

**关键词：** 高层住宅；地基加固；微型钢管桩；锚杆静压桩

兰州位于我国西北地区，呈两山夹一河的狭长地势，该地理条件使得新建的住宅楼普遍较高，并且兰州部分地区地质复杂，建筑物地基基础病害时有发生。既有建筑地基基础加固中，锚杆静压桩[1]是提高地基承载力和控制沉降的一种常用方法。以建筑物自重荷载为压桩反力，锚杆固定压桩架，基础中预留或者开凿压桩孔，使用千斤顶将桩身从压桩孔中逐段压入，最后将桩头封堵，实现与原基础整体受力。该方法适用于淤泥、淤泥质土、黏性土、粉土、人工填土、湿陷性黄土等地基加固[2-5]。

本文以兰州某高层住宅楼地基加固工程为实例，结合地质条件、病害原因，重点介绍了桩筏联合基础托换加固设计。

## 1　项目情况

### 1.1　工程概况

兰州市某高层住宅，建筑采用钢筋混凝土框架 – 剪力墙结构，地下 1 层，地上 18 层，建筑物长 75.45m，宽 15.90m，高 52.20m，地上部分由伸缩缝将其分为两个单体。基础采用人工挖孔钢筋混凝土灌注桩基础。该楼竣工时间为 2013 年 8 月。该楼自 2016 年开始，在使用过程中，墙体逐渐出现裂缝、窗户变形。建筑平面布置图如图 1 所示。

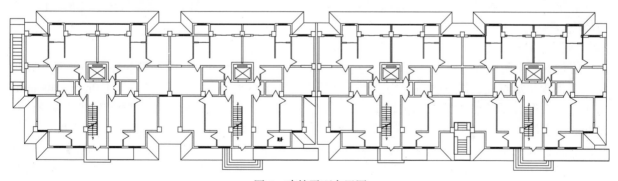

图 1　建筑平面布置图

### 1.2　地质情况

根据勘察资料，该工程所处场地横跨两个工程地质区，工程地质Ⅰ区地层自上而下为素填土、粉土、卵石、砂岩 4 个主要层次。工程地质Ⅱ区地层自上而下为素填土、粉土、饱和粉土、卵石、砂岩 5 个主要层次。场地地下水类型主要为第四系松散岩类孔隙潜水及基岩裂隙水，主要赋存于冲洪积卵石层及砂岩中，富水性较好，受沟谷洪水及大气降水的补给，勘察期间工程地质Ⅰ区地下水水位埋深 21.4 ～ 27.5m，工程地质Ⅱ区地下水水位埋深 18.2 ～ 26.1m。场地内部分土层力学指标见表 1。

表1　场地内部分土层力学指标

| 地层 | 钻孔灌注桩 | | 人工挖孔桩 | |
|---|---|---|---|---|
| | 桩端阻力标准值 $q_{pk}$（kPa） | 桩侧摩阻力 $q_{sik}$（kPa） | 桩端阻力标准值 $q_{pk}$（kPa） | 桩侧摩阻力 $q_{sik}$（kPa） |
| Ⅰ-②粉土 | — | −15 | — | −15 |
| Ⅰ-③卵石 | 2600 | 110 | 3000 | 110 |
| Ⅱ-②粉土 | — | −15 | — | −15 |
| Ⅱ-③饱和粉土 | — | 0 | — | 0 |
| Ⅱ-④卵石 | 2400 | 110 | 3200 | 110 |
| ⑤砂岩 | 2500 | | 3000 | |

## 2　检测鉴定及病害分析

### 2.1　检测鉴定情况

2017年，法院委托第三方司法鉴定机构对该工程质量问题成因进行司法鉴定，鉴定结论如下：（1）建筑物沉降呈现收敛停止状态，测得长向两端沉降差为68mm、102mm，整体倾斜均为0.001；短向两端沉降差为25mm、9mm，整体倾斜为0.002、0.001。（2）混凝土构件密实度满足要求，但部分构件混凝土现龄期抗压强度不满足设计要求。（3）部分构件混凝土保护层厚度不满足设计要求。（4）混凝土构件裂缝影响结构性能和正常使用。

### 2.2　病害分析

根据相关资料，该工程竣工后，相邻建筑物开始施工，但建筑物基础埋深要大于该住宅楼，且基坑支护时进行了降水处理。先浅后深的施工顺序和降水处理对该工程造成了一定的影响，并且该工程横跨两个工程地质区，因此造成该工程出现了沉降倾斜。

## 3　基础加固方案

### 3.1　初步方案比选

综合考虑该工程主体结构形式、基础形式、地质条件，提出了以下几种初步加固方案：

针对地基基础，有两种方案：一是顶升纠倾处理[2]。在建筑物上设置支撑点，通过支撑点上的顶升设施，使建筑物一侧或局部抬升，从而使建筑物得到纠正。但该工程基础形式为桩基础，顶升处理需增加托换梁，该方案施工工艺复杂，设备操作精度高，对周边环境影响大。二是止倾处理，提高基础承载力。为增加建筑物基础整体刚度，将桩基础托换为桩筏联合基础，然后在沉降严重的区域增设锚杆静压桩。该方案受力明确，桩位布置更加灵活，施工工艺成熟便捷，工程造价更加经济，且对周边环境影响小。

### 3.2　加固方案

将建筑物原防水构造底板改造为受力筏板，新增筏板厚度600mm，预埋 $\phi$ 32mm锚杆，端头带爪肢。筏板预留压桩孔，压桩孔呈上小下大的喇叭状，上部300mm×300mm，下部400mm×400mm。由于土层中有较厚的细砂层，混凝土桩摩阻力较大，不便于施工，因此采用微型钢管桩，桩身外径219mm，壁厚8mm，持力层为Ⅰ-③卵石层及Ⅱ-④卵石层，桩尖进入持力层深度不小于1.0m。钢管桩桩身自桩头0.5m预留A20注浆孔，间距1000mm，梅花状布置，钢管内灌注C30水泥砂浆，该开孔措施是为了填充钢管桩与桩周土空隙，同时可在钢管桩外壁形成一层保护层，增加钢管桩的抗腐蚀性。

根据《建筑桩基技术规范》（JGJ 94—2008）[6]，单桩竖向极限承载力标准值按下式计算：

$$Q_{uk} = Q_{sk} + Q_{pk} = u\sum q_{sik}l_i + q_{pk}A_p \tag{1}$$

式中，$Q_{sk}$、$Q_{pk}$ 分别为总极限侧阻力标准值和总极限端阻力标准值；$u$ 为桩身周长；$l_i$ 为桩周第 $i$ 层土的厚度；$q_{sik}$ 为桩侧第 $i$ 层土的极限侧阻力标准值；$q_{pk}$ 为极限端阻力标准值；$A_p$ 为桩端面积。

将具体数据代入后，得到单桩竖向极限承载力标准值为1046kN，从而单桩竖向极限承载力特征值为523kN。根据上部结构荷载设计值，最终确定出钢管桩根数。静压桩平面布置如图2所示。

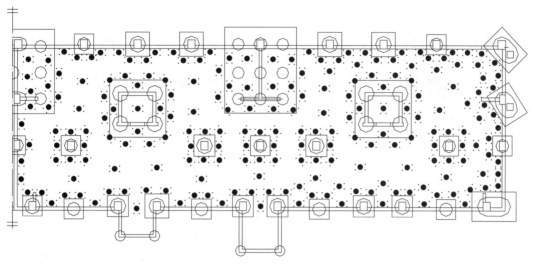

图 2　静压桩平面布置图

### 3.3　施工阶段质量控制要点

在建筑物内施工微型钢管静压桩，空间相对狭小，层高受限时还需对压桩机具改造调整，施工难度大，施工前应编制专项施工方案，施工过程中应严格控制施工操作，尤其要注意以下几点：

（1）桩身垂直度，桩身垂直度严重影响地基加固质量。压桩前，可采用钻孔机具引孔处理，孔径约 100mm，将压桩路径上的障碍物提前清除，避免桩尖遇到障碍物发生偏移或压桩力快速增大到控制压力，使得操作人员误以为已到设计压力。压桩时应调整桩身位置，确保每节桩体中心点与千斤顶、压桩孔轴线重合，不得偏心加压。

（2）由于本项目地质情况较复杂，采用压桩力与压桩深度双控制，设计时应详细计算压桩深度及压桩力，可保证地基加固效果。

（3）停止压桩后，桩端及桩周土会产生回弹，从而影响静压桩的承载力，因此采用预应力封桩处理，在桩顶施加 1.2 倍单桩承载力设计值，然后使用微膨胀混凝土封桩形成整体。

## 4　结论和建议

兰州某住宅楼地基采用锚杆静压桩及新增筏板托换处理后，建筑物沉降稳定，结合本工程及类似的静压桩地基托换加固工程经验可得出如下结论：

（1）建筑物发生整体倾斜、不均匀沉降，但基础整体刚度不高时，可以采用桩筏联合基础进行托换处理，既能提高地基承载力和控制沉降，还能提高建筑物整体抗变形的能力。

（2）微型钢管桩在设计时重点要研究勘察报告，不同地层的相关计算参数要选取正确，静压桩布置时应尽量靠近原基础位置。

（3）微型钢管静压桩具有操作方便、机理明确、作业面小、无污染、加载设备轻便等传统方法不具备的特点，并且工程造价经济，具有广阔的应用前景。

**参考文献**

[1] 黄泽德. 建筑加固技术疑难工程案例 [M]. 北京：中国建筑工业出版社，2007.

[2] 中华人民共和国住房和城乡建设部. 建筑地基处理技术规范：JGJ 79—2012[S]. 北京：中国建筑工业出版社，2013.

[3] 中华人民共和国住房和城乡建设部. 既有建筑地基基础加固技术规范：JGJ 123—2012[S]. 北京：中国建筑工业出版社，2013.

[4] 牛文庆，张小兵，等. 湿陷性黄土地区锚杆静压桩地基加固应用研究 [J]. 建筑结构，2019，49（6）：128-133.

[5] 张之伟. 高层住宅楼变形观测及锚杆静压桩加固应用实践 [J]. 安徽建筑，2020，27（12）：91-113.

[6] 中华人民共和国住房和城乡建设部. 建筑桩基技术规范：JGJ 94—2008[S]. 北京：中国建筑工业出版社，2008.

# 锚杆静压注浆钢管桩的应用及对既有建筑整体沉降提升纠偏的效能研究

杨 冬 魏 秦 李博文 吴 健 唐佐贵

甘肃土木工程科学研究院有限公司 兰州 730020

**摘 要：** 随着我国城市化进程加速，与之相配的建筑行业迅速发展，同时部分建筑因改变使用要求或环境影响（毗邻建筑施工、新建地下工程、自然灾害等）原因，使其不满足原设计及使用要求，需对其进行加固处理，以消除安全隐患。本文结合工程实际应用情况，对锚杆静压注浆钢管桩在地基加固、纠偏方面进行应用研究，总结了湿陷性黄土场地既有建筑整体沉降提升纠偏的施工技术和经验。

**关键词：** 锚杆静压注浆钢管桩；纠偏；加固；施工技术

## 1 工程概况

某办公楼位于兰州市皋兰县忠和镇，主体为钢框架结构，其中钢柱、钢梁选择用 10.9s 级 M20 大六角高强螺栓连接的 H 型钢。压型钢板混凝土组合楼、屋面板，加气混凝土砌块填充墙，柱下钢筋混凝土独立基础，基础埋深 –1.9m。办公楼长 44.0m，宽 19.9m，建筑高度 17.0m，地上 3 层（局部 4 层），总建筑面积 2200m²。该建筑物所在地区抗震设防烈度为 7 度，基本地震加速度 0.15g。2015 年建成并投入使用，用途为办公用房（图 1）。

图 1 加固前建筑照片

## 2 建筑现状

该建筑无施工图纸，经鉴定单位对结构实体实测，绘制该建筑物建筑图、结构图。采用无损检测方法，对地基基础、上部结构、围护体系等进行检测鉴定，得出检测鉴定结果。

该建筑物结构安全性等级鉴定结果评为 $D_{su}$ 级，即安全性严重不符合《民用建筑可靠性鉴定标准》（GB 50292—2015）对 $A_{su}$ 级的要求，严重影响整体承载。

该建筑物结构抗震能力不满足《建筑抗震设计规范》（GB 50011—2010，2016 年版）相关规定。

检测鉴定处理建议：（1）对该建筑物地基基础及主体结构进行加固或拆除。（2）对室外台阶、散水、管沟及场地防水、排水设施进行维修，确保排水通畅，防止管网及雨水渗漏对建筑物造成二次损害。

### 2.1 地基基础检测鉴定情况

通过对该建筑Ⓐ轴、①轴及⑥轴相邻柱基沉降差进行测量，该建筑相邻柱基沉降差为 15～158mm（包含施工误差），均大于规范允许限值范围，见表 1、表 2 所示。

表 1 Ⓐ轴相邻柱基沉降差测量

| 相邻柱基位置 | 1/A 轴 | 2/A 轴 | 2/A 轴 | 3/A 轴 | 3/A 轴 | 4/A 轴 | 4/A 轴 | 5/A 轴 | 5/A 轴 | 6/A 轴 |
|---|---|---|---|---|---|---|---|---|---|---|
| 沉降差（mm） | 50 | | 158 | | 59 | | 59 | | 18 | |
| 相邻柱基距离（mm） | 8000 | | 8000 | | 12000 | | 8000 | | 8000 | |
| 结论 | 大于规范限值 | | 大于规范限值 | | 大于规范限值 | | 大于规范限值 | | 大于规范限值 | |

表 2　①轴、⑥轴相邻柱基沉降差测量

| 相邻柱基位置 | 1/A轴 | 1/B轴 | 1/B轴 | 1/C轴 | 6/A轴 | 6/B轴 | 6/B轴 | 6/C轴 |
|---|---|---|---|---|---|---|---|---|
| 沉降差（mm） | 15 | | 26 | | 30 | | 60 | |
| 相邻柱基距离（mm） | 5500 | | 7500 | | 5500 | | 7500 | |
| 结论 | 大于规范限值 | | 大于规范限值 | | 大于规范限值 | | 大于规范限值 | |

通过在靠近基础位置开挖三个探井，获知该场地地层情况自上而下依次为：①素填土层；②粉土层；③角砾层。探井深度内未见地下水，探井地层情况见表 3。

表 3　探井地层情况统计表

| 地层情况 | TJ1 埋深（m） | TJ2 埋深（m） | TJ3 埋深（m） |
|---|---|---|---|
| ①素填土 | 0 ～ 3.0 | 0 ～ 3.0 | 0 ～ 3.0 |
| ②粉土 | 3.0 ～ 16.2 | 3.0 ～ 14.4 | 3.0 ～ 14.4 |
| ③角砾 | 16.2m 以下（未揭穿） | 14.4m 以下（未揭穿） | 14.4m 以下（未揭穿） |

根据现场采集土样的"室内土工试验"报告，该素填土层及粉土层含水率较高，且具有湿陷性。由于地基土固结沉降、管道渗漏及雨水渗入引起场地内地基土产生湿陷变形，进而使该建筑物上部结构产生开裂、差异沉降、倾斜等现象。应对建筑物地基进行加固处理。该建筑基础梁产生裂缝，如图 2 所示。

### 2.2　主体结构检测鉴定情况

所测钢构件的涂层总厚度为 65.6 ～ 94.3μm（含防腐、防火涂层），涂层厚度不符合现行设计标准的相关要求。

所测的钢柱轴线垂直度均大于设计允许偏差值，不符合《钢结构工程施工质量验收标准》（GB 50205—2020）第 10.3 节"多层钢柱的垂直度允许偏差值：$H$/1000，且不应该大于 10.0"规定。

部分螺栓存在松动，螺栓头露出螺母的丝扣小于 2 ～ 3 扣，不符合规范要求。

图 2　基础梁裂缝照片

该建筑物最大顶点水平位移（东北角）矢量为 111mm（包含施工误差），最大倾斜为 8.2‰，大于规范允许值 4.0‰。建筑物倾斜观测结果如图 3 所示。

### 2.3　围护体系承重部分检测鉴定情况

该建筑物上部墙体产生不同程度裂缝，裂缝最大宽度达 50mm，如图 4 所示。

图 3　建筑倾斜观测结果图

图 4　建筑填充墙裂缝照片

### 2.4　抗震检测鉴定

通过现场检测，该建筑物结构的规则性、钢框柱长细比、框架梁、柱板件宽厚比、框架梁与框架柱连接构造及柱脚构造均满足《建筑抗震设计规范》（GB 50011—2010，2016 年版）相关规定及要求。

通过结构承载力验算结果可知，该建筑物部分构件承载力不满足计算要求。

## 3 项目实施

### 3.1 加固方案设计

据本项目鉴定结论，我院经过慎重讨论研究，制订工程加固方案。本项目总体加固施工工艺如图5所示。

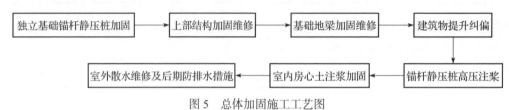

图5 总体加固施工工艺图

加固处理方案如下：

（1）建筑物柱下独立基础采用锚杆静压注浆钢管桩加固。

（2）对建筑物进行整体提升纠偏处理，消除沉降，使建筑物倾斜满足规范允许值4.0‰。

（3）产生裂缝的基础地梁采用粘碳纤维、粘钢或凿除后重新浇筑等方法加固。

（4）对上部墙体裂缝进行修复，对上部钢结构松动螺栓紧固。

（5）对承载力不足的构件采用焊接钢板进行加固处理。

（6）室内外房心土采用注浆加固。

（7）对破损管沟进行维修处理。

### 3.2 锚杆静压注浆钢管桩施工

#### 3.2.1 锚杆静压注浆钢管桩设计思路

锚杆静压注浆钢管桩是将植筋锚杆和静力压桩结合起来而形成的一种施工方法。即先在建筑物基础结构上开凿压桩孔和锚杆孔，用结构胶植入压桩锚杆，然后安装反力架，利用建筑物自重作反力，用千斤顶将钢管桩逐段压入土中。当压桩力、压入深度达到设计要求后，桩内外填充碎石封孔后进行高压注浆，对其地基土进行固化处理，提高钢管桩单桩承载力，最后将桩与基础连在一起。采用这种锚杆静压注浆钢管桩进行地基基础加固，可使独立基础底部形成桩网复合地基，提高地基承载力，可有效解决地基基础在后期使用过程中的沉降问题。

本工程采用锚杆静压注浆钢管桩对柱下独立基础进行加固，锚杆静压注浆钢管桩加固适用于淤泥、淤泥质土、黏性土、粉土、砂土、碎石土及人工填土等地基土上既有建筑的加固工程。

#### 3.2.2 材料要求

本次加固依据柱底轴力大小分别采用不同桩型加固。桩型1：桩身材料为 $\phi$114mm×3.75mm 焊管，接箍采用 $\phi$127mm×5.0mm 无缝管，桩尖采用 $\phi$168mm×5.0mm 无缝管；桩型2：桩身材料为 $\phi$127mm×5.0mm 无缝管，接箍采用 $\phi$140mm×5.0mm 无缝管，桩尖采用 $\phi$168mm×5.0mm 无缝管（图6）。

图6 桩身及接箍制作照片

### 3.2.3　主要机具设备

锚杆静压桩机、水钻、注浆泵、风镐、铁锤、电焊机、切割器。

### 3.2.4　锚杆静压注浆钢管桩工艺流程（图 7）

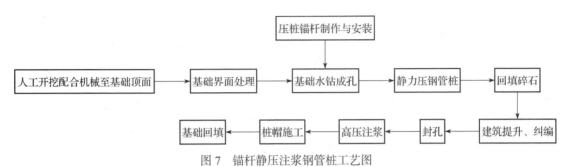

图 7　锚杆静压注浆钢管桩工艺图

（1）对该建筑物共计 20 个独立基础采用锚杆静压注浆钢管桩进行加固，每个独立基础布置 4 ～ 6 根钢管桩，共计 88 根；钢管桩桩长约 13 ～ 15m，桩端持力层为角砾层，桩位依据现场实际情况可进行调整。

（2）桩型 1 终止压桩力不小于 280kN，桩型 2 终止压桩力不小于 300kN，在施工过程中严格控制压桩力及压桩深度（图 8）。

图 8　油压泵压力表照片

（3）桩帽平面尺寸 400mm × 400mm × 300mm，压桩锚杆选用 8 根直径 16mm 精轧螺纹钢植入原钢筋混凝土基础，植筋深度不小于 300mm。对桩帽植筋需进行拉拔试验检测，$\phi$16mm 植筋锚固力设计值 70kN（图 9）。

图 9　压桩锚杆拉拔试验及桩帽施工

（4）独立基础水钻成孔直径不小于180mm，钻孔深度应穿透基础及底部素混凝土垫层。

（5）钢管桩桩身布置直径3 ～ 10mm 左右注浆孔，注浆孔竖向间距300mm，注浆孔夹角120° 呈梅花形布置，即桩身布置3排注浆孔。

### 3.2.5 锚杆静压注浆钢管桩施工时需注意

（1）锚杆静压钢管桩施工前，应做好下列准备工作：清理压桩孔和锚杆孔施工工作面；制作锚杆螺栓和桩节；压桩孔水钻成孔；锚杆植筋钻孔，应确保锚杆孔内清洁干燥后再埋设锚杆，并用胶黏剂封固。

（2）压桩施工应符合下列规定：压桩架应保持竖直，锚固螺栓的螺母或锚具应均衡紧固，压桩过程中，应随时拧紧松动的螺母。桩应一次连续压到设计标高，当必须中途停压时，桩端应停留在软弱土层中，且停压的间隔时间不宜超过24h。就位的桩节应保持竖直，使千斤顶、桩节及压桩孔轴线重合，不得采用偏心加压；压桩时，应垫钢板或桩垫，套上钢桩帽后再进行压桩；桩位允许偏差应为±20mm，桩节垂直度允许偏差应为桩节长度的 ±1%；钢管桩平整度允许偏差应为 ±2mm。压桩施工应对称进行，在同一个基础上，不应数台压桩机同时加压施工。

（3）锚杆静压钢管桩质量检验应符合下列规定：最终压桩力与桩压入深度，应符合设计要求。桩帽梁、交叉钢筋及焊接质量应符合设计要求。

（4）注浆

先检查注浆头的状况，如单向阀的状态是否良好；检查管路不能有堵塞现象，并保证各节管路的连接质量；如果出现堵塞，应先洗管。

浆液制作：桩身采用一次注浆工艺，注浆体主剂为水泥浆，注浆用 P.O42.5 水泥，水灰比 1：1（质量比），并添加水泥用量5% 的水玻璃。按设计要求的配合比拌制好浆液，浆液的密度符合要求，添加剂按设计要求确定的掺量添加，保证水泥浆液的配制质量。浆液搅拌时间不小于 3min。

开注浆机：一次注浆时，泵的最大工作压力不低于 6MPa，开始注浆时，需要 2 ～ 3MPa 的起始压力，将浆液经注浆管从孔底压出，接着注浆压力为 1MPa，使浆液填充地基土空隙，注浆终止压力不低于 3MPa。

注浆后桩承载力：桩型 1 注浆后承载力特征值不小于 260kN，桩型 2 注浆后承载力特征值不小于320kN，开挖导坑采用素土夯填，压实系数不小于 0.88。

注意事项：在一切工作都做好后方可开注浆机注浆，注浆过程中主要通过听声音、看压力、看注浆量来判断注浆的实施效果；听声音是否有异常，看压力是否过高，看注浆量是否达到设计压力；注浆施工时应采用间隔施工、间歇施工或增加速凝剂掺量等措施，以防止出现相邻桩冒浆和串孔现象。另外还要做好注浆记录，并保证记录的真实性。

### 3.2.6 封桩

封桩施工是压桩施工过程的一个关键环节，桩和独立基础底板能否连接牢固，承载力是否达到要求，连接节点形式是否合理，都是封桩后桩能否发挥作用的关键。

封桩前，桩顶按要求截断至设计标高，钢管桩采用手工切管机切割。为加强桩和承台及混凝土底板的连接，采用槽钢将压桩锚杆相互连接起来，形成封桩桩帽，其尺寸为 400mm × 400mm × 300mm，清理桩孔内杂物，用 C30 混凝土浇筑桩帽。

### 3.2.7 建筑物整体提升纠偏

建筑物整体提升纠偏是利用压桩锚杆安装提升反力架，利用已完成的静压钢管桩提供反力，同步对所有建筑物独立基础进行提升，采用多个刻度水准仪控制高程，使建筑物提升至规范允许倾斜范围内。

独立基础加固完成后，对基础进行全面测量，明确每个基础提升量，并逐级提升（图10）。依据沉降测量结果选择适当的基础安装反力支架及千斤顶，依据结构建模计算，在单工况恒载作用下，柱底最大轴力为 1894.30kN，综合考虑基础自重及千斤顶最大加载量安全系数，本次提升选用 50t 机械千斤顶。待千斤顶与反力支架安装完成并由现场技术负责人确认后，同时开始提升，提升后整体倾斜率控制在 4/1000 内，原结构提升完成后，逐个进行托换，托换完成后，用混凝土将原基础、托换钢管浇筑成一体，并进行桩帽施工。

图 10　提升效果展示照片

### 3.3　注浆锚杆静压钢管桩施工优点

（1）能迅速控制沉降和倾斜，施工过程中不会引起附加沉降。

（2）压桩施工可在狭小的空间进行压桩作业，适用于大型机具无法进入的工程。

（3）在压桩过程中无振动、无噪声，侧向挤压小；施工设备简单，移动灵活。

（4）在压桩施工的过程中能测得桩的入土深度及其压桩力；水泥用量少，能源消耗少，成本低，承载力高，加固效果好。

（5）可在不影响上部工作环境或影响很小的情况下，实施沉降建筑物的基础托换。

（6）传荷过程和受力性能明确，能得到每根桩的实际承载力，施工质量可靠。

### 3.4　细节在实践中得到改良

专用精轧丝扣螺纹钢的使用。压桩锚杆选用直径 16mm 的专用精轧丝扣螺纹钢植入原钢筋混凝土基础，上面带专用螺帽。植筋深度不小于 300mm。实用方便，无须再加工。

承插式接箍口的使用。静压钢管桩施工前，在桩端头焊接大一级型号的钢管作为承插式接箍口，施工时直接将上一节钢管桩插入到下一节带承插口的钢管桩，间隙控制要小，防止偏斜。

## 4　结语

既有建筑物特种加固改造既是一个传统的专业领域，也是一个发展迅速，新技术、新方法、新材料、新设备大量涌现的全新专业领域。同时，随着既有建筑的规模的不断扩大，未来因保障、改善或提高这些建筑的正常使用功能和性能，既有建筑物鉴定与特种加固改造领域面临巨大的机遇，发展需求强烈。可以说，既有建筑物特种加固改造专业发展前景广阔。

近年来，通过完成多项既有建筑物加固改造、提升工程，经过不断探索、实践和积累，加固顶升技术和加固提升技术日趋完善，创新能力不断增强，采用的一些细节改造工序，大大增强了工作效率，降低了安全风险。

该项目不均匀沉降量最大值达 507mm，经设计团队精心计算和合理选用，采用了锚杆静压注浆钢管桩进行地基处理，并利用钢管桩提供反力进行建筑物整体提升。自 7 月 7 日至 7 月 13 日逐级加载提升，最大提升量达 475mm，于 7 月 14 日进行最后的终极提升，剩余沉降量达到允许偏差范围之内，建筑物整体倾斜满足规范允许值，加固改造提升顺利完成（图 11）。

各方对我公司既有建筑物特种加固改造技术的探索、实践、应用和效果给予充分肯定，进一步提升和扩大了公司的市场影响力，取得了良好的社会效益和经济效益，得到了业主及同行们的高度赞扬和认可，为该项技术持续提高创新奠定良好基础。

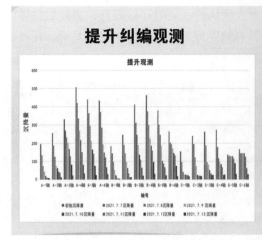

### 提升观测

| 沉降量(mm) / 日期 | A-1轴 | A-2轴 | A-3轴 | A-4轴 | A-5轴 | A-6轴 | B-1轴 | B-2轴 | B-3轴 | B-4轴 | B-5轴 | B-6轴 | C-1轴 | C-2轴 | C-3轴 | C-4轴 | C-5轴 | C-6轴 |
|---|---|---|---|---|---|---|---|---|---|---|---|---|---|---|---|---|---|---|
| 初始沉降量 | 195 | 255 | 330 | 507 | 440 | 433 | 182 | 245 | 412 | 463 | 379 | 263 | 153 | 238 | 262 | 273 | 134 | 166 |
| 2021.7.7沉降量 | 132 | 186 | 269 | 420 | 364 | 371 | 144 | 188 | 312 | 374 | 301 | 201 | 95 | 195 | 187 | 178 | 129 | 144 |
| 2021.7.8沉降量 | 75 | 125 | 232 | 335 | 295 | 285 | 95 | 142 | 245 | 299 | 245 | 194 | 40 | 121 | 95 | 116 | 120 | 142 |
| 2021.7.9沉降量 | 43 | 75 | 201 | 268 | 212 | 194 | 51 | 95 | 189 | 225 | 184 | 170 | 27 | 71 | 81 | 94 | 127 | 142 |
| 2021.7.10沉降量 | 20 | 62 | 169 | 217 | 148 | 148 | 21 | 61 | 134 | 184 | 101 | 144 | 27 | 24 | 51 | 82 | 126 | 142 |
| 2021.7.11沉降量 | 12 | 42 | 127 | 150 | 140 | 121 | 8 | 33 | 108 | 157 | 86 | 131 | 25 | 19 | 33 | 65 | 114 | 125 |
| 2021.7.12沉降量 | 8 | 37 | 80 | 81 | 74 | 65 | 1 | 11 | 64 | 95 | 65 | 74 | 22 | 19 | 24 | 25 | 88 | 62 |
| 2021.7.13沉降量 | 8 | 12 | 21 | 32 | 24 | 28 | 1 | 11 | 20 | 31 | 22 | 18 | 15 | 17 | 25 | 26 | 29 | 28 |
| 最终提升量 | 187 | 243 | 309 | 475 | 416 | 405 | 181 | 234 | 392 | 432 | 357 | 245 | 138 | 221 | 237 | 247 | 105 | 138 |

**最终提升量**

本次提升选用千斤顶为50t油压千斤顶。待千斤顶与反力支架安装完成并确认后，同时开始提升，提升后整体倾斜率控制在千分之三以内。

图 11　纠偏观测结果

# 纤维网格端锚自锁效应试验研究

周朝阳　林国制　陈世杰　周　浩　汪　毅

中南大学土木工程学院　长沙　410075

**摘　要：** 端锚自锁技术有望解决纤维网格增强混凝土（Textile Reinforced Concrete，简称 TRC）加固混凝土结构界面易剥离的难题。与纤维布相比，纤维网格与锚板接触面积小、协同受力性较差，其端锚自锁效应仍不明确。为此，本文研究了多种端部处理措施，开展了纤维网格端锚自锁拉伸试验。结果表明：纤维网格在端锚的作用下能够实现有效自锁，通过采取增强处理措施，纤维网格端锚自锁下的强度利用率最大提升了 60.66%，三层网格的抗拉承载力能达到与纤维布相近的水平，满足加固所需。

**关键词：** 纤维网格；端锚自锁；拉伸试验；强度利用率；抗拉承载力

由于 FRP（Fiber Reinforced Polymer，简称 FRP）材料具有轻质、高强、耐腐蚀等优点，外贴 FRP 片材加固混凝土结构近年来受到了广泛关注[1]。FRP 加固往往采用环氧树脂类有机胶作为黏结剂，而有机胶不耐高温[2]，存在严重安全隐患。无机胶凝材料虽然在恶劣环境下的耐久性更好[3]，但其浸渍能力不及有机胶，对内部纤维丝浸渍能力较差，存在纤维束受力不协同等问题，影响加固效果[4]，有必要对浸渍纤维网格的无机胶凝材料进行改进。工程水泥基复合材料（Engineered Cementitious Composite，简称 ECC）与纤维网格结合，形成 ECC 基 –TRC 板加固系统，不仅增强构件承载能力，还可提升构件的延性[5]。然而，ECC 基 –TRC 板与混凝土基体间的黏结界面仍是薄弱环节，难以避免剥离破坏的发生[6]，有必要采取适当的锚固措施。国内外虽已有一系列防剥离的锚固措施，如附加纤维布扇头钉、钉板式锚固等，但由于种种因素，脱粘破坏问题仍无法妥善解决。

本文将纤维网格与端部锚固相结合的方式有望解决这一难题[7]。利用纤维材料的柔性，按特定的方式将纤维条带缠绕于锚具，能够使纤维带在拉力作用下越拉越紧，从而达到有效自锁。但是纤维网格存在不协同受力问题，其锚固自锁效应仍不明确。本文采取了增大接触面积、外力夹紧、有机胶浸渍三种处理方式，通过比较各试件破坏模式以及协同受力变化规律，提出网格达到有效自锁需满足的条件及提升强度利用率的合理措施。

## 1　试验概况

纤维网格分为无处理组（参照组）、增大接触面积组、外力紧固组、环氧树脂胶浸渍组，纤维布分为无处理组和环氧树脂胶浸渍组。试件布置如图 1 所示。试件概况、试验结果对比见表 1。

图 1　锚固装置（左）和网格自锁缠绕方式（右）

### 1.1　试件设计与材料准备

参照规范《定向纤维增强塑料拉伸性能试验方法》（GB/T 3354），试件设计如图 2 所示。每组试件为 3 个。试件准备流程：（1）裁剪纤维布和纤维网格，按照特定的绕法将纤维网格和纤维布缠绕于锚板；（2）分组进行处理。试件准备流程如图 3 所示。

基金项目：国家自然科学基金（52178308）。

作者简介：周朝阳，教授，博士生导师；

　　　　　汪毅，博士，特聘教授，从事混凝土结构加固等方面的研究；E-mail：wangyi.ce@csu.edu.cn。

**表 1 试件概况汇总、试验结果对比**

| 试件编号 | 试验参数 | | | | 性能参数 | | | | |
|---|---|---|---|---|---|---|---|---|---|
| | 网格层数 | 无处理/增大接触面积 | 夹具松开/夹具夹紧 | 有无树脂浸渍 | 极限荷载（kN） | 极限强度（MPa） | 材料强度（MPa） | 利用率（%） | 破坏模式 |
| G1OL | 1 | 增大接触面积 | 松开 | 无 | 1.9 | 719.7 | 2169 | 33.18 | Ⅰ |
| G1CL | | 无处理 | | | 2 | 757.58 | 2169 | 34.93 | Ⅱ |
| G1OF | | 增大接触面积 | 夹紧 | 有 | 4.5 | 1704.55 | 2169 | 78.59 | Ⅲ |
| G1FE | | | | | 5.4 | 2035 | 2169 | 94.3 | Ⅲ |
| G3FE | 3 | | | | 16.2 | 2043 | 2169 | 94.3 | Ⅲ |
| SE | 1 | | | 有 | 15.2 | 2275.45 | 3319 | 68.56 | Ⅲ |
| SN | | | | 无 | 21.2 | 3173.65 | 3319 | 95.62 | Ⅲ |

注：G 表示纤维网格，S 表示纤维布；O 表示无处理，C 表示增大接触；L 表示松开，F 表示夹紧；E 表示树脂，N 表示不浸渍。数字为网格层数。破坏模式：Ⅰ表示纤维网格在锚板端部转弯处拉断后拔出破坏；Ⅱ表示纤维网格在锚板内部拉断后拔出破坏；Ⅲ表示中部拉断破坏。

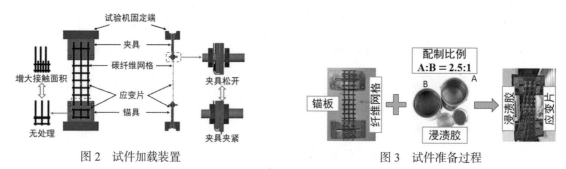

图 2 试件加载装置          图 3 试件准备过程

## 1.2 试验方法

各试件在万能张拉试验机上进行拉伸试验。正式加载采用位移加载，设备速率控制在 2mm/min，数据通过万能张拉试验机连接电脑采集。

## 2 试验结果与分析

### 2.1 破坏失效模式

试件的破坏模式具体有三种情况：（1）纤维网格在锚板端部转弯处拉断后拔出破坏（G1OL）；（2）纤维网格在锚板内部拉断后拔出破坏（G1CL）；（3）中部拉断破坏（G1OF、G1FE、G3FE、SN、SE）。情况（1）由于网格与锚板间摩擦力较小，网格出现较大滑移，荷载增大到一定程度后，端部的网格出现纤维丝断裂，渐渐被扯出；情况（2）与情况（1）类似，没有实现有效自锁；情况（3）均在两锚板间的网格处拉断，锚固端部具有明显的自锁现象。要形成有效自锁，纤维条带间的摩擦以及条带与锚板间摩擦均不能太小，通过外力紧固及环氧树脂浸渍，纤维束之间及纤维束与锚板间摩擦约束均可得到提升，从而增强自锁效应（图 4）。

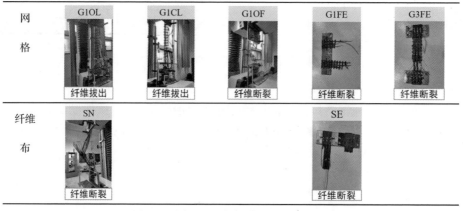

图 4 不同工况试件拉伸破坏失效模式

## 2.2　抗拉承载力分析

各试件极限强度以及强度利用率见表 1。通过增大接触面积、外力紧固网格强度利用率分别提升了 1.78% 和 45.41%，有机胶浸渍提升了 60.66%，强度利用率均达到了 90% 以上。通过外力紧固和有机胶浸渍，网格的强度利用率达到 90% 以上，但单层网格的抗拉强度与单层纤维布相比仍较小。增加网格层数后，三层网格的抗拉承载力几乎是单层网格的三倍，并且达到纤维布的承载力水平，说明网格进行合理配置也能实现同等加固效果。

## 2.3　纤维条带摩擦系数计算及有效自锁条件

将条带视为未浸渍环氧树脂的柔性材料，$F$ 和 $\theta$ 代表微分段轴向力和摩擦角。则条带间摩擦系数可用下式计算：

$$\mu_1 = \frac{\ln \dfrac{F_1}{F}}{\pi} = \frac{\ln \dfrac{\varepsilon_1}{\varepsilon}}{\pi} \tag{1}$$

式中，$\mu_1$ 为条带间摩擦系数，$F_1$ 和 $\varepsilon_1$ 分别为条带端部的轴力和应变。根据式（1），纤维网格条带之间的摩擦系数至少要满足 $\mu_1 > 0.21$。无处理和增大接触面积处理时网格条带间摩擦系数均小于 0.21，达不到有效自锁的条件，采取增强措施后，网格条带间的摩擦系数显著提高，均达到了形成有效自锁的条件。

## 2.4　纤维网格承载力增强机理分析

增大物理摩擦以紧固作用提高条带间摩擦系数，有机胶浸渍的胶结作用可以使内部纤维束固结成一体，两种增强方式都通过促进纤维协同受力性提高网格承载能力。施加外力紧固后，摩擦系数从较小的 0.25 增长到 0.97，受力协同性随摩擦系数提高增长较快；浸渍有机胶后，纤维束受力协同性和摩擦系数主要受胶结作用控制，摩擦系数从 0.97 继续增长到 1.76，由于在紧固作用下纤维束间协同性已得到大幅度提高，协同性随摩擦系数提高增长变缓。

# 3　结论

为研究网格端锚自锁效应，本文对网格采取了增强措施，比较了不同试件纤维束协同受力性和强度利用率，结论如下：（1）采取增强措施，网格破坏模式由拔出变为拉断，强度利用率最大提升 60.66%。网格增加到 3 层，极限强度几乎提高三倍，可达到与纤维布类似的承载水平。（2）纤维网格条带之间的摩擦系数至少要满足 $\mu_1 > 0.21$ 才能实现中部拉断破坏。在增强措施下，网格之间的摩擦系数均得到提高。

## 参考文献

[1] 冯鹏，陆新征，叶列平. 纤维增强复合材料建设工程应用技术 [M]. 北京：中国建筑工业出版社，2011.

[2] MEHMET A，RAMAZAN K. Determination of mechanical properties of glass-epoxy composites in high temperatures[J]. Polymer Composites，2009，30（10）：1437-1441.

[3] AL-LAMI K，D'ANTINO T，COLOMBI P. Durability of fabric reinforced cementitious matrix（FRCM）composites：a review[J]. Applied Sciences-Bacel，2020，10（5）.

[4] 徐世烺，尹世平，蔡新华. 纤维编织网增强混凝土加固钢筋混凝土梁受弯性能研究 [J]. 土木工程学报，2011，44（04）：23-34.

[5] ZHENG Y Z，WANG W W，KHALID M M. Mechanical behavior of ultra-high toughness cementitious composite strengthened with fiber reinforced polymer grid[J]. Composite Structures，2018，184：1-10.

[6] WEILAND S，ORTLEPP R，Bruckner A. Strengthening of RC structures with textile reinforced concrete[J]. American Concrete Institute，2007：157-172.

[7] ZHOU C Y，GUO Y X，WANG Y. Flexural behaviour of narrow RC beams strengthened with hybrid anchored CFRPsheets[J]. Journal Advanced Concrete Technology，2020，18：54-66.

# 结构加固改造及建造过程中信息化监测

杜永峰[1,2]　李向雄[2]　谢　辉[2]　马天军[2]　梁　鑫[2]

1. 兰州理工大学防震减灾研究所　兰州　730050
2. 兰州理工大学土木工程减震隔震技术研发甘肃省国际科技合作基地　兰州　730050

**摘　要：** 阐述了西部湿陷性黄土地区建筑结构倾斜的成因，介绍了建筑结构常用的纠倾纠偏方法，分析了建筑结构的倾斜或偏移及结构物纠倾纠偏过程中可能存在的问题。针对湿陷性黄土地基工程，采用截断顶升法对纠倾纠偏的过程进行了数值模拟，采用信息化监测方法对实际工程顶升过程进行了监测，表明采用信息化监测方法更能减少对结构纠倾纠偏施工过程中不必要的附加损害，提高结构纠倾纠偏施工过程的安全性和可靠性。对近期超长隔震结构建造过程基于机器视觉的监测做了简介。

**关键词：** 房屋纠倾；结构纠偏；截断顶升法；数值模拟；信息化监测

随着西部大开发的不断深入，西部各省市地区的经济得到了迅速发展，也建设了大量的工业建筑、公共建筑和民用建筑等基础设施。由于地域的特点，西部地区分布着广泛的湿陷性黄土，这是一种特殊性质的土。在一定的压力下，没有水浸入的情况下，沉降能保持相对稳定，且表观强度还比较高。但这种土一旦受水浸湿，土结构迅速破坏，并产生显著附加下沉，导致基础下陷，引发建筑结构发生倾斜或偏移。因此在湿陷性黄土场地上建设的建筑结构应对地基进行严格的减小湿陷性的处理。然而，由于湿陷性黄土场地在西部地区分布范围较广，且厚度较大，彻底消除湿陷性困难很大，仍然存在着大量的建筑因基础下陷导致结构上部倾斜或偏移的案例。相关规范对各级建筑物的倾斜量都有严格明确的规定，超过规范规定的建筑物就要设法纠偏或拆除。若对所有倾斜偏移结构都拆除重建，势必要消耗巨大的人力、物力和财力，不但给国家造成巨大的经济损失，同时重建时拆除的建筑废弃物也会对环境造成一定负担[1-2]。采用纠偏纠倾方法对结构进行加固处理则成为较好的途径。这样既能缩短使用周期、减少经济损失，又能够保护环境、减少浪费。自20世纪80年代以来，国内有很多建筑经纠偏纠倾处理，达到了建筑结构安全使用的要求，实现了减少损失和保护环境的目的。笔者所在团队在湿陷性黄土地区的部分建筑结构和水利设施也实施了纠偏纠倾，并进行了纠偏纠倾过程中信息化监测的相关理论研究。本文主要介绍了某办公楼截断顶升纠倾过程中信息化监测思路和实施方法。

## 1　结构纠倾主要方法及实施的主要难点

常用建筑结构纠倾纠偏方法包括迫降法和顶升法。迫降法主要是人为增大建筑物沉降量小的一侧的沉降量。顶升法是人为地提高建筑物沉降量大的一侧结构或基础，使其稳定并恢复到水平位置，完成建筑结构纠倾[3-8]。顶升法又分为填充膨胀物顶升和截断顶升，本文所探讨的工程实例采用的是在截断顶升基础顶面将建筑物截断，然后利用千斤顶顶起上部结构的截断顶升方法。

无论是迫降法还是顶升法，在建筑结构纠倾过程中，上部结构或基础各点的下降或是上升的速度控制相对较难，若顶升或下降速度过快，基础或上部结构会产生较大变形和内力，使结构产生新的裂缝。分析结构施工过程中的状态，对整个施工过程中结构的关键部位进行监测则成为保证结构安全，确保建筑结构纠倾良好效果的重要手段。本文对工程实例进行了结构顶升法纠倾过程分析，结合分析结果对顶升过程的加固方法进了评估，采用信息化监测方法对结构顶升纠倾进行了过程监控。

基金项目：国家自然科学基金项目（52178291，51778276）。

作者简介：杜永峰，甘肃正宁人，博士，教授，博士生导师. 主要从事结构隔震与减震控制研究。E-mail：dooyf@lut.edu.cn。

## 2　有限元分析

### 2.1　工程概况

此工程为甘肃省某县政府办公楼前楼，建于 1981 年，结构类型为混合结构，局部 4 层，总建筑面积约 1500m²。结构平面图如图 1 所示。由于雨水浸泡东段墙体基础（箭头标记处）产生不均匀沉降，窗间墙开裂，由于附近地区地震的影响裂缝增大到 8mm。建筑物地面竖向沉降明显，最大沉降量达到 6‰。结构产生沉降的主要原因是该办公楼为砖混结构，构造不合理，未设置圈梁及构造柱，致使结构的整体性较差。由于湿陷性黄土的特性，地基长期在雨水浸泡下产生变形，基础下陷结构产生沉降。为了后期的使用，对此结构用顶升法进行纠偏加固。

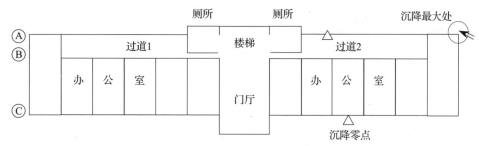

图 1　某建筑结构平面图

托梁在整个顶升过程中起到了关键作用，影响着纠偏的成败和效果。办公楼为砖混结构，缺少构造柱和圈梁的加固作用，整个结构整体性较差，为了保证托换过程中整个体系变形的一致性，托梁和整体结构能够良好地协同工作，因此，托梁的刚度设计应该引起足够的重视。还要根据工程的特点确保施工过程的安全性和尽可能的低成本。经过对比，此次顶升纠偏采用钢结构托换方式，即先在墙体顶升高度上的两侧用切割工具切出两道平行的水平槽，然后将焊接槽钢翼缘与墙体扣紧构成托换梁，用对拉螺栓拉接，干硬性水泥砂浆填缝。同时为使荷载传递更加均匀，在托换梁上还增加了两块由钢板焊接成的传力板，构成了由墙体、传力板、托换梁、千斤顶、基础的传力体系。

为了顺利地完成整个施工，了解顶升过程中结构的状态变化，必须对结构的施工过程进行有限元模拟。

### 2.2　有限元模型

采用顶升法进行纠偏时，要保持托梁和结构之间上升速度和整体位移一致，如存在较小的差异时，整体性较差的结构容易产生新的裂缝。因此在实施方案之前，应该将托换体系与上部结构之间的协同工作情况及槽钢与砌体之间的变形情况先进行静力计算分析，了解整个过程的应力和位移的变化情况，保证结构的安全性，以确保方案的可行（图 2）。

在建立模型时，结合建筑结构实际尺寸，有限元模型墙体的厚为 300mm，墙体高为 2500mm，墙体的长度为 3000mm，砖墙采用 8 节点 3D 实体单元，具有小变形和小应变的特性。槽钢选用 4 节点 3D 实体单元，具有应力强化的特点。不同材料之间采用接触单元考虑滑移相互作用。其他参数，如砌体的弹性模量、泊松比均按照材料的具体指标进行设置[9]。

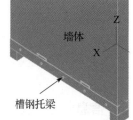

图 2　有限元模型

### 2.3　结果分析

#### 2.3.1　墙体整体应力分析

从图 3 中应力分布可知，在千斤顶的作用下，在墙体低部两端千斤顶接触处压应力最大，其值为 -0.138MPa，在墙体底部跨中处墙体应力值为 -0.092MPa。而砖墙的抗拉强度主要由砌筑砂浆的强度决定。查相关表可知 M7.5 砂浆的轴向抗拉强度为 0.17MPa，而模型分析所得的设计最大拉应力为 0.1390MPa。表明墙体在顶升过程中没有产生拉应力，因此墙体不会产生新裂缝；从图 4 中可知，沿托梁的竖向位移量数量级一致，最大位移在托梁的两端，即千斤顶顶升处，其值为 0.06mm，竖向最小位移在托梁的跨中位置处，其值为 0.015mm。差值为 0.045mm，托梁的长度为 3000mm，产生的变形率为 1/33333。托梁不会产生拉伸破坏。

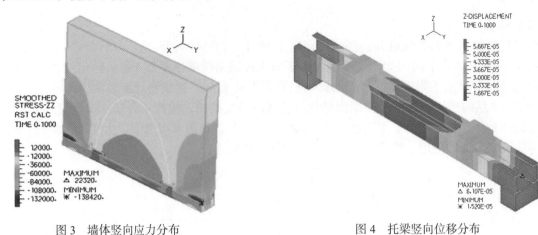

图 3　墙体竖向应力分布　　　　　　　　　　　图 4　托梁竖向位移分布

### 2.3.2　墙体整体位移分析

从图 5 可知，带托梁墙体底部两端竖向位移较大，最大值为 0.0609mm，跨中底部竖向位移较小，为 0.022mm，墙体顶部均为 0.0045mm，变化基本一致，整个墙体变形相对比较均匀；而不带托梁的墙体竖向位移规律一致，最大值为 0.061mm，跨中最小值为 0.023mm。说明托梁和墙体保持良好的变形一致性，墙体不会产生拉伸破坏，表明该设计方案中托梁有足够的刚度，能够满足相互协调工作的能力。

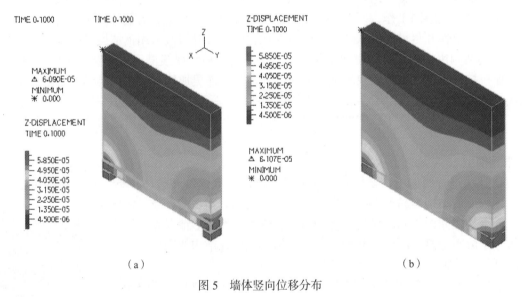

（a）　　　　　　　　　　　　　　　　　　　　（b）

图 5　墙体竖向位移分布

## 3　信息化监测系统的工程应用

### 3.1　纠偏过程中各顶升点的移量计算

每个顶升点的顶升总高度需根据纠偏要求和整体顶升的要求来确定。在实施纠偏之前，按照墙体的倾斜沉降情况推算各顶升点的顶升总高度。即先根据建筑物的沉降观测确定不动点，以最大沉降点、相邻测点与不动点确定倾斜平面，制作线性沉降线，从而确定各顶升点的顶升值。根据建筑物沉降观测结果，考虑以建筑沉降观测值为零的沉降线①—①作为顶升纠偏的刚体转动轴。

### 3.2　信息化监测过程实施方案

结构的顶升纠偏施工是一项技术性很强的专业施工项目，因此要求组织严密、计划周全、全程监测，才能确保纠偏成功。该建筑物是脆性的砖混结构，因此，每个顶升点的全部顶升位移应分次完成，单次最大顶升量应根据墙体的允许相对弯曲来确定。根据对本工程实例的数值模拟，上部结构底部出现施工期开裂的竖向位移差异量为每开间 9mm。本次顶升过程中，在托梁底部布置了竖向位移传感器，在托梁顶的上部结构底部的敏感部位和托梁的重要部位布置应变片。为了实现同步顶升而顶升量不同的目的，施工过程中全部使用普通手动千斤顶，并在每个千斤顶的位置设置标尺，标明单次的千斤顶行程。同时在每个千斤顶处设置位移和压力传感器，用位移测试系统实时监测控制单次顶升量。顶升作业前，对所有顶升点全部进行一次测量并记录，顶升过程中每顶升一次，对各测点进行一次数据记录，以便于实时调整各顶升点的顶升量，主控指标是相邻千斤顶之间的顶升差异量不大于 9mm。当局部因荷载较大而顶升量不足时，可单独对其进行加顶；反之，若某个千斤顶的单次顶升超标时，应令其停顶一个轮次。顶升结束后，用仪器对建筑物的垂直度进行校核（图 6）。

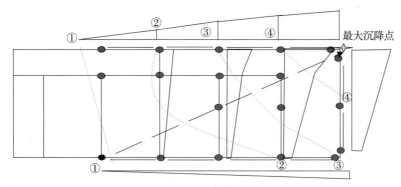

图 6　建筑物顶升点布置图

本次顶升共使用千斤顶 19 台，每台有一个工人操作，3 名技术人员负责单次顶升数据的记录，一人操控位移测量系统，一人负责全局控制。整个顶升过程在 4h 内完成，最大顶升位移达到 5.3cm，建筑恢复到原来的正常状态，然后将托梁与下部墙体之间的空隙用垫块和干硬性砂浆或微膨胀混凝土连接。在填塞物达到设计强度后，撤除千斤顶，完成顶升任务。

### 3.3　方案实施后的效果

该办公楼纠倾结束后，一直对其进行定期沉降变形观测，未发现新的沉降，说明此次局部顶升纠倾是成功的，也说明只要选对顶升平面转动轴，局部顶升纠倾可以像整体顶升纠偏一样操作。本文的信息化监测也被应用于西部某大型水利工程的渡槽纠偏[10]和某建筑物的整体平移改造工程[11]，同样取得了成功。

## 4　基于计算机视觉的超长隔震结构监测

计算机视觉作为人工智能的重要分支，是近年来的热门发展方向。本项目组运用计算机视觉，让计算机学会看懂并理解真实世界，对寒冷地区或其他处于恶劣施工环境的工程结构能实现全天候信息化监测。

## 5　结语

通过上述研究可以得到以下结论：

（1）结构因湿陷性黄土致使地基局部沉降，导致整体偏转或倾斜，影响结构竖向承载构件的稳定性和结构的整体受力性能。采用局部顶升纠倾方法可以恢复结构物的正常形态，并且取得延长结构服役期限的良好效果。

（2）信息化监测能够较好地监控整个顶升纠倾纠偏施工过程，严格控制监测建筑物的变形，保持结构的整体和局部协调关系的一致性，避免因局部顶升过快导致墙体产生裂缝，减少整个施工过程中上部结构物运动对施工人员及设备构成潜在的威胁。

（3）施工现场技术管理人员和监测专家等技术人员能够根据施工过程中的信息化监测的相关数据，综合协调施工现场的工作，实时对比结构整体姿态复位和上部局部应变及位移的变化，保证整个施工过程顺利和结构纠倾纠偏效果。

## 参考文献

[1] 唐业清. 建筑物移位纠倾与增层改造 [M]. 北京：中国建筑工业出版社，2008.

[2] 王栋. 常用建筑物纠偏方法的分类与讨论 [J]. 科技情报开发与经，2009，19（26）：207-208.

[3] 卢俊龙. 湿陷性黄土地区砖石古塔纠偏技术研究 [D]. 西安：西安建筑科技大学，2005.

[4] 宋彧，张贵文，党星海，等. 湿陷性黄土地基综合法迫降纠倾试验研究 [J]. 土木工程学报，2008，41（6）：87-92.

[5] 王建平，朱思响，李品先. 既有建筑综合纠倾法设计与施工 [J]. 施工技术，2012，41（346）：57-59.

[6] 李世宏，杜吉坤. 某高层建筑迫降法纠偏施工技术 [J]. 施工技术，2011，40（337）：52-54.

[7] 鲁本哲，葛新文. 某工程竖向混凝土构架体纠偏、加固技术 [J]. 施工技术，2007，36（8）：7-9.

[8] 肖同刚，赵树德. 某七层框架结构房屋顶升纠偏加固设计 [J]. 建筑结构，2006，36（11）：13-16.

[9] 潘瑞松. 基于有限元与 RBF 神经网络的结构健康监测研究 [D]. 兰州：兰州理工大学硕士学位论文，2005.

[10] 韩建平，董小军，罗维刚，等. 某在役钢筋混凝土空腹桁架拱渡槽的耐久性评定 [J]. 工程抗震与加固改造，2009，31（2）：71-75.

[11] 杜永峰，杨巧红，张太亮. 建筑物带基础整体移位模拟及结构受力状态监测参数 [J]. 兰州理工大学学报，2012，38（6）：112-117.

# 太原植物园大跨悬挑空间钢结构
# 健康监测系统研究

许宸嘉　　雷宏刚　　和凌霄

太原理工大学土木工程学院　　太原　　030024

**摘　要：** 本文基于太原市植物园主入口大跨悬挑空间钢结构的工程背景与结构形式，采用 MIDAS/GEN 对结构进行整体建模，对多工况作用下的结构响应进行荷载敏感性分析，确定结构关键构件，并提出结构各类监测传感器优化布置方案。通过对结构运营期间的监测数据进行采集，表明健康监测系统具备较高的精确性与稳定性，为结构后期加固维护提供数据支持，可以推广应用于其他类似结构的健康监测中。

**关键词：** 大跨空间结构；敏感性分析；健康监测方案

结构健康监测是一种实时的在线监测技术，指运用现场的无损传感技术，通过分析结构响应达到监测结构是否发生损伤或老化的目的，是保障复杂的大型土建结构安全和实时维护的有效方法。通常测点数量越多，对结构整体状况的把控也会更全面，然而实际工程应用中需要考虑监测的经济性与效率，故在满足经济性与可靠性的前提下合理布置传感器成为国内外学者研究的热点问题。文献 [1-3] 对测点的优化布置进行了研究讨论，提出传感器的优化布置原则；针对复杂大跨空间结构的测点优化，很多学者提出了不同的优化方案[4-5]，主要为有效独立法、模态动能法、模型缩聚法、QR 分解法、遗传算法以及敏感性分析法等；文献 [6-7] 在传统测点优化布置方法的基础上展开研究，丰富了传感器测点布置的理论。

本文以太原市植物园主入口大跨悬挑空间钢结构为工程背景，从应变、风速风向、温度与振动四个方面实时监测植物园主入口，基于对结构的荷载敏感性分析，研究主入口各类传感器的布置方案，旨在为结构的后续健康评估与加固鉴定提供数据支持。

## 1　工程概况

太原植物园位于山西省晋源区太山脚下，总面积约 2730 亩（18.2 万 m²）。园区主要有 5 大建筑，分别为主入口建筑、展览温室、盆栽博物馆、滨水餐厅、科研中心。本文健康监测的主入口建筑为由双向桁架组成的悬挑钢结构，纵向跨度最大 71m，横向跨度 40～58m，最大高度 13.4m，最大悬挑长度 40.5m。主入口上部结构形式为空间钢管桁架，纵向为悬挑主桁架，横向为次桁架，节点为相贯节点。结构中部开设直径约为 30m 的洞作为电动扶梯通道，洞口横跨悬挑区大部分为横向次桁架，如图 1 所示。

图 1　主入口钢结构

基金项目：太原植物园一期工程 PPP 项目主入口健康监测项目（0632-1920FW3L2061-01）。

作者简介：许宸嘉，博士生，主要从事钢结构加固领域的研究，E-mail：845890551@qq.com；
　　　　　雷宏刚，教授，主要从事钢结构加固领域的研究，E-mail：lhgang168@126.com。

## 2　结构荷载敏感性分析

### 2.1　敏感性分析方法

建筑服役期会受到各种外部荷载的作用，而复杂空间结构对外部荷载作用的响应更为明显，其结构受不同荷载作用的影响下，构件响应也会发生变化。结构敏感性杆件包括荷载敏感性杆件，由于结构杆件应力变化能够反映结构受外界荷载作用的影响，故本文中受线性加载的单一荷载作用影响变化较大的杆件即为荷载敏感性杆件。为使杆件受荷载作用的影响量化，将由荷载敏感性系数 $SS_i$ 来判定是否为荷载敏感性杆件，具体计算如下：

$$SS_i = \gamma_{风}S_{i风} + \gamma_{雪}S_{i雪} + \gamma_{温度}S_{i温度}\cdots \tag{1}$$

其中，$\gamma$ 为荷载影响权重系数，$S$ 为第 $i$ 号构件对荷载的敏感度。荷载规范考虑不同单一外部荷载对结构杆件的影响不同，规定了各单一荷载的设计值以确保结果可靠有效。为更加便捷地比较不同杆件的敏感性差别，将 100 年一遇的荷载设计值作用下结构应力与 50 年一遇的荷载设计值作用下结构应力差值定义为杆件的荷载敏感度，其中单一荷载分别为风、雪、温度荷载，具体计算如下：

$$S_i = \Delta_{\sigma_i} = \sigma_{i100} - \sigma_{i50} \tag{2}$$

### 2.2　结构分析结果

本文采用 Midas/Gen 对钢结构主入口进行建模分析，综合考虑结构杆件在不同单工况组合作用下的分析结果，对各杆件敏感度进行总结排序，找出荷载敏感度较大杆件，为后期传感器布置提供依据，图 2 所示为结构整体模型。

通过结构整体分析可知，钢结构主入口中四榀主桁架悬挑部分受力较大，且呈现大致相同的受力趋势，鉴于篇幅限制，现选取四榀主桁架中 ZHJ2 的悬挑区域，通过前文所述方法在温度荷载、雪荷载、风荷载这三种环境因素的作用下进行计算，确定其敏感构件，桁架构件编号如图 3 所示。敏感性系数如图 4 所示。对敏感度大于 0.6 的杆件进行汇总，确定敏感构件位置如图 5 中粗线段所示。

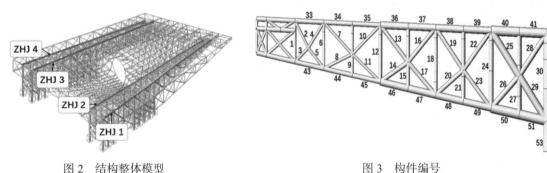

图 2　结构整体模型　　　　　　　　　　　　　　図 3　构件编号

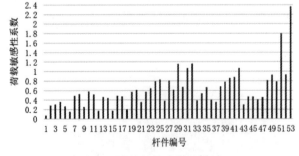

图 4　构件敏感性系数　　　　　　　　　　　　図 5　敏感构件示意

## 3　健康监测系统研究

### 3.1　应变传感器

对荷载敏感杆件主要分布在主桁架悬挑区靠近框架柱的位置以及上下弦杆变截面处，越靠近框架柱，杆件荷载敏感度越高。结合结构整体分析各组合工况下杆件应力状况，考虑到每榀桁架的受力特点，每榀桁架选定 6 个位置作为重点监控区域（图 5 方框区域）。鉴于本工程钢桁架结构杆件均采用圆形截面，节点连接均为相贯焊接，应变传感器均采用单向应变传感器，竖杆上传感器安装位置在杆件几何长度中间处，按 0° 和 180° 度沿杆件两侧分别布置，弦杆和腹杆安装位置尽可能靠近节点根部。应变传感器选用光纤光栅应变传感器，自带温度补偿，可根据被测物的不同材质定制相应的传感器，如图 6 所示。

### 3.2　加速度传感器

考虑到本工程钢结构大悬挑、大开洞和重荷载等特点，结合结构在各工况下的位移变化，结构的振动和舒适度成为监测的关键内容，选定 6 个测点（图 7）进行速度传感器优化布置，收集各个测点的速度 – 时程曲线，据此判定其频率、加速度、扭转特性和构件损伤位置。振动监测采用磁电式速度传感器，该传感器采用无源闭环伺服技术，以获得良好的超低频特性。传感器设有加速度、小速度、中速度和大速度四挡，它主要用于地面和结构物的脉动测量、高柔性结构物的超低频大幅度测量和微弱振动测量。

图 6　应变传感器

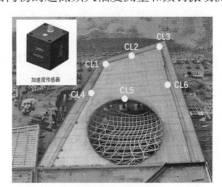

图 7　加速度传感器

### 3.3　风速与温度传感器

太原地区以东南和西北季风为主，考虑结构的对称性，在钢结构屋面的东南角和西北角各布置一个风速风向测点，位于对角线顶端（图 8），各个测点分别设置 1 台风速风向仪，共计 2 台，主要测试场地风速、风向。风速风向传感器采用超声风速风向仪，其工作原理是利用超声波时差法来实现风速和风向的测量。时差法是利用超声波在顺风和逆风路径上传播的速度差来确定风速和风向大小，可以完全消除由于安装高度、温度、湿度和压差等对测量带来的影响。

综合考虑结构模型在温度荷载作用下的应力水平、结构对温度的敏感度、结构设计图和现场查勘结果，选定悬挑钢桁架固定端（悬挑区域根部框架柱）弦杆对应的杆件进行温度传感器优化布置，每榀钢桁架上下弦杆各 1 个，共计 8 个，选用主要应用于大型结构温度监测中的 HG-T03 型温度传感器，详细布置如图 9 所示。

图 8　风速风向传感器

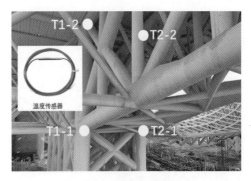

图 9　温度传感器

## 4　结语

本文以太原植物园主入口大跨悬挑空间钢结构为工程背景，通过对结构的荷载敏感性分析，确定了结构受力关键杆件，并基于分析结果确定了结构健康监测系统。通过后期对该健康监测系统上线后在结构运营期间各项监测数据的分析可知，太原植物园主入口健康监测系统具备较高的精确性与稳定性，在长期监测过程中所记录的实时数据与国家气象部门公布的数据高度吻合，实现了采集结构环境荷载信息和结构响应数据功能，系统运营正常可靠。该监测系统可以推广应用于其他类似结构的健康监测中，为结构后期加固维护与损伤识别提供数据支持。

## 参考文献

[1] 伊廷华，李宏男，顾明，等.基于 MATLAB 平台的传感器优化布置工具箱的开发及应用 [J]. 土木工程学报，2010，43（12）：87-93.

[2] 伊廷华，李宏男，王国新.基于简化模型的超高层结构传感器优化布置 [J]. 计算力学学报，2008（04）：417-423.

[3] 伊廷华，李宏男，顾明.结构健康监测中基于多重优化策略的传感器布置方法 [J]. 建筑结构学报，2011，32（12）：217-223.

[4] 李壮.大跨度空间网格结构健康监测中传感器优化布置研究 [D]. 青岛：青岛理工大学，2012.

[5] 钟亮.桁架结构健康监测中的传感器优化布置研究 [D]. 武汉：华中科技大学，2012.

[6] 刁望成，宋宇博.传感器布置优化方法研究 [J]. 兰州交通大学学报，2020，39（05）：55-63.

[7] 杨辰.结构健康监测的传感器优化布置研究进展与展望 [J]. 振动与冲击，2020，39（17）：82-93.

# 圆钢管柱外包钢管混凝土加固法应用研究
## ——以太原植物园钢结构主入口为例

许宸嘉　　雷宏刚　　和凌霄

太原理工大学土木工程学院　太原　030024

**摘　要**：以太原植物园主入口钢结构中圆钢管柱的相贯节点域承载能力不足为研究对象，提出一种外包钢管混凝土加固法及施工工艺。采用 Abaqus 有限元分析软件探讨了钢管空心率、混凝土强度等因素对承载力的影响以及加固后的破坏模式。结果表明：外包钢管混凝土加固法是可行的；可以显著提高圆钢管柱相贯节点域的极限承载力，但会降低节点的塑性变形能力；空心率比混凝土强度对节点极限承载力的影响大。该加固方法对于今后类似工程中圆钢管柱的节点域加固有一定的借鉴作用。

**关键词**：圆钢管柱；外包钢管混凝土加固法；相贯节点；极限承载力

近年来，大跨空间钢结构广泛应用于航站楼、高铁站及展览馆等重大公共建筑中。圆钢管焊接相贯节点因其构造简单、施工方便等优点成为该类建筑中应用最广泛的节点形式[1]。目前，国内外学者针对相贯节点的极限承载力研究取得了一定的成果：焦晋峰[2-4]等以太原南站相贯节点为研究对象进行了静力足尺试验与数值模拟分析，研究了该节点的极限承载力与应力集中效应。张爱林等[5-6]以北京新机场航站楼典型复杂钢管相贯节点为研究对象进行了试验与数值模拟，研究了不同加劲肋设置、钢材强度和加载方式对节点受力性能的影响。

本文以太原市植物园钢结构悬挑根部相贯节点为研究对象，针对圆钢管柱的相贯节点域承载能力不足问题，提出一种外包钢管混凝土加固法，采用有限元模拟方法探究空心率及混凝土强度对节点极限承载力的影响。

## 1　相贯节点构造

文献［7］对太原植物园主入口（图 1）进行了结构的整体分析，确定第二榀主桁架的根部节点应力较大且受力复杂，故本文选取该节点（以节点 2 表示）进行研究。节点 2 由 9 根圆钢管相贯而成，节点区域构件数量多且截面尺寸较大，如图 2 所示。使用 G1 ～ G9 分别对节点的 9 根杆件进行编号，

图 1　主入口钢结构

图 2　节点构造

基金项目：太原植物园一期工程 PPP 项目主入口健康监测项目（0632-1920FW3L2061-01）。

作者简介：许宸嘉，博士生，主要从事钢结构加固领域的研究，E-mail：845890551@qq.com；
　　　　　雷宏刚，教授，主要从事钢结构加固领域的研究，E-mail：lhgang168@126.com。

杆件尺寸列于表 1，其中 G1 为节点柱构件，以杆件轴线交会点划分为 G1A 和 G1B 上下两段。通过表 1 可知，在使用圆管截面条件下，由于结构的悬挑形式使柱构件承受较大压力，导致纯钢管柱的承载力不足。故本文提出一种外包钢管混凝土加固法，即将两层钢管同心放置，于外层钢管壁开孔，在钢管之间灌注混凝土。当钢管混凝土构件长细比或荷载偏心率较大时，其承载力很大程度上取决于抗弯刚度，而靠近截面形心部位的混凝土对构件的抗弯刚度贡献较低，故外包钢管混凝土构件具有更大的抗弯承载力和更低的构件自重[8]。

表 1　杆件尺寸表

| 杆件编号 | 截面规格（mm） | 杆件长度（mm） | 材质 | 杆件编号 | 截面规格（mm） | 杆件长度（mm） | 材质 |
|---|---|---|---|---|---|---|---|
| G1A | $\phi813 \times 40$ | 5000 | Q345C | G5 | $\phi508 \times 25$ | 4000 | Q345C |
| G1B | $\phi813 \times 40$ | 5000 | Q345C | G6 | $\phi711 \times 40$ | 4800 | Q345C |
| G2 | $\phi813 \times 40$ | 3200 | Q345C | G7 | $\phi315 \times 12$ | 3900 | Q345C |
| G3 | $\phi813 \times 40$ | 3000 | Q345C | G8 | $\phi315 \times 16$ | 4300 | Q345C |
| G4 | $\phi711 \times 40$ | 1900 | Q345C | G9 | $\phi508 \times 25$ | 2500 | Q345C |

## 2　有限元模型

采用 Abaqus 对节点进行建模。钢材为 Q345C，弹性模量 $E=206GPa$，泊松比 $\mu=0.30$，材料本构关系采用三折线弹塑性模型，如图 3 所示；混凝土弹性模量 $E_c = 4730\sqrt{f_c}$，泊松比 $\mu_c=0.2$，本构关系采用 Abaqus 中提供的塑性损伤模型[9]，混凝土夹层与钢管间摩擦系数为 0.6。模型采用壳单元进行建模，选取四节点减缩积分 S4R 单元对模型进行网格划分，对 G1B 端设置固结约束，其余支管均为自由端，对柱构件 G1 采用外包钢管混凝土加固措施进行模拟，探究对节点承载能力的影响。由结构整体模型计算所得的各杆件受力结果可知，各杆端的弯矩值与剪力值相对较小，故对节点加载时主要考虑杆端轴向力。有限元模型及杆件编号如图 4 所示。在节点各杆端施加 3 倍最不利荷载工况下的轴力进行加载，研究不同混凝土强度与钢管空心率对节点极限承载力的影响，其中外管直径为 $D$，壁厚为 $T$，内管直径为 $d$，壁厚为 $t$，如图 5 所示。

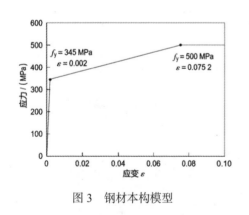

图 3　钢材本构模型

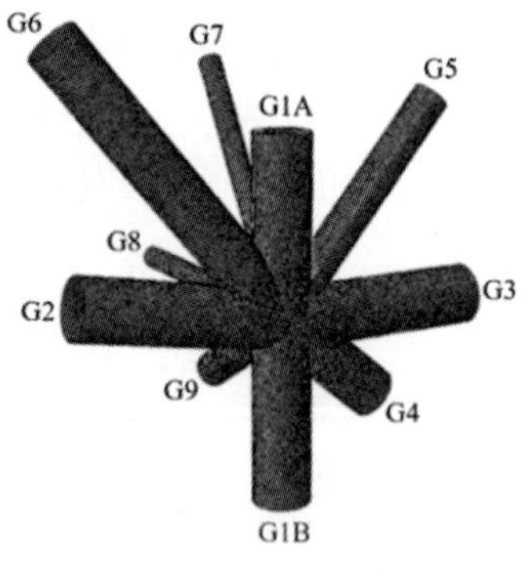

图 4　节点模型

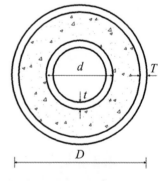

图 5　加固示意图

## 3　有限元分析结果

### 3.1　空心率的影响

为探究空心率对节点极限承载力的影响，在混凝土强度为 C40 的条件下，通过改变内钢管直径 $d$ 与厚度 $t$ 设计了六组有限元模型进行分析。文献［10］研究表明内钢管径厚比为外钢管径厚比的 1.5 倍时更有利于提高节点极限承载力，由主管 G1 外钢管 $D=813$，$T=40$ 计算可得内钢管径厚比为 30。有限元模型参数及极限承载力计算结果见表 2，不同空心率荷载 – 位移曲线如图 6 所示。

表 2　不同空心率下节点极限承载力对比

| 内管 $d$（mm） | 内管 $t$（mm） | 空心率（%） | 节点极限承载力（kN） | 对应最不利荷载倍数 |
| --- | --- | --- | --- | --- |
| 533 | 18.0 | 65.6 | 25064.6 | 2.133 |
| 483 | 16.0 | 59.4 | 25651.7 | 2.183 |
| 433 | 14.0 | 53.3 | 25938.2 | 2.207 |
| 383 | 12.6 | 47.1 | 26067.4 | 2.218 |
| 333 | 11.0 | 41.0 | 26126.4 | 2.223 |
| 283 | 9.0 | 34.8 | 26165.7 | 2.226 |

由有限元分析结果可知，通过外包钢管混凝土加固措施对杆件进行处理，节点极限承载力得到了不同程度的提升，总体上呈现节点极限承载力随空心率的减小而增加的趋势，但随着钢管空心率的减小，对节点极限承载力的提升幅度越来越小，当空心率由 65.6% 下降至 53.3% 时，节点承载力增加了 6.4%，而空心率由 53.3% 下降至 34.8% 时，节点承载力提升幅度仅为 1.7%。与空心圆钢管构件相比，加固后的节点极限承载力极值点出现在极限变形点之前，说明该措施在提高承载力的同时降低了节点的塑性变形能力，因此在设计时应合理控制杆件的空心率。

### 3.2　混凝土强度的影响

为探究外包钢管混凝土的混凝土强度对节点极限承载力的影响，选取对节点承载力提升明显的 D533-T18 模型，对使用 C30、C40、C50、C60、C70、C80 六种不同强度混凝土灌注的情况进行有限元分析，有限元模型的极限承载力计算结果列于表 3，节点荷载 – 位移曲线如图 7 所示。由有限元分析结果可知，不同强度的混凝土对节点的极限承载力的影响不同，较高强度等级的混凝土对应的节点极限承载力更高，从 C30 增加到 C50 时，提高混凝土强度对节点承载力的影响幅度较大，提高幅度约为 2.3%；从 C50 增加到 C80 时，影响幅度增加较小，约为 1.3%，提升效果呈现逐渐减小的趋势。强度等级越高的混凝土出现承载力极值点所对应的位移越小，当混凝土强度超过 C50 时节点变形能力下降明显。

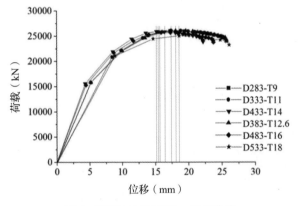

图 6　不同空心率荷载 – 位移曲线

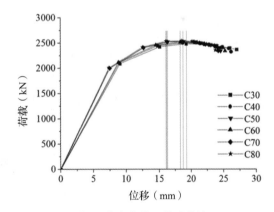

图 7　节点荷载 – 位移曲线

表 3　不同混凝土强度下节点极限承载力对比

| 混凝土强度 | 节点极限承载力（kN） | 对应最不利荷载倍数 | 混凝土强度 | 节点极限承载力（kN） | 对应最不利荷载倍数 |
| --- | --- | --- | --- | --- | --- |
| C30 | 24887.6 | 2.118 | C60 | 25241.6 | 2.148 |
| C40 | 25064.6 | 2.133 | C70 | 25304.0 | 2.153 |
| C50 | 25202.2 | 2.144 | C80 | 25376.4 | 2.159 |

## 4　结语

本文通过对太原植物园关键相贯节点柱构件采用外包钢管混凝土加固方法进行有限元分析，结果表明该加固措施可以有效提高相贯节点的极限承载力。其中不同混凝土强度对极限承载力影响较小，不同空心率对节点承载力的影响较大，加固措施在提高节点极限承载力的同时会降低节点的塑性变形能力。混凝土强度和钢管空心率的选取应由节点承载力实际影响效果与经济指标共同决定，当混凝土强度为 C50、空心率为 53.3% 时，可保证节点具备良好塑性变形能力的同时大幅提升节点极限承载力，达到有效减少结构用钢量的目的。

## 参考文献

[1] 陈以一，陈扬骥. 钢管结构相贯节点的研究现状 [J]. 建筑结构，2002，32（7）：52-55，31.

[2] JIAO J F，XIAO M，LEI H G，et al. Experimental and numerical study on complex multiplanar welded tubular joints in umbrellatype space trusses with long overhangs[J]. International Journal of Steel Structures. 2018.18（5）：1525-1540.

[3] 马霄，焦晋峰，刘勇，等. 太原南站空间多支管焊接相贯节点极限承载力的影响因素分析 [J]. 空间结构，2017，23（2）：70-76.

[4] 焦晋峰，马霄，雷宏刚. 空间多支管复杂相贯节点静力足尺试验研究 [J]. 太原理工大学学报，2015，46（3）：303-307.

[5] 张爱林，邵迪楠，张艳霞，等. 北京新机场航站楼 C 形柱复杂钢管相贯节点受力性能研究 [J]. 建筑结构学报，2019，40（3）：210-220.

[6] 张爱林，蔡文超，张艳霞，等. 内设加劲肋空间 DKT 形相贯节点轴压承载力公式 [J]. 工程力学，2020，37（9）：50-62.

[7] 邱斌，杨会伟，雷宏刚，等. 太原植物园大跨悬挑钢结构优化分析 [J]. 太原理工大学学报，2020，51（01）：43-49.

[8] 陶忠，韩林海. 中空夹层钢管混凝土的研究进展 [J]. 哈尔滨工业大学学报，2003，35（z1）：144-146，170.

[9] 舒晓建. 某工程复杂圆钢管相贯节点的有限元分析 [J]. 空间结构，2015（2）：85-90，96.

[10] 黄宏. 圆中空夹层钢管混凝土内管径厚比限值探讨 [J]. 华东交通大学学报，2011.28（03）：31-34.

# 改变结构体系法在抗震加固工程中的应用

侯宏涛　王　琴　亓　勇

山东建筑大学工程鉴定加固研究院有限公司　济南　250014

**摘　要：** 因既有建筑使用功能改变进行的改造加固需满足新的抗震设防要求。不同的结构体系对构件的抗震性能要求不同，通过改变结构体系的方法可间接对原结构进行加固，形成多道抗震防线，提高结构的抗震性能和抗连续倒塌能力，增加结构的冗余度。通过对某社区服务中心办公楼改造为社区幼儿园项目的抗震加固设计过程介绍，阐述了既有框架结构改造为框架 - 抗震墙结构的基本设计方法；提出了改造加固项目中新增抗震墙的布置原则；对比了改造加固前后结构的抗震性能变化；介绍了新增抗震墙基础与新增抗震墙相连的框架梁和框架柱的加固设计方法；总结了既有框架结构改造加固为框架 - 抗震墙结构设计过程中的要点，为类似工程提供借鉴。

**关键词：** 框架结构；改变结构体系；抗震加固

既有建筑建成后往往会面临使用功能的转变[1]，同一抗震设防区，不同使用功能的建筑对抗震要求不同。随着新的《中国地震动参数区划图》（GB 18306—2015）[2]实施，部分地区的抗震设防烈度得到了提高，一些地方政府在此基础上又进行了加强，而既有建筑改变使用功能进行改造加固时，需要满足新的抗震设防要求，这就导致房屋改变使用功能后抗震能力往往不能满足要求，需进行抗震加固。常用的加固方法有直接加固法和间接加固法。直接加固法主要有增大截面、外包型钢、粘贴钢板和粘贴纤维复合材等加固方法[3]。间接加固法有改变结构体系、消能减震和隔震等加固方法。直接加固法和间接加固法各有适用范围，若少数构件承载力不满足要求可采用直接加固法，若加固构件数量较多、结构整体指标不满足要求，则要考虑采用改变结构体系或者减（隔）震等间接加固方法。

结合工程实例，采用改变结构体系的加固方法对一社区服务中心办公楼改造为幼儿园的项目进行了抗震加固，阐述了既有框架结构改造加固为框架 - 抗震墙结构设计过程中的要点及相应措施。

## 1　工程概况

某社区服务中心办公楼建于 2012 年，采用 2001 版系列规范进行设计和施工。建筑地上四层，无地下室，建筑高度为 15.0m，面积为 3790m²。建筑长度为 56.5m，宽度为 14.9m，一层层高为 3.9m，其余层高为 3.6m。原设计为框架结构，柱下独立基础，抗震设防烈度为 6 度（0.05g），抗震设防类别为标准设防类（丙类），框架抗震等级为三级。框架柱典型截面尺寸为 500mm×500mm，框架梁典型截面尺寸为 250mm×600mm，结构基本平面布置如图 1 所示。混凝土强度等级：框架柱为 C30，框架梁和楼板为 C25。钢筋采用 HRB400 和 HPB235。

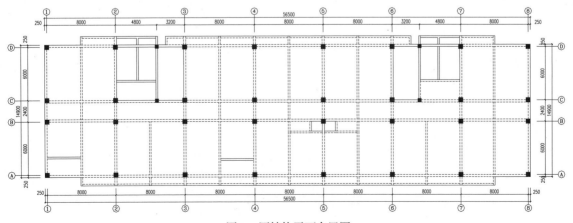

图 1　原结构平面布置图

该社区服务中心办公楼建成后大多数房间闲置，为充分利用该建筑，房屋所有方拟把该建筑改造为社区幼儿园。房屋使用功能改变后，应按当地最新的抗震设防要求进行抗震鉴定，既满足"按照不低于地震动峰值加速度分区值0.10g确定抗震设防要求"和"新建、改建或者扩建学校、幼儿园、医院、养老院等建设工程，其抗震设防要求应当在国家地震动参数区划图、地震小区划图、地震安全性评价结果的基础上提高一挡确定"的要求。该建筑改造前后抗震设防要求对比见表1。

**表1 改造前后抗震设防要求对比**

| 项目 | 当地基本抗震设防烈度 | 设计抗震设防烈度 | 抗震设防类别 | 框架抗震等级 |
|---|---|---|---|---|
| 改造前 | 6度（0.05g） | 6度（0.05g） | 标准设防类（丙类） | 三级 |
| 改造后 | 7度（0.10g） | 7度（0.15g） | 重点设防类（乙类） | 二级 |

该建筑建于2012年，采用2001版系列规范进行设计，依据《建筑抗震鉴定标准》（GB 50023—2009）[4]，应按后续使用年限50年的建筑（简称C类建筑）进行检测鉴定。现场检测鉴定结果显示，结构布置和材料强度满足原设计要求，建成后无改造情况，结构无损伤；按照改造后的抗震设防要求进行抗震鉴定可得出，框架的抗震措施不满足要求，大部分框架柱和框架梁抗震承载力不足，结构变形不满足规范要求，需进行抗震加固。

## 2 改造加固设计

### 2.1 方案初选

结合原结构布置并分析计算结果可以得出，结构纵向和横向刚度均偏小，在水平地震作用下结构变形较大，同时抗侧力构件配筋也不能满足要求。如采用直接加固的方法，加固构件的数量比较多，施工作业影响面广，费用高，施工周期长。经过反复计算与对比分析，初步选定增设抗震墙改造加固为框架－抗震墙结构和增设防屈曲约束支撑的方案，并制定了初步方案及结构加固投资概算，经与房屋所有方汇报与沟通，最终选定总体造价和施工准入度较低的框架－抗震墙的方案。

### 2.2 抗震墙的布置

抗震墙布置宜简单、规则，沿两个主轴方向布置，两个方向的刚度相差不宜过大，上下宜连续布置，避免刚度突变。除满足新建项目抗震墙布置要求外，改造项目抗震墙布置要结合原结构平面和竖向刚度分布情况，避免造成新的不规则项。新增抗震墙布置应总体分散、纵横向局部集中，总体分散可以更有效地增加并调整结构刚度，纵横向墙体局部集中可以减少新增抗震墙对周边框架梁和框架柱的影响，降低加固量。新增抗震墙布置还要考虑原有基础布置情况，应选取地基和基础设计余量比较大的位置，使原有基础不加固或仅增设地梁加固。同时要配合其他设计专业，避免影响使用功能。

综合考虑原结构布置和改造后使用功能并经反复试算，最终确定每层共增设12道抗震墙，纵向和横向各6道，从底层到顶层根据抗震需求墙体长度和配筋逐渐减小，新增抗震墙布置如图2所示。依据《建筑抗震设计规范》（GB 5011—2010）[5]要求框架－抗震墙结构中底层框架部分承担的地震倾

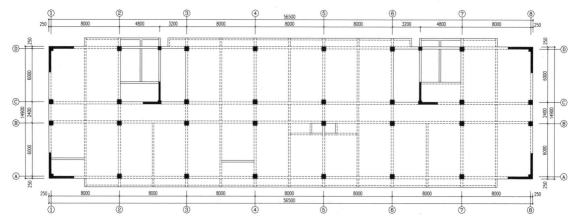

图2 新增抗震墙布置

覆力矩，不应大于结构总地震倾覆力矩的 50%。本工程改造为框架 – 抗震墙结构后，底层框架部分承受的地震倾覆力矩占比为 35% 左右。

## 2.3 加固效果分析

既有框架结构，原有框架已承担大部分竖向荷载，增设抗震墙后，后加墙体存在应变滞后问题，但在地震作用下新增抗震墙主要承担地震作用，抗震墙作为结构的第一道防线，保护了主要承担竖向荷载的框架柱和框架梁。

增设抗震墙后结构前三阶阵型均为平动，改造加固前后结构周期对比见表 2，通过周期对比看出，改造加固后周期明显变短，约为改造前的一半左右，这说明后加的抗震墙提高了原结构的整体刚度。

**表 2 改造加固前后结构周期对比**

| 阵型 | 1 | 2 | 3 |
|---|---|---|---|
| 改造前 | 0.8914 | 0.8116 | 0.8019 |
| 改造后 | 0.4936 | 0.4657 | 0.3475 |
| 周期比值 | 0.55 | 0.57 | 0.43 |

改造加固前后结构在地震作用下的变形如图 3、图 4 所示，加固前 $Y$ 向最大层间位移角为 1/540，不能满足规范 1/550 的要求，加固后 $Y$ 向最大层间位移角为 1/1261，不到加固前的一半，满足规范 1/800 的要求。对比结果表明增设抗震墙后结构抗侧刚度增加，在水平地震作用下结构变形减小。

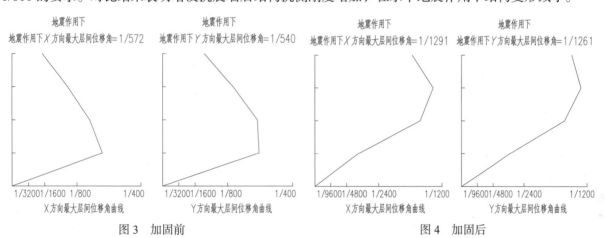

图 3 加固前　　　　　　　　　　　　　图 4 加固后

通过对比计算结果与原设计，增设抗震墙后框架梁和框架柱承载力满足要求，其他结构整体指标满足规范要求。改造加固为框架 – 抗震墙结构后，框架的抗震等级降低为原来的三级，满足了抗震措施要求。

## 2.4 基础加固

新增抗震墙基础采用以下三种方式：（1）新增抗震墙处原地基和基础承载力满足要求且基础面积足够大，则不再加固基础，抗震墙通过植筋方式与原基础相连；（2）新增抗震墙处原地基和基础承载力满足要求但基础面积不够大，则在基础间增设托换梁，抗震墙生根于托换梁，典型加固大样如图 5 所示；（3）新增抗震墙处原地基或基础承载力不足，则要对原基础进行加固，典型加固大样如图 6 所示。

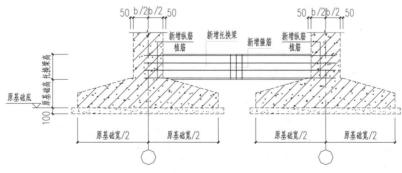

图 5 新增托换梁典型大样

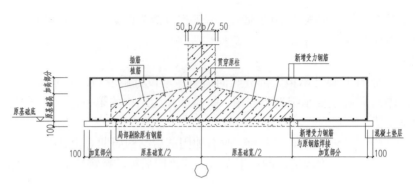

图 6  基础加固典型大样

基础加固过程中应特别注意新旧混凝土结合部位的处理，应对原结构凿毛，并刷洗干净，浇筑混凝土前应涂刷界面胶，必要时还要增设插筋，以保证新旧混凝土间连接可靠，同时为了减小新增部分与原基础间的应力滞后，应对原基础进行卸荷。新增抗震墙处地基的二级变形应特别注意，对潜在沉降比较大的区域，应对原有基础采取加大截面或增设拉梁等方法进行加强，必要时可对地基采取注浆或者对基础进行微型桩加固等减沉措施，加固施工过程中及加固完成后均应对建筑进行变形监测。

## 2.5  新增抗震墙设计

为保证抗震墙底部出现塑性铰后具有足够大的延性，按照《建筑抗震设计规范》（GB 50011—2010）要求，底部两层为底部加强部位，边缘构件按约束边缘构件进行设计，同时提高墙身的配筋，使其具有较大的弹塑性变形能力，从而提高整个结构的地震抗倒塌能力。新增抗震墙水平向通过植筋方式与原有框架柱连接，竖向需要穿过已有框架梁，设计采取在原有梁局部剔槽的方法，保证抗震墙竖向的连续性，具体做法如图7、图8所示。剪力墙暗柱处由于纵向钢筋较多，可以采取把梁混凝土局部全部剔凿的方法，但应注意施工时应将梁卸载并适当施加预顶力。

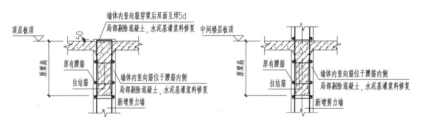

图 7  墙身穿梁典型大样

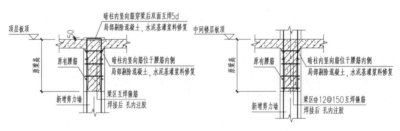

图 8  暗柱穿梁典型大样

## 2.6  其他构件设计

增设抗震墙后应复核对周边构件的影响，主要影响有：（1）与新增抗震墙相连的原有框架柱变为抗震墙端柱，应按端柱要求复核其计算及构造要求，一般纵向钢筋配置不足，可采取加大截面的加固方法，典型加固大样如图9所示；（2）与新增抗震墙相连的原有框架梁跨度变小，支座处负筋长度变短，应复核是否满足计算和构造要求，否则应进行补强，可结合新增墙体施工采取增补钢筋的加固方法，典型加固大样如图10所示；（3）增设抗震墙后框架梁加密区长度往往不足，

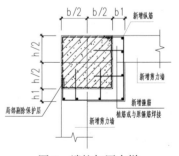

图 9  端柱加固大样

需要增补箍筋，可以和（2）中增补负筋结合，一般原有箍筋间距为 200mm，新增箍筋可以采取"隔一布一"的方式与原有箍筋相间布置，具体做法如图 10 所示。

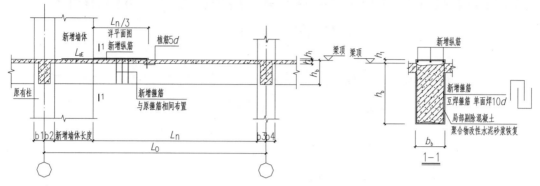

图 10　原框架梁加固大样

## 3　结语

既有建筑由框架结构改造加固为框架 – 抗震墙结构，满足了使用功能改变后的抗震要求，形成了多道抗震防线，提高了房屋的抗震性能和抗倒塌能力，增加了结构的冗余度。围绕某社区服务中心办公楼改造加固为社区幼儿园项目，研究并总结出了既有框架结构改造加固为框架 – 抗震墙结构设计过程中的几个要点：

（1）新增抗震墙布置要考虑原有基础布置情况，应选取地基和基础设计余量比较大的位置，使原有基础不加固或者仅增设地梁加固。

（2）新增抗震墙布置遵循总体分散、纵横向局部集中的原则，应避免造成新的不规则项。

（3）应复核与新增抗震墙相连框架梁负筋及加密区长度，与新增抗震墙相连框架柱应按抗震墙端柱要求进行加固。

后续施工跟踪证实，项目施工工期仅 30d，抗震加固费用约 200 元 /m²，在满足改造后抗震要求的前提下为房屋所有者节约了成本，缩短了工期，做到了安全、适用和经济，可为类似工程提供借鉴。

### 参考文献

[1] 张鑫，岳庆霞. 既有结构评估、加固改造理论及关键技术研究进展 [J]. 山东建筑大学学报，2021，36（5）：76-82.

[2] 中华人民共和国国家质量监督检验检疫总局. 中国地震动参数区划图：GB 18306—2015[S]. 北京：中国标准出版社，2016.

[3] 金晓晨，陈盈. 钢筋混凝土框架结构抗震加固研究现状及展望 [J]. 建筑结构，2018，48（增刊）：603-606.

[4] 中华人民共和国住房和城乡建设部. 建筑抗震鉴定标准：GB 50023—2009[S]. 北京：中国建筑工业出版社，2009.

[5] 中华人民共和国住房和城乡建设部. 建筑抗震设计规范：GB 50011—2010[S]. 2016 版. 北京：中国建筑工业出版社，2016.

# 采用顶升法调控某框架结构地基基础不均匀沉降的加固方法

李今保[1] 马江杰[1] 朱俊杰[1] 李欣瞳[1] 李碧卿[1] 姜 涛[1] 丁 洋[1]

张继文[2] 淳 庆[2] 穆保岗[2] 张志强[2]

1.江苏东南特种技术工程有限公司 南京 210000

2.东南大学 南京 210000

**摘 要：** 建筑物出现不均匀沉降后，地基基础产生的二次附加应力将进一步加剧建筑物的不均匀沉降，导致建筑物沉降速率加快，致使上部结构的节点处应力加大甚至结构开裂，进而产生巨大的结构安全隐患，针对框架结构自身结构特点及柱基不均匀沉降状态，提出了采用顶升法解决柱基差异沉降的加固方法。通过有限元软件模拟计算分析，采用顶升法将不均匀沉降的框架柱进行顶升，消除上部框架结构的内应力。通过分析可知该方法在结构加固后满足验收规范要求和确保结构安全的前提下，该方法具有加固量小、施工成本低的特点。结合实际工程案例，对该加固方法进行了深入研究，为今后类似的工程处理提供一种可行的加固设计思路。

**关键词：** 结构设计；基础差异化加固；不均匀沉降；结构内应力；消除结构附加应力

框架结构是目前常用的结构形式，其受力体系合理明确，结构布置灵活多样，工程造价低廉，广泛地适用于各种需求。但框架结构的基础形式常因多种条件限制而选用独立基础或者独立承台桩基基础，由此更易于产生因地质情况复杂、设计施工疏忽、施工不当等因素导致的不均匀沉降。本文以浙江某地区钢筋混凝土框架厂房的加固工程为例，进行了多方案的比选，结合有限元软件计算，提出了一种新型处理不均匀沉降的方法，即采用顶升法将不均匀沉降的框架柱进行顶升，从而消除上部框架结构的内应力，通过分析可知，结构加固后在满足验收规范要求的前提下，加固设计时要求考虑最少的加固工作量、压缩加固工程成本，并确保结构安全。通过本工程实践为今后的类似工程提供了一种经济可行的加固方法。

## 1 工程概况

浙江某地区物流基地项目 1 号仓库结构形式为 2 层钢筋混凝土框架结构。厂房屋长 109.0m，宽 59.8m，一层高 8.9m，二层高 4.5m。柱距 9.0m，基本结构布置如图 1 所示。房屋原基础形式为单桩承台灌注桩基础，承台间用基础梁连接。桩基主要为直轻 600mm/800mm/1000mm 三种灌注桩，桩长 17.0 ~ 32.0m，设计桩端持力层为中风化泥质砂岩。单桩承载力特征值 1500kN/2800kN/3650kN。房屋使用荷载如下：房屋一楼设置 4 层托盘货架，每层货架限重 2000kg，当货架满载时，货架对地坪产生的荷载为 15.0kN/m²。二楼无货架，直接堆货，运送货物的托盘搬运车自重约 700kg。据了解，二层板 4×B 轴柱子周边，曾堆载过单位荷载较大的货物，对二层楼板产生的荷载约为 5kN/m²。

经核查地勘报告，房屋所处位置，场地类别为 II 类，场地存在软弱土层，场地内未发现影响工程建设的不良地质作用。从房屋 1 ~ 7 轴，场地土层厚度变化较大，地质情况较为复杂。房屋地坪及屋面均存在明显的高低差。房屋外墙存在较多裂缝，北侧和西侧外墙裂缝更为明显，主要裂缝形态包括"八"字形裂缝、沿墙柱交接处的竖向裂缝和不规则裂缝。房屋回填土压实度查勘开挖过程中，发现开挖点 1 ~ 2×A ~ B、1 ~ 2×F ~ G 处的一楼地坪混凝土面层与其下垫层脱开。房屋回填土压实度不满足设计要求，房屋部分自承重墙存在较大的裂缝。该仓库在使用过程中出现了不均匀沉降现象。经检测，各柱底沉降差较大，具体沉降数据如图 2 所示。

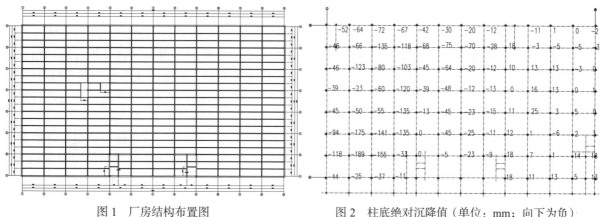

图 1　厂房结构布置图　　　　图 2　柱底绝对沉降值（单位：mm；向下为负）

　　检测鉴定报告提供的数据表明，该建筑物出现了外墙开裂、室内外地坪下沉、1～5 轴区域部分梁柱节点开裂等现象，该工程的框架柱相对沉降量较大，绝对沉降最大值达 376mm，相对沉降差最大值达 198mm。经鉴定，该物流基地项目 1 号仓库的地基基础安全性等级为 C 级，上部承重结构安全性等级为 D 级，围护结构系统安全性等级为 C 级。该房屋已经极不符合国家现行标准规范的安全性要求。

## 2　加固方案

　　由于本工程绝对沉降值及各柱底相对沉降值较大，经现场检测，框架上部结构已出现因为不均匀沉降导致的结构损伤、开裂等情况，必须采取相应的加固处理措施。其加固方法如下：

　　首先对地基基础进行加固，再对上部结构进行加固。根据本工程实际情况，对部分沉降较大的框架柱采用新增桩基承台并用千斤顶抬升的方式进行加固；对房屋结构构件裂缝采用环氧树脂类压力灌浆封闭裂缝、再粘贴碳纤维布的方式进行加固。

### 2.1　地基基础加固方案

　　因本工程原设计为桩基础，考虑原有结构已发生不均匀沉降，上部结构刚度已发生改变。本工程加固时考虑上部结构柱底荷载与基础自重作为新增桩基荷载。新增 250mm×250mm 混凝土方桩 36 根，桩长 25m，压桩力 1400kN，单桩承载力特征值 700kN，持力层为中风化泥质砂岩层。新增承台及桩基如图 3 所示。

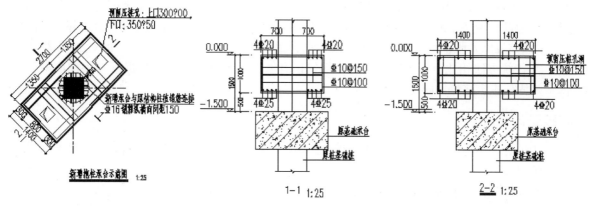

图 3　新增承台及桩基位置图

### 2.2　上部结构加固方案比选

#### 2.2.1　上部结构直接加固法

　　根据目前结构已破坏现状，在维持现有的沉降状况不变的情况下对结构直接进行加固，其计算结果表明，由于各框架柱的沉降差值较大，计算结果致使其结构内应力远超结构的抗力。因此导致本工程加固量大、加固费用高、工期长，建设方难以接受。

2.2.2 采用顶升法消除框架结构的内应力后，再进行上部结构加固

本工程为典型的框架结构，由于其自身结构特点，各柱底荷载及柱下基础沉降相对独立。在保证地基、基础稳固的前提下，采用顶升法对沉降值超限的柱底进行顶升是一种合理方便的加固方法。根据现场结构实际情况，本工程采用新增抱柱承台作为顶升面，原基础承台作为顶升持力层面，切断原柱底与基础承台间连接，顶升完成后再将柱与原基础承台进行连接，并在连接部位进行加固处理。

传统顶升法需设立一个基准面，计算各顶升点到基准面所需顶升值，再通过顶升设备进行顶升施工。本工程沉降部位众多且沉降量较大，综合结构形式、经济成本等因素，在满足使用要求的前提下，采用将各柱间沉降差缩小到规范限制内并满足原有设计承载能力的不均匀顶升法（表1）。

表 1 传统方法与不均匀顶升法比较表

| 传统方法 | | 不均匀顶升法 | |
|---|---|---|---|
| 顶升点 | 顶升值（mm） | 顶升点 | 顶升值（mm） |
| 1 | 77 | 1 | 64 |
| 2 | 71 | 2 | 88 |
| 3 | 71 | 3 | 93 |
| 4 | 64 | 4 | 15 |
| 5 | 70 | 5 | 135 |
| 6 | 119 | 6 | 159 |
| …… | | …… | |
| 11 | 148 | 11 | 101 |
| 12 | 48 | 12 | 125 |
| 13 | 80 | 13 | 37 |
| 14 | 200 | 14 | 88 |
| 15 | 214 | 15 | 73 |
| …… | | …… | |
| 28 | 13 | 28 | 14 |

根据《建筑地基基础设计规范》（GB 50007—2011）中 5.3.4 条中表 5.3.4 建筑物的地基变形允许值规定，对地基土为高压缩性土情况，框架结构相邻柱基沉降差限制为 $0.003L$（$L$ 为相邻柱基的中心距离）。按照该沉降差限值综合各沉降点沉降数据，最终确定顶升点位共 28 个，即对 28 根柱进行顶升处理。与传统方法相比，本工程采用的不均匀顶升法在保证结构安全的前提下可大幅度减少加固量、降低加固成本、减少加固工期。

# 3 有限元计算

本工程计算采用美国 CSI 公司 SAP2000 v22 有限元分析软件进行整体建模计算，验算其顶升前与顶升后的情况。

本工程基本设计参数为：建筑结构安全等级为二级；抗震设防类别为丙类，主体结构抗震等级为四级框架；基本风压为 0.45kN/m²，地面粗糙度为 B 类；基本雪压为 0.45kN/m²；设计基本地震加速度为 0.05g，设计地震分组为第一组，场地类别为 II 类，场地特征周期为 0.45s，结构阻尼比为 0.05。

经建模计算，顶升前结构变形云图及应力云图如图 4、图 5 所示；顶升后结构变形云图及应力云图如图 6、图 7 所示。从模拟结果可知，未顶升前结构已超出其设计承载能力，多处结构应力超过允许值，超限部位与现场实际结构开裂、损伤情况相符。采用不均匀顶升后，结构变形情况明显改善，应力云图也满足相关规范要求。对顶升后结构按原设计配筋进行复核，结果满足原设计要求。

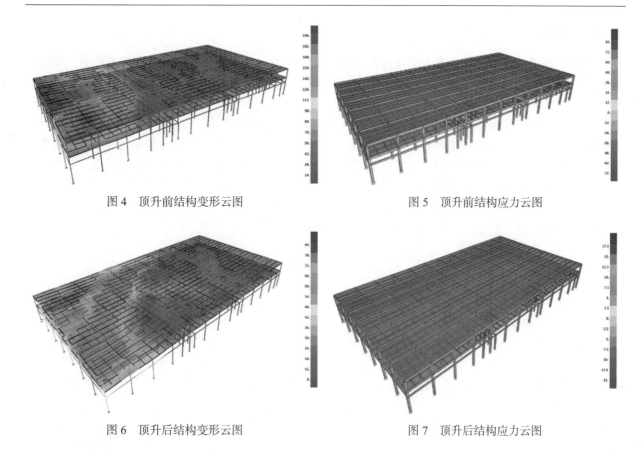

图 4　顶升前结构变形云图　　　　　　　　图 5　顶升前结构应力云图

图 6　顶升后结构变形云图　　　　　　　　图 7　顶升后结构应力云图

## 4　框架柱顶升加固施工

抬升总体施工流程根据加固设计要求，结合现场实际情况，在确保结构和抬升施工安全前提下，尽量节约工期和造价，施工顺序为上抱柱承台制作（兼压桩承台）→千斤顶安装→预加压力→桩切断→抬升→柱恢复→撤出千斤顶→上下承台之间浇筑混凝土（图 8）。

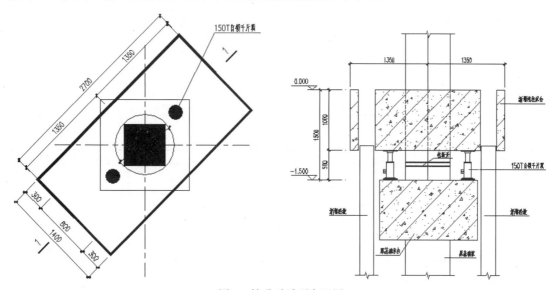

图 8　抬升千斤顶布置图

根据设计图纸进行新增抱柱承台施工，在抱柱承台和原柱基础承台之间设置千斤顶，千斤顶采用150 吨自锁式千斤顶。将柱从抱柱承台和基础之间断开。根据设计要求将柱抬升到指定高度。将断开的柱上下钢筋剥出，用同规格、同材质的钢筋焊接连接，浇筑高强混凝土，待柱恢复部位的混凝土强度满足设计要求后，撤出千斤顶。柱抬升期间，加强柱应力应变监测和柱网沉降监测。

## 5 施工监测

本工程在施工过程中布置应力应变监测系统，如图9所示。在需顶升柱及其周边梁位置，原沉降差较大位置布置应变监测设备，通过应变数据计算分析结构关键位置应力变化情况，复核设计并指导后续施工。本工程采用计算机应力、应变监测系统，对施工过程进行实时监测，严格控制施工过程中结构的应力、应变情况，确保加固施工安全和工程质量。根据设计要求，在结构受力较大的部位粘贴应变片，将同条件补偿片连接到静态电阻测试仪和计算机监控设备上，设置设备并调节参数，确保设备正常工作。待应力、应变控制设备安装完成后，在待顶升构件上部安装千分表和测微仪，顶升过程中每隔一段时间记录千分表和测微仪的读数，从而对整个顶升过程进行竖向位移监测。及时将加固梁的竖向位移与计算机应变控制设备监测的加固梁的应变值进行复核，抬升过程中采用分级加载，抬升过程中加固梁位移（千分表读数）和应变（应变测试仪）应与理论计算值一致。

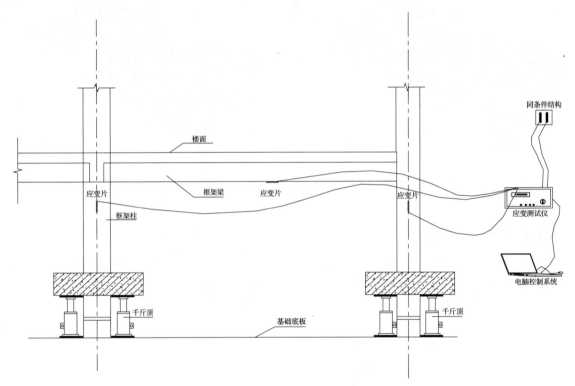

图9 结构应力应变监测示意图

部分位置的顶升施工过程中应力应变情况见表2，基本满足设计要求。

表2 应力应变结果表（部分）

| 顶升点 | 应变变化值（με） | 应力变化值（N/mm²） | 理论应力变化值（N/mm²） |
| --- | --- | --- | --- |
| …… | …… | …… | …… |
| 5 | 125.1 | 3.78 | 4.32 |
| 6 | 35.7 | 1.07 | 1.21 |
| 7 | 60.0 | 1.80 | 2.08 |
| 8 | 119.2 | 3.57 | 3.52 |
| 9 | 30.8 | 0.92 | 1.01 |
| 10 | 60.1 | 1.80 | 2.20 |
| 11 | 46.9 | 1.40 | 1.01 |
| 12 | 48.8 | 1.46 | 1.25 |
| …… | | | |

## 6　结语

本文通过工程实例探讨了针对框架结构顶升纠倾法解决其不均匀沉降问题的一种新思路。与传统方法需要将结构恢复至同一基准面不同，新方法采用不均匀顶升值，根据结构已产生的沉降差动态调整各顶升点位顶升值。

根据实际工程设计施工情况，该方法理论设计、实际施工均可实行，且在减少加固工作量、压缩加固工程成本上相比传统方法具有较大优势，可供今后同类型工程参考。

### 参考文献

[1] 李今保，邱洪兴，赵启明，等.某工程整体抬升后加固方案优化研究 [J].施工技术，2015，44（16）：31-34.

[2] 李今保.计算机应变控制梁柱托换方法：200710022247.3[P].2007.

[3] 张翼凌，李今保.某工程二层柱置换混凝土加固施工技术 [J].工业建筑，2006，36（4）：88-90.

[4] 范欣.某框架结构顶升纠偏的有限元分析及工程应 [D].张家口：河北建筑工程学院，2019.

[5] 彭响龙.地基不均匀沉降对多层混凝土框架结构的影响分析 [D].长沙：长沙理工大学，2018.

[6] 中国工程建设标准化协会.建筑物移位、纠倾、增层改造技术标准：T/CECS 225：2020[S].北京：中国计划出版社，2021.

[7] 中华人民共和国住房和城乡建设部.建筑地基基础设计规范：GB 50007—2011[S].北京：中国建筑工业出版社，2012.

[8] 中华人民共和国住房和城乡建设部.建筑地基处理技术规范：JGJ 79—2012[S].北京：中国建筑工业出版社，2013.

[9] 中华人民共和国住房和城乡建设部.既有建筑地基基础加固技术规范：JGJ 123—2012[S].北京：中国建筑工业出版社，2013.

[10] 中华人民共和国住房和城乡建设部.建筑桩基技术规范：JGJ 94—2008[S].北京：中国建筑工业出版社，2008.

[11] 中华人民共和国住房和城乡建设部.建筑变形测量规范：JGJ 8—2016[S].北京：中国建筑工业出版社，2016.

# 某大型商业综合体建筑门厅钢结构
# 整体平移技术研究

李 可 张元植 周盛锋

四川省建筑科学研究院有限公司 成都 610081

**摘 要：**某大型商业综合体建筑门厅由钢结构和外玻璃幕墙围护系统组成，需要将门厅钢结构及外玻璃幕墙系统地进行整体平移，本项目采用大直径钢滚轴作为行走机构对门厅进行整体平移。本文从平移工序、施工措施等方面对钢结构整体平移技术进行了简要介绍。对平移过程的整体结构、轨道梁，平移就位后结构下部支承梁等的验算方法进行了介绍。最后总结该项目技术特点，通过本项目对类似钢结构工程的整体平移技术进行探索。

**关键词：**整体平移；仿真分析；施工过程

某大型商业综合体因项目使用的需求，需对商业综合体入口钢结构门厅进行整体平移。平移涉及到该商业综合体东侧 5 个门厅，如图 1 所示。平移前后门厅现场照片如图 2 所示。门厅主体结构采用钢结构，由圆形截面钢管柱与圆形截面钢管梁交会形成结构体系。该商业综合体主体结构采用混凝土结构，两者通过预埋件连接。门厅外墙采用点支式玻璃幕墙。门厅结构支承于主体结构地下室顶板上。

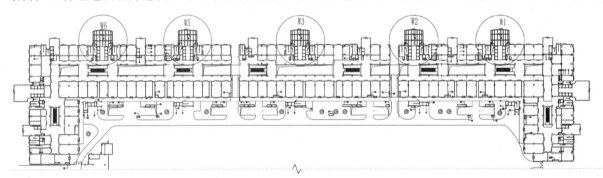

说明：上图中圆圈框住位置的为待移门厅位置 ⊖·

图 1 平移门厅平面位置示意

 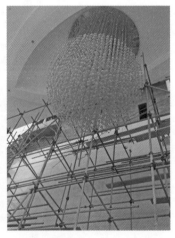 

（a）平移前　　　　　　（b）平移过程中的内吊顶及吊灯　　　　　　（c）平移后

图 2 平移前后门厅现状照片

作者简介：李可，高级工程师，硕士，从事建筑结构检测鉴定与加固设计等工作。

通过分析该项目技术特点，平移施工主要难点在于：（1）由于需要对钢结构及外幕墙系统进行整体平移，特别是当玻璃幕墙采用点支式幕墙时，因平移过程受力不均极易导致玻璃面板破碎；（2）该门厅结构高度为 16.4m，且该结构中有约 5m 的悬挑雨篷。因此，在平移过程中需要考虑防倾覆措施；（3）该门厅钢结构内部无结构柱及连系钢梁，整体刚度较弱，应适当加固提升整体刚度后再平移施工。

# 1　平移工序及技术要点

该门厅结构具有自重轻、结构刚度偏弱等特点，加之该项目工期紧、预算有限等客观约束。经综合考虑，本项目采用大直径钢滚轴作为行走机构对门厅进行整体平移。该门厅结构的整体平移考虑以下施工工序：拆除该门厅根部局部区域玻璃幕墙及底部的装饰面板→挖土方形成基础沟槽→设置就位时钢支座→设置移动轨道基础→安装上、下轨道梁→在底层两侧竖向杆件的底部焊接拉梁→设置拉索→切断结构水平杆件→设置底部轨道梁及滚轴→切断竖向构件底部→采用串联的油压千斤顶进行结构移动→结构移动至指定位置→门厅结构与新设置的柱脚连接→新设置的柱脚与就位钢支座连接→门厅结构两侧水平杆件焊接→铺设拆掉的玻璃面板与装饰板。

整个平移工序遵循先设置平移后就位基础，再设置平移上、下轨道梁并加固门厅钢结构，最后平移就位的原则。其中，原门厅结构部分钢柱支座直接坐落在商业综合体地下室顶板结构上，部分钢柱支座设置独立基础。就位后通过在旧基础与地下室挡土墙之间设置钢挑梁的方式支撑移位后钢柱。移位前后柱子位置及钢挑梁设置位置图 3 所示。平移前与平移后门厅结构与基础的相对位置如图 4 所示。

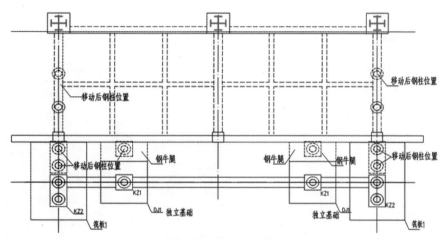

图 3　移位后柱子位置及钢挑梁设置图

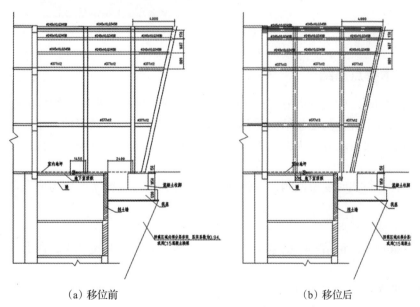

（a）移位前　　　　　　　　　　　　（b）移位后

图 4　移位前后柱子与基础的相对位置图

本项目设置结构拉梁作为上轨道梁，上轨道梁及设置在钢柱之间的钢拉梁组成了支承结构，在平移工程中增加了整体的刚度，加固结构如图5所示。下轨道梁直接放置在地面上，对下轨道梁进行验算时不考虑主体结构地下室挡土墙至原钢柱基础地面对轨道梁的支承作用，下轨道梁与上轨道梁相互错开。通过设置滚轴，油压千斤顶及钢绞线装置推动整个结构发生水平移位（图6）。在结构平移之前，首先在旧基础与地下室挡土墙之间设置钢挑梁和钢简支梁，该门厅在平移后部分钢柱直接支承在预设的钢挑梁与钢简支梁上。

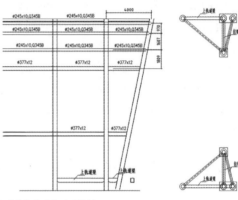

图5　上轨道梁与拉梁共同形成加固结构

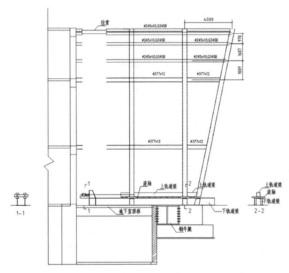

图6　平移装置示意

## 2　施工措施及技术特点总结

该门厅高度为16.4m，且该结构中有约5m的悬挑雨篷，因此在平移该结构的过程中，需要采取拉索连接结构上部的水平杆件与土建结构主体相连，避免门厅钢结构倾覆的发生。此外通过有限元软件对该结构抗倾覆能力进行验算，为施工提供了理论的依据和指导。钢拉索在该门厅平移过程中保持随时收紧状态。

现场对平移位移进行实时变形监测，对钢结构主要受力构件进行实时应力应变监测，以保证平移施工的安全性及准确性。

本项目具有以下技术特点：

（1）本项目自重较轻，钢结构刚度偏柔，在平移过程中有失稳倾覆风险，因此平移过程应保证施工构造措施；

（2）由于外装玻璃幕墙、内部吊顶及吊灯等与结构整体平移，因此平移控制精度要求比较高。本项目通过设置位移及应变实时监测的方式保证平移精度；

（3）该项目上、下轨道梁（托换梁）均采用钢结构。由于门厅本身为钢结构，设置上下钢轨道梁具有施工周期短、节点形式简单、受力性能好的特点；

（4）上轨道梁在柱的两端设有凹槽，钢滚轴移动到此位置时与上轨道梁脱空，即可取出用于滚轴的循环和平移的进行。

## 3　针对平移过程的施工模拟及验算

采用 SAP2000 与 MIDAS GEN 软件对该项目进行验算分析，验算模型如图 7 所示。验算主要包括原结构的计算，对平移施工过程的计算，包括上、下轨道梁的设计及最不利工况验算分析，对平移就位后结构的验算分析，包括门厅结构与支承结构的验算。除了对平移前后门厅自身结构、平移辅助结构等进行验算分析外，还对平移过程中的抗倾覆进行验算，对平移过程的牵引力进行了验算。其中门厅结构总重量约为 1500kN，考虑到滚轴滚动摩擦系数在 0.01 ～ 0.1 之间，预估最大拉力 10 ～ 20kN。通过有限元的验算分析，为项目顺利施工提供依据和指导（图 7）。

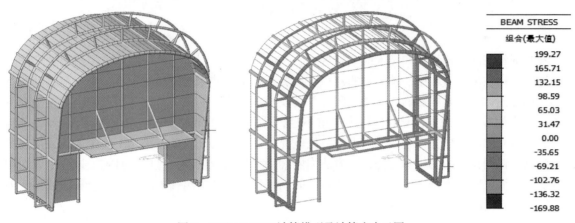

图 7　MIDAS GEN 计算模型及计算应力云图

## 4　结语

本文对某大型商业综合体门厅钢结构平移项目进行了简要介绍。该项目单个门厅的平移施工周期约为 1 ～ 2 个星期，将门厅所有围护系统及结构系统进行整体平移大大缩短了施工及装饰装修的工期并降低了费用。

本文从平移工序、施工措施等方面对钢结构整体平移技术进行了简要介绍，对平移过程的整体结构、上下轨道梁、平移就位后结构下部托换梁等的计算方法及施工要点进行了介绍。最后通过总结本项目的工程实践经验，对类似钢结构工程的整体平移技术进行探索。

**参考文献**

[1] 张亮. 建筑物整体平移的理论研究 [D]. 天津：天津大学，2012.

[2] 周广东，李爱群，李杏平，等. 高层建筑结构平移施工全过程实时监测分析 [J]. 建筑结构，2012，42（4）：139-143.

[3] 崔晓强，郭彦林，叶可明. 大跨度钢结构施工过程的结构分析方法研究 [J]. 工程力学，2006，23（5）：83-88.

[4] 王秭，罗晓群，谢步瀛. 大型钢结构施工全过程数值分析的三维可视化 [J]. 同济大学学报：自然科学版，2006，34（12）.

[5] 张慎伟，楼昕，张其林. 钢结构施工过程跟踪监测技术与工程实例分析 [J]. 施工技术，2008，37（3）：62-64.

[6] 田忠诚. 建筑物平移过程中的受力性能分析 [D]. 济南：山东建筑大学，2018.

# 一种预应力混凝土结构有效锚固力检测方法的探索研究

曹桓铭　金栋博　杨与东

四川省建筑科学研究院有限公司　成都　610000

**摘　要：** 通过对成都天府国际机场 T2 航站楼 33 根预应力梁进行试验研究，探索一种基于等效质量法的预应力混凝土结构中有效锚固力的无损检测方法在建筑结构中的应用。

**关键词：** 预应力混凝土；有效锚固力；参数标定

## 1　概述

随着我国经济的飞速发展和技术的不断进步，预应力技术在混凝土结构中的应用越来越广泛。预应力混凝土结构在施工过程中，预应力的建立直接关系到工程使用性能和安全性，由于材料性能、施工状况和环境条件等因素的影响，有效锚固力总会发生或多或少的损失，在某些工程中甚至出现不张拉或预应力失效等极端现象，导致预应力严重不足，从而极大地威胁工程安全，如图 1 所示。因此，一种可靠的检测预应力构件中有效锚固力的方法就显得尤为重要。长期以来，工程中通常采用反拉法作为传统评价锚固预应力的检测方法，该方法需要辅助大型张拉仪器，且仅能对施工过程中未切割多余钢绞线且未灌浆的构件进行检测，由于该方法的局限性，本文提出一种基于等效质量法的预应力混凝土结构中有效锚固力的无损检测方法（图 1）。

外面为正常锚索　内部缺少钢绞线

图 1　钢绞线不连续

## 2　基本原理

本次研究采用的检测设备为预应力张力检测仪，检测时利用激振锤敲击锚头，并通过粘贴在锚头上的传感器拾取锚头的振动响应，从而测试锚固有效预应。该方法的基本原理是将锚头与垫板、垫板与后面混凝土的接触面模拟成一弹簧支撑体系，如图 2 所示。

该弹簧体系的刚性 $k$ 与张力（有效预应力）有关，张力越大，$k$ 值也越大，根据锚头激振诱发的系统基础自振频率 $f$ 通过计算公式即可得出有效锚固预应力，计算公式如下：

$$N = pA = A \cdot \left[ \frac{1}{k} \left( \frac{4\pi^2 f^2 M_s}{A} - k_0 \right) \right]^{1/m} \cdot p_a$$

式中，$p_a$ 为大气压强，$A$ 为垫板的面积，$f$ 为测试得到的

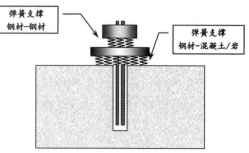

图 2　简化弹簧支撑体系

基频，$M_s$ 为振动体系的质量（跟锚具、钢绞线的数量等有关）。

## 3　研究内容

由上述计算公式可以看出，$p_a$、$A$、$M_s$ 这几个参数都已知，$f$ 可以通过检测设备测试得出，因此该检测方法的关键即为 $m$、$k$、$k_0$ 这三个参数的取值，目前普遍采用的方法是通过标定，即已知张拉力 $N$，然后通过拾取振动频率反算出这三个参数，标定过程十分繁琐，且需要检测人员在预应力张拉过程中介入，因此限制了该方法在已浇筑完成且张拉完毕的预应力混凝土锚固力检测中的应用，为简化标定过程，本次主要研究内容如下：

（1）选取每种孔数锚具的预应力梁各一根，根据理论有效锚固预应力值进行现场标定，得出 $m$、$k$、$k_0$ 三个参数；

（2）由得出的参数值分别应用到其他相同孔数的梁中，从而得出各梁的锚固力，并与理论值进行对比。

我院对天府国际机场 T2 航站楼 33 根采用不同孔数锚具的预应力梁进行了试验，试验结果见表 1。

**表 1　不同孔数预应力梁试验结果**

| 锚具孔数 | 标定值 | | | 梁编号 | 检测值 $N_1$（kN） | 理论值 $N_2$（kN） | $\Delta N/N_2$ |
| --- | --- | --- | --- | --- | --- | --- | --- |
| | $m$ | $k$ | $k_0$ | | | | |
| 5 孔锚具 | 0.065 | 1.2 | 3.739 | 梁 1 | 834.3 | 850 | 1.8% |
| | | | | 梁 2 | 918.2 | 850 | 8% |
| | | | | 梁 3 | 902.4 | 850 | 6.2% |
| | | | | 梁 4 | 882.3 | 850 | 3.8% |
| | | | | 梁 5 | 904.6 | 850 | 6.4% |
| | | | | 梁 6 | 903.9 | 850 | 6.3% |
| | | | | 梁 7 | 904.0 | 850 | 6.3% |
| | | | | 梁 8 | 824.4 | 850 | 3% |
| | | | | 梁 9 | 813.2 | 850 | 4.3% |
| 6 孔锚具 | 0.097 | 1.2 | 3.212 | 梁 1 | 964.6 | 1020 | 5.4% |
| | | | | 梁 2 | 1104.9 | 1020 | 8.3% |
| | | | | 梁 3 | 1105.5 | 1020 | 8.4% |
| 7 孔锚具 | 0.722 | 1.2 | 5.354 | 梁 1 | 1264.6 | 1190 | 6.3% |
| | | | | 梁 2 | 1212.5 | 1190 | 1.9% |
| | | | | 梁 3 | 1108.4 | 1190 | 6.8% |
| | | | | 梁 4 | 1264.1 | 1190 | 6.2% |
| 12 孔锚具 | 0.34 | 1.2 | 6.463 | 梁 1 | 2164.8 | 2040 | 6.1% |
| | | | | 梁 2 | 1904.5 | 2040 | 6.6% |
| 13 孔锚具 | 0.177 | 1.2 | 7.827 | 梁 1 | 2129.2 | 2210 | 3.7% |
| | | | | 梁 2 | 2162.1 | 2210 | 2.2% |
| | | | | 梁 3 | 2351.1 | 2210 | 6.4% |
| | | | | 梁 4 | 2242.8 | 2210 | 1.5% |
| | | | | 梁 5 | 2353.3 | 2210 | 6.5% |
| | | | | 梁 6 | 2170.7 | 2210 | 1.8% |
| | | | | 梁 7 | 1997.9 | 2210 | 9.7% |
| 15 孔锚具 | 0.147 | 1.2 | 7.519 | 梁 1 | 2551.2 | 2550 | 0.05% |
| | | | | 梁 2 | 2469.6 | 2550 | 3.2% |
| | | | | 梁 3 | 2444.9 | 2550 | 4.1% |
| | | | | 梁 4 | 2706.5 | 2550 | 6.1% |
| | | | | 梁 5 | 2662.5 | 2550 | 4.4% |

从表1可以看出：（1）参数 $k$ 的值是恒定的，参数 $m$ 和参数 $k_0$ 的值随锚具的不同会发生变化；（2）试验值与理论值的最大偏差未超过10%。

## 4 结论

（1）本文提出的该种检测预应力混凝土结构中有效锚固力的方法与锚具类型、钢绞线数量、垫板质量、人员操作等因素有关，其关键是三个参数的确定。

（2）根据对天府国际机场 T2 航站楼预应力梁的试验研究，该方法得出的检测值与理论值存在一定的偏差，但最大偏差未超过10%，其检测结果在可以接受的范围之内。

（3）由于现场检测条件的限制，本次检测数量有限，后续希望通过对大量的不同锚具类型的预应力梁进行试验，对试验结果进行统计分析后得出不同锚具类型预应力梁对应的 $m$、$k$、$k_0$，达到现场检测时无须标定、直接应用的目的，方便该方法在实际工程中的推广应用。

### 参考文献

[1] 吴佳晔，等. 一种测试预应力锚固体系张力的无损检测方法 ZL2009101.[P]. 2009.

[2] 方志，汪建群，颜江平. 基于频率法的拉索及吊杆张力测试 [J]. 振动与冲击，2007，26（9）：78-82.

[3] WU J Y, WU J E, YANG C, et al. System-equivalent-mass based post-tensioned anchor tension testing technique[J]. Geo Congress 2012 © ASCE 2012, 2688-2692.

[4] 吴佳晔. 土木工程检测与测试 [M]. 北京：高等教育出版社，2015.

# 第 6 篇
# 工程案例分析

# 某尾液库环境隐患整治工程试验检测结果分析

吕永平　郑建军　赵　卿　刘兴荣　李俊璋

甘肃土木工程科学研究院有限公司　兰州　730020

**摘　要**：本文通过对某尾液库碾压均质土坝及复合土工膜的试验检测，对原坝体稳定性进行了评价，分析了主坝体局部地基处于软塑状态的原因，说明该尾液库坝体并不存在渗漏现象，但为了提高安全等级，对原主坝体进行加固是必要的。

**关键词**：尾液库；均质土坝；试验检测

该尾液库始建于 2006 年，由于当时技术水平和资金有限，对工业废液缺乏妥善处理方法，处理难度较大，采用碾压式均质土坝体，至 2016 年已存有近 130 万 $m^3$ 尾液，尾液库离黄河较近，一旦出现泄漏等事故，将危及整个黄河流域。从保护母亲河的认识高度出发，对尾液库进行安全风险评估、工程质量评价、运行管理、防洪标准、坝体结构性评价、观测井水质分析等，切实掌握尾液库的现状，并根据安全等级和监测评估结果，最终确定具体整治方案。

## 1　工程概况

某尾液库坝体于 2000 年设计，采用碾压式均质土坝体，人工防渗体为复合土工膜防渗，设计总坝高 42m，主坝坝顶长度为 212m，库容 300 万 $m^3$。于 2006 年 3 月开始筑坝，同年 11 月完成主坝体施工，并于当年存储尾液。至 2016 年存储尾液约 130 万 $m^3$。由于在当年建设尾液库标准偏低，为了尾液库的长期安全，将 3 号尾液库安全等级由目前的 4 级提升为 3 级，抗震设防烈度由原来 8 度提升到 9 度。因此需重新进行评价及加固工作，为评价坝体的安全性与稳定性，对尾液库进行了试验检测工作。

## 2　地形地貌与地质构造

### 2.1　地形地貌

该尾液库位于甘肃省靖远县吴家川东北，库区三面环山，海拔 1470～1566m，属黄土高原沟壑区。原主坝坝址位于河流切割形成的一个峡口处，原地形两岸陡峭，断面呈"V"形。

### 2.2　地质构造

该库区位于祁连山余脉，腾格里沙漠向黄土高原过渡地带，处于陇西旋卷构造体系褶皱带之上，受南山尾子—中和堡断层的影响较大。区域上经历了加里东期、燕山期和喜山期多次大的构造运动，构造较复杂。本区未发现断裂构造，但常伴有层间错动，有挤压破碎带，节理在北部山体标高 1494m 以上，岩体陡峻，裂隙发育，受东西向、南北向垂直节理的影响，岩体崩落。库区山体地层第三系红砂岩大部分裸露。区域稳定性较好。第四系地层冲洪积粉土及砂砾层厚度 7～15m。

## 3　原主坝体试验检测

### 3.1　原主坝体地层结构

在原主坝体上布置检测点 39 个，检测点位平面布置如图 1 所示。在钻探所达深度范围内，场地地层层序如下：第（1）层：素填土（$Q_4^{ml}$），碾压土坝体，层厚 0.50～35.00m，褐黄色，密实，稍湿。主要由回填黄土状粉土组成，硬塑～坚硬，部分孔由于地下水浸湿呈可塑～软塑状态土。第（2）层：中风化砂岩（$N_3$），层厚 2.00～7.00m，棕红色，成分以石英、长石为主，中密状态，稍湿。砂质结构，块状构造；结构致密，具有遇水和暴露在空气中易软化、崩解的特点，风化裂隙较少。岩芯呈短柱状。第（3）层：微风化砂岩（$N_3$），揭露层厚 4.00～8.50m，棕红色，成分以石英、长石为主，密实状态，稍湿。砂质结构，块状构造；结构致密，岩芯呈长柱状。

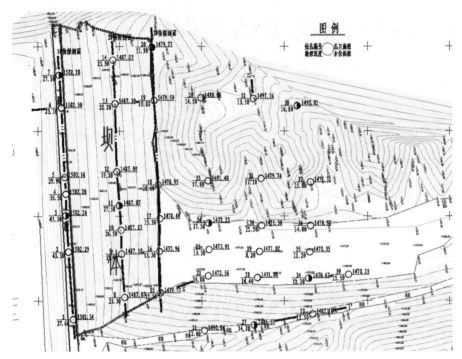

图1　检测点位及物探测线平面布置图

### 3.2　拟加固主坝体地层结构

第（1）层：杂填土（$Q_4^{ml}$），层厚 1.00 ～ 5.80m，褐黄色，松散，稍湿。主要由回填粉土、角砾、粗砂、砂岩组成。第（2）层：角砾（$Q_4^{al+pl}$），层厚 2.60m，杂色，棱角形，稍密～中密状态，稍湿。角砾颗粒相互交错排列，单粒结构颗粒粒径在 5 ～ 20mm 之间。颗粒间由粗砂充填，含砂量占 15% 左右。第（3）层：强风化砂岩（$N_3$），层厚 0.70 ～ 5.50m，棕红色，成分以石英、长石为主，稍密状态，稍湿。砂质结构，块状构造；成岩作用较差，局部与泥岩互层，具有遇水和暴露在空气中易软化、崩解的特点；岩芯呈短柱状或散状。第（4）层：中风化砂岩（$N_3$），层厚 0.20 ～ 5.90m，棕红色，成分以石英、长石为主，中密状态，稍湿。砂质结构，块状构造；结构致密，具有遇水和暴露在空气中易软化、崩解的特点，风化裂隙发育。岩芯呈短柱状。第（5）层：微风化砂岩（$N_3$），揭露层厚 5.80 ～ 8.60m 棕红色，成分以石英、长石为主，密实状态，稍湿。砂质结构，块状构造；结构致密，岩芯呈长柱状。

### 3.3　原主坝体岩土的物理力学性能指标

原主坝体试验检测共完成了 45 件土的常规物理力学性能试验，试验结果见表1，干密度随深度的变化曲线如图2和图3所示。试验结果表明，坝体土质密实度比较均匀，其物理力学性能指标满足原主坝体设计要求。

**表1　主坝体土物理力学性能试验结果**

| 指标 | | 坝体土 |
| --- | --- | --- |
| 物理力学性能 | 塑性指数 $I_p$（%） | 8.3 |
| | 干密度（g/cm³） | 1.68 |
| | 孔隙比 $e$ | 0.611 |
| | 压缩系数 $\alpha$ | 0.16 |
| 渗透性 | 渗透系数（cm/s） | $K_v = 3.88 \times 10^{-5}$ |
| | | $K_h = 3.32 \times 10^{-5}$ |
| 抗剪强度（快剪） | 黏聚力 $c = 29.8$kPa | 内摩擦角 $\psi = 29.5°$ |
| 承载力特征值 | | $f_{ak} = 200$kPa |

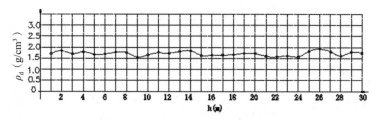

图 2　T1 深度 $h$ 与干密度 $\rho_d$ 曲线图

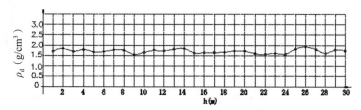

图 3　T2 深度 $h$ 与干密度 $\rho_d$ 曲线图

### 3.4　复合土工膜试验评价

坝体人工防渗体采用复合土工膜防渗，检测过程中对复合土工膜在各种状态的物理力学性能进行了试验，试验结果见表 2。试验结果表明尾液侵蚀后复合土工膜抗拉强度及延伸率变化微小，说明尾液侵蚀对复合土工膜的抗拉性能和渗透性没有影响，体现了较好的耐腐蚀性。

表 2　复合土工膜物理力学性能试验

| 土工膜状态 | 试验参数 | | 单位 | 最大值 | 最小值 | 平均值 | 标准值 |
|---|---|---|---|---|---|---|---|
| 正常 | 单位面积质量 | | g/m² | 1559 | 1550 | 1554 | 1551.5 |
| | 厚度 | | mm | 5.12 | 5.02 | 5.07 | 5.04 |
| | 纵向极限拉伸强度 | | kN/m | 42.1 | 31.7 | 36.6 | 40.1 |
| | 纵向极限延伸率 | | % | 70.7 | 51.4 | 60.5 | 54.4 |
| | 横向极限拉伸强度 | | kN/m | 41.3 | 32.6 | 36.3 | 33.4 |
| | 横向极限延伸率 | | % | 69.71 | 50.60 | 59.76 | 66.11 |
| | 单位厚度抗拉强度 | 纵向 | kN/m | 8.3 | 6.2 | 7.2 | 6.5 |
| | | 横向 | | 8.1 | 6.4 | 7.1 | 6.6 |
| | 渗透系数 | | cm/s | 1.3 | 1.1 | 1.2 | 1.1 |
| 饱和 | 纵向极限拉伸强度 | | kN/m | 46.15 | 33.67 | 38.19 | 42.12 |
| | 纵向极限延伸率 | | % | 71.76 | 57.2 | 65.4 | 70.2 |
| | 横向极限拉伸强度 | | kN/m | 48.17 | 34.69 | 39.86 | 43.85 |
| | 横向极限延伸率 | | % | 72.36 | 58.67 | 66.38 | 71.26 |
| | 单位厚度抗拉强度 | 纵向 | kN/m | 9.1 | 6.6 | 7.5 | 6.7 |
| | | 横向 | | 9.5 | 6.8 | 7.9 | 7.1 |
| 尾液侵蚀 | 纵向极限拉伸强度 | | kN/m | 41.96 | 34.25 | 37.07 | 39.28 |
| | 纵向极限延伸率 | | % | 67.8 | 41.7 | 50.7 | 58.20 |
| | 横向极限拉伸强度 | | kN/m | 40.9 | 34.6 | 36.8 | 35.0 |
| | 横向极限延伸率 | | % | 65.8 | 40.7 | 50.0 | 42.7 |
| | 单位厚度抗拉强度 | 纵向 | kN/m | 8.2 | 6.8 | 7.3 | 6.9 |
| | | 横向 | | 8.0 | 6.8 | 7.3 | 6.9 |

### 3.5　易溶盐试验

通过钻探对检测孔内原夯填土和受水浸湿土体进行了易溶盐试验，土质易溶盐分析结果见表 3。

表 3　土质易溶盐指标统计

| 土体状态 | 参数 | 单位 | 最大值 | 最小值 | 平均数 | 标准值 |
|---|---|---|---|---|---|---|
| 正常 | $CO_3^{2-}$ | mg/kg | 61 | 0 | 5.08 | 14.27 |
| | $HCO_3^-$ | mg/kg | 453 | 124 | 346 | 398 |
| | $SO_4^{2-}$ | mg/kg | 2162 | 1169 | 1479 | 1641 |
| | $Cl^-$ | mg/kg | 2797 | 1545 | 2051 | 2276 |
| | $Ca^{2+}$ | mg/kg | 821 | 285 | 427 | 508 |
| | $Mg^{2+}$ | mg/kg | 235 | 52 | 78 | 106 |
| | $K^++Na^+$ | mg/kg | 4055 | 1772 | 2470 | 2840 |
| | pH | / | 7.07 | 6.67 | 6.97 | 7.03 |
| | 易溶盐总量 | % | 0.966 | 0.606 | 0.686 | 0.737 |
| 受水浸湿软塑状态 | $CO_3^{2-}$ | mg/kg | 69 | 0 | 5.75 | 16.18 |
| | $HCO_3^-$ | mg/kg | 441 | 282 | 378 | 402 |
| | $SO_4^{2-}$ | mg/kg | 2576 | 1423 | 1918 | 2144 |
| | $Cl^-$ | mg/kg | 3578 | 337 | 2133 | 2730 |
| | $Ca^{2+}$ | mg/kg | 771 | 481 | 631 | 687 |
| | $Mg^{2+}$ | mg/kg | 201 | 64 | 118 | 141 |
| | $K^++Na^+$ | mg/kg | 4078 | 624 | 2006 | 2651 |
| | pH | — | 6.98 | 6.75 | 6.88 | 6.92 |
| | 易溶盐总量 | % | 1.020 | 0.332 | 0.719 | 0.846 |
| 人工尾液侵蚀 | $CO_3^{2-}$ | mg/kg | 0 | 0 | 0 | 0 |
| | $HCO_3^-$ | mg/kg | 702 | 492 | 596 | 663 |
| | $SO_4^{2-}$ | mg/kg | 5628 | 4106 | 4670 | 5137 |
| | $Cl^-$ | mg/kg | 8602 | 7325 | 7811 | 8244 |
| | $Ca^{2+}$ | mg/kg | 5362 | 4625 | 4843 | 5065 |
| | $Mg^{2+}$ | mg/kg | 1063 | 902 | 968 | 1020 |
| | $K^++Na^+$ | mg/kg | 18953 | 17354 | 18080 | 18575 |
| | pH | — | 7.62 | 6.95 | 7.2 | 7.37 |
| | 易溶盐总量 | % | 3.912 | 3.504 | 3.697 | 3.830 |

### 3.6　地下水埋藏条件

（1）本次试验检测在钻探深度范围内未见地下水，可不考虑地下水对本工程的影响。

（2）从库区坝头提取水样进行试验，根据水样分析报告，尾液库内水质情况 pH=7.68，阳离子（$K^++Na^+$、$Ca^{2+}$、$Mg^{2+}$、$NH_3$-N）含量为 13072.8mg/L，阴离子（$Cl^-$、$SO_4^{2-}$、$HCO_3^-$）含量为 24767.97mg/L。

（3）从库区坝尾提取水样进行试验，根据水样分析报告，尾液库内水质情况 pH=0.83，阳离子（$K^++Na^+$、$Ca^{2+}$、$Mg^{2+}$、$NH_3$-N）含量为 9057.06mg/L，阴离子（$Cl^-$、$SO_4^{2-}$、$HCO_3^-$）含量为 17685.27mg/L。

取样地点坝头水库内填埋了石灰等碱性物质与输入库区的尾液进行了中和，因此，坝头尾液试验结果呈中性状态。

### 3.7　素填土湿陷性评价

根据原状土样室内试验结果得知，坝体碾压素填土湿陷性已全部消除。

### 3.8　原主坝体物探及探测结果分析

在系统收集并分析研究区内已有各类资料的基础上，在坝区开展物探激电测深剖面工作，探测坝基密实性及坝基持力层分布情况，配合对主坝体的试验检测及地质勘察工作，为下一步坝体加固工作提供依据。本区共做了 2 条物探激电测深剖面 22 个测深点，剖面共计 0.4km，从坝区剖面线总体情况来看，坝区的视电阻率最大值为 101.5Ω·m，最小值为 16.0Ω·m。视电阻率变化不大，现分述如下：

（1）1 线测深剖面

1 线测深点共 11 个点，每个测点的点距 20m。此 11 个测深点在一条剖面线上，绘制的 $\rho_s$（Ω·m）等值断面图如图 4 所示。

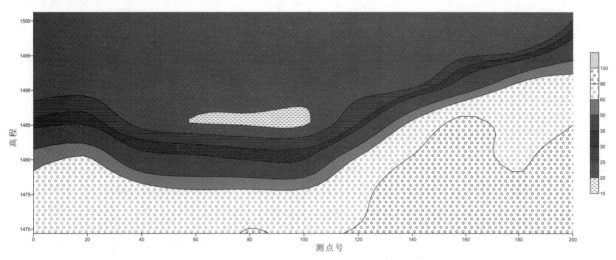

图 4　尾矿坝 1 线激电测深 $\rho_s$（Ω·m）等值断面图

从图 4 可以看出，坝体视电阻率小于 60Ω·m 的深颜色部分为坝体夯填土，大于 60Ω·m 的浅色部分为坝体持力层。

（2）2 线测深剖面：

2 线测深点共 11 个点，每个测点的点距 20m。此 11 个测深点在一条剖面线上，绘制的 $\rho_s$（Ω·m）等值断面图如图 5 所示。

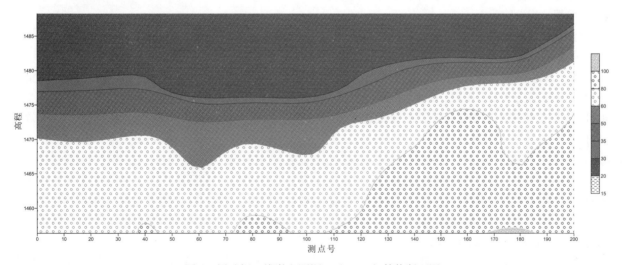

图 5　尾矿坝 2 线激电测深 $\rho_s$（Ω·m）等值断面图

从图 5 可以看出，坝体视电阻率小于 60Ω·m 的深颜色部分为坝体夯填土，大于 60Ω·m 的浅色部分为坝体持力层。

本次坝体大功率激电测深剖面测量工作，根据视电阻率特征圈定了坝体的赋存部位。坝体与坝体基础界线明显。坝体夯填土分布均匀，坝基岩层清晰。在坝体探测的相对低阻异常，推测为土层出现软塑状态现象，应引起重视。

## 4　原主坝体稳定性评价

### 4.1　坝体

根据土工试验和钻探结果及物探成果查明，坝体平均干密度达到 $1.68g/cm^3$，压实系数为 0.97，符合原设计要求。整个坝体及坝基未发现有水，大部分坝体土质液性指数 $I_L<0$，土呈坚硬状态，坝体局部土质液性指数 $I_L$ 在 0.25～1.0 范围，土呈可塑～软塑状态，可塑～软塑层分布在坝体中心部位延轴线方向长约46m，宽约59m范围，软塑层顶面标高为 1475～1479m，底面标高为 1466.7～1467m（基岩面），软塑层厚度为 8～12.3m，物理力学性能见表4，整个坝体目前未发现渗漏及其他病害现象。

表4　软塑层土物理力学性能试验结果

| 指标 | 坝体土 | |
|---|---|---|
| 物理力学性能 | 含水率 % | 18.9～23.6 |
| | 塑性指数 $I_p$（%） | 8.2～9 |
| | 液性指数 $I_p$（%） | 0.22～0.76 |
| 抗剪强度（直剪） | 黏聚力 $c$=12.6～20.1kPa | 内摩擦角 $\psi$=24.3°～29.2° |
| 承载力特征值 | $f_{ak}$=100kPa | |

原因是在初期建坝时勘察过程中发现局部基岩有裂隙水，并且在建坝过程中进行过封堵，但由于封堵效果较差，致使主坝体建成后坝基以上局部碾压土体受到渗漏裂隙水的浸湿，逐步使局部坝基以上土体含水量增大，并形成可塑～软塑状态。但本次钻探和物探查明，整个主坝体未见地下水。同时土质易溶盐腐蚀性试验表明，可塑～软塑状态土质阴离子和阳离子的含量和原状土土质阴离子和阳离子的含量基本一致，和尾液库水质及受尾液库侵蚀过的土质阴离子和阳离子的含量相差很大，说明浸湿土体的水质不是尾液库渗流过来的水质，坝体防渗效果较好。

### 4.2　坝面

大坝上游坡面有护坡，没有浪蚀出现。由于尾液腐蚀性较强，生物无法存活，经技术人员对大坝进行蚁穴等危害调查，未发现穴洞及坑陷等灾害。

### 4.3　坝基

建坝清基时挖除了上部黄土、砾砂及强风化砂岩层，并在坝基做了截渗墙及防渗处理。大坝坝基基岩为第三系中风化砂岩。据本阶段钻孔揭示坝基为厚 7.2～13.3m 的砂岩，上部中风化状态，裂隙发育，岩芯呈块状或柱状；下部微风化状态结构致密，无裂隙，岩芯呈柱状。共压水 5 段，从上至下吕荣值分别为 0.25、0.32、0.08、0.05、0.02。根据现行《水利水电工程地质勘察规范》有关岩土透水性分级，其中微透水性有 2 段，极微透水性有 3 段。说明大坝坝基没有产生透水现象，防渗效果良好。

### 4.4　坝肩

本阶段在左、右坝肩分别布置钻孔 1 个，揭示左、右坝肩皆为第三系砂岩，强风化深度 1～2m。左坝肩共压水 4 段，从上至下吕荣值分别为 0.2、0.31、0.24、0.12。属于微透水性；右坝肩共压水 6 段，从上至下吕荣值分别为 1.24、1.27、1.8、0.82、0.54、0.63。其中属于弱透水性有 3 段，属于微透水有 3 段。说明大坝坝肩不存在绕坝渗漏现象。

需要说明的是原主坝体自建成后进行了长期的垂直位移和水平位移变形监测，直至整治工程开始，监测结果表明坝体处于稳定状态；检测工作完成后，设计单位根据设计要求和检测单位提供的相关技术参数对原主坝体抗滑稳定性进行了验算，其安全系数满足坝坡抗滑稳定最小安全系数的要求；从长期监测结果及坝体稳定性验算结果分析，综合判断主坝体处于稳定状态。

## 5　结语

通过对该尾液库坝体及复合土工膜的试验检测，对原坝体稳定性进行了评价，分析了主坝体局部地基处于软塑状态的原因,说明尾液库坝体并不存在渗漏现象,但考虑到该尾液库不能完全满足环保和安全要求,加之其距离黄河较近的特殊地理位置,安全等级由 4 级提升为 3 级,抗震烈度由 8 度提升到 9 度的要求,对原主坝体进行加固是必要的。

(1)场地及邻近场地内未发现有影响尾液库安全稳定性的不良地质现象。

(2)根据土工试验、钻探结果及物探成果,原主坝体平均干密度达到 1.68g/cm³,压实系数为 0.97,符合原设计要求。可塑~软塑层范围分布在坝体中心部位延轴线方向长约 46m、宽约 60m 的范围,软塑层顶面标高为 1475 ~ 1479m,底面标高为 1466.7 ~ 1467m(基岩面),软塑层厚度为 8 ~ 12.3m。整个坝体目前未发现渗漏及其他病害现象。从长期监测结果及坝体稳定性验算结果分析,综合判断主坝体处于稳定状态。

(3)尾液侵蚀后复合土工膜抗拉强度及延伸率变化微小,说明尾液侵蚀对复合土工膜的抗拉性能和渗透性没有影响,体现了较好的耐腐蚀性。

(4)通过对坝体大功率激电测深剖面测量,根据视电阻率特征圈定了坝体的赋存部位。坝体与坝体基础界线明显,坝体夯填土分布均匀,坝基岩层清晰。在坝体探测的相对低阻异常,推测为土层出现软塑状态现象,应引起重视。

(5)该尾液库拟加固主坝坝基选择可根据场地地质条件及尾液库重要性,经技术经济比较后确定合理的坝基方案,建议拟加固坝体坝基应坐落在中风化砂岩上,清底时应清除上部杂填土、角砾及强风化砂岩层。同时在坝基下游应设置截渗墙。

(6)建议在拟加固坝体的设计过程中,考虑原主坝体可塑~软塑层分布范围对整个坝体的影响,或采用高压注浆方法对软弱层范围进行加固处理措施。

## 参考文献

[1] 中华人民共和国建设部. 岩土工程勘察规范:GB 50021—2001[S]. 2009 年版. 北京:中国建筑工业出版社,2009.

[2] 中华人民共和国住房和城乡建设部. 水利水电工程地质勘察规范:GB 50487—2008[S]. 北京:中国计划出版社,2009.

[3] 中华人民共和国住房和城乡建设部.《工程地质手册》编委会. 土工试验方法标准:GB/T 50123—2019[S]. 北京:中国计划出版社,2019.

[4]《工程地质手册》编委会. 工程地质手册:第五版 [M]. 北京:中国建筑工业出版社,2018.

# 郑州市某政务服务中心改建项目结构分析

李迎乐　宝小超　刘金鹏　时　超

河南省工业规划设计院　郑州　450021

**摘　要：** 政务服务中心既是政府形象的延伸，又是城市形象和意识形态在服务职能上的集中体现。本文结合郑州市某政务服务中心的既有建筑现况，以"来自人民、根植人民、服务人民"为出发点，因地制宜，通过结构改造设计实现公开透明的开敞办公氛围和便捷高效的办公效率。本文重点分析了改建后主体的各项结构指标结果，结合规范的相关要求进行判断；本工程存在20m跨梁的结构加固设计，并考虑施工过程中卸载问题。针对以上问题，本文提出的结构加固改造措施和建议，可为此类工程提供技术参考。

**关键词：** 结构加固改造；政务服务中心；结构设计；加固措施

政务服务中心既是政府形象的延伸，又是城市形象和意识形态在服务职能上的集中体现。随着经济稳定发展，大数据时代来临，政务中心的服务层次越来越高，服务的范围越来越广。现有一些政务服务中心明显表现出不满足这些日益增长的需求，故因地制宜，以"来自人民、根植人民、服务人民"为出发点，通过结构改造来实现公开透明的开敞办公氛围和便捷高效的办公效率，在布局、形态及装饰语言等细节上，传达"开放、欢愉、持续、共处"的讯息。

本文以郑州市某一政务服务中心为研究对象，以服务人民为本，进行结构改造设计，重点分析了主体的各项结构指标，结合规范的相关要求进行判断；本工程还存在20m跨梁的结构加固设计，并考虑施工过程中卸载问题。针对以上问题，本文提出了相应的结构加固处理措施和建议，研究结果可为此工程的结构加固改造提供技术参考。

## 1　郑州市某政务服务中心改建项目实例

### 1.1　工程概况

该建筑建造于2017年，为地上3层、1层地下室的框架结构，建筑高度18.0m，室内外高差0.3m，目前正在使用中。

根据现行《建筑抗震设计规范》（GB 50011—2010），结合原房屋设计、施工资料、本工程改造建筑装饰图纸等，对改建部分进行结构设计，具体如下：

（1）1层沙盘位置顶面挑空区域进行二次封堵，封堵面积约为178.7m²，如图1所示；

（2）2层手扶电梯移位，移动位置后需对原电梯预留基坑位置及顶面开洞位置进行封堵，封堵面积约为63.5m²，如图2所示；

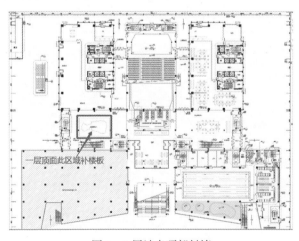

图1　1层沙盘顶部封堵

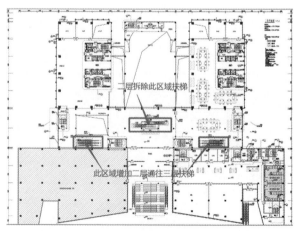

图2　2层手扶电梯移位

（3）2 层手扶电梯移位后，需在新位置 3 层处重新开洞安装电梯，开洞面积约为 86.7m²，如图 3 所示；

（4）1 层～ 3 层增加一部垂直电梯，需在相应位置开洞安装电梯，开洞面积约为 12.2m²，如图 4 所示。

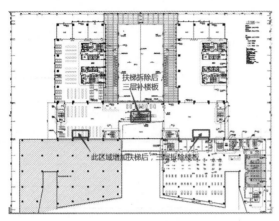
图 3　3 层开洞安装电梯

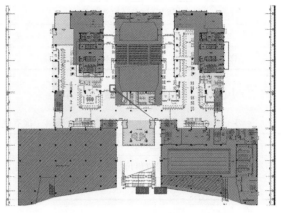
图 4　1 层～ 3 层增加垂直电梯

## 1.2　设计参数

（1）委托方仅提供设计图纸，未作可靠性鉴定，故仍按原结构设计使用年限（50 年）考虑。设计参数见表 1。

表 1　设计参数

| 结构设计使用年限 | 50 年 | 建筑抗震设计类别 | 标准设防类（丙类） | 结构安全等级 | 二级 | 结构重要性系数 | 1.0 |
|---|---|---|---|---|---|---|---|
| 抗震设防烈度 | 7 度 | 设计基本地震加速度值 | 0.10g | 设计地震分组 | 第一组 | 阻尼比 | 0.05 |
| 地震影响系数 | 0.085（多遇） | 场地类别 | Ⅱ类 | 特征周期 | 0.40s | | |

（2）结构整体计算采用北京盈建科软件股份有限公司开发的 YJK3.1.1 和鉴定加固模块计算软件。

## 2　整体计算主要结果

### 2.1　结构动力特性（表 2）

表 2　结构动力特性

| | 周期 |
|---|---|
| 周期（s） | 第一平动周期：1.1348 |
| | 第一扭转周期：0.9534 |
| 周期比 | 0.84 |
| 地震作用最大方向角 | 0.004 度 |

### 2.2　地震作用和风荷载作用下的结构表现

（1）地震作用下结构状况（表 3）

表 3　地震作用下结构状况

| | X 方向 | Y 方向 |
|---|---|---|
| 基底剪力，$V$（kN） | 3211.49 | 4164.21 |
| 剪重比，$V/G_e$ | 3.634% | 4.712% |
| 最小剪重比（规范限值） | 1.70% | 1.70% |

续表

| 基底剪力，V(kN) | X 方向 | Y 方向 |
|---|---|---|
| | 3211.49 | 4164.21 |
| 最大层间位移角 | 1/953 | 1/762 |
| 最大层间位移角（规范限值） | 1/550 | 1/550 |
| 楼层最大水平位移和平均位移比 | 1.12（X+） | 1.30（Y+） |
| 楼层最大水平位移和平均位移比（规范限值） | 1.20 | 1.20 |

（2）风荷载作用下结构状况（表 4）

表 4　风荷载作用下结构状况

| 最大层间位移角 | 1/7309 | 1/2033 |
|---|---|---|
| 最大层间位移角所在楼层 | 第 2 层 | 第 3 层 |
| 最大层间位移角（规范限值） | 1/550 | 1/550 |

## 2.3　罕遇地震作用下结构薄弱层（部位）的弹塑性变形验算（表 5）

表 5　罕遇地震作用下结构薄弱层（部位）的弹塑性变形验算

| 最大层间位移角 | 1/139 | 1/105 |
|---|---|---|
| 最大层间位移角（规范限值） | 1/50 | 1/50 |

## 2.4　结构规则性判定（表 6）

表 6　是否存在三项及以上（GB 50011—2010 第 3.4.3 条）

| 项次 | 不规则类型 | | 涵义 | 判定 |
|---|---|---|---|---|
| 1 | 平面不规则 | 扭转不规则 | 在规定的水平力作用下，楼层的最大弹性水平位移（或层间位移）大于该楼层两端弹性水平位移（或层间位移）平均值的 1.2 倍 | 本工程扭转比为：1.12（X+/−）；1.30（Y+/−）；，存在不规则 |
| 2 | | 凹凸不规则 | 平面凹凸的尺寸，大于相应投影方向总尺寸的 30% | 存在 |
| 3 | | 楼板局部不连续 | 楼板的尺寸和平面刚度急剧变化，例如，有效楼板宽度小于该层楼板典型宽度的 50%，或开洞面积大于该层楼面面积的 30%，或较大的楼层错层 | 不存在 |
| 4 | 竖向不规则 | 侧向刚度不规则 | 该层的侧向刚度小于相邻上一层的 70%，或小于其上相邻三个楼层侧向刚度平均值的 80%；除顶层或出屋面为建筑外，局部收进的水平向尺寸大于相邻下一层的 25% | 不存在 |
| 5 | | 竖向抗侧力构件不连续 | 竖向抗侧力构件（柱、抗震墙、抗震支撑）的内力由水平转换构件（梁、桁架等）向下传递 | 不存在 |
| 6 | | 楼层承载力突变 | 抗侧力结构的层间受剪承载力小于相邻上一楼层的 80% | 不存在 |
| 结论 | | | 存在两项不规则（项次 1、3），未达三项，属于一般不规则 | |

## 2.5　主要结论

建筑单体的层间位移角（比）、周期比、基底剪力（剪重比）、抗剪承载力比、刚度比、结构整体稳定性、抗倾覆等各项计算指标均符合《建筑抗震设计规范》（GB 50011—2010）有关规定。

## 3　重难点分析

### 3.1　重难点

本项目在 3F 处，原设计为满足建筑功能，取消部分框柱，形成空旷房间，结构体系上形成大跨度框架结构，且为单跨。本项目结合改建要求，需在此区域内增加扶梯洞口（图 5），再次对此处造成结构薄弱，其楼层刚度和承载力相对降低，对整体结构抗震不利。

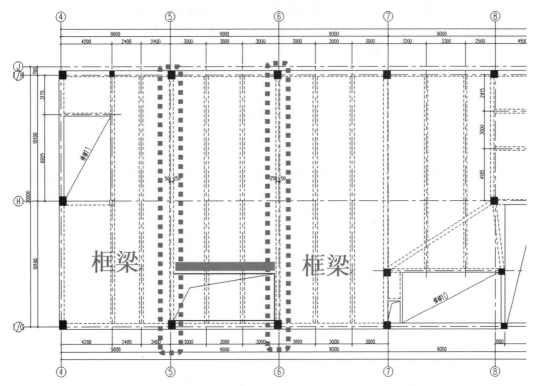

图 5　新增洞口处需切除次梁及需加固框梁

因需增加扶梯洞口，20m 跨次梁梁端部分切除，并于洞口处增加封边梁，从而改变了此区域的传力方式，由单纯的单向板（板－梁）传力变为了板—次梁—封边梁—框梁传力方式。针对此处，本项目进行了详细的弹性和弹塑性时程补充分析，采取有效的构造措施，并考虑竖向地震作用对大跨度构件的不利影响。

模型计算结果表明，原框梁的抗弯、抗剪承载力严重不足，框梁抗弯承载力需提高 50% 以上，抗剪承载力需提高 200% 以上。而粘贴钢板加固法、粘贴纤维复合材加固法的正截面抗弯承载力提高幅度按《混凝土结构加固设计规范》（GB 50367—2013）要求不应大于 40%，故对此框梁的抗弯能力可采取增大截面加固法；针对框梁的抗剪承载力将采取多种方法复合加固，如采取增大截面加固法 + 粘贴钢板加固法进行抗剪承载力加固。

### 3.2　施工过程中卸载方案

本项目需对 20m 大跨度钢筋混凝土梁自端部起切除 3.95m，存在施工卸载问题，建议采取以下施工方案：

（1）施工次序请按照加固框梁→新建封边梁→切除次梁的顺序严格执行；

（2）切除次梁前，可分别在 1F、2F、3F 同一梁端处增设钢柱支点，作为第二道防线。在施工过程中，荷载可通过钢柱直接传递给筏板基础；

（3）应对施工过程中的安全卸载、安全施工高度重视，编制专项施工方案，采取有效施工措施把控工程质量、施工安全。针对此部位施工方案，进行危大工程专家论证。

## 4　结论及建议

本文以郑州市某一政务服务中心为研究对象，通过 YJK3.1.1 和鉴定加固模块模拟分析，主要结论如下：

（1）本项目因地制宜，以服务人民为本，通过结构加固改造设计，满足人民对政务服务中心的日益增长的功能需求。

（2）本项目重点分析了主体的各项结构指标，结合规范的相关要求进行判断。

（3）本项目对 20m 跨框梁提出结构加固改造方案，采取增大截面加固法满足其抗弯承载力要求，同时采取增大截面加固法＋粘贴钢板加固法满足其抗剪承载力要求。

（4）本项目对 20m 跨次梁的梁端切除应考虑施工过程中卸载问题，对安全施工应高度重视，编制专项施工方案，并进行危大工程专家论证。

（5）本文提出的结构加固改造措施和建议，可为此类工程提供技术参考。

## 参考文献

[1] 中华人民共和国住房和城乡建设部. 建筑抗震设计规范：GB 50011—2010[S]. 2016 版 . 北京：中国建筑工业出版社，2016.

[2] 中华人民共和国住房和城乡建设部. 混凝土结构加固设计规范：GB 50367—2013[S]. 北京：中国建筑工业出版社，2013.

# 某工程地下室防水板破坏成因研究

朱永强　夏广录　吴建刚　杨全全

甘肃省建筑科学研究院（集团）有限公司　兰州　730070

**摘　要：**伴随着城市发展越来越快，地下室空间利用成为趋势，由于勘察设计考虑不周、施工质量缺陷或后期使用不当，造成各类工程事故时有发生。本文结合工程实例，通过施工过程调查、补勘、设计复核、工程质量检测，通过计算对比不同工况下整体抗浮稳定及构件承载力等指标，对该工程地下室防水板破坏的原因进行了分析，确定了引起地下室防水板破坏的主次原因，提出了加固维修建议。

**关键词：**防水板；抗浮验算；破坏分析；加固处理

近些年来，北方地区降雨量增多，地下水位不断上升，尤其是黄河沿岸地下水位变化更为明显，随之而来的是地下室涌水事故时有发生。建筑物地下室出现抗浮能力不足、地下室防水板开裂和起拱等现象。地下室抗浮能力不足、防水板破坏等事故的出现给建筑物的安全带来很大的隐患[1]。为了避免类似事故的出现，结合某工程实例，通过勘察、设计、施工各环节分析给出地下室防水板破坏的原因，提出相应的加固处理措施，以保证建筑物的安全使用。

## 1　工程概况

某工程位于甘肃省黄河沿岸，地下一层、地上九层，主楼采用剪力墙结构，无上部结构的地下室采用钢筋混凝土无梁楼盖，层高为3.6m，与主楼间未设伸缩缝。地下室顶板允许覆土厚度为1.5m。主楼采用泥浆护壁钻孔灌注桩，无上部结构的地下室部分基础采用钢筋混凝土柱下独立基础，局部采用泥浆护壁钻孔灌注桩，持力层均为卵石层，防水板设计厚度为250mm，混凝土强度C30，板顶保护层厚度15mm，板底保护层厚度50mm。地下室平面布置示意图如图1所示。根据勘察报告得知，该工程抗浮设计水位差为2.0m。

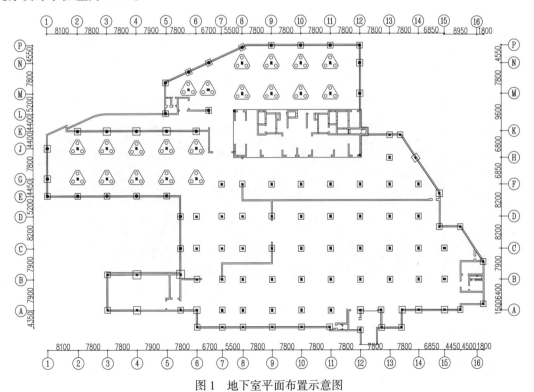

图1　地下室平面布置示意图

## 2 初步调查

### 2.1 地质调查

根据工程勘察报告可知，该工程所在场地地层自上而下主要为第四系全新统人工堆积物（素填土）及冲洪积物（黄土状粉土、卵石），场地土层分布情况具体见表1。

表 1　场地土层分布情况

| 类别 | 分布范围 | 构成 | 层厚（m） | 层面埋深（m） | 最大揭露厚度 |
|---|---|---|---|---|---|
| 素填土 | 场地大部分地段 | 黄褐色，以粉土为主，局部含碎石、砖块等建筑垃圾及编织袋 | 2.1～7.0 | — | — |
| 黄土状粉土 | 场地局部有分布 | 褐黄色，局部含粉砂薄层及砾石颗粒 | 2.5～5.5 | 0.0～2.1 | — |
| 细砂 | 场地局部有分布 | 褐黄色，局部含砾石颗粒及粉土薄层 | 0.6 | 5.5 | — |
| 卵石 | 分布于整个场地 | 青灰色，骨架颗粒，粗颗粒母岩成分以中～微风化的花岗岩、砂岩及石英岩等为主 | — | 4.6～7.0 | 6.1 |

### 2.2 水文调查

2019年汛期黄河上游降水多，黄河流域甘肃段较常年同期增大25%，为近6年最多，降水日数近25年最多，持续降雨导致黄河上游水位不断上涨，根据黄河附近水文站监测，2019年7月15日出现近38年来最大洪峰（仅次于1981年）。

根据现场调查测量，该场地旁黄河水位标高约为1478.53m，根据沿黄河岸的构筑物上留下的洪水水印和对周边走访，近两年来场地旁黄河最高水位约1483.2m。1981年最高水位约为1485.5m（1981年场地北侧道路为淹没区，道路标高为1485.56～1485.64m），具体结果见表2。

表 2　补充勘察情况

| 室外地面高程（m） | 周边道路高程（m） | 持力层卵石层（m） | 地下水水位标高（m） | 抗浮设计水位（m） |
|---|---|---|---|---|
| 1483.2～1484.2 | 1485.5～1485.6 | 1477.1～1478.7 | 1478.1～1479.0 | 1485.5 |

该项目室外地面标高为1483.9m，按规范要求，该场地抗浮设计水位应为1485.5m，实际抗浮水位可按室外地面标高1483.9m考虑（即相对结构 ±0.000标高 –0.3m），防水板底面绝对标高为1478.5m（即相对结构 ±0.000标高 –5.7m）。

### 2.3 施工调查

根据现场调查，地下室施工时间为2018年8月～2018年11月，基坑降水起止时间为2018年5月20日～2019年1月10日。2019年7月初主楼施工至8层，未砌筑填充墙，室内地面未施工，地下室顶覆土已施工，厚度为1.5m。2019年7月6日，因出现大范围降雨天气，黄河水位出现持续上涨，地下室框架柱柱根与防水板连接处逐渐开始出现裂缝［图2（a）］，部分防水板跨中拱起，地下室涌水如图2（b）所示。

（a）环混凝土柱根裂缝　　　　　　　　（b）防水板涌水起拱

图 2　地下室防水板损伤

## 3 地下室防水板检测

### 3.1 工程质量检测

根据《混凝土结构现场检测技术标准》（GB/T 50784—2013）的要求，采用钻芯法对防水板混凝土强度及厚度进行检测，检测结果表明，防水板现龄期混凝土强度推定值为 15.4MPa，不满足设计要求；实测防水板厚度满足设计要求。采用 PS200 型钢筋探测仪对箍筋间距及保护层厚度进行检测，检测结果表明防水板钢筋间距偏差满足验收规范的规定，防水板顶面钢筋保护层厚度在 50 ～ 60mm 之间，不满足设计要求。

通过对地下室混凝土柱环柱根处防水板裂缝处开剖，对防水板构造进行检查，检查发现防水板顶部钢筋贯通柱根，防水板构造满足设计要求。经现场调查，混凝土柱及四周墙体混凝土存在蜂窝及孔洞，局部混凝土构件钢筋外漏锈蚀。

### 3.2　损伤检测

根据《建筑变形测量规范》（JGJ 8—2016）的要求，采用水准仪对防水板的挠度进行检测，检测结果表明现浇板挠度不满足《混凝土结构设计规范》（GB 50010—2010，2015 年版）中关于"当受弯构件的计算跨度 $7m \leq l_0 \leq 9m$ 时，楼板的挠度限值为 $l_0/250$ 的要求。

根据《混凝土结构现场检测技术标准》（GB/T 50784—2013）的要求，对地下室所有混凝土结构构件裂缝进行全数检测，检测结果表明混凝土构件裂缝主要出现在防水板，裂缝主要集中在混凝土柱环柱根处，局部防水板拱起。

## 4　结构计算复核与分析

为了分析防水底板开裂的原因，本文采用盈建科软件对不同工况下地下室整体抗浮、防水底板承载力以及变形进行计算复核，工况选取见表 3。根据地下室防水板破坏时的工程施工进度，每种工况下已施工部分仅考虑混凝土结构自重，不考虑地震作用，不考虑楼面活荷载、填充墙自重引起的梁间恒荷载，地下室顶板覆土（按湿土考虑）自重取 $18 \times 1.5 = 27kN/m^2$。

表 3　计算工况

| 工况 | 抗浮水位差 $\Delta h_s$ | 防水板参数 | | 工况介绍 |
|---|---|---|---|---|
| | | 混凝土强度 | 保护层厚度 | |
| 工况一 | 2.0m | C30 | 顶面 15mm<br>底面 50mm | 抗浮水位差及防水板参数按原设计取值 |
| 工况二 | 2.0m | C15 | 顶面 60mm<br>底面 50mm | 抗浮水位差按原设计取值，防水板参数按实测取值 |
| 工况三 | 5.4m | C30 | 顶面 15mm<br>底面 50mm | 抗浮水位差按补勘结果取值，防水板参数按原设计取值 |
| 工况四 | 5.4m | C15 | 顶面 60mm<br>底面 50mm | 抗浮水位差按补勘结果取值，防水板参数按实测取值 |

通过对比不同工况下计算得到的抗浮稳定安全系数、防水板典型板块的柱下板带和跨中板带最大配筋量及板裂缝宽度，分析不同工况下抗浮水位差与工程质量对结构稳定、防水板承载力及裂缝的影响，计算结果见表 4。

表 4　计算结果

| 参数 | | | 工况一 | 工况二 | 工况三 | 工况四 | 限值 |
|---|---|---|---|---|---|---|---|
| 抗浮稳定安全系数 | | | 2.18 | 2.18 | 0.93 | 0.93 | 1.05 |
| 防水板裂缝宽度（mm） | | | 0.28 | 0.49 | 1.65 | 1.89 | 0.3 |
| 防水板典型板块最大配筋量（mm²/m） | 8 ～ 9 × A ～ B 轴线 | 柱下板带 | 640 | 860 | 5970 | 6400 | 实配钢筋量 770mm²/m |
| | | 跨中板带 | 490 | 640 | 3120 | 4840 | |
| | 10 ～ 11 × B ～ C 轴线 | 柱下板带 | 520 | 690 | 6050 | 6300 | |
| | | 跨中板带 | 380 | 380 | 2930 | 4460 | |
| | 12 ～ 13 × B ～ C 轴线 | 柱下板带 | 590 | 780 | 6800 | 7330 | |
| | | 跨中板带 | 380 | 380 | 3200 | 6600 | |

从表 4 可以看出，工况一下抗浮稳定及防水板裂缝宽度满足规范限值，防水板配筋满足计算要求。通过对比其他工况的计算结果，在原设计抗浮水位差的情况下，抗浮稳定满足《建筑工程抗浮技术标准》（JGJ 476—2019）的要求，但强度不足和保护层厚度偏大问题造成个别防水板配筋略有不足、裂缝宽度超限；在补勘抗浮水位差情况下，抗浮稳定超限，防水板配筋严重不足、裂缝宽度严重超限，防水板破坏。

## 5　地下室防水板破坏原因分析

经调查，近 2 年在持续强降雨天气作用下，黄河水位大幅上涨，邻近河道区域地下水位大幅上升。经现场调查得知，该工程实际抗浮水位远高于原设计抗浮水位，施工期间仅依靠上部混凝土结构自重及地下室顶板覆土抵抗水浮力，造成该工程整体抗浮稳定超限、地下室防水板破坏。经检测结果可知，防水板强度、保护层厚度存在工程质量问题，致使防水板的破坏加剧。经计算复核、对比分析可知，工程所处场地地下水位大幅上升，高于历史最高水位是造成该工程地下室防水板破坏的主要原因，工程质量问题对防水板的破坏有一定的影响。

## 6　加固处理建议

目前，对于此类工程事故处理方法主要采用增加配重法、增设抗浮锚杆或抗拔桩法以及排水泄压法。针对该工程地下室实际情况和现场条件，对防水底板裂缝进行注浆修复处理，采用增加配重 + 增设抗浮锚杆综合法进行加固处理，在原有防水板下增设抗浮锚杆，通过岩土层的摩阻力提供抗拔力，提高抗浮能力，不仅布置灵活，而且造价低，同时通过在原有防水板上增设混凝土叠合层提高防水板承载能力。

## 7　结　语

在设计带有地下室的建筑时，收集相关水文资料，对场地进行详细勘察，地下室抗浮设计应高度重视抗浮水位标高可能发生的变化，通过确定合理的抗浮设计水位，并综合考虑给出对应的抗浮措施，避免因设计抗浮水位问题造成地下室损伤事故的发生；在施工过程中应该严格控制施工质量，充分认识到地下潮湿环境中混凝土构件腐蚀的诱因和机理，在防水板的厚度、混凝土保护层厚度、混凝土的配合比、防腐蚀、防裂缝等方面采取相应的措施，保证混凝土的强度和耐久性，避免因以上原因造成地下室防水板出现损伤，保证地下室的安全性，降低修复费用，延长地下室的使用寿命。

### 参考文献

[1] 何志锋，钱铭，吴生祥 . 某公共地下建筑上浮结构检测及抗浮加固处理研究 [J]. 工程质量，2020，38（11）：31-34.

[2] 中华人民共和国住房和城乡建设部 . 混凝土结构现场检测技术标准：GB/T 50784—2013[S]. 北京：中国建筑工业出版社，2013.

[3] 中华人民共和国住房和城乡建设部 . 建筑变形测量规范：JGJ 8—2016[S]. 北京：中国建筑工业出版社，2016.

[4] 中华人民共和国住房和城乡建设部 . 混凝土结构设计规范：GB 50010—2010，2015 年版 [S]. 北京：中国建筑工业出版社，2016.

[5] 中华人民共和国住房和城乡建设部 . 建筑工程抗浮技术标准：JGJ 476—2019[S]. 北京：中国建筑工业出版社，2020.

[6] 中华人民共和国住房和城乡建设部 . 范重，曹爽，刘涛 . 地下室防水设计若干问题 [J]. 建筑结构，2016，46（6）：99-109.

# 既有援外体育建筑适应性改造设计策略研究

宝小超[1] 沈 垒[2] 李迎乐[3]

河南省工业规划设计院 郑州 4500021

**摘 要**：受维护条件、技术经验等因素影响，我国援助的既有援外体育建筑面临年久失修的窘境。此类建筑的维修改造迫在眉睫。本文以作者实际参与的三个援外体育建筑维修改造项目为切入点，归纳总结工程实践经验，分析援外体育建筑改造的设计方法，为今后的援外体育建筑改造设计提出客观合理的建议，弥补援外建筑研究领域的不足。

**关键词**：援外体育建筑；适应性；改造设计；策略研究

多年来，中国援建第三世界国家的体育建筑在青年教育、民族团结和体育事业发展中发挥着举足轻重的作用。这些援建项目是中国与第三世界国家友谊的见证和传承，在国际社会有着非比寻常的影响力，承载了第三世界国家人民对中国人民的友好和感激之情。而且许多体育场已成为受援国当地的标志性建筑，它们的形象已深入人心。

如今，由于气候侵蚀、维护条件匮乏、技术经验制约等各方面因素，许多援建体育建筑即将面临年久失修的窘境，因此对其改造维修迫在眉睫。

从目前的研究成果来看，关于援外建筑的研究过少，援外体育建筑的研究更是凤毛麟角，总之援外体育建筑的理论研究还存在很大的缺失，特别是在援外体育建筑的维修改造方面几乎没有，因此本文的研究具有独特性。

本文以作者实际工作中参与的援多哥体育场、援斐济苏瓦多功能体育场、援塞拉利昂场国家体育场三个维修改造项目为切入点，梳理归纳、探讨总结工程实践经验，清晰分析援外体育建筑改造设计方法，为今后的援外体育建筑改造设计提出客观合理的建议，同时弥补援外建筑研究领域的不足。

## 1 既有援外体育建筑的项目现状

从我国对外援助的第一个体育建筑柬埔寨体育馆到现在，我国对外援助的体育建筑已经超过了100所，而由于我国援建的体育建筑很多是为了支持各受援国举办世界级体育赛事，这些体育建筑的规模一般在4万个座位左右，因此基本上都属于大规模体育建筑，如多哥国家体育场、塞拉利昂国家体育馆等。

随着21世纪各种科技的发展迅速、日新月异，既有援建体育建筑的很多设施、技术等已经落后；另一方面，很多援建体育场所在的地区自然气候恶劣，温度湿度变化大，海风盐雾对钢结构腐蚀严重，地下水位高且含盐分，导致一些体育场经过长时间的使用，场内环境、室内外装饰、设施设备等损坏严重，产生了安全隐患。

### 1.1 援多哥体育场工程概况

援多哥体育场位于多哥首都洛美市，于2000年1月建成，为3万个座位的综合性体育场，占地14.5万 $m^2$，总建筑面积36104$m^2$，主要承担多哥国内大型体育赛事和地区性国际比赛。

该体育场经过16年的使用，缺少基本的日常维护和保养，建筑物以及体育设施老化严重。虽然有中国技术合作组对体育场的日常运营维护提供支持，但由于外方配合工作不到位，缺乏必要的维修配件，目前体育场勉强维持日常运行（图1）。

### 1.2 援塞拉利昂国家体育场

本体育场为塞拉利昂规模最大的综合性大型体育场，塞拉利昂方将其作为国家体育场使用，举行国内大型体育赛事和非洲杯，如西非足球联赛、塞拉利昂世界杯选拔赛和奥运选拔赛等。

图 1　援多哥体育场立面外观现状

援塞拉利昂国家体育场 1979 年 4 月交付使用，至今已 40 余年，虽然有中国技术合作组对体育场的日常运营维护提供支持，但由于外方管理配合工作不到位，缺乏必要的维修配件，目前体育场勉强维持日常运行。主体育场除少量办公用房目前由各运动协会使用并自行装修外，其余房间及设备设施均未维修更换。主体育场除结构保持相对较好外，建筑内外装修、门窗、卫生间及给排水、电气专业设备均已破旧不堪，许多区域已无法保障体育场的安全使用（图 2）。

图 2　援塞拉利昂国家体育场现状

### 1.3　援斐济苏瓦多功能体育场

援斐济苏瓦多功能体育场承办了南太运动会等多项重要赛事以及各类展会。在南太地区体育运动和斐济民众社会生活方面发挥着重要作用。

据斐方介绍，此馆利用率较高，在斐济民众中具有非常高的知名度。由于该场已经使用年限已逾 18 年，部分设施老化，看台座椅年久损坏，一些设备无法正常使用，加之屋面已达设计使用年限导致屋面漏雨等问题，严重影响了场馆的正常使用（图 3～图 6）。

图 3　斐济苏瓦多功能体育场场地现状　　　　　　图 4　看台主体结构外观

图5　看台钢管护栏竖杆根部锈蚀情况　　　　　　　图6　室外钢梯锈蚀情况

目前，该体育场已基本停止举办球类等竞赛项目，平时用防水布遮盖木地板。

## 2　既有援外体育建筑问题剖析

### 2.1　功能空间落后

大部分需要维修的援建体育场建筑项目已年代久远，功能布局老旧，随着人们对室内空间品质要求的提升，既有体育馆功能用房布局略为凌乱，部分设计已经越来越不能适应现代化体育建筑的功能需要，存在很多问题。

上述三座既有援外体育建筑均存在功能缺失、设备落后的问题，场地、体育专用设施落后，电气系统功能丧失，已经不能满足重大体育赛事的要求。此外还存在流线交叉、布局混乱的问题，运动员用房位于东看台下，离跑道的起点和终点比较远。而部分赛时用房则位于西看台下。赛时使用功能流线过长，布局混乱，多条流线交叉干扰。赛时用房和平时练习用房间隔布置，大门敞开，人流串行，难以管理。

### 2.2　耐候性考虑不足

上述三座既有援外体育建筑的维修项目中，局部结构存在很多小问题，需要进行针对性修复或加固，特别是当地白蚁危害、盐雾腐蚀、雨季施工等气候因素，对钢构件的腐蚀特别强烈，个别混凝土构件钢筋锈蚀严重，已形成局部危险构件，这些都是在维修过程中需要着重考虑和注意的问题。

### 2.3　外观形象落后

一方面，由于援外项目的设计师都是国内设计人员，对于受援国当地的文化习俗等了解不多，因此很多援外体育建筑的外观都缺乏地域性。

另一方面，随着援外项目的年久失修，很多建筑的外表皮开始脱落，严重影响建筑外立面的美观。例如援多哥体育场维修项目中，发现原有体育馆的外墙面非常破旧，多有起皮现象，门窗也受损严重、破旧不堪，看台表面混凝土发霉也未进行分区涂色等。

### 2.4　原有机电设备落后

现今，各种设施、技术发展迅速，既有援建建筑的很多设备已经陈旧过时，无法满足现在的使用需求，例如通风系统、弱电系统等。特别是由于体育建筑中包含了很多的体育工艺，这方面的问题更加凸显，导致现有的援建体育建筑内的机电设备已不能满足承办现代化大型赛事的需求。

## 3　既有援外体育建筑适应性改造设计策略研究

结合上述三个项目，针对既有援外体育建筑存在的问题及剖析，本文依次提出了适应性改造设计策略。

### 3.1　功能方面

提出针对援外体育建筑改造中功能再定位的设计原则："整体规划、功能优先、维护便利"。重新规划功能空间使之适应时代发展需要，适应现代体育工艺要求。同时也考虑到欠发达地区的后期运维难题，将赛后运维纳入设计考虑范畴。

### 3.2　结构方面

一般根据项目实际情况，从结构布置情况、结构的荷载变化情况、结构的工程质量现状、结构地基基础情况、其他附属构筑物等几个方面进行检测评估，根据检测鉴定结果，对结构现状进行整体综合评定。

### 3.3　耐久性措施

针对盐雾环境，当地空气中氯离子含量较高，海风对结构有一定腐蚀作用，设计中采取如下措施：

（1）适当增加混凝土保护层厚度，对于裸露的钢构件进行防锈、防腐和防盐雾处理。

（2）选用耐盐雾材料，钢结构构件在使用前需进行防腐处理，防腐涂层采取能适应海风环境的防腐涂层。

（3）对暴露于大气的建筑构件应避免积水，同时减少缝隙，难以避免的缝隙处应做封胶处理。

（4）提高混凝土密实性。应控制合理的水灰比。设计考察阶段，重点关注当地管理部门对钢结构部分进行定期检查、维修、维护的能力。在设计时，将结合当地情况，提出钢结构部分维护方案及要求。

### 3.4　地域文化方面

在援外建筑维修改造的设计中，气候适应性设计贯穿在整个地域性设计的始终。在设计中要以日照、降水、风环境等自然要素为出发点，合理布置建筑布局、朝向，合理组织建筑空间，谨慎选择建筑材料和结构形式。

外观效果上延续地方建筑风格，抽象融合地域景观文化元素，体现出生动鲜明的地域文化特色（图7、图8）。

图7　设计中融入人文景观元素——木棉树

图8　设计中融入人文景观元素——海浪海鸥

## 4　既有援外体育建筑项目维修改造效果

既有援外体育建筑项目维修改造如图9～图11所示。

图 9　援多哥体育场改造效果

图 10　援塞拉利昂国家体育场改造效果

图 11　援斐济苏瓦多功能体育场改造效果

## 5　结论及建议

　　本文以作者参与的援多哥体育场、援斐济苏瓦多功能体育场、援塞拉利昂国家体育场三个维修改造项目为切入点，梳理归纳、探讨总结工程实践经验，得到以下主要结论：

　　（1）既有援外体育建筑年久失修，显露出种种问题，它不能满足现代化体育赛事要求，急需进行更新改造。

　　（2）功能空间落后、结构安全隐患、外观形象落后、技术方案落后是进行维修改造时需要关注的重点。

　　（3）充分考虑当地的经济文化水平、气候特点和工程技术水平，因地制宜地选取适合当地气候特点和风土人情的设计手法。

　　（4）本文就援外体育建筑的改造项目提出了四方面的设计策略。

　　本文期望通过作者多年来参与援外体育建筑改造项目设计策略的研究，形成对受援国家体育建筑改造设计的一般工作方法。在宏观策略和微观方法上对受援国家体育建筑的改造设计提出新的思考。为后续工作中可能遇到的类似项目做出预演和准备；为其他类似改造项目提供理论参照和实践经验。

### 参考文献

[1] 郭体元. 我国援外体育场、馆建筑 [J]. 体育文史，1983（01）：13-18.

[2] 汤匀. 中国援建的卡马尼奥拉体育场 [J]. 西亚非洲，1996（04）：57.

[3] China's Architectural Aid：Exporting a Transformational Modernism. Guanghui Ding，Charlie Xue. Habitat International . 2015

[4] 伍垠钢. 体育场馆地域性设计策略研究 [D]. 重庆：重庆大学，2013.

[5] 常威，薛求理，贾开武. 我国援外体育建筑设计中地域文化的理解与表达：以三个援建体育场为例 [J]. 建筑师，2019（06）：96-99.

# 向东渠八尺门高空渡槽迁移设计与施工

邬伟进　张天宇　李梁峰　严榆龙

福建省建筑科学研究院有限责任公司，福建省绿色建筑技术重点实验室　福州　350108

**摘　要：** 向东渠八尺门高空渡槽为大型线形连接的高耸水工构筑物，曾为解决东山岛淡水资源严重贫乏问题发挥了重要作用，为不可移动文物点。现因改善周边海域生态环境需要，需拆除八尺门海堤，其上高空渡槽需迁移至异地进行保护。针对高空渡槽的组成形式和结构受力特点，提出了适宜的结构分体迁移方案，并采用仿真分析和现场试验方法进行验证。结果表明：高空渡槽分体迁移方案具有可操作性，施工过程中各单体结构状态良好，未发现明显变形和开裂现象，可在类似工程中参考使用。

**关键词：** 高空渡槽；远距离；整体迁移；分体方案

## 1　工程概况

　　向东渠八尺门高空渡槽位于福建省东南部诏安湾与东山湾交汇处的八尺门海堤上，建于1973年，全长约560m，曾为解决东山岛淡水资源严重贫乏问题发挥了重要作用，具有较高的历史价值和纪念意义，已被当地县政府公布为不可移动文物点。因八尺门海堤的阻隔，该海域生态环境不断恶化，对东山湾与诏安湾之间原有的海洋生态平衡造成严重影响，为切实改善海域生态环境，须挖除海堤、贯通八尺门海域，海堤上的高空渡槽需迁移至7.5km外的新址保护。向东渠八尺门高空渡槽原貌如图1所示。

图1　向东渠八尺门高空渡槽原貌

　　向东渠八尺门高空渡槽长约560m，由55座槽墩和56个U形渡槽组成，相邻槽墩间距约10m，通过U形渡槽前后连接成整体。槽墩由条石砌筑而成，中段截面边长为2.8m×1.2m，顶部和底部截面有略微增大；槽墩高约20m，其内部为空心，壁厚约0.3～0.8m，槽墩立面如图2所示。U形渡槽为钢丝网水泥砂浆薄壳结构，两端简支放置于槽墩顶部的U形凹槽内；渡槽宽2.54m，高2.02m，长9.85m，壁厚30mm（局部加强部位厚45mm），渡槽上部设有间距1.0m，边长0.1m的方形截面钢筋混凝土拉梁，U形渡槽端部支承处横断面图如图3所示。

---

　　基金项目：福建省住房和城乡建设厅科技研究开发项目（2022-K-91）。

　　作者简介：邬伟进，工程师，工学硕士，主要从事既有建筑加固改造工作。

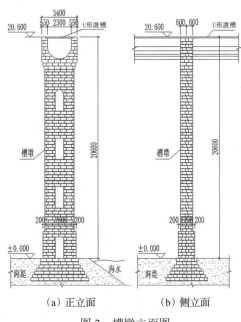

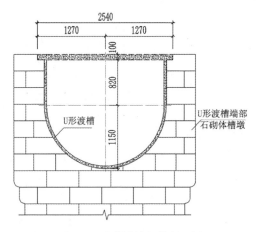

（a）正立面　　　（b）侧立面

图 2　槽墩立面图

图 3　U形渡槽端部横断面图

## 2　工程的难点及迁移方案

### 2.1　工程难点

（1）向东渠八尺门高空渡槽为大型线形连接的高耸水工构筑物，结构高耸、体量较大；

（2）槽墩采用条石砌筑而成，砌筑灰缝不饱满、砂浆粉化严重，结构整体性较差；

（3）U形渡槽体量较大、壁厚太薄，在施工过程中极易损坏；

（4）拟迁新址与旧址之间的直线距离约 7.5km，距离较远，途径路线障碍物较多，空间范围有限。

### 2.2　迁移方案

构筑物移位是指通过一定的工程技术手段，改变构筑物的空间位置。根据移位过程中对原结构的处理方式的不同，又可分为整体式移位和分体式移位。本工程高空渡槽为大型线形连接的高耸水工构筑物，为高耸结构、体量较大，且迁移距离较远，采用整体式移位不可行，故采用分体式移位法进行迁移，即根据高空渡槽的结构将其分成若干区段，而后分别进行吊装、运输和拼接复原。

## 3　U形渡槽迁移

### 3.1　U形渡槽钢套箱设计

U形渡槽为钢丝网水泥砂浆薄壳结构，其体量较大、壁厚较薄，结构抗裂和抗变形能力极差，为确保 U形渡槽安全，采用钢套箱对其进行临时加固以增强其抗变形能力。

钢套箱的作用主要是提高 U形渡槽的抗变形能力，防止 U形渡槽在吊装或运输过程中出现过大变形导致开裂，因此钢套箱需要有足够的刚度。本工程 U形渡槽钢套箱采用型钢制作，钢套箱侧面结构布置如图 4 所示；对于钢套箱与 U形渡槽的连接，等间距布置五道钢板进行支托（图 5），同时，为使各支托点钢板受力均匀、有效，需降低各支托点在荷载作用下产生的位移差，采用钢拉杆对钢骨架进行加强。

通过对 U形渡槽钢套箱进行数值模拟分析可知：钢套箱各底托钢板支托部位最大位移差为 2.11mm；U形渡槽沿长度方向变形较为均匀（图 6），最大位移发生在两端部横截面上，纵向最大位移差为 3.1mm，发生在渡槽底部，由渡槽底至顶部位移差逐渐减小。通过现场试验表明（图 7），U形渡槽在吊装施工过程中状态良好，未发现裂缝或明显凹凸变形现象。

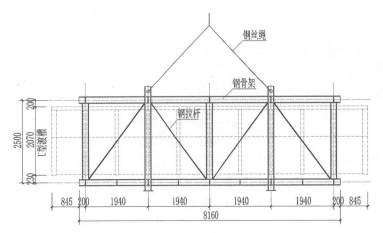

图4 U形渡槽钢套箱侧立面图

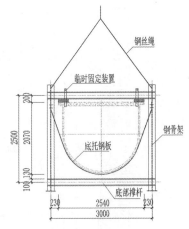

图5 U形渡槽钢套箱横断面图

图6 U形渡槽变形云图（单位：mm）

图7 U形渡槽吊装照片

### 3.2 U形渡槽迁移施工

U形渡槽位于槽墩顶部，与海堤面净距约18m，距离地面较高，钢套箱现场施工难度较大，因此本工程采用部分工厂预制、部分现场拼装方法进行施工。

#### 3.2.1 施工流程

脚手架搭设→钢套箱部分工厂预制→预制钢套箱吊装就位→钢套箱现场拼接完整→U形渡槽与槽墩分离→整体吊装→运输至新址临时存放→新址逆序拼装复位

#### 3.2.2 主要施工技术

（1）钢套箱安装施工

U形渡槽钢套箱为长方体闭合结构，为了后续施工简便、高效，除底托钢板和底部撑杆外，其余构件均在工厂预制并加工成整体，形成"∩"形结构钢架，而后吊起钢架至U形渡槽上方，从上往下倒扣在U形渡槽上，钢架底部临时支承在预先搭设好的脚手架上，最后将底托钢板和底部撑杆由下往上就位，用螺栓连接固定，也便于后期拆卸。

（2）起吊前准备工作

U形渡槽两端简支放置于槽墩顶部的U形凹槽内，相邻两U形渡槽在槽墩顶部采用沥青柔性连接，因此在起吊前，对U形渡槽左右两侧的石砌体进行局部拆卸，防止U形渡槽起吊初始阶段因晃动产生碰撞造成不利影响；对U形渡槽端部的沥青柔性连接，进行切割分离。

（3）吊装运输和新址复位

在吊装和运输过程中，在U形渡槽上部拉梁位置先采用临时固定装置将其与钢套箱连接，防止吊装或运输过程中纵向滑动。采用拖车将U形渡槽运输至新址存放，待下部支承槽墩在新址拼接完成后，再参照在原址拆卸时的流程，逆序将U形渡槽复位。

## 4　槽墩迁移

### 4.1　迁移前的加固处理

　　槽墩采用条石砌筑，灰缝普遍较厚，其中含有较多石垫片，外立面砂浆深度较浅、粉化严重，砂浆的推定强度为 1.0MPa，内部灰缝砂浆缺失严重，据此推测，槽墩原砌筑工艺多为干砌甩浆勾缝，结构整体性较差，图 8 为槽墩灰缝的现状照片。为提高槽墩石砌体结构整体性，在槽墩迁移施工前对其灰缝进行注浆加固。

（a）砂浆粉化　　　　　　　　　　　（b）灰缝不饱满

图 8　槽墩灰缝现状

### 4.2　槽墩迁移方案的比选

　　槽墩底部截面边长为 3.2m×1.6m，槽墩高约 20m，槽墩的高宽比较大，采用整体式迁移法迁移槽墩技术难度太大，且车载运输道路净空高度有限（不大于 4.5m），故选用分体式迁移法较为合适，即将槽墩沿高度分成若干个槽墩单体，然后分别将其运输至新址。考虑到在拖车运输过程中槽墩单体的稳定性要求，槽墩单体的高度不宜过大，经初步分析有以下两种分体迁移方案：

　　（1）方案一：沿高度将槽墩分成多个高度较小的单体，确保每个槽墩单体的高度符合运输道路的限高要求，然后依次吊装至拖车上运输至新址。由于槽墩总高度远大于运输道路限高要求，若采用该方案，则槽墩分体段数较多。

　　（2）方案二：利用槽墩横截面边长较小的特点，先对槽墩单体施加一定的预压力增强整体性，然后将槽墩单体侧卧平放于拖车上运输，到新址后再扶正。该方案可有效减小槽墩分体段数，但也存在较大缺点，即临时改变了槽墩中各砌块原有传力模式，再加上槽墩砌体整体性较差，在灌浆加固条件下也难以确保其整体性，在拖车运载过程中也不可避免地会有一定的振动，容易导致槽墩单体中石砌块错位变形、甚至解体，造成不可恢复的损伤。

　　综合考虑槽墩的安全性与完整性、施工技术难度和施工造价等多方面因素，最终选择采用方案一。

### 4.3　托换结构与分体支架设计

　　槽墩单体为石砌体结构，无法直接进行分体、吊装，本工程采用钢筋混凝土托换梁板对其进行托换，如图 9 所示，托换梁布置在槽墩外侧四周，托换板布置在槽墩内部空心处，两者之间通过销筋相互拉接，销筋采用钻孔植筋方式穿透槽墩石砌体，通过销筋和托换梁板与石砌体之间接触界面的剪切力承受上部槽墩单体质量。

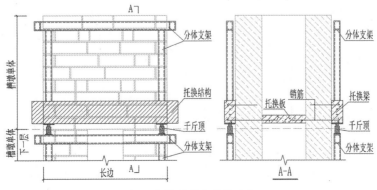

图 9　托换结构与分体支架

上下槽墩单体之间相互黏结，在吊装施工前，需将其相互分离开来。本工程采用千斤顶进行顶升分离，千斤顶上部支顶在托换梁底面，千斤顶下部支承在分体支架顶上，分体支架由四根方钢柱和布置于槽墩顶部的方钢圈梁组成，如图9所示，在顶升分体施工过程中，槽墩单体质量可通过千斤顶、分体支架和托换梁逐步向下传递。

### 4.4 槽墩迁移施工

#### 4.4.1 施工流程

脚手架搭设→槽墩注浆加固→托换结构施工→分体支架安装→分体顶升施工→整体吊装→运输至新址临时存放→整体吊装就位→顶升调平→灰缝注浆→拆除托换结构与分体支架等。

#### 4.4.2 分体顶升施工

在顶升施工前，剔除上下槽墩单体分界面处的表面灰缝砂浆，前期注浆加固也尽量避开该处灰缝，从而降低上下槽墩单体之间的黏结力。将千斤顶安放在图9要求位置并预顶紧，然后对四个千斤顶进行同步顶升，直至上下槽墩单体分离开来。槽墩分体顶升施工由上往下依次进行，且应待上部槽墩单体吊装运走后方可对下部槽墩单体进行顶升分离施工。

## 5 结论

本文根据高空渡槽的组成形式和结构受力特点，提出了适宜的结构分体迁移方案，并采用仿真分析和现场试验方法对该方案进行了验证，可得出以下结论：

（1）采用钢套箱对U形渡槽进行临时加固后，U形渡槽在吊装过程中变形较为均匀，实际施工过程中状态表现良好，未发现裂缝或明显凹凸变形现象。

（2）U形渡槽距离海堤面净高约18m，钢套箱现场施工难度较大，需采用工厂预制和现场拼接相结合的方法进行施工。

（3）槽墩原砌筑工艺多为干砌甩浆勾缝，结构整体性较差，在槽墩迁移施工前需对其灰缝进行注浆加固，在槽墩迁移施工过程中不宜改变槽墩内各砌块原有受力模式。

（4）槽墩通过设置托换结构与分体支架，在原位对槽墩进行分体，施工操作简便，效果良好。

### 参考文献

[1] 吴二军，李爱群，张兴龙. 建筑物整体移位技术的发展概况与展望 [J]. 施工技术，2011，40（06）：1-7.

[2] 张鑫，岳庆霞，刘鑫，等. 砌体墙托换结构受力性能试验研究 [J]. 建筑结构学报，2016，37（06）：190-195.

[3] 刘涛，张鑫，夏风敏. 历史建筑平移保护与加固改造的研究 [J]. 工程抗震与加固改造，2009，31（6）：84-87.

# 某深基坑边坡垮塌事故原因分析

潘小东　张国彬

重庆市建筑科学研究院有限公司　重庆　400016

**摘　要：** 某深基坑东南侧一段岩质边坡发生整体垮塌，该文从基坑垮塌过程、现场调查及检测情况着手，分析了边坡破坏模式，引入"抗滑桩安全富余系数"概念，对边坡支护设计合理性、地质参数影响、坡脚车库剪力墙基础开挖影响进行对比分析，进一步明确边坡垮塌主要原因。结果表明：地勘参数不准确，直接导致边坡支护设计不满足规范要求，边坡整体沿结构面产生滑移-拉裂破坏，为边坡垮塌主要原因；车库剪力墙基础开挖位置距离抗滑桩仅 1.0m，开挖后导致抗滑桩嵌固段长度缩短，且边坡支护施工质量部分存在缺陷，降低边坡支护结构安全性，均为边坡垮塌次要原因；边坡支护施工期间出现连续强降雨，为边坡垮塌的诱发原因。据此提出基坑垮塌预防措施，供同行参考。

**关键词：** 深基坑；边坡垮塌；破坏模式；垮塌原因；预防措施

## 1　工程概况

某深基坑工程四段基坑边坡（图1），高度约 9.45～17.42m，以岩质边坡为主，安全等级为一级。垮塌部位为 AB 段边坡，边坡高度 11.52～17.42m，坡顶土质部分厚度约 0.30～6.80m，其余为泥岩、砂岩；存在外倾结构面，倾角 38°，$C=28kPa$，$\varphi=13°$；边坡下部采用桩板挡墙支护，上部环境边坡岩质部分采用锚喷支护，其他部分按 1:0.45～1:1.00 放坡后挂网喷浆支护。

## 2　深基坑边坡垮塌过程

2019 年 3 月至 6 月 24 日，AB 段边坡支护施工；6 月 24 日，坡顶地面开裂；6 月 26 日，坡脚车库剪力墙基础开挖，开挖位置距抗滑桩约 1.0m，深度约 0.6～0.9m；7 月 1 日，围墙及其基础有移位开裂现象；7 月 8 日，围墙外居民排水沟有开裂现象，均未引起相关单位足够重视。

6 月～7 月，该区域连续下过多场暴雨。7 月 10 日凌晨 5 点左右 AB 段边坡发生垮塌（图2、图3），垮塌长度约 82.0m，平面形态呈带状，平均厚度约 3.6m。垮塌前，监测单位未对边坡进行有效监测和及时预警。

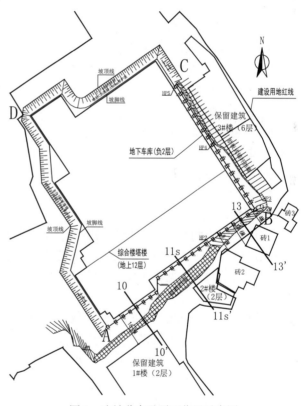

图 1　边坡分布及平面位置示意图

## 3　现场调查及检测

### 3.1　地勘资料核查

基坑开挖过程中，参建各方未按"动态设计法[1]"对现场揭露的地质状态进行原勘察结论核实，亦未进行施工勘察[2]。边坡垮塌后，勘察单位进行地质信息复核，对边坡岩层产状、裂隙及结构面等参数进行了修正补充并出具《说明文件》；事故鉴定单位进行专项补充勘察。参数对比见表 1，原勘察报告结论和实际地质情况有出入。

图 2    边坡垮塌正面照片

图 3    边坡垮塌侧面照片

表 1    AB 段边坡外倾结构面参数对比

| 岩层层面参数指标 | 原勘察报告 | 说明文件 | 补充勘察 |
|---|---|---|---|
| 产状 | 326° ∠ 21° | 321° ∠ 42° | 315° ∠ 38° |
| 结构面 | 结合差的硬性结构面 | 结合很差的软弱结构面 | 结合很差~极差的软弱结构面 |
| 倾角 | 21° | 42° | 38° |
| 抗剪强度指标 | $C=50kPa$（设计取值 35kPa） | $C=28kPa$ | $C=28kPa$ |
|  | $\varphi=18°$（设计取值 15°） | $\varphi=14°$ | $\varphi=13°$ |

### 3.2    设计资料核查

根据设计图纸，抗滑桩截面尺寸 1.0m × 1.2m，桩中心距 4.0m，桩长 12.8m，桩身嵌入中风化基岩 5.0m，桩顶设 1.2m × 0.6m 桩顶冠梁。抗滑桩配筋采用 HRB400 钢筋，挡土侧受拉主筋 7Φ28（通长）+7Φ28（8m 长），临空侧钢筋 7Φ28，其余两侧钢筋各 5Φ16，箍筋为四肢箍，间距 Φ10@200，滑面上下 4m 范围内箍筋间距加密至 100mm；抗滑桩身、桩顶冠梁混凝土强度采用 C30，桩身混凝土保护层厚度为 80mm。

### 3.3    现场检测结果

抗滑桩挡土侧纵筋全部受拉屈服断裂，且断裂位置集中在边坡坡脚以上 0 ~ 3.0m 范围；坡顶后缘拉张形成约 2.5 ~ 3.0m 高陡坎，陡坎底部可见已滑动破坏的滑面露头，滑面倾角约 38°，倾向与边坡坡向大致相同，可见较明显的擦痕；坡脚未见明显地下水流出，仅在部分裂隙面有少量裂隙水沿裂隙面渗出。

抗滑桩、冠梁及桩间板的配筋、截面尺寸均满足设计要求；受力钢筋性能、混凝土强度均符合设计及相关规范要求。冠梁钢筋接头位置基本在同一断面，且部分抗滑桩钢筋锚入冠梁梁顶的长度不满足设计要求；部分桩与桩间连接筋间距及植筋深度不满足设计要求。边坡未按设计要求布置截排水措施。坡脚车库剪力墙基础开挖施工导致抗滑桩前 1.0m 处形成深度约 0.6 ~ 0.9m 的贯通基坑。

## 4    边坡破坏模式分析

根据现场监控录像，垮塌过程分为三个阶段。第一阶段，抗滑桩桩间挡板出现外鼓变形，之后变形持续加大直至挡板钢筋从抗滑桩上拔出，挡板掉落，其后岩体产生局部垮塌；第二阶段，部分抗滑桩桩身在边坡坡脚以上 3.0m 左右位置折断，抗滑桩出现折断破坏；第三阶段，伸缩缝之间的抗滑桩单元连带冠梁整体失效，边坡随即出现整体垮塌。

结合勘察信息核查及现场调查结果，可确定垮塌段边坡为整体沿岩层层面产生滑动，后缘沿裂隙面出现拉裂破坏，前缘在坡脚以上 0 ~ 3.0m 范围出现抗滑桩受弯折断的整体滑动破坏。

## 5　边坡支护结构安全性验算

为明确边坡垮塌的主要因素，本文参照《建筑边坡工程鉴定与加固技术规范》（GB 50843—2013）[3] 和《民用建筑可靠性鉴定标准》（GB 50292—2015）[4]，引入"抗滑桩安全富余系数"概念，定义为抗滑桩提供的抗力值 $R$ 与所需承受的效应值 $S$ 乘以支护结构重要性系数 $\gamma_0$ 的比值，即为 $R/(\gamma_0 S)$。

### 5.1　计算工况及参数

选取 AB 段边坡典型剖面：10-10′、11s-11s′、13-13′ 剖面（图 1），计算各工况下各剖面抗滑桩安全富余系数。边坡安全系数取 1.25，填土密度取 20.5kN/m³，泥岩重度取 20.1kN/m³，岩石与锚固体极限黏结强度标准值取 370kPa，地基水平抗力系数取 60MN/m⁴，基底摩擦系数取 0.45。具体工况及其他参数取值见表 2。

表 2　计算工况和参数取值

| 序号 | 地质参数取值依据 | 边坡高度 | 外倾结构面 | | | 岩体等效内摩擦角（°） | 抗滑桩嵌固段长度（m） | 分析目的 |
| --- | --- | --- | --- | --- | --- | --- | --- | --- |
| | | | 倾角（°） | $C$（kPa） | $\varphi$（°） | | | |
| 工况一 | 原勘察报告 | 设计坡高 | 21 | 35 | 15 | 58 | 5.0 | 设计合理性 |
| 工况二 | 原勘察报告 | 坡脚开挖 0.6～0.9m | 21 | 35 | 15 | 58 | 4.1～4.4 | |
| 工况三 | 补充勘察 | 设计坡高 | 38 | 28 | 13 | 50 | 5.0 | 地质参数影响 |
| 工况四 | 补充勘察 | 坡脚开挖 0.6～0.9m | 38 | 28 | 13 | 50 | 4.1～4.4 | 坡脚车库剪力墙基础开挖影响 |

### 5.2　计算结果

抗滑桩安全富余系数取抗弯安全富余系数和抗剪安全富余系数的较小值，支护结构重要性系数 $\gamma_0$ 取 1.1，计算结果见表 3。表中数据表明，各工况各截面抗滑桩安全富余系数的取值均为抗弯安全富余系数，说明抗剪不是抗滑桩破坏的主控指标。该结论进一步验证了前文抗滑桩破坏现状调查和破坏模式分析，明确抗滑桩为受弯破坏，也符合《建筑边坡工程技术规范》（GB 50330—2013）[1] 第 13.2.10 条："桩板式挡墙的桩身按受弯构件设计，当无特殊要求时，可不作裂缝宽度验算"。

表 3　各工况计算结果

| 工况 | 剖面 | 弯矩（kN·m） | | | 剪力（kN） | | | 抗滑桩安全富余系数 |
| --- | --- | --- | --- | --- | --- | --- | --- | --- |
| | | 抗力值 $R$ | 效应值 $S$ | 抗弯安全富余系数 | 抗力值 $R$ | 效应值 $S$ | 抗剪安全富余系数 | |
| 工况一 | 10-10′ | 3227.5 | 1042.9 | 2.813 | 2216.6 | 377.6 | 5.337 | 2.813 |
| | 11s-11s′ | | 1192.1 | 2.461 | | 430.5 | 4.681 | 2.461 |
| | 13-13′ | | 1826.3 | 1.607 | | 657.1 | 3.067 | 1.607 |
| 工况二 | 10-10′ | 3227.5 | 1247.2 | 2.352 | 2216.6 | 516.7 | 3.900 | 2.352 |
| | 11s-11s′ | | 1549.7 | 1.893 | | 684.7 | 2.943 | 1.893 |
| | 13-13′ | | 2253.8 | 1.302 | | 996.8 | 2.022 | 1.302 |
| 工况三 | 10-10′ | 3227.5 | 7799.0 | 0.376 | 2216.6 | 2658.3 | 0.758 | 0.376 |
| | 11s-11s′ | | 8609.2 | 0.341 | | 2934.5 | 0.687 | 0.341 |
| | 13-13′ | | 5339.5 | 0.550 | | 1820.1 | 1.107 | 0.550 |
| 工况四 | 10-10′ | 3227.5 | 8254.3 | 0.355 | 2216.6 | 3236.1 | 0.623 | 0.355 |
| | 11s-11s′ | | 9331.9 | 0.314 | | 3933.1 | 0.512 | 0.314 |
| | 13-13′ | | 5787.7 | 0.507 | | 2439.4 | 0.826 | 0.507 |

### 5.3　对比分析

各工况情况及抗滑桩安全富余系数汇总于表 4。对比可知，①基于原勘察报告的边坡支护设计，抗滑桩安全储备较足，符合安全和规范要求；②坡脚车库剪力墙基础开挖，虽造成抗滑桩嵌固段长度减小，导致其安全富余系数有所降低，增大了边坡垮塌风险，但不是主要因素；③补充勘查地质条件下，无论是否考虑坡脚车库剪力墙基础开挖影响，抗滑桩安全富余系数均明显降低，远小于1.0，为边坡垮塌的主控因素。

表4　各工况边坡支护结构安全富余系数对比

| 工况 | 地质参数取值依据 | 边坡高度 | 10-10' 剖面 | 11s-11s' 剖面 | 13-13' 剖面 |
|---|---|---|---|---|---|
| 工况一 | 原勘察报告 | 设计坡高 | 2.813 | 2.461 | 1.607 |
| 工况二 | 原勘察报告 | 坡脚开挖 0.6 ～ 0.9m | 2.352 | 1.893 | 1.302 |
| 工况三 | 补充勘察 | 设计坡高 | 0.376 | 0.341 | 0.550 |
| 工况四 | 补充勘察 | 坡脚开挖 0.6 ～ 0.9m | 0.355 | 0.314 | 0.507 |

## 6　深基坑边坡垮塌原因分析

（1）地勘参数不准确，直接导致边坡支护设计不满足规范要求，边坡支护结构承载能力不足，边坡整体沿结构面产生滑移 – 拉裂破坏，为边坡垮塌主要原因。

（2）车库剪力墙基础开挖位置距离抗滑桩仅1.0m，开挖后导致抗滑桩嵌固段长度降低；边坡支护施工质量部分存在缺陷，边坡支护结构安全性降低，均为边坡垮塌次要原因。

（3）边坡支护施工的6 ～ 7月出现连续强降雨，形成地表径流下渗，增大岩土体重度和坡体水压力，降低岩体沿结构面的抗滑力，为边坡垮塌的诱发原因。

## 7　结语

本次深基坑边坡垮塌事故主要是因地勘参数不准确造成，设计单位依据不准确的地勘参数进行边坡支护设计，在基坑施工开挖后，勘察单位及设计单位未对地质情况进行核查，未能对地勘参数进行及时修正。在基坑工程中地质勘察是后续工作的基础，其准确性直接影响基坑安全，基坑开挖后勘察单位和设计单位均要按照动态设计的要求对地质情况进行核实，确保地质参数的准确性，对于重要工程应进行施工勘察。通过对本次工程事故原因的分析，希望引起相关从业人员的注意，为同类工程提供案例参考。

### 参考文献

[1] 中华人民共和国住房和城乡建设部 . 建筑边坡工程技术规范：GB 50330—2013[S]. 北京：中国建筑工业出版社，2014.

[2] 中华人民共和国住房和城乡建设部 . 岩土工程勘察规范：GB 50021—2001[S]. 2009 版 . 北京：中国建筑工业出版社，2009.

[3] 中华人民共和国住房和城乡建设部 . 建筑边坡工程鉴定与加固技术规范：GB 50843—2013[S]. 北京：中国建筑工业出版社，2013.

[4] 中华人民共和国住房和城乡建设部 . 民用建筑可靠性鉴定标准：GB 50292—2015[S]. 北京：中国建筑工业出版社，2016.

# 某淤泥软土地基建筑基础加固设计

陈李锋

福建福永工程技术有限公司　福州　350012

**摘　要：** 文章探讨了淤泥软土地基的建筑物不均匀沉降加固方法，并对某火电厂的食堂不均匀沉降造成的建筑结构裂损进行了加固设计，以供参考。

**关键词：** 软弱地基；加固设计；筏形基础

## 1　引言

我国的沿海地区海陆相互作用剧烈，因此，沿海地区也是自然地质环境较为脆弱的一个区域。近三四十年来，我国沿海地区经历了快速城市化过程。人口剧增，工业、金融业及互联网等企业快速发展，城市不断向外扩展，甚至填海造城已不是新鲜事，因此，沿海建筑的地质灾害也愈发明显，对社会经济的发展构成了严重的威胁[1]。软土主要是全新世（少数晚更新世）海相淤泥及淤泥质黏土，由于其特点为天然含水量高、孔隙比大、压缩性高、承载力低、稳定性差、所以对软土地基处理不当，可能致使建筑物歪斜或沉陷。在东南沿海和华南沿海，特别是珠江三角洲和广东其他河口地区软土分布比较广，如珠江三角洲、潮汕平原，软土分布面积达 9300km²，厚度一般在 5 ~ 36m[2]。几乎每年都有多起软土地基事故发生，经济损失动辄达数千万元。本文针对该问题就特定建筑进行了探讨，提出了一种针对特定建筑物较为经济合理的加固设计方案。

## 2　工程概况

某电厂食堂为单层现浇钢筋混凝土框架结构，设计采用钢筋混凝土柱下条形基础，层高 4.2m，餐厅部分柱顶标高为 6.6m，总建筑面积为 720m²，于 2006 年开工，2007 年建成并投入使用（图 1）。使用过程中，房屋出现倾斜、墙体开裂、室内外地面沉陷等现象，已严重影响房屋正常使用。

该建筑物地基土层有 5 ~ 9m 的回填土，中间软弱土层为厚层淤泥（淤泥质土），介于 15 ~ 80m，局部夹杂薄层（1 ~ 5m 不等）黏土或碎石层，底层为全风化至中风化花岗岩；场地类别为Ⅲ类。

图 1　房屋全貌

## 3　检查鉴定结论

### 3.1　建筑、结构布置

本工程为单层现浇钢筋混凝土框架结构，经现场调查、勘测，现状房屋建筑及结构布置与设计基本相符，层高 4.2m，餐厅部分柱顶标高为 6.6m，总建筑面积为 720m²。该楼平面结构布置合理，框架均双向拉通，构件选型准确，形成完整系统，结构传力路线清晰。

### 3.2　地基基础检查

本工程设计采用钢筋混凝土柱下条形基础，现场检查发现房屋存在室外地面沉陷、散水及台阶与外墙"脱裂"、室内瓷砖地面沿灰缝开裂等现象，现场开挖两处钢筋混凝土柱下条形基础进行检查，其中（1）-（B-C）轴基础梁（C）端出现剪切裂缝，（B）端混凝土表面局部存在孔洞、钢筋外露锈蚀、基础局部裂损；上部结构出现因基础不均匀沉降引起的明显变形和开裂现象。

### 3.3 上部结构及构件的工作状态检查

（1）钢筋混凝土结构构件

剥除房屋四周部分框架柱、梁粉刷面层进行检查，（1）-（1/A）轴柱梁节点沿柱、梁交接处开裂严重，混凝土酥松起鼓，（1）-（A）轴框架柱下端出现水平裂缝，上端节点处出现斜向裂缝，个别钢筋混凝土构件出现钢筋锈蚀外露、混凝土开裂现象。

本工程系食堂，现尚在使用，受卫生条件限制等原因，委托单位未拆除室内吊顶及构件粉刷层，现场检测时未能对室内构件及其连接节点的裂损状况进行检查。加固施工时，应对室内构件及其连接节点的工作状态逐一进行检查，并将检查结果及时反馈给加固设计单位，以采取相应的处理措施。

（2）建筑物侧向位移检测

根据现场条件布置 14 个测点量测结构侧向位移，量测结果列于表 1，示意图中"→"表示结构侧移方向。数据表明，绝大多数测点侧向位移超过《民用建筑可靠性鉴定标准》（GB 50292—1999）规定的钢筋混凝土框架结构不适于继续承载的侧向位移限值为 $H/400$，且结构整体向（A）轴一侧倾斜，其中最大测点侧向位移为 $H/52$，大大超过规范限值。

表 1 结构侧向位移量测结果汇总

| 测点号 | 侧向位移量测值 $s$（mm） | 量测高度 $H$（mm） | 比值 $s/H$ | 规范限值 |
|---|---|---|---|---|
| 测点 1 | 19.0 | 2614 | 1/138 | |
| 测点 2 | 43.0 | 2582 | 1/60 | |
| 测点 3 | 11.0 | 2553 | 1/69 | |
| 测点 4 | 37.0 | 2520 | 1/229 | |
| 测点 5 | 14.0 | 2471 | 1/176 | |
| 测点 6 | 35.0 | 2508 | 1/72 | |
| 测点 7 | 3.0 | 2335 | 1/778 | 不适于继续承载的侧向位移限值为 $H/400$ |
| 测点 8 | 35.0 | 2362 | 1/67 | |
| 测点 9 | 6.0 | 2327 | 1/388 | |
| 测点 10 | 21.0 | 2365 | 1/113 | |
| 测点 11 | 25.0 | 2372 | 1/95 | |
| 测点 12 | 18.0 | 2390 | 1/133 | |
| 测点 13 | 46.0 | 2384 | 1/52 | |
| 测点 14 | 30.0 | 2372 | 1/79 | |

示意图

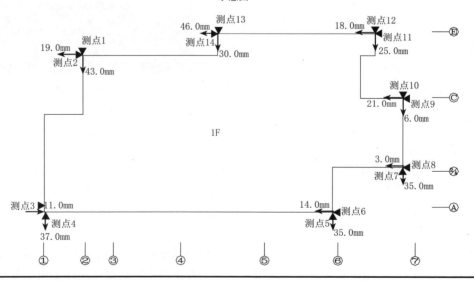

（3）建筑物沉降观测

根据委托方提供的由某岩土工程勘察研究院出具的从 2007 年 7 月至 2009 年 12 月对食堂基础的

变形监测数据进行分析，在此期间所测 9 个测点的累计沉降量为 130 ～ 452mm，各测点均存在较大沉降，且相邻测点存在较大差异沉降；近期（2009 年 6 月至 2009 年 12 月）的变形监测数据表明，测点近期连续六个月平均地基沉降为每月 0.8 ～ 22.5mm，日均沉降为 0.03 ～ 0.75mm，所测 9 个测点中有 6 个测点近期连续六个月平均地基沉降大于每月 2mm，日均沉降大于 0.04mm。基础沉降尚未稳定，有继续发展的趋势。测点沉降监测曲线如图 2 所示。

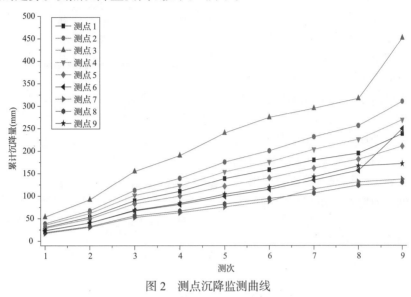

图 2　测点沉降监测曲线

## 4　常用淤泥软土地基处理方法

### 4.1　桩基法

桩基础技术多种多样，早期多采用水泥土搅拌桩、砂石桩、木桩，目前采用较多的是预制桩[3-4]。本工程软弱土层为 15 ～ 80m，桩基础不管从技术上还是加固成本上都无法适合本工程加固处理。

### 4.2　改变或增强软土力学性能

改变或增强软土力学性能的方法主要有：（1）换土法；（2）灌浆法；（3）排水固结法；（4）加筋法。本工程软弱土层较厚（平均 40m 左右），采用上述方法处理软弱土层进行加固将是个非常浩大的工程，无法适用于本工程加固。

## 5　本工程加固设计

### 5.1　建筑物存在的质量问题

根据结构安全性鉴定报告，该建筑物主要存在以下问题：

（1）建筑物位于滨海滩涂区，其软弱土层为厚层淤泥（淤泥质土），介于 15 ～ 80m；场地类别为 Ⅲ 类；并且有 5 ～ 9m 的回填土。现使用过程中，基础存在较大沉降，且基础沉降尚未稳定，有继续发展的趋势；

（2）受基础不均匀沉降影响，框架梁、柱开裂严重，且部分框架梁、柱节点处出现多道较大斜裂缝；

（3）建筑物整体倾斜，大部分测点所测的倾斜值超过限制；

（4）上部墙体开裂严重，且部分墙体已错位、倾斜；

（5）部分梁、柱箍筋加密区长度不足，加密区间距偏大；

（6）部分建筑物的基础梁局部开裂，残损；

（7）部分建筑物的围护结构与墙体脱裂。

### 5.2　加固方案

根据建筑物现状及安全性鉴定报告，需对该建筑物的基础与上部结构进行加固处理，采用如下方案：

（1）地基基础加固

该建筑物位于滨海滩涂区，其软弱土层为厚层淤泥（淤泥质土），介于 15 ～ 80m；场地类别为 Ⅲ

类；并且有 5 ~ 9m 的回填土。根据吕希祥[5] 在《某厂房大面积填土荷载引起不均匀沉降分析》的结论，填土会造成基础附加沉降，而本工程填土及地基软弱土层厚且厚度差异较大，会造成基础存在较大的不均匀沉降；根据丁士君[6] 等在《填海地区淤泥定向流动对单桩的影响》的分析及该工程沉降观测知，本工程由于填土（堆载）和地基淤泥层均较厚且个点厚度差异较大，淤泥在固结过程中可能存在水平向的流动现象，该工程存在基础剩余沉降，虽然理论上可计算剩余沉降，但由于淤泥的流动性造成剩余沉降的不确定性大。

上文已分析过，常用淤泥软土地基处理方法已不适用本工程，因此只能着手加大基础刚度，以允许基础沉降，但加固后基础有足够的刚度抵抗不均匀沉降为原则，以保证结构的安全使用。因此，本工程最终决定采用改原条形基础为筏板基础加固，具体设计如图 3、图 4 所示。

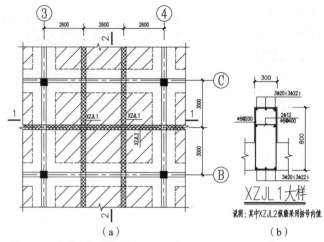

说明：(1) ▨ 表示新增基础梁，图中采用XZJL*表示，大样详本图；
(2) ▨ 表示新增筏板基础，混凝土强度等级为C30，板面配⌀16@250双向钢筋，板底配⌀10@100双向钢筋，大样详施03/07；
(3) 新增筏板施工前应清除基础底面虚土及杂物，采用中粗砂回填至基底设计标高，应分层注水振实，要求密实度达到97%以上；

图 3　基础加固平面及新增梁大样

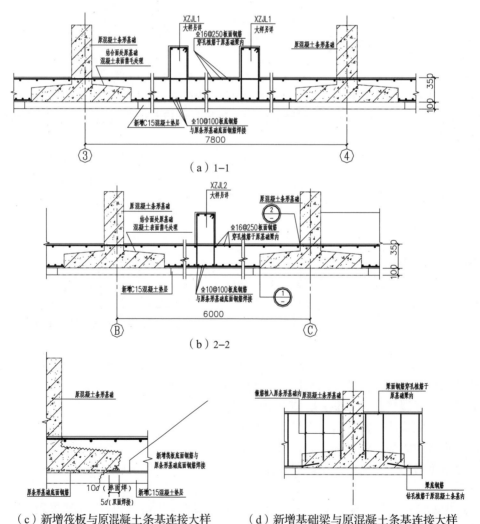

（a）1-1

（b）2-2

（c）新增筏板与原混凝土条基连接大样　　（d）新增基础梁与原混凝土条基连接大样

图 4　基础加固剖面及大样图

（2）上部结构加固

①对开裂的框架梁、柱，根据计算且考虑不均匀沉降附加应力影响，采用灌注改性环氧树脂并粘贴钢板或碳纤维布等措施进行加固处理；

②对上部开裂墙体，采用灌浆加固处理，部分变形严重的墙体拆除重砌；

③对箍筋不足的框架梁、柱，采用粘贴扁钢箍或碳纤维布进行加固处理；

④对开裂、残损的基础梁，采用扩大截面，进行加固处理；

⑤对脱裂的围护结构，拆除、重新砌筑或采用增设钢拉杆进行加固处理。

## 6　结论

由于本工程建筑物位于滨海滩涂区，其软弱土层厚层淤泥（淤泥质土）平均厚度达到约40m，综合上述常用的淤泥软土地基处理方法确定采用桩基法较为适合，但由于淤泥（淤泥质土）厚度过大，采用桩基法加固代价太高，是不经济的。既然地基无法加固处理，那么只能从加强基础的整体刚度入手，最终从经济合理及建筑正常使用功能两方面综合考虑，采用改钢筋混凝土条形基础为筏板基础进行加固。本工程为单层现浇钢筋混凝土框架结构食堂，采用钢筋混凝土筏板基础加固能有效地调整建筑物的不均匀沉降，保证了上部结构不因基础的不均匀沉降而产生破坏。采用本方法加固的缺点是加固后建筑物仍会沉降，但对类似食堂等厂区附属建筑物，均匀的整体沉降基本不会影响建筑物的正常使用，并能保证上部结构的安全，所以这种加固方法是可行的。本工程目前已竣工，效果良好。

### 参考文献

[1] 闫满存，王光谦，李保生.广东沿海陆地地质灾害及其防治对策 [J].地理学与国土研究，2001，17（04）.

[2] 李相然，张绍河.滨海城市环境工程地质问题成灾特点分析 [J].灾害学，1998，13（4）.

[3] 张柏友.浅谈既有建筑地基基础加固施工 [J].建筑设计管理，2009，（06）.

[4] 左平强.复合地基在某住宅楼地基加固处理中的应用 [J].工程设计与建设，2005，（06）.

[5] 吕希祥.某厂房大面积填土荷载引起不均匀沉降分析 [J].低温建筑技术，2009，（06）.

[6] 丁士君，程永锋，刘华清.填海地区淤泥定向流动对单桩的影响 [J].武汉大学学报（工学版），2007，（10）.

# 文物建筑在地铁施工影响下的监测预警机制分析
# ——以全国重点文物保护单位马尾船政轮机厂为例

张文耀　杨　伟　吴铭昊　张　羽

福建省建筑科学研究院有限责任公司，福建省绿色建筑技术重点实验室　福州　350018

**摘　要：** 对全国重点文物保护单位马尾船政轮机厂建立了结构健康监测系统，实时监控、预警马尾城区地铁施工对文物建筑本体的影响。通过对比相关文献，提出了倾斜、挠度和裂缝的监测预警值，基于监测、人工观测数据对不均匀沉降、振动预警取值进行了研究，提出了基于多类型监测数据的马尾船政轮机厂预警机制，实现了地铁施工扰动下文物建筑的预警和评估。研究结果表明：地铁施工扰动下文物建筑不均匀沉降和振动监测预警应结合各类型监测数据；本文所建立的马尾船政轮机厂监测系统和预警机制可以有效预警、评估地铁施工对文物建筑的影响。

**关键词：** 文物建筑；地铁施工；健康监测；预警系统

　　马尾船政轮机厂（以下简称轮机厂）是全国重点文物保护单位，始建于 1867 年，建筑为双层（局部单层）砖石铁木混合结构，外墙为砖承重墙，内部三角木质结构屋架部分搭接在砖墙上，部分连接钢柱落地，如图 1 所示。目前，福州马尾城区改造提升工程正在开展中，福州地铁 2 号线延伸段的施工区域距离轮机厂东侧约 80～90m，同时轮机厂东侧因地铁施工新增临时道路用于车辆分流（图 2）。地铁盾构、区间施工扰动以及临时新增车流振动都会对文物建筑本体造成一定影响。如何评估这些影响，对可能出现的结构损伤提前预警就显得十分迫切和重要。

（a）外貌照片

（b）内部照片

图 1　轮机厂内外部现场照片

图 2　轮机厂周围施工示意图

　　结构健康监测技术可以实时提供文物建筑周围环境和结构关键部位的响应数据，为日常维护和决策提供数据支持[1]。近年来许多国内外重点文物建筑均建立了监测系统，研究结果也验证了结构健康监测技术在文物建筑保护领域的可行性[2-4]。目前，大多数文物建筑健康监测的研究主要侧重于系统的搭建和数据采集上，对后续的预警和评估则关注较少。然而，预警机制是否有效是整个监测系统能否提前预防建筑出现损伤的前提。地铁施工和车流振动主要通过不均匀沉降和振动响应来反映其影响。现阶段文物建筑不均匀沉降由于累计沉降量未知，允许值多是基于工程经验得出。而我国现有的《古建筑防工业振动技术规范》（GB/T 50452—2008）[5]虽然给出了振动速度容许值，但相关研究[6-8]

基金项目：福建省科技计划引导性项目（项目编号：2022Y01010162）。

作者简介：杨伟，博士，教授级高级工程师，主要从事工程结构检测鉴定、减（隔）震分析、结构健康监测和科技研发等工作；E-mail：76515186@qq.com。

结果表明该限值过于严格, 原因在于该规范以长期、微小振动引起的材料疲劳极限状态作为控制标准来确定振动速度容许值[9], 该容许值适用于长期性振动, 而对于短期、间歇性的施工扰动和临时车流振动则要求偏严。此外, 国内尚无针对文物建筑健康监测的相关标准, 对于倾斜、裂缝等建筑重要评价参数还只能依据设计、鉴定等相关标准来进行评价, 其适用性如何也尚待考证。

本文对轮机厂建立了结构健康监测系统, 分析比对了相关文献的研究成果, 结合监测实测数据和人工观测结果提出了适用于地铁施工扰动下的文物建筑监测预警机制, 确定了轮机厂不均匀沉降、振动、倾斜、裂缝、挠度的预警值, 实现了地铁施工扰动下的文物建筑预警和评估。

# 1　监测系统设计及构建

## 1.1　监测内容及测点布置

地铁施工可能造成周围土体沉陷, 而上部墙体的倾斜开裂通常是由不均匀沉降造成的, 因此本次监测主要考虑建筑的不均匀沉降。沿承重砖墙纵向布置沉降测点监测建筑地基土体的不均匀沉降, 根据相关规范[10]结合现场条件, 各测点间距取值 15 ～ 20m。在各沉降测点所对应的砖墙顶部位置布置倾斜测点, 一方面同沉降监测结果互相校核, 另一方面也可以通过倾斜间接反映墙体的不均匀沉降程度。轮机厂位于福州马尾城区, 可以忽略覆雪荷载对屋架的作用, 抽取 2 榀木屋架下弦杆进行挠度监测。考虑到临时道路新增车流和地铁施工扰动的影响, 选取一层、二层木屋架和砖墙体顶部布置振动测点。经现场勘察发现, 轮机厂外砖墙存在 3 处明显裂缝, 在该裂缝处布置裂缝测点。轮机厂各监测测点的位置如图 3 所示, 图中各符合含义如下:

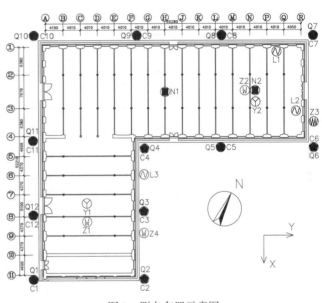

图 3　测点布置示意图

●表示不均匀沉降测点 C1 ～ C13 及倾斜测点 Q1 ～ Q12, Ⓦ表示振动测点 Z1 ～ Z4, Ⓝ表示裂缝测点 L1 ～ L3, ▣表示挠度测点 N1 ～ N2, Ⓨ表示应变测点 Y1 ～ Y2。本次监测采用静力水准仪监测木屋架挠度及地面的沉降变形, 采用倾角仪、裂缝计监测墙体倾斜和裂缝大小, 采用应变计监测木桁架弦杆的应变。现场传感器的安装如图 4 所示。

（a）倾角仪安装　　　（b）静力水准仪安装　　　（c）裂缝传感器安装　　　（d）振动传感器安装

图 4　传感器安装

## 1.2　预警值设置

目前, 国内尚无针对文物建筑监测的相关标准, 对文物建筑的评价指标尚无据可依。本文列出相关设计、鉴定和评估等相关标准, 见表 1。考虑到轮机厂属于近现代文物, 故采用导则[11]而非古建筑相关标准。

**表 1　我国相关规范标准关于建筑监测限值汇总**

| 所涉及标准 | 监测内容 | 限值 |
|---|---|---|
| 危险房屋鉴定标准 JGJ 125—2016[12] （评为危险点） | 屋架挠度 | $l_0/120$ |
| | 墙体倾斜 | 1% |
| | 墙体裂缝 | 受压裂缝 1.0mm |
| 民用建筑可靠性鉴定标准[13] GB 50292—2015 （安全性评为 cu 级） | 屋架挠度 | $l_0/200$ |
| | 墙体倾斜 | 7‰ |
| | 墙体裂缝 | 部分位置出现受力裂缝，或非受力裂缝达到 5mm |
| 近现代历史建筑结构安全性评估导则 WW/T 0048—2014[11] （不满足一级评估） | 屋架挠度 | $l_0/160$ |
| | 墙体倾斜 | 6‰ |
| | 墙体裂缝 | 部分位置出现受力裂缝，或非受力裂缝达到 3mm |
| 古建筑防工业振动技术规范 GB/T 50452—2008[5] | 振动 | 全国重点保护文物 砖结构，0.15～0.20mm/s 木结构，0.18～0.22mm/s |
| 建筑地基基础设计规范 GB 50007—2011[15] | 不均匀沉降 | 0.002$l$，$l$ 为相邻测点间距 |

对于危房鉴定标准[12]而言，当被评价为危险点时其房屋已处于危险状态，无法满足文物建筑提前预警的需求。而标准[13]中构件评为 Cu 级的含义为显著影响承载功能，导则[11]中一级评估不满足的含义为安全性不满足要求。这两者从定义上来看均能体现结构构件存在安全性问题，但尚未达到极限状态这一评级思路，显然与预警值设置的出发点是一致的。通过对比表 1 可以看出，标准[13]和导则[11]中屋架挠度、墙体倾斜、裂缝限值都较为接近，其挠度和倾斜限值恰好为危房标准[12]限值的 60%～70%，其限值距离极限状态尚有一定余量，可以满足提前预警的需求。根据现行《建筑与桥梁结构监测技术规范》（GB 50982—2014）[14] 3.3.5 条可知，施工过程监测取最终控制指标的 50%、70% 和 90% 作为三级预警。其中，中间分级 70% 极限控制指标也与前述对文献研究的成果相吻合，基于以上分析，可以参考标准[13]取轮机厂墙体倾斜、木屋架挠度预警值为 7‰和 10/200，参考导则[11]取轮机厂墙体裂缝的预警值为 3mm（非受力裂缝）。考虑到标准[13]和导则[11]均能够在结构达到承载能力极限状态前提前预警，本文对所涉及的同一监测内容的控制指标从严取值。

目前只有规范[15]对于地基不均匀沉降给出了限值，对于砌体承重结构地基的局部变形允许值取不均匀沉降限值为 0.0021，其中 1 为相邻测点间距。但事实上，大多数文物建筑由于建设年代久远，真实的历史不均匀沉降差累计值已无法测量得到，大多数地铁周围的文物建筑不均匀沉降限值只能依据工程经验统计得来。但是由于不同工程中文物建筑结构类型及所处环境差异较大，单纯套用以往的工程经验显然并不合理。本文研究对象轮机厂为国内首例砖石铁木混合结构，无类似结构类型可供参考，同时各工程案例中距离地铁施工段的距离及地铁施工方案也均存在一定差异，因此盲目设置不均匀沉降或速率限值并无太大意义。

我国文物建筑对于振动限值主要依据规范[5]中关于砖、木承重结构最高点的水平向容许振动速度容许值的相关规定。但这一容许值是以长期微小振动下材料发生疲劳极限作为依据设置的。施工期振动通常是短促、集中，且振动的幅度也较强烈，显然这与规范[5]不符。表 2 列出了国内外关于文物建筑振动容许限值。可以看出，爆破振动的容许值最为宽松，范围为 3～12mm/s，短期振动的容许值次之，范围为 3～8mm/s，长期机械、交通振动则最为严格，范围为 2.5～5mm/s，而我国规范[5]则取为 0.15～0.72mm/s。轮机厂周边施工为短期振动，参考文献[16]振动速度容许值应介于 3～8mm/s。但应注意国外关于振动容许值的设置主要关注结构安全性[7]。事实上安全性并非文物建筑唯一的评价标准，对于较高历史文化价值的文物建筑，其内部建筑饰面或附属设施承载着所在年代的历史背景或特殊事件，即使出现轻微的墙面或饰面破损也会造成巨大的价值损失，只注重结构安全性显然并不适用于文物建筑的保护。因此本文认为，以实测数据为基础，结合现场人工观测结果综合分析来确定、预警地铁施工对文物建筑的影响程度更为合理。相关数据见表 2。

表 2　国内外文物建筑振动容许值汇总

| 所涉及相关标准 | 适用范围 | 限值 | 所涉及相关标准 | 适用范围 | 限值 |
|---|---|---|---|---|---|
| 德国标准 DIN 4150—3—1999[16] | 短期振动 | 3 ～ 8mm/s | 古建筑防工业振动技术规范 GB/T 50452—2008[5] | 长期机械振动 | 0.15 ～ 0.72mm/s |
| 瑞士标准 SN 640312—1992[17] | 长期机械振动 | 2.5 ～ 3mm/s | 美国联邦交通署 FTA 标准[18] | 交通振动 | 3.08mm/s |
| | 交通振动 | 3 ～ 5mm/s | Ashley[19] | 爆破振动 | 7.5mm/s |
| | 冲击振动 | 8 ～ 12mm/s | Esteves[20] | 爆破振动 | 2.5 ～ 10mm/s |

### 1.3　监测系统测试运行和数据分析

　　基于以上监测内容搭设了轮机厂结构健康监测系统。系统安装完成后开展运行测试，取系统完成后的 2020 年 6 月 11 日至 18 日作为测试期。该时段轮机厂周围施工尚未开始，地铁施工段离轮机厂本体较远，建筑受到的扰动较少，可以通过该时间段监测的响应数据稳定情况来判别系统是否运行良好。测试期内对轮机厂各测点的监测数据进行了统计。限于篇幅本文仅列出部分测点监测数据如图 5 所示。

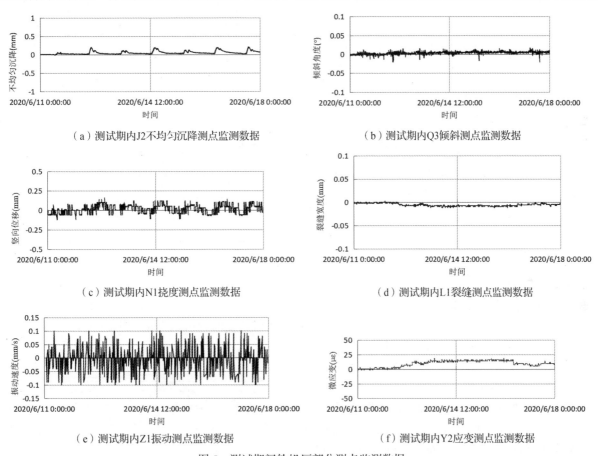

（a）测试期内J2不均匀沉降测点监测数据　　　　（b）测试期内Q3倾斜测点监测数据

（c）测试期内N1挠度测点监测数据　　　　（d）测试期内L1裂缝测点监测数据

（e）测试期内Z1振动测点监测数据　　　　（f）测试期内Y2应变测点监测数据

图 5　测试期间轮机厂部分测点监测数据

　　可以看出，不均匀沉降、倾斜、应变及挠度在测试期内均呈现一定的波动性，可能原因在于受日照和温差的影响，不均匀沉降所采用的静力水准仪储液罐内液体出现轻微的蒸发 – 冷凝循环，而木材及倾斜安装采用的耐候胶受温度影响存在轻微收缩，呈现一定波动，但在午夜均缓慢回归零值。测试期内振动测点的速度值较小，各振动测点振动速度均小于 0.1mm/s，未超出规范 [5] 中关于长期疲劳极限状态下对应的振动容许值。总体来看，测试期内各监测测点的数据较为稳定，说明了搭建的轮机厂文物建筑结构健康监测系统运行良好，可用于后续施工监控。

## 2　施工期测试数据及分析

### 2.1　测点初始值测量

　　监测开始前应对结构本体的初始变形值进行测量。通过全站仪、裂缝观测仪等仪器得到各测点的初始值见表 3～表 5。表 3 中 $X$、$Y$ 表示图 3 中倾斜方向。测量数据表明，轮机厂外墙 17 个测点中共 5 个测点倾斜已超过预警值。轮机厂墙体在东侧裂缝有一裂缝宽度超过预警值，经现场勘察发现该裂缝为人为凿入铁钉造成的非受力裂缝。

**表 3 轮机厂墙体倾斜初始值**

| 测点 | 倾斜 (°) | 测点 | 倾斜 (°) | 测点 | 倾斜 (°) | 测点 | 倾斜 (°) |
|------|---------|------|---------|------|---------|------|---------|
| Q1-Y | −0.07 | Q5-X | 0.17 | Q8-X | −0.24 | Q11-Y | −0.57* |
| Q1-X | −0.11 | Q6-Y | 0.30 | Q9-X | 0.15 | Q12-Y | −0.62* |
| Q2-Y | −0.17 | Q6-X | 0.42* | Q10-Y | −0.14 | Q13-X | −0.35 |
| Q2-X | −0.34 | Q7-Y | 0.45* | Q10-X | −0.48* | | |
| Q3-Y | −0.15 | Q7-X | 0.10 | | | | |

注：表中符号"*"代表测点超出预警值。

**表 4 轮机厂木屋架挠度初始值**　　　　　　　　　　　　　　　　　　　　　mm

| 测点编号 | 挠度值 |
|---------|--------|
| N1 | −12.0 |
| N2 | −10.0 |

注：表中符号"-"代表下挠。

**表 5 轮机厂墙体裂缝宽度初始值**　　　　　　　　　　　　　　　　　　　　　mm

| 测点编号 | 挠度值 |
|---------|--------|
| L1 | 10.00* |
| L2 | 1.60 |
| L3 | 0.80 |

注：表中符号"*"代表测点超出预警值。

## 2.2 测试数据分析

监测系统正式运行时间为 2020 年 7 月 3 日，截至 2021 年 6 月 28 日，系统已正常运行近 1 年。图 6～图 10 给出了轮机厂倾斜、不均匀沉降、裂缝、挠度和应变的测试数据，其中图 9 中 C1-C2 表示 C1 测点与 C2 测点的沉降差值，数值正、负表示前者相对后者有上升、下沉趋势，余同。振动监测由于数据量较大，本文仅给出超出规范［5］振动容许值的部分数据见表 6。一方面是因为规范［5］中规定的振动速度容许值过于严格，低于该容许值的振动速度可判别为对文物建筑无影响，另一方面也可以对超出规范［5］容许值的数据进行分析，结合裂缝等监测数据综合评估其对文物建筑的影响。

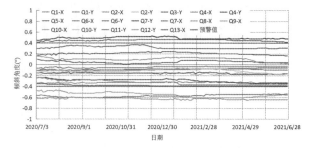

图 6 轮机厂墙体倾斜监测结果

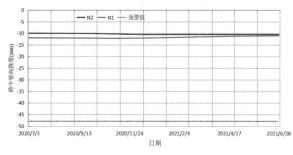

图 7 轮机厂木屋架竖向位移监测结果

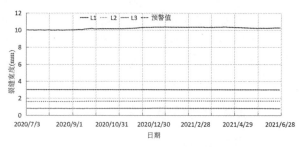

图 8 轮机厂裂缝监测结果

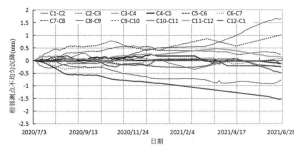

图 9　轮机厂不均匀沉降监测结果

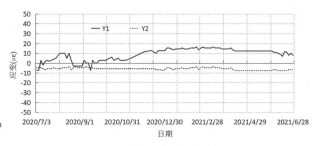

图 10　轮机厂应变监测结果

由图 6 可以看出，轮机厂各墙体倾斜变化最大位置位于轮机厂墙体北侧 Q8、Q9 和 Q10 测点，最大倾斜变化量约为垂直墙体平面向外 0.10°，这与地铁施工段自北向南施工的情况相符。Q6、Q7、Q11、Q12 测点变化量最大值为 0.03°，说明施工扰动对这些原超出预警值的倾斜测点影响较小，但应注意已超出预警值的 Q10 测点其变化量约为 0.07°。经现场人工观测，暂未在该测点周围发现新增裂缝，后续应重点关注该测点的变化情况。

由图 7、图 8 可以看出，东侧裂缝测点 L1 有轻微增大，最大增量为 0.20mm，裂缝发展时间处于 2020 年 9 月中旬至 10 月初，其余裂缝测点均未见明显变化。此外，木屋架的挠度测点数据也未见明显变化。

由图 9 可以看出，轮机厂西南侧墙体 C11-12、C11-C12 测点及北侧墙体中部 C8-C9 测点的不均匀沉降较大，最大不均匀沉降分别为 1.66mm 和 0.82mm。北侧墙体不均匀沉降较大与该处墙体上部倾斜较大这一情况较为吻合。

由图 10 可以看出，轮机厂木屋架应变测点最大应变变化量约为 18με，监测期内木屋架跨中应变变化量较小，经现场人工观测发现轮机厂木屋架未见明显开裂异常，说明木桁架在监测期内木材未出现明显损伤，而这一结论也与前述木屋架下弦杆挠度监测结果相符。

表 6　轮机厂振动测点速度超出规范 [5] 中容许值结果汇总　　　　　　　　　mm/s

| 测点 | 位置 | 持续时间 | 速度峰值 | 容许值[5] |
|---|---|---|---|---|
| Z1 | 木阁楼屋架支撑 | 2020/11/03（03:51:18—03:51:50） | 2.62 | 0.18 |
| | | 2020/11/14（07:11:44—07:12:15） | 2.96 | |
| | | 2021/01/07（21:53:09—21:53:41） | 2.66 | |
| | | 2021/04/30（08:38:17—08:38:40） | 1.62 | |
| Z2 | 东侧木屋架 | 2020/10/20（18:21:25—18:21:57） | 1.6 | 0.18 |
| | | 2020/12/24（14:55:11—14:55:43） | 0.82 | |
| | | 2021/01/01（16:07:12—14:55:43） | 0.82 | |
| | | 2021/01/01（17:32:02—17:32:26） | 1.35 | |
| | | 2021/01/02（14:34:09—14:34:33） | 1.42 | |
| | | 2021/01/02（15:39:26—15:39:58） | 1.03 | |
| | | 2021/01/07（21:02:32—21:03:02） | 0.84 | |
| | | 2021/01/09（19:43:50—19:44:18） | 0.74 | |
| Z3 | 东侧外墙顶部 | 2020/12/12（10:14:28—10:14:30） | 0.98 | 0.15 |
| | | 2020/12/26（11:10:18—11:10:20） | 1.47 | |
| Z4 | 近南侧外墙顶部 | — | — | 0.15 |

由表 6 可以看出，东侧木屋架 Z2 测点的振动超出规范 [5] 中的容许值次数较其他测点多，这与轮机厂东侧临时道路改造后车流增多的情况相符。此外 Z1 测点在各时间段内的振动速度普遍大于其他测点，这可能是因为该测点布置于二层阁楼内的木屋架上，测点位置较高，振动自地面往上传递的动力放大系数也较大。总体来看，相较于 1 年监测时长各振动测点超出规范 [5] 容许值的次数最多为 8 次，每次时长仅约为 20～30s，超限次数较少，且每次超出时间也较短，说明了地铁施工期振动对于文物建筑的影响具有短期性和间歇性特点，而非规范 [5] 中的长期性微小振动。

### 2.3　关于不均匀沉降和振动预警值的探讨

如前所述，文物建筑的不均匀沉降和振动速度预警值很难根据现有相关规范、标准来确定。本文认为文物建筑的结构形式多样，服役状态差异性较大，各工程施工情况也不尽相同，这些都会影响预警值的判别。事实上无论是沉降、倾斜、振动还是裂缝，结构各测点的响应都具有一定的关联性，因此本文以轮机厂各不同类型、不同位置的测点互相比对，综合分析轮机厂的安全状态和预警值的确定。

土体的不均匀沉降会造成上部墙体倾斜和开裂。因此本文提出采用沉降、倾斜及墙体裂缝实测数据结合现场人工观测结果来综合评估和预警地铁施工造成的不均匀沉降对文物建筑的影响。由前述可知轮机厂西南侧墙体 C1-C2、C11-12 测点及北侧墙体中部 C8-C9 测点的不均匀沉降较大，提取该位置对应的倾斜测点 Q1、Q2、Q12 和 Q8、Q9 数据见表 7，可以看出，北侧墙体中段的不均匀沉降较大，其对应的倾斜增量达到倾斜预警值的 25%，变化较大，Q8 侧点累计倾斜量已达到 0.37°，接近预警值 0.4°。西南侧不均匀沉降虽然变化最大，但其上部墙体倾斜变化较小，其原因可能是因为该位置当前状态累计不均匀沉降较其他侧小，尚有较大余量。监测的同时对现场进行定期人工观测，结果表明北侧及西南侧墙体及地面未见明显新增裂缝。由此可对轮机厂不均匀沉降做出如下评估和预警：轮机厂北侧中段墙体不均匀沉降变化较大，上部墙体出现向平面外倾斜趋势，倾斜累计值接近预警值，应对其进行重点关注；对于不均匀沉降最大位置的西南侧墙体由于上部倾斜未见明显变化，且现场也未见明显异常，故应以继续观察为主。

表 7　轮机厂不均匀沉降测点对应倾斜数据

| 不均匀沉降测点 | 不均匀沉降（mm） | 倾斜测点 | 倾斜变化量（°） |
|---|---|---|---|
| C1-C2 | 1.65 | Q1 | X 向 0.01；Y 向 0.03 |
|  |  | Q2 | X 向 0.01 |
| C11-12 | 1.53 | Q1 | X 向 0.01；Y 向 0.03 |
|  |  | Q12 | Y 向 0.02 |
| C8-C9 | 0.82 | Q8 | X 向 0.10 |
|  |  | Q9 | Y 向 0.10 |

定义结构质点的振动位移 $u=U\sin(kx-ct)$，则振动速度 $v$ 可由积分得到 $v=\mathrm{d}u/\mathrm{d}t=-cU\cos(kx-ct)$。已知单位距离的位移变化量 $\mathrm{d}u/\mathrm{d}x=kU\cos(kx-ct)$，由应变的定义 $\varepsilon=\Delta u/u$ 可知 $\varepsilon=\Delta u/u=\mathrm{d}u/\mathrm{d}x$。可见应变与质点速度的公式表达是一致的，这说明影响材料应变直接关联的振动量就是速度，而裂缝是否发展可以通过材料应变变化来直观判别，也即结构振动评价可以间接通过应变和裂缝变化情况进行判别。

由表 6 可以看出二层阁楼侧木屋架测点 Z1 振动速度最大，近东侧木屋架测点 Z2 振动速度超出容许值次数最多，故提取 Z1、Z2 测点位置对应的应变测点 Y1、Y2 数据进行分析。由图 10 可以看出，在监测期内应变测点的变化量不超过 20με，远低于木材开裂的极限应变，这说明振动对木屋架的影响较小，未对木材造成损伤。

此外，东侧墙体 Z3 测点虽然振动速度超出容许值次数较少，且超出数值也不大，但对应位置墙下部有一宽度超出预警值的裂缝存在，提取其对应裂缝测点 L2 可以看出，虽然这一位置振动速度较低，但其裂缝有轻微发展，裂缝增量约为 0.20mm，且累计裂缝数值已处于超出预警值的范畴。对比该位置的不均匀沉降 Q6、Q7 测点其不均匀沉降量仅有 0.07mm，可忽略其对裂缝发展的影响。由此可见，Z3 测点处振动虽然较小，但由于存在超出预警值的裂缝且裂缝有轻微发展，故应予以重点关注并进行定期人工观测。

综上分析可以看出，以单一测点数值来评价和预警往往并不全面，甚至有可能得到相反的结论。文物建筑的不均匀沉降和振动应结合所在位置的倾斜、裂缝和应变以及人工观测结果进行综合分析，才能得到较为准确的评估和预警结果。

# 3　结论

本文针对文物建筑政轮机厂建立了结构健康监测系统，在考虑临侧道路、地铁施工扰动等因素基础上，总结相关文献研究成果，结合实测数据提出了合理的监测预警机制，对施工扰动对结构本体的影响做出评估，得到如下结论：

（1）基于相关规范、标准总结提出了地铁施工及临时道理车流扰动下，适用于轮机厂倾斜、挠度、裂缝监测的预警值，对类似文物建筑的监测预警具有一定的参考价值。

（2）基于监测数据，对不均匀沉降和振动的预警取值进行研究，结果表明现有基于长期疲劳状态的振动容许值并不适用于地铁施工和临时车流振动预警。所提出的结合裂缝、倾斜、不均匀沉降和振动的多类型监测预警取值能够有效、准确地预警和评估地铁施工和临时车流振动所造成的影响。

（3）基于所提出的预警机制设计，搭建了结构健康监测系统，实现了轮机厂文物建筑实时监控、预警和安全评估，为轮机厂在马尾地铁施工进程中的管理和决策提供持续、有效的数据支持。

## 参考文献

[1] 姜绍飞. 结构健康监测 – 智能信息处理及应用 [J]. 工程力学，2009（A02）：184-212.

[2] JIANG S F，QIAO Z H，LI N L，et al. Stru ctural health monitoring system based on FBG sensing technique for chinese ancient timber buildings[J]. Sensors（Basel，Switzerland），2020，20（1）.

[3] 杨娜，代丹阳，秦术杰. 古建筑木结构监测数据异常诊断 [J]. 振动工程学报，2019，32（01）：68-75.

[4] 王鑫，孟昭博，刘增荣. 高台基木结构在交通载荷作用下的振动响应研究 [J]. 力学与实践，2010（04）：42-48.

[5] 古建筑防工业振动技术规范：GB/T 50452—2008[S]. 北京：中国建筑工业出版社，2008.

[6] 徐建. 古建筑振动控制技术研究现状与发展建议 [J]. 工程建设标准化，2014（12）：56-62.

[7] 马蒙，刘维宁，郑胜蓝，等. 古建筑振动标准分级探讨 [J]. 文物保护与考古科学，2013，025（001）：54-60.

[8] 夏倩，赵瑾，马蒙，等. 交通振动对砌体古建筑影响分析的研究现状 [J]. 噪声与振动控制，2018，38（006）：135-140，212.

[9] 潘复兰. 古建筑防工业振动的研究 [J]. 文物保护与考古科学，2008，20（z1）.

[10] 中华人民共和国住房和城乡建设部. 建筑变形测量规范：JGJ 8-2016[S]. 北京：中国建筑工业出版社，2016.

[11] 中华人民共和国国家文物局近现代历史建筑结构安全性评估导则：WW/T 0048-2014[S]. 北京：文物出版社，2017.

[12] 中华人民共和国住房和城乡建设部. 危险房屋鉴定标准：JGJ 125-2016[S]. 北京：中国建筑工业出版社，2016.

[13] 中华人民共和国住房和城乡建设部. 民用建筑可靠性鉴定标准：GB 50292—2015[S]. 北京：中国建筑工业出版社，2016.

[14] 中华人民共和国住房和城乡建设部. 建筑与桥梁结构监测技术规范：GB 50982—2014.[S]. 北京：中国建筑工业出版社，2014.

[15] 中华人民共和国住房和城乡建设部. 建筑地基基础设计规范：GB 50007—2011[S]. 北京：中国建筑工业出版社，2012.

[16] DIN4150-3. DIN4150-3 structure vibration part3：effects of vibration on structure[S]. Berlin，1999.

[17] 培契曼 H，艾曼 W. 人和机械引起的结构振动 [M]. 北京：建筑科学，1990.

[18] FTA-VA-90-91003-06 transit noise and vibration impact assessment[S]. Washington，2006.

[19] ASHLEY. Blasting in urban areas[J]. Tunnels and Tunneling，1976，8（6）：60-67.

[20] ESTEVES J M. Control of vibrations caused by blasting[J]. Laboratorio National De Engenharia Civil，1978.

# 某钢桁架支承玻璃幕墙工程事故分析及处理

刘 俊[1,2] 郑燕燕[1,2] 张永生[1] 孙书生[1] 高治亚[1,2]

1. 安徽省建筑科学研究设计院，绿色建筑与装配式建造安徽省重点实验室 合肥 230031
2. 安徽省建筑工程质量第二监督检测站 合肥 230031

**摘 要：** 某新建钢桁架支承玻璃幕墙主要杆件安装错误，结合现场实测结果经结构校核发现杆件安装错误导致钢桁架结构整体承载能力和抗侧刚度严重下降，存在安全隐患。通过增设钢梁和钢支撑加固后的钢桁架结构承载能力和抗侧刚度能满足规范要求，表明该加固方式有效。

**关键词：** 钢桁架结构；玻璃幕墙；事故分析；加固处理

点支式玻璃幕墙凭借其通透、轻盈的外观在我国得到了广泛应用。其按支承结构类型主要分为钢桁架支承、索支承和肋支承三种。万成龙等结合某平行索支承点支式玻璃幕墙检查实例，分析得出该幕墙玻璃面板破裂原因分别是玻璃自爆、外力撞击和疑似相邻拉索张力差过大，建议采取隔离措施和更换处理；少数钢索出现张力值偏差较大和逐渐松弛现象，建议进行索力调整。左勇志等以某预应力双鱼腹索桁架幕墙工程为例，从各种损伤因素的角度对幕墙工程的现状进行了检测，建立有限元计算模型进行承载能力分析并得出该幕墙结构处于安全状态，但须对锈蚀构件进行除锈和所有连接件全面紧固处理。王元清等参照某单层索网玻璃幕墙工程建立 1∶10 比例的试验模型，采用有限元分析软件对含主次索的复杂单层索网模型在水平荷载作用下的变形性能进行分析，验证有限元计算方法和结果的可靠性。

上述文献研究成果多集中于索支承结构承载能力研究，未见钢桁架支承结构研究成果。本文以某发生主要杆件安装错误质量事故的新建钢桁架支承玻璃幕墙为例，结合现场实测结果进行结构承载能力和刚度校核得出现阶段钢桁架结构安全状况，并对问题部位提出处理建议，为类似工程事故处理提供一定的参考意义。

## 1 事故现状调查及隐患分析

某景区展馆外装饰局部采用点支式玻璃幕墙，所在地基本风压 $W_0$ 为 0.35kN/m²，地面粗糙度为 B 类，Ⅱ 类场地，幕墙顶标高 18m。面板设计采用中空双钢化玻璃，龙骨设计采用钢桁架支承结构。该幕墙工程建成后发现主要杆件安装错误（图 1），具体详述如下：

### 1.1 结构体系调查

单榀桁架柱上、下端通过销轴与主体结构连接耳板栓接，相邻等间距布置的桁架柱由上、下端封口梁连成整体，符合设计要求。原设计相邻桁架柱间钢框架沿竖向等间距通长布置 5 根横梁（设计截面尺寸 160mm×80mm×8.0mm），相邻横梁间等间距布置 2 根短立柱（设计截面尺寸 120mm×80mm×6.0mm），驳接爪通过钢底座与横梁侧壁焊接，梁 – 柱截面强轴与驳接爪传递的水平作用（风荷载 + 水平地震）方向垂直；实际相邻桁架柱间原设计通长布置的横梁均被 2 根通长布置的立柱（实测截面尺寸 120mm×80mm×5.7mm）分隔成 3 根短横梁（实测截面尺寸 160mm×80mm×5.7mm），驳接爪通过钢底座与立柱侧壁焊接，横梁杆件截面强轴与水平作用方向平行（图 2）。

### 1.2 结构体系分析

现场检测发现实际结构体系中原设计通长布置的单根横梁被分隔成 3 段短横梁，原设计间隔布置的 6 段短立柱被通长布置成单根长立柱。横梁截面尺寸大于立柱，截面承载能力和刚度均优于立柱，横梁截面强轴实际安装方向与水平作用平行，且横梁截面壁厚负偏差超过规范允许偏差要求，推断现阶段钢框架结构体系抵抗水平作用承载能力和抗侧刚度严重下降，存在安全隐患。

基金项目：安徽省建筑科学研究设计院 2020 年度（第一批）科研立项项目（No.2020JKY-10）。

作者简介：刘俊（1992— ），男，工程师，硕士。

图 1　钢框架梁－柱节点

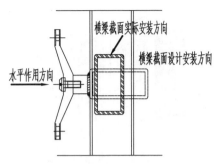

图 2　钢框架梁－柱节点安装示意图

## 2　结构承载能力和刚度校核

### 2.1　建立模型

钢桁架支承结构承载能力和刚度采用 3D3S 软件进行校核，模型中钢桁架支承结构下端与后锚固系统中耳板圆孔连接，因此钢桁架下端支座约束施加 $x$、$y$、$z$ 方向位移约束和绕 $x$、$z$ 方向转动约束，释放绕 $y$ 方向转动约束；钢桁架支承结构上端与后锚固系统中耳板竖向长圆孔连接，因此钢桁架上端支座约束施加 $x$、$y$ 方向位移约束和绕 $x$、$z$ 方向转动约束，释放 $z$ 方向位移约束和绕 $y$ 方向转动约束（注：$x$ 为垂直于幕墙面板方向，$y$ 为幕墙面板平面内水平方向，$z$ 为幕墙面板平面内重力方向）。

钢桁架支承结构中立柱、横梁结构尺寸及布置方式取实测结果，节点均采用沿杆件截面围焊方式连接，围焊部位未设置加强措施，依据幕墙规程将上述节点定义为铰接。

### 2.2　定义工况

（1）强度工况：$1.3 \times$ 恒载 $+1.0 \times 1.5 \times$ 风荷载 $+0.5 \times 1.3 \times$ 地震作用。

（2）挠度工况 1：$1.0 \times$ 恒荷载；挠度工况 2：$1.0 \times$ 风荷载。

### 2.3　校核结果分析

（1）承载能力（图 3 ～图 5）

图 3　杆件强度计算结果

**杆件强度应力比统计**

| 应力比范围 | 3.4 ～ 1.0 | 1.0 ～ 0.0 |
|---|---|---|
| 百分比（%） | 30.2 | 69.8 |

杆件强度应力比最大值为 3.4，立柱和上封口梁强度应力比不满足规范要求，超限杆件数总和占比为 30.2%

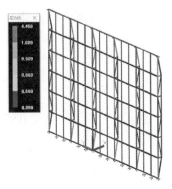

图 4　杆件弱轴整稳计算结果

**杆件弱轴整稳应力比统计**

| 应力比范围 | 4.46 ～ 1.0 | 1.0 ～ 0.0 |
|---|---|---|
| 百分比（%） | 38.9 | 61.1 |

杆件绕截面弱轴整体稳定应力比最大值为 4.46，立柱、桁架上弦杆及上封口横梁稳定应力比不满足规范要求，超限杆件数总和占比为 38.9%

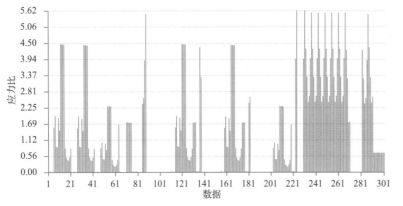

| 杆件强轴整稳应力比统计 | | |
|---|---|---|
| 应力比范围 | 5.62 ～ 1.0 | 1.0 ～ 0.0 |
| 百分比（%） | 30.9 | 69.1 |

杆件绕截面强轴整体稳定应力比最大值为 5.62，立柱和上封口横梁稳定应力比不满足规范要求，超限杆件数总和占比为 30.9%

图 5　杆件强轴"整稳"计算结果

承载能力计算结果显示桁架柱、立柱及上封口梁承载能力不符合规范要求，表明结构体系分析中承载能力下降推断合理（图 6）。

（2）抗侧刚度

支承结构抗侧刚度采用挠度来表征，校核结果显示最大挠度出现在立柱跨中部位，数值为 740.24mm，桁架柱跨中挠度值为 20.73mm，规范要求在风荷载标准值作用下支承结构挠度 $d_{\text{f,lim}}=l/250=72$mm，杆件挠度计算结果如图 7 所示。

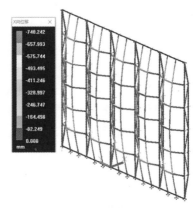

图 6　支承结构中杆件应力比分布图　　　　　图 7　挠度计算结果

钢桁架柱挠度符合规范限值要求，立柱挠度不符合规范限值要求，且超限值较大，表明结构体系分析中抗侧刚度下降推断合理。

## 3　处理建议

幕墙平面内方向桁架柱上弦杆稳定承载能力不符合规范要求，在相邻桁架柱上弦杆节间部位焊接钢梁增加上弦杆侧向支点数，钢梁沿竖向共设置 4 道，间距同桁架弦杆节间距离，钢梁与弦杆壁板围焊连接。幕墙平面外方向立柱抗弯强度、稳定承载力和挠度均不符合规范要求，在钢梁与立柱间焊接钢支撑来增加立柱支点数，左右支撑间距同立柱间距，上下支撑间距同钢梁间距，支撑两端分别与立柱和钢梁壁板围焊连接。钢梁和支撑材质及截面规格尺寸同桁架柱腹杆，加固体系如图 8、图 9 所示。

### 3.1　加固后强度校核结果分析

加固后杆件强度最大应力比降至 0.73，杆件绕截面弱轴整体稳定最大应力比降至 0.93，杆件绕截面强轴整体稳定最大应力比降至 0.9，满足规范要求。

### 3.2　加固后刚度校核结果分析

采用 2.2 节最不利挠度工况进行计算，加固后支承结构杆件最大挠度依然出现在立柱跨中部位，但数值降至 56.12mm，符合规范挠度限值要求。

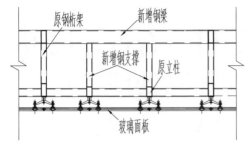

图 8　加固体系平面布置示意图

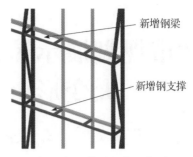

图 9　加固体系三维示意图

## 4　结论

（1）钢桁架支承玻璃幕墙主要杆件安装错误导致结构体系承载能力和抗侧刚度严重下降，存在安全隐患，通过增设钢梁和钢支撑加固后的结构承载能力和抗侧刚度满足规范要求，表明该加固方式有效。

（2）本研究成果为类似幕墙工程事故分析及处理提供一定的参考意义。

（3）钢桁架支承玻璃幕墙施工过程中应加强专业指导、监督和管理力度，工程负责人应具有较强的识图等能力，从施工源头上减少因错误施工带来的经济损失和安全隐患。

### 参考文献

[1] 中华人民共和国建设部. 玻璃幕墙工程技术规范：JGJ 102—2003[S]. 北京：中国建筑工业出版社，2003.

[2] 闫玉芹，于海，苑玉振，等. 建筑幕墙技术 [M]. 北京：化学工业出版社，2019.2.

[3] 万成龙，王洪涛，张山山，等. 平行拉索式点支承既有玻璃幕墙安全评估分析 [J]. 建筑科学，2018，34（05）：107-112.

[4] 左勇志，鲁巧稚，刘育民，等. 点支式幕墙索桁架支承结构安全性检测方法 [J]. 建筑结构，2013，43（02）：45-47，100.

[5] 王元清，孙芬，石永久，等. 水平荷载作用下点支式玻璃建筑单层索网体系的变形性能分析 [J]. 建筑科学，2006（02）：23-26.

[6] 中华人民共和国住房和城乡建设部. 建筑结构荷载规范：GB 50009—2012[S]. 北京：中国建筑工业出版社，2012.

[7] 钢结构设计标准：GB 50017—2017[S]. 北京：中国建筑工业出版社，2018.

[8] 上海市住房和城乡建设管理委员会. 建筑幕墙工程技术标准：DG/TJ 08—56—2019[S]. 上海：同济大学出版社，2020.

# 某城市规划展示馆钢连廊悬臂组合楼盖施工期大变形事故分析与加固处理

陈安英[1,2]　王月童[1]　朱　华[3]　完海鹰[1,2]　王忠旺[3]

1. 合肥工业大学　合肥　230009
2. 合肥工大共达工程检测试验有限公司　合肥　230009
3. 安徽寰宇建筑设计院　合肥　230012

**摘　要：**以某城市规划展示馆钢连廊悬挑组合楼盖施工期大变形事故为工程背景，依据项目设计资料和事故现场施工情况的调查情况，采用数值模拟的方法对可能诱发工程事故的原因进行数值模拟分析。结构整体模型计算分析确定主梁与悬臂次梁节点上下翼缘板漏焊、混凝土非对称浇筑等因素对施工期大变形事故的影响程度；建立钢结构悬臂次梁与主梁连接节点实体模型，对影响悬挑组合楼盖竖向变形的节点刚度这一关键因素进行计算分析，根据提出的综合因素法主次梁相对转角计算方法，对连接节点刚度进行对比计算分析。在对背景工程施工期大变形事故数值模拟分析基础上提出相应的事故处理方法及设计建议，研究结果可作为类似工程设计和施工控制的参考。

**关键词：**悬挑；组合楼盖；大变形；事故分析；节点刚度

多高层建筑连体建筑之间的连廊设计常常采用钢结构，不但在外观上具有很好的艺术性，在使用功能上由于钢连廊的存在，大大地增加了建筑物之间的功能性联系[1-2]。连体结构钢结构工程施工期间结构受力状态复杂多变，特别当涉及混凝土工程与钢结构工程交叉作业或相互影响时，如果技术措施不到位易产生工程质量安全事故[3-5]。

本论文针对某城市规划展示馆钢连廊悬臂组合楼盖施工期大变形质量安全事故，根据实际施工的调查，采用数值模拟方法对可能诱发工程事故的原因进行结构整体建模计算分析，并建立钢结构悬臂次梁与主梁连接节点实体模型，对直接影响悬臂梁竖向挠度的连接节点刚度进行对比计算分析；在对背景工程事故诱发因素数值模拟分析基础上提出相应的事故处理方法及设计建议、研究结果可为类似工程设计和施工控制提供借鉴。

## 1　工程概况及事故现场调查

### 1.1　工程概况

某城市规划展示馆 A、C 混凝土结构主楼之间通过钢结构连廊进行连接，连廊长 33m，宽 20.1m，建筑面积约 663m²，连廊梁顶标高 18.6m。连廊结构 B、D、G 轴为三榀钢结构连廊结构主梁，跨度为 33m，主梁为 1500mm × 500mm × 25mm × 30mm 的箱型梁，主梁一端支座通过预埋锚栓与混凝土柱牛腿预埋件形成固定铰支座，另一端支座采用橡胶支座形成柔性连接。沿 B 轴、G 轴主梁垂直方向分别向外侧悬挑 3.3m、3m，形成悬臂次梁，次梁为 600mm × 200mm × 12mm × 20mm 的箱型梁。结构两侧悬挑部分铺设 150mm 厚压型钢板组合楼盖，加上 8 ～ 9 轴之间的组合楼盖，形成 U 形走道楼板，其余部分为镂空洞口（图 1）。

悬臂次梁与主梁的节点构造如图 2 所示，悬臂次梁与主梁按刚性连接节点进行设计，构造上悬臂次梁的上下翼缘板与主梁箱梁相应位置采用全熔透坡口焊连接，次梁双腹板与焊接在主梁上的连接板通过 6 个高强度螺栓连接（两侧腹板各 3 个螺栓），连接板尺寸为 300mm（高）× 100mm（宽）× 14mm（厚）。主梁内设纵横隔板，厚均为 14mm，钢材材质均为 Q235。

### 1.2　事故情况现场调查

在完成钢连廊吊装施工后，施工单位在进行 U 形通道楼板混凝土浇筑过程中，发现钢结构连廊的悬挑组合楼盖挠度变形过大。经测量，悬臂次梁端部最大挠度值为50.2mm，根据《钢结构设计标准》（GB 50017—2017）[6]附录B.1.1条中的要求，计算悬臂梁挠度限值为［f］=3300×2/250=26.4mm，而f=50.2mm>［f］=26.4mm，此时悬臂次梁的最大挠度值已经远超过规范的限值，存在连廊整体倾覆垮塌的风险。经过调查，混凝土浇筑依次按图1中第1～3施工段依次进行，出现悬挑楼盖大变形时混凝土浇筑至第2施工段，未进行第3施工段混凝土浇筑。

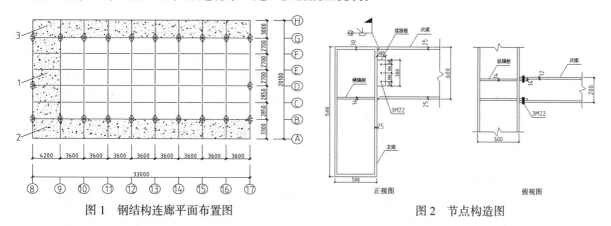

图1　钢结构连廊平面布置图　　　　　　　　图2　节点构造图

## 2　事故原因数值模拟分析

针对调查情况，分别考虑悬臂次梁与主梁部分节点上下翼缘板漏焊、混凝土浇筑施工顺序进行对比计算分析，期望为事故原因确定提供计算依据。

### 2.1　节点翼缘未对接焊接因素影响

根据《多、高层民用建筑钢结构节点构造详图》[7]的规定，带有悬挑的次梁或为了减小大跨度梁挠度，应采用刚性连接节点，本项目设计采用箱梁栓焊连接为一种典型的刚性连接节点，但由于部分节点翼缘板施工漏焊，违背了设计要求，不利于悬挑梁变形控制。通过Midas Gen点部分铰接时钢结构连廊悬臂次梁的变形有着显著的增大，10～15轴悬臂次梁挠度变形软件建立原设计钢结构连廊模型和主梁与悬臂次梁连接节点部分铰接的钢结构连廊模型，其在钢结构自重荷载下的挠度变形如图3、图4所示。当主梁与悬臂次梁连接节值平均增大11.68mm，其中13轴悬臂次梁挠度变形的变化最为明显，达到13.55mm。计算结果验证了两侧主梁与悬臂次梁部分连接节点漏焊是该事故发生的直接原因。

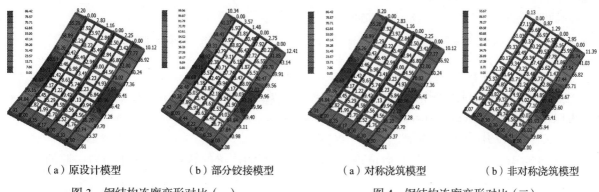

（a）原设计模型　　（b）部分铰接模型　　（a）对称浇筑模型　　（b）非对称浇筑模型

图3　钢结构连廊变形对比（一）　　　　图4　钢结构连廊变形对比（二）

### 2.2　非对称浇筑因素影响

通过对施工现场的勘察，发现施工单位在浇筑混凝土屋面板时采用单边浇筑，未按照合理的对称浇筑方式进行浇筑。采用Midas Gen软件建立对称浇筑混凝土屋面板模型和非对称浇筑混凝土屋面板模型，其在浇筑混凝土荷载下的绝对挠度变形如图4所示。非对称浇筑混凝土屋面板的连廊悬臂次梁挠度变形整体上增大较多，8～17轴悬臂次梁挠度变形有着不同程度的增大，其中浇筑侧10～15轴悬臂次梁挠度变形值平均增大7.95mm，其中12、13轴悬臂次梁挠度变形增大最多，接近9.5mm。设计状态下两侧悬挑部分对称受力，整体结构不会发生偏转，而在非对称施工荷载作用下，由于主梁的扭转导致悬臂次梁挠度变形显著变化，也验证了非对称浇筑对结构的变形有着不利的影响。

## 3 钢结构悬臂次梁与主梁连接节点刚度分析

钢结构悬臂次梁与主梁连接节点应按刚性节点设计，项目设计采用栓焊连接节点构造形式，采用 Abaqus 建立节点连接实体模型进行数值模拟分析，进一步研究主次梁连接节点构造对节点刚性程度的影响。

### 3.1 模型建立

建立栓焊混合连接节点模型与全焊接节点模型。主梁和次梁腹板通过连接板用 6 个 10.9 级高强螺栓连接（两侧腹板各 3 个螺栓）。螺栓与孔壁之间无摩擦硬接触，摩擦系数根据设计要求取值为 0.45。钢材采用考虑屈服平台和应变强化的三折线模型[8]。主梁的两端设置为固接，次梁端加载面耦合约束于一点，使得在采用位移加载方式时受力均匀且可有效避免应力集中。模型采用结构网格划分，单元类型为 C3D8I（八节点线性六面体单元，非协调模式）。在进行整个有限元模型网格划分时，根据精度和运行速度的双向考虑，不同部位采用了不同的网格尺寸，如图 5 所示。

### 3.2 主次梁节点相对转角测量

对于梁柱连接节点而言，测量方法有挠度法、梁柱相对变形法[9-10]等。但对于主次梁连接节点来说，其相对转角的测量方法未有明确规定，现通过分析主次梁连接节点次梁绝对竖向位移产生的来源，提出了一种主次梁相对转角的测量方法——综合因素法。根据节点刚度的定义，节点相对转角的测量只包括连接部件变形和节点域变形。现分别分析次梁挠曲变形、主梁受荷后下挠和主梁扭转变形对次梁竖向位移的影响。

（1）次梁挠曲变形

次梁挠曲变形示意如图 6 所示。其中 $a$ 为节点域和主次梁连接件变形造成的次梁挠度变形；$b$ 为次梁挠曲变形造成的竖向位移。

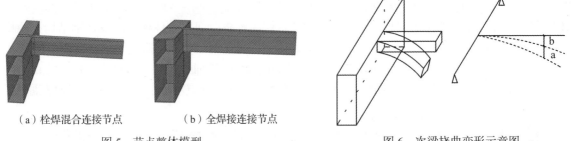

（a）栓焊混合连接节点　　（b）全焊接连接节点

图 5　节点整体模型　　　　　　　图 6　次梁挠曲变形示意图

（2）主梁受荷后下挠引起的竖向位移

主梁受荷后下挠引起的竖向位移示意如图 7 所示。通过测量主梁上下翼缘形心处的竖向位移 $c_1$ 和 $c_2$，可以得到次梁下降的高度 $c=c_2-c_1$。

（3）主梁扭转引起的竖向位移

如图 8 对于主梁扭转引起的竖向位移 $d=\tan\beta\cdot x$，因为次梁的转角是由主梁扭转引起的，所以 $\tan\beta=\tan\gamma$；而 $\tan\gamma=\dfrac{L_1-L_2}{L}$，则主梁扭转引起次梁的竖向位移 $d=x=\dfrac{\tan\beta L_1-L_2}{L}\cdot x$。其中 $x$ 为次梁上某测点距主梁中和轴的水平位移，$L_1$、$L_2$ 分别为次梁上、下翼缘中面与主梁轴线交点的水平位移，$L$ 为次梁上、下翼缘中面之间的距离。

在科学研究中很难直接测得主次梁的相对转角。本论文通过在次梁上选取测点测得其绝对竖向位移 $H$，然后分析次梁竖向位移的来源，计算出主次梁的相对竖向位移 $h=H-b-c-d$，从而得到主次梁相对转角 $\theta=h/x$。此种方法更加准确地得到了主次梁的相对转角，避免了后续计算节点初始抗弯刚度出现较大的误差。

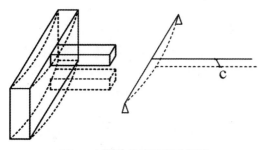

图 7　主梁受载后下挠示意图

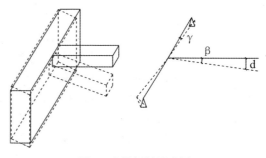

图 8　主梁扭转示意图

### 3.3　数值计算节点弯矩 – 转角曲线

通过有限元软件 Abaqus 进行数值计算可以得到节点的弯矩和次梁下降的绝对位移，根据综合因素法对主次梁相对转角进行计算，得到全焊接连接节点和栓焊混合连接节点的 $M-\theta$ 图，如图 9 所示。

根据 $M-\theta$ 关系计算出栓焊混合连接节点的初始抗弯刚度为 $1.24 \times 10^5$ kN · m/rad，全焊接连接节点的初始抗弯刚度为 $1.99 \times 10^5$ kN · m/rad。对于翼缘和腹板都采用对接焊缝连接的主次梁节点，其刚度与刚性连接接近，而计算出的栓焊混合连接节点初始抗弯刚度只有全焊接连接节点的 63%，其刚度达不到节点刚性连接的要求，说明了在设计上假定该节点为刚性连接是不准确的。

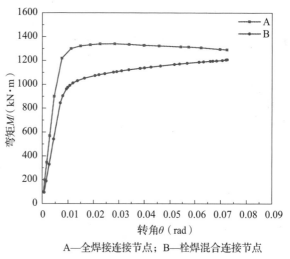

A—全焊接连接节点；B—栓焊混合连接节点

图 9　弯矩（$M$）– 转角（$\theta$）曲线

## 4　设计建议

对于带悬臂梁的节点在设计时应适当增加主次梁腹板连接板的高度，配置足够数目的高强螺栓，来保证主次梁的等强度连接和节点刚性程度。本项目建议将连接板的尺寸增大到 500mm × 200mm × 14mm，每侧连接板螺栓增加至 8 个，按双排布置。通过 Abaqus 软件建立加盖盖板模型与变连接板模型，计算改变连接板后节点的极限承载力为 480.562kN，初始抗弯刚度为 $1.73 \times 10^5$ kN · m/rad，相比较原设计栓焊混合连接节点的极限承载力 409.685kN 提高了 17.3%，刚度提高了 39.5%。

## 5　结论

根据工程设计和施工现场调查情况，采用数值模拟的方法对某城市规划展示馆钢连廊悬挑组合楼盖施工期大变形事故进行分析与研究，研究结论总结如下：

（1）项目施工时由于主梁与悬臂次梁部分节点翼缘板漏焊，使得节点仅靠高强螺栓进行连接远远达不到刚性连接的要求，是本次事故发生的直接原因。而主次梁悬臂部分上部混凝土屋面板进行非对称浇筑，是造成悬臂次梁过度变形的诱发原因。

（2）通过分析次梁竖向位移的来源，提出综合因素法来进行主次梁相对转角的测量，可准确地计算出主次梁连接节点的初始抗弯刚度。

（3）建立了悬臂次梁与主梁连接节点有限元模型，并采用综合因素法，计算出栓焊混合连接节点和全焊接连接节点的初始抗弯刚度，经对比发现由于构造缺陷此钢结构连廊主梁与悬臂次梁的节点设计达不到刚性和等强设计连接的要求。

（4）通过主梁与悬臂次梁部分节点翼缘板漏焊部位进行补焊和对称浇筑混凝土屋面板等方式来对事故进行合理处理，并提出适当增加主次梁腹板连接板的高度，配置足够数目的高强螺栓的设计建议，来保证带悬臂端的主次梁等强度连接和节点刚度。

## 参考文献

[1] 彭明祥，许立山，马力.CCTV 主楼组合楼板设计与施工 [J]. 施工技术，2011，40（02）：78-81.

[2] 马晖，江民.深圳东海超高层连体公寓塔楼结构方案设计及分析 [J]. 建筑结构，2012，42（10）：28-32，47.

[3] 韩建强，谢俐，陈刚.某钢结构房屋倒塌事故分析及思考 [J]. 钢结构，2014，29（02）：48-52，66.

[4] 杨姝姮，陈志华，闫翔宇，等.某钢结构厂房倒塌事故分析 [J]. 工业建筑，2017，47（08）：190-193.

[5] 黄海涛.某钢结构连廊坍塌事故原因分析 [J]. 工程质量，2017，35（11）：40-42.

[6] 中华人民共和国住房和城乡建设部.钢结构设计标准：GB 50017—2017[S]. 北京：中国建筑工业出版社，2018.

[7] 中国建筑标准设计研究院.多、高层民用建筑钢结构节点构造详图：16G519[S]. 北京：中国计划出版社，2016.

[8] 王湛，潘建荣，郑霖强，等.带悬臂梁段连接的梁柱节点初始转动刚度研究 [J]. 建筑结构学报，2014，5（S1）：9-17.

[9] 李成玉，郭耀杰，李美东.钢框架节点刚度测试方法研究 [J]. 工业建筑，2005（05）：98-100.

[10] 楼国彪，李国强，雷青.钢结构高强度螺栓端板连接研究现状 [J]. 建筑钢结构进展，2006（02）：8-21.

# 陇东黄土滑坡形成机制及防治措施研究
## ——以灵台县南店子滑坡为例

周自强　　史向阳

甘肃省科学院地质自然灾害防治研究所　兰州　730000

**摘　要：** 滑坡地质灾害是陇东地区常见的地质灾害之一，本文以灵台县南店子滑坡为例，分析了其特征及形成机制。结果表明，持续强降雨和人类工程活动是诱发该地区黄土滑坡的重要因素，其中人类工程活动主要为兴修梯田和工程取土。基于此，提出有针对性的防治措施：（1）加强地质灾害隐患点排查、专业监测预警和群测群防相结合的防范措施；（2）完善地表截排水措施、坡体裂缝夯填和场地平整以减小降水大量汇集及入渗，同时保证地下水排泄畅通，防止地下水集聚引起地下水位抬升或土体含水量升高；（3）根据实际情况选择适宜的工程治理措施，采取削坡减载和回填反压的方式提高坡体稳定性，或采用抗滑桩、框架梁、挡土墙等支护结构，以达到对此类地质灾害的阶段性或永久治理的目的。

**关键词：** 黄土；滑坡；地质灾害；防治措施

陇东地区位于黄土高原中部，分布有各类黄土地貌[1]，受植被覆盖、地形和黄土物理力学性质等因素的影响，陇东地区成为黄土地质灾害较为发育的地区之一[2-4]。滑坡是该地区最为常见的地质灾害，主要由斜坡失稳滑动引起。根据滑坡发育的地层条件，广义的黄土滑坡分为黄土层内滑坡、接触面滑坡、黄土 – 泥岩顺层滑坡、黄土 – 泥岩切层滑坡四种基本类型[5]。滑坡类型不同，其诱发条件、运动和危害特征存在显著差异。故而，深入分析黄土滑坡的形成机制对于防治此类地质灾害具有极其重要的意义[6]，需建立在较为细致的现场调查和勘察的基础上。

本文以平凉市灵台县中台镇南店子村的一黄土滑坡为例，分析其形成机制并提出防治措施。受持续强降雨影响，2021 年 10 月 3 日发生山体滑坡地质灾害，滑坡体主要物质组成为马兰黄土和离石黄土。滑坡导致大量房屋出现不同程度损毁和道路中断，对当地人民生产生活带来极大影响。本文在大量的现场调查、勘察、土工试验的基础上，分析该滑坡的发育特征和形成机制，提出有针对性的防范和治理措施，以期能够为陇东地区黄土滑坡地质灾害的研究和工程治理工作提供参考。

## 1　自然地理条件

灵台县属半干旱、半湿润的大陆性气候，年平均温度 9.4℃，历年极端高温 38.8℃，极端低温 –23.1℃，季节冻土深约 60cm。全年降水分布不均，主要集中在 5 ~ 10 月，年平均降水量 586.3mm。境内有黑河和达溪河两条河流，多年平均流量分别为 2.77m³/s 和 4.71m³/s。南店子滑坡位于达溪河右岸，为黄土梁峁丘陵与侵蚀堆积河谷过渡地带。地层由老至新主要包括砂质泥岩（K）、午城黄土和离石黄土（$Q_{1-2}^{eol}$）、马兰黄土（$Q_3^{eol}$）和重力堆积物（$Q_4^{del}$），其中滑体主要由黄土组成。研究区地下水发育并在部分区域出露，补给主要以降雨入渗为主。区域地质构造活动平缓，构造形迹不发育，区域上无大的断裂通过，新构造运动表现为间歇震荡抬升。

## 2　滑坡地质灾害特征

该滑坡呈东西向展布，平面形态呈"圈椅状"，滑坡后缘裂缝、洼地等形态特征明显，如图 1（a）所示。主要的变形特征表现为四个方面滑坡后缘宽约 560m，前缘坡脚宽约 600m，主滑方向坡长约 330m，高差 $\Delta H = 83.76$m，滑向 8°，平均坡度 13°。根据勘察结果，滑体平均厚约 23m，总体积 $V = 346.84 \times 10^4$m³。滑坡变形迹象明显，除整体滑移外，坡体不同位置处发育有大量的鼓胀裂缝、拉张裂缝和剪切裂缝等，局部位置出现滑塌，前缘出现隆起致使房屋倾斜倒塌和道路变形，其宽约 220m，隆起高度约 1.0～1.6m。

（a）滑动后照片　　　　　　　　　　　　　　　　（b）滑动前照片

图 1　坡体滑动前后影像对比

## 3　滑坡形成机制分析

该滑坡的形成是多因素耦合作用的结果，除地形和地质条件基本因素以外，持续强降雨和人类工程活动是诱发此次滑坡的重要因素。

### 3.1　地形和地质条件

该地区地貌属于剥蚀构造中低山地貌，滑坡所在坡体坡度相对较大，兴修梯田等人类活动改变了局地地形和地表环境，台阶状地形易于汇水且不利于降水产生径流排泄，即人为改造地形致使地表径流条件和渗流边界条件发生改变，使得降水的入渗量增加。同时，滑体主要为马兰黄土和离石黄土的组合，黄土力学性质较差，对含水量变化表现极为敏感[7]，总体表现为抗剪强度随含水量升高而降低，其微观结构有大孔隙的特征，具备优势渗流的特点[8]，而且垂直节理发育，有助于降水入渗且控制部分区域的变形，如滑坡后缘高差 17～39m，坡度 55°～69° 的高陡后壁可视为受节理控制的大变形[9]。黄土下部为相对隔水的泥岩，土中水很难向下渗流，即在泥岩之上的一定厚度范围形成相对饱水区域。因此，其独特的地形和地质条件为滑坡的发生奠定了基础。

### 3.2　持续强降雨

降雨是诱发此次滑坡的主要因素之一，具有降雨强度高、持续时间长的特点。2021 年 9 月灵台县平均累计降雨 296.6mm，滑坡当日（10 月 3 日）灵台县平均降雨量为 116mm。水的作用是滑坡最主要的诱发因素，长时间的降水使得表层土体含水量近乎饱和，具有良好的渗流边界条件[10]，下部土体含水量随时间逐步升高，极大地增加了土体的自重并削弱了土体的抗剪强度，导致裂缝快速扩展，随着降雨的持续，部分降水沿裂缝直接入渗至滑带深度处，使得局部坡体达到极限平衡或失稳状态，最终导致了大范围滑坡的发生。

### 3.3　人类工程活动

人类工程活动亦是此次滑坡的重要因素之一，滑坡前影像如图 1（b）所示。人类工程活动除对上述地形地貌的改造之外，坡脚位置处大量的工程取土导致阻滑段自重荷载减小，进而削弱该段的抗滑力[11]。对坡体稳定性而言，坡体阻滑段的卸载为不利因素，同时土体厚度的变小使得降水入渗至滑带位置处时间变短，即从水和力两个角度来看，坡体中下部位置处的工程取土不利于坡体稳定。

## 4　防治措施

### 4.1　防范措施

黄土滑坡地质灾害的防范，宜从以下三个方面展开：（1）加强滑坡地质灾害隐患点的专业排查，地质灾害隐患点随时间动态变化的，唯有先识别出隐患点，才能够有针对性地进行防范，因此定期排查和雨季来临前的专业重点排查显得尤为重要；（2）专业监测预警，对有一定风险的斜坡，布设专业的监测预警设备，并根据监测边坡的实际情况设置合理的预警阈值；（3）群测群防，建立完善的地质灾害群测群防体系。南店子滑坡的成功避险与上述三则防范措施的综合部署密不可分。

### 4.2　地表水治理

针对有滑坡地质灾害隐患的斜坡，完善地表截排水措施、坡体裂缝夯填和场地平整，旨在减小降水的大量汇集及入渗。在有地下水出露的区域，应保证地下水排泄畅通，防止地下水集聚引起的地下水位抬升或土体含水量升高。

### 4.3　支挡工程治理

根据现场实际情况选择适宜的工程治理措施，在应急处置和前期治理工程中，宜采取削坡减载或回填反压的方式提高坡体稳定性。为实现对此类地质灾害的阶段性治理或永久治理，采用抗滑桩、框架梁、挡土墙等支护结构对坡体进行加固。

## 5　结论

（1）灵台县南店子滑坡是陇东地区较为典型的黄土滑坡。该滑坡呈东西向展布，平面形态呈"圈椅状"，滑坡后缘裂缝、洼地等形态特征明显，总体积为 $346.84 \times 10^4 \mathrm{m}^3$，坡体出现整体滑移且变形迹象明显，坡体不同位置处发育有大量的鼓胀裂缝、拉张裂缝和剪切裂缝等，局部位置出现滑塌，前缘出现隆起致使房屋倾斜倒塌和道路变形。

（2）该滑坡的形成是多因素耦合作用的结果，除地形和地质条件基本因素以外，持续强降雨导致土体含水量升高和强度降低，而人类工程活动改变地表环境，使得土体渗流边界发生改变，益于降水入渗，同时坡脚处的工程取土致使坡体抗滑力减小，进而降低整个坡体的稳定性。

（3）对于该地区黄土滑坡地质灾害的防治宜从防和治两个方面开展，采取滑坡地质灾害隐患点的排查、专业监测和群测群防以防范此类地质灾害对人民群众生命财产安全的危害。针对有灾害隐患的斜坡，雨季地表水的治理和支挡工程治理同等重要，采用多重措施综合施治的方式减少该地区滑坡地质灾害的发生。

### 参考文献

[1] 罗来兴. 划分晋西、陕北、陇东黄土区域沟间地与沟谷地地貌类型 [J]. 地理学报，1956（03）：201-222.

[2] 赵成，施孝. 甘肃省地质灾害发育特征及防治对策 [J]. 甘肃科学学报，2003（S1）：23-29.

[3] 杨立中，王高峰，王爱军，等. 陇东黄土丘陵区滑坡形成机理分析：以环县西北地区为例 [J]. 中国地质灾害与防治学报，2016，27（02）：39-48.

[4] 许泰，邹立国，姬安召. 甘肃省华池县滑坡地质灾害的成因、特征及防治策略 [J]. 陇东学院学报，2016，27（01）：81-86.

[5] 吴玮江，王念秦. 黄土滑坡的基本类型与活动特征 [J]. 中国地质灾害与防治学报，2002（02）：38-42.

[6] 彭建兵，林鸿州，王启耀，等. 黄土地质灾害研究中的关键问题与创新思路 [J]. 工程地质学报，2014，22（04）：684-691.

[7] 谢定义. 试论我国黄土力学研究中的若干新趋向 [J]. 岩土工程学报，2001（01）：3-13.

[8] 赵宽耀，许强，刘方洲，等. 黄土中优势通道渗流特征研究 [J]. 岩土工程学报，2020，42（05）：941-950.

[9] 王丽丽，李宁. 垂直节理对黄土边坡稳定性影响分析 [J]. 自然灾害学报，2021，30（06）：136-146.

[10] 年庚乾，陈忠辉，张凌凡，等. 边坡降雨入渗问题中两种边界条件的处理及应用 [J]. 岩土力学，2020，41（12）：4105-4115.

[11] 唐东旗. 坡脚开挖的黄土滑坡机理研究 [D]. 西安：长安大学，2013.

# 湿陷性黄土地区某安置点场地冻胀病害治理研究

裴先科　汪过兵　姜　伟　马明亮

甘肃省建材科研设计院有限责任公司鉴定加固分院　兰州　730010

**摘　要：** 该安置点场地位于两山之间的低洼地带。建筑物为单层砖木结构，基础为埋深小于 1.2m，地下水位为自然地面下 0.6 ～ 1.2m。由于荷载小、地表浅水渗流，在毛细水压力作用下，地基土长期处于饱和状态，冬季冻胀造成房屋损伤。通过应用渗井、盲管、暗渠综合治理技术，实现场地降水预期值，达到场地岩土含水率控制值。

**关键词：** 湿陷性黄土；冻胀；病害治理

安全舒适的房屋居住问题是中央关于农村脱贫攻坚最最困难的问题之一。尤其在祖国西北的甘肃，地貌复杂多样，山地、高原、平川、河谷、沙漠、戈壁交错分布。陇南多山地，陇中多黄土高原。其中甘南高原是"世界屋脊"——青藏高原东部边缘一隅，地势高耸，平均海拔超过 3000m；河西走廊位于祁连山以北，北山以南，东起乌鞘岭，西至甘新交界，是块自东向西、由南而北倾斜的狭长地带。甘肃的地理条件，决定了甘肃地质岩土复杂，可以建造房屋及用于生产的土地有限。由于农村经济条件的限制，有邻山而建的建筑群，有套用标注图施工建于不利场地的建筑群，还有未按房屋构造要求建造的房屋等；一些房屋的建造存在安全隐患，特别是高寒潮湿地理环境，由于山地多、雨水丰富，场地冬季冻胀病害带来的危害极大。为了改善老百姓的居住生活环境和生活条件，中央及地方出台了居民安置点的政策，但由于可利用土地资源少，许多地方平山填沟造地、沼泽湿地改造、老旧宅地重复利用。该方法同时带来的工程病害非常多，治理极其困难，其中场地冻胀病害尤为显著。潘鹏、李剑等通过对饱和黄土的冻胀融沉特性研究结果发现：饱和土的冻胀性大，无外界补给水时冻胀率在 4% 以上，有外界补给水时冻胀率可达 14% 以上[1-5]。周志军、吕大伟等通过含水率和温度变化的冻融黄土性能试验结果发现：在相同测试温度下，压缩模量随含水率增大而显著降低，当含水率一定时，土样的压缩模量随着测试的温度降低而降低，其中 0° ～ 5° 缩模量降幅最大[6-8]；刘占良、程争荣等以张承高速公路黄土路基冻胀性试验研究为背景，发现随着初始含水率增大，膨胀率也增大，土体膨胀变形的原因在于水变为冰时，会产生体积膨胀[9]。土体冻结是一个极其复杂的过程，也是目前湿陷性黄土地区亟待解决的工程问题之一。

甘肃省渭源县某村为解决村民住房问题，将居民安置点选址在该村某河流的下游处两岸滩地上，占地面积约 80 亩（约 53 万 m²）。该安置点位于高寒潮湿地理环境，多山地，雨水丰富。在河的南岸是一片沼泽滩地改造场地，并作了非专业处理，在地理环境条件、建造常识局限的条件下，套用标准图集对该片场地的房屋实施建造。建造完成交付使用，经过一个冬季，发现院落地坪膨胀抬高，高差达 320mm；部分墙体被胀土抬高变形，院落内的给排水管道出现破裂等现象，到了春夏季，随着温度的升高，地坪恢复，但已造成墙体裂缝现象；房屋的正常使用受到了严重影响，直接影响到群众的生命财产的安全。课题组通过现场调查、试验等进行综合研究分析并治理，其研究成果对我国湿陷性黄土地区类似工程病害处理提供科学支撑，同时对乡村振兴战略的实施也有着十分重要的意义。

基金项目：甘肃省建材科研设计院重大专项，既有砌体结构内部大空间改造加固研究（项目编号：KY2021-05）。

作者简介：裴先科，鉴定加固分院院长，从事冻土地区既有建筑工程结构检测、鉴定、加固设计理论研究，E-mail：94788188@qq.com。

汪过兵，研究生，E-mail：wgb6688@qq.com。

# 1　工程概况

## 1.1　建筑概况

该安置点位于甘肃省某县居民安置点，于 2013 年 6 月开工建设，2014 年 10 月建设完成。总建筑面积约 4.4 万 m²，涉及住户 208 户，建筑防火类别为二类，其中河西侧 128 户，河东侧 80 户，平面布置如图 1 所示。安置点每户房屋均由正房及偏房组成，为一层砖木结构，层高 3.60m，长 6.9m，宽 3.6m，承重墙体为 370mm，240mm 厚多孔黏土砖墙，屋架形式为木屋架；现状如图 2 所示。基础采用独立基础，基础埋深 1.1～1.8m，大部分基础以卵石层作为持力层，辅助用房基础地面 −0.900m；该安置点偏房采用混凝土墩基础，埋深 1.1～1.80m，墩布置间距约为 2.0m，持力层为卵石层。场地地下水埋深为现自然地面下 0.6～1.2m，地下水为潜水。

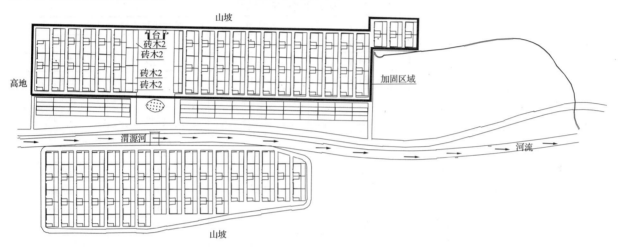

图 1　安置点河西侧 128 户场地处理区域

图 2　房屋现状图

## 1.2　地质概况

勘探深度 6.7～8.1m，根据勘察结果，该深度内地层结构简单，场地地层分为上下两层，详细如下：①粉质黏土层：灰黄色～黄褐色，颜色自上而下逐渐变深，稍湿，稍密，呈可塑状态，土质均匀，厚度大；含白云母碎片、腐殖质、青灰黑色淤泥质团块、少量植物根系、蜗牛壳碎片等，层厚 1.8～2.20m，层底标高 98.9～97.9m。②圆砾层（$Q_{+pl}^{4al}$）：杂色，湿，松散 – 中密，局部为密实，上部粒径较细，下部级配良好。成分以变质岩为主，亚圆～圆形，分选性差，最大粒径 120mm、一般粒径 4.0～9.0mm，层面下 1.0m 以下骨架颗粒含量一般 61.8%～72.9%，以砂粒为主，夹有少量粉质黏土团块。

# 2　安置点地基土试验研究

为查明地基土现状，课题组在该安置点布置了 3 个探坑，探坑深度平均约为 2.0m。对探坑内地基土现场取原状土样进行物理力学性质研究，地基土样如图 3 所示，地基土芯样如图 4 所示，试验结果见表 1。通过研究发现该安置点地基土塑性指数 $10<I_p<17$。该场地地基土为粉质黏土，且含水率高，地下水距冻结面最小距离为 0.6～1.2m，小于 2.0m，为强冻胀土。

图 3　地基土样

图 4　地基土芯样

表 1　原状土样进行室内试验

| 探井编号 | 深度（m） | 液限 $W_L$ | 塑限 $W_P$ | 塑性指数 $I_P$ | 土性质 |
|---|---|---|---|---|---|
| T1 | −0.30 | 32.9 | 18.4 | 14.5 | 粉质黏土 |
| | −0.50 | 31.8 | 18.3 | 13.5 | 粉质黏土 |
| | −0.70 | 31.5 | 18.1 | 13.4 | 粉质黏土 |
| | −1.20 | 32.0 | 18.3 | 13.7 | 粉质黏土 |
| | −1.70 | 31.8 | 18.2 | 13.6 | 粉质黏土 |
| T2 | −0.30 | 32.2 | 18.6 | 13.6 | 粉质黏土 |
| | −0.50 | 32.1 | 18.3 | 13.8 | 粉质黏土 |
| | −0.70 | 32.5 | 17.6 | 14.9 | 粉质黏土 |
| | −1.20 | 32.4 | 18.1 | 14.8 | 粉质黏土 |
| | −1.70 | 32.2 | 18.0 | 14.1 | 粉质黏土 |
| T3 | −0.30 | 33.1 | 19.1 | 14.0 | 粉质黏土 |
| | −0.50 | 33.4 | 19.3 | 14.1 | 粉质黏土 |
| | −0.70 | 32.7 | 18.8 | 13.9 | 粉质黏土 |
| | −0.90 | 32.5 | 18.5 | 13.8 | 粉质黏土 |
| | −1.40 | 32.8 | 18.5 | 14.0 | 粉质黏土 |
| | −1.90 | 32.7 | 18.4 | 13.9 | 粉质黏土 |

## 3　冻融环境

该场地地下水分两层，上层水为粉质黏土层中上层滞水，为地表下渗水，水量不大，位置在 1m 左右；下层水属松散沉积物浅部潜水，富含于圆砾层，水面高程 99.9 ～ 99.6m。现场情况如图 5 所示。自室外自然地面下 0.0 ～ 1.0m 范围内，地基土含水量 22.3% ～ 29.5%，含水量高。

场地南高北低，场地南北走向较狭长，落差较大约 13.0m 左右，地下水来水方向多元：有上游河水渗入、有东西两山坡下渗地表水渗入等。地下水并不在同一平面，一般孔中地下水初见水位较深，而静水位较浅，主要受河水及大气降水补给，水流方向自西南向东北，最终向东排泄于河流，估计潜水年季节性水位变幅 1.50 ～ 1.0m，渗透系数约为 45 ～ 55m/d。根据基础研究发现，地基土反复揉捏出水，如图 6 所示。

图 5　场地地下水

图 6　地基土现场情况

根据现场检测、调查、勘探、取样综合研究分析发现：冻胀严重区域雨季水位 –0.100m；旱季水位 –0.150m；该区域海拔 2180m 左右，年平均温度 7.2℃，冬季室外计算温度 –11.3℃，最低温度 –22℃，平均 –4～8℃，室外大气压力 812.6hPa；夏季室外大气压力 808.1hPa。

## 4　损伤病害分析研究

该安置点河西侧 92 户于 2018 年集中反映房屋偏房墙体出现裂缝，现场情况如图 7～图 9 所示。我课题组于 2019 年 3 月 16 日至 3 月 24 日、3 月 28 日至 4 月 5 日先后对该安置点的房屋进行了分析研究，发现该安置点整个场地处在两山之间的低洼地带，场地为一片沼泽地，根据勘测研究结果发现该场地水位较高，地基土含水率高，土类为粉质黏土，属于黄土类。

图 7　基础与墙体连接处裂缝（一）

图 8　基础与墙体连接处裂缝（二）

图 9　基础与墙体连接处裂缝（三）

### 4.1　场地膨胀损伤病害分析研究

通过研究分析，该主房采用换填砂夹石，其余部位换填黄土，含水率比较高；施工时由于影响岩土膨胀因素土质、岩土的含水率、温度、外荷载作用等改变，以及场地处理的碾压、夯实效果等对冻胀产生一定的影响。通过研究分析，该场地的膨胀损伤病害的主要原因如下：①施工时换填土的含水率控制得不太好，含水率高；②整个场地处在两山之间的低洼地带，地表浅水渗流；导致场地岩土的含水率过高，场地岩土含水率处于饱和状态；③无有效排水措施，长期排水不畅，冬季温度较低。场地现场冻胀情况如图 10 所示。

图 10　地面鼓胀

### 4.2　房屋损伤病害分析研究

通过研究分析，该场地的场地房屋损伤病害的主要原因如下：整个场地处在两山之间的低洼地带，地表浅水渗流，地下水位为自然地面下 0.6～1.2m，在毛细水压力作用下，地基土长期处于饱和状态。该地区标准冻深为 1.20m，场地冻结深度计算结果为 0.96m，平均冻土深度为 0.9m。由于建筑物围墙及偏房部分基础为埋深小于 1.2m 混凝土墩基础，不满足抗冻稳定性要求，且上部结构为单层砖木结构，荷载小，因此冬季冻胀极易造成房屋墙体开裂等病害损伤。

### 4.3　治理措施研究

因此本课题组针对该工程损伤现状，研究论证分析决定：①对该场地室外环境进行整治，降低地下水位，即通过采用渗井、盲管及暗渠技术，将水位降至最深冻土层以下，即将 –0.100 水位降到 –1.100 水位线以下；②对墩基础及基底冻胀土体进行防冻胀处理；③对该工程主体结构进行加固处理并更换危险构件。④对部分裂缝严重、墙体歪闪较大房屋立即进行拆除。做好以上措施，同时做好整个场地的排水措施。

## 5　病害诊治关键技术

### 5.1　盲管及渗井理论研究

在居民区巷道设置渗水井及盲管，同时在盲沟管线上设置盲沟检查井，渗井及盲管示意图如图 11 所示。主要排水循序如下：暗渠→渗水井→盲管→钢筋混凝土雨排水沟内，然后将钢筋混凝土雨排水沟的水及地表雨水通过明沟一起排入河沟；最后通过排水沟将水排入河道。其布置示意图如图 12 所示。

（1）盲沟流量公式

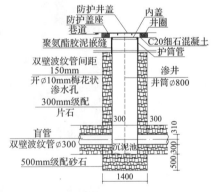

图 11　渗井及盲管示意图

$$Q_s = \frac{k_h \left( h_c^2 - h_g^2 \right)}{2L_s}$$

地下水位高度：$h_c = 1.4m$
盲沟内的水流深度：$h_g = 0.5m$
含水层材料砾石的渗透系数：$k_s = 0.6m/s$
地下水位受盲沟影响而降落的水平距离：$L_s = 929.52m$
盲沟流量：$Q_s = 0.0003m/(s \cdot m)$
因水由两侧流入盲沟，上述盲沟流量乘以 2，则最终盲沟流量：$Q_s = 0.0006m/(s \cdot m)$

（2）盲沟埋置深度公式

$$h_e = Z + p + e + f + h_3 - h_1$$

冻结深度：$Z = 1.2m$
冻结地区沿中线处冻结线至毛细水上升曲线的间距：$p = 0.25m$
毛细水上升高度：$e = 0.04m$

水力降落曲线最大高度：$f = 0.60\text{m}$

盲沟底部的水柱高度：$h_3 = 0.4\text{m}$

边沟深度：$h_1 = 0.6\text{m}$

盲沟埋深经过计算为 1.89m，本次实际试验为 2.0m。

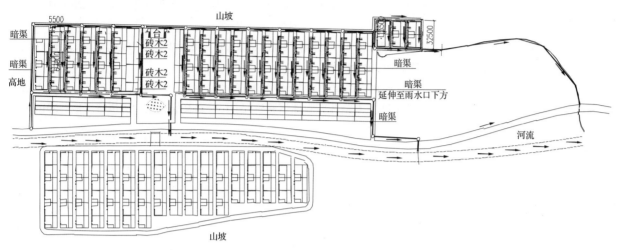

图 12　渗井、盲管及暗渠布置示意图

## 5.2　暗渠研究

在居民区安置点场地两侧设置暗渠，暗渠横断面示意图如图 13 所示，将所有通过盲管水汇集于暗渠，再由盲管汇集于钢筋混凝土雨排水沟内；从排水沟导入河流。

## 6　结论

该安置点整个场地处在两山之间的低洼地带，建筑物围墙及房屋部分基础为埋深小于 1.2m 且上部结构为单层砖木结构，地下水位为自然地面下 0.6 ~ 1.2m；由于荷载小、地表浅水渗流，在毛细水压力作用，地基土长期处于饱和状态。冬季冻胀造极易成房屋损伤病害，通过应用渗井、盲管、暗渠综合治理技术研究得出以下主要结论：

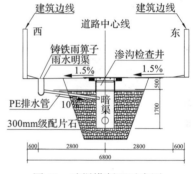

图 13　暗渠横断面示意图

（1）通过盲沟的水流量计算分析，盲沟的流量为 0.0006m/(s·m)；盲沟埋深为 2.0m。

（2）通过该技术施工后第一个冬季温度最低处，地下水位显著下降到 –1.200m 以下，冻胀现象基本消失。

（3）通过该技术施工后第二个冬季温度最低处地下水位下降至 –1.400m 以下，冻胀现象完全消失；

（4）通过该技术施工后，该场地地下水位以上岩土的含水率逐年降低，冻胀引起的地面设施的破坏现象基本消失。

目前已经历了四个冻胀期，该场地冻胀病害得到了有效的治理。确保做好正常维护的前提下可保证后续使用年限且地基不再下沉，研究成果为湿陷性黄土地区湿陷性黄土地基冻胀病害治理等提供科学依据。

### 参考文献

[1] 潘鹏，李剑，郝佳兴，等.宁夏饱和黄土的冻胀融沉特性 [J].科学技术与工程，2016，16（18）：230-233.

[2] 潘鹏，李剑，郝佳兴，等.冬灌区黄土湿陷性的反复冻融效应 [J].科学技术与工程，2017，17（04）：273-276.

[3] 崔自治，潘鹏，李剑，等.冬灌区黄土的反复冻融效应 [C]//《工业建筑》2017年增刊 III.[出版者不详]，2017：

515-519.

[4] 崔自治，郝佳兴，潘鹏，等.非充分补水条件下冬灌区压实黄土的冻融变形特性 [J].宁夏大学学报（自然科学版），2018，39（03）：234-238.

[5] 潘鹏.冬灌区黄土的反复冻融效应 [D].银川：宁夏大学，2018.

[6] 周志军，吕大伟，宋伟，等.基于含水率和温度变化的冻融黄土性能试验 [J].中国公路学报，2013，26（03）：44-49.1001-7372.

[7] 周志军，钟世福，梁涵.冻融循环次数对黄土路用性能影响规律的试验 [J].长安大学学报（自然科学版），2013，33（04）：1-6.DOI：10.19721/j.cnki.1671-8879.2013.04.001.

[8] 周志军，杨海峰，耿楠，等.冻结速度对冻融黄土物理力学性质的影响 [J].交通运输工程学报，2013，13（04）：16-21.

[9] 刘占良，程争荣，樊永攀.张承高速公路黄土路基冻胀性试验研究 [J].公路交通科技：应用技术版，2016，12（01）：29-33.

# 大断面砖石砌体结构排水管渠加固设计及数值模拟分析

郭杰标[1]  苏 豪[2]  董胜华[1]  刘劲松[1]  陈大川[2]

1. 湖南大兴加固改造工程有限公司  长沙  410006
2. 湖南大学土木工程学院  长沙  410082

**摘 要：** 许多 20 世纪修建的砖石砌体结构排水拱涵年久失修、功能丧失，影响城市的正常运作，亟待对其进行加固修缮。半结构性加固设计是指新加修复内衬依赖于原有管道结构，与原有管道共同承受外部压力的一种修复方法。旧结构承受其上部恒载，而汽车活载则有新旧结构共同承受。在对长沙市某砖石砌体排水拱涵的半结构性加固设计中，通过 Abaqus 对加固设计方案中拱涵结构的受力变形情况进行模拟，并分别对新、旧结构进行了承载力验算。其结果表明，半结构性加固能够起到加固破损拱涵结构的作用，并能充分利用旧结构强度，有效减小新加衬砌的厚度，避免修复层过厚而降低排水渠道的过水能力，值得在排水管渠的修复工程中加以推广应用。

**关键词：** 半结构性加固；有限元；排水拱涵；砖石砌体

我国排水管渠多建于 20 世纪 90 年代之前，受当时工艺限制，大部分排水管渠以砖石砌体结构为主。这些老旧管渠已经接近或达到设计使用年限，在长期遭受渠内水流冲刷及污物侵蚀等不利因素作用下，砂浆性能劣化，使得结构整体性及承载力下降，管渠出现变形及破损，严重部位甚至出现管渠坍塌、地面塌陷等，致其丧失使用功能，影响城市的正常运作，急需进行加固[1-2]。

## 1 半结构性加固原理

半结构性加固是指新的修复内衬依赖于原有管道结构，与原有管道共同承受外部压力的一种修复方法[3]。半结构性加固后的管道上部恒载仍由原有旧管道结构支撑，活载则由新修复内衬与旧管道结构共同承担。新内衬结构通过销钉等措施与原结构连接，并通过牛腿将新结构荷载传递至旧结构侧墙及基础，因此能够充分利用旧结构的承载能力，达到协同受力的目的。半结构性修复在设计时由于需要考虑原结构的承载能力，因此设计前需对结构进行检测与评定，确定其缺陷类型及破损程度。当结构无损或者受损轻微，缺陷等级评价在Ⅰ、Ⅱ级时，可判断为旧结构仍有较好的承载能力，此时可选择使用半结构性加固进行排水管渠的修复[4]。

## 2 案例分析

### 2.1 工程概况

某排水管渠主渠位于湖南省长沙市，始建于 20 世纪 70～90 年代，自建成至今已有几十年历史，结构以砖拱涵、盖板涵、麻石浆砌涵为主体。该渠道水系穿越区域基本为老旧城区，建筑物密集、交通车流量大、部分市政道路宽度较窄，实施条件较差。2015 年至 2018 年，该渠道主干渠发生了多起塌陷事故，标志着渠体已进入事故频发期，渠体结构安全存在隐患，亟待对其进行加固改造。

### 2.2 加固设计思路

该渠道的主渠结构主要为砖砌拱圈、浆砌片石砌体基础及侧墙结构。由于该渠道Ⅰ、Ⅱ级缺陷段结构基本完好，可采用半结构性加固。新加内衬结构采用 C60 UHPC（超高性能混凝土灌浆料）材料，厚度为 200mm，具体设计方案如图 1 所示。

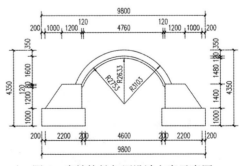

图 1  半结构性加固设计方案示意图

## 3　有限元分析

### 3.1　模型建立

为了探究拱涵在上部荷载下的变形情况,采用 Abaqus 有限元分析软件进行模拟计算。排水拱涵的形变主要发生于横截面内,可简化为平面应变问题,单元类型采用 CPE4R 单元。灌浆料本构模型采用 Abaqus 自带的塑性损伤模型,砌体材料受拉本构模型参考文献[5]选用,受压本构采用杨卫忠[6]的基于细观模型的力平衡条件,材料的参数详见表 1。旧结构侧墙与基础的连接、砖砌拱圈与侧墙的连接采用固接的形式,通过创建约束进行绑定来模拟。半结构性加固形成的新内衬结构与原结构的相互作用采用创建约束进行绑定来模拟。在半结构设计中,假定旧结构基础有足够的刚度及承载力,模拟时将基础底面边界条件设为完全固定。

表 1　材料参数表

| 材料 | 密度（kg/m³） | 弹性模量（MPa） | 泊松比 |
|---|---|---|---|
| 浆砌片石砌体 | 2760 | $2.10 \times 10^4$ | 0.24 |
| 砖砌拱圈 | 2640 | $2.24 \times 10^4$ | 0.15 |
| C60 UHPC | 2880 | $3.55 \times 10^4$ | 0.2 |

### 3.2　荷载计算

根据工程地质勘察可知,渠道最不利荷载处上覆填土为素填土,覆土厚度为 3.8m,地下水位线至拱顶高度为 2.1m。依据《公路涵洞设计规范》(JTG/T 3365—02—2020),结构自重分项系数取 1.2；土的重力分项系数取 1.2；土侧压力分项系数取 1.4；车辆荷载分项系数取 1.8[7]。不同工况下的荷载设计值如图 2 所示。

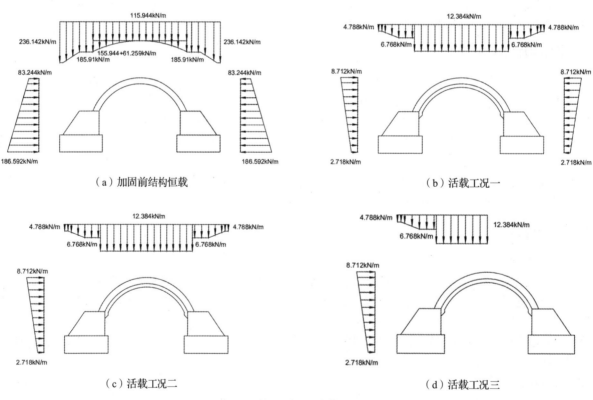

（a）加固前结构恒载　　　　　　　　　　（b）活载工况一

（c）活载工况二　　　　　　　　　　（d）活载工况三

图 2　不同工况下的荷载设计值

### 3.3　模拟结果

从图 3 中可以看出拱涵半结构性加固前后的变形特点,拱涵竖向变形主要集中于拱圈部位,且在拱脚部位有明显的应力集中现象,而基础及侧墙部分变形较少。对比加固前后的拱圈变形,能发现新加衬砌结构能够有效地与旧结构共同受力，有效减小拱圈在受到外界活载时的变形。

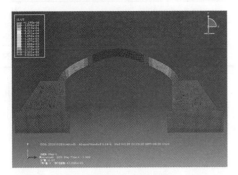

（a）加固前结构恒载

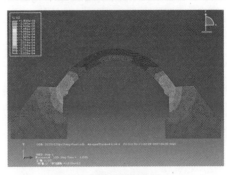

（b）恒载+活载工况一

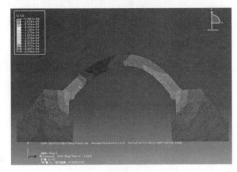

（c）恒载+活载工况二

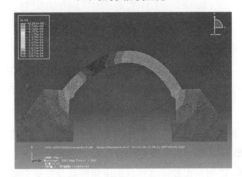

（d）恒载+活载工况三

图 3　不同工况下结构的竖向位移云图

## 4　承载力复核

在封闭施工过程中，涵洞不受汽车活载作用，对加固前原结构施加恒载作用，而汽车活载作用由加固后的结构共同承受，新加衬砌结构主要承受汽车活载作用。对于拱圈而言，其以承受压力为主，且拱顶及拱脚处所受弯矩及轴力最大，为设计控制截面[8]，验算截面的划分如图 4 所示。

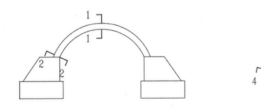

图 4　二阶段加载验算截面示意

原结构拱圈设为烧结普通砖砖砌拱圈，砂浆强度等级 M5，砖强度等级 MU20，抗压强度设计值 $f_{cd}=2.12\text{MPa}$。对于无筋砌体受压构件的承载力，按《砌体结构设计规范》（GB 50003—2011）计算[9]，荷载设计值取各工况中最不利荷载组合，结构重要性系数取 1.0，原结构拱圈抗力效应设计值计算结果见表 2。由表 2 可知，原结构的承载力能够满足抵抗拱圈上部覆土等恒载的要求。

表 2　原砌体拱圈结构抗力效应设计值

| 截面 | 编号 | $e_x=M_j/N_j$ | $\varphi$ | $\varphi Af_{cd}$ | $\gamma_0 N_d$ |
| --- | --- | --- | --- | --- | --- |
| 1-1 截面 | 5 | 2mm | 0.95 | 704.9kN | 536.0kN |
| 2-2 截面 | 5 | 50mm | 0.81 | 601.0kN | 561.2kN |

新内衬为强度 C60 等级的灌浆料，轴心抗压强度设计值 $f_{cd}=27.5\text{MPa}$。混凝土偏心受压构件受压承载力按《公路涵洞设计规范》（JTG/T 3365-02—2020）计算。混凝土拱可不考虑横向稳定，横向轴心受压构件弯曲系数 $\varphi$ 取 1.0。对于 $e_0/h_0<0.55$ 的偏心受压构件，可不验算裂缝宽度。其具体数值计算见表 3。

**表3　新加内衬结构抗力效应设计值**

| 截面 | $e_0 = M_i/N_i$ | $\varphi f_{cd} b(h-2e_0)$ | $\gamma_0 N_d$ |
|---|---|---|---|
| 3-3 截面 | 10.94mm | 4114.6kN | 39.0kN |
| 4-4 截面 | 57.93mm | 1943.6kN | 40.3kN |

　　表3数据说明荷载效应的最不利组合设计值均小于拱圈截面抗力效应的设计值，新拱圈的正截面受压强度满足要求。因此，在考虑旧结构承载力的情况下，采用半结构性加固能够有效分担旧结构所承受的活荷载，提高排水拱涵的整体受力性能。

## 5　结语

　　（1）半结构性加固中需考虑旧结构的承载能力，因此在采用半结构性加固前需对旧结构现状进行鉴定与评测，避免在结构破损严重、旧结构自身承载力不足的部位使用半结构性加固。在加固设计中需对原结构的受力情况进行模拟分析，在确保旧结构能承受其上部荷载。

　　（2）半结构性修复能够充分利用旧结构，因此新加结构衬砌厚度可以进一步减薄，有效避免新加修复内衬过厚而导致排水管渠过水能力下降的情况，是一种值得推广的排水管渠加固设计思路。

**参考文献**

[1] 马晋毅.深圳市内涝形成原因分析与治涝对策研究 [J].水利水电技术，2015，46（02）：105-111.

[2] 王建丰.广州市市政排水管材的应用现状及发展对策研究 [D].广州：华南理工大学，2014.

[3] 安关峰，刘添俊，张洪彬.排水管道结构修复内衬壁厚的计算方法及应用 [J].特种结构，2014，31（01）：91-95，99.

[4] 中华人民共和国住房和城乡建设部.城镇给水管道非开挖修复更新工程技术规程：CJJ/T 244—2016[S].北京：中国建筑工业出版社，2016.

[5] 郑妮娜.装配式构造柱约束砌体结构抗震性能研究 [D].重庆：重庆大学，2010.

[6] 杨卫忠.砌体受压本构关系模型 [J].建筑结构，2008（10）：80-82.

[7] 中华人民共和国交通运输部.公路涵洞设计规范：JTG/T 3365-02—2020[S].北京：人民交通出版社，2020.

[8] 杨建华.预制装配式拱涵受力特性有限元分析 [J].西安科技大学学报，2010，30（05）：565-569.

[9] 中华人民共和国住房和城乡建设部.砌体结构设计规范：GB 50003—2011[S].北京：中国建筑工业出版社，2012.

# 某除尘器钢支架结构倒塌事故分析

邓沛航[1]　王海东[1,2]　陈大川[1,2]　李登科[1]

1. 湖南湖大土木建筑工程检测有限公司　长沙　410082
2. 湖南大学土木工程学院　长沙　410012

**摘　要：**近年来，各类工厂生产安全事故频发，各类构（建）筑物倒塌事故时有发生。以某除尘器钢支架结构倒塌事故为例，现场通过数字无人机等技术手段，对倒塌结构体位、各钢构件破损情况进行了调查，并对施工质量进行了相应检测。通过 ANSYS 模拟，计算各种工况作用下除尘器整体应力状态：工况一，考虑施工质量缺陷的正常运行状态；工况二，考虑施工质量缺陷的高料位运行状态；工况三，不考虑施工质量缺陷的高料位运行状态。通过分析事故发生的主要原因，为后续分析和处理相关倒塌事故提供依据。

**关键词：**除尘器；无人机；数值模拟；倒塌事故

　　各类钢结构构（建）筑物建设越来越多，与传统钢筋混凝土结构相比，钢结构耐火性、耐腐蚀性较差，此外在外部扰动下，易发生整体失稳。近年来，各类钢结构工程生产、建设事故屡见不鲜[1-3]。针对某除尘器钢支架结构倒塌事故，本文通过现场调查及检测，采用有限元软件模拟计算了事故发生时钢结构应力状态，分析了事故原因，对类似事故的分析及后续处理具有较高的参考价值。

## 1　工程概况

　　某除尘器钢支架，组合钢结构形式。该工程上部主体结构由 5 部分组成。（1）下部钢支架为 3×5 跨矩形支架结构；（2）中部钢底梁立柱和地梁为轴承结构；（3）上部钢壳体为矩形骨架式箱体结构；（4）下承钢灰斗为 2×4 跨锥形结构；（5）顶部净气室为矩形骨架式箱体结构，基础形式为柱下现浇钢筋混凝土独立基础。该除尘器的平面形状为矩形，纵向（东西向）轴线长为 21.6m、横向（南北向）轴线长为 18.48m，总高约为 31.9m。除尘器三维示意图如图 1 所示。2021 年 9 月 22 日，该除尘器发生整体垮塌，现场情况如图 2 所示。

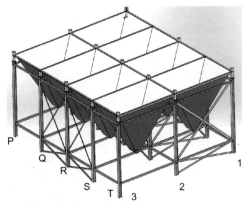

图 1　除尘器三维示意图　　　　　　　　　图 2　除尘器整体垮塌现场情况

## 2　现场检测及调查

### 2.1　垮塌后结构体位调查

　　现场采用数字无人机扫描、建模，发现除尘器上部钢壳体及顶部净气室存在东南向倾倒现象，无人机扫描图像如图 3、图 4 所示。

| 图3 上部结构纵向体位 | 图4 上部结构横向体位 |

## 2.2 构件破损情况调查

现场调查结果表明，除尘器下部钢支架立柱构件变形、扭曲、折断，部分柱顶横支撑变形、沿焊缝连接处脱开，底梁扭曲、灰斗变形，上部本体钢壳体竖向撕开，部分柱底支座剪切破坏。现场情况如图5所示。

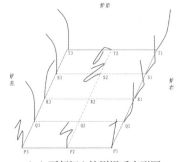

（a）下部钢立柱倒塌后变形图

（b）底梁扭曲变形

（c）钢梁支座脱落、变形

（d）灰斗变形破损

图5 倒塌后构件破损情况

## 2.3 施工质量缺陷检测

现场检测结果表明，除尘器下部钢支架撑杆连接焊缝已锈蚀脱开、焊脚高度不足8mm，下部钢支架立柱盖板焊缝未开坡口、锈蚀，中部钢底梁对接焊缝未焊透、咬边，多处灰斗上口与钢底梁竖直加强筋连接焊缝为单面焊接，未按设计要求双面焊接[4]。

## 3 倒塌计算分析

### 3.1 ANSYS 模型

采用大型通用有限元软件 ANSYS 对除尘器整体建模进行静力计算分析，梁、柱、支撑采用梁单元，灰斗、封板采用壳单元。材料选用 Q235 钢，本构关系采用双线性模型，弹性模量206GPa，泊松比0.3，屈服应力235MPa，屈服后切线模量6100MPa，所建 ANSYS 模型如图6所

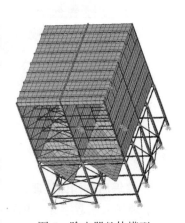

图6 除尘器整体模型

示。分别分析三种工况作用下除尘器整体应力状态：工况一，考虑施工质量缺陷的正常运行状态；工况二，考虑施工质量缺陷的高料位运行状态；工况三，不考虑施工质量缺陷的高料位运行状态。

### 3.2　工况一计算结果

验算结果表明，壳体框架、底梁最大应力均小于 Q235 钢屈服强度，钢支架立柱、钢支架横斜撑最大应力小于考虑焊接质量缺陷折减后的材料屈服强度。在工况一荷载作用下，除尘器结构无整体垮塌风险。

### 3.3　工况二计算结果

验算结果表明，壳体框架、底梁最大应力均小于 Q235 钢屈服强度，钢支架上部横撑最大应力（59.9MPa）大于考虑焊接质量缺陷折减后的材料屈服强度（42.3MPa），该部分横撑失效。进一步计算后，发现部分底梁支座与钢支架立柱脱离，继而开展了支座脱离模型的受力分析。第三步计算结果表明，部分立柱最大应力大于 Q235 钢屈服强度，进而引起结构整体垮塌。结构应力云图如图 7 ~ 图 9 所示。

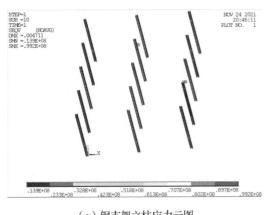

（a）钢支架立柱应力云图

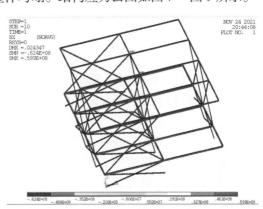

（b）钢支架横、斜撑应力云图

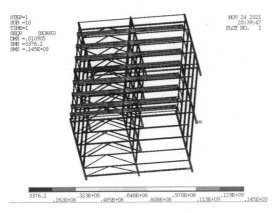

（c）壳体框架应力云图

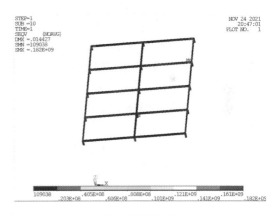

（d）底梁应力云图

图 7　工况二荷载作用下结构应力云图

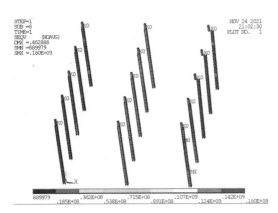

图 8　部分支座与钢支架立柱脱离图

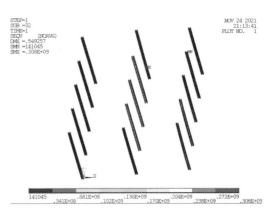

图 9　考虑支座脱离后钢支架立柱应力云图

### 3.4 工况三计算结果

验算结果表明，壳体框架、底梁最大应力均小于 Q235 钢屈服强度，钢支架立柱、钢支架横斜撑最大应力小于考虑焊接质量缺陷折减后的材料屈服强度。在工况一荷载作用下，除尘器结构无整体垮塌风险。

## 4 垮塌原因分析

根据现场调查检测结果，结合有限元模拟计算，分析该除尘器整体倒塌机制为：在高及偏心料位等作用下，由于施工质量缺陷（焊缝不焊透、焊缝长度不足、安装误差等）的存在，钢支架的部分横撑与立柱之间的对接焊缝抗力小于荷载效应，从焊缝处被拉断，退出工作，导致约束效果降低，进而使部分壳体和灰斗的支座（R1、S1、T1）与钢支架立柱脱离，钢支架的内力重分布，致使 2 列柱受到的荷载效应增大，T2、S2 柱荷载效应大于其抗力，发生压屈破坏，最终引起结构整体垮塌[5]。

## 5 结语

（1）各类钢结构构（建）筑物施工过程中，各类钢构件连接处焊缝施工质量若不满足设计及相应规范要求，将导致钢结构部分构件失效甚至整体倒塌；由此，施工过程中的焊缝质量应充分引起工程参建各方的高度重视。

（2）除尘器长期处于高料、偏心料工况作用，是本次除尘器倒塌事故的次要原因；工业设备高负荷运行时，使用单位应加强巡视，发现隐患及时处理。

（3）有限元软件可充分计算各类钢结构构（建）筑物在不同工况作用下的结构应力，对各类工程建设事故分析及后续处理提供有效帮助。

**参考文献**

[1] 杨姝姮，陈志华，闫翔宇，等.某钢结构厂房倒塌事故分析 [J]. 工业建筑，2017，47（08）：190-193.

[2] 韩建强，谢俐，陈刚.某钢结构房屋倒塌事故分析及思考 [J]. 钢结构，2014，29（02）：48-52.

[3] 焦晋峰，雷宏刚.山西某焦化厂焊接空心球节点钢结构栈桥倒塌事故原因分析 [J].建筑结构学报，2010，31（S1）：103-107.

[4] 中华人民共和国住房和城乡建设部.钢结构工程施工质量验收标准：GB 50205—2020[S].北京：中国计划出版社，2020.

[5] 中华人民共和国住房和城乡建设部.钢结构设计标准：GB 50017—2017[S].北京：中国建筑工业出版社，2018.

# 某框架结构改造后填充墙开裂原因分析及处理

## 朱来新　陈海斌

上海同丰工程咨询有限公司　上海　200444

**摘　要：**因功能上无法满足使用者需求而进行改造的老旧房屋日益增多，随之而来的各种建筑病害也逐步增多。结合工程实例，针对某框架结构经改造后新增填充墙出现开裂现象，对其裂缝成因进行分析，并提出处理措施及建议，供类似工程参考。

**关键词：**框架结构；填充墙；墙体开裂；水泥砖；膨胀性物质

随着城市的发展，某些老旧房屋的功能已经无法满足使用者需求，改造工程日益增多，然而有时会存在未经正规设计、施工偷工减料、工程无监管等现象，从而引发的各种建筑病害也逐步增多。既有建筑的病害中，框架结构填充墙开裂是较为常见的，这些裂缝的存在使墙体的安全性、耐久性受到影响，也给业主在感观上造成不良影响。填充墙开裂受到主体结构、砌筑材料和砌筑质量、外界环境等方面的影响，较难判断和处理，给房屋使用方和后续维修处理造成一定的困难。本文结合工程实例，针对某框架结构经改造后新增填充墙墙体出现开裂现象，对其裂缝成因进行分析，并提出处理措施及建议，供类似工程参考。

## 1　工程概况

某 5 层框架结构办公楼，建造于 20 世纪 70 年代，框架柱距主要为 6.0m、6.8m、7.2m 等，层高均为 3.5m，框架柱截面尺寸主要为 400mm×400mm、400mm×550mm 等，框架梁截面主要尺寸为 300mm×850mm（花篮梁）、300mm×650mm 等，次梁截面尺寸主要为 250mm×500mm 等，各层楼面板及屋面板主要采用预制板。

由于使用功能的需求，业主 2012 年对房屋 1-6/A-D 轴区域进行了改造，改造内容主要为将 1-3/C-D 轴区域改造为卫生间，南立面新增填充墙。房屋改造后标准层建筑平面布置图如图 1 所示。2016 年起，该区域新增墙体出现大面积开裂，已影响到房屋的正常使用。

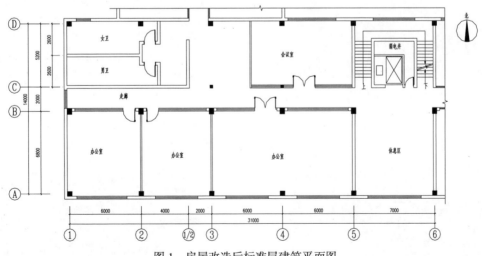

图 1　房屋改造后标准层建筑平面图

## 2　现场检测情况

### 2.1　改造情况调查

由于业主未能提供房屋的改造图纸，现场对改造情况进行调查，结果表明，2012 年改造中将

1-3/C-D 轴区域 2～5 层原预制板拆除，新增烧结普通砖砌墙体，对应楼层处新增现浇板直接作用于新增砖墙及原框架梁上，即 1-（1/2）/C-D 轴新增墙体由填充墙改为承重墙，形成框架、砌体混合承重结构体系，其中 1-（1/2）/C 轴新增墙体于 2/C 轴处支承于原始结构框架梁（2/B-D 轴梁）上；房屋南立面新增水泥砖砌墙体，作用于 1-6/A 轴框架梁上，房屋改造后标准层新增墙体平面布置图如图 2 所示。

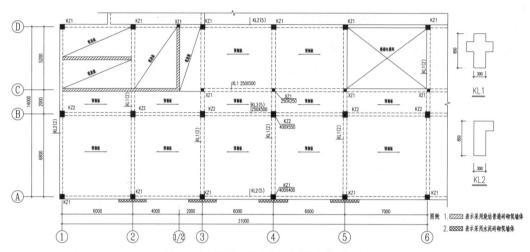

图 2　房屋改造后标准层新增墙体平面图

## 2.2　墙体裂缝调查

对墙体的开裂情况进行调查，发现卫生间各层 1-（1/2）/C 轴及（1/2）/C-D 轴（卫生间南墙及东墙）新增墙体开裂，4、5 层墙体开裂较为严重，主要表现为卫生间东墙（（1/2）/C-D 轴）墙体出现南高北低斜裂缝，卫生间南墙（1-（1/2）/C 轴）墙体出现东高西低斜裂缝，裂缝均为贯穿性裂缝，如图 3、图 4 所示。

图 3　（1/2）/C-D 轴墙体出现南高北低斜裂缝

图 4　1-（1/2）/C 轴墙体出现东高西低斜裂缝

除卫生间墙体裂缝外，调查发现南立面改造新增填充墙体普遍存在大面积开裂，裂缝分布在整片墙体上，多为竖向裂缝，基本为贯穿性裂缝，如图 5～图 8 所示，改造前原有填充墙体未发现明显开裂。

图 5　南立面填充墙典型裂缝（一）

图 6　南立面填充墙典型裂缝（二）

图7　南立面填充墙典型裂缝（三）　　　　　　图8　南立面填充墙典型裂缝（四）

## 2.3　墙体材质调查

现场对墙体进行开凿调查，调查表明，各层卫生间（1-3/C-D轴区域）新增墙体采用烧结普通砖砌筑；南立面新增填充墙均采用水泥砖砌筑，水泥砖规格为240mm×115mm×53mm标准砖，墙体砌筑砂浆与水泥砖已黏为一体，水泥砖开裂酥松，已不成块状，且水泥砖中含有白色颗粒的异常物质，对水泥砖中白色颗粒能谱分析证明白色物质主要为MgO、CaO等，如图9、图10所示。

图9　水泥砖开裂酥松　　　　　　　　　　图10　水泥砖中白色颗粒

## 2.4　变形检测

现场采用全站仪对房屋外墙棱线进行了倾斜测量，检测结果显示，各角点南北方向均向北倾斜，倾斜率在2.3‰～3.3‰之间，平均倾斜率为2.8‰；西南角点东西方向向西倾斜，倾斜率为4.3‰，目前房屋整体倾斜率较小。

# 3　墙体开裂原因分析

## 3.1　烧结普通砖墙开裂原因分析

卫生间东墙（1/2）/C-D轴出现南高北低斜裂缝，卫生间南墙1-（1/2）/C轴出现东高西低斜裂缝，且4、5层墙体开裂较为严重，由墙体开裂特征并结合房屋改造后的结构特点可知，这些墙体的开裂是由于新增砖砌墙体由填充墙改为承重墙，而墙体所在区域现浇楼板与原结构预制板断开，仅在2/C轴处受到原结构梁（2/B-D轴框架梁）的支承，上述新增墙体在楼面荷载、自重荷载的作用下，必然会产生一定的沉降变形，而该沉降变形又受到了原框架结构的约束，导致上述墙段中（1/2）/C轴处沉降大于其他部位，从而在墙体中产生约束应力造成开裂，由于在上部楼层的墙体与框架之间的相对变形累计较大，因此上部楼层墙体的开裂相对严重。

## 3.2　水泥砖墙开裂原因分析

水泥砖是以水泥、粉煤灰拌和石屑、砂砾或矿渣等废物再利用的材料经挤压成型并养护后制成的一种新型墙体材料，是一种环保节能砖。本工程采用的水泥砖内含有膨胀性矿物，这些CaO、MgO等白色颗粒异常物质会吸水膨胀，生成Mg(OH)$_2$、Ca(OH)$_2$晶体，产生吸水膨胀力。研究表明，在一定温度湿度下，几年时间内MgO转变为Mg(OH)$_2$能产生117%的体积膨胀，这种膨胀爆裂属于应力破坏，最大膨胀应力远大于砌体的抗拉强度。实际工程中由于CaO、MgO的水化反应较慢，往往造成墙体几年后才会开裂。

矿（钢）渣往往会含有游离 CaO、游离 MgO 等不安定物质，推断该水泥砖可能使用了钢渣。许多水泥砖厂家会使用矿（钢）渣，并未检测其氧化镁或体积安定性指标，若使用体积安定性不合格的钢渣，则易造成危害。

新增水泥砖砌墙体的水泥砖含有 CaO、MgO 等白色颗粒的膨胀性物质，其持续水化膨胀是造成水泥砖墙体开裂的主要原因。

## 4  处理措施

框架结构和砌体结构是两种性质截然不同的结构体系，两种结构体系所采用的承重材料的特性也完全不相同，两种结构的变形能力、抗侧刚度等结构特性差异很大，本工程改造后卫生间区域采用砌体墙和框架混合承重，影响结构的安全及抗震性能。对于卫生间墙体，建议拆除重砌，对应位置原结构新增梁，使其成为填充墙，墙体建议使用轻质材料。

南立面水泥砖砌填充墙开裂虽不影响主体结构的安全，但会影响房屋的正常使用，由于水泥砖存在材料方面的质量问题，建议对南立面水泥砖砌墙体整体拆除后选用材料合格的砖（砌块）重新恢复，并加设拉结钢筋与原框架梁柱连接以提高其抗裂措施。

## 5  结语

通过对某框架结构改造后填充墙开裂成因进行分析，得出卫生间烧结普通砖砌墙体开裂主要是改造中新增墙体由填充墙改为承重墙，产生的沉降受到原框架结构的约束，两者之间产生变形差；南立面新增水泥砖砌墙体开裂主要是水泥砖含有 CaO、MgO 等白色颗粒的膨胀性物质，其持续水化膨胀所造成；并提出了处理措施及建议，可为类似工程参考。

本工程墙体开裂的教训提示我们，改造应委托有资质的设计与施工单位进行。随着国家节能减排工作的开展及墙体材料的改革，水泥砖等新型墙体材料得到大力推广，在生产过程中，建议对水泥砖的膨胀性物质含量进行检测和控制，增加体积安定性指标，保证房屋的正常使用。

**参考文献**

[1] 王铁梦. 工程结构裂缝控制 [M]. 北京：中国建筑工业出版社，1997.

[2] 何星华，高小旺. 建筑工程裂缝防治指南 [M]. 北京：中国建筑工业出版社，2005.

[3] 中华人民共和国住房和城乡建设部. 民用建筑可靠性性鉴定标准：GB 50292—2015[S]. 北京：中国建筑工业出版社，2016.

[4] 中华人民共和国住房和城乡建设部. 建筑结构检测技术标准：GB/T 50344—2019[S]. 北京：中国建筑工业出版社，2020.

# 某车间开洞加劲楼板受迫振动分析及减振设计

赵佳彦[1] 刁 谡[1,2] 孟 腾[2]

1. 山东建筑大学工程鉴定与加固研究院有限公司 济南 250013
2. 山东建筑大学土木工程学院 济南 250102

**摘 要:** 工业建筑中的开洞加劲楼板结构动力特性复杂,容易在机器周期性扰力作用下产生较大振动。某石料筛分车间在三台筛分机运行时,其楼板竖向振动产生的振动速度峰值为 36.76mm/s,大于《建筑工程容许振动标准》(GB 50868—2013)规定的限值 10.0mm/s;通过 ANSYS 有限元软件进行建模分析,采用增加加劲梁刚度等方法进行减振控制后,楼板竖向振动产生的振动速度峰值为 9.31mm/s,减振效果明显,能够满足规范要求。

**关键词:** 开洞加劲板;受迫振动;减振设计;有限元分析

## 1 工程概况

某石料筛分车间为钢筋混凝土框架 – 剪力墙结构,于 2019 年竣工。混凝土设计强度等级为:顶板采用 C30,其余部分采用 C40,框架结构采用 C35。

投产后发现该工程储料库 35.00m 标高以上二级筛分平台圆振动筛运行时,筛分平台出现明显振动。为分析振动原因,委托单位委托我院对该筛分平台进行振动测试。该筛分平台共有 3 个圆振动筛,自南向北编号分别为 1 号筛、2 号筛、3 号筛。根据现场的设备铭牌,所用圆振动筛的主要技术参数见表 1。

**表 1 圆振动筛主要技术参数**

| 设计型号 | JS2YZ3080 | 设计转速 | 860r/min |
|---|---|---|---|
| 配备动力 | 45kW | 整机质量 | 18000kg |

## 2 振动检测

### 2.1 测点布置及工况说明

根据现场实际情况,我院工程技术人员在该筛分平台 35.00m、40.80m、48.30m 标高分别布置拾振器,对不同开机工况,用 DH5922N 动态信号测试仪进行水平(东西向、南北向)及竖向速度的测试,测位平面布置示意图如图 1 所示,工况情况见表 2。

**表 2 圆振动筛开机工况**

| 工况编号 | 1 号筛 | 2 号筛 | 3 号筛 | 共计 |
|---|---|---|---|---|
| 1 | √ | | | 1 台 |
| 2 | √ | √ | | 2 台 |
| 3 | √ | √ | √ | 3 台 |
| 4 | | √ | √ | 2 台 |
| 5 | | | √ | 1 台 |
| 6 | √ | | √ | 2 台 |
| 7 | | √ | | 1 台 |
| 8 | √ | √ | √ | 3 台 |

注:工况 1~工况 7 为不带料运行,工况 8 为带料运行。

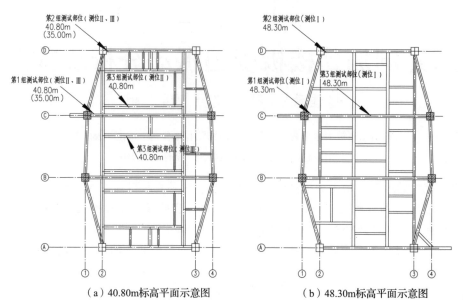

（a）40.80m标高平面示意图　　（b）48.30m标高平面示意图

图1　测位平面布置示意图

## 2.2　超限振动速度对应测点及工况

《建筑工程容许振动标准》（GB 50868—2013）中第 5.11.1 条规定："冶金工业用的直线型振动筛、圆振动筛和共振筛，在时域范围内的水平和竖向容许振动速度峰值应取 10.0mm/s"。

本次采集的振动速度实测值显示：

（1）各工况下圆振动筛支座处的最大竖向振动速度皆超过规范限值，其中最大值为 −36.78mm/s，为工况 3（3 台圆振动筛同时开机，空载）时在标高 40.8m 处 3 号筛南侧西支座处测得。工况 8（3 台圆振动筛同时开机，满载）时在相同标高位置的振动略小，但是仍为限值的约 3.6 倍。见表 3～表 4。

表 3　工况 3 时 C～1-4 梁跨中、振动筛支座处振动速度检测结果

| 测位 | 振动方向 | 峰值速度（mm/s） | 谷值速度（mm/s） | 特征频率（Hz） |
|---|---|---|---|---|
| Ⅱ号测位 | 竖向 | 36.76 | −36.78 | 14.65 |
| | 水平（南北） | 2.70 | −2.56 | 14.65 |
| | 水平（东西） | 5.08 | −5.15 | 14.65 |

表 4　工况 8 时 C～1-4 梁跨中、振动筛支座处振动速度检测结果

| 测位 | 振动方向 | 峰值速度（mm/s） | 谷值速度（mm/s） | 特征频率（Hz） |
|---|---|---|---|---|
| Ⅱ号测位 | 竖向 | 35.49 | −35.59 | 14.65 |
| | 水平（南北） | 2.32 | −2.51 | 14.65 |
| | 水平（东西） | 5.05 | −5.37 | 14.65 |

（2）工况 3、工况 4、工况 8 时，48.30m 标高 C～1-4 梁跨中竖向振动速度轻微超过规范限值（分别为 10.08mm/s、10.80mm/s、12.79mm/s）。

## 3　动力特性有限元分析

### 3.1　有限元建模

基于筛分平台提供的结构设计图纸，利用 ANSYS 分析软件建立标高在 35.00m、40.80m、48.30m 处约束条件，基座梁板实体模型等输入信息，尤其是在标高 40.80m 处的放置三台筛分装置的称重楼板，采用 1∶1 的比例，建立真实的梁板模型，以便有效模拟设备的结构及工作状态。建模过程中，由于一些局部板的缩进凸出，以及外置楼梯、预埋套管等附属设施及开设的小孔对整体的影响不大，故忽略不计，只建立仪器支座点、主梁次梁及板面的立体模型。分析中采用由点连线，由线建面，再由面进行布尔加减运算得到整体结构的自下而上的建模方式。

由于基座板面厚度远远小于梁柱的截面尺寸，可将问题适当简化。SHELL63 单元具有弯曲能力和轴向力，既能承受平面荷载，也能承受法向荷载，在每个节点处有 6 个自由度，单元也可有任何的空间定位。SHELL63 单元具有刚度、挠度和应力强化等能力，在建立有限元模型时，基础板面采用四节点的 SHELL63 单元，这样模型在满足精度要求的情况下将进一步提升运算效率。

为了解混凝土主次梁及承重柱结构的受力机理和振动过程，使用 beam188 单元来模拟钢筋混凝土梁柱，该类型单元是专为梁柱等长宽比较大的结构设计的单元。它可以模拟混凝土中的不同型号尺寸钢筋，以及材料的弯曲和轴向力等计算。每个单元有 2 个节点，每个节点有沿 $x$、$y$、$z$ 方向的三个自由度及三个转动自由度。

在建模时先建立梁板柱在标高 40.80m 处的关键点，在三部筛分机的四个支座处共 12 个位置设计 Mass21 质量单元，根据机器质量 1800kg 及满载砂石的称重情况，赋予质量单元不同的质量实参数；再连接关键点得到主次梁和柱，根据平面梁板的结构图纸，赋予梁截面及柱截面不同尺寸参数，共九种；再通过关键点建立相应的楼板几何模型，其中 40.80m 标高处板厚为 300mm，48.30m 处板厚为 120mm；最后指定线的划分份数，将整体结构的几何模型转化为有限元模型。

在有限元计算时，将筛分机等振动源视为刚体，将与标高 35.00m 柱基支座单元的 $x$、$y$、$z$ 三个自由度全部约束。

由于三台机器的相位差，在前述报告中对振动的情况有所描述，根据最不利荷载情况，尝试进行施加满载情况下三台筛分机同步运转的情况。分别就结构自振频率与振动响应进行计算。

有限元模型如图 2、图 3 所示。

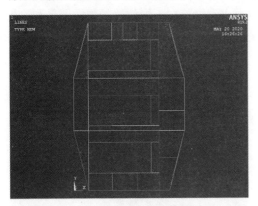 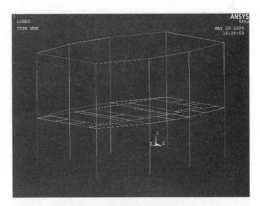

图 2　40.80m 主次梁建模情况　　　　　　　图 3　3D 有限元模型显示

## 3.2　结果分析

首先对上述结构有限元模型进行模态分析，图 4 ～图 7 给出了结构中前 4 阶振动模态的振型和自振频率。前四阶振型描述如下：

（1）第一阶振型自振频率为 2.80Hz，表现为东西向的水平振动。

（2）第二阶振型自振频率为 2.85Hz，表现为标高 48.30m 处楼板和 40.80m 处楼板的局部振动。

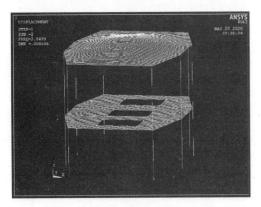 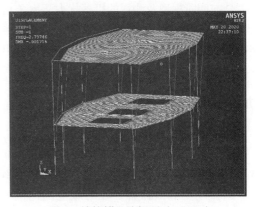

图 4　结构第一阶振型（2.80Hz）　　　　　　图 5　结构第二阶振型（2.85Hz）

（3）第三阶振型自振频率为 3.04Hz，表现为南北向的水平振动。

（4）第四阶振型自振频率为 2.42Hz，表现为每层楼板的扭转。

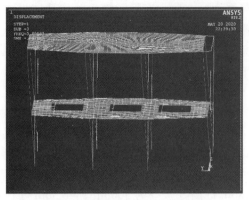 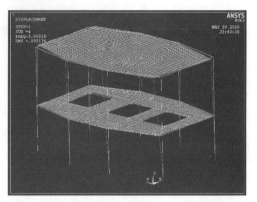

图 6　结构第三阶振型（3.40Hz）　　　　图 7　结构第四阶振型（2.42Hz）

建模后，在 3 个基座，每个基座四个支撑部位施加周期性（14.33Hz）的扰力，对本次测试的振动位移进行模拟，得到了结构在东西向和南北向最大整体振动情况（图 8、图 9）。其中，南北向最大振动位移为 0.070mm（检测结果积分为 0.076mm），东西向最大振动位移为 0.072mm（检测结果积分为 0.077mm），竖向最大振动位移为 0.390mm（检测结果积分为 0.393mm），由于结构整体在南北向和东西向刚度较竖向刚度大，这两个方向的振动位移值相对较小，相对梁板竖向较整体两个方向刚度小，因此其振动影响会较大。在弹性范围内分析，由于忽略了因混凝土裂缝等在不同位置的弹性模量和泊松比产生的改变，同时对板、梁、柱连接节点处考虑为完全固接，造成的刚度偏大，所以模拟位移结果偏小。

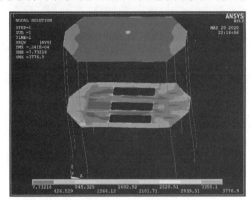 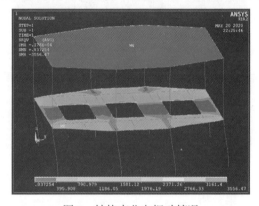

图 8　结构东西向振动情况　　　　图 9　结构南北向振动情况

在梁板构件中有限元模拟的结构与实测积分结果吻合度较好，主要是竖向振动部分为梁板的局部振动情况，约束影响相对整体结构较小。分析该结果：在 40.80m 标高层西侧边柱，以及中部板跨振源附近处振动较大的原因为该区域梁板刚度偏小导致，另外西侧整体刚度偏小也对其有一定影响（图 10）。

综合前四阶振型及测得的机器扰力频率（14.40 ～ 14.60Hz），分析认为：该厂房结构在各阶自振频率附近存在共振现象不明显，各向振动的动力学相应放大系数较小。

## 4　加固设计

### 4.1　加固设计目标

根据《建筑工程容许振动标准》（GB 50868—2013）中第 5.11.1 条规定："冶金工业用的直线型振动筛、圆振动筛和共振筛，在时域范围内的水平和竖向容许振动速度峰值应取 10.0mm/s"。

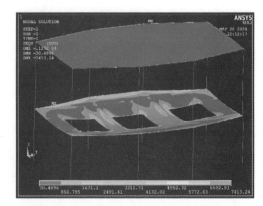

图 10　结构 40.80m 处楼板竖向振动情况

根据现场采集的振动数据及动力特性分析，可确定如下加固目标：

（1）35.0m 和 48.3m 处结构各方向振动较小，虽然个别位置竖向振动速度略有超限，但是测得幅度较小且现场感觉不明显，因此这两处标高位置梁板结构不考虑加固。

（2）东西向及南北向水平振动均无超限，因此柱的抗侧力刚度足够，不考虑柱的加固。

（3）3 台圆振动筛同时开机（空载工况 3，满载工况 3）时，在标高 40.8m 支座处的最大竖向振动速度最大，最大值为 36.78mm/s，对应振幅位移为 0.412mm，超过规范限值 2.68 倍。其他工况下竖向振动也有超限问题，因此加固考虑为标高 40.8m 处梁的刚度增加方案，使得激励频率在 14.65Hz 下的峰值位移将为 0.100mm 以下，对应速度小于 10.0mm/s。

### 4.2 加固设计方案

座下梁的加宽及整体性加固（图 11）：

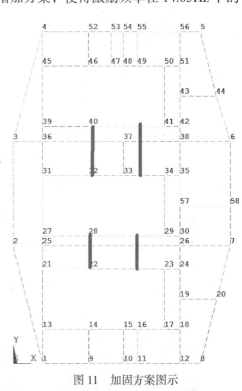

图 11　加固方案图示

45 ~ 51、13 ~ 18 两根靠近边跨的支座梁因有多条南北向短梁（例如 46 ~ 52、47 ~ 53、9 ~ 14、10 ~ 15 等），结构整体性较好，实测数据及模拟竖向振动幅值较小（图 12），满足规范要求，可不考虑加固。

39 ~ 42、31 ~ 35、27 ~ 30、21 ~ 24 四根位于中部的支座梁，因自身刚度不足以及与 3 ~ 4、2 ~ 7 两根主梁的连接整体性较差，造成较大的振动。这四根梁截面尺寸为 400mm × 1100mm，因为 1 ~ 4、12 ~ 56 两根南北向主梁的截面尺寸为 400mm × 1200mm，考虑到加固梁的端部连接，所以如果考虑增加梁高的话，四根支座梁只能增加约 100mm，刚度增加很小。因此采用 39 ~ 42、31 ~ 35、27 ~ 30、21 ~ 24 四根位于中部的支座梁增加梁宽的加固方式。

根据楼板开孔及梁的具体位置，具体采用如下加固方案：

39 ~ 42、31 ~ 35 加宽 600mm，截面变为 1000mm × 1100mm，其中 39 ~ 42 加宽后与主梁 3 ~ 6 完全连接。

27 ~ 30 加宽 220mm 与主梁 2 ~ 7 完全连接。

21 ~ 24 因板留空洞要求，加宽 300mm，截面变为 700mm × 1100mm。

新增 22 ~ 28 等四根粗线标记的短梁（图 12），截面为 400mm × 600mm，增强四根支座梁与主梁连接的整体性。

### 4.3 有限元加固方案验算

利用有限元软件 ANSYS 进行标高 40.8m 梁板结构的谐响应分析，对比图 13 所示的测量点 32 处振动最大位置加固前后的振幅位移（实测值积分为 0.412mm），验算加固设计方案是否满足设计目标的要求。

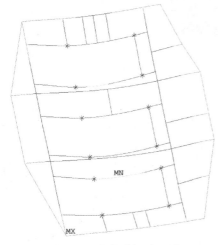

图 12　竖向位移振动云图

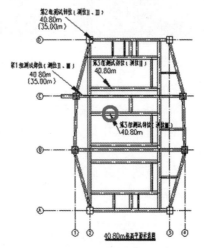

图 13　验算测位示意图

在激励频率 14.65Hz 附近，振幅位移谐响应分析结果为 0.422mm，如图 14 所示，与实测值接近，模型有效。按照上述加固方案进行支座梁截面的调整和短梁单元的添加，加固后振幅位移最大值谐响应分析结果为 0.103mm，如图 15 所示，对应响应频率为 13.81Hz，在激励频率 14.65Hz 处，振幅为 0.523mm，均满足设计要求。

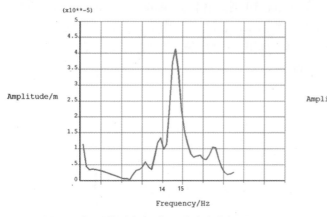

图 14　加固前测点 32 位置谐响应分析图　　　图 15　加固后测点 32 位置谐响应分析图

## 4.4　加固后现场实测结果

根据设计进行加固后，对现场振动再次进行测量。此时混凝土龄期约为 7～8d，回弹强度约达到 C35 等级。现场加固情况如图 16、图 17 所示。

在该筛分平台 40.80m 标高处东侧沿南北向分别布置拾振器，对不同开机工况，用 DH5922N 动态信号测试仪进行竖向速度的测试，测位平面布置示意图如图 18 所示，工况均为三台圆振动筛同时空载开启，稳定运行约 5min。

  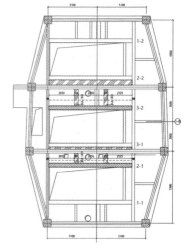

图 16　混凝土新加梁　　　　　图 17　新加梁端部情况　　　　　图 18　测位平面布置示意图

本次采集的振动速度实测值显示：

（1）加固后所有位置的振动速度均有明显降低，其中 2 号、3 号圆振动筛支座处的最大竖向振动速度满足规范限值，其中最大值为 9.30mm/s。1 号筛东南角处振动略微超过规范限值 10.0mm/s，为 9.31mm/s。

（2）整体情况为中部加固区振动减弱较多，南北两侧振动稍大。尤其是 1 号筛东侧及南侧由于振动导致舒适感较差。

## 5　结论

根据现场采集的振动数据及动力特性分析，可得出如下结论：

（1）加固后 40.80m 层整体结构振动速度削减达到设计目标，低于规范限值，因此结构整体满足安全要求，三台筛分机均具备正常生产条件。

（2）加固新浇混凝土龄期较短，设计值为 C40 等级，目前约为 C35，在达到 27d 龄期后，加固梁强度会提升，振动情况会进一步改善。

（3）为提高 1 号筛东侧及南侧振动引起的舒适性差的问题，建议可尝试在 1 号筛支座及周边进行堆载处理。

## 参考文献

[1] 孙丕忠，唐乾刚，孙世贤. 弹性矩形板非线性振动的多模态解 [J]. 上海力学，1994，15（2）：34-39.

[2] 钟炜辉，郝际平，雷蕾，等. 非线性弹性矩形板的自由振动精确解研究 [J]. 振动与冲击，2008，27（1）：4.46-48，60.

[3] 韩强. 非线性弹性矩形板的自由振动 [J]. 华南理工大学学报：自然科学版，2000，28（7）：78-82.

[4] 郑利锋，张年梅. 大挠度矩形板的强非线性振动分析 [J]. 太原理工大学学报，2008（S2）：291-294.

[5] 中华人民共和国住房和城乡建设部. 建筑楼盖结构振动舒适度技术标准：JGJ/T 441—2019[S]. 北京：中国建筑工业出版社，2020.

[6] 康永君，张晋芳. 建筑设计子结构精细化分析——基于 SAP2000 的有限元求解 [M]. 北京：中国建筑工业出版社，2019.

[7] 李爱群，陈鑫，张志强. 大跨楼盖结构减振设计与分析 [J]. 建筑结构学报，2010，31（6）：160-170.

[8] 张志强，胡心一，张相勇，等. 青岛北站西广厅减振设计 [J]. 建筑结构，2013，43（23）：17-22，46.

# 既有办公建筑绿色智慧改造综合技术研究

刘　赟

甘肃省建筑科学研究院（集团）有限公司　兰州　730070

**摘　要：** 既有办公建筑是既有建筑中存量最大的建筑类型之一。兰州地处西北内陆，受到自身地形和气候条件限制，自然资源和能源较为匮乏，同时，作为工业城市，既有办公建筑存量大、能耗高，对城镇化发展极为不利。本文以兰州市建研大厦绿色改造项目为例，阐述了既有办公建筑绿色改造的基本步骤，介绍了基于兰州市气候条件、人文经济等因素的绿色建筑技术选择，并且针对办公建筑的特性，打造了建筑智能化平台。从而有效地提升办公品质，为使用者提供绿色、舒适、便捷的办公环境。

**关键词：** 既有办公建筑；绿色改造；建筑智能平台

我国每年拆除大量的既有建筑。拆除建成时间较短的建筑，不仅会造成生态环境破坏，也是对能源、资源的极大浪费。通过对既有建筑实施绿色改造，不仅可以提升既有建筑的性能，而且对节能减排也有重大意义。目前，国外经济发达地区已经从大规模新建建筑进入既有建筑改造阶段，我国也正处于新建建筑向既有建筑改造的转换阶段。近年来，甘肃省既有建筑改造工作主要包括建筑节能改造、由于使用功能发生变化的工程改造、建筑结构加固改造等，涉及整体绿色改造的既有建筑项目较少，而既有办公建筑作为既有建筑中存量最大的建筑类型之一进行绿色化改造的项目屈指可数，因此在甘肃省进行既有办公建筑的绿色化改造的示范意义重大。

## 1　项目概况

为适应公司发展规模，推进各业务板块的协调发展，甘肃省建筑科学研究院集团有限公司（以下简称甘肃建科院）购置了位于兰州市安宁区一既有建筑作为新办公大楼。为了打造绿色、舒适、便捷、高效的办公环境，提高员工的办公效率，甘肃建科院于2019年决定对此建筑进行绿色改造，并对项目命名为建研大厦绿色智慧科研综合楼改造工程。整体改造目标是：绿色智慧科研综合楼。改造完成后拟将其打造成为既有建筑绿色化改造示范工程、国家绿色建筑三星级项目。

该项目位于兰州市安宁区北滨河路以北，宝石花路以西；项目地下2层，地上12层；地下为地下车库及设备用房，地上为办公、展厅及活动用房；建筑高度为48.81m，为二类高层公共建筑。地上耐火等级为一级；地下耐火等级为一级。抗震设计按八度设防。地下室面积：3079.08m²；地上建筑面积：14674.25m²；用地规划容积率为3.50%，绿地率31.0%。

## 2　改造前评估与规划

项目初始，公司组建了规划、设计、科研团队，对建筑整体性能提升和办公环境进行改造与规划。针对项目已有信息，对原建筑开展各类专项评估，主要涉及结构、非结构构件安全评估、围护结构保温系统核查、暖通空调系统的节能诊断以及水资源利用状况的评估等。其中，非结构构件的安全评估主要是考虑到外墙、内墙、女儿墙、幕墙、吊顶、门窗、雨篷、散水及设备支架等构件自身的安全性以及在改造过程中可能对其产生影响；节能诊断主要目的是对原建筑梳理能源能耗流向，摸清能源计量现状，排查主要能耗设备，挖掘节能潜力。

## 3　绿色改造技术措施

兰州市属建筑气候分区的寒冷地区，遵循因地制宜的原则，结合办公建筑的特性及兰州市环境、资源、经济、文化等特点，进行绿色适宜技术的筛选。经过反复比选，最终，拟打造四大平台，选用二十余项绿色建筑技术，分两个阶段实施，践行建研大厦绿色智慧改造（图1）。

图 1　选用绿色技术

### 3.1　绿色改造设计

项目基于绿色建筑设计理念，按照《既有建筑绿色改造评价标准》（GB/T 51141—2015）的评价要求进行预评价，即在满足基本规定的基础上，从规划与建筑、结构与材料、暖通空调、给水排水、电气、施工管理、运营管理 7 类指标开展自评。本文仅从与改造相关的 4 类指标进行叙述。

（1）规划与建筑

空间功能整合。既有建筑绿色改造设计首先必须满足使用者需求，对原建筑空间进行功能整合并根据新的使用者需求重新区划。本项目空间功能整合时采取在不破坏原有建筑结构与外观的基础上适当调整改变室内格局的方式，将办公区、接待区、试验区、后勤区适当独立，合理区划，并按各部门、单位人员配置情况综合规划好办公区域。

合理设置车位。在场地的人行入口增加自行车棚，方便员工绿色出行；利用地下室原有车库作为办公的停车场地，设置专用办公停车车位。

增设吊顶、专项会议室隔声设计、更换内门，达到绿色建筑房间隔声性能要求。

由于该建筑南临交通主干道，因此在建筑南侧设置隔离绿化带，降低场地内噪声。

为改善地下空间的天然采光效果，增加导光管采光系统。

（2）暖通空调

设置了多联式空调（热泵）机组，能效指标为 3.3、3.5、3.2、3.4，提高幅度为 17.9%、25%、14.3%、21.4%。燃气锅炉热效率为 92%。提高幅度为 4.5%。采用的智能型变制冷剂流量多联分体式集中空调系统（VRV）；空调室内机选用天花板内置薄型风管机（图 2）。1 ~ 4 层空调室外机放于 3 层屋面，5 ~ 12 层室外机设于 12 层建筑屋面上。空调系统可分房间控制。

| 机组类型 | 设备型号 | 额定制冷量（kW） | 能效指标 | | 提高或降低幅度（%） |
|---|---|---|---|---|---|
| | | | 设计值 | 标准要求 | |
| 多联式空调（热泵）机组 | 40HP | 113 | 3.3 | 2.8 | +17.9 |
| | 38HP | 106.5 | 3.5 | 2.8 | +25.0 |
| | 30HP | 85 | 3.2 | 2.8 | +14.3 |
| | 28HP | 78.5 | 3.4 | 2.8 | +21.4 |
| 燃油、燃气锅炉 | WNS1.4-95/70-b | | 92 | 88 | +4.5 |
| | WNS0.7-95/70-b | | 92 | 88 | +4.5 |

图 2　多联式空调机组与燃气锅炉技术指标

本项目各层设置集中新风系统，采用显热回收立式新风换气机，新风机设于新风机房内。此次设计将原有新风机进行改造，新增过滤段、湿膜加湿段、盘管段，实现新风净化、加湿功能。

（3）给水排水

本项目生活给水系统竖向分为 2 个区，1-6F 为一区，由生活用水一区加压供水设备供给，7-12F 为二区，由生活用水 2 区加压供水设备供给。系统 1～3 层、7～9 层各用水点处，水压大于 0.2MPa，配水支管均设置减压阀。

每层卫生间设置远传水表，分项计量，并将数据实时传至建筑能耗监测平台。全楼全部采用 1 级节水卫生器具，有效节约用水量。

（4）电气

本项目在每层末端"办公用电 1AW～12AW 箱""空调 1AW～12AW 箱""公区照明 1AL～12AL"设置电能计量表，实现用电分项计量，并将数据实时传至建筑能耗监测平台，实现建筑用电管理。

全楼采用高效节能型 LED 灯具，采用直接照明的方式，并采用集中、分区、分组的自动控制措施。

在屋面设置高 13.6kWP 分布式光伏发电系统，安装 340W 组建 40 套，产生电能作为办公楼自用。

### 3.2　智能平台搭建

本项目拟打造能耗监测平台、环境监测平台、结构健康监测平台、建筑智能化集成管理技术平台。其中建筑智能化集成管理平台是最大的也是最综合的一个集成平台，该平台不仅与能耗监测、环境监测、结构健康监测等平台相融合，也将光伏发电系统、除尘净化新风系统、电梯、门禁一卡通系统、视频监控系统、报警系统等进行统一的整合，为今后的各项应用建立一个统一的数字化平台，有效增强建筑科学研究多方沟通渠道，提高过程服务品质。

（1）能耗监测平台

通过对办公楼空调、照明、动力、机房等用能单位进行分层、分项计量，采集用电量、用能量并实时发布，集中反映每日（月）的逐时用电、用水、供热的数据及日同期对比数据等，诊断用能问题，提升整栋建筑的能源管理水平（图 3）。

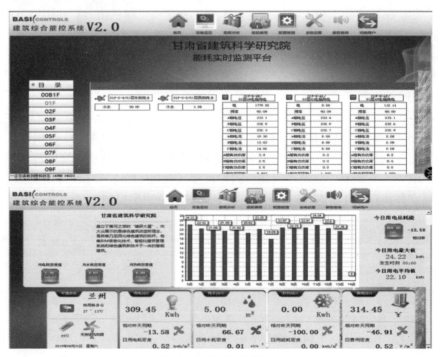

图 3　能耗监测平台界面

（2）环境监测平台

室外环境监测点设置于屋顶，采用太阳能供电，主要监测指标为可吸入颗粒物（PM2.5、PM10）、温度、湿度、风速、风向、噪声等指标。室内不同区域根据不同的使用功能设置监测点，增加了监测指标，如地下 2 层停车场针对汽车尾气设置 CO 监测点；12 层大会议室短期人员集聚场所设置 $CO_2$ 监测点；办公区域设置甲醛、氨、TVOC 等监测点。

平台对阶段性监测进行数据分析统计，定时发布评估报表。

区域数据一旦超标，系统将进行报警并与新风系统联动，配合调节室内新风量和湿度，达到降低污染物指标目的。

（3）结构健康监测系统

结合既有建筑特点，本项目建立科学、经济、合理的结构安全监测平台，实时在线监测项目关键构件应变及结构沉降、倾斜、振动，及时发现可能出现的危险点并预警，提高全楼结构安全性。系统主要由传感器系统、数据采集与信号传输系统、数据分析处理与评定系统组成，通过结构监测项的实测数据真实反映整体结构的安全状态，并对平台内海量数据分析、处理，实现远程预警，防患于未然，也为后续数据再利用、复杂结构群工作性能评价及理论研究提供科学依据。

（4）建筑智能化集成管理技术平台

该平台以 BIM 模型为载体进行集成管理，本项目涉及应用场景均可通过平台中的 BIM 模型实现远程控制；通过场景定义的"情景模式"来进行，实现方便的"一键操作"。

本项目的建筑智能化集成管理技术平台集成了视频监控系统、门禁控制系统、能源管理系统、电梯监测系统、光伏发电系统、净化新风系统、结构健康监测系统、背景广播系统、环境监测系统等 10 个有信息反馈的子系统，为改造后建筑的绿色运营提供了平台保障（图 4）。

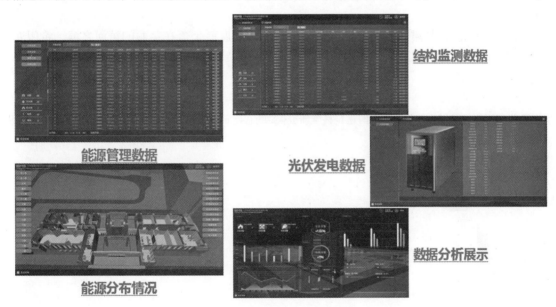

图 4　建筑智能平台运行情况

## 4　运行效果

通过对项目运行一年的监测数据分析，建研大厦室内空气污染物质量浓度基本符合相关标准要求。TVOC 和甲醛为主要室内空气污染物，利用"综合指数评价法"计算建研大厦各楼层监测点综合污染指数，其中展厅综合指数为 0.615，属于未污染程度，九层东侧电梯厅综合指数为 0.573，属于未污染程度，九层西侧电梯厅综合污染指数为 0.722，属于未污染，其他监测点位综合指数均小于 0.49，属于清洁区域。此外，甲醛、TVOC、PM2.5、PM10 具有明显的季节变化性，其中甲醛和 TVOC 表现为夏季质量浓度较高，PM2.5 及 PM10 表现为冬季质量浓度较高。$CO_2$ 浓度受室内人员密度影响较大，人员密度越大，室内 $CO_2$ 浓度越高。

在能耗方面，兰州有地处寒冷地区、夏季不炎热等地域特点。通过统计计算分析项目运行第一年的用能数据，可以看到冬季供暖能耗占总能耗比重较大，占全年能耗的 56%；而夏季空调制冷时间较少，用电主要是办公照明、插座，占总电力消耗42%。综合分析，采用单位面积运行能耗 E A 作为系统能耗强度的指标，计算得到大楼能耗强度（单位面积总能耗）为 42.1kW·h/（m²·a），达到了低能耗的效果。

在结构健康监测方面，搭建的平台数据运行稳定准确。曾在 2021 年 5 月 22 日青海果洛发生 7.4 级地震前进行了两次异常数据反馈和预警，在运行过程中发挥了监测作用。

由于大厦运行初期使用空间不够饱和，再加之新冠疫情等因素的影响，对项目整体运行数据会有所变化。但基于初期的运行数据分析结论，针对运行管理提出以下对策建议：应将绿色建筑运营管理的责任落实到具体部门，或设置专门的运营管理团队，以负责绿色建筑总体运营管理。建立健全节能、节水、节材、绿化管理、垃圾管理等规章制度和设备操作规程，以及制冷期、供暖期常规运行调节方案，并应安排人员定期检查其执行情况。鉴于工程使用实际情况，绿色建筑运行管理部门应与物业部门联合进行日常管理，不断加强巡检、保养，发挥好日常监督管理作用。对于运行管理部门及物业部门人员，建议进行定期培训，可提高人员对绿色建筑运行过程的认识，提高工作效率。

## 5 结语

本项目以甘肃建科院既有办公楼绿色改造为依托，按照绿色建筑设计理念，结合既有办公建筑信息及特点，选择较为经济、合理、高效的适宜技术，将科研与实践相结合，努力打造既有办公建筑改造示范。目前该项目已获得国家绿色建筑三星级设计标识，健康建筑二星级标识，全国绿色建筑创新奖。下一步项目团队将进一步运用信息化手段强化运营管理，助力甘肃省既有办公建筑绿色改造发展。

"黄河之滨也很美"，甘肃建科院改造办公楼——建研大厦就坐落在美丽的黄河之滨，希望通过对此既有办公建筑的绿色智慧改造，能够为黄河之滨增添一抹绿色。

**参考文献**

[1] 中华人民共和国住房和城乡建设部. 中国建筑科学研究院. 既有建筑绿色改造评价标准：GB/T 51141—2015[S]. 北京：中国建筑工业出版社，2016.
[2] 清华大学建筑学院. 绿色建筑 [M]. 北京：中国计划出版社，2008.

# 成都某深基坑大变形及其治理

舒智宏　　沈仁宝　　陈子洁　　任　鹏

四川省建筑科学研究院有限公司　成都　610084

**摘　要：** 针对成都某深基坑工程，对支护桩及周边地表进行位移监测。监测结果表明，该基坑东侧支护桩顶部水平位移超过报警值，且未见收敛迹象。根据监测结果，对现场情况进行调查，发现引起支护桩偏移的可能因素包括蓄水池渗水、支护桩后侧荷载作用、卸荷平台预留宽度不足及支护桩配筋率不足等。为了进一步确定引起支护桩偏移的主要因素，对基坑支护进行数值模拟分析。数值模拟结果表明，蓄水池渗水导致岩土体强度参数降低是引起支护桩偏移的根本因素，上部荷载作用为次要因素。同时进行基坑治理数值模拟，计算结果表明，基坑东侧桩后土体削方卸载可以有效控制基坑变形。后期监测数据显示削方卸载有效控制了基坑变形，为类似基坑工程变形研究和治理提供了研究思路。

**关键词：** 深基坑；大变形；基坑治理；数值模拟

　　随着城市人口增加，城市空间的有效利用相比以前愈发重要，地下空间开发也成为当前工程研究热点之一[1]。在此背景下，现代高层建筑基坑也呈现出更大、更深、更长的特点[2-3]，同时也为地下多层建筑施工提出了更高的技术要求。地下多层建筑施工通常需要开挖深基坑，鉴于深基坑施工的特殊性和复杂性[4]，工程人员普遍认为超大超深基坑开挖需要遵循的原则是"分层、分块、限时开挖"[5]，尽量降低土体扰动带来的基坑变形。为了保障深基坑的施工安全，工程中普遍采用基坑变形监测的技术手段，以掌握地表、地下水、围护结构与支撑体系的状态，有效保障基坑施工安全[6-8]。基坑变形的影响因素较多，但主要由基坑岩土体物理力学性质[9-10]、支护结构设计[11-12]、荷载作用及外部环境综合影响[13-14]。不同基坑由于地质条件、支护设计各不相同，因此引起基坑变形的原因必须一事一论，才能保证基坑施工安全，避免发生安全事故。

　　本文以成都某深基坑为研究对象，通过监测获取基坑变形数据，并通过现场踏勘与数值模拟相结合的方法，讨论了引起基坑变形的因素，采用数值模拟方法对基坑治理方案进行研究，并且后期持续监测，验证治理方案实际控制变形的效果。

## 1　基坑位移监测分析

### 1.1　工程概况

　　本工程位于成都市龙泉驿区，主要为高层住宅、商业及地下停车场等，项目包括 4 栋住宅及相关附属建筑，地下建筑 3 层。场地地貌单元属成都平原岷江水系Ⅲ级阶地。项目地层自上而下分别为素填土、黏土、泥质砂岩。场地地下水类型主要为上层滞水及基岩裂隙水，地下水埋深约 0.2 ～ 19.6m。该工程基坑最大开挖深度为 14.5m，采用包括锚拉桩、悬臂单排桩、放坡等多种支护形式。

　　如图 1 所示，基坑东侧布置有工程项目部办公室，距离基坑约 12m，东北侧为蓄水池。基坑 D5-D6、D6-D7、D7-D8、D8-D9、D9-D1 剖面场平标高为 511.00 ～ 518.00m，基坑最大开挖深度 14.50m，采用单排桩支护，桩顶标高低于基坑顶标高 0.0 ～ 3.5m；基坑 D1-D1′、D1′-D2、D2-D3、D3-D4、D4-D5 剖面场平标高为 515.00 ～ 518.00m，基坑最大开挖深度 14.50m，采用锚拉桩支护，桩顶标高低于基坑顶标高 0.5m。基坑支护桩采用旋挖灌注桩，桩长 13.80 ～ 21.5m（含冠梁高度），桩距 2.0m，桩径 1.2m，嵌固深度 6.00 ～ 10.00m，桩顶设置冠梁，冠梁尺寸 1200mm×800mm，桩芯及冠梁混凝土强度等级为 C30。

　　该工程基坑平面布置如图 1 所示。

### 1.2　监测方案

　　（1）监测项目

　　为保证基坑施工安全，本次基坑监测项目为支护桩顶部水平、竖直位移监测及周边地表竖直位移监测。

（2）测量仪器

本次监测过程中使用的主要仪器设备包括：①全站仪，主要精度指标：测角0.5″，测边0.6mm＋1ppm；②电子水准仪，精度为±0.4mm/km，最小读数为0.01mm；③频率计。

（3）监控报警值

本工程各监测项目的报警值设置为：①围护墙（边坡）顶部水平位移及竖直位移最大值30mm，报警值24mm，每天发展不超过2mm；②周边地表竖向位移最大值40mm，报警值32mm，每天发展不超过3mm。

（4）监测点数量及分布

本次监测过程中桩顶水平位移监测点合计21个，与桩顶竖直位移监测点合用；周边地表竖直位移监测点合计20个。监测点位布置如图2所示。

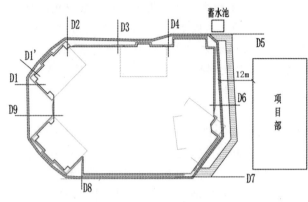

图1　基坑平面布置图

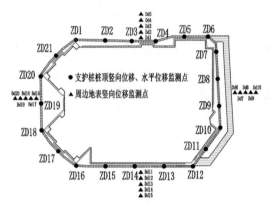

图2　监测点位平面布置图

### 1.3　支护桩位移监测结果与分析

（1）支护桩顶水平位移

支护桩顶部各监测点水平位移量–时间关系如图3所示。

如图3所示，监测点ZD1～ZD6及ZD10～ZD21位移量均未超过位移最大值30mm，并且桩顶水平位移均有逐渐稳定的趋势。但监测点ZD7～ZD9桩顶水平位移量均超过位移最大值，其中监测点ZD8于2021年3月22日最早达到位移最大值，并且有加速偏移的趋势，累计位移量最大，为99.7mm。

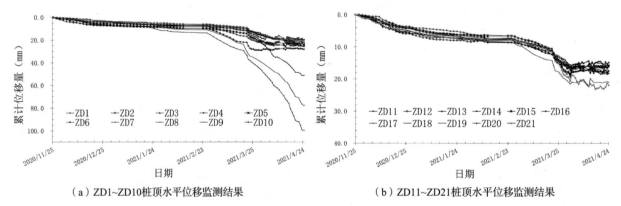

（a）ZD1~ZD10桩顶水平位移监测结果　　　　（b）ZD11~ZD21桩顶水平位移监测结果

图3　支护桩顶部水平位移量与时间关系

由图3可知，截至2021年4月24日，基坑桩顶水平位移呈现以下规律：

①基坑东侧支护桩水平位移较明显，仍未见收敛，其余三侧支护桩水平位移累计量均未超过报警值，且逐渐趋于稳定；

②基坑东侧支护桩变形呈现中部变形大、两边变形小的特点，整体变形形态呈"凸"字形；

③自2021年2月23日起，所有监测点均呈现不同程度加速变形趋势，整体水平位移变化速率加快，并于2021年4月1日左右重新趋稳，只有监测点ZD7～ZD9依然加速变形。

（2）支护桩顶竖直位移

支护桩顶部各监测点竖直位移累计沉降量 – 时间关系如图 4 所示。

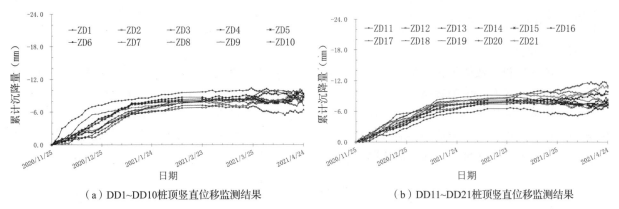

（a）DD1~DD10桩顶竖直位移监测结果　　　（b）DD11~DD21桩顶竖直位移监测结果

图 4　支护桩顶部竖直位移沉降累计量与时间关系

如图 4 所示，支护桩顶部竖直位移沉降累计量均未达到报警值，最大沉降累计量为 –11.8mm。各监测点桩顶部竖直位移偏差不大，竖直位移沉降累计量相差最大约为 6mm，都有逐渐稳定的趋势。

该基坑开挖时间为 2020 年 12 月中旬—2021 年 1 月底，可以看出，随着基坑开挖深度逐渐增加，桩顶竖直位移沉降累计量呈线性增长趋势，开挖完成后沉降量逐渐稳定，且大致在同一水平。

（3）周边地表竖直位移

周边地表竖直位移沉降累计量 – 时间关系如图 5 所示。

如图 5 所示，基坑周边地表竖直位移沉降累计量均未达到报警值，最大位移沉降累计量为 –12.2mm。周边地表竖直位移偏差不大，竖直位移沉降累计量相差最大约为 7mm，都有逐渐稳定的趋势。

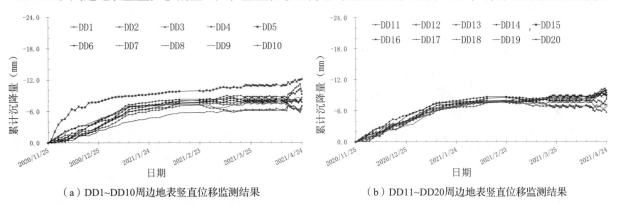

（a）DD1~DD10周边地表竖直位移监测结果　　（b）DD11~DD20周边地表竖直位移监测结果

图 5　周边地表竖直位移累计沉降量与时间关系

## 1.4　现场调查与分析

根据监测数据，基坑东侧支护桩水平位移超过设计报警值，截至 2021 年 4 月 24 日，该基坑东侧 ZD8 点桩顶水平位移累计量已达到 99.7mm，因此有必要对基坑进行现场调查。

现场调查发现，基坑东侧在沿冠梁与土体交界部位出现裂缝［图 6（a）、（b）］，冠梁后土体出现 15 ~ 20mm 的沉降，施工单位已对裂缝进行封闭。同时，由于施工时受整体总平面布置影响，东侧为项目部办公室［图 6（c）］，卸荷平台预留宽度不足，且存在支护桩配筋率不足的问题。另外，冠梁外侧挡墙完成后，受地表水及大气降水作用下，土体固

（a）冠梁后缘裂缝（一）　　（b）冠梁后缘裂缝（二）

（c）基坑平面布置　　　　　（d）蓄水池渗水

图 6　现场调查情况

结沉降，导致冠梁顶硬化地坪开裂，基坑东北侧蓄水池渗水［图 6（d）］，桩后水压力增加，强风化基岩的物理力学性质指标下降，引起桩顶变形增加和桩后土体沉降。

## 2　基坑变形模拟与分析

### 2.1　基本假设条件

对基坑变形进行数值模拟，由于现场实际情况较为复杂，为了在不影响计算结果的情况下减少计算量，同时满足现有理论前置条件，有必要在模拟前进行基本假设：（1）基坑范围内岩土体均为各向同性，采用莫尔–库伦本构；（2）不考虑岩土体内部结构、支护桩与岩土体之间的裂隙等条件对计算的影响；（3）支护桩、挡土墙为理想弹性体；（4）由于基坑内部采取了降水措施，因此不考虑地下水位岩土体的影响。各项材料参数取自地勘报告及设计计算书，详细参数见表 1。

表 1　模型材料参数

| 材料 | 重度（kN/m³） | 泊松比 | 弹性模量（MPa） | 抗剪强度指标标准值 | |
| --- | --- | --- | --- | --- | --- |
| | | | | 黏聚力 C（kPa） | 内摩擦角 $\varphi$（°） |
| 硬塑黏土 | 20.0 | 0.380 | 391 | 60 | 25 |
| 强风化泥质砂岩 | 21.0 | 0.338 | 1157 | 30 | 28 |
| 中等风化泥质砂岩 | 23.5 | 0.280 | 1988 | 150 | 35 |

### 2.2　建立模型

ZD8 监测点处支护结构剖面图如图 7（a）所示，基坑底部距离自然地面 13.8m，护壁桩桩径 1.2m，桩间距 2.0m，桩长 19.1m（含 0.8m 高冠梁），其中嵌固段长度 8.8m，桩顶采用 1∶1.25 放坡，平台宽 5.0m，桩后为该工程项目部办公区。根据剖面图建立如图 7（b）所示二维模型，该模型模拟了 ZD8 监测点处剖面受力及位移情况。模型尺寸为 150m×90m，长宽均大于 5 倍基坑深度，尽可能减小尺寸效应对计算结果的影响。

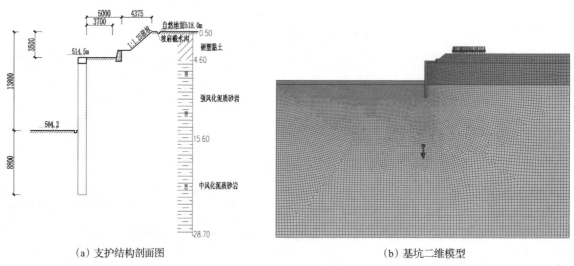

(a) 支护结构剖面图　　　　　　　　　　　(b) 基坑二维模型

图 7　基坑二维模型

数值模拟分析步分：第一步为第一次基坑开挖＋放坡，同时激活支护桩与挡土墙；第二步为第二次基坑开挖至坑底；第三步为放坡后施加均布荷载，模拟上方建筑施加的荷载。

### 2.3　模型结果分析

通过模型计算得到基坑开挖后支护桩竖直位移如图 8 所示。

如图 8 所示，基坑开挖至坑底时，桩顶竖直位移最大为 4.22mm，监测数据中开挖结束后 ZD8 号监测点竖直位移为 6.8mm，两者差异不大，说明模型参数与基本假设是合理的。

通过模型计算得到基坑开挖后支护桩水平位移如图 9 所示。可以看出，根据设计参数建立的模型中，支护桩水平位移未超过报警值，说明支护结构设计是合理的，同时支护桩水平位移符合土压力分布规律，即随着基坑深度增加，桩后土压力逐渐增加，支护桩变形逐渐增大。在桩底处，受到基坑内部土体作用，桩身位移逐渐减小。同时，计算结果显示，上部均布荷载对桩身水平位移影响有限。

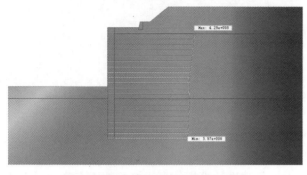

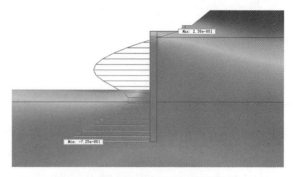

图8　基坑支护桩竖直位移模拟结果　　　　　　　　　　图9　基坑支护桩水平位移模拟结果

因此可以判断，引起桩顶水平位移的主要因素为桩后土体受蓄水池漏水影响，桩后水压力增加，岩土体的物理力学性质指标下降。因此，在上述模型基础上，按照渗水影响后岩土体强度参数进行设置，由于中风化泥质砂岩受漏水入渗影响较小，物理力学参数变化不大，同时施加桩后水压力作用，得到桩顶水平位移曲线如图10所示。

如图10（a）所示，受漏水入渗影响，桩后岩土体物理力学性质指标下降，桩顶水平位移向坑内偏移了27.4mm，加上桩后均布荷载作用，最大水平位移达到了29.7mm。值得注意的是，实际工程中支护桩与土体之间并没有拉力作用，因此，在支护桩向基坑内部偏移过程中，导致桩顶冠梁与桩后土体产生裂缝。并且桩后岩土体物理力学性质指标下降放大了后方荷载作用，施加荷载后桩顶水平位移增大了约2mm。如图10（b）所示。

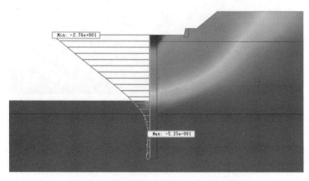

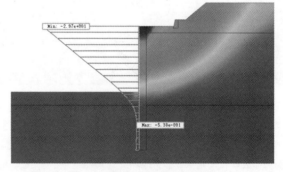

（a）未施加荷载的支护桩水平位移　　　　　　　　（b）施加荷载后的支护桩水平位移

图10　基坑渗水后支护桩水平位移模拟结果

根据现场调查情况，2021年2月底蓄水池开始缓慢漏水，到3月初桩顶水平位移实测值为25.6mm。数值模拟结果显示基坑开挖结束后桩顶水平位移最大可达到29.7mm，与实测值较为接近，认为该模型可以较好地反映现场实际情况。同时由于模型未添加岩土体蠕变相关参数，因此只能模拟出渗水初期基坑变形发展趋势，计算结果可以与监测数据较好对应。

## 3　基坑治理方案数值模拟

由于基坑ZD8监测点变形远超过监测报警值，因此有必要对该基坑东侧支护桩进行卸载处理。根据2.3节数值模拟分析结果，蓄水池池水入渗是导致基坑大变形的主要原因，而后方项目部建筑引起的均布荷载是基坑变形的次要原因。因此一方面需要封堵渗水口，防止池水继续入渗，另一方面需要卸去桩后部分荷载，减小桩后土压力，提高基坑东侧支护结构稳定性。

因此提出基坑东侧桩后土体削方卸载的基坑治理方案。该治理方案卸载区域如图11（a）所示，根据治理方案建立数值模型如图11（b）所示，通过计算得到如图12所示的模拟及监测结果。

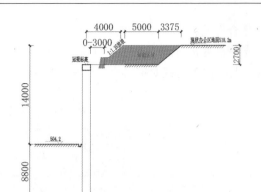
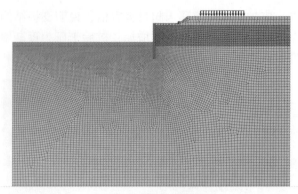

(a) 基坑治理后支护结构剖面图　　　　　　　　(b) 治理后的基坑二维模型

图 11　基坑治理方案及模型建立

如图 12 (a) 所示，即使以渗水后强度降低的岩土体参数进行模拟仿真，按照基坑东侧桩后土体削方卸载实施治理方案，可以有效减小桩顶水平位移，与未治理前模型仿真结果对比，桩顶水平位移由 27.4mm 减小到 17.2mm，处于要求的变形范围内。图 12 (b) 为卸载前放坡位置，可以看出放坡顶部距离办公区绿植区域约 5 ~ 8m，卸载后放坡顶部紧挨办公区绿植区域。同时，后期对基坑变形进行持续监测，其中 ZD7 ~ ZA9 监测点桩顶水平位移变化如图 12 (d) 所示，可以看出，ZD7 ~ ZD9 监测点桩顶水平位移在卸载处理后有明显收敛的趋势。因此，可以认为该治理方案有效控制了基坑东侧桩顶水平位移。

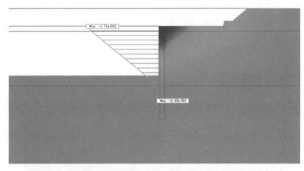

(a) 基坑治理后支护桩水平位移　　　　　　　　(b) 卸载前放坡位置

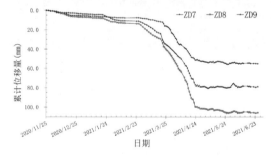

(c) 卸载后放坡位置　　　　　　　　　　(d) 治理后桩顶水平位移监测结果

图 12　基坑治理后支护桩水平位移模拟结果及后期监测结果

## 4　结论

通过以上分析，可以得到如下结论：

（1）根据现场监测数据，本工程基坑监测点 ZD7 ~ ZD9 桩顶水平位移量均超过允许值，最大桩顶水平位移达到 99.7mm，有严重安全隐患；

（2）通过现场踏勘和数值模拟相结合的方式，得出了桩顶水平位移的主要因素为桩后蓄水池漏水，次要因素为桩后建筑带来的均布荷载的结论。蓄水池漏水进而导致桩后水压力增加，岩土体的物理力学性质指标下降，引起基坑东侧支护桩加速偏移；

（3）通过数值建模和后续连续监测结果证明了基坑东侧桩后土体削方卸载的基坑治理方案可以有效控制该基坑东侧桩顶水平位移。

## 参考文献

[1] 吴意谦，朱彦鹏. 兰州市湿陷性黄土地区地铁车站深基坑变形规律监测与数值模拟研究 [J]. 岩土工程学报，2014，36.

[2] 郑刚，朱合华，杨光华，等. 基坑工程与地下工程安全及环境影响控制 [A]. 中国土木工程学会第十二届全国土力学及岩土工程学术大会论文摘要集 [C]. 2015.

[3] 郑刚，焦莹，李竹. 软土地区深基坑工程存在的变形与稳定问题及其控制——基坑变形的控制指标及控制值的若干问题 [J]. 施工技术：下半月，2011（4）：7.

[4] 陈昆，闫澍旺，孙立强，等. 开挖卸荷状态下深基坑变形特性研究 [J]. 岩土力学，2016，37（4）：8.

[5] 杨之坤. 超大超深基坑围护体系施工技术难题分析 [J]. 建筑技术开发，2020（10）：2.

[6] 董桂红，刘有军，郭海力. 昆明市某深基坑变形监测实例分析 [J]. 水利与建筑工程学报，2019，17（4）：6.

[7] 宋建学，郑仪，王原嵩. 基坑变形监测及预警技术 [J]. 岩土工程学报，2006，28（B11）：3.

[8] 刘厚成，郭启军. 基于 Abaqus 的地铁深基坑变形监测与数值分析研究 [J]. 土工基础，2021，35（1）：4.

[9] 李云安，葛修润，张鸿昌. 基坑变形影响因素与有限元数值模拟 [J]. 岩土工程技术，2001（2）：7.

[10] 钱秋莹. 深基坑变形影响因素的正交分析 [J]. 河北工程大学学报：自然科学版，2014，31（1）：5.

[11] 杨圣春，孙海枫. 海积淤泥地层深基坑支护结构水平位移的数值分析与监测研究 [J]. 四川建筑，2010（6）：2.

[12] 邹卫雄. 黄土深基坑失稳机理与支护方案的优化设计 [D]. 西安：西安工业大学，2017.

[13] 顾小辉. 基坑边坡失稳机理及整治措施研究——以四川南江县某基坑边坡为例 [D]. 重庆大学，2015.

[14] 张晓婷. 基坑降水对支护结构及土体变形影响因素的数值分析 [D]. 太原：太原理工大学，2013.

# 石窟寺平顶窟顶板加固技术进展

郭青林　白玉书[1]　裴强强[1,2,3]　刘　鸿[2,3]

1. 敦煌研究院　敦煌　736200
2. 兰州理工大土木工程学院　兰州　730050
3. 国家古代壁画保护工程技术研究中心　敦煌　736200
4. 甘肃省敦煌文物保护研究中心

## 1　引言

石窟寺是我国独具特色的历史文化遗产，石窟寺的建筑形制承载和记录着中华民族五千年发展历程中各方面的特征，蕴含着巨大的历史价值和艺术价值。石窟开凿起源于印度，随佛教传入中国，部分已被列为世界文化遗产，包括敦煌莫高窟、大同云冈石窟、洛阳龙门石窟、天水麦积山石窟四大石窟，主要分布在古丝绸之路、长江流域和黄河流域，具有很高的考古、艺术及历史价值。

石窟寺常暴露于露天或半露天环境下，历经时间洗礼，在自然应力以及结构面发育等因素的作用下，石窟洞室的物理力学性能下降，严重影响石窟的稳定性[1]。石窟寺失稳问题与岩石的复杂成因和结构密切相关，还受温度、围压、孔隙水等环境因素的影响[2]。平顶式洞窟作为一种典型的石窟建筑类型，其顶板岩层近水平，沉积层面薄弱，岩层间分布黏土矿物，在重力和水盐耦合作用下黏结面强度降低，薄弱层向下方临空发育，形成危岩体，危害石窟结构稳定[3-4]。

石窟寺是我国主要文化遗产之一，石窟保护也是我国文物保护工作的重要组成部分，研究石窟保护的问题，不仅有益于今后同类型文物的保护，也能够为其他石质文物的保护积累经验[5]。

## 2　石窟病害分类

我国石窟寺中砂岩类石窟数量居多，砂岩石窟开凿在砂岩地层中及少量泥岩或页岩夹薄层，以白垩纪砂岩居多，以泥、钙质胶结为主，胶结物中常含蒙脱石、伊利石和高岭石，吸水性强且遇水易发生水解，属于较软岩，孔隙度大，抗风化能力弱。砂岩石窟中主要病害有以下几类：

（1）片状剥落

明代古长城表面多发育片状剥落病害，鳞片厚度与岩石矿物颗粒直径有关，细砂岩鳞片厚约 $0.15 \sim 1mm$，粗砂岩鳞片厚约 $3 \sim 4mm$。

（2）碎裂散体

石窟崖体表面砂岩与基岩脱离，第一层强风化砂岩剥离崩塌之后，后部较完整的砂岩暴露出来，在重力、地震力、冻胀力和静水压力作用下，也会逐渐弱化，继续崩塌破坏，最终严重危及洞窟安全。

（3）岩壁掏蚀

地下水运移过程中长期浸润侵蚀岩体，使岩体软化、溶蚀，在水流作用下不断地带走细颗粒和可溶矿物，使砂岩更加疏松，强度进一步降低，岩体剥落坍塌，将岩壁掏蚀形成岩洞。

（4）危岩体

石窟内部上方处于极限平衡状态或稳定系数很小，在重力、其他外力及岩体渗水的作用下，随时可能发生塌落或剥落的岩体，称为窟顶危岩体。窟顶危岩体塌落剥落病害对石窟结构稳定、窟内文物和人身安全危害重大。

## 3　岩体损坏破坏及影响因素

### 3.1　岩体构造特征

石窟岩体裂隙面是造成石窟病害的重要原因，包括卸荷裂隙面、原生裂隙面与层间风化裂隙面。

卸荷裂隙面在石窟中普遍存在，当裂隙面与崖面走向处于平行或大致平行时，部分可下延到石窟底层岩体，将导致岩体沿贯穿面发生坍塌，严重威胁石窟和窟内文物安全，是造成岩壁崩塌的根本原因；原生裂隙面多为张性或剪性构造裂隙，大量节理切割使岩体具有多裂性，易产生坠落破坏；层间风化裂隙面一般为沿水平方向发育的层间裂隙，是上下层岩体破坏的界面，多由下部岩体坍塌卸荷和差异风化所致。各种裂隙的发育对岩石的整体性破坏都不同，对石窟岩体的稳定性影响也不相同。石窟岩体中的裂隙交会形成渗水网络，渗流过程中岩体颗粒间的泥质、钙质物质迁移，岩体间失去连接，结构松散，强度降低，同时渗流过程中水盐作用也使岩石遭受一定程度的累计破坏[6-7]。

### 3.2　环境因素

石窟寺的保存状况与区域气候条件密切相关，南北不同气候条件下石窟的病害形式和破坏作用存在明显的劣化差异。北方石窟岩体风化以物理风化为主，受冻融、温差、干湿交替作用；南方石窟以化学风化和生物风化为主，含有盐类的地下水渗入石窟岩体裂隙，使岩石中的矿物产生蚀变，同时植物和微生物分泌的酸与岩石矿物中的金属离子发生螯合作用产生化学破坏[8]，顶部植物根系沿节理裂隙不断延伸，并在岩体裂隙中长粗，对裂隙两壁产生压力，经过测算这种压力可达 1 ～ 1.5MPa，这一压力可以加速岩体破坏[9-10]。

除区域气候环境外，水、可溶盐两个病害因子的协同作用，也是造成石窟病害的重要因素之一。石窟水分来源主要为地表水、地下水和凝结水，岩石与水发生应力耦合作用，主要表现为化学作用和力学作用，水盐作用受水、岩体结构构造和地形地貌的影响，这些因素相互作用[11]。大量研究表明，伴随着各种类型水的活动，可溶盐也在活动，水盐破坏作用集中表现为结晶风化、结晶压力、水合压力和吸潮膨胀、升温膨胀所形成的应力。

### 3.3　洞室失稳机制

石窟开凿成型后，破坏了石窟原来的应力平衡状态，并且出现了围岩卸荷松弛的空间。原来处于紧密压缩状态的各质点在回弹力及重力作用下造成岩体内应力重新分布，窟顶围岩向洞室空间发生卸荷松弛拉张变形，在窟内平行岩体表面的一定深度内形成一个低应力塑性变形带。对于平顶窟顶板的近水平岩层而言，一般窟顶中部所受弯矩最大，上部荷载造成洞顶中部所受弯矩力超过岩体强度，造成拉应力最集中，导致窟顶产生拉张裂隙，裂隙切割使得岩体逐渐发育成独立的危岩体，在重力、自然应力或其他外力作用下，出现窟顶坍塌破坏，破坏表现为危岩体从下至上逐级崩塌、坠落[12]。

## 4　石窟保护发展历程

本文将中国石窟保护发展历程划分为三个阶段：抢险加固阶段、科学性保护尝试阶段和预防性保护阶段。基于对每个阶段石窟保护典型案例的分析与回顾，对我国石窟保护中取得的成绩与目前尚未解决的问题做了总结。

第一阶段：20 世纪 50 年代初期至 70 年代末，主要为抢险加固阶段。这一阶段主要工作是针对重点石窟开展相关的抢救保护工程。该阶段代表性的保护工程包括大足石刻北山保护长廊及六角亭、四角亭等保护设施的建设[13]（1952—1953）、敦煌莫高窟保护工程[14]（1963—1966）和云冈石窟三年抢险加固工程[15]（1974—1976）。

第二阶段：20 世纪 80 年代初期至 20 世纪末，主要为科学性保护尝试阶段。这一阶段的石窟保护不再局限在几个大石窟上，其余众多的石窟也开始实施保护，并对石窟保护的具体方法进行科学试验和探索。该阶段代表性的保护工程包括麦积山保护工程[16]（1982—1984）、须弥山石窟维修工程[17]（1984—1988）和龙门石窟维修工程[18]（1987—1992）。

第三阶段：进入 21 世纪后的石窟保护大发展阶段，此阶段的特点为预防性保护和大规模文物修复，从单一保护手段发展到小环境监测、病害机理研究等多学科交融的精细化、科学化的预防性保护阶段。针对平顶窟顶板这一加固难题，在借鉴同类问题如矿井、巷道顶板失稳采取的工程措施[19-20]的基础上，因地制宜地优化设计出一套适宜于石窟寺顶板岩体失稳的加固技术。刘智等（2001）对涞滩摩崖造像危岩体采用预应力锚杆锚固与裂隙灌注环氧树脂黏结相结合的措施进行加固，有效地提高了锚杆的极限拉拔力[21]。宋文玉（2005）在甘肃庆阳北石窟寺加固工程中采用预应力锚索和全长粘接型砂浆锚杆锚固大块危岩体，使用短锚杆加固坍塌严重的窟顶松散岩体[22]。张立乾等（2007）在娲皇宫危岩体加固工程中采用预应力锚索加固危岩体中部，周边采用普通锚杆加固[23]。满君、谌文武等（2009）通过分析濒危薄型窟顶的失稳原因，提出钢梁吊顶结构加固窟顶的新技术，结果表明加固后危岩体安全稳定且对文物干预最小[24]。孔德刚等（2011）在太原西山大佛危岩加固工程中，采用锚杆与预应力锚索相结合的方式对大佛岩体进行锚固，对岩体中的主要裂隙进行注浆加固，提高了岩体的完整性和整体性[25]。王捷、王逢睿等（2013）在云冈石窟对全螺纹玻璃钢锚杆、中空注浆锚杆等新型锚杆加固石窟危岩的适用性进行了试验研究[26]。孙瑜（2018）在大同睡佛寺石窟病害及保护方法研究中采取环氧树脂灌浆结合钢筋锚杆加固的方法，进行整体加固[27]。朱建龙（2019）在麦积山石窟危岩体加固及渗水治理二期工程中确定BFRP锚杆的主要性能参数、施工工艺和设计参数，为加固设计提供数据支持[28]。范潇（2021）查明云冈石窟3窟顶板岩体的性质及破坏形式，通过钢结构支顶、环氧树脂灌浆和玻璃纤维锚固相结合的方法对顶板进行加固，取得了预期的加固效果[29]。

## 5  不足与展望

我国石窟保护从萌芽探索阶段出发，经过不断尝试，在石窟保护工程中积累了宝贵的经验。对于石窟危岩体病害，经过多年的研究和实践，对传统技术进行改进，相关加固设计理论及应用已趋近成熟。这些保护工程的进行，抢救性地保护了全国几十处重要的石窟寺，解决了绝大部分石窟稳定性方面的问题，积累了大量的石窟保护经验。

然而，由于我国石窟寺类型多样、病害复杂、赋存环境差异大，以往的研究基本针对单一石窟寺地质环境、气候环境和病害特征，聚焦于石窟寺载体稳定性的评价，对于单个洞窟局部失稳岩体的加固研究甚少，石窟顶板岩体加固技术更是屈指可数，应当成为今后研究的关注点。

## 参考文献

[1] 刘奔，简文彬，郑智，等.基于结构面特征的合掌岩石窟稳定性分析评价 [J].水利与建筑工程学报，2017，15（6）：5.

[2] 宗静婷.广元千佛崖摩崖石质文物保护的环境地质问题研究 [D].西安：西北大学，2011.

[3] 李最雄.丝绸之路石窟的岩石特征及加固 [J].敦煌研究，2002（4）：73-83.

[4] 赵立新，肖成忠.龙游石窟3号洞东区洞顶围岩稳定分析及加固措施 [J].中国科技信息，2007（18）：2.

[5] 吕宁.《中国文物古迹保护准则》推动下的石窟遗产保护 [D].北京：清华大学，2013.

[6] 黄继忠.云冈石窟地质特征研究 [J].东南文化，2003（5）：3.

[7] 王茜.石窟寺窟体破坏机理及稳定性分析 [D].西安：西安建筑科技大学，2020.

[8] 方云，邓长青，李宏松.石质文物风化病害防治的环境地质问题 [J].现代地质，2001（4）：458-461.

[9] 丁梧秀，陈建平，冯夏庭，等.洛阳龙门石窟围岩风化特征研究 [J].岩土力学，2004，25（1）：4.

[10] 王翀，王明鹏，白崇斌，等.露天石质文物生物风化研究进展 [J].文博，2015（2）：6.

[11] 肖碧，王逢睿，李传珠.石窟水害成因的工程地质分析与防治对策 [A].岩石力学与工程的创新和实践：第十一次全国岩石力学与工程学术大会论文集 [C].武汉：湖北科学技术出版社，2010.

[12] 孔德刚，王逢睿，肖碧.张掖马蹄北寺石窟病害成因分析及治理 [A].岩石力学与工程的创新和实践：第十一次全国岩石力学与工程学术大会论文集 [C].武汉：湖北科学技术出版社，2010.

[13] 王金华.大足石刻保护 [M].北京：文物出版社，2009.

[14] 孙儒.莫高窟石窟加固工程的回顾 [J].敦煌研究，1994（2）：16.

[15] 苑静虎，石美凤，温晓龙.云冈石窟的保护 [J].中国文化遗产，2007（5）：9.

[16] 董广强.锚筋危崖穿洞引水患——麦积山石窟维修加固与渗水治理工程 [J].中国文化遗产，2016（2）：5.

[17] 韩有成.须弥山石窟考古研究综述 [J].宁夏师范学院学报，2018，39（3）：7.

[18] 陈建平.龙门石窟双窑修复工程十年回顾与问题探讨 [J].石窟寺研究，2014（1）：7.

[19] 张农，李桂臣，阚甲广.煤巷顶板软弱夹层层位对锚杆支护结构稳定性影响 [J].岩土力学，2011，32（9）：6.

[20] 王玉林. 破碎顶板综合支护技术应用研究 [J]. 能源与环保，2021，43（8）：4.

[21] 刘智，方云. 预应力锚杆技术加固涞滩摩崖造像危岩体 [J]. 文物保护与考古科学，2004，16（1）：4.

[22] 宋文玉. 甘肃庆阳北石窟寺病害分析及防治对策 [R]. 云冈国际学术研讨会.

[23] 张立乾，郭富民，杨国兴，等. 娲皇宫危岩稳定性评价及其加固对策 [J]. 建筑结构，2007，37（4）：4.

[24] 满君. 濒危薄型窟顶石窟加固新技术的应用研究 [J]. 敦煌研究，2009：21-25.

[25] 孔德刚，王逢睿，姜效玺. 太原西山大佛危岩体综合加固技术 [J]. 路基工程，2011（4）：3.

[26] 王捷，王逢睿，杨涛. 不同材质锚杆体加固石窟围岩的适用性研究 [J]. 山西建筑，2013，39（19）：4.

[27] 孙瑜. 大同睡佛寺石窟病害及保护方法研究 [J]. 工程抗震与加固改造，2018，40（4）：7.

[28] 朱建龙. BFRP 锚杆在麦积山石窟岩体加固试验研究 [D]. 兰州：兰州大学，2019.

[29] 范潇，闫宏彬，孟令松，等. 云冈石窟第 3 窟后室顶板加固治理与监测 [J]. 文物保护与考古科学，2021.

# 江门体育馆屋盖钢结构加固施工模拟与监测方法研究

廖　冰[1]　高喜欣[1]　李　璐[1]　罗永峰[2]

1. 同恩（上海）工程技术有限公司　上海　200433
2. 同济大学　上海　200092

**摘　要：** 江门体育馆屋盖钢结构为空间管桁架结构体系，南北向和东西向的最大跨度均为 101.4m。检测中发现，该屋盖钢结构中央十字形主桁架跨中处的一根斜腹杆在对接焊缝处断裂，整根腹杆处于失效状态，须对其进行加固修复。本文首先准确计算了该体育馆原结构的受力状态，根据计算结果制定了加固施工方案，加固过程中，屋盖钢结构历经了顶升、预拉、补焊、释放和卸载多个阶段，结构经历了多次内力重分布。本文对加固施工进行了全过程模拟计算，验证了加固方法的合理与安全，施工过程中对关键杆件的应力和内力变化进行了实时监测。通过施工过程监测结果与模拟计算结果对比分析，提出了适用于大跨度钢结构加固工程监测值与模拟值之间偏差控制的范围，为类似的钢结构加固工程提供借鉴。

**关键词：** 屋盖钢结构加固；施工过程模拟；实时监测

近年来，随着土木工程技术水平迅速提高，各种空间结构朝向着大型化、复杂化的方向发展，大跨度空间结构的建造技术已成为衡量一个国家建筑技术水平的重要标志[1]。由于大跨度钢结构通常体量大、施工技术复杂、施工过程中的结构有时可能处于未稳定的结构体系状态，将会导致施工阶段存在安全风险，有时甚至可能发生倒塌事故，造成财产的巨大损失甚至人员伤亡[2]。为保证大跨度结构在施工过程中的安全性，施工过程模拟分析和施工过程监测是保证施工过程安全、合理、顺利进行的两种必要手段[3]。

大跨度钢结构的加固施工与新建结构施工不同，首先需要对既有结构当前的受力状态进行准确分析，为制订加固施工方案提供依据。由于需要加固的结构常存在一定的结构变形或损伤，结构自身处于一种受力可能不利，但同时受力平衡的特殊状态，如果加固施工方案不合理，有可能导致加固时结构向更不利的受力状态演变，甚至发生安全事故；如果采用大拆大建的改造方式，将会造成资源的巨大浪费，因此，为保障大跨度钢结构的加固施工安全与经济，除需要进行加固施工前既有结构当前受力状态的准确分析外，还需要对加固施工进行准确的数值模拟分析以及加固施工过程的实时监测，以便在施工过程中对结构状态进行实时评估[4]，为加固施工控制提供数据和依据。

本文针对江门体育馆屋盖钢结构的加固施工进行研究，提出了该大跨度钢结构加固施工方案的制订原则，提出了该大跨度钢结构加固施工过程模拟与加固过程监测方案，通过加固前既有结构当前受力状态分析和加固施工过程模拟分析，为该大跨度钢结构加固方案验证与制订提供理论依据；在加固施工过程中，通过加固施工实时监测，得到各施工阶段主桁架关键杆件的内力以及结构变形变化状况，为结构修复后投入使用的安全状况评估提供数据和依据。

## 1　工程概况

江门体育馆为甲级大型体育馆，面积约 26000m²，建筑物总高度 35.3m。体育馆屋盖采用空间管桁架结构体系，由主桁架、次桁架、边桁架、支撑和系杆组成（图 1），其中主桁架由南北向和东西向垂直相交的两个十字形空间桁架组成：南北向主桁架为倒梯形截面，上、下弦间距为 6 ~ 7.5m；杆件均采用圆钢管，上弦为三根钢管，下弦为两根钢管，材质均为 Q345B。

检测中发现，南北向主桁架靠近跨中位置的一根腹杆根部断裂（图 1），腹杆处于失效状态。失效

腹杆杆件截面为 $\phi 245 \times 16$，长度约 8.8m。

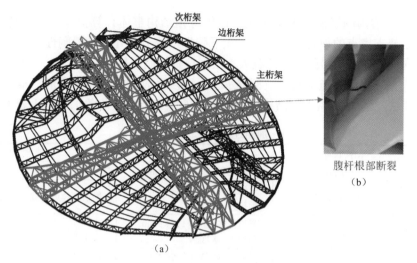

图 1　江门体育馆屋盖组合和断裂腹杆

## 2　屋盖钢结构加固方法

　　为研究该腹杆的失效对屋盖钢结构受力状态的影响，本文首先建立原结构计算模型，进行准确内力分析，以了解该结构在设计状态和腹杆失效状态下的杆件内力和结构变形状态。

　　计算结果表明，该腹杆失效后，主桁架内力已发生重新分布，与失效腹杆对称的斜腹杆，其轴力由设计状态的 1312.9kN 增加至 1760.6kN，最大稳定应力比为 0.73，增加了 34.10%；十字形主桁架跨中下弦节点挠度最大值由设计状态的 217.5mm 增加至 221.1mm，增加了 1.67%。该腹杆的失效使屋盖钢结构处于受力不利的平衡状态。

　　基于本文对原结构受力状态的计算结果，综合考虑该体育馆屋盖钢结构的现状及安全冗余度，本文研究采用以下加固方案：

　　（1）在十字形主桁架跨中位置，设置 4 座临时支承塔架（图 2）；

　　（2）在塔架顶部设置液压千斤顶，根据数值模拟计算结果，确定对主桁架跨中的 4 处下弦焊接球节点进行顶升（预计顶升位移约为 5mm）；

　　（3）在失效腹杆的断口两侧，安装预应力张拉专用工装（图 3），根据数值模拟计算结果，施加预拉力约为 573kN；

　　（4）预估焊接变形，确定焊接时焊口间隙，然后焊接修复断裂失效腹杆；

　　（5）释放预应力张拉专用工装；

　　（6）卸载液压千斤顶，拆除临时支承塔架。

图 2　临时支撑塔架

图 3　失效腹杆张拉工装

## 3 加固施工过程模拟

考虑下部混凝土结构的影响，本文建立了该体育馆结构整体计算模型，结构杆件均用梁单元模拟。为实现临时塔架支撑点的顶升位移控制，在下弦焊接球节点处，设置刚性短杆。在刚性短杆的自由端，施加竖直向上的强迫位移荷载，荷载大小根据位移控制目标值确定。

为考虑施工模拟过程中各施工阶段模型继承上一阶段完成时的内力和变形，本文加固过程模拟采用改进的分步建模法[5]。本文屋盖钢结构加固过程中的施工步及其荷载工况列于表 1。

表 1  加固过程的施工步及荷载工况

| 施工步 | 结构状态 | 荷载工况 | 模拟方法 |
|---|---|---|---|
| 1 | 千斤顶顶升 | 强迫位移：顶升位移 5mm | 激活刚性短杆，激活目标强迫位移荷载 |
| 2 | 失效腹杆预拉 | 强迫位移：顶升位移 5mm<br>预拉力：573kN | 激活预拉力荷载 |
| 3 | 失效腹杆修复 | 强迫位移：顶升位移 5mm<br>预拉力：573kN | 激活失效腹杆 |
| 4 | 释放腹杆预拉力 | 强迫位移：顶升位移 5mm | 钝化预拉力荷载 |
| 5 | 千斤顶卸载 | — | 钝化刚性短杆，钝化目标强迫位移荷载 |

本文施工过程模拟分析结果说明，修复完成后，屋盖跨中挠度的最大值为 219.8mm，相较于原设计状态增加了 1.06%，为跨度的 1/461，仍然满足国家现行规范 1/250 的要求。加固施工卸载后，失效腹杆的轴力由 0.0kN 增加至 434.3kN，与其对称的关键斜腹杆轴力由 1760.6kN 减少至 1600.2kN，最大稳定应力比为 0.65，相较于原设计状态增加了 21.75%。施工过程模拟计算结果表明，本文加固施工方案合理、安全可行，在控制主桁架整体挠度的前提下，有效降低了关键腹杆承受的轴力。

## 4 加固过程监测

### 4.1 加固监测方案

江门体育馆钢结构屋盖的加固施工监测，根据加固施工模拟结果，确定以监测钢桁架杆件的应力和内力为主，采用由振弦式表面应变计、自动数据采集箱、无线传输模块和监测软件组成的监测系统。

依据施工过程模拟的分析结果，选取了 14 根主桁架关键杆件进行内力和应力监测，主要集中在失效腹杆以及临时支撑点的周边位置，其中，失效腹杆 E001 和与其对称的腹杆 E002 在距离杆件下端节点 1.5m 的截面布置 4 支应变计（编号 a～d）。杆件 E001 和 E002 空间位置和截面应力测点分布如图 4 所示。

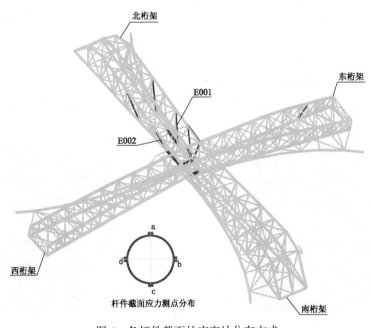

图 4  各杆件截面的应变计分布方式

## 4.2　加固施工模拟与监测数据对比

受篇幅所限，本文选取了失效腹杆 E001 和其对称位置的关键腹杆 E002 进行分析，对比其测点应力、轴力、构件强度应力比的加固过程模拟和实测结果如图 5 所示。

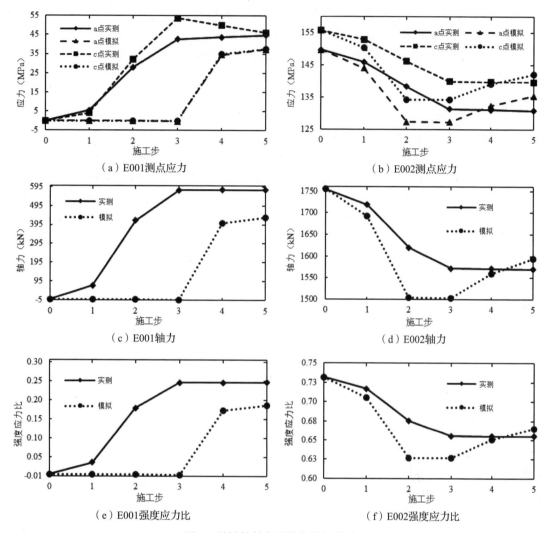

（a）E001测点应力　　　　　　　（b）E002测点应力

（c）E001轴力　　　　　　　（d）E002轴力

（e）E001强度应力比　　　　　　　（f）E002强度应力比

图 5　关键构件实测值与模拟值对比

由图 5 可知：（1）应力实测值与模拟值的变化趋势一致，数值基本吻合。（2）斜腹杆 E001 的表面应力实测值在关键施工步 2 和 3 高于模拟值，由腹杆修复期间的焊接应力造成；斜腹杆 E002 各工况下的应力实测值与模拟值之间偏差小于 10%。（3）轴力监测结果显示，加固完成后，斜腹杆 E002 的轴力值相较于加固前的损伤状态明显减少（减少了 184.1kN），实现了有利于主桁架承载的内力重分布。（4）强度应力比实测值与模拟值对比体现了相同的趋势，加固修复完成后，主桁架关键腹杆的实测最大应力比为 0.65，与计算模拟值 0.66 接近。

## 5　结论

本文对江门体育馆屋盖钢结构的原设计和腹杆失效状态进行了计算分析，根据分析结果制订了加固方案；通过加固施工过程模拟计算，确定了加固施工控制的关键参数（顶升位移值与失效腹杆预拉力），并对该屋盖钢结构加固过程进行了实时监测，得到以下主要结论：

（1）钢结构加固前原结构内力状态准确计算至关重要，加固施工前，应准确获得原结构受力状态，作为制订加固施工方案的依据。

（2）本工程采用位移控制的顶升和卸载工艺，须在计算模型的位移控制节点处设置刚性短杆，可通过在短杆自由端施加强迫位移，进而实现位移控制过程的准确模拟。

（3）施工模拟分析与实测数据比较表明，为与实际情况相符，施工过程模拟中各施工阶段的计算模型应继承上一阶段的变形和内力结果；施工过程模拟中斜腹杆的预拉力应与实际一致，其他可能出现的施工荷载也应在计算模型中充分考虑。

（4）加固施工完成后，主桁架关键杆件的最大应力比为 0.65。

（5）本工程的加固对象清晰，荷载条件明确，监测实测值和计算模拟值之间误差小于 10%。表明对于类似体量的大跨度钢结构加固工程，实测值和模拟值之间的误差可控制在 10% 以内。

## 参考文献

[1] 蓝天，张毅刚. 大跨度屋盖结构抗震设计 [M]. 北京，中国建筑工业出版社，2000.

[2] 武浩鹏. 大跨度空间钢结构施工过程监测分析与结构安全性评估 [D]. 兰州：兰州理工大学，2017.

[3] 罗永峰，王春江，陈晓明. 建筑钢结构施工力学原理 [M]. 北京：中国建筑工业出版社. 2009.

[4] 张启伟. 大型桥梁健康监测概念与监测系统设计 [J]. 同济大学学报：自然科学版，2001，29（1）：65-69.

[5] 叶智武，罗永峰，陈晓明，等. 施工模拟中分步建模法的改进实现方法及应用 [J]. 同济大学学报：自然科学版，2016，44（1）：73-80.

# 建筑结构胶黏剂的发展

赵 卫 孟庆伟

中国科学院大连化学物理研究所

大连凯华新技术工程有限公司

## 1 建筑结构胶黏剂的概况

现代建筑的发展方向是设计标准化、施工机械化、构件预制化及建材的轻质、高性能、绿色环保和多功能化。建筑结构胶黏剂的广泛应用将加快材料的"四化"进程,而且在提高施工速度、美化建筑物、改善建筑质量、节省工时与能源、减少污染等诸多方面都具有重要意义。因此,建筑结构胶黏剂已成为重要的化学建材之一,它们广泛应用于施工、装修、密封和结构粘接等领域中。

建筑结构胶黏剂的定义:应用于各类建筑物、结构及构件,对其进行加固、补强、修复、黏结,且具有较高黏结强度及良好综合性能的新型胶种,称之为建筑结构胶黏剂(简称建筑结构胶)。在建筑施工中,应用建筑结构胶黏剂对各类构件进行黏结、加固或修补,相比于传统的连接加固法有很多突出的优点:

(1)用合成树脂胶黏剂加固构件,比一般的铆、焊法受力均匀,材料不会产生应力集中的现象(如焊接时的热应力等),使之更耐疲劳,尤其能更好地保证构件的整体性和提高抗裂性,而整体性在某种程度上关系着构件的承载能力和稳定性。

(2)结构胶黏剂可以将不同性质的建筑材料牢固地连接起来,这在建筑多样化的今天,也具有与传统方法无法比拟的优点。

(3)使用胶黏剂进行施工,工艺简单,可大大缩短工期,往往在 1 ~ 2d 或更短时间就可以使用,尤其在各类构件的加固方面更是如此,可使一些传统方法无法加固的构件得以修复加固;对于某些重要军事工程、交通设施的应急修复与加固、灾害中的紧急处理具有更重要的意义。

(4)结构胶黏剂有很好的物理机械性能,结构胶本身的强度大大超过混凝土的强度;其黏结性能也很好,耐水、耐介质、耐老化性能优良,能满足各种要求;在施工中还可以提高效率、降低成本、节约能源等。

(5)建筑结构胶在新型复合建材和各种功能建材(如防火、防水、保温、防腐、装饰、轻量化)的制造中有极其重要的作用。

(6)结构胶黏剂的广泛应用,有利于环境保护,减少污染以及资源的再生利用和循环使用,大大地节约了资源,优化了环境。

## 2 国外建筑结构胶黏剂的发展简史

以高分子合成材料为主要组分的建筑结构胶黏剂是近 60 年来的事情,问世以来被用于建筑结构构件的黏结、工业与民用建筑的补强、交通设施建设、水利水电工程的加固修补以及新老建筑改造。

20 世纪 50 年代初,环氧树脂已获得广泛应用,如美国新泽西州首先用环氧树脂建筑结构胶黏剂对公路路面进行快速修复。随着高分子合成材料的发展,到 20 世纪 60 年代,一些发达国家已广泛将建筑结构胶黏剂用于公路、公路桥、机场跑道等工程以及水利工程、军事设施的加固。1958 年,德国就已经使用了建筑结构胶中的锚固胶。进入 20 世纪 70 年代,各类性能优良的建筑结构胶黏剂相继出现,并将应用领域扩大到更多的方面,如现场施工时构件的黏结、钢筋快速锚固等。

在委内瑞拉建造马拉开波湖大桥时,将一种建筑结构胶黏剂应用于桥桩的基础上,该桥已经受住多年的考验。又如 1971 年美国加州佛南多地震,对建筑物造成很大破坏,当时对高 137m 的市政大厦及一座 10 层的医院大楼用建筑结构胶黏剂进行修复损坏的构件,耗胶 7.5t 之多。法国广泛用一种叫西卡杜尔 31 号的建筑结构胶黏剂来加固楼房、桥梁等，提高了建筑物的承载能力。使用建筑结构胶黏剂对澳大利亚著名的悉尼市歌剧院屋盖拼装黏结，是建筑结构胶黏剂应用的经典案例，其屋盖由许多变截面扇形预制混凝土构件所制成，采用瑞士汽巴（Ciba）公司的环氧树脂型建筑结构胶黏剂，将重达 10t 多的预制件黏结起来，并通过预应力钢筋将它们压紧而黏结成为一个整体，从而既保证了质量又节省了施工的时间。

进入 20 世纪 80 年代以来，建筑结构胶黏剂的应用更加普遍。如 1983 年英国塞菲尔大学也成功地使用建筑结构胶黏剂（牌号 FD808）将 6.3mm 厚的钢板粘贴于公路桥面与侧面，使原来限载量 110t 的桥梁通过了 500t 的载重卡车。这个时期一些国家在普遍应用的基础上，一方面加强了黏结构件承载性能与行为的研究，如英国的运输与道路研究所、莫斯科建工学院等均进行过梁的加固试验；另一方面又使施工规范化，如美国、日本都制定了建筑结构胶黏剂的施工质量标准或施工规范，使这类胶种得到了新的发展。

进入 20 世纪 90 年代，各国的研究工作更加深入，其应用更为普遍。如日本的阪神大地震后，被损坏桥梁的钢筋混凝土柱及梁，均大量使用环氧树脂型建筑结构胶黏剂（乳液双组分型）进行加固、修复。现在，该胶种日益丰富，如黏结用胶、锚固用胶、灌注用胶和堵漏用胶等，其用量有很大程度的增长。建筑结构胶黏剂在胶黏剂的发展中更具有重要地位。

## 3 我国建筑结构胶黏剂的发展

（1）建筑结构胶黏剂起步较晚，发展很快

我国建筑结构胶黏剂的出现是 20 世纪 80 年代初期。1978 年由法国援建的辽阳化纤总厂一座变电所大楼的承载梁，因为设计上配筋不足，楼房建成后，有几根梁多处出现裂纹，后经法方采用法国西卡杜尔 31 号建筑结构胶黏剂，将钢板粘贴在梁底部进行补强，修补了裂纹，达到了原设计强度，恢复了正常使用的功能，收到了省工、省资金、可靠及安全的效果。之后于 1980 年，建设部正式下达了"建筑结构胶黏剂研制及应用技术推广"的课题，由中国科学院大连化学物理研究所承担该课题研究。于 1983 年完成了课题，并通过了建设部和中科院联合鉴定，研制出我国第一个实用型的建筑结构胶黏剂 JGN 系列建筑结构胶，填补了国内在这方面的空白。

从 1981 年开始研制建筑结构胶黏剂，1982 年在沈阳电话局东陵分局加固第一个工程到今天，我国建筑结构胶黏剂问世比发达国家晚了几十年，但在最近 40 余年的发展中异军突起，现在从事建筑结构胶黏剂研发与生产的生产工艺、设备、原料直到产品的用途和使用的领域，均得以快速的发展，国家和行业制定的相关标准、规范，目前已达数十部，体系已趋于完善。

（2）市场需要促进了推广应用

JGN 型建筑结构胶黏剂于 1983 年通过鉴定后不久，承担本课题的中国科学院大连化学物理研究所进行了加固建筑构件和各种工程的试用与推广工作。由于应用此胶对建筑物加固补强，不仅使被加固的构件达到或超过原设计水平，提高了强度、刚度、稳定性和整体性，而且还能延长使用寿命，安全可靠；并因其施工简便，还不破坏原有结构、不占用空间、密封、防漏、工期短而节省了时间与资金；还防腐，且可保持其原外表美观等特点，因而很快得到各方面的关注。

20 世纪 80 年代中期，随着我国改革开放，建筑行业迅猛发展。与此同时，仍有大量的老旧建筑物需要进行加固与改造，有一些建筑物也因用途变更或存在缺陷，需要进行改造与加固。此时的市场需求大大促进了建筑结构胶黏剂的推广与应用。1985 年我国消耗建筑结构胶黏剂几十吨，1990 年就达到了几百吨，到 2020 年其建筑结构胶的产量已超过十万吨之多，产品种类也由原来较为单一的粘钢加固结构胶扩展到碳纤维胶、各类植筋胶（锚固胶）、裂纹修补胶、灌注胶、桥梁用胶、节段拼装胶等。

## 4 中科院大连化物所与大连凯华

### 4.1 中国科学院大连化学物理研究所

中国科学院大连化学物理研究所（以下简称"大连化物所"）创建于 1949 年 3 月，当时名为"大连大学科学研究所"，1961 年底更名为"中国科学院化学物理研究所"，1970 年正式定名为"中国科学院大连化学物理研究所"。

　　研究所共有 4 个所区，占地面积 1150000 平方米。共有 16 个研究室（部），72 个研究组，7 个国家级研发单位，2 个国家重点实验室。

　　自建所以来，先后有 20 位科学家当选为中国科学院和中国工程院院士，4 位当选为发展中国家科学院院士，1 位当选为欧洲人文和自然科学院院士，1 位当选为加拿大工程院国际院士。截至 2020 年底，在所工作的两院院士 14 人，国家万人计划入选者 26 人，创新人才推进计划入选者 23 人，国家杰出青年基金获得者 29 人，国家优秀青年基金获得者 17 人。大连化物所是国务院学位委员会授权培养博士、硕士学位的单位，具有物理学、化学、材料科学与工程和化学工程与技术四个一级学科博士学位授予权。大连化物所具有博士生导师、硕士生导师资格审批权，现有博士生导师 163 人，硕士生导师 199 人。截至 2020 年底，在所研究生 1446 人（含联合培养 317 人，留学生 62 人），其中博士生 837 人，硕士生 609 人。已培养研究生 3147 名，其中博士 2204 名，硕士 943 名。设博士后流动站 2 个，在站博士后 278 人。

### 4.2　大连凯华新技术工程有限公司

　　大连凯华新技术工程有限公司是中国科学院大连化学物理研究所的控股公司，前身是大连化学物理研究所胶黏剂研究室，主要从事火箭推进剂的研发工作。1980 年承担建设部课题"建筑结构胶黏剂研制与应用推广"课题，研发生产出国内首款建筑结构胶 JGN 系列建筑结构胶。首创中国建筑结构胶，首开中国化学法加固黏结之先河，填补了国内空白。1990 年大连化学物理研究所参与编制国内首部加固规范《混凝土结构加固技术规范》（CECS 25：90），并将 JGN 建筑结构胶列为唯一推广使用产品。1993 年以大连化物所将胶黏剂研究室为班底了成立大连凯华新技术工程有限公司，主要从事 JGN 建筑结构胶和其它胶黏剂的研究、开发、生产、销售等工作。

　　JGN 型系列建筑结构胶品种主要有：用于粘钢加固的结构胶、桥梁动载荷加固的结构胶、混凝土修补胶、混凝土灌缝胶；用于粘碳纤维加固的结构胶；预制节段拼缝胶；用于钢筋螺栓植筋锚固的结构胶；用于特殊工程的耐温胶、高温胶等。JGN 型系列建筑结构胶产品被广泛应用于工业与民用建筑、公路铁路桥梁、有化学腐蚀的化工农药冶金建筑、高温建筑、不停产的工业厂房等加固中。另外，CP 系列环氧树脂固化剂、KH 系列环氧树脂增韧剂已经产业化，为 A 级建筑结构胶提供了核心原材料。经过 40 多年的成功应用，JGN 型系列建筑结构胶黏剂产品已成为国内建筑结构行业的主导产品，为我国建筑加固行业的发展做出了重大贡献。

　　稳定彰显品质，领先源自创新。大连凯华致力于在环氧树脂应用及相关产业链上研发生产系列市场急需的高端产品，覆盖从建筑建材行业、电子行业到造船、国防、新兴能源、航空航天等领域，打造具有核心知识产权的国际先进、国内领先的有卓越贡献的现代企业。

## 5　JGN 建筑结构胶发展历程以及参与编制的国家及行业标准

　　1978 年，建筑结构胶进入中国。

　　1980 年，建设部下达课题"建筑结构胶黏剂研制与应用推广"，中科院大连化物所承担该课题研究。

　　1981 年，JGN 建筑结构胶诞生，首个案例为沈阳东陵电话局粘钢加固工程。

　　1983 年，JGN 建筑结构胶通过了建设部和中国科学院联合鉴定。

　　1990 年，编制国内首部加固规范《混凝土结构加固技术规范》（CECS 25：90），JGN 建筑结构胶被列为唯一推广使用产品。

　　1991 年，国内首款桥梁加固用结构胶 JGN-I 型建筑结构胶研发成功，并通过了 200 万次抗疲劳试验。

　　1991 年，国内首款耐高温结构胶 JGN-HT 研发成功，并通过了中国科学院鉴定。

　　1993 年，中科院大连化物所成立大连凯华新技术工程有限公司，生产研发 JGN 系列建筑结构胶。

　　1995 年，国内首款碳纤维片材加固用结构胶 JGN-T 研发成功，并通过了中国科学院鉴定。

　　1998 年，国内首款锚固植筋胶 CP98 研发成功，并通过了中国科学院鉴定。

2004 年，国内首款预制节段拼缝胶 JGN-I（BX）研发成功，并应用于桥梁预制节段拼接工程中。

2006 年，编制首部国家标准《混凝土结构加固设计规范》（GB 50367—2006）。

2010 年，编制国家标准《建筑结构加固工程施工质量验收规范》（GB 50550—2010）。

2011 年，编制建工标准《粘钢加固用建筑结构胶》（JG/T 271—2011）。

2011 年，编制国家标准《工程结构加固材料安全性鉴定技术规范》（GB 50728—2011）。

2013 年，修订国家标准《混凝土结构加固设计规范》（GB 50367—2013）。

2013 年，国内首款预制节段地铁车站结构胶 JGN-MC 研发成功，并应用于地铁车站拼接工程中。

2015 年，编制交通行业标准《桥梁结构加固修复用粘贴钢板结构胶》（JT/T 988—2015）。

2015 年，编制交通行业标准《桥梁结构加固修复用纤维黏结树脂》（JT/T 989—2015）。

2017 年，编制行业标准《既有混凝土结构钻切技术规程》（T/CECS 472—2017）。

2018 年，编制国家标准《混凝土结构工程用锚固胶》（GB/T 37127—2018）。

2018 年，研发国内首款风电塔筒拼接胶 JGN-FD，并成功应用于风电塔筒拼接工程中。

2020 年，编制团体标准《预制节段拼装用环氧胶黏剂》（T/CECS 10080—2020）。

2021 年，编制国家标准《既有建筑鉴定与加固通用规范》（GB 55021—2021）。

2021 年，修订交通行业标准《公路桥梁加固施工技术规范》（JTG/J 23—2008）。

2021 年，编制行业标准《预制混凝土节段胶拼应用技术规程》（编制中）。

2021 年，修订国家标准《建筑结构加固工程施工质量验收规范》GB 50550（修订中）。

# 6 应用案例（图 1 ～图 4）

图 1 产品用于装配式地铁车站

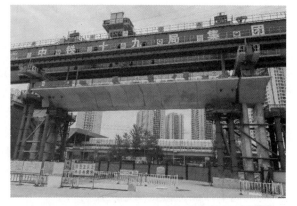

图 2 产品用于重庆规定交通

图 3 产品用于预制桥墩拼装

图 4 产品用于郑州四环线预制节段桥梁的拼装